华中科技大学电气学院发展纪事

（1952—2021）

（上册）

主　编　文劲宇　陈　晋

执行主编　唐跃进　朱瑞东

华中科技大学出版社

中国·武汉

图书在版编目(CIP)数据

华中科技大学电气学院发展纪事：1952—2021：全2册/文劲宇，陈晋主编．—武汉：华中科技大学出版社，2022.8(2025.5重印)

ISBN 978-7-5680-8692-9

Ⅰ.①华…　Ⅱ.①文…　②陈…　Ⅲ.①华中科技大学-电气工程-学科发展-1952—2021　Ⅳ.①TM-12

中国版本图书馆CIP数据核字(2022)第154762号

华中科技大学电气学院发展纪事(1952—2021)(全2册)
Huazhong Keji Daxue Dianqi Xueyuan Fazhan Jishi (1952—2021)(Quan 2 ce)

文劲宇　陈晋　主编

策划编辑：	范　莹
责任编辑：	余　涛
封面设计：	原色设计
责任监印：	周治超
出版发行：	华中科技大学出版社(中国·武汉)　　电话：(027)81321913
	武汉市东湖新技术开发区华工科技园　　邮编：430223
录　　排：	武汉市洪山区佳年华文印部
印　　刷：	武汉科源印刷设计有限公司
开　　本：	710mm×1000mm　1/16
印　　张：	50.75　插页：10
字　　数：	1105千字
版　　次：	2025年5月第1版第4次印刷
定　　价：	180.00元(全2册)

本书若有印装质量问题，请向出版社营销中心调换

全国免费服务热线：400-6679-118　竭诚为您服务

版权所有　侵权必究

院训

厚积薄发　担当致远

院徽

70周年院庆标识

（相关说明见上册附录八）

《华中科技大学电气学院发展纪事(1952—2021)》编审组

主　　编

文劲宇　陈　晋

执行主编

唐跃进　朱瑞东

编审委员会

编审委员会由"顾问委员"和"委员"组成。

顾问委员（按姓氏笔画排序）

马冬卉	马志云	王学东	王晓瑜	尹小玲	冯　征	孙亲锡
李　冲	李　劲	李震彪	李　毅	邹云屏	张国安	张国德
张勇传	陈德树	林　磊	周建波	周海云	郑小建	胡会骏
段献忠	姜丽华	姚宗干	耿建萍	翁良科	高　飞	黄冠斌
辜承林	程时杰	廖世平	樊明武	潘　垣		

委　　员（按姓氏笔画排序）

丁永华	丁洪发	于克训	王康丽	方家琨	尹　仕	尹项根
孔武斌	吕以亮	朱秋华	许文立	杜桂焕	李　化	李达义
李红斌	李　妍	李　群	杨　军	杨　凯	杨德先	吴思思
何孟兵	邹旭东	张　明	陈小炎	陈立学	陈　菲	陈德智
罗　珺	周理兵	胡家兵	柳子逊	秦　斌	夏冬辉	徐慧平
康　勇	韩小涛	蒙　丽	臧春艳	裴雪军	樊宽军	

上册　电气与电子工程学院发展简史

主　编：唐跃进　朱瑞东

成　员：罗　珺　臧春艳　李　群　柳子逊　陈立学　杜桂焕
　　　　　朱秋华　陈　菲　陈小炎　蒙　丽　萧　珺　吴思思
　　　　　郝　琳　刘颖芳

下册　学院各系所简史及学院毕业生名册

所属各系所发展简史

电机及控制工程系发展简史编写组

主　编：李达义

成　员：孔武斌　李大伟　王　晋　王双红　孙剑波　周理兵
　　　　　傅光洁　马志云　陈　曦　熊衍庆　李朗如

电力工程系发展简史编写组

主　编：陈德树　张凤鸽　方家琨

成　员：涂光瑜　温增银　汪馥瑛　陈　忠　言　昭　孙淑信
　　　　　张永立　吴希再　张步涵　曾克娥　袁礼明　罗　毅
　　　　　毛承雄　杨德先　吴耀武　孙海顺　石东源　陈　玉
　　　　　魏繁荣

高电压工程系发展简史编写组

主　编：臧春艳　陈立学

成　员：李柳霞　刘　毅

应用电子工程系发展简史编写组

主　编：邹云屏

成　员：裴雪军　邹旭东　陈　宇　刘邦银　蒋　栋　王兴伟
　　　　　刘自程

电工理论与电磁新技术系发展简史编写组

成　员：孙亲锡　颜秋容　叶齐政　祝美华　翁良科　唐跃进
　　　　徐　雁　鲜于斌　何孟兵

聚变与等离子体研究所发展简史编写组

成　员：郭伟欣　丁永华　夏冬辉　郑　玮　傅经纬

强磁场技术研究所发展简史编写组

成　员：李　亮　韩小涛　彭　涛　丁洪发　程　远　吕以亮
　　　　胡　浩

应用电磁工程研究所发展简史编写组

主　编：樊明武

成　员：秦　斌　杨　军　熊永前　陈德智　李　冬

电工实验教学中心发展简史编写组

主　编：尹　仕　徐慧平

成　员：杨风开　翁良科　徐　琛　邓春花

电工电子科技创新中心发展简史编写组

主　编：尹　仕　王贞炎

毕业生名册

主　编：罗　珺　柳子逊

成　员：朱瑞东　周　阳　徐秋钰　陈　俊　郭盼盼　李嘉泽
　　　　崔玥琦　杨春辉　曾凡炎　魏长芳　陈　遥

电气与电子工程学院学术机构变迁图

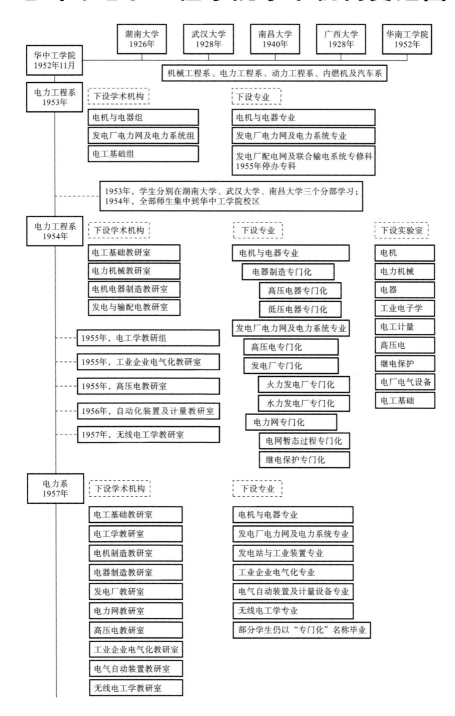

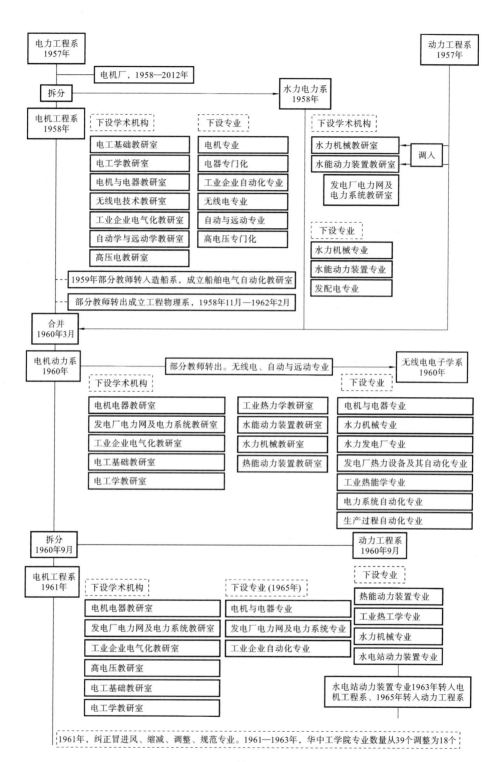

续图

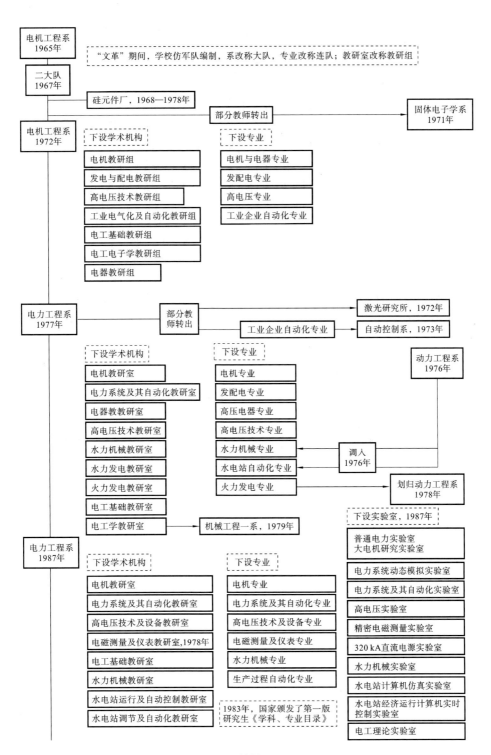

续图

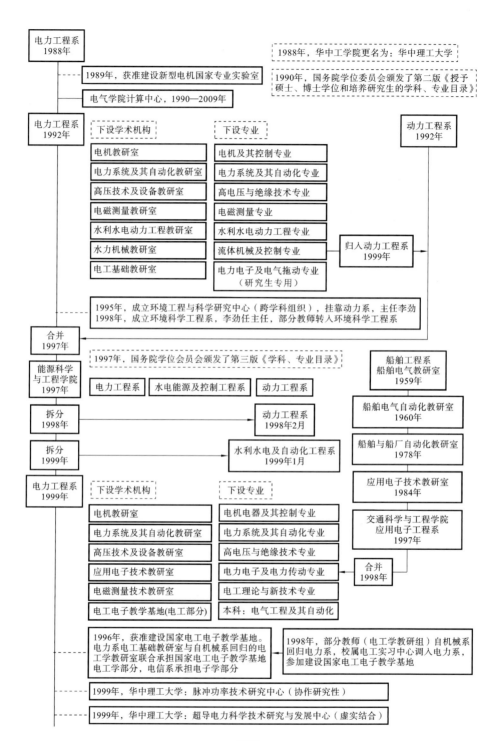

续图

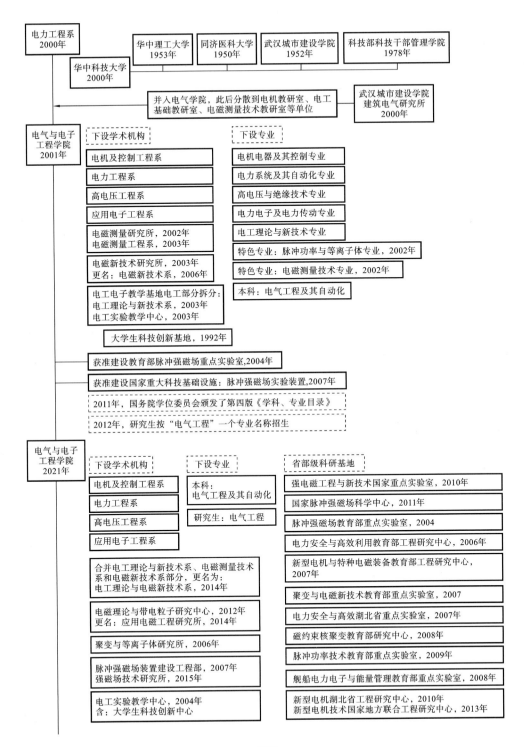

续图

序

巍巍中华,文脉悠长。自西周起,设辟雍,乃史载官学之始,授六艺。自汉以来,立太学,传儒经,布仁恕之道,擢俊秀者,拔为官,授以职。清道咸始,列强汹汹,国门洞开,志士仁人,创洋务学堂,传自然科学,救亡图存。京师大学堂、北洋学堂、南洋公学等,乃新学之始,亦中国现代大学之雏形。新中国成立后,开启了中国高等教育的新篇章。华中科技大学之前身华中工学院,其电气学科之源,可溯至武汉大学、湖南大学、南昌大学、广西大学、华南工学院。

泱泱华夏,文明赫赫。著史传统,源远流长,廿四史通鉴古今五千载。史学传统乃构建中华民族精神之核心要素,史学文化亦为中华民族之道德、国运、族脉所托命之本。以史为鉴,胪陈沿革,详述是非成败祸福,资于治道。国史如是,院史亦然。七十年前,与华中科技大学同岁之电气学院,在新中国的朝阳中诞生,筚路蓝缕。在共和国的旗帜下成长,踔厉奋发。在改革开放中腾飞,成就辉煌。七十载,建一流平台,创卓越成果,栉风沐雨。七十载,荟杰出师资,育拔尖人才,薪火相传。

华中科技大学电气与电子工程学院七十华诞之际,集全院师生及院友之力,撰写一部学院发展史。回顾历史,追寻创业足迹;展望未来,憧憬发展前景。抚今追昔,永志先辈功绩;继往开来,激励来者奋进。

编者

2022 年 5 月 26 日

前 言

谨将此书献给曾在学院工作过的千余名教职员工、在学院学习过的全部3万多名学生,以及所有关心、支持和帮助过学院的海内外朋友们!

2022年10月,华中科技大学电气与电子工程学院(简称电气学院,华中大电气,本书中也简称学院)将喜迎建院(系)70周年。作为华中科技大学(原华中工学院)的创始专业之一,学院在新中国的朝阳中诞生,在共和国的旗帜下成长,在改革开放中腾飞,在新时代迈向世界一流。七十载栉风沐雨,薪火相传,形成"厚积薄发,担当致远"的华中大电气院训精神。

七十年来,学院海纳百川,团结向上,始终践行立德树人根本宗旨,荟杰出师资,育拔尖人才,为国家培养输送了逾三万名各类人才,为国家建设贡献了华中大电气人的青春和力量;承担了教育部首批新工科教学改革项目,创建了全新的电气专业荣誉学位培养体系,毕业生质量受到社会各界的广泛好评。

七十年来,学院求是创新,砥砺奋进,建成了完备的学科体系,电气工程一级学科所属的电机与电器、电力系统及其自动化、高电压与绝缘技术、电力电子与电力传动、电工理论与新技术共五个二级学科(源于1997年版《授予博士、硕士学位和培养研究生的学科、专业目录》)均为国家级的重点或特色学科;电气工程2007年成为国家首批一级学科国家重点学科,2017年成为国家首批双一流建设学科,首轮建设整体成效显著,2021年作为培优学科进入第二轮建设;通过实施"电气化+"的学科交叉融合发展战略,建成了强电磁工程与新技术国家重点实验室,造就了以聚变、强磁场、加速器、先进电工材料与器件、电力系统储能、超导电力等研究方向为代表的世界领先的强电磁学科领域。

七十年来,学院厚积薄发,担当致远,为中国第一条500 kV超高压交流输电工程(平顶山—武汉)、第一条±500 kV超高压直流输电工程(葛洲坝—上海)、第一条1000 kV特高压交流输电工程(长治—荆门)、第一条±800 kV特高压柔性直流输电工程(昆柳龙)、第一个柔性直流电网工程(张北)以及三峡电站、溪洛渡电站、向家坝电站、白鹤滩电站等一大批国家重大工程建设作出了重要贡献;坚持"四个面向"开展科学研究,高水平成果不断涌现:建成教育部高校第一个国家重大科技基础设施——脉冲强磁场实验装置,荣获国家科学技术进步奖一等奖,并在大电网大机组安全运行、可再生能源并网消纳、电力电子化电力系统、复杂电信号光电式测量、强脉冲功率特种电源、特种主泵电机等方向取得系列突破性成果,解决多项"卡脖子"难题,仅"十三五"期间就牵头获得5项国家科技奖励,为满足国家重大需求和保障国防安全作出重要贡献。

编撰一部如实反映学院发展历程和师生精神风貌的院史，总结历史经验、传承学院文化，是学院多年来的心愿。值此学院七十周年院庆的时机，我们集全院之力，终于完成了史料较为完备的第一部院史——《华中科技大学电气学院发展纪事（1952—2021）》。

我们希望院史能够帮助全院师生和所有关心学院发展的朋友们了解学院的创建、发展、壮大的历程，振奋师生员工团结奋进，传承优良的院风、教风和学风，成为学院立德树人的重要教育资源之一。同时，通过编撰院史，以七秩积淀，逐一流梦想！华中科技大学电气与电子工程学院将秉承"厚积薄发，担当致远"之精神，续写高质量内涵式发展新篇章，为国家培养"以上进心做人、以责任心做事、以事业心规划人生"的思行合一的高水平人才，力争成为电力碳中和领域的国家战略科技力量，成为享誉世界的一流电气学科。

本书涉及资料的时间跨度为从1952年确定建校华中工学院至2021年12月。分为上、下两册，上册为学院发展简史，下册由学院所属各系所发展简史和毕业生名册组成。

从华中工学院电力工程系发展至华中科技大学电气与电子工程学院的历程中，学院的名称经历了多次改变。文中在2000年以前的简称"电力系""电机系"皆为电气与电子工程学院的前身；2000年以后的简称"电机系"为之前的"电机教研室"，简称"电力系"为之前的"发配电教研室""电力系统及其自动化教研室"。

因时间跨度较长，文中所有涉及的人员，一般均只记姓名，省略了头衔、职称、敬称，敬请谅解。

在院史中，为了怀念先辈们在建设、发展华中科技大学电气工程学科中的辛劳和贡献，记录了一批先辈的事迹和照片。因编写院史的人力、时间、经费所限，未能逐一采访先辈或其后裔以一一核对、认可。所采用的照片中，大部分来源于学校和学院的各类历史资料，以及从学院教职工和院友中征集的照片，也有部分照片源自网络上的相关资讯。如对所采用的照片及记录的事迹有异议，请与文末所记电气与电子工程学院办公室联系。

由于编者水平所限，本书存在许多不足与错漏，诚挚期盼全院师生、校友及朋友们批评指正。

若对全书的内容有任何建议，请联系：

电气与电子工程学院办公室:027-87543228

编者

2022年5月26日

上册目录

院训

院徽

70周年院庆标识

变迁图

序

前言

电气与电子工程学院发展简史

一、建系初期　百业待兴(1952—1956年) ……………………………(3)
　(一)缘起 ……………………………………………………………(3)
　(二)奠基者 …………………………………………………………(4)
　(三)发展经纬 ………………………………………………………(10)
　(四)教学工作 ………………………………………………………(13)
　(五)科学研究 ………………………………………………………(16)

二、困难时期　艰苦创业(1957—1965年) ……………………………(17)
　(一)发展经纬 ………………………………………………………(17)
　(二)负重而行 ………………………………………………………(21)
　(三)教学工作 ………………………………………………………(22)
　(四)科学研究 ………………………………………………………(24)

三、十年"文革"　曲折前进(1966—1976年) …………………………(27)
　(一)政治风雨 ………………………………………………………(27)
　(二)整顿中的前行 …………………………………………………(28)
　(三)本科生教育 ……………………………………………………(29)
　(四)成人教育 ………………………………………………………(30)
　(五)科学研究 ………………………………………………………(30)

四、恢复高考　再启宏图(1977—1987年)……………………………(33)
　　(一)发展经纬………………………………………………………(33)
　　(二)本科生教育……………………………………………………(39)
　　(三)成人教育………………………………………………………(41)
　　(四)研究生培养……………………………………………………(42)
　　(五)科学研究………………………………………………………(43)
五、改革开放　迅速发展(1988—1999年)………………………………(49)
　　(一)发展经纬………………………………………………………(49)
　　(二)本科生教育……………………………………………………(55)
　　(三)研究生培养……………………………………………………(59)
　　(四)科学研究………………………………………………………(60)
六、与时俱进　争创一流(2000—2021年)………………………………(63)
　　(一)发展经纬………………………………………………………(63)
　　(二)党建与师德师风………………………………………………(71)
　　(三)师资队伍建设…………………………………………………(82)
　　(四)本科生教育……………………………………………………(96)
　　(五)研究生培养……………………………………………………(108)
　　(六)学生思政工作…………………………………………………(117)
　　(七)科学研究………………………………………………………(133)
　　(八)学术交流与社会服务…………………………………………(158)
结语………………………………………………………………………(161)
附录一　领导班子及管理机构负责人名录……………………………(163)
附录二　师资队伍相关统计……………………………………………(171)
　　(一)建系以来在电力工程系、电气学院工作过的教职员工名单……(171)
　　(二)1954年度华中工学院教师安排方案…………………………(190)
　　(三)1993年电力系在职高级职称人员名单………………………(191)
　　(四)2021年12月电气学院在职人员岗位分布……………………(192)
　　(五)历年本科生辅导员和研究生辅导员信息(截至2021年12月)……(195)
　　(六)聘请客座教授、顾问教授、名誉教授名录(2002—2021年)……(197)
　　(七)获得国务院政府特殊津贴人员一览(1991—2021年)…………(200)
　　(八)学院所获部分集体、个人荣誉奖项(综合类,1991—2021年)…(201)
　　(九)校级荣誉奖励获得者(2000—2021年)………………………(202)
　　(十)校级以上人才计划获得者名单………………………………(209)

附录三　本科教育相关数据与资料 ……………………………………………………（215）
 （一）本科生各专业人数一览表(1953—2021年) ……………………………（215）
 （二）不同历史时期的本科培养计划（课程设置）典型案例 …………………（220）
 （三）精品课程和网络共享课建设情况(2003—2017年) ……………………（274）
 （四）大学生校外实习（实践）基地一览表(2009—2021年) …………………（275）
 （五）出版的部分教材、专著、译著名录 ………………………………………（278）
 （六）电气与电子工程学院各级教学名师一览表(2011—2021年) …………（291）
 （七）省部级以上教学成果奖(1993—2021年) ………………………………（292）
 （八）2004—2022年实验技术研究项目 ………………………………………（293）
 （九）教学实验技术成果奖获奖项目 ……………………………………………（295）
 （十）学院历年双创赛事重大成就（统计截止2022年1月） …………………（296）
 （十一）本科生国家奖学金获得者名单(2011—2021年) ……………………（315）

附录四　研究生培养相关数据与资料 ……………………………………………（316）
 （一）研究生人数分年份分专业统计表(1980—2021年) ……………………（316）
 （二）不同历史时期研究生培养计划（课程设置）典型案例 …………………（319）
 （三）研究生国家奖学金获得者名单(2012—2021年) ………………………（337）
 （四）优秀学位论文获得者（省优国优） ………………………………………（338）

附录五　科学研究相关数据与资料 ………………………………………………（342）
 （一）主要科研成果奖励统计表(1978—2021年) ……………………………（342）
 （二）电气学院学科平台建设情况一览表(1954—2021年) …………………（358）
 （三）教育部科技部创新团队建设(2007—2021年) …………………………（360）

附录六　电力系源头之五校回忆 …………………………………………………（361）
 （一）综合部分 …………………………………………………………………（361）
 （二）武汉大学分部电机系简述 ………………………………………………（362）
 （三）湖南大学分部电机系简述 ………………………………………………（362）
 （四）南昌大学分部电机系简述 ………………………………………………（363）
 （五）广西大学分部电机系简述 ………………………………………………（363）
 （六）华南工学院电机系简述 …………………………………………………（364）

附录七　电气工程学科与校内其他学科、专业的发展渊源 ……………………（365）
 （一）电气工程学科与动力系 …………………………………………………（365）
 （二）电气工程学科与工程物理系 ……………………………………………（367）
 （三）电气工程学科与船舶系 …………………………………………………（368）
 （四）电气工程学科与计算机专业 ……………………………………………（368）

（五）电气工程学科与无线电系 ………………………………………（369）
　　（六）电气工程学科与硅元件厂 …………………………………………（370）
　　（七）电气工程学科与激光研究所 ………………………………………（372）
　　（八）电气工程学科与自动控制系 ………………………………………（372）
　　（九）电气工程学科与机械系 ……………………………………………（373）
　　（十）电气工程学科与环境学院 …………………………………………（374）
　　（十一）电气工程学科与水利水电及自动化工程系 ……………………（375）
附录八　院训、院徽和院庆标识释义 …………………………………………（377）
　　（一）院训 …………………………………………………………………（377）
　　（二）院徽 …………………………………………………………………（378）
　　（三）70周年院庆标识 ……………………………………………………（379）

电气与电子工程学院发展简史

一、建系初期　百业待兴(1952—1956年)

(一) 缘起

新中国成立后,国家经济建设急需大批专业人才。当时,以美国为首的西方国家对我国实行政治上不承认、经济上封锁禁运、军事上包围威胁的政策。1950年2月,《中苏友好同盟互助条约》签订,苏联成了少有的能向我国出口技术的国家,苏联也安排了大批专家来支援中国的建设。在中国第一个五年计划(1953年开始)中,援建项目、专家人数均有大幅增加,对专业技术人才的需求进一步扩大。这些因素促成了我国高等教育从学校体制、专业设置乃至教学方法等方面全面学习苏联的模式。

苏联当时的高等院校体制是:综合性大学(如莫斯科大学)数量较少,而工科类型的院校相当多,如鲍曼工学院、莫斯科动力学院等,其中很多是非常有名的学校。中国当时已有的高校更多的是仿欧美体制。

新中国成立初期,中国实施了大行政区制,全国分为东北、华北、西北、华东、中南、西南六大行政区。中南区下辖河南、湖北、湖南、江西、广东、广西共6个省。大区军政委员会全面负责所辖区域的党政军事务。大行政区制于1954年撤销。

1951年,中央教育部拟定了全国院系调整方案,一方面是将当时存在的国立大学、私立大学以及教会主持的大学纳入统一的规范,另一方面是仿照苏联的高校体制,建设单学科的大学,培养急需的专业技术人才。此后,全国各大区、省都各自调整和组建了一批新的大学,其中多为工学院,其次为师范学院。

1952年11月,中南军政委员会(1953年1月更名为中南行政委员会)决定在武汉新建三所工科高等学校:华中工学院、中南动力学院和中南水利学院。次年1月成立了"三院联合建校规划委员会",任命武汉大学教务长兼理学院院长查谦教授为主任委员,湖南大学校长易鼎新(1953年病逝,享年67岁)为副主任。建校规划委员会主任查谦和规划建校办公室主任张培刚等选址于武昌喻家山南侧。1953年5月,中南行政委员会教育部决定拟建的中南水利学院更名为武汉水利电力学院,不再搬迁至喻家山;中南动力学院和华中工学院合并,由武汉大学、湖南大学、南昌大学、广西大学的机械系全部和电机系的电力部分,以及华南工学院机械系的热能动力部分、电机系的电力部分成建制(教师、部分学生以及图书、设备)迁移至武昌组建华中工学院。1953年5月,中央人民政府批准华中工学院筹备委员会成立,查谦为主任委员,委员中有电力系的朱木美、文斗、万发贯、许实章、周泰康以及与电力系密切关联的黎献勇。

组建华中工学院的四个系来自五所大学,根据五所大学的官方网站介绍,以及相关教师的回忆资料,简述五所大学及其电机系(电力系)的起点如下:

武汉大学前身是1883年张之洞奏请清政府创办的武昌自强学堂。历经传承演变,1928年定名为国立武汉大学,其电机工程系创建于1934年。

湖南大学的发展源头较多。1926年,湖南公立工业专门学校、法政专门学校、商业专门学校三校合并,命名为省立湖南大学。其电机系源头为1923年创建于湖南高等公立工业专门学校的电机系,赵师梅为系主任(校史馆·人物春秋·赵师梅教授传)。

南昌大学的前身为1940年成立的国立中正大学,1949年更名为南昌大学,其电机系的起点不详,刘乾才1942年曾任电机系主任。南昌大学1952年被调整、拆分。1993年重新组建了南昌大学,其电机系源自1958年组建的江西工学院。

广西大学的前身为1928年于梧州组建的省立广西大学,1939年迁至桂林,更名为国立广西大学,其电机系起点不详。1952年广西大学被调整、拆分。1958年于南宁重建广西大学时新组建了电机工程系。广西大学曾更名为广西工学院,1997年与广西农业大学合并组成了现在的广西大学。

华南工学院组建于1952年11月,1988年更名为华南理工大学。华南工学院的组建源头较多,其中电机系为1952年自中山大学调入。中山大学的前身为1924年成立的国立广东大学,其电机系起点不详。

华中工学院筹建时期,电力工程系(简称电力系)和动力工程系(简称动力系)的临时负责人分别为武汉大学朱木美和华南工学院黎献勇;电力系分为三个教研组:电机与电器组,临时负责人为武汉大学赵师梅;电工基础组,临时负责人为湖南大学陈珽;发电厂电力网及电力系统组,临时负责人为广西大学的陈泰楷。

1953年10月15日,华中工学院成立大会暨开学典礼在武昌本部(现主校区)举行,这一天曾经作为华中工学院的校庆日,也是华中工学院电力工程系的建系之日。

华中工学院1988年1月更名为华中理工大学;2000年5月26日,原华中理工大学、同济医科大学、武汉城市建设学院合并,科技部科技干部管理学院并入华中理工大学,组建华中科技大学。1952年10月8日被确定为华中科技大学的校庆日。

(二)奠基者

1954年,全校师生集中到武昌喻家山校区后,电力系的学术机构由1952年筹建时的电机与电器、发电厂电力网及电力系统(简称发配电)、电工基础三个组扩展、更名为四个教研室:电力机械教研室,主任赵师梅;电机电器制造教研室,主任文斗;电工基础教研室,主任陈珽;发电与输配电教研室,主任陈泰楷。

由五所大学调入华中工学院的部分教师如表1所示(此表为综合所查档案和部分教师回忆整理而成,或有遗漏和错误)。

一、建系初期　百业待兴(1952—1956年)

表1　1953年由五所大学调入华中工学院的部分教师

武汉大学		湖南大学		南昌大学		广西大学	华南工学院
赵师梅	樊　俊	文　斗	尹家骥	刘乾才	漆仕速	陈泰楷	黎献勇
朱木美	陈锦江	魏开泛	张守奕	万发贯	揭秉信	杭维翰	李子祥
许宗岳	张肃文	陈　珽	涂　健	许实章		梁鸿飞	谭颂献
汤之璋	钟声浚	王显荣	熊秋思	邹　锐		叶　朗	梁毓锦
何文蛟	彭伯永	蒋定宇	李升浩	胡焕章		唐兴祚	陈德树
侯煦光	康华光	周泰康	刘　衡	李枚安		蒙万融	吴淞鄂
林金铭	张金如	刘寿鹏	周定华	童子铿		林士杰	
刘绍峻	王乃仁	陈传瓒	魏世材	卢展成		唐曼卿	
唐　隶	刘正经	左全璋		冯道撰		余德基	
周克定		王家金		吕继绍			

1954年8月9日,华中工学院行政会议批准了全校1954年度教师安排方案(见附录二之(二)),电力系全系教师共计66人。在画法几何及机械制图教研室中,有电机制造助教3人。与电力系后期发展密切相关的水力学及水力机械专业的有李子祥、黎献勇、虞锦江、伍树民、李永甲、罗大海、邓崇炽等7位教师。此外,华中工学院院长查谦和副院长刘乾才分别被安排在直属教务处的物理教研室和理论力学教研室。

从附录二之(二)重录电力系四个教研室的成员如表2所示。

表2　1954年8月9日院行政会议批准电力系教师安排(计65人)

教研室	成员名单
电力机械 21人	赵师梅、蒋定宇、叶朗、魏开泛、周克定、李枚安、左全璋、胡谱生、李昇浩、黄志强、杨啟知、陶昌琪、陈国梁、连登权、黄维国、蒙万融、钟声浚、禹玉贵、叶平贤、侯学、屈焜
电机电器 9人	文斗、林金铭、刘绍峻、陈传瓒、何文蛟、程礼椿、熊秋思、卢展成、李再光
电工基础 14人	陈珽、许宗岳、万发贯、汤之璋、王显荣、胡焕章、张肃文、揭秉信、康华光、张守奕、张金如、唐曼卿、王乃仁、张文灿
发配电 21人	陈泰楷、杭维翰、谭颂献、朱木美、梁鸿飞、周泰康、刘寿鹏、邹锐、唐兴祚、侯煦光、刘福生、王家金、梁毓锦、程光弼、余德基、黄煜麒、范锡普、张旺祖、招誉颐、新助教2人(一人兼生产实习科)

自五所大学汇集到华中工学院的有46名教授(原高校评聘的教授):查谦、张培刚、刘乾才、万泉生、赵学田、高宇昭、陈日曜、朱海、李光宪、李如沆、刘颖、方传流、余克缙、戴桂蕊、干毅、郭力三、蔡名芳、庆善驯、朱开诚、李子祥、黎献勇、庆善骙、黄宗

万、李灏、徐真、梁鸿飞、赵师梅、朱木美、魏开泛、陈泰楷、谭颂献、杭维翰、文斗、卢展成、万发贯、胡寿秋、许宗岳、戴良谟、马继芳、谭固周、刘正经、周玉庭、熊正理、叶康民、钟苏世(此处缺一人,姓名待查实)。

对比表2,电力系当时的教授有赵师梅、魏开泛、文斗、许宗岳、万发贯、陈泰楷、杭维翰、谭颂献、朱木美、梁鸿飞。此外,结合此后的电力系的变迁与发展历史,还有刘乾才、黎献勇、李子祥。刘乾才是从美国普渡大学电机工程专业毕业,曾任南昌大学电机系主任,是1961年成立的"高等学校电力工程类专业教材编审委员会"主任委员,其学术活动实质上与电力系密切相关;动力系的水力学及水力机械专业在1958—1960,1963—1965,1977—1999年几次与电力系合并,该专业有两名教授黎献勇、李子祥,其中黎献勇还曾任水力电力系主任。因此,可认为1954年电力系所属10位教授以及刘乾才、黎献勇、李子祥共13位教授是电力系起步、早期发展的学术带头人。按姓名拼音字母排序简介如下:

陈泰楷(1915.9—1975.6),来自广西大学,安徽肥东县人,中学时期就读于扬州中学,后考入上海交通大学。抗战期间,在国民党空军通讯学校任教官、无线电修造厂任副厂长。抗战结束后,1946年6月参与了刘善本发起的国民党第一架飞机起义,在延安受到周恩来副主席的接见。此后到广西大学任教,在桂林解放前夕为广西大学校务维护委员会委员,1950年,当选桂林市文教工作者工会第一届执委。1952年院系调整前,任广西大学电机系主任。1953年为华中工学院桂林分部副主任(主任为朱九思),同年3月迁入武昌喻家山校区,曾任电力系副主任、发电与输配电教研室主任。1975年6月18日因病逝世。陈泰楷于1958年被错划为"右派",1973年摘掉"右派"帽子,1979年经湖北省革命委员会文教办公室批复华中工学院党委复查报告,认定为"错划右派""恢复政治名誉"。

图1　陈泰楷教授

杭维翰,来自广西大学,1929年毕业于北京大学,1931年到广西大学工作。1933年赴英国曼彻斯特大学水力发电工程系攻读硕士学位,1936年学成回广西工作,曾任广西建设厅技正("中华民国"时期的技术人员职称从高到低有:技监、技正、技士、技佐)、广西平桂矿务局总工程师、广西大学教授,曾参与建设当时广西最大的火电厂(贺县八步电厂)及主持建设广西首条10 kV输电线路。1953年调入华中工学院电力系任教,1958年调回重建的广西大学电力工程系工作,并担任首任系主任。

图2　杭维翰教授
(1934年摄于英国)

黎献勇(1914.1—2007.12),来自华南工学院,广东广州人。

1935年毕业于中山大学土木系,1946—1947年赴美国艾奥瓦大学研究院进修,水力水机专家,曾任广东农田水利处技正、广东建设厅水利科长、中山大学土木系教授。1953年自华南理工大学调整进入华中工学院后任动力系第一任系主任。动力系曾与电力系几次合并、拆分,水力机械专业也经历了隶属动力系、隶属电力系的多次调整。黎献勇曾在1958年组建水力电力系时任系主任。后返回广东,调任的年份不详,但从1979年任水利部珠江水利委员会副总工、总工。

图3　黎献勇教授

李子祥,来自华南工学院,建校初期任动力系所属水力水动专业水动教研组组长,1954年任水力发电教研室主任,主要讲授水电站安全运行等课程。与当时的教授大多有海外留学经历相比,李子祥没有留学经历,但勤奋好学,会多国语言。

梁鸿飞(1906.3—1982.10),来自广西大学,广西容县人。1930年毕业于上海交通大学电机工程系电力专业,获学士学位。1931年起,历任浙江省杭州闸口新电厂技术员、广西梧州市第四高中教师。1932年9月入职广西梧州电厂任工程师,1934年任广西柳州电厂总经理,1942转任广西桂林电厂副总经理,1945年10月受聘担任广西大学电机工程系教授,1953年全国院校调整,调入华中工学院电力系任教授。1961年11月为支援湖北农业机械的发展,调入湖北农业机械专科学校(如今的湖北工业大学)任教授。

图4　梁鸿飞教授

刘乾才(1904.1—1994.9),来自南昌大学,江西宜丰县人。1922年进入北平大学电机工程专业学习,1924年转入上海交通大学,1928年入选江西省公费留美学生,就读于美国普渡大学专攻电机工程,获硕士学位,回国后任湖南大学教授,1942年任湖南大学机电系教授兼主任。1947年任江西中正大学(南昌大学前身之一)教授,1950年2月担任南昌大学(由江西中正大学和几个专科学校合并而成)校务委员会主任委员(校长)。1952年任华中工学院筹建委员会副主任、副院长,1956年获评二级教授。1961年第一批研究生导师,1980年退居二线,任华中工学院顾问。

图5　刘乾才教授

谭颂献,来自华南工学院,教授"电力系统稳定"以及发电厂相关课程。1955年前调往上海,其他信息不详。

万发贯(1915.2.25—2003.6.4),来自南昌大学,出生于江西南昌。1938年于西南联大电机系毕业后留校任教,1940 年调入江西中正大学(南昌大学前身之一),任南昌大学电机系主任。1951 年晋升为教授。1953 年调入华中工学院后任电力系教授兼学校副总务长。1957—1959 年在苏联列宁格勒精密仪器与光学机械学院进修遥测、自动与远动专业。1959 年回国后担任电力系自动与远动教研室主任,主持"集中自动控制机"研究。1960 年华中工学院组建无线电电子学系,任首任系主任。1979 年任图像识别与人工智能研究所首任所长,1981 年第一批博士生导师(校史馆·口述历史·万希宁:追忆父亲万发贯)。

图 6　万发贯教授

魏开泛(1915 年生),来自湖南大学,时任湖南大学电机系教授。其他信息不详,从互联网查到 1987 年"清华大学十级校友调查表",可知曾任湖南大学、北京工业大学教授,自华中工学院调往上海交通大学、上海科技大学。

文斗(1903.3—1959.6),来自湖南大学,湖南宁乡人。1926 年毕业于湖南高等工业专门学校(湖南大学前身之一)电机一班。1928 年任教湖南大学,1930 年随老师赵师梅一起赴武汉大学任教,1935 年赴英国伦敦大学理工学院学习,获电机硕士学位,后受聘于英国曼彻斯特电机厂。抗日战争爆发后火速回国,任武汉大学电机系教授,为国立武汉大学搬迁至四川效力,抗日战争胜利后参加武汉大学的复原(迁回武汉)工作。此后返回湖南大学,先后任电机系主任、工学院院长。1952 年被任命为华中工学院长沙分部主任,到武昌后任副教务长、华中工学院第一届工会主席、兼任电机电器制造教研室主任。

图 7　文斗教授
(1937 年摄于英国)

1955 年的全国高等学校各专业教学计划修订工作会议,作为首席专家主持电机电器专业教学计划修订工作。1956 年高等教育部教授评级时被评为二级教授,可惜于 1959 年因病英年早逝。

许宗岳(1911—1974),来自武汉大学。1933 年毕业于华中大学物理系,1936 年毕业于燕京大学研究院,获理学硕士学位。1943 年毕业于美国布朗大学研究院,获自然科学博士学位。曾在美国通用电气公司、科学研究发展局电波传播组及卡耐基研究院工作。1945 年回国任武汉大学教授,1953 年任华中工学院教授,1956 年获评二级教授。1958 年任中国科学院武汉电子研究所、湖北物理研究所研究员,是我国最早从事电离层、水声、超声等研究的专家之一。

图 8　许宗岳教授

赵师梅(1894.10.23—1994.10.8),来自武汉大学,湖北巴东人。1909年考入武昌昙华林中等工业学堂电机班,1911年参加武昌起义,任黄兴战时总司令部总司令军需,辛亥革命后被授予甲等功勋。1913年政府选派有功青年赴欧美留学,被派往美国费城里海大学专攻电机工程,1922年获机械电机科工学硕士学位后返回上海,受到孙中山接见。后受聘任国立武昌高等师范学校讲师,1923年受聘湖南公立工业专门学校创建电机系,任系主任。1926湖南工专、商专、法专三校合并成立湖南大学后任工科教授兼电机系主任。1928年,国民政府筹设国立武汉大学。1930年,受邀任武汉大学电机系教授、系主任,参加电机系创建。1953年任华中工学院电机系教授,电力机械教研室主任。1958年湖北省筹建武汉工学院,被选派支援武汉工学院,学校建成后被留在武汉工学院电机系任教授、系主任。武汉工学院1995年更名为武汉汽车工业大学,2000年5月与其他学校合并组建武汉理工大学。

图9　赵师梅教授

赵师梅先生参加了辛亥革命之武昌起义,参与了湖南大学、武汉大学、华中工学院、武汉工学院四所大学电机系的创建工作,其人生甚为传奇。1994年百岁诞辰时,他的学生以他的名义设立了"赵师梅奖学金"。1999年,华中理工大学电气工程及其自动化专业1997级学生林磊曾获赵师梅奖学金。

朱木美(1903.3—1968.12),来自武汉大学,山西山阴人,中共党员,高电压技术专家。1929年毕业于北京师范大学物理系,1934年至1939年留学德国,1939年回国后先后任教于同济大学、武汉大学、华中工学院。1953年任华中工学院电力系第一任系主任,1956年获评二级教授。参加了我国第一个十二年科学技术规划的制定工作。1960年负责"输电线路高塔杆防雷"国家电力重点科研项目,提出了以"电气-几何"模型为基础的、新的输电线路"雷电绕击或然率"的计算方法(1962年招收的研究生王晓瑜参加了该项工作)。有关单位于

图10　朱木美教授

1981—1983年应用"电气-几何"模型对我国第一条500 kV超高压输电线路高塔杆防雷性能进行了计算。专家鉴定:电气-几何模型比国外同类方法提出的时间早,物理意义更明确,对我国输电线路防雷设计有重要的影响。以该模型为基础所开展的超高压线路过电压研究曾获湖北省科技进步奖一等奖。

朱木美教授长期担任电力系主任,1960年任华中工学院副教务长,曾任华中工学院党委统战部部长、第三届(1957—1959年)至第六届(1965年—)工会主席。"文革"开始后,工会工作完全瘫痪,1983年才再次换届,成立第七届工会,第七届华中工学院工会主席为电力系的黄慕义教授。

除自五校迁移来的教师之外,还有1953年大学毕业分配到华中工学院的一批青年教师参加了华中工学院、电力系的早期建设。

1953年,因国家急需经济建设人才,国务院决定为了迎接第一个五年计划,全国理工科大学生提前一年毕业。各高校均有本应在1954年毕业的大学生提前毕业奔赴工作岗位。此时,华中工学院补充了一批教师。1954年电力系60余名教师中,李再光、杨赓文、程礼椿、程光弼、罗陶、杨启知、龚向阳等即是自武汉大学提前毕业而来的。这批人员入职时华中工学院的师生尚在三个分部开展教学工作,部分人员直接安排在本部参加校区的建设工作,如程光弼被安排在总务处水电组从事校区的水、电设计和建设。

华中工学院北靠喻家山,喻家山自山脊以南属华中工学院管理,以北属东湖风景区。1953年的喻家山是一座荒山,山上原先茂密的树林在日军侵华时被砍伐殆尽,山上坟冢遍布,只有少许灌木,山前则是滩涂与农田,零零落落的民居组成三个村。此地离武昌城区较远,交通极不方便。虽有武冶公路(现珞喻路—珞喻东路)通过,但这条路自抗战胜利以后就没有整修过,只留下片石毕露的路基,建校所需的建材还是在喻家山后东湖临时修了码头,从长江经东湖水运而来。建校后开通的公交车车站在现在的青年园。图11所示的为1959年校园全貌,可见校园前面为一片农田,现在正对南一门的关山大道尚未修建,向南的公路在南一楼东侧,且直达喻家山。

图11　1959年华中工学院校园及其周边环境(李劲教授提供)

为了实现强国梦,老一辈电气人响应党的号召,从祖国四面八方聚集至武昌喻家山,在一片荒芜的土地上白手起家,在从事教学、科研、建设实验室的同时,与全校师生一道,利用课外各种时间参加教学楼和校舍建设,在喻家山上植树造林,在校园内植树种花,以艰苦奋斗的汗水奠定了电力系学科发展的基础,建设了"森林大学"的校园雏形。

借此编修院史的机会,向电力系的先辈们致敬!招之即来、来之能战,将新组建时的高校"小弟弟"发展成为和老牌大学同一阵列的大学,"不容易"!

(三) 发展经纬

华中工学院成立当年即开始招收新生。但是,校区建设的第一期工程都还未完成,从五所学校调入的学生也要开学上课,学校只得借用武汉大学的校舍成立院本部,又分别在长沙、南昌、桂林三地借用湖南大学、南昌大学、广西大学的部分校舍成立三个分部实施教学工作。华中工学院筹备委员会副主任兼教务组组长刘乾才兼任南昌分部的常务委员会主任委员,副主任委员万泉生,委员许实章、戴良谟;文斗出任长沙分部主任委员,副主任委员魏开泛、黎献勇、余克缙,委员龙瑞图、周泰康、李灏,由于文斗兼任华中工学院校务组副组长(副教务长),长沙分部的日常工作主要由副主任魏开泛代理。时任湖南省教育厅副厅长的朱九思任桂林分部主任委员,副主任委员陈泰楷、陈日曜,委员:杭维翰、叶康民、朱海。电力系的学生也因此被分在几处上课,主要在长沙和南昌两个分部学习。

这种在三地分散教学持续到1954年夏天。1954年8月,全校师生集中到武昌喻家山新校区。集中之初,西二楼刚建成,成为电力系的办公楼、教学楼、实验楼。西二楼建筑面积3985平方米,由中南建工局第二工程公司施工,工程造价45.7万元。

集中初期,教职员工的住房,尤其是学生校舍严重不足。学生10人住一间寝室,部分床位还需要临时搭建。表3和表4所示的是建校初期教职工住房情况(查阅到的文档年代不详,文中有"1955年新生入学"字样,估计是1956、1957年的文件)。现在的学术交流服务中心北院内的二层楼房、梧桐雨西区的二层楼房是当时校领导、教授、副教授的住房。这样的教职工住房标准大致延续到20世纪七八十年代,那时还有教师带几个孩子在教六舍住一间房,厕所公用,厨房在走廊。

表3 有家属的教职员工住房情况

职 别	住宅建筑面积/m²	住宅实际使用面积/m²
副教授及处级行政人员	78.22	52.65
讲师及科级行政人员	59.99	40.12
助教及一般干部	42.79~37.0	27.0~22.99

表4 单身教职员工住房情况

职 别	每人住房使用面积/m²
正副教授、讲师、科级干部	12.88~13.88
助教	6.5~7.0
一般干部和技术工人	4.3~4.6

1954年华中工学院集中全部师生员工到武昌的新建校区后,确认设立4个系,所属有8个本科专业和4个专修科。四个系是机械系、电力系、动力系、内燃机及汽车系。8个本科专业是机械制造工程、金属切削工艺及其工具、汽车、内燃机、水力动力装置、热能动力装置(热力发电厂设备)、电机与电器、发电厂配电网及联合输电系统;4个专修科是金工、铸造、汽车修理与维护、发电厂配电网及联合输电系统。

电力系所属有2个本科专业:电机与电器(简称电机)、发电厂电力网及电力系统;1个专修科:发电厂配电网及联合输电系统;设置了4个教研室:电工基础、电力机械、发电与输配电、电机电器制造。

电力系正式成立后首届系主任为朱木美(任期1953—1961年),副主任为陈泰楷和蒋定宇。

1954年，院行政会议修正通过了《华中工学院实施高等学校教师工作及教学工作日记教学工作量制度暂行办法》。

同年11月，召开了华中工学院第一届教育工会会员代表大会，成立工会基层委员会，电力系文斗被选为华中工学院工会主席。

1955年，电力系中国共产党总支部委员会成立，石贻昌任党总支书记（1955—1959年）。

同年，华中工学院筹委会做出建立半脱产政治辅导员和一年级班主任制度的暂行规定，以加强学生政治思想工作。

1955年8月，国务院发布《关于国家机关工作人员全部实行工资制和改行货币工资制的命令》，1956年6月，国务院通过《关于工资改革的决定》，高教部制定出以资历、水平、才能相关联的教授工资评级标准。在新中国首次高校教授评级中（1956年），华中工学院刘颖、文斗、朱木美、许宗岳、潘景安被评为二级教授。当时，北京大学一级教授27人，二级教授54人；清华大学一级和二级教授分别有9人和13人；武汉大学一级教授3人，二级教授6人；华中工学院一级教授仅有物理学家、校长查谦1人，2级教授5人。年轻的华中工学院与历史悠久的高校相比，师资力量还是有一定的差距。

自1955年起，在苏式教育思想的指导下，加上从哈尔滨工业大学、清华大学等攻读研究生或进修新的学科方向的年轻教师返校，电力系将部分专门化升级为专业，所属教研室细分为6个教研室，分别是：电机制造、电器制造、发电厂、电力网、高压电、电工基础。随后，又新增了几个新专业或教研室：

- 1955年新增了工业企业电气化专业和教研室
- 稍后，由周克定牵头，建设了主要承担非电类专业电工技术以及电子技术基础的电工学教研室（1957年"反右"时被告知学校并没有正式任命教研室主任）；
- 1956年新增了电气自动装置及计量设备专业和教研室；
- 1957年新增了无线电工学专业和无线电工学教研室、电气自动装置教研室。

华中工学院自筹建时期开始，就重视学校的发展和对新兴技术的关注，有积极发展学科方向的愿望和行动。上述新专业方向是华中工学院筹建时就开始谋划建设的。1952年、1953年即派遣了一批青年教师（如许实章、樊俊、王家金、林士杰、梁毓锦、陈锦江、陈珽、涂健、尹家骧）去哈尔滨工业大学、清华大学等单位进修或攻读研究生。这批进修教师有的是以去苏联专家较多的地方学习苏联高等教育的教学方法为主，也有的是以学习新兴技术如自动化、电子技术等知识为发展新的专业方向做准备。

例如，高压电教研室成立于梁毓锦自哈尔滨工业大学研究生毕业返校之后，是从高压电专门化升级而来。成立之初仅朱木美、梁毓锦、唐兴祚、招誉颐等几位教师，招誉颐是从电工基础教研室调入，具有很好的数学基础和专业理论功底。工业企业电气化教研室是首任主任陈锦江1955年自哈尔滨工业大学电机系工业电气自动化专业研究生班毕业返校后开始建设的,从原发配电专业二、三年级学生中各调拨一个班(30人)转到该专业学习。在陈锦江、涂健等毕业返校之前,赵师梅、周克定、何文蛟等已经在为新建专业实验室做准备。

新中国成立时工业基础差、技术落后。"电气化"是大家憧憬的远景,"无线电""自动化"对新中国而言还是一个很新鲜、很前沿的词汇。学校对这些新专业非常重视。对这些专业,派出进修的教师要求根正苗红,建设新专业的教师也要求根正苗红。当时,既有因有历史疑点被终止派遣进修的教师,也有因出身于地主家庭而未被批准进入新建专业的教师。

在青年教师培养方面,采取了"师傅带徒弟"模式,青年教师与经验丰富的教师结成"师徒"(有教研室见证的结对),如朱木美与姚宗干(见图12)。几年后,这种行会式的师徒模式消失,但"传、帮、带"的传统一直存在。

图12 朱木美教授与年轻的姚宗干

(四) 教学工作

1954年7月,华中工学院举行了第27次院行政会议,决定成立24个教研室、22个实验室,并确定了负责人。其中属于电力系的教研室有4个:电工基础、电力机械、发电与输配电、电机电器制造;实验室有9个:电机、电力机械、电器、工业电子学、电工量计、电工基础、高压电、继电保护、电厂电气设备。

自1954年夏天电力系师生集中到新校园后,全力建设实验室以满足电力系教学实验的基本条件,当年就开设了教学计划规定的实验课程(部分设备是迁移过来的)。各专业都按高教部颁布的统一教学计划开设了全部必修课程,并实现了从课堂讲授、实验,到实习、毕业设计的全部教学内容。

对数学、物理以及专业课程,都配备助教、讲师职称的教师担任改作业、答疑等辅助教学任务。如周克定在1946年开始在武汉大学任助教,迁入华中工学院后1954年担任了赵师梅、魏开泛、叶郎三位教授所教"电机学"8个小班,以及赵师梅所教"电力传动"课程的改作业、习题课和辅导答疑工作(《玉壶冰心——周克定教授八十寿辰庆贺文集》,机械工业出版,2001年)。辅导和答疑既有专门的场地,也有教师深入到学生宿舍去答疑。这既能使学生对课程的意见及时反映,也能使师生感情更加融洽,还能促进青年教师业务水平的提升,是青年教师担任课程主讲的一种前期培训。

因为有的答疑教师很年轻,有的学生会认真思考课程的内涵和技术难点,试图难倒答疑教师,这反而促进了学生的钻研精神(樊明武院士的回忆)。

配置辅导、答疑教师的制度持续了较长时间,1977、1978级仍配有答疑教师。2003年,批改作业安排给研究生,成为研究生的一种助教形式。这时候已经没有配置答疑教师。

1954年，按照苏联教育模式，在专业教研室内部又进行了细化，电机电器设有电器制造专门化，发配电教研室下有高压电专门化、发电厂专门化、电力网专门化等，甚至进一步细化为继电保护专门化、电网过渡过程专门化、火力发电厂专门化、水力发电厂专门化等。

所谓专门化是指在低年级数学、外语类通识课和与电力相关的基础课全系或全专业同修，高年级以及毕业设计时按专门化的计划进一步细化、深入到各专门化的课程。专门化的形式持续了较长的时间。在1964年电机与电器专业所列的主要课程中，电机专门化和电器专门化所修课程对比如表5所示。除上列主要课程外，还设有中共党史、政治经济学、哲学、思想政治教育报告、体育、普通化学、画法几何及机械制图、金属工艺学、机械原理及机械零件、电工量计、电工材料、工业电子学、高压电技术、电力拖动自动控制、自动调节原理、热工学、发电厂及电力系统和机械制造工业企业组织与计划等课程，其中包括选修课。此外，电机专门化还设有电机瞬变过程和控制电机两门选修课；电器专门化还设有自动调节器和电器专题两门选修课。

表5　电机专业所属电机、电器专门化主要课程(1964年)

电机专门化	外语	高等数学	普通物理	理论力学	材料力学	电工基础	电机学	电器学	电机设计	电机制造工艺学
学时数	240	300	230	110	90	240	205	160	100	46
电器专门化	外语	高等数学	普通物理	理论力学	材料力学	电工基础	电机学	电器学	低压控制与保护电器	高压电器
学时数	240	360	230	110	90	240	205	102	76	60

毕业设计时，一方面由于当时学校的实验条件有限，另一方面也为了结合实际，有不少是直接去相关的企业完成。如"本科第一班"中选择高压电专门化的学生，在梁毓锦老师的带领下，去了东北地区位于哈尔滨、长春、抚顺等地的5家研究机构或企业。毕业设计答辩时答辩委员会的构成也要求有本校、企业、本专业和相近专业（大同行）的专家组成。这种答辩委员会组成形式持续了很长时间，图13所示的是1960届毕业生詹琼华毕业答辩时的情形，可见答辩委员会人数较多。詹琼华毕业后留校任教，曾任电机专业教授，2008年退休。

1954年，根据高教部的要求，华中工学院成立了夜大，电力系文斗教授负责华中工学院夜大的筹建和办学工作，并担任夜大第一任校长。

1954年电力系首届专科班学生毕业(1952—1954)，这届学生入学于武汉大学。

1955年首届本科班毕业，号称"本科第一班"，毕业生有150多人。1954届专科班和1955届本科班是在其他学校入学，随教师一起整体迁移到华中工学院的。当时

一、建系初期 百业待兴(1952—1956年)

图 13 毕业答辩时人数众多的答辩委员会
(答辩人：詹琼华,1960 年毕业)

迁入的各专业为一个班,这与当时各校本科为四年制,三年级时有一个选择专业方向的节点有关,选择电力系相关专业的一个班便划归到了华中工学院(如在 1953 年提前毕业来华中工学院工作的人员中,就有入学时在数学系,3 年级时选了电机系的)。在 1955 届"本科第一班"中,后来在电力系工作过的就有来自武汉大学的潘垣、姚宗干,来自湖南大学的陈忠,来自华南工学院的何仰赞、温增银,等等。

1955 年,本科各专业改为 5 年制,同时停办 2 年制专科。

1955 年暑假,全国高等学校各专业教学计划工作会议在哈尔滨召开。文斗教授主持全国电机电器专业教学计划修订工作会议。会议做出规划,电机电器专业分为电机专门化和电器专门化,电机与电器前期课程基本相同,电器专门化另外开设电器学、高压电器、低压电器、电器制造工艺学、低压电器课程设计等。前文表 5 为 1964 年的电机专业培养计划,与此次会议的规划仍基本一致。

至 1957 年,教学工作基本完成了"全面实行苏联模式"的转变,专业上经历了专门化、有条件的专门化成为专业,直至设置教研室;教学上设置了课堂讲授、习题课、辅导答疑、实验课、生产实习、考试、课程设计、毕业设计、学年论文、答辩等系列性环节;考查考试成绩实行了苏联高校执行的五分制。教学管理上建立了教学日历、教学指导书、教师教学工作量与工作日记等管理制度。

考试方式分为口试和笔试两种。笔试无人监考。因教学楼较少,考试地点有时在教室,有时在寝室。口试则是在一堆测试题目中任抽一题,可能为理论阐述,也可能为工程演算,教师围绕该题内容展开知识面,详细询问学生。通常口试的难度高于笔试。当时的考试难度很高,淘汰率也高,一门不及格可补考,补考不及格或两门不及格就留级,有时甚至一个班有一半学生留级,教学严格程度可见一斑。

这一时期,还组织人员翻译了大量苏联的教材。那时教师人人学俄语,边自学边给学生讲课。学生们自己课下还组织了互助组开展自学和讨论,形成师生一片向学的气氛。

（五）科学研究

华中工学院自成立以来，一直重视科学研究。

1955年3月，华中工学院行政扩大会议上，彭天琦副院长在"改进和加强领导，为切实提高教学质量而努力"的报告中就指出："培养提高师资质量是提高教学质量的保证，而提高教学质量、提高师资水平的很重要一环就是开展科学研究"。此时，虽然从表述上仍将科研作为提高师资水平及教学质量的一种手段，但也明确了教师从事科学研究的重要性。加上在笃信"中国落后挨打"的年代，选择学习理工科的知识分子大多是怀抱科学救国、实业救国的信念而选择了理工科专业，希望能通过革新技术、发展工业而改变中国的落后面貌，对科学研究、技术革新有一种本能的欲望。

电力系建系伊始，除教学工作外，科研工作亦同时起步。已查到的主要科研成果有：1953—1954年周克定与中国科学院电工研究所合作研究的"同步发电机带电压校正器的复式励磁装置"，其研究成果被中国科学院评为1955年最佳科研成果之一；他与湘潭电机厂（448厂）合作了"电机放大机理论与实验研究"，相应的新产品试制成功；与电机教研室大电机科研组同志合作的"潘家口蓄能电机附加损耗的分析计算"，取得了阶段性成果；1956年开始，林金铭到上海电机厂参加我国首台6000 kW大型汽轮发电机组的设计制造工作，此后参加过多种大电机的研制工作，其研究成果成为我国大型汽轮发电机的设计和制造技术体系的重要基础。

这一时期，以林金铭老师为代表的电力系电机制造教研室的教师数次前往湘潭电机厂、上海电机厂、哈尔滨电机厂、东方电机厂（位于四川），直接为车间工程技术人员、普通工人、干部讲课。在对各重要电机工厂的工程技术人员系统讲学期间，涉及的专业内容有电机及变压器的若干实际问题、异步电动机的发热计算、中频发电机原理及设计、电机的通风计算、中频发电机的电磁计算、汽轮发电机的机械计算、氢冷汽轮发电机的负序电流与阻尼绕组等。这种系统性的教学使得工程技术人员加深了对电机相关理论的理解，大幅提高了他们的理论水平，为各主要电机厂培养了大批实用技术人才。让科研服务生产、让教学深入工厂，每一步都伴随了中国工业进步的足迹，为中国中频发电机及其大型厂矿企业的发展历史写下了浓重的一笔。这类活动持续到20世纪70年代。

在国际学术交流方面，华中工学院多次邀请苏联专家来校指导、交流。与电力系直接相关的有：1955年苏联水能动力专家卓洛塔廖夫来院讲学；1956年，苏联莫斯科农业机械化电气化学院副院长布茨柯教授来校讲学，做了关于苏联国民经济电气化的学术报告。

二、困难时期　艰苦创业(1957—1965年)

(一) 发展经纬

至1957年,电力系下设有技术基础课和专业课两类教研室,即电工基础、电工学、电机制造、电器制造、发电厂、电力网、高压电、工业企业电气化、电气自动装置、无线电工学教研室,并设置了电机与电器、发电厂电力网及电力系统、工业企业电气化、电气自动装置及计量设备、无线电工学、发电站与工业装置等招生专业。

1958年无线电工学专业改称无线电技术专业。

1958年6月,国家在武汉召开了长江三峡水利枢纽第一次科研会议。82个相关单位的268人参加了会议,会后向中央报送了《关于三峡水利枢纽科学技术研究会议的报告》。电力系的很多教师参加了会议。

三峡水利枢纽工程起源于1950年初,由于长江流域屡遭水患,国务院长江水利委员会正式在武汉成立。1953年,毛泽东主席在听取长江干流及主要支流修建水库规划的介绍时提出"先修个三峡大坝怎么样?"三峡水库的事项进入国家规划之中。1956年,毛泽东主席写下了"更立西江石壁,截断巫山云雨,高峡出平湖"的著名诗句。1958年3月,中共中央成都会议通过了《中共中央关于三峡水利枢纽和长江流域规划的意见》。

根据三峡建设发展水电的需要,华中工学院进行了机构调整,电力工程系拆分为"电机工程系"(简称电机系)和"水力电力系"(简称水电系)。电机工程系下设电机专业、电器专门化、工业企业自动化专业、无线电专业、自动与远动专业、高电压专门化;水力电力系下设发电厂电力网及电力系统专业,以及由动力系调整而来的水能动力装置专业和水力机械专业。

华中工学院成立之初,水力动力装置专业(简称水动专业)又称水力学及水力机械装置专业,隶属动力工程系,水动教研组(1957年改称教研室)组长是李子祥,按附录二之(二),1954年该专业的教师只有7人,至1957年,教师增加至17名,包括张勇传、程良俊、张昌期等。1953年建设了水动实验楼。1958年,增加了水力机械专业,1960年,水动专业改称水力发电厂专业(参见"校史馆·口述历史·梁年生:我校水电学科的发展")。

经民主选举,原水力动力装置教研室主任黎献勇担任水电系主任。电机系主任朱木美,副主任尹家骥,党总支书记石贻昌。此时,朱木美正在进行出国的准备工作,且之后到学院任工会主席、统战部部长,黎献勇兼顾电机系和水电系的同时,电机系尹家骥副主任为电机系做了大量的工作。

尹家骥(1919.7.21—2021.7.29),湖南省武冈市人,1951年自湖南大学被派往哈尔滨工业大学攻读研究生,在1953年湖南大学迁入华中工学院人员名单之中。攻读研究生期间还担任了教学任务,为其他学校赴哈尔滨工业大学进修的青年教师授课,进修教师中就有华中工学院派遣的许实章(校史馆·口述历史·尹家骥:忆电气最初的激情岁月)。1954年学成归来,在电力系电机教研室任教。1959年加入中国共产党。尹家骥先生自1958年开始担任电力系的副主任直到1983年,协助了朱木美、林金铭、李再光、王嘉霖等四位系主任,为电力系的发展作出了重要贡献。2021年7月29日尹家骥教授因病去世,享年103岁,是电气学院至今(2022年4月)最长寿者。

在电力系的发展历程中,长期担任基层单位负责人的还有电机教研室的熊衍庆先生。熊衍庆自1960年开始,连续担任电机教研室主任达30年,在教研室建设和学科发展上不遗余力,表现出"孺子牛"的高尚情操。

1958年9月,中国科学技术协会成立,召开了第一次全国代表大会。电力系文斗教授应邀参会。

1958年10月,苏联水力发电专家谢福拉副教授和自动与远动学专家舍克斯尼亚副教授来院讲学。

1958年在苏联专家的帮助下建设了水力发电实验楼,投资24万元。

1958年,广西大学搬迁到南宁重建,原来自广西大学支援华中工学院建设的部分老师(杭维翰、唐兴祚等)陆续调回广西大学重建电力工程系。

1958年底,学校经核工业部批准设立了工程物理系,电机系李再光、丘军林等教师转出,李再光任系主任。设立工程物理系的基础之一是电机系李再光、丘军林等在电子感应加速器方面的工作得到了核工业部的认可。1962年在"调整、巩固、充实、提高"方针下,以及"三年困难时期"的影响,工程物理系下马,集结起来的教师均重新回到各自原来所在的系。

为培养国防工业建设人才,1959年4月18日,受海军第二副司令员罗舜初中将委托,经一机部和教育部批准建立船舶工程系(简称造船系),设置船舶设计与制造、船舶蒸汽机制造及装置、船舶电气设备、船舶仪表制造及自动化装备、船舶内燃机制造及装置等5个专业。电机工程系由彭伯永、陈坚等转入造船系,组建了船舶电气教研室,彭伯永任副系主任;陈坚任船舶电气教研室主任。电机系1956、1957、1958级三个本科班随同转入船舶工程系。船舶电气教研室于1960年改称船舶电气自动化教研室。

1959年10月,华中工学院召开第二次科学报告会。

1960年3月,电机工程系、水力电力系和动力工程系三系合并成立了"电机动力系",原动力工程系马毓义任系主任,尹家骥任副系主任(朱木美未免除电机系主任职务)。三系合并酝酿自1958年国家探讨建设三峡水电站之时,这是电力系和动力系的第一次合并。电机动力系下设7个专业,即电机与电器、水力发电厂(即水力动力装置)、水力机械、发电厂热力设备及其自动化(即热能动力装置)、工业热能学、电力

二、困难时期 艰苦创业(1957—1965 年)

系统自动化(即发电厂电力网及电力系统)、生产过程自动化(即工业企业电气化)。专业名称及其括号中的解释源自查阅到的 1960 年招生材料手稿(见图 14)。电机动力系维持的时间很短,于 1960 年 9 月拆分为电机工程系和动力工程系。

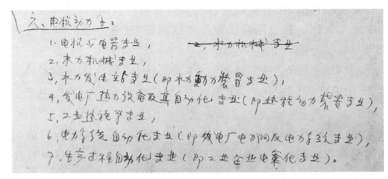

图 14 1960 年招生宣传材料手稿截图

同年年初,华中工学院新上马了 24 个新专业,并组建了无线电电子学系(简称无线电系)。无线电系是由电机系的无线电技术专业、自动与远动专业以及电机系在 1959 年下半年刚刚组建的电真空技术、数学计算仪器及装置、无线电导航等专业为基础组建的,其中数学计算仪器及装置专业是华中工学院设置计算机专业、组建计算机系的基础之一。电机系万发贯、陈锦江、陈珽、余玉龙、林士杰等一批教师转入无线电系(校史馆·口述历史·王筠:建校初期我校电类新专业发展情况回顾)。

1960 年 9 月,电机动力系拆分为电机工程系和动力工程系,朱木美任电机工程系主任(1961—1964 年)。电机工程系包括电机、电器、工业企业电气化及自动化、发电厂电力网及电力系统等 4 个专业。动力工程系包括热能动力装置、水力机械、水力发电厂、工业热工学等 4 个专业。

1960 年 10 月 22 日,中央决定将重点大学从原来的 23 所增加到 44 所,华中工学院成为国家的重点高等学校。

1961 年 9 月 5 日,中共中央颁发了《教育部直属高等学校工作条例(草案)》,简称《高教六十条》,这是与纠正"大跃进"时期的"左倾"冒进,在国民经济领域实施"调整、巩固、充实、提高"方针相关联,具体到高等教育领域的指导性文件。自 1958 开始的"教育大革命"期间,全国高等学校从 1957 年的 229 所增加到 1960 年的 1289 所,专业数量也急剧增加。

值得说明的是,专业数量的激增有多种因素,其一是大跃进,大家都希望能快速发展;其二是国家拨付的经费与专业数量相关;其三是在相当长的一段时期,中国有部分高校属于工业部门领导,部委设有教育司,由于毕业生是计划分配,即使是教育部管辖的高校,设置与工业部门相关的专业时,需要经过工业部门和教育部的双重批准。只要工业部门能批准就保证了毕业生有工作岗位,这也使得只要工业部门批准就有可能设置新的专业。

在《高教六十条》的指导下,国家对大跃进期间急剧增加的大学进行了调整、合并,对数量急剧增加的专业也进行了调整和规范化,制定了高等学校专业目录(未查到此目录原文),总共设置510个专业。具体到华中工学院,第一次调整专业数由39个调整为27个,1962年2月第二次调整为23个,7月第三次调整为18个。专业名称也从图14所示具有现代化意味的名称恢复到简明易懂的名称,如生产过程自动化仍改称工业企业电气化。在全国高校专业名称调整中,电力系的电机专业和电器专业合并为电机与电器专业。

随后,学校又有了新的学科发展和专业拓展,至1973年,国务院教科组确认华中工学院设置36个专业,其中60%以上为电类,所有电类专业的源头中皆有电机系的贡献,参见附录七。

1961年,为了提高教学质量,成立了由国务院21个部委主管教育的副部长和北京市委大学部部长参加的高等学校及中等专业学校理、工、农、医各科教材工作领导小组。按专业类别成立了"教材编审委员会"。所成立的"高等学校电力工程类专业教材编审委员会"归电力部的教育司管理,华中工学院为主任委员单位,第一届主任委员是刘乾才教授(时任华中工学院的副院长),秘书长是樊俊;第二任主任为樊俊教授。同一时期,机械部也成立了"高等学校机电类专业教材编审委员会",华中工学院为主任委员单位,主任为林金铭,熊衍庆任秘书长。直到20世纪80年代前期,华中工学院一直是该委员会主任委员单位。

对电力系而言,教材编审委员会涉及三个部委,教育部负责了理科、工科基础课相关课程的教材编审委员会,电力部负责电力工程类专业教材编审委员会,机械部(一机部)负责机电类专业教材编审委员会。三个部委负责的"教材编审委员会"于1990年前后相继改称"教学指导委员会"。

2001—2005年期间,教育部有"电子信息和电气学科教学指导委员会",下设包括电气工程及其自动化专业、自动化专业、电子科学与技术专业、电子信息科学与工程类专业、电子信息科学与电气信息类基础课程等5个分委员会。2006—2010年期间,其下设分委员会改成包括电气工程及其自动化、电子电气基础课等6个分委员会。2013—2017年期间改为"电气类专业教学指导委员会",自动化、电工电子基础课升级成为委员会。2018—2022年期间,电工电子基础课程成为"工科基础课程教学指导委员会"下设的分委员会。

当前,中国机械工业教育协会继承机械部的部分职能设有"高等学校机电类专业教学委员会",中国电力教育协会继承电力部的部分职能设有"高校电气工程学科教学委员会";电工技术学会和中国电机工程学会均设有"电气工程教育专业委员会"。

1962年5月,华中工学院科学技术协会成立,副院长、电力系刘乾才任主任。

1963年,蒙万融任电机工程系党总支书记(1961—1965年)。

1963年,水电站动力装置专业划归电机工程系。电机工程系设有电机与电器、工业企业电气化及自动化、发电厂电力网与电力系统、水电站动力装置(含水电站、水机)等4个专业,各专业均为五年制,如图15所示。

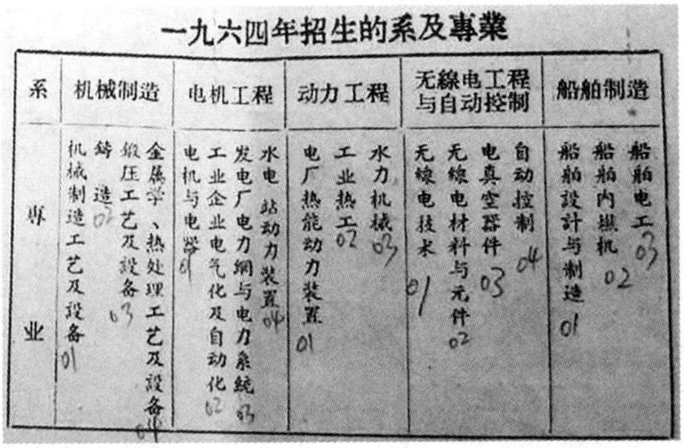

一九六四年招生的系及專業

系	机械制造	电机工程	动力工程	无線电工程与自动控制	船舶制造
專业	机械制造工艺及设备 01 铸造 02 锻压工艺及设备 03 金属学、热处理工艺及设备 04	电机与电器 01 工业企业电气化及自动化 02 发电厂电力网与电力系統 03 水电站动力装置 04	电厂热能动力装置 01 工业热工 02 水力机械 03	无線电技术 01 无線电材料与元件 02 电真空器件 03 自动控制 04	船舶设计与制造 01 船舶内燃机 02 船舶电工 03

图 15　1964 年华中工学院招生简章之专业设置

1964 年，林金铭任电机工程系主任(1964—1966 年)。林金铭，1940 年毕业于武汉大学，1946 年赴英国留学，1949 年回国任武汉大学电机系副教授。1952 年调入华中工学院，是我国大型电机理论及设计规程的奠基人之一，首批博士生导师。后曾任华中工学院图书馆馆长，中国民主同盟第五届中央委员，湖北省第六届副主任委员。

1965 年水电站动力装置专业划归动力工程系。此时，电机工程系下设教研室有电工基础、电工学、电机与电器、发电厂电力网及电力系统、工业企业电气化、高电压。

(二) 负重而行

1957—1965 年，中国仍处于政治变革浪潮之中，同时也经历了 1959—1962 年“三年困难时期”。

1957 年，举国上下掀起了“反右”的浪潮，当时严重混淆了两类不同性质的矛盾，电力系有多位教师被扣上了右派的帽子，严重损害了党同知识分子的团结，造成不好的后果。

1957 年 12 月 20—29 日，华中工学院 6000 余名师生员工步行近 50 公里，参加东西湖围垦工程义务劳动。

1958 年国内开始了“大跃进”运动，“鼓足干劲，力争上游，多快好省地建设社会主义”，到处都是大炼钢铁的热潮，电机系有部分师生参加了在今武汉市鼓风机厂附近的高炉炼铁活动。因为“浮夸风”的影响，学校开始大办工厂，全校当时有 100 多个工厂，电机系也兴建了“电容器厂”“保险丝厂”等，学生们纷纷进行所谓“发明创造”，但因知识储备严重不足，一些“发明”违背自然科学规律，如电机系水电专业的学生用木头造水轮机，并在现今青年园小桥处建了一个“青年园水电站”，该生还因此被评为当年的校先进工作者。

同年，为响应全国“大跃进”的建设热潮，让学生亲身投入国家建设之中感受、培养爱国心并激励学习热情，华中工学院组织在校学生参加了京广线铁路建设工作。图 16 是由电机系、水电系、动力系组建的“红旗中队”参加京广复线铁路建设归来时的纪念照片。

1958 年底，随着“大跃进”，全国高校开始“教育大革命”以及“拔白旗”运动，指责一

图 16　电机系、水电系、动力系第二年级红旗中队修筑京广复线凯旋纪念(1958 年 12 月 10 日)

批老知识分子具有资产阶级思想,并加以大肆批斗,电机系也有部分教师受到牵连。

1959 年,"三年困难时期"开始。当时由于大搞人民公社运动,到处都实行"大锅饭"制度,电机系的师生们洋溢着高度的主人翁精神,科研热情高涨,经常在实验室里一干就是一个通宵,有时半夜一、两点钟肚子饿了去食堂加加油,食堂也有饭供应。然而随着灾害程度的加剧,全国严重粮食匮乏,高校食堂的伙食也开始变差,逐渐变成了粗粮、红薯等,甚至这些也常常供应不足。教师被分为"蛋肉干部"和"糖豆干部"两类,按月限量供应米面等生活物资。学生的限量比教师稍高一点。师生们为填饱肚子不得不四处寻觅野菜,或开辟小块田地种植一些粮食作物,道路崎岖,挫折和失败总是相伴左右、挥之不去。在这种困难情况下,大家的健康水平纷纷下降,但也在坚持努力,出现身体水肿在当时是很普遍的现象。"三年困难时期"学校的教学科研活动明显减少,直到 1962 年灾害结束才慢慢恢复过来。

1960 年 2 月 6 日至 18 日,华中工学院 6600 多名师生员工参加了汉丹(汉阳—丹江口)铁路的修建工作,实际劳动 9 天,完成了上级分配的 6993 米路基土石方任务。

1964 年 3 月,华中工学院 1600 余名师生下乡参加社会主义教育运动,到农村去,在阶级斗争中锻炼提高。

(三) 教学工作

这一时期为本科教学开设的课程主要有:一、二年级有高等数学、大学物理、化学、画法几何、机械制图、理论力学、材料力学、电工基础、金属工艺学、金工实习和体育课等。1961 年以前外语为俄语,1961 年后部分专业转为英语,如 1964 年,电机与电器专业开始开设的是俄语课,发配电则开设的是英语课;高年级不开设体育课,主要侧重专业基础课和专业课,如发电厂电气部分、高电压技术、继电保护、电力系统自动化等,还包括课程设计和毕业设计。课程内容比较多,难度也较大,如"画法几何"一课就被同学们戏称为"头痛几何"。

二、困难时期 艰苦创业(1957—1965年)

教研室会定期研讨教学问题。如电机与电器教研室(201教研室)在1961年的一次学术活动中讨论了三个问题:"同学很难接受的非线性电路问题""用能量观点讲授过渡过程的方法""在直流电路这章中如何贯彻辩证唯物主义"。通过讨论,研究了教学中存在的问题,交流了成功的教学经验,既帮助了青年教师掌握教学内容和教学方法,也启发了中老年教师进一步改进教学,提高课程的思想性(摘自刘献君.守正出新的大学之道[J].高等教育研究,2017,38:32-42)。

1958年,"大跃进"期间大办工厂,同时也开门办校,到工厂、车间结合实际开展教学活动。如马志云带1961届20名学生到汉口学习电机制造技术,李湘生带学生学习制作变压器。

1961—1962年中国恢复招收研究生制度,朱木美、刘乾才等被教育部批准为第一批研究生导师。电机工程系1961年开始研究生试招生,电机工程系招收的是胡会骏(导师刘乾才,副导师何仰赞)、杨志刚(指导教师陈德树),当年华中工学院实际招收研究生15名(其中在职研究生3名)。1962年开始全国统一考试招收研究生。华中工学院可招收研究生的导师有朱木美(高压)、刘乾才(电机)、黎献勇(水电)、陈珽(自控)、马毓义(动力)和陈日曜(机械)等6人,招收了7名研究生,电力系王晓瑜(导师朱木美)是其中之一。还有一些老师任副导师,如从苏联莫斯科动力学院学成归国的何仰赞等。研究生的公共课有高等工程数学、自然辩证法等,外语为英语。专业课程多为导师、教研室指定自学、考试。不及格者可被直接除名。

在1961—1963年国家缩减、调整、规范专业期间,电力系的专业数量仅保留了3个:电机与电器、工业企业电气化及自动化、发电厂电力网及电力系统。据1965年华中工学院专业介绍,三个专业的主要业务课程及学时数如表6所示。其中,电机与电

表6 电力系所属三个专业的主要业务课程及学时数(1965年)

电机与电器专业	电机专门化	外语	高等数学	普通物理	理论力学	材料力学	电工基础	电机学	电器学	电机设计	控制电机	
	学时数	233	361	226	108	102	258	203	102	96	49	
	电器专门化	外语	高等数学	普通物理	理论力学	材料力学	电工基础	电机学	电器学	低压控制与保护电器	高压电器	电器制造工艺学
	学时数	233	366	232	112	102	254	203	102	74	60	28
工业企业电气化及自动化		外语	高等数学	普通物理	电工基础	自动控制电器	电力拖动基础	自动调节原理	电力拖动自动控制	生产机械电力装备	工业企业供电	
学时数		240	360	230	240	64	82	66	98	40	86	
发电厂电力网及电力系统		外语	高等数学	普通物理	电工基础	电机学	电力系统电磁暂态过程	发电厂变电所电气部分	电力网及电力系统	电力系统继电保护		
学时数		248	352	230	250	180	55	68	80	56		

器仍然保留了专门化,发电厂电力网及电力系统专业在注释中说明了仍存在高电压技术专门化。除表6所列主要业务课程外,三个专业都开设有中共党史、政治经济学、哲学、思想政治教育报告、体育、普通化学、画法几何及机械制图等通识课程。

另外,电机与电器专业还开设金属工艺学、机械原理及机械零件、电工量计、电工材料、热工学、工业电子学、高电压技术、发电厂及电力系统、电力拖动基础(电器专门化选修)等课程。

工业企业电气化及自动化专业还开设金属工艺学、理论力学、材料力学、机械原理及零件、电机学、工业电子学、热工学等课程。

发电厂电力网及电力系统专业还开设金属工艺学、理论力学、材料力学、机械原理及机械零件、工业电子学、热工学及发电厂热力部分、电力系统自动化、高电压技术(选修课,高电压专门化的痕迹。1966级毕业的70人中,有10人选择了高电压技术相关选修课,并进行高电压技术方面的毕业设计)。

从三个专业所开设的课程看,可以互选其他专业的课程作为选修课是特色之一。对三个专业都列为主要业务课程的外语、高等数学、普通物理三门课程,在课时数上有微量的不同,可见课程设置的细节以及教师授课时需要精准差异化准备。

(四) 科学研究

1957年春,华中工学院召开了第一次科学讨论会,电机系部分教师参加了会议并宣读了学术论文。如周克定在会上宣读了《磁放大器用柔性反馈改善品质因数的理论与实践》和《交直流电机电磁转矩公式的同一性》两篇论文。

1958年,高电压教研室开始建设高压实验室,凭借1960年朱木美承担输电线防雷国家电力重点研究项目受到高度重视,获得了经费支持,最终建成了1320 kV冲击电压发生器(1965年完成),所研制的高压示波器参加了在北京举行的高等教育科技成果展,并且被《光明日报》所报道。

1958年前后,邹锐进行了发电机内部故障的继电保护问题研究,1965年,黄石电厂一台5万千瓦汽轮发电机发生了类似故障,陈德树接手该项研究并取得成果。此项研究随着硬件、软件技术的发展,一直延续到后来建设的三峡水电站的电机。动模实验室的三峡700 MW模拟发电机组的建设于2003年年底立项开始,2005年建成全世界唯一的一套三峡多分支物理模拟机组系统,并开展了相关技术研究。

1958年,电机系发配电专业刁士亮参加了由电力部电科院、清华大学、西安交通大学、天津大学和华中工学院组成的研究组开展交流计算台(电力系统研究分析用大型仪器)的研制工作。9月,在华中工学院开展相关研究,研制200周波交流计算台,大大节约了电网分析计算时间,在1970年代对国家交流电压等级的论证及重大工程建设中都发挥了重要作用。该项工作得到华中工学院、电力系的大力支持,"学校组织来自多学科的200多名师生参与其中。研制中,有的器件经过100多次试验才取得成功"(刘献君.守正出新的大学之道[J].高等教育研究,2017,38:32-42)。

刁士亮先后获得了湖北省社会主义建设红旗手称号、省政府的通令嘉奖、湖北省和全国文教方面先进工作者的殊荣,出席了湖北省和1960年全国文教群英会。"文革"结束后刁士亮老师和柳中莲老师一起调回华南工学院任教。1960年,华中工学院参加全国文教群英会的有刁士亮、林士杰、熊守银、王文清、丘军林、曹秋纯、邬克农等7人,其中刁士亮、林士杰、丘军林、曹纯秋为电机系教师。发配电专业(也称电力系统自动化专业)荣获湖北省先进集体称号。

1958年,李再光、丘军林等研制了电子感应加速器,该项目的参加者、当时的在读学生陈珠芳代表科研组出席了全国第二届青年社会主义建设积极分子代表大会,团中央授予研制组一面"坚决做社会主义和共产主义的突击队"的奖旗;丘军林出席了全国文教群英会;李再光出席了十周年国庆观礼。陈珠芳毕业后留校工作,1965年任电力系分团委书记。后曾任华中理工大学管理学院党总支书记、常务副院长,1995年加入华为技术有限公司任人力资源部部长,此后曾任华为党委书记、副总裁。

同一时期,还有电机系教师研制的光电检查仪、伺服步进电机(陶醒世、郭功浩及学生张诚生、杨政等)、动平衡机、YBK电磁电压调节器等4项技术在1959年12月经国务院有关部门审定在德国莱比锡举行的国际博览会上展出。其中,陶醒世主持研制的步进电机是我国第一台,1978年获得全国科学大会奖和一机部新产品奖。陶醒世1986年加入中国民主建国会,1990年至1998年任湖北省教委副主任,1997年任民主建国会湖北省第四届委员会主任委员,是第九届(1998—2003年)全国政协委员。

1958年,华中工学院承接了研制150台车床的任务,在机械系成立了"150战斗司令部",电力系电机与电器教研室承担了电机电器相关的研制任务,陈传赞负责电机,左全璋负责研制车床的控制开关——磁力启动器。据左全章回忆:"1959年2月4日,我获得《为胜利超额完成一百五十台车床》纪念册",这记录了华中工学院电力系和机械系通力协作的早期历史(校史馆·口述历史·左全璋:我的老师文斗教授;欧阳康总策划、李智、胡艳华主编《华中科技大学纪事》,华中科技大学出版社,2012年,第一版)。

在"为三峡而战"的口号下,华中工学院电机系、水电系、机械系和化学教研室一起承担了三峡科研课题88项,电力系陈德树、姚宗干等担任了三峡相关科研任务;电机教研室完成了钻探电机设计任务,与长江流域规划办公室联合举行了技术审查会议。同时期,华中工学院承担了109项两弹科研任务。

1960年,朱木美承担了输电线路高杆塔防雷的国家电力重点研究项目,从而获得华中工学院、电力系的重点支持。1963年提出了电气-几何模型为基础的新的输电线路雷电绕击率的计算方法,当时的研究生王晓瑜参加了该项工作。该项研究所提出的"雷电流大小不同,绕击率不同,小雷电流易绕击"的概念以及绕击率计算的电气-几何模型是国内外首次提出,对此后我国高压输电防雷作出了重要贡献。

《高教六十条》同时明确大学是科学研究的一个方面军,更是具体谈到:"高等学校应该积极地开展科学研究工作,以促进教学质量和学术水平的提高"。这对促进教师加强科学研究工作起到了促进作用。

1962年,经学校批准,学校和电机系、发配电教研室自筹资金开始建设电力系统动态模拟实验室(简称动模实验室),建设了7.5 kVA的动模机组。1965年前后,朱九思副院长提供了中国科学院电工研究所拟停办动模实验室的信息,电机系系主任朱木美亲自去北京争取来一台7.5 kVA机组。20世纪70年代,获悉湖北省电力局中心试验所拟建设动模实验室,发配电教研室的教师立即和他们联系,说服他们将该实验室设置在华中工学院,开创了校企联合建设实验室的先例(校史馆·口述历史·孙淑信:动模实验室的成立过程)。此时动模实验室形成了输电线路模型、机组模型和中央控制台的基本格局,如图17(a)所示。

(a)第一代控制台(1962—1998年)　　(b)第二代控制台(1985—2006年)　　(c)第三代控制台(2004年至今)

图17　从电力系统动态模拟实验室看电气工程学科的发展

在以后的发展中,实验室又经过多次改造、拓展,从控制台的格局可以一窥实验室的技术进步,如图17(b)、(c)所示。图中升级换代的时间有重叠,这是因为在升级换代的过程中仍要保证教学、科研的顺利进行,需分期分批地完成升级换代。动模实验室在电力系几十年的教学和科学研究中都发挥了重要作用,在2010年申报建设强电磁工程与新技术国家重点实验室时,动模实验室是和磁约束核聚变、脉冲强磁场并列的三个重要实验基地。关于动模实验室,可参见"下册·系所发展简史·电力工程系"部分。

1964年,电机与电器教研室与湖北电机厂合作生产单绕组多速电机,国家定型产品SD系列,该产品由陈传瓒、冯信华、许实章和学生张城生、杨政于1958年开始研究开发。

1965年,全国自动电力拖动系统模拟技术交流与协调会在华中工学院举行,在交流经验的基础上,协调了今后两年的研究任务。

1965年,造船系船舶电气自动化教研室肖运福等参加了250马力沿海拖网渔船研制。该教研室自1959年由电机系转出到造船系,1998年又回归电力系。

这段时期,企业急需提升技术水平,电机系部分教师被邀请举办各类技术培训班。如左全璋在1960年左右,在武汉开关厂先后为湖北省、中南五省开设低压电器培训班,编写了《交流接触器》讲义,2000册讲义流传到全国各地。

三、十年"文革" 曲折前进(1966—1976年)

(一)政治风雨

1966年5月7日,毛泽东主席在后来被称为"五七指示"中提出全国都要学习政治、文化、军事,也要批判资产阶级,其中,"学生也是这样,以学为主,兼学别样,即不但学文,也要学工、学农、学军,也要批判资产阶级。学制要缩短,教育要革命,资产阶级知识分子统治我们学校的现象,再也不能继续下去了。"1966年5月16日中央发布了"五一六通知"。以这两件事为起点的后续发展对学校的教育工作产生了深刻的影响。前者直接的体现在缩短学制、培养计划中增加学军、学工、学农的环节。后者代表着史无前例的"文化大革命"开始,在神州大地上刮起了一股强烈的政治风暴,呈现出动乱状态。华中工学院亦未能幸免,一批有专长的老师都被扣上了"资产阶级知识分子""反动学术权威"的帽子,曾在"肃反""反右"中蒙冤的教师以及国民党统治时期任职的教师也再一次被批斗,受到极不公平的对待。

当时电机系1966届同学正在毕业设计阶段,由于受到政治运动的冲击,只好提前毕业。随后全校像全国其他高校一样,学生们开始"停课闹革命"。

1967年,接到上级指示"复课闹革命"。由于当时要求打破旧的教育思想,向解放军学习、走与工农相结合的道路,学校的系改称"大队",各专业学生按"连队"编制。电机系改成"二大队";专业课多数都改在工厂里上课,同学们边看书边向工人师傅请教和自己动手完成的。但复课不到半年,"停课闹革命"又开始了,学校的教学工作停滞。

1967年,武汉发生了武斗,有多人伤亡,一直发展到轰动全国的"720事件"。武斗同样涉及华中工学院,造反夺权、文攻武卫等活动使学校的各项工作均陷于混乱状态。动乱局势持续到1968年解放军毛泽东思想宣传队和工人毛泽东思想宣传队(军宣队、工宣队)进驻学校。

1967年8月,新华工革命委员会成立,接掌了学校的领导权。革委会主任为红卫兵组织"新华工"的头目,委员中学生和工人代表占多数,仅有很少几人是原学院的党政干部,查谦、朱九思等一批老干部都"靠边站"。

1966年,李再光任电机工程系主任,因文革"夺权"未能实际负责,1967—1973年,电机系革委会主任为刘多兴(工宣队成员)。

1967年10月14日,中共中央、国务院、中央军委、"中央文革"小组联合发出《关于大、中、小学校复课闹革命的通知》。

1968年7月21日，毛泽东主席在《从上海机床厂看培养工程技术人员的道路》的调查报告批示中指出："大学还是要办的，我这里主要说的是理工科大学还要办，但学制要缩短，教育要革命，要无产阶级政治挂帅，走上海机床厂从工人中培养技术人员的道路。要从有实践经验的工人农民中间选拔学生，到学校学几年以后，又回到生产实践中去。"这个批示被称为"721"指示。在此指示之下，开始再提"复课闹革命"，在教育行业一度有恢复秩序、步入正轨的势头。

1968年，两届学生（1967届、1968届）毕业离校。

1968年9月，工宣队和军宣队进驻华中工学院，刘崑山任指挥长。军宣队、工宣队一方面制止武斗、稳定秩序，另一方面也接掌了学校及各系的领导权，领导开展"斗、批、改""清理阶级队伍"等运动。

1969年12月—1970年8月，除极少数老弱病残者以及部分承担重点科研任务的人员之外，全学院师生员工下放到咸宁马桥镇劳动，开展"斗、批、改"运动。

1970年6月，华中工学院副院长朱九思得以"解放"，虽没有安排具体职务，但已经实质性地开始负责校内的教学科研等工作，1972年8月被任命为华中工学院临时党委第一书记，10月任革命委员会主任。

在"斗、批、改""清理阶级队伍"的运动中，在军宣队、工宣队的领导下，也纠正了部分冤假错案。如某教师因有一位中学同学在1954年"肃反"中经受不住审查而编造了一个"军统潜伏特务"组织名单，该教师被卷入其中，在本人毫不知情的情况下成为"控制使用"对象。"文革"中又经受审查。在16年后的1970年经核查为子虚乌有予以了平反。

1970年7月，1969届、1970届学生毕业离校，绝大多数学生直接从咸宁奔赴工作岗位。电机工程系有毕业生560多名。为补充师资力量，从中选拔留校共20名。之后，学校宣传演出队解散，原电机系的毕业生也多数回到本系工作。他们有：刘献君、曾克娥、龙国斌、陈冬珍、周海云、杨长安、秦忆、黄心汉、张明波、翁良科、任士焱、刘业伟、余岳辉、王受成、吴鸿修、林巨才、孔志辉、王少田、熊信银、周祖德、周方桥、李启炎、高东辉、杨仲明、陈国贤、张国胜、田景敏、潘晓光、陈姝姝、徐桂英、王柏林、杨传谱、王汉生、陈涛。

同年8月，部分教师返回学校参加复课的准备工作。

（二）整顿中的前行

由于"文化大革命"的冲击，1967年开始，高等学校招生中断，教学科研工作都受到了严重的影响。

1971年1月，开始招收第一批有实践经验的"工农兵学员"，学制改为3年，华中工学院逐渐恢复教学科研工作。各系生源是按组织上要求接受的地方上推荐的工农兵学员。电机系首届工农兵学员电机专业编为5连，发配电专业编为7连。

朱九思以教育家的眼光，提出了"高筑墙、广积人"的口号，在军宣队、工宣队的支持下，解放和引进教师，恢复教学、科研工作，学校得到了一定程度的发展。电力系在此期间也从工矿企业引进了部分教师。

1971年成立无线电工程二系（后改名为固体电子学系，后为电子科学与技术系，现已并入光学与电子工程学院），电机系的王敬义、陈志雄、余玉龙、左全璋等转入，王敬义、陈志雄曾先后任系主任。

1972年成立激光技术研究所，李再光、丘军林、白祖林等自电机系转出。

1972年，根据《全国教育工作会议纪要》和上级指示精神，华中工学院各大队改名为系，撤销连队编制，教师与学员分别编成教研组与年级。组织体制如下：一大队改为机械制造一系（简称一系），六大队改为机械制造二系（简称二系），三大队改为动力工程一系（简称三系），八大队改为动力工程二系（简称四系），二大队改为电机工程系（简称五系），五大队改为船舶工程系（简称六系），四大队改为无线电工程系（简称七系）；学生以系为单位编年级，每个年级按专业分班。

电机工程系（五系）下设政治工作办公室、教育行政办公室，电机、发电与配电、工业电气化及自动化、高电压技术、电器、电工基础、电工电子学等7个教研组，以及1个电机厂，有3个年级的学生。

自1972年的"721"指示之后，教育事业有了逐渐恢复发展的趋势，对工农兵学员不仅仅只是推荐，也有了考试。但1973年小学生黄帅的一封信和张铁生被推荐为工农兵学员后的考试中的"白卷事件"被利用，教育行业再次受到严重影响。

1973年，李再光任电机系主任，李再光1972年已组建了激光研究所并任所长，此时兼任两个单位的负责人，电机系的尹家骥、樊俊、梁毓锦等副主任承担了电机系的具体工作。

1973年8月，电机系工业企业自动化专业、电工电子学教研组中承担电子技术相关课程的教师、无线电工程系自动控制专业和动力工程系热工仪表专业等集中组建自动控制和计算机系（简称自控系），由电机系转出至无线电系的陈斑任系主任。"自动控制系"在1966年招生简章上就出现过，但因"文革"中断了招生，自动控制系的成立也随之迟滞了。

1976年电机系招收了最后一届工农兵学员，其中包括一个师资班（76081班）。

这个时期举办师资班，也间接表明学校、电机系已在筹划下一步的发展。

在这样一个动乱的年代，学校的秩序被打乱，停课闹革命，多年未招收新生。"文革"中，除部分重点科研项目在继续坚持之外，几乎处于停顿状态。1971年开始招收工农兵学员后，逐渐恢复教学秩序，科研工作也重新起步。

（三）本科生教育

工农兵学员中不乏在电力部门岗位上有多年工作经验的同志，他们负有"上大学、管理大学、改造大学"的名分。但是教育还是要依靠教师。教学方法全面学习清华大学的经验,除了"围绕典型产品组织教学"之外,还要采用"厂校挂钩、开门办学"等方法。电机系就曾组织学生到湖北电机厂开门办学。

为了让一些基础比较薄弱的工农兵学员能够听懂专业课,系里专门组织一批有丰富教学经验的老师编写了教材,讲课老师也力求讲得深入浅出、明白易懂。例如,在讲述微积分时,将微分和积分形象地比喻为:一把锉刀锉出一套微积分,即一刀一刀的锉就是微分,锉出来的纹路连成曲线就是积分。这一教学方式虽有结合实际的特点,但就系统性和科学性而言,显然有失偏颇。

(四)成人教育

在"文革"后期,国家已经意识到教育事业受到极大的干扰。同时,自新中国成立以来,一直重视普及教育,开办"识字班""扫盲夜校"等。在"文革"后期的"整顿"阶段,"函授""夜校"等普及教育、多种形式的成人教育开始起步,并逐渐盛行。

1975—1977年,根据当时形势的要求,学校举办了为人民公社培养农村技术人员、被称之为"社来社去"的教学班。电机系办的叫"农电班",机械系、动力系办的分别叫"农机班""农拖班"。同一时期,还承担了"农村电工函授"教学任务。

1975年,电力系承担学校下达的"农村电工函授班"教学,电力系由尹家骥副主任负责,成立"农村电工函授教学小组"下乡驻点教学。1975年的教学小组由黄慕义、程光弼、曾广达、黄冠斌、张国胜等老师组成,教学点在天门钟祥等地。1976年的教学小组由詹琼华、陈瑞娟、孙亲锡等老师组成,教学地点在黄冈、鄂州等地。这类函授班办了两年,学员由各地县电力局定,只听课没有考试。

1976年下半年,电机系在咸宁的学校农场开办了"农电班"。农场为教学班安排了教室、食堂、师生宿舍、办公室,还提供了必要的实验条件。电力系派去的教师有:电工基础邹锐、电器罗掌业、电机唐孝镐、发配电任元,还有刚毕业留校的李振文和陈昌贵。"农电班"负责人是邹锐和罗掌业,李振文担任班主任。教学班除进行教学外,师生还参加了农场的一些劳动。三个教学班于1977年底结束。

根据中央的"721"精神,20世纪70年代学校开办过"721工大"教学班,其中有电力系统自动化专业、电机专业,电力系的教师承担了教学任务。电机专业的学生有两个班,分别是华中工学院1974年招生的工农兵学院一个班和湖北电机厂的一个"721"班,教师和学生都住厂生活和上课,学习时间约3年。

(五)科学研究

在科研方面,值得一提的是部分教师即使被批斗、住牛棚、进"五七"干校,仍然在自学专业知识,思考技术问题。部分教师也因为企业有技术需求或有国防科研任务而没有完全中断科学研究。在1971年恢复教学工作的同时,科研工作也逐渐展开。

1969年学校在"斗、批、改"期间,接到湖北大冶钢厂的求援,电力系涂健、罗宗虔、白汉振等教师带领李从旺、秦忆、宋吉生等学生进行了可控硅替代汞弧整流器、电弧炉电极升降系统、轧机控制室等技术攻关与改造(校史馆·口述历史·李从旺:回忆1968年的一段教育改革经历)。

1971年,电器教研室左全璋在下放潜江期间,承担了潜江县展览馆"农业学大寨展览"用"潜江县五条人工河流和荆河汉江的电动模型",研制了低压大电流变压器,获评为"十能"教师。此后,为平顶山高压开关厂研制了油开关用直流螺管电磁铁,涉足非线性电磁铁计算理论,发表了第一篇学术论文《交流电磁系统的一种计算方法》(《低压电器》1973年第4期)(校史馆·口述历史·左全璋:我所经历的科研为社会服务)。

1973年,和西南585所合作,参加了451工程即建设核聚变研究装置"环流一号"的研究工作。华中工学院电力系"本科第一班"毕业的潘垣当时任该工程总体组第一副组长、脉冲电源及控制系统研究室主任,是华中工学院参与该项工程的主要牵线人、联系人、585所方技术负责人。在该项合作研究中,李再光为华中工学院方技术负责人,总经费达500万元。这在当时教师每月工资普遍在几十元的情况下,已经是超大型科研项目。其中,电机系承接了无磁钢箍脉冲强磁场线圈、快速开关、六相双Y移30°绕组同步发电机、电机模拟系统和暂态过程分析,以及168 MW硅整流器等多项任务。主要研究人员有:许实章、丘军林、姚宗干、谢家治、黄天柱、罗志勇、温增银、樊俊、陈崇源、胡会骏等教师(其中部分人员此前已从电机系转入其他系,如经硅元件厂至固体电子学系的黄天柱、罗志勇,李再光已于1972年任激光研究所所长,但仍兼任电机系主任)。"环流一号"工程于1987年获国家科学技术进步奖一等奖,电机系承担的工作也都获得了国防科工委的科技奖励("校史馆·口述历史·李再光:工程物理系发展始末",以及潘垣院士的回忆口述)。

1973年1月至1973年8月,电机系的电工电子学教研组接受了湖北省机械厅下达的"自控车床"科研任务,对其控制系统(硬件)进行了设计、安装和调试。随后华中工学院组织了机械制造、工业企业自动化、液压传动3个专业的部分教师和学校机械厂的一些工程技术人员共同开始研制"加工中心"(卧式自控镗铣床),取得了很好的成绩。

1975年初,樊俊教授、涂光瑜、曾克娥老师带领电力系发配电专业毕业班6名学生到湖北省黄石电厂做毕业设计。黄石电厂提出用当时最新型的可控硅励磁控制技术改造一台老机组励磁系统的要求,并成立由樊俊教授牵头,两位老师、黄石电厂工程技术人员、学生组成的研制小组,一起来研制可控硅励磁控制装置,改造这一励磁系统。经过毕业设计阶段和其后的共同努力,终于成功地完成了新型可控硅励磁控制系统的研制和老机组励磁系统的改造。通过这一项目的研究,改进了黄石电厂的生产设备和运行安全,提高了老师们和工程技术人员的科研水平,培养了学生的实干能力。黄石电厂可控硅励磁控制系统研制和改造项目于1978年荣获湖北省科技进步奖三等奖。

1977年,左全璋为北京燕山石油化工总厂"20万吨乙烯工程"设计了电磁阀。当时，签科研合同等程序并不健全，北京朝阳电磁阀门厂汇来3000元设计费。

这一期间，电机系开展了步进电机相关研究，在大功率步进电机（低速和高速系列）、步进电机可控硅驱动电源、步进电机平滑驱动系统等方面取得了良好的研究成果。

1966年初，高等教育部为了把华中工学院在国民经济中有广阔前景的电机系的两项科研成果"步进电动机"和"单绕组多速异步电动机"迅速投入生产以应国家建设之急需，决定全力支持华中工学院立即立项建设"华中工学院附属电机厂（在电力工程系1958年组建的电机厂上进行升级）"，并拨出经费、调拨设备、建设厂房、给出工厂工人编制指标，在华中工学院图书馆北边迅速建起了电机厂。该电机厂是此后电机专业宝贵的研发基地，所研发的多项科研成果获得了国家科技发明奖或者科技进步奖，所生产的一批批"步进电动机"产品和"单绕组多速异步电动机"产品源源不断地输送到全国各地，在国家建设中发挥了重要的作用。

四、恢复高考 再启宏图(1977—1987年)

(一)发展经纬

1977年,电机工程系改称电力工程系(简称电力系),动力一系的水力机械、水电站自动化(由水力发电厂更名)、火力发电等专业转入。电力工程系包括电机、高压电器、高电压技术、发配电、水力机械、水电站自动化、火力发电等7个专业教研室和电工基础、电工学教研室。其中,水力发电和水力机械在1961年电机动力系拆分时划归动力系,水力发电1963年曾转入电机系,1965年再次划归动力工程一系,现在是又一次归入电力工程系。

此时,电力系已经开始考虑学科发展、专业方向的问题。例如,如图18所示,高压电器专业于1977年5月25日经由学校向一机部提交了学科发展报告,对该专业发展相关的业务范围、学制、招生对象及人数、课程设置、科研方向、实验室建设、师资队伍、教材建设等8个方面汇报了发展思路。在专业方向方面,根据"专业面要宽一

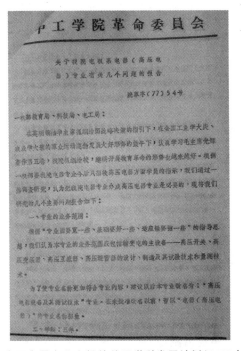

图18 高压电器专业上报的关于学科发展计划(1977年5月)

些、基础要好一些、适应性要强一些"的指导思想,提出该专业方向应包括高压开关、高压变压器、高压互感器、高压避雷器的设计制造及其试验和量测技术,提出在专业名称上改成"高压电器设备及其测试技术"。实际上,1977级高压电器专业,招生时专业名称为"高压电器",毕业时的专业名称已更改为"高电压技术及设备"。

1977年7月,王嘉霖任电力系主任(1977—1979年),潘昌志任书记(1977—1980年)。王嘉霖1954年毕业于华中工学院电力系,从事电力技术经济及物流优化管理相关研究工作,后调任华中工学院管理学院。潘昌志在尊重知识分子、落实知识分子政策等方面给人留下了良好的印象。

1977年9月,教育部在北京召开全国高等学校招生工作会议,决定恢复已经停止了10年的全国高等院校招生考试,以统一考试、择优录取的方式选拔人才上大学。

同年,为提高师资水平,华中工学院决定当时所有留校工作的青年教师脱产学习3年,如高电压技术教研室叶启弘、文远芳被派往武汉水利电力学院高压专业学习。

1978年3月,恢复高考后第一届新生(1977级)入学。1978级改成夏季招生,于1978年9月入学。

1978年3月18日至31日,党中央组织召开了全国科学大会,华国锋主席宣布大会开幕,邓小平副总理做重要讲话,强调科学技术是生产力,"四个现代化"的关键是科学技术的现代化;指出我国知识分子的绝大多数已经是工人阶级的一部分,是党的一支依靠力量,要在我国造就更宏大的科学技术队伍。方毅在会上作了报告并就《一九七八年至一九八五年全国科学技术发展规划纲要(草案)》作了说明。

新中国成立之初,中央领导人逐步提出建设现代化工业、农业、交通、国防的设想。1957年2月27日,毛泽东主席在《关于正确处理人民内部矛盾的问题》的讲话中说:"将我国建设成为一个具有现代工业、现代农业、现代科学文化的社会主义国家。"1960年,又补充了"国防现代化"。1964年12月第三届全国人民代表大会第一次会议上,周恩来在政府工作报告中首次提出,在20世纪内,把中国建设成为一个具有现代农业、现代工业、现代国防和现代科学技术的社会主义强国,实现四个现代化目标。

1978年全国科学大会明确了"科学技术是第一生产力"和"知识分子是工人阶级的一部分",这促进了落实知识分子政策,推动了科技教育界的改革。

此后,国家决定恢复研究生教育,并着手恢复学位制度和职称评定制度。

新中国的专业技术人员的职称制度,在1949—1956年为技术职务任命,新中国成立前的技术职务予以保留和认可。1956年开始评定职称,"文革"期间职称评定工作冻结。电力系1965届毕业生、樊明武院士回忆,在校期间(1960—1965年),电机教研室由"五大副教授"担纲,没有教授(建系初期电机专业相关的教授,赵师梅调离,文斗病逝)。

1978年恢复了职称制度,5月,华中工学院进行了教师职称评定,电力系评任教授、副教授、讲师、助教。此后,1983—1986年进行职称改革,职称评定暂停。1994年,开始推行国家职业资格证书制度。

1978年12月18日至22日,中国共产党中央委员会第十一届三中全会召开,这次会议是中国改革开放的起点。全会批判和否定了"两个凡是"的错误方针,指出实践是检验真理的唯一标准,是党的思想路线的根本原则;作出停止使用"以阶级斗争为纲"这个口号,把全党工作着重点和全国人民的注意力转移到社会主义现代化建设上来的战略决策;作出了实行改革开放的新决策,启动了农村改革的新进程。

在改革开放的形势下,华中工学院为培养师资力量,开始派遣中青年教师出国进修,举行了外语考试,主要是英语,也有日语。电力系高电压技术及设备教研室李劲1978年报考日语,通过自学获得资格,被派往大连外国语学院留学预备部接受日语培训,并于1980年至1982年赴日本大阪大学工学部进修。

自此开始,电力系有多名教师以访问学者的身份出国一年、两年的进修,如水力机械专业韦彩新,高压技术及设备专业李正瀛、李劲、文远芳,水电专业叶鲁卿等。

其中,叶鲁卿于1979年3月至1981年7月赴法国访学进修,自此和法国同行结下了不解之缘,进行了长期的科研合作,联合培养博士研究生。2009年9月29日,法国驻武汉总领事费勇先生代表法国政府,并以法国总理的名义,授予叶鲁卿教授"法国棕榈骑士教育勋章",以表彰叶鲁卿教师"坚持不懈地为推动中法两国科研合作及加强中法关系所作出的贡献"。"法国棕榈骑士教育勋章"是法国政府对法国及国际上从事教育合作、科技交流和文化传播事业作出杰出贡献人士给予的政府最高奖项。

1978年7月,华中工学院开办了第一期暑期教师外语进修班,为准备出国的人员补习外语。此后,参加进修的教师人数逐渐增多。1980年的暑期英语班在庐山举办,参加学习的有130名教师。此类暑期外语培训班开办了多年,1985年仍有电力系的青年教师参加了暑期英语培训班,教师聘请的是美国人。

1978年是中国历史上的又一轮出国留学潮的起点。初期主要是公派留学、进修。我国先后与美国、英国、日本等多个国家达成交换留学生的协议。1981年1月,国务院批转了教育部等七个部门"关于出国留学的请示",首次明确提出"自费留学是国家培养人才的一条重要渠道"。1985年,国务院规定个人通过合法途径,取得国外资助或国外奖学金的,办好入学许可证的,均可申请到国外自费留学,取消了"自费出国留学资格审核"。1993年,国家颁布了《关于自费留学有关问题的通知》,对自费留学生实行"坚决放开""来去自由"的政策。

1978年,由国家计量总局支持成立了电磁测量专业教研室和大电流实验室。此后,以320 kA高精度直流大电流检测装置为平台,开发了多种电流传感器,为国家冶炼、化工等行业节能技术作出了重大贡献。

同年,火力发电专业及火力发电教研室划归动力系。

1979年,对越自卫反击战期间,电力系动员学生献血,有多名同学为支援前线无偿献出了自己的鲜血。

1979年8月,电力系开始招收研究生。

1979年8月,朱九思被任命为华中工学院党委书记、院长。

同年9月,林金铭任电力系系主任。班子成员见附录一之(一).

自 1977 年开始,学校组织 720 多名教师调查世界著名大学与科学技术发展的现状,提出了新时期的奋斗目标:"在本世纪内把我院建设成为社会主义的现代化理工科大学","在科学技术水平上,瞄准美国著名的理工科大学,经过坚持不懈的努力,使我院跨入世界先进的行列,对国家作出较大的贡献"。在 1977 级的学生大会上,校领导的报告中提出了"赶麻省"的号召。"虽然我校的财政拨款和清华大学一个系的差不多,但我们要勒紧腰带、奋发图强,瞄准麻省理工学院、清华大学,追赶、超越!"(非原文,参会人的记忆)。

1979 年下半年,学校为加快机电一体化专业的建设、扩大自控机床的研究成果,将电力系的电工学教研室(主任李升浩)整体调入机一系,参加了机电一体化科研工作,同时承担全校非电类专业的电工学、电子学等课程的教学任务。

1979 年,建设了大电机实验室,建筑面积为 1813 m^2,使用面积为 1304 m^2。

1979 年底,随着国家恢复了学位制度和职称评定制度,新聘马毓义、许实章、刘育骐、林金铭、陈珽等 5 位教授,陈德树、陶醒世、叶鲁卿、梁毓锦、张金如、何仰赞、孙淑信、吕继绍、范锡普、任元、丘军林、李再光、姚宗干、周克定、刘焕采、张勇传、张守奕、招誉颐等 18 位副教授,职称起始时间为 1978 年。

1980 年,成立华中工学院学术委员会,由 31 人组成,朱九思任主任。

此后几年时间内,华中工学院进一步明确:要把学校办成既是教学中心,又是科研中心;把学校逐步办成文、理、工、管四个方面综合组成的大学;在培养好大学生的同时,把研究生的培养提到重要位置上。

1980 年 2 月 12 日,第五届人大常委会十三次会议通过了《中华人民共和国学位条例》,1981 年 5 月 20 日,国务院批准实施《中华人民共和国学位条例暂行实施办法》,设立了学士、硕士、博士三级学位的学术标准。

根据《中华人民共和国学位条例暂行实施办法》,1981 年教育部批准了第一批具有硕士、博士学位授予权的单位(专业)。华中工学院的 27 个专业有权授予硕士学位,9 个专业有权授予博士学位。

电力系所属电机与电器、电力系统及其自动化、高电压工程、理论电工、水力发电工程、水力机械等专业获全国首批硕士学位授予权。电机与电器、电力系统及其自动化以及水力发电工程等 3 个专业获得全国首批博士学位授予权。此后,电机系电机与电器专业与造船系的应用电子技术专业联合申报了"电力电子与电气拖动"专业的硕士学位授予权。

当时博士生导师由国务院学位委员会聘任,华中工学院共有 12 位首批博士生导师,其中电力系有 5 位,分别是电机专业的林金铭、周克定、许实章,电力系统及其自动化专业的陈德树和水力发电工程的刘育骐。全国电机专业首批博士生导师有 6 位,华中工学院电力系有 3 位,"独占半壁江山"。国务院学位委员会聘任博士生导师持续到 1995 年,此后华中理工大学获得评聘博士生导师的资格。

1982 年春,恢复高考招生后的第一届本科生(1977 级)毕业(见图 19),秋季,第

图 19　电力工程系高电压技术及设备专业 77521 班毕业留影(1982 年 1 月)

图中教师姓名(括号内为担任的主要教学工作):

第一排左起:黄旭(答疑辅导)、王章启(答疑辅导)、黄先春(高等数学)、吴明友(教研室书记)、姚宗干(高电压测试技术)、刘绍俊(高压电器)、赵冶枢(工程力学)、梁毓锦(电力系统过电压)、张文灿(电路理论)、杨赓文(电机学)、程礼椿(高压电器)、程光弼(电力工程)、谢家治(高压电器)、姚宏霖(高压实验)、张国胜(答疑辅导)、谭应栋(高压实验)

第二排左起第三开始:唐月英(高等数学)、陈婉儿(电子学)、文远芳(答疑辅导)、徐仙芝(高压实验)、李淑芳(电力系统过电压)、叶启弘(答疑辅导)、张锡芝(答疑辅导)、王晓瑜(高压绝缘)、姜丽华(电力系副书记)、耿建萍(1977 级辅导员)

二届(1978 级)毕业。在 1977、1978 两个年级中留下了多名毕业生任教,但这批教师在此后的改革开放期间,出国留学、调离的比例也较高。

1982 年,电力系开始招收博士研究生。

1982 年,第一届全国高等学校电工技术类专业教材编审委员会成立,林金铭教授任主任兼电机组组长,宁玉泉任委员兼秘书。

1983 年 3 月国务院学位委员会第四次会议决定公布、试行《高等学校和科研机构授予博士和硕士学位的学科、专业目录(试行草案)》(简称《学科专业目录》),1984 年 7 月 31 日,教育部、国家计委印发了《高等学校工科本科专业目录》,这两份目录是自 1977 年以来中国对高等教育恢复调整的重要节点,规范了研究生培养的学科、专业以及工科本科专业的名称。此后,根据科学和社会的发展,对专业目录进行了更新。《学科专业目录》分别在 1990 年、1997 年、2011 年进行了更新。

1983年，电力系成立水电能源研究所，尹家骥任所长。同时创办《水电能源科学》期刊，1984年张勇传接任主任。

1983年，陈德树任电力系主任，后转任学校研究生院副院长。

1984年7月13日，华中工学院研究生院正式成立，是全国首批成立研究生院的22所大学之一。当时大学成立研究生院的条件是10个以上专业拥有博士学位授予权。

1984年4月，根据武汉市(1983)107号文件精神，华中工学院成立了"长江水电设备研究开发中心"，其下设立电气设备研究所，程良骏任长江水电设备研究开发中心主任，姚宗干任副主任兼电气设备研究所所长，余健棠任办公室主任。电气设备研究所设有水轮发电机、水电站自动化、高压技术及电气设备等3个研究室。

程良骏(1921—2015年)，安徽绩溪人。历任四川大学机械系主任，西北工学院机械系主任，武汉水利学院教授，1951年"全国高教课改会议"上首先倡议设立"水力机械"专业，1956年调入华中工学院从事水利机械研究，对葛洲坝工程水轮机选型作出重大贡献，是三峡工程专题论证组专家，被授予"湖北省科技精英"荣誉称号，1988年获得分别由英国剑桥国际传记中心和美国传记研究院颁发的"卓越成就"和"杰出专业功绩"证书，1990年获美国传记研究院颁发的"卓越成就永久性纪念荣誉奖章"。材料源自《今日湖北》(2000(12))、《排灌机械》(1991(2))。

1984年11月，姚宗干任电力系主任，后升任华中工学院副院长兼总务长。

1984年12月，黄树槐任华中工学院院长(后华中理工大学校长)，提出"异军突起、出奇制胜"的学校发展方略。

1985年1月，胡会骏任电力系主任，班子成员见附录一之(一)。

国家的全面改革开放必然触及教育行业。1985年5月，全国教育工作会议召开，强调抓好教育工作的重要性。5月27日，中共中央发布了《中共中央关于教育体制改革的决定》。在此决定的指导下，教育部推出了高校招生制度的"双轨制"：可以从参加统一高考的考生中招收少数国家计划外的自费生。一直以来由国家"统包"的招生制度，变成了不收费的国家计划招生和收费的国家调节招生同时并存。

1985年，国家科学技术委员会批准设立第一批博士后流动站。电力系获批建设电气工程学科博士后科研流动站。这是全国首批两个电工学科博士后科研流动站之一(另一个为清华大学电机系)，也是当时华中工学院唯一的博士后科研流动站，可聘博士后研究人员2~4人。曾任大连理工大学校长、党委副书记邹积岩教授为我校第一批进站的博士后，也是电气工程博士后流动站第一位出站的博士后，出站后留华中工学院高电压技术及设备教研室任教，1999年调入大连理工大学，后曾任大连工业大学校长。

博士后流动站缘起于1983年3月和1984年5月，美国华裔、诺贝尔物理学奖获得者李政道教授曾两次给中国领导人写信，建议在中国建立博士后科研流动站，实行博士后制度。他认为，中国作为世界大国，必须培养一部分带头的高级科技人才。取得博士学位只是培养过程的一环，青年博士必须在学术气氛活跃的环境里再经几年独立工作的锻炼,才能逐渐成熟。1985年5月,国家科委、教育部和中国科学院同财政部、国家计委、公安部、劳动人事部、商业部等有关部门向国务院报送了《关于试办博士后科研流动站的报告》。1985年7月,国务院正式批准该报告(国发[1985]88号),这标志着博士后制度在我国的正式确立。

1986年2月14日,国务院正式批准成立国家自然科学基金委员会(简称基金委)。基金委的成立缘起于20世纪80年代初,中国科学院89位学部委员(相当于科学院院士)致函党中央、国务院,建议借鉴国际成功经验,设立面向全国的自然科学基金,得到党中央、国务院的认可。

国家自然科学基金自成立伊始,就受到了科学院、高等学校的高度重视,且随着时间的推移,重视程度逐渐增加。进入21世纪后,已成为若干研究单位研究人员职称晋升的重要乃至必要条件之一。

1986年,水力发电教研室分为水电站运行及自动控制教研室和水电站调节及自动化教研室,张勇传和叶鲁卿分别任主任。1992年,两个教研室合并为水利水电动力工程教研室,张昌期任主任。

1987年9月,根据国家教委和财政部关于《普通高等学校本、专科生实行奖学金制度的办法》和《普通高等学校本、专科生实行贷款制度的办法》,从1987级计划内招本、专科新生起实行奖学金和学生贷款制度。

1987年3月,黄慕义任电力工程系党总支书记,参见附录一之(一)。

至1987年,电力系拥有普通电机、大电机、电力系统动态模拟、高电压技术与设备、电磁测量、理论电工、水电站生产过程自动化及经济运行、水力机械等7座实验大楼共十二个实验室,总面积达8000平方米。

据《华中工学院电力工程系1987》宣传画册,当时电力系在校本科生和研究生近2000人,教职工304人,其中教授24人,副教授68人,讲师75人,助教39人,工程技术人员77人,管理干部22人。有6个办公室:行政办公室、财务科、教务科、科研科、研究生工作组、学生工作组;8个教研室:电机教研室、电力系统及其自动化教研室、高电压技术及设备教研室、电磁测量及仪表教研室、水力机械教研室、水电站调节及自动化教研室、水电站运行及自动控制教研室、电工基础教研室;2个研究所:电工研究所、水电能源研究所;学术及科研服务机构:资料室、维修加工车间。电机工程、电力系统及其自动化、发电厂工程、水力发电工程4个学科有权授予硕士学位和博士学位,高电压工程、理论电工有权授予硕士学位。

(二)本科生教育

1978年春,"文革"后首批通过考试招生的本科77级新生入学,随后全国改为秋季招生,78级新生秋季入学,同年招收了两届学生。

各年级配备了政治辅导员,77级的辅导员为耿建萍,78级的辅导员为李振文。政治辅导员从名称上看只是政治辅导,实际上,其工作内容还包括引导新生适应学校的生活、关心学生的心理状态、了解学生本人及家庭的困难、组织学生课余活动、对学生进行就业指导等，是和学生接触最多的"大学导师"。学生毕业几十年后和任课教师或许已经没有联系，在未设班主任的时期，辅导员是校友返校聚会的第一联系人。1977级未设班主任，1980级开始恢复安排教师班主任的制度。

当时大学容纳能力有限，招生人数不多，又因为"文革"期间高等学校停止招生多年，也因为1971开始只能推荐上大学，积压了大量有强烈学习欲望的大龄青年，这使得1977、1978、1979级录取率极低，分别为5%、7%、6%，至1982年上升至17%；也使得1977级和1978级中，学生年龄差别巨大。从应届生的15～16岁到老三届高中毕业生的35～36岁。

华中工学院当时招生主要面向华中地区。1977级电力系某班39名学生的生源地为：湖北22人、湖南5人、河南5人、天津4人、北京3人，湖北省占50%以上。

学校考虑到大部分学生已离开教室很长的时间，知识基础参差不齐，第一学期安排了补习高中数学的教学内容。当时，按不同专业执行培养计划，所有课程都是必修课。高压电器专业（高电压技术及设备专业）的课堂教学课程和课时数如表7所示，总学时数比2001年培养计划的要多，同样的专业基础课的课时数更是高出很多。学校也开设了少量的选修课，但是，选修课未计入培养计划的毕业要求之中。实践类课程包括学农3周，金工实习2周，工厂实习3周，毕业设计4周。

表7 1977级高压电器专业所修课程及学时数

课　程　名	学时数	课　程　名	学时数
历史（党史）	68	电子学	180
数学（含数学补习、微积分、工程数学）	528	电磁场	60
普通化学	84	电力工程	81
英语	252	工程力学	92
体育	146	计算机	60
大学物理	261	机械设计基础	60
机械制图	60	高压实验技术	88
政治经济学	74	电力系统过电压	84
电路理论	202	高压绝缘	80
电机学	186	电气设备	24
哲学	70	高压电器	28

电力系对这一批学生尤为重视，专业课程都是安排资深教师任教，高等数学和专业基础课配备了答疑教师。如1977级高电压专业，电路理论、电机学由张文灿、杨赓文任教；高压实验技术、电力系统过电压、高压绝缘、高压电器等专业课程，分别由姚宗干、梁毓锦、刘绍俊任教。

当时，"学工学农"的余韵仍在，1977级的培养计划中安排了到咸宁的农场参加农业生产的内容(时间为三周)。1978级即取消了农场劳动。

学校也在本科教学管理方面做了大胆的尝试。1979—1980年曾试行了课程免修制度,即对非核心课程,允许学生在开课前接受考试,考试成绩达到80分以上即可免修该门课程,不必继续听课。其意旨在给予学生更多的自我教育、自学的时间。1981年,华中工学院提出了大学生"第二课堂"的概念,引导学生自我教育。同时,学校也开设了不计学分的选修课。如电力系1977级刘铀光校友回忆,选修"相对论"课程时,教室窗台上都坐满了学生。他从该课程中体会到的"系统性地思考问题"的方法,对他以后的工作产生了重要的影响。

由于高等学校承受能力有限,高考录取率很低,为解决青年学生无学可上成为"待业青年"的问题,许多高校都开设了"走读班",走读班既有本科班也有大专班。此后,函授、成人高考也逐渐兴起。

"走读班"也是高校为所在地区对学校发展提供支持的一种"福利"性回报。在1977级中,在统一录取的新生报到之后,又针对武汉市增加了走读生招生指标。电力系1977级某班有学生39人,其中,近1/4是新增招生的走读生,不久即安排了寝室住校学习。

电力系自1983年至1989年,开设了专科班,专业有电力企业技术管理,此后几年又开设了电机电器专业、电力系统专业、水能电力专业、水力机械专业、电力工程专业、电力技术专业。

在开设走读班、专科班的过程中,华中工学院的个别专业和年级出现过学校未能兑现招生时承诺颁发本科毕业证而实际毕业时只能颁发专科毕业证的情况。

在1977年至1987年期间,学校开始突破单纯的工科性大学模式,增设文科专业,按照理、工、文、管综合性大学的办学方针,逐步扩张。学校自行编印了一些全英文的教材,初步提出学分制概念。

电力工程系自1953年组建以来,重视在教育、科技、学术等方面开展国际交流文化活动,为越南、阿尔巴尼亚、扎伊尔(现为刚果民主共和国)、巴基斯坦等国家培养了近五十名留学生。

1986年,华中工学院恢复招收留学生。电自883班有3位留学生:马刚古、吉篷度、多贝维。

(三)成人教育

1982年,在20世纪70年代末期开始的"721工大"由学校的成人教育学院开始正规管理,"夜大班"的学生必须通过考试入学。1982年夜大通过考试招收了第一届"电力系统自动化专业"一个班学生,学制五年,原电工基础实验室胡少六老师是这个班的毕业生,1987年毕业时颁发的是黄树槐校长签发的本科毕业证,电力系承担了全部教学,孙亲锡承担该班的"电路理论"教学。

在这个时期,函授教学发展较快,成人教育学院与电力系联合开办"电力系统及其自动化专业"函授班,成教院负责招生和管理,电力系负责教学,最初阶段以函授站的形式进行,成教院在当地找一所大学作为教学点,如南昌函授站设在江西工学院。孙亲锡参加了南昌和襄樊函授站电自1981级、1982级的教学任务。

20世纪90年代函授班办班形式发生了变化,开始以电力系为主,为当地的电力局开办专升本函授班,孙亲锡组织和参与了函授班的管理和教学工作。先后为浙江丽水电力局、湖南娄底电业局、海南海口电力局等开办了"电力系统及其自动化专业"专升本函授班。学生毕业拿华中理工大学成人教育学院本科毕业证。

(四)研究生培养

1977年10月12日,国务院批准了教育部《关于高等学校招收研究生的意见》,要求师资和研究基础较好的高等学校招收研究生。

1978年,华中工学院开始招收研究生。广大有志于继续深造的同学踊跃报名参加考试,电力系招收了37名(参见毕业生名册)研究生。这一级研究生于1981年毕业,此时恰逢国家开始实行学位制,本届研究生毕业后均获授硕士学位。此时学校师资力量不足,在学校召开的师资培养会上发配电教研室主任陈德树提议将毕业生全部留校,获学校同意。发配电专业的程时杰、王大光、刘沛、戴明鑫、张国强、吴青华等6人留校工作,另一人是委培生未留校。此后,一直在电力系工作的有程时杰、刘沛、戴明鑫。

参照《下册·毕业生名册》,1978年电力系招收的硕士研究生人数较多,而在1979年至1981年,反而人数很少。这反映出十年"文革"使得科学技术人才培养出现了断层,也说明1978年所招收的研究生是在"文革"中、在工作中渴望进一步钻研科学技术的人才。

1982年春,恢复高考后招收的第一届本科生毕业。电力系同年招收硕士研究生15人。

对研究生以培养从事研究工作能力为主,同时也需修满一定的学分。对硕士研究生所开课程都是基础性的课程。1981级研究生15名,所开设的课程分为公共必修课和专业选修课。高电压技术及设备专业某学生所修课程如表8所示。

表8 高电压技术及设备专业某硕士研究生所修课程

课 程 名	学分	课程类型	课 程 名	学分	课程类型
自然辩证法	4	必修课	泛函分析	3	选修课
英语阅读	4		程序设计	1	
英语写作	2		图论	3	
随机过程与数理统计	2		非线性电路分析与CAD	3	
线性代数	3		电机暂态过程	3.5	
数值分析	3		运筹学	3	
			第二外国语	4	

1982年,电力系开始招收博士研究生。电力系第一批博士生导师有电机与电器专业的林金铭、许实章、周克定,发配电专业的陈德树,水电专业的刘育骐五位。陈齐

一、张之哲是电力系首批攻读博士学位、毕业答辩(1995年)的研究生,指导教师分别是林金铭、陈德树。

1986年,华中工学院恢复招收留学生。

1987年,华中工学院开始推荐优秀应届毕业生为免试研究生,电力系如黄冠斌就招收了2名免试推荐的研究生直接攻读硕士学位。这批学生中,有部分是先下基层工作两年,然后入学攻读硕士学位。

此时,博士研究生导师由教育部审定,指标较少,部分教授也只能指导硕士研究生。表9所示的为电力系1987年的教授名单,博士生导师只有6人。

表9　1987年4月电力系在职教授名单(以姓氏笔画为序)

姓名	研究方向	说明	姓名	研究方向	说明
刘育骐	控制理论及应用	博士生导师	张勇传	水电能源规划水库调度	硕士生导师
许实章	交流电机绕组理论及应用		周泰康	网络理论及其应用	
陈德树	电力系统计算机继电保护		姚宗干	高电压试验技术	
周克定	工程电磁场理论研究		侯熙光	电力系统规划	
林金铭	电机设计理论与电机研发		陶醒世	交流变频调速电机研究	
程良骏	水力机械流动理论研究		梁毓锦	电力系统过电压及其保护	
刘绍骏	电弧理论、高压电器	硕士生导师	程礼椿	电弧电接触理论及应用	
叶鲁卿	水电站微控制理论及应用		揭秉信	电量的精密测量	
任元	电力系统稳定与控制		杨赓文	节能电机及电机优化设计	
何仰赞	电力系统运行分析		谭月灿	水力机械汽蚀与水力振动	
吕继绍	电力系统继电保护		樊俊	电力系统的微机励磁系统	
邹锐	网络理论及其应用		虞锦江	水电能源规划及洪水控制	

(五)科学研究

1978年全国科学大会的召开被誉为标志着"科学的春天"的到来。在此次大会上奖励科技成果7657项,这标志着科技奖励制度的恢复。

1963年,国务院颁发了《中华人民共和国发明奖励条例》,1978年12月、1989年8月分别进行了修订。

1979年11月21日,国务院颁布了《中华人民共和国自然科学奖励条例》,设立国家自然科学奖,并于1982年正式启动。1989年进行了修订。

1984年9月,国务院颁布实施了《中华人民共和国科学技术进步奖励条例》,设立了面向经济主战场的科学技术进步奖,1985年正式启动。

1993年6月26日,中华人民共和国国务院令第114号发布了国务院关于修改《中华人民共和国自然科学奖励条例》《中华人民共和国发明奖励条例》和《中华人民共和国科学技术进步奖励条例》。

1993年10月1日,第八届全国人民代表大会常务委员会第二次会议通过了《中华人民共和国科学技术进步法》,各项科学技术奖励得以国家法律形式确定。

1999年5月28日,中华人民共和国国务院令第265号发布了《国家科学技术奖励条例》,设立国家最高科学技术奖、国家自然科学奖、国家技术发明奖、国家科学技术进步奖、中华人民共和国国际科学技术合作奖。同时废止了1993年颁发的《中华人民共和国自然科学奖励条例》《中华人民共和国发明奖励条例》和《中华人民共和国科学技术进步奖励条例》。此后,经过多次修订。在2013年的修订中自然奖、发明奖、进步奖均改为设置一等奖、二等奖。

在这种国家重视科学技术、改革开放加深和国际社会的技术交流、国家经济不断发展大背景下,高等学校尤其是定位于研究型、综合型大学的学校对科学研究的重视得到进一步加强。

在1978年全国科学大会之后,华中工学院为加强科研工作,成立了10个研究性学术机构,其中,电力系成立了电工研究所。电力系广大教师焕发出高度的科研热情。电机教研室承担了机械部下达为南水北调东线工程试验样机的任务,主持湖北省樊口泵站4台大型水泵用6000 kW电机的设计及研制,该机组为当时国内最大的凸极同步电机,性能优良,宁玉泉获湖北省科学技术先进工作者,1978年5月光荣参加湖北省科学大会。《华中工学院周报》1982年10月29日第252期第1版刊印了对电机系周克定教授的采访报道,花甲之年的周克定教授在当年的暑期日程如表10所示。

表10 周克定教授1982年暑期日程表

日 期	工 作 内 容
7月13—14日	帮电力科学研究院审查论文
7月15—22日	定稿论文《用加数余量法建立电磁场边界元基本积分方程》
7月23—8月2日	德英汉电机技术字典翻译及校对
8月3—8日	电机工程学会议的事务以及复制、寄发参加哈尔滨电磁场学术会议的六篇文章
8月9—10日	代电力部武汉高压研究所一位研究室主任审阅论文并和他讨论
8月10—13日	《电机动力学》第二册部分翻译稿件校对(看了四个人的翻译稿)
8月13—14日	定稿论文《用状态变量和状态转移流图分析直流电动机速度控制系统》
8月15日以后	修改补充《电工数学》讲义

注:报道原文不是用表格记录。

科学研究的卓越成就无不是智慧加汗水凝聚而成。正是电力系广大教师这种积极进取,四处出击和企业开展学术交流、科研合作,取得了一系列的研究成果。

在《湖北省高等学校科学技术成果选编1976—1980》(湖北省教育局印发)中,电力相关的成果如表11所示,研究成果多数只记录完成单位。

四、恢复高考 再启宏图(1977—1987 年)

表 11 《湖北省高等学校科学技术成果选编 1976—1980》中电力类成果

时间	项目名称	主要完成人/单位	进展状态
1977	脉冲大电流测量仪	华中工学院	交付天津电焊机厂应用;峰值 1~120 kA,波头>1 ms
1980	功率步进电机高频可控硅驱动电源	华中工学院	国家科委发明奖三等奖
1980	发电机匝间短路保护	华中工学院	电力部委托湖北省电力局鉴定:创造性贡献
1980	柘溪水电站水库优化调度	华中工学院、湖南水电设计院、湖南中调所、中南水电设计院、柘溪水电站	电力部、湖南省科技委鉴定:国内第一次
1980	451 工程主磁场供电系统模拟研究	华中工学院、西南 585 所	国防科委重大成果三等奖
1980	六相双 Y 移 30°绕组同步发电机的研究	华中工学院	国防科委重大成果三等奖
1980	数控弯管机	华中工学院	三机部重大科研成果三等奖
1980	长江水质检测船(船、机、电)	华中工学院	中科院、水利部、国家仪表总局鉴定:电网电压频率稳定
1980	船舶自动化电站	华中工学院	水利部、中科院、国家仪表总局鉴定:长江水系第一艘
1980	大功率脉冲硅整流装置保护用交流快速开关	华中工学院	国防科委重大成果四等奖
未写	变电站硬母线机电特性的研究	华中工学院、长江流域规划办公室机电处	已用于葛洲坝
未写	恒频恒压正弦波可控硅逆变器,配套 718 工程用	华中工学院	湖北省科学大会奖
未写	多通道脉冲强磁场测量仪	华中工学院	10~100 kGs;波头>1 ms
未写	GJ-1 型数字显示功率总加装置、YZD-1 型遥测自动打印装置	华中工学院	武汉供电局用
未写	三相三线制交流能量综合测量	华中工学院	武汉供电局用
未写	MG-38 型交直流两用钳形电流表	华中工学院	宜昌变压器厂投产

《湖北省高等学校获奖科技成果汇编 1981—1985》(湖北省教育委员会编印)记录了这一期间的位于湖北省的高校的科研获奖,收录华中工学院研究成果 51 项,其

中电力类获奖项目如表 12 所示。完成单位名称为"华中理工大学",该书应是在 1988 年后完成编印。

表 12 《湖北省高等学校获奖科技成果汇编 1981—1985》中电力类成果

时间	项目名称	主要完成人/单位	进展状态
1981	转子谐波式发电机匝间保护	邹锐、侯熙光、杨顺义、陈德树	国家发明奖三等奖
1981	农用小型水轮发电机 TN 系列的研制和 TSWN 机座水轮发电机励磁系统的研制	华中理工大学、湖北长阳发电设备厂、钟祥县电机厂	湖北省科技成果三等奖
1981	高电压缓慢变化非周期大电流测量	华中理工大学	湖北省科技成果三等奖
1982	MG-38 型交直流两用钳形电流表	华中理工大学、宜昌变压器厂	湖北省科技成果三等奖
1982	DZ-4 型三相三线制交流能量综合测量仪	华中理工大学	湖北省科技成果二等奖
1982	黄石电厂 3 号机可控励磁装置的研制	华中理工大学	湖北省科技成果三等奖
1984	开口直流电流比较仪	华中理工大学、保定市电器控制设备厂	机械工业部科技成果三等奖 1985 年湖北省科技成果一等奖
1985	水电站水库优化调度理论的应用与推广	张勇传、黄益芬、熊斯毅、傅昭阳、揭明兰	国家科学技术进步奖一等奖
1985	CZD-HGI 船舶自动化电站控制装置	周秋波、金松龄、徐至新、赵华明	国家教委科技进步奖二等奖
1985	直流大电流测量技术及其成套装置	邓仲通、朱明钧、麦宜佳、揭秉信	国家教委科技进步奖二等奖
1986	高效节能电机	杨赓文、张诚生、许实章、冯信华、杨长安	国家教委科技进步奖二等奖

张勇传及其团队获得国家科学技术进步奖一等奖是国家设立科技进步奖项后第一次实施项目评审。此时,一等奖是该奖项的最高奖项。该项目是张勇传院士带领研究团队长期研究的结晶。

张勇传是 1953 年华中工学院招录的第一届新生,在桂林分部上完一年级后回到校本部攻读水电专业,1957 年毕业留校任教,开始从事水力发电运行的优化调度研究。1963 年出版了《水电站水库调度》一书,时年 28 岁。1976 年之后的几年,张勇传等针对湖南柘溪水电站,查阅了当地几十年的水文资料,经过几年的研究,提出了柘

四、恢复高考 再启宏图(1977—1987年)

溪水电站的最优调度方案,获得巨大成功,国家科委将其列入重点推广应用计划,水电部举办研究班,将这一成果向全国推广。其后,又研制了全国第一个实现闭环控制的水电站经济运行计算机控制系统,在全国水电站得到广泛的推广应用。1997年张勇传当选中国工程院院士。

获得国家发明奖三等奖的"转子谐波式发电机匝间保护",缘起于邹锐在1958年前后对发电机内部故障继电保护问题的研究,此后陈德树在1965年为黄石电厂解决了类似故障,获得良好的评价和推广,之后课题组进一步升级了原理和保护手段,直至微机保护。在三峡电站中,陈德树等也为其研究了同类问题。

陈德树老师是1953年从华南工学院调整而来的第一批教师,是第一批博士生导师,是我国最早开展电力系统微机保护研究的专家。至今,年过90的陈德树老师仍然活跃在动模实验室,时常可见他骑着电动摩托车到实验室的身姿。

《华中科技大学纪事》(2012年出版)中也记载了多项电力系的研究成果。

任士焱、贾正春等完成的"直流大电流现场测量校验仪"获国家发明奖三等奖被1987年《人民日报》报道。

1977年至1980年,在许实章带领下,唐孝镐、李朗如、詹琼华、马志云等电力系师生与天津发电设备厂进行抽水储能研究,为潘家口抽水蓄能电站的建设奠定理论基础。

1978年,许实章参与解决富春江6 kW法国机组100 Hz振动问题。国家组织几十个专家研究未果,最后由电机教研室的许实章、马志云、何全普等教师和东方电机厂合作,找出了振动的原因,法方最终承认了其正确性。

1981年3月,研制168 MW脉冲大功率硅整流器装置在西南585所现场调试完成,填补了我国这类产品的空白。

1983年,高电压技术及设备教研室李正瀛在英国进修期间的研究成果发表于IEEE Transactions on Electric Insulation,这是现在所查到的电力系第一篇SCI收录论文。

李劲教授1983年开始进行空气放电水果保鲜方面的研究工作,连续主持了"六五"和"七五"国家科技攻关课题"利用空气放电效应进行柑橘产地贮藏保鲜的研究""空气放电保鲜技术研究(1986)",同时开设了"等离子体工学"的新课程。

国家科技攻关计划是第一个国家科技计划,也是20世纪中国最大的科技计划,1982年开始实施。这项计划是要解决国民经济和社会发展中带有方向性、关键性和综合性的问题,涉及农业、电子信息、能源、交通、材料、资源勘探、环境保护、医疗卫生等领域。

1986年,李劲教授主持研究了湖北省自然科学基金项目"煤燃烧烟气的放电脱硫脱硝研究",开始探索高压电场对金属材料性能的影响,探索脉冲放电等离子体在水处理上应用的可能性。

这类研究与环境保护相关。随着国家对环境保护的重视,1995年,学校成立了

"环境科学与工程研究中心",李劲任主任。这是一个由多个系组成的跨专业的组织,挂靠在动力系。1997年,环境工程获得硕士学位授予权,1998年成立了环境科学工程系,李劲任系主任。电力系高压技术及设备教研室有部分年青教师一同调入环境系,但李劲仍兼任电力系教授、博士生导师。2000年7月李劲回归电力系,随后,在环境系的叶齐政、何正浩相继转入电气学院。

1985年,许实章发明"谐波起动方法和谐波起动电动机",打破了绕线型感应电动机百年未变的传统结构,革掉了该种电机发生事故的主要根源——集电环和电刷,在世界上首次研制成功高起动特性、高运行性能和高可靠性的绕线型感应电动机。该发明于1988年获中国和美国发明专利,许实章出版了专著《交流电机的绕组理论》,1987年获国家教委科技进步奖一等奖。

1986年2月14日正式批准成立国家自然科学基金委员会(简称自然科学基金委,英文名称为National Natural Science Foundation of China,NSFC)。这一举措缘起于20世纪80年代初,中国科学院89位院士(学部委员)致函党中央、国务院,建议借鉴国际成功经验,设立面向全国的自然科学基金,得到党中央、国务院的首肯。

同年,国家自然科学基金开始第一批资助项目的申报与评审,电力系叶鲁卿的"适应式变构变参控制理论及应用研究"、程礼椿的"低气压空气中磁驱动电弧的运动"、叶妙元的"利用量子霍尔效应建立电阻自然基准研究"、邹锐的"模拟集成电路故障诊断及可诊断性设计",这4个项目为电力工程系首批国家自然科学基金面上项目。这四个项目的资助经费分别为2.5万、2万、4.2万和4万元,在那个年代,"万元户"是"富豪"的代名词,教授的工资每月100元上下。自然科学基金项目随着国家经济实力的增加,至21世纪初面上项目为20~30万元,2021年面上项目支持额度已达80万元左右。

1986年11月,党中央、国务院批准实施《高技术研究发展计划("863"计划)纲要》。电气学院也积极参加,承担了一些合作性的研究工作。

863计划的实施背景和缘起在于:1980年以来,科学技术迅速发展,对人类产生了巨大的影响,引起了经济、社会、文化、政治、军事等各方面深刻的变革。许多国家为了在国际竞争中赢得先机,都把发展高技术列为国家发展战略的重要组成部分,不惜花费巨额投资,组织大量的人力与物力。1983年美国提出的"战略防御倡议"(即星球大战计划)、欧洲尤里卡计划,日本的今后十年科学技术振兴政策等,对世界高技术的发展产生了一定的影响和震动。1986年3月3日,王大珩、王淦昌、杨嘉墀、陈芳允四位科学家向国家提出要跟踪世界先进水平,发展中国高技术的建议。

在学术交流方面,1978年以来,全系先后派出八十多人次出国留学、进修、考察、参加国际会议和讲学。同时,接待了来自美国、英国、法国、西德、加拿大、日本、澳大利亚等国的著名学者近30人次来系讲学和访问。

电力工程系除通过学校与美国、法国、英国、西德、日本等国的几所著名大学对口建立联系外,1986年,还与加拿大Calgrary大学、澳大利亚Sydney大学建立了友好合作关系。

五、改革开放　迅速发展(1988—1999年)

(一) 发展经纬

1988年1月,华中工学院更名为"华中理工大学",展现出从名称到实际学科构成向综合性大学前进的宏图。与此相适应,学校根据科技发展和社会主义市场经济发展的需要,对人才培养体系、人事聘任制度进行了改革,也对学科、专业设置进行了调整。

1988年,电力工程系电机与电器学科获评国家重点学科,是全国该学科首批两个重点学科之一。华中理工大学首批重点学科有4个:电厂热能动力及其自动化、电机与电器、机械制造、压力加工,而清华大学首批重点学科有42个,西安交通大学首批重点学科有11个,武汉大学首批重点学科有9个。

国家重点学科建设缘起于1985年5月27日颁布的《中共中央关于教育体制改革的决定》。其中,提出了"根据同行评议、择优扶植的原则,有计划地建设一批重点学科。"国家教育委员会于1987年8月12日发布了《国家教育委员会关于做好评选高等学校重点学科申报工作的通知》([1987]教研字23号),决定开展高等学校重点学科评选工作。这是在"高等学校要根据社会的需要,在不同层次上办出各自的特色和水平"之精神的具体体现。当时,全国普通高等学校共1063所,分10大门类51个学科,1500个博士点,计划分期分批从中评选出1/3,即500个为重点学科点。

2001年,教育部发布《教育部关于开展高等学校重点学科评选工作的通知》(教研函[2001]1号)中,"为落实《面向21世纪教育振兴行动计划》,在高等学校中建设一批重点学科","原国家教育委员会80年代末批准的高等学校重点学科全部重新参加此次高等学校重点学科的评选工作,其原高等学校重点学科名称自动取消"。此后,2006年再一次进行了重点学科评选。

1988年,校科协对教师在国际重要刊物上发表论文进行奖励,这是学校第一次对教师发表论文进行奖励。这一措施是期望借此提高教师科研积极性、提升研究水平,建设和发展学科。这也是改革开放、打破大锅饭、"让一部分人先富起来"的措施。

1988年5月,高等学校电力工程类专业教学指导委员会第一次全体会议在华中理工大学召开,电力系樊俊为会议组织者之一。

1989年9月7日,中共中央转发中央组织部《关于在部分单位进行党员重新登记工作的意见》。中组部提出:要通过清查、清理和重新登记,坚决清除党内的敌对分子、反党分子,清除政治隐患;清除党内的腐败分子,妥善处置不合格党员,保持党的纯洁性和先进性，增强党的战斗力。电力系开展了党员重新登记工作，加强“坚持四项基本原则”的思想政治教育。

1989 年获准建立新型电机国家专业实验室，建设经费来源于国家从世界银行的贷款。这是当时全国电机专业唯一的国家级实验室。建设国家级的实验室源自1984 年国家计委组织实施的国家重点实验室计划，在教育部、中科院组建一批重点实验室。1991 年至 1995 年，国家利用世界银行贷款建设了一批实验室。

1989 年，霍英东教学基金会公布第二次基金和奖励获得者名单，电力系邹积岩获高等院校青年教师基金，电力系张国强获青年教师奖(教学类)。

1990 年，电力系在全校率先施行了教师浮动工资和岗位竞聘，设置了教学工作量、科研业绩的具体考核、评价的细则。教学评价包括教学工作量、出版教材、发表教学论文、获得教学奖励等几个子项；科研评价包括科研项目类别和参加学术活动的评价、科研经费、发表论文、科研获奖等子项。浮动工资与年度考核评价分值挂钩，教师上岗需进行岗位考核。这两项制度打破之前的平均工资制度与工作分配制度，极大地调动了教师科研和教学的积极性，奠定了学院后续蓬勃发展的制度基础。图 20 所示的是 1990 年年度考核时某副教授的教学工作量计算表。

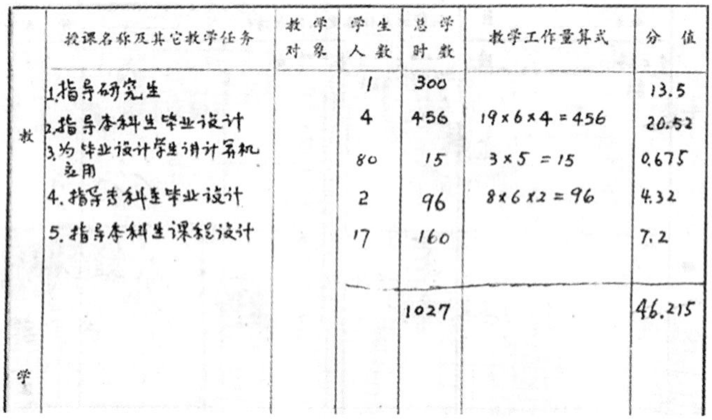

	投课名称及其它教学任务	教学对象	学生人数	总学时数	教学工作量算式	分值
教	1.指导研究生		1	300		13.5
	2.指导本科生毕业设计		4	456	19×6×4＝456	20.52
	3.为毕业设计学生讲计算机应用		80	15	3×5 ＝15	0.675
	4.指导专科生毕业设计		2	96	8×6×2＝96	4.32
	5.指导本科生课程设计		17	160		7.2
				1027		46.215
学						

图 20　某副教授 1990 年考核表教学工作量计算

1992 年 1 月至 2 月，邓小平在南方谈话期间，力排众议，推进改革。1992 年 10 月，中国共产党第十四次全国代表大会召开，宣布新时期最鲜明特点是改革开放，中国改革进入新的改革时期，触及经济体制改革。

1992 年，学校开始实施《华中理工大学分配制度改革实施方案》和《华中理工大学公费医疗管理制度改革方案》。

社会上的薪酬体制发生了大的变化，在国家机关、国有企业中出现了“下海”经商、投身私营企业的人员，开始出现“造导弹不如卖茶叶蛋”的说法。这对研究院所、高校等同样产生了影响，学校师资出现困难。在此期间，因师资缺乏，学校采取了开办师资班、和研究生签订师资定向协议等措施。

五、改革开放 迅速发展(1988—1999年)

1992年7月,华中理工大学开始对全校正、副处级干部实施聘任制。聘任干部第一批名单中,胡会骏任电力系主任。1992年10月,聘任干部第二批名单中,周海云任电力系常务副系主任,李劲、杨传谱、张克危任电力系副系主任。1992年12月,电力系党总支委员会选举黄慕义任党总支书记,李新主、周建波任党总支副书记。

随着国家的发展和学校的不断调整,专业设置不断改变,至1992年电力系包括电机及其控制、电磁测量、高电压与绝缘技术、水利水电动力工程、电力系统及其自动化、流体机械及控制等6个专业,有教授50位,见附录二之(三)。

至1992年底,电力系健全了行政管理和学术评价指导机构。根据《电力工程系1993》画册,电力系下设7个教研室:电机、电力系统及其自动化、高电压技术及设备、电工基础、水利水电动力工程、水力机械、电磁测量;建立了系务委员会决策全系的重要事务;系行政管理科室有:系办公室、教务科、财务科、科研及实验科;学术机构有:学术委员会、学位委员会、教学指导委员会;学术服务机构有:资料室、展览室、《水电能源科学》期刊编辑部,以及全系教学科研共享的计算中心,另有协作研究机构:水电能源研究所、电力技术研究所,以及微机保护及控制研究室、光纤传感技术研究室、汽车电机电器研究室、高压电器研究室;实验基地有:新型电机国家专业实验室、电工基础实验室、高电压实验室、电机研究实验室、普通电机实验室、电磁测量实验室、电力系统及其自动化实验室、电力系统动态模拟实验室、水利水电动力工程实验室、水电站计算机实时控制实验室、水力机械实验室,以及1760 kV高电压试验装置、35 kV/100 kA合成试验装置、320 kA大电流测量试验装置。

1992年10月12日到18日,中国共产党第十四次全国代表大会在北京召开,在建设有中国特色社会主义理论的指导下,确定了20世纪90年代我国改革和建设的主要任务,明确提出"必须把教育摆在优先发展的战略地位,努力提高全民族的思想道德和科学文化水平,这是实现我国现代化的根本大计"。

1993年1月,杨叔子任华中理工大学校长,推进科学与人文教育结合的综合素质教育理念。

1993年5月,马志云教授被聘为高等学校电力工程类专业教学指导委员会电机学教学组组长,陈乔夫任委员兼秘书。

1994年7月,中电联文教高[1994]17号转发了4月在武汉召开的"高等学校电力工程类专业教学指导委员会第一次全体会议"的纪要。电力工程类专业下设"电力系统及其自动化""继电保护与自动远动技术""高电压及绝缘技术""技术经济(电力)"等四个专业委员会。

同年7月,机械工业部下发《关于高等学校机电类专业教学指导委员会换届的通知》(机械教[1994]628号)(上一届成立于1987年)。由机械部负责的"电工类专业教学指导委员会"下辖"电机电器及其控制"(主持单位为浙江大学)、"电气技术"(东南大学)、"工业自动化"(上海大学)、"高电压与绝缘技术"(西安交通大学)、"应用电子技术"(浙江大学)等5个方向,电力系詹琼华教授(电机电器及其控制)、邹积岩教授（电机电器及其控制）、吴克绍教授（流体机械及流体工程）、张克危副教授（流体机械及流体工程）、王章启副教授（高电压与绝缘技术）以及当时属于船舶和海洋工程系的陈坚教授（应用电子技术）当选为委员。陈坚，1958年毕业于华中工学院电力系，1980—1982年赴加拿大多伦多大学进修，从事电力电子和电力传动控制相关研究，1991年被评为全国优秀教师。

同年9月，国家教委高教司在大连召开了"工科基础课程教学指导委员会"1994年工作会议。电工课程教学指导委员会在会上提出了"按照大类组织电工系列课程建设以及推动教学内容现代化的改革思想"。

1995年5月6日颁布的《中共中央国务院关于加速科学技术进步的决定》，首次提出在全国实施科教兴国的战略，把科技和教育摆在经济、社会发展的重要位置。

1995年11月，经国务院批准，国家计委、国家教委和财政部联合下发了《"211工程"总体建设规划》，"211工程"正式启动。华中理工大学电气工程学科成为211工程建设学科。首期211工程建设计划包含了电气工程和水利水电工程的内容，1999年成立水利水电及自动化系后，该计划仍是联合实施。

211工程缘起于1991年第七届全国人民代表大会四次会议批准的《国民经济和社会发展十年规划和第八个五年计划纲要》。1992年8月26日，中华人民共和国国务院第111次常务会议纪要明确提出："会议原则同意教委和有关部门提出的要面向21世纪，重点办好一批（100所）高等学校的'211工程'规划意见。"

1996年，电气工程学科首批获得一级学科博士学位授予权，即电气工程所属所有二级学科均具备培养博士研究生的资格。

1996年，华中理工大学当选"全国高校应用电子技术专业教学指导委员会"主任委员单位，邹云屏教授任主任委员，熊蕊任委员兼秘书。

1996年，电气工程学科开始招收同等学力硕士学位研究生。

1996年，教育部批准我校建设国家工科电工电子基础课程教学基地。1998年3月，机械系电工学教研室（1979年划归机械一系）回归电力系，与电工基础教研室组成电工教学基地，黄冠斌任主任，周鑫霞任书记。

1997年1月，电力工程系和动力工程系合并，将1994年成立的协作性能源科学与工程学院（简称能源学院）实体化，郑楚光任院长，尹项根任党总支书记。能源学院下辖电力工程系、水电能源及控制工程系、动力工程系。段献忠任电力工程系主任。

对两系合并的探索开始于1994年之前。

当时，国家的改革已经触及到经济体制，如何增强电力工程系在校内外乃至全国的竞争实力，是摆在电力工程系全体老师面前的一道难题。为此，1994年电力工程系广泛征求各方面的建议，组织专家反复论证，最终形成两种方案：第一种是与国外接轨，把所有电类专业组合成一起，包括合并原来其他院系的相关专业，形成一个大类的电气学院；第二种是把同行业专业进行组合，争取国家能源部（后改为电力部）的支持。第一种方案因各种原因，实施难度较大。电力工程系采用了第二种方案积极筹建能源科学与工程学院。时任电力工程系主任胡会骏、副书记周建波和动力工程系主任郑楚光3人专程到北京，寻求教育部和能源部的支持，在能源部部长秘书吕海平（电力工程系1982级校友）帮助下，3人见到了能源部部长，为能源学院的诞生取得了关键性支持。后来，电力工程系和动力工程系的领导又为此事多次请示学校领导，终获批准。1994年11月18日，据校党字（1994）66号和校发字（1994）041号文件，成立了华中理工大学能源科学与工程学院，该院由电力工程系和动力工程系组成，聘胡会骏任院长，韩守木、郑楚光、程时杰任副院长。新诞生的能源学院聘请前能源部部长黄毅成出任名誉院长，同时组建了"理事会"，理事单位包括许多省电力局，聘请国家电力公司总经理陆佑楣出任理事长，面向社会进行集资。但此时的能源科学与工程学院只是一个协作性机构，并未形成实质性的实体单位。

虽然只是一个协作性机构，能源科学与工程学院在发展新能源、清洁能源等方面迈出了积极的步伐。1995年，经学校批准成立了"华中理工大学新能源开发与利用研究中心（简称新能源中心）""华中理工大学环境科学与工程研究中心（简称环境中心）"。新能源中心下设太阳能、风能、海洋能、生物质能以及节能技术研究所。能源科学与工程学院聘电力工程系杨长安任研究中心主任兼风能研究所所长，张克危任海洋能研究所所长，梁年生、吴耀武任节能技术研究所副所长。环境中心下设环境质量评估、人工环境设计、污染治理技术、清洁生产技术、环境流体力学等研究所。聘电力工程系李劲任污染治理技术研究所所长，李胜利任人工环境设计研究所副所长。环境中心的成立为学校后来成立环境工程与科学系建立了基础。

1997年6月，国家科技领导小组第三次会议决定要制定和实施《国家重点基础研究发展规划》（简称973计划），973计划旨在加强原始性创新，在更深层面和更广泛的领域解决国民经济与社会发展中的重大科学问题，以提高我国自主创新能力和解决重大问题的能力，为国家未来发展提供科学支撑。

1997年，国务院对研究生培养颁发了第三版《学科专业目录》。原一级学科"电工"更名为"电气工程"，所属二级学科从1990版的9个整合为5个。

1997年6月，周济任华中理工大学校长，提出了教学、科研、产业协调发展的办学思路。

1998年2月，学校撤销能源科学与工程学院，重新拆分为电力工程系和动力工程系，尹项根任电力工程系主任；同时分别成立了两系的总支部委员会。流体机械及控制专业（原水力机械）随同转入动力工程系。

此轮电力、动力两系合并是一种积极的改革探索，但两个学科所要求的知识基础并不相同，组织形式上的合并，并没能在教学安排、人才培养乃至科学研究上形成有效的优势。

1998年，学校出台关于学术论文奖励的新规定，凡在《科学》《自然》等国际权威期刊上发表一篇论文，学校奖励50000元，对SCI收录论文也有相应的奖励。此时，电力系发表的SCI收录论文数量还很少，直到2008年之后，才开始快速增加。

1998年，学校根据新版《学科专业目录》，开展了以学科知识体系设置院系的尝试。在电力工程系的努力下，1979年划归机械系的电工学教研室回归电力工程系，与电工基础教研室共同建设了国家工科电工电子类基础课程教学基地；同年12月，原船舶工程系的应用电子技术教研室经慎重考虑决定加入电气工程学科，转入电力工程系。至此，电力工程系集齐了电气工程学科的5个二级学科。

1998年5月，江泽民总书记在北京大学建校100周年庆祝大会上的讲话提出："为实现现代化，我国要有若干所具有世界先进水平的一流大学"。1998年12月24日，教育部制定了《面向21世纪教育振兴行动计划》。该计划与电力工程系直接相关的有两点：一是扩大本科生招生规模；二是提出要建设一批面向世界先进水平的一流大学和学科。

1998年10月，潘垣院士来校工作。潘垣毕业于华中工学院，是在组建华中工学院时随武汉大学电机系转来的学生，毕业后先后在核工业部、中科院工作，来校前任中国科学院合肥分院等离子体物理研究所学术委员会主任，1997年当选中国工程院院士。

1998年，华中理工大学成立校学术委员会，委员中电力工程系的代表为潘垣、张勇传、程时杰三位教授。

1999年，电力工程系的水利水电动力工程专业转出，成立了水利水电及自动化工程系。

1999年6月，改革开放以来第三次全国教育工作会议召开，颁布了《中共中央、国务院关于深化教育改革推进素质教育的决定》，做出了进一步扩大高等教育规模的决策。1999年教育部出台《面向21世纪教育振兴行动计划》，该计划提出到2010年，高等教育毛入学率将达到适龄青年的15%。此后电气学院招生规模持续增加。参见附录三之（一），电气学院2001届毕业生为302人，2009届达到500余人。进入2008年后，教育部表示1999年开始的扩招稍显急躁并逐渐控制本科生扩招比例，电气学院的毕业生人数稳定在400～500人。

1999年，获批电气工程专业学位点，开始招收非全日制单证专业学位硕士研究生（又称为工程硕士）。

1999年，电力工程系电机与电器专业获批招聘国家级人才计划特聘教授的岗位。

"长江学者特聘教授"源自1998年8月教育部和李嘉诚基金会共同启动实施了"长江学者奖励计划"，该计划实施初期采用的是先评选设置长江学者岗位，即单位（学科、专业）先获得招聘长江学者的资格，然后由学者申报该岗位。后来取消了岗位申报环节，直接由学者申报"长江学者特聘教授"。

潘垣院士于1998年加入学院后，提出了一系列的学科发展建议，如开展脉冲功率技术、磁约束核聚变技术、脉冲强磁场技术、超导应用技术等相关方向的研究工作。1999年，学校发文成立了超导电力科学技术研究与发展中心，主任程时杰；脉冲功率技术研究与发展中心，主任李劲；并瞄准磁约束核聚变、强磁场等方向积蓄力量、积极筹谋。

（二）本科生教育

1. 培养计划

在一个社会经济体制、经济发展的大变革时期，引发了人们对培养什么人以及如何培养人的思考。毋庸置疑政治思想、道德品质方面的培养处于第一位。在专业培养、素质培养等方面，则直接导致了在培养计划、课程设置方面的变革。

自新中国成立后，面临国家急缺专业技术人才的背景，主要是学习苏联的专业化人才培养模式。而在面向具有中国特色的市场经济体制时，这种很具体的专业细分化培养显然难以适应。

自20世纪80年代末期开始，电力工程系就对此进行了调研、讨论、谋划、探索。

首先以"具有怎样知识结构的学生才能称得上是电气与电子工程专业毕业生？"为教学导向开展了各种形式的调研，其中包括与清华大学、西安交通大学等高校电气工程学科交流，探索课程体系的架构，教材的编写和培养过程的质量保障和监控；在湖北省电力公司等用人单位与来自全国多所高校毕业的技术人员座谈，听取他们谈工作中知识应用的感悟和对课程设置的建议以及对教材内容的希望。

电力工程系向校友发放了1500余份调查问卷，收集校友们对宽口径培养模式、专业培养模式、课程设置等的意见。根据回收的调查问卷统计，90％的校友支持宽口径培养模式的改革，收到了如加强基础课程教学，设置经济、管理类课程等建议。根据各类调研，全系教师统一思想，形成一致认可的"加强基础，拓宽口径，培养能力，提高适应性"改革理念，加速推进和完成了宽口径培养模式的改革。

1988年，修订了培养计划，该计划实行"按系招生、分类培养"。"按系招生"指招录新生时全部按"电力工程系"录取；"分类培养"指在前两年全系学生不分专业实行"宽口径"培养，自三年级开始，学生根据自己的兴趣双向选择专业方向。该培养计划自1988级实施，经过两年"宽口径"培养后于1990年开始分专业培养。

1991年我校电气专业进一步拓宽培养口径，制订了前三年打通培养教学计划，比1988年拓宽了一年"通用"培养的年限。

1992年，依托电工基础实验室创建了"电力系大学生课外科技活动中心"，开始尝试"第二课堂"本科实践教学模式，招收成绩优良、学有余力的本科生在教师指导下开展科技实践活动。

1993年2月13日，中共中央、国务院发布了《中国教育改革和发展纲要》。在此纲要指导下，在高等学校招生、办学、毕业生就业等诸多方面进行了一系列的改革。

电力工程系根据学校的要求和当时的办学条件逐渐实行学年学分制教学，电力工程系在选课制、导师制、主辅修制、双学位制等开展了系列工作，"精简和更新教学内容，增加实践环节，减少必修课，增加选修课"的教学改革一直在不断推进。

1994年，国家教委提出"面向21世纪教学内容和课程体系改革计划"。

1995—1996年,国家对大学毕业生取消了毕业后分配工作的制度。1995年毕业的学生有10%国家分配,剩下的自主择业;1995年2月第一次有毕业生人才市场,提供学生与单位进行双向选择,1996年开始取消分配制度,由毕业生自主择业。

1995年,学校教务会议决定:自1995级开始,专科生、本科生、硕士生及博士生,入学后都要参加语文水平考试。未通过者需选修或自修进行学习,毕业前通过考试后才授予学位。

1995年,电力工程系在全国又率先将原本科专业电力系统及其自动化专业、电机及其控制专业、电磁测量专业、高电压技术及设备专业等合并为一个宽口径的"电气工程及其自动化"专业,实行"按大类招生"。该计划在1997年招生中开始实施。

1997年,校教务会议决定从1997级本科生开始逐步实施前三学期按学科大类打通培养的新模式,将素质教育纳入课程体系。电力工程系因1991年、1995年对培养计划的改革,走在了学校的前面。

1998年4月,学校决定从1997级开始开设"社会调查"课,这是把文化素质教育推向第三课堂(社会大课堂)延伸的新举措。

1998年,随着能源学院解散,水力机械专业回归动力系,1999年,水利电力相关专业分离成立水利电力及自动化系,电力工程系所属各专业均隶属于电气工程二级学科(其中电磁测量专业属于与仪器仪表学科交叉的二级学科)。电力工程系已经具备了全系共同发力制定电气工程学科本科生培养计划的条件。

此时,自1996年国家开始逐步推进的毕业生分配制度改革,毕业生面临自找工作的问题,所谓"专业对口"已经不适用当时的就业形式。大学教育面临拓宽学生的适应性问题,拓宽培养计划的知识基础体系势在必行。

电力工程系承担了"面向21世纪电气工程类人才培养模式与课程体系改革"教改项目,总结前一段时期"宽口径"培养计划的实践,在电力工程系内部开展了一系列研讨活动:召开了老教授和青年教师参加的各种类型研讨会,让大家就专业整合、课程体系、培养模式畅所欲言,各抒己见;通过走访电力工程系老领导和充分吸收历届领导班子的教改成果为制定按一级学科招生、培养方案奠定重要基础;并以系教学主任牵头和教研室教学主任为主组建系教学指导委员会和成立制定"电气与电子工程专业人才培养方案"工作组。经过大家群策群力,结合面向21世纪电气学科的办学定位目标确定人才培养模式,制定了1998版"电气与电子工程专业人才培养方案"。因一年级还没有接触专业课程,该计划反溯一年,自1997级开始执行。

该"人才培养方案"是电力工程系本科招生、培养的里程碑,开创了电气工程学科、电力工程系按一级学科"电气工程及其自动化"招生、培养的模式,为随后教育改革的深入奠定了基础。

2. 教学基地建设

1980年前后,从单片机开始,以汇编语言、BASIC语言、FORTRAN语言编程的控制、数值分析得以迅速发展,教师和学生的用机需求越来越多。虽然部分教研室建设了自己的计算机站,但是远不能满足全系教学、科研的需求。在此背景下,1990年电力系成立了计算中心,地址在当时新建成的西九楼四楼。林志雄为计算中心首任主任,管理人员有张光芬、詹广辉、魏珊娣、陈瑞娟、叶红。1999年林志雄退休,张光芬任主任,闵艺华任副主任。

计算中心成立之初,只有三十几台 APPLE 计算机,学院出资购置了三十台 IBM 原装台式计算机,到2004年已有242台台式计算机,加上打印机、交换机等共有设备295件,可同时容纳多个班学生的教学上机,如图21所示。

计算中心成立后,除了完成本系的教师备课、科研上机及学生的教学和毕业设计上机外,还要负责能源、建筑、土木、化工等西边学院的学生教学上机。由于工作量大,学生多,中心技术人员一直采取"三班倒"工作制度。

图21 电力系计算中心

进入21世纪后,随着计算机普及,越来越多的单位和个人拥有了计算机,而且就科研而言,仅台式计算机已经不能满足要求,学院计算中心的作用逐步减弱,于2009年关闭。

1992年,电力系为丰富大学生课外生活,依托电工基础实验室创建了电力系大学生课外科技活动中心。这是电力系开展大学生课外科技创新活动的重要节点。电工基础教研室王大坤、尹仕兼职参与该中心的教学组织和学生培训指导工作。科技活动中心初创期,主要是依托电工基础实验室的资源,以维修和改造实验室设备为主要活动内容,1993扩展到家用电器维修,并对新生开展了电工电子设计、制作等基本训练。初创阶段,活动中心的影响不大、运营艰难。随着经验的积累,陆续增添了单片机应用技术、计算机、电子电路设计等内容,并在1997年左右开始参加全国大学生科技竞赛活动,成绩显现,影响力增加,参加课外科技活动的学生逐渐扩展到动力系、电信系。详情可参见下册"电工电子科技创新中心发展史"以及附录三之(十)。

1996年,获准建设8个国家级电工电子基础课程教学基地,华中理工大学是基地之一,其中电力系负责建设该教学基地Ⅰ——电工教学基地,电信系负责基地

Ⅱ——电子教学基地。为建设国家级教学基地,1998年,学校将属于机械系的"电工学教研室"、学校工程教育中心的"电工实习中心"、校设备处的"电仪维修与计量实验室"划归电力系,和电工基础教研室合并为基础课程教学基地,承担全校电类和非电类电工基础课程教学工作和国家基础课程教学基地电工部分的建设任务。

2000年12月20日,国家级电工电子基础课程教学基地通过了中期评估获"优",2003年国家级电工电子教学基地通过了教育部验收。

电工教学基地建设期间(1997—2003年),累计投入600万元人民币。建设内容包括实验室建设与改造、课程建设、教材建设等内容。出版了多本教材,取得了多项教学成果:

2001年,黄冠斌、李承、孙敏、袁芳、颜秋容完成的《电工教学基地主要技术基础课程教学改革》获湖北省普通高等学校省级教学成果奖一等奖。

杨泽富负责的湖北省教改项目"电工基础实验教学改革的研究与实践",于2005年获湖北省普通高等学校教学成果奖二等奖,成果的主要载体是"电工基础综合实验台"。

3. 课程建设

1988年11月,学校授予"高等数学""电路理论""机械工程测试技术""电路测试技术基础"等四门课程为校"一类课程"荣誉称号。

结合电力工程系承担"面向21世纪电气工程类人才培养模式与课程体系改革"教改项目,修订培养计划,以及承担的"国家级电工电子教学基地"建设工作,进一步开展了课程建设工作。

为配套1998年版培养计划,组织相适应的教材编写工作,先后出版了《电机学》《电气工程基础》《电力系统继电保护》《电磁装置设计原理及应用》和《高电压技术》等五本教材。

1998—2001年电工教学基地建设期间,电力系狠抓实验课程体系、内容与方法的改革,构建了与电工电子系列课程相配套的实验课程体系,完善了"基础型、设计型、综合型、研究型"分层次教学的实验教学体系,将电路模拟实验、仿真实验和科学分析计算融为一体。

4. 教学管理

1988年4月,为提高教学质量、严格教学管理,学校发文取消补考。考试不及格必须重修并交纳一定的费用。

但是,这一制度没能一直执行。随着招生规模的扩大、师生比失调、本科教学评估追求毕业率和就业率,以及科研考核和晋级职称权限的加重、承担科研项目有项目经费提成等多种因素的影响,对本科生的教与学都产生了较大的影响。在1998年前后,学校实行了"清考"制度。由于"清考"并不利于提高教学质量,几年后,学校取消了清考,恢复了"补考"。

1998年开始学生评教工作,每学期课程结束后组织学生对教师的授课效果进行评分。学生评教活动对及时收到课堂效果的反馈有积极作用,对教师提高教学水平有促进作用。

5. 教学成果

1988年,学校申报25项教学成果全部获得省优秀教学成果奖。

1989年12月,国家教委发布了《关于奖励全国普通高等学校优秀教学成果的决定》。

1988年,首届高等学校优秀教材评选,何仰赞等主编的《电力系统分析》获优秀教材称号。

1993年,周舒梅、赵斌武、周予为、冉健民、徐雁等以"电磁测量与仪表专业教学体系一条龙式教改"获湖北省普通高等学校优秀教学成果奖一等奖。

1996年,第三届高等学校优秀教材评选,邹云屏主编的《信号变换与处理》获优秀教材三等奖。

1996年,电力工程系参加了国家教委组织的第一次本科教学评估。国家教委组织专家从教学条件、教学效果、学生培养、教学管理、教学改革和获奖等方面对电气工程专业进行了全面的评估,最终被评为A级(优秀)。

本科教学评估之起点在1985年。1985年国家教委颁布《关于开展高等工程教育评估研究和试点工作的通知》,一些省市开始启动高校办学水平、专业、课程的评估试点工作。1990年,国家教委颁布《普通高等学校教育评估暂行规定》,就高教评估性质、目的、任务、指导思想、基本形式等作了明确规定,这是中国第一部关于高等教育评估的法规。1995年,决定分期分批对高等学校进行本科教学工作评估。1994年初,国家教委开始有计划、有组织地实施对普通高等学校的本科教学工作水平评估。从发展过程来看,高等学校本科教学工作评估相继经历了三种形式:合格评估、优秀评估和随机性水平评估。

在1988—1999年,学院获得多项省部级以上教学成果奖,若干教师获得学校教学优秀奖以及个人荣誉称号,详见附录二、三之中的相关统计表。

(三)研究生培养

1988年,电机与电器学科被评为首批国家重点学科。

1988年,学校对研究生招生进行改革:由专业招生改为按系(或学科)招生;研究生由选报导师改为选报学科,录取后半年内学生自行选择导师。

1996年,我校电气工程首批获得一级学科博士学位授予权,是我校电气工程学科发展的重要里程碑,标志着电气工程学科研究生教育走向了更高起点,引领了我校电气工程学科研究生教育走进了新世纪,开启了新征程。

1996年,电工学科开始招收同等学力硕士学位研究生。

1999年,电气工程专业学位点获批,开始招收非全日制单证专业学位硕士研究生(工程硕士)。

1999年10月,学校出台"关于推荐报考与推荐免试攻读硕士学位研究生的规定"。

(四) 科学研究

经过自1977年开始至1997年二十年发展,电力工程系已经具备了就当时而言高水平的科研平台。电力工程系拥有普通电机、大电机研究、电力系统动态模拟、高电压技术与设备、电磁测量、理论电工、水电站生产过程自动化及经济运行、水力机械等7座实验大楼共12个实验研究室,拥有数十台电子计算机的系属计算中心。

同时期也从不同途径争取经费建设和升级了一批专业实验室:1978年成立电磁测量技术实验室,在此基础上于1985年建设了大电流实验室;1989年,利用世界银行的贷款改造了西二楼,获准建立新型电机国家专业实验室;1991年新建了西九楼;完成了电力系统动态模拟实验室的二期工程,1998年,又和水电工程系联合兴建了"电力系统动态模拟实验大楼暨水电能源仿真中心"(可看作动模实验室的第三期工程)。这些专业实验室为开展科学技术研究创造了较好的条件。

在争取国家科学技术研究计划重要项目方面的代表性成果如下:

1989年,梁毓锦的项目"金属氧化物非线性电阻基础理论和应用"和贾正春的项目"新型交流驱动及其控制系统"为我院首批国家自然科学基金重大项目,分别获得23万元和20.5万元的经费支持。

梁毓锦所主持研究项目中的金属氧化物指氧化锌,该类材料具有很强的电压-电流非线性,大量用于电力系统以及电器设备的过电压保护,是对过电压防护产生了革命性影响的一种材料。在氧化锌避雷器之前,电力系统用避雷器依赖于碳化硅+空气间隙。空气间隙被过电压击穿的电压值(击穿电压)具有一定的随机性,这使得在设计电气设备过电压保护时需保留较大的裕度,而且,放电电弧会烧蚀间隙电极,避雷器的保护动作次数受限。用氧化锌阀片作为避雷器的主体,可以取消空气间隙,极大地提高过电压保护的精准性、可靠性及避雷器的寿命。梁毓锦教授自20世纪80年代就开展了相关研究,取得了一系列研究成果,研制了国内首台500 kV氧化锌避雷器(与黑龙江电力公司合作,制造厂位于牡丹江市,曾有做毕业设计学生赴牡丹江电力公司协助研制避雷器冲击电流实验装置),团队成员主要有梁毓锦、招誉颐、文远芳、李淑芳、叶启弘等。详情可参见"下册·系所发展史·高电压工程系发展史"。

1987年,为了发现和培养人才,促进优秀青年科学工作者脱颖而出,国家自然科学基金委员会开始设立青年科学基金,用以资助从事自然科学基础研究和部分应用研究、年龄在35岁以下、已取得博士学位(或具有同等水平)、能独立开展研究工作、学术思想活跃、有开拓和创新精神、学风端正的青年科学工作者。

1989年,邹积岩的项目"真空开关触头侵蚀模型与实验研究"为我院首个国家自然科学基金青年基金。

在解决国家重点工程科学技术问题方面的部分代表性成果如下:

任元为解决武钢1.7米热轧厂精轧主机的电气振荡问题作出重大贡献,取得了具有世界水平的重大理论、技术成果,其先进事迹在1983年3月29日的《文汇报》头版头条以《消除武钢引进轧机电气振荡,任元取得重大理论、科技成果》为题目刊出。

1.7米轧机由日本生产引进,是世界上最大的轧钢机,邓小平同志对该机的引进工作非常关心,曾于1973年12月亲自到武钢视察。当时武汉钢铁厂同步建设冷轧厂、热轧厂、硅钢厂,准备一举突破"双200万吨",但1979年安装试生产时该机发生电气振荡无法投入生产。任元教授多次亲赴武钢实地考察,运用"脉动相关函数"新概念及其理论计算方法,并通过冲击负荷试验,最终认定日本专家的结论是错误的,提出了具体解决方案。1979年8月,任元教授应邀参加武钢与日本、比利时厂商进行的技术谈判。1980年4月,日方带回了与我方方案略有变动的控制电路及装置,又经过现场调试,于1980年6月消除了振荡。该成果产生了极好的社会影响,于1985年获国家教委科技进步奖二等奖。

1988年,电力工程系吴建廉研制的"混流泵设计方法和M350HD-60导叶式混流泵"通过部级鉴定,达到国外先进水平。

1988年,水电能源研究所与湖南新华水电局完成的"油溪河梯级开发优化方案"通过部级鉴定。

1991年,程光弼、周泰康等对"武汉电网无功优化调度"的研究成果获得湖北省科技进步奖二等奖。周泰康是华中工学院筹备委员会委员,1944—1945年中断中央大学电机系学业入伍参加了抗日战争,担任盟军翻译,参加过衡阳保卫战。抗战胜利后重返中央大学领取毕业证书,之后留学美国获得哈佛大学工学硕士学位并留美工作。新中国成立后备受鼓舞立即回国,1952年国家进行院系调整由湖南大学来汉任教,2015年获得"中国人民抗日战争胜利70周年"纪念章。

1992年,许实章课题组研制的"谐波启动绕线型异步电动机"取得了重大经济效益,被国家科委增补为1992年国家科技成果重点推广项目。

1999年,任士焱教授主持的"强功率交直流电能在线综合测试技术"为行业节能作出了重要贡献,获得国家科学技术进步奖二等奖。

1999年,于克训、王雪帆一项科研成果仅半年为武钢节约3000万元成本。

电力工程系长期以来形成的特色是面向国民经济主战场,开展横向科技协作,积极将科研成果转化为生产力。较早建立的系办产业"华中理工大学电力技术研究所"已形成相当规模,创年产值2000多万元,同时与一些国内外重点企业建立了长期合作关系。

在新兴技术研究方面的部分代表性成果如下：

1988年，电力工程系陈贤珍、何传绪、黄英炯等参加研制我国第一台超导电机获得成功。

1998年12月4日，国家973计划申报项目"超导电力及相关电力系统新技术基础研究"研讨会在学校召开，来自北京大学、香港大学等单位的11位院士为争取国家973项目出谋划策。

在1988—1998年，电力工程系除上述科研活动之外，在科学研究中取得了丰硕的成果，获得多项省部级以上奖励，详见附录五之（一）。

1996年、1998年，电力工程系是在全国电工类专业中获得国家自然科学基金资助最多的单位，科研经费逐年增长，1988年201万元，1999年1200多万元。

电力工程系也积极开展了国内外的学术交流活动，如1991年林金铭领导主办了在武汉召开的第一届中国国际电机会议，1992年，邵可然入选国际电机会议（ICEM）国际指导委员会委员。

六、与时俱进　争创一流(2000—2021年)

自华中工学院电力系成立开始,专业教研室就不断调整,包括教研室的进进出出、合并拆分。进入21世纪后,电力系整合为电气工程一个一级学科,在电气工程一级学科下设五个二级学科(电机与电器、电力系统及其自动化、高电压与绝缘技术、电力电子与电力传动、电工理论与新技术),均具有学术实力强的师资队伍。电力系的工作重点已完全集中到如何发展电气工程学科,如何培养适应社会发展需求的人才,如何提升科学研究的水平,将电气工程学科做大做强、争创一流学科的目标上。

因此,自此章开始,本稿将按学院的主要工作分门别类地记述。

(一) 发展经纬

2000年5月,由华中理工大学、同济医科大学、武汉城市建设学院合并,科技部科技干部管理学院并入华中理工大学,组建华中科技大学。

此次中国高等学校的合校潮,可追溯至1992年国家深感高等教育、尖端人才在国际上的差距,提出了要建设一批面向21世纪的重点高校,实施了211工程。1998年,教育部又制定了《面向21世纪教育振兴行动计划》,提出建设一批面向世界先进水平的一流大学,即985工程。2000年前后,随着国家部委机构调整,一些部属高校或是下放到地方由各省管理,或是移转到教育部管辖。为集中力量建设一批具有国际先进水平的大学,同时也是为了促进文理结合、学科交叉,中国出现了一波高校合并潮,用最直接的手法促成大学向综合性大学转变,同时提高学科竞争力。

2000年7月,华中科技大学学术委员会成立,电力工程系潘垣院士当选副主任委员,程时杰教授为委员。

大学合并后,有的大学采用了学部制,大多数仍然保留了以《学科专业目录》为依据的学院制。

2000年12月,电力系改变建制成为"电气与电子工程学院"(以下简称电气学院),2001年,潘垣院士出任名誉院长,辜承林任常务副院长,张国德任院党总支书记,班子成员参见附录一之(一)。尹项根转任华中科技大学研究生院副院长。

华中科技大学成立后,原武汉城市建设学院所属建筑电气专业转入电力工程系,于2001年4月成立了建筑电气研究所,此后,研究所教师按各自的特长分散到电机、电工、电测等多个系。

电气学院下设电机及控制工程系、电力工程系、应用电子工程系、高电压工程系、电工教学基地、电磁测量研究所、建筑电气研究所,以及学校发文、挂靠在电气学院的学术协作性的脉冲功率与等离子体研究中心、超导电力科学技术研究与发展中心。

2000年,学校管理科室干部的教育职员制改革迈出第一步,电气学院随之进行了职员系列人员的竞聘上岗工作。

2001年,华中科技大学进入985计划建设高校行列,电气工程学科是建设学科之一。985计划缘起于1998年5月,中共中央总书记江泽民在庆祝北京大学建校100周年大会上向全社会宣告,为了实现现代化,我国要有若干所具有世界先进水平的一流大学。获准实施"985工程"建设的高校总计39所。

2001年12月11日,我国正式加入世界贸易组织(WTO),成为第143个正式成员,这使得我国的各行各业进一步扩大了向国际社会的开放、交流,高等教育也提高了国际交流、瞄准国际性竞争培养人才的意识。

2001年12月,时任中国原子能科学研究院院长的樊明武院士任华中科技大学校长。樊明武,1965年毕业于华中工学院电机专业,主要从事核物理、粒子加速器等方面的研究工作。1999年当选中国工程院院士,2019年获美国华人生物医药科技协会杰出成就奖,2020年获中国核工业集团有限公司核工业功勋人物奖。

樊明武院士就任校长后提出了"国际化"办学战略和建设国际化、研究型、综合性世界高水平一流大学的办学目标。在此目标下,电气学院为打造具有国际竞争力的创新型人才成长的环境,在教学理念、管理模式等方面进行了一系列变革。

2001年,在第二轮重点学科评选中,电气工程学科所属"电机与电器""电力系统及其自动化"两个二级学科入选国家重点学科。当时全国电气工程学科共有20个国家二级学科重点学科,华中科技大学全校有14个二级学科国家重点学科。

同年,尹项根入选2001—2005年教育部高等学校电子信息与电气学科教学指导委员会委员,当选电气工程及其自动化专业教学指导分委员会副主任委员。2002—2007年,宁玉泉任国家旋转电机标委会委员,同期兼任国际IEC WG中国IEC工作组7名专家之一。2006—2010年获连任;此后,电气工程及其自动化专业教学指导分委员会升级并更名为"电气类专业教学指导委员会",尹项根当选为2013—2017年教育部高等学校电气类专业教学指导委员会副主任委员。

2002年,华中科技大学和美国得克萨斯大学签署了在华中科技大学合作共建中美联合聚变实验室(J-TEXT)的合作协议。自1998年潘垣院士入职华中科技大学后开始筹划的磁约束核聚变工作取得了重要进展。

2002年,因在脉冲功率、磁约束核聚变、等离子体等方面的教师队伍逐渐扩大,形成稳定的研究生培养能力,电气学院申请设立特色专业"脉冲功率与等离子体"获得教育部批准。同时获评的特色专业还有自电力系成立初期就存在的"电磁测量技术"。在《学科专业目录》中,"电磁测量"属于一级学科仪器科学与技术。

2003年6月,成立了电磁工程物理研究所。成员包括从事超导电力、脉冲功率、磁约束核聚变、低温等离子体以及筹备建设脉冲强磁场的部分人员(据电磁系2005

年工作总结、学院在职员工名册)。

2003年,获准建设脉冲强磁场教育部重点实验室,该实验室是电气学院为发展脉冲强磁场技术而筹划建设的重要基地。

2003年,学校承建的国家级电工电子基础课程教学基地通过验收。此后,教育部对工科基础课程的建设转向建设"实验教学示范中心"。电气学院为了申报"实验教学中心",也为了激励、促进教师向教学与科研相结合的方向发展,电工电子教学基地中的教师编制人员分离出来成立了电工理论与新技术系。

2004年9月,为了加强学校重大科学工程和大型共用实验平台建设,学校发布《关于成立强磁场重大科技基础设施暨ITER人才培养基地筹建组的通知》(校发[2004]14号),组长:潘垣院士,副组长:辜承林、周细刚(校科发院)、袁松柳(物理系)、于克训。

2004年10月25日,全国一级学科评估排名正式发布,我校电气工程学科评估名列全国第三。全国排名前10的电气工程学科学位授予权单位为:清华大学、西安交通大学、华中科技大学、浙江大学、上海交通大学、哈尔滨工业大学、天津大学、东南大学、中国科学院电工研究所、重庆大学。

早在1983年教育部召开高教工作会议,决定对重点院校进行评估,这是我国开始组织高等教育评估的起点。此后,进行了多次试点。1994年,高等学校与科研院所学位与研究生教育评估所在北京理工大学成立,后改为教育部学位与研究生教育发展中心,简称"学位中心"。1995年9月,《关于按一级学科进行学位与研究生教育评估和按一级学科行使博士学位授予权审核试点工作的通知》发布,学位中心组织开展"计算机科学与技术、化学、力学、电工、数学五个一级学科行使博士学位授予权的审核试点工作",全国共计有82个博士学位授予权单位的259个博士点参加了评估。

进入21世纪后,学位中心按照国务院学位委员会和教育部颁布的《学位授予与人才培养学科目录》,对全国具有博士或硕士学位授予权的一级学科开展整体水平评估并确定了评估方案,以第三方评价方式开展非行政性、服务性评估项目。2002年启动了第一轮学科评估,2002年首次开展评估了12个一级学科,2003年评估了42个一级学科,2004年评估了2个一级学科。此后,2007—2009、2012、2017年已经完成四轮学科评估。

第四轮学科评估于2016年4月启动,按照"自愿申请、免费参评"原则,采用"客观评价与主观评价相结合"的方式进行。评估体系在前三轮的基础上进行诸多创新;评估数据以"公共数据和单位填报相结合"的方式获取;评估结果按"分档"方式呈现,具体方法是按"学科整体水平得分"的位次百分位,将前70%的学科分9档公布:前2%(或前2名)为A+,2%~5%为A(不含2%,下同),5%~10%为A-,10%~20%为B+,20%~30%为B,30%~40%为B-,40%~50%为C+,50%~60%为C,60%~70%为C-。第五轮学科评估已于2020年启动。

2004年11月,湖北省科技厅批准在动模实验室基础上建立"电力安全与高效湖北省重点实验室",实验室主任程时杰。2007年11月22日,省重点实验室接受验收评审获得优秀,排名全省第一。

2005年3月,李培根任华中科技大学校长,以研究型、综合型、开放式作为办学目标。

2005年5月,为了更好地集中各方面的资源,加强重大科学工程和大型共用实验平台建设工作,学校发布《关于成立华中科技大学强磁场、脉冲功率及ITER计划等重大工程领导小组的通知》(校发[2005]8号),成立了以潘垣院士为首席科学家、王乘副校长为组长,校科发院、电气学院、物理学院、能源学院相关人员组成的领导小组。

2006年3月,华中科技大学第二届学术委员会成立,电气与电子工程学院潘垣院士、程时杰教授入选副主任委员。

2006年5月,电气学院行政班子换届,段献忠任院长,班子成员见附录一之(一)。

2006年,获准建设电力安全与高效利用教育部工程研究中心。

2006年,TEXT-U装置从美国得克萨斯大学拆运回来并在学校基本完成组装,即将开展磁约束核聚变装置的全面调试、升级,并逐步开展研究性实验。为加强管理、运行该装置、开展科学研究,从事磁约束核聚变的相关人员从电磁新技术系分离设立了聚变与等离子体研究所,2005年从国外引进的庄革任所长。在组装TEXT-U装置期间,庄革以及张明、丁永华、江中和、王之江、张晓卿等在无法承担社会服务性科研任务的时期(涉及科研业绩津贴),卧薪尝胆、任劳任怨地组装、升级改造大型实验装置,为实验室的建设付出了艰苦的努力。

2007年1月,国家发改委正式批复由华中科技大学建设脉冲强磁场设施。教育部决定批准成立脉冲强磁场实验装置项目建设工程经理部,李亮任总经理,段献忠任副总经理。

2007年4月8日至13日,由教育部评估中心派遣的赴华中科技大学本科教学工作水平评估专家组一行19人对我校的本科教学工作进行了实地考察和评估。4月10日,专家组成员、清华大学段远源教授走访了电气学院。段远源教授听取了段献忠院长关于学院本科教学工作的汇报,实地考察了电工教学实验中心、电力系统动态模拟实验室。评估专家组还抽查了学院0201班30份本科毕业设计论文。两位同学参加了评估专家组组织的计算机技能测试,03级傅观君同学参加了高年级学生座谈会,何俊佳教授参加了中青年骨干教师座谈会。4月13日,召开了评估意见反馈大会,评估专家组组长、清华大学校长顾秉林院士宣布了评估意见,对我校的本科教学工作给予了充分肯定。

为迎接教育部对我校本科教学工作的评估,学校在2006年和2007年均对本科教学工作进行了自我评估。电气学院在校内评估中均获得本科教育优秀的成绩。

2007年,程时杰教授入选中国科学院院士。

同年,磁约束核聚变实验装置基本组装完成,申请并获准建设"聚变与电磁新技术教育部重点实验室"。该实验室是国内高校唯一的磁约束核聚变领域部级重点实验室,该装置是国内四大聚变实验装置之一,是我国高校参与国际热核聚变实验堆计划(ITER 计划)的唯一大型公用实验平台,为我校参加我国最大的国际合作项目 ITER 计划奠定了基础。

2007 年,第三轮重点学科评选中,"电机与电器""电力系统及其自动化""电工理论与新技术"三个二级学科获批为国家重点学科,由此"电气工程"获批为国家首批一级学科重点学科。同时获批为一级学科国家重点学科的电气工程学科有 5 家,其他四家分别是清华大学、西安交通大学、浙江大学、重庆大学。

2007 年,获准建设"舰船电力电子与能量管理"教育部重点实验室(B 类)。该实验室在陈坚教授的带领下,仅经过十多年的时间,从一支十几人的队伍发展成为国内知名的研究集体,形成了以中青年学术带头人为核心的创新团队,获得多项国家、省部级科技进步奖,为舰船电力电子的发展和国防装备的研制作出了重要贡献。

同年,获准建设"教育部脉冲功率技术重点实验室(B 类)"。此时,自 1999 年成立脉冲功率技术研究中心以来,自"503"项目起步,经过学院相关课题组、教师的努力,已经形成了在国内高校中具备竞争优势的研究基地,承担了多项大型的研究任务。

2007 年,电气学院获准建设新型电机与特种电磁装备教育部工程中心。

2008 年,康勇任电气与电子工程学院院长,段献忠升任华中科技大学副校长。

2009 年 1 月 20 日,教育部发布第二轮(2007—2009 年)学科评估结果,电气工程学科排名如表 13 所示(源自中国学位与研究生教育信息网)。

表 13 第二轮(2007—2009 年)学科评估电气工程学科排名前 15 名

排名	学校代码及名称	整体水平	排名	学校代码及名称	整体水平
1	10003 清华大学	100	9	10079 华北电力大学	79
2	10698 西安交通大学	97	10	10286 东南大学	78
3	10487 华中科技大学	93	10	10613 西南交通大学	78
4	10335 浙江大学	91	12	10142 沈阳工业大学	75
5	10611 重庆大学	87	13	10290 中国矿业大学	74
6	10056 天津大学	82	14	10561 华南理工大学	72
7	10213 哈尔滨工业大学	81	15	10287 南京航空航天大学	71
8	10248 上海交通大学	80			

注:本一级学科在全国高校中具有"博士一级"授权的单位共 22 个,本次参评 17 个;具有"博士点"授权的单位共 16 个,本次参评 4 个。还有 2 个具有"硕士一级"授权和 1 个具有"硕士点"授权的单位也参加了本次评估。参评高校共 24 所。

2008年,应用电子工程系成立新能源发电技术研究中心。这意味着应用电子工程系已经将研究方向从舰船电气化拓展到新能源领域。

2009年,学院制定了新一版本科生培养计划,对专业课程划分为A、B两个模块。

2011年,华中科技大学第三届学术委员会成立,电气学院潘垣院士为名誉委员,樊明武院士为主任委员,程时杰为副主任委员。

2011年12月,中国共产党电气与电子工程学院总支部改设为电气与电子工程学院委员会(以下简称电气学院党委)。

2012年,加速器相关团队组成电磁理论与带电粒子研究中心。

2013年1月29日,教育部发布了第三轮(2012)学科评估结果,电气工程学科排名如表14所示(源自中国学位与研究生教育信息网)。与2009年第二轮学科评估相比较,我院的学科发展取得了明显的进步。

表14 第三轮(2012)学科评估电气工程学科排名前12名

排名	学校代码及名称	整体水平	排名	学校代码及名称	整体水平
1	10003 清华大学	91	6	10213 哈尔滨工业大学	80
2	10487 华中科技大学	90	7	10056 天津大学	78
2	10698 西安交通大学	90	7	10613 西南交通大学	78
4	10335 浙江大学	87	10	10248 上海交通大学	76
5	10611 重庆大学	85	10	90038 海军工程大学	76
6	10079 华北电力大学	80	12	10287 南京航空航天大学	74

注1:本一级学科中,全国具有"博士一级"授权的高校共30所,本次有26所参评;还有部分具有"博士二级"授权和硕士授权的高校参加了评估;参评高校共计41所。

注2:以下得分相同的高校按学校代码顺序排列。

2014年,中国机械工业教育协会发布《关于公布第三届中国机械工业教育协会机电类学科教学委员会的通知》(中机教协[2014]02号),"机电类学科教学委员会工作领导小组"组长张明毫(1997年时任机械部教育司副司长),尹项根为电气工程及其自动化学科教学委员会副主任委员,电力系统及其自动化分委员会主任委员,苗世洪任秘书长。该分委员会主任委员为胡敏强(东南大学);熊蕊为电力电子与电力传动分委员会副主任委员,主任委员为徐德鸿(浙江大学);周理兵为电机分委员会副主任委员,主任委员为夏长亮(天津大学);何俊佳为电器分委员会副主任委员,主任委员为荣命哲(西安交通大学);李化为高电压与绝缘技术分委员会委员,主任委员为钟力生(西安交通大学)。

2015年,新建的大禹科技楼投入使用,加速器相关研究基地上了一个台阶;应用电子技术系"条件保障"项目支持的电力电子实验楼正式投入使用。

2015年8月电气学科大楼开工建设,2017年封顶进入内外装修,2019新的电气大楼全面启用。

2016年,聚变与电磁新技术国际合作联合实验室通过建设论证。

2016年7月,电气学院提交了工程教育专业认证自评报告,10月通过现场考察,12月收到认证委员会的考察报告,通过专业认证。

工程教育专业认证起源于1989年由来自美国、英国、加拿大、爱尔兰、澳大利亚、新西兰6个国家的民间工程专业团体发起和签署的《华盛顿协议》。该协议主要针对国际上本科工程学历(一般为四年)资格互认,确认由签约成员认证的工程学历基本相同,并建议毕业于任一签约成员认证课程的人员均应被其他签约国(地区)视为已获得从事初级工程工作的学术资格。2013年,我国加入《华盛顿协议》成为预备成员,2016年年初接受了转正考察。2016年6月2日,中国成为国际本科工程学位互认协议《华盛顿协议》的正式会员。

2016年,制定设置荣誉学位的培养计划,自2016级开始实施。

2016年10月,电气与电子工程学院党政班子换届,文劲宇任院长、陈晋任书记。

2016年12月,电气学院面向全院师生公开进行了"院徽"征集,组织院徽设计大赛。2017年4月,针对大赛的获奖作品开展投票确定了院徽。院徽作者是林艺哲、高星宇、李俊林、李增山、石重托、姚健鹏。

2016—2017年,电气学院申报并获准"电力电子与传动""电磁理论与新技术"两个科工局重点特色学科。

2017年5月,成立了先进电工材料与器件研究中心(AEMC)。在实现以清洁能源为主的能源革命中,先进电工材料与器件渗透在发电、输电、配电与用电的各个环节,并发挥着基础性与支撑性作用,成为电力与电气设备高品质制造和可靠使用的保证,为在该领域形成学科新的优势特色方向奠定了基础。

2017年12月28日,教育部公布了第四轮学科评估结果,此次评估取消了总体评分形式,而是改为A+、A、B+、B的分档排序。参评电气工程学科得分为B及以上的学科如表15所示(源自中国学位与研究生教育信息网)。

表15 第四轮(2007—2009年)学科评估电气工程学科排名前16名

排名	学校代码及名称	整体水平	排名	学校代码及名称	整体水平
1	10003 清华大学	A+	9	10056 天津大学	B+
1	10698 西安交通大学	A+	9	10142 沈阳工业大学	B+
3	10079 华北电力大学	A	9	10248 上海交通大学	B+
3	10487 华中科技大学	A	9	10286 东南大学	B+
5	10213 哈尔滨工业大学	A−	9	10287 南京航空航天大学	B+
5	10335 浙江大学	A−	9	10422 山东大学	B+
5	10611 重庆大学	A−	9	10532 湖南大学	B+
5	91016 海军工程大学	A−	9	10613 西南交通大学	B+

注1:本一级学科中,全国具有"博士授权"的高校共40所,本次参评39所;部分具有"硕士授权"的高校也参加了评估;参评高校共计84所。

注2:评估结果相同的高校排序不分先后,按学校代码排列。

2017年9月,国家正式公布世界一流大学和一流学科(简称"双一流")建设高校及建设学科名单,华中科技大学入选一流大学建设名单,机械工程、光学工程、材料科学与工程、动力工程及工程热物理、电气工程、计算机科学与技术、基础医学、公共卫生与预防医学入选"双一流"建设学科。

2018年4月16日,美国商务部发布公告称,美国政府在未来7年内禁止中兴通讯向美国企业购买敏感产品。2019年5月16日,美国将华为列入实体清单,在未获得美国商务部许可的情况下,美国企业将无法向华为供应产品。这种打压中国高新技术的国际形势对我国的科研工作提出了"解决卡脖子的瓶颈问题"的紧迫需求。

2018年,《关于开展清理"唯论文、唯职称、唯学历、唯奖项"专项行动的通知》(国科发政[2018]210号),教育部、财政部和国家发展改革委印发《关于高等学校加快"双一流"建设的指导意见》中强调"深入推进高校教师职称评审制度、考核评价制度改革,建立健全教授为本科生上课制度,不唯头衔、资历、论文作为评价依据,突出学术贡献和影响力,激发教师积极性和创造性。"电气学院着力探索教师考核、晋级的评价体系。

2019年9月,与武汉新能源研究院共同为"一带一路"国际交流合作项目培训29名来华交流留学生。

2019年11月28日,教育部声明:已将"211工程"和"985工程"等重点建设项目统筹为"双一流"建设。

2019年12月10日至11日,电气学院进行了电气工程学科国际评估。全球电气工程领域的著名学者美国加州大学伯克利分校Felix WU教授、美国伊利诺伊大学厄巴纳香槟校区Philip T. Krein教授、美国伦斯勒理工大学Manoj R. Shah教授、美国加州大学圣地亚哥分校Patrick Henry Diamond教授、日本国立聚变科学研究所Katsumi Ida教授、德国卡尔斯鲁厄理工学院Georg Mueller教授、日本东北大学Hiroyuki Nojiri教授和澳大利亚昆士兰科技大学Kostya Ostrikov教授等八位专家组成的评审委员会通过审议学科状态报告、听取学科情况汇报、实地考察、召开师生代表座谈会等形式,全面了解我校电气工程学科的发展现状,对其建设与发展水平做出了客观评价,并结合国际学科最新发展动态,对我校电气工程学科未来的发展提出了建设性意见。

2020年1月,新冠肺炎在武汉爆发。电气学院全体教职员工在疫情期间积极参加抗疫工作,居住在校区的人员踊跃报名参加抗疫值班,在教学方面,本科生、研究生教务管理科室紧急调整教学计划,有教学任务的教师在假期准备网络教学,做到了隔离不停学。科研、学术交流等工作也竭尽所能地利用网络交流,尽可能地减轻疫情的影响。

2020年底,启动了第五轮学科评估,其结果将作为第二轮"双一流"建设学科评选的重要参考依据。

2022年2月9日,教育部、财政部、国家发展改革委联合印发《关于公布第二轮

"双一流"建设高校及建设学科名单的通知》(教研函[2022]1号),华中科技大学机械工程、光学工程、材料科学与工程、动力工程及工程热物理、电气工程、计算机科学与技术、基础医学、临床医学、公共卫生与预防医学等学科入选"双一流"建设学科。

(二)党建与师德师风

电气学院党委(2011年12月以前为党总支)是学院各项工作的领导核心,所开展的工作贯穿到学院从人到事的方方面面。电气学院党委坚持将科教兴国和人才强国的战略贯彻到电气学院的各项工作之中,紧密围绕学校和电气学院的中心工作,团结全院广大党员和全体师生员工,以改革为动力,以发展为主题,以党建为保障,不断推进教学、科研和学生思想政治教育等工作的创新,将电气学院的学科建设和人才培养发展到更高的水平。

本节记述学院在党建、师德师风方面的主要工作。

1. 加强党建引领学科发展

电气学院第一届党总支委员会在电力工程系改为学院之前于1999年成立,总支书记:张国德,副书记:冯爱民,总支委员组成如下(以姓氏笔画为序):于克训、尹小玲、尹项根、冯爱民、孙亲锡、邹云屏、张国德、周海云、辜承林。

1999年至2000年,电气学院扎实开展"三讲"教育(讲学习、讲政治、讲正气),这是加强学院领导干部和全体党员的党性、健全党风的一次实践。在此期间,在开拓电气工程学科发展方向上迈出了关键的一步,启动了脉冲功率、超导电力、磁约束核聚变、强磁场、加速器等新的方向。

2005年,学院开展保持共产党员先进性教育活动,着力解决师生反映的各类实际问题。

2006年,学院党组织开展先进性教育活动"回头看"。组织深入学习邓小平理论和"三个代表"重要思想、十六届六中全会精神、胡锦涛总书记在庆祝中国共产党成立85周年暨总结保持共产党员先进性教育活动大会上的讲话等重要文件。落实整改措施,巩固先进性教育活动成果,加强基层领导班子建设,贯彻学校关于教育、制度、监督并重的惩治和预防腐败体系建设的实施意见,制订详细的工作计划,切实抓好廉政教育,推进党风廉政建设深入进行。为加强党委和基层的联系,增强凝聚力、创造力、战斗力,建立了党员领导干部联系点制度:张国德联系电机及控制工程系、退休党支部、2004级党支部;辜承林联系电力工程系、电工教学基地、2003级第二党支部;邹云屏联系高电压工程系、研0403党支部、研0302党支部;周海云联系电磁新技术系、院机关;段献忠联系应用电子工程系、电磁测量工程系、华工电气(公司)党支部;马冬卉联系实验中心及2002级第6、第9党支部。

同年,学院党政领导班子成员变化较大,为保持和提高领导能力,学院把加强班子建设摆在重要位置,以深入学习实践科学发展观活动为契机,组织班子成员学习党和国家的有关方针政策和学校的规章制度,提高领导能力和改进工作作风,建立了多种简报、院党政班子之间各项工作的通报制度。抓党风廉政建设,组织学习落实校纪委下发的《加强高校反腐倡廉学习资料》。

2006年9月,学院党总支书记张国德转任学校科协任常务副主席。

2007年3月,冯征任电气学院党总支书记。

2007年,学院以科学发展观为指导,结合重点学科申报、国家重点实验室申报、实施"本科教学质量工程"、"卓越工程师"计划等学院的重点工作,在暑期组织了"提高学科建设和人才培养质量"为主题的教育思想、学科发展研讨会。通过讨论,形成了五个共识:一是应积极地将学科建设成果转化为人才培养的优势,促进课程与实验教学模式的改革;二是应积极地适应国家科技发展及业界的需要,进一步坚持特色、发扬优势;三是应积极地凝聚力量,申请国家级科研项目和组织申报国家级科研成果奖,完善鼓励教师发表高水平论文、出版专著的政策措施;四是应积极地围绕学科特色方向,组织学科平台的建设工作,力争在较短时间内实现学院国家级学科平台零的突破;五是应积极地创造拔尖人才脱颖而出的条件、环境和机制,造就一支高层次、结构合理的人才队伍。

2007年,电气学院获人事部、教育部授予的"全国教育系统先进集体"称号,学校"2007年度宣传思想工作先进集体"称号。

2008年1月12日,学院召开了党员代表大会,选举产生了第二届电气学院总支部委员会委员。2008年1月20日,学校党委批复学院总支委员为(以姓氏笔画为序):于克训、冯征、李承、何俊佳、罗毅、郑小建、段善旭、段献忠、唐跃进;总支书记:冯征,副书记:郑小建。2008年8月,冯征调动到学校研究生院任副院长兼学位办公室主任,于克训任党总支书记。电气学院下设党支部51个,党员819人。

2008年1月14日,学院召开了学院成立以来教代会二次会议,听取了学院工作报告、财务基本报告和工会工作报告。院领导班子充分发挥了二级教代会的作用,对于涉及学院发展的重大举措,涉及教职工利益的重大事项,师生关心的热点问题,注重广泛征求教代会代表和群众意见,接受他们的监督,实行科学决策,民主管理。

2008年,结合学习党的十七大报告和纪念改革开放30年活动,学院组织撰写了《更新观念,开拓进取,推进学科建设新发展》《电气学科建设发展的思考》等文章,确立了将"创新和发展"作为学科建设的指导思想,明确了"必须站在时代发展的新高度努力拓展学科建设新的发展空间;必须坚持以人为本、人才强院的理念,把人才队伍建设作为可持续发展的根本保证;必须不断提高班子建设、思想建设和制度建设的水平,建立优质的服务保障机制"的理念。

2008年,学院积极组织开展各类宣传教育活动。年初成立电气学院新闻中心,加强宣传信息员队伍,建立了学生记者与各系、科室的定向联系。召开"发挥党组织优势,确保学校安全稳定"等专题组织生活会,组织奥运火炬传递的安全稳定工作。积极组织抗震救灾捐款与缴纳特殊党费,收到师生捐款125,613元(其中教工捐款

78,290元,学生捐款47,323元),党员缴纳特殊党费39,500元。学院行政党支部开展了"与您零距离,服务到一线"特色党日活动,学院党总支组织百名教工党员开展了"与您零距离,共建大学科"特色党日活动。组织了"创建全国文明城市——我知晓,我参与,我奉献,我带头"签名活动。

2010—2012年,学院党委开展"创先争优"活动,即"创建先进基层党组织、争当优秀共产党员"活动,形成了学习先进、崇尚先进、争当先进的良好风气。

学院成立了学科建设办公室,开展国内外高校电气工程学科发展状况调研,重点分析了在世界上具有较大影响力的四所美国高校和一所英国高校的电气工程相关学科,专题调研使学院教师认识到我国在基础研究方面的差距,进一步明确了我校电气学科的发展方向,更加坚定了学院将传统电力工程积极向电磁工程拓展的思想与理念。

学院全力以赴地组织了"强电磁工程与新技术"国家重点实验室的申报工作,组织了数十名教师集中工作撰写申报材料。

2010年,学院在人才工作中充分发挥党组织的凝聚力。暑假前后,国家级人才计划入选者袁小明、曲荣海两位教授回国加盟到学院工作,院班子成员和学院行政办公室、电力工程系、应用电子工程系等党支部设身处地地为他们着想,积极提供后勤保障,申请并帮助落实住房修缮,购置办公和实验设备,并为他们的子女入园、入学创造条件。

2011年6月—7月,根据湖北省委高校工委、湖北省教育厅和学校党委安排,学院开展"两访两创"活动,即"学校中层干部访谈所有教师,教师访谈所有学生;创基层党建工作先进,争做优秀共产党员,创教育事业发展先进,争做优秀人民教师"。活动主题:"到学生中去,做立德树人的好教师;到教师中去,做尊师重教的好干部",包括交流思想、立德树人、尊师爱生、促进和谐、创先争优、推动发展等六个内容。学院37名教师代表接受了学校机关部处有关领导的访谈;7位学院领导分别到7个系和2个中心,与全院210名在职教职员以分组和个别谈话相结合的方式进行访谈;访谈了1349名本科生和710名研究生。学院访谈活动师生覆盖率达到了100%。通过交流强化了"建设世界一流大学"的共识,最重要的标志就是培养出世界一流的人才,"一流教学、一流本科"是最重要的基础,学院党总支领导为学业困难同学逐一把脉,学院领导对同学们提出的意见和建议逐一做了相应的回复。

2011年12月15日,电气与电子工程学院党总支改制为电气与电子工程学院党委。

2012年,学院把综合改革作为全面提升学院发展水平、突出导向、改进不足,实现科学发展的重大良机,认真研讨发展中亟待进一步重点加强的工作,重点强化和改进质量意识、本科教学、学生工作、公共事务工作等。经过全院教职工会议宣讲和动员,系所讨论、反复修改,全面制定了综合改革的实施方案,获得学院教代会通过,启动了岗位聘任与管理工作。

2013年至2014年，学院党委组织开展党的群众路线教育实践活动。成立了由党委书记于克训任组长的教育实践活动领导小组，负责活动方案的制定和组织实施。教育活动在全体共产党员中开展，重点是学院中层班子和中层党员干部，核心是"改进工作作风，密切联系群众"，主要任务是教育引导党员、干部树立群众观点，弘扬优良作风，解决突出问题，保持清廉本色，使党员、干部思想进一步提高、作风进一步转变，党群干群关系进一步密切，进一步树立为民务实清廉形象。

2013年8月，学院党委分别在西二楼、西九楼和网上设立了"党的群众路线教育活动征求意见箱"。10月组织了学校第二督导组（组长陈业美，成员刘斌）与学院教职工代表进行个别谈话；11月学院召开了青年教师座谈会，会上征求了意见和建议。

2014年4月10日，电气学院在西十二楼教学楼S206教室召开教职工党员大会，进行党的群众路线教育实践活动总结。学院党委书记于克训同志在会上做了《电气学院党的群众路线教育实践活动总结》的报告。教育实践活动取得了明显成效：如在"积极推进学院信息化建设，在津贴分配体中向青年教师倾斜，降低接待费，调整补充班子成员，选留专职辅导员"等方面采取了改进措施。

2014年，学院对系所设置及党政班子进行调整，3月份将原电工理论与新技术系、电磁新技术系和电磁测量技术系合并，成立了"电工理论与电磁新技术系"，10月新成立了"应用电磁工程研究所"，同时成立了相应的基础党支部。

同年，学院党委组织、指导和协调所属教职工党支部开展主题党日活动，各下属支部以"共圆中国梦""弘扬民族精神"等为主题开展了党日活动。

2015年8月，周泰康教授荣获抗日战争胜利70周年纪念章。周泰康生于1921年，祖籍湖南长沙。周泰康是中央大学电机系学生，于1944年1月任第46军美军顾问团随团翻译，亲历衡阳大会战，是华中工学院筹委会委员之一。

2015年9月29日，电气学院党委书记调整，据校党任[2015]15号文件和校任[2015]19号文件，文劲宇任电气学院党委书记，免去于克训同志电气学院党委书记职务，免去文劲宇常务副院长职务。

2016年4月起，学院党委全面推进"两学一做"学习教育。学院党委严格落实上级党委要求，每月召开党支部书记工作例会，各党支部每月召开组织生活会，认真落实学习内容，党支部建设规范化程度得到大幅度提高。2016年开展了党组织建设的专项清理整治工作，进行"党员组织关系集中排查"，对全院1036名教职工和学生党员的基本信息逐一核查，发现了党员管理中存在的一些问题，进行了"党费收缴自查自改工作"，对2008年4月份以来所交党费情况进行了逐月核算清理，补交了历年党费差额82万元，并按照新的规则测算了每位党员党费收缴标准。通过"两学一做"学习教育，解决了一些党员理想信念模糊动摇、党性意识淡化、宗旨观念淡薄和精神不振、道德行为不端等问题，全体党员能够以"四有"好老师标准严格要求自己。

2016年5月12日，电气学院在西九楼502报告厅召开全院教职工大会，会议主题是"贯彻两学一做，聚力学科评估，争创世界一流"。在会议上，学习了国内兄弟高校在争创世界一流电气学科方面采取的措施,明确了我校电气学院争创世界一流电气学科的目标任务,分析了学院面临的严峻形势和挑战。

2016年6月13日,学院党委换届。经学院党员代表大会选举,产生由9名党委委员组成的学院党委,分别是:王学东、文劲宇、朱瑞东、李开成、杨凯、张明、张丹丹、陈晋、林磊。党委书记:文劲宇(任期2015年9月—2016年10月);副书记:王学东(任期2011年10月—2017年2月)。同时,开始设立学院纪委,选举产生由5名党委委员组成的学院纪委,分别是(以姓氏笔画为序):叶齐政、杜桂焕、张明、陈金富、林桦;纪委书记:张明。

2016年10月学院党政班子调整。文劲宇任院长,陈晋(任期2016年10月—2022年4月)任党委书记,其他班子成员见附录一之(一)。王学东于2017年2月调动到学校党委宣传部任副部长,罗珺于2017年2月到学院任党委副书记。

2016年11月19日至20日,学院党委组织教职工党员前往红旗渠干部学院参加教育培训,培训主题为"弘扬红旗渠精神,践行'两学一做',创建世界一流学科",领会"自力更生,艰苦创业,团结协作,无私奉献"红旗渠精神内涵。

自2017年起,为贯彻落实党的十八届六中全会、全国高校思想政治工作会议精神,根据上级党委要求,学院党委大力推进"两学一做"学习教育常态化、制度化。学院党政班子成员进一步落实了联系系所制度,组织教职工学习《师德学习手册》;制作了宣传学习全国高校思想政治工作会议专题展板巡展。学院设立"关心下一代工作委员会",组织老同志为青年学生讲中国故事。

2017年,中央巡视组对学校进行了政治巡视。学院认真落实中央专项巡视整改工作各项要求,明确班子成员的整改责任和要求,完成了学校巡视整改领导小组明确的各阶段的任务;召开了电气学院党政班子巡视整改专题民主生活会,制定并落实了整改措施,组织教职工全文学习了《学校党委关于巡视整改情况的通报》。开展了意识形态工作责任制清查,加强对教师课堂教学内容的规范,加强对讲座的审批管理,建立和完善舆情监控和引导机制,定期对学院的宣传渠道开展自查摸底。

2017年10月18日,党的十九大召开。学院认真组织党的十九大精神宣讲工作,实现了对全院师生的全覆盖;陈晋书记、文劲宇院长撰写了《以新时代要求引领电气学科建设和发展》在学校官网主页刊出。

2017年10月25日至26日,学院组织80名教职工党员到韶山开展了"不忘初心,牢记使命,建设世界一流的电气学科"主题教育培训。举行了开班仪式,开展了《从伟人身上汲取信仰的力量》专题教学,在毛泽东铜像广场、毛泽东同志故居、滴水洞、湘乡东山学校、彭德怀纪念馆开展现场教学。

2018年,学院组织学习贯彻习近平新时代中国特色社会主义思想和党的十九大精神。主要学习了习近平在湖北考察、纪念马克思200周年诞辰、两院院士大会、全国教育大会、全国宣传思想工作会议等的重要讲话,集中观影《厉害了,我的国》《平"语"近人》和《榜样3》专题片;开展"脱贫攻坚"主题教育。

2018年10月，学院党委书记陈晋到北京参加教育部培训并做了党建交流发言；2018年11月，学院党委副书记罗珺在教育部直属高校关工委第二协作组工作研讨会做典型发言；2018年11月，学院党办主任朱瑞东在学校党委组织部"党建工作坊"做工作交流发言。

2019年，学院接受学校党委巡察和开展了巡察整改。根据校党委统一部署，2019年4月1日至4月23日，校党委第一巡察组（共10人，校机关党委书记艾一梅任组长，胡俊波、董立任副组长）对学院党委进行了巡察。5月14日，巡察组向学院党委反馈了巡察意见。学院党委针对在党的政治建设和思想建设、党的组织建设和全面从严治党等3个方面8个类别的26个问题，制定了66条整改措施。5月14日至7月14日进行了集中整改，学院党委按照整改方案和"三单"（问题清单、任务清单、责任清单），坚持问题导向，强化责任意识，注重真抓实改，创新方式方法，按时完成了集中整改任务。之后学院党委继续扎实做好整改的"后半篇文章"，认真核查整改成效，对整改措施进行了逐个推进、逐个验收。

2019年7月15日至18日，学院党委组织教职工党员和群众前往陕西省延安市进行了为期两天的教育培训。培训主题是"守初心立德树人，担使命建功一流"。学院党委书记陈晋、副院长兼纪委书记张明和党委副书记罗珺参加本次培训活动。

2019年下半年，学院开展了"不忘初心、牢记使命"主题教育，强化了学院党委的政治功能。9月至11月，党政班子扎实开展了10个专题的集中学习研讨，确定12个调研主题，组织各类走访调研座谈18次，班子成员参加党支部、组织生活会、学生班会、学生团支部生活会13次，开展4个类别问卷调查，面向全院师生和离退休老同志发放问卷783份，征集意见建议92条。班子成员对照"18个是否"查摆问题，检视反思、深刻剖析自己在主观上、思想上的问题。学院党委认真检视反思了在学院建设和各项工作中存在的8个方面22个问题，结合实际制定整改措施54条（立行立改15条，本学期完成25条，长期整改14条），并对存在问题的原因，特别是主观方面的原因进行了深刻剖析，明确了下一步的努力方向和整改措施。

2019年12月17日，根据《教育部办公厅关于开展第二批新时代高校党建示范创建和质量创优工作的通知》（教思政厅函[2019]15号）的安排和评审工作方案，学院党委入选第二批"全国党建工作标杆院系"培养创建单位。

2019年年底，武汉市突发新冠疫情。学院党委坚持将党旗飘扬在抗疫一线，开展"抗击疫情、党员先行""同心同德、抗疫必胜"活动，发布《电气战疫简报》12期，宣传防控知识；成立了29人"抗击疫情突击队"，先后有98名教师多次参加网格值守和完成其他任务；严密组织四类人员排查和体温填报，自始至终无一天间断，为抗疫提供了可靠的信息保障；针对部分学生遇到的困难，发放疫情困难补助10万元。2020年7月底，电气学院获评"华中科技大学新冠疫情防控先进集体"，陈晋、彭涛、梁琳获评学校疫情防控先进个人。

2021年是中国共产党建党100周年。学院以庆祝党的百年华诞为牵引，全面开展党史学习教育,完成4个专题的集中学习研讨,组织"党组织书记讲党课",党政班子成员上思政课33次,听课学生5385人次,61名党支部书记全部上了专题党课;开展了"我为群众办实事"实践活动,聚焦部分"本科生专业学习难、研究生论文撰写难、毕业生就业难"的实际情况,组织党员开展"一对一"帮扶。

2021年5月8日至7月5日,中央第八巡视组对学校党委开展了常规巡察。学院党委全面梳理学院党的建设、立德树人、学科建设等各项工作,规范整理各类资料,自查自纠存在的问题。9月份制定了《巡视整改清单》,聚焦六个方面查摆问题12个,提出整改措施29条(集中整改24条,长期措施5条)。11月中旬,陈晋书记以《凝心聚力,促进学院高质量内涵式发展》为题向学校党委汇报了巡视整改进展情况。至2021年12月所有整改措施均已经完成。

2021年在五四青年节到来之际,共青团中央、全国青联共同颁授第25届"中国青年五四奖章",授予34名个人"中国青年五四奖章",20个集体"中国青年五四奖章集体"。强磁场中心获评"中国青年五四奖章集体"。华中科技大学是唯一获得该集体荣誉的高校。

2021年七一前夕,学院一批先进集体和优秀个人受到表彰,主要如下:电气与电子工程学院党委获评"湖北省高等学校先进基层党组织",韩小涛获评湖北省高等学校优秀共产党员,电气博士2002班党支部,获评华中科技大学先进基层党组织;朱瑞东获评华中科技大学优秀党务工作者,陈立学、曾颖琴、陈俊获评华中科技大学优秀共产党员。

2021年12月1日,学院圆满完成洪山区人大代表选举工作,学院小组全体选民人数2919人,参加投票2722人,委托投票62人,投票率达到95.38%。高电压工程系教授李化顺利当选区人大代表。

2021年10月底,学院召开了教代会完成了学院第五届工会教代会换届,审议通过《专任教师薪酬分配及成果奖励实施办法》,投票产生了参加学校教代会的16名教代会代表。

2021年12月底,湖北省委人才工作会议在汉召开,会议宣读了《中共湖北省委湖北省人民政府关于授予首届"湖北省杰出人才奖"的决定》,首届"湖北省杰出人才奖"揭晓,我院潘垣院士被授予"湖北省杰出人才奖"。这是湖北省最高人才荣誉奖项。华中科技大学共有4人获奖,全省共有20人获奖。

2. 加强师德师风建设

2006年,电气学院实验教学中心鉴定评审成为首批国家级实验教学示范中心,中心党支部被湖北省高工委评选为"全省先进党支部";毛承雄教授被评为校优秀共产党员并受到湖北省高工委表彰,李毅被评为校优秀党务工作者。受到学校表彰的还有:校先进学生党支部4个,校优秀学生党支部书记4名,校优秀学生共产党员20名。2006年共发展党员137人,118名预备党员按期转正。陈乔夫教授等21名教师受到学院表彰,于克训教授被评为校十大魅力教师和校师德先进个人,康勇教授荣获校"三育人奖",文劲宇教授获得校"十佳青年教工"称号。

2010年,学院积极采取措施提升青年教师水平。学院积极筹措经费,于2010年11月,学院派出8位骨干教师短期出国(出境)学习和交流(李开成、陈卫、臧春艳、任丽等4位教师赴新加坡南洋理工大学,夏胜芬、戴玲、张浩、曹娟等4位教师赴香港理工大学),为期10天左右;承办全国电气工程学科青年导师研修班,来自全国20多个高校电气工程学科的约50名青年导师参加,通过讲座、座谈、讨论、参观、交流等多种形式,增进了全国电气工程学科青年导师的相互了解,增强了青年导师的自身素质。

2013年,学院积极组织学习贯彻习近平总书记关于教育工作重要讲话和上级文件精神,大力营造加强师德师风建设的良好氛围,大力宣传学院在师德师风建设方面的典型事例和做法,将网络平台打造成为思政教育的战斗堡垒、专业教育的先锋阵地和学生全方位成长成才的丰沃土壤。以潘垣院士获得全国五一劳动奖章为契机,大力宣传先进典型的事迹,弘扬正气树立师德新风,并积极推荐"十佳青年教工""师德先进个人"候选人。

2015年,学院党委开展"三严三实"(严以修身、严以用权、严以律己)专题教育。

6月23日以召开全体党员和教职工大会的形式上"三严三实"专题党课。

6月,组织开展师德师风自查自纠活动,组织全院教职工学习《高等学校教师职业道德规范》《高校教师师德禁行行为"红七条"》《湖北高校教师"十倡导十禁止"师德行为规范》《湖北省教育厅通报高校师德师风存在的6类问题》等材料,开展了对比检查。

8月18日和31日分两次进行了第一专题"严以修身,加强党性修养,坚定理想信念"研讨。

10月13日进行了第二专题"严以律己,严守党的政治纪律和政治规矩"研讨;11月11日进行了第三专题"严以用权,真抓实干,实实在在谋事创业做人"研讨。各党支部分别于11月1日至6日先后召开专题组织生活会。采取措施进行整改落实,班子成员结合各自的职责认真梳理分管的工作,初步确定学院"十三五"规划。组织学院行政系统梳理了财务管理、科研管理、教学管理、党建工作、学生工作和二级教代会等制度两百余条,加强了学院各项制度建设,全体教师签署了《科研经费使用承诺书》。

2020年4月到5月,学院组织学习贯彻落实《关于加强和改进新时代师德师风建设的意见》。学院党委和党政班子坚持把师德师风建设作为大事来抓,明确师德师风建设既是党风廉政建设责任制的一项重要内容,也是意识形态工作责任制的一项重要内容;确定将组织师德师风建设有关内容作为党支部主题党日和教职工政治理论学习的重要主题;将做好新入学学生教育工作和毕业生工作作为师德师风建设的重点,加强正面教育引导工作,分析反面案例引以为戒。

2020年上半年新冠疫情期间,学院积极发挥教师对学生的思想引领和学风建设的引领作用,利用学院网站、学院Seee大家庭微信群、Seee教授微信群等平台,先后刊发了《电气学院教师全力以赴搞好线上教学》《多措并举,注重实效,打造线上学习新模式》《电气学院积极创新网络思政育人新模式》《引航、护航、助航,电气学院辅导员探索网络育人新方向》等多篇稿件,介绍"停课不停学"要求和办法。

2020年5月,学院以院长书记名义发出《致学院2020届毕业研究生导师的一封信》。针对新冠疫情对研究生培养工作,特别是毕业年级研究生工作的影响,分析了研究生导师和同学们因面临毕业论文撰写、无法做实验影响项目结题、安全毕业和就业等问题造成的焦虑迷茫心理现象,要求导师站在学生的角度主动考虑解决问题的思路和办法;与学生保持积极的联系,主动沟通论文进度、关心科研和生活情况,了解实际问题和困难;如果有问题靠导师一己之力难以解决,及时与学院班子领导联系沟通,学院将和导师一道尽力解决学生们的后顾之忧。

2020年10月,为提高教师思想政治素质和职业道德水平,统筹推进师德师风建设,根据学校《关于成立学院(系)师德建设与监督工作小组的通知》(校党[2020]21号)文件精神,学院成立师德建设与监督工作小组。组长由党委书记陈晋和院长文劲宇担任,小组成员由分管师德师风建设工作的院领导、工会主席、纪委书记、学术委员会代表、教师代表组成(按照姓氏笔画排序):文劲宇、孔武斌、吕以亮、李红斌、李妍、杨军、邹旭东、张丹丹、张明、陈晋、林磊、徐刚、徐慧平、韩小涛、程远;朱瑞东担任工作联络员。

2020年,学院为加强师德师风建设采取了一系列有效措施,分别组织举行了4期空中"院领导接待日"、5期"师生面对面"和"辅导员面对面"师生交流活动,11月份为每位教师印发《电气学院教职工学习手册》《电气学院研究生教育培养手册》,将师德师风文件置于最显著位置。

2021年,电气学院认真贯彻校办发[2021]12号文件精神,将师德专题教育与党史学习教育紧密结合,组织全体教职工深入学习习近平总书记关于师德师风的重要论述,以多种形式组织教师学习落实《华中科技大学师德师风建设文件汇编》《华中科技大学师德教育学习资料1~3》,组织开展师德师风专题培训,大力宣传师德师风先进典型,师德师风教育取得了显著效果,广大教师积极贯彻党的教育方针。

2021年3月至5月开展了师德师风建设系列活动。2021年3月,学院集中开展了一次师德师风建设教育,重点组织学习了教育部等六部门发布的《深化新时代教育评价改革总体方案》、中共中央国务院印发的《关于加强新时代高校教师队伍建设改革的指导意见》和教育部曝光的违反教师职业行为十项准则典型问题。在3月25日召开学院春季教职工大会,陈晋书记导读了《深化新时代教育评价改革总体方案》重点内容,强调将强化教师思想政治素质考察,把师德表现作为教师业绩考核、职称评聘、评优奖励的首要要求,表彰了在立德树人、学科评估等工作中表现突出的先进教师典型。

2021年6月18日和6月25日,先后两次举办电气学院新教师入职仪式暨首聘期培训班,组织新进教师(近三年)进行师德师风培训,重点是师德师风法规和廉洁从教教育,将《大学的良心》《高校教师应该知道的120个教学问题》作为补充教材。

2021年,学院在师德师风建设过程中扎实推进课程思政教育,推进构建工科课程思政教育整体框架,围绕教育部《高等学校课程思政建设指导纲要》,编制完成了《新工科背景下本科专业课程思政教学指南》,从教育理念、目标、评价原则、教学方法和质量管理机制的角度阐释课程思政教育体系框架,并提供丰富的典型教学实例。

3. 关怀退休老同志

2008年4月,成立电气学院离退休工作领导小组,学院党总支书记冯征任组长,老协分会主席袁礼明、副院长李毅任副组长,成员有朱瑞东、周红兵、林蓉、邹涛敏、任丽、王燕、肖霞、周丽华、陈颖。

2008年4月,学院协助为老同志办理新版"湖北省老年人优待证",已经离退休教师和年满60岁以上未退休博导均给予办理。

2008年12月,尹小玲任学院离退休党支部书记,袁礼明任老年人协会电气分会会长。

2009年,学院为退休老同志印制"离退休教职工服务卡",卡片经精心设计和制作,便于随身携带和保存,印有电气学院负责离退休教职工工作的相关人员及离退休教职工原工作系所负责干部的联系电话,以及与离退休教职工密切相关的学校职能部门的联系电话等。该做法由学校网站以《小卡片情系"大家庭"》为题加以报道。

2011年10月,电气学院电磁测量工程系退休教授叶妙元获评湖北省"老年温馨家庭"荣誉称号,该活动由湖北省精神文明建设委员会办公室、共青团湖北省委、湖北省妇女联合办公室、湖北省老龄工作委员会办公室举办。叶妙元是电气学院的一名退休教授(博导),当时已满73周岁,家住我校高层小区,一家9口人四世同堂,家中最年长者是他的岳母,已101岁高龄。他对老人非常孝敬,对儿孙教育有方,家庭非常温馨美满,特别是叶妙元在夫人去世后,一如既往地敬养百岁岳母胜似亲生母亲,受到学校师生的高度评价和敬重。

2012年10月21日,电气学院退休党支部开展喜迎十八大活动,组织退休老教师参观中山舰博物馆、赏橘园。学院80名老教师参加了这次活动。

2016年4月6日,学院离退休党支部召开党支部党员大会开展换届工作,新一届党支部委员会由尹小玲、孙亲锡和张步涵等3人组成。

2017年,陈德树教授荣获顾毓琇电机工程奖,并收到IEEE正式邀约于7月18日赴美领奖。这是我校第一次获得该奖项。顾毓琇电机工程奖由中国电机工程学会和美国电机电子工程学会的电力和能源分会(IEEE/ PES)独特设置,该奖旨在表扬在电力、电机、电力系统工程及相关领域获得杰出成就的专业人士,其在电机工程领域的贡献对中国社会有持久的影响力。2010年开始每年奖励一名专家,堪称中国电力领域的最高奖。顾毓琇(1902—2002年)是中国电机工程学会的创始人之一,在数学、电机和现代控制理论领域作出了重大贡献。

2017年9月,电气学院成立了二级关工委,是全校的9个试点之一。学院党委副书记罗珺任学院关工委主任,离退休党支部书记尹小玲、学院老协分会主席孙亲锡任副主任,成员有陈德树、翁良科、朱瑞东、曹攀辉、雷浩楠。关工委的根本任务是立德树人:一方面是引导广大青少年听党话、跟党走;另一方面是教育学生学好专业、提高本领。学院关工委的成立,构建涵盖思政工作专职队伍、专业教师队伍、离退休教师队伍在内的多方参与、共同推动学院"大思政"工作格局,有利于进一步拓宽思政教育新路径,探索思政教育新方法,提升思政工作新质量,有效实现了"关工委搭台,老同志唱戏,青年人受益"。

电气学院关工委开拓思路,积极创新,打造了"传承华工精神,讲好电气故事"联合主题党日的活动品牌,受到了老同志和青年学生的热烈欢迎,取得了很好的实践教育效果。2017年6月,关工委组织离退休党支部和电气14级本科生党支部的党员师生到"湖北省电力博物馆"和"八七会议会址纪念馆"参观学习。2017年12月协同举办了"纪念一二·九运动82周年"——"院士回母校活动",请潘垣院士做"追求"主题讲座。

2018年6月,组织65位老同志和90名本科生参观武汉未来科技城新能源研究院。2018年10月,请姚宗干为分党校上党课,杨长安、张步涵、邹云屏、叶妙元等老党员参加学生党支部组织生活会。

2018年7月,学院离退休党支部获评2018年"湖北省离退休干部示范党支部"。

2018年9月,学院关工委组织"传承华工精神,讲好电气故事"活动主题,加强对学院本科生、研究生新入党党员和入党积极分子的思想政治教育,进一步端正入党动机,帮助青年学生进一步树立"四个自信",强化"四种意识"。主要组织人员是朱瑞东、尹小玲、孙亲锡、萧珺、曹攀辉、许文立。访谈对象是尹家骥、周泰康、陈德树、熊衍庆、李朗如、唐孝镐、胡会骏、陈坚、刘延冰、杨爱媛、袁礼明、张永立、张志鹏、叶妙元、李劲、陈崇源、胡希伟、孙亲锡、翁良科、周海云、任士焱、邹云屏、尹小玲。

2018年11月,学院关工委主任罗珺代表学校,在教育部直属高校关工委第二协作组工作会议上,作为唯一学院代表专题介绍基层工作经验。

2019年,学院获2019年"湖北省离退休干部先进集体"。近3年连续获得华中科技大学老同志工作先进集体荣誉称号。

2019年11月,在校第二批二级关工委成立大会上,罗珺作为第一批代表作经验交流发言。

2021年4月15日,电气退休教职工党支部进行支委换届,投票产生了新一届党支部委员会,孙亲锡任支部书记,支部委员有周海云、邹涛敏、张光芬和张步涵,学院新一届老协分会主席由周海云担任。

2021年6月25日下午,学院举行了"光荣在党50年"纪念章颁发仪式,电气学院共有29名老同志获得"光荣在党50年"纪念章,分别是尹家骥、陈忠、陈坚、肖运福、胡会骏、孙淑信、刘延冰、熊衍庆、胡伟轩、张永立、叶妙元、傅光洁、王昌明、蒙盛文、周友恒、陈世玉、冯林根、袁静仁、张志鹏、袁礼明、林志雄、邱东元、叶立贤、陈德树、曾克娥、杨长安、周秋波、任士焱、金闽梅。学院党委书记陈晋同志为"在党50年"党员同志逐一佩戴上纪念章。

2021年11月,在华中科技大学关工委主办的"读懂中国"活动中,电气学院获评"优秀组织奖",作品《聆听李劲入党故事 传承电气人家国情怀》获评"优秀征文奖""最佳微视频奖"。

2021年开展"学党史、讲校史"系列教育活动,9月到10月开展了主题为"传承华工精神,讲好电气故事"的师生互助教育活动,组织18名老同志为63名学生讲党和国家的光辉历史,讲述学校和学院"新中国教育缩影"的发展史。

2021年11月,经全省教育系统关工委组织评选,华中科技大学关工委、华中科技大学电气与电子工程学院关工委荣获湖北省"全省教育系统关心下一代工作先进集体"称号。

2021年,离退休管理服务工作进行了改革。自2021年11月份,退休人员退休金发放主体由华中科技大学更改为湖北省社保局。学校开始建设离退休工作管理平台,学院于11月10日完成了对172位老同志的数据采集和汇总上报工作。

4. 党建工作荣誉奖励

自2000年以来,学院获得多项省部级集体荣誉,有一批教师获得校级以上表彰(详见附录二)。

也有一批学生和集体获得荣誉奖励。

2017—2018年度,硕士1602班党支部获评"学生党支部工作案例优秀奖",本科2015级第一党支部获评"华中大先锋党支部"(全校10个);硕士1701班党支部获评研究生"十佳党支部",硕士1702班党支部主题党日活动获评研究生"十佳特色党日"。2016级博士杨江涛获2018年"全国向上向善好青年"荣誉称号,其故事在新华网"青春的故事"播出。2015级博士辛亚运、2015级本科生李子博获"全国大学生自强之星"。

2020年,2019级硕士研究生刘鸿基获"全国大学生自强之星"。

(三) 师资队伍建设

"政治路线确定之后,干部就是决定的因素"。就高等学校而言,学科发展路线确定之后,师资队伍就成为决定因素。

为了建设重点学科、建设世界一流学科、提高教学质量、提高科学研究水平,学院充分认识到师资队伍建设的重要性,将人才引进和人才培养作为学院工作的重中之重。

1. 人才引进

在1998年,电气学院引进了潘垣院士,2001年樊明武院士任华中科技大学校长,此后为了开展磁约束核聚变、脉冲强磁场、加速器等方面的工作,相继引进了胡希伟、庄革、刘明海、李亮等一批人才。2007年程时杰当选为中国科学院院士,至此电气学院已拥有潘垣、樊明武、程时杰三位院士。

2007年,卢新培入选国家级人才计划,同年全职回国工作,电气学院增加了一个新的发展方向"低温等离子体医学",研究低温等离子体放电对病菌、细胞的杀伤效果,用于灭菌、消炎乃至灭杀癌细胞。

2008年,南京航空航天大学阮新波教授入选国家级人才计划,加盟华中科技大学电气与电子工程学院。

2008年,李亮教授入选国家级人才计划,2007年回国后担任脉冲强磁场国家重大科技基础设施项目总经理。

2010年3月,袁小明、曲荣海入选国家级人才计划,2010年8月两位教授到电气学院全职开展工作。

2012年2月,吴燕庆入选第二批国家级青年人才计划。9月,蒋凯入选第三批国家级青年人才计划,2011年10月回国至材料学院工作,2018年1月调至电气学院。

2012年,华中科技大学创办"国际青年学者东湖论坛"("东湖论坛"),为海内外不同学科领域的青年才俊搭建一个学术交流平台,这一论坛既是一个学术交流平台,更是一个联系海外青年学者,吸引优秀人才来校工作的沟通平台。"东湖论坛"每年举行一次,电气学院承担了电气分会场的工作,积极联系海外青年才俊,筹备学术报告会、交流会。

2014年2月,樊宽军入选第十批国家级人才计划长期项目,谢佳、朱增伟入选第五批国家级青年人才计划;樊宽军于2015年4月回国工作,朱增伟于2014年6月回国工作,谢佳于2015年6月来校工作。

截至当前,共有24位青年学者入选国家级青年人才计划,目前在职20位。

2018年,李大伟入选"青年人才托举工程"。该项青年人才奖励、扶持项目是中国科学技术协会于2016年开始实施,重点支持30岁上下青年科技人才潜心研究,对每一位扶持培养的青年科技人才稳定支持三年。

2. 人才培养

1) 青年教师培养

在引进人才的同时,电气学院加强了对在职青年教师的培养、关心青年教师的成长。在教学方面,由课程组实施传、帮、带;举办多种形式的教学研讨会;在科研方面,协调青年教师融入科研团队,指导申报各类国家级、省部级纵向项目,同时鼓励和支持申报各类各级人才计划,支持出国进修。

(1) 制定促进青年教师成长的制度。

近年来,学院越来越注重青年教师的培养,在纵向项目及人才项目申报中均给予长期全方位支持,力争在国家级奖励、重大项目上持续取得突破,尽快成长为相关领域的领军专家。按照国家人才计划的不同类别,从国家及省部级奖申报、重点研发计划项目申报、研究经费、科研场地、招生指标等方面进行全方位支持,力争突破。

在新进校青年教师六年首聘期中,通过开展多种交流、在院设基金开设攀登计划专项为青年教师提供经费支持、给予各类申报材料的辅导等多种方式,为青年教师搭建专业有效的成长平台。

2019年以后,陆续发布《攀登计划实施办法(试行)》(院[2019]9号)、《电气学院重要项目申报工作管理暂行办法》(院[2021]16号)、《电气学院重要项目申报工作管理暂行办法》(院[2021]16号)等,其中攀登岗主要支持45岁以下青年教师的个人职业发展,重要项目申报管理办法中明确了在申报重要项目中对青年教师给予的支持和帮助。

(2)创建促进青年教师成长的平台。

① 学院青年教师联谊会。

2006年6月15日,学院召开青年教师座谈会,当时的党总支张国德书记提出组织学院青年教师联谊会,旨在为我院青年教师提供一个能够在思想、生活和学术等方面进行交流的平台。现场推选出筹委会成员,即杨凯、文明浩、张宇、戴玲。依托联谊会,多次组织开展青年教师座谈,通过深入沟通和交流,帮助青年教师积极申报大课题、大项目,切实加强对电气学院中青年学术骨干的培养工作。

联谊会由学院工会兼管并提供经费支持,首任负责人为应用电子工程系张宇,现任会长为电工理论与电磁新技术系熊紫兰。

联谊会组织的活动列举如下:

- 2014年11月13日,邀请徐伟老师开展题为《关于青年教师工作的点滴思考》的交流报告;
- 2019年1月23日,组织青年教师茶话会;
- 2019年3月31日,组织前往东湖落雁岛的春季素质拓展活动;
- 2019年5月5日,举办首届青年教师风采展;
- 2020年,组织惟学论坛系列讲座,第一期潘垣院士主讲"惟学·为学"(2020年6月22日),第二期樊明武院士主讲"人在探索中成长"(2020年9月10日),第三期"电磁场与波"教学团队主讲"青年教师的教学进阶之路"(2021年3月30日,邀请李红斌院长及杨勇院长助理参加)。

② 学院学术沙龙。

2017年,电气学院开办了"学术交叉、融创未来"系列学术沙龙活动。该系列活动或是由院内教师介绍其跨学科开展科学研究的成果和经验,或是邀请不同学科的校外专家举办讲座,或是研讨某个拟发展的新的研究方向。

第一期沙龙的主题为"面向智慧油田的电气技术与应用"。邀请了两位校外专家分别介绍了江汉油田工程技术现状及智能化发展趋势、页岩气资源及其开采技术。青年教师陈庆、刘毅、王晋、叶才勇分别做了题为"井下智能测量与通讯技术""基于液电脉冲激波的油气增产技术""油气田钻采电机及其控制技术研究""直线抽油机的原理及设计"的报告。

③ 创办面向青年教师的学术会议。

电气学院不仅着力于培养本院的青年教师,也积极开展了面向全国高等学校青年教师的培养工作。

2010 年 7 月,电气学院承办了全国电气工程学科青年导师研修班,全国 20 多所高校约 50 名青年导师参加。

2020 年,电气学院创办了中国青年电气工程会议(CIYCEE),并召开首届会议,该会议是面向国内外青年教师学术交流的平台。

(3) 青年教师培养成果。

在进入电气学院工作之后,在学院的培养计划和措施的支持下,成长起来一批获得国家级人才项目的青年优秀教师。

文劲宇,我校本硕博毕业,2002 年从国外留学回国,2013 年入选国家级人才计划。

胡家兵,2011 年英国谢菲尔德大学引进,浙江大学博士毕业,加入袁小明教授团队,2012 年入选湖北省人才计划,2013、2015 年和 2016 年分别获批不同类别的国家级青年人才计划项目,均为学院首位获批人选,也是学院迄今为止唯一的三青项目获得者。

李化,2009 年我院博士后出站留校,我校本硕博毕业,2018 年入选国家级青年人才计划,2021 年入选"湖北省博士后卓越人才跟踪培养计划"。

林磊,2009 年我院博士后出站留校,我校本硕博毕业,2019 年获批国家级青年人才计划。

姚伟,2012 年我院博士后出站留校,我校本硕博毕业,2017 年入选湖北省人才计划及国家级人才计划。2020 年入选国家级青年人才计划。

王康丽,2013 年从海外引进,武汉大学博士毕业,2013 年和 2016 年分别入选不同类别的湖北省人才计划。

李大伟,2015 年我校电气工程博士毕业后留校,2017 年入选第三届"青年人才托举工程",2021 年入选国家级青年人才计划。

截至当前,我院 45 岁以下青年教师近 100 位,引进时已获得国家级或省部级人才项目的有 14 位,入职后陆续获得国家级或省部级各类人才项目的有 20 位。

2) 团队建设

在积极引进人才、培养人才的同时,华中科技大学、电气学院也着眼于团队建设,促进不同系所、不同学科、不同专业之间学术合作。

2012 年 7 月 8 日,2008 年立项的"现代电力系统安全技术"教育部创新团队通过验收。验收会在电气学院西九楼 202 会议室召开。程时杰院士作为团队带头人,从研究方向及主要研究内容、团队的建设成效、团队管理和下一步发展思路等四个方面汇报了团队建设情况。团队主要成员尹项根、阮新波、毛承雄、段善旭、林湘宁、张步涵和院领导康勇、文劲宇、胡家兵等参加了会议。

2015年，2011年立项的"脉冲强磁场科学与技术"教育部创新团队通过验收，团队负责人为李亮。

2017年，袁小明负责的"可再生能源并网消纳"团队入选为科技部创新人才推进计划重点领域创新团队。

华中科技大学推出了促进不同学科之间交叉协作的创新团队资助计划。

2015年，电气学院8个团队获得学校交叉创新团队项目资助。"华中科技大学创新交叉重点团队"项目，旨在通过校内培育和孵化，承担国家科技计划重大重点项目。团队主要负责人分别是李亮、樊宽军、卢新培、谢佳、庄革、蒋凯、李化、何俊佳。

2016年，电气学院2个团队获得学校交叉创新团队项目资助。两个团队的主要负责人分别是曲荣海、夏胜国教授。

3. 人事管理

1）晋级制度

（1）职称晋升。

现有可查的最早职称文件为《华中科技大学申报专业技术职务的条件》（校人[2001]59号），对申报正高级专业技术职务、副高级专业技术职务及中初级专业技术职务的学历资历、任职年限及业务条件进行了约定。

同期配套的文件为《华中科技大学专业技术人员外语水平考试规定》（校人[2001]58号），但未找到该文件，内容不详。2005年修订为校人[2005]30号，40岁以下申报教授、35岁以下申报副教授均需参加全国WSK的考试并达到出国合格线，但出国（新加坡除外）进修、做访问学者连续时间达一年以上或用外文撰写的论文被SCI收录3篇以上者可免试。2008年再次修订为校人[2008]29号，之后沿用，2016年起在职称评审中不强制要求满足外语条件。

学院于2004年制定《电气学院教师学术评议基本条件》（院[2004]6号），提出教授和副教授申报入围要求，教授要求主持国家基金项目或973、863等国家级项目、课题。

2006年9月，学校制定《华中科技大学实施专业技术人员聘任制有关机构设置及职责的规定》（校发[2006]56号），对专业技术人员的学术评议和聘任机构的设置、职责及议事规则进行了规定，并同步出台不同类别人员聘任制暂行办法，和学院相关的有《华中科技大学实施学生思想政治教育教师聘任制暂行办法》（校人[2006]47号）、《华中科技大学实施实验技术人员聘任制暂行办法》（校人[2006]49号）和《华中科技大学实施工人聘任制暂行办法》（校人[2006]55号）。

学院于2007年在学校文件基础上修订《电气与电子工程学院教师学术评议基本条件》（院[2007]10号），从教学学时、课堂评分、到账经费、主持项目等方面做了详细的约定，论文开始要求SCI收录的第一作者论文，强调研究生署名第一的论文不能等同教师第一作者论文。

2008年，学校人事处根据新修订的《华中科技大学实施教师聘任制暂行办法》

（文号暂未查到）制定了《华中科技大学教师聘任实施细则》《华中科技大学教师学术水平评议实施细则》（校人[2008]29号），对申报教授、副教授及讲师的学历资历条件、外语水平及学术水平要求做了修订。

ABCD期刊分类首次出现是2008年4月发布的《华中科技大学期刊分类办法》（校人[2008]28号），将原来列为权威期刊的刊物细分为A、B、C、D四类；核心期刊以下分为E、F、G三类。当年的职称评审即开始采用最新的期刊分类办法。之后期刊分类文件屡次有修订，但无正式发文。

上述期刊分类主要参照期刊的影响因子、SCI收录与否，中文期刊几乎全部在D类。当时，电气工程学科相关期刊的影响因子一般只有1左右。学校考虑到学科不平衡因素，由各个院系审定了部分本学科可认定为"等同于B类"的期刊。

出国进修一年明确作为职称晋升的必要条件，首次出现是在《华中科技大学教师聘任实施细则》（校人[2008]29号）中，申报教授和副教授的学历资历条件中均提到"理、工、医、管学科的教师应具有在国外高水平大学、研究机构连续学习、进修、工作满一年以上的经历，或连续在企业等单位一线从事与现专业相关工作满一年以上的经历（2008—2010年有上述经历者可优先聘任，2011年以后原则上必须具备上述经历）。"2012年文件《华中科技大学教师职务聘任实施细则》（校人[2012]24号），取消了出国进修条件。

最早可见同行专家评议文件为《华中科技大学校外同行专家学术评议暂行办法》（校人[2006]23号），要求申报教授岗位（除从985工程重点建设院校调入我校并且具有教授职务的人员外）及破格申报副教授人员，均需通过3位校外专家评议，2位不同意视为不通过。2011年，修订为《关于实施教师高级职务校外同行专家学术评议工作暂行办法》（校人[2011]24号），要求6位校外专家评议，其中海外不少于3人。该文件沿用至今。2012年起，校外同行专家学术评议工作下放至学院具体实施。

2012年，在总结2008—2011年教师聘任工作基础上，学校对2008年两个实施细则进行了修订，合并为《华中科技大学教师聘任实施细则》（校人[2012]24号），其中《理工医管类教师岗位聘任申报条件》作为附件下发，首次按照教学科研并重型、教学型、科研型及社会服务型四种类型分别规定了申报条件，从2012年新一轮教师聘任开始执行。

2012年文件有两个主要变化：一是首次提出教学科研并重型及教学型青年教师首次晋升高级岗位时须参加过华中科技大学青年教师教学竞赛并获奖，但该条件在2014年教学竞赛实施到位后才真正开始实施；二是首次提出职称晋升中的国际一流期刊要求，期刊目录由学院自行制定，报学校批准后执行。

根据学校文件，学院制定《电气学院教师职务聘任实施办法》（院[2012]7号），对学院教师职务聘任的组织机构即学术委员会和聘任组构成做了约定，对申报条件及学院评审程序进行了约定，《电气学院国际一流期刊认定办法》及《电气学院校外同行专家学术评议办法》作为两个附件共同发布。

2012年教师空岗聘任工作实行双轨制,满足2008年聘任文件(校人[2008]29号)和满足2012年新的聘任文件申报条件者均可申报高一级教师岗位。2012年起实行分类聘任,申报高一级岗位必须明确岗位类型,暂未进入分类体系的教师可选择一个岗位类型晋升,一旦受聘则须纳入该岗位管理。

针对校人[2012]24号文件中的教学型岗位要求,教务处于2013年12月下发《关于教学岗教师聘任条件的补充说明》,对职称聘任时的教学工作量计算、教学研究项目及教学研究类论文的认定做了说明,并补充了12种期刊的目录,视为我校教学岗聘任时等效为CSSCI的期刊。

2014年开始正式实施青年教师教学竞赛的条件,但同时做了补充说明:一是首聘期三年内的新进教师,可不要求有参加教学竞赛并获奖的经历;二是2012年1月1日以后学校批准出国进修连续一年以上的青年教师,可不要求有参加教学竞赛并获奖的经历。

为了加强教师班主任工作,学院发布《关于进一步加强教师班主任工作的意见》(院[2015]1号),规定教师申报高一级岗位时,原则上任现职以来应具有新开始担任教师班主任工作的经历;教师申报三级或五级岗位时,原则上任现职以来应有新开始担任教师班主任的经历;该文件从2015年开始对照执行。

为了落实《华中科技大学关于进一步完善教师考核评价导向的若干意见》(校人[2017]8号)文件要求,教务处制定《关于职称晋升教师教学工作总体评价的暂行办法》(教务[2018]29号),对2012年教师职务分类聘任中教学科研并重型及教学型教师的职称晋升,制定了以近五年的教学总体评价结果为指标的岗位晋升的本科教学条件,制定《电气学院教师职称晋升本科教学工作综合评价办法》(院[2018]17号)。从2018年起,学院根据以上文件要求,核算了全体教师近五年教学综合评价值及排序情况,报教务处备案并固化数据,之后每年补充新一年的数据,作为是否满足教学总体评价要求的参考。2018年,8位申报正高岗位者中有4位因不满足教学要求申报研究员。2019年,11位申报正高岗位者中有7位申报研究员。

2021年11月,根据教育部《深化新时代教育评价改革总体方案》《关于全面深化新时代教师队伍建设改革的意见》《关于加强新时代高校教师队伍建设改革的指导意见》《关于深化高等学校教师职称制度改革的指导意见》等文件精神,学校修订《华中科技大学教师职务聘任实施细则》(校人[2021]32号)和《华中科技大学专业技术岗位聘任办法》(校人[2021]31号),对四种类型教师在申报高一级岗位时分别提出了从"教学要求与教学质量"评价、"代表性学术成果水平与影响"评价、"科学研究经历"评价以及"学术潜力"评价等四个方面的评价办法,正式实施时间尚未确定。

综上,近二十年职称晋升文件的变化主要有几个重要节点,以2001年的聘任文件为基准;2008年,因2007年底新设置十三级岗位,故而对职称文件相应做了调整;2012年,是学校综合改革的开局之年,对不同类型的教师采用分类评价方式;2021年底,因响应"破五维"要求,改变教师评价体系出台新文件,具体实施时间尚未确定。

(2) 十三级晋升。

根据《事业单位岗位设置管理试行办法》(国人部发[2006]70号)和《〈事业单位岗位设置管理试行办法〉实施意见》(国人部发[2006]87号),人事部和教育部制定了《关于高等学校岗位设置管理的指导意见》(国人部发[2007]59号),明确将高等学校岗位分为管理岗位、专业技术岗位、工勤技能岗位三种类别。针对高等学校的特点,教育部制定了《教育部直属高等学校岗位设置管理暂行办法》(教人[2007]4号)文件,首次将高校专业技术岗位人员(含专任教师)分成13个不同级别。

学校根据教育部文件精神,首先在校常委会讨论通过了人事处"十三级教授岗位设置方案",2007年9月对全校正高级专业技术人员进行学术业绩摸底,摸底情况作为各级岗位设置工作的重要依据。2007年11月1日印发《华中科技大学专业技术十三级岗位设置方案》《华中科技大学专业技术十三级岗位首聘程序》《华中科技大学专业技术十三级岗位首聘条件》,在全校范围内开展专业技术人员十三级岗位的定级定岗工作。对专业技术人员的评聘条件重点体现了"提高质量""学术影响力",如对三级岗位的要求条件,包括国家级人才头衔、国家级教学成果、国家级以及省部级一等奖科研成果等。

11月学校下发《华中科技大学专业技术13级(2～4级)岗位聘任条件》(校人[2007]57号),同时,学院制定《电气学院专业技术五、六级岗位和八、九级岗位首聘条件》,确定了十三级岗位各级的岗位职责。

学院经过公布岗位名称和数量、个人申报、单位展示、学院聘任组审查、学院学术水平评议组评议并公示、申诉、学院聘任组表决并公示、校聘任组审核并公示公布等申报和评审环节,最终确认聘任名单,学院全体专业技术人员(含专任教师)均对应至相应十三级岗位,并于12月按照确定等级签订了聘任合同。

2014年9月,学校人事处发布《华中科技大学专业技术岗位聘任暂行办法》(校人[2014]19号),对十三级岗位的设置、组织机构、议事规则及各岗位的聘任条件、聘任程序等重新进行简单修订,并对2级专业技术岗位的聘任资历和业绩条件做了修订,学院对三级及以下岗位的聘任条件仍沿用2007年文件。

2017年,学院制定《电气学院专业技术三级岗位聘任条件》(院发[2017]24号),其他岗位聘任条件保持不变。

十三级空岗聘任工作每年于9月开始,和职称空岗聘任一起,工作环节包括和人事处进行现有岗位情况核定及空缺岗位核定、个人申报、学院审核及评聘等。

2) 评聘制度

高校教师职称评聘制度的发展经历了几个历程,新中国成立初期实行的是技术职务任命制(1965年以前),只评不聘;"文革"结束后实行的技术职称认定制;改革开放后实行的技术职务聘任制,即现在的评聘分开模式。1986年,中央职称改革工作领导小组转发国家教委《高等学校教师职务试行条例》,教师职务聘任工作在全国各高校全面展开,标志着专业技术职务聘任制正式推行。

2001年,电气学院发布《关于成立电气学院学术委员会的通知》(院[2001]3号),主任是陈德树,副主任是辜承林,其他成员包含潘垣、樊明武、程时杰三位院士以及尹项根、毛承雄、王雪帆、叶妙元、李劲、邹云屏、汪建、唐跃进、康勇、黄声华、曹一家。学院的学术委员会负责对职称晋升进行学术水平评议。

2004年11月,学院发布《关于成立新一届电气学院学术委员会的通知》(院[2004]7号),主任潘垣,副主任辜承林,委员程时杰、邹云屏、任士炎、何俊佳、汪建。

同时,成立教师聘任组,组长辜承林,副组长张国德,成员孙亲锡、邹云屏、周海云、熊蕊、段献忠、唐跃进、李开成、何俊佳。开始由学术委员会负责学术评议,聘任组负责是否予以聘用。

2006年,《华中科技大学实施专业技术人员聘任制有关机构设置及职责的规定》(校发[2006]56号)中明确各类人员的学术水平评议由学术评议机构负责,聘任由聘任机构决定。要求各单位成立专业技术聘任组及学术水平评议组,均任期四年。

2006年10月,学院成立专业技术学术水平评议组,负责非教师序列专业技术人员的学术水平评议,组长段献忠,副组长于克训,其他成员唐跃进、康勇、何俊佳、熊蕊、李开成。

2006年11月,成立教师学术水平评议组(即学术委员会),负责教师序列学术水平评议,组长樊明武,副组长段献忠,其他成员潘垣、程时杰、辜承林、邹云屏、任士炎、何俊佳、汪建。

同时成立教师聘任组和专业技术人员聘任组,人员相同,负责各类人员的聘任工作,组长段献忠,副组长、党总支书记(暂缺),其他成员于克训、唐跃进、康勇、何俊佳、陈晋、马冬卉、罗毅、李开成、颜秋容。

根据学院实际和人员变动,之后不定期对以上三个机构成员进行调整。

2016年起,将非教师序列学术水平评议合并至学术委员会中,取消专业技术学术水平评议组。

2017年8月,学院制定《电气学院三大委员会组成办法(征求意见稿)》,对学院的学术委员会、学位审议委员会、教学指导委员会组成原则进行规范,成立新一届的三大委员会,并举行正式换届仪式,发放聘书,聘期三年。

为落实《华中科技大学关于进一步完善教师考核评价导向的若干意见》(校人[2017]8号)的文件精神,根据学校党委巡察集中整改要求,2019年7月学院成立教师职称评审委员会,由院学术委员会委员和院党委书记组成,负责对申报各类岗位的教师进行学术水平和思想政治素质的评议工作。

2021年10月,根据校学术委员会整改通知,将党委书记加入院学术委员会。

12月,再次进行三大委员会换届,举行换届仪式发放聘书,聘期三年。

3) 综合改革

为了实现建设世界一流大学的目标,2011年学校出台《华中科技大学关于实施综合改革的指导意见》(校发[2011]56号),开始实施综合改革,希望借此理顺学校和学院两级管理的体制和机制,健全规范有序的现代大学管理制度,激发院系在学校发展中的活力。

2012年初,学校下发《华中科技大学院(系)发展目标制定的指导意见》(校发[2011]57号),将发展目标分解到院系,参照国内外一流大学相关院系,结合学院实际,提出拟于2015年末完成的各学院综合改革目标,2015年末将对院系实施目标进行考核。

2012年初,根据《华中科技大学关于实施教师岗位分类管理的指导意见》(校发[2011]58号),学院对发展目标和发展方向进行了深入的探讨,在教师分类管理、分类考评、分类发展和分配制度改革等学校要求的几项重点工作方面制定了一系列的制度。

教师的管理是综合改革的重点工作内容,分类管理是高校人力资源管理改革的趋势。按学校要求,学院根据教师四类岗位"教学科研并重岗""教学岗""科研岗"及"社会服务岗"的不同特点,制定了《电气学院综合改革教师岗位聘任暂行办法》(院[2012]12号),针对承担本科基础教学工作量较多的老师,专门制定了《电气学院教学岗位管理暂行办法》,对四种不同岗位的教师提出不同的岗位职责要求,实行不同的考核评价方式。按照四类岗位的不同岗位职责,2013年5月,学院面向所有教师发放了《电气学院教师岗位分类申请表》,首次申请以2009年至2012年的教学科研工作量和业绩成果作为评定依据。分类聘任上岗后,将按照《电气与电子工程学院综合改革教师工资及绩效津贴分配暂行办法》(院[2012]13号)进行相应的津贴调整。2017年1月新聘期起始完成全部教师的分类上岗。

综合改革另一项重点工作是分配制度改革。学院在制定分类岗位职责的同时,还制定了《电气与电子工程学院综合改革教师工资及绩效津贴分配暂行办法》(院[2012]13号),对不同岗位类别的教师,根据其不同的工作重点制定了薪酬标准,从分类上岗后开始执行。按《华中科技大学工资及绩效津贴分配改革办法》要求,基础性绩效总额按绩效津贴的60%～80%确定,奖励性津贴按绩效津贴的40%～20%确定。学院2013年基础性绩效总额占绩效津贴比例为60.8%,满足学校要求。2014年及以后由于落实了教学岗津贴,提高了新进教师基础津贴,基础绩效津贴比例达到70%,较好地达到学校在津贴分配上的优化比例。

对于新进教师,除了按学校要求给予3年工资保护期,学院制定《电气学院2014年工资及绩效津贴分配调整说明》,对新参加工作不满6年的专任教师实行保护政策,所需支持的新增津贴额度全部由学院津贴总量全额予以支持。该政策一直执行至今,并在2021年攀登计划文件中给予首聘期6年内的青年教师更多的支持。

2017年12月,学校下发《华中科技大学关于深化人事制度综合改革的实施方案》,要求学院制定深化综合改革方案。2018年初,学院制定《电气与电子工程学院综合改革方案》(院[2018]8号),包含两部分内容,即《电气学院教师岗位聘任办法》

和《电气学院 2017—2020 年聘期绩效津贴分配方案》，对这一聘期的不同类别老师的岗位职责进行了重新约定，并对聘期内的津贴分配进行了调整。

2018 年 8 月，除已有人才合同的高层次人才及尚在首聘期的教师，其他教师均按照学院文件要求签订了 2017—2020 年的聘期合同，兑现了津贴待遇。

2021 年 10 月，为了进一步深化综合改革，规范工资津贴体系，学院制定《电气学院专任教师薪酬分配及成果奖励实施办法》（院[2021]14 号），采用宽带细分方式，重新核算了全体教师的工资标准，于 2021 年 11 月正式执行，并从 2021 年 4 月新聘期起始进行补发。

为了配合新的薪酬体系，加强对青年教师的支持力度，同期制定《电气与电子工程学院攀登计划实施办法》（院[2021]15 号），设置首聘Ⅰ/Ⅱ岗、攀登Ⅰ/Ⅱ岗、团队岗及新工科岗。

"华中学者计划"是学校实施综合改革工作的重要举措，也是人才强校政策的直接体现，第一个文件于 2011 年 5 月发布，即《华中科技大学实施"华中学者计划"暂行办法》（校发[2011]17 号），设领军岗、特聘岗和晨星岗三类，每年评审一次，聘期四年，人才津贴由学校单独核算后下拨发放。

至 2016 年度，"华中学者计划"实施 7 年，学院共 26 人次入选校"华中学者计划"。

2017 年 12 月，学校修订发布《华中科技大学"华中学者计划"实施办法》（校发[2017]16 号），将设置岗位进行了调整，共设置杰出岗、领军岗Ⅰ、领军岗Ⅱ、特聘岗Ⅰ、特聘岗Ⅱ、晨星岗Ⅰ、晨星岗Ⅱ共七个，文件对各个岗位的岗位职责提出了较为详细和明确的要求。另外专门制定了教学岗文件《华中学者计划教学激励实施细则》（校发[2017]17 号），设置教学Ⅰ类岗和教学Ⅱ类岗。此次学院有 60 位老师进行了申报，经学院审核后报学校。

2019 年 9 月，学校制定了新的《华中科技大学"华中卓越学者计划"实施办法》（校发[2019]18 号）和《华中科技大学"华中卓越学者（教学）计划"实施办法》（校人[2019]46 号）。华中卓越学者仍然设置了 7 个岗位，教学岗仍然是 2 个岗位，但是岗位职责均有不同程度的提升。在 2017 年申报的基础上，学院重新进行了审核和评议，学校采用全员述职答辩的方式进行了评审，2020 年 4 月开始公示。学院共 38 人入选，其中领军岗 8 人，特聘岗 15 人，晨星岗 12 人，教学岗 3 人。2020 年 7 月完成这一批华中卓越学者聘任合同的签订，聘期为 2019 年 1 月至 2022 年 12 月。

4) 入职制度

2010 年 6 月，依据《华中科技大学人才引进暂行办法》（校人[2009]7 号），学院制定《人才引进工作实施细则（暂行）》（院[2010]3 号），明确应聘人本科、硕士、博士学历一般均应毕业于国家"985"大学（或海外一流大学或学科），或本科毕业于国家"985"大学，研究生毕业于国内外一流研究院所。学院面试考核组成员为全体正教授、学院党政班子全体成员和工会主席。

六、与时俱进 争创一流(2000—2021年)

2014年4月,学校制定《华中科技大学教师招聘暂行办法》(校人[2014]2号),对院系教师招聘的学历资历、招聘程序、学校支持条件、聘用与考核进行了规范。首次提出院(系)招聘海外一流大学优秀博士毕业生或有2年以上海外留学经历者原则上应占当年招聘教师总量的1/2以上,选留本校博士毕业生原则上不超过招聘教师总量的1/3。明确提出由学院教授会负责面试考核,聘任组提出聘任意见,党政联席会议确定拟聘人选。

2014年10月,学院修改了教师招聘流程,确定了个人申请、学院初审、系所审核并推荐、党政联席会讨论、教授会面试、党政联席会及聘任组讨论拟聘人选等学院考核环节。计划每半年进行一次进校考核工作。

2014年11月,人事处首次启动专任教师招聘计划上报工作,要求学院制定次年教师招聘计划,包括招聘方向、职称要求及各岗位数量,并在教师招聘启事中明确列出。每年年底报次年的教师招聘计划。

2020年,因学校收紧新进教师政策,对各学院按照编制情况核定第二年新进教师指标数,学院修订了《电气与电子工程学院人才引进考核程序》(院[2020]3号),系所考核中"同意进校"票数达到参会人数的1/2及以上方可进入教授评审环节,教授评审时根据学校核定的指标数进行投票,之后由学院人才工作组进行评审,提出拟聘岗位的建议。

5)考核制度

(1)年度考核。

目前最早可查的年度考核文件为2007年度考核通知,考核依据为2004年12月文件《电气与电子工程学院教师聘任制实施细则》(试行),并参照教师聘任合同中的相关内容,由各系所组织实施。考核结果为20位老师年度考核优秀,其他均为合格,4位老师年度未考核,具体为陈绪鹏辞职、付建国内退、黄念琴病休和刘全志未聘。

2008年9月,学院制定《电气学院2008年新一轮教师岗位考核与聘任实施方案》,从2008年开始,一直按照此文件开展年度考核工作,每年年底统计教师教学、科研工作量情况,计算年度工作量业绩点,业绩点是否满足文件要求是年度考核是否合格的重要依据,业绩点的数值也是系所评优的重要参考指标。

2013年9月,学院制定《关于调整教师年度考核工作量标准的有关说明》,对年度考核的业绩点要求做了适当的调整。

2019年初,依据《电气与电子工程学院综合改革方案》(院[2018]8号),制定新的年度考核文件《2018年电气学院年度考核暂行办法》,新文件简化了工作量计算,将量化计算调整为按类别满足条件的方式,即规定了年度课堂学时数和年度标准学时数、不同岗位的到校经费、论文数及专利数等。强调了年度考核的教学要求,不满足教学要求的视为年度考核不合格。

2018年度考核采用2008年和2018年两个文件并行的方式。2019年起按照2018年文件开展年度考核工作。

2019年下半年,学院申请加入一张表工程,依托学校一张表系统数据开展年度考核工作。因年度工作量数据可以固化,将据此开展聘期考核。

(2)首聘期考核。

从2007年开始,新进校教职工都需要签订首聘期目标任务。专任教师的首聘期目标任务对教学工作量、主持纵向项目及发表论文等提出了明确要求。2014年9月起,对获批进校的讲师,在首聘期合同中明确"非升即走"。首聘期第一阶段为三年,第一阶段考核合格后,签订第二阶段聘用合同。首聘期考核每半年开展一次。

学院首聘期考核小组由各系所学科带头人、工会主席、院领导组成。

2010年5月,对第一批签订首聘期合同的人员进行考核,进校时间为2007年上半年,分别为刘新民、高俊领、王兴伟、李银红。学院采用个人述职、教师聘任组评审的方式进行考核。

对于未满足首聘期目标任务的老师,学院考核小组将综合考虑其首聘期工作情况及取得的成绩,确定考核结果,决定是否续聘。

2019年起,学校加强首聘期考核工作,对于未满足合同目标而学院给予"合格"评价的教师,将再次参加学校组织的述职汇报。

(3)聘期考核。

目前可查最早的学院聘期考核文件为2004年12月下发的《电气与电子工程学院教师聘任制实施细则(试行)》,是根据《华中科技大学实施教师聘任制暂行办法》(校发[2004]21号)制定的。该细则中明确提出学院设置教授岗位38人,其中院特聘教授岗位若干人,并在院特聘教授人选中推荐符合条件者申报校特聘教授;设置副教授岗位54人;讲师及助教岗位根据工作需要设置。各岗位的岗位职责均进行了详细的描述,包含教学学时、教学工作量、科研奖励、主持省部级项目、SCI发表论文等,并对岗位职责进行了不同类别业绩之间的当量转化量化指标描述,即30万元科研经费等同于288个标准学时,或等同于指导18个硕士生,或等同于指导10个博士生。

2007年底,依据2004年文件开展了聘期考核,全体教师聘期考核均为合格。

2008年9月,依据《华中科技大学教师考核实施细则》(校人[2008]35号)和《华中科技大学教师聘任实施细则》(校人[2008]29号),学院制定《电气学院2008年新一轮教师岗位考核与聘任实施方案》,明确2008年起的考核要求,提出教师年度考核和聘期考核的业绩点指标。

2008年9月,全体教师签订教师岗位聘任合同,合同期为2008年8月1日至2012年7月31日。2012年下半年进行了聘期考核。

2016年11月,依据《学院综合改革教师岗位聘任暂行办法》(院[2012]12号),对在考核范围内的专任教师,学院统计了2012—2015年度的教学、科研、发表论文、获奖等方面的情况,经过个人述职、系所评议及学院聘任组考核,完成了2012—2015年间的聘期考核。

2017年4月,学校下发《关于做好2017—2020聘期有关工作的通知》,据此学院制定了《电气学院2017—2020年聘期综合改革实施方案》(院[2018]8号),对聘期内教师岗位职责和绩效津贴分配办法做出了明确规定,98位专任教师签订了聘期合同。

为了贯彻实施《电气学院专任教师薪酬分配及成果奖励实施办法》(院[2021]14号),2021年下半年开展了2017—2020年聘期工作量统计,据此核算了学院教师在新聘期内的工资待遇。

6)博士后

电气学院博士后流动站为电气工程流动站,设立于1985年11月,1990年首位出站博士后研究人员为邹积岩,导师程礼椿。截至2021年底,流动站共招收146名实际在我院工作的博士后研究人员,招收类型分为国家资助(2011年起取消)、流动站自主招收、工作站联合招收(即企业联合培养)等。

为了吸引优秀博士加入我院开展科研工作,学院于2007年制定了《电气学院加强博士后研究人员招收和管理工作的措施》(院[2007]7号),明确了学院对博士后的支持和鼓励政策,即对博士后给予每月生活津贴及科研启动经费的专项支持,博士后论文奖励等同于教师,对博士后导师也给予一定的奖励。学院对博士后的支持政策延续到2009年12月。

2008年,根据《博士后管理工作规定》(国人部发[2006]149号),学校制定了《华中科技大学博士后管理工作规定》(校人[2008]3号),该文件从管理机构及职责、博士后研究人员的招收与管理、经费管理及工资待遇、专业技术职务评审、管理工作考核等方面作了详细规定。明确了博士后在站期间的待遇高于同类教师,重点资助博士后再给予奖励。

2015年,为了大力实施人才强校战略,完善博士后管理制度及激励机制,学校出台了《华中科技大学关于进一步加强博士后队伍建设的意见》(校人[2015]32号),该文件主要在聘用制度、考评体系及薪酬待遇方面做出了调整,极大提高了博士后待遇。首次提出博士后年薪制,学校每年出资14万,导师配套不少于三分之一,即最低年薪为18.6万元,另给予每月1000元的租房补贴。这一年开始,博士后入站人数逐年上升。

2021年,根据《国务院办公厅关于改革完善博士后制度的意见》(国办发[2015]87号)及《关于贯彻落实〈国务院办公厅关于改革完善博士后制度的意见〉有关问题的通知》(人社部发[2017]20号)等文件精神,学校制定了《华中科技大学博士后管理工作实施办法》(校人[2021]9号),主要在招聘条件和程序、聘期待遇、聘期管理和考核等方面对2008年文件进行了修订,将资助类型更加细化,再次上调了博士后待遇。

在五年一次的全国博士后流动站综合评估工作中,电气工程流动站的评估结果为:2005年优秀、2010年良好、2015年优秀、2020年良好。

（四）本科生教育

我国的高等教育经过自 1978 年开始的"恢复调整"、1983 年提出了"调整、改革、整顿、提高"努力提高教育质量、1985 年开始的"体制改革"等阶段的发展，1998 年扩大招生规模，1999 年提出了"素质教育"，把提高教学质量提到了重要位置。进入 21 世纪后，为了提高教学质量，教育部于 2003 年将本科教学评估规范为"五年一轮"；2003 年启动了《高等学校教学质量和教学改革工程》，多次颁布了加强本科教学质量的文件。

在此背景下，电气学院一直持续进行电气工程人才培养模式的探索和实践，在培养计划、课程建设、实践基地建设以及创新基地等方面不断创新模式、发展前进。

1. 培养模式

鼓励优秀学生报考华中科技大学电气学院，并为优秀学生提供更优质的教学资源及更广阔的发展平台。

2006 年，与广东核电集团公司开展了合作办学，创办了"中广核-华中科技大学联合培养班"，34 名学生获准进入该联合培养班学习。

2007 年开设电气学院提高班。

2009 年更名为电气学院实学创新实验班。

2011 年华中科技大学启明学院成立后，更改为电气工程及其自动化卓越计划实验班，并于 2013 年每年划 10 个名额直接面向高考生招生。

2011 年，教育部发布了《关于实施卓越工程师教育培养计划的若干意见》。"卓越计划"的主要目标是"面向工业界、面向世界、面向未来，培养造就一大批创新能力强、适应经济社会发展需要的高质量各类型工程技术人才，为建设创新型国家、实现工业化和现代化奠定坚实的人力资源优势，增强我国的核心竞争力和综合国力"；其特点是：行业企业深度参与培养过程；学校按通用标准和行业标准培养工程人才；强化培养学生的工程能力和创新能力。

2013 年 3 月，为了更好地实施"卓越工程师"计划，探索教学改革模式，由学校教务处熊蕊带队，组织全校各院系分管教学的副院长赴香港参观、培训香港工程教育理念和方法，学习 CDIO 工程教育模式。

CDIO 工程教育模式是美国麻省理工学院和瑞典皇家工学院等四所大学从 2000 年组成的跨国研究机构在 Knut and Alice Wallenberg 基金会近 2000 万美元巨额资助下，经过四年研究获得的成果。CDIO 代表构思（Conceive）、设计（Design）、实现（Implement）和运作（Operate），它以产品研发到产品运行的生命周期为载体，让学生以主动的、实践的、课程之间有机联系的方式学习工程。CDIO 模式要求工程教育的培养大纲将毕业生的能力分为工程基础知识、个人能力、人际团队能力和工程系统能力四个层面，以综合的培养方式使学生在这四个层面达到预定目标。2008 年，教育部高等教育司吴文成立"CDIO 工程教育模式研究与实践课题组"；2016 年，在教育部原"CDIO 工程教育改革试点工作组"基础上成立"CDIO 工程教育联盟"。

以学生为中心的荣誉学位体系

2016年,借鉴世界优秀大学荣誉教育成功经验,瞄准以"如何让学习真正激发学生志趣和潜能"这一突破口,提出以"明德修身、强基固本、实践驱动"理念为指导,创建具有中国特色的电气专业荣誉学位培养体系,创设"明德—通识—专业—实践"四大板块荣誉学位课程体系,打破学科本位促进学生全面综合发展,为学生创造有意义的学习经历;实施开放包容的荣誉学分选修制,变"被动选拔"为"自主选择"育人模式,为个性发展提供更多空间。

全方位整合优势教育资源,探索"明德铸魂、金课强基、实践赋能"卓越人才培养实现途径。

创建"明德"教育教学体系,实现课程思政、思想素质教育和课外实践活动一体设计。

打造"5+X"专业特色课程群,即围绕5门专业主干"金课"强基固本,增设储能等跨学科"X"选修模块,推进研究型教学,为学生探索未知、多元发展奠定基础。

重塑"创意造物、工程综合、科研探索"递进式实践教学体系,重构新工科背景下8门创新实践课程,激励学生主动实践,勇于挑战,实现知行合一。

2009年,本专业在"依托一流学科建设一流本科"背景下,重新认识专业知识体系的内涵和边界,实施"厚基础、宽领域、跨学科、重实践"的课程体系和质量闭环评价机制;拓展人才培养空间和途径,将班级建设成为教师引导下群体成长和个体发展相融合的育人平台,形成研究型大学电气专业高素质人才培养体系,相关成果获2018年国家级教学成果奖二等奖。

2018年9月17日,教育部发布《教育部关于加快建设高水平本科教育全面提高人才培养能力的意见》(教高[2018]2号),教育部、工业和信息化部、中国工程院发布《关于加快建设发展新工科实施卓越工程师教育培养计划2.0的意见》,这是在2016年6月国家成为国际工程联盟《华盛顿协议》成员后,于2017年启动新工科建设的指导意见。新工科建设是从教育目标、教育理念、专业结构、教学模式、质量体系等系统性的工程教育改革计划,在教育模式方面,强调学科交叉融合,理工结合、工工交叉、工文渗透,孕育产生交叉专业,跨院系、跨学科、跨专业培养工程人才的教育模式。

本硕博贯通培养

2020年启动本硕博贯通培养计划,培养拔尖创新高端人才,面向电气化+,重构电气工程专业卓越领军人才培养体系,目前2020级已招收电气科学与工程本硕博贯通实验班25人,探索本硕博贯通培养的3+1+X弹性学制。

2. 培养计划

在重视教学工作、提高教学质量、加强素质教育、着重实践教学、培养创新能力等教学思想的指导下,电力工程系一直持续进行电气工程人才培养模式的探索与实践,进行了多次培养计划修订。除一些小的年度修订外,以2001年开始按与水力电力系共享课程的"电气大类"培养计划、2009年"专业课程模块化"培养计划、2016年为配合实施"荣誉学位"而修订的培养计划,以及2021年实施的"本硕博连读"的培养计划,是具有重大变革的节点性培养计划。

2001 版培养计划

在1999年培养计划改革的基础上,针对实践教学做了重大调整,重在拓展专业口径、改进实践教学模式。

在2001版电气大类培养计划中,电气学院开设了十门电气大类学科平台课程:单片机原理及应用、电路测试技术基础、电路理论、检测技术、信号与系统、自动控制理论、电磁场与波、电机学、电力电子学、信号与控制综合实验(一、二)。

此后修订2005版培养计划,加强了实验教学,独立开设实验课。

2009 版培养计划

2009版培养计划结合985工程建设、本科教学质量工程,并结合电气学院拓展新的研究方向以及实施"电气大类"培养计划使专业方向课大幅增加,存在学生选课目标模糊的问题,探讨了在学科边界宽、课程量大的计划中,如何减轻学生课堂负担以增加自我教育、创新实践的时间。

该培养计划参见附录三之(二),其特点之一是:对大多数课堂课程的学分进行了必要的压缩,总体学分比上一计划减少的同时,加重了实践类课程学分比例,并修订了多类课外活动可作为选修课学分的规范条件,参见附录三之(二)2009版本科培养计划。

特点之二是:根据电气工程学科的毕业生就业领域大致可分为电力系统和电气设备制造企业两大类的特点,梳理知识类别,将专业核心课程分为A、B两个模块,减轻学生课堂学习的负担。同时,在学生自由选择其中一个模块主修的同时也允许选修另一模块的课程,增加了学生的自主性。A、B两模块的课程如表16所示。

表16 A、B两组专业核心课程(选修课程)的内容

课程组 A		课程组 B	
课程名称	学时/学分	课程名称	学时/学分
电气工程基础(一)	56/3.5	电气工程基础(二)	24/0.5
高电压与绝缘技术(一)	56/3.5	电力系统分析Ⅰ	40/2.5
电力拖动与控制系统	48/3.5	电力系统分析Ⅱ	32/2
电磁装置设计原理	40/2.5	高电压与绝缘技术(二)	48/3
电力电子装置与系统	40/2.5	电力系统继电保护	48/3
		电力系统自动化	48/3

特点之三是:根据电气学院近年来对电气工程学科内涵必须扩展的认识,为拓展学生的知识视野,结合电气学院近年来所发展的一些电气工程学科的新兴发展方向,在专业方向课中,设置了"核能与核电原理""超导电力技术""工业等离子体应用""脉

冲功率技术""加速器原理及应用"等 5 门课程为限选课,限选≥2 学分,即至少选择一门。

2016 版培养计划

2011 年以来,作为首批入选教育部卓越工程师培养计划的专业,积极面对电气工程专业多学科交叉及复杂工程问题对人才培养的挑战,通过调研及对未来电气学院发展的把握,转变教育思想,以学生发展为中心,培养面向未来电气学科相关发展方向的引领者和创造者,将能力导向教育理念融入本专业人才培养体系中,围绕研究型大学本科教育特质,通过顶层设计和机制创新,探索解决研究型大学中普遍存在的教学科研"两张皮"的问题,较好地实现了科研和教学的融合。

以上述对本科人才培养的认识为基础,开展了对本科生设立"荣誉学位"的探索,通过荣誉学位,激励和引导学生胸怀理想、追求卓越、超越自我。为配合荣誉学位的实施,修订、推出了 2016 版培养计划。该计划面向全体学生的个性化培养,突出人才培养的系统性、完整性,创建由明德—通识—专业—实践四大板块构成的荣誉学位培养体系。

2016 年压缩课程总学时,由原来的 190 个学分压缩到 160.25 个学分,减轻课内学习负担,加强基础课程,增强发展后劲。在提供相对充足的选修课资源的前提下,适当兼顾了知识完整性、课程体系性,并加大了培养计划与学科发展之间的相互联系,拓展了传统"电气工程"学科边界,初步孕育了"电气化+"的人才培养思路,体现电气学科的发展趋势。

荣誉学位培养体系自 2016 级开始实施,2020 年授予了第一批荣誉学士学位。

电气学院对人才培养体系的探索与实践,形成实施电气化+的学科交叉融合发展战略:建设和发展具有电气化+特色、与国际一流电气学科接轨的电气工程创新人才培养体系。重新认识知识边界和内涵,梳理核心知识架构,形成"厚基础、宽领域、跨学科、重实践"课程模块,致力于培养面向未来的创新型高素质人才。总结多年对电气工程学科人才培养体系的研究和改革工作成果,获得 2018 年国家级高校教学改革成果二等奖。

2021 版培养计划

新形势下,高等教育必须培养能适应未来社会发展需要的高素质专业人才和领军人才。除了具备电气工程专业理论知识,要求学生具备动手实践、沟通、交流、经济、管理、领导等多方面能力。学院现培养计划存在的主要问题包括学分过高,课程体系架构的专业必修和限选比例过高而个性化和跨学科的选修课程太少,从而导致学生压力过大,自由发展空间小等,不利于培养高素质的专业人才。秉承通识教育的理念,使学生经过四年的专业培养,具备扎实的数理和专业基础,同时适当压缩学分,将细分的专业教育后移,选择有代表性的专业核心课程,让学生对电气工程各二级学科有全面认知,并给学生留足自由探索的空间。

修订后,培养计划总学分数由 160.25 降至约 150.45,总学时数由 2440 降至约

2312,切实减轻了学生负担。专业课部分,进一步优化了课程体系,从电气工程学科各二级学科精选1~2门课程,纳入培养体系,使学生对电气工程学科具备全面认知;同时适当增加了学生自主选课学分,赋予学生更多的自由选择权和发展空间。

3. 课程建设

1) 课程组与教学团队

电气学院积极参与和实施教育部高等学校"本科教学质量工程"建设,十分重视课程建设与教学团队建设。

电气学院对于每门必修课、选修课均设立了课程组长,2014年部分必修课的课程组组长名单如表17所示。课程组长组织课程建设,包括教材编写遴选、教学方法研讨、教学质量保障,以及青年教师加入团队后的培训、指导工作。

表17 2014年部分必修课课程组组长名单

课程名称	学时数	课程组长	课程名称	学时数	课程组长
电路理论(上、下)	40+64	颜秋容	检测技术	32	肖霞
电路测试技术基础	32	谭丹	信号与控制综合实验(一、二)	24+40	张蓉
电磁场与波	64	叶齐政	电力电子学	48	段善旭
信号与系统	40	李开承	计算机原理及应用实验	24	徐雁
自动控制理论	56	林桦	电机学(上、下)	56+56	熊永前

2007年,"电工电子系列课程教学团队"获准立项建设"国家级教学团队"。团队以国家级电工电子实验教学示范中心负责人严国萍(电子)为负责人,以电路理论、电磁场、电工技术、电子技术、微机原理等多门本科生和研究生课程教学为建设内容。

2008年,"电机学系列课程教学团队"获准为湖北省教学团队;陈乔夫教授被推荐获得"宝钢教育基金优秀教师奖"。

2010年7月7日,教育部、财政部确定308个教学团队为2010年国家级教学团队,电气学院"电机系列课程教学团队"入选。该团队有院士1人、教授8人(均为博士生导师)、副教授10人,由陈乔夫教授牵头。中央财政将安排每个团队30万元专项资金。

2013年,根据《华中科技大学课程责任教授制度的实施办法》,学校启动2013年度本科生课程责任教授申报和评选工作。电气学院2013年入选第一批校级课程责任教授为:"电路理论(电气大类)",责任教授颜秋容;"电机学",责任教授熊永前。2014年入选第二批校级课程责任教授为:"电路理论(信息大类)",责任教授汪建。2015年入选第三批校级课程责任教授为:"电磁场",责任教授叶齐政;"电路理论(机械大类)",责任教授李承。

2014年,电气学院出台了《电气与电子工程学院课程组长及主讲教师岗位实施办法》,明确了选聘机制和考核管理机制,并针对青年教师的培训提出了具体要求。

2014年明确课程组长和主讲教师,颁布了《电气与电子工程学院课程组长及主讲教师岗位实施办法》。

电气学院开设的电气大类学科平台课程如下。

(1) 单片机原理及应用:40+24(实验)学时;

(2) 电路测试技术基础:32学时;

(3) 电路理论:40+64学时;

(4) 检测技术:32+8(实验)学时;

(5) 信号与系统:40+12(实验)学时;

(6) 自动控制理论:56+12(实验)学时;

(7) 电磁场与波:60+4(实验)学时;

(8) 电机学:56+56学时;

(9) 电力电子学:48+16(实验)学时;

(10) 信号与控制综合实验(一、二):32+32学时。

电气学院开设的跨院系的课程如下。

(1) 电工学系列:32~64学时;

(2) 电路理论信息大类:40~96学时。

电气学院拟认定的课程(系列)如下。

(1) 电力系统及其自动化系列课程(含电气工程基础一、电气工程基础二、电力系统分析、电力系统自动化、电力系统继电保护等);

(2) 高电压与绝缘技术(一、二):56/48学时;

(3) 电力拖动与控制系统:48学时。

精品课程如下。

(1) 电路理论,国家级(网络教育),2009年;

(2) 电气工程基础,国家级,2008年;

(3) 电力电子学,国家级,2007年;

(4) 电机学,国家级,2006年;

(5) 信号与控制综合实验,省级,2010年。

2016年进一步完善教学团队选聘制度、教师首次授课的审核制度,共建成跨8个二级学科的26个课程组,形成以课程组长、责任教授负责制的多元化教学团队群,覆盖全院开设的所有课程。

2019年,"电工学教研组"被评为湖北省高校优秀基层教学组织。

2) 企业专家及其他院校教授授课

先后邀请国家电网公司陈维江、西电公司裴振江、东方电气张晓仑、湖南电科院陆佳政等专家来校给本科生授课,2009年暑假邀请伯明翰大学Roberts教授来我校承担两门实验课程的教学任务。2010年10月邀请新加坡南洋理工大学张大明教授来校为08级中英班本科生开设为期一周的"电力电子学"课程。

3）网上课堂

课程组、课程组组长、责任教授等的设置，有力地促进了课程建设，在开拓新的教学方法上也能紧跟教育技术的发展，提前布局、积极建设；同时也能很好地形成课程组之间的合作。

在国外可汗学院的微课程教学方式传入国内、科研融入教学的理念逐渐形成、网络技术快速发展的背景下，电工理论与新技术系提出了网上课堂教学建设计划，于2012年10月，建立了电工理论与电磁新技术系网上课堂教学网站，包含十门课程，其中重点建设了三种典型类型的课程：叶齐政负责的基础课"电磁场与波"、谭丹负责的实验课"电路测试"和李妍负责的研讨课"电力系统谐波分析"。

可汗学院（Khan Academy），是由孟加拉裔美国人萨尔曼·可汗创立的一家教育性非营利组织，主旨在于利用网络影片进行免费授课。

合作性的网络课堂建立了开放的教师团队和协作互动的团队模式，解决基础课程教学岗教师和年轻科研骨干协同教学的问题：打破传统以系为单位的课程组建设方式，面向全学院挑选教师；业界专家介入教师队伍（电力系统谐波分析）；建立全镜像网络课堂（所有任课教师均有网络课堂），实现全体教师都可以互帮互学，协同教学的模式。建立了多层次、多模式的学科建设成果引入方式，解决经典理论教学中创新思维培养欠缺的问题：精选科研问题进入研讨教学内容、规定教师个人科研成果作为演示实验内容、转载电工前沿研究新闻作为网站内容、采用最新工业技术开展虚拟实验研学。建立了全方位自主研学的辅助教学方式，解决量大面广课程中创新人才需要的个性化培养方式的问题。

2017年，在中国大学MOOC网站上线"电路理论"和"电力电子学"两门课程，2018年，"电气工程基础"课程上线，2019年，"电磁场与波"课程上线；"电路理论""电力电子学"被推荐为国家级精品在线课程，"电气工程基础"为省级精品在线课程。

2017年，加强教师教学理念和教学方法方面的培训，与教师教学发展中心联合开展"三明治教学法"和"微格教学"工作坊培训，鼓励教师积极参与教学研讨和教学研究。

"三明治教学法"是对理论学习和实践学习相结合的一种形象比喻的说法，即"实践＋学习＋实践"，或"学习＋实践＋学习"这样一种反复迭代的教学方法。"微格教学"英文原文为"Microteaching"，也有翻译为"微型教学""微观教学""小型教学"，是一种培训教师的方法，其创始人之一是美国教育学博士德瓦埃·特·爱伦。其形式大致为：以学生人数少的小型课堂，在较短的时间内，如5～10分钟将平时40分钟课堂内容完整呈现并且使得学生听懂，理解！还可以把这种教学过程摄制成录像，课后再进行分析。

2020年，武汉市疫情期间，学校实行了"推迟开学、按时开课"，全面实施网络"在线教学",全院理论课程开出率达到100%,学生满意率超过80%。

4) 专业课程中的思政教育

2016年12月,习近平在全国高校思想政治工作会议上发表的重要讲话指出"坚持把立德树人作为中心环节,把思想政治工作贯穿教育教学全过程"。所有课堂都有育人功能,不能把思政工作只当作思想政治理论课的事,其他各门课程要守好一段渠,种好责任田。要把做人做事的基本道理、把社会主义核心价值观的要求、把实现民族复兴的理想和责任融入各类课程教学之中,使各类课程与思想政治理论课同向同行,形成协同效应。

2018年9月,习近平在全国教育大会上重要讲话指出要把立德树人融入思想道德教育、文化知识教育、社会实践教育各环节,贯穿基础教育、职业教育、高等教育各领域,学科体系、教学体系、教材体系、管理体系要围绕这个目标来设计,教师要围绕这个目标来教,学生要围绕这个目标来学。

2019年3月,习近平在学校思想政治理论课教师座谈会上重要讲话指出要坚持灌输性和启发性相统一,注重启发性教育,引导学生发现问题、分析问题、思考问题,在不断启发中让学生水到渠成得出结论。要坚持显性教育和隐性教育相统一,挖掘其他课程和教学方式中蕴含的思想政治教育资源,实现全员全程全方位育人。

电气学院对所开课程进行了"融入思政教育"的研讨,并从以下各方面修订了课程大纲。

全面梳理教学目标和思政目标之间的关联,明确教学目标,设置合适的思政切入点,对教学内容进行结构性系统设计,保证教学的一致性建构。以科研成果转化为抓手,以探究性教学促进教学方法创新,开拓学生学习视野,激发科学探究和思辨精神。

深度挖掘提炼课程知识体系中蕴含的思想价值和精神内涵,从家国、社会、历史等多角度,增加课程知识性、人文性,提升引领性、时代性和开放性。

依托本学科优势,从承担的重大科研项目中提炼科学问题,融入课堂教学,帮助学生理解知识的重难点;紧跟不同学科前沿动态,将前沿热点转化为教学素材,激发学生学习兴趣;翻译介绍经典研究专著和论文,引导学生探究式学习,提高课程挑战度。

这里以"电路理论"课程为例,简述其工作方法和成果。

"电路理论"课程以研究电路基本规律和分析方法为核心,完备的理论体系是众多工程实践的理论基础,为此引入历史沿革、时代变迁、家国情怀和国际视野等极具时代特征和人文情怀的教学素材,丰富课程内容。

杨勇教授在B站开设"电气杨老师"直播课程,场均在线听课人数超过4000人,录制视频近百小时,累计点击量30余万次,多次获B站首页推荐,获校官方微信公众号、校新闻网等媒体报道。2020年10月,湖北省高校思政工作集中调研会上作为典型案例向全省高校介绍。多次受邀在国内一流教学研讨会上做大会报告。

2021年5月,学院本科课程"电路理论"入选教育部课程思政示范课程,全国本科示范课程仅300门。课程负责人杨勇获评教育部课程思政教学名师,"电路理论"课程团队获评课程思政示范团队。

4. 实践教学与实习基地

2002年10月,教育部启动工科基础课程教学基地建设的评估验收工作。颜秋容接任电工基地主任,李承继续任书记,负责验收前的完善与总结。2003年11月,我校的两个工科基础课程教学基地,在全国率先接受教育部专家组评估,结果均为优秀,通过了教育部验收。

此后,教育部对基础课程的建设转向到建设"实验教学示范中心"。为申报建设实验教学示范中心,电气学院于2004年将电路测试、电工学、单片机原理与应用、电磁场、电力电子技术、自动控制理论、电机及控制、检测技术、电工实习中心以及大学生科技创新中心等实验室和实践平台合并,组建了"电气与电子工程学院实验教学中心"。

2005年,依托已验收通过的电工电子基础课程教学基地,学校启动申报国家级实验教学示范中心。电气学院实验教学中心一手抓日常教学和党员思想教育,一手抓申报材料六项要求的收集、整理、汇编、课件制作、网站调试等工作。同年底,申报成功湖北省级电工电子实验教学示范中心,并上报教育部。

至2006年,在示范中心的建设期,学院积极组织了校第三届实验技术成果奖申报工作。本届全校共申报30项,我院获得了全校唯一的1项特等奖,此外还获得一等奖1项、二等奖2项、三等奖2项,为全校获奖最多的院系。

2006年4月,该示范中心获准建设国家级电工电子实验教学示范中心,全国首批获准的电工电子类示范中心有6个。同时将"电气与电子科技创新基地"也纳入教学示范中心管理。

2013年通过教育部验收,正式挂牌"国家级实验教学示范中心"。

上述"电气与电子科技创新基地"的源头之一是1992年电力工程系创建的大学生课外科技活动中心。2001年,该活动中心升级成为依托电气与电子工程学院,由教务处、设备处、学生工作处、校团委共同领导的"电气与电子科技创新基地",挂靠在电磁测量研究所,活动地点为西三楼108室。2003年,学校将电气学院的科技创新基地与电信系的"电子与信息技术创新基地"合并成立"电工电子科技创新中心",参加申报"国家级电工电子实验教学示范中心"。详见下册"电工电子科技创新中心发展史",以及附录三之(八)、(九)。

除建设校内的国家级实践教学基地之外,电气学院也和企业合作建设了学生实践基地。

电气学院组织专门的班子到用人单位去调研,专题研究业界需求,不断改进课程教学内容,相继在西安电力机械制造公司、东方电机厂、上海电机厂、葛洲坝集团电力有限责任公司等行业骨干企业和科研单位建立了实践教学基地。在这些基地,学生不仅巩固了课堂教学的知识,获得了宝贵的实践锻炼,而且还参与了一些课题的研究。

与中国西电集团等公司共建了4个"国家级工程实践教育中心"。2013年获省级教学成果奖一等奖1项。2014年,电气学院和中国西电集团多次研讨实践教学内容,为本专业学生量身定制生产实习全过程,暑期聘请了中国西电集团6名行业内的资深专家来校为本科生进行授课,获得学生的好评。

5. 教学管理

1998年开始学生评教工作,每学期课程结束后组织学生对教师的授课效果进行评分。同时对课程期末考试的出题进行了规范,对试卷评分进行随机抽检复查,彰显教学工作中每一个细节的严肃性。

2002年,学校推出《华中科技大学关于加强本科教学工作提高教学质量的实施意见》,提出培养具有国际竞争力的高素质创造性人才。举措包括:学费收入中用于日常教学的经费不低于20%;教授副教授必须讲授本科生课程;教师职务评聘中实行教学考核一票否决制;国家级省级优秀教学成果等同于相应级别的科研奖;积极推行英语授课、双语授课;重点建设100门课程;实施"华中科技大学学士学位优秀论文评选"活动,等等。

2013年,电气学院成立了第一届本科教学督导组,成员有陈崇源、张步涵、陈乔夫、黄冠斌、孙亲锡等。

督导组的主要任务是随堂听课,检查教学情况,并向任课教师提出提高授课水平的建议,向学院反馈在课堂上发现的问题,也参加学院的教学研讨,指导青年教师。2013年12月5日,学院邀请退休教师陈崇源教授和我院部分教师交流教学经验。陈崇源结合在随堂听课过程中发现的教学问题,以讲课的形式,用无功补偿、交流电路的功率、异步电机的等效电路、电容器对电感放电、水电站的水头与压强等5个实例示范了如何上好课。

2017年,成立"电气学院新工科建设工作小组"。面向"电气化+",全面启动面向新工科研究与实践的系列项目,重构电气工程本科实践教育体系与实践平台,开设实践课程4门。首次开设"工程综合训练一",以"企业工程训练营"方式在大学二年级暑期实施。

6. 教学相关成果、奖励

围绕新形势、新时代对电气人才新需求,电气学院持续开展了系列教学改革工作,承担的教学改革项目见附录三之(七)~(九)。

本科教学中,获得了一系列的成果。

2002年6月"人民网"报道,电气学院电气工程及其自动化本科专业实力名列全国高校第一,电机与电器、电力电子与电力传动、电工理论与新技术三个研究生专业实力名列全国高校第一。

2005年,电工电子实验教学示范中心成为首批国家级示范中心之一。

2006年,"电机学"成功入选国家精品课程,成为电气学院第一门国家级精品课程。之后"电力电子学"(2007)、"电气工程基础"(2008)相继入选国家精品课程,2009年"电路理论"课程获2009年网络教育类国家精品课程。

同年,"电气工程及其自动化"本科专业获准建设"湖北省高等学校人才培养质量与创新工程"品牌专业。

成功申报并承担了"电气工程及其自动化"国家第一类特色专业建设点、人才培养创新实验区,建设了"电工电子系列课程"国家级教学团队和"电机学系列课程"国家级教学团队(2010年)。

同年,电气2011班,获教育部、共青团中央授予的"全国先进班集体"荣誉称号。

2007年,"电力电子学"被批准为国家精品课程;本科专业顺利通过湖北省本科品牌专业评估并获准为国家第一类特色专业;获准人才培养模式创新实验区;"电工电子系列课程教学团队"被评为国家级教学团队。

2008年12月,承办了"全国高校质量工程与电工电子实验教学改革研讨会",全国56所高校的117名代表参加。

2013年,颜秋容入选2013—2017年教育部高等学校教学指导委员会"电工电子基础课程教学指导委员会"委员。

2018年,电气学院的"研究型大学电气工程专业能力导向人才培养体系构建与实践"成果获湖北省高等学校教学成果奖一等奖,并积极组织重构面向新工科建设的"电气化+"一体化实践教学课程体系。

2019年,企业工程训练营创新型人才培养模式成功入选中国高等教育博览会"校企合作双百计划",并参加在南京举办的中国高等教育博览会(2019·秋),案例进行集中展示、路演。

2020年,3门课程获批首批国家级一流本科课程,其中"电路理论"和"电力电子学"获批国家级线上一流本科课程,"电磁场与波"获批国家级线下一流本科课程;"企业工程训练营"项目获评2019年中国高等教育博览会"校企合作双百计划"典型案例;"高电压新技术工程训练营建设"入围2020年中国高等教育博览会"校企合作双百计划"案例展现场展示与路演。

2020年,"电路理论"(留学生全英语)课程组组长李妍主编《Electric Circuit Theory》(40万字),获评"华中科技大学2020年度本科教材奖",获准建设教育部来华留学生英语授课品牌课程(国家级精品课程)。

2021年,苗世洪教授和华北电力大学朱永利教授主编的《发电厂电气部分》荣获首届全国教材建设奖"全国优秀教材"高等教育类二等奖。该教材的发展历程充分体现了传承与发展、沉淀与积累的厚积薄发精神和团结协作精神。该教材第一版于1982年出版,由华中工学院、华北电力学院、西安交通大学的相关教师联合编写,华中工学院电力系范锡普为主编。此后,编者广泛征求了有关院系的使用意见,修订出版了第二版;2004年,熊信银教授联合华北电力大学朱永利编写了第三版,该版结合"西电东送、南北互供、全国联网"的技术发展,增添了若干新技术内容;2009年的第四版增加了节能减排、"一特四大(特高压、大水电、大煤电、大核电、大型可再生能源发电)"、1000 MW大容量发电机组、750 kV超高压和1000 kV特高压系统、数字化发电厂和数字化变电站等内容;苗世洪、朱永利教授2015年主编出版的第五版中,增加了高压换流站、600 MW及1000 MW机组及智能变电站等新技术。

国家教材建设奖起源于2016年中共中央办公厅、国务院办公厅印发《关于加强和改进新形势下大中小学教材建设的意见》,2017年7月国务院办公厅发布《关于成立国家教材委员会的通知》(国办发〔2017〕61号),2019年教育部发布关于印发《普通高等学校教材管理办法》(教材〔2019〕3号),2020年4月国家教材委员会发布《国家教材委员会关于开展首届全国教材建设奖评选工作的通知》(国教材〔2020〕4号)。首届全国教材建设奖分设全国优秀教材、全国教材建设先进集体、全国教材建设先进个人三个奖项。其中,全国优秀教材分为基础教育、职业教育与继续教育、高等教育三个大类。高等教育类400项。其中,特等奖4项、一等奖80项,其余为二等奖。国家教材奖每4年评选一次。

电气学院进行教学改革,在课程教学、大学生创新创业等多个环节获得多项奖励,详见附录三之(六)~(九)。

电气学院的教师除承担本学院本科生的教学工作之外,还承担了学校其他院系电工学相关课程的课堂教学和实验教学。据电气学院2013年度教学总结统计,电气学院教师完成的总教学工作量为4050课堂学时和1250实验学时,其中对其他院系的教学工作量超过总量的50%。

7. 支援其他学校

华中工学院利用自己的师资力量,尽可能地为兄弟学校的本科教育给予支持。早在20世纪50年代,电力系赵师梅就被借调支援武汉工学院的建设,随后又被要求留在武汉工学院工作。赵师梅在借调和调入初期,住在华中工学院校区,那时两校之间还没有公共汽车,每天不辞辛劳步行去武汉工学院上班。

自2000年开始,电力系教师以出任院系领导、课堂教学、指导毕业设计等形式支援了武昌首义学院、文华学院的教学工作。虽然参与者大多是退休教师,但也有部分在职教师承担了教学任务和指导毕业设计的工作。吴彤、谢荣军老师指导文华学院电气专业学生的毕业设计论文获评"湖北省普通高校优秀论文"。

武昌首义学院和文华学院原是华中科技大学的二级独立学院。

在20世纪90年代,我国经济体制开始由计划经济向社会主义市场经济转型,高等教育资源短缺与人民群众接受优质高等教育愿望的矛盾凸显。于是一些公立高等学校开始以民办机制创办二级学院,利用非国家财政性经费实施高等教育。

1999年,第三次全国教育工作会议中做出了进一步扩大高等教育规模的决策,公立高校开始扩招,公立高校吸纳民间资本创办"二级学院""分校""独立学院"得以迅速发展。

2000年8月,教育部批准华中科技大学和武汉军威教育投资集团合作兴办全日制本科层次普通高校"华中科技大学军威学院",2001年3月更名为华中科技大学武昌分校。2003年5月,教育部批准华中科技大学与武汉美联地产有限公司共同举办全日制本科层次普通高校"华中科技大学文化学院"。

2003年,教育部出台了第一份规范这类学校的《关于规范并加强普通高等学校以新机制和模式试办独立学院管理的若干意见》。在此期间,发生了因这类二级学院、分校、独立学院给毕业生的毕业证与联合办校的公立高校给毕业生颁发的毕业证完全相同而引起了争议。

2008年,教育部发布《独立学院设置与管理办法》,强调"民办""独立""优质",要求独立学院与联合办校的公立高校脱钩,独立设置。

2014年5月,华中科技大学文化学院更名为文华学院,2015年3月,华中科技大学武昌分校更名为武昌首义学院,两所分院相继独立成为民办普通高校。

2012年至2014年11月,李开成教授被委派担任湖北工业大学电气学院院长,支援该院的学科建设。

2017年8月,电气学院陈金富、石东源、熊飞、姚伟和王丹等五位教师组成支教队伍,先后前往位于西藏林芝市的西藏农牧学院开展支教活动,讲授了"电力系统分析""电机学"两门课程。

电气学院同时也接受了国内兄弟院系的教师访学指导任务。2013年9月至2014年7月,文华学院张建新、广西机电职业技术学院罗启平来校访学,指导教师分别为文劲宇、林福昌;2019年9月至2020年7月,湖北汽车工业大学张金亮来校访学,指导教师李达义。

(五)研究生培养

1996年,我校电气工程首批获得一级学科博士学位授予权,是我校电气工程学科发展的重要里程碑,标志着电气工程学科研究生教育走向了更高起点,引领了我校电气工程学科研究生教育走进了新世纪,开启了新征程。

1. 学位授予权

1996年,我校电气工程(0808)首批获得一级学科博士学位授予权。

1999年,电气工程(085207)专业学位点获批,开始招收非全日制单证专业学位硕士研究生(工程硕士)。

2009年,电气工程(085207)专业学位点开始招收全日制专业学位硕士研究生

(工程硕士)。

2012年,获批共建先进制造(085272)领域、电子与信息(085271)领域专业学位博士授权点,我院开始招收全日制专业学位博士研究生(工程博士)。

2016年,教育部发布《教育部办公厅关于统筹全日制和非全日制研究生管理工作的通知》,统筹全日制与非全日制研究生教育协调发展,坚持同一标准,保证同等质量。2017年,国家专业学位研究生招生政策改革,取消GCT考试,不再招收单证工程硕士研究生。

2018年,按学校整体部署组织完成了"学位授权点评估",通过了学位点自评估。按学术学位(0808)和专业学位(085207)分别编写了学位授权点自我评估总结报告,从学位授权点基本情况、自我评估工作开展情况和持续改进计划等方面对两个学位授权点近五年情况进行了全面总结。

2019年,国务院学位委员会办公室正式下发《关于下达工程硕士、博士专业学位授权点对应调整名单的通知》。工程硕士、工程博士研究生2018、2019年按调整前的工程领域进行招生、培养、学位授予。2020年起,按调整后的专业学位类别进行招生、培养和学位授予。

2020年,按照相关文件和学校统一部署,我院共建能源动力(0858)、机械(0855)、电子信息(0854)三个类别专业学位授权点,在三个类别招收专业学位博士研究生(工程博士),在能源动力类别(0858)招收专业学位硕士研究生(工程硕士)。

2022年,调整为在电气工程领域(085801)、机械类别(0855)、电子信息类别(0854)招收专业学位博士研究生(工程博士),在电气工程领域(085801)招收专业学位硕士研究生(工程硕士)。

2. 培养计划

1) 学术学位

1996年,获批一级学科博士学位授予权,学院1996年按一级学科制定了博士研究生培养方案。博士总学分≥16,学位课学分≥12(其中跨一级学科课程2学分,研讨课2学分),选修课学分≥3。

硕士研究生仍按电机与电器、电力系统及其自动化、高电压与绝缘技术、电力电子与电力传动、电工理论与新技术5个二级学科制定培养方案。硕士总学分≥32,学位课学分≥20,选修课和实践课学分≥12。

2003年,在总结了过去7年间按一级学科培养博士研究生的经验的基础上,学院构建一级学科研究生培养体系,按一级学科制定硕士研究生培养方案。2003版研究生培养方案对学分的要求见表18、表19。硕士研究生试行按一级学科培养(毕业证上仍分二级学科)。硕士总学分要求大幅上升,总学分≥43,修课学分≥28,包括通识课程、学科基础课程、专业核心课程,并对学位论文、学术报告、文献阅读等培养环节进行考核,综合设置研究环节,研究环节学分≥15。

表 18 2003 年版研究生培养方案对博士研究生的学分要求

类别	未获硕士学位,以及硕博连读、直攻博		已获硕士学位		未获硕士学位
总学分	≥60		≥31		
修课学分	≥40	通识课程≥11(辩证法2,外语4,科技英语写作2,人文1)	≥12	科技哲学2 科技英语写作2	按硕博连读生的要求培养,入学前已修研究生课程可以提出免修
		学科基础课≥10(含跨学科基础课程、数学、计算机等)		跨学科2	
		专业核心课≥15(含专题研讨6)		专题研讨6	
		专业选修课,导师指定			
研究学分	≥20	文献阅读1	≥19	文献阅读1	
		开题报告1		开题报告1	
		中期报告1		中期报告1	
		学术报告1		学术报告1	
		发表论文1		发表论文1	
		学位论文15		学位论文15	

表 19 2003 年版研究生培养方案对硕士研究生的学分要求

总学分		≥43
修课学分	≥28	通识课程≥8(辩证法2,外语2,科社1,人文1)
		学科基础课≥8(含跨学科基础课程、计算机等)
		专业核心课≥8
		专业选修课,导师指定
		缺本科专业基础的,补修本科主干课2~3门,不计学分
研究学分	≥15	文献阅读1
		实践环节1
		开题报告1
		中期报告1
		学术报告1
		发表论文1
		学位论文10

2005 年,硕士生学制调整,学习年限从 3 年变为 2 年,压缩课程总学时,由原来的 43 个学分压缩到 35 个学分,加强专业知识的系统性,调整研究环节,注重科学研

究。其中,修课学分≥20学分,且必须在第一学期内完成。

2008年,硕士研究生学制由2年改为2.5年。培养方案整体结构无较大变动。

2009年,开始招收全日制电气工程专业学位硕士研究生。专业学位研究生培养方案要求总学分≥32。专业学位硕士培养偏重工程研发和现场实践,要求学生的论文课题来源于工程实际或具有明确工程技术背景,学生要到校外企事业单位或工程现场实习实践并提交总结报告。

2012年,硕士研究生学制由2.5年改为3年。培养方案整体结构无较大变动。

2012年,根据研究生院要求,学院开展了研究生课程体系建设和高水平国际化课程建设工作,建设了一批高水平国际化课程,将相应的课程体系建设体现在培养方案里。在培养方案中,将专业课程细化分类为一级学科课程、二级学科课程、硕士专修课程和博士专修课程,注明国际化(全英语)课程和高水平课程。建设完成了国际化(全英语)课程11门,高水平课程10门,高水平国际化课程3门。修课学分中要求国际化课程(全英语)≥2学分,高水平课程≥2学分,硕士和博士研究生培养计划(课程设置)见附录四之(二)。

2012年,为适应学科发展,我院开始按照"电气工程"一级学科进行研究生(含各种类型的博士生和硕士生)招生、培养和授予学位,修订完善了一级学科培养方案。自此学科形成较为稳定的电气工程(0808)学术学位硕士研究生、博士研究生培养方案。

2021年,修订了研究生培养方案,在培养方案明确了"电机数学模型与仿真分析""高等电力电子学""现代电工理论""高等工程电磁场"等15门核心课程,夯实数理和专业基础。

2) 专业学位

1999年,电气工程(085207)专业学位点获批,开始招收非全日制单证专业学位硕士研究生(工程硕士),制定了非全日制专业学位硕士研究生培养方案;学习方式为非全日制,学习年限为2~5年,课程结构分为必修课程、选修课程和必修环节。课程学习总学分不少于34学分,其中必修课学分不少于21学分,必修专业课门数不少于4门;必修环节为2学分。学员在修满规定学分后,即可进行学位论文工作。

2009年,开始招收全日制电气工程专业学位硕士研究生,制定全日制专业学位硕士研究生培养方案。专业学位研究生培养方案要求总学分≥32,其中学位要求课程学分≥16,实践与研究生环节学分≥16。课程偏重工程研发和现场实践,要求学生的论文课题来源于工程实际或具有明确工程技术背景,学生要到校外企事业单位或工程现场实习实践并提交总结报告。

2012年,获批共建先进制造领域、电子与信息领域专业学位博士点,我院开始招收全日制专业学位博士研究生(工程博士)。和学校相关学科一起共同制定了培养方案,方案包括电气工程方向的博士专业研讨课。要求总学分≥44,学位要求课程学分≥10,实践环节学分≥15,研究环节学分≥19。

2012年，修订了专业学位硕士研究生培养方案，采用课程学习、实践教学和学位论文相结合的培养方式。专业课程设置与全日制科学学位研究生的课程设置基本相同。实践环节包括校内实验教学、参与导师课题的研发、校外企事业单位的实习实践等。学位论文选题应来源于工程实际或具有明确的工程技术背景。要求总学分≥32，其中学位要求课程学分≥16，实践与研究环节学分≥16。

2016年，为适应统筹全日制与非全日制专业学位研究生培养的需要，修订了专业学位硕士研究生培养方案，要求总学分≥32，其中学位要求课程学分≥18，研究环节学分≥14。

2017年，开始招收非全日制电气工程专业学位硕士研究生（双证）；培养方案参照2016年培养方案执行。

2020年，国家专业学位改革，电气学院按调整后的专业学位类别进行招生、培养和学位授予。在能源动力（0858）、机械（0855）、电子信息（0854）3个类别招收专业学位博士研究生，在能源动力（0858）类别招收专业学位硕士研究生。协助共建单位一起制定了机械（0855）、电子信息（0854）两个类别的专业学位博士培养方案，方案中包含了电气学院相关研究方向的课程。与能源学院共同制定了专业学位硕士、博士研究生培养方案，电气工程作为独立研究方向设置专业领域基础课程和专业选修课程。要求硕士总学分≥33，其中学位课学分≥19，研究环节学分≥14。专业博士培养基本学习年限为4年，最长学习年限（含休学）不超过7年，实践环节要求不少于1年。要求总学分≥44，其中修课学分≥10，实践环节学分≥15，研究生环节学分≥19。

2022年，按电气工程领域（085801）招收专业学位硕士、博士研究生。电气工程领域（085801）培养方案归属于能源动力（0858）类别，按2022年修订的培养方案实施。

3）中欧能源学院研究生

2009年3月，中国政府和欧盟委员会签署《创建中欧清洁与可再生能源学院的财政协议》。2010年7月，华中科技大学作为中方举办大学，法国巴黎高科作为欧洲协调方，中、法、德等6个国家9所大学和1个欧洲研究机构获准共建中欧清洁和可再生能源学院（简称中欧能源学院）。2012年3月，中欧能源学院正式获得中国政府批准，2012年10月6日，在华中科技大学正式揭牌。中欧能源学院拥有三大办学功能：清洁与可再生能源领域的中欧双学位硕士培养、职业培训、研究平台和博士培养，主要围绕太阳能、风能、生物质能、地热能、能源效率五个技术领域开展活动，并可根据未来能源发展和中国能源领域人才需求设立新的技术领域。

电气学院自中欧能源学院筹建阶段即参与了申报、建设工作，有一批教师被聘为中欧能源学院的研究生兼职导师，承担研究生指导任务。

4）留学研究生

2001年，开始招收的留学研究生，包括博士研究生、硕士研究生、进修生等类别学生，基本按照全日制研究生培养方案执行，所有类别学生达到培养计划规定的学分即可，未要求选修跨学科课程。

2018年,依托于电气工程留学生全英文专业课程体系和电气工程(0808)研究生培养方案,构建了电气工程留学生培养方案,具备了规模化招收和培养海外留学生条件。

3. 课程建设

1996年,为了满足一级学科博士学位培养方案和二级学科硕士培养方案的要求,学院建设了学科基础课和专业课。学科基础课为"现代控制理论""数字信号处理""现代电工理论"3门课程。

2000年以来,随着学科的发展,学院创建了脉冲功率与等离子体技术、应用电磁工程、强磁场技术及其应用等新兴学科方向,学科设置覆盖了电气工程一级学科下设立的所有5个二级学科,同时根据学科发展的需要,建设了脉冲功率与等离子体、电气信息检测技术2个自设学科方向。为适应研究生培养的需要,开设相应二级学科新研究方向的课程。

2004年,课程设置修订为专业核心课和专业选修课程(含跨学科基础课程、计算机等)。增设了"高温等离子体物理基础""等离子体诊断""超导电力科学与技术""工程电动力学"等课程。

2008年,课程设置修订为学科专业要求课程,包括基础理论课、专业基础课和专业课及跨一级学科课程。

2009年,开始招收全日制专业型硕士研究生,课程设置包括校级公共课程和专业课程(可包括跨一级学科课程)。

2012年,全面开展高水平国际化课程建设工作,课程体系要求按照一级学科基础课、二级学科基础课、博士专修课、硕士专修课设置课程。新的培养方案中规划建设研究生高水平国际化课程24门。2013—2016年,24门课程全部参评研究生院组织的高水平国际化课程评估,6门优秀,其余合格。增设了"磁流体力学""低温等离子体应用技术""磁约束等离子体数值计算""核聚变原理""加速器物理基础"等课程。

2013年,围绕专业学位研究生培养需求,专门增设了"电力系统新技术""电力电子技术讲座""现代电力系统综合实验"等技术讲座及实验课程。

2014—2015年,在研究生院组织的研究生课程责任教授的申报和评审中,我院共有3名教授评为研究生课程责任教授。我院共有4门课程申报研究生示范教学课程,完成公开课教学活动。

2015年,增设了"射频与微波工程基础与应用""带电粒子束"等课程。2018年增设了"加速器应用与材料辐射改性""强磁场技术及其工程应用"等课程。

2018年,基于电气工程(0808)研究生课程体系,组织开设了14门全英文留学生专业课程,课程涵盖所有专业方向,初步形成电气工程留学生全英文专业课程体系。

2019年,根据"双一流"建设要求,学校启动了新一轮研究生高水平课程建设工作,学院申请建设了4门高水平课程。

2021年,在一级学科基础课、二级学科基础课的基础上梳理建设了学科核心课程,共建设核心课程15门。

4. 过程管理

1) 导师评聘

1981—1994 年是教育部评聘博导。1996—2011 年为学校评聘博导。2012 年，开始由学院评聘博导。每年 5 月启动导师资格申报工作，9 月上学院学位审议会议讨论评定，11 月填报研究生院导师系统，11 月 25 日前结束申报工作。

2013 年，电气学院颁发《研究生指导教师条例》（院[2013]第 6 号），规定了研究生导师的职责与权利，决定对研究生导师实现动态管理，明确了研究生导师评聘条件及程序。同时规定："对在 2012 年以前不具备博士生导师资格，但已具有博士学位、活跃在教学科研一线的正或副高级专业技术职务人员"，"满足下列条件之一者，经系所推荐可以申请招收、指导博士生"：

（1）近五年，主持过两项或以上国家级科研项目，并作为第一作者或通讯作者在国际一流期刊上发表学术论文 5 篇以上；

（2）列入省部级及以上人才计划；

（3）全国优秀博士学位论文获得者。

2013 年，电气学院积极探讨"以完善导师负责制为中心、以培养创新人才为前提"的研究生培养模式，健全和强化以科学研究为主导的导师负责制（导师资助制），将导师的招生数量与其科研经费，以及对学生的资助结合起来，进一步强化导师在研究生培养中的责任、权利和义务。

2016 年，学院出台《电气学院研究生指导教师条例》和《电气与电子工程学院研究生招生指标分配办法（试行）》，对研究生导师选聘、培训和考核制度进行了明确规定。研究生导师每年选聘一次，实现动态调整。

2) 招生环节

（1）硕士生招生。

硕士研究生生源包括推荐免试生和统考生两部分。

2000 年，硕士生招生规模达 100 人，推荐免试生比例约占总人数的 1/3 左右。统考生笔试考试科目共 5 门，包括政治、英语、数学、专业基础课、专业课。复试以专业面试为主。

2003 年，研究生招生工作首次提出了考生参加复试的差额比例，并将专业科目考试放入复试阶段，规定设有研究生院的高校的复试范围为 120%，首次实行了自定复试分数线。2003 年硕士生招生规模达 150 人左右。在这一年，教育部明确规定每个学校推荐的免试生中 30% 要流向外校，为优秀学生提供了选择学校的权益。2003 年，教育部授权 34 所高校自主划定复试分数线。

2005 年，研究生招生规模扩大达 200 人左右，其中免试生人数达 50 余人，其中校内、校外约各占 50%。

2007 年，统考生笔试科目改考 4 门，包括政治、英语、数学、电路理论。

2008 年开始，电气学院连续组织了"电气工程全国优秀大学生学术夏令营"，并提供更加强有力的政策导向与支持,增加硕士保送生和直博生的比例,结合电气学院多学科交叉发展的特点,增加招收跨学科保送生和直博生的数量,通过多种途径提高博士生的待遇,吸引优秀学生报考。

2011年,开始以"电气工程"一级学科招收研究生。

2014年,电气学院在调研其他大学实施方法的基础上,调整了推荐免试条件及复试时间。

2014年,教育部改革了推荐免试政策,取消免试生中30%要流向外校的规定,保外保内由学生自由选择。规定各招生单位招收硕士推荐免试生数量不得超过本单位硕士研究生招生计划的50%。电气学院在调研其他大学实施方法的基础上,调整了推荐免试条件及复试时间。

(2) 博士生招生。

全日制博士研究生生源包含直博生、硕博连读生和公开招考博士生。

2000年以来,博士研究生公开招考均为学校自主命题招生,考试科目包括:英语、专业基础课、专业课。英语为统考科目;专业基础课由高等工程数学、微机原理及应用、电工数学、高等电路、现代控制理论等科目中任选1门;专业课在交流电机理论与分析、电力系统分析、高电压技术、电力电子技术、电力传动及其自动化科目中任选1门。此时公开招考博士生源占比约为50%。

2016年以来,直博生比例提升至约50%,硕博连读生超40%,公开招考博士生下降到不足10%,生源质量好。

2020年,开始博士研究生公开招考改为"申请-考核"制,申请-考核制生源占比在10%以内。

3) 培养过程

(1) 硕士生。

硕士研究生培养包括课程学习、文献阅读、选题报告等环节,完成后进入学位论文环节。采取课程学习和论文并重的方式。课程学习一般要求选题报告前完成。

2003年以前,硕士研究生选题报告一般在第三学期结束前完成(最晚在第四学期开学后一个月内)。

2004年,硕士研究生选题报告调整为一般在第一学年末进行。

2017年,硕士研究生学位论文全部实施院内盲审。专业学位硕士生论文实施院内及校外专家盲审,至少1位校外工程领域专家评审。

2021年,硕士研究生增加了论文中期进展报告,中期考核一般在第四学期进行,最晚第五学期末完成。

(2) 博士生。

博士研究生培养环节包括课程学习、文献阅读与选题报告、论文中期进展报告等,完成后进入学位论文环节。

2003年至2018年,博士论文选题报告在博士生入学1至1.5年内进行,博士论文中期进展报告定为选题后 1 年左右进行。

2019 年开始,强化博士生培养过程管理,对培养过程时间节点进行细化。要求:普通博士生的论文选题报告一般应在入学后第三至第四学期完成;直博生、工程博士的论文选题工作一般应在入学后第四到第五学期完成。而针对博士生论文中期进展报告要求是,普通博士生一般安排在第四至第五学期,最迟应在博士生第三学年内完成;直博生、工程博士中期进展报告要求一般安排在第五至第六学期,最迟应在博士生第四学年内完成。

2013 年,实施了博士学位研究生申请学位的盲审制度。明确了从 2013 年 9 月后申请博士学位论文通过盲审后方能进行学位答辩。

2016 年,实施超学习年限博士研究生督导制度,在最长学习年限到达前两年启动预警机制,对学生进行督促引导分流,转硕毕业、结业或退学。自 2017 年起,学院未出现超最长学习年限博士生。

2020 年,为了提高博士学位论文质量,实施博士学位论文预答辩制度,保障研究生学位论文质量。自实施预答辩工作以来,盲审一次通过率及盲审意见为 3A 的优秀论文比例达到新高。

5. 研究生学术年会

自 2001 年起,学院每年举办"研究生学术年会",截至 2021 年已举办 21 届。会议于每年 11 月至次年 4 月进行,坚持"开放、传承、交流、创新"的学术文化传统,以大会报告、分会场报告、专题座谈等形式,设置 4~7 个分会场与 1 个主会场,邀请师生对电气工程学科各个领域的新理论、新技术、新成果及新工艺进行深入交流与研讨。随着学院影响力不断扩大,研究生学术年会的覆盖面和关注度不断提升。从一开始面向校内电气专业研究生群体,发展到面向武汉地区电气专业研究生群体。到 2013 年,影响力已扩大至全国,无论是投稿数量、参与人数、受关注度,都已成为华中地区最具影响力的学术年会品牌。

2020 年,为进一步促进海内外电气学科青年学者跨专业、跨地域交流,学院秉持国际化理念,由电机系曲荣海教授发起,举办了第 20 届华中科技大学电气学院研究生学术年会暨第一届中国电气工程国际青年会议 China International Youth Conference on Electrical Engineering (CIYCEE 2020),主席是 2019 级博士生周游。来自美国得克萨斯大学阿灵顿分校的 IEEE IAS 主席 Wei-Jen Lee 教授和来自加拿大新不伦瑞克大学的 IEEE PELS 主席 Liuchen Chang 教授代表两个协会传达了对会议成功举办的祝贺。本次会议包含 30 场口头报告会场和 10 个海报展示会场,吸引了来自 4 个国家 50 余个科研单位的 240 篇技术论文参与。来自清华大学、华中科技大学、浙江大学等高校,国网能源研究院、CSG 超高压输电公司等研究所和公司的参会者在线上进行了充分的交流,为世界各国、不同科研方向的青年学子提供探讨、交流未来电气工程技术的高质量学术平台。2021 年,为进一步激励研究生开展科研成果展示与交流,学术年会活动进一步拓展了征稿范围,规定曾在其他期刊发表的文章也可以在年会上交流讨论。为锻炼同学们学术交流能力,该届年会新增学术海报展示交流环节,共有74张海报参展。热烈的学术交流为同学们带来了一场场思维碰撞的学术盛宴。

6. 研究生培养代表性成果

1999年以来,我院获评全国优秀博士学位论文1篇,全国优秀博士学位论文提名论文3篇,湖北省优秀博士学位论文29篇,湖北省优秀硕士论文31篇,校优秀博士学位论文22篇,校优秀硕士学位论文2篇。获评优秀学位论文的研究生名单见附录四之(四)。

"全国优秀博士学位论文评选"始于1999年,因规定评选数量不多于100篇,又被简称为"全国百篇""百优论文"。该项评选旨在加强高层次创造性人才的培养工作,鼓励创新精神,提高我国研究生教育特别是博士生教育的质量。全国优秀博士学位论文评选是对博士培养质量进行监督和激励的一项重要举措,对促进我国博士生培养质量的提高具有积极的作用。"百优论文"的评选过程有单位推荐、省级评审、网络上的通讯评议、终审专家审定等环节。随着"百优论文"在学科评估等评价体系中的作用加重,在评选的部分环节的公正性、科学性受到质疑,当有专家连终审回避制度都被打破时,其积极意义已丧失殆尽。2013年以后教育部不再开展"百优论文"评选,湖北省优秀学位论文评选工作也在2016年后结束。

2007年,2005届博士毕业生侯云鹤的《改进粒子群算法及其在电力系统经济负荷分配中的应用》获得中国科技信息研究所首次公布的"中国百篇最具影响优秀国内学术论文",是我校两篇获此荣誉的论文之一。

2016级硕士研究生刘爽(指导教师邹旭东)获2017—2018年度"百人会英才奖"。研究生参赛队伍(指导教师康勇和陈材)获GaN Systems杯第四届高校电力电子应用设计大赛唯一特等奖。

2018年,2015级博士生辛亚云获"全国大学生自强之星"荣誉称号。

2019年,在第23届中国青年五四奖章评选中,2016级博士生杨江涛获得"全国向上向善好青年"之"勤学上进好青年"荣誉称号。

2020年,2019级硕士研究生刘鸿基获"全国大学生自强之星"荣誉称号。

2021年,2篇博士学位论文获中国电工技术学会优秀博士学位论文提名奖。

(六) 学生思政工作

1. 思想政治教育工作队伍建设和历史发展

1) 辅导员队伍

辅导员是高校教师队伍和管理队伍的重要组成部分,是开展大学生思想政治教育的骨干力量,是学生日常管理工作的组织者、实施者和指导者。回望学院辅导员制度的构建和发展历程,都是跟随中共中央和教育部加强高等学校思想政治工作和辅导员制度的脚步前行的,大致划分为五个阶段。

阶段一:1952年至1965年,创立阶段

1952年,教育部发出《关于在高等学校要重点试行政治工作制度的指示》,规定:"为加强政治领导,改进政治思想教育,全国高等学校应有准备地建立政治辅导员制度,并规定要在高等学校设立政治工作机构——政治辅导处。"1961年9月,中央政治局常委扩大会议通过了《教育部直属高等学校暂行工作条例(草案)》,该条例明确指出,"为了加强思想政治工作,在一、二年级设政治辅导员或班主任,从专职的党政干部、政治理论课教师和其他青年教师中挑选有一定政治工作经验的人担任。同时,要逐步培养和配备一批专职的政治辅导员。"这是第一次在中共中央文件中正式提出要在高等学校设置专职政治辅导员。

1964年6月,中共中央又批准高等教育部党组《关于加强高等学校政治工作和建设政治工作机构试点问题的报告》,确定北京大学、清华大学为高等学校建立政治部的试点学校。第二年3月,高等教育部政治部通知各直属高校迅速建立政治部,并大力充实政治工作干部队伍,再一次强调学校要设立专职的学生思想政治工作队伍,同年又出台了《关于政治辅导员工作条例》,对政治辅导员的地位、作用和学生工作等一系列问题做出了明确规定。根据文件的精神,到了1966年全国各类高校普遍建立并逐步完善政治辅导员制度,标志着我国高校辅导员制度已有了初步的发展(引自:贾万平,郭少卿,胡静,等. 我国辅导员制度的历史发展及其基本经验[J]. 党史博采:下,2008(5):2.)。

中央的一系列精神,为我校和电力工程系当时的辅导员制度的构建和完善指明了大方向,电力系从建系初期开始配备政治辅导员,并在这一阶段形成了由辅导员统筹年级思想政治教育工作、教师班主任负责具体日常管理的工作模式,此时的辅导员和班主任队伍,大部分由刚留校的专业教师兼任。

阶段二:1966至1976年,停滞阶段

这一阶段,全国高等教育受到了极大冲击,大批的知识分子被迫害,高等学校中断招生、中断教学,学生管理工作也处于停滞状态。电力工程系政治辅导员制度的发展也因此陷入了暂时的停滞。

阶段三:1977至2004年,恢复阶段

高考恢复后,国家认识到思想政治工作在高等教育中发挥的作用,1978年教育部起草修改了《全国普通高等学校暂行工作条例》,明确规定:为了加强学生思想政治工作,必须建立一支学生思想政治工作队伍,在一、二年级设立政治辅导员,由此恢复了高校政治辅导员制度。1980年,教育部和共青团中央共同发布了《关于加强高等学校学生思想政治工作的意见》,再次明确了高校政治辅导员队伍的人员构成、管理制度和工作内容。1981年,全国学校思想政治教育工作会议在北京召开,会议决议中要求高校辅导员立场要坚定、旗帜要鲜明、要能够理直气壮地面向学生开展思想政治教育工作。1986年,国家教育委员会做出了《关于加强高等学校思想政治工作的决定》,该文件对辅导员的选拔、培养、使用和今后发展做了明确规定,具有长远的指

导意义。

这一阶段,电力工程系紧跟时代步伐,按照中央和教育部的要求,在校党委的领导下,恢复和发展政治辅导员制度。1984年11月,中央宣传部和教育部颁布了《关于加强高等学校思想工作队伍建设的意见》,对专职思想政治工作人员的来源和发展方向等方面做了明确规定。就思想政治工作人员的来源和发展方向提出"专职思想政治工作人员可从本校教师和干部中选调,可从本校毕业生中选留,也可从马列主义理论专业、思想政治教育专业和其他文科专业的毕业生中调配"。据此,我校进行辅导员制度改革,政治辅导员从原来的由专业教师兼任变更为选拔一批政治素质过硬、综合能力强的人员专任。

1987年5月,中共中央颁布《关于改进和加强高等学校思想政治工作的决定》,规定"高等学校的思想政治工作队伍应由精干的专职人员与较多的兼职人员组成",要求高校重视专职学生思想政治教育队伍建设,以专职人员作为骨干,把从事学生思想政治教育的专职人员作为教师队伍的组成部分列入教师编制。电力工程系落实相关要求,同年设立学生工作组,首任学生工作组组长是周建波。

1993年2月,国务院召开了第二次全国教育工作会议,发布了《中国教育改革和发展纲要》,淡化了"政工干部"这个概念,强化"德育队伍"的概念,强调"重视和加强德育队伍建设。高等学校要建设好一支以精干的专职人员为骨干、专兼职结合的思想政治工作队伍。"据此,我校开始实施2+3辅导员制度,即本科毕业后获得免试攻读硕士研究生资格,须保留学籍2年专职从事学院辅导员工作,后离职脱产攻读硕士研究生,李勇是第一个学院2+3辅导员。1998年,为完善研究生思想政治工作队伍,电力工程系正式设立研究生工作组,首名研究生辅导员是黄伟。

阶段四:2004至2015年,发展阶段

随着社会的发展,高等教育的功能发生了很大变化,高等教育从精英教育向大众化教育发展,引发了人才培养上的多方面变革。2004年,中共中央国务院发布的《关于进一步加强和改进大学生思想政治教育的意见》,以"辅导员"取代了原来一直沿用的"政治辅导员"。2005年1月,教育部颁布了《关于加强和改进高等学校辅导员、班主任队伍建设的意见》,明确了辅导员和班主任的选聘、培养、工作发展等,要求高等学校总体上按1∶200的比例配备专职辅导员,同时,每个班级要配备一名兼职班主任。2006年4月,教育部召开全国高校辅导员队伍建设会议,明确了辅导员的角色定位、工作定位和素质要求,确认辅导员具有教师和行政管理干部的双重身份。党的十八大以来,习近平总书记多次提出改进和加强新形势下高校思想政治工作的意见和建议,新时期辅导员队伍建设也更加注重建设质量和内涵,更注重辅导员的职业技能和长期发展。

在这个阶段,我校也在探索辅导员制度改革和队伍建设发展路径。2008年以前,我校和学院的辅导员结构由专职辅导员和2+3辅导员组成。2008年至2012

年,根据学校要求,在按照 200∶1 生师比核算辅导员编制的基础上,结构调整为 4∶2∶4,即 40% 为专职辅导员,20% 为 2+3 辅导员,40% 为专任教师担任辅导员(青年教师全职担任辅导员 2 年及以上,由学院和学校共同选聘),我院 2 名专业教师李群、吴芳先后担任了研究生辅导员。2012 年后,学院恢复为专职辅导员和 2+3 辅导员的结构构成,其中专职辅导员占 80%,2+3 辅导员占 20%,并朝着职业化、专业化的方向不断发展。

阶段五:2016 年至今,成熟阶段

2016 年,全国高校思想政治工作召开,习近平总书记强调,高校思想政治工作关系高校培养什么样的人、如何培养人以及为谁培养人这个根本问题。要坚持把立德树人作为中心环节,把思想政治工作贯穿教育教学全过程。《关于加强和改进新形势下高校思想政治工作的意见》《关于新时代加强和改进思想政治工作的意见》等纲领性文件也相继印发,《关于加快构建高校思想政治工作体系的意见》《普通高等学校辅导员队伍建设规定》等系列文件密集出台,进一步明确了高校思想政治工作主要目标、基本要求以及辅导员队伍的工作职责,特别强调要在思想理论教育和价值引领方面发挥重要作用。

在国家一系列纲领性文件的指引下,学院辅导员队伍围绕立德树人根本任务,加快构建学生思想政治工作体系。2016 年 12 月,学生工作组和研究生工作组正式合并成学生教育管理中心,中心主任由学院党委副书记兼任,下设本科学生工作办公室和研究生工作办公室,明确了包括本科生及研究生思想理论教育和价值引领、党团和班级建设、学风建设、学生日常事务管理、心理健康教育与咨询工作、网络思想政治教育、校园危机事件应对、职业规划与就业创业指导、理论和实践研究等九个方面的工作内容,更加着眼于学生的个性差异,围绕学院的学生培养目标进行分类管理和分向培养。

自建立辅导员制度以来,辅导员坚持和自己的学生同吃同住,作为日常教育管理服务工作的中坚力量,始终致力于学生德智体美劳全面发展,带领学生在各项赛事和活动中取得了优异成绩。辅导员们还主动承担了我校"军事理论""就业指导""心理健康"等课程的教学工作,并开展了校级及以上的课题和项目研究,承担省部级课题项目 2 项,分别是:"高校德育实践探索——以荣誉学位明德板块课程为例"(湖北省高校学生工作精品项目重大资助,2019,结题优秀)、"'电气化+'大国实业实践育人工作的探索与实践"(湖北省高校实践育人特色项目资助,2020,完成中期考核);承担校级研究课题 5 项:"'三全育人'体系下的班级成长工程"(校"一院一品"思政工作精品项目,2019,结题优秀)、"班级成长导师"(校"十三五"校园文化精品项目,2019,结题优秀)、"'电气化+'大国实业实践育人工作的探索与实践"(校"一院一品"思政工作精品项目,2020)、"校史院史教育融入新时代思政工作的探索与实践"(校思政专项研究课题一类课题,2021)、"立德树人视域下讲好新时代华中大研究生故事的探索与实践"(校研究生思政工作课题,2021)。辅导员立足学生特点总结成长规律,把工作经验提炼为工作品牌和方法、把教育理论运用于工作实践,在我校辅导员职业能力大赛上取得佳绩。例如,2021年许文立荣获校二等奖,柳子逊、李毅荣获校三等奖,学院每年被评为校"学生工作先进单位",郭智杰、何方玲、刘鹏、杨之瀚、陈灿、曹攀辉、许文立、萧珺、李毅被评为校"十佳辅导员",2012年,何方玲被评为湖北省"思政工作先进个人"。

2) 教师班主任和研究生班主任

华中工学院电力工程系在建立之初,就开始给各班级配备班主任,当时均由留校任教老师、辅导员兼任,主要负责班级日常管理。班主任与学生建立了深厚的感情,许多学生毕业多年后,仍然对当年的辅导员和班主任印象深刻。但由于各方面限制,班主任队伍建设缺乏相应的文件指导和制度保障,工作职责不够明晰,选聘、培训培养、考核评价等方面的制度也不够完善。

20世纪90年代后期,一度改由研究生担任本科生班主任。2000年,学校全面恢复了选派教师担任班主任的制度,并面向2000级全体本科生班级配备教师班主任。2007年,学院开始在本科2007级试行双班主任制度,即为每个本科生班级配备教师班主任和研究生班主任各一名,教师班主任主要负责学生的思想教育、学业指导、生涯规划,同时指导研究生班主任开展工作;研究生班主任均是品学兼优的研究生一年级学生,主要职责是做好学生日常事务管理工作,在教师班主任的指导下,具体指导班级学风建设、团队凝聚力建设和党班团一体化建设等。

2008年起,为了进一步加强班主任队伍建设,学院陆续出台了相关政策,包括《2008年新一轮教师岗位考核与聘任实施方案》(院[2008]17号)、《综合改革教师岗位聘任暂行办法》(院[2012]12号)、《关于教师岗位聘任申报条件中教学总体评价认定原则》(院[2013]11号)、《关于进一步加强教师班主任工作的意见》(院[2015]1号)等。系列文件的出台,明确了将班主任工作纳入教师岗位申报、聘期考核与年度工作考核的要求,并确定了多项鼓励政策。比如,学院每年设立27万元专项津贴,发放给教师班主任和研究生班主任;每学期期末,学院结合学生评教数据、辅导员评分以及班级平均成绩对教师班主任进行综合考评,对于获得校院级优秀教师班主任的教师,在全院教职工大会上予以表彰,并在评奖评优、申报职称时优先考虑,年度考核为教师班主任单列优秀指标。近15年来,学院8次获评校"教师班主任工作先进单位",共计90人次获评校优秀教师班主任,14人获评校"我最喜爱的教师班主任"。

3) 班级成长导师

在实行双班主任制度的基础上,学院从2015年开始,结合本科学生工作品牌"班级成长工程",实行"班级成长导师"制度,聘请了学院领导、高水平专家学者组建成"班级成长导师"队伍,为班级育人平台引入更多优质资源指导。2018年,考虑到人才培养体系改革需要和学院班子成员分工调整,学院聘请了校党委常委、副校长梁茜,学院全体班子成员、部分专家学者共17人组建成新一批班级成长导师团队,进一步明确了工作职责和要求,鼓励班级成长导师全面参与到荣誉学位明德研讨课程和"班级成长工程"系列主题班会中。

班级成长导师制度是学院的首创,在学生的专业认知、学术能力培养、学科引领、大学生涯和职业生涯规划等方面发挥了独特作用。梁茜副校长自担任学院班级成长导师以来,保证每个学期至少参加一次主题班会或明德研讨课,先后指导1702班、卓越1801班、1905班、1908班、卓越2001班,和同学们共同探讨成长秘籍。梁茜副校长对学院荣誉学位课程体系、"班级成长工程"主题班会指导方案给予了充分肯定,并建议在全校推广。2019年11月,本科1807班在校星火计划学生骨干培训班上做主题班会的现场展示。

4) 研究生导师队伍

作为研究生培养的核心力量,研究生导师队伍主要负责研究生科研水平提升和综合素质养成,发挥了核心作用。2010年开始,随着研究生培养改革的持续推进,国家出台了一系列文件,进一步明确了研究生导师队伍的职责划分和工作要求。例如,在《国家中长期教育改革和发展规划纲要(2010—2020年)》中,进一步明确要"大力推进研究生培养机制改革,建立以科学与工程技术研究为主导的导师责任制和导师项目资助制度";教育部印发的《关于全面落实研究生导师立德树人职责的意见》(教研[2018]1号),指出要落实导师是研究生培养第一责任人的要求;教育部印发的《研究生导师指导行为准则》(教研[2020]12号),给导师指导行为划定了基本底线,明确了岗位职责。学校也出台了相关配套文件,包括2017年印发的《华中科技大学关于进一步加强研究生导师责任制的实施意见》和2019年印发的《华中科技大学全面落实研究生导师立德树人职责实施细则》等。

学院第一时间落实教育部及学校相关文件要求,明确了研究生导师为研究生培养的第一责任人。2017年开始,按照1∶100比例配备研究生德育助理,分年级开展日常工作,分系所掌握学生思想动态,进一步加强了网格化管理。2018年12月12日,学院首次研究生教育管理工作研讨会召开,通过了《研究生管理工作手册》和《研究生导师研讨培训会方案》,明确每年至少开展一次研究生导师培训,助力研究生导师提高研究生培养水平和质量。同时,在全院范围内开展了"导师开放日"活动,李劲、李朗如等一批教师党员受聘为研究生党支部的党建导师。

进入新时代,研究生招生规模扩大,研究生教育更加表现出个性化特征,导师责任制的落实和新型导学关系构建就成了全国各高校研究生培养的重点难点问题。在这个过程中,如何更好发挥导师立德树人的作用,是学院主要思考的问题。学院主要探索和推动了两个工作体系建设。一是从2018年起创新性构建并实施了学生-导师-系所-学院"四元沟通机制",制作了《研究生基本情况与意见收集表》《研究生综合表现评价表》,组织研究生和导师定期填报,及时掌握学生动态、收集学生对导师和学院的意见建议。学院每学期面向全体导师编发《研究生工作简报》,截至2022年1月已有6期。从2019年9月开始,学院开始让每位刚入学的研究生写自传,并要求导师在开学一个月内完成阅读,为导师更加充分了解学生家庭背景、成长经历、性格习惯等提供了参考和保障。四元沟通机制的提出和推行,取得了比较好的效果,自2018年起,研究生辅导员介入帮扶学生不在重点关注名单中的数量逐年降低。通过四元沟通机制,导师、系所的信息上报与反馈成为学院了解学生的主要渠道,学院能够更早介入学生帮扶工作。校研究生院和学生工作部对此做法给予了充分肯定。

第二个探索和尝试是导学思政体系的构建。学院以新型导学关系凝聚双向育人合力,基础层次以"思政＋学术科研"为重点,聚焦于学术价值引领,开展"携手电气精英,与未来同行"系列讲座,指导科研方法,组织"学术诚信月"系列活动,实现学术诚信教育100％覆盖;在中级层次以"思政＋人文关怀"为重点,聚焦于情感交流与人文关怀,组织"师生杯"羽毛球赛、"脉力向前冲"冬季长跑、J-TEXT排球赛等体育活动,组织年终晚会、课题组迎新晚会等文艺活动;在高级层次以"思政＋职业发展",聚焦于就业方向和价值选择引领,邀请院士主讲"唯学论坛",开展"导师进支部"活动,联合重点企业开展实习、企业开放日活动等。以曲荣海教授所在团队为例:近年来培养60余名研究生,指导多个本研团队参加超过5项国家级赛事,斩获2个国际级发明金奖、5个国家级奖项,超过70％毕业生前往军工、舰船、央企等国家重点领域就业。2018年以来,这种新型导学关系辐射效应十分显著,一批导学团队连续斩获各类双创赛事最高奖项,一批硕博生获评全国向上向善好青年、大学生自强之星等荣誉。

在涌现一大批优秀学子的同时,学院导师队伍也摘得各类荣誉,详见附录四。

5）校外导师、校外辅导员队伍

2019年,国资委、教育部联合发布了《关于组织开展"领导干部上讲台"——国企公开课100讲、国企骨干担任校外辅导员活动的通知》,学校积极响应,并把电气学院作为首批重点支持的试点单位。当时,教育部共给学校配备了两位校外辅导员,分别是东风汽车公司商品研发院高级工程师杨喜红和东风汽车公司技术中心项目总工程师朱永胜,其中朱永胜被安排在电气学院担任校外辅导员。学院意识到,校外辅导员模式对于学生思想政治工作队伍是十分有益的补充,2019年5月,经与学校学生工作部商议,学院结合专业特色和电气行业特点,率先在全校补充聘请了一批热心青年学生工作、关爱学生成长的国企骨干和优秀校友,担任学院"校外导师"和"校外辅导员",聘期为1年,颁发华中科技大学聘书。同年5月23日下午,学院为湘电集团党委书记、董事长周健君,副总监刘合鸣举行"校外导师"聘任仪式,校党委常委、副校长梁茜出席并为两位"校外导师"颁发聘书。之后,中国电力科学研究院有限公司武汉综合管理中心副主任易贤杰,上海电气集团股份有限公司人力资源部副部长曹何峰,中车株洲所时代电气轨道交通技术中心主任、株洲中车时代软件技术有限公司总经理徐绍龙,株洲所研究院基础与平台研发中心主任梅文庆,国网电力科学研究院武汉南瑞有限责任公司营销中心市场部经理兼办公室主任付君等5人被聘为"校外辅导员",这个做法在全校也逐渐推广了起来。2020年,首批校外导师、校外辅导员聘期结束后,学院积极推动续聘工作,2021年9月,新聘特变电工衡阳变压器有限公司总经理种衍民为校外辅导员。

"校外导师""校外辅导员"制度的实行,对于学院人才培养工作提供了很好的助力。他们都深入参与到学院开设的荣誉学位培养体系明德板块课程中。例如,周健君结合自身成长经历为三年级本科生授课"职业能力提升"第一讲,每年至少与硕博士开展研讨交流会1~2次;周健君、刘合鸣在湘电集团现场为学院社会实践队开展专业认知指导;曹何峰主讲学院荣誉学位明德课程"领导力培养与实践",指导学生合理规划大学生涯,为迈入职场奠定基础;易贤杰带领本科中英1802班参观中国电科院武汉分院,参与该班级胡吉伟班现场展评环节并助力该班成功当选;曹何峰、徐绍龙、梅文庆、付君等参与学院本科班级成长工程主题班会,结合自身经历讲述成长故事,引导学生知行合一,明确大学生涯规划。

6) 关心下一代工作委员会

2017年,作为全校第一批试点之一,学院二级关工委成立,第一任主任由学院党委副书记罗珺担任,学院党委办公室、学生教育管理中心、离退休党支部相关人员作为成员。关工委成立后,充分发挥了老同志指导人才培养、青年教师和学生的优势,每年开展"传承华工精神,讲好电气故事"活动,组织入党积极分子、新入党党员探访离退休老党员,将老同志讲述的电气发展故事定期汇编成册。自2017年起,学院每学期组织学生党支部和离退休党支部开展"联合主题党日";先后聘请了尹小玲、张光芬、杨泽富、翁良科、魏伟等5名有经验的老党员担任组织员,深度参与学生党员发展转正工作,配合学院党委把好入口关;孙亲锡老师受聘担任学院"班级成长导师",李劲和李朗如受聘担任"党建导师",和同学们一起开班会、过党组织生活。2020年新冠肺炎疫情期间,许多老同志受困在家中,生活上极其不便,跟学院、其他老师的日常交流也变少了,在这种情况下,学院组织了53名青年学生给老同志们写信,传递关心和祝福,并组织了一支由院长文劲宇、党委书记陈晋带头的教师志愿者队伍,给老同志送菜送药,"一对一"帮助解决实际困难,形成良好的互动。2021年,学院学生党支部探访老教师作品《聆听李劲入党故事,传承电气人家国情怀》在学校关工委开展的"读懂中国"活动中,荣获"最佳微视频奖"和"优秀征文奖",学院荣获"优秀组织奖"。

学院把关工委工作和离退休工作充分融合、互为助力。2018年11月,教育部直属高校关工委第二协作组工作会议首次在我校召开,会议分别安排了北京大学、天津大学、西南大学、河海大学、华中科技大学五所学校做经验交流。除了我校外,其他学校都是由校级关工委发言,罗珺是当时唯一一个二级单位关工委的代表。2019年11月,学校第二批二级关工委成立,罗珺再次作为代表,在成立大会上作经验交流发言。2017—2021年,学院也获得了一系列荣誉,包括:2017年学院教职工离退休党支部荣获"湖北省示范党支部",2019年入选"湖北省离退休干部先进集体",2020年学院教职工离退休党支部荣获"湖北省离退休干部先进集体",并在湖北省"示范党支部"复评中获得优秀,2021年学院关工委荣获湖北省"教育系统关心下一代工作先进集体"(全校唯一)。

2. 特色思政工作

学生教育管理中心坚持正确政治方向,发挥"敢于竞争,善于转化"的优势和"厚积薄发、担当致远"的学院精神,注重思想引领与体系建设相结合,不断创新工作方法,打造了一批工作品牌,不断提高思想政治教育工作质量。

1) 党建工作"五个一"工程

从 2004 年起,学院党委开始探索党支部建设和党员教育管理的长效机制,在学生党员中发起了以"五个一"工程为主题的系列活动,主要包括:学习一项技能、帮扶一名同学、联系一个积极分子、参加一次校友报告会、撰写一篇心得。2008 年,按照学校"党旗领航工程"的要求和安排,学院在实施学生党员"五个一"工程的基础上,开展了党支部"五个一"工程建设,内容为:开展一次特色党日活动、组织一次为班级或年级同学服务的公益活动、过好一次民主生活会、召开一次支部学风建设分析会、制作一期支部宣传板报。两年后,面对新时期、新形势、新要求,又将学生党员"五个一"工程内容修改为:学习一项技能、阅读一本好书、聆听一场讲座、帮扶一名同学、参加一次公益活动。

"五个一"工程开展至今,内涵和形式也不断丰富和完善,党支部"五个一"工程发展为:开展一次特色党日活动、组织一次为班级或年级同学服务的公益活动、过好一次组织生活会、召开一次支部学风建设分析会、制作一期支部宣传海报;党员"五个一"工程发展为:学习一项技能、精读一本好书、聆听一场讲座、帮扶一名同学、参加一次公益活动。在开展活动的同时,学院设计并制作了《领航笔记》学习手册,从入党申请人到入党积极分子,再到发展对象和预备党员,精心设计每个环节的学习记录,做好过程监督管理,并在每年"七一"前夕进行"五个一"工程表彰。

作为坚持了 18 年的党建特色工作,"五个一"工程对于学生学习生活、成长成才起到了很好的领航作用,每年学院新生提交入党申请书的比例始终保持在 80% 以上,党员模范带头作用得到充分发挥,涌现了一批又一批优秀的集体和个人先进典型:本科生盛同天获 2012 年湖北省"品学兼优大学生",每年平均有 5 个学生党支部获得学校"先进基层党组织""先锋党支部""样板党支部"等荣誉称号,脉冲强磁场科学中心获评"全国五四青年奖章集体",中英 1803 班团支部获 2020 年"湖北省活力团支部",卓越 1801 班获评校"黄群班",中英 1802 班获评校"胡吉伟班",校"优秀共产党员""党支部书记标兵"等优秀个人不断涌现。

以党建为引领,学院思政工作不断迈上新台阶:2002 年,学院党总支被评为"湖北省高校宣传思想教育先进单位";2007 年,学院荣获"全国教育系统先进集体";2011 年 3 月,学院被评为"湖北省高校大学生思想政治教育工作先进基层单位"。

2) 班级建设"班级成长工程"

把班级建设作为本科生思想政治教育工作的核心和基础,是学院始终坚持的传统和特色。2003 年,学校率先提出"支部建在班上",学院第一时间响应和落实,增强了党组织在学生班级的影响力和战斗力,有力推动了班风、学风的建设。比如本科 0211 班,依托党支部、班委、宿舍三个平台,以第一课堂为基础系统打造优良学风,依托社会实践等第二课堂积极塑造先进文化,在专业学习、科技创新方面取得了显著成效,于 2006 年获评"全国先进班集体"和湖北省"先进班集体"荣誉称号。

2011 年开始,我国高等教育改革进入由大到强的新阶段,教育部提出了要把提高质量作为工作的核心。在新形势、新任务、新挑战下,学院也在思考如何提高学生思想政治工作质量。2012年9月,经过对过去人才培养质量以及当前学生特点的充分调研和分析,学院继续抓住班级这个本科教育的基础单元,正式实施"班级成长工程",以建成"团结和谐、健康向上、学风浓厚、人人成才"的班级为目标,将班级建设成为教师引导下群体成长和个体发展相融合的育人平台,其核心是"一班一方案,一生一计划"。学院设计了一套目标导向、活动设计、过程管理、发展评估的班级成长闭环运行机制,组织各班级和学生在班主任指导下制定《班级成长方案》和《个人成长手册》,内容涉及学习发展目标、综合素质成长目标等,每周施行"班级成长工程周报"制度,学期中通过"班级成长沙龙"进行过程监督,学期末通过总结答辩会进行综合评价,学院根据评价结果提供班级成长基金予以保障。在良好氛围的带动下,各班级积极行动,自发设计班徽、班服、班级口号,组建学习互助小组,每年在学院"电气之星"班级风采展示中充分展现了健康向上、团结共进的集体风貌。

2017年2月,中共中央、国务院印发了《关于加强和改进新形势下高校思想政治工作的意见》,明确提出要坚持全员、全过程、全方位育人,在此背景下,"班级成长工程"与学院正在推行的"荣誉学位培养体系"全面融合,升级至2.0版本——"三全育人体系下的班级成长工程",重点突出明德板块内容。2021年,响应习总书记在2018年全国教育大会上提出的"努力构建德智体美劳全面培养的教育体系"要求,将德智体美劳五育并举元素系统融入"班级成长工程",支撑学生成长成才。

班级成长工程开展以来,在学院人才培养工作中产生了明显效果和重要影响。主要可以体现在以下几个方面:在总体效果层面,工程的实施,已在全院本科生中形成浓厚的班级成长文化,每个班级都在主动思考、探索和实践,每名学生都在不断明确自身成长方向并为之努力,每名教师都在积极参与、支持班级成长和学生成才。在育人效果方面,主要体现在:一是学风状况持续改善、学生的学业成绩明显提升。学院获评校优良学风班比例从33%提升至2021年的85%,2020年达90%,为历史最高。二是科技创新氛围不断活跃,学生科技创新能力不断提升。每年有1000余人次参与各类科技创新活动,50余人次获省部级以上奖项。三是学生社会服务意识不断提升,感恩奉献精神持续增强,2021年,学院年人均义工工时达19.6小时,位居全校第一。在成果应用推广方面,"班级成长工程"是校学工处2012年确定的首批院系特色工作模式之一(共五个),是2016年立项的"十三五"校园文化建设精品项目(获评校"十佳项目"),2019年校首批学生思想政治工作"一院一品"结项评比结果为优秀;以其为主要内容的项目"坚持以德立班,探索荣誉班级建设模式"获评2020年"全国高校思想政治工作精品项目";2020年,"班级成长工程"纳入"中国院校研究案例"(第七集)出版。"班级成长工程"相关工作受到时任教育部思政司冯刚司长的充分肯定,相关做法获得湖南大学、重庆大学、大连理工大学、西南政法大学、三峡大学、湖北文理学院等省内外高校的高度评价和推广,主要包括:2012年全校学生工作暑期研讨会上专题报告;2014年、2016年湖北省学生事务高级研修班专题报告,省内40

多所高校近百人参加；2015年湖北文理学院全体思政干部研修班专题报告；2016年教育部思政司到校调研专题报告；2015年、2016年学校全体新聘辅导员岗前培训专题报告。学院自主开发的课堂考勤监控系统已经在全校十多个院系中使用或借鉴。

3）荣誉学位培养体系——明德板块

2016年，学院全面推动人才培养改革，开始实施荣誉学位培养体系，主要分为明德、实践、通识、专业四大板块。其中明德板块由学生教育管理中心牵头负责实施。"荣誉学位——明德课程"部分紧紧围绕立德树人根本任务，结合电气专业特色，将日常思政教育从课外纳入教学培养体系，完善了全过程引导体系，针对不同年级学生的特点和需求，以"价值观塑造与实践""领导力培养与实践""职业能力提升"为主题开设理论课、研讨课、实践课，将课程思政元素与目标融入教学全过程；打造了以八个实践育人平台为支撑的全方位支持体系，健全了以教师、校外导师、校友、朋辈教育力量为辅助的全员指导体系，通过建立开放包容的个性化选修制度，实现课内与课外深度协同。2020年，学院四名优秀学子杜步阳、李弘毅、李勇、张浩博荣获学院首批"荣誉学士学位"，2021年，学院获得荣誉学位的学生增加至17名，荣誉学位培养模式在全校四十五个学院推广。2021年开始，学院将体育、美育、劳育元素系统融入培养体系，通过五育并举拓展学生综合素质评价平台，引导学生全方位发展。

在学院荣誉学位培养体系的孕育下，一批批榜样学子不断涌现：博士辛亚运、硕士李子博获2018年全国大学生自强之星，硕士刘鸿基获2019年全国大学生自强之星标兵，博士刘爽获2020年全国大学生自强之星，博士杨江涛获评2019年全国向上向善好青年，博士于子翔、吴荒原获评2020年湖北省向上向善好青年。

荣誉学位培养体系获得了多方的认可和关注，项目"高校德育实践探索——以荣誉学位明德板块课程为例"获批2019年湖北省高校学生工作精品项目重大资助，2021年结题为优秀。院长文劲宇在2020年EduNet全球智能教育联盟亚洲年会做"荣誉学位培养体系"专题报告，在2020年及2021年电气工程学院院（校）长论坛上做"荣誉学位培养体系"专题报告，党委副书记罗珺在中南民族大学和三峡大学做专题报告介绍项目经验。

4）资助就业"双百工程"

2012年，学院开始推行资助就业育人"双百工程"，通过加强校企合作，将电气行业国内外重点企业、校友、院友企业资源充分转化为育人资源，保证"每年为学生提供一百万以上的社会奖学金，每年为电气毕业生组织一百场以上的专场招聘会"，如表20所示。

1999年，教育部首先在全国推广校园地国家助学贷款，帮助高校家庭经济困难学生解决学费与住宿费。2002年，国家科技教育领导小组第十次会议研究决定，从2002年起在全国普通高校设立国家奖学金和国家励志奖学金，2007年5月，国务院颁发了《关于建立健全普通本科高校、高等职业学校和中等职业学校家庭经济困难学生资助政策体系的意见》，决定从2007年秋季学期开学起，建立健全我国高校家庭经济困难学生资助政策体系。在国家政策的基础上,学院积极联络企业在学院设立社会奖学金,2001年金盘电气与学院签订协议,设立了第一个社会奖学金。2012年,学院形成包含奖、助、困、贷、补完整的资助工作体系,确保"没有学生因为经济问题无法完成学业",通过加强校企合作,保证"每年为学生提供一百万以上的社会奖学金"。据统计,每年有超过20%的学生在大学期间可获得至少一项奖学金。

引导学生明确认知,去合适的岗位建功立业一直是学院就业工作的主题,为此,学院秉持"全过程生涯指导,全方位就业引导,全员就业服务"的理念,立体化开展就业指导和帮扶工作。学院以职业生涯规划教育及就业指导特色活动为着力点,每年开学季定期举办新生职业生涯规划指导大会;开展应届毕业生就业意向调查、发布往届毕业生就业质量报告,为毕业生合理选择求职目标提供明晰参考;先后与中国西电集团、中车时代电动汽车股份有限公司等三十一家企业签订校外实习、实训基地,为学生提前走进企业,认识行业搭建平台;每年就业季定期举办毕业生就业指导大会,帮助学生了解就业手续办理流程、找准自身定位、准确把握就业形势,引导毕业生主动就业、科学择业、规避失业。学院积极联络就业单位来院招聘,依托就业服务中心做好就业单位来院的接待工作,自2012年起,每年均有超过一百家企业来学院召开专场招聘会。

在学院的指导下,硕博士每年就业率接近100%,本科生每年都有60%左右的学生深造(其中30%保送研究生,20%考取研究生,10%出国深造),40%左右学生选择就业。在社会评价方面,学院的人才培养质量得到了用人单位的高度认可。2016年学院对学生就业比较集中的25家重点用人单位进行了问卷调查,用人单位对我院学生的专业能力、职业素质、研究能力、沟通和团队合作精神以及终身学习能力的评价均高于95分,国内继电保护行业龙头企业南瑞继保公司明确表示"在华中电气招聘成功了,全年的招聘工作就成功了一半"。

表20 "双百工程"统计数据

进校举办招聘会		社会奖学金	
年份	场次	年份	金额/万元
2012	112	2012	102.2
2013	102	2013	126.1
2014	108	2014	128.9
2015	98	2015	131.7
2016	104	2016	143.8
2017	106	2017	141.6
2018	118	2018	167.2
2019	158	2019	170.7
2020	101	2020	149.7
2021	101	2021	160.5

5）实践育人"未来精英训练营"

自1996年起，学院就开始组织学生利用假期开展社会实践活动，为学生深入接触社会、了解社会、服务社会提供重要媒介，培养学生的科学精神和创新能力，提高组织协调能力和动手能力。例如，与湖北省特困县大悟县建立长期合作关系，定期组织募捐、中小学支教、结对一对一帮扶等活动，帮助大悟县特困中小学生完成学业。2006年，学院举办与大悟县定点帮扶的"牵手十年"摄影展活动，受到《武汉晚报》《湖北青年报》等多家报社报道。

2014年起，学院打造了"未来精英训练营"实践育人品牌，以"电气化＋国防军工""电气化＋装备制造""电气化＋能源产业""电气化＋选调基层"为主题，每年暑期组织学生走访电网公司、能源装备企业、科研院所、选调生服务单位。截至2021年，未来精英训练营累计培训营员上千人，实践队伍足迹遍布全国多个省市，为学生搭建了了解行业发展、深入基层一线、拓宽就业方向、学习前沿技术的校企互动、师生互动平台，受到了《人民日报》《中国青年报》等媒体的广泛报道。2018年，赴六省十地"无悔前行多砥砺，扎根基层写青春"暑期社会实践队获评全国大学生百强暑期实践团队；2019年，"器贯山河，匠心筑梦"暑期社会实践队被评为湖北省暑期社会实践优秀团队，"留住童真之火，守护希望之光"暑期社会实践队获评《中国青年报》全国百强实践队，许文立、柳子逊先后获评"全国百强社会实践队优秀指导教师"。2021年，"人民电业为人民 争做科技排头兵——能源互联网背景下创新助力城市发展、乡村振兴的措施和对策调研"实践队在"请党放心 强国有我"全国大学生"千校千项"网络展示活动中荣获"团队风采"奖，"再励振兴 忆梦江汉"实践队获评全国"优秀报道团队"。

在取得丰硕成果的基础上，学院积极总结经验，开展实践育人项目研究。2019年，完成校宣传部项目"实践育人工作精细化科学化体系建设及校级实践基地搭建与管理方法研究"的结项工作，获评一等奖，项目"实践育人规范制度体系构建和平台长效机制研究"获批校研究生思想政治工作课题一般课题并顺利结项。2020年，项目"'电气化＋'大国实业实践育人工作的探索与实践"项目获批2020年湖北省高校实践育人特色项目资助，该项目同年获批校2020年学生思想政治工作"一院一品"。

6）"一流本科生源提升工程"

（1）招生生源及专业设置。

学院自成立以来就面向全国范围招生，本科生源大部分来自湖北、湖南、河南、安徽、江西等华中五省，其次是江苏、浙江、广东、山东、北京等地。在招生专业名称变更方面，1952—1987年，一直按照具体专业招生；1988年，电力工程系开始按系招生，并制定了前两年打通培养，后两年分专业培养的教学计划；1991年，电气专业进一步拓宽培养口径，制定了前三年打通培养的教学计划；1995年，制定了宽口径学分制培养计划，从1997年开始，电力工程系四个专业按照电气工程及其自动化专业统一招生。2007年开始，在宽口径培养计划的基础上，在普通班之外，设置了不同类别的班级。

中英班：2003年，学院依托与英国伯明翰大学的合作项目，开始设立中英班，全校范围内符合条件的学生可自主报名,在通过由学校和学院组织的选拔考试后,在大一上学期结束时,进入该班级学习,该班级学生可选择"2+2"培养(前两年在学院学习,后两年在伯明翰大学学习,双方本科学分互认)或"3+1"培养(前三年在学院学习,后一年在伯明翰大学学习,双方本科学分互认)模式,2020年,因受疫情影响,取消了该合作项目,中英班变为转专业班,班级序号排列在普通班后。

广核班:2006年起由学校设置,面向能源学院、电气学院大三学生招募,选拔30人,毕业后定向去中广核集团公司工作,至2013年停招。

三峡班:2008年起由学校设置,面向电气学院、水电学院、能源学院、机械学院大三学生招募,选拔30人,毕业后定向去三峡集团公司工作,至2016年停招。

提高班(卓越班):2007年起,学院设置电气工程及其自动化专业提高班,班级规模为30人,此班级一部分名额来自高考直接录取,一部分来自新生进校后的选拔考核。2009年,该班级命名为"实学创新实验班",2011年该班级更名为"卓越计划实验班"。

(2)招生宣传工作。

2018年以前,学校主要以地区招生组的形式开展招生宣传,并鼓励动员各院系老师报名参加到各地区的招生宣传工作中,由组长统筹负责地区的高考填报志愿指导工作。2018年以后,学校招生宣传工作改为招生组+院系负责制的工作模式,电气学院主要负责湖北宜昌地区的招生宣传。2021年起,在学校安排下,电气学院改为负责广东省,并由学院党委书记陈晋担任组长。因受广东疫情影响,日常招生宣传和高考填报志愿指导均通过线上和电话进行。2021年,在全组老师的共同努力下,实现了我校在广东录取分数线首次超越同城兄弟高校的历史最好成绩。同时,学院师生还积极参与了各项日常招生宣传活动,包括:

"教授科普中学行":邀请学院高水平专家走进重点生源高中开展专业科普讲座,引导高中生激发专业兴趣,扩大电气工程学科的影响力,2020年12月10日,樊明武院士做客武汉市电视台科普节目《江城科学讲堂》,以《责任、情怀、担当——科研中的人生体验》为题,为武汉二中师生分享了他的成长历程以及宝贵的科研和人生经验。2018年,2月23日,潘垣院士走进"华中大之旅——宜昌一中研学营",为宜昌一中学子介绍电气学科历史和发展前景。2020年5月10日,院长文劲宇在线上面向湖南考生和家长做了"学电气,让生活更美好"的讲座,参与人数超过两万人次,至2022年,共邀请29名学院高水平专家学者参与"科普中学行",参与高中生超过15000人次。

"优秀学子回访母校":2017年,学校招生办公室系统动员在校优秀学生利用寒假回到高中母校开展招生宣讲,为学弟学妹介绍大学学习生活。自活动开展以来,学院学生积极响应,每年超过100人次报名参与。

"高水平实验室开放参观":自2017年起,学院招生办公室定期邀请重点生源高中学子来校参观研学,学院借此机会邀请高中学子参观"脉冲强磁场科学中心""聚变与等离子体研究所""电力系统动态模拟实验室",组织高水平专家进行讲解介绍。截止2022年,已经累计接待三十二所重点高中、超过八千名学子。

学院在招生方面的先进做法和经验在校内获得了各方面的认可。2017年,学院党委书记陈晋在校招生总结大会上介绍学院招生先进做法;2021年在校招生总结大会上介绍负责的广东省招生工作的有效经验。

3. 学生骨干培养计划

1) 团委学生会

学院团委学生会秉持全心全意为同学服务的宗旨,一批批学生骨干聚焦主责主业,在思想引领、权益服务、学业发展、文体活动等方面做出了广受认可的工作。自成立以来,学生会秉持"电气同心力,院会一家亲"的建设理念,蝉联校"十佳院系学生会",学院团委连续获评校"五四红旗团委"。2020年,学院团委作为校唯一团学改革试点单位,率先在全校范围内完成团学改革,改革后,更加明确了学院党委对学院团委和学院学生会的领导地位,学院学生会由原来的十四个部门,两百余人精简为四个中心(体育发展中心、文艺艺术中心、人力资源中心、权益服务中心)、三十人(要求成绩为前30%,取消学生会主席,统称学生会主席团成员,设置轮值主席),学院举行大型活动时依托"皮卡训练营"开展专项志愿者招募,培训合格后方可上岗。

2) 双创培育体系

2001年,华中科技大学依托电气与电子工程学院,在教务处、设备处、学生工作处、校团委共同领导下,成立电气与电子科技创新基地。2003年,与电信系的"电子与信息技术创新基地"合并成立了"电工电子科技创新中心"。2006年,科技创新中心纳入2004年开始建设的国家级电工电子实验教学示范中心。

电工电子科技创新中心的主要任务是:招收学有余力的学生并对其开展信息类技术技能的培训,组织和指导我校学生参加以电子信息类为主的重大学科竞赛。中心以"为精英提供机会,让机会造就大师"为建设理念,以"提高实践能力,培养创新精神"为人才培养目标,建立了循序渐进的创新、创业能力培养模式,即以工程实训→项目培训→自主创新为结构的创新能力培养模式和以创业课程→工程实训→学科竞赛、创新项目→创业竞赛→成立公司为结构的创业能力培养模式。中心构建了基于全开放的基地文化,实现了育人观全开放:只要有利于学生实践能力、创新能力培养的措施、载体、内容,中心都勇于实践;资源全开放:基地所有教学资源面向学生全天候开放;学生管理全开放:学生自愿申请加入,自主选择培训内容,自拟创新项目,自愿组队参赛,自主实践,自主管理。

2014年,在"大众创业,万众创新"的国家号召下,学院持续加大以创新创业教育促进学生发展的力度,通过建立和完善组织架构、激励政策和保障措施,逐渐形成特色鲜明的创新创业育人体系。持续打造"携手电气精英"讲座、"电之魂"科技文化节等品牌,在学生群体内点燃了创新创业热情,2016年,修订了《华中科技大学电气与电子工程学院本科生培养计划》,将大创项目与学生毕业相挂钩,开设荣誉学位实践课程,系统开展创新创业孵化。

2017年,学院成立大学生创新创业项目管理办公室,2019年出台《学生参加学科/科技竞赛实施办法(试行)》,2021年完善了《研究生国家奖学金评选细则》《研究生社会助学金评选细则》,出台了《科技创新奖励实施细则》《教学科研工作量与公共事务奖励津贴分配本法》等保障性文件和激励措施,充分整合、调动内外资源,全方位动员全院师生的积极性,形成本研协同、本研贯通的学院导学团队,实现了科研育人、创业育人、项目育人有效协同,取得了丰硕成果。

在全院师生共同努力下,学院在创新创业方面持续获得各项荣誉肯定,所获得的省级以上奖励参见附录三之(九)。在双创竞赛取得丰硕成果的背后,体现了学院师生以赛促学、以赛促教、以赛促创的优良作风,集中展现了奋发有为、昂扬向上的精神风貌。

3) 实践服务中心

为进一步促进对学生分层、分类培养,学院成立了多个教师指导、学生自主参与的专业性服务中心,实现了"学院搭台,学生唱戏,演员成长,观众受益",主要包括:

党建服务中心:2008年成立学生党建工作办公室,2017年改名为党建服务中心,中心下设七个部门(党校组、纪检组、实践组、档案组、宣传组、财务组、信息组),负责统筹协调全院学生党员发展、培训及党支部活动,持续开展联合主题党日、支部共建、党员进寝室等活动,引导学生积极向党组织靠拢。

学业发展指导中心:2016年成立,主要开展选课指导、课程串讲、学习方法培训、学业帮扶等方面的工作,定期举行"皮卡微课堂"课程串讲、"大神笔记"、"一对一学业辅导"等活动,帮助学生学好专业知识,明确发展方向。

创新实践中心:2012年成立,主要负责学院科技节、大创项目、科技竞赛的组织工作。2018年起,与武汉大学电气学院共同举办华中高校电力文化节,为低年级学生了解专业,深入开展学科学习提供了成长和交流的平台。

学术交流中心:2008年成立,主要负责承办学院内各类学术类活动,第一任交流中心主任为博士生焦丰顺。截至2021年底,共举办了447期"携手电气精英,与未来同行"讲座,3期"唯学论坛",20场"研究生学术论坛",为学院学子提供了一场场精彩的学术盛宴。

新闻宣传中心:2008年成立电气学院新闻中心,于2017年更名为新闻宣传中心,分为记者部和新媒体部,承担弘扬新时代、新思想的主要任务,负责报道学院工作动态和学科建设成果,以及学院各大媒体平台的日常维护和宣传(学院官网、华中大电气微信公众号等)等工作。

就业服务中心:2016年成立,成员都是应届毕业生,分为接待组、信息组和场地组,主要开展就业信息发布、用人单位接待、招聘宣讲、就业指导组织和个体帮扶等工作,每年接待超过一百家就业单位,为学院高质量就业搭建了平台。

资助服务中心:2007年成立学院资助中心委员会,2014年更名为资助服务中心,主要开展学院奖、贷、助、补、减工作及感恩、诚信教育工作,并协助负责学院每年超过一百万社会奖学金的评定和发放。2012年至2021年,累计评定、发放1422.4万元的社会奖学金。

校友服务中心:2016年成立,主要负责毕业班级成长档案建设工作及校友的返校接待工作。至2021年已接待33批次院友返校,共计服务院友超5000人次。

4) 文体骨干培养

学院积极为学生开展文体活动搭建平台,2006年起,学院打造了"电之魂"文化节,其中的重头戏就是篮球赛和十大歌手比赛,篮球赛以班级为单位,全体本科班级均可报名,一到比赛时间,学校西边操场全都是电气的学生在加油助威。十大歌手比赛为唱歌爱好者搭建了展示舞台,很多学生从本科到研究生每年都报名参赛,收获了一批忠实粉丝。学院鼓励学生积极参加校内外各类文体赛事,2012年12月25日,学院首夺校"华工杯"男篮冠军;2012年4月25日,学院问鼎学校研究生篮球赛冠军;学院网球队、羽毛球队也连年在校华工杯比赛中折桂。

(七)科学研究

1. 进军新方向

自1953年成立开始,电力工程系一直重视发展新的学科方向,至1960年就先后新增了无线电、电子技术、硅整流器、自控(工业企业自动化专业)、遥控(自动与远动装置专业)就是实实在在的证明。但随着这些新增的专业相继发展而独立,电力工程系所属方向仅仅面向电力工业和电力设备制造行业。

20世纪90年代末期,新兴科学技术突飞猛进,电力工程系充分意识到要大力加强人才引进、拓展学科发展方向。潘垣院士加盟华中科技大学电气学院后,提出"学科不发展就要衰落"。

1) 脉冲功率技术

潘垣毕业于华中工学院高电压专业,首先以此专业方向为立足点,和姚宗干、李劲等一起致力于脉冲功率技术的发展。

1999年,学校成立了脉冲功率技术研究中心,李劲任主任。

在脉冲功率技术方面,学校有较好的基础,20世纪六七十年代潘垣在西南物理研究所工作时,华中工学院电力工程系就为"环流一号"承担了相关研究任务;八九十年代,已调到合肥等离子体物理研究所工作的潘垣又支持电力工程系高压技术及设备教研室开始从事脉冲功率技术、脉冲电容器的研究,李正赢1992年出版了国内第一部《脉冲功率技术》专著。

脉冲功率技术研究中心成立后,经多方努力,争取到"神光Ⅲ号"预研项目,研制脉冲功率电源。研究工作从高储能密度的脉冲电容器、脉冲大电流开关、脉冲功率电源拓扑结构与集成研制等多个方面同步展开。

预研任务是竞争性的,同时还有另外的团队做同样的工作,优者胜出。尤其是大电流开关,是与实力强劲的西安交通大学竞争。最终,华中科技大学团队胜出,研制的脉冲电容器、大电流开关等关键部件都达到国内最高水平,顺利完成脉冲功率电源的预研任务。

此后,脉冲功率技术团队承担了一系列"神光Ⅲ号"脉冲电源以及多项与国防相关的重大研究项目。研究成果获2009年高等学校科学研究优秀成果奖(科学技术进步)一等奖、2014年湖北省技术发明奖二等奖。

2) 磁约束核聚变与脉冲强磁场技术

与脉冲功率技术同时期启动的还有超导应用技术,以及磁约束核聚变、强磁场技术的筹备工作。

2004年9月,学校成立"强磁场重大科技基础设施暨ITER人才培养基地",组长:潘垣院士;副组长:周细刚、袁松柳、于克训。

2005年5月,学校成立"强磁场、脉冲功率中心及ITER等重大工程领导小组",首席科学家:潘垣院士;组长:王乘(副校长)。

磁约束核聚变以及强磁场,后来获得巨大的成功,双双成长为在国内领先的研究基地。这部分内容在"基地建设"中有专题介绍,发展详情也可参见下册"系所发展简史·磁约束核聚变与等离子体研究所发展简史、强磁场技术研究所发展简史"。

3) 超导电力应用技术

1999年5月,华中理工大学成立超导电力科学技术研究与发展中心(简称超导中心),程时杰任主任。超导中心是学术协作性的组织,其成员来自电气学院、物理学院、能源学院。不过,从日本回国工作的唐跃进和自中科院合肥分院等离子体物理研究所博士后出站入职我校的李敬东没有安排到具体的系,成为超导中心的两位专职人员。

2000年2月,华中科技大学和中国科学院电工研究所、湖北省电力公司合作提交了"国家重点基础研究计划(973计划)项目建议书",建议书由华中科技大学、中科院电工研究所、湖北省电力公司共同提出,建议项目负责人为程时杰。该建议书是国内第一次提出"超导电力"的概念。项目通过了预审,但在最终审查阶段,以0.01分之差未能获得973计划立项。

2001年,为在国内宣传、促进超导电力技术,在程时杰主任的努力下,争取到《电力系统自动化》期刊的支持,超导中心组织力量在该期刊上发表了由10篇论文组成的讲座性系列文章。同时,超导中心也在国内首次面向电气工程学科本科生开设了超导电力技术的课程,出版了《超导电力基础》教材。

2002年10月,国家863计划中,首次在材料领域设立了"超导技术专项",这与华中科技大学、中国科学院电工研究所等联合申报973计划项目在材料领域形成的影响不无关系,使得材料领域的高层专家赞同材料科学的发展也应同时支持材料的应用。在学校的大力支持和努力下,唐跃进竞聘进入超导技术专项专家组。在"十五"以及"十一五"期间,电气学院在超导技术专项中,承担了超导电力相关研究的多个课题及子课题。

4）加速器相关技术

2000年樊明武院士就任华中科技大学校长，在电气学院同步启动加速器相关的研究工作，组建队伍、改建场地。初始成员仅有樊明武、余调琴、学院动员安排电机工程系熊永前、陈德智等教师以及研究生秦斌等几位研究生，场地为李劲20世纪80年代研究水果保鲜时的简易平房。2001年，因樊院士在加速器方面的学术声望和主动出击，获得了在同济医学院建设PET中心的项目，于2003年建成华中地区首个PET中心。2002年，以自然科学基金主任基金项目"加速器虚拟样机技术"起步，研究成果获得2004年度湖北省科技进步奖一等奖。

几年后，研究工作从回旋加速器延伸到负离子源、中子源、太赫兹源等，在ITER计划、军口863计划、"十三五"国家重点研发计划"数字诊疗装备"重点专项中承担了多项重大研究项目，并建成了研究基地"大禹楼"，成立了应用电磁工程研究所。详情可参加下册"系所发展简史·应用电磁工程研究所简史"。

上述新方向的开拓及其随后所取得的研究成果，促进了2007年第三轮学科评估中，电气学院电工理论与新技术专业获评二级学科国家重点学科，也因拥有三个二级学科重点学科，使得电气工程学科成为一级学科国家重点学科。

在电气学院大力推进学科方向拓展的激励下，所属系所及其教师也纷纷将研究内容拓展到学科交叉方向。

2013年，引进王康丽与材料学院蒋凯一起在电气学院开始电池方面的研究工作；2014年10月建成了国内最早的宽禁带半导体封装集成实验室，具有材料生长、芯片加工、封装集成和测试能力，将研究方向拓展到了电力电子器件研制。

这类工作涉及材料、化学等领域的知识基础，磁约束核聚变、超导体、脉冲强磁场装置及其应用实验等方面也涉及物理、材料等学科。在学校学科交叉融合相关制度并不完善的情况下，学院为了支持新方向的发展，在研究生招生中采取了特别的政策：用研究生招生指标招收物理、材料、化学等专业的研究生在电气学院开展相关研究工作。

教师的研究方向、项目具有明显的学科交叉性质的代表有：

李红斌、陈庆等将电磁测量技术应用于油田开采。

何正浩在污水处理方面获得国际合作项目，这是继李劲涉足环境治理研究之后的又一项与环境科学融合的研究项目。

卢新培率先在国内开展了低温等离子体医学方面的研究工作。

2. 基地建设

电力工程系早期的电力系统动态模拟实验室、高电压实验室、大电流实验室、新型电机专业实验室，都是当时在国内具有相当影响力的实验基地。

进入2000年以后，电气学院的研究基地建设取得了明显的成就，获准建设了包括国家重点实验室在内的省部级以上实验室。

1）磁约束核聚变研究基地

2000年前后，潘垣院士认为中国参加"国际热核聚变实验堆（ITER）计划"势在必行,建议学校、学院筹划参加ITER计划并为之培养人才。ITER计划,发端于1985年,美国、欧盟、日本、苏联联合于1988年开始实验堆的研究设计工作,建设地点选在法国。1998年美国因预算压力退出了ITER计划,2003年1月又重新加入。

2000年前后,电气学院开始为参加ITER计划筹建队伍,引进了从事等离子体物理研究的中国科技大学胡希伟教授、刘明海。

2002年,国家成立ITER专家委员会,潘垣院士是委员之一。

2002年,潘垣院士获悉美国得克萨斯大学的磁约束核聚变装置(TEXT-U)将被空置,随即与之协商,中美双方两所大学签署了在华中科技大学合作共建中美联合聚变实验室(J-TEXT)的合作协议。

2003年3月,学校派出电气学院电机工程系主任于克训牵头的工作团队赴美国得克萨斯大学着手TEXT-U拆运工作。团队成员包括电气学院电机实验室刘志军,机械工程学院易传云,学校机械厂徐玉华、熊锡武,西南物理研究院杨国骥、范东海、邓茂才,以及学校外事处李梅(翻译,赴美初期一段时间)。同年9月,包括100 MVA/100 MJ脉冲电机在内的TEXT-U全套系统运回国内,并开始在学校组装、改造。

2003年1月,国务院批准我国参加ITER计划谈判。

2005年,电气学院引进了毕业于中国科技大学,在马普等离子体研究所工作的庄革回国,并于2006年成立了聚变与等离子体研究所,庄革任所长。

2006年,中国与欧盟、美国、俄罗斯、日本、印度、韩国签署了ITER计划协议,正式参加ITER计划。

同年,国家设立"ITER计划国家重大专项"。

同年,磁约束核聚变实验装置J-TEXT获得财政部每年500万元的运行经费支持。

2006年,潘垣院士入选"惯性约束核聚变点火装置"国家重大专项专家委员会委员。

2007年,申请并获准建设"聚变与电磁新技术教育部重点实验室"。

2008年,成立磁约束核聚变教育部研究中心。该研究中心是国内高校唯一的磁约束核聚变领域部级重点实验室,J-TEXT装置是国内四大聚变实验装置之一,是我国高校(初期成员有十所高校)参与ITER计划的唯一大型公用实验平台,为我校参加我国最大的国际科技合作项目ITER计划奠定了基础。

凭借J-TEXT装置,电气学院承担了多项ITER计划项目,其研究成果受到ITER国际科技顾问委员会的关注并获得良好的评价。

2016年11月,教育部在华中科技大学成立"磁约束核聚变与等离子体国际合作联合实验室",成为电气学院开展国际交流的重要基地。

2020年5月,J-TEXT装置被ITER国际科技顾问委员会列为散裂弹丸破裂缓解研究四大装置之一(其他三个装置为美国、欧洲和韩国的装置),标志着J-TEXT装置在等离子体破裂缓解研究方面进入国际领先方阵。光明日报以《为人造太阳贡献中国方案》为题作了专题报道。

2) 国家脉冲强磁场科学中心

2000年前后,与建设磁约束核聚变基地的同时,电气学院开始筹划强磁场方面的工作,成立了工作组,调研、起草建议书。

2003年,J-TEXT实验装置运回学校,其中有100 MVA/100 MJ脉冲发电机,结合电气学院在脉冲功率电源、电机电磁设计等方面的实力,在脉冲强磁场技术方面在国内已具有优势的基础条件下,随后在J-TEXT实验室内,自行研制了一套脉冲强磁场实验装置。

2004年,申报脉冲强磁场教育部重点实验室获得批准。

同年,国家发展与改革委员会(简称"发改委")征集"十一五"期间国家重大科技基础设施建设的建议,华中科技大学组织了"脉冲强磁场筹备组"撰写项目建议书,建议书获得通过,进入项目申报立项程序。筹备组由副校长王乘任组长,陈学广、段献忠为副组长,组员中包括电气学院、物理学院、能源学院、材料学院、水电学院等院系的教师。电气学院的有潘垣、段献忠、于克训、夏正才、王少荣、钟和清、唐跃进、徐雁、夏胜国、丁洪发(据"脉冲强磁场筹备组通讯录")。

这一时期,曾经在美国、比利时两个国家的强磁场实验室工作过的李亮多次回国参加研讨。

2007年1月,国家发改委正式批复由华中科技大学建设脉冲强磁场设施。

2007年4月,李亮入选国家级人才计划,全职回国工作。

2007年5月,华中科技大学申报的"十一五"国家重大科技基础设施建设项目"脉冲强磁场实验装置"正式立项,同年8月完成了项目可行性论证。

2007年11月,根据国家重大科技基础设施建设管理的有关要求,教育部批准成立脉冲强磁场实验装置项目建设工程经理部,李亮任总经理兼总工程师,段献忠任副总经理;潘垣任技术总监,姚凯伦任副技术总监;陈晋任总经济师。

2008年4月,举行了"脉冲强磁场实验装置"奠基仪式。该装置国家总投资1.8亿元,将建成世界四大脉冲强磁场科学中心之一,也是教育部首批承担的两项大科学工程之一,翻开了教育部历史上承担国家大科学工程建设任务的新篇章。

2009年3月,实现了峰值73 T的脉冲强磁场,2011年11月为83 T,2013年8月为90.6 T,不断刷新我国脉冲磁场的最高强度纪录,使我国成为继美国、德国后世界上第三个突破90 T大关的国家,磁场强度水平位居世界第三、亚洲第一。

2011年3月,教育部正式批准成立国家脉冲强磁场科学中心。

2014年10月,重大科技基础设施——脉冲强磁场实验装置建设任务通过国家验收。

在"国家脉冲强磁场中心(筹)"的运行期间,对国内外开放,为国内外多个研究单位在脉冲强磁场中心开展研究工作提供了条件保障和技术服务。

3) 加速器相关研究基地

2001年12月,樊明武院士就任华中科技大学校长,在领导学校工作的同时,在电气学院启动了加速器相关工作。

当时,电气学院配备了熊永强、陈德智参加,加上樊明武院士和余调琴组成了课题组,行政管理上挂靠在电机及控制工程系。场地则利用李劲研究水果保鲜时所建平房实验室稍加装修改造而成。

课题组在2001年结合华中科技大学医学学科的优势建立PET中心;2002年,国家自然科学基金主任基金项目"低能粒子加速器虚拟设计";2005年,申报成功自然科学基金重点项目"低能回旋加速器的虚拟样机技术及低能强流回旋加速器技术"。加速器方向从技术合作、小型基础性科研课题起步,培养人才,逐步成长壮大。

自2006年获得863计划的支持承担"紧凑型大功率＊＊＊太赫兹源关键技术研究"项目开始,承担了多项千万元以上的研究项目,同时积极争取地方政府、企业的支持,2012年,研究团队同湖北科技学院组建"湖北省非动力核技术协同创新中心",被批准为"湖北省首批协同创新中心"。

2012年2月24日,大禹电气科技股份有限公司、校基金会、华中科技大学加速器团队三方签订了捐赠协议书,加速器实验室(命名为大禹楼)建设项目正式启动,计划总建筑面积七千余平方米,由武汉华中科大建筑设计研究院设计,学校基建处统一负责大楼建设工作。2012年8月底教育部下达同意建设批文。2013年5月,大楼自筹资金到位。2014年5月封顶,8月份,一楼太赫兹实验大厅和控制室交付使用,开始太赫兹项目设备安装。二号实验大厅和控制室也同期投入使用,400 kV/40 mA电子辐照加速器实验研究平台设备进场,并于12月完成整机安装和调试。2014年底,大楼建筑及外部环境基本完工,成为回旋加速器相关研究工作的实验基地。详情可参见"系所发展简史·应用电磁工程研究所发展简史"。

4) 强电磁工程与新技术国家重点实验室

如果说,前述磁约束核聚变、脉冲强磁场、回旋加速器的研究基地都是白手起家,靠"视野远大"的战略眼光、"勇于竞争"的开拓精神和"艰苦奋斗"的丰硕成果,逐渐从无到有、从弱到强发展而成,那么,"强电磁工程与新技术国家重点实验室"的申报和建设,则是在已有的基础上,凝练科学技术问题、整合研究力量、形成独有的特色而成。

国家重点实验室源自1984年国家计委组织的建设计划。1989年,国家科委设立了"重点实验室运行补助费专项"。1990年,建立了对国家实验室运行状况的评估制度。2007年第三轮重点学科评选中,成为一级学科重点学科的条件是:拥有三个及以上的二级学科重点学科,或者拥有两个国家学科重点学科加上拥有国家级的研究基地,国家重点实验室或国家工程研究中心。

当时,在电气工程学科,清华大学、西安交通大学、重庆大学已经拥有国家重点实验室,浙江大学拥有国家工程研究中心。5个拥有电气工程一级学科国家重点学科的学校中,只有华中科技大学没有国家级的研究基地。

因此,申报和建设国家重点实验室,是当时"985工程"学科建设、学科评估的需要,更是电气学院自身发展的需要。国家重点实验室可为电气工程学科提供持续支持、不断凝聚力量,是电气工程学科跻身国际一流水平的基础保障。

2004年4月,以制定电气工程学科"985工程"建设计划为契机,电气学院开始酝酿《国家重点实验室》的申报工作。第一次向学校汇报,提议建设"电力安全高效与电工新技术"国家重点实验室。结果以建设"电力安全与高效利用教育部工程研究中心"而结束。

2006年,电气学院将建设国家重点实验室置于学科建设的首要任务,开始调研国内电气工程学科相关的国家重点实验室,以及由科技部、发改委、教育部等组织的国家实验室、国家科学中心、工程中心、工程研究中心,寻求与其他实验室不重复、有特色、有重大社会需求的实验室研究方向、实验室名称、凝练科学问题、计划研究内容等。

2007年1月,考虑到我校的磁约束核聚变的研究基地在国内高校中独一无二,与之相关联的脉冲电源、电磁测量等实力也较为雄厚,向教育部汇报了拟建"核聚变与电工新技术国家重点实验室"。但是,从国家层面看,聚变方面有合肥等离子物理研究所和西南物理研究所两个庞然大物,实力雄厚;从电气学院内部看,则自我放弃了几十年来发展和积累的在电力工程方面的优势。

2007年10月,拟建实验室名称改成"电磁物理与新技术"。该方向同样没有得到认可,电磁物理内涵不明,即使从表面看也是和物理学科更密切。

2008年,更名为"复杂电磁装置与系统",将电力系统归入复杂电磁系统,再次向上级汇报。

2009年8月18日,电气学院在武汉市东湖宾馆组织召开"复杂电磁装置与系统"国家重点实验室立项建议专家研讨会,全国电工、能源学科的28位专家(院士25位)参加。实验室名称被认为像一个装置制造企业的重点实验室,不像以基础研究为重点的国家重点实验室。经研究实验室更名为"强电磁工程与新技术实验室"。强电磁工程既包括冲击脉冲强磁场、脉冲功率电源、高压电力设备等产生或应用在更高电磁参数的技术内涵,也包括进一步提升一般电磁装置的技术指标。

2010年1月,李培根校长带队,赴科技部基础司做了汇报。

与名称相关联的问题是,国家重点实验室要求有集中的场地。当时电气学院不仅实验基地分散,人员也是按系所分散于多个办公楼。聚变实验室、动模实验室、脉冲功率技术实验室则因为设备巨大,难以集中,作为国家重点实验室的三个基地获得认可,不强求集中。

2010年1月,电气学院做出决定:学院办公室从西九楼搬迁到西二楼,将西九楼作为国家重点实验室研究人员集中的办公基地。3月6日至7日,电气学院召开学科建设研讨暨国家重点实验室申报动员会,康勇院长做了国家重点实验室申报与建设的动员报告。

10月19日,科技部发布了《关于组织申报国家重点实验室的通知》,"强电磁工程与新技术"实验室入选指南。

12月,提交国家重点实验室申报书,实验室研究方向暨实验室名称为"强电磁工程与新技术"。

2011年1月27日,段献忠副校长等到北京参加了科技部组织的申报国家重点实验室答辩。

3月29日,科技部下发"国科办基[2011]20号"文件,电气学院"强电磁工程与新技术"实验室获准立项。4月1日开始,电气学院组织编写《国家重点实验室建设计划任务书》,于5月9日向国家科技部提交,获审核通过。

12月18日,强电磁工程与新技术国家重点实验室揭牌仪式暨首届学术委员会第一次会议在西九楼202会议室举行,国家科技部基础司基地建设处处长周文能、国家基金委工程与材料科学部电工学科主任丁立健、湖北省科技厅副厅长郑春白、校长李培根等出席。

实验室第一届学术委员会主任周孝信院士,副主任马伟明院士、樊明武院士、程时杰院士,委员潘垣院士、雷清泉院士、王锡凡院士、梁曦东教授、孙元章教授、王成山教授、裴元吉教授、段旭如研究员、傅鹏研究员、段献忠教授。实验室第一任主任为段献忠教授。

2013年1月26日,强电磁工程与新技术国家重点实验室通过建设验收。

2013年,科技部委托国家自然科学基金委员会对材料领域与工程领域64个国家重点实验室进行了评估。11月13日,根据《科技部关于发布2013年材料领域与工程领域国家重点实验室评估报告的通知》(国科发基[2013]650号),实验室评估结果为良好。

通过国家评估后,科技部开始每年下拨实验室建设运行专项经费,用于支持实验室日常开放运行、设立开放课题、实验室人员开展基础研究和应用基础研究,2013—2018年支持金额每年650万元左右。

对开放课题立项和管理,成立了课题评审专家组,把关自主研究课题和开放课题的申报、中期检查和结题检查,提高实验室专项经费的使用质量。2014年,首次设立的开放课题批准了5个项目。

2014年3月,根据《财政部关于组织国家重点实验室科研仪器设备经费预算申报工作的通知》(财教[2014]13号),实验室组织各科研平台编写《国家重点实验室科研仪器设备工作方案(2015—2017)》,方案共申报脉冲功率与强流开关平台、电磁能量存储变换与传输平台、带电粒子与加速器平台、磁约束核聚变平台、高参数磁体技术平台和大气压等离子体平台等六大平台,设备74项,申请金额10344.5万元。经过科技部评审,2015年获批设备28项,资助金额2723万元,2016年获批设备10项,资助金额921万元,2017年获批设备7项,资助金额424万元。

2017年,实验室主任段献忠任湖南大学校长,文劲宇教授担任实验室第二任主任。

2018年4月27日,实验室接受5年一次的评估。2019年3月22日,科技部发布《2018年工程领域和材料领域国家重点实验室评估结果的通知》(国科发基[2019]96号),实验室评估结果为良好。财政部、科技部增加国家重点实验室建设经费支持力度,从2019年开始,每年国家重点实验室开放运行费、基本科研业务费增加至1000万元左右。

2019年7月,根据《财政部办公厅关于组织工程领域和材料领域国家重点实验室科研仪器设备经费预算申报工作的通知》(财办教[2019]8号),实验室组织所属研究平台申报《国家重点实验室科研仪器设备工作方案(2020—2022)》,方案共申报脉冲功率与强流开关平台、电磁能量存储变换与传输平台、带电粒子与加速器平台、磁约束核聚变平台、高参数磁体技术平台、大气压等离子体平台、复杂电磁系统检测与诊断平台等七大研究平台,设备228项,申请金额23279.28万元。经过科技部评审,2020年获批设备26项,资助金额2974.67万元,2021年获批设备13项,资助金额890万元,2022年获批设备6项,资助金额550万元。

2020年,实验室学术委员会主任和委员换届。新一届学术委员会主任马伟明院士,副主任罗安院士、夏长亮院士、王秋良院士,委员李建刚院士、夏佳文院士、汤广福院士、饶宏教授、陆佳政教授、王成山教授、廖瑞金教授、段献忠教授、别朝红教授、曾嵘教授、毕天姝教授、文劲宇教授。

2021年,科技部、教育部启动国家重点实验室重组工作,按照"四个面向"要求,既着力体现学科发展前沿,突出交叉融合;又着力体现国家战略需求,突出关键核心技术支撑。同年4月26日,教育部在中山大学召开高校国家重点实验室重组方案评估会(中南地区),学校带领校内国家重点实验室一起向评估专家组汇报了华中科技大学国家重点实验室重组方案。当前(2022年4月)我院承建的强电磁工程与新技术国家重点实验室响应国家重点实验室重组工作的方案仍在酝酿、研讨之中。

5) 省部级重点实验室

除了上述四个研究基地之外,电气学院同时还建设了一批省部级重点实验室:

2004年,获准建设脉冲强磁场教育部重点实验室。

2004年,获准建设电力安全与高效湖北省重点实验室。该实验室以电力系统动态模拟实验室为基础,而动态模拟实验室是自华中工学院建校初期就开始建设,建设过程中得到过湖北省电力公司、湖北省科技厅的经费支持。

2006年,获准建设电力安全与高效利用教育部工程研究中心。2011年通过评估验收。

2007年,获准建设新型电机与特种电磁装备教育部工程研究中心。

2007年,获准建设聚变与电磁新技术教育部重点实验室。

2008年,获准建设脉冲功率技术教育部重点实验室(B类),舰船电力电子与能量管理教育部重点实验室(B类)。基于这两个实验室,脉冲功率方向承担了多项重大科研项目,电力电子方向获得了"条保"项目的支持新建了电力电子实验楼。

2010年12月,获准建设新型电机湖北省工程研究中心,首任主任周理兵。2013年,获准建设新型电机技术国家地方联合工程研究中心,首任主任杨凯。

2019年,"强电磁军民融合协同创新平台"验收工作顺利完成。

这些省部级实验室的建设以及依托实验室的科学研究可参见下册"系所发展简史"。

6) 资产与仪器设备共享平台

电气学院资产总量变化如表21所示,与1988年相比,几乎呈几何级数增长。

表 21　电气学院资产总量统计

年　度	设　备		家　具	
	数量	原值/万元	数量	原值/万元
1988 年以前	63	32		
2000 年	150	185		
2010 年	3385	6900	1636	104
2015 年	11500	33000	3800	250
2020 年	21900	61600	11000	748
2021 年	24369	72100	12500	838

2017 年调研其他学校和我校其他单位的大型仪器设备开放共享机制,结合学院大型仪器分散在各所、安置地点从校园最东边到最西边的实际情况,制定大型仪器设备开放共享工作的方案:以动模实验室为试点,以现有实验平台为依托,分批开放共享学院科研仪器设备的模式,并制定本学院全成本核算收费标准。第二批是聚变与等离子体研究所、应用电子工程系,鼓励教师们积极参与设备的开放共享,定价方法参照动模实验室。在此基础上,又组织第三批电机及控制工程系、高电压工程系、电工理论与电磁新技术系和应用电磁工程研究所等单位,申报大型仪器设备开放共享工作。

目前学院单价 50 万元以上设备、部分 10～50 万元大型设备和由普通设备组成的 10 个实验平台共计 170 台套设备加入学校实验室与设备管理处大型仪器开放服务平台。2017—2020 年收费 41 万余元;自 2017 年学校开始对大型仪器设备开放共享进行考核以来,电气学院获得的奖励如表 22 所示。

表 22　2017—2020 年学校大型仪器考核获奖明细

年度	大型仪器设备名称	获奖人员、团队	获奖等级
2017	J-TEXT 电子回旋加热系统	王之江　夏冬辉　巴为刚	二等奖
2018	紫外可见近红外分光光度计	韩俊波　韩一波　周伟航　施江涛　刘娟	一等奖
	光谱仪	周伟航　施江涛　刘娟　罗彦	一等奖
	荧光光谱仪	韩俊波　韩一波　施江涛	二等奖
2019	紫外可见近红外分光光度计	韩俊波	三等奖
	光谱仪	施江涛	三等奖
	荧光光谱仪	韩俊波	三等奖
2020	半导体直流参数测试仪	李学飞	一等奖
	高精度动力电池单体测试系统	王康丽　李浩秒	二等奖
	无液氦综合物性测量系统	施江涛　刘娟　游俊	二等奖
	原子层沉积系统	李学飞	三等奖

7) 地方政府、企业共建协作性研究平台

(1) 湖北省东湖实验室。

从2017年7月起,持续不断参加东湖实验室的建设。电气学院单独建设"强电磁工程与电磁制造技术研究部",同时还参与了"基础与共性技术研究部""重大科研设施平台""目标识别与态势感知研究部"以及"全电力技术与应用研究部"的建设。

(2) 武汉新能源研究院。

武汉新能源研究院由武汉市人民政府和华中科技大学共同组建,以独立法人企业形式运营的新型研发机构。2010年3月,武汉市人民政府与华中科技大学签署《全面战略合作框架协议》,确定市校共建武汉新能源研究院。2012年8月,中共中央政治局委员、国务委员刘延东参观了武汉新能源研究院的中美清洁能源联合研究中心。2014年9月,由武汉市政府投资的武汉新能源研究院大楼竣工,以其独特的马蹄莲造型迅速成为武汉市、武汉光谷的新地标。2016年7月,武汉新能源研究院正式开始公司化运作。2016年7月,电气与电子工程学院的康勇教授成为首任院长,2020年5月之后杨凯教授为第二任院长。电气与电子工程学院也成为武汉新能源研究院的创新技术和智力资源的主要来源。

武汉新能源研究院通过整合国内外新能源相关领域的人才和技术资源,利用华中科技大学的学科优势、武汉市的政策与市场资源以及武汉新能源大楼的标杆效应,努力在传统能源的清洁化高效利用、新能源全产业链、新型电力系统等方向实现重大突破,培育了一批新能源领域的创新型技术和企业,为电气工程、能源动力、工程材料等学科发展作出了突出贡献。

武汉新能源研究院促进了一批引领性的技术创新。"先进电磁制造技术研究中心",依托国家重大科技基础设施"国家脉冲强磁场科学中心"建立,利用高参数强电磁技术,攻克了异种金属连接、薄壁件精密成型等世界性难题。"碳捕获利用与存储研究中心",建成了我国首座富氧燃烧碳捕获示范电站,助力实现"巴黎协定"温室气体减排目标,科学推动了"碳达峰、碳中和"的国家战略。"中英纳米能源材料研究中心",专注纳米高分子材料研究,合成的有机多孔材料,储气能力国际领先。"能源互联网工程中心",让物联网、大数据、人工智能与能源系统深度融合,助推我国能源系统智能化转型。

一批高质量的科技成果转化项目也在武汉新能源研究院崭露头角。潘垣院士团队液电脉冲油气增产装备,解除油田堵塞问题,已在多个国家级油田推广应用,为保障国家能源安全"加油争气"。程时杰院士团队固态电池项目,引领动力电池材料技术变革,产品通过行业最高安全标准认证,投产后总估值2亿元。樊明武院士团队辐照加速器技术,实现电子束均匀扩散,辐照效率大幅提升,被国际上誉为颠覆性发明成果。

在华中科技大学以及电气与电子工程学院等多家单位的共同支持下,武汉新能源研究院吸引了以国内外院士为代表的高端人才百余人,建成以国家级科技企业孵化器和众创空间为代表的创新创业平台十余个,诞生自主研发专利400余项。累计在册企业百余家,在孵企业五十余家,总估值超20亿元。"全球新能源500强大会""中欧新能源技术对接洽谈会""新能源技术与应用国际培训班"充分展现了武汉新能源研究院开放合作的创新氛围,助力实现全球能源产业的价值共享。

每一颗不懈探索的心都承载着电气能源产业发展的无限未来,武汉新能源研究院践行"积极、坦诚、专业、共赢"的发展理念,担当进取,行稳致远,推动创新成果产业化,引领中国新能源革命。

(3) 武钢联合实验室(WISCO)。

2009年,华中科技大学与武汉钢铁公司共建了联合实验室,电气学院自筹建阶段参与了相关工作。

工业企业是我国能源消耗的大户,工业企业用电量约占全社会总用电量的85%,其中冶金、化工、电力、有色、建材等5个高耗能行业又约占我国工业用电量的60%。大型工业企业的生产过程往往是一个长流程不间断的作业过程,每个环节都与电力供给紧密相关,对电网的供电品质都有很高的要求。大型工业企业的电网(以武钢为例)供电半径小而能量密度大,重要负荷和敏感性负荷多,各种负载之间电气联系紧密,电网中出现的任何电压闪变和电力供电中断现象,都将在整个武钢电网中快速传播,对安全生产构成威胁,轻则影响一系列产品的质量,造成大量废品,重则直接影响整个企业生产的安全,造成生产设备的损坏,大大降低了企业综合能效。

依托华中科技大学-WISCO联合实验室,2010年电气与电子工程学院与武汉钢铁(集团)公司能源动力总厂合作创建大型工业企业智能电网研究平台,注重大型工业企业智能电网相关研究与实践,为提高我国大型工业企业电网供电可靠性和供电电能质量、能源优化利用提供理论和技术支撑。在"建设坚强高效武钢智能电网典型应用示范方案(第一期)"项目支持下,先后开发了400 V/200 kVA储能型动态电压恢复器、400 V/1 MVA双电源相互支撑控制装置和10 kV/400 V/500 VA电子电力变压器工业样机,先后应用于武钢电网,为武钢电网的安全可靠运行和高品质供电作出了贡献,推动了我国大型工业企业智能电网的建设。承担上述研究任务的团队成为第一批入住联合实验室的研究团队。

(4) 联合研究基地。

电气学院致力和企业建立长期稳定的技术合作关系,据不完全统计,自2000年和企业以及地方政府联合成立的研究机构如表23所示。

表23 电气学院与企业共建的联合研究机构(2000—)

项目名称	委托单位	学院方负责人	起始年月	终止年月
共建新型微特电机研究开发中心	湖北亿州微特电机有限公司	辜承林	2000.01	2011.12
共建华中科技大学志成冠军电源研究院	广东志成冠军电子实业有限公司	陈坚	2001.01	2003.12

六、与时俱进　争创一流(2000—2021年)

续表

项目名称	委托单位	学院方负责人	起始年月	终止年月
关于合作共建电容器试验基地的协议	兰州长华科技发展有限公司	林福昌	2002.01	2007.12
共建研发中心	广东志成冠军电子实业有限公司	康勇	2005.01	2008.12
共建研发中心	湖北同发电机有限公司	周理兵	2005.01	2008.12
关于联合共建电力系统动态模拟实验台的合作协议书	湖北省电力试验研究所	杨德先	2006.01	2010.12
共建电机研发基地合作协议	宁波江北宏成电机科技有限公司	韦忠朝	2007.01	2011.12
广东志成冠军有限公司与华中科技大学共建志成冠军电源研究院协议	广东志成冠军集团有限公司	康勇	2007.03	2009.03
共建华中德昌电机及控制系统研发中心	深圳市宝安区沙井泰丰电机有限公司	万山明	2007.10	2008.09
共建电机及控制系统研究中心	黄冈新大地实业有限公司	杨凯	2008.04	2011.04
关于联合共建电力系统动态模拟实验室的合作协议	湖北省电力试验研究所	杨德先	2010.01	2010.12
广东志成冠军集团有限公司与华中科技大学共建志成冠军电源研究院	广东志成冠军集团有限公司	张宇	2011.01	2012.12
共建"电动汽车充放电系统实验室"协议	许继电源有限公司	段善旭	2011.05	2014.04
共建华中科技大学-山东青能动力股份有限公司电气技术研发中心合同	山东青能动力股份有限公司	杨凯	2012.06	2015.06
共建华中科技大学-东方电气集团东方电机技术研究中心合同	东方电气集团东方电机有限公司	周理兵	2012.10	2015.10
共建华中科技大学-广东志成冠军电源技术中心合同(续签)	广东志成冠军集团有限公司	张宇	2013.01	2015.12
关于联合共建电力系统动态模拟实验室合作协议	国网湖北省电力公司电力科学研究院	杨德先	2013.01	2015.12
共建华中科技大学-广东志成冠军电源技术中心合同(2016年)	广东志成冠军集团有限公司	张宇	2016.01	2018.12
关于联合共建电力系统动态模拟实验室的合作协议	国网湖北省电力公司电力科学研究院	杨德先	2016.01	2020.12

续表

项目名称	委托单位	学院方负责人	起始年月	终止年月
共建华中科技大学电力电子技术中心	武汉华海通用电气有限公司	刘新民	2017.03	2020.03
共建华中科技大学电机技术中心	德和泰集团有限公司	王雪帆	2017.07	2020.07
共建华中科技大学储能变换与系统集成技术中心	深圳市首航新能源有限公司	段善旭	2017.11	2020.1
桓台县人民政府、华中科技大学共建电子束应用技术中心	山东省桓台县人民政府	樊明武	2017.12	2020.12
共建湘电-华中科技大学工程研究中心	湘潭电机股份有限公司	杨凯	2018.05	2021.04
共建华中科技大学-东方电气集团东方电机技术研究中心	东方电气集团东方电机有限公司	周理兵	2018.06	2021.05
共建"华中科技大学（淄博）高效节能电机技术研发中心"协议	淄博高新技术产业开发区管理委员会	徐伟	2019.01	2021.12
共建华中科技大学星云储能系统变流技术中心	福建星云电子股份有限公司	张宇	2019.07	2022.06
国家电网有限公司-华中科技大学共建未来电网研究院	国家电网有限公司	文劲宇	2019.09	2023.09
共建储能变换与系统集成技术中心（二期）	深圳市首航新能源有限公司	段善旭	2020.11	2023.1

8)"电气大楼"建设历程

华中工学院电力工程系成立之初，西二楼是主要的基地，此后新建了高压实验室、电机实验室、动模实验室，但均是小规模的二层楼房，即使西三楼调拨给电力工程系、新建了西九楼和与水电系合建了新动模楼，场地仍不充分，新发展的脉冲功率技术研究中心只能利用图书馆北面的废旧厂房建实验室，磁约束核聚变和脉冲强磁场均不得不安置在东校区。总体上场地分散，在申报国家重点实验室时就受到质疑，建设新的实验场地和教师、研究生的办公用房势在必行。

自2009年正式申报建设国家重点实验室开始，学院党委先后于2009年2月12日和2011年4月8日两次向学校提交了"电气学院关于兴建电气学科大楼的请示"报告。

2012年3月1日，学校下文批准了电气学科楼群建设立项，学院成立了于克训书记为组长、康勇院长为副组长的大楼建设领导小组，2012年3月5日成立了以杨德先为组长的电气学科大楼建设工作组，王凌云为副组长，王晓文、王燕、叶俊杰、林磊、任丽、李红斌、叶齐政、刘大伟为工作组成员。2012年5月28日,完成了电气大楼可行性研究报告,项目总预算为1.125亿元。

经多方论证,形成了拆迁高压实验室,使电气大楼和西二楼、西九楼、大禹楼形成电气楼群,建筑总面积31735平方米的电气大楼设计方案。

2014年10月8日,在西二楼211会议室召开了电气大楼施工设计方案讨论交流会,各方同意通过电气大楼的施工设计方案,明确了电气大楼建设后续工作的相关责任主体、招标和开工工作计划。2015年4月30日,高压实验室整体搬迁工作完成;2015年8月电气大楼建设正式开工;2016年1月28日主楼封顶;2019年4月1日武汉市公安消防局下达了《建设工程消防验收意见书》(武公消验字[2019]第0102号),综合评定电气学科楼群——电气大楼消防复验合格。2019年4月2日,电气大楼正式启用。

2020年11月,"电气学科楼群设计"获湖北省勘察设计协会公共建筑设计成果奖三等奖。

3. 积极承担国家科技计划项目

1) 国家自然科学基金

这里,列举电气学院承担的不同类型、不同经费额度的第一个(批)项目。

2002年,李劲的"多相体放电规律及应用研究"获国家自然科学基金重点项目,资助经费150万元,成为我院首个经费超过百万的国家自然科学基金项目。

2004年,樊明武和潘垣分别以"低能回旋加速器的虚拟样机技术及低能强流回旋加速器技术研究"和"重复频率脉冲功率技术的关键基础问题研究"获批国家自然科学基金重点项目,支持经费分别为160万元和150万元。

2008年,李亮获批杰出青年科学基金(海外),题目为"制作工艺和放电过程对磁体极限指标的作用机理",成为我院首个"杰青",获批经费200万元。

2013年,胡家兵获批国家级青年人才计划项目,题目为"风力发电系统控制与大规模并网运行",获批经费100万元,成为我院首个"优青"。

2015年,曲荣海教授获批了我院主持的国际合作项目"游标永磁直线伺服电机系统研究",获批我院首个国际合作项目,获批经费245万元。

2017年,国家电网和国家自然科学基金委联合设立"智能电网联合基金",我院文劲宇和蒋凯,分别以"应对架空线柔性直流电网线路故障的主动控制技术基础研究"和"新型大容量液态金属储能电池基础问题研究",获批智能电网联合基金重点项目,获批经费分别为292万元和299万元。

2018年,袁小明以"电力电子化电力系统多尺度非线性耦合振荡基础理论研究",获批智能电网联合基金集成项目,获批经费1200万元,成为首个获批经费超过千万的国家自然科学基金项目。

2018年,李亮为群体负责人,程时杰、于克训、文劲宇、何俊佳、李红斌等为主要成员的创新研究群体项目"强电磁技术及应用"获批,成为我院首个创新研究群体项目,获批经费 1050 万元。

2020 年,湖北省和国家自然科学基金委联合设立"区域创新联合基金",我院李红斌和欧阳钟文,分别以"基于计算智能的电力互感器群体测量误差状态在线评估关键技术及应用"和"强磁场 ESR 下的低维量子磁性研究及自旋量子比特探索",获批首批"区域创新联合基金",获批经费分别为 260 万元和 258 万元。

自 2000 年至 2021 年,电气学院共承担国家自然科学基金项目 411 项,其中面上项目 208 项,青年基金 152 项,重点项目 8 项,重大项目 6 项,杰出青年基金 2 项,优秀青年基金 5 项,获批创新研究群体项目 1 项。

2) 863 计划

1987 年,国家实施国家高技术研究发展计划(863 计划),早期电气学院虽参与了 863 计划项目的合作研究,但没有作为项目主持单位承担研究项目。进入 21 世纪后,电气学院承担 863 计划项目有了较大的增长。

2002 年,学院获批主持或参加"十五"期间 863 计划项目 5 项:"双馈变速凸极同步电机""超导电缆监控及保护装置技术合作""高温超导磁储能系统""超导变压器技术设计和引线系统设计"和"EQ6110HEV 混合动力城市公交车用电机及其控制系统"。

2003 年,由马志源教授作为课题负责人的课题"EQ6110HEV 混合动力城市公交车用电机及其控制系统",获批经费 524 万元,是电气学院承担的第一个超过 500 万的课题。2006 年,国家高技术研究发展计划(863 计划)首次设立探索导向类项目,文劲宇为课题负责人,承担了"高温超导磁储能系统(SMES)试验研究"。

到 2016 年 863 计划终止,电气学院共承担和参与 863 计划 64 项。

3) 973 计划

1999 年,国家重点基础研究发展计划(973 计划)实施,在农业、能源、信息、资源环境、人口与健康、材料六个领域开展重大、基础性研究。电气学院作为工程学科,参加的研究相对较少,以主持单位、首席科学家承担的 973 计划项目有:

2011 年,李亮为首席科学家的项目"多时空脉冲强磁场成型制造基础技术",获批 3800 万,项目 2016 年验收结题。

2012 年,袁小明为首席科学家的项目"大规模风力发电并网基础科学问题研究",获批 3800 万,项目 2016 年验收结题。

2014 年,谢佳为首席科学家的青年项目"高比能锂硫二次电池界面问题的基础研究",获批 483 万元,项目 2019 年优秀结题。

到 2016 年 973 计划终止,电气学院共计承担 973 计划项目和参与项目 22 项。

4) 支撑计划

国家科技支撑计划是为贯彻落实《国家中长期科学和技术发展规划纲要(2006—2020)》(以下简称《纲要》),主要面向国民经济和社会发展需求,重点解决经济社会发展中的重大科技问题,集中全国优势科资源进行统筹部署,为国民经济和社会发展提供有效支撑,在原国家科技攻关计划的基础上,设立国家科技支撑计划(以下简称

"支撑计划")。支撑计划是国家科技计划体系的重要组成部分,"十一五"期间将按照《国家"十一五"科学技术发展规划》的总体要求,紧密结合经济社会发展的紧迫需求和重大任务,明确"十一五"总体思路和发展目标,并进行相关任务部署。

我院参与的支撑计划,从2004年1月开始,到2017年12月最后一个项目结束,共参与9项项目,其中何俊佳承担的课题"自动均流/限流的断路器并联技术",课题经费474万元,是我院承担的第一个支撑计划课题;李劲2003年承担了SARS专项课题"脉冲放电一氧化氮呼吸衰竭救治仪研制",其余涉及的方向包括直流输电、大电网安全、雷电灾害监测、高压超高压断路器、风电发电机等方面。

5) 国际热核聚变实验堆(ITER)计划

2006年5月24日,中国签署了《国际热核聚变实验堆(ITER)联合实施协定》,参加了ITER计划。同年,国家设立了"ITER计划国家重大专项"支持国内的磁约束核聚变相关研究工作,培养聚变人才,积极争取在ITER计划中的所占技术分量。

电气学院凭借自2000年前开始筹划,经过多年的艰苦努力建成的J-TEXT装置,承担了多项磁约束核聚变研究项目:2009年,王之江承担了"国家磁约束核聚变能发展研究专项(略称ITER计划专项)""远红外偏振仪诊断技术研究"课题;2010年,华中科技大学作为主持单位负责了ITER计划专项"托卡马克装置若干基础技术研究"和"托卡马克相关基础实验研究"两个项目,首席科学家分别为于克训和秦宏。在两个项目中,华中科技大学分别承担"聚变装置特种电源技术及其系统研究"和"外加扰动场与等离子体相互作用的实验研究"课题的研究任务;2013年,王璐获批首批为促进青年科学家快速成长、发挥其创新性的"人才计划"课题"托卡马克边缘等离子体动量输运与旋转的动理学研究"。

至2016年ITER专项归类到国家重点研发计划之中为止,电气学院共主持ITER计划重大专项项目5项,承担课题10项,含人才课题2项(王璐、杨州军)。2016年ITER专项纳入国家重点研发计划后,至2021年为止主持了项目4项,承担了课题7项,其中人才计划项目2项(王璐、高丽)。

6) 脉冲强磁场国家重大科技基础设施

脉冲强磁场国家重大科技基础设施是开展物理、化学、材料等领域前沿科学研究的重要极端条件实验平台,是一个不断挑战极限的强电磁系统。项目团队经过十余年的持续攻关,攻克了极限工况下磁场波形精确调控、磁体结构稳定性设计和微弱信号精准测量等世界性难题,创造了脉冲平顶磁场峰值、重频磁场频率等多项世界纪录,建成国际领先的脉冲强磁场设施。

脉冲强磁场实验设施于2014年通过国家验收并对外开放运行,结束了我国相关研究长期依赖国外设施的历史。已为国内外100余家单位开展科学研究1000余项,取得了包括发现第三种规律的新型量子振荡等在内的一大批原创成果,成果产出居国际同类设施同期最好水平,强有力地推动了我国相关前沿科学技术的发展。

2019年,"脉冲强磁场国家重大科技基础设施"获得国家科学技术进步奖一等奖。

7) 国家重点研发计划

2014年,国家出台《关于深化中央财政科技计划(专项、基金等)管理改革的方案》(国发[2014]64号),对中央财政科技计划(专项、基金等)管理改革做出了部署,国家科技计划全面整合成五大类,分别为国家自然科学基金、国家科技重大专项、国家重点研发计划、基地与人才专项、技术创新引导计划。

2015年,科技部推出"国家重点研发计划"。该计划由原来的国家重点基础研究发展计划(973计划)、国家高技术研究发展计划(863计划)、国家科技支撑计划、国际科技合作与交流专项、ITER计划重大专项、产业技术研究与开发基金和公益性行业科研专项等整合而成,是针对事关国计民生的重大社会公益性研究,以及事关产业核心竞争力、整体自主创新能力和国家安全的战略性、基础性、前瞻性重大科学问题、重大共性关键技术和产品,为国民经济和社会发展主要领域提供持续性的支撑和引领。

2016年2月16日,科技部例行新闻会:国家重点研发计划首批重点研发专项指南已于2016年2月16日发布。这标志着国家重点研发计划正式启动实施,也意味着863计划、973计划、科技支撑计划等已成为历史名词。

2016年,国家重点研发计划正式启动,电气学院获批2个项目,承担了12个课题和15个子课题,经费超3亿,其中"基于超导回旋加速器的质子治疗装备研发"项目(华工科技为申报单位,电气学院樊宽军、秦斌、谭萍等参与)获批经费约1.9亿元;"带电粒子'催化'人工降雨雪新原理新技术及应用示范(天水计划)"项目(于克训为负责人,杨勇等参与),获批经费总额为7500万元;"脉冲强磁场先进实验技术研究及装置性能提升"(李亮为项目负责人),获批经费2250万元。

2017年获准立项的两项国家重点研发计划项目"可再生能源发电基地直流外送系统的稳定控制技术"和"500 kV高压直流断路器关键技术研究与示范"分别由中国电力科学研究院和全球能源互联网研究院申报,电气学院康勇和何俊佳为项目负责人。

2018年,学院获批重点研发项目7项,课题12项,其中徐刚的项目"强自旋轨道耦合导致的新奇量子物性及其综合极端条件下的多场调控"和高丽的项目"托卡马克Greenwald密度极限物理机制的研究"为青年项目,不设课题。

自2016年至2021年年底,电气学院共承担国家重点研发计划项目11项、课题31项、子课题45项。

863计划、973计划这类国家项目常由多个单位联合承担,根据研究内容设置课题,课题有多个单位参加时再分为子课题。2012年,《中共中央国务院关于深化科技体制改革加快国家创新体系建设的意见》(中发[2012]6号)提出,充分发挥企业在成果转化中的主体作用。企业参加国家计划科研项目的积极性提升,为国家项目提供配套经费的力度加强,同时也增强了担任项目承担(主持)单位的意愿。

8) 国际合作项目

在磁约束核聚变、脉冲强磁场、加速器等方向上,相关实验基地和研究团队开展了长期的、稳定的国际合作。详见各系所简史。

在国家各类国际科技合作研究计划中,主要承担了以下研究项目。

2008年,根据2007年1月中国和加拿大政府签署的中加科技合作协定和5月召开的首届中加科技合作联委会精神,中加两国设立的政府间科技合作基金,共同支持双方科研机构及企业在相关领域的合作研究。"中加科技合作基金"中方由科技部合作司美大处负责,加方由ISTP Canada负责,于2008年9月征集项目建议。

2009年,何正浩获批"脉冲电弧液电放电船舶压载水处理技术与开发应用研究"的"中加两国政府间科技合作基金"项目,执行时间为2009年1月到2011年12月,中方项目经费为87万元。2012年6月,课题以"优秀"通过验收。

在国家自然科学基金中,开展与港澳台地区和其他国家的合作研究,2012年,文劲宇与何海波,共同获批了海外及港澳学者合作研究基金项目,项目名称为"基于自适应动态规划的智能电网控制与优化技术研究",2015年,他们继续联合,获批了该项目的延续资助项目。2017年,樊宽军和江涌教授联合获批了该项目。该类项目在2020年停止申请。

2015年,曲荣海获批了电气学院主持的国际合作项目"游标永磁直线伺服电机系统研究",此前我院教师多次参与国家自然科学基金国际合作项目。

2018年,徐伟获批的国家重点研发计划项目"高速飞轮储能系统研究",为政府间国际科技创新合作重点专项中的中国和金砖国家合作项目。

在横向合作方面,电气学院分别与美国、日本、瑞士、法国、德国、澳大利亚、新加坡等都有友好合作,合作的公司有福特、通用电气、波音公司、伊顿公司、ABB、博世、阿尔斯通等公司,还有昆士兰大学等国外高校。

4. 传统领域持续保持优势地位

在主动进军新的研究方向、积极承担国家科研项目的同时,在电力系统、电机电器制造企业等电力工程传统方向,立足于国民经济主战场,通过为企业解决技术难题促进工业技术的进步,以锐意进取的态度,持续保持了科学研究的优势,承担了大量和企业合作的横向科研项目。

2000年,陈德树教授团队以"WBZ-500型微机变压器保护装置"获得国家科学技术进步奖二等奖。

该装置是为500 kV及以下电压等级的各种变压器提供成套保护,填补国内空白,有效解决传统保护若干技术问题。特点:该装置使用先进的微机软硬件技术,实现了变压器的成套保护。它由差动保护、后备保护、非电量保护三个独立单元组合构成。在理论上、实施方法上都有所突破,实现了包括纵差、分相差动、零序差动、相序阻抗、零序阻抗、反时限过激磁、零序及零序方向、过流及方向过流、间隙、低压侧接地等变压器可能需要的全套保护。该装置自1995年8月起在西南、西北、华中、华南、东北等地区全面推广。本装置在现场具有良好的运行业绩,为提高元件保护正确动作率,维护主网安全运行作出了应有的贡献,并由此创造了巨大的经济效益和社会效益。

2003年，程时杰团队"大电网大机组安全稳定控制的研究"获得国家科学技术进步奖二等奖。

本项目属于电力工程、信息、自动控制、计算机和人工智能等多学科交叉领域，旨在探索提高电力系统运行和控制水平新理论和新方法以及研究可大幅度提高电力系统安全稳定运行能力的控制装置。主要解决现代电力系统中大电网为主的大机组强非线性、参数不确定性和运行状态随机性给系统的安全稳定运行带来的困难。项目的主要内容为：

针对大电网地域分布辽阔，信息量众多，系统稳定分析复杂的问题，成功研制出可以用于大电网的区域安全稳定监控装置。装置已成功用于湖南省电力系统、华中电网、河南电网、葛洲坝电厂、小浪底电厂等枢纽电力系统，取得了重大的社会效益和直接经济效益。提出了有效的电力系统自适应控制机制和基于实时参数辨识的自适应辅助励磁控制策略，成功研制出高性能同步发电机励磁控制装置，显著地提高了控制系统的鲁棒性和控制性能，以及发电机组的稳定性。所研制的励磁控制装置已有150多台套在我国许多大中型发电机组中得到应用，取得了显著的社会效益和直接经济效益。针对严重危害大型汽轮发电机组安全运行的机电耦合轴系扭振问题，采用人工智能最新成果开发了用于对汽轮发电机组轴系扭振进行故障诊断的专家系统，成功将其应用于湖北汉川电厂的30万千瓦汽轮发电机组，对机组轴系扭振的正确预报避免了威胁机组安全运行的潜在事故。

2009年，段献忠团队"跨区域大型电网继电保护整定计算自动化系统"获得国家科学技术进步奖二等奖。

现代大型电网中数以万计的电气设备均配置了保护装置。任何设备发生故障时，其保护装置将及时动作隔离设备，阻止故障蔓延。整定计算的任务是协调所有保护装置的定值，避免因保护装置的无序动作而使停电范围扩大。因此，整定计算的正确开展对于确保电网安全具有极为重要的意义。

在断点求取、极端方式确定、整定原则与方法、故障计算算法等方面进行了创新，开发了跨区域大型电网继电保护整定计算自动化系统，成为第一个被我国复杂电网广泛使用的整定计算软件。该系统已在国家电力调度中心、南方电力调度中心等近百家电力调度中心得到推广，并完成了多项重大基建工程的整定计算，包括特高压联网、三峡外送等。该成果获2009年国家科学技术进步奖二等奖。

2012年，尹项根教授为主要完成人的"基于广域电压行波的复杂电网故障精确定位技术及应用"研究成果获得国家技术发明奖二等奖。

获奖项目提出了基于广域电压行波物联网的复杂电网无盲区故障精确定位理论；发明了专用电压行波传感器、广域网络的AI定位技术、卫星广域同步信号误差校正方法；研发了复杂电网电压行波故障定位成套装备，可适用于各种电力线路，定位精度达150 m，实现了单塔距精确定位。

项目产品得到了广泛持续应用,有力促进了电力系统保护与控制领域的科技进步,为维护电网安全、减少停电损失、保障社会安定发挥了重要作用。仅在2008年我国南方冰灾期间,其故障定位正确率100%,减少巡线400多小时。

发明人:尹项根(华中科技大学)、曾祥君(长沙理工大学)、张哲(华中科技大学)、李泽文(湖南湘能电气自动化有限公司)、陈德树(华中科技大学)、苏盛(长沙理工大学)。

2015年,我校为第一完成单位,魏守平、文劲宇、程时杰为主要完成人的"特大型水轮机控制系统关键技术、成套装备与产业化"获得国家科学技术进步奖二等奖。

我国水电资源蕴藏量世界第一,已建成的500 MW及以上特大型水电机组占世界60%以上。特大型水轮机控制系统长期依赖进口。特大型水轮机高性能控制系统已成为世界和我国水电开发和电网运行亟待攻克的技术难题。该项目经过近30年的持续攻关,有效解决了特大型水轮机高性能控制系统这一重大难题,实现了我国特大型水轮机控制系统技术和装备的跨越式发展,取得了集理论、技术和装备于一体的系列成果。项目组开发的特大型水轮机控制系统成套装备,自2009年首次投运以来已在41台特大型水电机组上应用(包括8台世界最大的800 MW机组),已超过国内全部已投运特大型机组的46%、全国产化成套装备的91%,创造了所有设备投运至今零事故记录,由于性能全面优于国外产品,自2009年以来我国未再进口同类成套装备。荣获2015年国家科学技术进步奖二等奖。

2017年,李红斌等完成的"强电磁环境下复杂电信号的光电式测量装备及产业化"获得国家科学技术进步奖二等奖。

该项目在信号传感、信号解调、电磁防护、性能检测四个方面取得了技术突破,实现了测量装备的"测量准、性能稳、量程大、响应快、高可靠",综合性能超越ABB等国际先进产品,解决了全超导核聚变装置1200 kA长脉冲等离子体电流、铝电解槽750 kA直流电流、混合型柔直断路器μs级短路电流等多个极端测量难题;项目成果打破国外技术垄断,形成元器件、组部件、成套装备、技术服务的完整产业链,有力推动了电信号测量技术的进步和电力、电冶金、核工业等行业的安全高效发展。

5. GF领域大展身手

国家安全是国家独立、和平、稳定发展的基础。电力工程系在成立之初就承担过585所"环流一号""两弹"等科研项目,对GF建设作出了贡献。

2000年8月,华中科技大学建立了GF科研、产品的质量保证体系,学校也成立了GF科研的管理机构,对全校涉足GF工作的单位、教师实行了网络物理隔离、个人的保密培训并签署保密承诺书。

2004年7月获得了装置科研生产许可证。

电气学院在多个研究方向开展了卓有成效的科研工作,承担了多项超1000万的研究项目,以及型号产品的研制任务,拥有两个GF特色学科。2000年至2021年,在该领域获得了12项省部级以上的科技奖励。

因众所周知的原因,没有在此记述这部分的具体内容,特向在此领域作出巨大贡献而在此简史中的无名者致以敬意。

6. 研究成果统计

2006年至2021年,电气学院完成的科研经费及其分类如图22所示。2009年,经费总量突破1亿元,人均完成科研经费量在全校位于前列,约占全校科研经费的10%,经费内涵分类如表24所示。

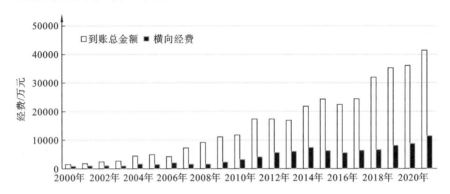

图22　2000—2021年科研经费到账总经费与横向经费趋势图

表24　2009年度科研经费分类明细

名目		经费/万元
到账总经费		11303.58元
经费分类	纵向项目	6397.15万
	横向项目	4828.44万
	国防纵向	4399.14万
	国防横向	2412.94万

科研经费总体趋势自2007年呈现快速增长,而且纵向课题经费的增长远大于横向课题经费的增长,这既与国家科技投入增加有关,也与学校、学院在教师晋级、考核上更加侧重承担国家科技计划研究任务有关。当然,总量的提升也与电气学院科研方向的拓展、引进了一批优秀人才、在职教师数量迅速增加有关。

自1983年至2020年发表的论文数量如图23所示。自2008年,SCI收录论文的总量以及在所发表的论文中所占比重迅速增加。这既是学院的科学研究在朝学科前沿发展,学院教师的国际视野在不断拓宽有关,也与学校、学院的教师职称评聘条件、博士研究生毕业条件中对发表论文的要求有关。

电力工程系至电气与电子工程学院历年所获得的科研成果省部级以上奖励见附录五之(一)。

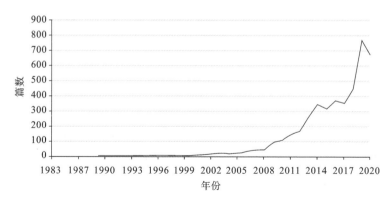

图 23 1983 年至 2020 年电气与电子工程学院发表 SCI 收录论文数

7. 成果转化与产业

在产业方面,早在 20 世纪 60 年代,电力工程系就有因教学需求而开办的电机厂,也有因科研需求而开办的硅元件厂。随着这些工厂的发展,后续业务也并不是仅限于服务于教学、科研。在 20 世纪八九十年代,电力工程系创办了多家企业,既有浅尝即止的,也有长期坚持下来的。后来学校成立科工集团,学院所属企业大多归属于科工集团。因产业涉及国家政策的变化,也涉及股份等经济活动,不进行专门的、深入的调研难以全面、准确地记述。同时,电气学院和企业合作的科研项目本质上是利用学校的科研成果服务于企业的技术进步,也是一种成果转化。

基于上述原因,此处仅介绍一些近年的主要事件。

1) 武汉华大电力自动技术有限责任公司

1998 年,在国家政策的支持下,电力系统及其自动化教研室积极将科研成果转化为生产力,在时任主任毛承雄老师、书记罗毅的积极倡导下,经各方筹措资金,创办了"武汉华工大电力自动技术研究所",负责人为即将退休的吴希再老师,研究所成立后将教研室老师研制的继电保护实验台、自动化实验台、励磁调速装置等转化为产品,进行市场推广和销售,产生了良好的经济效益。公司注册地址为动模楼 101 办公室,管理人员办公室在老动模二楼,生产车间在动模实验室南大厅东南角。2003 年将厂房搬到校外,2007 年含管理人员在内全部搬到国际企业中心。2006 年开始随着国家政策的变化不断改制为民营中小企业,目前已形成相当规模,名称也由"武汉华工大电力自动技术研究所"改为"武汉华大电力自动技术有限责任公司"。

2) 电容器厂

2002 年,华中科技大学电气与电子工程学院与兰州长华科技发展有限公司签订协议,长华公司出资与我院合作建立了脉冲功率技术试验基地,同时成为我院的脉冲功率教学与培训基地。长华公司在校内建立了先进的金属化膜电容器生产车间和试验条件,并独立开展生产和经营活动。试验基地的建立,为我校脉冲电容器的研究提供了良好的研制条件，推动了我校脉冲功率技术研究中心持续获得国家和企业多方面的科研课题支持；我校的研究成果也及时用于基地产品的改进，帮助基地研制成功多种规格的金属化膜电容器，拓展了产品的市场应用。2010年，长华公司和学校产业集团商定结束合作关系，将电容器试验基地出售。

3) 武汉华工融军科技有限公司

武汉华工融军科技有限公司成立于2011年10月，原名武汉华科智能电气技术有限公司，2018年成为武汉新能源研究院有限公司的全资子公司。武汉华工融军科技有限公司与华中科技大学电气与电子工程学院的关系一直十分紧密，首任负责人为电气学院的钟和清老师，2018年之后，王洪生老师和李黎老师先后兼任公司负责人。

从成立伊始，武汉华工融军科技有限公司就是以华中科技大学电气与电子工程学院的先进科技成果为依托开展业务，先后与中船重工710所、712所、719所、海军工程大学、电子科技集团54所、包头宏远电气、武汉华海通用电气、武汉蓝海科创等军工企业和科研院所在电力电子电源、导航通信模块、军用加固机、特种显控设备等方面签订了供货合同或开展技术研发合作。

武汉华工融军科技有限公司在军民融合技术领域取得了显著成果。2020年9月公司获批院士工作站后，潘垣院士成为进站工作的首位院士。潘垣院士团队在公司成果转化的液电脉冲气增产装备，先后在大庆油田、长庆油田、江汉油田、胜利油田、克拉玛依油田等多个国家级油田推广应用。2021年，公司研制的特种电源装备，在南海现场海试任务中，通过了"十三五"某军口国家重点研发计划项目的验收，牵头承研单位为此专门发来感谢信，表彰公司在该项目中的突出贡献。

武汉华工融军科技有限公司近年来保持了良好的发展势头。2019年9月，公司完成了ISO-9001质量体系建设，2020年5月完成了保密资质建设，10月取得军工保密资格证书。2020年10月获批认定为武汉市首批军民融合企业。2021年11月获批高新技术企业和武汉市"小巨人"科技企业。得益于国家"军民融合发展战略"的政策东风，华工融军公司逐渐形成了以军民融合电气业务自主研发生产为特色的公司经营之路，成为一家具备军民融合平台优势，以电气领域校企合作进行先进技术产业化为拓展方向的新兴高科技企业。

4) 武汉扬华电气股份有限公司

武汉扬华电气股份有限公司（简称"扬华电气"）创立于2014年3月，注册资本1250万元，是依托华中科技大学电机及控制工程系无刷双馈电机理论和核心技术成果，由长航集团武汉电机有限公司和华中科技大学共同出资成立的一家科技型公司。扬华电气2018年11月获批国家高新技术企业，同年12月获得武汉市科技"小巨人"企业。拥有完全的自主知识产权无刷双馈技术，扬华电气是以无刷双馈技术为核心，集设计和制造、系统集成、市场开拓、过程控制和工程服务为一体的专业化公司。该技术已获得了4项发明专利（其中1项日本、1项美国、1项欧洲发明专利），13项实用新型专利。

扬华电气的经营宗旨：依托国际首创、国际先进的无刷双馈技术，实现世界领先的无刷双馈电机及控制系统产业化，推进传统电机产业的技术革命，为国家建设资源节约型和环境友好型社会作出应有贡献，为股东和企业员工创造良好效益。

扬华电气的经营范围：无刷双馈技术系列电机产品的设计、制造、销售和技术服务。主要针对水利水电行业、钢铁冶金行业、电力行业、造纸及石油化工行业风机、水泵节能项目，以及油田用高、低压无刷双馈变频电机能效控制。其发电产品主要用于船舶轴带发电和小型水力发电站，为其提供并实施最佳的整体解决方案和高效节能产品。

5）武汉华中华昌能源电气科技有限公司

同年，电气学院脉冲功率技术团队将多年研究形成的科研成果"能源组件"转让4个专利，以1500万元作价入股，合作成立了"武汉华中华昌能源电气科技有限公司"，团队代表人钟和清。

武汉华中华昌能源电气科技有限公司是2017年8月，由潘垣院士团队将多年研究形成的科研成果"能源组件"转让4个专利，以1500万元以技术出资入股，与社会资金共同投资形成的一家致力于脉冲功率技术应用的高科技企业，位于中国武汉东湖高新技术开发区，团队在企业的代表人为钟和清。

公司技术研发团队承担过多项国家大科学工程中的产品研制，涉及激光聚变、磁约束核聚变、脉冲强磁场、工业电除尘、电力系统测试等领域，主要服务于国家重大需求及科研计划的牵头单位，已与中国工程物理研究院、中国兵器集团、中国电子科技集团、中国航天科技集团、中国船舶重工集团、南方电网等单位建立了良好的合作关系。

通过不断创新与发展，公司在脉冲功率技术领域拥有了完全自主知识产权的核心技术，形成以高频高压电源及控制、高压大电流脉冲成形网络系统、强电磁环境高压大电流系统监测与控制、高压大电流放电开关等关键技术体系和产品系列。在高频高压变压器、大电流气体开关、大电流真空开关、大电流半导体开关、大电流放电感、大电流高吸能保护电感、高储能密度电容器、强电磁环境高精度电压电流测量、低辐射脉冲成形网络、系统接地等方面的关键技术研究和工程应用处于国内领先地位。

6）其他

2016年2月26日，国务院颁布了关于印发实施《中华人民共和国促进科技成果转化法》（国发[2016]16号）若干规定的通知，学校也出台了相应的管理文件，即《华中科技大学科技成果转化管理办法》（校科技[2016]11号）。

2016年，学院李黎以10.4万元的价格转让了两个专利，开启了新一轮、新的形式的成果转化之路。

2018年,文劲宇以10万元许可了两个专利的实施权。

2019年7月,学校为了适应新的形势,修订了专利转化相关的文件。

2020年,袁召以500万元许可实施两个专利,成为我院第一个许可费用超过500万元的许可实施合同。

(八)学术交流与社会服务

1. 科技发展战略咨询服务

电气学院积极服务于国家、社会的发展需求,为国家、研究单位以及企业等提供技术咨询。据不完全统计,2005—2021期间承担的主要咨询项目如表25所示。

表25 发展战略咨询报告统计

序号	项目名称	委托单位	负责人	时间
1	国家基金委电工学科"十一五"战略规划	国家自然科学基金委	李劲	2005
2	构建符合我国国情的智能电网	中国科学院咨询项目	程时杰	2011
3	大规模风电并网调峰及输送问题研究(甘肃省新能源发展战略研究)	中国工程院	潘垣 袁小明	2012
4	电力新材料基础理论及新技术应用展望研究	国网天津市电力公司	程时杰	2016
5	武汉高端应用型电子加速器军民融合发展战略研究	中国工程院	樊明武	2019
6	建设"永磁同步电动机关键技术研究"长江教育创新带人才培养与科技创新合作体	教育部	杨凯	2020
7	低碳发展战略下辽宁省多元储能发展需求及运营模式研究	国网辽宁省电力有限公司经济技术研究院	娄素华	2021
8	国家基金委电工学科"十二五"战略规划	国家自然科学基金委	程时杰	2009—2010
9	国家基金委电气科学与工程学科发展战略研究与"十三五"规划	国家自然科学基金委	程时杰	2014—2015
10	高端核医学装备产业化战略研究	中国工程院	樊明武	2016—2017
11	非动力核技术在湖北省环境保护中的应用战略研究	湖北省科学技术协会	黄江	2016—2017

续表

序号	项目名称	委托单位	负责人	时间
12	先进电工材料发展战略研究	国家自然科学基金委	程时杰	2019—2020
13	高端质子医疗装备小型化战略研究	中国工程院	樊明武	2019—2020
14	科技创新战略研究专项项目"重点国别科研设施能力对比"	科技部基础司	林磊	2019—2021
15	非动力核技术推动武汉市及湖北省中小企业实体经济创新发展的战略研究	中国工程科技发展战略湖北研究院咨询研究重大项目	樊明武	2020—2021
16	能源供需"两个50%"战略目标下华中区域电网发展形态研究	国网华中分部	娄素华	2020—2021
17	先进电化学储能技术发展战略	中国工程科技发展战略湖北研究院	程时杰	2021—2022
18	可持续的湖北电力能源供给安全保障研究	中国工程科技发展战略湖北研究院	潘垣	2021—2022

2. 学术交流

电气学院、学院的教师积极承办、发起国际国内的各类学术会议。2008年承办了第十一届国际电机与系统会议(ICEMS 2008);2009年承办了第六届国际电力电子及运动控制会议(IPEMC 2009);2017年承办了第六届IET可再生能源发电国际会议(RPG 2017);2021年承办了第十三届国际工业应用直线驱动大会(LDIA 2021)等国际学术会议;2018年承办了第五届全国储能科学技术大会、第二届电工学科青年学者学科前沿研讨会。同时,在脉冲强磁场、磁约束核聚变、粒子加速器等方面承担了多个系列的前沿研讨会议。除主办、承办学术交流会议外,还承办了全国电气工程学科青年导师研修班、第三届全国低温等离子体数值模拟暑期培训班、第三届电力电子实践教学改革研讨会暨固体电力电子开发设计与实训系统师资培训会、电力系统新技术系列培训班等。

据不完全统计,电气学院相关教师在2000—2021年发起、主办、承办国际国内各类学术会议、学术活动150余次。

据统计,2013—2020年,教师出国参加国际会议计654人次。

2002—2022年,电气学院教师在国际学术组织、学术会议中任职157人次,国内学术组织任职210人次。

2020年,依托我校电气工程学科建立的武汉分会(IEEE PELS Wuhan Chapter)获评国际电气电子工程师学会电力电子学会(IEEE PELS 2020)年度最佳分会,为该奖项设立二十年以来,首次由中国大陆地区的分会获得。IEEE与强电相关的四个主要分支机构(IAS、PES、PELS 和 IES)相继依托我校电气工程学科建立了武汉分会;IEEE PELS 武汉分会现任主席蒋栋教授今年当选英国工程与技术学会会士(IET Fellow);举行首届 IEEE 武汉分会联合会议;徐伟教授团队获国际权威期刊 IEEE TEC 最佳论文奖。

2002—2021 年,学院聘请了美国、日本、英国、俄罗斯、澳大利亚、加拿大等国家以及香港地区教授为客座教授,参见附录二之(六)。

结　　语

电与磁,始终伴随人类文明的发展。从亿万年前原始地球的闪电中,生命肇始。到雷击山火,为早期人类带来火种,驱离黑暗和寒冷,告别茹毛饮血的时代。再到慈(磁)石召铁,指南针的发明,推动了大航海,人类文明进入全球化阶段。直至电气科学的诞生,人类迎来电气化的伟大时代。电力能源和电子信息的深度发展,人类由电气时代,跨入信息时代,并走向智能时代。电,成为继空气、土壤、阳光、水之外,人类文明不可或缺的第五要素。

华中科技大学电气学科,源自积贫积弱旧中国的五所大学。其时内忧外患、战乱连连,实业救国的道路荆棘丛生,电气学科如暗夜中的荧荧之光。新中国成立后,百废待兴,实业兴国的大道徐徐展开,华中科技大学电气学院与新中国同频共振,为新中国电力工业的创建和发展作出了卓越贡献。改革开放以来,国家迎来历史性转变,实业强国的步伐坚实稳健,学院厚积薄发,为中国电气工程的蓬勃发展汇聚力量。21世纪以来,电气工程逐步向电气科学与工程及其智能化转变,新材料、人工智能的深度融合,"电气化＋"的外延,电力能源安全、高效、低碳的愿景,华中科技大学电气人担当致远,正在人类电气科学的进步,特别是电力能源科技的变革中,贡献我们的智慧和力量。

七十载,于个体,百味人生;七十载,于家国,兴衰荣辱;七十载,于寰宇,弹指之间。七十载,于华中科技大学电气学院,历经从无到有、从小到大、从弱到强的创业艰辛,朝气蓬勃,正值韶华。展望未来,任重道远。我们坚信,凝结七十年宝贵发展经验的电气学院一定会续写辉煌,再创伟绩,为中华民族的伟大复兴,为人类的文明进步,作出新的、更大的贡献。

附录一　领导班子及管理机构负责人名录

(一) 电力系、电机系、电气与电子工程学院历任领导名录

单位名称	系主任	副主任	总支书记	副书记	说明
电力系(1953—1958)	朱木美(1952—1958)	陈泰楷 蒋定宇	无(—1955) 石贻昌(1955.6—1959.12)	无	
电机系＋ 水电系(1958—1960)	黎献勇(1958—1960)	尹家骥 (1958—1966)	石贻昌 (1955.6—1959.12)	彭伯永(1958.8—1960.3) 蒙万融(1958.10—1961.8)	
电机动力系 (1960.3—1961) 与动力系合并	马毓义(1960—1961, 原动力系主任)	尹家骥 (1958—1966)	王树仁(1959.12—1961.9)	彭伯永(1958.8—1960.3) 蒙万融(1958.10—1961.8)	
电机工程系 (1961—1977)	黎献勇(1961—1964) 尹家骥(常务)负责工作	尹家骥 (1958—1966)	蒙万融 (1961.9—1965.12)	金子镕 王立清(1964.10—1985.3)	"文革"前(1958— 1966),尹家骥副 主任做了大量实 质性工作
	林金铭(1964—1966.4) 李再光(1966.4—1977)	尹家骥(1958—1966) 樊俊(1964.8—1966)	孟占勇(1965.12—1967)	王立清(1964.10—1985.3)	

续表

单位名称	系主任	副主任	总支书记	副书记	说明
电机工程系（1961—1977）	李再光（"文革"期间未负责）刘多兴（1967—1973，"文革"前期）、革委会主任（1966—1972）	班子成员到干校劳动	无（1967—1969）	王嘉㭠（1965.6—1970.12）陈珠芳（1965.6—1973.10）	"文革"前期（1966—1970），电机系班子到干校劳动
电机工程系（1961—1977）	李再光（1973.7—1977.7）1972年到激光研究所	尹家骥（1973—1983）徐秀发（1973.11—1977.9）	刘卯钊（1969—1976.11）	王立清（1964.10—1985.3）刘献君（1973.10—1975.7）姜丽华（1976.11—1984.11，学生工作）	
电力工程系（1977—1992.8）	王嘉㭠（1977.7—1979.9）后到管理学院	尹家骥（1973.7—1983）	潘昌志（1977—1980）		"文革"后期始（1973—1983），尹家骥、樊俊、梁毓锦副主任做了大量实质性工作
电力工程系（1977—1992.8）	林金铭（1979.9—1983.10）	尹家骥（1973.7—1983）樊俊（1981—1983.10）余健棠梁毓锦（—1983.10）	程宏（1980—1985）	王立清（1964.10—1985.3）姜丽华（1984.12—1987.3，教职工工作）	
电力工程系（1977—1992.8）1977年电机系合并与动力一系合并；1988年华中工学院改名华中理工大学	陈德树（1983.10—1984.11）姚宗干（1984.11—1985.1）	姚宗干（1983.10—1984.11）胡会俊（1984.11—1985.1）			名誉系主任林金铭
	胡会骏（1985.1—1992.8）	贾正春（1985.1—1991.4）余健棠（1985.1—1987.7）曾广达（1985.1—1986.6）黄力宛（1986.6—1991.4）贾宗谟（1987.7—1992.10）龚守相（1988.12—1991.8）周海云（1991.10—1992.10）	黄慕义（1985.1—1995.12）	姜丽华（1976.11—1987.3）龚守相（1985.3—1988.12）廖世平（1985.1—1987.3—1995.2）周海云（1986.6—1987.3—1991.10）李新主（1989.7—1992.8）	1992.8开始施行聘任制

续表

单位名称	系主任	副主任	总支书记	副书记	说明
电力工程系 (1992.8—1996.12)	胡会骏(1992.8—1996)	李劲(1991.4—1996.12) 杨传谱(1991.4—1996.12) 张先信(1992.10—1999.1) 周海云(1992.10—)常务	黄蒙义(—1992.12—1995.2) 廖世平(1995.2—1996.9)	周建波(1992.8—1992.12—1997.1) 李新主(—1992.8—1992.12—1997.1)	1992.8开始施行聘任制
能源科学与工程学院(非实体),胡会骏兼任院长		副院长:韩守木,郑楚光、程时杰(1994.11—)	无	无	电力系与动力系未合并,1994.11—1996.12
能源科学与工程学院(实体) (1997.1—1998.2)	郑楚光院长 (1996.12—1998.2)	副院长:韩守木、程时杰(1994.11—) 副院长:辜承林(1997.11—1998.2)	尹项根(1997.1—1998.2)	李青(1997.1—1998.2)	1997年1月电力系、动力系撤销,合并。两系的党总支撤销
电力工程系重建 (1998.2—2000.12)	尹项根(1998.2—2001.2)	副院长(黄素逸,刘伟,1998.2—) 系常务副主任:周海云(1998.2—2000.5) 邹积岩、孙亲锡、辜承林(1998.2—2000.5) (以下为副院长)	张国德(1998.2—2006)	姜铁兵(1998.2—1999.1) 张国安(1998.2—1998.7) 王胜豪(1999.3—2001.2) 冯爱民(2001.2—2002.12)	1998年2月电力系、动力系分别重建
电气与电子工程学院 (2000.12—2010.12) (2000年组建)	(以下为院长) 名誉院长潘垣 辜承林(2001.2—2006.5) 段献忠(2006.5—2008.8)	周海云、邹云屏、段献忠(2000.12—2006.5) 熊蕊(2001.6—2006.6) 于克训、唐跃进、康勇、陈晋(2006.5—2008.8) 何俊佳(2006.6—2010.7)	张国德(1998.2—2006)	马冬并(2003.5—2007.4)	
华中科技大学	段献忠(2006.5—2008.8)		冯征(2007.3—2008.8)	郑小建(2007.4—2011.10)	2008年1月批复党总支换届

续表

单位名称	院长	副院长	党委书记	副书记	说明
电气与电子工程学院(2000.12—2010.12)(2000年组建华中科技大学)	康勇(2008.8—2010.12)	唐跃进、陈晋、何俊佳、文劲宇、李毅(2008.8—2010.12)	于克训(2008.8—2015.1)	郑小建(2007.4—2011.10)	2010年12月行政班子换届
电气与电子工程学院换届(2010.12—2022.8)	康勇(2010.12—2016.10)	唐跃进(—2013.12)、陈晋、文劲宇、李毅(换届2010.12—2016.10)；毛承雄、曲荣海(2012.6—2016.10)；李红斌、袁小明(2013.12—2016.10)	于克训(2008.8—2015.1)；文劲宇(2015.9—2016.10)	王学东(2011.10—2017.3)	2016年10月党政班子换届
	文劲宇(2016.10—)	李红斌(2013.12—2016.10)；张明、樊宽军、杨凯(2016.10—)；林磊(2016.10—2021.12)；胡家兵(2019.10—)	陈晋(2016.10—2022.5)；张明(2022.5—)	王学东(2011.10—2017.3)；罗珝(2017.3—)；林磊(2018.11—2021.12)	

(二) 电力系、电机系、电气与电子工程学院党政机关领导名录

时间(年月)	行政办公室	党委(总支)办公室	人事办公室	学科建设办公室	教学管理 本科生	教学管理 研究生	科研科	财务科	分团委	学工组	研工组
1966.6	主任周炼铭				—	—	—	—	陈明珠	—	—
1976.5	主任周炼铭				—	—	—	—	张国德	—	—
1977.1	主任周炼铭	副主任刘志珍		—	陈宝中		—	—	张国德(至1978.9) 李振文(1978.10起)	—	—
1981.2	主任周炼铭	副主任刘志珍		—	杨惠芳	贾政春	孙友新(科研秘书)	—	李振文	—	—
1982.9	主任周炼铭	副主任刘志珍		—	杨惠芳	贾政春	孙友新(科研秘书)	—	廖世平	—	—
1984.4	主任周炼铭	副主任刘志珍		—	石群芳		孙友新(科研秘书)	—	廖世平(1984.12)	—	—
1985.3	院办主任石群芳 副主任沈宝光、钟贞涛 总支办周炼铭			—	石群芳		钟贞涛	—	张国德(1985.1起)	廖世平	—
1986.6	主任沈宝光	总支办尹小玲		—	杨惠芳		钟贞涛	周炼铭	周建波	廖世平	—
1987.11	主任沈宝光	总支办尹小玲		—	杨惠芳		钟贞涛	周炼铭	黄伏生	周建波	—
1989.9	沈宝光	总支办尹小玲		—	杨惠芳		钟贞涛	周炼铭	黄伏生	李新主	—
1990.10	主任陶仲兵	总支办尹小玲		—	杨惠芳		林林	周炼铭	张国安	李新主	—
1991.5	主任陶仲兵	总支办尹小玲		—	杨惠芳		林林	周汉洪	张国安(至1994.7)	李华燊	—
1992.8	主任陶仲兵	总支办尹小玲		—	杨惠芳		林林	周汉洪	蒙子杰	李华燊(至1993.8)	—

续表

时间(年月)	行政办公室	党委(总支)办公室	人事办公室	学科建设办公室	教学管理 本科生	教学管理 研究生	科研科	财务科	分团委	学工组	研工组
1996.6	主任陶伸兵 副主任黄伟	总支办主任尹小玲					林林	李青云	艾敏	周建波(副书记)	—
1997.3(能源学院)		主任尹鹤龄		主任 尹小玲	杨惠芳	—	杨惠芳	邹文康	取消院财务	艾敏	曹锋(副书记)
1998.7		主任尹小玲		—	杨惠芳	陈菲	张桂菊	—	李昕	艾敏	—
1999.3		主任尹小玲		—	杨惠芳	陈菲	艾敏	—	李昕	王胜豪	马冬开(新成立)
2000.7		主任尹小玲		—	杨惠芳	陈菲	艾敏	—	李岩	王胜豪	马冬开
2001.2		主任尹小玲 副主任黄伟		—	杨惠芳	陈菲	艾敏	—	戴则健	冯爱明	马冬开
2001.7		副主任金闽梅		—	黄伟	陈菲	张早雄	—	柳润	冯爱明	马冬开
2002.5		副主任金闽梅		—	黄伟	陈菲	张早雄	—	李毅(女)	郑小建	郑小建
2003.1		副主任金闽梅		—	黄伟	陈菲	周希平	—	李毅(女)	李毅(女)	李毅(男)
2005.12		主任尹小玲		—	黄伟	陈菲	周希平	—	李毅(女)	李毅(女)	罗珺
2006.11		主任李毅		高艳(新成立)	葛凉	陈菲	周希平	—	李冲	李毅(女)	李群
2007.3		副主任朱端东			葛凉	陈菲	周希平	—	李冲	李毅(女)	李群
2008.2		副主任朱端东			葛凉	陈菲	周希平	—	何方玲	李冲	吴芳
2008.9	主任李群	副主任朱端东			吴彤	陈菲	周希平	—	何方玲	李冲	吴芳
2009.8											

续表

时间(年月)	行政办公室	党委(总支)办公室	人事办公室	学科建设办公室	教学管理 本科生	教学管理 研究生	科研科	财务科	分团委	学工组	研工组
2011.9	主任李群	副主任朱瑞乐	—	高艳	谢琴	陈菲	周希平	—	彭韵芬	何方玲	吴芳
2012.2	主任李群	副主任朱瑞乐	—	高艳	谢琴	陈菲	周希平	—	彭韵芬	何方玲	刘鹏
2012.7	主任李群	副主任朱瑞乐	—	高艳	谢琴	陈菲	周希平	—	王元超	何方玲	刘鹏
2012.12	主任李群	副主任朱瑞乐	—	蒙丽	谢琴	陈菲	周希平	—	郭智杰	何方玲	刘鹏
2014.12	主任李群	副主任朱瑞乐	—	蒙丽	朱秋华	陈菲	周希平	—	郭智杰	何方玲	刘鹏
2015.5	主任李群	副主任朱瑞乐	—	蒙丽	朱秋华	陈菲	周希平	—	曹攀辉	何方玲	刘鹏
2016.8	李群	朱瑞乐(新成立)	—	蒙丽	朱秋华	陈菲	杜桂焕	陈小浈(新成立)	曹攀辉	何方玲	何方玲
2017.2	何方玲	朱瑞乐	李群(新成立)	蒙丽	朱秋华	陈菲	杜桂焕	陈小浈	陈汕	曹攀辉	萧珺
2017.9	何方玲	朱瑞乐	李群	蒙丽	朱秋华	陈菲	杜桂焕	陈小浈	陈汕	曹攀辉	雷浩楠
2018.7	李群	朱瑞乐	李群	蒙丽	朱秋华	陈菲	杜桂焕	陈小浈	许文立	曹攀辉	许文立
2020.4	李群	朱瑞乐	李群	蒙丽	朱秋华	陈菲	杜桂焕	陈小浈	许文立	曹攀辉	许文立
2020.8	李群	朱瑞乐	李群	蒙丽	朱秋华	陈菲	杜桂焕	陈小浈	柳子迹	萧珺	许文立
2020.11	主任李群 副主任吴思思	朱瑞乐	李群	蒙丽	朱秋华	陈菲	杜桂焕	陈小浈	柳子迹	萧珺	许文立
2021.10	吴思思	朱瑞乐	李群	蒙丽	朱秋华	陈菲	杜桂焕	陈小浈	柳子迹	柳子迹	许文立
2022.7									李毅(男)	许文立	柳子迹

各科室人员未变动,新设置实设办：主任尹仕,副主任古晓艳

院行政机关党支部			聘任院长助理	
时间	书记	委员	时间	姓名
2000.3	尹小玲		2001.2	熊蕊 罗毅
2008.6	李毅(女)	陈菲 朱瑞东	2002.10	朱曙微
2012.12	朱瑞东	陈菲 郭智杰	2006.11	李毅(女)
2017.1	何芳玲	陈灿 陈小炎	2007.3	尹小玲
2017.9	朱瑞东	陈灿 陈小炎	2010.12	颜秋容
2018.7	朱瑞东	陈小炎 萧珺	2011.11	胡家兵
2020.11	朱瑞东	陈小炎 李毅(男)	2012.3	杨德先 钟和清 苗世洪
			2015.11	樊宽军 张明
			2015.12	林磊
			2016.8	杨凯
			2017.2	李群 杨德先
			2018.5	杨勇
			2021.4	吕以亮

附录二　师资队伍相关统计

（一）建系以来在电力工程系、电气学院工作过的教职员工名单

说明：

因档案、调查时间有限等多种原因，此名单尚有多处不足。例如：

①或有人员遗漏、姓名错别字，尤其是1957—1973年间转入造船系、工程物理系、硅元件厂、无线电系、自控系、激光研究所的早期人员，以及与动力工程系、水电工程系几次合并、拆分期间的人员。

②"时间"一栏一般是指入职"电力工程系（学院）"的时间，但部分人员可能是参加工作的时间，从本校其他单位调入的教师，也有可能是入职本校其他单位的时间。

③未能调查、核实在电力工程系（学院）工作的期限。

综合上述因素，此名单只能作为本院史的参考资料，不能作为法律证据。对上述错误、不足，欢迎各位院友提供信息，以便逐渐完善该名单。

序号	姓名	时间	单位或专业	序号	姓名	时间	单位或专业
1	陈宝中	1953	行政机关	15	侯煕光	1953	电自
2	陈传瓒	1953	电机	16	侯学	1953	电工与电磁
3	陈德树	1953	电自	17	胡焕章	1953	电工基础
4	陈国梁	1953	电力机械	18	胡谱生	1953	电力机械
5	陈锦江	1953	工企	19	黄念森	1953	电机实验室
6	陈泰楷	1953	发配电	20	黄维国	1953	电力机械
7	陈珽	1953	工企	21	黄煜麒	1953	电自
8	程光弼	1953	电自	22	黄志强	1953	电力机械
9	程礼椿	1953	高压	23	蒋定宇	1953	电机
10	刁士亮	1953	电自	24	揭秉信	1953	电测
11	樊俊	1953	电自	25	康华光	1953	电工基础
12	范正忠	1953	电工与电磁	26	黎木林	1953	电器
13	杭维翰	1953	发配电	27	黎献勇	1953	水电
14	何文蛟	1953	电机电器	28	李枚安	1953	电力机械

续表

序号	姓名	时间	单位或专业	序号	姓名	时间	单位或专业
29	李升浩	1953	电力机械	62	吴松鄂	1953	电工与电磁
30	李再光	1953	电机	63	熊秋思	1953	电机电器
31	李子祥	1953	水电	64	徐光	1953	行政机关
32	连登权	1953	电力机械	65	许实章	1953	电机
33	梁鸿飞	1953	发电厂	66	许宗岳	1953	电工基础
34	梁毓锦	1953	高压	67	杨赓文	1953	电机
35	林金铭	1953	电机	68	杨启知	1953	电工与电磁
36	林士杰	1953	电自	69	叶朗	1953	电机
37	刘福生	1953	电自	70	叶平贤	1953	电力机械
38	刘汉川	1953	电自	71	尹家骥	1953	电机
39	刘乾才	1953	电自	72	余德基	1953	电工与电磁
40	刘绍峻	1953	高压	73	虞锦江	1953	水电经运
41	刘寿鹏	1953	电自	74	禹玉贵	1953	电机
42	柳中莲	1953	电自	75	张少荃	1953	配电间
43	卢展成	1953	电机电器	76	张守奕	1953	电工基础
44	罗陶	1953	电器	77	张肃文	1953	待查
45	马毓义	1953	动力	78	张旺祖	1953	电自
46	蒙盛文	1953	电机实验室	79	张文灿	1953	电工基础
47	蒙万融	1953	电机	80	招誉颐	1953	高压
48	彭伯永	1953	电力电子	81	赵师梅	1953	电力机械
49	漆瑞波	1953	院办	82	钟声淦	1953	电工与电磁
50	谭颂献	1953	电自	83	周克定	1953	电机
51	汤之章	1953	待查 电信系	84	周泰康	1953	电工基础
52	唐曼卿	1953	电工基础	85	朱木美	1953	电机
53	唐兴祚	1953	发配电	86	邹锐	1953	电工基础
54	涂健	1953	电力机械	87	左全璋	1953	电机
55	万发贯	1953	无线电	88	泚瑞波	1954	待查
56	王家金	1953	电自	89	蔡乃伦	1954	待查
57	王乃仁	1953	电工基础	90	邓崇炽	1954	水电
58	王显荣	1953	待查	91	范锡普	1954	电自
59	魏开泛	1953	后调到上海	92	贺魁元	1954	待查
60	文斗	1953	电机	93	黄先城	1954	待查
61	吴坤昌	1953	电工学	94	刘育骐	1954	水电调节

续表

序号	姓名	时间	单位或专业	序号	姓名	时间	单位或专业
95	刘志珍	1954	待查	128	黄国藩	1955	高电压实验室
96	罗福锡	1954	待查	129	梁汉	1955	电测实验室
97	吕继绍	1954	电自	130	吕继绍	1955	电自
98	马玉珍	1954	待查	131	沈春华	1955	资料室
99	莫子全	1954	待查	132	沈宗澍	1955	水电经运
100	秦金和	1954	待查	133	施兆龙	1955	电工基础
101	谭智荟	1954	电工基础	134	石贻昌	1955	党总支书记
102	唐素云	1954	待查	135	孙淑汶	1955	待查
103	陶昌琪	1954	电力机械	136	孙淑信	1955	电自
104	王嘉霖	1954	发配电	137	谭应栋	1955	高电压实验室
105	吴琦	1954	待查	138	谭月灿	1955	水机
106	徐尧	1954	待查	139	陶炯光	1955	电工基础
107	徐永平	1954	待查	140	温增银	1955	电自
108	许仁万	1954	待查	141	言昭	1955	电自
109	宣德春	1954	待查	142	姚宗干	1955	高压
110	严亚湘	1954	待查	143	张昌期	1955	水电调节
111	游先章	1954	待查	144	张绍坚	1955	待查
112	余斌	1954	应电	145	邹祖英	1955	电自实验室
113	赵贵兴	1954	高压	146	曾繁刊	1956	电工基础
114	钟松清	1954	待查	147	陈俊杰	1956	水机
115	周定华	1954	待查	148	程良骏	1956	水机
116	周云生	1954	待查	149	龚向阳	1956	待查
117	邹春荣	1954	水机	150	胡林生	1956	资料室
118	陈卉玉	1955	待查	151	胡亚光	1956	待查
119	陈世玉	1955	电工基础	152	黄锦恩	1956	待查
120	陈云年	1955	水电经运实验室	153	黄铁侠	1956	电工学
121	陈忠	1955	电自	154	金松龄	1956	应电
122	陈忠玲	1955	待查	155	李朗如	1956	电机
123	邓聚龙	1955	待查	156	李睿源	1956	待查
124	郭功浩	1955	电机	157	李湘生	1956	电机
125	何传绪	1955	电机实验室	158	刘明亮	1956	电工与电磁
126	何仰赞	1955	电自	159	马志云	1956	电机
127	胡修铭	1955	待查	160	彭华实	1956	待查

续表

序号	姓名	时间	单位或专业	序号	姓名	时间	单位或专业
161	丘达坤	1956	待查	194	方庶国	1958	待查
162	任元	1956	电自	195	傅光洁	1958	电机
163	王离九	1956	待查	196	金临川	1958	电自
164	徐纪方	1956	水机	197	李国英	1958	电机
165	朱涵梁	1956	待查	198	李玉章	1958	动模实验室
166	白祖林	1957	电器	199	李佐华	1958	待查
167	陈婉儿	1957	电工学	200	刘翠娥	1958	待查
168	陈贤威	1957	待查	201	龙怀宁	1958	水机
169	陈学允	1957	电自	202	罗南逸	1958	水机
170	陈珠芳	1957	院办	203	裘馥静	1958	资料室
171	何全普	1957	电机	204	童全秀	1958	院办
172	胡伟轩	1957	电工与电磁	205	王岩	1958	电工学
173	黄慕义	1957	电工基础	206	王传勤	1958	水电经运实验室
174	李敬恒	1957	水电调节	207	王法中	1958	待查
175	李锡雄	1957	电工学	208	王家贵	1958	待查
176	李正瀛	1957	高压	209	王启义	1958	待查
177	林奕鸿	1957	待查	210	王树仁	1958	党总支书记水电
178	刘延冰	1957	电测	211	吴源达	1958	待查
179	罗宗虔	1957	电器	212	严建成	1958	待查
180	丘军林	1957	电器	213	叶鲁卿	1958	水电调节
181	宋韶烈	1957	待查	214	张瑞琳	1958	电机实验室
182	宋绍煦	1957	电自	215	周明远	1958	待查
183	陶醒世	1957	电机	216	周勤慧	1958	电自
184	陶绪楠	1957	待查	217	朱俊华	1958	水机
185	谢家治	1957	高压	218	朱玉珍	1958	应电
186	熊衍庆	1957	电机	219	艾礼初	1959	电工基础
187	张勇传	1957	水电经运	220	曾凡刊	1959	电自
188	爱海清	1958	待查	221	曾广达	1959	电工基础
189	陈坚	1958	应电	222	陈大钦	1959	电工学
190	陈启蒙	1958	待查	223	陈乌常	1959	电工学
191	仇渭生	1958	水机	224	邓仲通	1959	电测
192	邓美英	1958	高压	225	封在修	1959	水电调节
193	邓星钟	1958	电器	226	何镇陆	1959	电工学

续表

序号	姓名	时间	单位或专业	序号	姓名	时间	单位或专业
227	李竹英	1959	电工基础	260	刘厚胜	1960	待查
228	棠宗明	1959	待查	261	罗掌业	1960	电器
229	王宝仙	1959	待查	262	马葆庆	1960	应电
230	王德芳	1959	电测	263	磨长镇	1960	电机
231	王茂学	1959	待查	264	欧阳环	1960	电自
232	韦宋明	1959	电机	265	潘多梅	1960	待查
233	向汉运	1959	待查	266	戚珊英	1960	待查
234	肖成章	1959	待查	267	祁水生	1960	待查
235	袁翠仙	1959	待查	268	邱东元	1960	电机实验室
236	袁静仁	1959	应电	269	邱杏珍	1960	待查
237	张志鹏	1959	电测	270	石群芳	1960	系办
238	镇天明	1959	实验	271	唐凤英	1960	待查
239	包治平	1960	待查	272	唐继安	1960	电自
240	蔡淑薇	1960	水机	273	唐秋生	1960	电机工人
241	陈本孝	1960	电器	274	唐孝镐	1960	电机
242	陈伯伟	1960	电自	275	王梅兰	1960	待查
243	陈守则	1960	待查	276	温中一	1960	待查
244	陈贤珍	1960	电机	277	吴建廉	1960	水机
245	陈玉凤	1960	电自	278	肖广润	1960	电测
246	陈仲秋	1960	待查	279	肖运福	1960	应电
247	冯林根	1960	应电	280	徐乃凤	1960	电工基础
248	贺昌杰	1960	水机	281	徐远志	1960	待查
249	胡会骏	1960	电自	282	许瑞茂	1960	待查
250	胡全凤	1960	待查	283	阳元芝	1960	待查
251	黄国标	1960	待查	284	杨连香	1960	待查
252	黄一夫	1960	待查	285	杨政	1960	电机
253	黄志炜	1960	待查	286	叶德山	1960	待查
254	姜孟文	1960	应电	287	叶妙元	1960	电测
255	金振荣	1960	电机	288	游祥梅	1960	待查
256	李飞霞	1960	待查	289	袁礼明	1960	电自
257	李力	1960	待查	290	岳冶芳	1960	待查
258	李树林	1960	高压	291	詹琼华	1960	电机
259	林道	1960	水机	292	张城生	1960	电机

续表

序号	姓名	时间	单位或专业	序号	姓名	时间	单位或专业
293	张清辉	1960	待查	326	赵锦屏	1961	水机
294	张永立	1960	电自	327	郑正新	1961	待查
295	郑学全	1960	待查	328	周惠领	1961	电工与电磁
296	周秋波	1960	应电	329	周劲青	1961	电工学
297	朱秋莲	1960	待查	330	周舒梅	1961	电测
298	陈清海	1961	电工学	331	陈锦云	1962	待查
299	戴旦前	1961	电工基础	332	陈瑞娟	1962	电自实验室
300	邓家祺	1961	水电	333	李儒晴	1962	电自实验室
301	段春玲	1961	电工与电磁	334	刘东华	1962	待查
302	冯信华	1961	电机	335	刘甲凡	1962	水机
303	龚嗣芬	1961	水机实验室	336	刘鑫卿	1962	水电经运
304	桂学春	1961	水机实验室	337	彭寸奎	1962	院办
305	郝先明	1961	待查	338	彭大慧	1962	待查
306	黄力元	1961	电工基础	339	许锦兴	1962	电机
307	李建威	1961	水机	340	姚宏霖	1962	高电压实验室
308	梁年生	1961	水电经运	341	余芳梅	1962	待查
309	林家瑞	1961	电工学	342	赵华明	1962	应电
310	刘多兴	1961	电工基础	343	林雪珠	1963	实验
311	刘乃新	1961	待查	344	罗初东	1963	待查
312	刘西平	1961	水机实验室	345	倪善生	1963	水机
313	刘小九	1961	待查	346	汪馥瑛	1963	电自
314	马德华	1961	待查	347	熊湲琴	1963	实验
315	秦 军	1961	待查	348	徐先芝	1963	高电压实验室
316	秦天爵	1961	电工学	349	余茉玲	1963	电工学
317	孙善旬	1961	待查	350	周练铭	1963	院办
318	孙友新	1961	系办	351	程宏	1964	党总支
319	唐良晶	1961	电工基础	352	冯碧霞	1964	动模实验室
320	唐颂声	1961	电工基础实验室	353	贺英全	1964	电工与电磁
321	韦宗明	1961	电测	354	赖寿宏	1964	待查
322	肖琬元	1961	水机	355	李家镕	1964	待查
323	熊良富	1961	待查	356	李劲	1964	高压
324	张方惠	1961	待查	357	李志文	1964	实验
325	赵斌武	1961	电测	358	林志雄	1964	水机

续表

序号	姓名	时间	单位或专业	序号	姓名	时间	单位或专业
359	罗志勇	1964	电器	392	刘志军	1967	电机实验室
360	王大坤	1964	电工基础实验室	393	吴希再	1967	电自
361	王立清	1964	党总支	394	徐至新	1967	应电
362	王培香	1964	电测实验室	395	张民新	1967	电工与电磁
363	王世清	1964	电机实验室	396	陈崇源	1968	电工基础
364	吴明友	1964	高压,后勤退休	397	龚世缨	1968	电机
365	余健棠	1964	水机	398	李焜文	1968	待查
366	喻元长	1964	电工实训	399	鲁丽萍	1968	电工与电磁
367	袁有康	1964	待查	400	杨眉	1968	实验
368	周永钧	1964	电机	401	杨荫福	1968	应电
369	周友恒	1964	应电	402	余慧芳	1968	电自
370	曾文山	1965	待查	403	周鑫霞	1968	电工与电磁
371	陈宗英	1965	待查	404	曾克娥	1969	电自
372	戴柏林	1965	待查	405	付建国	1969	院办
373	付志芳	1965	待查	406	何文才	1969	电工实训
374	何月曲	1965	水机	407	李启炎	1969	电测
375	胡长松	1965	待查	408	李晓帆	1969	应电
376	黄嫣珍	1965	待查	409	王国和	1969	电自
377	贾正春	1965	电机	410	王能秀	1969	水机
378	李光斌	1965		411	翁良科	1969	实验
379	梁宗善	1965	电工学	412	杨莉莎	1969	应电
380	刘正林	1965	待查	413	杨长安	1969	电机
381	孟占勇	1965	党总支书记	414	周丽华	1969	电工与电磁
382	秦传钦	1965	待查	415	邹寿彬	1969	电工学
383	王昌明	1965	应电	416	邹云屏	1969	应电
384	肖宏章	1965	待查	417	陈冬珍	1970	待查
385	杨汉银	1965	待查	418	陈国贤	1970	待查
386	张学珍	1965	待查	419	陈殊殊	1970	待查
387	周予为	1965	电测	420	陈涛	1970	待查
388	王晓瑜	1966	高压	421	董美清	1970	待查
389	杨国清	1966	电工与电磁	422	韩桂英	1970	待查
390	何惠慈	1967	电工基础	423	黄秋芝	1970	待查
391	林聿忠	1967	水机	424	黄心汉	1970	待查

续表

序号	姓名	时间	单位或专业	序号	姓名	时间	单位或专业
425	贾宗谟	1970	水机	458	周方桥	1970	待查
426	孔志辉	1970	待查	459	周海云	1970	电机
427	李年珍	1970	待查	460	周永萱	1970	电工与电磁
428	刘业伟	1970	待查	461	周祖德	1970	电工学
429	刘之新	1970	待查	462	陈贤治	1971	电自
430	龙国斌	1970	待查	463	贺临质	1971	电机实验室
431	罗汉京	1970	待查	464	鲁莉萍	1971	系办
432	马小玲	1970	待查	465	吴利华	1971	电机
433	闵安东	1970	电自	466	肖德明	1971	水机
434	潘晓光	1970	待查	467	徐鸿	1971	电机
435	彭健才	1970	电工学	468	叶洪	1971	电机实验室
436	秦九	1970	待查	469	叶立贤	1971	电工基础实验室
437	任士焱	1970	电测	470	叶再春	1971	待查
438	宋邦萍	1970	待查	471	尹云霞	1971	电工基础
439	田景敏	1970	待查	472	余楚汉	1971	水机实验室
440	王柏琳	1970	水电调节	473	赵春荣	1971	待查
441	王汉生	1970	待查	474	周振林	1971	待查
442	王金荣	1970	待查	475	黎平	1972	动模实验室
443	王少田	1970	待查	476	罗元文	1972	水机
444	王受成	1970	待查	477	王岳雄	1972	电工基础
445	王小英	1970	待查	478	刘明玉	1973	水电调节
446	王紫薇	1970	电工与电磁	479	刘献君	1973	党总支副书记
447	吴鸿修	1970	电工学	480	刘晓渠	1973	水电调节
448	相传普	1970	待查	481	罗小华	1973	电工实训
449	熊信银	1970	电自	482	徐建芳	1973	电机
450	徐桂英	1970	待查	483	徐秀发	1973	电机
451	杨传谱	1970	电工基础	484	杨钧	1973	水电调节
452	杨森	1970	电工学	485	叶启弘	1973	高压
453	杨仲明	1970	电机	486	钟贞涛	1973	电工基础、院办
454	姚裕安	1970	待查	487	陈宁安	1974	电工实训
455	余岳辉	1970	待查	488	戴晓宁	1974	电机教研室
456	张国胜	1970	高压	489	郝广震	1974	电工实训
457	张明波	1970	待查	490	何定桥	1974	院办

续表

序号	姓名	时间	单位或专业	序号	姓名	时间	单位或专业
491	黄冠斌	1974	电工基础	524	郭泽俊	1976	应电
492	经巧娣	1974	电工基础	525	胡克英	1976	高压
493	李国久	1974	动模实验室	526	黄美芳	1976	水机
494	李美珍	1974	水电调节	527	黄旭	1976	电工基础
495	林顺贵	1974	电自实验室	528	李福生	1976	水电经运
496	任应红	1974	电机	529	李瑞桓	1976	电机
497	沈辉	1974	水机	530	李振文	1976	辅导员
498	魏伟	1974	实验	531	刘光宇	1976	水机实验室
499	熊蕊	1974	应电系	532	侣治洪	1976	水电经运
500	杨爱媛	1974	电力电子	533	马寅午	1976	水电经运
501	张鄂亮	1974	电工与电磁	534	邱望成	1976	书记（工宣队）
502	陈明辉	1975	电工与电磁	535	沈宝光	1976	水机
503	杜雄	1975	干部	536	孙亲锡	1976	电工基础
504	葛琼	1975	电工与电磁	537	田新时	1976	电自
505	龚守相	1975	电机	538	王麦力	1976	水电经运
506	韩风琴	1975	水电调节	539	王宇光	1976	电工基础
507	胡能正	1975	电自	540	吴燕红	1976	应电
508	彭校华	1975	电自	541	吴宇光	1976	电工基础
509	任志坚	1975	电工与电磁	542	杨为国	1976	电机
510	涂光瑜	1975	电自	543	张国德	1976	电自
511	汪以进	1975	水电调节	544	张小明	1976	电器
512	王景龙	1975	高压	545	张晓皞	1976	电测
513	韦彩新	1975	水机	546	周逸芳	1976	水电调节
514	谢莉敏	1975	水电调节	547	朱旗	1976	电工实训
515	袁凤兰	1975	高压	548	左栗英	1976	水电经运实验室
516	张步涵	1975	电自	549	杜裕福	1977	水电经运
517	张国法	1975	待查	550	耿建萍	1977	辅导员
518	张汉民	1975	高电压实验室	551	胡镜文	1977	电测实验室
519	张均澍	1975	水电经运	552	李连清	1977	电测实验室
520	张克危	1975	水机	553	林林	1977	水电经运
521	张锡芝	1975	高压	554	潘昌志	1977	党总支书记
522	朱明钧	1975	电测	555	孙扬声	1977	电自
523	陈昌贵	1976	电自	556	文远芳	1977	高压

续表

序号	姓名	时间	单位或专业	序号	姓名	时间	单位或专业
557	吴章鸿	1977	水电调节	590	童宁荪	1979	电工基础
558	薛有仪	1977	电自实验室	591	吴朝玲	1979	高电压实验室
559	杨惠芳	1977	教务科	592	谢琴	1979	院办
560	杨泽富	1977	电工基础	593	郑莉媛	1979	水机
561	于志平	1977	电工基础教研室	594	周凤菊	1979	系办
562	陈定来	1978	电机	595	邹斌	1979	电工基础
563	陈瑞田	1978	水电调节	596	邹涛敏	1979	应电
564	董天临	1978	电机	597	陈建平	1980	电自实验室
565	郭涛	1978	电自	598	陈乔夫	1980	电机
566	黑金永	1978	电工基础实验室	599	胡时钊	1980	电测
567	李法	1978	待查	600	胡思珍	1980	电测
568	李淑芳	1978	高压	601	廖世平	1980	辅导员
569	李新主	1978	党总支	602	麦宜佳	1980	电测
570	刘敬香	1978	电测	603	彭艳珍	1980	水机实验室
571	宁玉泉	1978	电机	604	冉健民	1980	电测
572	沈明	1978	电工基础	605	邵可然	1980	电机
573	孙建平	1978	水机	606	万茵芝	1980	水机
574	孙敏	1978	电工基础	607	汪建	1980	电工基础
575	王定一	1978	水电调节	608	王大光	1980	电自
576	王章啟	1978	高压	609	魏守平	1980	水电调节
577	萧玉泉	1978	待查	610	叶升	1980	电测
578	熊明美	1978	电工基础	611	程时杰	1981	电自
579	张年凤	1978	电工基础	612	戴明鑫	1981	电自
580	周汝景	1978	电自	613	付伟	1981	动模实验室
581	陈发枸	1979	待查	614	广爱清	1981	电工基础实验室
582	丑正汶	1979	动模实验室	615	黄念琴	1981	电机实验室
583	胡少六	1979	电工基础实验室	616	李文	1981	电工基础实验室
584	黄汉深	1979	高电压实验室	617	李俞光	1981	水电经运实验室
585	李承	1979	电工与电磁	618	林蓉	1981	动模实验室
586	李东洲	1979	水机	619	刘沛	1981	电自
587	吕锡珮	1979	水机	620	马志源	1981	电机
588	任道桦	1979	电工基础	621	马仲骅	1981	电机实验室
589	沈达逊	1979	电测	622	闵艺华	1981	院办计算中心

续表

序号	姓名	时间	单位或专业	序号	姓名	时间	单位或专业
623	权先璋	1981	水电经运	656	唐明晰	1984	水电调节
624	王为	1981	水电经运	657	唐跃进	1984	研中心
625	魏珊娣	1981	水电调节	658	唐志芳	1984	系办
626	吴青华	1981	电自	659	吴畏	1984	电器
627	吴雾霞	1981	动模实验室	660	曾瑜明	1985	水电
628	徐雁	1981	电测	661	方景文	1985	待查
629	虞伟强	1981	水电经运实验室	662	付白薇	1985	会计
630	张桂菊	1981	科研科(水电)	663	葛万成	1985	电测
631	张国强	1981	电自	664	何仁平	1985	电工与电磁
632	张红萍	1981	动模实验室	665	黄健红	1985	工人
633	赵颖	1981	电测实验室	666	黄开胜	1985	电机
634	包辛	1982	电工基础	667	姜丽华	1985	党总支副书记
635	曹勇	1982	电机	668	李伟	1985	电测
636	常黎	1982	水电经运	669	梁芳	1985	水电调节
637	杜斯海	1982	电工基础	670	刘冠东	1985	水电
638	管家宝	1982	水电经运	671	苗世洪	1985	电自
639	金海石	1982	电器	672	邱爱国	1985	电工基础
640	王家亮	1982	水电调节	673	唐小琦	1985	电工基础
641	闫炜	1982	电器	674	王岚	1985	财务科
642	于志海	1982	水机	675	王晓宇	1985	水电
643	高拯	1983	水电调节	676	魏向明	1985	电工基础
644	马新敏	1983	应电	677	肖茂严	1985	辅导员→科研处
645	任江苏	1983	电工基础	678	颜秋容	1985	电工基础
646	涂少良	1983	电自	679	杨德先	1985	电自
647	吴耀武	1983	电自	680	叶俊杰	1985	电机
648	游大海	1983	水电经运	681	俞惠珍	1985	院办
649	周晓	1983	电机	682	袁芳	1985	电工与电磁
650	陈良发	1984	待查	683	张光芬	1985	计算机中心
651	管思聪	1984	电自	684	张哲	1985	电自
652	何红	1984	电工基础	685	周建波	1985	辅导员
653	李红林	1984	电器	686	周理兵	1985	电机
654	陆继明	1984	电自	687	曾庆川	1986	水机
655	彭中尼	1984	电工基础	688	陈金明	1986	电工基础教研室

续表

序号	姓名	时间	单位或专业	序号	姓名	时间	单位或专业
689	陈俊武	1986	高压	722	李胜利	1987	电器
690	迟焕新	1986	高压	723	李燕	1987	电工基础
691	黄伏生	1986	辅导员	724	刘俊虎	1987	电力所
692	蒋欣欣	1986	教务科	725	罗毅	1987	电自
693	李华燊	1986	辅导员	726	潘熙和	1987	水电
694	梁雨谷	1986	辅导员	727	潘晓强	1987	电测
695	刘昌玉	1986	水电调节	728	沈重耳	1987	辅导员
696	王胜豪	1986	电所	729	宋军	1987	水机
697	王唯军	1986	教务科	730	万永明	1987	电力所
698	王燕	1986	高压	731	王宏	1987	水电
699	韦忠朝	1986	电机	732	王少亮	1987	电测
700	吴国元	1986	电工基础	733	伍永刚	1987	水电
701	徐海波	1986	电工基础	734	夏华阳	1987	电工基础
702	徐垦	1986	电测	735	夏向东	1987	电工基础
703	杨风开	1986	实验中心	736	谢春花	1987	电工基础教研室
704	杨杰	1986	待查	737	徐明洲	1987	电机
705	杨念	1986	电机教研室	738	尹项根	1987	电自
706	姚华明	1986	水电	739	詹广辉	1987	院办计算中心
707	易长松	1986	电力	740	张炳军	1987	电机
708	尹小玲	1986	总支办	741	张国安	1987	辅导员
709	游志成	1986	电自	742	张学文	1987	电工基础
710	张明明	1986	电测	743	郑小年	1987	电工基础
711	程依源	1987	行政系办	744	钟清辉	1987	水电
712	戴惟薇	1987	会计	745	周士华	1987	实验员
713	辜承林	1987	电机	746	邹积岩	1987	高压
714	郭勇	1987	电自	747	卜正良	1988	电自
715	何力波	1987	高压	748	曾念荣	1988	系办
716	黄金明	1987	电工基础	749	陈雷	1988	电工所开发部
717	黄声华	1987	电机	750	陈前臣	1988	电工基础
718	黄伟	1987	系办	751	陈世欣	1988	电机
719	黄中伟	1987	电机	752	郭有光	1988	电机
720	蒋传文	1987	水电	753	金于锦	1988	待查
721	李朝晖	1987	水电	754	李开成	1988	电工与电磁

续表

序号	姓名	时间	单位或专业	序号	姓名	时间	单位或专业
755	刘刚	1988	电工基础	788	陶仲兵	1990	系办
756	卢卫星	1988	电自	789	王凌云	1990	电机
757	马冬卉	1988	辅导员	790	严志香	1990	教务科
758	彭华	1988	电工所开发部	791	赵光新	1990	电工基础
759	邵文娥	1988	水机	792	周汉洪	1990	财务科
760	唐穗平	1988	水机	793	周剑明	1990	电机
761	王建平	1988	电工基础	794	段善旭	1991	应电
762	王双红	1988	电机	795	黄智勇	1991	电测
763	王瑛	1988	电力所	796	罗晓鸿	1991	电机教研室
764	熊永前	1988	电机	797	毛承雄	1991	电自
765	徐玉凤	1988	电工所开发部	798	孙海顺	1991	辅导员
766	杨敏林	1988	水机	799	汪芳宗	1991	电自
767	易小涛	1988	电机	800	文生平	1991	电测
768	尹小根	1988	高压	801	夏胜芬	1991	电机
769	余翎	1988	实验中心	802	尹仕	1991	电工基础
770	周良松	1988	电自	803	张丹丹	1991	高压
771	朱曙微	1988	电机	804	陈露	1992	待查
772	董朝霞	1989	电力所	805	陈绪鹏	1992	聚变所
773	姜铁兵	1989	水电	806	冯春媚	1992	电测
774	刘耀中	1989	财务科	807	冯卓明	1992	电力所
775	宋素芳	1989	电工实训	808	蒋林	1992	应电
776	苏洪波	1989	电自	809	李妍	1992	电工基础
777	谭丹	1989	电工基础	810	李战春	1992	现网络中心书记
778	王雪帆	1989	电机	811	马天皓	1992	电自
779	杨兆华	1989	开发部	812	彭力	1992	应电
780	于克训	1989	电机	813	王其勇	1992	待查
781	余景文	1989	电自	814	谢荣军	1992	电自
782	袁卫星	1989	待查	815	陈爱文	1993	高压
783	张光芬	1989	电气计算机中心	816	段献忠	1993	电自
784	郑琢林	1989	电自	817	胡静	1993	教务科
785	楚方求	1990	电力所	818	胡玮	1993	实验中心
786	黄新宇	1990	电工实训	819	李端娇	1993	高压
787	蒙子杰	1990	辅导员	820	骆建	1993	电工与电磁

序号	姓名	时间	单位或专业	序号	姓名	时间	单位或专业
821	孙雪莉	1993	电工基础	854	李青云	1996	会计,现财务处
822	吴彤	1993	电自	855	李昕	1996	学工组
823	张学明	1993	水机	856	林福昌	1996	高压
824	艾敏	1994	系办	857	王彬	1996	电工实训
825	曹一家	1994	电自	858	张凯	1996	应电
826	郝新合	1994	水电调节	859	张伟	1996	电测
827	黄宗碧	1994	电测	860	张早雄	1996	科研科
828	蒋学军	1994	高压	861	陈菲	1997	研究生科
829	康勇	1994	应电	862	程祥	1997	待查
830	李勇	1994	学工组	863	胡坚刚	1997	应电
831	李震彪	1994	高压	864	廖从容	1997	电器
832	罗萍	1994	水电调节	865	廖怀伟	1997	电自
833	彭晓兰	1994	电自	866	林红	1997	电工与电磁
834	阮芳	1994	电测	867	罗白云	1997	电力所
835	桑红石	1994	电力所	868	罗响宇	1997	应电
836	史文军	1994	电自	869	杨峰	1997	电力所
837	孙福杰	1994	高压	870	易本顺	1997	电测
838	陶娟	1994	电工基础	871	余海涛	1997	电机教研室
839	吴俊勇	1994	电自	872	张蓉	1997	应电
840	叶齐政	1994	电工基础	873	赵林冲	1997	电机
841	余宏伟	1994	电力所	874	郑亮	1997	电力所
842	张浩	1994	电工与电磁	875	钟和清	1997	应电
843	张红	1994	实验中心	876	周希平	1997	院办
844	张义辉	1994	电自	877	蔡树立	1998	学工组
845	何俊佳	1995	高压	878	朝泽云	1998	应电
846	扈志宏	1995	学工组	879	戴珂	1998	应电
847	李红斌	1995	电工与电磁	880	戴玲	1998	高压
848	李艳	1995	电工基础	881	何孟兵	1998	电工与电磁
849	王琳	1995	电机	882	黄劲	1998	电工与电磁
850	王少荣	1995	电自	883	李尔宁	1998	电测
851	徐安静	1995	电工与电磁	884	娄素华	1998	电力
852	陈亚波	1996	电工与电磁	885	马佳	1998	电自
853	崔瑛	1996	电测	886	潘垣	1998	聚变

续表

序号	姓名	时间	单位或专业	序号	姓名	时间	单位或专业
887	夏正才	1998	强磁场	920	刘浔	2001	高压
888	谢榕	1998	电工与电磁	921	柳润	2001	院办辅导员
889	杨红权	1998	电工与电磁	922	余调琴	2001	应电
890	姚秀鸾	1998	电工与电磁	923	陈颖	2002	实验中心
891	朱秋华	1998	行政	924	李毅	2002	院办辅导员
892	邹志革	1998	学工组	925	万山明	2002	电机
893	李敬东	1999	电工与电磁	926	文劲宇	2002	电力
894	李勋	1999	应电系	927	周红宾	2002	电机
895	林桦	1999	应电	928	艾武	2003	电工
896	王敏	1999	聚变所	929	曹娟	2003	电工与电磁
897	王新	1999	学工组	930	李才华	2003	电工实训
898	王星华	1999	电自	931	李群	2003	行政
899	文明浩	1999	电力	932	林湘宁	2003	电力
900	陈金玲	2000	电工与电磁	933	刘克富	2003	聚变
901	陈卫	2000	电力	934	吴芳	2003	电机
902	陈有谋	2000	应电	935	韩小涛	2004	强磁场
903	李达义	2000	电机	936	何方玲	2004	辅导员
904	刘春	2000	高压	937	江中和	2004	聚变
905	刘明海	2000	聚变	938	裴雪军	2004	应电
906	刘志强	2000	电工基础	939	任丽	2004	电工与电磁
907	王晓文	2000	院办	940	谭萍	2004	应用电磁所
908	肖霞	2000	电工与电磁	941	夏胜国	2004	高压
909	熊健	2000	应电	942	徐涛	2004	聚变
910	许强	2000	电机	943	张腾飞	2004	院办辅导员
911	臧春艳	2000	高压	944	陈金富	2005	电力
912	郑小建	2000	院办	945	陈晋	2005	行政
913	陈德智	2001	应用电磁所	946	程远	2005	强磁场
914	樊明武	2001	应用电磁所	947	丁洪发	2005	强磁场
915	冯爱民	2001	党总支副书记	948	丁永华	2005	聚变
916	何正浩	2001	高压	949	李冲	2005	院办辅导员
917	胡希伟	2001	聚变	950	罗珺	2005	辅导员
918	金闽梅	2001	院办	951	彭涛	2005	强磁场
919	李军	2001	实验中心	952	石东源	2005	电力

续表

序号	姓名	时间	单位或专业	序号	姓名	时间	单位或专业
953	项弋	2005	电自	986	张明	2008	聚变
954	杨凯	2005	电机	987	张钦	2008	高压
955	余新颜	2005	应电	988	蔡涛	2009	应电
956	张晓卿	2005	聚变	989	杜桂焕	2009	行政
957	朱瑞东	2005	行政	990	高丽	2009	聚变
958	庄革	2005	聚变	991	韩一波	2009	强磁场
959	邹旭东	2005	应电	992	李化	2009	高压
960	崔磊	2006	院办辅导员	993	李黎	2009	高压
961	高飞	2006	院办辅导员	994	林磊	2009	应电
962	林新春	2006	应电	995	刘大伟	2009	电工与电磁
963	孙剑波	2006	电机	996	秦斌	2009	应用电磁所
964	张凤鸽	2006	电力	997	施江涛	2009	强磁场
965	张宇	2006	应电	998	王贞炎	2009	实验中心
966	柴继勇	2007	院办辅导员	999	徐慧平	2009	实验中心
967	邓禹	2007	应电	1000	许赟	2009	强磁场
968	丁同海	2007	强磁场	1001	杨州军	2009	聚变
969	冯征	2007	总支书记	1002	陈庆	2010	电工与电磁
970	高俊领	2007	应电	1003	陈志鹏	2010	聚变
971	李亮	2007	强磁场	1004	程芝峰	2010	聚变
972	李银红	2007	电力	1005	韩俊波	2010	强磁场
973	刘新民	2007	应电	1006	梁琳	2010	应电
974	卢新培	2007	电工与电磁	1007	刘邦银	2010	应电
975	王兴伟	2007	应电	1008	曲荣海	2010	电机
976	陈小炎	2008	行政	1009	石晶	2010	电工与电磁
977	邓春花	2008	实验中心	1010	杨军	2010	应用电磁所
978	欧阳钟文	2008	强磁场	1011	叶才勇	2010	电机
979	阮新波	2008	应电系	1012	袁小明	2010	电力
980	王丹	2008	电力	1013	陈立学	2011	高压
981	王俊峰	2008	强磁场	1014	陈宇	2011	应电
982	王绍良	2008	强磁场	1015	陈忠勇	2011	聚变
983	王之江	2008	聚变	1016	胡家兵	2011	应电
984	肖波	2008	实验中心	1017	蒋凯	2011	电力
985	谢剑锋	2008	强磁场	1018	李冬	2011	应用电磁所

续表

序号	姓名	时间	单位或专业	序号	姓名	时间	单位或专业
1019	王学东	2011	院办	1052	贺恒鑫	2015	高压
1020	王学华	2011	应电	1053	胡桐宁	2015	应用电磁所
1021	肖后秀	2011	强磁场	1054	蒋栋	2015	应电
1022	杨勇	2011	电工与电磁	1055	李大伟	2015	电机
1023	谌祺	2012	强磁场	1056	马少翔	2015	聚变
1024	刘娟	2012	强磁场	1057	谢佳	2015	电力
1025	刘开锋	2012	应用电磁所	1058	熊飞	2015	电机
1026	王璐	2012	聚变	1059	于海滨	2015	强磁场
1027	吴燕庆	2012	强磁场	1060	占萌	2015	电力
1028	姚伟	2012	电力	1061	周伟航	2015	强磁场
1029	曹磊	2013	应用电磁所	1062	古晓艳	2016	行政
1030	曹全梁	2013	强磁场	1063	雷浩楠	2016	行政
1031	陈昌松	2013	应电	1064	李传	2016	聚变
1032	黄江	2013	应用电磁所	1065	卢秀芳	2016	强磁场
1033	李健	2013	电机	1066	王吉红	2016	电力
1034	刘毅	2013	高压	1067	夏冬辉	2016	聚变
1035	吕以亮	2013	强磁场	1068	谢贤飞	2016	电机
1036	彭小圣	2013	电力	1069	徐刚	2016	强磁场
1037	饶波	2013	聚变	1070	杨勇	2016	聚变
1038	王晋	2013	电机	1071	岳素芳	2016	行政
1039	王康丽	2013	电力	1072	郑丽	2016	行政
1040	徐伟	2013	电机	1073	周敏	2016	电力
1041	陈灿	2014	行政	1074	周阳	2016	行政
1042	胡启明	2014	聚变	1075	左华坤	2016	强磁场
1043	李学飞	2014	强磁场	1076	冯光耀	2017	应用电磁所
1044	李正天	2014	电力	1077	孔武斌	2017	电机
1045	王振兴	2014	强磁场	1078	梁云峰	2017	聚变
1046	鲜于斌	2014	电工与电磁	1079	彭晗	2017	应电
1047	郑玮	2014	聚变	1080	孙伟	2017	应电
1048	朱增伟	2014	强磁场	1081	王发芽	2017	应用电磁所
1049	曹攀辉	2015	行政	1082	萧珺	2017	行政
1050	陈霞	2015	电力	1083	熊紫兰	2017	电工与电磁
1051	樊宽军	2015	应用电磁所	1084	袁召	2017	高压

续表

序号	姓名	时间	单位或专业	序号	姓名	时间	单位或专业
1085	赵龙	2017	应用电磁所	1118	李浩秒	2020	电力
1086	艾小猛	2018	电力	1119	刘梦宇	2020	强磁场
1087	蔡承颖	2018	电工与电磁	1120	刘毅	2020	电机
1088	曹元成	2018	电力	1121	聂兰兰	2020	电工与电磁
1089	陈曲珊	2018	应用电磁所	1122	石丹	2020	实验中心
1090	甘醇	2018	电机	1123	石子情	2020	行政
1091	刘自程	2018	应电	1124	宋运兴	2020	强磁场
1092	柳子逊	2018	行政	1125	魏繁荣	2020	电力
1093	罗永康	2018	强磁场	1126	余创	2020	电力
1094	谭运飞	2018	强磁场	1127	周正	2020	行政
1095	徐颖	2018	电工与电磁	1128	朱东海	2020	应电
1096	许文立	2018	行政	1129	时晓洁	2021	电力
1097	杨明	2018	强磁场	1130	白汉振	待查	待查
1098	陈材	2019	应电	1131	曹纯秋	待查	待查
1099	陈新宇	2019	电力	1132	曾育新	待查	待查
1100	方家琨	2019	电力	1133	陈立群	待查	待查
1101	冯学玲	2019	实验中心	1134	陈良生	待查	电工基础
1102	黄牧涛	2019	电力	1135	陈曦	待查	待查
1103	赖智鹏	2019	强磁场	1136	陈志雄	待查	待查
1104	李柳霞	2019	高压	1137	程福秀	待查	待查
1105	李毅	2019	行政	1138	戴维萌	待查	电机
1106	李岳生	2019	强磁场	1139	高东辉	待查	待查
1107	刘诗宇	2019	强磁场	1140	郭迪忠	待查	待查
1108	刘铮铮	2019	电工与电磁	11421	郭伟	待查	待查
1109	王健	2019	聚变	1142	黄天柱	待查	待查
1110	王能超	2019	聚变	1143	李标荣	待查	待查
1111	王智强	2019	应电	1144	李德茂	待查	待查
1112	吴葛	2019	实验中心	1145	李杨	待查	待查
1113	辛国庆	2019	强磁场	1146	梁志鸿	待查	待查
1114	易磊	2019	实验中心	1147	廖珍明	待查	待查
1115	朱平	2019	聚变	1148	林巨才	待查	待查
1116	方海洋	2020	电机	1149	林小梅	待查	待查
1117	何维	2020	电力	1150	娄颜伯	待查	待查

续表

序号	姓名	时间	单位或专业	序号	姓名	时间	单位或专业
1151	秦忆	待查	待查	1175	李念银	待查	待查
1152	谭华溢	待查	待查	1176	李清明	待查	待查
1153	谭涧萍	待查	待查	1177	李少先	待查	待查
1154	谭智慧	待查	待查	1178	李往民	待查	待查
1155	唐素云	待查	待查	1179	李文澄	待查	待查
1156	童怀	待查	待查	1180	李云卿	待查	待查
1157	王芳宗	待查	待查	1181	刘福元	待查	待查
1158	王敬义	待查	待查	1182	刘焕彩	待查	待查
1159	吴幼卿	待查	待查	1183	刘卯钊	待查	待查
1160	辛勤	待查	待查	1184	刘胤雅	待查	待查
1161	熊守新	待查	待查	1185	罗金福	待查	待查
1162	杨传谱	待查	待查	1186	罗明生	待查	待查
1163	杨志刚	待查	待查	1187	宋韶熏	待查	待查
1164	余玉龙	待查	待查	1188	涂国栋	待查	待查
1165	赵荫堂	待查	待查	1189	王绪传	待查	待查
1166	邹凯	待查	待查	1190	王毓丽	待查	待查
1167	陈鸟常	待查	待查	1191	杨如金	待查	待查
1168	丁峰	待查	待查	1192	杨秀清	待查	待查
1169	高玉霞	待查	待查	1193	杨仲云	待查	待查
1170	葛友兰	待查	待查	1194	袁慧珍	待查	待查
1171	官本滔	待查	待查	1195	詹宏国	待查	待查
1172	黄雅各	待查	待查	1196	张金华	待查	待查
1173	康玉才	待查	待查	1197	张永昂	待查	待查
1174	乐鄂霞	待查	待查	1198	周东华	待查	待查

(二) 1954 年度华中工学院教师安排方案

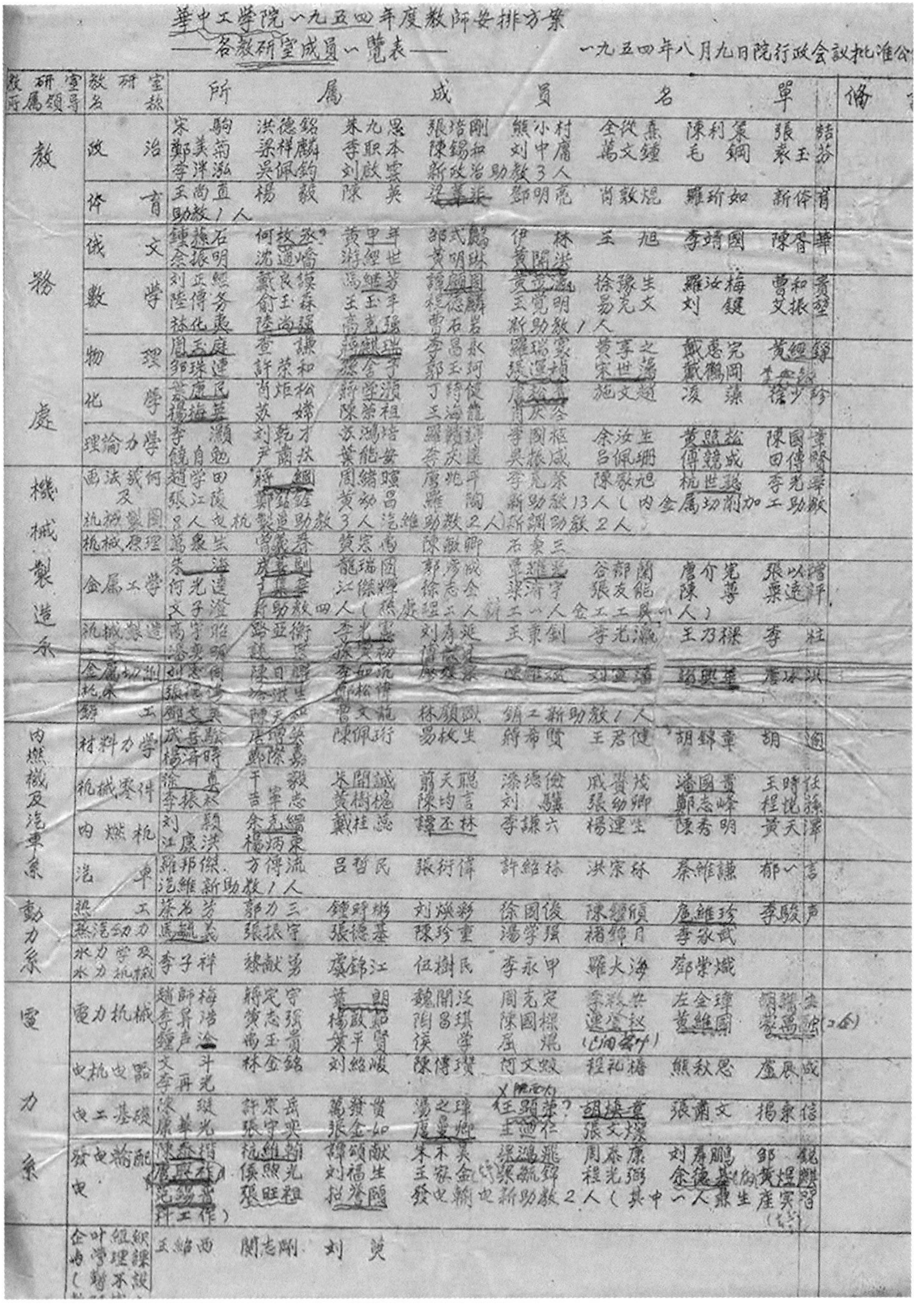

華中工學院一九五四年度教師安排方案

——各教研室成員一覽表——

一九五四年八月九日院行政会议批准公布

教研室所屬領導	教研室名稱	所屬成員名單	備註

（三）1993 年电力系在职高级职称人员名单

教研室名称	教　授				副教授				高级工程师
电机	林金铭 陶醒世 金振荣	许实章 李湘生 詹琼华	周克定 马志云 许锦兴	李朗如 邵可然	何全普 李国英 宁玉泉 杨长安	熊衍庆 陈贤珍 龚世缨 周海云	唐孝镐 贾正春 马志源 辜承林	傅光洁 冯信华 陈乔夫 周剑明	何传绪
电力系统及其自动化	樊　俊 孙淑信 程时杰	侯煦光 何仰赞 尹项根	陈德树 孙扬声	任　元 胡会骏	程光弼 汪馥英 周勤慧 熊信银 张步涵	温增银 胡能正 吴希再 刘　沛 毛承雄	陈　忠 袁礼明 涂光瑜 张国强	言　昭 张永立 戴明鑫 曾克娥	陈贤治 李国久
水力水电动力工程	刘育骐 王定一	尹家骧 张勇传	虞锦江 叶鲁卿	张昌期	李敬恒 杨　钧 刘晓渠 李朝晖	高　拯 魏守平 杜裕福 管家宝	马寅午 刘鑫卿 张均澍 周风菊（副编审）	梁年生 李美珍 权先璋	
水力机械	程良骏	贾宗谟	谭月灿	徐纪芳	罗南逸 蔡淑薇 朱俊华 张克危	邹春荣 仇谓生 贺昌杰 王能秀	吴建廉 郑莉媛 李建威 韦彩新	肖琬元 赵锦屏 刘甲凡	
高电压技术及设备	刘绍峻 程礼椿	梁毓锦 李正瀛	招誉颐 李　劲	姚宗干 邹积岩	王晓瑜 张国胜	叶启弘	文远芳	王章启	姚宏霖
电磁测量	揭秉信 任士焱	刘延冰	叶妙元	张志鹏	刘敬香 周舒梅	邓仲通 周予为	王德芳 李启炎	赵斌武 沈达逊	梁汉 朱明钧
电工基础	邹　锐	周泰康	陈世玉	黄慕义	谭智荟 经巧娣 熊明美 孙　敏	艾礼初 李竹英 黄冠斌 汪　健	曾凡刊 黄力元 杨传谱	徐乃风 陈崇源 孙亲锡	
电力技术研究所	沈宗树				游大海				
系计算中心									林志雄

(四) 2021年12月电气学院在职人员岗位分布

1. 学院领导班子及管理团队名录

<table>
<tr><td colspan="5">学院领导班子和管理团队一览表</td></tr>
<tr><td rowspan="7">院党政班子</td><td>书记</td><td>副书记</td><td colspan="2">院党委成员</td></tr>
<tr><td>陈晋</td><td>罗珅</td><td colspan="2">（按姓氏笔画排序）
文劲宇　朱瑞东　李开成　张丹丹　张　明
陈　晋　罗　珅　胡家兵</td></tr>
<tr><td>院长</td><td>副院长</td><td colspan="2">院长助理</td></tr>
<tr><td>文劲宇</td><td>李红斌　张　明　杨　凯
樊宽军　胡家兵</td><td colspan="2">李　群　杨德先　杨　勇　吕以亮</td></tr>
<tr><td>工会主席</td><td>副主席</td><td colspan="2">委员</td></tr>
<tr><td>陈立学</td><td>李　群　王　燕　杜桂焕</td><td colspan="2">王　燕　左华坤　冯学玲　杜桂焕　李　群
张凤鸽　陈立学　高　丽　郭伟欣　鲜于斌</td></tr>
<tr><td colspan="4"></td></tr>
</table>

<table>
<tr><td rowspan="12">院党政机关</td><td>党办主任</td><td>科员</td><td>人事科长</td><td>科员</td></tr>
<tr><td>朱瑞东</td><td>刘颖芳</td><td>李群</td><td>郝琳</td></tr>
<tr><td>院办主任</td><td>科员</td><td>本科生科长</td><td>科员</td></tr>
<tr><td>吴思思</td><td>张丽洁、张喜成</td><td>朱秋华</td><td>陈颖　邓静</td></tr>
<tr><td>研究生科长</td><td>科员</td><td>科研科长</td><td>科员</td></tr>
<tr><td>陈菲</td><td>张玲</td><td>杜桂焕</td><td>岳素芳　唐秀</td></tr>
<tr><td>学科办主任</td><td>科员</td><td>财务科长</td><td>科员</td></tr>
<tr><td>蒙丽</td><td>孙博</td><td>陈小炎</td><td>古晓艳　陈亚妮</td></tr>
<tr><td>团委书记</td><td>学工组长</td><td>辅导员</td><td>李毅　石子倩　周正　雷浩楠</td></tr>
<tr><td>柳子逊</td><td>研工组长</td><td>辅导员</td><td>董蛟龙</td></tr>
<tr><td></td><td>暂缺</td><td></td><td></td></tr>
<tr><td></td><td>许文立</td><td></td><td></td></tr>
</table>

<table>
<tr><td rowspan="3">学术委员会
（2021年10月29日
学院党政联席
会议通过）</td><td>主任委员</td><td>委员</td></tr>
<tr><td rowspan="2">主任：樊明武
副主任：文劲宇</td><td>秘　书：李群</td></tr>
<tr><td>委　员：（共15人，按姓氏笔画排序）
丁永华　毛承雄　文劲宇　曲荣海　李　亮　李震彪
杨　凯　陈　晋　陈德智　袁小明　唐跃进　康　勇
程时杰　樊明武　潘　垣</td></tr>
<tr><td rowspan="3">教学委员会
（2021年10月29日
学院党政联席
会议通过）</td><td>主任委员</td><td>委员</td></tr>
<tr><td rowspan="2">主任：尹项根
副主任：李红斌</td><td>秘　书：朱秋华</td></tr>
<tr><td>委　员：（共18人，按姓氏笔画排序）
丁永华　尹　仕　尹项根　叶齐政　刘邦银　刘明海
李红斌　李银红　杨　勇　何俊佳　陈　宇　陈　晋
苗世洪　罗　毅　周理兵　韩小涛　熊永前　颜秋容</td></tr>
</table>

续表

	主任委员	委员	
学位委员会 (2021年10月29日 学院党政联席 会议通过)	主任:曲荣海 副主任:张明	秘　书:陈　菲 委　员:(共17人,按姓氏笔画排序) 丁洪发　王康丽　文明浩　石东源　曲荣海　任　丽 何孟兵　张　明　张　凯　陈忠勇　陈　晋　林湘宁 胡家兵　夏胜国　徐　伟　彭　涛　樊宽军	
	主任委员	委员	
教材管理委员会 (2021年5月10日 学院党政联席 会议通过)	主任:陈晋 　　文劲宇 副主任:李红斌 　　张明	秘　书:杨勇 委　员:(共20人,按姓氏笔画排序) 王　璐　文劲宇　文明浩　曲荣海　任　丽　刘邦银 李红斌　杨　勇　何俊佳　张　凯　张　明　陈立学 陈志鹏　陈　晋　陈德智　罗　毅　周理兵　徐　刚 韩小涛　熊永前	
	组长	组员	
教学督导组 (2021年10月29日 学院党政联席 会议通过)	组长:李红斌 副组长:杨勇	秘　书:朱秋华 委　员:(共12人,按姓氏笔画排序) 王　晋　刘邦银　孙剑波　孙亲锡　李红斌　李银红 杨　勇　肖后秀　陈忠勇　谭　丹　熊永前　戴　玲	

2. 在职人员岗位分布

电机系 26人	教授	周理兵、于克训、王双江、曲荣海、李达义、杨凯、徐伟		
	副教授	韦忠朝、王凌云、许强、万山明、孙剑波、王晋、叶才勇、孔武斌、李大伟		
	研究员	李健、甘醇	副研究员	王亚玮、方海洋
	讲师	朱曙微、刘毅、熊飞、谢贤飞		
	高工	叶俊杰	工程师	周红宾
电力系 44人	教授	尹项根、王少荣、张哲、李朝晖、苗世洪、毛承雄、袁小明、段献忠、文劲宇、林湘宁、孙海顺、文明浩、娄素华、石东源、占萌、蒋凯、王丹、王康丽、谢佳、姚伟、方家琨、余创、时晓洁、陈新宇		
	副教授	吴耀武、罗毅、周良松、陈卫、李正天、彭小圣、陈霞、艾小猛、周敏		
	研究员	陈金富、黄牧涛、李银红、曹元成		
	讲师	何维、李浩秒、魏繁荣	正高工	杨德先
	高工	吴彤、张凤鸽	工程师	游志成
高压系 21人	教授	何正浩、李震彪、夏胜国、何俊佳、林福昌、李化、陈立学		
	副教授	陈俊武、张丹丹、刘春、贺恒鑫、刘毅		
	研究员	李黎、戴玲	副研究员	袁召
	讲师	尹小根、臧春艳、李柳霞		
	高工	王燕	工程师	陈爱文、张钦

续表

应电系 35人	教授	林桦、康勇、彭力、段善旭、张宇、张凯、邹旭东、裴雪军、刘邦银、林磊、胡家兵、蒋栋、陈宇、彭晗、王智强			
	副教授	张蓉、戴珂、熊健、蔡涛、林新春、陈昌松、王学华			
	研究员	梁琳	副研究员	陈材、刘自程、朱东海	
	讲师	朝泽云、孙伟			
	高工	钟和清、王兴伟、刘新民	工程师	余新颜、高俊领、邓禹	
	技师	陈有谋			
电工系 32人	教授	唐跃进、李开成、颜秋容、叶齐政、李红斌、任丽、卢新培、何孟兵、蔡承颖、熊紫兰			
	副教授	何仁平、徐雁、谭丹、袁芳、李敬东、黄劲、李妍、肖霞、石晶、鲜于斌			
	研究员	陈庆、刘大伟、杨勇、刘铮铮			
	讲师	陈亚波、张浩、曹娟、杨红权、陈金玲、徐颖、聂兰兰			
	工程师	张明明			
聚变所 23人	教授	刘明海、朱平、丁永华、陈忠勇、张明、王璐			
	副教授	徐涛、王之江、杨州军、饶波、马少翔、夏冬辉			
	研究员	江中和	副研究员	陈志鹏、郑玮、王能超	
	讲师	程芝峰、杨勇、郭伟欣、李传、王健			
	高工	高丽	工程师	张晓卿	
强磁场 37人	教授	李亮、夏正才、欧阳钟文、丁洪发、韩小涛、彭涛、朱增伟、韩一波、徐刚、于海滨、罗永康、辛国庆、李岳生、李靖、耿建昭			
	副教授	谌祺、许赟、肖后秀、王振兴、周伟航			
	研究员	王俊峰、韩俊波、谭运飞、宋运兴			
	副研究员	吕以亮、李学飞、曹全梁、张涛			
	讲师	刘诗宇、赖智鹏、杨明	正高工	丁同海	
	高工	施江涛、谢剑锋	工程师	左华坤、刘梦宇	
	事业六级	程远			
电磁所 15人	教授	熊永前、樊宽军、陈德智、赵龙、秦斌			
	副教授	谭萍、杨军、李冬、胡桐宁、曹磊			
	研究员	黄江	副研究员	刘开锋	
	讲师	陈曲珊、刘旭、左晨			

续表

实验中心 15人	正高工	杨风开、尹仕			
	高工	张红、胡玮			
	讲师	谢荣军			
	工程师	易长松、肖波、王贞炎、邓春花、徐慧平、冯学玲、吴葛、易磊			
		首聘期未定职称新进人员：石丹、徐琛			
行政机关 19人	事业五级	陈晋			
	事业六级	朱瑞东、罗珺、陈菲、李群、杜桂焕、朱秋华			
	事业七级	古晓艳、陈小炎			
	事业八级	岳素芳			
	讲师（思政）	柳子逊、许文立	工程师	陈颖	
	助教（思政）	李毅、雷浩楠			
	首聘期	首聘期未定职级人员：吴思思、石子倩、董蛟龙、周正			

注：除本表所录在职人员之外，电气与电子工程学院及其下属系、研究所、研究团队、课题组还聘有"劳务派遣职工"115人和"非劳务派遣职工"9人。

（五）历年本科生辅导员和研究生辅导员信息（截至2021年12月）

1. 历年本科生辅导员信息

年份	姓名	性别	负责年级	年份	姓名	性别	负责年级
1963	张秀梅	女	1963级	1982	李开成	男	1982级
1964	袁有康	男	1964级	1983	杨泽富	男	1983级
1972	刘献君	男	1972级	1983	周建波	女	1983级
1974	张国德	男	1974级	1984	沈宝光	男	1984级
1977	耿建萍	女	1977级	1984	李华燊	男	1984级
1978	李振文	男	1978级	1985	周建波	女	1985级
1979	龚守相	男	1979级	1986	周建波	女	1986级
1980	廖世平	男	1980级	1987	张国安	男	1987级
1981	侣治洪	男	1981级	1988	张国安	男	1988级
1981	常黎	男	1981级	1989	沈重耳	男	1989级
1982	张国德	男	1982级	1989	袁卫星	男	1989级
1982	汪建	男	1982级	1990	杨兴国	男	1990级

续表

年份	姓名	性别	负责年级	年份	姓名	性别	负责年级
1990	蒙子杰	女	1990级	2003	罗珺	女	2003级
1991	张丹丹	女	1991级	2004	张滕飞	男	2004级
1991	黄智勇	男	1991级	2004	崔磊	男	2004级
1992	李妍	女	1992级	2005	李冲	男	2005级
1991	黄智勇	男	1991级	2006	高飞	男	2006级
1992	李妍	女	1992级	2007	何方玲	女	2006级
1992	孙海顺	男	1992级	2007	柴继勇	男	2007级
1993	童文胜	男	1993级	2007	陈小炎	女	2007级
1993	王其勇	男	1993级	2008	郭智杰	男	2008级
1993	李勇	男	1993级	2009	彭韵芬	女	2009级
1994	艾敏	女	1994级	2010	王元超	男	2010级
1994	郭江	男	1994级	2011	何方玲	女	2011级
1995	孙海顺	男	1995级	2012	刘鹏	男	2012级
1995	扈志宏	男	1995级	2013	杨之翰	男	2013级
1995	李昕	男	1995级	2013	郭智杰	男	2013级
1996	李昕	男	1996级	2013	何方玲	女	2013级
1997	邹志革	男	1997级	2013	雷浩楠	男	2013级
1997	陈翔	男	1997级	2014	陈灿	女	2014级
1998	蔡树立	男	1998级	2015	曹攀辉	男	2015级
1998	李岩	男	1998级	2016	周阳	男	2016级
1999	王新	男	1999级	2017	萧珺	女	2017级
2000	李毅	男	1999级	2018	柳子逊	男	2018级
2000	郑小建	男	2000级	2018	许文立	女	研究生
2000	李毅	女	2000级	2019	李毅	男	2019级
2001	柳润	男	2001级	2019	程曜于	男	2019级
2002	彭剑钊	男	2002级	2020	周正	男	2020级
2002	李毅	女	2002级	2020	石子倩	女	2020级
2002	柳润	男	2002级	2021	雷浩楠	男	2021级
2003	李岩	男	2003级				

2. 历年研究生辅导员信息

序号	时间	姓名
1	1993.03—2005.11	马冬卉
2	2005.12—2007.02	罗珺
3	2007.03—2008.08	李群
4	2008.09—2012.01	吴芳
5	2012.02—2016.07	刘鹏
6	2016.08—2017.01	何方玲
7	2017.02—2018.06	雷浩楠
8	2018.07 至今	许文立
9	2021.06 至今	董蛟龙

(六)聘请客座教授、顾问教授、名誉教授名录(2002—2021年)

序号	姓名	单位	邀请人	类型	聘期
1	Kenneth W. Gentle	美国得克萨斯奥斯汀分校核聚变研究所	辜承林	顾问教授	2002.03—2005.03
2	黄河	美国得克萨斯大学聚变研究中心	辜承林	客座教授	2002.03—2005.03
3	李亮	通用电气(GE)全球研发中心	何孟兵	客座教授	2004.01—2006.01
4	迟焕新	德国 ABB 公司高压设备分公司	辜承林	客座教授	2004.11—2006.11
5	Detlev Ganten		潘垣	名誉教授	2005.01
6	诸自强	英国谢菲尔德大学		客座教授	2005.03—2007.03
7	朱建国	悉尼理工大学		客座教授	2005.05—2007.05
8	杨旸	英国伦敦大学		客座教授	2008.05—2010.05
9	李慧	佛罗里达州立大学	邹云屏	客座教授	2009.12—2011.12
10	Victor V. Moshchalkov	比利时鲁汶大学		客座教授	2010.05—2012.05
11	丁卫星	美国加州大学		客座教授	2010.10—2012.10

续表

序号	姓名	单位	邀请人	类型	聘期
12	David L. Brower	美国加州大学		客座教授	2010.10—2012.10
13	Yan-Fei Liu	加拿大 Dept. of Electrical and Computer Engineering, Queen's University	阮新波	客座教授	2011.05—2014.04
14	Chen-Ching Liu	美国 University College Dublin	文劲宇	客座教授	2011.06—2014.06 2020.01—2023.01
15	THOMAS M. JAHNS	美国威斯康星大学麦迪逊分校	曲荣海	顾问教授	2011.07—2014.07
16	Fritz Herlach	比利时鲁汶大学	彭涛	顾问教授	2012.03—2015.03
17	Klaus von Klitzing	德国马克斯-普朗克学会固体研究所	李亮	名誉教授	2012.05—2015.05
18	Greg Boebinger	美国国家强磁场实验室	李亮	顾问教授	2012.05—2015.05
19	野尻浩之/Hiroyuki Nojiri	日本东北大学材料研究所	李亮	客座教授	2012.05—2015.05
20	Fritz Herlach	比利时鲁汶大学	彭涛	顾问教授	2012.03—2015.03
21	Joachim Wosnitza	德国德累斯顿强磁场实验室	芦艳玲	顾问教授	2012.06—2015.06
22	Noboru Miura	日本东京大学物性研究所	李亮	顾问教授	2012.07—2015.07
23	Fedor F. Balakirev	美国国家强磁场实验室	李亮	客座教授	2013.01—2016.01
24	Machi	日本原子能研究机构亚洲核合作组织日方代表	秦斌	顾问教授	2014.05—2017.05
25	Bucur Novac	英国 School of Electronic, Electrical & Systems Engineering, Loughborough University	何孟兵	客座教授	2015.01—2018.01
26	何海波	美国罗德岛大学	文劲宇	客座教授	2015.06—2018.06
27	Meshkov	俄罗斯联邦 Joint Institute for Nuclear Research	樊宽军	客座教授	2015.12—2018.12
28	刘伟	美国梅奥医院放射治疗科	樊宽军	客座教授	2016.01—2019.01
29	杨杰	美国 Watson Clinic Center for Cancer Care and Research, Lakeland, FL	樊宽军	客座教授	2016.01—2019.01

续表

序号	姓名	单位	邀请人	类型	聘期
30	Kaushik Rajashekara	美国得克萨斯大学达拉斯分校	蒋栋	顾问教授	2016.04—2019.04
31	饶亦农	加拿大 TRIUMF（Canada's National Laboratory for Particle and Nuclear Physics and Accelerator-Based Science）	樊宽军	客座教授	2016.10—2019.10
32	施逢年	澳大利亚昆士兰大学	何孟兵	客座教授	2016.12—2019.12 2020.01—2023.01
33	侯云鹤	香港大学电气电子工程系	胡家兵	客座教授	2017.04—2020.04
34	Oleg I. Meshkov	俄罗斯联邦 Budker Institute of Nuclear Physics	樊宽军	客座教授	2017.04—2020.04
35	蒋林	英国利物浦大学电气工程与电子系	文劲宇	客座教授	2017.06—2020.06
36	铃木康浩	日本核融合科学研究所	丁永华	客座教授	2017.11—2020.11 2022.03—2025.03
37	夏晶	美国加州大学尔湾分校物理和天文系	韩一波	客座教授	2018.02—2021.02
38	Frede Blaabjerg	丹麦奥尔堡大学	徐伟	客座教授	2018.06—2021.06
39	Krein Philip Theodore	美国伊利诺伊大学	蒋栋	顾问教授	2018.04—2021.04
40	李泽元	弗吉尼亚理工学院	蒋栋	名誉教授	2018.09—
41	居田克己/Ida Katsumi	国家聚变科学研究所	丁永华	客座教授	2018.12—2020.11
42	Dumbrajs Olgierd	拉脱维亚大学	肖后秀	客座教授	2019.01—2021.12
43	Jose Rodriguez	康塞普西翁大学	徐伟	客座教授	2019.06—2022.06
44	忠 小関/Tadashi Koseiki	日本高能加速器研究机构	樊宽军	客座教授	2019.07—2022.07
45	David Goerge Dorrell	南非德班夸祖鲁-纳塔尔大学	徐伟	客座教授	2019.11—2022.11
46	Francesco Iannuzzo	丹麦奥尔堡大学	梁琳	客座教授	2020.01—2023.01
47	Nikolay A. Vinokurov	布德克核物理研究所	樊宽军	顾问教授	2021.03—2024.03
48	Kenneth W. Gentle	美国得克萨斯大学奥斯汀分校	丁永华	客座教授	2021.11—2024.11

（七）获得国务院政府特殊津贴人员一览(1991—2021年)

1990年，党中央、国务院决定，给作出突出贡献的专家、学者、技术人员发放政府特殊津贴。对经批准享受国务院政府特殊津贴的人员，国务院授权人事部颁发政府特殊津贴证书，获得者将终身享受这一荣誉称号。1995年以前享受国务院政府特殊津贴的人员，按月发放政府特殊津贴，此后，该津贴改为一次性发放。

序号	姓名	获得年份	获准批件	序号	姓名	获得年份	获准批件
1	陈德树	1991	教直[1991]32号	21	刘延冰	1994	教直办[1994]1号
2	林金铭	1991	教直[1991]32号	22	马志云	1994	教直办[1994]1号
3	许实章	1991	教直[1991]32号	23	任士焱	1994	教直办[1994]1号
4	陈 坚	1993	教直司[1993]4号	24	孙淑信	1994	教直办[1994]1号
5	程良骏	1993	教直司[1993]4号	25	孙扬声	1994	教直办[1994]1号
6	程时杰	1993	教直司[1993]4号	26	谭月灿	1994	教直办[1994]1号
7	何仰赞	1993	教直司[1993]4号	27	许锦兴	1994	教直办[1994]1号
8	黄慕义	1993	教直司[1993]4号	28	张昌期	1994	教直办[1994]1号
9	贾宗谟	1993	教直司[1993]4号	29	张志鹏	1994	教直办[1994]1号
10	李朗如	1993	教直司[1993]4号	30	邹积岩	1994	教直办[1994]1号
11	刘育骐	1993	教直司[1993]4号	31	林志杰	1995	教直办[1995]21号
12	潘 垣	1993	(92)934002	32	詹琼华	1995	教直办[1995]21号
13	邵可然	1993	教直司[1993]4号	33	贾正春	1996	教直办[1996]10号
14	姚宗干	1993	教直司[1993]4号	34	尹项根	1997	教人司[1997]215号
15	胡会骏	1994	教直办[1994]1号	35	辜承林	1998	教人司[1998]14号
16	胡希伟	1994	教直办[1994]1号	36	康勇	2001	教人司[2001]243号
17	李 劲	1994	教直办[1994]1号	37	唐跃进	2002	教人司[2002]171号
18	李湘生	1994	教直办[1994]1号	38	段献忠	2007	教人司[2007]51号
19	李正瀛	1994	教直办[1994]1号	39	于克训	2021	教人厅函[2021]1号
20	林秀诚	1994	教直办[1994]1号				

（八）学院所获部分集体、个人荣誉奖项（综合类，1991—2021 年）

序号	姓名或单位	奖项名称	获得时间
1	陈坚	全国优秀教师	1991
2	邵可然	湖北省有突出贡献的中青年专家	1991
3	樊明武	省部级突出贡献专家	1993
4	李劲	湖北省有突出贡献的中青年专家	1993
5	杨传谱	宝钢教育奖	1996
6	樊明武	国家有突出贡献的中青年专家	1997
7	辜承林	湖北省有突出贡献的中青年专家	1997
8	潘垣	中国工程院院士	1997
9	于克训	宝钢教育奖	1997
10	程时杰	国家有突出贡献的中青年专家	1998
11	段献忠	湖北省政府专项津贴	1998
12	樊明武	中国工程院院士	1999
13	段献忠	教育部全国高等学校优秀青年教师奖（首届）	1999
14	黄冠斌	宝钢教育奖	2000
15	曹一家	高校青年教师奖	2001
16	胡希伟	湖北省政府专项津贴	2001
17	尹小玲	湖北省高校优秀党务工作者	2001
18	孙亲锡	宝钢教育奖	2001
19	颜秋容	宝钢教育奖	2003
20	段献忠	湖北省有突出贡献的中青年专家	2005
21	电气与电子工程学院	湖北省高校大学生思想政治教育工作先进基层单位	2006
22	电工实验教学中心党支部	湖北省高校先进党支部	2006
23	程时杰	中国科学院院士	2007
24	电气与电子工程学院	全国教育系统先进集体	2007
25	电气与电子工程学院	湖北省教育系统"树、创、献"先进集体	2007
26	程时杰	湖北省优秀科技工作者	2007
27	潘垣	湖北省劳动模范	2009
28	卢新培	第九届湖北省十大杰出青年	2009
29	电气与电子工程学院	湖北省高校大学生思想政治教育工作先进基层单位	2011
30	叶妙元	湖北省"老年温馨家庭"	2011
31	程时杰	IEEE Fellow	2011

续表

序号	姓名	奖项名称	获得时间
32	何方玲	湖北省思想政治工作先进个人	2012
33	潘垣	全国五一劳动奖章	2013
34	电气与电子工程学院	中组部等五部委"全国杰出专业技术人才先进集体"	2015
35	李承	湖北省高教工委优秀共产党员	2016
36	电气与电子工程学院	湖北省离退休工作先进集体	2016
37	陈德树	"顾毓琇"电机工程奖	2017
38	电气学院离退休党支部	湖北省离退休干部示范党支部	2018
39	熊永前	宝钢教育奖	2018
40	黄江	湖北青年五四奖章	2018
41	李红斌	湖北省政府专项津贴	2018
42	樊明武	美国华人生物医药科技协会杰出成就奖	2019
43	叶齐政	宝钢教育奖	2019
44	电气与电子工程学院	入选教育部"全国党建工作标杆院系"培育创建单位	2019
45	樊明武	中国核工业功勋人物奖章	2020
46	电气与电子工程学院	湖北省离退休干部先进集体	2020
47	国家脉冲强磁场科学中心	中国青年五四奖章集体	2021
48	韩小涛	湖北省高等学校优秀共产党员	2021
49	曲荣海	日本永守基金会第七届永守赏学术奖	2021
50	梁琳	中国电源领域"最美科技工作者"	2021
51	杨勇	宝钢教育奖	2021
52	周理兵	湖北省政府专项津贴	2021

（九）校级荣誉奖励获得者(2000—2021年)

序号	姓名	奖项名称	获得时间
1	尹小玲	校优秀共产党员	2000
2	邹云屏	校三育人奖	2000
3	熊信银	校三育人积极分子	2000
4	邹云屏 周予为 曾克娥 李承 熊明美 吴耀武 张丹丹 王双红 李妍 吴彤 徐安静	校教学质量二等奖	2000
5	于克训	校三育人奖	2001
6	翁良科	校三育人积极分子	2001

续表

序号	姓　名	奖项名称	获得时间
7	涂光瑜 段献忠 贾正春 于克训 马志源 文远芳 林桦 周鑫霞 张年凤 苗世洪 颜秋容 吴耀武	校教学质量二等奖	2001
8	李妍	校教学竞赛二等奖	2001
9	程时杰	校伯乐奖	2002
10	熊蕊	校三育人奖	2002
11	张丹丹 尹仕	校三育人积极分子	2002
12	颜秋容	校教学质量一等奖	2002
13	张国胜 张丹丹 周永萱 杨泽富 李妍 苗世洪 徐安静 谭丹	校教学质量二等奖	2002
14	李艳	校教学竞赛三等奖	2002
15	何俊佳	校三育人奖	2003
16	李岩	校三育人积极分子	2003
17	张浩 王少荣 朱曙微 孙开放 韦忠朝 周理兵	校教学质量二等奖	2003
18	潘垣	校伯乐奖	2004
19	尹项根	校三育人奖	2004
20	林桦	校三育人积极分子	2004
21	尹小玲	校信息工作先进个人	2004
22	周理兵 罗毅 谭丹 李开成 何俊佳 李承 葛琼 孙敏 熊蕊 林红 徐安静 邹云屏	校教学质量二等奖	2004
23	李承 罗小华	校三育人积极分子	2005
24	熊蕊 林桦 周理兵 于克训 李承 黄劲	校教学质量二等奖	2005
25	康勇	校三育人奖	2006
26	熊蕊 林桦 谢榕 袁芳 徐安静 熊永前 周理兵 张蓉 罗毅 吴耀武	校教学质量二等奖	2006
27	曹娟	校教学竞赛一等奖	2006
28	于克训	校师德先进个人	2006
29	尹仕	校三育人奖	2007
30	周理兵	校教学质量一等奖	2007
31	张步涵 熊永前 孙海顺 段善旭 彭力 李妍 曹娟 李达义 李群 张浩	校教学质量二等奖	2007

续表

序号	姓　　名	奖项名称	获得时间
32	杨凯	校教学竞赛二等奖	2007
33	程时杰 尹项根	校"我最喜爱导师"奖	2007
34	邹云屏	校师德先进个人	2007
35	邹云屏	校伯乐奖	2008
36	唐跃进	校优秀共产党员	2008
37	周理兵	校三育人奖	2008
38	李承	校教学质量一等奖	2008
39	黄声华 吴耀武 韦忠朝 熊健 骆建 张蓉 李群 杨红权 汪建	校教学质量二等奖	2008
40	刘志强	校教学竞赛三等奖	2008
41	周理兵 刘沛	校"我最喜爱导师"奖	2008
42	尹项根	校师德先进个人	2008
43	文劲宇	武汉青年科技奖	2008
44	谭丹	校三育人奖	2009
45	熊永前	校教学质量一等奖	2009
46	谭丹 林桦 袁芳 徐安静 张丹丹 骆建 张蓉 娄素华 孙剑波	校教学质量二等奖	2009
47	张步涵	校立德树人奖	2009
48	黄声华 何俊佳	校"我最喜爱导师"奖	2009
49	胡希伟	校伯乐奖	2010
50	尹小玲	校优秀共产党员	2010
51	袁芳	校三育人奖	2010
52	文远芳	校教学质量一等奖	2010
53	谭丹 苗世洪 骆建 谢榕 张浩 葛琼 李妍 孙开放 杨凯 夏胜芬 张步涵	校教学质量二等奖	2010
54	卢新培	校师表奖	2010
55	唐跃进	校三育人奖	2011
56	熊蕊	校教学名师	2011
57	葛琼 袁芳 张鄂亮 谢榕 孙剑波 娄素华 孙开放	校教学质量二等奖	2011
58	于克训	校优秀党务工作者	2011
59	陈德智 彭涛 郭智杰	校优秀共产党员	2011

续表

序号	姓名	奖项名称	获得时间
60	李开成	校师表奖	2011
61	周理兵	校师德先进个人	2011
62	李亮	校伯乐奖	2012
63	杨风开	校三育人奖	2012
64	葛琼 林红 骆建 吴耀武 张鄂亮 谢榕 孙剑波 韦忠朝	校教学质量二等奖	2012
65	朝泽云 臧春艳	校教学竞赛二等奖	2012
66	杨军	校教学竞赛三等奖	2012
67	朱瑞东 杨德先 林磊	校优秀共产党员	2012
68	王少荣	校师表奖	2012
69	唐跃进	校师德先进个人	2012
70	王学东	校三育人奖	2013
71	陈宇	校学术新人奖	2013
72	袁芳 葛琼 谢榕 骆建 林红 朝泽云 吴耀武	校教学质量二等奖	2013
73	陈庆 叶才勇 李化 王学华	校教学竞赛二等奖	2013
74	韩小涛 林磊 尹小玲	校优秀共产党员	2013
75	叶齐政	校"我最喜爱的教师班主任"	2013
76	王少荣	校师表奖	2013
77	胡家兵	校十佳青年教工	2013
78	尹小玲	校优秀共产党员	2014
79	李承	校三育人奖	2014
80	彭涛	校三育人积极分子	2014
81	杨勇	校学术新人奖	2014
82	谭丹	校教学质量一等奖	2014
83	陈立学 孙剑波 孙海顺 叶才勇 杨军 谢榕 朝泽云 骆建 王双红 林红 彭力	校教学质量二等奖	2014
84	陈宇	校教学竞赛二等奖	2014
85	陈立学	校教学竞赛优秀奖	2014
86	何方玲 刘鹏 郭智杰	校十佳辅导员	2014

续表

序号	姓　　名	奖项名称	获得时间
87	王燕	校十佳女教职工	2014
88	韩小涛	校三育人奖	2015
89	何方玲	校三育人积极分子	2015
90	姚伟	校学术新人奖	2015
91	陈宇　杨军	校教学竞赛一等奖	2015
92	姚伟　陈昌松	校教学竞赛二等奖	2015
93	刘鹏　陈灿　杨之翰	校十佳辅导员	2015
94	夏胜芬	校"我最喜爱的教师班主任"	2015
95	林湘宁	校"知心导师"	2015
96	尹项根	校师德先进个人	2015
97	樊明武	校伯乐奖	2016
98	叶齐政	校三育人奖	2016
99	王俊峰	校三育人积极分子	2016
100	刘毅	校学术新人奖	2016
101	李妍　邓春花　张蓉　陈立学　林红　秦斌　杨军　何仁平　孙剑波　叶才勇　李冬	校教学质量二等奖	2016
102	王晋	校教学竞赛二等奖	2016
103	李正天　刘毅　饶波　彭小圣　程芝峰	校教学竞赛优秀奖	2016
104	王学东	校优秀党务工作者	2016
105	李群	校优秀共产党员	2016
106	曹攀辉	校十佳辅导员	2016
107	张红	校"我最喜爱的教师班主任"	2016
108	韩小涛	校"知心导师"	2016
109	王少荣	校师德先进个人	2016
110	陈金富	校三育人奖	2017
111	吴燕庆	校三育人积极分子	2017
112	陈德智	校课堂教学卓越奖	2017
113	马少翔　胡启明	校教学竞赛二等奖	2017

续表

序号	姓　　名	奖项名称	获得时间
114	鲜于斌 曹全梁	校教学竞赛优秀奖	2017
115	王康丽	校十佳青年教工	2017
116	叶齐政	校师德先进个人	2017
117	尹仕	校三育人奖	2018
118	丁洪发	校三育人积极分子	2018
119	叶齐政	校教学名师	2018
120	李大伟	校学术新人奖	2018
121	叶齐政	校教学质量一等奖	2018
122	刘毅 陈立学 林红 刘邦银 陈金富 李冬 孙剑波 刘浔 吴耀武	校教学质量二等奖	2018
123	贺恒鑫	校教学竞赛一等奖	2018
124	曹磊 陈霞	校教学竞赛二等奖	2018
125	熊飞 周敏	校教学竞赛优秀奖	2018
126	陈金富	校优秀共产党员	2018
127	刘邦银	校"我最喜爱的教师班主任"	2018
128	蒋栋	校"知心导师"	2018
129	王璐	校十佳青年教工	2018
130	袁小明	校伯乐奖	2019
131	丁永华	校三育人奖	2019
132	夏冬辉	校学术新人奖	2019
133	林桦	校教学质量一等奖	2019
134	胡桐宁 刘开锋 郑玮 夏冬辉	校教学竞赛二等奖	2019
135	李化	校青年五四奖章	2019
136	陈宇 张凤鸽	校优秀共产党员	2019
137	萧珺 许文立	校十佳辅导员	2019

续表

序号	姓　　名	奖项名称	获得时间
138	康勇	校伯乐奖	2020
139	林桦	校三育人奖	2020
140	孔武斌	校学术新人奖	2020
141	杨勇	校课堂教学卓越奖	2020
142	李妍	校课堂教学优质奖	2020
143	陈德智	校教学质量一等奖	2020
144	杨军 陈立学	校教学质量二等奖	2020
145	艾小猛	校教学竞赛一等奖	2020
146	李传	校教学竞赛二等奖	2020
147	朱瑞东	校离退休工作先进个人	2020
148	王燕 杜桂焕	校保密先进个人	2020
149	陈宇	校"我最喜爱的教师班主任"	2020
150	李毅	校十佳辅导员	2020
151	李毅 柳子逊 许文立	校优秀辅导员	2020
152	陈晋 彭涛 梁琳	校新冠肺炎疫情防控先进个人	2020
153	曲荣海	校伯乐奖	2021
154	刘明海	校三育人奖	2021
155	甘醇	校学术新人奖	2021
156	孙伟 徐颖	校教学竞赛二等奖	2021
157	杨勇	校十佳青年教工	2021
158	朱瑞东	校优秀党务工作者	2021

(十) 校级以上人才计划获得者名单

序号	姓名	类　　型	获得时间	说明
1	尹项根	教育部新世纪优秀人才支持计划（跨世纪）	1996	
2	段献忠	教育部新世纪优秀人才支持计划（跨世纪）	1999	
3	曹一家	教育部新世纪优秀人才支持计划	2000	
4	林福昌	湖北省新世纪高层次人才	2002	第三层次
5	段献忠	新世纪百千万人才工程国家级人选	2003	人事部
6	康勇	教育部新世纪优秀人才支持计划	2004	
7	毛承雄	教育部新世纪优秀人才支持计划	2004	
8	阮新波	教育部新世纪优秀人才支持计划	2004	
9	段善旭	湖北省新世纪高层次人才	2005	第三层次
10	卢新培	国家级人才计划入选者	2006	
11	文劲宇	教育部新世纪优秀人才支持计划	2006	
12	段献忠	湖北省新世纪高层次人才	2006	第二层次
13	康勇	湖北省新世纪高层次人才	2006	第二层次
14	占萌	中科院百人计划	2006	
15	李亮	国家级人才计划入选者	2007	
16	阮新波	国家级人才计划入选者	2007	
17	林湘宁	教育部新世纪优秀人才支持计划	2007	
18	段善旭	教育部新世纪优秀人才支持计划	2007	
19	林福昌	教育部新世纪优秀人才支持计划	2007	
20	林湘宁	湖北省杰出青年基金	2007	
21	阮新波	国家级人才计划入选者	2008	
22	李亮	国家级人才计划入选者	2008	首批
23	李亮	国家级人才计划入选者	2008	
24	何俊佳	教育部新世纪优秀人才支持计划	2008	
25	庄革	教育部新世纪优秀人才支持计划	2008	
26	袁小明	国家级人才计划入选者	2010	第三批
27	曲荣海	国家级人才计划入选者	2010	第三批
28	欧阳钟文	教育部新世纪优秀人才支持计划	2010	
29	赵龙	省级人才计划入选者	2011	
30	于克训	校华中学者计划——特聘岗（教学岗）	2011	第一批

续表

序号	姓名	类　　型	获得时间	说明
31	文劲宇	校华中学者计划——特聘岗	2011	第一批
32	卢新培	校华中学者计划——特聘岗	2011	第一批
33	林福昌	校华中学者计划——特聘岗	2011	第一批
34	庄革	校华中学者计划——特聘岗	2011	第一批
35	林湘宁	校华中学者计划——晨星岗	2011	第一批
36	段善旭	校华中学者计划——晨星岗	2011	第一批
37	丁永华	校华中学者计划——晨星岗	2011	第一批
38	文劲宇	国家级人才计划入选者	2012	
39	吴燕庆	国家级青年人才计划入选者	2012	第二批
40	蒋凯	国家级青年人才计划入选者	2012	第三批
41	彭涛	教育部新世纪优秀人才支持计划	2012	
42	胡家兵	教育部新世纪优秀人才支持计划	2012	
43	胡家兵	省级人才计划入选者	2012	
44	尹项根	校华中学者计划——特聘岗	2012	第二批
45	张凯	校华中学者计划——晨星岗	2012	第二批
46	胡家兵	国家级青年人才计划入选者	2013	
47	丁洪发	教育部新世纪优秀人才支持计划	2013	
48	韩小涛	教育部新世纪优秀人才支持计划	2013	
49	尹项根	校华中学者计划——领军岗	2013	第三批
50	卢新培	校华中学者计划——领军岗	2013	第三批
51	康勇	校华中学者计划——特聘岗	2013	第三批
52	胡家兵	校华中学者计划——晨星岗	2013	第三批
53	李黎	校华中学者计划——晨星岗	2013	第三批
54	樊宽军	国家级人才计划入选者	2014	第十批
55	谢佳	国家级青年人才计划入选者	2014	第五批
56	朱增伟	国家级青年人才计划入选者	2014	第五批
57	朱平	中科院百人计划	2014	
58	王康丽	省级人才计划入选者	2014	2013年度
59	王璐	省级人才计划入选者	2014	2013年度

续表

序号	姓名	类型	获得时间	说明
60	陈宇	校华中学者计划——晨星岗	2014	第四批
61	徐伟	国家级青年人才计划入选者	2015	第十一批
62	蒋栋	国家级青年人才计划入选者	2015	第十一批
63	胡家兵	国家级青年人才计划入选者	2015	
64	蒋栋	省级人才计划入选者	2015	第五批
65	曹元成	省级人才计划入选者	2015	
66	戴玲	校华中学者计划——晨星岗	2015	第五批
67	杨勇	校华中学者计划——晨星岗	2015	第五批
68	王康丽	国家级青年人才计划入选者	2016	
69	王康丽	省级人才计划入选者	2016	第六批
70	胡家兵	国家级青年人才计划入选者	2016	
71	卢新培	国家级人才计划入选者	2016	
72	林湘宁	校华中学者计划——特聘岗	2016	第六批
73	姚伟	校华中学者计划——晨星岗	2016	第六批
74	陈昌松	校华中学者计划——晨星岗	2016	第六批
75	徐刚	国家级青年人才计划入选者	2017	第十三批
76	于海滨	国家级青年人才计划入选者	2017	第十三批
77	姚伟	省级人才计划入选者	2017	
78	彭晗	国家级青年人才计划入选者	2018	第十四批
79	熊紫兰	国家级青年人才计划入选者	2018	第十四批
80	罗永康	国家级青年人才计划入选者	2018	第十四批
81	李化	国家级青年人才计划入选者	2018	
82	彭晗	省级人才计划入选者	2018	第八批
83	曹元成	省级人才计划入选者	2018	第八批
84	裴雪军	湖北省杰出青年基金	2018	
85	黄江	湖北省新世纪高层次人才	2018	
86	李大伟	中国科协青年人才托举工程	2018	第三届
87	王智强	国家级青年人才计划入选者	2019	第十五批
88	陈新宇	国家级青年人才计划入选者	2019	第十五批

续表

序号	姓名	类型	获得时间	说明
89	方家琨	国家级青年人才计划入选者	2019	第十五批
90	辛国庆	国家级青年人才计划入选者	2019	第十五批
91	林磊	国家级青年人才计划入选者	2019	
92	林磊	湖北省杰出青年基金	2019	
93	刘铮铮	省级人才计划入选者	2019	第九批
94	陈霞	省级人才计划入选者	2019	
95	孔武斌	中国科协青年人才托举工程	2019	第四届
96	曹全梁	中国科协青年人才托举工程	2019	第四届
97	甘醇	武汉市黄鹤英才（优秀青年人才）计划	2019	
98	袁小明	校华中卓越学者计划——领军Ⅰ岗	2019	
99	樊宽军	校华中卓越学者计划——领军Ⅰ岗	2019	
100	曲荣海	校华中卓越学者计划——领军Ⅰ岗	2019	
101	尹项根	校华中卓越学者计划——领军Ⅱ岗	2019	
102	于克训	校华中卓越学者计划——领军Ⅱ岗	2019	
103	李红斌	校华中卓越学者计划——领军Ⅱ岗	2019	
104	文劲宇	校华中卓越学者计划——领军Ⅱ岗	2019	
105	卢新培	校华中卓越学者计划——领军Ⅱ岗	2019	
106	林湘宁	校华中卓越学者计划——特聘Ⅰ岗	2019	
107	蒋凯	校华中卓越学者计划——特聘Ⅰ岗	2019	
108	谢佳	校华中卓越学者计划——特聘Ⅰ岗	2019	
109	胡家兵	校华中卓越学者计划——特聘Ⅰ岗	2019	
110	王康丽	校华中卓越学者计划——特聘Ⅱ岗	2019	
111	张明	校华中卓越学者计划——特聘Ⅱ岗	2019	
112	苗世洪	校华中卓越学者计划——特聘Ⅱ岗	2019	
113	康勇	校华中卓越学者计划——特聘Ⅱ岗	2019	
114	何俊佳	校华中卓越学者计划——特聘Ⅱ岗	2019	
115	江中和	校华中卓越学者计划——特聘Ⅱ岗	2019	
116	秦斌	校华中卓越学者计划——特聘Ⅱ岗	2019	
117	李化	校华中卓越学者计划——特聘Ⅱ岗	2019	

续表

序号	姓名	类型	获得时间	说明
118	徐伟	校华中卓越学者计划——特聘Ⅱ岗	2019	
119	蒋栋	校华中卓越学者计划——特聘Ⅱ岗	2019	
120	彭晗	校华中卓越学者计划——特聘Ⅱ岗	2019	
121	黄江	校华中卓越学者计划——特聘Ⅱ岗	2019	
122	熊紫兰	校华中卓越学者计划——特聘Ⅱ岗	2019	
123	谭萍	校华中卓越学者计划——晨星Ⅰ岗	2019	
124	杨勇	校华中卓越学者计划——晨星Ⅰ岗	2019	
125	占萌	校华中卓越学者计划——晨星Ⅱ岗	2019	
126	陈忠勇	校华中卓越学者计划——晨星Ⅱ岗	2019	
127	杨凯	校华中卓越学者计划——晨星Ⅱ岗	2019	
128	王丹	校华中卓越学者计划——晨星Ⅱ岗	2019	
129	裴雪军	校华中卓越学者计划——晨星Ⅱ岗	2019	
130	王璐	校华中卓越学者计划——晨星Ⅱ岗	2019	
131	姚伟	校华中卓越学者计划——晨星Ⅱ岗	2019	
132	陈宇	校华中卓越学者计划——晨星Ⅱ岗	2019	
133	陈霞	校华中卓越学者计划——晨星Ⅱ岗	2019	
134	李大伟	校华中卓越学者计划——晨星Ⅱ岗	2019	
135	颜秋容	校华中卓越学者计划——教学岗Ⅰ类岗	2019	
136	叶齐政	校华中卓越学者计划——教学岗Ⅱ类岗	2019	
137	罗毅	校华中卓越学者计划——教学岗Ⅱ类岗	2019	
138	余创	国家级青年人才计划入选者	2020	第十六批
139	蔡承颖	国家级青年人才计划入选者	2020	第十六批
140	时晓洁	国家级青年人才计划入选者	2020	第十六批
141	李岳生	国家级青年人才计划入选者	2020	第十六批
142	李靖	国家级青年人才计划入选者	2020	第十六批
143	耿建昭	国家级青年人才计划入选者	2020	第十六批
144	姚伟	国家级青年人才计划入选者	2020	
145	周敏	中国科协青年人才托举工程	2020	第五届
146	余创	省级人才计划入选者	2020	第十批

续表

序号	姓名	类　　型	获得时间	说明
147	时晓洁	省级人才计划入选者	2020	第十批
148	甘醇	省级人才计划入选者	2020	
149	蒋凯	国家级人才计划入选者	2021	
150	李大伟	国家级青年人才计划入选者	2021	
151	陈宇	省级人才计划入选者	2021	第一批
152	艾小猛	省级人才计划入选者	2021	
153	王能超	省级人才计划入选者	2021	
154	蒋凯	国家级人才计划入选者	2021	
155	向往	国家级青年人才计划入选者	2021	
156	甘醇	省级人才计划入选者	2021	第十一批
157	甘醇	湖北省杰出青年基金	2021	
158	王亚玮	省级人才计划入选者	2021	
159	余创	武汉市黄鹤英才(产业领军创新类人才)计划	2021	
160	胡家兵	国家级人才计划入选者	2022	
161	陈霞	国家级青年人才计划入选者	2022	
162	陈材	省级人才计划入选者	2022	
163	李英彪	中国科协青年人才托举工程	2022	第七届

附录三　本科教育相关数据与资料

（一）本科生各专业人数一览表(1953—2021年)

说明：毕业生名单记录可另册查询。

1. 电力系本科生各专业人数统计表

届别	学科专业分布情况								毕业人数	毕业合计
1954	电力专修科								193	193
1955	发配电（专科）120	发电厂142	电机电器69						331	524
1956	发配电（专科）118	发配电109	电机电器54						281	805
1957	电机电器82	高压工程14	继电保护37	工企81					214	1019
1958	电机电器134	继电保护21	工企52	高电压12	水电9				228	1247
1959	学制调整为5年，无毕业生								0	1247
1960	水机29	火电373	水电45	工企28	电机电器96	电厂热能28			599	1846
1961	高压电器20	水机28	电机电器126	火电156	工企105	发配电95	水电59	高压电22	611	2457
1962	工企68	发配电76	水电35	电器专门化47	电机57				283	2740
1963	水动66	水机75	电器80	发配电48	工企63	电机56			388	3128
1964	水电54	水动43	电机62	电器47	工企114	发配电109			429	3557
1965	发配电78	工企57	电器76	电机79	水机108				398	3955
1966	电机36	发配电70	工企64	电器37					207	4162

续表

届别	学科专业分布情况									毕业人数	毕业合计
1967	水机 56	火电 59	发配电 66	工企 95	电器 30	电机 40				346	4508
1968	火电 63	工企 114	发配电 64	电机电器 100	水机 37					378	4886
1969—70	工企 246	发配电 135	电机电器 182							563	5449
1971—72	无									0	5449
1973	水机 31									31	5480
1974	电机 36	发配电 33								69	5549
1975	电机 62	发配电 59								121	5670
1976	电机 61	电器 29	发配电 61	火电 26	水机 31	水电 33				241	5911
1977	电机 33	电器 30	发配电 38	火电 43	水机 30	水电 30				204	6115
1978	201									201	6316
1979	无									0	6316
1980	水电 29	师资 49	电自 23	水机 27						128	6444
1981	电机 72	电自 40	高压 39	水自 31	水机 35					217	6661
1982	水机 36	电自 71	水自 35	电机 65	高压 32					239	6900
1983	电机 37	高压 38	电自 36	水机 34	水自 37					182	7082
1984	高压 29	水自 30	电自 81	水机 36	电机 76					252	7334
1985	电测 35	水自 61	电自 145	水机 35	高压 35	电机 39				350	7684
1986	高压 36	电测 38	水自 64	电机 68	电自 139	水机 35	电力企业 34			414	8098
1987	电机与电器 91	电自 99	高压 60	水自 71	电测 34	水机 69	电力（专科）9	电机电器（专科）34	水电（专科）49 水机（专科）31	547	8645

续表

届别	学科专业分布情况								毕业人数	毕业合计
1988	水机 72	电机电器 76	高压 39	水电 70	电测 35	电自 111	水电（专科）32	电力工程（专科）33	电机电器（专科）39	507	9152
1989	高压 37	水机 59	生产 34	电测 36	电自 82	电机电器 80	电力（专科）179	电力 31		538	9690
1990	电自 72	高压 31	生产 28	电机 63	水机 61	电测 33	电力（专科）119			407	10097
1991	生产 29	电测 34	电自 70	电机 34	水机 58	高压 31	电力（专科）91			347	10444
1992	电测 39	水机 51	电自 133	电机 50	高压 41	电力（专科）69				383	10827
1993	电测 25	水机 31	生产 24	高压 33	电自 101	电机 51	电气（专科）32			297	11124
1994	电机 66	高压 40	电自 151	水机 28	生产 22	电测 31	流体机械 28			366	11490
1995	电机电器 60	高压 45	电自 142	电测 36	水电 25	流体机械 26				334	11824
1996	电机电器 64	高压 36	电自 135	检测 29	水电 28	流体机械 27				319	12143
1997	电机电器 55	高压 26	电自 111	检测 24	水电 26	流体机械 30	电气 3			275	12418
1998	电机电器 52	高压 30	电自 106	水电 25	水机 25	检测 28				266	12684
1999	电自 195	生产 18	应电 62	电机电器 5	高压 6	水电 3	流体机械 28			317	13001
2000	电自 227	应电 37	水电 25	水机 23	电气 55					367	13368
2001	电自 191	应电 42	电气 69							302	13670
2002	电自 261	应电 63	电气 72							396	14066

续表

届别	学科专业分布情况			毕业人数	毕业合计
2003	电气工程及其自动化			413	14479
2004	电气工程及其自动化			417	14896
2005	电气工程及其自动化			419	15315
2006	电气工程及其自动化			394	15709
2007	电气工程及其自动化			459	16168
2008	电气工程及其自动化			466	16634
2009	电气工程及其自动化			504	17138
2010	电气工程及其自动化			487	17625
2011	电气工程及其自动化			468	18093
2012	电气工程及其自动化			489	18582
2013	电气工程及其自动化			444	19026
2014	电气工程及其自动化			488	19514
2015	电气工程及其自动化			490	20004
2016	电气工程及其自动化			481	20485
2017	电气工程及其自动化			524	21009
2018	电气工程及其自动化			449	21458
2019	电气工程及其自动化			378	21836
2020	电气工程及其自动化			386	22222
2021	电气工程及其自动化			406	22628

2. 船舶电气本科生专业人数统计表

届别	船电本科	人数	合计
1960	船舶电气自动化50	50	50
1961	船舶电气自动化52	52	102
1962	船舶电气自动化11	11	113
1963	船舶电气自动化25	25	138
1964	船舶电气自动化35	35	173
1965	船舶电气自动化51	51	224
1966	船舶电气自动化38	38	262
1967	船舶电气自动化59	59	321

续表

届别	船电本科	人数	合计
1968	船舶电气自动化 34	34	355
1969	船舶电气自动化 62	62	417
1970	船舶电气自动化 68	68	485
1974	船舶电气自动化 0	0	485
1975	船舶电气自动化 29	29	514
1976	船舶电气自动化 62	62	576
1977	船舶电气自动化 29	29	605
1978	船舶电气自动化 37	37	642
1979	船舶电气自动化 13	13	655
1980	船舶电气自动化 0	0	655
1982(春)	船舶电气自动化 39	39	694
1982	船舶电气自动化 38	38	732
1983	船舶电气自动化 41	41	773
1984	船舶电气自动化 42	42	815
1985	船舶电气自动化 36	36	851
1986	船舶电气自动化 41	41	892
1987	船舶电气自动化 67	67	959
1988	船舶电气自动化 74	74	1033
1989	应电 54	54	1087
1990	应电 35	35	1122
1991	应电 91	91	1213
1992	应电 35	35	1248
1993	应电 40	40	1288
1994	应电 39	39	1327
1995	应电 38	38	1365
1996	应电 93	93	1458
1997	应电 103	103	1561
1998	应电 35	35	1596

3. 原武汉城建学院建筑电气专业本科生人数统计表

届别	建筑电气本科	人数	合计
1996	建筑电气 43	43	43
1997	建筑电气 64	64	107
1998	建筑电气 72	72	179
1999	建筑电气 72	72	251

(二)不同历史时期的本科培养计划(课程设置)典型案例

1964年各专业培养目标及课程设置

电气化、自动化是社会主义国民经济发展水平的主要标志之一。要实现国民经济的高度电气化、自动化,国民经济各部门必须拥有足够数量的电气技术干部。本系的主要任务就是为国家培养有关这方面的人才,设有电机与电器、工业企业电气化及自动化、发电厂电力网与电力系统、水电站动力装置四个专业。

电机与电器专业

● 修业年限

五年。

● 培养目标

本专业培养又红又专、身体健康的电机与电器设计制造方面的工程技术人才。本专业分两个专门化——电机专门化和电器专门化。毕业生在学业上要完成工程师的基本训练,具有以下几方面的业务知识和工作能力:

电机专门化

(1)掌握电机的基本理论、设计方法和一般的试验技术,熟悉主要电机的结构和制造工艺,了解常用电工材料的性能和运行方面对电机的技术要求;

(2)在工程师指导下,能根据技术条件,进行一般电机的设计和制造工作;

(3)具有从事研究电机理论、设计和制造工艺等方面问题的初步能力;

(4)具有电器的基本知识及解决电气方面一般技术问题的初步能力。

电器专门化

(1)掌握电器的基本理论、设计方法和一般的试验技术,熟悉主要电器的结构和制造工艺,了解常用电工材料的性能和运行方面对电器的技术要求;

(2) 在工程师指导下，能根据技术条件，进行一般电器（包括高压电器、低压电器、继电器、磁放大器等）的设计和制造工作；

(3) 具有从事研究电器理论、设计和制造工艺等方面问题的初步能力；

(4) 具有电机的基本知识及解决电气方面一般技术问题的初步能力。

● 课程设置与主要课程时数

(1) 电机专业化：

课程	外国语	高等数学	普通物理	理论力学	材料力学	电工基础	电机学	电器学	电机设计	电机制造工艺学
学时数	240	300	230	110	90	240	205	160	100	46

(2) 电器专业化：

课程	外国语	高等数学	普通物理	理论力学	材料力学	电工基础	电机学	电器学	低压控制与保护电器	高压电器
学时数	240	360	230	110	90	240	205	102	76	60

本专业课程设置，除上列主要业务课程外，还设有中共党史、政治经济学、哲学、思想政治教育报告、体育、普通化学、画法几何及机械制图、金属工艺学、机械原理及机械零件、电工量计、电工材料、工业电子学、高电压技术、电力拖动自动控制、自动调节原理、热工学、发电厂及电力系统和机械制造工业企业组织与计划等课程。

此外，电机专门化还设有电机瞬变过程和控制电机两门选修课；电器专门化还设有自动调节器和电器专题两门选修课。

● 课程设计与毕业设计

本专业学生，在五年中共做两个课程设计。除共做机械原理及机械零件课程设计外，电机专门化的学生还做电机设计课程设计，电器专门化的学生还做高电压电器或低压控制与保护电器课程设计。

毕业设计题目以产品设计为主，并尽可能结合生产实际选择现实的题目。

● 毕业生适合担任的工作

电机专门化毕业生，可以到电机厂和变压器厂的设计科或中心实验室工作，也可以到设计院、科学研究机关和高等学校工作。必要时，还可以参加安装和运行工作。

电器专门化毕业生，可以到高压开关厂、低压开关厂、继电器厂、自动远动电器厂和中心试验所工作，也可以到设计院、科学研究机关和高等学校工作。必要时，还可以参加安装和运行工作。

工业企业电气化及自动化专业

- 修业年限

五年。

- 培养目标

本专业培养又红又专、身体健康的工业企业电气化及自动化方面的工程技术人才。毕业生在学业上要完成工程师的基本训练,具有以下几方面的业务知识和工作能力:

(1) 经过短期见习,能独立担任工业企业生产机械电力拖动及电气控制系统的安装、维护、检修、调整、试验工作,也可担任供电方面的工作;

(2) 具有设计生产机械电力拖动及电气控制系统初步能力,能担任一般的设计工作;

(3) 具有参加电力拖动自动控制系统的科学研究的初步能力;

(4) 能担任与本专业有关的教学工作。

- 课程设置与主要课程时数

课程	外国语	高等数学	普通物理	电工基础	自动控制电器	电力拖动基础	自动调节原理	电力拖动的自动控制	生产机械电力装置	工业企业供电
学时数	240	360	230	250	72	96	65	100	60	76

本专业课程设置,除上列主要业务课程外,还设有中共党史、政治经济学、哲学、思想政治教育报告、体育、普通化学、画法几何及机械制图、金属工艺学、理论力学、材料力学、机械原理及机械零件、电工量计、电工材料、电机学、工业电子学、热工学、企业经济组织与计划和安全技术与防火技术等课程。

为了贯彻"因材施教"的原则,还设置了三门选修课(电热电焊、调整理论专题、生产机械电力装备)和四门加选课(计算技术、随动系统、离子拖动、第二外国语)。

- 课程设计与毕业设计

本专业学生共做三门课程设计,即机械零件课程设计、工厂供电课程设计和生产机械电力装备课程设计。

一般学生都是以工程设计为结业的主要方式,要求对设计中某一部分作深入的分析。少数成绩优异的学生,可以在教师指导下,对某一专门问题进行研究,写出研究报告以代替毕业设计。

- 毕业生适合担任的工作

(1) 在各种机械制造工厂、冶金工厂和其他电气自动化程度比较高的工厂企业(造纸厂、水泥厂、化工厂),担任动力部分的运行技术工作。

(2) 在黑色冶金设计院、电力传动设计研究院和大型机械制造厂的设计科(处),担任电力拖动方面的设计工作。

(3) 在科学研究机关担任有关电气化及自动化方面的研究工作。

(4) 在高等学校和中等专科学校担任与本专业有关的教学工作。

发电厂电力网与电力系统专业

● 修业年限

五年。

● 培养目标

本专业培养又红又专、身体健康的发电厂电力网与电力系统方面的工程技术人才。毕业生在学业上要完成工程师的基本训练,具有发电厂电力网与电力系统电气部分的基本知识和火力发电厂热力部分的一般知识,以及下列几方面的工作能力:

(1) 经过短期见习,能独立担任发电厂或电力系统运行方面的工作;

(2) 具有设计发电厂电力网与电力系统电气部分的初步能力,能担任部分的设计工作;

(3) 对发电厂电力网及输配电线路电气设备的安装、维护、检修和调整试验有初步的了解,经过一段时期的实际锻炼,能够担任这方面的实际工作。

● 课程设置与主要课程时数

课程	外国语	高等数学	普通物理	电工基础	电机学	电力系统电磁暂态过程	发电厂变电所电气部分	电力网及电力系统	电力系统继电保护
学时数	240	360	230	240	180	68	93	85	70

本专业课程设置,除上列主要业务课程外,还设有中共党史、政治经济学、哲学、思想政治教育报告、体育、普通化学、画法几何及机械制图、金属工艺学、理论力学、材料力学、机械原理及机械零件、工业电子学、热工学及发电厂热力部分、电力系统机电暂态过程、电力系统自动化、高电压技术、动力经济组织与计划和保安技术与防火技术等课程。

一般学生在第九学期还选修一门选修课程(选修课有发电厂电气部分运行专题、电力系统运行专题、电力系统继电保护专题、远距离输电专题、水力发电厂水利部分等)。学业成绩优良的学生,在同一学期内,还可加选一至二门课程。

● 课程设计与毕业设计

本专业学生共做三门课程设计,即机械零件课程设计、发电厂变电所电气部分课程设计和电力网及电力系统课程设计。

毕业设计是以工程设计为主,着重于要求对设计中某一部分作深入的分析。

● 毕业生适合担任的工作

(1) 在水力、火力发电厂及变电所担任机电设备、电气仪表、继电保护工作。

(2) 在电业管理局、电业局、供电所的生产技术处(科)、调度处(所)和中心实验室等单位,担任电力网及电力系统、电力系统的继电保护及自动化、电力系统防雷与过电压保护等方面的调度、安装、运行、维护试验工作。

(3) 在科学研究机关担任有关的研究工作。

(4) 在高等工业学校和中等专业学校担任与本专业有关的教学工作。

水电站动力装置专业

● 修业年限

五年。

● 培养目标

本专业培养又红又专、身体健康的水电站动力装置方面的工程技术人才。毕业生在学业上要完成工程师的基本训练,具有以下几方面的工作能力:

(1) 运行方面:具有从事水电站安全运行(以水力机械运行为主)、经济运行、水库调度和水电站在电力系统中经济运行的工作能力。

(2) 设计方面:具有进行水能规划设计和水电站水轮发电机组及辅助设备的选择、布置设计的能力;具有主要电气设备选择的基本知识。

(3) 安装方面:具有水电站水轮发电机组、辅助设备安装工作的基本知识;具有主要电气设备安装的一般知识。

● 课程设置与主要课程时数

课程	外国语	高等数学	普通物理	金属工艺学	电工基础及工业电子学	工程流体力学	机械原理零件及起重机	工程河川水文学	水能规划及设计	水轮机及泵	水电站辅助设备	水轮机调节与水电站最优运行
学时	240	337	230	100	170	120	154	70	90	124	139	88

本专业课程设置,除上列主要业务课程外,还设有中共党史、政治经济学、哲学、思想政治教育报告、体育、普通化学、画法几何及机械制图、理论力学、材料力学、互换性及技术测量、电机学、水电站水工建筑物、水电站电气设备及电力系统、动能经济、水电站机电设备安装及检修和水电站继电保护及自动化等课程。

为了贯彻"因材施教"的原则,还设置了两门选修课(水力机组试验技术、火力发电厂)和四门加选课(水电站附属设备专题、水电站水能设计专题、水电站运行专题、第二外国语)。

1964年和1965五年两届毕业生的培养目标,因是以运行为重点,故所修课程中"电"的和"水"的两个方面比较多,"机"的方面的学时数只有455学时。

● 课程设计与毕业设计

本专业学生共做四门课程设计,即变速箱设计、水轮机设计、水能设计和水电站厂房布置及辅助设备设计。

一般学生都是以工程设计为结业的主要方式,要求对设计中某一部分作深入的分析。少数成绩优异的学生,可以在教师指导下,对某一专门问题进行研究,写出研究报告以代替毕业设计。

● 毕业生适合担任的工作

根据我院的具体条件,本专业培养的人才,侧重于运行和设计两方面,毕业生适合在以下场所工作:

(1) 运行水电厂的运行分场和检修分场或生产技术科、水库调度组。

(2) 水力发电勘测设计院中的水能组、水力计算组和水力机械组(1964年的毕业生则适合在运行方式组和动能经济组,不适合在水力机械组)。

(3) 电力系统调度所的经济运行组和水库调度组。

(4) 机电安装队。

(5) 高等学校和中等专业学校中的本专业教研室。

(6) 有关专业的科学研究机关。

1987年本科生课程一览

序号	专业名称	代号
1	电机	A
2	电力系统及其自动化	B
3	电磁测量及仪表	C
4	高电压技术及设备	D
5	生产过程自动化	E
6	水力机械	F

序号	课程名称	开设专业					
1	哲学	A	B	C	D	E	F
2	政治经济学	A	B	C	D	E	F
3	中国革命史	A	B	C	D	E	F
4	体育	A	B	C	D	E	F

续表

序号	课　程　名　称	开　设　专　业					
5	基础英语及专业英语阅读	A	B	C	D	E	F
6	高等数学	A	B	C	D	E	F
7	工程制图	A	B	C	D	E	F
8	计算机语言	A	B	C	D	E	F
9	工程数学	A	B	C	D	E	F
10	普通物理学及实验	A	B	C	D	E	F
11	管理概论	A	B	C	D	E	F
12	工程力学	A	B		D	E	F
13	流体力学						F
14	电路理论	A	B	C	D	E	
15	电路测试技术基础	A	B	C	D	E	
16	电工技术基础						F
17	模拟电子技术	A	B	C	D	E	
18	电机学	A	B		D	E	
19	数字电路与微机	A	B		D	E	F
20	自动控制理论	A	B	C	D	E	
21	电磁场理论	A	B	C	D		
22	电机设计	A					
23	电机测试及实验	A					
24	电机瞬变过程	A	B	C	D	E	F
25	电机电磁场数值计算	A					
26	电机计算机辅助设计	A					
27	电力电子学	A					
28	电力系统分析		B				
29	电机电力系统自动化		B				
30	电力系统规划、经济运行和可靠性		B				
31	发电厂电气部分		B				
32	继电保护原理		B				
33	精密电气测量			C			

续表

序号	课程名称	开设专业				
34	数字测量技术		C			
35	磁测量技术		C			
36	非电测量技术		C			
37	微机化仪器		C			
38	电力系统过电压			D		
39	高压电绝缘			D		
40	高压测试技术			D		
41	高压电器			D		
42	高压技术			D		
43	水电站运行				E	
44	水电生产过程自动化				E	
45	自动检测技术				E	
46	水轮机				E	
47	水轮机调节				E	
48	水电生产过程计算机控制				E	
49	金属工艺学					F
50	水涡轮机械原理					F
51	水轮机设计					F
52	叶片泵设计					F
53	水力实验与测试技术					F
54	水力机械流动理论					F
55	动态信号分析与仪器					F

2001版本科培养计划

(说明:本计划特色为按电气大类培养、和水利水电学院共享课程)

电气工程及其自动化专业本科培养计划

● 培养目标

培养德智体全面发展,知识、能力、素质协调发展,能够从事与电气工程有关的系统设计、运行控制、信息处理、研究开发以及电子计算机应用等领域工作的宽口径、复合型高级技术人才。

● 基本要求

本专业学生主要学习电工技术、电子技术、信号处理、自动控制、计算机技术、电机学、电力电子技术、电力拖动控制等方面的电气工程基础和专业知识,并接受1~2个学科专业方向的基本训练,具有分析解决电气工程与控制技术问题的能力。

毕业生应获得以下几个方面的知识和能力:

(1) 扎实的数理基础,较好的人文社会科学和管理科学基础及外语综合能力;

(2) 系统掌握本学科领域必需的技术基础理论知识,包括电工理论、电子技术、信息处理、控制理论、计算机软硬件、电机学、电力电子学、电力拖动控制技术等;

(3) 较强的工程实践能力,较熟练的计算机应用能力;

(4) 本学科领域内1~2个专业方向的知识与技能,了解本学科前沿的发展趋势;

(5) 较强的工作适应能力,一定的科学研究、技术开发和组织管理的实际工作能力。

● 学制与学位

修业年限:四年。

授予学位:工学学士。

● 学时与学分

总学分:211.5

课内教学学时/学分:2697/168.5	占总学分的比例:79.7%
其中:	
通识教育基础课学时/学分:1505/94	占总学分的比例:44.4%
学科基础课学时/学分:728/45.5	占总学分的比例:21.5%
专业课学时/学分:464/29	占总学分的比例:13.7%
集中性实践环节周数/学分:33/33	占总学分的比例:15.6%
课外活动和社会实践最低要求学分:10	占总学分比例:4.7%

● 主要课程

电路理论、电磁场与电磁波、电子技术、单片机原理及接口技术、信号与系统、自动控制理论、电机学、电力电子学、电力拖动与控制系统。

●教学进程计划表
Table of Teaching Schedule

院(系):电气与电子工程学院　　　　　　　　　　　　　　　　专业:电气工程及其自动化
School(Department): School of Electrical & Electronics Engineering　　Specialty: Electrical Engineering and Automation

课程类别 Courses Classified	课程 性质 Course Nature	课程 代码 Course Code	课程名称 Course Name	学时/ 学分 Hrs/ Crs	其中 Including			各学期学时 Hours Distribution of in a Semester							
					课外 Extra- cur	实验 Exp.	上机 Oper- ation	一 1st	二 2nd	三 3rd	四 4th	五 5th	六 6th	七 7th	八 8th
通识教育基础课程 General Education Courses	必修 Required	0100012	毛泽东思想概论 Introduction to Mao Zedong Thought	36/2	12			24							
	必修 Required	0100031	邓小平理论概论 Introduction to Deng Xiaoping Theory	70/4	30					40					
	必修 Required	0100041	马克思主义政治经济学原理 Marxist Political Economy	36/2	4						32				
	必修 Required	0100021	马克思主义哲学原理 Marxist Philosophy	54/3	22						32				
	必修 Required	0300021	思想道德修养 Morals and Ethics	51/3	27			24							
	必修 Required	0300011	法律基础 Fundamentals of Law	34/2	10				24						
	必修 Required	1200011	军事理论 Military Theory	16/1				16							
	必修 Required	0500011	大学英语 College English	224/14				56	56	56	56				
	必修 Required	0400011	体育 Physical Education	128/8				32	32	32	32				
	必修 Required	0700011	微积分(一) Calculus(Ⅰ)	176/11				88	88						
	必修 Required	0700052	线性代数(二) Linear Algebra(Ⅱ)	32/2						32					
	必修 Required	0700071	复变函数与积分变换 Complex Function and In-tegral Transform	40/2.5							40				
	必修 Required	0700082	数理方程与特殊函数(二) Equations in Physics and Special Function(Ⅱ)	32/2							32				
	必修 Required	0700064	概率论与数理统计(四) Probability and Mathematics Statistics(Ⅳ)	32/2								32			

续表

课程类别 Courses Classified	课程性质 Course Nature	课程代码 Course Code	课程名称 Course Name	学时/学分 Hrs/Crs	其中 Including 课外 Extra-cur	实验 Exp.	上机 Oper-ation	一 1st	二 2nd	三 3rd	四 4th	五 5th	六 6th	七 7th	八 8th
通识教育基础课程 General Education Courses	必修 Required	0700031	大学物理(一) Physics(Ⅰ)	112/7					56	56					
	必修 Required	0700042	物理实验(二) Physics Lab.(Ⅱ)	32/2		32				32					
	必修 Required	0800053	工程力学(三) Engineering Mechanics(Ⅲ)	40/2.5	8						40				
	必修 Required	0800342	机械制图(二) Mechanical Graphing(Ⅱ)	40/2.5				40							
			计算机类限选课程组 Selective Courses on Computer	160/10											
	限选 Restricted	0800011	计算机概论 Introduction to Computer Technology	32/2			16	32							
	限选 Restricted	0800021	C语言 Advanced Programming Language(C)	56/3.5			20		56						
	限选 Restricted	0800041	因特网与应用 Internet Network and Application	48/3			12			48					
	限选 Restricted	0800031	软件技术基础 Fundamental of Software Technology	56/3.5			20			56					
	限选 Restricted	0800233	数据库 Database System	40/2.5			16			40					
			人文类限选课程 Restricted Electives in the Humanities	160/10											
学科基础课程 Basic Courses of Disciplines	必修 Required	0802381	单片机原理与接口技术 Principles and Interfacing Technology of Microcomputer	56/3.5	8	8								56	
	必修 Required	0800111	电路理论(一) Circuit Theory(Ⅰ)	112/7					64	48					
	必修 Required	0800252	电磁场与电磁波 Electromagnetic Fields & Magnetic Waves	48/3		8					48				

续表

课程类别 Courses Classified	课程性质 Course Nature	课程代码 Course Code	课程名称 Course Name	学时/学分 Hrs/Crs	其中 Including 课外 Extra-cur	实验 Exp.	上机 Operation	一 1st	二 2nd	三 3rd	四 4th	五 5th	六 6th	七 7th	八 8th
学科基础课程 Basic Courses of Disciplines	必修 Required	0802391	电路测试技术基础 Fundamentals of Circuit Measurement Technique	40/2.5		40						40			
	必修 Required	0800121	模拟电子技术(一) Analogue Electronics(Ⅰ)	56/3.5		16					56				
	必修 Required	0800133	数字电子技术 Digital Electronics	40/2.5								40			
	必修 Required	0802402	电子测试与实验(二) Electronic Testing and Experiment(Ⅱ)	40/2.5		40						40			
	必修 Required	0802411	电机学 Electrical Machinery Theory	96/6		12					56	40			
	必修 Required	0800452	信号与系统 Signal and System	40/2.5			4					40			
	必修 Required	0800321	自动控制理论 Automatic Control Theory	64/4		4							64		
	必修 Required	0802421	电力电子学 Power Electronics	56/3.5		8									56
	必修 Required	0802431	电力拖动与控制系统 Electric Drive and Control System	48/3		6									48
	必修 Required	0400021	学科(专业)概论 An Introduction to Discipline (Specialty)	16/1						16					
	必修 Required	0500024	专业英语 Professional English	16/1											16
专业课程 Specialized Courses			专业限选课程组(A) Restricted Electives in the Specialty(A)	320/20											
	限选 Restricted	0802441	电力系统工程基础 Fundamentals of Power Systems Engineering	55/3.5		6							56		
	限选 Restricted	0802451	电力系统分析 Power System Analysis	72/4.5		8								72	

续表

课程类别 Courses Classified	课程性质 Course Nature	课程代码 Course Code	课程名称 Course Name	学时/学分 Hrs/Crs	其中 Including 课外 Extra-cur	实验 Exp.	上机 Operation	各学期学时 Hours Distribution of in a Semester 一 1st	二 2nd	三 3rd	四 4th	五 5th	六 6th	七 7th	八 8th
专业课程 Specialized Courses	限选 Restricted	0802461	电力系统继电保护原理 Protective Relaying in Power Systems	48/3		6								48	
	限选 Restricted	0802471	电力系统综合实验 Electrical Power System Dynamic Simulation Experiment	24/1.5		20								24	
	限选 Restricted	0802481	电力系统微机保护 Microprocessor Based Protective Relays	24/1.5		2									24
	限选 Restricted	0802491	机电系统分析与仿真 Analysis and Simulation of Electromechanical System	40/2.5			8						40		
	限选 Restricted	0802501	电磁装置设计原理 Design Principles of Electromagnetic Device	32/2											32
	限选 Restricted	0802511	微电机及其驱动 Micro-motor and Drive	32/2		8								32	
	限选 Restricted	0802521	开关电源 Switching Power Supply	24/1.5										24	
	限选 Restricted	0802531	高电压试验设备及测试技术 High-voltage Testing Equipment and Measurement Technique	40/2.5		4									40
	限选 Restricted	0302541	高压电气设备绝缘 High-voltage Electric Equipment Insulation	32/2		2							32		
	限选 Restricted	0802551	电力系统过电压 Over-voltage in Power Systems	32/2		2							32		
	限选 Restricted	0802561	电力开关技术原理及应用 Theory and Application of Power Switches	32/2										32	
	限选 Restricted	0802571	电磁兼容原理及应用 Principles and Applications on Electromagnetic Compatibility	32/2											32

续表

课程类别 Courses Classified	课程性质 Course Nature	课程代码 Course Code	课程名称 Course Name	学时/学分 Hrs/Crs	其中 Including			各学期学时 Hours Distribution of in a Semester							
					课外 Extra-cur	实验 Exp.	上机 Oper-ation	一 1st	二 2nd	三 3rd	四 4th	五 5th	六 6th	七 7th	八 8th
专业课程 Specialized Courses	限选 Restricted	0800163	数字信号处理 Digital Signal Processing	32/2										32	
	限选 Restricted	0802581	传感器技术 Technique on Transducers and Sensors	48/3		8								48	
	限选 Restricted	0802591	微机化仪器 Intelligent Instruments	32/2										32	
	限选 Restricted	0802601	电磁干扰与防护 Electromagnetic Interference and Prevention	24/1.5											24
	限选 Restricted	0802611	现代测量技术 Modern Measuring Technology	24/1.5											24
	限选 Restricted	0801621	非线性与采样控制系统理论与设计 Theory and Design of Nonlinear Control System and Sampled Data Control System	32/2									32		
	限选 Restricted	0802631	电力电子装置及系统 Power Electric Devices and Systems	32/2		2	2							32	
	限选 Restricted	0802641	DSP原理及应用 Principle and Applications of DSP	24/1.5		2								24	
	限选 Restricted	0802651	Matlab语言与控制系统仿真 MATLAB Language and Emulation of Control Systems	32/2			12						32		
	限选 Restricted	0802661	等离子体科学与技术 Science and Technology on Plasma	24/1.5										24	
	限选 Restricted	0802671	单片机应用系统设计 Design of Application System of Single-chip Microcomputer	48/3		32								48	

续表

课程类别 Courses Classified	课程性质 Course Nature	课程代码 Course Code	课程名称 Course Name	学时/学分 Hrs/Crs	其中 Including			各学期学时 Hours Distribution of in a Semester							
					课外 Extra-cur	实验 Exp.	上机 Operation	一 1st	二 2nd	三 3rd	四 4th	五 5th	六 6th	七 7th	八 8th
专业课程 Specialized Courses	限选 Restricted	0802681	可编程控制器 Programmable Logic Controller	32/2		24								32	
	限选 Restricted	0802691	建筑电气技术基础 Basis Electrical Technology of Building	32/2		8								32	
	限选 Restricted	0302701	建筑机电设备自动化 Automation on Building Electromechanical Devices	32/2		2								32	
	限选 Restricted	0802711	建筑电子工程 Electronic Engineering Building	32/2		8							32		
	限选 Restricted	0802721	智能化住宅及小区系统 Intelligent House & District System	32/2		4								32	
	限选 Restricted	0802731	超导应用基础 Basis of Super conductivity Application	32/2										32	
			专业限选课程组(B) Restricted Electives in the Specialty(B)	80/5											
	限选 Restricted	0802741	电力系统规划 Power System Planning	16/1											16
	限选 Restricted	0802751	现代电力企业管理 Modern Electrical Enterprise Management	16/1											16
	限选 Restricted	0802761	电力市场 Power Market	16/1											16
	限选 Restricted	0802771	新型输电技术 New Technologies for Power Transmission	16/1											16
	限选 Restricted	0802781	配电自动化 Distribution Automation Systems	16/1											16

课程类别 Courses Classified	课程性质 Course Nature	课程代码 Course Code	课程名称 Course Name	学时/学分 Hrs/Crs	其中 Including		各学期学时 Hours Distribution of in a Semester							
					课外 Extra-cur	实验 Exp.	上机 Operation	一 1st	二 2nd	三 3rd	四 4th	五 5th	六 6th	七 7th	八 8th
专业课程 Specialized Courses	限选 Restricted	0801631	人工智能算法及应用 Artificial Intelligence and its Application	24/1.5			8								24
	限选 Restricted	0802791	电子电路CAD技术 CAD Technique in Electronic Circuits	32/2			12							32	
	限选 Restricted	0802801	高频电子电路 High-frequency Electronic Circuit	32/2		6									32
	限选 Restricted	0802811	电子线路设计 Design on Electronic Circuit	32/2								32			
	限选 Restricted	0802831	电力电子应用设计 Application and Design in Power Electronics	32/2									32		
	限选 Restricted	0802841	计算机网络管理 Computers Network Managing	40/2.5			20					40			
	限选 Restricted	0802851	新能源技术 Technique on New Power Source	32/2										32	
	限选 Restricted	0802861	机器人技术导论 Introduction for Robot Technique	40/2.5											40
	限选 Restricted	0802871	电工材料 Electrotechnician Materials	32/2										32	
			跨学科限选课程 Restricted Courses on Cross-specialty	64/4											
	必修 Required	1300014	军事训练 Military Training	4w/4				4w							
	必修 Required	1300021	公益劳动 Laboring for Public Benefit	1w/1									1w		

续表

课程类别 Courses Classified	课程性质 Course Nature	课程代码 Course Code	课程名称 Course Name	学时/学分 Hrs/Crs	其中 Including			各学期学时 Hours Distribution of in a Semester								
					课外 Extra-cur	实验 Exp.	上机 Operation	一 1st	二 2nd	三 3rd	四 4th	五 5th	六 6th	七 7th	八 8th
实践环节 Practical Training	必修 Required	1300032	电工实习 Electrical Engineering Practice	2w/2									2w		
	必修 Required	1300082	生产实习 Engineering Internship	2w/2	2w									2w	
	必修 Required	1300430	课程设计 Course Project	10w/10									2w	4w	2w	2w
	必修 Required	1300481	专业社会实践 Professional Social Practice	1w/1	1w							1w			
	必修 Required	1300101	认识实习 Acquaintanceship Practice	1w/1	1w							1w			
	必修 Required	1300042	毕业设计 Undergraduate Thesis	12w/12												12w

必修课学时/学分小计:1913/119.5　　Subtotal class hour/credits of required courses:1913/119.5

限选课学时/学分小计:784/49　　Subtotal class hour/credits of restricted elective courses:784/49

实验、上机学时/学分小计:实验:328/20.5　　　　　　　　　　　　　　　上机:158/10
Subtotal clans hour/credits of experiment and operation:Exp.:328/20.5　　Oper.:158/10

2009 版本科培养计划

（说明：本计划特色是核心课程分为 A、B 两个模块）

电气工程及其自动化专业本科培养计划

（普通班）（节选，省略英文）

● 培养目标

培养德智体全面发展，知识、能力、素质协调发展，能够从事与电气工程有关的系统设计、运行控制、信息处理、研究开发以及电子计算机应用等领域工作的宽口径、复合型高级技术人才。

● 基本要求

本专业学生主要学习电工技术、电子技术、信号处理、自动控制、计算机技术、电机学、电力电子技术、电气工程基础等电气工程技术基础和专业知识，并接受1～2个学科专业方向的基本训练，具有分析解决电气工程与控制技术问题的能力。

毕业生应获得以下几个方面的知识和能力：

（1）扎实的数理基础，较好的人文社会科学和管理科学基础及外语综合能力；

（2）系统掌握本学科领域必需的技术基础理论知识，包括电路理论、电子技术、信号与系统、自动控制理论、计算机软硬件、电机学、电力电子学、电气工程基础等。

（3）较强的工程实践能力，较熟练的计算机应用能力；

（4）本学科领域内1～2个专业方向的知识与技能，了解本学科前沿的发展趋势；

（5）较强的工作适应能力，一定的科学研究、技术开发和组织管理的实际工作能力。

● 培养特色

电气与电子并重，能源与信息相融，软件与硬件兼备，装置与系统结合。

● 主干学科

电气工程、控制科学与工程、计算机科学与技术。

● 学制与学位

修业年限：四年。

授予学位：工学学士。

● 学时与学分

完成学业最低课内学分（含课程体系与集中性实践教学环节）要求：188。

完成学业最低课外学分要求：5。

1. 课程体系学时与学分

课程类别		课程性质	学时/学分	占课程体系学分比例/(%)
通识教育基础课程		必修	1176/73.5	46.1
		选修	160/10	6.2
基础课程	基础课程	必修	656/41.0	25.7
	专业基础课程	必修	192/12.0	7.5
专业课程	专业核心课程	选修	240/15.0	9.4
	专业方向课程	选修	128/8.0	5.0
合计			2472/159.5	100

2. 集中性实践教学环节周数与学分

实践教学环节名称	课程性质	周数/学分	占实践教学环节学分比例/(%)
军事训练	必修	2/2.0	7.02
公益劳动	必修	1/1.0	3.51
电工实习	必修	2/2.0	7.02
金工实习	必修	1.5/1.5	5.26
认知实习	必修	1/1.0	3.51
生产实习(社会实践)	必修	3/3.0	10.53
课程设计	必修	4/4.0	14.03
毕业设计(论文)	必修	14/14.0	49.12
合计		28.5/28.5	100

3. 课外学分

序号	活动名称	课外活动和社会实践的要求		课外学分
1	社会实践活动	提交社会调查报告,通过答辩者		1
		个人被校团委或团省委评为社会实践活动积极分子者,集体被校团委或团省委评为优秀社会实践队者		2
2	英语及计算机考试	全国大学英语六级考试	获六级证书者	2
		全国计算机等级考试	获二级以上证书者	2
		全国计算机软件资格水平考试	获程序员证书者	2
			获高级程序员证书者	3
			获系统分析员证书者	4

续表

序号	活动名称	课外活动和社会实践的要求		课外学分
3	竞赛	校级	获一等奖者	3
			获二等奖者	2
			获三等奖者	1
		省级	获一等奖者	4
			获二等奖者	3
			获三等奖者	2
		全国	获一等奖者	6
			获二等奖者	4
			获三等奖者	3
4	论文	在全国性刊物发表论文	每篇论文	2~3
5	科研	视参与科研项目时间与科研能力	每项	1~3
6	实验	视创新情况	每项	1~3

● 主要课程

电路理论、电磁场与波、电子技术、单片机原理及应用、信号与系统、自动控制理论、电机学、电力电子学、电气工程基础。

● 主要实践教学环节（含专业实验）

电路测试技术基础、电子测试与实验、计算机原理与应用实验、信号与控制综合实验、电工实习、认知实习、生产实习（社会实践）。

● 教学进程计划表

院（系）：电气与电子工程学院　　　　　　专业：电气工程及其自动化

课程类别	课程性质	课程代码	课程名称	学时/学分	其中			各学期学时							
					课外	实验	上机	一	二	三	四	五	六	七	八
通识教育基础课程	必修	0301901	思想道德修养与法律基础	48/3	12			36							
	必修	0100721	中国近现代史纲要	32/2	8			24							
	必修	0100881	马克思主义基本原理	48/3	12				36						
	必修	0100931	思政课社会实践	32/2	28					4					
	必修	0100321	毛泽东思想和中国特色社会主义理论体系概论	64/4								64			
	必修	0100741	形势与政策	32/2	14								18		
	必修	0510071	中国语文	32/2			32								
	必修	0500015	大学英语（一）	56/3.5			56								

续表

课程类别	课程性质	课程代码	课程名称	学时/学分	其中 课外	其中 实验	其中 上机	一	二	三	四	五	六	七	八
通识教育基础课程	必修	0500017	大学英语(二)	56/3.5					56						
	必修	0500019	大学英语(三)	56/3.5						56					
	必修	0503019	大学英语(四)	56/3.5							56				
	必修	1200011	军事理论	16/1				16							
	必修	0700011	微积分(一)(上)	88/5.5				88							
	必修	0700012	微积分(二)(下)	88/5.5					88						
	必修	0700031	大学物理(一)	56/3.5					56						
	必修	0700032	大学物理(二)	56/3.5						56					
	必修	0700041	物理实验(一)	32/2					32						
	必修	0700042	物理实验(二)	24/1.5						24					
	必修	0706441	大学化学	32/2		4		32							
	必修	0400111	大学体育(一)	16/1				16							
	必修	0400121	大学体育(二)	16/1					16						
	必修	0400131	大学体育(三)	16/1						16					
	必修	0400141	大学体育(四)	16/1							16				
	必修	0812313	C++语言程序设计	56/3.5			20	56							
	三选一	0802891	计算机网络与通讯	32/2			8						32		
		0833172	数据库技术及应用	40/2.5			10		40						
		0800417	数据结构	32/2			8		32						
	必修	0700051	线性代数(一)	40/2.5					40						
	必修	0700071	复变函数与积分变换	40/2.5						40					
	三选一	0700063	概率论与数理统计(三)	40/2.5							40				
		0700243	运筹学	40/2.5							40				
		0700081	数理方程与特殊函数(一)	40/2.5							40				
			人文社科类选修课程	160/10											
学科大类基础与专业基础课程	必修	0801163	工程制图(一)	40/2.5				40							
	必修	0800058	工程力学	40/2.5							40				
	必修	0833341	电路理论(上)	40/2.5						40					
	必修	0833351	电路理论(下)	64/4							64				
	必修	0806992	电路测试技术基础	32/2		32					32				
	必修	0800124	模拟电子技术(二)	56/3.5							56				
	必修	0800133	数字电子技术	40/2.5								40			

续表

课程类别	课程性质	课程代码	课程名称	学时/学分	其中			各学期学时							
					课外	实验	上机	一	二	三	四	五	六	七	八
学科大类基础与专业基础课程	必修	0802402	电子测试与实验(二)	40/2.5		40						40			
	二选一	0808463	单片机原理及应用	40/2.5									40		
		0811034	微机原理及应用	40/2.5									40		
	必修	0819041	计算机原理及应用实验	24/1.5		24						24			
	必修	0800452	信号与系统	40/2.5								40			
	必修	0800319	自动控制理论	56/3.5									56		
	必修	0802911	检测技术	32/2									32		
	必修	0802422	电力电子学	48/3									48		
	必修	0833391	信号与控制综合实验Ⅰ	32/2		32							32		
	必修	0833392	信号与控制综合实验Ⅱ	32/2		32								32	
	必修	0818851	电气工程学科导论	24/1.5	24				24						
	必修	0818861	电磁场与波	56/3.5		4					56				
	必修	0833361	电机学(上)	56/3.5		6					56				
	必修	0833371	电机学(下)	56/3.5		8						56			
专业课程·专业核心			专业核心选修课程	240/15											
			课程组 A	240/15											
	选修	0833401	电气工程基础(一)	56/3.5								56			
	选修	0833411	高电压与绝缘技术	56/3.5										56	
	选修	0802431	电力拖动与控制系统	48/3		8							48		
	选修	0802502	电磁装置设计原理	40/2.5									40		
	选修	080773	电力电子装置与系统	40/2.5										40	
			课程组 B	240/15											
	选修	0833421	电气工程基础(二)	24/1.5								24			
	选修	0802453	电力系统分析	72/4.5								40	32		
	选修	0833412	高电压与绝缘技术	48/3									48		
	选修	0818991	电力系统继电保护	48/3		6							48		
	选修	0807661	电力系统自动化	48/3		4								48	
专业课程·专业方向			限定选修类(≥2学分)	32/2											
	选修	0800461	核能与核电原理	32/2										32	
	选修	0833431	超导电力技术	32/2										32	
	选修	0833441	工业等离子体应用	32/2										32	
	选修	0807852	脉冲功率技术	32/2										32	

续表

课程类别	课程性质	课程代码	课程名称	学时/学分	其中			各学期学时							
					课外	实验	上机	一	二	三	四	五	六	七	八
专业课程·专业方向	选修	0833451	加速器原理及应用	32/2										32	
			任意选修类	96/6											
	选修	0802651	Matlab 语言与控制系统仿真	32/2			16							32	
	选修	0818951	计算机控制原理	24/1.5										24	
	选修	0810531	直流输电	24/1.5										24	
	选修	0833461	电工材料	24/1.5										24	
	选修	0802571	电磁兼容原理及应用	24/1.5										24	
	选修	0833471	新型电机及应用	24/1.5										24	
	选修	0802461	DSP 原理及应用	24/1.5										24	
	选修	0827433	高电压综合实验	24/1.5		24								24	
	选修	0810521	电力系统综合实验	24/1.5		24								24	
	选修	0802741	电力系统规划	16/1										16	
	选修	0818961	光纤传感技术	24/1.5										24	
	选修	0818961	光纤传感技术	24/1.5										24	
	选修	0802712	建筑电子工程	24/1.5										24	
实践环节	必修	1300012	军事训练	2w/2				2w							
	必修	1300021	公益劳动	1w/1										1w	
	必修	1300072	金工实习	1.5w/1.5					1.5w						
	必修	1300032	电工实习	2w/2						2w					
	必修	1300101	专业认知实习	1w/1							1w				
	必修 Required	1300428	课程设计	4w/4									4w		
	必修 Required	1300082	生产实习	3w/3										3w	
	必修 Required	1300042	毕业设计	14w/14											14w

电气工程及其自动化第二主修专业培养计划

（第二主修专业）（节选）

● 培养目标

培养德智体全面发展，知识、能力、素质协调发展，能够从事与电气工程有关的系统设计、运行控制、信息处理、研究开发以及电子计算机应用等领域工作的宽口径、复合型高级技术人才。

● 学位

工学学士。

● 学分

完成学业最低学分要求:58.5。

其中:

学科大类基础课程:39学分;

学科专业基础课程:12学分;

专业核心课程:1.5学分;

毕业设计:6学分。

● 教学进程计划表

课程类别	课程性质	课程代码	课程名称	学时/学分	其中			各学期学时							
					课外	实验	上机	一	二	三	四	五	六	七	八
学科大类基础课程	必修	0800113	电路理论(三)	88/5.5						88					
	必修	0802391	电路测试技术基础	40/2.5		40					40				
	必修	0800121	模拟电子技术(一)	56/3.5							56				
	必修	0800453	信号与系统	48/3		8					48				
	必修	0815871	电机学Ⅰ	80/5		8					80				
	必修	0800321	自动控制理论	64/4		8						64			
	必修	0800133	数字电子技术	40/2.5								40			
	必修	0802402	电子测试与实验(二)	40/2.5		40						40			
	必修	0802913	检测技术	48/3		16						48			
	必修	0818841	电气工程基础	56/3.5								56			
			计算机基础选修课程	64/4											
	必修	0811033	微机原理与接口	64/4		24						64			
	必修	0808462	单片机原理及应用	64/4		24						64			
学科专业基础课程	必修	0818861	电磁场与波	48/3		4					48				
	必修	0802421	电力电子学	56/3.5		8						56			
	必修	0818921	高电压技术	48/3		8						48			
	必修	0818931	电力系统分析(一)	40/2.5		4						40			
专业核心课程			专业核心选修课程	24/1.5											
	选修	0802431	电力拖动与控制系统	48/3		8						48			
	选修	0810221	高电压工程	64/4		8						64			
	选修	0815951	脉冲功率电子学	32/2								32			
	选修	0810261	建筑电子工程	32/2								32			

续表

课程类别	课程性质	课程代码	课程名称	学时/学分	其中			各学期学时							
					课外	实验	上机	一	二	三	四	五	六	七	八
专业核心课程	选修	0818981	电力系统分析(二)	48/3		8								48	
	选修	0818991	电力系统继电保护	48/3		6								48	
	选修	0807661	电力系统自动化	48/3		4								48	
	选修	0810191	特种电机	32/2										32	
	选修	0807871	高压电器	32/2										32	
	选修	0807772	电力电子装置与系统	24/1.5										24	
	选修	0816071	等离子体应用技术	24/1.5										24	
	选修	0810251	电力测量与信息处理新技术	32/2										32	
实践环节	必修	1300050	毕业设计	6w/6										6w	

电气工程及其自动化辅修专业培养计划

（辅修专业）（节选）

● 培养目标

培养掌握电气工程相关理论和技术基础的宽口径、复合型高级技术人才。

● 学分

完成学业最低学分要求：27.5。

其中：

学科基础课程：24 学分；

专业基础课程：3.5 学分。

● 教学进程计划表

课程类别	课程性质	课程代码	课程名称	学时/学分	其中			各学期学时							
					课外	实验	上机	一	二	三	四	五	六	七	八
学科基础课程	必修	0800113	电路理论(三)	88/5.5						88					
	必修	0800121	模拟电子技术（一）	56/3.5						56					
	必修	0800133	数字电子技术	40/2.5						40					
	必修	0815871	电机学	80/5		8					80				
	必修	0800321	自动控制理论	64/4		8					64				
	必修	0818841	电气工程基础	56/3.5							56				
专业基础课程	必修	0802421	电力电子学	56/3.5		8						56			

2016版本科培养计划

（说明：本计划是实施荣誉学位后的培养计划）

电气工程及其自动化专业本科培养计划(2017级)

（普通班）（节选，省略英文）

- 培养目标

面向电力系统、电气装备制造、电气科学研究等领域，具备扎实的数理和专业基础、自主学习能力和国际视野，针对复杂工程问题能开展系统分析并给出合理解决方案，创新意识突出；在工程实践中体现较强的人际沟通、团队协作、组织管理能力；具有正确的人生观、高度的社会责任感与良好的人文素养。

- 基本要求

通过本专业的学习，毕业生应获得以下几个方面的知识和能力。

毕业要求1：具备数学、自然科学、电气工程基础和专业知识，用于发现、描述和分析电力系统、电气装备制造及电气科学研究等相关复杂问题。

毕业要求2：具有对电气工程及相关复杂工程问题进行建模、设计、实验和研究等工程综合实践能力，具有创新意识。

毕业要求3：熟练掌握信息技术工具，具有信息收集、检索、阅读分析能力；熟练掌握现代工程工具，能对电气工程领域的相关复杂工程问题进行模拟，对解决方案及结果评估优化，体现创新能力。

毕业要求4：能了解学科前沿发展趋势，关注本专业与其他学科衍生交叉的新理论、新方法和新技术，具有国际视野和全球意识。

毕业要求5：了解国家宏观发展相关产业政策与法律法规，正确认识和评价工程实践对环境、社会、健康、安全以及文化的影响，保持与社会、环境的和谐可持续发展。

毕业要求6：具有良好的人文素养和高度的社会责任感、理解并遵守职业伦理。

毕业要求7：具有开放包容的心态，积极沟通与分享，具有团队协作能力和组织管理能力；熟练运用一门以上的外语，具有较强的书面和语言表达能力。

毕业要求8：保持好奇心，不断进取，具有自主学习和持续更新核心知识的能力，能在不同和多元环境下有效工作，适应专业或职业发展趋势。

- 培养特色

通过拓展与创新学科研究方向，将传统电气工程学科方向拓展到超导电力、等离子体、加速器、强磁场、脉冲功率等强电磁工程领域，并将新的学科研究方向成果融入人才培养中，建设了具有国际学科发展特色的电气工程创新人才培养体系。

● 主干学科

电气工程。

相关学科：控制科学与工程、计算机科学与技术、电子科学与技术。

● 学制与学位

修业年限：四年；

授予学位：工学学士。

● 学时与学分

完成学业最低课内学分（含课程体系与集中性实践教学环节）要求：160学分。其中，学科基础课程、专业核心课程不允许用其他课程学分冲抵和替代；素质教育通识课程中的选修课程，要求学生从管理、经济两类中至少各选一门2学分以上的课程；专业核心选修课程A组和B组任选一组；专业方向课程中的任意选修类4个学分，要求至少选修1.5个学分的工具类课程。

完成学业最低课外学分要求：5学分。其中：要求每名学生至少参加一次各类竞赛或大创项目或专业教师的科研课题。

1. 课程体系学时与学分

课程类别		课程性质	学时/学分	占课程体系学分比例/（%）
素质教育通识课程		必修	592/33	20%
		选修	160/10	5.4%
学科基础课程		必修	1184/67.5	40%
专业课程	专业核心课程	必修	224/14	7.6%
	专业选修课程	选修	336/21	11.3%
集中性实践教学环节		必修	464/14.5	15.7%
总计			2960/160	100

2. 集中性实践教学环节周数与学分

实践教学环节名称	课程性质	周数/学分	占实践教学环节学分比例/（%）
军事训练	必修	2/1	6.896
公益劳动	必修	1/0.5	3.45
电工实习	必修	2/1	6.896
金工实习	必修	1/0.5	3.45
认知实习	必修	1/0.5	3.45
生产实习（社会实践）	必修	2/1	6.896
课程设计	必修	4/2	13.79
毕业设计（论文）	必修	16/8	55.17
合计		29/14.5	100

3. 课外学分

序号	活动名称	课外活动和社会实践的要求		课外学分
1	社会实践活动	提交社会调查报告,通过答辩者		2
		个人被校团委或团省委评为社会实践活动积极分子者,集体被校团委或团省委评为优秀社会实践队者		2
2	英语及计算机考试	全国大学英语六级考试	获六级证书者	2
		全国计算机等级考试	获二级以上证书者	2
		全国计算机软件资格水平考试	获程序员证书者	2
			获高级程序员证书者	3
			获系统分析员证书者	4
3	竞赛	校级	获一等奖者	3
			获二等奖者	2
			获三等奖者	1
		省级	获一等奖者	4
			获二等奖者	3
			获三等奖者	2
		全国	获一等奖者	6
			获二等奖者	4
			获三等奖者	3
4	论文	在全国性刊物发表论文	每篇论文	2~3
5	科研	视参与科研项目时间与科研能力	每项	1~3
6	实验	视创新情况	每项	1~3
7	讲座	电气精英讲座	必须参加4次以上	2
8	讲座	综合素质培养系列讲座	必须参加4次以上	2

● 主要课程

电路理论、电磁场与波、电子技术、单片机原理及应用、信号与系统、自动控制理论、电机学、电力电子学。

专业核心模块课程 A:电气工程基础(一)、高电压与绝缘技术(一)、电力拖动与控制系统、电磁装置设计原理、电力电子装置与系统。

专业核心模块课程 B:电气工程基础(二)、高电压与绝缘技术(二)、电力系统分析、电力系统继电保护、电力系统自动化。

● 主要实践教学环节（含专业实验）

电路测试技术基础、电子测试与实验、计算机原理与应用实验、信号与控制综合实验、电工实习、认知实习、生产实习（社会实践）。

● 教学进程计划表

院（系）：电气与电子工程学院　　　　　　专业：电气工程及其自动化

课程类别	课程性质	课程代码	课程名称	学时	学分	其中 实验	其中 上机	设置学期
素质教育通识课程	必修	0301902	思想道德修养与法律基础	48	3			1
	必修	0100721	中国近现代史纲要	32	2			2
	必修	0100733	马克思主义基本原理	48	3			3
	必修	0100322	毛泽东思想和中国特色社会主义理论体系概论	64	4			4
	必修	0100741	形势与政策	32	2			5-7
	必修	0510071	中国语文	32	2			1
	必修	0508453	综合英语（一）	56	3.5			1
	必修	0508463	综合英语（二）	56	3.5			2
	必修	1100011	军事理论	16	1			2
	必修	0400111	大学体育（一）	32	1			1
	必修	0400121	大学体育（二）	32	1			2
	必修	0400131	大学体育（三）	32	1			3
	必修	0400141	大学体育（四）	32	1			4
	必修	0827781	计算机及程序设计基础（C++）	48	3		8	2
	必修	0802891	计算机网络与通讯	32	2		8	5
	必修	0833174	数据库技术及应用	32	2		8	
			素质教育通识课程选修（管理、经济两类中至少各选一门2学分以上的课程）	160	10			
学科基础课程	必修	0801665	工程制图（一）	40	2.5			1
	必修	0700011	微积分（一）（上）	88	5.5			1
	必修	0700012	微积分（一）（下）	88	5.5			2
	必修	0700048	大学物理（一）	64	4			2
	必修	0700049	大学物理（二）	64	4			3
	必修	0706891	物理实验（一）	32	1			2
	必修	0706901	物理实验（二）	24	0.8			3

续表

课程类别	课程性质	课程代码	课程名称	学时	学分	其中 实验	其中 上机	设置学期
学科基础课程	必修	0706441	大学化学	32	2			1
	必修	0700051	线性代数(一)	40	2.5			2
	必修	0700071	复变函数与积分变换	40	2.5			3
	必修	0700063	概率论与数理统计(三)	40	2.5			3
	必修	0700081	数理方程与特殊函数(一)	40	2.5			4
	必修	0833333	工程力学(三)	40	2.5			5
	必修	0800118	电路理论(上)	40	2.5			2
	必修	0800115	电路理论(下)	64	4			3
	必修	0806992	电路测试技术基础	32	1	32		3
	必修	0800124	模拟电子技术(二)	56	3.5			3
	必修	0800133	数字电子技术	40	2.5			4
	必修	0802404	电子测试与实验(二)	40	1.3	40		4
	必修	0808463	单片机原理及应用	40	2.5			5
	必修	0819042	计算机原理及应用实验	24	0.8	24		5
	必修	0800452	信号与系统	40	2.5			4
	必修	0800319	自动控制理论	56	3.5			5
	必修	0802911	检测技术	32	2			6
	必修	0841801	电气工程学科导论(一)	24	1.5			2
	必修	0815882	信号与控制综合实验(一)	24	0.8	24		5
	必修	0815912	信号与控制综合实验(二)	40	1.3	40		6
	必修	0802422	电力电子学	48	3			6
	必修	0804084	电磁场与波	64	4	4		4
	必修	0833361	电机学(上)	56	3.5	6		4
	必修	0833371	电机学(下)	56	3.5	8		5
专业核心课程			专业核心选修课程(二选一)	240	15			
			课程组A	240	15			
	选修	0833401	电气工程基础(一)	56	3.5			5
	选修	0833411	高电压与绝缘技术(一)	56	3.5			6

续表

课程类别	课程性质	课程代码	课程名称	学时	学分	其中 实验	其中 上机	设置学期
专业核心课程	选修	0802431	电力拖动与控制系统	48	3	8		6
	选修	0802502	电磁装置设计原理	40	2.5			6
	选修	0807773	电力电子装置与系统	40	2.5			6
			课程组 B					
	选修	0833421	电气工程基础(二)	24	1.5			5
	选修	0815921	电力系统分析(一)	40	2.5			5
	选修	0818982	电力系统分析(二)	32	2			6
	选修	0833412	高电压与绝缘技术(二)	48	3			6
专业选修课程	选修	0818991	电力系统继电保护	48	3	6		6
	选修	0807661	电力系统自动化	48	3	4		6
			限定选修类(≥2学分)	32	2			
	选修	0800461	核能与核电原理	32	2			7
	选修	0833431	超导电力技术	32	2			7
	选修	0833441	工业等离子体应用	32	2			7
	选修	0807852	脉冲功率技术	32	2			7
	选修	0833451	加速器原理及应用	32	2			7
	选修	0836021	磁场技术与应用	32	2			7
			任意选修类:≥4学分	96	6			
			工具类(≥1.5学分)	24	1.5			
	选修	0802651	Matlab语言与控制系统仿真	32	2		16	7
	选修	0802641	DSP原理及应用	24	1.5			7
	选修	0818951	计算机控制原理	24	1.5			7
			其他类					
	选修	0810531	直流输电	24	1.5			7
	选修	0833461	电工材料	24	1.5			7
	选修	0802573	电磁兼容原理及应用	24	1.5			7
	选修	0833471	新型电机及应用	24	1.5			7
	选修	0827434	高电压综合实验	24	0.8	24		7

续表

课程类别	课程性质	课程代码	课程名称	学时	学分	其中 实验	其中 上机	设置学期
专业选修课程	选修	0802472	电力系统综合实验	24	0.8	24		7
	选修	0802741	电力系统规划	16	1			7
	选修	0818961	光纤传感技术	24	1.5			7
	选修	0802712	建筑电子工程	24	1.5			7
	选修	0841802	电气工程学科导论（二）	16	1			7
	选修		半导体功率器件	24	1.5			7
	必修	1100011	军事训练	2w	1			1
	选修	1300024	公益劳动	1w	0.5			8
	选修		工程训练(8)	1w	0.5			2
	选修	1304411	电工实习	2w	1			2
	选修	130010a	专业认知实习	1w	0.5			2
	选修	1304601	工程综合训练一	2w	1			5
	选修	1304621	工程综合训练二（A组）工程综合训练二（B组）	2w	1			6
	选修	1301302	综合测试与仿真课程设计(仅对中英班学生)	2w	1			4
	选修	1302341	生产实习	2w	1			6
	选修	130004a	毕业设计	16w	8			8

2021版本科培养计划(普通班)

（说明：本计划是为探索本硕博连读而制定的培养计划）

电气工程及其自动化专业本科培养计划2021级

（普通班）（节选，省略英文）

- 培养目标

培养适应国家科技发展和经济社会发展需求，能在电力系统、电气装备、电磁科学等相关领域从事研究开发、设计制造、运行和管理等工作，具有国际视野和全球竞争力的德智体美劳全面发展的高素质创新人才和领军人才。

预期毕业五年以上的毕业生：

（1）身心健康，具有正确人生观、高度社会责任感与良好的人文素养，适应独立和团队工作环境；

（2）能在社会大背景下系统解决电气工程及相关领域的复杂工程问题，创新意识突出；

（3）能通过终身学习促进职业发展，在组织管理、人际沟通和领导力方面勇于担当，敢于作为。

● 毕业要求

通过本专业的学习，毕业生应获得以下几个方面的知识、能力和素养：

（1）工程知识：系统掌握本专业领域必需的基础理论及专业知识，能将数学、自然科学、工程基础和专业知识用于解决电气工程领域复杂工程问题。

（2）问题分析：能够应用数学、自然科学、工程科学的基本原理，识别、表达并通过文献研究分析电气工程领域复杂工程问题，以获得有效结论。

（3）设计/开发解决方案：能针对电气工程领域复杂工程问题提出合理的解决方案，设计满足特定需求的系统、单元（部件）、流程或算法，并能够在设计环节中体现创新意识，考虑社会、健康、安全、法律、文化以及环境等因素。

（4）研究：能够基于科学原理并采用科学方法研究电气工程领域复杂工程问题，包括设计实验、分析与解释数据，并通过信息综合得到合理有效的结论。

（5）使用现代工具：能针对电气工程领域复杂工程问题，开发、选择与使用恰当的技术、资源、现代工程工具和信息技术工具，包括对电气工程领域复杂问题的预测与模拟，并能理解局限性。

（6）工程与社会：能基于电气工程相关背景知识进行合理分析，评价专业工程实践和复杂工程问题解决方案对社会、健康、安全、法律以及文化的影响，并理解应承担的责任。

（7）环境和可持续发展：能够分析和评价针对电气工程领域复杂工程问题的专业工程实践对环境、社会可持续发展的影响。

（8）职业规范：具有良好的人文社会科学素养、较强的社会责任感，能在工程实践中理解并遵守工程职业道德和规范，履行责任。

（9）个人和团队：能够在多学科背景下的团队中承担个体、团队成员以及负责人的角色。

（10）沟通：能就电气工程领域复杂工程问题与业界同行及社会公众进行有效沟通和交流，包括撰写报告和设计文稿、陈述发言、清晰表达或回应指令。具有一定的国际视野，能在跨文化背景下进行沟通和交流。

（11）项目管理：理解并掌握工程管理原理与经济决策方法，并能在多学科环境中应用。

(12) 终身学习:保持好奇心,不断进取,具有自主学习和终身学习的意识,有不断学习和适应发展的能力。

● 培养特色

通过拓展与创新学科研究方向,将传统电气工程学科方向拓展到超导电力、等离子体、加速器、强磁场、脉冲功率等强电磁工程领域,并将新的学科研究方向成果融入人才培养中,建设了具有国际学科发展特色的电气工程创新人才培养体系。

● 主干学科

电气工程。

相关学科:控制科学与工程、计算机科学与技术、电子科学与技术。

● 学制与学位

学制:四年;

授予学位:工学学士。

● 学时与学分

完成学业最低课内学分(含课程体系与集中性实践教学环节)要求:149.45 学分。其中,学科基础课程、专业核心课程不允许用其他课程学分冲抵和替代。素质教育通识课程中的选修课程,要求学生从管理、经济两类中至少各选一门 2 学分以上的课程,从文学与艺术类中至少选一门 2 学分的课程。专业选修课程(8 学分)需从工具选修类课程中选修不少于 1.5 学分,从电力系统、电气装备、电磁科学 3 个专业方向选修类中选择一个方向,并在该方向中选修不少于 4 个学分。专业选修课程总学分不低于 8 学分。

完成学业最低课外学分要求:5 学分。其中:要求每名学生至少参加一次各类竞赛或大创项目或专业教师的科研课题;须参加公益劳动(2 学分)。

1. 课程体系学时与学分

课程类别		课程性质	学时/学分	占课程体系学分比例/(%)
素质教育通识课程		必修	628/34	22.75
		选修	160/10	6.69
学科基础课程		必修	1160/65.95	44.13
专业课程	专业核心课程	必修	288/18	12.04
	专业选修课程	选修	128/8	5.35
集中性实践教学环节		必修	27w/13.5	9.03
其中:总实验(实践)学时及占比			382+27w	29.12
总计			2364+27w/149.45	100

2. 集中性实践教学环节周数与学分

实践教学环节名称	课程性质	周数/学分	占实践教学环节学分比例/(%)
军事训练	必修	2/1.0	7.41
电气工程实践基础	必修	2/1.0	7.41
工程训练(八)	必修	1/0.5	3.70
生产实习	必修	2/1.0	7.41
工程综合训练	必修	2/1.0	7.41
科研综合训练	必修	2/1.0	7.41
毕业设计(论文)	必修	16/8.0	59.26
合计		27/13.5	100

3. 课外学分

序号	活动名称	课外活动和社会实践的要求		课外学分
1	社会实践活动	提交社会调查报告,通过答辩者		2
		个人被校团委或团省委评为社会实践活动积极分子者,集体被校团委或团省委评为优秀社会实践队者		2
2	思政课社会实践(必修)	提交调查报告,取得成绩		2
3	英语及计算机考试	全国大学英语六级考试	获六级证书者	2
		全国计算机等级考试	获二级以上证书者	2
		全国计算机软件资格水平考试	获程序员证书者	2
			获高级程序员证书者	3
			获系统分析员证书者	4
4	竞赛	校级	获一等奖者	3
			获二等奖者	2
			获三等奖者	1
		省级	获一等奖者	4
			获二等奖者	3
			获三等奖者	2
		全国	获一等奖者	6
			获二等奖者	4
			获三等奖者	3

续表

序号	活动名称	课外活动和社会实践的要求		课外学分
5	论文	在全国性刊物发表论文	每篇论文	2~3
6	科研	视参与科研项目时间与科研能力	每项	1~3
7	实验	视创新情况	每项	1~3
8	讲座	电气精英讲座	必须参加4次以上	2
9	讲座	综合素质培养系列讲座	必须参加4次以上	2
10	科研	大学生创新创业项目	通过	2
11	劳动教育（必修）	公益劳动	通过	2

● 主要课程及创新（创业）课程

1. 主要课程

电路理论、电磁场与波、电子技术、单片机原理及应用、信号与系统、自动控制理论。

专业核心课程：电机学、电力电子学、电气工程基础、高电压与绝缘技术、电力系统分析。

2. 创新（创业）课程

创新意识启迪课程：电气工程实践基础、电路理论、电磁场与波、电气工程学科概论、电气工程前沿导论。

创新能力培养课程：专业核心课程。

创新实践训练课程：工程综合训练、科研综合训练。

● 主要实践教学环节（含专业实验）

电气工程实验规范、电路测试技术基础、电子测试与实验、微控制器原理及应用实验、信号与控制综合实验、电气工程实践基础、生产实习、工程综合训练、科研综合训练、工程训练（八）。

● 教学进程计划表

院（系）：电气与电子工程学院　　　　　　专业：电气工程及其自动化

课程类别	课程性质	课程代码	课程名称	学时	学分	其中		设置学期
						实验	上机	
素质教育通识课程	必修	MAX0022	思想道德与法治	40	2.5			1
	必修	MAX0042	中国近现代史纲要	40	2.5			2
	必修	MAX0013	马克思主义基本原理	40	2.5			3
	必修	MAX0002	毛泽东思想和中国特色社会主义理论体系概论	72	4.5			4

续表

课程类别	课程性质	课程代码	课程名称	学时	学分	其中		设置学期
						实验	上机	
素质教育通识课程	必修	MAX0071	习近平新时代中国特色社会主义思想概论	32	2			3
	必修	MAX0031	形势与政策	32	2			5-7
	必修	CHI0001	中国语文	32	2			1
	必修	SFL0001	综合英语(一)	56	3.5			1
	必修	SFL0011	综合英语(二)	56	3.5			2
	必修	RMWZ0002	军事理论	36	2	4(课外)		2
	必修	PHE0002	大学体育(一)	60	1.5			1-2
	必修	PHE0012	大学体育(二)	60	1.5			3-4
	必修	PHE0022	大学体育(三)	24	1			5-6
	必修	NCC0001	计算机及程序设计基础(C++)	48	3		8	2
			从不同的课程模块中修读若干课程,总学分不低于10学分(从管理、经济两类中至少各选修一门2学分以上的课程,从艺术类中至少选修一门2学分的课程)	160	10			2-8
学科基础课程	必修	MESE0891	工程制图(一)	40	2.5			1
	必修	MAT0551	微积分(一)(上)	88	5.5			1
	必修	MAT0531	微积分(一)(下)	88	5.5			2
	必修	PHY0511	大学物理(一)	64	4			2
	必修	PHY0521	大学物理(二)	64	4			3
	必修	PHY0551	物理实验(一)	32	1	32		2
	必修	PHY0561	物理实验(二)	24	0.8	24		3
	必修	CHE0511	大学化学	32	2			1
	必修	MAT0721	线性代数	40	2.5			1
	必修	MAT0561	复变函数与积分变换	40	2.5			3
	必修	MAT0591	概率论与数理统计	40	2.5			2

续表

课程类别	课程性质	课程代码	课程名称	学时	学分	其中		设置学期
						实验	上机	
学科基础课程	必修	MAT0701	数理方程与特殊函数	40	2.5			4
	必修	EEE0543	电路理论(上)	48	3.0			2
	必修	EEE0553	电路理论(下)	48	3.0			3
	必修	EEE0601	电路测试技术基础	32	1	32		3
	必修	EIC0591	模拟电子技术(二)	56	3.5			3
	必修	EIC0761	数字电子技术	40	2.5			4
	必修	EIC0121	电子测试与实验	32	1.0	32		4
	必修	EEE0581	信号与系统	40	2.5			4
	必修	EEE0331	微控制器原理及应用	40	2.5			5
	必修	EEE0341	微控制器原理及应用实验	24	0.8	24		5
	必修	EEE0591	自动控制理论	56	3.5			5
	必修	EEE0111	测量技术基础	16	1			6
	必修	EEE0621	信号与控制综合实验(一)	24	0.8	24		5
	必修	EEE0611	信号与控制综合实验(二)	40	1.3	40		6
	必修	EEE0201	电气工程实验规范	8	0.25			1
	必修	EEE2011	电磁场与波	64	4	4		4
专业核心课程	必修	EEE2022	电机学(上)	48	3.0	6		4
	必修	EEE2032	电机学(下)	48	3.0	8		5
	必修	EEE2041	电力电子学	48	3			6
	必修	EEE0181	电气工程基础	32	2.0			5
	必修	EEE0241	高电压与绝缘技术	48	3.0			6
	必修	EEE0171	电力系统分析(一)	32	2.0			5
	必修	EEE5061	电力系统分析(二)	32	2.0			6
专业选修课程			通用选修类	32	2			
	选修	EEE0211	电气工程学科概论	24	1.5			6
	选修	EEE0191	电气工程前沿导论	16	1			7
	选修	EEE5391	非线性电路基础	24	1.5			7

续表

课程类别	课程性质	课程代码	课程名称	学时	学分	其中实验	其中上机	设置学期
专业选修课程	选修	EEE5121	电磁兼容原理及应用	24	1.5			7
	选修	EEE0271	计算机控制系统	24	1.5			7
			工具选修类(≥1.5学分)	24	1.5			
	选修	EEE5351	电气工程建模与仿真	32	2	16		6
	选修	EEE0001	数据库技术及应用	32	2		8	6
	选修	EEE5181	DSP原理及应用	24	1.5			7
	选修	EEE0261	基于Python的数据分析与机器学习	24	1.5			7
	选修	EEE0221	电子线路综合设计	24	1.5			7
	选修	EEE0081	FPGA应用开发	24	1.5			7
	选修	EEE0091	PLC原理与控制	24	1.5			7
			专业方向选修类:≥4学分 某一专业方向类:≥4个学分					
			电力系统类					
	选修	EEE5102	电力系统自动化	32	2			6
	选修	EEE5191	直流输电	32	2			7
	选修	EEE5081	电力系统规划	16	1			7
	选修	EEE5361	电力系统数字仿真	24	1.5			7
	选修	EEE5371	电力市场	24	1.5			7
	选修	EEE5381	电力系统智能巡检机器人系统	24	1.5			7
	选修	EEE5411	智能配电系统	32	2			7
	选修	EEE0151	电力储能基础	32	2			7
	选修	EEE0141	电力储能安全	16	1			7
	选修	EEE0161	电力储能应用	32	2			7
	选修	EEE5301	电力系统综合实验	32	1	32		7
			电气装备类					
	选修	EEE5092	电力系统继电保护	32	2			6

课程类别	课程性质	课程代码	课程名称	学时	学分	其中 实验	其中 上机	设置学期
专业选修课程	选修	EEE5052	电力拖动与控制系统	32	2.0	4		6
	选修	EEE5041	电力电子装置与系统	40	2.5			6
	选修	EEE5132	电磁装置设计原理	32	2.0			6
	选修	EEE5401	全数字化微机继电保护	16	1			7
	选修	EEE5011	半导体功率器件	24	1.5			7
	选修	EEE0351	无线电能传输系统	16	1.0			7
	选修	EEE0281	交通电气化概论	16	1.0			7
	选修	EEE0301	宽禁带功率器件应用基础	24	1.5			7
	选修	EEE0361	新能源综合实验	24	0.8			7
	选修	EEE5221	建筑电子工程	24	1.5			7
	选修	EEE5251	新型电机及应用	24	1.5			7
	选修	EEE0121	磁场调制电机原理与应用	16	1.0			7
	选修	EEE0381	直线电机及系统	24	1.5			7
	选修	EEE0131	电动汽车驱动电机	24	1.5			7
	选修	EEE0371	新型电力系统调频调相电机技术	24	1.5			7
	选修	EEE5271	光纤传感技术	24	1.5			7
	选修	EEE5141	电工材料	24	1.5			7
	选修	EEE5311	高电压综合实验	24	0.8	24		7
	选修	EEE0101	变电站电气设备	24	1.5			7
	选修	EEE0311	输变电设备外绝缘	24	1.5			7
	选修	EEE0291	聚合物电介质的研究与应用	24	1.5			7
	选修	EEE0391	智能电网电气检测技术及应用	16	1			7
			电磁科学类					
	选修	EEE5021	超导电力技术	32	2			7
	选修	EEE5292	脉冲功率技术	16	1			7
	选修	EEE0251	基于MATLAB的加速器理论与数字仿真	32	2			7
	选修	EEE5281	核能与核电原理	32	2			7

续表

课程类别	课程性质	课程代码	课程名称	学时	学分	其中实验	其中上机	设置学期
专业选修课程	选修	EEE5261	工业等离子体应用	32	2			7
	选修	EEE5211	加速器原理及应用	24	1.5			7
	选修	EEE5031	磁场技术与应用	32	2			7
	选修	EEE0231	辐射技术应用	16	1			7
实践环节	必修	RMWZ3511	军事训练	2w	1			1
	必修	ENG3571	工程训练(八)	1w	0.5			2
	必修	EEE3592	电气工程实践基础	2w	1.0		+2w(课外选修)	2
	必修	EEE3571	工程综合训练	2w	1		+2w(课外选修)	4
	必修	EEE3511	科研综合训练	2w	1		+2w(课外选修)	6
	必修	EEE3581	生产实习	2w	1			6
	必修	EEE3531	毕业设计	16w	8			8

电气工程及其自动化专业本硕博实验班培养计划(本科阶段)

(本硕博实验班2021级)(节选,第一至第五与普通班相同)

● 学时与学分

完成学业最低课内学分(含课程体系与集中性实践教学环节)要求:150.05学分。其中,学科基础课程、专业核心课程不允许用其他课程学分冲抵和替代;素质教育通识基础课程中的选修课程,要求学生从文学与艺术类中至少选一门2学分的课程。专业选修课程(8学分)可从不同的课程模块中或研究生课程中修读,总学分不低于8学分。研究生课程认定为本科专业选修课程的学分数不超过5个学分。

完成学业最低课外学分要求:5学分。其中:要求每名学生至少参加一次各类竞赛或大创项目或专业教师的科研课题;须参加公益劳动(2学分)。

1. 课程体系学时与学分

课程类别		课程性质	学时/学分	占课程体系学分比例/(%)
素质教育通识课程		必修	772/43	28.66
学科基础课程		必修	1128/66.55	44.35
专业课程	专业核心课程	必修	288/18	12.00
	专业选修课程	选修	128/8	5.33
集中性实践教学环节		必修	29w/14.5	9.66
其中:总实验(实践)学时及占比			326+29w	28.42
总计			2316+29w/150.05	100

2. 集中性实践教学环节周数与学分

实践教学环节名称	课程性质	周数/学分	占实践教学环节学分比例/(%)
军事训练	必修	2/1.0	6.90
电气工程实践基础	必修	2/1.0	6.90
工程训练(八)	必修	1/0.5	3.45
生产实习	必修	2/1.0	6.90
信号与控制综合项目设计	必修	2/1.0	6.90
工程综合训练	必修	2/1.0	6.90
科研综合训练	必修	2/1.0	6.90
毕业设计(论文)	必修	16/8.0	55.17
合计		29W/14.5	100

3. 课外学分

序号	活动名称	课外活动和社会实践的要求	课外学分
1	社会实践活动	提交社会调查报告,通过答辩者	2
		个人被校团委或团省委评为社会实践活动积极分子者,集体被校团委或团省委评为优秀社会实践队者	2
2	思政课社会实践(必修)	提交调查报告,取得成绩	2
3	英语及计算机考试	全国大学英语六级考试 获六级证书者	2
		全国计算机等级考试 获二级以上证书者	2

续表

序号	活动名称	课外活动和社会实践的要求		课外学分
3	英语及计算机考试	全国计算机软件资格水平考试	获程序员证书者	2
			获高级程序员证书者	3
			获系统分析员证书者	4
4	竞赛	校级	获一等奖者	3
			获二等奖者	2
			获三等奖者	1
		省级	获一等奖者	4
			获二等奖者	3
			获三等奖者	2
		全国	获一等奖者	6
			获二等奖者	4
			获三等奖者	3
5	论文	在全国性刊物发表论文	每篇论文	2~3
6	科研	视参与科研项目时间与科研能力	每项	1~3
7	实验	视创新情况	每项	1~3
8	讲座	电气精英讲座	必须参加4次以上	2
9	讲座	综合素质培养系列讲座	必须参加4次以上	2
10	科研	大学生创新创业项目	通过	2
11	劳动教育(必修)	公益劳动	通过	2

● **教学进程计划表**

院(系):电气与电子工程学院　　　　　　　　　专业:电气工程及其自动化

课程类别	课程性质	课程代码	课程名称	学时	学分	其中		设置学期
						实验	上机	
素质教育通识课程	必修	MAX0022	思想道德与法治	40	2.5			1
	必修	MAX0042	中国近现代史纲要	40	2.5			2
	必修	MAX0013	马克思主义基本原理	40	2.5			3
	必修	MAX0002	毛泽东思想和中国特色社会主义理论体系概论	72	4.5			4
	必修	MAX0071	习近平新时代中国特色社会主义思想概论	32	2			3

续表

课程类别	课程性质	课程代码	课程名称	学时	学分	其中		设置学期
						实验	上机	
素质教育通识课程	必修	MAX0031	形势与政策	32	2			5-7
	必修	CHI0001	中国语文	32	2			1
	必修	SFL0002	综合英语(一)	32	2.0			1
	必修	SFL0012	综合英语(二)	32	2.0			2
	必修	RMWZ0002	军事理论	36	2	4(课外)		2
	必修	PHE0002	大学体育(一)	60	1.5			1-2
	必修	PHE0012	大学体育(二)	60	1.5			3-4
	必修	PHE0022	大学体育(三)	24	1			5-6
	必修	NCC0001	计算机及程序设计基础(C++)	48	3		8	1
	必修	EEE0011	人工智能导论	32	2			1
	必修	EEE0031	经济学导论	32	2			3
	必修	EEE0041	创新管理	32	2			2
	必修	EEE0061	中文写作	32	2			3
	必修	EEE0071	发明、创新与创业	32	2			4
学科基础课程	必修	MESE0891	工程制图(一)	40	2.5			1
	必修	MAT0552	微积分(A)(上)	96	6			1
	必修	MAT0532	微积分(A)(下)	96	6			2
	必修	PHY0511	大学物理(一)	64	4			2
	必修	PHY0521	大学物理(二)	64	4			3
	必修	PHY0551	物理实验(一)	32	1	32		2
	必修	PHY0561	物理实验(二)	24	0.8	24		3
	必修	CHE0511	大学化学	32	2			1
	必修	MAT0722	线性代数(A)	48	3			1
	必修	MAT0561	复变函数与积分变换	40	2.5			3
	必修	MAT0592	概率论与数理统计(A)	48	3			2
	必修	MAT0701	数理方程与特殊函数	40	2.5			4
	必修	EEE0542	电路理论(上)	64	4			2

续表

课程类别	课程性质	课程代码	课程名称	学时	学分	其中 实验	其中 上机	设置学期
学科基础课程	必修	EEE0554	电路理论(下)	32	2			3
	必修	EEE0771	电子电路综合设计(一)	32	1	32		3
	必修	EIC0591	模拟电子技术(二)	56	3.5			3
	必修	EIC0761	数字电子技术	40	2.5			4
	必修	EEE0801	电子电路综合设计(二)	32	1	32		4
	必修	EEE0581	信号与系统	40	2.5			4
	必修	EEE0321	微控制器原理及实践	64	4	24		5
	必修	EEE0591	自动控制理论	56	3.5			5
	必修	EEE0111	测量技术基础	16	1			6
	必修	EEE0201	电气工程实验规范	8	0.25			1
	必修	EEE2011	电磁场与波	64	4	4		
专业核心课程	必修	EEE2022	电机学(上)	48	3.0	6		4
	必修	EEE2032	电机学(下)	48	3.0	8		5
	必修	EEE2041	电力电子学	48	3			6
	必修	EEE0181	电气工程基础	32	2.0			5
	必修	EEE0241	高电压与绝缘技术	48	3.0			6
	必修	EEE0171	电力系统分析(一)	32	2.0			5
	必修	EEE5061	电力系统分析(二)	32	2.0			6
专业选修课程			通用选修类	32	2			
	选修	EEE0211	电气工程学科概论	24	1.5			6
	选修	EEE0191	电气工程前沿导论	16	1			7
	选修	EEE5391	非线性电路基础	24	1.5			7
	选修	EEE5121	电磁兼容原理及应用	24	1.5			7
	选修	EEE0271	计算机控制系统	24	1.5			7
			工具选修类	24	1.5			
	选修	EEE5351	电气工程建模与仿真	32	2	16		6
	选修	EEE0001	数据库技术及应用	32	2		8	6
	选修	EEE5181	DSP原理及应用	24	1.5			7

续表

课程类别	课程性质	课程代码	课程名称	学时	学分	其中 实验	其中 上机	设置学期
专业选修课程	选修	EEE0261	基于 Python 的数据分析与机器学习	24	1.5			7
	选修	EEE0221	电子线路综合设计	24	1.5			7
	选修	EEE0081	FPGA 应用开发	24	1.5			7
	选修	EEE0091	PLC 原理与控制	24	1.5			7
			专业方向选修类					
			电力系统类					
	选修	EEE5102	电力系统自动化	32	2			6
	选修	EEE5191	直流输电	32	2			7
	选修	EEE5081	电力系统规划	16	1			7
	选修	EEE5361	电力系统数字仿真	24	1.5			7
	选修	EEE5371	电力市场	24	1.5			7
	选修	EEE5381	电力系统智能巡检机器人系统	24	1.5			7
	选修	EEE5411	智能配电系统	32	2			7
	选修	EEE0151	电力储能基础	32	2			7
	选修	EEE0141	电力储能安全	16	1			7
	选修	EEE0161	电力储能应用	32	2			7
	选修	EEE5301	电力系统综合实验	32	1	32		7
			电气装备类					
	选修	EEE5092	电力系统继电保护	32	2			6
	选修	EEE5052	电力拖动与控制系统	32	2.0	4		6
	选修	EEE5041	电力电子装置与系统	40	2.5			6
	选修	EEE5132	电磁装置设计原理	32	2.0			6
	选修	EEE5401	全数字化微机继电保护	16	1			7
	选修	EEE5011	半导体功率器件	24	1.5			7
	选修	EEE0351	无线电能传输系统	16	1.0			7
	选修	EEE0281	交通电气化概论	16	1.0			7
	选修	EEE0301	宽禁带功率器件应用基础	24	1.5			7
	选修	EEE0361	新能源综合实验	24	0.8			7

续表

课程类别	课程性质	课程代码	课程名称	学时	学分	其中 实验	其中 上机	设置学期
专业选修课程	选修	EEE5221	建筑电子工程	24	1.5			7
	选修	EEE5251	新型电机及应用	24	1.5			7
	选修	EEE0121	磁场调制电机原理与应用	16	1.0			7
	选修	EEE0381	直线电机及系统	24	1.5			7
	选修	EEE0131	电动汽车驱动电机	24	1.5			7
	选修	EEE0371	新型电力系统调频调相电机技术	24	1.5			7
	选修	EEE5271	光纤传感技术	24	1.5			7
	选修	EEE5141	电工材料	24	1.5			7
	选修	EEE5311	高电压综合实验	24	0.8	24		7
	选修	EEE0101	变电站电气设备	24	1.5			7
	选修	EEE0311	输变电设备外绝缘	24	1.5			7
	选修	EEE0291	聚合物电介质的研究与应用	24	1.5			7
	选修	EEE0391	智能电网电气检测技术及应用	16	1			7
			电磁科学类					
	选修	EEE5021	超导电力技术	32	2			7
	选修	EEE5292	脉冲功率技术	16	1			7
	选修	EEE0251	基于MATLAB的加速器理论与数字仿真	32	2			7
	选修	EEE5281	核能与核电原理	32	2			7
	选修	EEE5261	工业等离子体应用	32	2			7
	选修	EEE5211	加速器原理及应用	24	1.5			7
	选修	EEE5031	磁场技术与应用	32	2			7
	选修	EEE0231	辐射技术应用	16	1			7
实践环节	必修	RMWZ3511	军事训练	2w	1			1
	必修	ENG3571	工程训练（八）	1w	0.5			2
	必修	EEE3592	电气工程实践基础	2w	1.0		+2w（课外选修）	2

续表

课程类别	课程性质	课程代码	课程名称	学时	学分	其中		设置学期
						实验	上机	
实践环节	必修	EEE3571	工程综合训练	2w	1		+2w（课外选修）	4
	必修	EEE3661	信号与控制综合项目设计	2w	1			5
	必修	EEE3511	科研综合训练	2w	1		+2w（课外选修）	6
	必修	EEE3581	生产实习	2w	1			6
	必修	EEE3531	毕业设计	16w	8			8

电气工程及其自动化专业卓越计划实验班本科培养计划

（卓越班2021级）（节选，第一至第五与普通班相同）

● 学时与学分

完成学业最低课内学分（含课程体系与集中性实践教学环节）要求：148.45学分。其中，学科基础课程、专业核心课程不允许用其他课程学分冲抵和替代；素质教育通识课程中的选修课程，要求学生从管理、经济两类中至少各选一门2学分以上的课程，从文学与艺术类中至少选一门2学分的课程。专业选修课程（8学分）需从工具选修类课程中选修不少于1.5学分，从电力系统、电气装备、电磁科学3个专业方向选修类中选择一个方向，并在该方向中选修不少于4个学分。专业选修课程总学分不低于8学分。

完成学业最低课外学分要求：5学分。其中：要求每名学生至少参加一次各类竞赛或大创项目或专业教师的科研课题；须参加公益劳动（2学分）。

1. 课程体系学时与学分

课程类别		课程性质	学时/学分	占课程体系学分比例/(%)
素质教育通识课程		必修	580/31	20.63
		选修	160/10	5.69
学科基础课程		必修	1160/65.95	41.25
专业课程	专业核心课程	必修	288/18	10.24
	专业选修课程	选修	128/8	4.55

续表

课程类别	课程性质	学时/学分	占课程体系学分比例/(%)
集中性实践教学环节	必修	31w/15.5	17.64
其中:总实验(实践)学时及占比		382＋31w	31.23
总计		2316＋31w/148.45	100

2. 集中性实践教学环节周数与学分

实践教学环节名称	课程性质	周数/学分	占实践教学环节学分比例/(%)
军事训练	必修	2/1	6.45
工程训练(八)	必修	1/0.5	3.23
电气工程实践基础	必修	2/1.0	6.45
工程综合训练	必修	2/1	6.45
科研综合训练	必修	2/1	6.45
生产实习	必修	2/1	6.45
综合训练	必修	4/2	12.90
毕业设计(论文)	必修	16/8	51.61
合计		31w/15.5	100

3. 课外学分

序号	活动名称	课外活动和社会实践的要求		课外学分
1	社会实践活动	提交社会调查报告,通过答辩者		2
		个人被校团委或团省委评为社会实践活动积极分子者,集体被校团委或团省委评为优秀社会实践队者		2
2	思政课社会实践(必修)	提交调查报告,取得成绩		2
3	英语及计算机考试	全国大学英语六级考试	获六级证书者	2
		全国计算机等级考试	获二级以上证书者	2
		全国计算机软件资格水平考试	获程序员证书者	2
			获高级程序员证书者	3
			获系统分析员证书者	4
4	竞赛	校级	获一等奖者	3
			获二等奖者	2
			获三等奖者	1

续表

序号	活动名称	课外活动和社会实践的要求		课外学分
4	竞赛	省级	获一等奖者	4
			获二等奖者	3
			获三等奖者	2
		全国	获一等奖者	6
			获二等奖者	4
			获三等奖者	3
5	论文	在全国性刊物发表论文	每篇论文	2～3
6	科研	视参与科研项目时间与科研能力	每项	1～3
7	实验	视创新情况	每项	1～3
8	讲座	电气精英讲座	必须参加4次以上	2
9	讲座	综合素质培养系列讲座	必须参加4次以上	2
10	科研	大学生创新创业项目	通过	2
11	劳动教育(必修)	公益劳动	通过	2

● 教学进程计划表

院(系):电气与电子工程学院　　　　　　专业:电气工程及其自动化

课程类别	课程性质	课程代码	课程名称	学时	学分	其中		设置学期
						实验	上机	
素质教育通识课程	必修	MAX0022	思想道德与法治	40	2.5			1
	必修	MAX0042	中国近现代史纲要	40	2.5			2
	必修	MAX0013	马克思主义基本原理	40	2.5			3
	必修	MAX0002	毛泽东思想和中国特色社会主义理论体系概论	72	4.5			4
	必修	MAX0071	习近平新时代中国特色社会主义思想概论	32	2			3
	必修	MAX0031	形势与政策	32	2			5—7
	必修	CHI0001	中国语文	32	2			1
	必修	SFL0002	综合英语(一)	32	2.0			1
	必修	SFL0012	综合英语(二)	32	2.0			2
	必修	RMWZ0002	军事理论	36	2	4(课外)		2

续表

课程类别	课程性质	课程代码	课程名称	学时	学分	其中		设置学期
						实验	上机	
素质教育通识课程	必修	PHE0002	大学体育（一）	60	1.5			1—2
	必修	PHE0012	大学体育（二）	60	1.5			3—4
	必修	PHE0022	大学体育（三）	24	1			5—6
	必修	NCC0001	计算机及程序设计基础（C++）	48	3		8	2
			从不同的课程模块中修读若干课程，总学分不低于10学分（从管理、经济两类中至少各选修一门2学分以上的课程，从艺术类中至少选修一门2学分的课程）	160	10			2—8
学科基础课程	必修	MESE0891	工程制图（一）	40	2.5			1
	必修	MAT0551	微积分（一）（上）	88	5.5			1
	必修	MAT0531	微积分（一）（下）	88	5.5			2
	必修	PHY0511	大学物理（一）	64	4			2
	必修	PHY0521	大学物理（二）	64	4			3
	必修	PHY0551	物理实验（一）	32	1	32		2
	必修	PHY0561	物理实验（二）	24	0.8	24		3
	必修	CHE0511	大学化学	32	2			1
	必修	MAT0721	线性代数	40	2.5			1
	必修	MAT0561	复变函数与积分变换	40	2.5			3
	必修	MAT0591	概率论与数理统计	40	2.5			2
	必修	MAT0701	数理方程与特殊函数	40	2.5			4
	必修	EEE0543	电路理论（上）	48	3.0			2
	必修	EEE0553	电路理论（下）	48	3.0			3
	必修	EEE0601	电路测试技术基础	32	1	32		3
	必修	EIC0591	模拟电子技术（二）	56	3.5			3
	必修	EIC0761	数字电子技术	40	2.5			4
	必修	EIC0121	电子测试与实验	32	1.0	32		4
	必修	EEE0581	信号与系统	40	2.5			4
	必修	EEE0331	微控制器原理及应用	40	2.5			5
	必修	EEE0341	微控制器原理及应用实验	24	0.8	24		5

附录三 本科教育相关数据与资料 · 271 ·

课程类别	课程性质	课程代码	课程名称	学时	学分	其中 实验	其中 上机	设置学期
学科基础课程	必修	EEE0591	自动控制理论	56	3.5			5
	必修	EEE0111	测量技术基础	16	1			6
	必修	EEE0621	信号与控制综合实验(一)	24	0.8	24		5
	必修	EEE0611	信号与控制综合实验(二)	40	1.3	40		6
	必修	EEE0201	电气工程实验规范	8	0.25			1
	必修	EEE2011	电磁场与波	64	4	4		4
专业核心课程	必修	EEE2022	电机学(上)	48	3.0	6		4
	必修	EEE2032	电机学(下)	48	3.0	8		5
	必修	EEE2041	电力电子学	48	3			6
	必修	EEE0181	电气工程基础	32	2.0			5
	必修	EEE0241	高电压与绝缘技术	48	3.0			6
	必修	EEE0171	电力系统分析(一)	32	2.0			5
	必修	EEE5061	电力系统分析(二)	32	2.0			6
专业选修课程			通用选修类	32	2			
	选修	EEE0211	电气工程学科概论	24	1.5			6
	选修	EEE0191	电气工程前沿导论	16	1			7
	选修	EEE5391	非线性电路基础	24	1.5			7
	选修	EEE5121	电磁兼容原理及应用	24	1.5			7
	选修	EEE0271	计算机控制系统	24	1.5			7
			工具选修类(≥1.5学分)	24	1.5			
	选修	EEE5351	电气工程建模与仿真	32	2	16		6
	选修	EEE0001	数据库技术及应用	32	2		8	6
	选修	EEE5181	DSP原理及应用	24	1.5			7
	选修	EEE0261	基于Python的数据分析与机器学习	24	1.5			7
	选修	EEE0221	电子线路综合设计	24	1.5			7
	选修	EEE0081	FPGA应用开发	24	1.5			7
	选修	EEE0091	PLC原理与控制	24	1.5			7

续表

课程类别	课程性质	课程代码	课程名称	学时	学分	其中实验	其中上机	设置学期
			专业方向选修类：≥4学分 某一专业方向类：不少于4个学分					
			电力系统类					
	选修	EEE5102	电力系统自动化	32	2			6
	选修	EEE5191	直流输电	32	2			7
	选修	EEE5081	电力系统规划	16	1			7
	选修	EEE5361	电力系统数字仿真	24	1.5			7
	选修	EEE5371	电力市场	24	1.5			7
	选修	EEE5381	电力系统智能巡检机器人系统	24	1.5			7
	选修	EEE5411	智能配电系统	32	2			7
	选修	EEE0151	电力储能基础	32	2			7
专业选修课程	选修	EEE0141	电力储能安全	16	1			7
	选修	EEE0161	电力储能应用	32	2			7
	选修	EEE5301	电力系统综合实验	32	1	32		7
			电气装备类					
	选修	EEE5092	电力系统继电保护	32	2			6
	选修	EEE5052	电力拖动与控制系统	32	2.0	4		6
	选修	EEE5041	电力电子装置与系统	40	2.5			6
	选修	EEE5132	电磁装置设计原理	32	2.0			6
	选修	EEE5401	全数字化微机继电保护	16	1			7
	选修	EEE5011	半导体功率器件	24	1.5			7
	选修	EEE0351	无线电能传输系统	16	1.0			7
	选修	EEE0281	交通电气化概论	16	1.0			7
	选修	EEE0301	宽禁带功率器件应用基础	24	1.5			7
	选修	EEE0361	新能源综合实验	24	0.8			7
	选修	EEE5221	建筑电子工程	24	1.5			7

续表

课程类别	课程性质	课程代码	课程名称	学时	学分	其中		设置学期
						实验	上机	
专业选修课程	选修	EEE5251	新型电机及应用	24	1.5			7
	选修	EEE0121	磁场调制电机原理与应用	16	1.0			7
	选修	EEE0381	直线电机及系统	24	1.5			7
	选修	EEE0131	电动汽车驱动电机	24	1.5			7
	选修	EEE0371	新型电力系统调频调相电机技术	24	1.5			7
	选修	EEE5271	光纤传感技术	24	1.5			7
	选修	EEE5141	电工材料	24	1.5			7
	选修	EEE5311	高电压综合实验	24	0.8	24		7
	选修	EEE0101	变电站电气设备	24	1.5			7
	选修	EEE0311	输变电设备外绝缘	24	1.5			7
	选修	EEE0291	聚合物电介质的研究与应用	24	1.5			7
	选修	EEE0391	智能电网电气检测技术及应用	16	1			7
			电磁科学类					
	选修	EEE5021	超导电力技术	32	2			7
	选修	EEE5292	脉冲功率技术	16	1			7
	选修	EEE0251	基于MATLAB的加速器理论与数字仿真	32	2			7
	选修	EEE5281	核能与核电原理	32	2			7
	选修	EEE5261	工业等离子体应用	32	2			7
	选修	EEE5211	加速器原理及应用	24	1.5			7
	选修	EEE5031	磁场技术与应用	32	2			7
	选修	EEE0231	辐射技术应用	16	1			7
实践环节	必修	RMWZ3511	军事训练	2w	1			1
	必修	ENG3571	工程训练（八）	1w	0.5			2
	必修	EEE3592	电气工程实践基础	2w	1.0		＋2w（课外选修）	2
	必修	EEE3571	工程综合训练	2w	1		＋2w（课外选修）	4

课程类别	课程性质	课程代码	课程名称	学时	学分	其中		设置学期
						实验	上机	
实践环节	必修	EEE3511	科研综合训练	2w	1		+2w（课外选修）	6
	必修	EEE3581	生产实习	2w	1			6
	必修	EEE3521	综合训练	4w	2			4-7
	必修	EEE3531	毕业设计	16w	8			8

（三）精品课程和网络共享课建设情况(2003—2017年)

获评时间	类别	课程名称	负责人	文件号
2003年	湖北省优质课程	电机学	陈乔夫	校教[2003]2号
2003年	湖北省优质课程	电路理论	黄冠斌	校教[2003]2号
2003年	湖北省优质课程	电力系统	熊信银	校教[2003]2号
2004年	校级精品课程	电机学	陈乔夫	校教[2004]27号
2004年	校级精品课程	电路理论	汪建	校教[2004]27号
2004年	湖北省精品课程	电路理论	汪建	校教[2005]9号
2005年	校级优质课程	电工学系列课程	李承	校教[2005]26号
2005年	校级精品课程	电力电子学	陈坚	校教[2005]26号
2005年	湖北省精品课程	电机学	陈乔夫	校教[2006]8号
2005年	湖北省精品课程	电力电子学	陈坚	校教[2006]8号
2006年	国家级精品课程	电机学	陈乔夫	教高函[2006]26号文 校教[2006]81号
2007年	国家级精品课程	电力电子学	康勇	教高函[2007]20号文 校教[2007]75号
2007年	校级精品课程	电工学	李承	
2008年	校级、湖北省、国家级精品课程	电气工程基础	尹项根	教高函[2008]22号 校教[2008]101号 校教[2008]89号
2009年	校级精品课程	信号与控制综合实验	熊蕊	校教[2009]26号
2009年	国家级精品课程（网络教育）	电路理论	颜秋容	校教[2009]130号

续表

获评时间	类别	课程名称	负责人	文件号
2010 年	湖北省精品课程	信号与控制综合实验	熊蕊	校教[2010]34 号
2013 年	精品资源共享课（国家级）	电机学	熊永前	教高司函[2013]132 号
2013 年	精品资源共享课（国家级）	电气工程基础	尹项根	教高司函[2013]132 号
2013 年	精品资源共享课（国家级）	电路理论（网络）	颜秋容	
2016 年	学校精品在线开放课程	电机学（MOOC）	熊永前	
2017 年	校级 MOOC 课程立项	电路理论	颜秋容	2017 年度 MOOC 课程立项建设名单
2017 年	校级 MOOC 课程立项	电气工程基础	罗毅	2017 年度 MOOC 课程立项建设名单
2017 年	校级 MOOC 课程立项	电力电子学	段善旭	2017 年度 MOOC 课程立项建设名单
2020 年	国家级一流本科课程（线上一流课程）	电路理论	颜秋容	教高函[2020]8 号
2020 年	国家级一流本科课程（线上一流课程）	电力电子学	段善旭	教高函[2020]8 号
2020 年	国家级一流本科课程（线下一流课程）	电磁场与波	叶齐政	教高函[2020]8 号
2021 年	教育部课程思政示范课程	电路理论	杨勇	教高函[2021]7 号

2012 年之前称为"精品课程"；2015 年以后称为"精品在线开放课程"（即 MOOC），国家精品开放课程包含"国家精品视频公开课"和"国家精品资源共享课"；2020 年教育部揭晓首批国家级一流本科课程（五个类型：线上、线下、线上线下混合式、虚拟仿真实验教学、社会实践）。

（四）大学生校外实习（实践）基地一览表（2009—2021 年）

序号	校外实习、实训基地名称	地址	实习类别	备注
1	华中科技大学-中国西电集团公司国家级工程实践教育中心（国家级）	西安市高新区唐兴路 7 号 A-307	生产实习	国家级
2	华中科技大学-金盘电气集团有限公司国家级大学生校外实践教育基地（2012 年）		生产实习	国家级
3	华中科技大学-上海电机厂有限公司国家级大学生校外实践教育基地（2012 年）		生产实习	国家级
4	华中科技大学-中元华电科技股份有限公司国家级大学生校外实践教育基地（2012 年）		生产实习	国家级

续表

序号	校外实习、实训基地名称	地址	实习类别	备注
5	华中科技大学-上海电气集团上海电机厂有限责任公司实践教学基地	上海闵行江川路555号	生产实习	
6	华中科技大学-东方电机厂股份有限公司实践教学基地	德阳市黄河西路188号	生产实习	
7	华中科技大学-武汉市豪迈电力自动化技术有限责任公司实践教学基地（省级）	武汉市大学园路武大园1路豪迈大厦	生产实习	省级
8	华中科技大学-思源电气股份有限公司实践教学基地	上海市闵行区莘庄工业园金都路4399号	生产实习	
9	华中科技大学-深圳创银科技股份有限公司教学实习基地	深圳市南山区科技园松坪山路5号嘉达研发大楼B	生产实习	
10	华中科技大学-南京磐能电力科技有限公司实践教学基地	南京市高新技术开发区磐能路6号	生产实习	
11	华中科技大学-葛洲坝水力发电厂实践教学基地	湖北宜昌西坝建设路1号	生产实习	
12	华中科技大学-广州白云电气集团有限公司实践教学基地	广州市白云区神山工业区大岭南路5号	生产实习	
13	华中科技大学-中国长江动力集团有限公司实践教学基地	武汉市洪山区关山一路124号	认识实习	
14	武汉高新热电厂	武汉市洪山区关山一路特一号	认识实习	
15	华中科技大学-海南金盘特变实践教学基地	武汉市武昌区东湖新技术开发区高新二路36号	认识实习	
16	华中科技大学-常州西电变压器有限责任公司		生产实习	
17	广东电网有限责任公司		生产实习	
18	卧龙控股集团有限公司		生产实习	
19	特变电工衡阳变压器有限公司		生产实习	
20	珠海一多监测科技有限公司	广东省珠海市高新区科技九路8号	生产实习	
21	特变电工衡阳变压器有限公司	湖南省衡阳市变压器有限公司	生产实习	

续表

序号	校外实习、实训基地名称	地址	实习类别	备注
22	卧龙电气南阳防爆集团股份有限公司	河南省南阳市独山大道1801号	生产实习	
23	泰豪科技股份有限公司	江西省南昌市高新大道590号泰豪军工大	生产实习	
24	武汉库柏特科技有限公司	武汉市高新大道999号未来城龙山创新园一期E2栋	工程训练（一）	
25	武汉海默机器人有限公司	洪山区光谷雄楚大道666号光谷职业学院1号楼	工程训练（一）	
26	武汉奋进智能机器有限公司	武汉市东湖开发区流芳园横路奋进智能产业园	工程训练（一）	
27	武汉奋进电力技术有限公司	武汉市东湖新技术开发区高新四路25号奋进产业园	工程训练（一）	
28	菲尼克斯（中国）投资有限公司	南京江宁开发区菲尼克斯路36号	工程训练（一）	
29	东风电驱动系统有限公司	湖北省襄阳市襄城区环山路38号	工程训练（一）	
30	中车时代电动汽车股份有限公司	湖南株洲市国家高新技术开发区栗雨工业园五十七区	工程训练（一）	
31	华中科技大学输变电产教融合实训基地	国网湖北检修公司凤凰山实训基地	工程训练（一）	
32	武汉京天电器有限公司	京天机器人工程训练营	工程训练（一）	
33	德州仪器半导体技术（上海）有限公司	德州仪器机器人工程训练营	工程训练（一）	
34	武汉迈信电气技术有限公司	迈信机器人工程训练营	工程训练（一）	
35	招商证券有限公司	招商证券软件工程训练营	工程训练（一）	
36	武汉凯默电气有限公司	凯默电力移动互联网软件工程训练营	工程训练（一）	
37	北京盛安德科技发展有限公司	盛安德敏捷软件工程训练营	工程训练（一）	
38	深圳市禾望电气股份有限公司	禾望新能源工程训练营	工程训练（一）	
39	东风汽车零部件（集团）有限公司	东风电动汽车工程训练营	工程训练（一）	

续表

序号	校外实习、实训基地名称	地址	实习类别	备注
40	菲尼克斯(中国)投资有限公司	菲尼克斯智能制造工程训练营	工程训练(一)	
41	武汉日新科技股份有限公司	日新新能源工程训练营	工程训练(一)	
42	武汉爱邦高能技术有限公司	爱邦电子加速器工程训练营	工程训练(一)	
43	深圳市乐动科技有限公司	乐动人工智能工程训练营	工程训练(一)	
44	工程综合训练Ⅱ-B模块——含新能源并网的变电站电气系统设计	中南勘测设计研究院有限公司新能源工程设计院	科学家训练	
45	中国兵器集团第二〇二研究所	高电压新技术科学训练营	科学家训练	

(五)出版的部分教材、专著、译著名录

注:出版信息不全的书籍依据1993年电力工程系介绍画册所附书目收录。

序号	编写者	教材或专著名称	出版时间	出版社
1	华中工学院电机教研室编	《电机学(上、下)》	1961	中国工业出版社
2	华中工学院电机教研室编	《电机学(上、下)》修订本	1963	中国工业出版社
3	(苏)阿塔别柯夫著 吕继绍译	《高压电力网继电保护原理》	1964	中国工业出版社
4	樊俊、任元、陈忠	《电力系统自动化》	1966	华中工学院油印
5	华中工学院主编(动力工程系和电力工程系合编)	《发电厂》(上册动力部分,下册电气部分)	1980	电力工业出版社
6	许实章主编	《电机学(上、下)》第1版	1980	机械工业出版社
7	陈德树、吴希再、吕继绍	《电力系统继电保护原理与运行》第1版	1981	电力工业出版社
8	樊俊(主编)、陈忠、涂光瑜	《同步发电机半导体励磁原理及应用》	1981	水利电力出版社
9	黄力元等	《电路实验指导书》	1981	高等教育出版社
10	吕继绍(主编)、陈德树、吴希再	《电力系统继电保护原理与运行》	1981	水利电力出版社 水电部优秀教材二等奖
11	范锡普主编,胡能正参编	《发电厂电气部分》第1版	1982	电力工业出版社

续表

序号	编写者	教材或专著名称	出版时间	出版社
12	侯煦光译	《电力系统最优规划(译文集)》	1982	华中工学院出版社
13	吕继绍	《继电保护整定计算与实验》	1983	华中工学院出版社
14	何仰赞、温增银、汪馥瑛、周勤慧	《电力系统分析(上、下)》第1版	1984	华中工学院出版社
15	任元	《脉动开关函数及其应用——交直流耦合振荡分析》	1985	华中工学院出版社
16	陈德树、吴希再、吕继绍	《电力系统继电保护原理与运行》第2版	1985	水利电力出版社
17	吕继绍(主编)	《电力系统继电保护设计原理》	1986	水利电力出版社
18	孙扬声	《自动控制理论》第1版	1986	水利电力出版社
19	范锡普主编,胡能正参编	《发电厂电气部分》第2版	1987	水利水电出版社
20	程礼椿	《电接触理论及应用》	1988	机械工业出版社
21	许实章主编	《电机学(上、下)》修订版	1988	机械工业出版社 国家机械工业委员会优秀教材二等奖
22	陈坚	《交流电机数学模型及调速系统》	1989	国防工业出版社
23	许实章主编	《电机学(上、下)》第2版	1990	机械工业出版社
24	樊明武、颜威利	电磁场积分方程法	1990	机械工业出版社
25	樊俊、陈忠、涂光瑜	《同步发电机半导体励磁原理及应用》第2版	1991	水利电力出版社
26	侯煦光	《电力系统最优规划》	1991	华中理工大学出版社
27	陈德树、尹项根	《计算机继电保护原理与技术》	1992	水利电力出版社
28	陈乔夫、李湘生	《互感器电抗器的理论与计算》	1992	华中理工大学出版社
29	吕继绍	《电力系统继电保护设计原理》第2版	1992	水利电力出版社
30	孙扬声	《自动控制理论习题集》	1992	水利电力出版社
31	詹琼华	《开关磁阻电动机》	1992	华中理工大学出版社
32	唐孝镐、宁玉泉、傅丰礼	《实心转子异步电机及其应用》	1992	机械工业出版社
33	程福秀、林金铭等	《现代电机设计》	1993	机械工业出版社
34	贾正春、许锦兴	《电力电子学》	1993	华中理工大学出版社
35	孙扬声	《自动控制理论》第2版	1993	水利电力出版社
36	吴希再、何惠慈、赵家奎	《继电保护整定计算基础》	1993	武汉工业大学出版社

续表

序号	编写者	教材或专著名称	出版时间	出版社
37	邹云屏	《信号变换与处理》	1994	华中理工大学出版社
38	孙淑信	《变电站微机检测与控制》	1995	水利电力出版社
39	王广延、吕继绍	《电力系统继电保护原理与运行分析(上、下册)》	1995	水利电力出版社
40	王章启	《配电自动化开关设备》	1995	水利电力出版社
41	肖广润、周惠	《电工技术》	1995	华中理工大学出版社
42	邹云屏	《检测技术及电磁兼容性设计》	1995	华中理工大学出版社
43	何仰赞、温增银、汪馥英、周勤慧	《电力系统分析(上、下册)》修订版	1996	华中理工大学出版社 水电部优秀教材一等奖 国家级优秀教材奖
44	何仰赞、温增银、汪馥英、周勤慧	《电力系统分析(上、下册)》第2版	1996	华中理工大学出版社
45	马葆庆	《电动机控制技术》	1996	华中理工大学出版社
46	许实章主编	《电机学》第3版	1996	机械工业出版社
47	陈本孝	《电器与控制》	1997	华中理工大学出版社
48	胡希伟	《电磁流体力学》	1997	中国科技大学出版社
49	梁毓锦	《金属氧化物非线性电阻在电力系统中的应用》	1997	中国电力出版社
50	吴希再、熊信银、张国强	《电力工程》	1997	华中理工大学出版社
51	辜承林	《机电动力系统分析》	1998	华中理工大学出版社
52	马志云	《电机瞬态分析》	1998	中国电力出版社
53	涂光瑜	《汽轮发电机及其电气设备》第1版	1998	中国电力出版社
54	周鑫霞	《电子技术》	1998	华中理工大学出版社
55	龚世缨、郭熙丽	《现代英汉-汉英电力电子技术词典》	1999	中国地质大学出版社
56	胡希伟	《等离子体动力学》	1999	中国科技大学出版社
57	汪建	《MCS-96系列单片机原理及应用技术》	1999	华中理工大学出版社
58	周永萱	《电工电子学》	1999	华中理工大学出版社
59	陈德树、张哲、尹项根	《微机继电保护》	2000	中国电力出版社
60	陈崇源主编	《高等电路理论》	2000	武汉大学出版社

续表

序号	编写者	教材或专著名称	出版时间	出版社
61	黄冠斌、孙敏、杨传谱、孙亲锡	《电路基础》第2版	2000	华中科技大学出版社
62	龚世缨、熊永前	《电机学实例解析》	2001	华中科技大学出版社
63	辜承林、陈乔夫、熊永前	《电机学》第1版	2001	华中科技大学出版社
64	孙敏、孙亲锡、叶齐政	《工程电磁场基础》	2001	科学出版社
65	文远芳	《高电压技术》	2001	华中科技大学出版社
66	尹项根、曾克娥	《电力系统继电保护原理与应用(上册)》	2001	华中科技大学出版社
67	张鄂亮	《微型计算机原理与应用》	2001	华中科技大学出版社
68	(美)Robert B Hickey 著，涂光瑜、罗毅、吴彤译	《电气工程师便携手册》	2002	机械工业出版社
69	陈坚主编	《电力电子学——电力电子变换和控制技术》	2002	高等教育出版社
70	何仰赞、温增银	《电力系统分析(上、下册)》第3版	2002	华中科技大学出版社
71	李承、艾武	《电路与磁路》	2002	华中科技大学出版社
72	贾正春、马志源	《电力电子学》	2002	中国电力出版社
73	汪建主编	《电路理论基础》	2002	华中科技大学出版社
74	熊信银、吴耀武	《遗传算法及其在电力系统中的应用》	2002	华中科技大学出版社
75	许实章	《电机学》	2002	机械工业出版社
76	许实章	《新型电机绕组理论与设计》	2002	机械工业出版社
77	邹云屏、林桦	《信号与系统分析》	2002	科学出版社
78	王章启、何俊佳、邹积岩、尹小根	《电力开关技术》	2003	华中科技大学出版社
79	汪建、李承	《电路实验》	2003	华中科技大学出版社
80	熊信银、张步涵主编，戴明鑫、罗毅、曾克娥参编	《电力系统工程基础》	2003	华中科技大学出版社
81	陈坚主编	《电力电子学——电力电子变换和控制技术》第2版	2004	高等教育出版社
82	林红、周鑫霞	《数字电路与逻辑设计》第1版	2004	清华大学出版社

续表

序号	编写者	教材或专著名称	出版时间	出版社
83	马志源	《电力拖动控制系统》	2004	科学出版社
84	孙扬声	《自动控制理论》第3版	2004	水利电力出版社
85	汪建	《MCS-96系列单片机原理及应用技术》	2004	华中理工大学出版社
86	熊信银主编,吴耀武、杨德先、苗世洪参编	《发电机及电气系统》	2004	中国电力出版社
87	熊信银主编,朱永利副主编	《发电厂电气部分》第3版	2004	中国电力出版社
88	杨德先、陆继明	《电力系统综合实验原理与指导》第1版	2004	机械工业出版社
89	尹仕参编	《电子实用技术》(高中二年级)	2004	华中科技大学出版社
90	曾克娥主编,袁兆强、苗世洪副主编	《电力系统继电保护原理》	2005	中国电力出版社
91	辜承林、陈乔夫、熊永前	《电机学》第2版	2005	中国电力出版社
92	涂光瑜、罗毅	《电力遥视系统原理与应用》	2005	机械工业出版社
93	涂光瑜、罗毅、吴彤	《电力遥视系统的理论与实践》	2005	机械工业出版社
94	熊信银、张步涵主编,戴明鑫、罗毅、吴耀武、曾克娥、娄素华参编	《电气工程基础》	2005	华中科技大学出版社
95	张保会、尹项根	《电力系统继电保护》第1版	2005	中国电力出版社
96	陈坚	《电力电子技术及应用》	2006	中国电力出版社
97	胡希伟	《等离子体理论基础》	2006	北京大学出版社
98	林福昌、刘浔、陈俊武、刘春	《高电压工程》第1版	2006	中国电力出版社
99	陆继明、毛承雄、范澍、王丹著	《同步发电机微机励磁控制》	2006	中国电力出版社
100	谭丹、黄冠斌、孙亲锡	《电路理论——电阻型网络》第2版	2006	华中科技大学出版社
101	杨荫福	《电力电子装置及系统》	2006	清华大学出版社
102	杨泽富、颜秋容、孙敏、杨传谱	《电路理论——时域与频域分析》第2版	2006	华中科技大学出版社
103	颜秋容、陈崇源	《电路理论——端口网络与均匀传输线》	2006	华中科技大学出版社
104	尹仕参编	《电子线路综合设计》	2006	华中科技大学出版社

续表

序号	编写者	教材或专著名称	出版时间	出版社
105	陈德智	《工程电磁场基础》	2007	华中科技大学出版社
106	樊明武、熊永前、陈德智	《回旋加速器虚拟样机技术》	2007	湖北科学技术出版社
107	李朗如、马志云、周理兵、詹琼华	《中国电气工程大典》	2007	中国电力出版社
108	林红、周鑫霞	《模拟电路基础》	2007	清华大学出版社
109	孙扬声	《自动控制理论》第4版	2007	中国电力出版社
110	涂光瑜主编	《汽轮发电机及其电气设备》第2版	2007	中国电力出版社
111	熊信银、娄素华、刘学东	《现代电力企业管理》	2007	机械工业出版社
112	詹琼华、辜承林、陈乔夫	《电力工程师手册》	2007	中国电力出版社
113	[英]AREVA公司著,林湘宁译	《电网继电保护及自动化应用指南》	2008	科学出版社
114	《电气工程师手册》编辑委员会:含詹琼华、陈乔夫、夏胜芬、孙剑波、辜承林、涂光瑜、程时杰、王凌云	《电气工程师手册》	2008	中国电力出版社
115	李承	《电工学Ⅰ——电路原理与电机控制》	2008	清华大学出版社
116	李朗如、马志云	《中小型电机设计手册》	2008	中国电力出版社
117	林红	《电子技术》	2008	清华大学出版社
118	谭丹、陈明辉、林红	《电工学Ⅱ——模拟电子技术》	2008	清华大学出版社
119	汪建	《电路原理(上、下册)》	2008	清华大学出版社
120	熊信银	《电气工程概论》	2008	中国电力出版社
121	徐安静	《电工学Ⅱ——模拟电子技术》	2008	清华大学出版社
122	徐安静	《电工学Ⅲ——数字电子技术》	2008	清华大学出版社
123	叶齐政、孙敏	《电磁场》	2008	华中科技大学出版社
124	尹仕	《电工电子制作基础》系列教材第2分册	2008	华中科技大学出版社
125	程时杰、曹一家、江全元	《电力系统次同步振荡的理论与方法》	2009	科学出版社
126	黄冠斌、张霞	《电路理论学习与考研指南》	2009	华中科技大学出版社

续表

序号	编写者	教材或专著名称	出版时间	出版社
127	康勇、熊健、林新春、彭力、邹旭东、段善旭、张凯、戴珂	《中国电气工程大典》第2卷电力电子技术中的第5篇电力电子控制技术	2009	中国电力出版社
128	林福昌、李化	《电磁兼容原理及应用》	2009	机械工业出版社
129	林红主编,张士军、周鑫霞参编	《数字电路与逻辑设计》第2版	2009	清华大学出版社
130	林湘宁等	《电网继电保护及自动化应用指南》	2009	科学出版社
131	刘延冰、李红斌等	《电子式互感器原理、技术及应用》	2009	科学出版社
132	谭丹、颜秋容	《电路理论学习与考研指导》	2009	电子工业出版社
133	唐跃进、石晶、任丽	《超导磁储能系统(SMES)及其在电力系统中的应用》	2009	中国电力出版社
134	魏伟	《DSP原理与实践》	2009	中国电力出版社
135	魏伟	《电工电子实验教程》	2009	北京大学出版社
136	魏伟	《检测与控制实验教程》	2009	北京大学出版社
137	熊信银主编,朱永利副主编	《发电厂电气部分》第4版	2009	中国电力出版社
138	颜秋容、谭丹	《电路理论》	2009	电子工业出版社
139	尹仕	《电工电子工程基础》	2009	华中科技大学出版社
140	邹云屏、林桦、邹旭东	《信号与系统分析》第2版	2009	科学出版社
141	《中国电气工程大典》编辑委员会	《中国电气工程大典》	2010	中国电力出版社
142	樊明武	《核辐射物理基础》	2010	暨南大学出版社
143	张天爵、樊明武	《回旋加速器物理与工程技术》	2010	能源出版社
144	辜承林、陈乔夫、熊永前	《电机学》第3版	2010	华中科技大学出版社
145	林红、张鄂亮、周鑫霞	《电工电子技术》	2010	清华大学出版社
146	毛承雄、王丹、范澍、陆继明	《电子电力变压器》	2010	中国电力出版社
147	孙海顺、文劲宇、唐跃进、程时杰	《提高超高压交流输电线路的输送能力(二)》	2010	清华大学出版社
148	孙扬声	《自动控制理论习题集》	2010	中国电力出版社
149	汪建	《电路实验》第2版	2010	华中科技大学出版社
150	汪建	《电路原理学习指导与习题题解》	2010	清华大学出版社

续表

序号	编写者	教材或专著名称	出版时间	出版社
151	熊蕊	《信号与控制综合实验教程》	2010	华中科技大学出版社
152	熊信银、张步涵	《电气工程基础》	2010	华中科技大学出版社
153	熊永前	《电机学习题解答》	2010	华中科技大学出版社
154	杨德先、陆继明	《电力系统综合实验原理与指导》第2版	2010	机械工业出版社
155	张保会、尹项根	《电力系统继电保护》第2版	2010	中国电力出版社
156	陈德树	《电力系统继电保护研究文集》	2011	华中科技大学出版社
157	陈坚、康勇、阮新波、彭力、熊健	《电力电子学——电力电子变换和控制技术》第3版	2011	高等教育出版社
158	陈正洪、李芬、成驰、唐俊、申彦波、蔡涛、段善旭	《太阳能光伏发电预报技术原理及其业务系统》	2011	气象出版社
159	林福昌、刘浔、陈俊武、尹小根、李化、戴玲	《高电压工程》第2版	2011	中国电力出版社
160	陈坚	《柔性电力系统中的电力电子技术——电力电子技术在电力系统中的应用》	2012	机械工业出版社
161	贺益康、胡家兵、徐烈	《并网双馈异步风力发电机运行控制》	2012	中国电力出版社
162	林红、杨桦、杨凡	《电工电子技术学习指导与题解》	2012	清华大学出版社
163	林湘宁	《高压发电机故障分析与运行保护技术》	2012	科学出版社
164	阮新波	《脉宽调制DC/DC全桥变换器的软开关技术》第2版	2012	科学出版社
165	唐跃进、任丽、石晶	《超导电力基础》第1版	2012	中国电力出版社
166	汪建主编	《单片机原理及应用技术》	2012	华中科技大学出版社
167	王贞炎、肖看	《模拟电子技术全程辅导及实例详解》	2012	科学出版社
168	肖波、张红	《工业电子技术全程辅导及实例详解》	2012	科学出版社
169	杨凤开	《DSP原理与应用》	2012	华中科技大学出版社
170	叶齐政、陈德智	《电磁场教程》	2012	高等教育出版社
171	袁芳(参编10万字)	《计算机网络技术及应用》	2012	华中科技大学出版社

续表

序号	编写者	教材或专著名称	出版时间	出版社
172	张文灿、陈崇源	《新编工程电磁场题解》	2012	华中科技大学出版社
173	段善旭、林新春、张宇、刘邦银、蔡涛	《分布式逆变电源的模块化及并联技术》	2013	电子工业出版社
174	康勇	《现代电力电子学》	2013	机械工业出版社
175	熊蕊	《电磁兼容原理及应用》	2013	机械工业出版社
176	杨德先	《智能配电网》	2013	中国水利水电出版社
177	张红、徐慧平	《电工技术全程辅导及实例详解》	2013	科学出版社
178	林红、张士军、杨桦、杨凡、周鑫霞	《数字电路与逻辑设计》第3版	2014	清华大学出版社
179	卢新培	Low Temperature Plasma Technology: Methods and Applications	2014	CRC Press
180	杨德先、陆继明主编	《电力系统综合实验》	2014	机械工业出版社
181	张凤鸽、杨德先、易长松	《电力系统动态模拟技术》	2014	机械工业出版社
182	林湘宁著	Electromagnetic Transient Analysis and Novel Protective Relaying Techniques for Power Transformers	2015	Wiley-IEEE Press
183	苗世洪、朱永利主编	《发电厂电气部分》第5版	2015	中国电力出版社
184	阮新波、王学华	《LCL型并网逆变器的控制技术》	2015	科学出版社
185	何仰赞、温增银	《电力系统分析(上、下册)》第4版	2016	华中科技大学出版社
186	林福昌	《高电压工程》第3版	2016	中国电力出版社
187	汪建	《电路原理(上、下册)》第2版	2016	清华大学出版社
188	徐伟	Advances in Solar Photovoltaic Power Plants	2016	Springer Nature
189	Ziyad Salameg著,杨勇译	《可再生能源系统设计》	2017	机械工业出版社
190	李朗如、陈乔夫、周理兵	《电磁装置设计原理》	2017	中国电力出版社
191	李黎	《雾霾与输变电设备外绝缘配置》	2017	中国电力出版社
192	汪建、曹娟、刘大伟	《电路原理学习指导与习题题解》	2017	清华大学出版社
193	汪建、汪泉	《电路原理教程》	2017	清华大学出版社
194	王璐、李树才、李承	《电路原理学习指导》	2017	清华大学出版社
195	颜秋容编著	《电路理论——基础篇》	2017	高等教育出版社

续表

序号	编写者	教材或专著名称	出版时间	出版社
196	辜承林、陈乔夫、熊永前	《电机学》第4版	2018	华中科技大学出版社
197	蒋栋	《电气工程新技术丛书 电力电子变换器的先进脉宽调制技术》	2018	机械工业出版社
198	阮新波、王学华	Control Techniques for LCL-Type Grid-Connected Inverters	2018	Springer, Singapore
199	汪建、何仁平、杨红权	《电路原理学习指导与习题题解》	2018	清华大学出版社
200	王贞炎	《FPGA应用开发和仿真》	2018	机械工业出版社
201	熊永前	《电机学(第4版)学习指导与习题解答》	2018	华中科技大学出版社
202	颜秋容	《电路理论——高级篇》	2018	高等教育出版社
203	李朗如、王晋	《工程电磁场数值计算理论分析》	2019	中国电力出版社
204	林湘宁、李正天、李振柱、刘渱、熊卫红、谢志诚、张宏志、张培夫著	《充油类电气主设备状态智能评价》	2019	中国电力出版社
205	卢新培、刘大伟	Nonequilibrium Atmospheric Pressure Plasma Jets: Fundamentals, Diagnostics, and Medical Applications	2019	CRC Press
206	徐伟	《大功率变换器与工业传动模型预测控制》(国际电气工程先进技术译丛)	2019	机械工业出版社
207	徐伟、Rabiul Islam、Marcello Pucci	Advanced Linear Machines and Drive Systems	2019	Springer
208	叶齐政、陈德智	《电磁场》	2019	机械工业出版社
209	邹积岩、何俊佳	《智能电器》第2版	2019	机械工业出版社
210	李开成	《信号与系统》	2020	华中科技大学出版社
211	李妍	Electric Circuit	2020	华中科技大学出版社
212	梁琳	Modern Power Electronic Devices-Physics, applications, and reliability	2020	IET Digital Library
213	罗毅	《电气工程基础》	2020	高等教育出版社
214	汪建、程汉湘	《电路原理教程》第2版	2020	清华大学出版社
215	汪建、刘大伟	《电路原理(上、下册)》	2020	清华大学出版社

续表

序号	编写者	教材或专著名称	出版时间	出版社
216	徐伟、刘毅	《无刷双馈感应电机高性能控制技术》	2020	机械工业出版社
217	臧春艳	《变电站机器人巡检运维技术培训教材》	2020	中国电力出版社
218	张天爵、王川、李明、殷治国、樊明武	《回旋加速器原理及新进展》	2020	北京理工大学出版社
219	张凤鸽、杨德先、杨晨	《现代电力系统综合实验》	2020	华中科技大学出版社
220	黄牧涛	《珠江流域来水需水分析及预测》	2021	科学出版社
221	蒋栋	Advanced Pulse Width Modulation: with Freedom to Optimize Power Electronics Converters	2021	Springer
222	李胜铭、王贞炎、刘涛	《全国大学生电子设计竞赛备赛指南与案例分析——基于立创EDA》	2021	电子工业出版社
223	梁琳、康勇	《中国电源学会路线图-功率元器件与模块编写组》	2021	
224	林湘宁、李正天、汪洵洵著	《远洋海岛群综合能量供给系统规划》	2021	中国电力出版社
225	娄素华	《现代电力企业管理》	2021	机械工业出版社
226	卢新培	《大气压非平衡等离子体射流Ⅱ生物医学应用》	2021	华中科技大学出版社
227	卢新培	《大气压非平衡等离子体射流Ⅰ物理基础》	2021	华中科技大学出版社
228	孙伟	《数字化纺织智能电气控制系统》	2021	中国纺织出版社
229	孙伟	《现代工业设备电气控制技术》	2021	哈尔滨工程大学出版社
230	王贞炎主编	《电子系统设计——基础与测量仪器篇》	2021	电子工业出版社
231	翁汉琍、林湘宁著	《换流站主设备保护关键技术研究》	2021	科学出版社
232	曾凡刊等	《网络分析与综合原理》		华中理工大学出版社
233	陈崇源	《电路理论分析》		华中理工大学出版社
234	陈崇源等	《电工基础—理论及研究生试题分析》		湖南科技出版社

续表

序号	编写者	教材或专著名称	出版时间	出版社
235	程礼椿	《电接触理论及应用》		机械工业出版社
236	程礼椿等译	《大功率开关装置的物理基础与工程应用》		电力工业出版社
237	程礼椿(参编)	《电器理论基础》		机械工业出版社
238	程良骏、徐纪芳、罗南逸	《水轮机》		机械工业出版社
239	H·谢尔德著,程时杰、张国强、尹项根译,陈德树校	《人工智能引论》		华中理工大学出版社
240	戴旦前、陈崇源	《δ函数和卷积及在电工中的应用》		高等教育出版社
241	电工基础教研室	《常用电工仪表与测量》		机械工业出版社
242	电工基础教研室(参编)	《电磁场实验与演示》		高等教育出版社
243	L.索利马著,电工基础教研室译	《电磁理论讲义——工程师用简明教程》		高等教育出版社
244	黄慕义等	《电网络理论:原理分析和应用》		华中理工大学出版社
245	李建威	《水力机械测试技术》		机械工业出版社
246	李湘生	《电机设计》(变压器部分)		
247	李湘生、陈乔夫	《变压器优化设计理论及应用》		
248	李正瀛	《脉冲功率技术》		水电出版社
249	林金铭	《现代电机设计》		
250	林金铭译	《机电动力学》		
251	刘绍峻	《高压电器》		机械工业出版社
252	G.因奇编,刘延冰、熊信银、陈贤珍、沈祖芬、李立娅等译	《电气测量仪表和测量方法》		中国计量出版社
253	刘育骐	《水轮机调节》		中国工业出版社
254	刘育骐	《水轮机组辅助设备》		中国工业出版社
255	吕继绍、吴希再、邹祖英	《电力系统继电保护整定计算与实验》		华中理工大学出版社
256	任元	《脉动开关函数及其应用》		华中理工大学出版社
257	孙扬声、张永立	《自动控制理论》		水电出版社

续表

序号	编写者	教材或专著名称	出版时间	出版社
258	唐孝镐、宁玉泉、付丰礼	《实心转子异步电机及其应用》		机械工业出版社 92年优秀图书三等奖
259	汪建	《线性电网络分析(上、下册)》		湖北教育出版社
260	王德芳、叶妙元	《磁测量技术》		机械工业出版社
261	王定一(主编)、杨钧、李美珍、汪以进	《水电站控制技术(上、下册)》		华中理工大学出版社
262	王定一主编	《水电站自动化》		电力工业出版社
263	徐纪芳	《水力机械强度计算》		机械工业出版社
264	许锦兴、贾正春	《步进电机驱动电源》		
265	许实章	《交流电机绕组理论》		
266	H·施佩特著,许实章、陶醒世、陈贤珍译	《电机——运行理论导引》		机械工业出版社
267	姚宗干	《高电压试验技术》		水电出版社
268	叶妙元等	《电磁测量与仪表》丛书6本		
269	虞锦江、梁年生	《水电能源学》		华中理工大学出版社
270	虞锦江(主编)、梁年生	《水电站经济运行》		电力工业出版社 水电部优秀教材一等奖
271	张昌期、梁年生	《水力机组测试技术》		电力工业出版社
272	张昌期主编	《水轮机——原理及数学模型》		华中理工大学出版社 校教材一等奖
273	张守一、刘延冰、赵斌武、叶妙元、揭秉信、黄力元、艾礼初等	《常用电工仪表与测量》修订本		机械工业出版社
274	张勇传	《水电能优化管理》		华中理工大学出版社
275	张勇传	《水电站经济运行》(水力发电技术知识丛书)		中国工业出版社
276	张勇传	《水电站水库调度》		中国工业出版社
277	张勇传主编	《优化理论在水库调度中的应用》		湖南科技出版社
278	张志鹏、W. A. Gambling	《光纤传感器原理》		中国计量出版社
279	张志鹏、朵玉群	《超导磁体》		华中理工大学出版社

续表

序号	编写者	教材或专著名称	出版时间	出版社
280	张志鹏、张守一、郭迪忠、唐良晶	《红外技术及其应用》		科学出版社
281	郑莉媛	《水轮机调节》		机械工业出版社
282	周克定	《电工数学》		
283	周克定	《工程电磁场专论》		
284	周克定、杨庚文、陈贤珍等	《德、英、汉电机辞典》		机械工业出版社
285	周舒梅	《动态信号分析仪器》		机械工业出版社
286	朱俊华、贾宗谟	《往复泵与其他类型泵》		机械工业出版社
287	邹锐	《模拟电路故障诊断原理和方法》		华中理工大学出版社
288	邹锐	《模拟电路故障诊断原理和方法》		华中理工大学出版社

(六) 电气与电子工程学院各级教学名师一览表(2011—2021年)

序号	获奖时间	获奖者	奖励名称	备注
1	2011	熊蕊	第六届校级教学名师奖	校教[2011]27号
2	2013	颜秋容	第八届校级教学名师奖	校教[2013]26号
3	2018	叶齐政	第11届校级教学名师奖	
4	2019	罗毅	华中科技大学2019年度教学名师	
5	2017	陈德智	华中科技大学课堂教学卓越奖	
6	2020	杨勇	华中科技大学课堂教学卓越奖	
7	2020	李妍	华中科技大学课堂教学优质奖	
8	2021	杨勇 杨勇 颜秋容 任丽 李红斌 叶齐政 陈立学 王璐 吕以亮	课程思政名师团队	教高函[2021]7号 2021.5
9	2021	杨勇	教育部课程思政教学名师	

(七) 省部级以上教学成果奖(1993—2021 年)

序号	成果名称	主要完成人	等级	时间
1	"电磁测量与仪表"专业实验教学体系一条龙式教改	周舒梅 赵斌武 周予为 冉健民 徐雁	省级一等奖	1993
2	电机学课程体系改革及教学基地建设	龚世缨 陈乔夫 马志云 杨长安 于克训	国家级二等奖	1997
3	抓好学科梯队和实验中心建设,创建高水平的研究生培养基地	陈德树 何仰赞 程时杰 尹项根 张步涵	国家级二等奖	1997
4	电气信息类专业人才培养方案及教学内容体系改革的研究与实验	尹项根 孙亲锡 熊信银 周理兵 罗毅	国家级二等奖	2001
5	面向21世纪电气工程类人才培养模式与课程体系改革	尹项根 孙亲锡 熊信银 周理兵 罗毅	省级一等奖	2001
6	电工教学基地主要技术基础课程教学改革	黄冠斌 李承 孙敏 袁芳 颜秋容	省级一等奖	2001
7	电力工程实验教学改革研究	吴希再 丑正汶 叶俊杰 林蓉 吴彤	省级二等奖	2001
8	"电子技术"课程双语教学研究	袁建华 袁芳 郝广震	省级三等奖	2001
9	大学生课外科技创新活动基地建设的研究与实践	段献忠 尹仕 翁良科 冯爱明 马冬卉	省级一等奖	2005
10	电工基地实验教学改革的研究与实践	杨泽富 谭丹 李军 王彬 孙开放	省级二等奖	2005
11	以学生为中心,以创新性能力培养为主线,构建探究式学习的实验教学体系和平台	熊蕊 辜承林 何俊佳 张蓉 李军	省级一等奖	2009
12	具有国际竞争力的电气学科本科生培养体系的研究与实践	辜承林 熊蕊 朱曙微 何俊佳 陈乔夫	省级二等奖	2009
13	结合学科发展方向,培养创新型电气工程人才的研究与实践	何俊佳 熊蕊 尹项根 段献忠 潘垣 于克训 颜秋容 吴彤	省级一等奖	2013
14	研究型大学电气工程专业能力导向人才培养体系构建与实践	李红斌 康勇 程时杰 尹项根 张蓉 杨德先 熊永前 叶齐政 尹仕	省级一等奖	2018
15	发挥学科优势,依托班级平台,创建研究型大学电气专业高素质人才培养体系	李红斌 康勇 程时杰 尹项根 张蓉 杨德先 叶齐政 尹仕 于克训 王学东 何俊佳 潘垣 颜秋容 文劲宇 罗珺 熊永前 杨勇	国家级二等奖	2018

（八）2004—2022年实验技术研究项目

年份	项目名称	负责人
2002	建筑电气可编程控制器应用的研究	魏伟
2003	PLC实验教学系统的研制	李军
2004	涡流检测实验装置的研制	王彬
2004	Aedk仿真实验仪扩展实验研究	张红
2005	电磁场实验装置的研制	杨凤开
2005	涡流制动实验装置的研制	王彬
2006	DGZS综合实验台扩展实验的研究	余翎
2006	直流斩波电源装置的改进	胡玮
2006	单片机设计性创新性实验项目的开发	张红
2007	开放实验室条码管理系统	李军
2007	传感器检测综合装置	陈颖
2007	DCC-Ⅱ型电磁场实验装置的改进	王彬
2007	电压无功综合实验控制对象的研制	杨凤开
2008	基于火灾报警及控制实验开发平台的研究与实现	余翎
2008	倒车位置监控预警实验装置研制	陈颖
2008	新型DSP实验教学装置的研制	李军
2009	电工实验多功能测量仪表的研制	肖波
2009	单片机综合试验平台的研制	杨凤开
2010	电磁场实验装置的改造	徐慧平
2010	多路程控直流电源的研制	肖波
2010	三相直流无刷电动机闭环控制实验装置	杨凤开
2011	电网谐波测量综合实验装置研制	杨凤开
2011	基于全开放的实验室综合信息管理系统的研究	王贞炎
2011	4NIC-T800F直流斩波电源辅助电路研究	胡玮
2011	基于网络的电路实验辅助教学系统	肖波
2012	单相大功率电源前级有源功率校正(PFC)电路研制	胡玮
2012	基于新能源与微电网实验平台的系列教学实验研究与开发	张凤鸽
2012	面向设计的自动控制原理综合实验装置研制	邓春花

续表

年份	项目名称	负责人
2013	新型工程电磁场实验装置的研制	徐慧平
	信号与系统综合实验装置改造	陈颖
2014	信号与控制综合实验装置改造	李军
	基于51单片机的光伏发电实验装置的研制	肖波
2015	电工实验仪器仪表无线校准装置的研制	肖波
	电工实验教学辅助平台建设研究	徐慧平
2016	无刷直流电机控制实验装置的研制	肖波
	移向控制ZVS PWM全桥变换器实验装置	邓春花
	信号与控制实验台仪表改造	李军
	完善智能小车控制平台建设 拓宽单片机应用教学系统	张红
	基于微型解迷宫机器人的竞赛和实训平台	王贞炎
2017	弧光短路故障物理实验模型的研制	张凤鸽
	大型仪器设备平台建设与管理	古晓艳
	互联网＋单片机实验教学系列模块研究	徐慧平
	小功率电源变换系列模块的研制	邓春花
2018	电力系统多媒体虚拟实训系统的研制	杨风开
	电机与电气综合控制综合实验设计	胡玮
	基于单片机开发实验仪的系列实验项目的设计	张红
	配电网教学实验平台中电缆物理模型的研制	张凤鸽
2019	电力系统创新型综合实验平台的研制	杨风开
	基于Arduino的教学模块的研制	徐慧平
	智能配电网故障指示器实验教学平台的研制	张凤鸽
	三相异步电机继电控制实验箱的研制	易长松
2020	基于虚拟仪器的信号分析综合实验装置研制及课程设计	冯学玲
	基于新工科背景下电路测试实验平台改造	吴葛
	电力电子光伏系统实验教学及装置研制	易磊
	柔性交流输电-可控串联补偿(TCSC)教学实验装置研究与开发	张凤鸽
	模拟电子线路自动测试验收平台	王贞炎

年份	项目名称	负责人
2021	电动汽车车载电源系统实验教学及装置研制	冯学玲
	基于 Arduino 的电工电子实验教学实践	吴葛
	电赛控制类课程电机培训平台设计	易磊
	MMC 柔性直流输电系统实验教学研究	张凤鸽
2022	基于电力电子变换器的信号与控制综合实验平台	冯学玲
	基于 V 型开发流程的自动控制系统实验平台设计及实现	吴葛
	直流电机本体与控制系统实验平台研制	易磊
	"能馈型交流电子负载"综合性实验的设计	肖波

(九)教学实验技术成果奖获奖项目

年份	项目	完成人	获奖等级
2006 年 第七届	开放式多机电力网综合实验系统的研制	杨德先 陆继明 吴彤 李军	特等奖
	DCC-2 型电磁场综合实验装置的研制	杨凤开 王彬 刘志强	一等奖
	模拟、数字式直流稳压/充电系列测试仪的研制	罗小华 黄恩 刘平庆 朱国庆 宋素芳	二等奖
	电机实验平台及其控制系统的研制	叶俊杰 周红宾 于克训 万山明	二等奖
	高压并联电抗器实验模型的研制	杨德先 吴彤 陈德树 黎平	三等奖
	冲击大电流测量传感器装置的研制	王燕 黄汉深 张国胜	三等奖
2009 年 第八届	电气控制继电保护综合教学试验台的研制	杨德先	一等奖
	基于全开放实践教学体系的系列实验装置的开发与应用	尹仕	二等奖
	电气类 DSP 综合实验装置的研制	杨凤开	二等奖
	BYQ-2 变压器绕组波过程试验台的研制	王燕	二等奖
	传感器检测综合实验装置的研制	陈颖	二等奖
	开放实验室条码管理系统	李军	三等奖
2012 年 第九届	信息化电力系统动态模拟实验控制平台	杨德先 张凤鸽 吴彤 陈卫 易长松	特等奖
	基于一致化总线模块的电子系统设计实训平台	肖看 王贞炎 尹仕	一等奖
	开放式单片机电气控制综合实验教学平台	杨凤开 徐慧平 张红 肖波	一等奖
	电工实验多功能测量仪表	肖波 邓春花	二等奖

续表

年份	项 目	完成人	获奖等级
2015年第十届	风力发电模拟实验平台研制	张凤鸽 陆继明 易长松 李军 杨德先	一等奖
	DE1-SOC EDA 实验箱研制	王贞炎 尹仕	二等奖
	电工基础综合实验台研制	肖波 徐慧平 邓春花 李承 魏伟	二等奖
	新型工程电磁场实验装置研制	徐慧平 肖波 杨凤开 李承	二等奖
	面向设计的自动控制原理综合实验装置研制	邓春花 徐慧平 肖波 杨凤开	三等奖
2018年第十一届	配电网动态模拟实验平台	张凤鸽 杨德先 吴彤 陈卫	特等奖
2021年第十二届	柔性直流输电系统动模实验平台	张凤鸽 文明浩 杨德先 吴彤	一等奖
	基于微型迷宫机器人的竞赛和实训平台	王贞炎 徐琛 尹仕 肖看	二等奖
	基于虚拟仪器的信号分析综合实验平台	冯学玲 吴葛 邓春花	二等奖
	电力电子光伏系统综合实验装置	易磊 邓春花 张蓉 尹仕 冯学玲 吴葛	二等奖
	100 kV/1 kJ 冲击电压发生器实验教学装置	王燕	二等奖

（十）学院历年双创赛事重大成就（统计截止 2022 年 1 月）

说明："大学生科技创新中心"面向全校学生指导科技创新活动，取得了丰硕的成果。此表仅记录了电气与电子工程学院的学生所获得的奖励，其中部分项目是电气与电子工程学院的学生和其他院系的学生合作完成，向同学们的合作精神致敬的同时也向其他院系的合作学生表达编者的歉意。同时，也为未能较为完整地记录科技创新中心的指导教师人才培养成果而表达歉意。

电气学院学生科技创新相关竞赛获奖一览表

序号	姓名-班级	项目名称	竞赛名称	获奖等级	时间
1	刘革明-987、张鹏-987、胡旦-987	波形发生器(A)	第五届全国大学生电子设计竞赛	全国一等奖	2001
2	蔡磊-982、皮之军-982、张昌盛-982	简易数字存储示波器(B)	第五届全国大学生电子设计竞赛	全国一等奖	2001
3	张俊峰-991	数据采集与传输系统(E)	第五届全国大学生电子设计竞赛	省级一等奖	2001
4	桑伟-0010、张立-0012	警务数字助理	第一届嵌入式系统专题竞赛	全国一等奖	2002

续表

序号	姓名-班级	项目名称	竞赛名称	获奖等级	时间
5	罗昉-997	单相交流电机变频器	第三届"挑战杯"创业计划竞赛	全国三等奖	2002
6	罗昉-997	科技论文《基于Verilog-HDL描述的多用途步进电机控制芯片的设计》	湖北省大学生优秀科研成果	省级二等奖	2002
7	缪学进-0009、刘云-0009、王学虎-0009	低频数字式相位测量仪(C)	第六届全国大学生电子设计竞赛	全国一等奖	2003
8	余蜜-0013、刘勇-0012、尹佳喜-0010	低频数字式相位测量仪(C)	第六届全国大学生电子设计竞赛	全国一等奖	2003
9	杨立-0012、曹辉-0010、张立-0014	简易智能电动车(E)	第六届全国大学生电子设计竞赛	全国二等奖	2003
10	桑伟-0010	低频数字式相位测量仪(C)	第六届全国大学生电子设计竞赛	省级一等奖	2003
11	吴科成-0005	简易逻辑分析仪(D)	第六届全国大学生电子设计竞赛	省级一等奖	2003
12	吴松-0112	低频数字式相位测量仪(C)	第六届全国大学生电子设计竞赛	省级二等奖	2003
13	何荣桥-0112、郭杰-0112	液体点滴速度监控装置(F)	第六届全国大学生电子设计竞赛	省级二等奖	2003
14	徐勋建-0008	液体点滴速度监控装置(F)	第六届全国大学生电子设计竞赛	省级二等奖	2003
15	杨立-0012、曹辉-0010、张立-0014	论文《uc/os-II在凌阳单片机SPCE061A上的移植》	湖北省大学生优秀科研成果	省级二等奖	2003
16	罗昉-997	论文《基于ML4421的单相电机变频调整器的设计》	湖北省大学生优秀科研成果	省级二等奖	2003
17	向珂-03研、李智欢-0107、詹林钰-0104		第28届ACM程序设计竞赛(中山)	全国优胜奖	2003
18	吴松-0112	月球探测者	第二届全国大学生嵌入式系统竞赛	全国二等奖	2004
19	高压南-0103	数字体育辅助系统	第二届全国大学生嵌入式系统竞赛	全国三等奖	2004

续表

序号	姓名-班级	项目名称	竞赛名称	获奖等级	时间
20	李通-0211、刘志垠-0212	简易综合测试仪(C题)	2004年湖北省大学生电子设计竞赛	省级一等奖	2004
21	马智泉-0202、罗星宝-0212、陈小乔-0209	简易综合测试仪(C题)	2004年湖北省大学生电子设计竞赛	省级一等奖	2004
22	吴凯-0202、陈武-0203	简易发射机电路（A题）	2004年湖北省大学生电子设计竞赛	省级二等奖	2004
23	曹震-0210、陈国英-0210、梁宇强-0201	简易发射机电路（A题）	2004年湖北省大学生电子设计竞赛	省级二等奖	2004
24	高文彪-0210、罗俊杰-0210、吴亮-0210	电梯控制模型（D题）	2004年湖北省大学生电子设计竞赛	省级二等奖	2004
25	杨立-0012、张立-0014	鹊桥相会	第三届大学生机器人电视大赛	全国第六名	2004
26	李智欢-0107		第29届ACM国际大学生程序设计竞赛亚洲预赛北京赛区暨2004年"方正科技"全国大学生程序设计邀请赛	全国优胜奖	2004
27	邱国普-0001、杨立-0012、张立-0014	论文《电动小车的电机驱动及控制》	2004年湖北省大学生优秀科研成果	省级三等奖	2004
28	尹佳喜-0010、余蜜-0013	论文《基于EPM7128的数字式相位测量仪》	2004年湖北省大学生优秀科研成果	省级三等奖	2004
29	曹震-0210、陈国英-0210	正弦信号发生器（A题）	第七届全国大学生电子设计竞赛	全国一等奖	2005
30	李浩-0209、唐陶鑫-0211	悬挂运动控制系统(E题)	第七届全国大学生电子设计竞赛	全国一等奖	2005
31	李高望-0311、陆桦-0310、张江松-0312	数控直流电流源(F题)	第七届全国大学生电子设计竞赛	全国一等奖	2005
32	尹三正-0210	简易频谱分析仪(C题)	第七届全国大学生电子设计竞赛	全国二等奖	2005
33	刘志垠-0212、黄少辉-0201、梁宇强-0201	三相正弦波变频电源(G题)	第七届全国大学生电子设计竞赛	全国二等奖	2005
34	高明强-0208	正弦信号发生器（A题）	第七届全国大学生电子设计竞赛	省级一等奖	2005

续表

序号	姓名-班级	项目名称	竞赛名称	获奖等级	时间
35	林宁-0306、高金萍-0304、严志桥-0305	正弦信号发生器（A题）	第七届全国大学生电子设计竞赛	省级一等奖	2005
36	张宏亮-0207	正弦信号发生器（A题）	第七届全国大学生电子设计竞赛	省级一等奖	2005
37	吴凯-0202	简易频谱分析仪（C题）	第七届全国大学生电子设计竞赛	省级一等奖	2005
38	马智泉-0202、罗星宝-0212、陈小乔-0209	三相正弦波变频电源（G题）	第七届全国大学生电子设计竞赛	省级一等奖	2005
39	易杨-0306、吴阳-0306	单工无线呼叫系统（D题）	第七届全国大学生电子设计竞赛	省级二等奖	2005
40	李尊-0312	单工无线呼叫系统（D题）	第七届全国大学生电子设计竞赛	省级二等奖	2005
41	高文彪-0210、罗俊杰-0210、吴亮-0210	悬挂运动控制系统（E题）	第七届全国大学生电子设计竞赛	省级二等奖	2005
42	王荣震-0208、刘科-0209	悬挂运动控制系统（E题）	第七届全国大学生电子设计竞赛	省级二等奖	2005
43	李通-0211、李浩-0209、唐陶鑫-0211	多用途运载平台	中南六省区、港澳特区第二届大学生创新设计与制造大赛	全国一等奖	2005
44	吴松-0112、李通-0211	小型无人地面侦测平台	第九届"挑战杯"飞利浦全国大学生课外学术科技作品竞赛	全国一等奖	2005
45	吴松-0112	登长城，燃圣火	第四届全国大学生机器人电视大赛	全国优胜奖	2005
46	李通-0211	科研发明——行星轮链接式越障车底盘	2005年湖北省大学生优秀科研成果	省级二等奖	2005
47	林宁-0306	智能客车服务系统	第三届全国大学生嵌入式系统竞赛	全国三等奖	2006
48	李浩-0209、陈国英-0210、李尊-0312	双塔机器人	第五届亚太大学生机器人大赛国内选拔赛	中国赛区季军	2006
49	杜骁释-0413、李树超-0411、龚文明-0404	智能家居管家系统	2006年湖北省大学生电子设计竞赛 ALTERA杯SOPC专题竞赛	省级一等奖	2006

续表

序号	姓名-班级	项目名称	竞赛名称	获奖等级	时间
50	黄静-0405	简易网络导纳分析仪（本科A题）	2006年湖北省大学生电子设计竞赛	省级二等奖	2006
51	郑德宝-0411	功率因数监测与补偿系统测评表(本科B题)	2006年湖北省大学生电子设计竞赛	省级二等奖	2006
52	左文平-0510	半双工多路数据传输系统(本科C题)	2006年湖北省大学生电子设计竞赛	省级二等奖	2006
53	李健-0410、张玄-0405、王伟-0405	智能搬运车(本、专科D题)	2006年湖北省大学生电子设计竞赛	省级二等奖	2006
54	李通-0211、黄少辉-0201	Aeolus特种巡检机器人	2006年微软全球Windows嵌入式挑战大赛	国际优胜奖	2006
55	段苗-0315	银行网点排队分析系统	2006年"花旗杯"科技应用大赛	全国三等奖	2006
56	李通-0211、黄少辉-0201	科技制作"Aeolus特种巡检机器人"	2006年湖北省大学生优秀科研成果	省级二等奖	2006
57	李浩-0209、吴凯-0202	科技论文《基于模糊控制的侦察机器人的设计》	2006年湖北省大学生优秀科研成果	省级二等奖	2006
58	陈国英-0210、李浩-0209	科技制作"建塔机器人"	2006年湖北省大学生优秀科研成果	省级二等奖	2006
59	顾慧杰-0309	科技制作"家庭娱乐信息平台"	2006年湖北省大学生优秀科研成果	省级三等奖	2006
60	李尊-0312	科技制作"自动报靶系统"	2006年湖北省大学生优秀科研成果	省级三等奖	2006
61	孟霄-0408、宋志伟-0413	科技制作"虹膜生物识别系统"	2006年湖北省大学生优秀科研成果	省级三等奖	2006
62	左文平-0510	无线识别(B题)	第八届全国大学生电子设计竞赛	全国一等奖	2007
63	饶波-0405、朱良合-0405、陈构宜-0405	开关稳压电源(E)	第八届全国大学生电子设计竞赛	全国一等奖	2007
64	方雄-0402、邱纯-0401、万卿-0402	开关稳压电源(E)	第八届全国大学生电子设计竞赛	省级一等奖	2007
65	李巍巍-0506	电动车跷跷板(F题)	第八届全国大学生电子设计竞赛	省级一等奖	2007

序号	姓名-班级	项目名称	竞赛名称	获奖等级	时间
66	刘俞-0404	数字示波器(C题)	第八届全国大学生电子设计竞赛	省级二等奖	2007
67	易新强-0511	程控滤波器（D题）	第八届全国大学生电子设计竞赛	省级二等奖	2007
68	张振华-0506	程控滤波器（D题）	第八届全国大学生电子设计竞赛	省级二等奖	2007
69	夏加启-0409、郑扬威-0411、杨瑞鹏-0403	开关稳压电源(E)	第八届全国大学生电子设计竞赛	省级二等奖	2007
70	王寅丞-0401	开关稳压电源(E)	第八届全国大学生电子设计竞赛	省级二等奖	2007
71	曾凯文-0509、刘全伟-0505、尹海帆-0508	电动车跷跷板(F题)	第八届全国大学生电子设计竞赛	省级二等奖	2007
72	刘雪飞-0410、杨红-0406	电动车跷跷板(F题)	第八届全国大学生电子设计竞赛	省级二等奖	2007
73	李柱炎-0515、陈浩-0515、蔡颖 0515	程控滤波器（D题）	第八届全国大学生电子设计竞赛	省级三等奖	2007
74	翟翀-0513、李敏-0513、刘正富-0513	程控滤波器（D题）	第八届全国大学生电子设计竞赛	省级三等奖	2007
75	郭崇军-0412、李琦-0412、洪权-0407	新型电动越障爬楼轮椅	第十届"挑战杯"飞利浦全国大学生课外学术科技作品竞赛	全国一等奖	2007
76	史晏君-0301、张江松-0312、陆桦-0310、李健-0410、王伟-0405、袁金-0404	自适应通用充电器	第十届"挑战杯"飞利浦全国大学生课外学术科技作品竞赛	全国二等奖	2007
77	孟霄-0408、杨瑞鹏-0403、郑扬威-0411	线虫自动跟踪行为分析系统及其在基因与行为关系研究中的应用	第十届"挑战杯"飞利浦全国大学生课外学术科技作品竞赛	全国二等奖	2007
78	杜晓释-0413	数字体育教学专家系统	Imagine Cup 2007 微软全球学生大赛嵌入式开发竞赛	优胜奖 全球前15	2007
79	史晏君-0301、张江松-0312、陆桦-0310、李健-0410、王伟-0405、袁金-0404	自适应通用充电器	2007年国际未来能源挑战赛	美国电源制造商协会最佳创新奖奖金($5000)	2007

续表

序号	姓名-班级	项目名称	竞赛名称	获奖等级	时间
80	周勇-0403	基于STR71X的城市空气质量自动监测通用平台	"ST-Embest杯"嵌入式电子设计大赛	优胜奖	2007
81	宋江涛-0406、孟霄-0408	基于无线网络的火场侦察机器人	"ST-Embest杯"嵌入式电子设计大赛	优胜奖	2007
82	史晏君-0301、张江松-0312、陆樨-0310、李健-0410、王伟-0405、袁金-0404	科技制作——自适应充电器	2007年湖北省大学生优秀科研成果	省级一等奖	2007
83	杜晓释-0413	科技制作——体育教学辅助系统	2007年湖北省大学生优秀科研成果	省级二等奖	2007
84	郭崇军-0412、李琦-0412、洪权-0407	科技制作——一种中小功率无刷直流电机驱动控制器	2007年湖北省大学生优秀科研成果	省级二等奖	2007
85	曾凯文-0509、尹海帆-0508	残疾人助理	第四届全国大学生嵌入式系统竞赛	全国一等奖	2008
86	杨广-0608		2008年ACM/ICPC国际大学生程序设计竞赛亚洲区域赛(北京)	银牌	2008
87	杨广-0608		2008年ACM/ICPC国际大学生程序设计竞赛亚洲区域赛(成都)	铜奖	2008
88	饶波-0405、陈构宜-0405、朱良合-0405	太阳能逆变器	第二届"英飞凌"杯嵌入式处理器和功率电子设计应用大奖赛	全国二等奖	2008
89	骆潘钿-0602	多功能计数器(C)	2008年"TI杯"湖北省大学生电子设计竞赛	省级特等奖	2008
90	左文平-0510	简易水下无线通信系统(B)	2008年"TI杯"湖北省大学生电子设计竞赛	省级一等奖	2008
91	廖于翔-0604、张孝波-0607、魏征-0607	多功能计数器(C)	2008年"TI杯"湖北省大学生电子设计竞赛	省级一等奖	2008
92	王璠-0613、梁威魄-0612	多功能计数器(C)	2008年"TI杯"湖北省大学生电子设计竞赛	省级一等奖	2008
93	李魏巍-0506、刘全伟-0505、张振华-0506	高功率因数电源(E)	2008年"TI杯"湖北省大学生电子设计竞赛	省级一等奖	2008

续表

序号	姓名-班级	项目名称	竞赛名称	获奖等级	时间
94	秦成-0606	位移测量装置(A)	2008年"TI杯"湖北省大学生电子设计竞赛	省级二等奖	2008
95	崔艳林-0613	温度自动控制系统(D)	2008年"TI杯"湖北省大学生电子设计竞赛	省级二等奖	2008
96	骆潘钿-0602	多功能计数器	2008年"TI杯"湖北省大学生电子设计竞赛优秀论文	省优秀论文奖	2008
97	毛彪-0513、张玄-08研4	Isee	2009年Imagine Cup微软"创新杯"全球学生大赛嵌入式开发项目决赛	全球第二名	2009
98	毛彪-0513、张玄-08研4	Isee	2009年Imagine Cup微软"创新杯"全球学生大赛嵌入式开发项目中国区竞赛	全国第一名	2009
99	李巍巍-0506、刘全伟-0505、张振华-0506	300W户用型风力发电机变流器	2009年IEEE未来能源挑战赛	全球第三名最佳动态性能奖	2009
100	毛彪-0513	盲人自主学习系统	第十一届"挑战杯"航空航天全国大学生课外学术科技作品竞赛	全国一等奖	2009
101	左文平-0510	基于RFID的自动化母猪饲养系统	第十一届"挑战杯"航空航天全国大学生课外学术科技作品竞赛	全国二等奖	2009
102	毛彪-0513	盲人自主学习系统	湖北省第七届"挑战杯·青春在WO"大学生课外学术科技作品竞赛	湖北省特等奖	2009
103	左文平-0510	基于RFID的自动化母猪饲养系统	湖北省第七届"挑战杯·青春在WO"大学生课外学术科技作品竞赛	湖北省一等奖	2009
104	魏征-0607、张孝波-0607、梁威魄-0612	自助式水下寻污潜器	湖北省第七届"挑战杯·青春在WO"大学生课外学术科技作品竞赛	湖北省一等奖	2009
105	魏征-0607	自助式水下寻污潜器	2009年美新杯MEMS传感器中国区应用大赛	全国一等奖	2009
106	魏征-0607	自助式水下寻污潜器	2009年第一届微纳米技术应用国际竞赛	国际三等奖	2009

续表

序号	姓名-班级	项目名称	竞赛名称	获奖等级	时间
107	许晓阳-0710、廖鹍嘉-0710、马俊-0711		2009全国"IEEE标准电脑鼠走迷宫"竞赛	全国三等奖	2009
108	许晓阳-0710、廖鹍嘉-0710、马俊-0711		2009全国"IEEE标准电脑鼠走迷宫"竞赛湖北赛区	湖北省一等奖	2009
109	杜晓释-08研1	自动化母猪饲养管理系统	2009年首届中国（深圳）创新创业大赛	全国三等奖	2009
110	蔡文-0615、周中玉-0505、李柱炎-0515、廖于翔-0604	500W光伏并网发电系统	第三届"英飞凌"杯嵌入式处理器和功率电子设计应用大奖赛	全国二等奖	2009
111	曾国怀-0707	无人检测移动平台	2009年ALTERA亚洲创新设计大赛决赛——中国赛区	优胜奖	2009
112	蔡文-0615	光伏并网发电模拟装置（A题）	2009年全国大学生电子设计竞赛	全国一等奖	2009
113	张孝波-0607、魏征-0607、黄飞鹏-0601	宽带直流放大器（C题）	2009年全国大学生电子设计竞赛	全国二等奖	2009
114	喻灵斌-0614、吴磊-0614、谢鹏康-0614	光伏并网发电模拟装置	2009年全国大学生电子设计竞赛	湖北省一等奖	2009
115	秦成-0606	声音导引系统（B题）	2009年全国大学生电子设计竞赛	湖北省一等奖	2009
116	王瑶-0612、梁威魄-0613	宽带直流放大器（C题）	2009年全国大学生电子设计竞赛	湖北省一等奖	2009
117	雷洋-0702、夏星煜-0701、张小龙-0701	电能收集充电器（E题）	2009年全国大学生电子设计竞赛	湖北省二等奖	2009
118	黄欢-0713	数字幅频均衡的功率放大器（F题）	2009年全国大学生电子设计竞赛	湖北省二等奖	2009
119	骆潘钿-0602	数字幅频均衡的功率放大器（F题）	2009年全国大学生电子设计竞赛	湖北省二等奖	2009
120	张曙-0710		2009年ACM/ICPC国际大学生程序设计竞赛亚洲区域赛（合肥）	全国铜奖	2009
121	张曙-0710、杨广-0608		2009年ACM/ICPC国际大学生程序设计竞赛亚洲区域赛（哈尔滨）	全国铜奖	2009
122	杨广-0608		2009年ACM国际大学生程序设计竞赛上海邀请赛	全国金奖	2009

续表

序号	姓名-班级	项目名称	竞赛名称	获奖等级	时间
123	张曙-0710、陈蒙-0709、徐清-0709		2009年ACM国际大学生程序设计竞赛上海邀请赛	全国铜奖	2009
124	魏征-0607、张孝波-0607、梁威魄-0613	科技制作——自主式水下寻污潜器	2009年湖北省大学生优秀科研成果	湖北省二等奖	2009
125	李巍巍-0506、刘全伟-0505、张振华-0506、尹海帆-0508、陈瑞睿-0605	科技制作——小型风能最大功率追踪器	2009年湖北省大学生优秀科研成果	湖北省三等奖	2009
126	蔡文-0615、沈雪丹-0712、周中玉-0505、李柱炎-0515	科技制作——小功率光伏并网发电系统	2009年湖北省大学生优秀科研成果	湖北省三等奖	2009
127	黄欢-0713	基于ARM的安全IP网络视频监控系统	全国大学生电子设计竞赛——2010年信息安全技术专题邀请赛	全国三等奖	2010
128	梁威魄-0613	音频范围扫频仪	2009—2010TIC2000大奖赛	全国二等奖	2010
129	廖鹉嘉-0710		2010全国"IEEE标准电脑鼠走迷宫"竞赛	全国特等奖第三名	2010
130	廖鹉嘉-0710		2010全国"IEEE标准电脑鼠走迷宫"竞赛湖北赛区	湖北省一等奖	2010
131	彭浩-06	基于Hall传感器的直流无刷电机的电动车辆驱动系统	第四届"英飞凌"杯嵌入式处理器和功率电子设计应用大奖赛	全国三等奖	2010
132	朱慕赤-0805、熊春-0806、李鑫-0805、王欣-07提高	导航路径投影仪	ADI中国大学创新设计竞赛（2010年度）	全国三等奖	2010
133	周驰-0802、麦中云-0802	宽带放大器(A题)	2010年湖北省大学生电子设计竞赛	湖北省一等奖	2010
134	谢贤飞-0709	宽带放大器(A题)	2010年湖北省大学生电子设计竞赛	湖北省一等奖	2010
135	熊亚骁-0806	点光源跟踪系统(B题)	2010年湖北省大学生电子设计竞赛	湖北省二等奖	2010
136	张耀中-0801、郑锐畅-0808、郑杰辉-0808	信号波形合成实验电路(C题)	2010年湖北省大学生电子设计竞赛	湖北省二等奖	2010

续表

序号	姓名-班级	项目名称	竞赛名称	获奖等级	时间
137	王欣-07提高、梁腾飞-07提高、钱斌-07提高	信号波形合成实验电路(C题)	2010年湖北省大学生电子设计竞赛	湖北省二等奖	2010
138	葛挺-0804	信号波形合成实验电路(C题)	2010年湖北省大学生电子设计竞赛	湖北省二等奖	2010
139	付晓亮-0813	宽带放大器(A题)	2010年湖北省大学生电子设计竞赛	湖北省三等奖	2010
140	熊春-0806、常乐-0806、李鑫-0805	基于无刷直流电机的车辆节能驱动系统	2010年湖北大学生电子设计竞赛ALTERA杯SOPC专题竞赛	湖北省二等奖	2010
141	周驰-0802、葛挺-0804	基于FPGA的电网分析仪	2010年湖北大学生电子设计竞赛ALTERA杯SOPC专题竞赛	湖北省三等奖	2010
142	熊春-0806、李鑫-0805	碳足迹	第十二届"挑战杯"航空航天全国大学生课外学术科技作品竞赛	全国二等奖	2011
143	熊春-0806、李鑫-0805	碳足迹	湖北省第八届"挑战杯·青春在WO"大学生课外学术科技作品竞赛	湖北省特等奖	2011
144	唐明雨-0813	基于物联网的温室大棚智能灌溉管理系统	2011年全国第二届大学生水利创新设计大赛	全国一等奖	2011
145	葛挺-0802	水下之眼	2011年全国第二届大学生水利创新设计大赛	全国二等奖	2011
146	熊春-0806、李鑫-0805、朱慕赤-0805	Energy Station	第五届"英飞凌"杯嵌入式处理器和功率电子设计应用大奖赛	全国二等奖	2011
147	熊春-0806、李鑫-0805	智能能源管理系统	ADI中国大学创新设计竞赛(2011年度)	全国一等奖	2011
148	熊春-0806、李鑫-0805、周驰-0802	开关电源模块并联供电系统(A题)	2011年全国大学生电子设计竞赛	全国一等奖	2011
149	葛挺-0802	开关电源模块并联供电系统(A题)	2011年全国大学生电子设计竞赛	全国二等奖	2011
150	麦中云-0802	开关电源模块并联供电系统(A题)	2011年全国大学生电子设计竞赛	全国二等奖	2011

续表

序号	姓名-班级	项目名称	竞赛名称	获奖等级	时间
151	何陵-0901、徐亦迅-0910、张美清-0901	开关电源模块并联供电系统(A题)	2011年全国大学生电子设计竞赛	全国二等奖	2011
152	郑锐畅-0808、张耀中-0801、郑杰辉-0808	开关电源模块并联供电系统(A题)	2011年全国大学生电子设计竞赛	湖北省一等奖	2011
153	江子豪-0906、李帅-0912、陈冲-0908	开关电源模块并联供电系统(A题)	2011年全国大学生电子设计竞赛	湖北省二等奖	2011
154	王顿-0908、陈德扬-09提高、李开-09提高	基于自由摆的平板控制系统(B题)	2011年全国大学生电子设计竞赛	湖北省二等奖	2011
155	陈冲-0908	智能楼宇分布式能量管理系统	大学生电子设计竞赛——嵌入式系统专题邀请赛	全国一等奖	2012
156	安智军-中英1002、聂章翔-1011		2012年ACM/ICPC国际大学生程序设计竞赛亚洲区域赛(浙江金华)	铜奖	2012
157	张晓明-1006、江海啸-1006	微弱信号检测装置	2012年"TI杯"湖北省大学生电子设计竞赛	省级一等奖	2012
158	张能-1009	简易直流电子负载	2012年"TI杯"湖北省大学生电子设计竞赛	省级二等奖	2012
159	童文平-1007、常远瞩-1007、黄晨辉-1001	简易直流电子负载	2012年"TI杯"湖北省大学生电子设计竞赛	省级二等奖	2012
160	杨仁炘-1001	微弱信号检测装置	2012年"TI杯"湖北省大学生电子设计竞赛	省级三等奖	2012
161	杜喆-中英1001	微弱信号检测装置	2012年"TI杯"湖北省大学生电子设计竞赛	省级三等奖	2012
162	安智军-中英1002、聂章翔-1011		2013ACM全国大学生程序设计竞赛亚洲区域赛(南京)	铜奖	2013
163	章晓杰-1101、陈家乐-1104、李其琪-1106	单相AC-DC变换电路(A)	2013全国大学生电子设计竞赛	全国一等奖	2013
164	常远瞩-1007、赖锦木-1002	单相AC-DC变换电路(A)	2013全国大学生电子设计竞赛	全国一等奖	2013
165	贺睐-1201、金能-1102	单相AC-DC变换电路(A)	2013全国大学生电子设计竞赛	全国一等奖	2013
166	宫鹏飞-1107	手写绘图板(G)	2013全国大学生电子设计竞赛	全国二等奖	2013

续表

序号	姓名-班级	项目名称	竞赛名称	获奖等级	时间
167	杜喆-1002	射频宽带放大器(D)	2013全国大学生电子设计竞赛	全国二等奖	2013
168	张子期-2012	四旋飞行器	2014年湖北省大学生电子设计"TI杯"竞赛	省特等奖	2014
169	王晨晨-2012	金属物体探测定位器	2014年湖北省大学生电子设计"TI杯"竞赛	省三等奖	2014
170	徐原-2012	锁定放大器的设计	2014年湖北省大学生电子设计"TI杯"竞赛	省三等奖	2014
171	刘雨-2012	锁定放大器的设计	2014年湖北省大学生电子设计"TI杯"竞赛	省三等奖	2014
172	周靖钧-2012、辛轶男-2012	无线电能传输装置	2014年湖北省大学生电子设计"TI杯"竞赛	省特等奖	2014
173	谭一帆-2012、母思远-2012、曾令江-2012	无线电能传输装置	2014年湖北省大学生电子设计"TI杯"竞赛	省特等奖	2014
174	冯红开-2012	无线电能传输装置	2014年湖北省大学生电子设计"TI杯"竞赛	省一等奖	2014
175	付一方-2012、李云霓-2012、刘良琦-2012	无线电能传输装置	2014年湖北省大学生电子设计"TI杯"竞赛	省一等奖	2014
176	丁立志-2012、侯庆春-2012、李竟成-2012	无线电能传输装置	2014年湖北省大学生电子设计"TI杯"竞赛	省一等奖	2014
177	黑泽新-2012、曹鹏举-2012	无线电能传输装置	2014年湖北省大学生电子设计"TI杯"竞赛	省一等奖	2014
178	张艺锴-2012、郑壬举-2012、韩豪杰-2012	无线电能传输装置	2014年湖北省大学生电子设计"TI杯"竞赛	省一等奖	2014
179	吴帆-2012	基于云端的人脸防伪系统	2014年思宇杯全国大学生电子设计竞赛信息安全技术专题邀请赛	全国三等奖	2014
180	李其琪-2011、章晓杰-2011、王镜毓-2011	单相正弦波电源	2014年全国大学生电子设计竞赛——TI杯模拟电子系统设计专题邀请赛	全国一等奖	2014
181	张艺锴、韩豪杰、唐奥	双向DC-DC变换器	全国大学生电子设计竞赛	全国一等奖	2015
182	冯红开、鲁哲别、祝熠凡	双向DC-DC变换器	全国大学生电子设计竞赛	全国一等奖	2015

续表

序号	姓名	项目名称	竞赛名称	获奖等级	时间
183	曹鹏举、黑泽新	双向DC-DC变换器	全国大学生电子设计竞赛	全国二等奖	2015
184	李安、许颖飞、陈宇	双向DC-DC变换器	全国大学生电子设计竞赛	全国二等奖	2015
185	赵文成、周建宇、龚轩	双向DC-DC变换器	全国大学生电子设计竞赛	全国一等奖	2015
186	吴斌、邹玮晗、曾令江	双向DC-DC变换器	全国大学生电子设计竞赛	全国一等奖	2015
187	丁立志、侯庆春、李竟成	双向DC-DC变换器	全国大学生电子设计竞赛	全国一等奖	2015
188	辛轶男、付一方	双向DC-DC变换器	全国大学生电子设计竞赛	全国一等奖	2015
189	钟旭	风力摆控制系统	全国大学生电子设计竞赛	全国一等奖	2015
190	付佐毅、张芮铭、曹宇亮	风力摆控制系统	全国大学生电子设计竞赛	省级一等奖	2015
191	刘波	增益可控射频放大器	全国大学生电子设计竞赛	省级二等奖	2015
192	李海、张松杨	数字频率计	全国大学生电子设计竞赛	省级三等奖	2015
193	陶子彬、周云鹏、徐乐	降压型直流开关稳压电源	2016年"TI杯"湖北省大学生电子设计竞赛	省级一等奖	2016
194	蓝王丰、王臻炜、林志洛	单相正弦波变频电源	2016年"TI杯"湖北省大学生电子设计竞赛	省级一等奖	2016
195	李雨聪、高子晗	单相正弦波变频电源	2016年"TI杯"湖北省大学生电子设计竞赛	省级一等奖	2016
196	高慧达	自动循迹小车	2016年"TI杯"湖北省大学生电子设计竞赛	省级二等奖	2016
197	贺鸿杰、邹路	单相正弦波变频电源	2016年"TI杯"湖北省大学生电子设计竞赛	省级二等奖	2016
198	黄宗超、王正磊	单相正弦波变频电源	2016年"TI杯"湖北省大学生电子设计竞赛	省级二等奖	2016
199	刘康、孙丁毅	物品分拣搬送装置	2016年"TI杯"湖北省大学生电子设计竞赛	省级三等奖	2016
200	汪兆强、汤黎伟	自动循迹小车	2016年"TI杯"湖北省大学生电子设计竞赛	省级三等奖	2016
201	朱金炜	位同步时钟提取电路	2016年"TI杯"湖北省大学生电子设计竞赛	省级三等奖	2016
202	蓝王丰、王臻炜	无线电流传感器	2016年全国大学生电子设计竞赛"TI杯"模拟电子系统设计专题邀请赛	全国二等奖	2016

续表

序号	姓名	项目名称	竞赛名称	获奖等级	时间
203	高慧达	竞赛作品	"神雾杯"第十届全国大学生节能减排社会实践与科技竞赛	全国三等奖	2016
204	曹宇亮、张芮铭、付佐毅	双向DC-DC变换器	全国大学生电子设计大赛	湖北省一等奖	2016
205	赵文成、周建宇、龚轩	双向DC-DC变换器	全国大学生电子设计大赛	湖北省一等奖	2016
206	邬玮晗、吴斌	双向DC-DC变换器	全国大学生电子设计大赛	湖北省一等奖	2016
207	刘波	双向DC-DC变换器	全国大学生电子设计大赛	湖北省二等奖	2016
208	李彦泽、黄瑞麟、简小奇、杨凯航	分布式图片存储系统	全国高校云计算应用创新大赛	国家级	2016
209	阳帆、阎俊辰		全国智能互联创新大赛三等奖	全国三等奖	2016
210	张龙伟	调幅信号处理实验电路	全国大学生电子设计竞赛	全国二等奖	2017
211	董钊瑞	四旋翼导航	全国大学生"恩智浦"杯智能汽车竞赛	全国一等奖	2017
212	蓝王丰、王臻炜、林志洛	微电网模拟系统	全国大学生电子设计竞赛	全国一等奖	2017
213	刘康	滚球控制系统	全国大学生电子设计竞赛	全国一等奖	2017
214	胡灿培、张龙伟	调幅信号处理实验电路	全国大学生电子设计竞赛	全国二等奖	2017
215	丁强、刘潇奎、杨瑷玮	微电网模拟系统	全国大学生电子设计竞赛	全国二等奖	2017
216	韩东桐、王炳然	微电网模拟系统	全国大学生电子设计竞赛	全国二等奖	2017
217	杨丘帆、杨佶昌、冯忠楠	滚球控制系统	全国大学生电子设计竞赛	全国二等奖	2017
218	周云鹏、孙翔文、徐乐	微电网模拟系统	全国大学生电子设计竞赛	省级一等奖	2017
219	闵扶舟	自适应滤波器	全国大学生电子设计竞赛	省级二等奖	2017

续表

序号	姓名	项目名称	竞赛名称	获奖等级	时间
220	罗谦、陶圣伟	四旋翼自主飞行器探测跟踪系统	全国大学生电子设计竞赛	省级三等奖	2017
221	王周鑫		中国高校计算机大赛——微信小程序应用开发赛（华中赛区）决赛	省级一等奖	2018
222	韩东桐、孙翔文、丁强	直流电子负载	2018年全国大学生电子设计竞赛"TI"杯模拟电子系统专题邀请赛	全国三等奖	2018
223	唐京扬、黄一学	巡检飞艇	2018年全国大学生电子设计竞赛"Intel"杯嵌入式系统专题邀请赛	全国二等奖	2018
224	丁强、韩东桐、孙翔文	能量回收装置	2018年"TI杯"湖北省大学生电子设计竞赛	省级特等奖	2018
225	李勇、马一鸣、张鸿淇	无线充电电动小车	2018年"TI杯"湖北省大学生电子设计竞赛	省级一等奖	2018
226	董定圆、丁建夫、付东强	无线充电电动小车	2018年"TI杯"湖北省大学生电子设计竞赛	省级二等奖	2018
227	章思哲、江博游、刘咏志	能量回收装置	2018年"TI杯"湖北省大学生电子设计竞赛	省级三等奖	2018
228	丁建夫、董定圆、付东强	电动小车动态无线充电系统	"TI"杯2019年全国大学生电子设计竞赛	全国二等奖	2019
229	李勇、马一鸣、张鸿淇	电动小汽车动态无线充电系统	"TI"杯2019年全国大学生电子设计竞赛	全国二等奖	2019
230	章思哲、刘咏志、张玉欣	简易电路特性测试仪	"TI"杯2019年全国大学生电子设计竞赛	全国二等奖	2019
231	张烁、孙嘉骏、彭特	电动小车动态无线充电系统	"TI"杯2019年全国大学生电子设计竞赛	省级一等奖	2019
232	唐京扬、黄一学	线路负载及故障检测装置	"TI"杯2019年全国大学生电子设计竞赛	省级一等奖	2019
233	汪志远、关梓佑、黄煜	线路负载及故障检测装置	"TI"杯2019年全国大学生电子设计竞赛	省级二等奖	2019

续表

序号	姓名	项目名称	竞赛名称	获奖等级	时间
234	陈健颖	电动小汽车动态充电系统	"TI"杯2019年全国大学生电子设计竞赛	省级三等奖	2019
235	吴荒原、张宝允、邓添、曹寅鹏、罗婧怡、赵振廷、胡泽、娄超	开关磁阻电机电控产业化	第五届中国"互联网+"大学生创新创业大赛	全国金奖	2019
236	周磊、郝贾睿、杜步阳、黄煜彬、姚雅涵、李宏毅	微注入式配电电缆绝缘劣化"不停电"监测装置	第十六届"挑战杯"全国大学生课外学术科技作品竞赛	全国一等奖	2019
237	金天昱	供热系统中的自驱式动态智能调节装置	"首钢京唐杯"第十二届全国大学生节能减排社会实践与科技竞赛	全国三等奖	2019
238	唐鹏飞、佘佳豪、黄德明	单相在线式不间断电源	"TI"杯2020年全国大学生电子设计竞赛	省级特等奖	2020
239	宋隆冰、杨文龙、王方永	单相在线式不间断电源	"TI"杯2020年全国大学生电子设计竞赛	省级一等奖	2020
240	何汰航、周文涛、商毅	单相在线式不间断电源	"TI"杯2020年全国大学生电子设计竞赛	省级一等奖	2020
241	刘玥汐	无线运动传感器节点设计	"TI"杯2020年全国大学生电子设计竞赛	省级二等奖	2020
242	李钰泷、严张珂、蒋雨潇	单相在线式不间断电源	"TI"杯2020年全国大学生电子设计竞赛	省级三等奖	2020
243	孙国骞、徐秋钰、陈俊	PPEC：全球首创可编程电力电子控制器	中国"互联网+"大学生创新创业大赛	全国铜奖	2020
244	朱双喜、彭茗、唐鹏飞、陈雨辛、郭锋、徐满	电磁制造——国际首创氢燃料电池金属双极板电磁成形工艺	"挑战杯"中国大学生创业计划大赛	全国金奖	2020
245	邹俊轩、付南阳、李博修	Limfx科研博客	中国大学生计算机设计大赛	全国二等奖	2020
246	赵行健、陈康立	别让它灭绝	中国大学生计算机设计大赛	省级二等奖	2020
247	包浚炀	单相在线式不间断电源	"TI"杯2020年全国大学生电子设计竞赛	省级特等奖	2020
248	殷天翔、刘座辰、严佳男	Si IGBT 与 SiC MOSFET 混合型 MMC 及其控制方案	第十六届全国研究生电子设计竞赛	全国一等奖	2021

续表

序号	姓名	项目名称	竞赛名称	获奖等级	时间
249	殷天翔、刘座辰、严佳男	适用于海上风电场的低损耗轻型化新型MMC及其控制方案	第八届全国研究生能源装备创新设计大赛	全国三等奖	2021
250	刘爽、马玉梅、张梓钦、廖云飞、汪臻	模块化用户可编程电力电子控制器	第十六届全国研究生电子设计竞赛	全国一等奖	2021
251	郭超、张梓钦、刘才丰	适用于新能源配网的电能路由器的研究	第十六届全国研究生电子设计竞赛	省级二等奖	2021
252	刘爽、马玉梅、张梓钦、廖云飞、汪臻	模块化用户可编程电力电子控制器	"创青春"湖北省青年创新创业大赛	省级银奖	2021
253	曾颖琴、路聪慧、刘晓波、刘仁哲、何祥瑞	多无人机智能无线充电系统	中国研究生机器人创新设计大赛	全国三等奖	2021
254	刘昶、余沐阳、周凯、汪泽、黄加羽、田若言、李彦、倪谢霆	智慧油气田的井下互联网	湖北省"挑战杯"大学生课外学术科技作品竞赛	省级特等奖	2021
255	乐零陵、周博、郑浩天、汪田径、杨文豪、贾思思、殷天翔、裴建华、孙翔文	基于Niagara技术的能源互联网解决方案	中国国际"互联网+"大学生创新创业大赛	省级铜奖	2021
256	李安、胡烽、帅逸轩、丁建夫、陈迎晓、石松、杨佶昌、马亚飞、刘健瑞	电动汽车电力电子智能变速箱	第十七届"挑战杯"全国大学生课外学术科技作品竞赛"黑科技"专项赛	星系级作品	2021
257	孙翔文、汪志远、李哲锴、孙千宸、黄霁蓝、张家华、王鹏业	故障自恢复式无人机"心脏"	第十七届"挑战杯"全国大学生课外学术科技作品竞赛"黑科技"专项赛	星系级作品	2021
258	刘昶、余沐阳、周凯、汪泽、李彦、田若言、倪谢霆、黄加羽	基于Hz级电磁波的井下远距离无线通信装置	第十七届"挑战杯"全国大学生课外学术科技作品竞赛"黑科技"专项赛	行星级作品	2021
259	刘仁哲、曾颖琴、刘晓波、路聪慧、何祥瑞	"摩天轮"式无线电能传输技术	第十七届"挑战杯"全国大学生课外学术科技作品竞赛"黑科技"专项赛	行星级作品	2021
260	董芃欣、吴泽霖、郭锋、陈威霖、邱文捷、唐鹏飞、彭铭、朱双喜、陈雨欣、徐满	氢燃料电池金属双极板高精度柔性	第十七届"挑战杯"全国大学生课外学术科技作品竞赛"黑科技"专项赛	卫星级作品	2021

续表

序号	姓名	项目名称	竞赛名称	获奖等级	时间
261	李安、胡烽、帅逸轩	电动汽车电力电子智能变速箱	2021阳光电源高校创新大赛	全国一等奖	2021
262	伍纵横、徐文哲、刘柏寒、吕坚玮	高频高效高密电源变换器设计	华为中国大学生电力电子创新大赛	全国一等奖	2021
263	刘昶、余沐阳、周凯、汪泽、黄加羽、田若言、李彦、倪谢霆	井联网——智慧油气田井下无线通信技术及装置	中国国际"互联网+"大学生创新创业大赛	全国银奖	2021
264	刘爽、马玉梅、张梓钦、廖云飞、汪臻	模块化用户可编程电力电子控制器	"创青春"中国青年创新创业大赛	全国金奖	2021
265	杨文龙、王方永、姚鸿泰	三相AC-DC变换电路	2021年全国大学生电子设计竞赛	全国一等奖	2021
266	马诗旸、张家华、王霖	三端口DC-DC变换电路	2021年全国大学生电子设计竞赛	全国一等奖	2021
267	柯依娃、肖婷筠、孙旭辰	三相AC-DC变换电路	2021年全国大学生电子设计竞赛	省级二等奖	2021
268	严张珂、李钰泷、李瀛哲	三端口DC-DC变换电路	2021年全国大学生电子设计竞赛	全国二等奖	2021
269	周文涛、商毅、何汰航	三相AC-DC变换电路	2021年全国大学生电子设计竞赛	全国一等奖	2021
270	田淞、黄德明、刘玥汐	三端口DC-DC变换电路	2021年全国大学生电子设计竞赛	全国二等奖	2021
271	包浚炀、周清越、胡茜婕、熊艺凯	智能机器人	2021年中国大学生工程实践与创新能力大赛	全国金奖	2021
272	毕旭晖、甄宗玮、陈迎晓、杨嘉豪	智能配送无人机	2021年中国大学生工程实践与创新能力大赛	全国铜奖	2021
273	杜震昌、邹博文、易鸣	植保飞行器	2021年全国大学生电子设计竞赛	省级二等奖	2021
274	吕清扬、吴子蒙、陈迎晓	植保飞行器	2021年全国大学生电子设计竞赛	省级二等奖	2021
275	许译蒙、陈愿、杨家宝	用电器识别装置	2021年全国大学生电子设计竞赛	省级一等奖	2021
276	包浚炀、周清越、胡茜婕	三相AC-DC变换电路	2021年全国大学生电子设计竞赛	全国一等奖	2021
277	张浩源、程淇、王雨萌	用电器识别装置	2021年全国大学生电子设计竞赛	省级二等奖	2021

（十一）本科生国家奖学金获得者名单(2011—2021 年)

年份	本科生								
2011	廖诗武	王　尊	梁易乐	易潇然	葛腾宇	黎嘉明	王宇翔	鲁晓军	盛同天
	陈冠缘	杨洪雨	熊雪君	孙　丽	王　莹	苏婧媛	邵　敏	赖锦木	蒋昊伟
	张时耘	詹晓青	王小军	王　毅					
2012	王泽萌	王志承	王宇翔	张美清	田肖飞	赵　爽	别　佩	隆　垚	蒋昊伟
	陈伟彪	黄璐涵	詹晓青	谢竹君	王苑颖	田方媛	王　毅	范栋琦	吴俊雄
	张　炯	符晓洋	王镜毓	汪冰之	张宏志	张　文	夏梁桢		
2013	隆　垚	陈伟彪	黄璐涵	萧　珺	谢竹君	田方媛	朱乔木	王　毅	王小军
	张　文	何晨颖	程雪坤	陈映卓	吴俊雄	程耀华	李姚旺	王镜毓	曾令康
	侯庆春	程博文	舒康安	刘彦婷	张哲原	汪致洵	郑壬举	万民惠	
2014	缺								
2015	韩　佶	黄碧月	张艺锴	韩豪杰	郑壬举	侯庆春	张哲原	刘若平	鲁哲别
	佘　倩	卓振宇	李　海	张　宽	熊永新	陈永昕	朱非白	王　钦	贺永杰
	彭宏武	高子晗	张宛楠	王澍凡	向绍杰	贺鸿杰	张世旭		
2016	曾倩倩	鲁哲别	韩杰祥	程思远	卓振宇	陈永昕	熊永新	房　莉	佘　倩
	闫林芳	陈雪梅	詹　锦	向绍杰	韩应生	贺鸿杰	高子晗	潘　辰	陈泓宇
	李思妍	徐天启	谷鹏宇	田原文	夏　天	姜壹博			
2017	陈雪梅	刘城欣	贺思婧	张宛楠	贺鸿杰	向绍杰	石重托	夏　天	薛熙臻
	谷鹏宇	何　杨	李思妍	闵扶舟	冯忠楠	何长军	李婉晶	杨　帅	金天昱
	郭昕扬	滕瀚麟	潘　昶	王治海					
2018	夏　天	冯　成	冯忠楠	谷鹏宇	孙翔文	殷浩然	李　勇	何长军	郭昕扬
	胡可崴	金天昱	颜锦洲	滕瀚麟	王　派	马已青	潘弘宇	宋　璇	谭翔文
	吴　辉	应雨恒							
2019	何长军	吕坚玮	姚福星	马一鸣	金天昱	刘咏志	彭　特	潘弘宇	姚雅涵
	王　派	宋　璇	刘柏寒	马已青	谭翔文	黄思哲	李哲锴	何怡璇	李嘉泽
	张从佳	商　毅	帅逸轩						
2020	姚雅涵	胡皓然	周德智	赵振廷	罗婧怡	李秋彤	帅逸轩	朱双喜	朱海鹏
	孙千宸	张从佳	李哲雨	甘　霖	陈禹志	韩笑宇	柯依娃	阮益闽	姚　鑫
	张舒予	周良尾							
2021	张从佳	帅逸轩	李哲锴	成昕雨	李哲雨	李嘉琪	康皓宇	李颖卓	倪谢霆
	王　霖	杨文豪	张雨润	郑泽祥	陈益华	葛子澄	俞仲遥	陈奕杰	龙泽扬
	董惟一	杨文博							

附录四 研究生培养相关数据与资料

(一) 研究生人数分年份分专业统计表(1980—2021年)

1. 电力系硕博士毕业生人数统计表

届别	硕士						博士						毕业人数	毕业合计
1981	38												38	38
1982	7												7	45
1983	1												1	46
1984	15												15	61
1985	电机 3	水机 6	高压 1	电自 2	理论电工 2	电测 2		2					18	79
1986	电机 14	电自 3	发电厂 9	流体机械 8	高压 4	理论电工 3	水自 8						49	128
1987	电机电器 11	电自 8	发电厂 8	理论电工 9	流体机械 9	高压 3		4					52	180
1988	电机电器 16	电自 11	发电厂 13	高压 5	理论电工 13	流体机械 12		2					72	252
1989	电机电器 16	发电厂 14	电自 10	高压 3	理论电工 13	流体机械 6		9					71	323
1990	电机电器 13	发电厂 12	电自 10	高压 6	理论电工 9	流体机械 2	水电 8	5					65	388
1991	电机电器 8	发电厂 13	电自 10	高压 3	理论电工 8	流体机械 5	水电 3	5					55	443
1992	电机电器 10	电自 12	发电厂 5	高压 3	理论电工 5	流体机械 5	水电 3	5					48	491

续表

届别	硕士							博士							毕业人数	毕业合计
1993	电机电器 11	电自 12	发电厂 4	高压 6	理论电工 8	流体机械 4	水电 5	6							56	547
1994	电机电器 8	电测 3	电自 10	高压 3	理论电工 2	流体机械 1	水电 2	12							41	588
1995	电机电器 16	电测 5	电自 18	高压 7	理论电工 1	流体机械 7	水电 6	16							76	664
1996	电机电器 12	电测 6	电自 18	高压 4	流体机械 7	水电 4		10							61	725
1997	电机电器 10	电测 3	电自 18	高压 5	理论电工 1	流体机械 5	水电 7	11							60	785
1998	电机电器 10	电力传动 4	电力电子 5	电自 22	高压 2	电测 7	水电 8	流体机械 8	11						77	862
1999	电机电器 8	电自 20	电力传动 3	电力电子 8	高压 4	电测 6	流体机械 4	水电 3	19						75	937
2000	电机电器 8	电自 18	电力传动 19	电力电子 6	高压 6	电测 6	水电 7	流体机械 10	12						92	1029
2001	电机电器 7	电自 19	电力电子 22	高压 3	电气工程 40			11							102	1131
2002	电机电器 3	电自 41	电力电子 25	高压 2	电气工程 75			14							160	1291
2003	电机电器 4	电力电子 28	电自 49	高压 2	电工理论 1	电气工程 29		23							136	1427
2004	电机电器 3	电自 64	高压 6	电力电子 40	电工理论 4	电气工程 22		28							166	1593
2005	电机电器 12	电自 52	高压 9	电力电子 40	电工理论 20	电气工程 49		36							218	1811

续表

届别	硕士						博士						毕业人数	毕业合计
2006	电机电器 19	电自 72	高压 21	电力电子 54	电工理论 22	电气工程 53		27						268	2079
2007	电机电器 38	电自 145	高压 31	电力电子 95	电工理论 44	电气工程 47	脉冲 24	29						453	2532
2008	电机电器 20	电自 71	高压 17	电力电子 46	电工理论 17	电气工程 80	脉冲 10	检测 16	31					308	2840
2009	电机 23	电力工程 48	高压 16	应电 33	电工理论 10	核聚变 10	电测 20	电气工程 31	电机 3	电力工程 13	核聚变 5	高压 3	应电 8	223	3063
2010	电气工程 35							电机 9	电力工程 13	电工理论 3	高压 1	应电 9	电测 2	核聚变 8	80	3143
2011	电机 34	电力工程 66	高压 27	应电 41	电工理论 16	核聚变 13	电测 11	电气工程 57	电机 4	电力工程 16	高压 5	应电 10	电工理论 2	电测 2	核聚变 3	307	3450
2012	电机 26	电力工程 73	高压 29	应电 45	电工理论 26	核聚变 13	电测 4	电气工程 59	电机 7	电力工程 17	高压 6	应电 11	电工理论 2	电测 1	核聚变 3	强磁场 1	323	3773
2013	电机 32	电力工程 77	高压 27	应电 38	电工理论 34	核聚变 15	强磁场 13	电气工程 74	电机 4	电力工程 16	高压 5	应电 1	电工理论 8	核聚变 2	强磁场 3	349	4122
2014	电机 41	电力工程 87	高压 30	应电 53	电工理论 29	核聚变 25	强磁场 15	电气工程 74	电机 6	电力工程 27	高压 7	应电 14	电工理论 8	核聚变 6	强磁场 5	427	4549
2015	电机 34	电力工程 74	高压 31	应电 40	电工理论 41	核聚变 21	应用电磁场 11	电气工程 24	电机 10	电力工程 11	高压 7	应电 9	电工理论 5	核聚变 10	强磁场 3	应用电磁场 3	336	4885
2016	电机 37	电力工程 69	高压 27	应电 42	电工理论 18	应用电磁场 2	强磁场 13	电气工程 52	电机 14	电力工程 17	高压 4	应电 8	电工理论 6	核聚变 4	强磁场 4	344	5229
2017	电机 31	电力工程 77	高压 31	应电 37	电工理论 25	核聚变 17	应用电磁场 6	强磁场 13	电气工程 66	电机 6	电力工程 27	高压 6	应电 12	电工理论 6	核聚变 11	强磁场 4	应用电磁 1	376	5605
2018	电机 27	电力工程 65	高压 25	应电 33	电工理论 20	核聚变 16	应用电磁场 10	强磁场 17	电气工程 95	电机 14	电力工程 25	高压 3	应电 16	电工理论 7	核聚变 11	强磁场 3	应用电磁 6	393	5998

续表

届别	硕士							博士							毕业人数	毕业合计
2019	电机 33	电力工程 67	高压 29	应电 42	电工理论 32	核聚变 20	应用电磁 9	强磁场 14	电气工程 46	电机 8	电力工程 14	高压 3	应电 8	电工理论 7	核聚变 2	强磁场 3	应用电磁 2	339	6337
2020	电机 35	电力工程 69	高压 24	应电 51	电工理论 28	核聚变 25	应用电磁 21	强磁场 14	电气工程 21	电机 13	电力工程 17	高压 3	应电 18	电工理论 8	核聚变 11	强磁场 7	应用电磁 2	367	6705
2021	电机 35	电力工程 65	高压 28	应电 51	电工理论 35	核聚变 25	应用电磁 18	强磁场 17	电气工程 16	电机 13	电力工程 15	高压 4	应电 11	核聚变 6	强磁场 6			345	7049

2. 船舶电气硕博士毕业人数统计表

届别	硕士	博士	毕业人数	毕业合计
1988	电力拖动 5		5	5
1989	电力拖动 4		4	9
1990	电力拖动 3		3	12
1991	电力拖动 2		2	14
1992	电力传动 4		4	18
1993	电力传动 14		14	32
1994	电力传动 1	电力传动 2	3	35
1995	电力传动 5	电力传动 2	7	42
1996	电力传动 7	电力传动 1	8	50
1997	电力传动 16	电力传动 5	21	71

（二）不同历史时期研究生培养计划（课程设置）典型案例

1987年硕士研究生课程总表

序号	专业名称	代号
1	电机	A
2	理论电工	B
3	发电厂工程	C
4	电力系统及其自动化	D
5	水力发电工程	E
6	高电压工程	F
7	电器	G
8	电磁测量	H

续表

序号	课程名称	开设专业							
1	自然辩证法	A	B	C	D	E	F	G	H
2	第一外语(基础和专业阅读)	A	B	C	D	E	F	G	H
3	数值分析	A	B	C	D	E	F	G	H
4	变分法及其应用,最优化理论与方法,可靠性数学	A	B	C	D	E	F	G	H
5	应用泛函分析		B		D		F		
6	网络理论	A	B		D		F		H
7	电机电磁场专论	A							
8	电机瞬变过程专论	A							
9	电子电机学	A							
10	电机的数学模型	A							
11	电动力学	A							
12	矩阵论		B	C		E	F	G	H
13	随机过程与数理统计		B	C	D	E	F	G	H
14	电磁场专论	A					F	G	
15	非线性网络及计算机辅助电路设计与分析		B						
16	电磁场数值计算		B						
17	微型计算机及其应用		B	C	D	E	F	G	H
18	气体放电理论		B	C		E	F		H
19	现代控制理论(最优控制)			C	D				
20	运筹学			C					
21	水电站微计算机控制理论及其应用			C					
22	水电站优化调节与控制			C					
23	水电站计算控制			C					
24	水电站计算机辅助设计			C					
25	水电厂能源规划及利用			C					
26	系统建模			C					
27	随机控制			C					

续表

序号	课程名称	开设专业					
28	控制系统数字仿真和计算机辅助设计	C					
29	第二外国语	C	D		F	G	
30	电力系统分析		D				
31	数字信号处理		D				H
32	同步发电机的暂态过程		D				
33	直流输电		D		F		
34	线性规划		D				
35	电力系统故障分析		D				
36	水力机械流动理论			E			
37	水力机械气蚀与水力振动			E			
38	高等流体力学			E			
39	动态测试与频谱分析			E			
40	试验精度与数据处理			E			
41	有限元法			E			
42	精密电测				F		H
43	高压测试专论				F		
44	电力系统过电压计算				F		
45	氧化锌避雷器				F		
46	直流输电系统过电压与绝缘配合				F		
47	电接触理论与应用				F		
48	电弧理论与应用				F		
49	电场计算方法					G	
50	电磁机构的设计和计算					G	
51	量子力学					G	
52	继电器及其可靠性					G	
53	现代磁测量						H
54	大电流测量						H
55	超导电性						H
56	光纤传感器						H

2001 年硕士研究生课程设置

(据原文节选改编汇总)

- 各专业的学术力量

电机与电器专业(代码 080801):博士生导师 7 名,硕士生导师 15 名。

电力系统及其自动化专业(代码 080802):博士生导师 9 名,硕士生导师 21 名。

高电压与绝缘技术专业(代码 080803):博士生导师 2 名,硕士生导师 9 名。

电力电子与电力传动专业(代码 080804):博士生导师 4 名,硕士生导师 21 名。

电工理论与新技术专业(代码 080805):博士生导师 6 名,硕士生导师 23 名。

- 各专业的主要研究方向

电机与电器专业:

(1) 电机与电器的基础理论、计算机分析与仿真;

(2) 电机与电器的监测、保护、故障诊断与可靠性;

(3) 电机与电器的 CAD/CAM 及智能化技术;

(4) 电机与电器的运行与控制;

(5) 新型、特种、智能化设备;

(6) 电力传动及其自动控制系统。

电力系统及其自动化专业:

(1) 电力系统分析、控制与运营;

(2) 电力系统继电保护及安全自动装置;

(3) 超导电力与电力新技术;

(4) 电力系统规划和可靠性;

(5) 电力系统自动化技术与 IT 技术;

(6) 智能系统理论与应用。

高电压与绝缘技术专业:

(1) 高压、大电流及脉冲功率技术;

(2) 电力系统过电压及电磁兼容;

(3) 高电压新技术与应用;

(4) 高电压绝缘技术;

(5) 高压电器。

电力电子与电力传动专业:

(1) 电力电子电路、装置、系统及其控制技术;

(2) 电力传动及其自动控制系统;

(3) 电力电子电路的电磁兼容性研究;

(4) 计算机仿真、辅助设计、检测与控制;

(5) 电力电子技术在电力系统中的应用；
(6) 电力电气器件的原理、制造及其应用技术。

电工理论与新技术专业：
(1) 超导应用技术；
(2) 脉冲功率技术；
(3) 等离子体应用技术；
(4) 超导电力科学与技术；
(5) 新能源与可持续发展的能源战略；
(6) 信息检测与智能化仪器。

● 学习年限与学分

全日制攻读硕士学位的学习年限一般为2.5年，但最少不得短于2年；亦可延迟答辩，但最长不得超过3年。

总学分≥32，其中学位课学分≥18，必修环节4学分，人文课程1学分。

对欠缺本科层次专业基础的硕士生，要求补修大学本科主干课程2～3门，补修课程只计成绩，不计研究生学分。

对本科课程为本硕通用课程，且考试成绩在85分以上，可计研究生学分，学分按研究生课程计算，培养计划按导师签名的计划执行。

● 选题报告与中期考核

硕士生的开题报告应在第三学期结束前（最迟第四学期开学后一个月内）完成，同时结合课程学习情况进行一次全面考核，决定是否可以进入学位论文阶段。

● 学位论文

执行学校的有关学位论文的规定。

● 课程设置

专业代码	专业名称	代号	备注
080801	电机与电器专业	A	
080802	电力系统及其自动化专业	B	
080803	高电压与绝缘技术专业	C	
080804	电力电子与电力传动专业	D	
080805	电工理论与新技术专业	E	

学位课程及必修环节：

序号	类别编号		课程名称	学时	学分	开设专业					
1	学位课程	公共课	科学社会主义理论与实践	24	1.5	A	B	C	D	E	
2			自然辩证法	32	2	A	B	C	D	E	
3			第一外国语		4	A	B	C	D	E	
4			矩阵论	40	2.5	A	B	C	D	E	
5			数理统计	40	2.5	A	B	C	D	E	
6			随机过程	40	2.5	A	B	C	D	E	≥5学分
7			数值分析	40	2.5	A	B	C	D	E	
8			泛函分析及其应用	40	2.5	A	B	C	D	E	
9		专业基础课	现代控制理论	48	3	A	B	C	D	E	
10			现代电工理论	48	3	A	B	C	D	E	≥5学分
11			数字信号处理	32	2	A	B	C	D	E	
	必修环节		实践环节		2	A	B	C	D	E	
			开题报告		1	A	B	C	D	E	
			参加学术会议并作学术报告		1	A	B	C	D	E	

选修课以及欠缺本科层次专业基础的硕士生的补修课程：

序号	课程名称	学时	学分	开设专业					备注
1	人文课程（可在本科或研究生人文课程中任选一门）		1	A	B	C	D	E	
2	中国传统文化评析	16	1	A	B	C	D	E	
3	东方文化与现代化	16	1	A	B	C	D	E	
4	科学技术史	16	1	A	B	C	D	E	
5	工程电磁场专论	32	2	A					
6	电机的数学模型及应用	32	2	A					
7	电机控制技术基础	32	2	A					
8	机电动力系统分析与仿真	32	2	A					
9	电力电子技术	48	3	A			D		
10	现代电源技术	32	2	A					
11	交流电机绕组理论	32	2	A					

续表

序号	课程名称	学时	学分	开设专业				备注
12	新型、特种电机	32	2	A				
13	电机运行及状态监测	32	2	A				
14	电力系统谐波抑制	32	2	A				
15	电弧电接触理论及其应用	32	2	A				
16	真空开关理论及其应用	32	2	A				
17	电气的智能化	32	2	A				
18	电力系统分析	48	3		B		E	
19	电力系统最优规划	32	2		B		E	
20	电力系统可靠性	20	1		B			
21	继电保护运行	32	2		B			
22	微机继电保护	32	2		B			
23	人工智能在电力系统中的应用	32	2		B		E	
24	进化计算的原理与应用	32	2		B			
25	电力市场	32	2		B			
26	能量管理系统	16	1		B			
27	电力自动化系统	16	1		B			
28	电力系统最新进展(讲座)	16	1		B			
29	电力系统微机应用设计与实验	32	2		B			
30	高电压设备基础	32	2			C		
31	电磁干扰与电磁兼容性设计	32	2			C	D	E
32	电工材料的理论及应用	32	2			C		
33	高电压新技术	32	2			C		
34	SF5在高压电气设备中的应用	32	2			C		
35	过电压专论	32	2			C		
36	等离子体技术基础	32	2			C		
37	高电压测试专论	32	2			C		
38	高电压实验	32	2			C		
39	电磁场数值分析	32	2			C		
40	放电理论及其应用	32	2			C		E

续表

序号	课程名称	学时	学分	开设专业					备注
41	电气工程中的数字图像处理	32	2			C			
42	电气绝缘在线检测及信息融合诊断技术	32	2			C			
43	电力传动系统模型及控制基础	32	2				D		
44	数字控制系统	32	2				D		
45	现代控制理论专题	32	2				D		
46	电力电子电路设计与应用	32	2				D		
47	电力电子在电力系统中的应用	32	2				D	E	
48	高速数值拉氏反变换	16	1				D		
49	电机控制技术基础	32	2				D		
50	电力电子装置的数字控制	32	2				D		
51	电力电子装置设计与实验	32	2				D		
52	电力电子器件原理及应用	48	3				D		
53	现代高压工程	32	2					E	
54	电工材料理论与新进展	32	2					E	
55	误差理论与实验数据处理	32	2					E	
56	电磁场与电磁介质	48	3					E	
57	微弱信号检测	32	2					E	
58	智能仪器设计	32	2					E	
59	现代电磁测量	32	2					E	
60	超导电力科学与技术	32	2					E	
61	脉冲功率技术	32	2					E	
62	等离子体物理基础	32	2					E	
63	电磁场数值分析	32	2					E	
补修课程	电机学	96		A					本科
	电力系统分析	64			B				本科
	电力系统继电保护原理	48			B				本科
	高电压试验设备及测试技术	40				C			选3门
	高压电气设备绝缘	32				C			
	电力系统过电压	32				C			
	电力开关技术原理及应用	32				C			
	电力电子学	56					D	E	本科
	电力拖动与控制系统	48					D		本科
	电磁场与波							E	本科

2001 年博士研究生培养方案

(节选学习年限、课程设置)

说明:此时期,博士研究生按一级学科培养。

● 学习年限

博士研究生学习年限原则上为 3 年半(可提前,但最少不得短于 2 年半);亦可延迟答辩,但最长不得超过 5 年。毕业答辩时间由博士生导师决定。答辩前,博士生必须完成导师规定的研究工作和学位论文。对于在 5 年内未完成博士学位论文研究工作的博士研究生,则按博士研究生肄业处理。

● 课程设置

1. 实行学分制

博士研究生的课程总学分不得少于 12 学分,其中学位课程学分不得少于 10 学分,在学位课程中,公共课 5 学分,基础理论及专业课 4 学分,研讨课(Seminar)2 学分。跨学科课程 2 学分,选修课根据论文工作需要安排。博士研究生必须达到规定学分方可申请论文答辩。

2. 博士研究生课程设置(见附表)

3. 研讨课的实施方法

(1) 研讨课以教研室或系为单位组织,研讨主题由各博士研究生指导小组确定。

(2) 每次研讨课指定 1 名博士生做主题报告(应有书面材料),然后组织讨论。

(3) 博士研究生每年至少参加两次研讨课活动并作一次主题报告,才可获得 1 学分。

(4) 研讨课主持人负责对主题报告人的报告情况进行评定,通过才能给予学分。

附表　课程设置表

课程类别		课程编号	课程名称	学时	学分	开课院系	备注
学位课程	公共课	DA40001	技术哲学	32	2	人文学院	
		DA41101	第一外国语	100	3	外语系	
	专业基础课	DA01101	近代数学基础	32	2	数学系	
		DB18401	非线性控制理论基础	32	2	控制系	
		DB13101	机电动力系统分析	32	2	电力工程系	
		DB13102	电气工程智能控制导论	32	2	电力工程系	
		DB13103	高等电力电子学	32	2	电力工程系	
		DB13104	现代电路理论	32	2	电力工程系	
研讨课					≥1		
跨学科课程			选电气工程学科外的硕士学位课		1		

续表

课程类别	课程编号	课程名称	学时	学分	开课院系	备注
选修课	MA41102	第二外国语	120	2	外语系	可选原硕士专业方向以外的硕士或博士课程
	DC13101	超高压网络与大型主设备继电保护的运行	32	2	电力工程系	
	DC13102	高电压物理基础	48	3	电力工程系	
	DC13103	网络理论	48	3	电力工程系	
	DC13104	现代电磁理论	32	2	电力工程系	
	MC13101	工程电磁场专论	32	2	电力工程系	
	MC13111	电弧电接触理论及应用	32	2	电力工程系	
	MC13114	电力系统分析	48	3	电力工程系	

2012年电气工程学科硕士研究生培养方案

（专业代码：0808 授工学学位）

说明：此时期，硕士研究生按一级学科培养。

● 培养目标

(1) 学位获得者具备电气工程学科坚实的基础理论和系统的专门知识，了解本学科有关研究领域国内外的学术现状和发展方向；

(2) 具有独立分析和解决本学科专业技术问题的能力；

(3) 具有严谨求实的科学态度、勇于创新的工作作风和良好的科研道德；

(4) 掌握一门外国语。

● 主要研究方向

(1) 电机与电器；

(2) 电力系统及其自动化；

(3) 高电压与绝缘技术；

(4) 电力电子与电力传动；

(5) 电工理论与新技术；

(6) 脉冲功率与等离子体；

(7) 电气信息检测技术。

● 学习年限

全日制攻读学术型硕士学位的学习年限为3年。

● 学分要求与分配

要求总学分≥36,其中修课学分≥24,研究环节学分≥12,具体学分分配如下表所示。

总学分	≥36学分	
修课学分	≥24学分 其中：全英语课程≥2学分,国际水平课程≥2学分	校级公共必修课程≥5学分： 中国特色社会主义理论与实践研究2学分； 自然辩证法概论1学分； 硕士一外2学分
		校级公共选修课程≥1学分： 人文类或理工类或其他类1学分
		一级学科基础课≥8学分(必修)
		专业方向限选课≥4学分(限定选修)
		专业方向任选课≥4学分(可用专业方向限选课代替)
		跨一级学科课程≥2学分(任选)
		补修课程、自选课程只计成绩,不计学分
研究环节	≥12学分	文献阅读与选题报告1学分
		在学术会议上作学术报告并听学术报告5次1学分
		学位论文10学分

● 课程设置及学分分配

电气工程学科硕士研究生课程设置

课程	类别	课程代码	课程名称	学时	学分	备注
学位课程(注明全英课程和国际一流课程)	公共必修课程	408.602	自然辩证法概论	18	1	硕士研究生阶段必修≥6学分
		408.601	中国特色社会主义理论与实践研究	36	2	
		411.500	第一外国语(英语)	32	2	
			人文类或理工类或其他类课程		1	
	一级学科基础课	011.505	高等工程数学	64	4	≥8学分
		011.500	矩阵论	48	3	
		011.502	数值分析	48	3	
		131.501	机电动力系统分析与仿真(国际一流课程)	32	2	
		131.502	高等电力电子学(国际一流课程)	32	2	
		131.503	数字信号处理(全英文课程)	32	2	
		131.504	现代控制理论(国际一流课程)	32	2	
		131.505	现代电工理论(国际一流课程)	40	2.5	
		131.506	脉冲功率技术(国际一流课程)	32	2	

续表

类别课程		课程代码	课程名称	学时	学分	备注
学位课程（注明全英课程和国际一流课程）	一级学科基础课	131.507	工程电磁场数值分析与应用（国际一流课程）	32	2	≥8学分
		131.508	现代交流电力传动系统（国际一流课程）	32	2	
		131.509	现代电力系统分析（国际一流课程）	32	2	
		131.510	核聚变原理（国际一流课程）	32	2	
		131.511	高电压测试技术（国际一流课程）	32	2	
		131.512	超导电力科学技术（国际一流课程、全英文课程）	32	2	
	专业方向限选课	131.513	现代电机设计（国际一流课程、全英文课程）	32	2	≥4学分
		131.514	电力系统广域测量系统及其应用（全英文课程）	32	2	
		131.515	高温等离子体诊断（全英文课程）	32	2	
		131.516	加速器物理基础（全英文课程）	32	2	
		131.517	新型风力发电系统及现代控制策略（全英文课程）	32	2	
		131.518	电弧电接触原理及应用（全英文课程）	32	2	
		131.519	气体放电理论（全英文课程）	32	2	
		131.520	低温等离子体诊断（全英文课程）	48	3	
		131.521	低温等离子体应用技术（全英文课程）	32	2	
		131.522	电力系统谐波（全英文课程）	32	2	
		131.523	微弱信号检测（全英文课程）	32	2	
		131.524	等离子体物理基础	48	3	
		131.525	数字控制系统理论与设计	24	1.5	
		131.526	交直流电力系统继电保护运行	32	2	
		131.527	电力系统规划与可靠性	32	2	
		131.528	电力系统微机继电保护	32	2	
		131.530	电机控制技术基础	32	2	
		131.538	电力电子电路设计与应用	32	2	
	专业方向选修课	131.529	电力自动化系统	32	2	≥4学分
		131.531	工程电动力学	32	2	
		131.532	磁流体力学	48	3	

续表

类别课程		课程代码	课程名称	学时	学分	备注
学位课程(注明全英课程和国际一流课程)	专业方向选修课	131.533	测控技术与智能仪器	32	2	≥4学分
		131.534	误差理论与实验数据处理	32	2	
		131.535	电磁干扰与防护	32	2	
		131.536	新型电机及控制技术	32	2	
		131.537	电机数字控制系统设计	32	2	
		131.539	太阳能光伏并网发电系统	24	1.5	
		131.540	电力电子电路及系统的电磁兼容原理与设计	32	2	
		131.541	电力电子在电力系统中的应用	24	1.5	
		131.542	过电压与绝缘配合	32	2	
		131.543	开关电器智能化	32	2	
		131.544	聚变真空技术	32	2	
		131.545	人工神经网络基础	32	2	
		131.546	应用超导材料	32	2	
		131.547	智能电网导论	16	1	
		131.548	电机数学模型与仿真分析	32	2	
		131.549	高电压绝缘	32	2	
	跨一级学科课程				2	≥2学分
非学位课	补修课程	0833361	电机学	56		本科非电气类的硕士生必修
		0802453	电力系统分析	72		
		0818991	电力系统继电保护	43		
		0833411	高电压与绝缘技术	56		
		0802422	电力电子学	48		
		0802431	电力拖动与控制系统	48		
		0818861	电磁场与波	56		
		650.501	文献阅读与选题报告(硕)		1	
		650.502	在学术会议上作学术报告并听学术报告5次(硕)		1	
		650.503	学位论文(硕)		10	

2012 年电气工程学科博士研究生培养方案

（学科代码：0808　授电气工程学位）

● 培养目标

（1）学位获得者具备电气工程方面坚实的基础理论和系统的专门知识，了解本学科有关研究领域国内外的学术现状和发展方向；

（2）具有独立分析和解决本学位的专门技术问题的能力；

（3）具有严谨求实的科学态度、勇于创新的工作作风和良好的科研道德；

（4）掌握一门外国语。

● 本学科设置如下研究方向

（1）电机与电器；

（2）电力系统及其自动化；

（3）高电压与绝缘技术；

（4）电力电子与电力传动；

（5）电工理论与新技术；

（6）脉冲功率与等离子体；

（7）电气信息检测技术。

● 学习年限

本学科、专业博士生的学习年限一般为 3～5 年。硕博连读、直攻博研究生的学习年限一般为 4～6 年。

● 学分要求

要求已获硕士学位博士生总学分≥29；要求硕博连读、直攻博研究生总学分≥53。

类别	硕博连读、直攻博研究生		普通博士研究生		以同等学力报考博士生
总学分	≥53 学分		≥29 学分		
修课学分	≥36 学分,其中:高水平课程≥6 学分(全英课程≥2 学分,国际一流课程≥2 学分)	校级公共必修课程≥9 学分,其中:中国特色社会主义理论与实践研究 2 学分;中国马克思主义与当代 2 学分;自然辩证法概论 1 学分;硕士一外 2 学分;英语论文写作 2 学分;校级公共选修课≥1 学分;人文类或理工类或其他类课 1 学分	≥10 学分,其中:全英课程≥2 学分或国际一流课程≥2 学分	校级公共必修课程≥4 学分,其中:中国马克思主义 2 学分;英语论文写作 2 学分	按硕博连读、直攻博研究生的要求培养,符合课程免修规定的,可申请免修
		学科基础与专业课≥24 学分,其中:一级学科基础课 8 学分(必修)专业方向限选课 4 学分(限定选修)专业方向任选课 4 学分(可用专业方向限选课代替)跨一级学科课 4 学分(任选)博士专业课 4 学分(任选)		跨一级学科课 2 学分(任选)专业课 4 学分(任选)	
		补修课程、任选课程只计成绩,不计学分		任选课程只计成绩,不计学分	
研究环节	≥19 学分	文献阅读与选题报告 1 学分	≥19 学分	文献阅读与选题报告 1 学分	
		参加国际学术会议或国内召开的国际学术会议并提交论文 1 学分		参加国际学术会议或国内召开的国际学术会议并提交论文 1 学分	
		论文中期进展报告 1 学分		论文中期进展报告 1 学分	
		发表学术论文 1 学分		发表学术论文 1 学分	
		学位论文 15 学分		学位论文 15 学分	

● 课程设置及学分分配

电气工程专业博士研究生课程设置

类别课程		课程代码	课程名称	学时	学分	备注
学位课程（注明全英文课程和国际一流课程）	公共必修课程	408.602	自然辩证法概论	18	1	硕士研究生阶段必修≥6学分 博士必修≥4学分
		408.601	中国特色社会主义理论与实践研究	36	2	
		411.500	第一外国语（英语）	32	2	
			人文类或理工类或其他类课程		1	
		408.810	中国马克思主义与当代	36	2	
		411.800	英语论文写作	32	2	
	一级学科基础课	011.505	高等工程数学	64	4	必修≥8学分（硕士研究生阶段）
		011.500	矩阵论	48	3	
		011.502	数值分析	48	3	
		131.501	机电动力系统分析与仿真（国际一流课程）	32	2	
		131.502	高等电力电子学（国际一流课程）	32	2	
		131.503	数字信号处理（全英文课程）	32	2	
		131.504	现代控制理论（国际一流课程）	32	2	
		131.505	现代电工理论（国际一流课程）	40	2.5	
		131.506	脉冲功率技术（国际一流课程）	32	2	
		131.507	工程电磁场数值分析与应用（国际一流课程）	32	2	
		131.508	现代交流电力传动系统（国际一流课程）	32	2	
		131.509	现代电力系统分析（国际一流课程）	32	2	
		131.510	核聚变原理（国际一流课程）	32	2	
		131.511	高电压测试技术（国际一流课程）	32	2	
		131.512	超导电力科学技术（国际一流课程、全英文课程）	32	2	

续表

课程类别		课程代码	课程名称	学时	学分	备注
学位课程(注明全英文课程和国际一流课程)	专业方向限选课	131.513	现代电机设计(国际一流课程、全英文课程)	32	2	≥4学分
		131.514	电力系统广域测量系统及其应用(全英文课程)	32	2	
		131.515	高温等离子体诊断(全英文课程)	32	2	
		131.516	加速器物理基础(全英文课程)	32	2	
		131.517	新型风力发电系统及现代控制策略(全英文课程)	32	2	
		131.518	电弧电接触原理及应用(全英文课程)	32	2	
		131.519	气体放电理论(全英文课程)	32	2	
		131.520	低温等离子体诊断(全英文课程)	48	3	
		131.521	低温等离子体应用技术(全英文课程)	32	2	
		131.522	电力系统谐波(全英文课程)	32	2	
		131.523	微弱信号检测(全英文课程)	32	2	
		131.524	等离子体物理基础	48	3	
		131.525	数字控制系统理论与设计	24	1.5	
		131.526	交直流电力系统继电保护运行	32	2	
		131.527	电力系统规划与可靠性	32	2	
		131.528	电力系统微机继电保护	32	2	
		131.530	电机控制技术基础	32	2	
		131.538	电力电子电路设计与应用	32	2	
	专业方向选修课	131.529	电力自动化系统	32	2	
		131.531	工程电动力学	32	2	
		131.532	磁流体力学	48	3	
		131.533	测控技术与智能仪器	32	2	
		131.534	误差理论与实验数据处理	32	2	
		131.535	电磁干扰与防护	32	2	
		131.536	新型电机及控制技术	32	2	
		131.537	电机数字控制系统设计	32	2	
		131.539	太阳能光伏并网发电系统	24	1.5	
		131.540	电力电子电路及系统的电磁兼容原理与设计	32	2	
		131.541	电力电子在电力系统中的应用	24	1.5	

续表

类别 课程		课程代码	课程名称	学时	学分	备注
学位课程（注明全文英课程和国际一流课程）	专业方向选修课	131.542	过电压与绝缘配合	32	2	
		131.543	开关电器智能化	32	2	
		131.544	聚变真空技术	32	2	
		131.545	人工神经网络基础	32	2	
		131.546	应用超导材料	32	2	
		131.547	智能电网导论	16	1	
		131.548	电机数学模型与仿真分析	32	2	
		131.549	高电压绝缘	32	2	
	博士专业选修课程	131.801	机电动力系统仿真分析	32	2	≥4学分
		131.802	计算电磁学的最新发展	32	2	
		131.803	交流电机绕组理论及应用	24	1.5	
		131.804	双机械端口电机及其控制	24	1.5	
		131.805	含大规模风力发电的复杂电力系统分析（国际一流课程、全英文课程）	32	2	
		131.806	电力电子技术在分布式发电中的应用	32	2	
		131.807	高压大功率变换器及应用研究	32	2	
		131.808	新型永磁电机及其控制	32	2	
		131.809	大电网及主设备继电保护关键技术	32	2	
		131.810	可再生能源电力变换传输及存储系统	32	2	
		131.811	雷电放电及防护	32	2	
		131.812	特高压输电绝缘配合	32	2	
		131.813	高电压新技术及应用	32	2	
		131.814	基于广域量测的大电网安全防御系统（全英文课程）	32	2	
		131.815	电磁流体应用	32	2	
		131.816	电磁波与等离子体相互作用	32	2	
		131.817	等离子体破裂专题研究	24	1.5	
		131.818	超导应用技术	32	2	
		131.819	等离子体光学诊断技术	32	2	
		131.820	现代电磁测量	32	2	
跨一级学科课程						非电气工程学科研究生课程≥2学分

课程\类别		课程代码	课程名称	学时	学分	备注
非学位课	补修课程	0833361	电机学	56		本科非电气类的硕士生必修
		0802453	电力系统分析	72		
		0818991	电力系统继电保护	43		
		0833411	高电压与绝缘技术	56		
		0802422	电力电子学	48		
		0802431	电力拖动与控制系统	48		
		0818861	电磁场与波	56		
研究环节		650.801	文献阅读与选题报告(博)		1	
		650.802	参加国际学术交流或国内重要学术会议并提交论文(博)		1	
		650.803	论文中期进展报告(博)		1	
		650.804	发表论文(博)		1	
		650.805	学位论文(博)		15	
		650.501	文献阅读与选题报告(硕)		1	
		650.502	在学术会议上作学术报告(硕)		1	
		650.503	学位论文(硕)		10	

(三) 研究生国家奖学金获得者名单(2012—2021 年)

年份	硕 士 生	博 士 生
2012	吴 倩　尚亚男　吴 桐　晋龙兴　吴小珊　唐 萍 鲍陈磊　蔡 文　汪永茂　刘 云　窦建中　张 杨 黄龙祥　尹 柳　王 菲　蔡芝菁　陈 奕　钱 斌 刘迎珍　魏 伟　李 晨　刘里鹏　谢 弦	林卫星　熊紫兰　鲜于斌　蔡礼鲍 陈 杰　李魏巍　焦丰顺　杨嘉伟 张 勃　罗 钢　刘 毅　吴淑群 田 兵
2013	王志磊　陈学有　徐 琛　李 晨　缪晓刚　江 玲 杨民京　王立平　鲍超斌　董洪达　马 跃	蔡德福　金 伟　吴俊利　裴学凯 李大伟　王育学　胡启明　冯 登 赵 峰　黄澜涛　朱鑫要　何 杰 熊国江　李智威
2014	刘云龙　葛亚峰　俞 斌　王博闻　刘情新　罗义晖 靳冰洁　王 凯　张 聪　易 林　刘 伦　韩毅博 王 臻　赵 爽　孙阿芳　王文娟　王圣明　王亚光 胡 文　余 辉	潘冬华　腾 云　马少翔　鲁俊生 张 锐　王能超　李 传　徐 颖 何立群　凌在汛　邹常跃　迟 源 孙近文

续表

年份	硕士生						博士生			
2015	王元超	程 勇	魏良才	辛亚运	肖林元	聂少雄	杨 勇	谢贤飞	金 海	童 宁
	黄 想	朱乔木	徐克成	陈 鹏	白 展	王 臻	戚宣威	沈石峰	李浩原	赖智鹏
	杨晓钺	马 宁	黎小龙	周诗嘉	樊文芳	于 兵	卓毅鑫	白 浩	陈俊峰	贾少锋
2016	鲁双杨	程 勇	邵 骏	王元超	宗天元	赖锦木	高玉婷	黄都伟	张力戈	向 往
	张 芮	王大磊	岳远富	林艺哲	李志远	蒋亚杰	张 君	贾少锋	刘 海	史尤杰
	彭明洋	张立晖	邹剑桥	李立威	周 昀	王栋煜	肖 浩	陈 曦	黄玉杰	辛亚运
							邓韦斯			
2017	李 桥	李 想	卢 阳	沈 郁	邹剑桥	何英发	刘 朋	简 翔	方海洋	邹天杰
	郭 乾	蒋亚杰	沈泽微	熊佳明	秦 瑜	刘泉辉	魏繁荣	丰 昊	李显东	黄 佩
	张哲原	韩 佶	荣灿灿	晏鸣宇			郭伟欣	范兴纲	陈 乐	王作帅
2018	梁 欣	姜昀芃	黎镇浩	王如梦	张艺镨	晏鸣宇	杨江涛	金 能	李姚旺	于子翔
	韩 佶	马 潇	张中平	吕梦璇	闫林芳	李 安	黄修涛	沈泽微	佃仁俊	朱乔木
	随 权	蔡普成	邬玮晗	马 啸	夏 东	杨睿璋	何明杰	刘子文	丁苏阳	
	吴海波									
2019	马一鸣	李 安	随 权	张 赫	蒋逸雯	杨睿璋	谢康福	杨赛昭	于子翔	石梦璇
	张 宇	陈永昕	郑倩薇	蔡普成	李文浩	任 帅	汪致洵	金 能	曹文斌	徐 彪
	陈贵伦	艾经纬	胡志豪	刘 旭	徐蕴镠	李书剑	石超杰	梁思源	李 桥	周 游
	高加楼	张宛楠	戎子睿							
2020	叶雨晴	高加楼	张培夫	俞志跃	李宜阳	邱 琦	韩 佶	周 博	王镜毓	李 安
	艾经纬	韩 锋	阮景辉	吴其其	李显皓	陈思源	曹 帅	陈 宇	王栋煜	路聪慧
	王鹏业	杨佶昌	黄逸帆	高瑞卿	陶柳妃	郑宇超	王鹏博	王鹏宇	石梦璇	
	马书民									
2021	杨佶昌	熊宇威	李丁晨	杜云飞	谢 延	李显皓	殷天翔	郭树强	马一鸣	周建宇
	夏良宇	裴建华	李子博	陈一鸣	周泓宇	朱帮友	梁子漪	董芃欣	孙翔文	郭 祥
	杨子立	刘嘉璐	陈 岑	张 昊	蔡针铭		欧阳少威			

(四)优秀学位论文获得者(省优国优)

优秀博士研究生学位论文统计表(2001—2016年)

获奖时间	获奖作者	论文题目	指导老师	获奖级别
2001	杨锦春	小波分析法在工程电磁场数值计算中的应用	邵可然	省优
2001	文劲宇	模拟进化算法及其在电力系统运行与控制中的应用研究	程时杰	省优

续表

获奖时间	获奖作者	论文题目	指导老师	获奖级别
2002	林湘宁	微机保护新原理的小波理论应用研究	刘沛	省优
2002	李开成	光纤电压互感器研究	詹琼华	省优
2003	卢新培	液电脉冲等离子体的理论与实验研究	潘垣	省优
2003	曾祥君	电力线路故障检测与定位新原理及其信息融合实现研究	尹项根	省优
2003	张凯	基于重复控制原理的CVCF-PWM逆变器波形控制技术研究	陈坚	省优
2004	卢新培	液电脉冲等离子体的理论与实验研究	潘垣	百优提名
2004	江全元	电力系统次同步振荡的稳定性分析及控制策略研究	程时杰	省优
2004	丁洪发	电力系统三相不对称补偿的理论及技术研究	段献忠	省优
2006	张有兵	低压电力线多载波通信系统及其相关技术研究	程时杰	省优
2007	李维波	基于Rogowski线圈的大电流测量传感理论研究与实践	毛承雄	省优
2007	彭力	基于状态空间理论的PWM逆变电源控制技术研究	陈坚	省优
2007	林桦	交交变频多相同步电动机推进系统模型与控制	陈坚	省优
2007	戴陶珍	传导冷却高温超导储能磁体的电磁热综合分析	唐跃进	省优
2008	张勇	计算电磁学的无单元方法研究	邵可然	省优
2008	邹力	数学形态学在电力系统继电保护中的应用研究	刘沛	省优
2009	张勇	计算电磁学的无单元方法研究	邵可然	百优
2009	石晶	SMES在电力系统中应用的理论与实践基础性研究	唐跃进	省优
2010	石晶	SMES在电力系统中应用的理论与实践基础性研究	唐跃进	百优提名
2010	苏盛	数字化电力系统若干问题研究	段献忠	省优
2011	陈兆权	微波放电激发大面积矩形表面波等离子体的研究	刘明海	省优
2012	陈宇	电力电子变换系统的元件复用理论与方法	康勇	省优
2012	李正天	高压线路保护动作特性分析及新原理研究	林湘宁	省优
2014	陈宇	电力电子变换系统的元件复用理论与方法	康勇	百优提名
2014	饶波	J-TEXT托卡马克外加共振扰动场对撕裂模影响的研究	于克训	省优
2014	熊青	大气压低温等离子体射流的研究	卢新培	省优
2014	熊紫兰	大气压常温等离子体射流源及其在根管治疗中的应用研究	卢新培	省优
2015	刘迎珍	12 MW超导直驱式风力发电机的电磁研究	曲荣海	省优

续表

获奖时间	获奖作者	论文题目	指导老师	获奖级别
2015	林卫星	混合换流器及直流-直流自耦变压器的研究	程时杰	省优
2015	熊国江	基于计算智能的电网故障诊断方法研究	段献忠	省优
2015	裴学凯	大气压低温等离子体射流源及其关键活性粒子诊断的研究	卢新培	省优
2015	鲜于斌	大气压低温等离子体射流推进机理研究	卢新培	省优
2016	李大伟	磁场调制永磁电机研究	曲荣海	省优

优秀硕士研究生学位论文统计表(2001—2016年)

获奖时间	获奖作者	论文题目	指导老师	获奖级别
2003	张昊	数字信号处理技术在电力系统中的应用研究	刘沛	省优
2003	胡玉峰	微机变压器主保护新原理的研究	陈德树	省优
2004	李泰军	六氟化硫气体密度及微水含量监测的研究	王章启	省优
2004	何海波	低压电力线载波通信理论与实践的研究	程时杰	省优
2004	喻小艳	超导电力装置及含超导装置电力系统的失超保护研究	唐跃进	省优
2004	颜湘莲	变压器绕组纵绝缘保护的新原理和新方法研究	文远芳	省优
2004	张杰	数字化移相全桥直流变换器研究	邹云屏	省优
2004	朱鹏程	异步电机无速度传感器直接转矩控制研究	陈坚	省优
2004	李维波	电力系统中感性负载的直流电阻智能化测试仪的研制与探讨	李启炎	省优
2006	林磊	三电平逆变器控制系统研究	邹云屏	省优
2006	白丹	三相在线式UPS及其并联技术研究	彭力	省优
2006	刘邦银	电压源型逆变器的智能控制技术研究	段善旭	省优
2007	罗春风	基于OFDM技术的低压电力线载波通信系统的理论与实验研究	程时杰	省优
2007	王成智	基于重复控制的新型五电平逆变器研究	邹云屏	省优
2007	王兴伟	十二相同步电动机交交变频调速系统的研究	林桦	省优
2007	姚涛	超导磁储能装置控制策略研究	唐跃进	省优
2008	杨平	纳秒级高压高重复频率脉冲发生器的研制	文远芳	省优
2008	金红元	三电平PWM整流器研究	邹云屏	省优

续表

获奖时间	获奖作者	论　文　题　目	指导老师	获奖级别
2008	吴浩伟	基于电压控制模式的PV系统并网技术	段善旭	省优
2008	刘海峰	基于数学形态学的输电线路单相自适应重合闸研究	林湘宁	省优
2008	秦华容	高温超导脉冲功率应用电磁特性的基础研究	唐跃进	省优
2009	晏明	时域有限差分法及其在等离子体隐身技术中的应用	邵可然	省优
2009	黄朝霞	固定合成矢量异步电机DTC控制系统研究	邹云屏	省优
2009	佘宏武	矩阵变换器换流策略研究	林桦	省优
2009	陈楠	高温超导磁储能脉冲放电装置研究	唐跃进	省优
2011	李俊芳	基于概率建模的电网安全性风险评估	张步涵	省优
2012	刘怡芳	电力系统静态安全性的风险评估方法研究	张步涵	省优
2013	王洪友	采用无单元伽辽金法的电机电磁场计算	邵可然	省优
2014	吴小珊	含风电场的电力系统机组组合问题研究	张步涵	省优
2014	窦建中	高温超导环型磁体电磁结构优化设计	唐跃进	省优
2015	刘迎珍	12 MW超导直驱式风力发电机的电磁研究	曲荣海	省优

附录五 科学研究相关数据与资料

（一）主要科研成果奖励统计表(1978—2021 年)

序号	成 果 名 称	完成人（或学院参与者）	获 奖 名 称
1	＊＊＊深 Q 救生 T 中频电源（采用串并联谐振型半控开关器件电容分压技术）	陈坚等	1978 年全国科学技术大会奖
2	400Hz 谐振式逆变器	陈坚	1978 年全国科学技术大会奖
3	800T 数控快锻水压机	邓星钟 邹云屏	1978 年全国科学技术大会奖
4	整流大电流及电能测试仪	周舒梅	1978 年全国科学技术大会奖
5	451 工程主磁场供电系统模拟实验研究	温增银 樊俊 陈崇源 张永立 胡会骏	1980 年国防科委科技进步奖三等奖
6	451 工程主磁场供电系统模拟研究	华中工学院、西南 585 所	1980 年国防科委重大成果奖三等奖
7	六相双 Y 移 30°绕组同步发电机的研究	华中工学院、西南 585 所	1980 年国防科委重大成果三等奖
8	大功率脉冲硅整流装置保护用交流快速开关	华中工学院、西南 585 所	1980 年国防科委重大成果四等奖
9	功率步进电机高频可控硅驱动电源	华中工学院	1980 年国家科委发明奖三等奖
10	高电压缓慢变化非周期大电流	华中理工大学	1981 年湖北省科技成果三等奖
11	农用小型水轮发电机 TN 系列的研制和 TSWN 机座水轮发电机励磁系统的研制	华中理工大学、湖北长阳发电设备厂、钟祥县电机厂	1981 年湖北省科技成果三等奖
12	CMG-1 高矫顽永磁材料磁性测量	叶妙元 王德芳 周予为 刘敬香	1981 年湖北省科技进步奖二等奖
13	DZ-4 型三相三线制交流能量综合测量仪	华中理工大学	1982 年湖北省科技成果二等奖
14	黄石电厂 3 号机可控励磁装置的研制	华中理工大学	1982 年湖北省科技成果三等奖

续表

序号	成果名称	完成人(或学院参与者)	获奖名称
15	MG-38型交直流两用钳形电流表(高速外圆磨床)	华中理工大学、宜昌变压器厂	1982年湖北省科技成果三等奖
16	三相三线制交流能量综合测量仪	周舒梅 刘敬香	1982年湖北省科技成果二等奖
17	500kV变电站(凤凰山)进波试验	姚宗干 王晓瑜 李淑芳 文远芳 姚宏霖 叶启弘 张国胜	1984年湖北省科技进步奖一等奖
18	开口直流电流比较仪	华中理工大学、保定市电器控制设备厂	1984年机械工业部科技成果奖
19	CZD-HGI船舶自动化电站控制装置	周秋波 金松龄 徐致新 赵华明	1985年国家教委科技进步奖二等奖
20	水电站水库优化调度理论的应用与推广	张勇传 黄益芬 熊斯毅 傅昭阳 揭明兰	1985年国家科学技术进步奖一等奖
21	HZD-100 kA直流大电流测量仪	朱明钧 麦宜佳 揭秉信	1985年湖北省科技进步奖二等奖
22	5kA高精度直流大电流测量校验仪	任士焱	1985年湖北省科技进步奖一等奖
23	GZX-1型高精度直流大电流校验仪(开口式比较仪)	任士焱	1985年机械部科技进步奖三等奖
24	螺旋运动实心转子异步电机 CN86203580U	宁玉泉 唐孝镐 黄念森	1985年第二届全国发明专利大会铜奖
25	直流大电流测量技术及其成套装置	邓仲通 朱明钧 麦宜佳 揭秉信	1986年国家教委科技进步奖二等奖
26	100T电动螺旋压力机	黄念森 唐孝镐 宁玉泉	1986年国家教委科技进步奖二等奖
27	分析武钢一米七热精轧机系统交直流耦合振荡的"脉动开关函数"新概念及其理论计算方法	任元	1986年国家教委科技进步奖二等奖
28	高效节能电动机	杨庚文 张城生 冯信华 杨长安	1986年国家教委科技进步奖二等奖
29	军辅船自动电站控制系统	周秋波 金松龄 徐至新 赵华明	1986年国家教委科技进步奖二等奖
30	空气放电柑橘保鲜技术	李劲 王晓瑜 姚宏霖 李正瀛 黄国藩 胡克瑛 黄汉深 王景龙 彭伯永	1986年国家教委科技进步奖一等奖

续表

序号	成 果 名 称	完成人(或学院参与者)	获奖名称
31	GZX-1型100 kA系列高精度直流大电流测量校验仪	任士焱 贾正春	1986年机械部科技进步奖二等奖
32	100T电动螺旋压力机	黄念森 唐孝镐 宁玉泉	1986年辽宁省科技进步奖三等奖
33	GZX系列高精度直流大电流现场测量校验仪	任士焱 贾正春	1986年全国第二届发明展览会获奖
34	水电站洪水优化控制	电力系水电教研室	1986年水电部科技进步奖
35	大功率交流脉冲发电机	许实章 何全普 李朗如 马志云 戴晓宁	1987年国家级科技进步奖三等奖
36	直流大电流现场测量校验仪	任士焱 贾正春	1987年国家技术发明奖三等奖
37	交流电机的绕组理论	许实章	1987年国家教委科技进步奖一等奖
38	大功率交流脉冲发电机组研究	许实章 缪家琪 于正然	1987年国家科学技术进步奖三等奖
39	ZDY-100 kA及其系列高精度低功耗直流大电流传感器	邓仲通	1987年湖北省科技进步奖二等奖
40	YDT系列风机泵用变极变速节能电动机	冯信华 杨庚文 张城生	1987年湖北省科技进步奖三等奖
41	工程电磁场边界元分析法的理论及应用	周克定 邵可然	1988年国家教委科技进步奖一等奖
42	VA、VB系列三相异步振动电机	宁玉泉 唐孝镐	1988年湖北省科技进步奖三等奖
43	180kA霍尔检零零磁通直流大电流测量仪	朱明钧 麦宜佳	1988年湖北省科技进步奖三等奖
44	梯级水电站兴建程序优化动态规划模型	侯煦光 熊信银 吴耀武 周勤慧 胡能正	1988年水电部科技进步奖一等奖
45	500kV氧化锌避雷器研制	梁毓锦 招誉颐 文远芳 李淑芳 叶启弘	1989年黑龙江省科技进步奖二等奖
46	变压器优化设计软件	李湘生 陈乔夫 楚方求	1989年湖北省科技进步奖二等奖
47	3-500kV氧化锌避雷器技术条件及使用导则	梁毓锦	1989年水电部科技进步奖四等奖

续表

序号	成果名称	完成人（或学院参与者）	获奖名称
48	高压大电流合成试验装置	姚宗干 叶妙元	1990年国家重大技术装备成果一等奖
49	冲击测量系统误差研究	姚宗干 叶启弘 黄国藩 张国胜	1990年国家重大技术装备成果一等奖
50	新型锥型绕线转子异步电动机	冯信华 任应红	1991年国家教委科技进步奖三等奖
51	直流大电流微机稳流控制系统	刘延冰 葛亚平	1991年国家教委科技进步奖三等奖
52	旋转线圈磁测量仪表系列	王德芳 朱明钧 徐雁 易本顺 吴鑫源	1991年国家教委科技进步奖三等奖
53	光纤大电流测量仪	张志鹏 聂一雄 梁汉	1991年国家教委科技进步奖三等奖
54	电气铁道变电所关键设备（十字交叉牵引变压器研制）	李湘生 陈乔夫	1991年国家重大技术装备成果二等奖
55	DPG-1型微机故障分量发电机定子不对称故障保护装置	陈德树 尹项根	1991年国家重大技术装备成果三等奖
56	高压大电流标准测试系统	李启炎 胡时创 叶妙元	1991年国家重大技术装备成果一等奖
57	武汉电网无功优化调度	程光弼 周泰康	1991年湖北省科技进步奖二等奖
58	T2S系列（H160-H200）三相同步发电机	熊衍庆 马志源 周海云	1991年湖北省星火奖三等奖
59	电力系统联网规划模型（9224167-D1）	侯煦光 周勤慧 胡能正 熊信银 吴耀武	1992年电力部科技进步奖二等奖
60	空气放电保鲜技术	李劲 王晓瑜 姚宏霖 胡克瑛	1992年国家技术发明奖三等奖
61	换向变极电机绕组设计方法	张城生	1992年国家技术发明奖三等奖
62	磁光直流大电流测量装置	张志鹏 赵志	1992年国家教委科技进步奖三等奖
63	大型变压器漏磁场及附加损耗的研究	周剑明 邵可然 周克定	1992年国家教委科技进步奖三等奖
64	铝电解槽热电磁力数学模型与计算机仿真程序研究	陈世玉 孙敏 尹云霞 孙亲锡 陈金明	1992年国家科学技术进步奖二等奖

续表

序号	成 果 名 称	完成人(或学院参与者)	获 奖 名 称
65	葛洲坝二江电厂自动发电及电压控制软件(920944)	陈忠 陈雷	1992年湖北省科技进步奖三等奖
66	电动起动绕线型感应电动机	许实章 王雪帆 于克训 何传绪	1993年国家技术发明奖二等奖
67	变压器优化设计软件的推广应用	陈乔夫 李湘生 楚方求	1993年国家教委科技进步奖三等奖
68	高压输电线路全线相继速动微机距离保护研究	刘沛 陈德树 马文龙	1993年国家教委科技进步奖三等奖
69	谐波起动绕线型异步电动机	许实章 王雪帆	1993年国家教委科技进步奖一等奖
70	ZDR系列锥型绕线转子制动三相异步电机	冯信华	1993年湖北省科技进步奖三等奖
71	谐波起动方法和谐波起动电动机	许实章	1993年获国家发明奖二等奖(当年国家发明奖一等奖空缺)和国家教委科技进步奖一等奖
72	WL-02双微机励磁调节器技术	樊俊 陆继明	1993年浙江省科技进步奖三等奖
73	400Hz逆变电源	陈坚 杨荫福	1993年中船总科技进步奖三等奖
74	冲击电压测量实施细则	姚宗干	1994年电力部科技进步奖三等奖
75	深Q救生JT用HZD-1型电力推进直流逆变器	陈坚等	1995—1997年国防科工委科技三等奖
76	TW220-8无换向器电机及变频调速装置	马志源 黄声华	1995年广东省科技进步奖一等奖
77	新型绕线型转子变极异步电动机	王雪帆 韦忠朝	1995年国家教委科技进步奖二等奖
78	新型大型发电机变压器组微机保护装置	尹项根 陈德树 苏洪波 丁建义 文一彬	1995年国家教委科技进步奖二等奖
79	湖南电网日安排专家系统	程时杰 彭晓兰 管霖	1995年国家教委科技进步奖三等奖

续表

序号	成果名称	完成人(或学院参与者)	获奖名称
80	电力变压器铁心磁场损耗和温度场数值计算的理论方法与应用	辜承林 周克定 李朗如	1995年国家教委科技进步奖三等奖
81	模拟式交流伺服系统	贾正春 许锦兴 金振荣	1995年国家教委科技进步奖三等奖
82	实心及复合转子异步电机理论与应用	宁玉泉 唐孝镐 付丰礼 林金铭 张明玉 刘少克	1995年国家教委科技进步奖三等奖
83	强直流测试设备在线校验技术推广应用	任士焱 徐壆	1995年国家教委科技进步奖三等奖
84	湖南电网调度操作专家系统及N-1安全分析	彭晓兰 张步涵 程时杰	1995年湖南省科技进步奖三等奖
85	高电压输电的基础研究	华中理工大学	1996年电力部科技进步奖三等奖
86	强功率交直流电能在线综合测试技术	任士焱	1996年国家技术监督局科技进步奖一等奖
87	大型工程电磁场及电磁力综合数值计算理论及应用	陈贤珍 阮江军 张炳军	1996年国家教委科技进步奖三等奖
88	光纤电流电压互感器	刘延冰 叶妙元 李劲 张卫军 李胜利 李红斌 李开成 姚宏霖 阮芳	1996年国家教委科技进步奖三等奖
89	YSGB-1600型龙门中切机的研制	翁良科	1996年湖北省科技进步奖三等奖
90	多传感器集成的军用智能水下作业系统	徐至新	1996年中船总科技进步奖二等奖
91	自动充放电电源装置(系列)	徐至新 郭泽俊 马新敏	1996年中船总科技进步奖二等奖
92	50Hz逆变电源	陈坚 熊蕊	1996年中船总科技进步奖三等奖
93	国家标准《电能质量 公用电网谐波》	任元	1997年电力部科技进步奖二等奖
94	VB系列(IP54)三相异步振动电机(973090-D2)	宁玉泉 唐孝镐	1997年湖北省科技进步奖三等奖
95	汽轮发电机组机电耦合动态分析与扭振研究	段献忠 吴俊勇 王琳 王春明 程时杰	1997年湖北省科技进步奖一等奖

续表

序号	成 果 名 称	完成人（或学院参与者）	获 奖 名 称
96	＊＊＊工程研制工作作出重要贡献	李晓帆	1998年国防科工委二等奖
97	＊＊＊工程研制工作作出重要贡献	邹云屏 杨莉莎	1998年国防科工委三等奖
98	动力定位系统和集中控制与显示系统（30-3-024-04）	康勇	1998年国家科学技术进步奖三等奖
99	LBD-MGR微机发电机-变压器组故障录波分析装置	张哲 陈德树 陈卫 尹项根	1998年河北省科技进步奖三等奖
100	ZCD-CZ-II型车载式微机变电所（亭）二次设备综合测试系统（982021-2）	刘沛 程时杰	1998年湖北省科技进步奖二等奖
101	湖南省电力系统继电保护运行管理专家系统	刘青 黄超 谭振宁 姜霞	1998年湖南省科技进步奖二等奖
102	舰载直升机舰面电源	李晓帆 邹云屏 杨莉莎 赵华明 李潇	1998年教育部科技进步奖二等奖
103	结构力学研制的＊＊＊消震装置	李晓帆 马葆庆	1998年教育部科技进步奖二等奖
104	GDY-1型光电式大轴弯曲测量仪	黄声华	1999年甘肃省科技进步奖二等奖
105	大型三相隐极迭片转子同步电动机研制（9905057-02）	周理兵 李朗如 马志云	1999年国家机械局科技进步奖二等奖
106	强功率交直流电能在线综合测试技术（20-2-002-04）	任士焱	1999年国家科学技术进步奖二等奖
107	电力系统分析	何仰赞 温增银 汪馥瑛 周勤慧	1999年湖北省科技进步奖三等奖
108	感应电动机节能保护起动器（99-133）	龚世缨 黄声华 何全普 甘新东	1999年教育部科技进步奖一等奖
109	深Q救生T动力定位和集中控制与显示系统	陈坚等	1999年科技部科技进步奖三等奖
110	经航调节器	段善旭 陈坚	1999年中船总科技进步奖二等奖
111	WBZ-500型微机变压器保护装置（J-217-2-04-D04）	陈德树	2000年国家科学技术进步奖二等奖
112	强流质子回旋加速器轴向注入系统（2001GFJ2011-7）	余调琴	2001年国防科技进步奖二等奖

续表

序号	成果名称	完成人(或学院参与者)	获奖名称
113	电力推进逆变器	段善旭 彭力 张凯	2001年国防科技进步奖三等奖
114	联合电力系统运行模拟规划软件	吴耀武 熊信银 艾敏 左郑敏 侯煦光 胡能正 周勤慧	2001年湖北省科技进步奖二等奖
115	发电机转子匝间短路全工况在线运行监测及诊断方法研究	周理兵	2001年湖北省科技进步奖一等奖
116	现代电力系统有效控制与安全运行的理论与方法	程时杰 曹一家 文劲宇 管霖	2001年湖北省自然科学奖一等奖
117	湖南电力系统状态GPS同步监测系统	王少荣 苗世洪 程时杰 刘沛	2001年湖南省科技进步奖二等奖
118	发电机微机综合测试及专家诊断系统研究	熊永前	2001年湖南省科技进步奖二等奖
119	负序和谐波对发电机影响和危害研究	周理兵	2001年湖南省科技进步奖三等奖
120	超高压输电系统中灵活交流输电(可控串补)技术研究	段献忠 陈德树 何仰赞 尹项根	2001年中国电力科技进步奖一等奖
121	现代电力系统稳定运行的先进控制理论与方法	程时杰 曹一家 毛承雄 文劲宇 管霖	2001年中国高校科技进步奖二等奖
122	电磁场涡流问题的数值模拟(2000-039)	邵可然 周克定 陈德智 余海涛 马齐爽 杨锦春	2001年中国高校自然科学奖一等奖
123	一种交流变极电机	王雪帆	2001年中国专利金奖
124	CSCS-SH小型水电厂计算机监控保护系统	尹项根 万永明 董朝霞 郑南雁 楚方求 尹刚	2002年湖北省科技进步奖三等奖
125	开关磁阻电机的理论研究与实践	詹琼华 郭伟 马志源 王双红 常国强 吴建华	2002年中国高校自然科学奖二等奖
126	大电网大机组安全稳定控制的研究(2003-J-217-2-03-R01)	程时杰 曹一家 周良松 毛承雄 陆继明 胡会骏 段献忠 黄树红 王少荣 文劲宇	2003年国家科学技术进步奖二等奖
127	电力系统绝缘监测装置的研制(2003-J-245-2-10-R05)	林桦	2003年国家科学技术进步奖二等奖

续表

序号	成果名称	完成人（或学院参与者）	获奖名称
128	复合绕线型变极感应电动机	王雪帆	2003年湖北省科技进步奖二等奖
129	电力工业锅炉压力容器检验管理及分析评定系统	吴耀武	2003年湖北省科技进步奖三等奖
130	跨区域大型电网继电保护整定计算自动化系统（2003J-218-1-025-011-R01）	段献忠 李银红 王星华 石东源 曾耿晖 何仰赞	2003年湖北省科技进步奖一等奖
131	电磁场与波分析中半解析法的理论研究（2003-037）	闫照文	2003年教育部科技进步奖一等奖
132	低能粒子加速器虚拟设计（2004J-240-1-029-010-R01）	樊明武 余调琴 熊永前 陈德智 董天临 熊健 秦斌 洪越明 邓昌东 张黎明 吕剑峰	2004年湖北省科技进步奖一等奖
133	电力系统继电保护的原理及相关技术研究（2005-079）	刘沛 林湘宁 苗世洪 张昊 邹力	2005年国家教委自然科学奖二等奖
134	省市级电网继电保护智能整定计算系统	陈金富 王星华 石东源	2005年湖北省科技进步奖二等奖
135	江西电网装置级组件式继电保护整定计算系统开发	陈金富	2005年江西省科技进步奖二等奖
136	庞磁电阻和新型电阻材料研究	夏正才	2005年教育部科技奖自然科技奖二等奖
137	基于遗传算法的电力系统电源规划优化模型及其实用软件	吴耀武 娄素华 熊信银	2005年四川省科技进步奖三等奖
138	无刷无铁心直流永磁盘式电动机	辜承林	2006湖北省科技奖技术发明奖
139	广域电网波过程同步测量与故障行波定位网络的研发及应用	尹项根 陈德树 张哲 陈卫	2006年度中国电力科学技术奖三等奖
140	三峡电站发电机主保护及定子接地保护研究	尹项根 陈德树 张哲	2006年湖北省科技进步奖二等奖
141	IDL500型超高压线路方向纵联保护装置的研制	陈卫 尹项根 张哲 陈德树 胡玉峰	2006年湖北省科技进步奖三等奖
142	IAEC-2000自适应最优励磁控制器（2005J-209-3-115-081-R01）	毛承雄 陆继明 余翔	2006年湖北省科技进步奖三等奖

续表

序号	成 果 名 称	完成人(或学院参与者)	获 奖 名 称
143	高速铁路电力供电方案研究	颜秋容	2006年湖北省科技进步奖三等奖
144	三相35kV/2kA超导电缆系统	张哲	2006年中国南方电网公司科技进步奖一等奖
145	工业用大型特种变频不间断电源系统	周志文 陈坚 康勇 李民英 张宇 白跃良 胡建春 吕培专 匡金华	2007年广东省科技进步奖二等奖
146	大型铝电解系列不停电(全电流)技术开发及成套装置研制	何俊佳	2007年河南省科学技术奖二等奖
147	工程电磁场数值计算方法及其应用	邵可然 陈德智 张勇 余海涛 马齐爽	2007年湖北省自然科学奖二等奖
148	庞磁电阻效应的起因及相关物理问题研究	袁松柳 李衷怡 李建青 刘莉 刘明海	2007年湖北省自然科学奖二等奖
149	大型铝电解系列不停电(全电流)技术开发及成套装置研制	何俊佳	2007年中国有色金属工业科学技术奖一等奖
150	GB/T 1029—2005 三相同步电机试验方法	宁玉泉	国家标准化管理委员会中国标准创新贡献奖二等奖
151	高频开关型功率变换的拓扑控制与关键技术研究	段善旭	2008年河北省科技进步奖三等奖(2007年12月11日)
152	三峡巨型多分支发电机安全运行若干关键技术研究	毛承雄 宋晶辉 尹项根 陈国庆 陈德树 唐绪峰 涂光瑜 关杰林 李国久 杨德先	2008年湖北省科技进步奖二等奖
153	湖北电网对特高压工程响应策略研究	张步涵 毛承雄 罗毅 李银红 文劲宇 文明浩 林湘宁 陈卫 孙海顺	2008年湖北省科技进步奖三等奖
154	湖北电网低频振荡特性及相关问题研究	程时杰 周世平 文劲宇 蔡敏 孙建波 李大虎 杨慧敏 谢军龙 易海琼 李森 李小平 孙海顺 王少荣 于克训 潘垣	2008年湖北省科技进步奖一等奖
155	超导电力应用技术基础和探索性试验研究	唐跃进 石晶 文劲宇 任丽 周羽生	2008年湖北省自然科学奖二等奖

续表

序号	成果名称	完成人（或学院参与者）	获奖名称
156	配电网保护控制与故障行波定位的关键技术及其应用	曾祥君 尹项根 李泽文 陈德树 马洪江 于永源	2008年教育部科技进步奖二等奖
157	中小功率开关型逆变电源及并联并网关键技术研究	邬伟扬 段善旭 张纯江 孙孝峰 顾和荣 彭力 赵清林 吴长奇 郑颖楠 裴雪军	2008年中国机械工业科学技术奖二等奖（2008年10月）
158	基于事故链的江西电网大面积停电预防分析及对策研究	万卫 罗毅 蔡恒 张步涵 赵彦 毛承雄	2009年度江西省科学技术奖进步
159	潜艇地电流控制研究	张凯 孟进 裴雪军	2009年国防科技进步奖三等奖
160	跨区域大型电网继电保护整定计算自动化系统	段献忠 李银红 陈金富 石东源 王星华 何仰赞	2009年国家科学技术进步奖二等奖
161	高压固态软起动装置	黄声华	2009年湖北省科技进步奖三等奖
162	GPS时差型电网故障高精度行波定位技术及应用	曾祥君 尹项根 苏盛 李泽文 马洪江 周延龄	2009年湖南省科技进步奖一等奖
163	强脉冲功率中的若干关键技术及应用	林福昌 潘垣 郑万国 李劲 王少荣 钟和清 何孟兵 郭良福 陈德怀 戴玲 林磊 李化 李黎 王燕 邓禹 张钦 彭晓涛 何正浩 孙海顺 黄若宏	2009年教育部高校科研优秀成果奖（科技进步）一等奖
164	电力系统若干先进信号处理理论与方法	林湘宁 文劲宇 郑胜 翁汉琍 何海波 罗春风	2009年教育部高校科研优秀成果奖（自然科学）二等奖
165	高压直流输电系统保护整定计算软件开发	傅闯 饶宏 黎小林 李银红 李鸿鑫 梅念 刘登峰	2010年度国家能源科技进步奖三等奖
166	数字化变电站电能计量装置检测技术研究	李开成	2010年广东省科技进步奖二等奖
167	基于电压行波波头时差的复杂电网故障综合定位技术及应用	尹项根 曾祥君 张哲 文明浩 苏盛 李泽文	2010年湖北省技术发明奖一等奖
168	ZAPF系列并联有源电力滤波装置	戴珂 陈建国 薛建科 魏学良 彭华良 康勇 庄宏	2010年湖北省科技进步奖三等奖

续表

序号	成果名称	完成人（或学院参与者）	获奖名称
169	广域电网故障电压行波定位技术及成套设备	曾祥君 尹项根 李泽文 李欣然 周克刚 苏盛 匡文凯 肖相纯 李景禄 马洪江 杨廷方 汤赐 邓丰 刘正谊 张小丽	2010年中国机械工业科学技术奖
170	湖北省超高压500kV输变电绝缘配置关键技术研究及其示范	何俊佳	2011年度湖北省科技进步奖二等奖
171	不同介质环境中等离子体生成机理及其应用基础研究	卢新培 胡希伟 刘大伟 刘明海 江中和	2011年度湖北省自然科学奖一等奖
172	多制式模块化绿色UPS电源	张宇、康勇	2011年广东省科学技术奖二等奖
173	非有效接地电网的接地保护与智能消弧技术及应用	尹项根 曾祥君 张哲 姜新宇 曾爱香 任岩 文明浩 陈卫 陈德树 穆大庆 刘味果	2011年湖北省科技进步奖一等奖
174	舰船综合电力系统电网结构理论研究	孙海顺	2011年JD科技进步奖一等奖
175	SVC的导纳调制方法研究与次同振荡抑制装置的研制及工程应用	孙海顺	2011年辽宁省科技进步奖二等奖
176	数字化变电站计量装置检测技术研究	李开成	2011中国电力科学技术奖三等奖
177	直流输电系统对交流电网设备的影响及防范措施的系统研究	华中科技大学	2012年广东省科学技术奖二等奖
178	基于广域电压行波的复杂电网故障精确定位技术及应用	尹项根 曾祥君 张哲 李泽文 陈德树 苏盛	2012年国家技术发明奖二等奖
179	大型铝电解连续稳定运行工艺技术及装备开发	何俊佳	2012年国家技术发明奖二等奖
180	基于双绕组转子结构的无刷双馈电动机变频调速系统	王雪帆 韦忠朝 王怡华 舒迪宪 宁国云 于克训 吴临元 熊飞 曾贤杰 智刚	2012年湖北省科技进步奖二等奖
181	大型水电机组安全稳定运行的关键技术及应用	李朝晖	2012年湖北省科技进步奖一等奖

续表

序号	成果名称	完成人（或学院参与者）	获奖名称
182	代号 2012863809101	戴玲	2012年JD科技进步奖二等奖
183	多制式模块化绿色UPS电源（编号：1202065）	张宇 李民英 康勇 周志文 刘忠仁 胡建春 李署明 杨阳 胡福文	2012年中国机械工业科学技术二等奖
184	多制式模块化绿色UPS电源	张宇 康勇	2013年第41届日内瓦国际发明展伊朗代表团特别奖
185	基于全控器件整流的大型同步发电机自并励励磁系统	毛承雄 王丹 陆继明 杨嘉伟 陈竹	2013年第41届日内瓦国际发明展展览会金奖
186	多制式模块化绿色UPS电源	张宇 康勇	2013年第41届日内瓦国际发明展展览会银奖
187	电动汽车驱动电机系统	曲荣海 李健 刘洋 张斌 陈羽 汪皓 柳惠忠	2013年中国产学研合作成果奖
188	应用于强流脉冲电源的石墨电极气体开关	林福昌 李黎 何孟兵 潘垣 刘毅 戴玲	2014年湖北省技术发明奖二等奖
189	特高压交流输电工程电磁环境特性及试验技术研究	张建功 邬雄 张业茂 干喆渊 刘震寰 倪园 赵军	2014年湖北省科技进步奖三等奖
190	4600兆伏安聚变电源系统设计及其高功率四象限变流单元研发和应用	张明	2015年安徽省科技进步奖一等奖
191	电网雷击防护关键技术与应用	贺恒鑫	2015年国家科学技术奖二等奖
192	特大型水轮机控制系统关键技术成套装备与产业化	魏守平 刘文斌 文劲宇 陈克 程时杰 毕亚雄 周志军 余志强 孙建波	2015年国家科学技术奖二等奖
193	区域电网直流偏磁电流广域同步监测诊断与抑制	林湘宁	2015年湖北省电力公司科技进步奖一等奖
194	直接冷却式高温超导磁储能技术及应用	任丽 石晶 王少荣 唐跃进 李敬东	2015年湖北省科技进步奖二等奖
195	中高压大功率脉冲电源系统核心技术开发及应用	丁洪发	2015年湖南省科技进步奖二等奖
196	配电系统故障自愈控制关键技术及成套装备	尹项根	2015年湖南省科技进步奖一等奖
197	新能源汽车用开关磁阻电机及其控制器系列化技术应用研究	王双红 詹琼华 孙剑波	2015年中国商业联合会服务业科技创新奖一等奖

续表

序号	成果名称	完成人(或学院参与者)	获奖名称
198	一种多制式UPS电源及其实现方法	张宇	2015年中国专利优秀奖
199	辐照加速器非能动电子束扩散装置	黄江 樊明武 张力戈 左晨	2016年第44届日内瓦国际发明展最高荣誉金奖——评审团特别嘉许金奖
200	一体成型多尺度高精度空芯线圈电流测量新技术及应用	李红斌 王忠东 陈庆 杨世海 陈刚 周赣	2016年度高等学校科学研究优秀成果奖(科学技术)技术发明奖一等奖
201	北极风暴JFB10	于克训	2016年国防科技进步奖二等奖
202	互联电网动态过程安全防御关键技术及应用	文劲宇	2016年国家科学技术进步奖一等奖
203	数字化电能计量量值溯源技术研究及标准装置研制	徐雁	2016年广东科学技术奖二等奖
204	基于广域测量系统的互联电网低频振荡扰动源定位技术及应用	文劲宇	2016年湖北省科技进步奖三等奖
205	面向系统振荡演化全程的电网安全防御系统性能趋优理论与方法	林湘宁 马静 李正天	2016年湖北省自然科学奖二等奖
206	北极风暴JFB10	于克训	2016年中国兵器工业集团科学技术奖励进步奖一等奖
207	一种实现逆变器并网/离网无缝切换的装置及方法	张宇	2016年中国专利优秀奖
208	一种用于辐射加工的电子束	樊明武 黄江 陈子昊 陈金华 杨军 李冬 刘开锋 胡桐宁 余调琴 熊永前 陈德智	2017年第十九届中国专利优秀奖
209	一种直流输电继电保护整定预备量的获取方法	李银红	2017年第十九届中国专利优秀奖
210	脉冲功率电源系统	于克训 潘垣 戴玲 钟和清 李化 马志源 李黎 韦忠朝 张钦 谢贤飞 叶才勇 刘毅 王燕	2017年高等学校科学研究优秀成果奖(科学技术)科技进步奖一等奖
211	大规模风电联网高效规划与脱网防御关键技术及应用	艾小猛	2017年国家科学技术进步奖二等奖

续表

序号	成果名称	完成人（或学院参与者）	获奖名称
212	强电磁环境下复杂电信号的光电式测量装备及产业化	李红斌 陈庆	2017年国家科学技术进步奖二等奖
213	特高压交直流绝缘子污秽特性研究及工程应用	李黎	2017年河南省科技进步奖
214	辐照加速器电子束磁位形控制扩散技术与装置	黄江 樊明武 刘开锋 张宇蔚 张力戈 左晨	2017年湖北省技术发明奖一等奖
215	磁场调制永磁同步交流伺服电机关键技术及应用	曲荣海 李健 李大伟 杨凯 孔武斌	2017年湖北省科技进步奖一等奖
216	太阳能光伏发电预报技术研究与应用	蔡涛	2017年气象科学技术进步成果奖二等奖
217	含超高比例可再生能源的特高压交直流送端系统关键技术	袁小明 娄素华 何维	2017年青海省科技进步奖二等奖
218	电力电子电能变换装备	康勇 段善旭 彭力 裴雪军 刘新民 陈宇 邹旭东 戴珂 余新颜 张宇 高俊领 朝泽云 张凯 蔡涛 陈有谋 熊健 林新春 林磊 林桦 柳彬 陈坚 徐至新 邹云屏 李晓帆 杨荫福 熊蕊	2018年度高等学校科学研究优秀成果奖（科学技术）科技进步奖一等奖
219	自动均流限流的大容量高压交流断路器	何俊佳 袁召 潘垣	2018年度中国电工技术学会科学技术奖二等奖
220	国家工频高电压全系列基础标准装置关键技术与工程应用	何俊佳	2018年国家科学技术进步奖二等奖
221	电源技术与成套系统	于克训 戴玲 李化 李黎 钟和清 谢贤飞 王少荣	2018年国家科学技术进步奖二等奖
222	脉冲强磁场国家重大科技基础设施	李亮 潘垣 彭涛 丁洪发 韩小涛 段献忠 姚凯伦 陈晋 夏正才 王俊峰 韩俊波 欧阳钟文 朱增伟 丁同海 张端明 许赞 韩一波 肖后秀 谢剑锋 施江涛 吕以亮 王绍良	2018年湖北省科技进步奖特等奖

续表

序号	成 果 名 称	完成人(或学院参与者)	获奖名称
223	高频三维磁场调控磁约束聚变托卡马克磁流体不稳定性关键技术及应用	于克训 庄革 虞清泉 丁永华 张明 王之江 饶波 陈杰 胡启明 高丽 陈志鹏 杨州军 郑玮 程芝峰 陈忠勇	2018年湖北省科技进步奖一等奖
224	主泵关键技术及应用	周理兵 程时杰 王晋	2019年度高等学校科学研究优秀成果奖(科学技术)科技进步奖一等奖
225	大规模可再生能源高效并网与主动消纳关键技术及应用	文劲宇 姚伟 艾小猛 左文平 向往 方家琨	2019年度中国电力科学技术进步奖一等奖
226	电力电子化关键技术与系列装备	康勇 段善旭 彭力 裴雪军 陈宇 刘新民	2019年国家科学技术进步奖二等奖
227	脉冲强磁场国家重大科技基础设施	华中科技大学	2019年国家科学技术进步奖一等奖
228	大规模交直流混联电网仿真系统与控制保护关键技术及应用	尹项根	湖北省科技进步奖一等奖
229	大规模不确定性可再生能源的电网主动消纳关键技术及应用	文劲宇 姚伟 艾小猛 向往 左文平	湖北省科技进步奖一等奖
230	磁场调制型永磁耦合器	曲荣海 李大伟 高玉婷 邹天杰 Vincent Fedida(博士后) 房莉	2019年第47届日内瓦国际发明展金奖
231	高流强电子束辐照均匀度在线监测装置	张力戈 左晨 樊明武 黄江	2019年第47届日内瓦国际发明展金奖
232	带零序电流注入能力的新型电机控制器	蒋栋 李安 刘自程 曲荣海 孙伟 孔武斌	2019年第47届日内瓦国际发明展金奖——评审团特别嘉许金奖
233	电磁GDP轨道抗损伤关键技术研究	陈立学 夏胜国	2020年JD科技进步奖一等奖
234	磁场调制电机系统关键技术及其应用	曲荣海 李大伟 高玉婷 任翔 孔武斌	2020年度中国电工技术学会科学技术奖一等奖
235	分布式可再生能源发电集群并网消纳关键技术及示范应用	刘邦银	2020年度中国电力科学技术奖一等奖

续表

序号	成果名称	完成人（或学院参与者）	获奖名称
236	主泵关键技术及应用	周理兵 程时杰 王晋	2020年国家科学技术进步奖二等奖
237	轻量化低脉动直驱永磁电机关键技术及应用	杨凯 李健 辜承林 熊飞	2021年度中国电力科技进步奖一等奖
238	高转矩低脉动直驱永磁电机关键技术及应用	杨凯 李健 辜承林 熊飞	2021年湖北省科技进步奖一等奖

（二）电气学院学科平台建设情况一览表(1954—2021年)

序号	学术中心和实验室名称	启动时间	启动负责人	层次
1	建校时9个实验室：发电机实验室、电力机械实验室、电机电器实验室、工业电子学实验室、电工量计实验室、电工基础实验室、高压电实验室、继电保护实验室、电厂电气设备实验室	1954.07	各实验室	华中工学院
2	电力系统动态模拟实验室	1962		华中工学院
3	应用电子技术实验室	1970		华中工学院
4	电磁(电气)测量技术实验室	1978	揭秉信 刘延冰	机械工业部仪表局和国家计量总局支持
5	水果保鲜实验室	1984	李劲	2005年完成使命
6	直流大电流实验室	1985	任士焱	华中工学院机械工业部
7	新型电机国家专业实验室	1989	许实章	国家重点实验室建设系列
8	国家工科基础课程教学基地——电工电子基地	1996.11.21	孙亲锡	国家教委
11	脉冲功率技术研究与发展中心	1999	李劲	华中理工大学
12	超导电力科学技术研究中心	1999	程时杰	华中理工大学
13	电工电子科技创新基地（大学生科技创新基地）	2001.03	尹仕	电气学院
14	核聚变与等离子体研究所（学术）	2004	庄革	电气学院
15	低能粒子加速器虚拟样机技术研究实验室	2004.01	樊明武	华中科技大学

续表

序号	学术中心和实验室名称	启动时间	启动负责人	层次
16	聚变与电磁新技术教育部重点实验室	2004.05	庄革	教育部
17	电力安全与高效湖北省重点实验室	2004.11	程时杰	湖北省
18	核聚变与等离子体研究所	2006	庄革	电气学院
19	电工与电子国家级实验教学示范中心	2006.04	熊蕊	教育部
20	电力安全与高效利用教育部工程研究中心	2006.06	程时杰	教育部
21	国家重大科技基础设施脉冲强磁场实验装置	2007	李亮	国家发改委
22	聚变科学与技术实验中心	2007.01	庄革	华中科技大学
23	电气工程实验中心	2007.01	于克训	华中科技大学
24	电工实验教学中心	2007.01	何俊佳	华中科技大学
25	新型电机与特种电磁装备教育部工程研究中心	2007.11	辜承林	教育部
26	脉冲功率技术教育部重点实验室	2008	林福昌	教育部
27	新能源发电技术研究中心	2008.02	康勇	电气学院
28	磁约束核聚变教育部研究中心（挂靠）	2008.02	潘垣	教育部
29	舰船电力电子与能量管理教育重点实验室	2008.04	康勇	教育部
30	新型电机湖北省工程研究中心	2010.12	周理兵	湖北省发改委
31	低温等离子体实验室	2009	卢新培	电气学院
32	强电磁工程与新技术国家重点实验室	2011.10	段献忠	科技部
33	电磁理论与带电粒子研究所	2012.01	樊明武	电气学院
34	脉冲强磁场科学与技术教育部创新引智基地	2012.09	李亮	教育部
35	新型电机技术国家地方联合工程研究中心	2013	杨凯	国家发改委和湖北省
36	应用电磁工程研究所	2014.10	樊宽军	电气学院
37	强磁场技术研究所	2015.11	丁洪发	电气学院
38	聚变与电磁新技术国际合作联合实验室	2014.12	庄革 梁云峰	湖北省
39	磁约束聚变与等离子体国际合作联合实验室	2016.11	庄革 梁云峰	教育部 2017.01—2019.12
40	先进电工材料与器件研究中心	2017.05	袁小明 蒋凯 吴燕庆	电气学院
41	湖北省粒子加速器与应用工程技术研究中心	2017	樊宽军	湖北省

(三)教育部科技部创新团队建设(2007—2021年)

团队类别	团队名称	团队负责人	团队简介
国家级教学团队	电工电子系列课程教学团队	严国萍	2007年获得立项建设。主要承担了现代电路理论、电路理论、电磁场理论、电工技术、电子技术、微机原理等多门本科生和研究生课程教学工作
国家级教学团队	电机系列课程教学团队	陈乔夫	2010年获得立项建设。主要从事新型电机及其控制系统的研究工作,负责培养电机及控制领域的本科生、研究生和博士后
教育部创新团队	现代电力系统安全技术	程时杰	2008年获得立项,2012年通过验收。主要研究方向为大电网大机组安全技术、新型输配电理论与技术、超导电力技术、分布式发电与微网技术等,承担了包括国家重大基础研究计划(973)项目、国家高技术研究发展计划(863)项目、重大专项、支撑计划、国家自然科学基金在内的多项纵向科研项目及200余项横向合作项目
教育部创新团队	脉冲强磁场科学与技术	李亮	2011年获得立项,2015年通过验收。以电气工程国家重点学科为依托,以国家脉冲强磁场科学中心为支撑,瞄准脉冲强磁场科学及技术发展的前沿,开展挑战电磁极限的高参数脉冲强磁场技术研究,研究方向主要包括脉冲强磁场技术、脉冲强磁场环境下的科学研究、脉冲强磁场应用技术等
科技部重点领域创新团队	可再生能源并网消纳	袁小明	2017年初获得立项。团队成员分别以电气工程学科和电化学为背景,通过交叉融合开展研究,力求解决大规模可再生能源并网在运行稳定和供电充裕方面的核心问题。研究重点是电力电子化电力系统的动态稳定、规模化低成本电化学储能系统以及它们之间的相互影响
特色科技创新团队	MCGL技术创新团队	李化	2019年获得立项。开展脉冲功率技术及其应用的创新研究
特色科技创新团队	宽禁带电力电子技术	王智强	2020年获得立项。面向下一代高性能电力电子装备,研究宽禁带功率半导体封装材料与工艺、高参数封装模块、高密度系统集成等技术

附录六 电力系源头之五校回忆

（一）综合部分

1953年5月，高等教育部在审定中南区高等院校院系调整方案时，决定将筹建中的华中工学院、中南动力学院合并为一校，撤销中南动力学院的建制，把华中工学院建设成为以培养机械工业和电力工业建设人才为主的工业大学。华中工学院由武汉大学、湖南大学、南昌大学、广西大学等4所综合性大学的机械系全部和电机系的电力部分，以及华南工学院机械系的动力部分、电机系的电力部分合并，组成机械制造工程、金属切削工艺及其工具、汽车、内燃机、水力动力装置、热能动力装置（热力发电厂设备）、电机与电器、发电厂配电网及电力系统等8个本科专业，以及金工、铸造、汽车修理与维护、发电厂配电网及电力系统4个专修科。

1953年5月20日，根据中南高等教育管理局通知，成立华中工学院筹备委员会，聘任查谦为筹备委员会主任委员，刘乾才、朱九思为副主任委员，张培刚、文斗、刘颖、朱木美、万泉生、余克绪、黎献勇、蔡名芳、龙瑞图、周泰康、陈泰楷、陈日曜、万发贯、许实璋、刘正经、殷德饶为委员。

华中工学院筹备委员会第一次全体会议于1953年6月5日至6日在武昌举行。中南高等教育管理局局长潘梓年到会并对华中工学院的任务和筹备工作作了重要指示。会议讨论了教学组织、行政机构和筹备工作中的几个主要问题。会议决定设立机械制造系、内燃机及汽车系、电力系、动力系和实习工厂；设办公室、教务组、总务组3个职能办事机构。会议推定了各系、厂和各职能部门的临时负责人。

教务组主任刘乾才（兼），副主任文斗、刘颖；总务组主任张培刚，副主任殷德饶、万发贯；办公室秘书陈日曜。机械制造系负责人万泉生；汽车及内燃机系负责人余克绪；电力系负责人朱木美；动力系负责人黎献勇；实习工厂负责人龙瑞图。

1953年院系调整时，从上述四校及华南工学院调入华中工学院的教师共202人，其中教授46人、副教授25人、讲师45人、助教86人；调入的二、三年级学生1459人。1953年实际招收新生1214人，并入的老生1459人，在校学生总数为2673人。根据相对集中而又尽可能减少搬迁的原则，确定的学生调配方案是：武昌院本部476人，全部为老生；长沙分部684人，全部为老生；南昌分部810人，全部为当年招收的新生；桂林分部703人，其中新生404人，老生299人。

调入的46名教授为：查谦、张培刚、刘乾才、万泉生、赵学田、高宇昭、陈日曜、朱海、李光宪、李如沆、刘颖、方传流、余克绪、戴桂蕊、干毅、郭力三、蔡名芳、庆善驯、朱开诚、李子祥、黎献勇、庆善骅、黄宗万、李灏、徐真、梁鸿飞、赵师梅、朱木美、魏开泛、陈泰楷、谭松献、杭维翰、文斗、卢展成、万发贯、胡寿秋、许宗岳、戴良谟、马继芳、谭固周、刘正经、周玉庭、熊正理、叶康民、钟苏世(此处缺一人,姓名待查实)。

(二)武汉大学分部电机系简述

武汉大学是我国历史较久、比较著名的国立大学之一,成立于1928年。1949年武汉解放时,武汉大学设有文、法、理、工、农、医等6个学院。武大工学院成立于1929年,设有土木工程系(1929年)、机械工程系(1933年)、电机工程系(1935年)、矿冶系(1938年)共4个系。

1930年邀请湖南大学电机系主任赵师梅教授到武大主持水、电系统设计和建设(武大当时自行发电和供水),并筹备电机系的创办工作。武大电机系于1935年开始招收第一班学生,1937年抗日战争全面爆发,1938年随学校迁至四川省乐山市。抗战胜利后于1946年复原迁回珞珈山原址。从1943年开始,电机系将学生分为电力和电讯两组。20世纪40年代末电力组又增设了高压工程,电讯组增设了电讯网络、微波学等课程,一直持续到1953年院系调整。

从1935年开始至院系调整止,武大电机系共招收四年制本科生16届,毕业学生369人,另有合并到华中工学院于1955年毕业的学生56人和合并到华南工学院毕业的学生17人。由于当年国家的用人需要,1949年入校的一个班提前一年于1952年毕业;还有另一个班是1950年入校,1953年毕业。因国家对技术人员的迫切需要,电机系还曾办过二年制专科。第一届学生约30人,1951年进校,1953年毕业;第二届学生1953年进校,1955年毕业,这已属华中工学院历史。

1953年院系调整时,武汉大学电机系电力组的师生和设备合并到华中工学院。合并到华中工学院电机系的教师有赵师梅、朱木美、许宗岳、汤之璋、何文蛟、侯煦光、林金铭、刘绍峻、周克定、樊俊、陈锦江、张肃文、钟声淦、彭伯永、康华光、张金如、王乃仁、刘正经(数学系教授,为电机系讲授高等数学)、梁百先(物理系教授,为电机系讲授普通物理和电磁学)。电讯组部分教师、学生和设备则合并至华南工学院(1952年成立),以后又再一次合并到成都电讯工程学院。

(三)湖南大学分部电机系简述

长沙分部常务委员会由文斗、魏开泛、黎献勇、余克缙、龙瑞图、周泰康、李灏组成;文斗任主任委员,魏开泛、黎献勇、余克缙任副主任委员。

湖南大学工学院有机械、电机、土木、矿冶、化工等5个系,规模都差不多。1953年电机系教师共20余人。院系调整时大部分调整到华中工学院;有4人是搞电讯的,调整到华南工学院;有2人去了矿冶学院,有极少数人调出学校。

调整到华中工学院(当时叫中南动力学院)的教师有16人,分别是:易鼎新(时任湖南大学校长,院系调整时任命为中南动力学院院长,正式合并时不幸逝世);文斗、魏开泛、陈珽、王显荣、蒋定宇、周泰康、刘寿鹏、陈传赞、左全璋、王家金、尹家骥、张守奕、涂健、熊秋思、李昇浩。实验人员3人：刘衡、周定华、魏世材。

1953年下半年湖南大学电机系学生情况：因1953年学生已改为三年毕业，所以合并时只有一年级和二年级学生。二年级学生1个大班70多人；一年级学生1个大班50多人。电机系学生到高年级分成三个组：动力组，学发电、配电；制造组，学电机制造；电讯组，学电讯。一般学动力的学生多一点。一部分学电讯的学生已分到华南工学院。

实验设备：除电讯方面的实验设备外，所有电机系的全部设备均调整到华中工学院。

（四）南昌大学分部电机系简述

南昌分部常务委员会由刘乾才、万泉生、许实璋、胡寿秋、李如沆、戴良谟组成；刘乾才兼任分部主任委员，万泉生任副主任委员。

1949年，中正大学与江西工专、江西农专合并成立南昌大学，由刘乾才任主任委员。南昌大学含理、工、文、法、农、师范等学院。工学院院址在南昌城内原工专校址，院长为蔡方荫，分机械、电机、化工等三个系。电机系主任由万发贯副教授担任（两年后晋升教授），成立初有刘乾才教授，万发贯副教授，许实章、邹锐讲师，胡焕章、李枚安助教。1949年至1953年由万发贯系主任推荐引进童子铿、虞展成、冯道揆等教授，增加助教吕继绍、漆仕速，以及实验室保管员揭秉信（两年后升助教）。学生有本科班及专科班，电机专科班班主任由邹锐担任。1953年毕业的本科班有1946、1947、1948、1949、1950年入学的学生。1950年入学的本科生本应在1954年毕业，因国家需要人才，提早一年毕业。

1953年成立华中工学院，因没有建成校舍，在南昌分部继续教学一年。1954年秋集中到华中工学院，南昌分部只有1951年、1952年、1953年入学的学生，每班有二三十人。由南昌到武汉来集中，归属于华中工学院电力系，系主任为朱木美。集中后刘乾才任副院长，万发贯任副总务长。

（五）广西大学分部电机系简述

桂林分部常务委员会由朱九思、陈泰楷、陈日曜、杭维翰、叶康民、朱海组成；朱九思兼任分部主任委员，陈泰楷、陈日曜任副主任委员。

1953年暑假，教育部进行院系调整，将原武汉大学、南昌大学、湖南大学、广西大学等几所大学中的机械系、电机系合并建立华中工学院。广西大学调来华中工学院的教师有陈泰楷、杭维翰、梁鸿飞、叶朗、唐兴祚、蒙万融、林士杰、唐曼卿、余德基等人。1958年广西大学恢复，杭维翰、叶朗、唐兴助等3人又调回广西大学。

蒙万融曾于1958年8月到1961年8月担任电机系党总支副书记，当时副书记还有彭伯永等人，党总支书记是石贻昌（1961—1965年）。

（六）华南工学院电机系简述

1952年中，广州进行了一次院系调整，将广州地区的所有工科和中山大学的工学院合并成立一所新的华南工学院，下设电机系、机械系、土木系、化工系等。电机系分为电力组和电信组。电力组教师有谭颂献、黄亦衡、梁阶熹、余有庸、梁毓锦、潘观海、陈德树、吴淞鄂等。

华南工学院的机械与电力、动力专业是华中工学院成立时的五个基本部分之一。1953年合并到华中工学院的教师有谭颂献、梁毓锦、陈德树、吴淞鄂等。华南工学院土木系主任黎献勇教授，因专业与水力发电有关，调到华中工学院；另有土木系教师李子祥，教电机系的"交流电路"课，也调到华中工学院。

1953年华中工学院成立时，梁毓锦、陈德树尚在哈尔滨工业大学作研究生，在学习结束后直接回华中工学院工作。除上述教师外，有一个刚从美国回国的博士林为干（现为院士），兼教电力、电信课程，1953年院系调整时，调到成都电子科技大学。

除人员外，有一套重大设备也集中到武汉。原中山大学有一套完整的100 kW微型火力发电厂，可供学生实习和作备用电源。设备运到华中工学院后，归动力系使用。

注：附录六的材料主要来源于下列教师的回忆，在此深表感谢。

1. 学校综合材料：周泰康（建校筹委会成员）、校史馆
2. 武汉大学——陈锦江
3. 湖南大学——侯煦光
4. 南昌大学（中正大学）——邹锐
5. 广西大学——蒙万融
6. 华南工学院（中山大学）——陈德树

附录七　电气工程学科与校内其他学科、专业的发展渊源

华中工学院电力系在成长历程中与华中科技大学现有的多个院系有着深厚的渊源，电力系对华中工学院的成长、发展作出了独一无二的重要贡献。

1954年，华中工学院成立之初，设置机械系、电力系、动力系、内燃机及汽车系，8个本科专业：机械系的机械制造、金属切削工艺及其工具；电力系的电机与电器、发电厂配电网及联合输电系统专业；动力系的水力动力装置、热能动力装置专业；内燃机及汽车系的汽车、内燃机专业。汽车专业不久后就调整到其他学校。

至1957年，电力系下设专业增加了自动远动装置及计量设备专业、工业企业电气化及自动化专业、无线电技术专业，并增设了电工学电子学教研室，该教研室的教学任务是承担学校非电类专业的电工学、电子学教学任务。

至1973年，国务院确认华中工学院设置36个专业，其中60%为电类或涉电专业，如无线电、自动控制、计算机、激光。这些专业的源头都有电力系的教师在电力系起步新方向的研究，发展壮大后成为组建新的专业、新的系的基础。

此外，1958年，电力系的部分教师参加组建造船系，成立了船舶电气专业。1979年，为发展机电一体化，电力系电工学教研室整体划归至机械系。在电力系发展过程中，和动力工程系，尤其是水电系有着多次合并，渊源深远。

记录这一历史，既是总结电力系的发展经验，也对高等学校的学科发展、人才培养理念以及院系设置思路等，具有重要的、普遍性的意义。

（一）电气工程学科与动力系

华中工学院成立之始，电力系、动力系为建校初期四系的两个系。电力系和动力系在此后的发展过程中，经历过2次合并，动力系的水力机械、水能动力装置两个专业更是在两系之间调整过多次。这种分分合合的原因较为复杂，既有办学理念上在按行业办学还是按学科知识体系办学的思考，也有因国家建设环境的促进两系期望借助合并形成合力更好地发展学科。两系在各自独立成系乃至学院的时期，作为同属"能源领域"的两个系，一直紧密合作。这种合作不仅仅体现在社会经济建设中的合作，在学校人才培养等诸多方面，也存在相互支持、交流、合作。

第一次合并

1960年3月，电机系、水电系、动力工程系三系合并成立了"电机动力系"，马毓义任系主任。此次合并缘起于1958年国家对建设三峡水电站进行的方案探索，华中

工学院为此将电力系拆分为电机系和水电系,前者面对电机、电器制造及工业企业电气化,后者面对发电厂、电网。1961年,电机动力系又拆分为电机工程系和动力工程系。电机工程系包括电机专业、电器专业、工业企业电气化及自动化专业、发电厂电力网及电力系统专业。动力工程系包括热能动力装置专业、水力机械专业、水电动力装置专业和工业热能学专业。

水力发电相关专业的调整

1958年成立水力电力系时,水力机械专业、水电站动力装置专业转入了水力电力系。1961年,电机动力系拆分时,水电站动力装置专业、水力机械专业回归动力系。1963年,水电站动力装置专业转入电机工程系,1965年又转入动力工程系。1977年,电机工程系改为电力工程系,动力一系的水力机械、水电站自动化、火力发电等专业转入电力工程系。

随后不久,1978年火力发电专业转入动力系。

1999年,学校按学科知识体系设置院系时,水力机械专业转入动力系。

第二次合并

在20世纪90年代,随着改革开放的深入,经济体制向社会主义特色的市场经济转化,企业之间效益差异化增大,与此同时,新兴学科不断涌现,水电、火电、电机、电力等老学科面临老化的危机,如何筹措资金,增强电力系、动力系在校内外乃至全国的竞争实力,成了两系的共同问题。经过广泛的讨论,把相近的一些专业进行大组合,争取国家能源部(后改为电力部)的支持建设能源科学与工程学院。

时任电力系主任胡会骏、副书记周建波和动力系主任郑楚光等3人专程到北京,寻求教育部和能源部的支持,在时任能源部部长秘书吕海平(电力系1982级校友)帮助下,三人见到了能源部部长,为能源学院的诞生取得了关键性支持。后来,电力系和动力系的领导又为此事多次请示学校领导,终获批准。新诞生的能源科学与工程学院聘请前能源部部长黄毅成出任名誉院长,同时组建了"理事会",理事单位包括许多省局电网公司,聘请三峡国家电力公司总经理陆佑梅出任理事长,面向社会进行集资。

1994年11月18日,成立了华中理工大学能源科学与工程学院,该院由电力系和动力系组成,聘胡会骏任院长,韩守木、郑楚光、程时杰任副院长。此时,该学院是一个协作性的机构。

1997年1月,电力系和动力系实质性合并,组建了能源科学与工程学院实体。学院下设电力工程系、水电能源及控制工程系和动力工程系。

1998年重新拆分为电力工程系(含水电能源及控制)和动力工程系。1998年2月撤销了能源科学与工程学院党总支部委员会,分别成立了电力系总支部委员会和动力系总支部委员会。

此次两系合并组成能源科学与工程学院实体化的运行并不成功,除了两个系本身的历史积淀之间的差异之外,两个系的学生毕业后的就业方向和社会需求也很不相同,两个学科所要求的知识基础也不同,在教学安排、人才培养上并没能形成有效的学科交叉宽口径优势。

新时代的合作

进入 21 世纪后,两系在超导电力技术(动力系低温教研室承担低温系统研制任务)、中欧清洁能源学院、武汉新能源研究院,再现了联手攻关的密切合作。

在当前"新能源""碳中和""新型电力系统"等国家重大需求背景下,电气学院和能源学院有着共同的科学技术发展目标。科学技术发展至今,学科交叉和融合已成为一种创新模式,也是若干科学研究、工程项目不可或缺的基础条件。电气学院和能源学院的合作必将更加繁多和紧密。

(二) 电气工程学科与工程物理系

1958 年,为解决国内没有电子感应加速器的局面,由李再光发起,电机系组织 7 名青年教师和 17 名三、四年级学生,成立了电子感应加速器课题组,开始学习电子感应加速器原理和结构,后分工设计制造和调试各部件。

李再光和丘军林经过磁路计算、电解槽实验和小型磁极模型实验,并借鉴苏联专家的做法,设计出采用水冷的楔形叠电磁铁,满足了实验对磁场径向和圆周分布的高要求。

陈清海同学和侯海涛同学负责电源和控制。1959 年,课题组得知清华大学和北京大学从苏联引进了该类加速器,黄国标同学去北大学习,回来后设计环形陶瓷真空盒,请醴陵陶瓷厂生产出来,并改制了与陶瓷真空盒配套的电子枪。金振荣同学安装机械真空泵和油扩散泵。陶瓷真空盒中的真空度要达到十万分之一帕,这在当时是一个很困难的工作,李再光和金振荣从武汉大学借来水银真空计,认真检查和处理漏气管道,经过两个星期的努力使得真空度达标。

1959 年 8 月,课题组开始电子感应加速器的总装调试,9 月研制成功。这是我国第一台自主研制成功的电子感应加速器。

加速器研制过程中得到了各方面的支持和鼓励,其中就有朱九思副书记的多次指导。中苏合拍的《长江——伏尔加》宽银幕电影摄制了研制成功的电子感应加速器,并在北京放映。加速器课题组中陈珠芳代表我校出席了全国第二届青年社会主义建设积极分子大会,团中央授予我校感应加速器研究组一面有毛泽东主席亲笔题字"坚决做社会主义和共产主义的突击队"的奖旗。丘军林出席了全国文教群英会。李再光出席了北京国庆十周年大庆观礼,并在国庆宴会上向二机部钱三强副部长口头和书面汇报了华中工学院已经研制出电子感应加速器。

由李再光撰写的申办工程物理系的报告获得教育部和二机部批准后,于 1958 年 11 月组建工程物理系,设立核物理、核反应堆工程、放射化学三个专业。李再光为系主任,李昌永为副系主任。教研室主任分别有丘军林、李振民、王海龙、任心廉。教师队伍由来自电力系、动力系、机械系、基础课方面的老师和学生组成。

二机部一方面安排老师去苏联原子能实验室学习，另一方面为工程物理系提供了中子源。电机工程系研制的电子感应加速器是核物理专业最重要的实验设备。

李再光、丘军林和黄国标等人情系工程物理系，在脉冲功率为 168 兆瓦的硅整流系统、无磁钢箍脉冲强磁场线圈和快速开关三个课题上，为获得国家科学技术进步奖一等奖的热核聚变实验装置解决了难题。

由于国防尖端科技方面的专业耗资巨大等原因，1962 年 7 月工程物理系被调整下马。虽然存在时间很短，但工程物理系仍为国家培养出一批在核工业和其他战线上无私奉献、成绩卓越的人才。

（三）电气工程学科与船舶系

船舶与海洋工程学院的前身是船舶与海洋工程系，1959 年由原华中工学院朱九思院长受海军委托而创建。

1959 年 5 月，船舶工程系成立。造船系成立之初，电力系在师资队伍建设和学生培养方面都倾囊相助。电力系教师彭伯永、陈坚等转入船舶工程系，成立船舶工程系船舶电气教研室，彭伯永任系副主任，陈坚任船舶电气教研室主任。电力系 1956、1957、1958 级三个本科班转入船舶工程系。

1980 年，造船系改名为船舶与海洋工程系。1984 年，船舶及船厂电气自动化专业改为应用电子技术专业。20 世纪 90 年代末，为适应形势发展，学校成立了交通科学与工程学院，下辖船舶与海洋工程、动力机械工程、应用电子工程、汽车工程四个系以及智能机械与控制研究所。

1998 年 12 月，根据国务院对《学科专业目录》调整，按照教育部的专业调整的要求，应用电子技术专业从交通科学与工程学院转入电力系，电力系集齐了《学科专业目录》中电气工程学科的 5 个二级学科。2000 年成立电气与电子工程学院后，应用电子技术教研室改称应用电子工程系。

几十年，风雨辉煌，造船系发展成为船舶与海洋工程学院。回顾历史的进程，造船系与电力工程系友好往来源远流长，一直并将长久保持密切沟通和良好合作。

（四）电气工程学科与计算机专业

计算机科学与技术学院，经过三十多年的建设和发展，已经成为我国计算机科学领域中人才培养和科学研究的重要基地。回顾建系之初，在华中工学院涉电专业只有电力系的背景下，计算机系依附电力系的力量和人才储备开始艰苦创业。

1958 年 9 月初，学校通知电力系三年级的九位同学（刘辉、李志琳、刘昌时、石冰心、刘启文、金启洪、钟国威、张清辉和朱世伟）前往北京中科院计算机培训班学习。培训十分艰苦，不仅上课和住宿没有固定地点，而且上课几乎没有教材、教师和教学计划。在培训班，电力系的九位同学被教授计算机原理、脉冲技术两门课。其仅有的教师为一位从英国回来的教授，另请了科学院计算数学所研究人员兼职讲课，再从学员中抽几位已工作多年且有一定基础的学员进行专题讲座。

当时,国内计算机领域完全是空白。世界上也只有美国和苏联有几台电子管计算机,体积庞大,计算速度慢。科学院有一台从苏联进口的 M-3,占地两间房,而计算速度只有 300 次/秒。在进行一段时间的学习后,学员在老师的指导下参与设计了一台简单的计算机,并在实验室做了许多实践工作,组装了一台小型计算机,但无法使用。结束培训回校后,暂时无法安排工作和学习,各位学员仍回原所在班级即电力工程系学习。

1959 年 9 月,学校通知由电机系派去参加北京中科院培训的 4 人(张清辉、刘昌时、刘启文、钟国威)和其他专业的一批学生去哈尔滨工业大学进修。进修的教师有归侨苏东壮,以及留苏回国、从清华和科学院研讨班毕业的人员。他们编写有计算机原理和脉冲技术等教材。在进修期间,学员全力参加哈尔滨工业大学自行设计的一台小型计算机的设计、调试和组装工作。在培训的近一年时间里,学校派往哈尔滨工业大学进修的学生锻炼实践能力,对计算机技能有了一定掌握。这对回校以后建立计算机系奠定了良好的基础。

1960 年 5 月,学员从哈尔滨工业大学进修回校,学校已对建立计算机专业做了一些准备工作。建系之初,计算机系的教师队伍是从包括电机系的其他专业抽调了几位教师,以及电机系和相关专业学生中抽调了七、八位同学参加培训。同时还招了近十名学徒工(初中生)从事电工学习。抽调来的教师进行补课自学或派去进修,有去北京工学院学习模拟计算机的,有去吉林大学进修计算方法的,等等。

1960 年下半年,计算机专业招收新生(干部进修班),教学工作正式开始。最初,开设有计算机原理、脉冲技术、计算方法、模拟计算机等课程。除教学工作外,还自行设计了一台极简单的模型机,教师自己设计、采购元器件,自己焊接和实验调试。经济情况捉襟见肘时,用纸板代替印刷板,一切均由自己动手。除了培养学生外,计算机还接收两位海军军官进修。在这两年的教学实践过程中,计算机专业初步有了一个新专业的概貌。由于当时的条件限制,1962 年 6 月专业宣布下马,计算机专业被撤销,教师各自回原单位,但在自控教研室内保留了一个计算机小组。

1972 年提出要恢复计算机专业。1973 年,国务院科教组反复论证,确认我校设置 36 个专业,其中 60% 以上为电类,特别是电子类新专业,其中包括电子计算机、电子计算机软设备和计算机外部设备等。恢复计算机专业时,人员的一个主要来源就是把华中工学院校内 1958 年到 1960 年为筹建计算机专业而送出去进修的人再抽调回来。

计算机专业后来曾与自控系合并成立自动控制与计算机系,1984 年分开。此后,计算机系发展成为计算机科学与技术学院。

(五)电气工程学科与无线电系

电子与信息工程系和电子科学与技术系始建于 1960 年,其发端源于华中工学院无线电工程系。作为无线电技术专业的孵化学科，电气工程学科对促成无线电工程系的建立和发展功不可没。

1956年，电力系新增无线电技术专业（最初被称为无线电工学），并设有无线电技术教研室。王筠1958年从工业企业电气化专业毕业后留校任教，分配到电机工程系无线电技术教研室任教研室副主任，并参与"发送设备"课程的教学工作。次年，电机工程系在无线电技术和自动与远动（1955年成立）两专业的基础上又增设电真空技术、数字计算仪器及装置和无线电导航等三个无线电电子学专业。

随着1960年初全院上马7个无线电电子学类新专业，无线电电子学系在无线电技术教研室基础上组建并从电机工程系转出，同时成立了综合无线电厂（王筠任厂长负责筹建工作）。无线电电子学系主任由万发贯和陈珽同时担任。

1960年9月，学校撤销了无线电电子学系，分别设立无线电工程系（万发贯为系主任）和自动控制系（陈珽为系主任）。无线电工程系设有无线电技术、半导体器材与材料、无线电元件与材料、电真空技术、无线电测量水声工程、无线电遥控遥测、无线电定位与导航以及无线电设计与制造等8个专业（1962—1964年经四机部调研后仅保留无线电技术、无线电元件与材料和电真空技术三个专业）。教师来源基本上从电机工程系的三、四年级中抽调，再派送到兄弟学校（成都电讯工程学院、清华大学、北京大学、南京工学院等）进修学习。

1972年，无线电二系（后改为固体电子学系，现为电子科学与技术系）组建，设有磁性材料与器件专业、绝缘材料与电阻电容专业、半导体材料与器件专业、电真空专业、可控硅及其装置专业，由电机工程系注入部分师资力量，如陈志雄、李标荣、罗志勇等，同时1968年参与创办硅元件厂的人员也大部分转入了固体电子学系。

（六）电气工程学科与硅元件厂

1967年9月至11月，华中工学院电机系电器教研室几位年轻教师，和电器专业的学生一起到武汉市机床电器厂、武汉市电车公司、武汉市邮电器材厂、武汉市钢铁公司等单位调研，了解湖北省和武汉地区电器行业的现状和发展，探索教育革命的问题。

当时我国电子工业相当落后，国防建设和工业自动化急需大功率硅整流元件和可控硅整流元件，若从日本引进一只可控硅整流元件当时约需黄金一公斤，而且遭受禁运。如果在华中工学院兴办一个硅元件厂，建立科研、生产、教学三结合，教师、学生和工人三结合，学校、研究所、工厂三结合，理论与实际相结合，就有可能大大地推动若干专业教育革命的发展。基于这种设想，罗志勇等人于1967年底至1968年初发起筹建硅元件厂的工作。筹建小组的成员有李再光、丘军林、罗志勇、刘东华、黎木林。筹建工作得到院、系革委会和许多教研室领导的大力支持。

1968年3月21日，华中工学院硅元件厂成立，行政上从属于电机工程系。硅元件厂的人员以电机系的人员为主，并从基础课部、物理教研室、化学教研室抽调教师组成。办厂初期,硅元件厂的人员来源广泛,电机工程系的人员有:电器教研室的李再光、丘军林、罗志勇、刘东华、黎木林、戚姗英;电工基础教研室的施兆尤、王德芳、韦忠明;发配电教研室的陈宗英;高压技术教研室的许端茂、王晓瑜;维修车间的陈忠玲(车工)、肖成章(电工)、漆瑞波(电工)、赵贵兴(木工)。基础课部人员有:物理教研室的唐光荣、刘根昌;化学教研室的蔡文枢、许立铭、廖保良、郭雅弧、李德明。

办厂初期,一无厂房、二无设备、三无资金、四无硅元件制造的专业知识。唯一拥有的是一批善于学习、敢想敢干、不畏艰辛、有实干精神的年轻人。经过人才培养、硅元件生产车间建立、各工序设备设计制造和设备安装调试四个步骤后,硅元件厂于1968年9月底开始进行50A硅整流元件的试制。

1968年10月,工宣队进学院,办厂人员全部回原单位,工厂停办了八个月时间。为适应工矿企业的需求,经院工宣队指挥部和院革委会研究批准,硅元件厂于1969年6月复工,继续进行50A硅整流元件的试制工作。电器教研室的罗志勇和黎木林等调回硅元件厂工作,而李再光、丘军林、刘东华回原单位工作。

1969年底,全院绝大部分师生奔赴咸宁搞"斗、批、改",罗志勇等人仍被留在硅元件厂搞试制工作。1970年4月,硅元件厂第一次正式接受国家下达的510紧急军工生产任务。1971年6月成功研制200A/2000~3000V风冷硅整流元件,其性能在电压水平和高电压成品率方面为当时国内的先进水平。

1971年3月—1971年底,硅元件厂举办了硅元件专业短期培训班,实现科研、生产、教学三结合。另外,硅元件厂积极参加全国性的技术攻关工作,实现学校、研究所、工厂的三结合,如1972年6月硅元件厂派教师白祖林(1972年6月—9月)和青年教师刘业伟(1972年6月—1973年6月)参加在上海华东开关厂进行的"全国可控硅参数测试攻关"工作。

1972—1973年,硅元件厂开展了500A硅整流元件和500A可控硅整流元件的研制工作。时逢451工程对硅整流元件有重大需求,由朱九思直接领导,1973年10月学校委派李再光、陈珠芳、黄天柱、王敬义、白祖林等人前往西南585所洽谈451工程合作事宜,且基本达成协议。1973年底,硅元件厂正式承担451工程任务:由二机部西南585所委托华中工学院研制"24000A/7000V大功率高压脉冲硅整流装置"。

1973年,硅元件厂新组建"硅元件装置组"。组长王敬义,副组长白祖林、肖成章、张家森。罗志勇于年底结束咸宁的劳动锻炼返回学校,由可控硅科研组调回硅元件组任副组长,主管451工程500A/2000V风冷硅整流元件的研制和生产工作,此时硅元件组由余岳辉任组长。由硅元件装置组完成的大功率脉冲硅整流装置GYA24000A/3500V在1978年获湖北省委表扬,451工程在1980年获国防科学技术委员会颁发的重大成果三等奖。

1975年7月,在西安整流器研究所召开"全国可控硅元件可靠性经验交流会",硅元件厂派罗志勇陪同武汉无线二厂副主任黄天柱参加会议。罗志勇作了题为"提高500A/2kV风冷硅整流元件质量的若干问题"的学术报告,其后此文在全国《变流技术动态》1975年第4期上发表。

硅元件厂在1978年因无后续项目维持而被撤销。华中工学院硅元件厂尽管现在不复以工厂形式存在,但它为国家作出了贡献,已经在中国社会上留下了浓墨重彩的一笔。

(七) 电气工程学科与激光研究所

1973年11月,华中工学院决定与西南585所合作,派教师参加451工程的研究项目。451工程是核聚变工程,采用的方案为"托卡马克"。派去的老师人数约20人,钱福兴任组长,陈珠芳为党小组长,成员中有李昌永、温中一、邬鹤青、李家伟、毛少卿等,与585所的潘垣(现我校电气学院教授,中国工程院院士)联系较多。

电机系负责451工程的子项目,其中李再光、许实章负责电磁场项目,丘军林、谢家治负责快速开关项目,硅整流元件由罗志勇负责组织研制和大批量生产,这些项目后来都得到国防科委的奖励。

在1975年冬季,陈珠芳向朱九思提交了一份报告,说明核聚变专业实验室的建立,需要巨大的投资,大量的人力,若国家不同意在华中工学院设立核聚变专业,国家没有投资,单靠华中工学院是撑不下去的,还可能把其他专业拖垮,建议取消核聚变专业。朱九思接受了陈珠芳的建议,到585所参加451工程的成员直接调入当时属机械系管理的激光科研组(张太行等作为筹备组成员,负责实验室建设等)。

时任激光科研组负责人的是唐兆平,之后激光科研组改为激光研究所。随着电真空专业下马,电真空技术相关教师和实验室转入激光研究所,李再光、丘军林等也从电机系调入激光研究所,李再光任所长。

(八) 电气工程学科与自动控制系

新中国成立后国家急需大量专业人才进行经济建设,但我国高等教育过去受西方教育模式影响,培养的人才都属于"通才"性质,大学毕业后到工作单位需要一段时间对口的专门培养才能承担工作。这种方式培养的人才不适应我国建设的急需。苏联的高教不同,培养的人才较为专门,针对性强,毕业后可以在对口单位迅速承担具体工作,这种人才更适合我国急于开展大规模经济建设的需要。

那时我国高等教育采取全面学习苏联的模式,为实现这种改革,国家聘请了大量苏联的高教专家,在哈尔滨工业大学设置了多种工业建设急需的专业研究班,由全国各高校派遣教师作为研究生,在苏联专家指导下进行三年正规的专业学习(还接收部分一、二年进修教师),毕业后返回原校担任专业教师,为开办新专业做准备。1953年华中工学院成立后,准备创办许多新专业。

1955年,电力系响应学校创办新专业的号召筹办"工业企业电气化"专业。筹办新专业的前后是师资培养与实验室建设并举的过程,一方面由学院组建单位武汉大学电机系和湖南大学电机系派教师赴哈尔滨工业大学参加专业的研究生班学习,另一方面校内调集部分中老年教师为专业实验室做准备(包括赵师梅、周克定、何文蛟等)。

1955年暑假,作为研究生派往哈尔滨工业大学学习的陈锦江、涂健等教师毕业后返校,正式成立工业企业电气化专业,并从原发配电专业二、三年级学生中调拨一个班(30人)转到该专业三年级学习。工业企业电气化专业一成立即有三年级学生,57年就有工业企业电气化专业毕业生。1956年暑期教育部又分配来研究生三人、本科毕业生七人,进修返回教师一名,师资队伍得到加强,能够满足教学计划中各个教学环节的需要。

1955年,学校派电工教研室主任陈珽赴哈尔滨工业大学进修自动与远动专业,欲仿效苏联高校筹办该专业。1956年,电力系新设自动与远动专业并成立相应教研室。

1957年,陈珽与一名哈尔滨工业大学研究生瞿坦回校,在电力系留校的各专业毕业生中选调若干名,在电力系创办自动与远动装置专业,当年招生。

1960年成立无线电系时,电力系自动与远动专业归入无线电系成立自动控制专业。1973年,无线电工程系自动控制专业、电机工程系工业企业电气化专业和动力工程系热工仪表专业合并组建成自动控制系,陈珽任系主任,由电机系转入的教师还有陈锦江、涂健、胡亚光、李俊源、王法中、黄清、白汉振、李枚安、王离久、邓聚龙和陶绪南等十余人。

(九) 电气工程学科与机械系

学校为制定机制专业的教改,组织邓星钟等人于1964年8月至1965年3月到全国几十个工厂,对数百人进行调研。调研结果显示:机械设备是机(液)、电等的综合体,而技术人员往往是"机不懂电,电不懂机",导致在设计方面技术分工布局不合理,而维修时两方互相推诿,影响生产;另外,要求搞电的人懂得很多的机不太现实,普遍认为学机的要加强对电控知识方面的学习。

调研回校后他们立即着手编写电控方面的教材,于1966年3月就编印出了《电工学及机床电力装备》教材,为了满足对1969年11月至1971年8月化工机制专业"7·21工人试办班"的需要,于1970年2月编印出了《专用机床电力装备》教材,1974年1月至1974年11月又编印出了《机床电气设备》教材。随着电控系统的迅速发展,教学改革的不断深入,为了适应机电一体化技术的需要,培养人才的教学计划中又增设了一些电控系统方面的课程,如他们创建了"机电传动控制"课程,并于1989年出版了《机电传动编制》教材,该教材已为全国大多数高校的非电专业采用,影响很大。

电机工程系的电工学教研室于1973年1月至1973年8月接受湖北省下达的"数控车床"科研任务,仅对其数控系统(硬件)进行了设计、安装、调试。随后学校组织了机械制造、工业企业自动化、液压传动3个专业的部分教师和学校机械厂的一些工程技术人员开始共同研制"加工中心"（数控镗铣床），取得了很好的成绩。为了加快机电一体化专业的建设与扩大数控机床的研究成果，一方面引进了一些国外的数控机床、数控系统等先进机电设备，另一方面注意引入电控方面的人才，如把参加"加工中心"的自控系教师留在机一系，并把电力系的电工学教研室调入机一系（1979年下半年），使该室的部分教师参加了机电一体化的教学、科研工作。数年后学校从全校的教学质量出发，把电工学教研室又调回电力系（1998年），但部分电工学的骨干青年教师则留在了机一系搞数控系统等科研工作。

（十）电气工程学科与环境学院

1998年11月环境科学与工程系成立，追本溯源，该系发展历程曲折，从最初的校环境科学与工程研究中心萌芽，到如今在新起点上扬起新的风帆，环境学院受益于电气工程学科等多个学科，开始打造学科发展新优势，开创人才培养新业绩。

李劲于1964年从华中工学院电机工程系发配电专业毕业后留在电机工程系高电压教研室任教，关注高电压新技术及其在交叉学科领域中的应用，如放电等离子体技术与环境保护。1983年，李劲开始进行空气放电的水果保鲜研究，其间于1980年赴日本大阪大学工学部研修。之后，李劲主持了"六五"国家科技攻关课题"利用空气放电效应进行柑橘产地贮藏保鲜的研究"。从20世纪80年代中期年到90年代初期，李劲开设与高电压新技术有关的交叉学科新课程，其中有不少内容涉及电磁与物质相互作用及环境问题。

1986年以来，李劲先后主持了国家"七五"攻关课题"空气放电保鲜技术研究"、湖北省自然科学基金项目"煤燃烧烟气的放电脱硫脱硝研究"、国家自然科学基金项目"脉冲放电等离子体水处理研究"、国家环保总局项目"放电等离子体催化还原脱硫技术研究"、国家自然科学基金项目"电磁环境对芒果采后生理影响的研究"等。这些研究都与环境工程项目研究有所联系。

华中工学院从20世纪80年代开始，已有诸多专业利用本领域的专门技术开展了环境工程的项目研究。除电机工程系利用电磁新技术对排气有害物处理、污水处理、无公害保鲜技术、电磁环境问题等进行研究外，煤燃烧实验室从事清洁煤技术研究，化学系开展对环境水质的监测，力学系和机械系完成了多项噪声控制工程及研究项目，铸造教研室开发了废砂再生利用技术，这些都为今后我校建设环境学科起到了重要作用。

1992年，在巴西里约热内卢召开的"联合国环境与发展大会"（全球环境首脑会议），是全世界公认的把环境问题列为全球规模问题的重要会议，发表的"里约宣言"得到世界各国的重视。那时我国高校中的环境教育还不完善，虽然当时国内已有多所大学相继建立了环境系或环境研究机构，但华中理工大学还没有。李劲因为之前的有关研究与环境保护有一定关系，遂向学校领导反映，应该重视环境教育。

经过多方筹备和组织工作，1995年，"环境科学与工程研究中心"成立，中心属于跨系跨专业组织,挂靠在能源学院,下设 7 个研究所。中心由李劲任主任,动力系黄素逸任副主任,同时抽调了不同专业的教师,涉及电力、动力、化学、生物、力学等领域,在组织上造成了多学科交叉的环境条件,还与全校许多相关学科建立了千丝万缕的紧密联系和合作关系。1997 年,环境科学与工程研究中心硕士点获批,开始正式招生,名额单列。环境科学与工程研究中心定期召集有关院系进行学术交流,发挥我校多学科交叉综合优势来解决环保问题。

随着世界经济不断发展,环境问题日益被各国重视,不能想象一所知名大学竟然没有自己的环境学科。1998 年 11 月,经校领导批准,在环境科学与工程研究中心的基础上,成立了直属学校领导的独立的"环境科学与工程系"。因动力系煤燃烧国家重点实验室研究工作的需要,环境科学与工程研究中心中的动力系人员,均未参加到环境科学与工程(简称环境系)系中来。李劲担任系主任,肖波担任直属党支部书记,陆晓华、周敬宣担任副系主任。

1999 年是环境系最艰苦的创业之年。开始创业时期共有 12 人,是由不同院系抽调来的 7 名教师(来自电力系 3 名,化学系 2 名,机二系 1 名,力学系 1 名)、2 名实验技术人员(来自力学系 1 名,机二系 1 名)、2 名行政人员(来自电力系 1 名,校机关派来 1 名)和 1 名工人(来自力学系)组成。大家需要从桌椅板凳开始置办教学和科研所必需的家当,需要重新学习和扩充新的知识领域,以迎接新的教学和科研领域的挑战。大家深知,环境系在尚未显示出冒尖苗头之前,校领导不会轻易给予特别投入和优惠的政策。李劲等筹备人员艰苦奋斗,付出了超常的努力——收集废弃的破桌椅,整旧如新,供研究生教学和实验室之用,在酷热的暑假自己动手刷墙,用节约下来的装修费购买电视机、投影仪等电教设备。这份艰苦创业的事业心,就是环境系最初的凝聚力。

在此期间,李劲仍兼任电力系教授、博导以及"脉冲功率研究与发展中心"主任,担负一些国防科研课题。2000 年 7 月,在完成了环境系的创办任务后,李劲因年龄超过 60 岁不再担任系主任的行政工作。后来,在合校组建华中科技大学的条件下,原华中理工大学的环境系与原城建学院的环境系组建成了环境学院。2001 年,李劲基于工作需要被调回电气学院,虽然离开了环境学院,他仍兼任环境学院的教授、学位委员会主任等,直到 2005 年退休。

(十一) 电气工程学科与水利水电及自动化工程系

新中国成立伊始,随着国家工业建设的进行,需要大量的水电站设计、建设和管理人才。1958 年,在苏联专家的帮助下,水电教研室建设了水电实验楼。电力系的发配电专业与动力系的水力发电厂专业共同成立水电系,系领导由师生普选产生,黎献勇担任系主任。自此,电力系拆分为电机工程系和水力电力系。其中,电机工程系包括电机专业、电器专门化、工业企业自动化专业、无线电技术专业、自动与远动专业,水力电力系包括发电厂电力网及电力系统专业、水能动力装置专业和水轮机及水力机械专业。

1960年3月,电机工程系、水力水电系和动力工程系合并成立了"电机动力系",马毓义担任系主任。在此期间,系里成立"动力研究所",主要参与长江三峡科研工作,曾多次参加全国性的三峡科研会议,承担科研课题,曾出版两期通讯刊物。"更立西江石壁,截断巫山云雨,高峡出平湖",当毛泽东视察三峡并提出建设水利工程的设想时,我国的电力工作者就开始对这一项目进行论证与研究,那时电机工程系的几个专业相互联合,一起开始了这方面的研究。虽然三峡的项目到了三年困难时期就停了,但为后来的葛洲坝工程积累了经验。

1960年9月,电机动力系拆分为电机工程系和动力工程系。水力发电厂专业被划归为动力工程系下设专业之一。电机工程系下设的水电站动力装置专业,1965年划归到动力工程系。1977年,电机工程系与动力一系合并组建电力工程系,动力一系的水力机械、水电站自动化、火力发电等专业转入电力工程系,水力机械、水电站自动化为电力系的两个专业教研室。20世纪70年代初,为了缓解华中地区的用电压力,葛洲坝工程上马。此时已初具规模的电力系统动态模拟实验室,为这一大工程做了很多电力调度与继电保护计算方面的工作。这一项目因"文革"几经停滞,但并没有终止,相关课题的研究一直持续到80年代初。

1984年4月,华中工学院成立了"长江水电设备研究开发中心",其下设立电气设备研究所,程良骏任长江水电设备研究开发中心主任,姚宗干任副主任兼电气设备研究所所长,余健棠任办公室主任。电气设备研究所设有水轮发电机、水电站自动化、高压技术及电气设备等3个研究室。随着国家的发展和学校的不断调整,专业设置不断改变,至1992年水利水电动力工程为电力系的六个专业之一。

1999年,电力系的水利水电动力工程专业转出,成立了水利水电及自动化工程系,吴中如任系主任,姜铁兵任直属党支部书记,王乘任常务副主任,李朝晖任副系主任。水电发展继往开来,水利水电及自动化系自从电力系分离后,两系仍保持着友好往来。在21世纪初,电力工程系和水电系联合兴建了"电力系统动态模拟实验大楼暨水电能源仿真中心",是我校电力系统动态模拟实验室的第三期工程。

2001年3月,水利水电及自动化工程系发展为水电及数字化工程学院,致力于为国家培养水电人才,进行水电科学研究。水利水电及自动化工程系从电力系转出独立后,进入了蓬勃发展的新时期,也必将铸就新的辉煌。

(附录七的内容源自朱瑞东、田方媛、李俊林等根据李旭玫老师提供的资料和电气学院简史等整理,参考了王筠、邓星钟、刘昌时、林士杰、陈珠芳、陈锦江、张太行、姚宗干、罗志勇、李劲等老同志的口述回忆,在此深表感谢。)

附录八 院训、院徽和院庆标识释义

(一) 院训

厚积薄发　担当致远

院训释义:2022年10月,华中科技大学电气与电子工程学院喜迎建院(系)70周年华诞。作为华中科技大学(原华中工学院)的创始专业之一,学院在新中国的朝阳中诞生,在共和国的旗帜下成长,在改革开放中腾飞,在新时代迈向世界一流。七十载栉风沐雨,薪火相传,形成了"厚积薄发,担当致远"的华中大电气精神。

"厚积薄发"源自宋代苏轼《送张琥》:"博观而约取,厚积而薄发",乃深度积累蓄势之下,将成果集大成展现之意,亦有由厚至薄之凝练总结,融会贯通之意。"担当致远"源自诸葛亮的《诫子书》:"非淡泊无以明志,非宁静无以致远",表明君子不但要志存高远,更需要勇于承担重任,思行合一,实现自己的理想。

七十年来,学院已经为国家培养输送了逾三万名各类人才,遍布五湖四海,为国家建设和社会发展贡献了华中大电气人的青春和力量,广受各界赞誉。值此七十华诞之际,学院经研究决定,将"厚积薄发,担当致远"确定为学院院训。前者是对历史维度的总结与评价,后者则是对现在和未来的要求与展望,两者有机结合,成就时空尺度上的高度统一,激励电气学子以责任心做人、以上进心做事、以事业心规划人生,厚积薄发,担当致远。

（二）院徽

院徽释义：华中科技大学电气与电子工程学院院徽由学院中英文院名、齿轮、与校徽元素结合的院名英文简称、电灯和旋转的电机叶轮组成，电灯是人类社会电气化的起点，内部的 1952 代表了学院的成立年份，周围是由电机转子形状变化成的翅膀，电机既是学院研究的起点，又是电力系统最大的电源和负荷类型，为学院带来腾飞的能量，外围的传动齿轮意喻着学院充满不竭的动力，具有为了国家发展不懈努力的意愿与决心。院徽采用"华中大电气蓝"为主色，该颜色的 RGB 通道值为 R:19,G:52,B:110，象征着建院时间为 1952 年 11 月，代表了学院建院 70 年来的光荣历程；视觉上呈现深蓝色，给人沉稳、智慧和务实的感觉，同时也有未来、科技、创造不可能的含义。

(三) 70 周年院庆标识

标识释义：标识以数字"70"为主体，由七条蓝白相间的主线构成，同心圆内嵌电气与电子工程学院院徽的主体元素，象征着电气与电子工程学院建院 70 年来的光辉奋斗历程；配色选用"华中大电气蓝"作为主色，代表着电气与电子工程学院沉稳务实的形象和"厚积薄发，担当致远"的院训精神。

华中科技大学电气学院发展纪事

(1952—2021)

(下册)

主　编　文劲宇　陈　晋
执行主编　唐跃进　朱瑞东

华中科技大学出版社
中国·武汉

图书在版编目(CIP)数据

华中科技大学电气学院发展纪事:1952—2021:全2册/文劲宇,陈晋主编.—武汉:华中科技大学出版社,2022.8(2025.5重印)

ISBN 978-7-5680-8692-9

Ⅰ.①华… Ⅱ.①文… ②陈… Ⅲ.①华中科技大学-电气工程-学科发展-1952—2021 Ⅳ.①TM-12

中国版本图书馆 CIP 数据核字(2022)第 154762 号

华中科技大学电气学院发展纪事(1952—2021)(全2册)

Huazhong Keji Daxue Dianqi Xueyuan Fazhan Jishi (1952—2021)(Quan 2 ce)

文劲宇 陈　晋 主编

策划编辑：范　莹
责任编辑：余　涛
封面设计：原色设计
责任监印：周治超

出版发行：华中科技大学出版社(中国•武汉)　　电话：(027)81321913
　　　　　武汉市东湖新技术开发区华工科技园　　邮编：430223
录　　排：武汉市洪山区佳年华文印部
印　　刷：武汉科源印刷设计有限公司
开　　本：710mm×1000mm　1/16
印　　张：50.75　　插页：10
字　　数：1105 千字
版　　次：2025 年 5 月第 1 版第 4 次印刷
定　　价：180.00 元(全 2 册)

本书若有印装质量问题,请向出版社营销中心调换
全国免费服务热线：400-6679-118　竭诚为您服务
版权所有　侵权必究

电气与电子工程学院学术机构变迁图

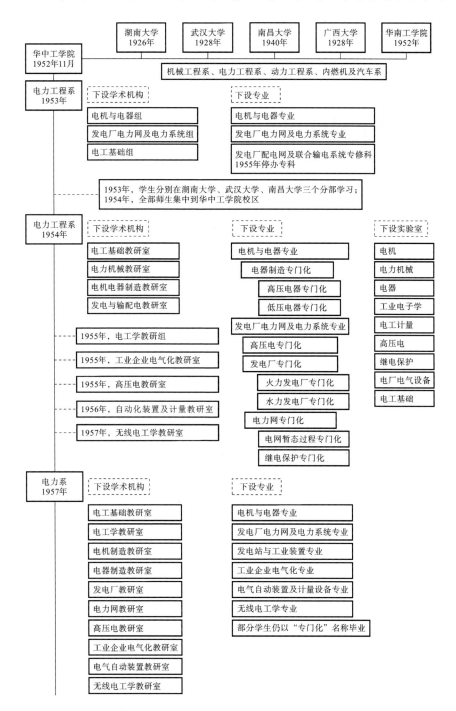

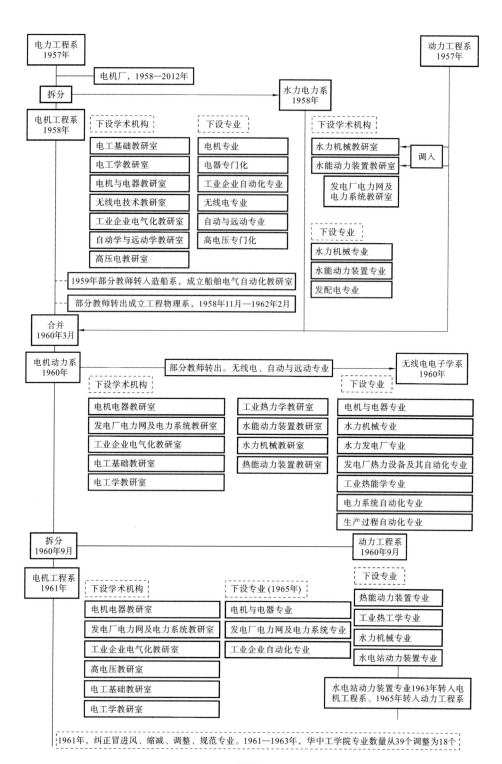

续图

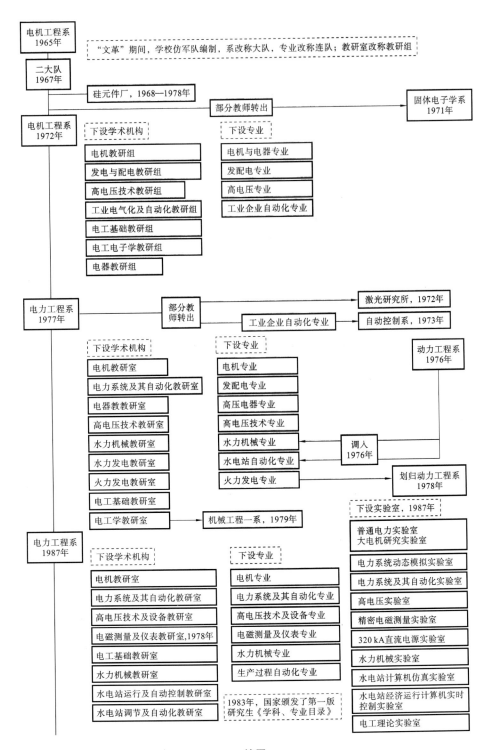

续图

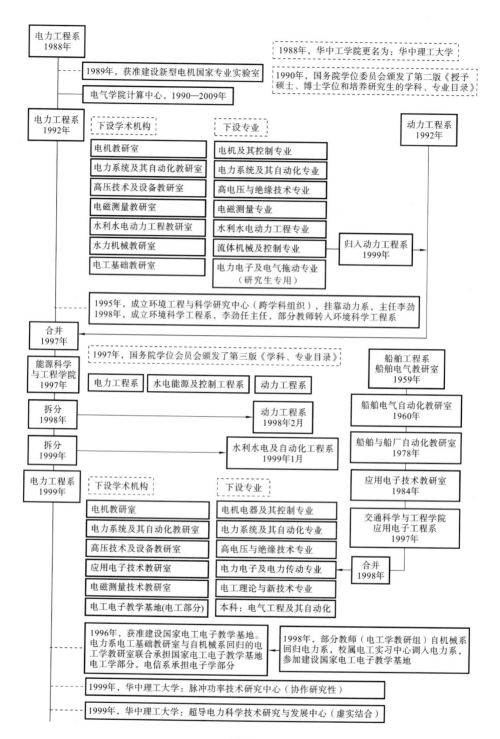

续图

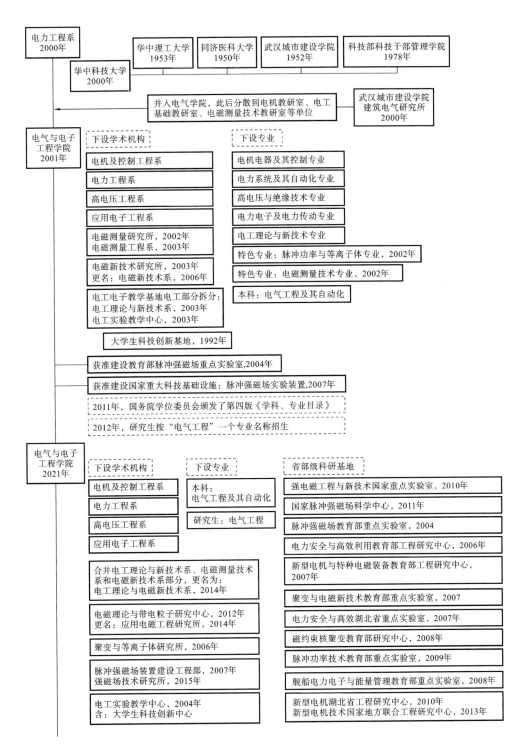

续图

下册目录

所属系所发展简史及毕业生名册

所属各系所发展简史 ……………………………………………………………（1）

电机及控制工程系发展简史 ……………………………………………………（3）
  一、电机及控制工程系（电机教研室）大事记 …………………………（3）
  二、教材建设 ………………………………………………………………（16）
  三、领军人物和重要科研成果 ……………………………………………（18）
  四、电机系平台建设 ………………………………………………………（28）
  附录一　电机系（教研室）历任领导 ……………………………………（31）
  附录二　熊衍庆老师人物纪 ………………………………………………（33）
  附录三　电机系（教研室）历年人员名录 ………………………………（34）

电力工程系发展简史 ……………………………………………………………（39）
  一、发配电教研室成立（1953—1956 年） ………………………………（39）
  二、发配电教研室发展（1956—1965 年） ………………………………（43）
  三、筚路蓝缕　曲折向前（1966—1976 年） ……………………………（49）
  四、春风扑面　阔步前行（1977—1999 年） ……………………………（50）
  五、迈入电力系新时代（2000—2009 年） ………………………………（63）
  六、牢记使命　开创未来（2009 年至今） ………………………………（66）
  附录一　课程发展简史 ……………………………………………………（70）
  附录二　电力系统动态模拟实验室大事记（1962—2022 年） …………（76）
  附录三　电力系人员名录 …………………………………………………（80）

高电压工程系发展简史 …………………………………………………………（87）
  一、艰辛创业时期（1952—1976 年） ……………………………………（87）
  二、改革奋进时期（1977—1999 年） ……………………………………（93）
  三、厚积薄发时期（2000—2012 年） ……………………………………（100）

四、新时代大发展时期(2013年至今) …………………………………… (105)
应用电子工程系发展简史 ……………………………………………………… (110)
一、学科历史概况 ……………………………………………………… (110)
二、师资队伍与人才培养 ……………………………………………… (112)
三、学科特色 …………………………………………………………… (115)
四、大事记 ……………………………………………………………… (123)
附录　应用电子工程系系庆　校长和专家题词 ……………………… (124)
电工理论与电磁新技术系发展简史 …………………………………………… (127)
一、发展渊源及历程 …………………………………………………… (127)
二、人才培养 …………………………………………………………… (135)
三、科学研究 …………………………………………………………… (141)
四、结束语 ……………………………………………………………… (143)
聚变与等离子体研究所发展简史 ……………………………………………… (145)
一、面向世界科技前沿,早布局抓时机 ……………………………… (145)
二、砥砺前行,从向外借力到自主发力 ……………………………… (147)
三、潜心耕耘,开启新的征程 ………………………………………… (150)
四、展望未来,攻坚克难求突破 ……………………………………… (153)
强磁场技术研究所发展简史 …………………………………………………… (154)
一、脉冲强磁场设施筹备 ……………………………………………… (154)
二、脉冲强磁场设施建设 ……………………………………………… (156)
三、脉冲强磁场设施运行 ……………………………………………… (158)
四、脉冲强磁场设施应用 ……………………………………………… (161)
五、国家脉冲强磁科学中心组织机构发展历程 ……………………… (161)
六、中心党支部建设 …………………………………………………… (164)
七、未来发展 …………………………………………………………… (165)
附录一　大事记 ………………………………………………………… (165)
附录二　中心人员历年人员情况 ……………………………………… (167)
应用电磁工程研究所发展简史 ………………………………………………… (169)
一、筚路蓝缕,砥砺奋进,开创我校加速器学科方向 ……………… (169)
二、立德树人,为国育才,致力于电气学科教学事业 ……………… (176)
三、笃行致远,不负芳华,书写服务社会的优秀篇章 ……………… (177)
附录一　大禹楼建设历史 ……………………………………………… (178)
附录二　社会咨询项目一览 …………………………………………… (179)

附录三　科研获奖一览……………………………………………(180)
电工实验教学中心发展简史…………………………………………(182)
　　一、实验教学中心沿革……………………………………………(182)
　　二、实验教学中心初期建设阶段(2004—2006年)………………(186)
　　三、实验教学中心规范建设阶段(2007—2016年)………………(189)
　　四、实验教学中心"新工科"建设阶段(2017年至今)……………(193)
　　五、展望未来………………………………………………………(203)
　　附录一　2017年以来实验教学中心发表或出版的论文、书籍…(203)
　　附录二　出版书籍…………………………………………………(205)
电工电子科技创新中心发展简史……………………………………(206)
　　一、科技创新中心初创期(1992—2000年)………………………(206)
　　二、科技创新中心变革期(2001—2007年)………………………(208)
　　三、科技创新中心发展期(2008年至今)…………………………(211)
　　四、科技创新中心发展大事记(2001年至今)……………………(213)

学院毕业生名册 …………………………………………………(231)

名册编排说明……………………………………………………………(232)
　　一、电气学院毕业生名单…………………………………………(233)
　　　　本科(含专科)…………………………………………………(233)
　　　　硕士(含研究生)………………………………………………(350)
　　　　博士……………………………………………………………(391)
　　　　博士后…………………………………………………………(403)
　　二、应用电子工程系(原船电专业)毕业生名单…………………(405)
　　　　本科(含专科)…………………………………………………(406)
　　　　硕士(含研究生)………………………………………………(415)
　　　　博士……………………………………………………………(416)
　　三、原武汉城市建设学院建筑电气毕业生名单…………………(417)
　　　　本科……………………………………………………………(417)

编后记 ……………………………………………………………(419)

所属各系所发展简史

电机及控制工程系
电力工程系
高电压工程系
应用电子工程系
电工理论与电磁新技术系
聚变与等离子体研究所
强磁场技术研究所
应用电磁工程研究所
电工实验教学中心
电工电子科技创新中心

电机及控制工程系发展简史

电机学科简介　华中科技大学电机学科具有非常辉煌的历史：1981年，获批全国首批博士点，1987年，电机专业获评首轮全国高校重点学科点，是全国两个电机重点学科之一（另一个是清华大学电机学科），成为我校首批4个重点学科之一（电气学院唯一的国家重点学科）。1989年，获批建设唯一的"新型电机国家专业实验室"。1993年，许实章教授牵头的"谐波起动绕线型感应电动机"获得国家技术发明二等奖。1999年，依托电机重点学科首批获准设立"长江学者"奖励计划特聘教授岗位。2001年，在第二轮重点学科评估中电气学院"电机与电器""电力系统及其自动化"两个学科入选国家重点学科。2006年，教育部公布了第三轮学科评估结果，"电机与电器""电力系统及其自动化"和"电工理论与新技术"成为国家重点学科，电气工程被评为一级学科重点学科。2006年11月，"电机学"课程被评为国家精品课程，是电气学院第一门国家级精品课程。2007年，批准立项建设"新型电机与特种电磁装备教育部工程研究中心"。2009年，电机专业邵可然教授指导张勇博士的论文入选全国优秀博士论文，使学院全国优秀博士论文"百优"取得了零的突破。2009年，许实章教授、周克定教授、林金铭教授入选《20世纪中国知名科学家学术成就概览（能源与矿业工程卷）》。2010年，"电机系列课程教学团队"入选国家级教学团队，为学院首个国家级教学团队。2010年，获准建设"新型电机湖北省工程研究中心"。2013年，获批建设新型电机技术国家地方联合工程研究中心。2016年，"电机学"获评首批国家级精品资源共享课程。

一、电机及控制工程系（电机教研室）大事记

2001年9月之前，电机学科相关的教学和科研基地为电机教研室，2001年9月，电机教研室改为电机及控制工程系。2001年9月之前的电机系、电机工程系等各种名称都不是专指电机学科，而是指华中科技大学整个电气工程学科。

1953年10月15日，电力工程系成立，由原武汉大学电机系、湖南大学电机系、广西大学电机系、南昌大学电机系和中山大学电机系合并而成。建系初期电力工程系设有2个本科专业：电机与电器专业（或电机制造专业，简称"电机"）、发电厂电力网及电力系统专业（或发电厂配电网及联合输电系统专业，简称"发配电"）。建系初期，电力工程系下设四个教研室，分别是：电工基础教研室、电力机械教研室、发电与输配电教研室、电机电器教研室，其中电机电器教研室就是现在华中科技大学电气与

电子工程学院电机及控制工程系的前身。

1953年，武汉大学赵师梅教授为华中工学院电机与电器组的临时负责人。1958年，武汉市筹办武汉工学院，赵师梅教授调任武汉工学院电机系主任。

1955年，电力工程系首届本科班学生毕业，号称"本科第一班"（1951—1955年），电机电器教研室郭功浩等是电力工程系"本科第一班"的学生。

1955年，电机电器教研室尹家骥和许实章作为年轻老师选派到哈尔滨工业大学进修。

1955年，周克定与中科院机电研究所合作完成了"同步发电机带电压校正器的复式励磁装置"课题。

1956年，建校第二届毕业生电机与电器专业马志云、李朗如和李湘生留校任教。

1956—1958年，林金铭到上海电机厂参加我国首台6000 kW大型汽轮发电机组的设计制造工作，建立了我国大型汽轮发电机的设计和制造技术体系。

1958年，郭功浩、陶醒世等教师带领张城生、杨政等学生，成功研制了伺服步进电机，参加了1959年德国莱比锡国际博览会。

1958年，马志云老师带领56级20名学生到汉口学习电机制造技术，李湘生老师带领学校学生制作变压器，开展大办工厂活动。

1958年，陈传瓒老师带领学生成功研发变极电机，创建校电机厂，生产该类电机。

1960年，林金铭老师到湘潭电机制造厂参加我国中频发电机研制，参与公式确定和参数计算等设计工作，作出了突出贡献。

1961年，我校成为全国电工学科教学指导委员会主任单位（隶属于机械部），为我校电气学科的发展打下了坚实基础。林金铭任主任，熊衍庆任电机专业秘书长。

1961年，电机工程系下设4个专业：电机专业、电器专业、工业企业电气化专业、发电厂电力网及电力系统专业。

1961年，电机工程系开始招收和培养研究生，是新中国最早开展研究生教育的院系之一。电机电器教研室首批研究生导师有林金铭、陈传瓒等。

1964年，电机电器教研室与湖北电机厂合作生产单绕组多速电机，国家定型产品SD系列，该产品由陈传瓒、冯信华、许实章和学生张城生、杨政于1958年开始研究开发。

1965年，电机工程系调整为3个专业：电机与电器专业、工业企业自动化专业、发电厂电力网及电力系统专业。

1965年，电机工程系按照上级要求组织学生到湖北电机厂半工半读。

1965年10月，电机电器教研室陈传瓒副教授领导的科研小组，在异步电机调速理论的研究中，设计和生产了单绕组多速电机（见图1），对发展国民经济有着重要的意义。

1966年，电机电器教研室杨赓文、马志云老师研发上海电机厂制造的我国首台

图 1　陈传瓒副教授带领团队研发单绕组双速电机

"单绕组变极同步发电电动机",800 kW 电动机＋400 kW 发电机在江都三泵站成功运行,共计 10 余台,用于淮河长江冬季发电、夏季排涝。

1971 年,开始接收地方推荐的工农兵学员,电机工程系首届工农兵学员电机专业编为 5 连,发配电专业编为 7 连。

1974 年,电机工程系组织 74 级学生到湖北电机厂"开门办学"。

1974 年,成立电机实验室,蒙盛文担任实验室主任直至 1990 年。

1977—1980 年,在许实章老师带领下,唐孝镐、李朗如、詹琼华、马志云等电机系师生与天津发电设备厂进行抽水储能研究,为潘家口抽水蓄能电站奠定理论基础。

1978 年,电机教研室解决富春江 6 kW 法国机组 100 Hz 振动问题。国家组织几十个专家研究未果,最后由许实章、马志云、何全普等教师和东方电机厂合作,提出问题判断和解决方案。

1978 年,国家恢复研究生教育。电机教研室首次招收研究生,指导教师有林金铭、许实章、周克定、陶醒世(首届毕业的 10 名研究生中宁玉泉、龚世缨、陈乔夫、董天临、邵可然留校工作)。

1978 年,宁玉泉老师参加湖北省科学大会,获湖北省科学技术先进工作者。

1980 年左右,筹建大电机研究实验室。

1981 年,电力工程系获批全国首批博士点,电机与电器、电力系统及其自动化获得博士学位授予权,5 位教授获聘博士生导师(全校 12 位博导),其中电机专业有林金铭、周克定、许实章 3 位博士生导师(全国共 6 位)。

1982 年,第一届全国高等学校电工技术类专业教材编审委员会成立,林金铭教授任主任兼电机组组长,宁玉泉为秘书。

1985年1月,电机教研室林金铭任电力工程系名誉系主任,贾正春任电力工程系副系主任。

1985年,电机教研室周克定教授支援地方院校建设调到湖北工学院工作。

1986年,电力工程系有6个研究生培养学科:电机工程(硕士学位和博士学位)、电力系统及其自动化(硕士学位和博士学位)、发电厂工程(硕士学位和博士学位)、水力发电工程(硕士学位和博士学位)、高电压工程(硕士学位)、理论电工(硕士学位)。

1986年,电机学科教授有许实章、林金铭、陶醒世、杨赓文。

1987年,"电机与电器"获评第一轮国家重点学科,是全国两个电机重点学科之一(另一个是清华大学电机学科),成为我校首批4个重点学科之一(电气学院唯一的国家重点学科)。

1988年,成立了湖北省电机工程学会,挂靠在电机教研室,杨长安老师担任风力发电专委会主任委员并兼任秘书长。

1989年,获批建设全国唯一的"新型电机国家专业实验室"。

1990年,电机教研室与东方电机厂合作成功设计制造50 MW级单绕组变极同步发电/电动机,应用于安徽响洪甸抽水蓄能电站,马志云、周理兵、周剑民等参与。

1990年,李湘生主持的"电机学"课程被评为校级一类课程。获奖人:李湘生、何全普、熊衍庆、龚世缨、陈乔夫、杨长安、李国英、周海云、任应红、黄开胜。

1991年10月17日至20日,华中理工大学承办为期三天的第一届中国国际电机会议(CICEM-91),林金铭教授担任会议组织委员会主席。

1992年,成立了湖北省电工技术学会,挂靠在电机教研室,周克定教授担任理事长,电机教研室陈贤珍教授担任副理事长并兼任秘书长,杨长安老师担任副秘书长。2008年换届,程时杰院士担任湖北省电工技术学会的理事长。2017年再次换届,由王雪帆教授担任理事长。杨长安老师自2008年起一直担任秘书长至今。

1993年10月10日,华中理工大学举办"凸极同步电机国际学术会议"(ISSM'93),国内外知名专家共100多人参加会议,林金铭教授担任大会主席。

1993年5月,马志云教授被聘为高等学校电力工程类专业教学指导委员会电机学教学组组长,陈乔夫老师被聘为高等学校电力工程类专业教学指导委员会电机学教学组委员(兼秘书)。

1993年,许实章、王雪帆、于克训和何传绪的发明成果"谐波起动绕线型感应电动机"获得国家技术发明二等奖。

1995年3月,电机教研室全体教职工拍摄全家福,共45人(熊衍庆、辜承林等老师出差,缺席),如图2所示。

1996年10月9日至13日,华中理工大学举办"国际电磁场及应用学术会议"(ICEF'96),周克定教授担任大会主席。

图 2　1995 年 3 月电机教研室全体教职工合影

人员依次为

第四排：郭伟、文生平、邱东元、刘志军、黄中伟、黄声华、张炳军、周剑明、楚方求、于克训；第三排：周理兵、王双红、郭有光、王雪帆、何传绪、龚世缨、宁玉泉、陈乔夫、杨长安、马志源、周海云；第二排：童怀、韦忠朝、付光洁、罗晓鸿、马志云、詹琼华、张瑞林、马仲骅、陈贤珍、李国英、冯信华、夏胜芬；第一排：贾正春、唐孝镐、李朗如、陶醒世、林金铭、许实章、周克定、何全普、许锦兴、邵可然、金振荣。

1995 年，学校成立新能源开发与利用研究中心，杨长安任中心主任。

1996 年，华中理工大学电气工程学科获得全国首批一级学科博士学位授予权。

1996 年，"电机学课程体系改革及教学基地建设"获校级优秀教学成果奖一等奖，获奖者：龚世缨、陈乔夫、杨长安、于克训、夏胜芬。

1997 年 9 月 10 日，"电机学课程体系改革及教学基地建设"获得湖北省教学成果奖一等奖，获奖者：龚世缨、陈乔夫、马志云、杨长安、于克训。

1997 年 10 月 24 日，"电机学课程体系改革及教学基地建设"获得国家级教学成果奖二等奖，获奖者：龚世缨、陈乔夫、马志云、杨长安、于克训。

1997 年 12 月，"电机学"被评为湖北省优秀课程，获奖者：龚世缨、陈乔夫、马志云、杨长安、于克训。

1999 年，樊明武当选为中国工程院院士，2001 年至 2005 年担任华中科技大学校长，樊明武院士是华中工学院电机专业 1965 届毕业生。

1999 年 5 月，华中理工大学成立超导电力研究与发展中心，李朗如老师为成员。9 月，华中理工大学成立脉冲技术研究与发展中心，李朗如老师为成员。

2001 年 11 月，龚世缨教授被聘为校首届特聘教授。

2001 年 3 月 12 日，成立电气与电子工程学院，电机教研室更名为电机及控制工程系。

2001年4月24日,成立建筑电气技术研究所(所长王凌云,副所长朱曙微)。

2001年,全国第三轮学科评估,"电机与电器""电力系统及其自动化"两个学科入选国家重点学科(当时全国电气学科共有20个国家重点学科,全校共有14个国家重点学科)。

2002年,学院电气工程及其自动化本科专业实力名列全国高校第一,电机与电器、电力电子与电力传动、电工理论与新技术等三个研究生专业实力名列全国高校第一。

2003年,电力电子与电力传动学科获准为湖北省重点学科。

2003年,由陈乔夫教授和李达义研制"串联型有源电力滤波器"通过湖北省科技厅组织的鉴定,来自清华大学、浙江大学、中国电科院等单位的专家的鉴定意见为"国际首创",被认定为湖北省重大科技成果,2003年"JCBL串联有源电力滤波装置"被列入国家重点新产品。

2004年6月23日,由武汉市科技局组织的、我校承办的"电动汽车"学术论坛举行。

2004年9月,学校成立强磁场重大科技基础设施暨ITER人才培养基地,电机系辜承林、于克训任副组长。

2004年10月25日,全国一级学科评估排名发布,电气工程学科评估名列全国第三。

2004年,在教育部"985计划"专项资助、电机国家重点学科建设计划项目支持下,建成电机学实验室,实验用机组为2.2 kW工业标准机组,是当时国内高校容量最大的电机学教学实验机组。在2004年教育部对我校"国家工科电工电子教学基地"的评估验收中,被评定为优秀。

2005年9月20日至21日,英国谢菲尔德大学诸自强教授、澳大利亚悉尼工业大学朱建国教授访问学院并与电机及控制工程系师生交流。

2005年,"电机学"课程被评为湖北省精品课程。

2006年8月7日,学院与我国最大的电机设计、制造基地之一的东方电机集团公司(四川德阳)签订了共建生产实习基地协议。

2006年11月,"电机学"获评国家精品课程,实现了我院国家级精品课程零的突破。

2007年3月14日,教育部学位与研究生教育发展中心2006年全国一级学科评估(排名)结果揭晓,一级学科排名全国前列,全国排名第三。

2007年8月15日至19日,学院承办第二届全国高校电机专业教授联谊活动,全国著名大学电机专业的许多知名教授应邀参加。

2008年8月22日,据校党[2008]66号文件,电机及控制工程系于克训同志任电气与电子工程学院党总支书记。

2008年10月16日,T. A. Lipo院士接受校长李培根院士颁发的聘书,成为我校顾问教授。T. A. Lipo是世界电机及驱动界著名学者,IEEE Fellow,美国国家工程院院士,美国威斯康星大学功勋教授。

2008年10月17日至20日,电机及控制工程系成功承办第十一届国际电机与系统会议(ICEMS 2008),如图3所示。辜承林老师为大会主席,周理兵老师为大会执行主席,杨凯为大会秘书长,李达义为大会执行秘书长。会议在武汉市香格里拉大饭店举行,由中国电工技术学会(CES)、国家自然科学基金委员会(NSFC)、韩国电气工程学会(KIEE)和日本电气工程学会(IEEJ)联合主办。会议得到IEEE工业应用学会(IEEE-IAS)、工业电子学会(IEEE-IES)和英国工程与技术协会(IET)的技术支持。会议注册代表947人,收到国内外稿件2410篇,录用1046篇,是ICEMS历史上规模最大的一次。

图3　2008年10月电机及控制工程系成功承办第十一届国际电机与系统会议(ICEMS 2008)

2008年10月20日,电机及控制工程系许实章、林金铭、周克定三位教授入选《20世纪中国知名科学家学术成就概览(能源与矿业工程卷)》(见图4)。该书由钱伟长院士任总主编,是新闻出版总署"十一五"国家级重大出版工程,由科学出版社组织实施。

图4　《20世纪中国知名科学家学术成就概览(能源与矿业工程卷)》封面

2008年,电机及控制工程系周理兵教授获学校"三育人奖"。

2008年,"电机学课程团队"被评为湖北省"电机系列课程"教学团队。

2008年12月18日,学校成立启明学院第一届实验班教学专家组,周理兵教授被启明学院聘为电气类实学创新实验班教学专家。

2008年,电气与电子工程学院评选出2007—2008学年度先进教育工作者20名。受学院表彰的电机及控制工程系先进教育工作者是辜承林、李达义、周理兵(优秀教师班主任)。

2009年5月19日,美国麻省理工学院电气与计算机工程系博士邱亦慧来访,邱亦慧为我系93级院友。

2009年6月11日,GE公司全球研发中心高级专业工程师曲荣海博士访问学院与电机及控制工程系,为师生做"新型风力发电机的技术分析与市场前景"专题讲座。

2009年9月17日,教育部和国务院学位委员会公布2009年全国优秀博士学位论文评审结果,电机及控制工程系张勇博士的论文《计算电磁学的无单元方法研究》(指导教师邵可然教授)入选,实现学院全国优秀博士论文"百优"零的突破。张勇,2002年9月师从于邵可然教授,2006年12月获博士学位。

2009年11月19日,湖北省教育厅公布2009年湖北省高等学校教学成果奖获奖项目,由电机及控制工程系辜承林老师牵头的"具有国际竞争力的电气学科本科生培养体系的研究与实践"获二等奖。

2010年,新型电机湖北省工程研究中心被湖北省发展改革委认定为湖北省工程研究中心。

2010年3月2日至3日,电机及控制工程系杰出校友东方电机有限公司贺建华总经理一行访问我校,接受段献忠副校长颁发的兼职教授聘书。

2010年7月7日,"电机系列课程教学团队"入选国家级教学团队。该团队现有院士1人、教授8人(均为博士生导师)、副教授10人,团队负责人是电机及控制工程系陈乔夫教授。"电机系列课程教学团队"主要从事新型电机及其控制系统的研究工作,负责培养电机及控制领域的本科生、研究生和博士后。团队负责人:陈乔夫,团队成员包括樊明武、陈乔夫、于克训、熊永前、周理兵、王雪帆、辜承林、詹琼华、黄声华、李亮、韦忠朝、杨凯、李达义、万山明、王双红、邵可然、陈德智、许强、彭涛、孙剑波、叶俊杰、尹仕、胡玮、夏胜芬、吴芳。

2010年8月25日,2009年度国家级人才计划入选者曲荣海教授回国到电机及控制工程系工作。

2010年11月5日,东方电机有限公司贺建华院友作客"电气精英讲座"。院友贺建华是大型电机专家,于1990年获得华中理工大学电机专业硕士学位(导师马志云教授),时任东方电气集团东方电机有限公司总经理。

2010年11月8日,中国工程院院士、著名电机工程专家饶芳权教授到学院访问,为师生做了题为《电气学科的今昔》的讲座。

2011年8月24日至25日,英国谢菲尔德大学电机与驱动研究中心主任诸自强教授、美国威斯康星大学麦迪逊分校电机及电力电子研究中心主任 Thomas M. Jahns 教授到访。

2011年9月8日,学校工会表彰2011年度师德先进个人,电机及控制工程系周理兵教授光荣入选。

2011年9月15日,学院成立"创新电机技术研究中心",曲荣海任创新电机技术研究中心主任,杨凯、王雪帆任副主任。

2012年2月18日,由湖北省科技厅组织的"基于双绕组转子结构的无刷双馈电动机变频调速系统"科技成果鉴定会召开。中国科学院电工研究所顾国彪院士、上海交通大学饶芳权院士等9名专家组成的鉴定委员会对项目进行了鉴定。鉴定委员会认为,该系统具有变频器容量小、谐波小、系统效率高、功率因数高、可靠性高、维护使用简单等优点,其设计理论及其相关变频控制技术属国际首创,具有国际领先水平。

2012年10月6日,华中科技大学-东方电气集团东方电机技术研究中心成立。东方电气集团党委副书记、常务副总经理张晓仑,东方电气集团东方电机股份有限公司总经理贺建华,上海交通大学饶芳权院士,我校段献忠副校长,程时杰院士,段正澄院士等领导出席会议。段献忠副校长任理事长,周理兵任中心主任。

2013年,陆佳政领衔的"电网大范围冰冻灾害预防与治理关键技术及成套装备"项目获得国家科学技术进步奖一等奖,2022年被评为中国电科院院士(1985年,陆佳政进入华中科技大学电机专业本科学习,1995年博士毕业于华中科技大学电机专业)。

2014年11月22日,学院承办湖北省电工技术学会年会。曲荣海教授做了《大型永磁与超导风力发电机》学术交流报告。

2014年,电机及控制工程系孙剑波、叶才勇、王双红老师分别获评2013—2014学年学校教学质量优秀奖二等奖。

2014年,学院项目"虚拟样机技术在电机学教学中的应用研究"(项目主持人孙剑波),获得湖北省教育厅2013年教学研究项目立项建设。

2015年1月,电机及控制工程系徐伟入选国家海外高层次人才计划。

2015年7月18日,学院成立创新电机技术研究中心企业联盟,并组织召开了第一届学术年会。

2015年11月,学院完成老电机厂搬迁工作。为配合学校整体规划需要,根据学校领导会议要求,限期拆除学校逸夫科技楼南侧的老电机厂。

2015年,电机及控制工程系辜承林、曲荣海和陈德智等3名教授获评研究生课程责任教授。

2016年,电机及控制工程系获批1项国家重点研发计划项目,即"带电粒子'催化'人工降雨雪新原理新技术及应用示范(天水计划)"水资源高效开发利用专项项目,负责人于克训。

2016年,电机及控制工程系获得学校交叉创新团队项目资助。团队负责人是曲荣海,旨在通过校内培育和孵化,承担国家科技计划重大重点项目。

2016年,"电机学"获评首批国家级精品资源共享课程。

2016年12月,由电机及控制工程系于克训教授课题组承担了"十二五"＊＊＊自备电源项目,在项目成果基础上,由韦忠朝、于克训等主编完成了两部兵器行业标准,分别是《＊＊＊自备电源第1部分:设计导则》《＊＊＊自备电源第2部分:输出特性测试方法》,该标准于2016年12月由国家国防科技工业局发布,2017年3月实施。注:＊＊＊为保密,不宜公开。

2017年3月,李大伟博士论文《磁场调制永磁电机研究》获湖北省优秀博士学位论文奖,导师为曲荣海教授。

2017年5月15日,时任电机及控制工程系教师拍摄全家福,如图5所示。

图5　2017年5月电机及控制工程系全体教职合影

人员名单

　　第三排:朱曙微,刘毅,李健,熊飞,徐伟,李达义,孔武斌,叶俊杰;第二排:韦忠朝,吴芳,孙剑波,王晋,叶才勇,李大伟,许强,王双红,谢贤飞;第一排:夏胜芬,周理兵,王雪帆,杨凯,曲荣海,万山明,周红宾,王凌云

2017年8月22日,2017年度湖北省科学技术奖励建议授奖项目公布,电机及控制工程系荣获湖北省科技进步一等奖1项:磁场调制永磁同步交流伺服电机关键技术及应用(完成人:曲荣海、李健、李大伟、杨凯等)。

2017年11月21日,曲荣海教授入选2018年度IEEE Fellow。

2017年12月1日,教育部办公厅公布2017年度高等学校科学研究优秀成果奖(科学技术),电机及控制工程系教师牵头荣获教育部科技进步奖一等奖(专用项目),项目完成人:于克训、潘垣、戴玲、钟和清、李化、马志源、李黎、韦忠朝、张钦、谢贤飞、叶才勇、刘毅、王燕。

2018年,电机及控制工程系教师牵头获得国家科学技术进步奖二等奖1项,湖北省科技进步奖特等奖 1 项,一等奖 1 项。获奖项目:电源技术与成套系统(第一完成单位,完成人:于克训、戴玲、李化、李黎、钟和清、谢贤飞、王少荣),是学校首个专项类国家奖。

2018 年,成立湘电-华中科技大学工程研究中心。

2018 年 1 月 15 日,电气学院李大伟入选中国科协青年人才托举工程。

2018 年 4 月 3 日,学校科技工作总结表彰暨动员部署会在一号楼学术报告厅举行。于克训教授完成的专用项目(入选教育部高等学校科学研究成果奖)获得学校科技奖奖励。

2018 年 7 月,全国直线电机青年论坛在华中科技大学举办,来自全国高校及科研院所青年专家、企业界代表 150 余人参会交流,徐伟教授担任大会主席。

2018 年 9 月,电机及控制工程系李大伟获校"学术新人奖"。

2018 年 9 月 23 日—27 日,IEEE 工业应用协会(IAS)能量转换大会上,电机及控制工程系荣获 IEEE 工业应用协会杰出论文奖 1 篇,获奖者为 15 级博士生谢康福(指导教师曲荣海、李大伟)。

2018 年 9 月 27 日,电机及控制工程系于克训教授参与的教学成果"发挥学科优势,依托班级平台,创建研究型大学电气专业高素质人才培养体系"获得国家级教学成果奖二等奖

2018 年 9 月 30 日,电机及控制工程系孙剑波老师获得 2017—2018 学年度华中科技大学教学质量优秀奖二等奖。

2018 年 10 月,电气学院创新电机技术研究中心曲荣海教授当选 2018 年度 IEEE Fellow,入选 IEEE 工业应用协会 2019—2020 年度杰出讲师。

2018 年 12 月,因在直线电机及驱动系统方面的贡献,徐伟教授当选为英国 IET Fellow。

2019 年,电气大楼开始投入使用,电机及控制工程系主要入住电气大楼 5 楼。

2019 年,电机及控制工程系曲荣海教授团队的专利——《磁场调制型永磁耦合器》获得第 47 届日内瓦国际发明博览会金奖。

2019 年,电机及控制工程系曲荣海获 IEEE 工业应用协会 2019 年度杰出会员奖(Outstanding Member Awards)。

2019 年 5 月,电机及控制工程系徐伟教授在 Springer 出版英文著作 *Advanced Linear Machines and Drive Systems*,这是国际上第一本关于直线电机系统控制策略的著作。

2019 年 7 月 31 日,"开关磁阻电机电控产业化"项目在第五届中国"互联网+"大学生创新创业大赛湖北省复赛中取得成长组第一名的优异成绩,荣获湖北省金奖,并在金奖排位赛的角逐中位列全省第二。

2019 年 10 月 12 日至 15 日,在第五届中国"互联网+"大学生创新创业大赛总决赛中,由电机及控制工程系教师王双红、孙剑波等指导,博士毕业生吴荒原、本科

17级张宝允等完成的参赛项目"开关磁阻电机电控产业化"获得全国总决赛主赛道金奖,创造了电气学院在大学生创新创业竞赛中的最好成绩。

2019年,"＊＊＊主泵机组关键技术及应用"荣获2019年度教育部科技进步奖一等奖,华中科技大学为第一完成单位,电机及控制工程系周理兵教授为第一完成人,王晋老师为参与完成人。

2019年10月25日至27日,年度国家自然科学基金委员会电气学科基金项目交流与研讨会(电力系统领域)在昆明召开,电机及控制工程系李达义教授所主持的面上项目"微网集成柔性电能质量控制器机理研究"获得优秀结题。

2019年12月,由电机及控制工程系杨凯教授负责的"电机学"课程组完成慕课建设,并在中国大学MOOC网站上线。

2020年,电机及控制工程系甘醇研究员入选省部级人才计划;孔武斌老师荣获校"学术新人奖"。

2020年11月,学院举办第一届中国电气工程国际青年会议(CIYCEE)。电机及控制工程系博士生周游(IEEE IAS学生分会东亚地区主席,导师为曲荣海教授)任大会主席。本次会议是电气学院发起的第一个由学生领导的国际学术交流会议,是电气学院研究生学术交流的一次突破。

2020年8月21日,电机及控制工程系"混动系统用高性能双机电端口电机系统研制"项目(指导教师:曲荣海、李大伟)在第十五届中国研究生电子设计竞赛全国总决赛中取得技术竞赛一等奖和MathWorks专项赛一等奖的优异成绩,并进入Top10竞演。

2020年,"主泵机组关键技术及应用"获得2020年度国家科学技术进步奖二等奖。华中科技大学为第一完成单位,电机及控制工程系周理兵教授为第一完成人,王晋老师为参与完成人。

2020年11月14日至15日,电机及控制工程系进行"十四五"规划建设研讨,谋划二级学科的下一个五年发展,电机及控制工程系老中青三代教师齐聚一堂(见图6),从学科发展、人才培养、研究方向等方面,对过去取得的成绩、现在存在的问题、未来谋划的方向进行了系统梳理,为电机及控制工程系未来五年的发展提供了明确的发展方向,学院陈晋书记对本次研讨进行了总结。

2021年5月,电机及控制工程系徐伟教授和刘毅老师在机械工业出版社出版专著《无刷双馈感应电机高性能控制技术》,这是国内第一本系统阐述无刷双馈电机高级控制算法的著作。

2021年6月,在学校双一流公共平台建设经费支持下,更新升级后的电机与拖动实验室荣获全国高校教师教学创新大赛——第六届全国高等学校教师自制实验教学仪器设备创新大赛自由设计类三等奖。

2021年7月,第13届国际直线电机大会(LDIA)在武汉东湖宾馆召开,来自40余个国家的专家通过线上或线下参加了交流,参会人数400余人,录用文章300余

图 6 2020 年 11 月电机及控制工程系全家福

人员名单

后排：韦忠朝、谢贤飞、王双红、孔武斌、万山明、王晋、刘毅、陈曦、许强、甘醇、叶才勇、朱曙徽、叶俊杰、徐伟、孙剑波、王凌云、李大伟、熊飞；前排：李达义、曲荣海、周理兵、黄声华、马志云、陈乔夫、陈晋、于克训、杨凯、夏胜芬

篇，文章总数为大会过去 30 年之最，徐伟教授担任本次大会主席。

2021 年 11 月 27 日，我院"CAEMD 电驱小组"凭借"混动系统用高性能双机电端口电机系统研制"项目（指导教师：孔武斌，李大伟，曲荣海），在"畅想未来"华为智能汽车技术创新创意大赛决赛中表现突出，取得特等奖的优异成绩。

2021 年 12 月 16 日，电机及控制工程系陈乔夫教授和李达义教授团队研制的国内首台架空线不停电融冰装置在清远供电局下属的连州供电局 10 kV 谭岭线来神堂支线升流实验获得成功，实现了不停电融冰升流效果。

2021 年 12 月 17 日至 19 日，2021 年度国家自然科学基金委员会电气学科基金项目交流与研讨会（电机及其系统领域）在武汉召开，电机及控制工程系杨凯教授所主持的面上项目"集成高精度磁电编码器的高可靠笼型永磁转子盘式电机系统关键技术研究"获得优秀结题。

2021 年 11 月 29 日，2021 年度中国电力科学技术奖授奖项目公布，电机及控制工程系杨凯教授牵头荣获中国电力科学技术进步一等奖 1 项：轻量化低脉动直驱永磁电机关键技术及应用（完成人：杨凯、李健、辜承林、熊飞等）。

2021 年 12 月 7 日，电机及控制工程系在电气大楼 A520 特别邀请五位德高望重的前辈（熊衍庆老师、李朗如老师、马志云老师、唐孝镐老师、傅光洁老师（远程））聚在一起回忆电机系的历史，如图 7 所示。

图 7　2021 年 12 月电机及控制工程系新老教师代表共话系史

二、教材建设

华中工学院的电机学科一直处于国内优势地位，这与我院电机学系列教材密不可分。我院电机学教材，起先是翻译苏联电机学教材，后在译本基础上进行改写。1958 年，根据毛泽东主席关于教师还是要狠抓教学的指示精神，电机与电器教研室副主任许实章、熊衍庆、尹家骥等于 1960 年编写了《电机学》教材，1961 年经许实章修订出版，1964 年召开全国电机专业会议，会上确定了电机专业教学计划和教材，并明确了华中工学院的《电机学》教材作为全国电机专业的通用教材，奠定了我院电机学教材在全国电机专业的权威地位。1965 年，仿照哈尔滨工业大学学习时所用的苏联教材，许实章教授主编的《电机学》出版，此版教材体系清晰、由浅入深，按照直流电机、变压器、感应电机、同步电机的顺序编排，该架构也成为后来全国电机学教材逻辑架构的范本。1978 年，机械出版社在天津召开会议，讨论电机学教学计划和教材，确定由华中工学院负责编写《电机学》上、下册（许实章教授任主编），后来该书获 1987 年国家机械工业委员会机电、兵工类全国高等学校专业优秀教材二等奖，是国内影响最大、采用范围最广的电机学教材，至今仍是众多高校和电机工程界的首选参考书。1980 年《电机学》再版。2001 年左右为了适应宽口径人才培养模式的需要，辜承林、陈乔夫、熊永前在老版《电机学》的基础上编了新版《电机学》。由电机及控制工程系教师编写并出版的电机学相关教材如表 1 所示。

表 1　历年出版教材

教材名称	作　者	出版社	出版时间	入选规划或获奖情况
《电机学（上、下）》	华中工学院电机电器教研室编	中国工业出版社	1961	
《电机学（上、下）》修订本	华中工学院电机电器教研室编	中国工业出版社	1963	
《电机学（上、下）》第一版	许实章主编	机械工业出版社	1980	
《电机学（上、下）》修订版	许实章主编	机械工业出版社	1988	国家机械工业委员会优秀教材二等奖
《电机学（上、下）》第二版	许实章主编	机械工业出版社	1990	
《电机学》第三版	许实章主编	机械工业出版社	1996	
《电机学》	辜承林、陈乔夫、熊永前编	华中科技大学	2001	"十一五"规划教材、校优秀教材
《电机学》第二版	辜承林、陈乔夫、熊永前编	华中科技大学出版社	2005	"十一五"规划教材、校优秀教材
《电机学》第三版	辜承林、陈乔夫、熊永前编	华中科技大学出版社	2010	"十一五"规划教材
《电机学》第四版	辜承林、陈乔夫、熊永前编	华中科技大学出版社	2018	
《电力电子学》	贾正春、许锦兴	华中理工大学出版社	1993	
《电力电子学》	贾正春、马志源	中国电力出版社	2002	
《电力拖动及控制系统》	马志源	科学出版社	2004	"十一五"规划教材、校优秀教材奖
《电机瞬态分析*》	马志云主编	中国电力出版社	1998	
《新型电机绕组理论与设计》	许实章著	机械工业出版社	2002	
《异步电动机设计手册》	傅丰礼、唐孝镐主编	机械工业出版社	2002	
《实心转子异步电机及其应用》	唐孝镐、宁玉泉、傅丰礼	机械工业出版社	1992	
《机电动力系统分析》	辜承林编著	华中科技大学出版社	1998	
《开关磁阻电动机》	詹琼华	华中理工大学出版社	1992	
《电机学实例解析》	龚世缨、熊永前	华中科技大学出版社	2001	

续表

教材名称	作　者	出版社	出版时间	入选规划或获奖情况
《互感器电抗器的理论与计算》	陈乔夫、李湘生	华中理工大学出版社	1992	
《变压器的理论计算与优化设计》	李湘生、陈乔夫	华中理工大学出版社	1990	
《电磁装置设计原理》	李朗如、陈乔夫、周理兵	中国电力出版社	2017	
《工程电磁场数值计算与理论分析》	李朗如、王晋	中国电力出版社	2019	
《现代英汉-汉英电力电子技术词典》	龚世缨,郭熙丽编著	中国地质大学出版社	1999	
《电机学(第四版)学习指导与习题解答》	熊永前	华中科技大学出版社	2018	
《现代电机设计》	程福秀,林金铭等	机械工业出版社	1993	
《无刷双馈感应电机高性能控制技术》	徐伟、刘毅著	机械工业出版社	2020	

* 普通高等学校电力工程类专业教学指导委员会推荐使用教材。

三、领军人物和重要科研成果

1. 林金铭教授科研成就及其大型同步电机

林金铭,福建莆田人,1919年3月—2000年10月,教授,我国大型汽轮发电机理论及设计规程的奠基人之一,对电机的电磁理论和设计,特别是对中频电机和汽轮发电机具有深入研究,1981年国务院任命的全国首批博士生导师。1940年毕业于武汉大学电机系。1946年至1949年在英国学习、工作。1949年回国,历任武汉大学副教授,华中工学院副教授、教授、电机系主任、图书馆馆长、能源研究中心主任,高等学校电工技术类专业教材编审委员会主任委员,原全国人大代表、湖北省人大常委会副主任、民盟湖北省主任委员、民盟中央常委、国际知名电机工程专家。1984年12月任武汉电工技术学会顾问,1985年1月,林金铭任电力工程系名誉系主任。1991年10月17日至20日,华中理工大学举办为期三天"国际电机学术讨论会",林金铭教授担任会议组织委员会主席。20世纪70年代,为我国自行设计60万千瓦汽轮发电机提供了负序电流、阻尼绕组、运行圆图专论。撰有《我国汽轮发电机系列自行设计的若干问题》《氢冷汽轮发电机运行容量曲线的绘制》等论文。主译《机电动力学》，专著2部。

20世纪80年代，林金铭教授多次走出国门，访问、考察、讲学、学术交流，到访了11个国家20余所大学。他先后在电机发源地的英、德等国大力宣讲中国改革开放中电机行业的新成就：1983年，在英国南安普顿大学电机系做《中国电力工业与电机工业发展、回顾与现状》报告；1986年，在联邦德国慕尼黑工业大学电工测量教研室做《中国自动化技术发展现状与理论研究进展》报告；1989年，在英国谢菲尔德大学和巴斯大学做《华中理工大学电机研究工作成就与展望》报告。一系列活动不仅昭示了中国知识分子的风采，更将中国改革开放的巨大成就展现给世界。

2. 许实章教授科研成就及其交流电机绕组理论与新型特种电机

许实章，1920年11月—2005年9月，教授，1981年国务院任命的全国首批博士生导师。长期从事电机的电磁理论、绕组理论研究，1978年主持研制出我国第一台80 MVA六相同步发电机，1981年提出了交流绕组变极的"对称轴线法"，为详细论述该发明而出版的专著《交流电机的绕组理论》获1988年国家教委科技奖进步一等奖，并入选中国科学院编的《中国基础研究百例》一书中。科研项目"谐波起动方法及按该方法起动的电动机"获1986年第二届全国发明展览会银牌，并于1988年取得中国和美国的发明专利权，该发明革掉了传统绕线型感应电动机发生事故的主要根源——集电环和电刷，在世界上首次研制成功高起动特性、高运行性能和高可靠性的绕线型感应电动机。1993年，"谐波起动绕线型感应电动机"获得国家技术发明奖二等奖，如图8所示。谐波起动绕线型感应电动机采用特殊设计的定、转子绕组，实现感应电动机起动性能与运行性能相对独立的分离设计，可以解决传统感应电动机起动性能与运行性能设计上的矛盾，实现优良的起动性能和优良的运行性能，而又无需传统绕线型感应电动机的滑环、电刷、起动电阻器等附加起动装置，其外形与普通笼

图8　谐波起动绕线型感应电动机及其获奖证书

型电动机完全相同。此外,该技术中所用到的绕组变极原理也非常适用于变极同步电机,特别是抽水蓄能同步电机。该成果1993年获国家教委科技进步奖一等奖和国家技术发明二等奖,并被国家科委列为国家科技成果重点推广计划,共获得国内外6项技术发明专利。在此基础上,许实章教授于1995年和1996年相继发明第二代双波起动和第三代三波起动的谐波起动电动机,并将其成功应用于电厂、矿山、冶金、铁路等需要高起动性能和高过载能力的场合,可推广应用于化工、煤矿等既需高起动性能又有防爆要求的场合。该新型电机可以解决许多电力驱动场合"大马拉小车"的问题。经现场实际运行验证,新型谐波起动电机兼具高起动性能和强过载能力,节能效果显著。

许实章老师所提出的绕组理论对当时电机教研室的影响巨大,直接体现在双馈电机的研究和单绕组变极同步电机的研究两个方面。

在双馈电机的研究方面,于克训老师和王雪帆老师继承并创新电机绕组方面的研究,在有刷双馈电机和无刷双馈电机领域取得了一系列成绩。在无刷双馈电机方面,首创双正弦交流绕组理论及设计方法,突破无刷双馈电机系统多端口耦合及谐波抑制等国际理论难题,发明绕线式无刷双馈电机拓扑,成为世界上唯一规模商业应用的无刷双馈电机系统。相关成果"基于双绕组转子结构的无刷双馈电动机变频调速系统"于2012年2月18日通过湖北省科技厅组织的科技成果鉴定。由中国科学院电工研究所顾国彪院士、上海交通大学饶芳权院士等9名专家组成的鉴定委员会对成果高度评价,认为该电机系统具有变频器容量小、谐波小、系统效率高、功率因数高、可靠性高、维护使用简单等优点,其设计理论及其相关变频控制技术属国际首创,具有国际领先水平。

在单绕组变极同步电机的研究方面,在许实章老师的带领下,电机教研室马志云、李朗如教授为适应水头变化,在抽水蓄能机组、水泵用电机中采用变极调速以提高机组效率,优化水机运行条件。该变极同步电机定子用一套绕组通过改变端部联结达到两种极数的目的,转子采用大小极和等极的丢极、并极方法实现绕组变极。此后,电机教研室于1969年和上海电机厂合作成功研制江都三泵站16台1600/700 kW、24/48极发电/电动机,于1970年投入运行至今。20世纪70年代末,受原机械部委托,针对潘家口原规划100 MW、36/40极发电/电动机进行了系统的理论研究,并制成130 kVA、18/20极发电/电动机立式模拟试验机组,现存于电机楼试验大厅,是目前国内唯一的模拟实验研究用变极调速抽水蓄能机组。1997年,电机系教师与东方电机厂成功研制了国内首台40 MW、36/40极变极发电/电动机,用于响洪甸抽水蓄能机组,从1999年开始投入运行至今。该机组定子采用单绕组变极,转子采用大小极变极,是目前国内外功率最大的定子单绕组变极同步电机,具有完全自主知识产权,如图9所示。

3. 周克定教授科研成就及其同步发电机带电压校正器的复式励磁装置

周克定,男,湖南湘阴人,1921年6月—2015年4月,教授,著名工程电磁场专

图 9　单绕组变极同步电机

家,中国民主同盟盟员,我国工程电磁场数值计算的主要开拓者之一。1981年国务院任命的中国首批国家学位委员会评选的博士生导师之一。1946年毕业于武汉大学电机工程系。在工程电磁场理论与数值计算方面提出"加权余量法"和"电磁场边界元分析法",使电磁场理论与数值计算取得突破性进展,其理论在国内外处于先进水平。出版专著3本、教材4本,在国内外发表科技论文200多篇,其中主编的专著《工程电磁场数值计算的理论、方法及应用》体现了工程电磁场方面的国际前沿水平,在国内是当时出版物中该学科内容最完整、水平最高的专著之一,被国家教委评为全国高校出版系统优秀学术著作。合编《电机电磁场的分析与计算》,著有《工程电磁场专论》《电工数学》。获国家教委科技进步奖一等奖1项,三等奖2项,中国高校自然科学奖一等奖1项。周克定教授执教56周年,为我国电磁学界和电气工程界培养了大批高层次人才,为开创我国工程电磁场教学和科研的新局面作出了贡献。1955年,周克定与中科院机电研究所合作完成了"同步发电机带电压校正器的复式励磁装置"课题,其研究成果被中国科学院评为1955年最佳科研成果之一。1956年6月,与湘潭电机厂(448厂)合作了"电机放大机理论与实验研究",试制成功新产品并完成实验分析报告,此报告被列为当年9月在浙江大学召开的全国"电机放大机"学术讨论会学术报告首篇,与会者围绕其热烈讨论了近两天,次年浙江大学和中国电气科学研究院合作编辑出版的《电机放大机论文集》仍将该报告列于首篇。1956年11月,应448厂再次要求合作研制"磁放大器"。这是周克定教授在1953—1955年与中国科学院长春机电研究所合作研究同步发电机复式励磁装置中最重要的一个非线性元件,它的结构是一个环形铁心,缠绕有分别通直流和交流的两套绕组。经过反复探索研究,采用柔性反馈来提高装置品质系数可取得特别良好效果。样机制成后,绘制出多张瞬态和静态特性图,并交给厂方参考。此外,周克定教授与电机教研室大电机科研组同志合作的"潘家口蓄能电机附加损耗的分析计算"亦取得了阶段性成果。

邵可然老师继续周克定教授的研究成果进行电磁场数值计算理论方法及其在电

机设备中应用的科研和教学工作，主要包括电磁设备物理场（包括电磁场、温度场、流速场和力场等）的理论、数值模拟及其应用。邵可然老师曾在加拿大多伦多大学访问进修，回国后承担了国家自然科学基金、国家教委优秀年轻教师基金和高等学校博士学位点专项科研基金等多项研究项目，其工程电磁场边界元分析法的理论及应用获得国家教委科技一等奖，大型变压器漏磁场及其附加损耗的研究获得1992年国家教委科技进步奖三等奖，并在IEEE磁学汇刊上发表系列论文。2009年9月17日，邵可然教授所指导的博士生张勇博士凭借论文《计算电磁学的无单元方法研究》入选教育部和国务院学位委员会批准年度全国优秀博士学位论文，标志着我院全国优秀博士论文"百优"取得了零的突破。

4. 功率步进电机——交流伺服的发展历程

1958年，郭功浩、陶醒世等教师带领张城生、杨政等学生，成功研制出我国首批伺服步进电机，并参加了1959年德国莱比锡国际博览会。1959年10月，电机教研室许锦兴老师给建国十周年献上一份厚礼——我国首批"步进电动机"研制成功，这一控制电机领域的科研成果在北京高等教育部科研成果展览期间经专家鉴定其性能达到当时的国际先进水平并在数字程序控制机床中运行状况良好，被选为代表国家的优秀科研成果送到德国莱比锡国际博览会展出。1960年5月，《华中工学院学报》上全文发表了研制"步进电动机"的论文集（专集）。1960年左右，步进电动机及其数字程序控制机床等研究工作取得重大成果，电机教研室许锦兴老师凭借在步进电动机控制装置方面取得的成果荣获了国家发明奖三等奖。1975年，因我国开发数控机床的急需，机械工业部组织全国有关单位（包括研究所、高校、微电机厂、机床厂等）开展"功率步进电机"攻关项目的研发，西安微电机研究所为组长单位，由其所长牵头，电机教研室为副组长单位，由傅光洁牵头。其中，金振荣、陶醒世、傅光洁承担功率步进电机系列的设计研制，许锦兴、贾正春承担驱动电源的设计研制（贾正春是科研秘书），获得机械工业部全国科技大会奖。在此之后，系列功率步进电机成为我校电机厂的主打产品，畅销全国，为我校后续的上市公司打下重要基础。

高性能交流伺服系统是实现数控技术的关键部件，此后又发展出交流电机模拟伺服控制和数字控制。电机教研室从20世纪80年代开始从事交流伺服系统的研究，承担了多项国家级课题（包括国家"八五"科技攻关、国家自然科学基金重点项目等），成功研制出了DA98、EP100系列全数字交流伺服系统，广泛应用于数控机床、机器人、火炮、雷达跟踪等自动化设备中。在伺服驱动器控制算法上，发展和研究了在线参数辨识、惯量自动辨识、谐振和振动抑制、数字电流环控制、模型跟踪前馈、自动机械分析，以及龙门同步、摩擦凸点补偿、自抗扰观测器等关键算法与专用技术。在伺服电机本体方面，通过低齿槽转矩永磁同步电机研究和关节机器人用永磁同步电机研究，掌握了先进的伺服电机设计和制造技术，形成机座号40、60、80、110、130、

180 及中惯量 M 系列、高惯量 G 系列、新一代 I 系列等系列产品,远销国内外多个国家和地区,在行业内影响深远。

5. 电源技术与成套系统

2017 年 12 月 1 日,教育部办公厅公布 2017 年度高等学校科学研究优秀成果奖(科学技术),学院电机及控制工程系教师主持的项目荣获教育部科技进步奖一等奖:内部公示项目。

2018 年,"电源技术与成套系统"获得国家科学技术进步奖二等奖 1 项,湖北省科技进步奖特等奖 1 项、一等奖 1 项,是学校首个专项类国家科学技术进步奖(见图 10)。

6. ＊＊＊主泵机组关键技术及应用

主泵是核反应堆的"心脏"。我系周理兵、李朗如、王晋等老师经长期研究,首创了一种新型主泵电机,突破了主泵机组高可靠、高性能和长寿命等关键技术,解决了重大装备发展的"卡脖子"难题,引领了我国特种主泵机组技术的进步。相关成果获 2019 年教育部科技进步奖一等奖和 2020 年国家科学技术进步奖二等奖(见图 10、图 11)。

图 10 "电源技术与成套系统"荣获国家科学技术进步奖二等奖

图 11 "主泵机组关键技术及应用"荣获国家科学技术进步奖二等奖

7. 磁场调制电机理论与拓扑

华中科技大学曲荣海教授团队在磁场调制电机理论与拓扑方面进行了深入的研究和探索,2014 年获批国家自然科学基金委重点项目——磁场调制永磁电机系统基础理论及应用技术研究,入选 ESI 高被引论文。2017 年基于在磁场调制分数槽集中绕组永磁伺服电机研发与应用方面成果获评湖北省技术进步一等奖。2019 年,团队研发的磁场调制永磁耦合器获评日内瓦国际发明展金奖;团队与同行基于磁场调制永磁伺服电机成功联合申报国家自然科学基金重大项目,同年国家自然科学基金委将磁场调制电机设置为电机领域与同步电机、异步电机等并列的新研究方向。2020 年,获评中国电工技术学会科学技术发明奖一等奖,组建中国电工技术学会磁场调制电机专委会。

8. 主要科研成果统计

主要科研成果如表 2 所示。

表 2 主要科研成果奖励统计(1978—2021 年)

序号	成果名称	学院参与工作的完成者	获奖名称
1	100T 电动螺旋压力机	黄念森 唐孝镐 宁玉泉	1986 年国家教委科技进步奖二等奖
2	高效节能电动机	杨赓文 张城生 冯信华 杨长安	1986 年国家教委科技进步奖二等奖
3	GZX-1 型 100 kA 系列高精度直流大电流测量校验仪	任士焱 贾正春	1986 年机械部科技进步二等奖
4	100T 电动螺旋压力机	黄念森 唐孝镐 宁玉泉	1986 年辽宁省科技进步奖三等奖
5	大功率交流脉冲发电机	许实章 何全普 李朗如 马志云 戴晓宁	1987 年国家级科技进步奖三等奖
6	直流大电流现场测量校验仪	任士焱 贾正春	1987 年国家技术发明奖三等奖
7	交流电机的绕组理论	许实章	1987 年国家教委科技进步奖一等奖
8	YDT 系列风机、泵用变极变速节能电动机	冯信华 杨赓文 张城生	1987 年湖北省科技进步奖三等奖
9	工程电磁场边界元分析法的理论及应用	周克定 邵可然	1988 年国家教委科技进步奖一等奖
10	VA、VB 系列三相异步振动电机	宁玉泉 唐孝镐	1988 年湖北省科技进步奖三等奖
11	变压器优化设计软件	李湘生 陈乔夫 楚方求	1989 年湖北省科技进步奖二等奖
12	新型锥型绕线转子异步电动机	冯信华 任应红	1991 年国家教委科技进步奖三等奖

续表

序号	成果名称	学院参与工作的完成者	获奖名称
13	电气铁道变电所关键设备（十字交叉牵引变压器研制）	李湘生 陈乔夫	1991年国家重大技术装备成果奖二等奖
14	T2S系列（H160～H200）三相同步发电机	熊衍庆 马志源 周海云	1991年湖北省星火奖三等奖
15	换向变极电机绕组设计方法	张城生	1992年国家技术发明奖三等奖
16	大型变压器漏磁场及附加损耗的研究	周剑明 邵可然 周克定	1992年国家教委科技进步奖三等奖
17	电动起动绕线型感应电动机	许实章 王雪帆 于克训 何传绪	1993年国家技术发明奖二等奖
18	变压器优化设计软件的推广应用	陈乔夫 李湘生 楚方求	1993年国家教委科技进步奖三等奖
19	谐波起动绕线型异步电动机	许实章 王雪帆 于克训 何传绪	1993年国家教委科技进步奖一等奖
20	ZDR系列锥型绕线转子制动三相异步电机	冯信华	1993年湖北省科技进步奖三等奖
21	TW220-8无换向器电机及变频调速装置	马志源 黄声华	1995年广东省科技进步奖一等奖
22	新型绕线型转子变极异步电动机	王雪帆 韦忠朝	1995年国家教委科技进步奖二等奖
23	电力变压器铁心磁场、损耗和温度场数值计算的理论、方法与应用	辜承林 周克定 李朗如	1995年国家教委科技进步奖三等奖
24	模拟式交流伺服系统	贾正春 许锦兴 金振荣	1995年国家教委科技进步奖三等奖
25	实心及复合转子异步电机理论与应用	宁玉泉 唐孝镐 付丰礼 林金铭 张明玉 刘少克	1995年国家教委科技进步奖三等奖
26	大型工程电磁场及电磁力综合数值计算理论及应用	陈贤珍 阮江军 张炳军	1996年国家教委科技进步奖三等奖
27	VB系列（IP54）三相异步振动电机(973090-D2)	宁玉泉 唐孝镐	1997年湖北省科技进步奖三等奖
28	GDY-1型光电式大轴弯曲测量仪	黄声华	1999年甘肃省科技进步奖二等奖

续表

序号	成果名称	学院参与工作的完成者	获奖名称
29	大型三相隐极迭片转子同步电动机研制（9905057-02）	周理兵 李朗如 马志云	1999年国家机械局科技进步奖二等奖
30	感应电动机节能保护起动器（99-133）	龚世缨 黄声华 何全普 甘新东	1999年教育部科技进步奖一等奖
31	发电机转子匝间短路全工况在线运行监测及诊断方法研究	周理兵	2001年湖北省科技进步奖一等奖
32	发电机微机综合测试及专家诊断系统研究	熊永前	2001年湖南省科技进步奖二等奖
33	负序和谐波对发电机影响和危害研究	周理兵	2001年湖南省科技进步奖三等奖
34	电磁场涡流问题的数值模拟（2000-039）	邵可然 周克定 陈德智 余海涛 马齐爽 杨锦春	2001年中国高校自然科学奖一等奖
35	一种交流变极电机	王雪帆	2001年中国专利金奖
36	开关磁阻电机的理论研究与实践	詹琼华 郭伟 马志源 王双红 常国强 吴建华	2002年中国高校自然科学奖二等奖
37	电磁场与波分析中半解析法的理论研究（2003-037）	闫照文	2003年教育部科技进步奖一等奖
38	复合绕线型变极感应电动机技术应用	王雪帆 舒迪宪 韦忠朝	2003年湖北省科技进步奖二等奖
39	低能粒子加速器虚拟设计（2004J-240-1-029-010-R01）	樊明武 余调琴 熊永前 陈德智 董天临 熊健 秦斌 洪越明 邓昌东 张黎明 吕剑峰	2004年湖北省科技进步奖一等奖
40	无刷无铁心直流永磁盘式电动机（第二单位）	辜承林	2006湖北省技术发明奖
41	工程电磁场数值计算方法及其应用	邵可然 陈德智 张勇 余海涛 马齐爽	2007年湖北省自然科学奖二等奖
42	高压固态软起动装置	黄声华	2009年湖北省科技进步奖三等奖
43	一种高压大型无滑环绕线转子感应电动机	王雪帆	2009年武汉市科技进步奖二等奖
44	基于双绕组转子结构的无刷双馈电动机变频调速系统	王雪帆 韦忠朝 王怡华 舒迪宪 宁国云 于克训 吴临元 熊飞 曾贤杰 智刚	2012年湖北省科技进步奖二等奖

续表

序号	成果名称	学院参与工作的完成者	获奖名称
45	船舶轴带无刷双馈发电系统	王雪帆 舒迪宪 韦忠朝	2016年度中国电工技术学会科学技术奖三等奖
46	电动汽车驱动电机系统	曲荣海 李健 刘洋 张斌 陈羽 汪皓 柳惠忠	2013年中国产学研合作成果奖
47	新能源汽车用开关磁阻电机及其控制器系列化技术应用研究	王双红 王学军 吴荒原 闫林 詹琼华 孙剑波 赵建培	2015年中国商业联合会服务业科技创新奖一等奖
48	北极风暴JFB10	于克训（第五）	2016年国防科技进步奖二等奖
49	北极风暴JFB10	于克训（第五）	2016年中国兵器工业集团科学技术奖励进步奖一等奖
50	磁场调制永磁同步交流伺服电机关键技术及应用	曲荣海 宋宝 李健 李大伟 孔武斌	2017年湖北省科技进步奖一等奖
51	内部公示	于克训等	2017年教育部科技进步奖一等奖
52	内部公示	于克训等	2018年国家科学技术进步奖二等奖
53	开关磁阻电机电控产业化	吴荒原、本科17级张宝允，指导老师：王双红、孙剑波	2019年第五届中国"互联网+"大学生创新创业大赛总决赛主赛道金奖
54	高频三维磁场调控磁约束聚变托卡马克磁流体不稳定性关键技术及应用	于克训	湖北省科技进步奖一等奖
55	＊＊＊主泵机组关键技术及应用	周理兵 王晋	2019年教育部科技进步奖一等奖
56	主泵机组关键技术及应用	周理兵 王晋	2020年国家科学技术进步奖二等奖
57	磁场调制电机系统关键技术及应用	曲荣海 李大伟 高玉婷 任翔 孔武斌	2020中国电工技术学会科学技术奖一等奖
58	轻量化低脉动直驱永磁电机关键技术及应用	杨凯 李健 辜承林 熊飞	2021中国电力科学技术奖一等奖
59	高转矩低脉动直驱永磁电机关键技术及应用	杨凯 李健 辜承林 熊飞	2021年湖北省科技进步奖一等奖
60	高能固体激光武器设计与测试标准（系列）	韦忠朝	2022年国防科技进步奖二等奖

四、电机系平台建设

1. 学科平台建设

电机及控制工程系（电机教研室）在保持电机绕组理论及应用、工程电磁场理论与计算及电机传动与控制等传统优势研究方向的基础上，在新型特种电机研究领域形成新的特色。

系所于 1989 年获准建立国家专业实验室"新型电机国家专业实验室"，是国内电机学科迄今为止唯一的国家级专业实验室，首任实验室主任为许锦兴教授。

2007 年 8 月，"新型电机与特种电磁装备教育部工程研究中心"由教育部批准立项建设，并于 2018 年 7 月验收通过，首任中心主任为辜承林教授。中心围绕新型电机与特种电磁装备技术的共性问题开展研究，重点针对新型电机理论与应用、电气传动与伺服控制、新能源发电与电源技术和特种电磁装置理论及应用等四个方向进行研发及成果转化。通过技术开发及工程化平台环境建设，构筑面向新型电机与特种电磁装备技术的科研平台，建立并完善工程化、产业化的体制及运行机制，力争建设成为国内领先、具有国际竞争力的新型电机与特种电磁装备技术研发和产业化基地。

2010 年，湖北省发展与改革委员会批复由华中科技大学、武汉华大新型电机科技股份有限公司和东风电动汽车股份有限公司等一起建设"新型电机湖北省工程研究中心"，首任中心主任为周理兵教授。2013 年，经电机及控制工程系研究，在原湖北省工程研究中心基础上，进一步申报"新型电机技术国家地方联合工程研究中心（湖北）"，于 2013 年获批，批复见鄂发改高技（2013）824 号文件《省改革委转发国家发展改革委关于 2013 年国家地方联合工程研究中心（工程实验室）的批复的通知》，并于当年完成授牌，首任中心主任为杨凯教授。"新型电机技术国家地方联合工程研究中心"依托华中科技大学及武汉华大新型电机科技股份有限公司，建设目标是：紧密围绕我国电力、交通、船舶、冶金等行业以及国防对新型电机的迫切需求，发挥与国内企业联合的产、学、研相结合的优势，通过环境建设，构筑起面向新型电机的研发和工程化平台，建立并完善产业化的体制及运行机制，建设成为国内领先、具有国际竞争力的新型电机技术研发和产业化基地。建设地点在武汉东湖新技术开发区内。

2. 电机楼建设情况

电机专业早期实验条件较为有限，主要场所为：在建校时由当时全国五所大学的电机实验室合并而成的原电机实验室，供电机学教学试验、少量的小电机科研实验以及当时迫切需要的中型电机（卧式、立式）的研究实验；"文革"前，基于陈传赞老师所提出的变极调速电机合建了电机研究室。

"文革"结束后，电机教研室教师思想活跃，以迫切的心情投入到为国家及行业的工作中,教研室的科研水平得到快速发展。随着教学、科研任务的不断加重,原有的用房及设施已经不能满足需要,难以进行科研所需的大、中、小各功率等级的必要实验,部分教师甚至要等到发电厂不发电的时候才能做实验,迫切需要学校资助新建实验室。具体原因归纳如下:①科研急需开展中型电机的有关开发实验(当时部分实验只能等待电站大检修时才能进行);②第一批硕士研究生1978年开始入校,需要开展课题相关的电机研究实验;③电机教研室的教学、科研用房一直紧张,而且分散在西二楼、西三楼;④电机专业方向没有具有专业特色的实用基地(发电方向有"动模",高压方向有"高压实验室");⑤本专业不具备支持建设实验楼经费的外援单位(发电方向有电网局,高压方向有国家高压所)。

电机教研室抓准时机争取学校经费支持,傅光洁和李朗如老师牵头撰写报告,详细论述电机楼建设的必要性、可行性,并绘制建设草图,向科研处及朱九思校长积极申请,最终获批由学校出资建设大电机实验室(楼)。实验室原名为大电机实验室,目的是模拟式和卧式的大电机试验,试验机组容量设计为200 kW。后改名为电机研究实验室,分两期建成,在实验楼交接后由李朗如老师带领何传绪、黄念森、刘志军、邱东元等开展实验室的平台建设工作。

在朱九思院长亲自关怀和指示下,电机楼后楼于1980年前后建成并投入使用,耗资约30万。所建设的大电机实验室具有如下重大意义:①重要的研究实验基地,为电机学科平台后续的发展打下基础;②全国唯一;③申请重点学科、重点实验室的重要条件。经过一期建设,1991年左右电机教研室经讨论决定对电机教研室进行改扩建,与"新型电机国家专业实验室"平台配套,扩建总面积约760平方米,共计20个房间,主要用作办公用房,由韦忠朝老师负责组织和落实。该工程于1993年完成勘探、设计和施工,工程费用预算25万元,由电机教研室贾正春、马志云、李湘生、李朗如、冯信华、邵可然从科研经费先期垫资,验收后由学校拨付返还。与此同时,教研室于1986年在世界银行贷款"重点学科发展项目"基础上申报获批"新型电机国家专业实验室"建设,并于1990年开始筹建,由许锦兴、贾正春、韦忠朝负责相关工作并由电机教研室全体老师参与,于1992年开始对仪器设备进行国际招标。2000年,为了适应"新型电机国家专业实验室"发展需要,提出对原电机研究实验室(大电机实验室)进行改造,将原试验大厅、电源室和科研用房进行部分加层、加固,对地面和墙面进行改造和装修,该工程由华中科技大学建筑设计研究院设计,湖北省第五建筑工程公司施工,项目于2001年4月验收。为了研究高速电机,满足电机及控制工程系科研需要,从于克训教授科研经费中出资人民币100余万,韦忠朝副教授组织完成了电机及控制工程系"高速电机实验室"建设,该实验室由华中科技大学建筑设计研究院设计,武汉市仁寨绿化工程有限公司施工,2011年完成验收并投入使用。

3. 电机厂建设情况

为了把华中工学院在国民经济中有广阔应用前景的电机及控制工程系两项科研

成果"步进电动机"和"单绕组多速异步电动机"迅速投入生产以应国家建设之急需，1958年，由电机教研室陈传瓒老师创建了华中工学院附属电机厂，决定全力支持华中工学院立项建设"华中工学院附属电机厂"，并通过拨经费、调拨工厂的加工设备、建厂房、提供工厂人员编制指标等政策予以支持。1968年，电机厂在华中工学院图书馆后迅速建起，并作为电机系全资公司。"文革"最初几年，随着校办电机厂1500平方米的厂房完成建设，高等教育部调拨来的各式设备，如立车、各式车床、冲床、磨床、钻床、铣床等陆续到货，一批转业而来的军人经过培训成为技术工人陆续上岗，增加员工100人，校办电机厂成功起步。20世纪70年代初，张城生老师被任命为校办电机厂副厂长，主管技术和整个科研生产。电机厂的发展历经以下几个阶段：1984年，调整为华中理工大学机械厂电机车间（全资企业）；1990年，调整为华中理工大学电子设备厂电机分厂；1993年调整为华中理工大学新型电机厂。近二十年来，电机厂成为电机及控制工程系专业建设的重要科研基地，在这里研发出的多项科研成果获得了国家科技发明奖或科技进步奖，从厂里生产出的一批批"步进电动机"产品和"单绕组多速异步电动机"产品源源不断地输送到全国各地，在国家建设中发挥着重要作用。与此同时，以"华中工学院电机厂"为研发基地所研制的多项科研项目取得重大成果："三角星接法的三相正弦绕组及设计"在全国的推广应用中获得显著经济效益，于1985年12月荣获国家科技发明奖三等奖，华中工学院张城生为第一发明人；"高效节能电机"于1986年5月荣获国家教育委员会颁发的科技进步奖二等奖；"单绕组多速异步电动机"所使用的"换相变极电机绕组设计方法"于1992年10月荣获国家科技发明奖三等奖。2003年，为适应国家大的经济形势变化，电机厂进行国企改制，并更名为"武汉华大新型电机有限责任公司"（国有控股）。2007年，实施股份制改造，股改后的公司名称为武汉华大新型电机科技股份有限公司（国有控股）。2012年，公司国有股东转让与华中数控，公司名称未更改。

电机系与电机厂同脉相连，在电机厂的发展历史中，张城生、金振荣等老师作出了巨大贡献。电机系金振荣老师长期担任电机厂总工程师，并荣获第一届全国科学大会奖、一机部新产品三等奖、高等教育部科学技术进步奖三等奖、湖北省科技成果奖一等奖等奖励。在此期间系所承担了《功率步进电动机及其驱动系统》、湖北省科委攻关课题《交流永磁同步电动机伺服系统——用于丘吉尔CTC5数控车床》、国家科学技术委员会863计划《智能机器人主题——交流伺服系统产品开发》、国家科技部863计划《高响应直线电机及其伺服驱动器的研究与开发》、国家重大技术专项中"高档数控机床与基础制造装备"项目九电机及驱动装置中"课题19全数字驱动装置及交流伺服电机、主轴电机""课题20大扭矩力矩电机及驱动装置"的研发工作等国家重点、重大项目或课题，与电机厂一起为我国国产伺服电机及其驱动器产业发展作出了重要贡献。

附录一 电机系(教研室)历任领导

教研室(系)名称	时间段	书记	主任	副主任	分管
电机电器教研室	1953—1960				
电机电器教研室	1960—1966	张诚生	熊衍庆		1965年黄国标代书记一段时间
电机教研组	1966—1973	徐秀发	熊衍庆		
电机教研组	1974.1—1977.2	傅光洁	熊衍庆		
电机教研室		傅光洁	熊衍庆		
			许实章		
电机教研室	1985.3	周海云(1985-86)	熊衍庆		
				马志云	
				许锦兴	
电机教研室	1986.6	金振荣(1987-88)	熊衍庆		
电机教研室	1990—1994.1	杨长安(89-91)冯信华(92-93)	辜承林		
				马志云	
				唐孝镐	
				陈乔夫	
电机教研室	1994.1—1997.1	于克训	马志源		全面,实验室
				陈乔夫	教学
				贾正春	科研
				邵可然	研究生
电机教研室	1997.2—1998.2	孙亲锡、于克训(副)	马志源		全面
				李开成	科研
				黄冠兵	教学
				辜承林	研究生

续表

教研室(系)名称	时间段	书记	主任	副主任	分管
电机教研室	1998.3—1999.8		于克训	马志源	全面
				黄声华	实验室,学科
				王雪帆	科研
				周理兵	教学
				于克训	研究生
电机教研室	2000.3	于克训			
电机及控制工程系	2001.9	王雪帆	于克训	黄声华	委员:韦忠朝,于克训
				陈德智	
				王雪帆	
电机及控制工程系	2006.6—2011.6	王雪帆	周理兵	杨凯	
				陈德智	
				熊永前	
				韦忠朝	
电机及控制工程系	2011.6—2014.9	王雪帆	杨凯	熊永前	委员:周红宾,韦忠朝
				陈德智	
				韦忠朝	
电机及控制工程系	2014.10—2017.1	王雪帆	杨凯	韦忠朝	
				孙剑波	
				李达义	
电机及控制工程系	2017.1—2019.10	王晋	曲荣海	李健	李大伟,熊飞
				孙剑波	
				李达义	
电机及控制工程系	2019.11至今	孔武斌	李达义	王双红	熊飞,谢贤飞
				孙剑波	
				李大伟	

附录二 熊衍庆老师人物纪

熊衍庆,1933年出生,1956年加入中国共产党,曾担任电力系电机教研室主任,长期工作在教学第一线,参加编写的全国统编教材《电机学》曾获得机电部优秀教材二等奖,自20世纪70年代末至今,积极在技术上扶植地方国营企业,效益显著,1993年"七一"前夕,他被评为优秀共产党员。

熊衍庆老师的自白(见图12,来自《华中理工大学周报》1993年6月6日):

图12 熊衍庆老师自白

做基层干部,首先必须要求自己不以权谋私,这样才能腰杆硬,说话有威信。

我的工作态度是,既然承担了这项工作,就要尽其所能做好,我的工作作风是,雷厉风行,认准了就干。

我在教研室副主任、主任的岗位上干了很多年,我的最大心愿是,我校电机专业跻身全国前列。现在我退下来了,可以聊以自慰的是,我已如愿以偿,我们的专业成了全国重点学科,我们有了全国重点实验室。

得到同行认可,难!保持现有地位,更难!我们寄希望于教研室的年轻人,他们知识结构合理,敢闯敢干,因此,当务之急是为他们创造条件,把他们推上去。

对我一生影响最大的人,是我的中学时的校长邓仲禹先生,是他引导我走上革命道路;他的以身作则,无私无畏的风范也熏陶了我们。

国家的繁荣,时代的进步,需要一部分人做出牺牲,教师就是一种奉献多于索取的职业。

熊衍庆老师连续担任电机教研室主任达30余年,多年来为了电机教研室和专业的建设发展,他不遗余力。为此,他参加过多少会议,填过多少表格,找过多少同志谈心,做了多少具体而又繁杂的工作,恐怕谁也难以统计。30余年来,电机专业相继建立了博士点、重点学科、国家级重点专业实验室,成为全国同行中一支不可低估的生力军,这些无不倾注着熊衍庆同志大量心血,可他自己却因过度操劳而体弱多病,由于长期的行政社会工作挤占了大量宝贵时间,他的职称和工资要低于和他同届的不少同志,熊衍庆同志毫不计较这些切身利益,一门心思扑在教研室建设上,甘为人梯,表现了人民教师甘为"孺子牛"的高尚情操(来自《华中理工大学周报》1990年2月24日,弘扬"老黄牛"精神,提倡争当"无名英雄",http://210.42.109.193/platform/search/detailView.htm? rsdaId=1331569648001931)。电机教研室、电机专业的所有成绩和成就都和他的辛苦付出分不开的,熊衍庆老师是一个不为个人名利一生贡献给电机专业的大家公认的德高望重的好领导。(资料来自华中科技大学档案馆电子报刊数据库:http://210.42.109.193/)

附录三 电机系(教研室)历年人员名录

序号	姓名	入职时间	主要研究方向/主讲课程	其他
1	文斗	1953	电机理论及其控制	
2	陈传瓒	1953	电机及其控制	
3	黄念森	1953	电机及其控制	
4	蒋定宇	1953	电机及其控制	1958年返回湖南大学
5	李再光	1953	电子工程和激光技术	
6	林金铭	1953	电机的电磁理论和设计	
7	蒙盛文	1953	电机及其控制	
8	蒙万融	1953	电机及其控制	
9	许实章	1953	绕组理论	
10	杨赓文	1953	电机理论及其控制	
11	叶朗	1953	电机理论及其控制	
12	尹家骥	1953	电机理论及其控制	
13	禹玉贵	1953	电机理论及其控制	
14	周克定	1953	工程电磁场	
15	朱木美	1953	电机与电器	
16	左全璋	1953	电机与电器	
17	杨启之	1983	电机与电器	
18	何传绪	1955	电机与电器	
19	郭功浩	1955	电机与电器	

续表

序号	姓名	入职时间	主要研究方向/主讲课程	其他
20	李朗如	1956	电机和电磁场理论	
21	李湘生	1956	变压器/互感器	
22	马志云	1956	大型同步电机	
23	何全普	1957	电机与电器	
24	陶醒世	1957	电机控制	
25	熊衍庆	1958	电机设计	
26	傅光洁	1958	步进电机和直线电机	
27	李国英	1958	电机与电器	
28	张瑞林	1958	电机与电器	
29	韦宋明	1959	电机与电器	
30	陈贤珍	1960	电机与电器	
31	金振荣	1960	伺服电机设计	
32	邱东元	1960	电机与电器	
33	唐秋生	1960	电机与电器	
34	唐孝镐	1960	电机及其控制	
35	詹琼华	1960	开关磁阻电机研究	
36	张城生	1960	电机及其控制	调离去广东工业大学
37	磨长镇	1960	电机与电器	
38	向汉运	1960	电机与电器	
39	杨政	1960	电机与电器	调离去了华南理工大学
40	黄志炜	1960	电机与电器	
41	冯信华	1961	电机与电器	
42	许锦兴	1962	电机控制	
43	王世清	1964	电机与电器	
44	周永钧	1964	电机与电器	
45	贾正春	1965	电力电子与电力传动	
46	刘志军	1967	电机实验指导	
47	龚世缨	1968	电机控制	
48	杨长安	1969	风力发电机	

续表

序号	姓名	入职时间	主要研究方向/主讲课程	其他
49	杨仲明	1970	电机与电器	
50	周海云	1970	电机与电器	
51	贺临质	1971	电机与电器	
52	吴利华	1971	电机与电器	
53	徐鸿	1971	电机与电器	
54	徐建芳	1973	电机与电器	
55	戴晓宁	1974	电机与电器	
56	任应红	1974	电机与电器	
57	龚守相	1975	电机与电器	
58	李瑞值	1976	电机与电器	
59	杨为国	1976	电机与电器	
60	陈定来	1978	电机与电器	
61	陈完来	1978	电机与电器	
62	董天临	1978	电机与电器	
63	宁玉泉	1978	大型电机电磁设计	
64	陈乔夫	1980	变压器理论和电能质量	
65	邵可然	1980	工程电磁场理论及应用	
66	黄念琴	1981	电机与电器	
67	马志源	1981	电力电子、电力拖动	
68	叶红	1971	电机与电器	
69	马仲骅	1981	实验室管理员	
70	曹勇	1982	电机与电器	
71	周晓	1983	电机与电器	
72	黄开胜	1985	电机与电器	1989调去广东工业大学
73	叶俊杰	1985	实验室管理员	
74	周理兵	1985	大型发电机设计	
75	韦忠朝	1986	电机控制	
76	杨杰	1986	电机与电器	调去广东工业大学
77	辜承林	1987	电磁分析	

续表

序号	姓名	入职时间	主要研究方向/主讲课程	其他
78	黄声华	1987	电机控制	
79	黄中伟	1987	电机与电器	
80	徐明洲	1987	电机与电器	
81	张炳军	1987	电机与电器	1993年调去工行
82	戴惟萌	1987	电机设计	
83	陈世欣	1988	电机与电器	
84	郭有光	1988	电机与电器	
85	吴畏	1988	电机与电器	
86	王双红	1988	开关磁阻电机控制	
87	熊永前	1988	电机设计、太赫兹波	2014年调至应用电磁所
88	朱曙微	1988	建筑电气	
89	王雪帆	1989	新型电机理论与控制	
90	于克训	1989	储能脉冲发电机、复杂电磁装置	
91	王凌云	1990	建筑电气、工业物联网	
92	楚方求	1990	电机与电器	1996年调至华中理工大学电力技术研究所
93	周剑明	1990	电机与电器	
94	罗晓鸿	1991	电机与电器	
95	夏胜芬	1991	电机与电器	
96	文生平	1991	电机与电器	98年调至华南理工大学
97	郭伟	1994	电机与电器	
98	王琳	1995	电机与电器	
99	余海涛	1997	电机电磁场	2003年调至东南大学
100	李达义	2000	电力电子和变压器	
101	许强	2000	伺服电机控制	
102	陈德智	2001	电磁场理论	2014年调至应用电磁所
103	樊明武	2001	加速器理论与应用	2014年调至应用电磁所
104	万山明	2002	电力电子与电力传动	
105	周红宾	2002	实验室管理员	

续表

序号	姓名	入职时间	主要研究方向/主讲课程	其他
106	吴芳	2003	永磁同步电机控制	
107	谭萍	2004	加速器理论	2014年调至应用电磁所
108	杨凯	2005	新型电机设计与优化	
109	彭涛	2005	电磁场理论	2007年调至强磁场
110	孙剑波	2006	电机设计	
111	秦斌	2009	加速器理论	2014年调至应用电磁所
112	曲荣海	2010	新型磁场调制基础理论	
113	杨军	2010	加速器理论	2014年调至应用电磁所
114	叶才勇	2010	新型电机本体设计	
115	李冬	2011	加速器理论	2014年调至应用电磁所
116	李健	2013	电机设计和控制技术研究	
117	王晋	2013	大型与特种电机及控制	
118	曹磊	2013	加速器理论	2014年调至应用电磁所
119	黄江	2013	加速器理论	2014年调至应用电磁所
120	徐伟	2013	直线电机及系统	
121	李大伟	2015	磁场调制电机	
122	熊飞	2015	新型特种电机理论与设计	
123	谢贤飞	2016	新型特种电机及系统	
124	孔武斌	2017	电机驱动控制	
125	甘醇	2018	电机变换器、故障诊断	
126	刘毅	2020	双馈感应电机控制	
127	方海洋	2020	电机振动噪声研究	
128	王亚玮	2021	同步磁阻电机	
129	罗伊逍	2022	多相电机及其控制	

电力工程系发展简史

一、发配电教研室成立(1953—1956年)

1952年10月,华中工学院成立,其下设四个系,其中一系为电力系。建系初期,电力系下设四个教研室:电工基础教研室、电力机械教研室、发电厂电力网及电力系统组、电机电器制造教研室,1954年发电厂电力网及电力系统组改名为发电与输配电教研室。发电与输配电教研室(简称发配电教研室)就是现在华中科技大学电气与电子工程学院电力工程系的前身。

发电与输配电专业的名称是从俄文翻译而来,俄文字面意思是"发电厂、配电网及其联合输电系统"。当时发电与输配电专业全称为:发电厂电力网及电力系统专业。发配电教研室包含电力专业和高压专业,主任是陈泰楷(原广西大学电机系主任,曾任华中工学院民盟支部负责人),副主任为樊俊,教师有刘乾才(时任华中工学院副院长)、杭维翰、谭颂献、朱木美(高压)、梁鸿飞、周泰康(曾任农工民主党支部负责人)、刘寿鹏、邹锐、唐兴祚(高压,后调回广西)、侯煦光、刘福生、王家金、梁毓锦(高压)、程光弼、余德基、黄煜麒、范锡普、张旺祖、招誉颐(高压)等(名单来自校史馆"1954年8月华中工学院教师名录")。他们大部分是从武汉大学、湖南大学、中山大学、广西大学、南昌大学抽调过来的优秀教师,怀着满腔热情支援华中工学院建设。他们具有很高的专业水平和丰富的教学经验,部分老师在新中国成立前有留学经历,如杭维翰老师是民国时期选派赴英国留学后归来的教师。

在1953年至1956年期间,教研室全面学习和践行苏联培养"发电厂、配电网及其联合输电系统"专业人才教育计划并卓有成效,为以后的专业发展打下了良好的基础。

1954年,发配电专业首届专科班学生毕业,其中,王嘉霖同学被选派到哈尔滨工业大学进修经济学,毕业后回校工作。后期创办华中工学院经济学院。

1954年,在苏式教育思想的指导下,发配电教研室又细分为发电厂(主要担负发电厂电气部分、电力系统继电保护、电力系统自动化三门课程的教学)、电力网(主要担负电网、电力系统稳定、短路电流三门课程的教学)和高压电共三个教研室。其中电力网教研室和发电厂教研室共同负责发配电专业的教学与管理,高压电教研室负责高电压技术专业的教学与管理。因负责同一个专业学生的培养与教学管理,电力网教研室和发电厂教研室很多工作并没有分开,老师们经常一起开会、一起商讨事务,大家习惯还是称为发配电教研室。后文中所述发配电教研室仅指发电厂和电力网两个教研室,不再含高压电教研室。同年7月,发配电教研室在上级支持下建成了发电厂及继电保护实验室、电网实验室,能够开展教学计划规定的基本实验,并在以后逐年充实设备,不断开出新的实验,实验室管理分别由邹祖英和金临川两位老师负责。

1955年上半年,发配电本科专业五个小班的145名首届毕业生,按照"发电厂电力网及电力系统"专业培养计划,完成了全部基础课、专业基础课和专业课程的学习,进行了三次实习(认识实习、生产实习和毕业实习),通过了结业作业并举行了大规模结业设计的答辩。在首届本科毕业生中,有杰出系友中国工程院院士潘垣(见图13),还有15位毕业生留校任教,包括陈忠、何仰赞、孙淑信、温增银、言昭等。图14所示的为发配电专业55届毕业校友50周年返校时与朱九思老院长的合影。图15所示的为1956年发电厂电网及电力系统专业毕业生在图书馆前合影。

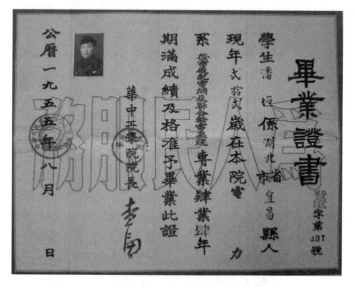

图13　中国工程院院士潘垣本科毕业证书

1956年上半年,发电厂、电力网、高电压三个教研室的老师们除承担专业教学计划内的课程外,还开设了四门专门化的选修课程,并按专门化分担了大规模的学生毕业设计。这两届毕业生后来大都成为电力行业不同部门的中坚力量。

为了更好地学习苏联的教学经验,教研室派出一批青年教师去当时苏联专家最多的哈尔滨工业大学和清华大学进修和深造,如樊俊(清华大学)、范锡普(哈尔滨工业大学)、王家金(哈尔滨工业大学)、林士杰(哈尔滨工业大学)等。

1954年年底至1955年,吕继绍和陈德树先后从哈尔滨工业大学研究生毕业,1956年任元从清华大学研究生毕业,他们被分配到华中工学院并在发配电教研室任教。

电力工程系发展简史

图14 发配电专业55届毕业校友50周年返校时与朱九思老院长的合影

图15 1956年发电厂电力网及电力系统专业毕业生在图书馆前合影
中排的左5~左11为教师,姓名依次为唐兴祚、吕继绍、杭维翰、梁鸿飞、邹锐、陈德树

1956年,发配电教研室何仰赞和孙淑信同志受学校选派去苏联莫斯科动力学院进修。何仰赞学习专业为电力系统分析,孙淑信研究方向为励磁控制。与他们一起从苏联学成归来的,还有研究方向为直流输电的汪馥瑛老师(本科为上海交通大学)。1963年三位同志一起回校任教。虽然在他们出国时,国内已取消了学位制度,国家

只要求他们学好本领,早日回国参加建设,但何仰赞还是努力钻研,取得了副博士学位,实在难能可贵。

这批在苏联教育模式下培养成长起来的优秀毕业生,在艰苦环境中利用各种来之不易的学习环境和机会,提升自己的专业知识水平。他们从全苏联化的教育中获得更为先进的理念和方法,并带着这些收获回到我校。他们与原五所院校调入的一大批年富力强的教师们(如樊俊、邹锐、周泰康等)一起,以极大的政治热情,用掌握的专业知识,全身心投入到教学中去,引领着还处于建设初期阶段的发配电教研室快速发展起来。正是这批优秀的教师,影响和培养了本土大批优秀的教师和学生,为发配电教研室成长壮大奠定了基础,为电力系统及其自动化专业七十年的发展作出了重大贡献。正是这批优秀的教师,在学习和传承中默默耕耘了一辈子,为电力系统及其自动化专业奉献了自己的一生,在平凡的岗位上做出了不平凡的事业。

发配电教研室主要负责电力工程系(现电气与电子工程学院)下属的发电厂电力网及电力系统等专业的教学工作。教研室成立之初主要采用苏联原版或翻译教材,如《电力网及电力系统》(上、下册),格拉祖诺夫著,张钟俊译;《电力系统稳定》(上、下册),日丹诺夫著,张钟俊译;《电力网计算》,郭洛杰茨基著,西安电业管理局设计处译;《动力系统的自动化》,哈尔滨工业大学电力系统自动化及继电保护教研室译;《电力系统自动化》(上、下册),清华大学发电厂输配电教研组编译等。

同时,为了方便教学,发配电教研室还组织人员翻译苏联的教材,如《发电厂电气部分》《短路电流》等。在这些翻译的自编讲义中,以电力网及电力系统教研室(电力网教研室)组织编写的《电力系统》讲义(见图16)最为重要,这也是至今被各高校广泛使用的经典教材《电力系统分析》的初稿。《电力系统》一书在1957年12月由中国工业出版社出版,1960年由水利水电出版社再版,在各工科院校中使用。

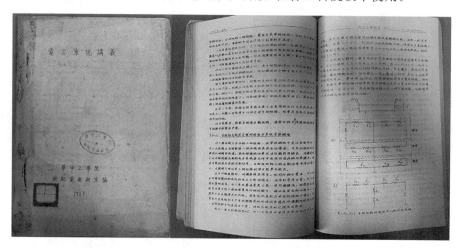

图16　1957年输配电教研室自编讲义《电力系统》

发配电教研室成立之初主要以教学为主,专业课程有电力系统稳定、发电厂、电机学、电力网、电力系统短路计算等。例如,陈挺老师讲授"电工原理",邹锐老师讲授"继电保护",樊俊老师讲授"自动化",包括自动调节原理(樊俊和任元都在清华大学听过苏联专家巴然诺夫的自动调节原理课),杭维翰老师讲授"短路电流",林士杰老师讲授"电力系统稳定"等,备受学生欢迎和好评。

外语课程为俄语。那时教师和学生都学俄语,教师一边自学俄语一边给学生讲课。学生们课下主动自学,还自发组织互助学习小组开展自学和讨论,学习氛围特别浓厚。

建校之初,物资匮乏,教学楼寥寥无几。发配电教研室的老师们都没有办公室,有事大家就到西二楼碰面讨论。此时的西二楼就是电力系的教学兼行政办公楼。在这样艰苦的环境下,发配电教研室的老师们团结一致,攻坚克难,努力进取,为新中国培养了一大批急需的电力工业人才。

二、发配电教研室发展(1956—1965年)

华中工学院建校之初,周围都是广袤的农田,喻家山上也是一片荒芜,几乎没有树木,教学楼和学生宿舍楼更是屈指可数。教研室许多教师与学生一道,利用课余时间积极参加学校义务劳动。为修建校舍挑土搬砖,上山植树造林;为树苗驱虫,没有农药,就从家里带上剪子和镊子手工捉虫。每年武汉汛期,还要参加上堤巡逻、防汛救灾。

1957年前,华中工学院基本全盘学习和照搬苏联教育教学模式。从20世纪50年代末开始,发配电教研室在当时电力系的组织领导下,开始根据我国国情和电力工业发展的需要,不断摸索和改革新的教学模式,教学计划变更频繁。

1958年年初,为适应三峡建设发展水电的需要,华中工学院进行了机构调整,电力工程系拆分为电机工程系(简称电机系)和水力电力系(简称水电系)。发配电教研室划归水电系,负责发电厂电力网及电力系统专业教学事务。

1958年之前,邹锐任发电厂教研室主任,陈德树任副主任;林士杰任电力网教研室主任,1960年林士杰被调去筹建电真空专业后,王家金科长兼主任。1962年邹锐和周泰康支援电工基础教研室建设,陈德树任发电厂教研室主任,樊俊任副主任。

1958年之后,电力网、发电厂两教研室合并为发配电教研室。经民主选举和校党委审批,任命陈德树为主任,刁士亮、陈忠为副主任。温增银担任电网实验室主任,言昭担任继电保护自动化实验室主任。

图17所示的为1958年6月印刷的华中工学院宣传册中对"发电厂、电力网及电力系统专业"的介绍,左图为在发电厂实验室利用直流计算台测量系统的短路电流,其中有刘乾才和黄煜麒两位老师。

20世纪50年代末期的形势发展虽经起伏,但发配电教研室老师们还是保持着教学和科研热情,积极从事三峡的科学研究,如图18所示。集中全体教研室老师无偿参与了1960年"长江三峡水利枢纽科学技术研究项目"、地方工业科研协作

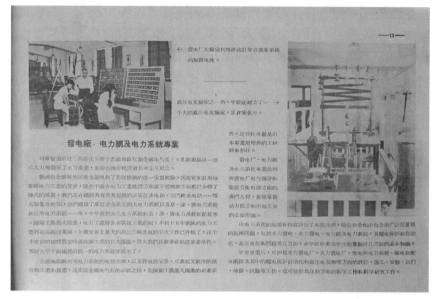

图 17　华中工学院早期宣传册

图 18　积极参与三峡水利枢纽工程项目的研究

项目、五强溪电力系统科研项目、全口水电站自动化项目等。同时提倡教学、科研、生产相结合。当时教研室樊俊老师(时任副系主任)任陆水水电厂名誉总工，教研室就与蒲圻(今赤壁市)陆水水电厂合作，把它作为我们学校教学、科研、生产三结合的试验电厂，成为我校教学科研生产相结合的基地，也是发配电专业学生的生产实习基地之一。樊俊老师还带领一批年轻教师到陆水水电厂做三结合试点。学生实习基地除陆水水电厂外，还有青山热电厂、黄石电厂、株洲电厂等。1965年，何仰赞和陈德树两位老师前往湖南柘溪水电站做了一个关于水电站控制的项目，直至"文革"爆发，项目被迫停止。

1959年,"三年困难时期"开始,粮食供应困难,学校的教学、科研活动都明显减少,直到1962年三年困难时期结束才慢慢恢复过来。

1960年3月,发配电教研室随水力电力系合并回到新成立的电机动力系。

图19所示的是1960年9月27日发配电教研室会议记录,参会人员有:

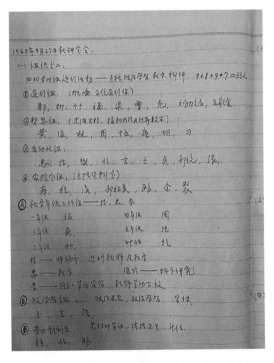

图19　1960年9月27日发配电教研室会议记录

(1) 运行组(概论、系统运行课):郑遂泰(后改名陈学允)、柳中莲(女)、李竹英(女)、刘福生、梁鸿飞、曾凡刊、范锡普、刘副院长(刘乾才)、王家金。

(2) 暂态组(过渡过程、模拟理论及计算技术):黄煜麒、温增银、林士杰、周泰康、陈泰楷、唐继安、胡会骏、刁士亮。

(3) 自动化组:陈忠、陈德树、樊俊、任元、言昭(女)、陈玉凤(女)、侯煦光、邹锐、张永立。

(4) 实验室组:刘寿鹏、程光弼、侯煦光、邹祖英(女)、欧阳环(女)、金临川、裘福静(女)。

另有李儒晴、陈泰楷等。

在此向发配电教研室成立初期作出贡献的前辈们致敬!

1960年年底,华中工学院组建了很多与电有关的新的专业。当时电力系很多老师也被抽调去支援这些专业的建设,比如发配电教研室的林士杰老师被调去筹建了"电真空"专业,后任电信系有关领导职务。

1961年，国家为了提高教学质量、加强学科建设，专门成立了第一届"高等学校电力工程类专业教材编审委员会"。该委员会归电力部的教育司管理，挂靠在华中工学院。第一届主任委员为刘乾才（时任华中工学院副院长），秘书长为樊俊；第二届主任委员为樊俊，两位均是发配电教研室教授。当时发配电专业方向的教材编审工作主要由发配电教研室负责。1990年12月，国家教委决定将原来的教材编审委员会改建为教学指导委员会，"高等学校电力工程类专业教材编审委员会"更名为"高等学校电力工程类专业教学委员会"（参见《关于高等学校理科教材编审委员会改建为高等学校理科学科教学指导委员会有关事项的通知》（教高〔1990〕026号））。华中工学院仍然是主任委员单位，樊俊（1990—1994年）和陈德树（1994—1998年）两位老师先后担任主任委员。

樊俊老师于1946年从武汉大学毕业后，在四川泯江电厂作为助理值班工程师工作了三年，积累了宝贵的工程实践经验。新中国成立后调回武大任教，1953年调入华中工学院，有特强的组织工作能力和细致朴实的工作作风。在领导和组织完成1955、1956两届毕业生最后阶段的专业培养计划中，作出了重要贡献。他还承担了《电力系统自动化》的主编工作，该教材经全国教材编审委员会组织的专家审编会议通过后，计划由电力工业出版社出版，在已完成编辑制版工作后，因"文革"到来而终止印刷。随后由华中工学院教材出版科自行印刷，供我校及武汉水利电力学院两校发配电专业的学生使用，如图20所示。

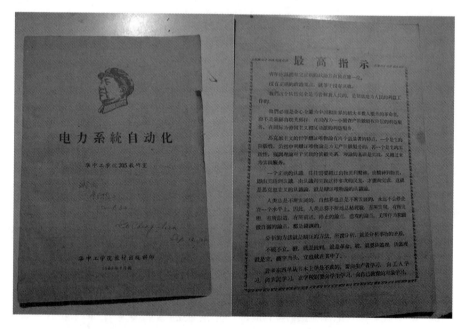

图20 《电力系统自动化》教材（主编樊俊、任元、陈忠等，1966年出版）

1961年开始研究生试招生，胡会骏（导师：刘乾才，副导师：何仰赞）和杨志刚（导师:陈德树)是发配电教研室首批招收的两位研究生。

刘乾才教授先后共招了三位研究生,第一位研究生是胡会骏(1961年本科毕业,1967年硕士毕业),第二位研究生是凌智敏(1962年本科毕业,研究生因故只读了一年),第三位研究生是吴希再(1965年华中工学院五年制本科毕业,1967年硕士毕业),胡会骏、吴希再两位学生毕业后都留在教研室任教。

1962年正式通过全国统一考试的方式招收研究生。发配电教研室开始正式招收统招研究生,除了正导师外,还有一些老师任副导师,如从苏联莫斯科动力学院学成归国的何仰赞和孙淑信等。这一年招生的几位研究生当中,首次有王晓瑜(毕业后留校任教,高电压工程系教授,曾担任武汉市第八、九届市人大代表,第九届市人大常委会委员)和凌智敏(肆业,导师:刘乾才)两位女研究生。

1963年招收的研究生中有周全仁(导师:樊俊),毕业后就职于湖南省电力公司,曾任湖南中调总工。1964年全校只招五位研究生,动力系、自控系、电力系、机一系、机二系各一位,其中电力系为涂光瑜,导师为樊俊。涂光瑜是樊俊老师的首位研究生,毕业后留校,一直在发配电教研室任教。1965年招收的研究生为吴希再(导师:刘乾才)、马志强(导师:任元)、陈崇源。

1958年,广西大学在南宁重建。原由广西大学调来支援华中工学院建设的部分老师陆续调回广西,支援广西大学重新组建电力工程系,其中有杭维翰、梁鸿飞(见图21)、唐兴祚等老师。重建后的广西大学电机系(电力系)第一任系主任就是从华中工学院发配电教研室调回的杭维翰教授。

图21　发配电教研室欢送梁鸿飞教授支援兄弟学校留念照片(1962年1月27日)
按照从左到右顺序
前排:李标荣、樊俊、刘寿鹏、刘乾才、梁鸿飞、黎献勇(水电)、范锡普、程光弼;中排:周泰康、杨志刚(陈德树第一个硕士研究生)、张旺祖、谭华溢(高压)、温增银、陈忠、招誉颐;后排:金临川、周勤慧、＊＊＊、邹祖英、欧阳环、柳中莲、侯煦光。

这一时期发配电教研室非常重视科研工作。

1962年,学校、电机系、发配电教研室多方合力,自筹资金修建了电力系统动态模拟实验室(简称动模实验室),发配电教研室很多老师自力更生积极投入到实验室建设当中。动模实验室的建设和使用为发配电教研室后续教学和科研及学科发展作出了重要贡献(详见《电力系统动态模拟实验室发展史》)。

20世纪60年代初,发配电教研室黄煜麒老师开始自行研制直流计算台,如图22所示。1963年6月,黄煜麒和陈伯伟(发配电教研室电网实验室的实验员,后调走)两位老师经手,从上海联研电工仪器厂购置了一台型号为3030的短路电流直流计算台,用于支撑科研。黄煜麒老师热心教学,工作认真负责,一丝不苟,一生为学生、为直流计算台、为学校作出了很多贡献。

图22　20世纪60年代学生在直流计算台上做实验

1958年,发配电教研室刁士亮老师积极参加了由电力部电科院和清华大学电机系主持的交流计算台(电力系统研究分析的大型精密仪器)的研制工作。1958年9月,在清华的研制工作结束后,华中工学院成立了一个研制小组,由刁士亮老师负责,温增银、林士杰、刘汉川、黄煜麒、金临川、陈伯伟等老师参与,成功研制新型的200周波交流计算台,大大节省了复杂电网计算时间,在20世纪70年代对国家交流电压等级的论证及葛洲坝、三峡工程等重大工程的建设都发挥了重要作用。谈及这一研究成果时,刁士亮老师也为此感到自豪:"以前日本人在东北搞电力输送,修建了一个丰满水电站,电压等级是154 kV。后来苏联把电压等级改为220 kV,这个论证是五个苏联专家用了一年半的时间手工算出来的,但是我们两个人用了三天时间就算出来了,就是用交流计算台。"1960年5月,刁士亮和林士杰老师出席在洪山宾馆举行的湖北省文教系统先进个人和先进集体表彰大会,由于在交流计算台方面的出色工作和丰富的科研成果,刁士亮获得了先进个人,林士杰(时任教研室书记)代表发配电教研室获得先进集体称号。刁士亮还获得了湖北省社会主义建设红旗手称号、省政府的通令嘉奖、全国文教方面先进工作者的殊荣,并前往北京出席了全国文教方面先进工作者代表大会。"文革"结束后,刁士亮和柳中莲老师一起调回华南理工大学任教。

直流计算台和交流计算台早期存放在西二楼一楼电力实验室。交流计算台由于占地面积大,后期在实验室搬迁中被拆除了,直流计算台在 1990 年后搬到西九楼 308 房间存放。两台装置见证了我国电力工业技术的发展,尤其是直流计算台,做工精良,计算精度高,具有极高的文物价值。2009 年 3 月,天津电力博物馆曾联系电力系,希望将这直流计算台捐给他们做展品。

1964 年 3 月,教研室吕继绍老师翻译的苏联教材《高压电力网继电保护原理》(苏联,阿塔别柯夫著)由中国工业出版社正式出版,如图 23 所示。

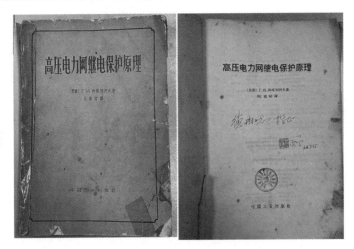

图 23　翻译的苏联教材《高压电力网继电保护原理》

三、筚路蓝缕　曲折向前(1966—1976 年)

1966 年 5 月"文革"开始后,华中工学院开始军事化管理,以连队建制。电机工程系为二大队,发电厂教研室为 5 连(205 教研室),负责人邹锐,主要专业方向是发电厂和电力系统;电力网教研室为 7 连(207 教研室),负责人周泰康,主要专业方向是继电保护和自动化。后期这两个教研室合并为 209 教研室。"文革"时期教研室主要负责人是张永立主任,陈玉凤书记(后调回河南)。

1968—1969 年,教研室老师全部下放到咸宁马桥农场劳动。

"文革"期间,发配电教研室师生继续坚持在教学和科研的第一线,克服各种困难,积极地开展各种工作。即使在寒暑假时,教师们仍然坚守在工作岗位潜心钻研,为"文革"后院系的快速发展奠定了基础。

"文革"时期,发配电教研室教师仍然积极帮助当时的湖北省电力局分析研究问题,一直到20世纪70年代中期。丹江口水电站15万kW发电机出现故障,侯煦光和陈德树老师先后负责该项研究。发配电教研室与阿城继电器厂合作,提出了方案,解决了问题,还做出了正式的发电机匝间短路保护设备。这个设备之后还用在了葛洲坝水电站上。"发电机匝间短路保护"项目获得了1978年全国科学技术大会发明奖三等奖,获奖者包括先后参与该项目研究的邹锐、侯煦光和陈德树,另外一位是阿城继电器厂的工程师。

1971年起,华中工学院恢复了教学工作,开始接收地方推荐的工农兵学员。很多学员是有多年电力部门工作经验的技术人员。为了让一些基础比较薄弱的工农兵学员能够听懂比较深奥的专业课,系里专门组织一批有丰富教学经验的老师编写了教材,授课老师也力求讲得深入浅出、通俗易懂。

1972年,华中工学院撤销连队编制,二大队改为电机工程系(简称五系),原205和207教研室合并,改称"发电与配电教研组"。

1973年,与湖北中试所签订合作协议,共建电力系统动态模拟实验室。

1976年,招收了最后一届工农兵学员。

四、春风扑面 阔步前行(1977—1999年)

1977年,电机工程系改为电力工程系,发电与配电教研组改为电力系统及其自动化教研室(简称电自教研室,这个称呼一直沿用到2000年合校前)。

1977年12月,国家恢复高考制度。1978年春季恢复高考后第一批本科生入学,在这一批学生中有尹项根、郭剑波、唐跃进等人。其中郭剑波入学时只有16岁,是班里年龄最小的一位同学,毕业后前往中国电科院读研后工作,2010年担任中国电力科学研究院院长,2013年当选中国工程院院士,是电力系统分析与控制领域的专家。尹项根与唐跃进1981年7月本科毕业后继续在本校读研,毕业后都留校任教至今。

1978年3月,全国科学技术大会召开。邓小平在这次大会上提出"科学技术是生产力"和"知识分子是无产阶级的一部分"的著名论断,科学的春天来临了。电自教研室老师们感受到党中央的号召,积极投入到教学和科研一线努力工作,为学科发展作贡献。

1978年全国恢复硕士生招生,华中工学院设立了全国首批硕士点。1979年,电力系恢复硕士研究生招生。电力系统及其自动化专业笔试合格又参加面试的学生有十五人,最后录取了七人:程时杰、王大光、刘沛、戴明鑫、张国强、吴青华、周汝璟,其中周汝璟是教育部委托培养。吴青华和张国强原为我校工农兵学员,两人都以优异的成绩考取了电自专业的第一批研究生。吴青华毕业后留校任教,1984年赴英国留学,入选IEEE Fellow,是电气学院杰出院友。张国强毕业后留校任教,历任教研室书记、校人事处副处长、研究生培养处处长等职,曾任广东珠海广播电视大学党委书记、校长。程时杰毕业后于1986年在加拿大卡尔加里大学获博士学位,2007年当选中国科学院院士。

1980年,由温增银、樊俊、陈崇源、张永立、胡会骏等几位老师主持的科研项目"451工程主磁场供电系统模拟实验研究"获国防科委科技进步奖三等奖。

1981年,由邹锐、侯煦光、陈德树等申报的《转子谐波式发电机匝间保护》项目获国家技术发明奖三等奖。

1981年,电自专业第一批硕士研究生毕业。时任教研室主任的陈德树教授为了解决教师队伍青黄不接的问题,将程时杰、王大光、刘沛、戴明鑫、张国强、吴青华六位研究生全部留校。这六位年轻老师的留任对学院的后期发展起到了重要作用。

1981年,电力系统及其自动化专业获得全国首批博士学位授予权,陈德树教授是电自教研室首位博士生导师。张之哲(导师:陈德树)成为"文革"后全校第一位博士。陈德树教授指导的第二位博士是尹项根。同年陈德树教授获评全国优秀教师。

图24是涂光瑜教授提供的照片,背景是华中工学院主楼(南一楼)展览厅,1983年10月华中工学院校庆30周年时的合影照,照片中绝大部分是发电配电教研室老师,也有少数是电力系办公室或者其他教研室老师。

图24 华中工学院30周年校庆时电自教研室在南一楼合影(1983年)

图25是1982年电力系统继电保护及自动化专业毕业生合影。

1983年,发配电教研室任元教授为解决武钢1.7米热轧厂精轧主机的电气振荡问题作出了重大贡献,取得了具有世界水平的重大理论、技术成果。1.7米轧机由日本生产引进,是世界上最大的轧钢机,邓小平同志对该机的引进工作非常关心,曾于1973年12月亲自到武钢视察。当时武汉钢铁厂同步建设冷轧厂、热轧厂、硅钢厂、

图 25　1982 年电力系统继电保护及自动化专业毕业生合影

准备一举突破"双 200 万吨",但技术问题影响了该机的投产。任元教授多次亲赴武钢实地考察,运用"脉动开关函数"新概念及其理论计算方法,并通过冲击负荷试验,最终认定日本专家的结论是错误的,并提出了一些具体方案,解决了大型轧机电气振荡问题。该成果产生了极好的社会影响,并于 1985 年获国家教委科技进步奖二等奖,获奖名称为《分析武钢一米七热精轧机系统交直流耦合振荡的"脉动开关函数"新概念及其理论计算方法》。

任元教授的专业水平和贡献及其学术作风等受到大家的一致好评。朱九思老院长特意为他的学术著作《脉动开关函数及其应用》(1985 年出版)作序,并给予高度评价,称"作者在解决世界罕见的电气振荡问题的过程中创造的"。1997 年,任元老师作为主要骨干参与了电力部电科院制定的电力系统谐波规程,并得获电力部科技进步奖二等奖。图 26 所示的是任元教授指导学生做科研的现场。

饶宏于 1983 年从华中工学院电力系统及其自动化专业毕业,分配到中南电力设计院工作,2004 年调入南方电网技术研究中心,2021 年当选中国工程院院士。现任中国南方电网有限责任公司(简称南方电网)首席科学家、南方电网科学研究院董事长,长期从事直流输电重大工程与交直流电网运行领域的系统研究、设计及建设工作,为我国电网技术创新发展和直流输电实现国际引领作出了系统性贡献。获国家科学技术进步奖一等奖 1 项、二等奖 1 项,省部级一等奖 4 项,获何梁何利基金科学与技术进步奖、IEEE Uno Lamm 高压直流输电奖。图 27 是电自 791 班毕业合影。

电力工程系发展简史

图26　20世纪70年代任元老师指导学生做科研

图27　华中工学院电力系电自791班毕业合影

电自教研室负责联络和承担实习任务的实习点有青山电厂、汉川电厂、郑州热电厂、新乡电厂、九江电厂、荆门电厂、耒阳热电厂、枣庄电厂、上海市闵行区电厂(见图28)、上海闸北电厂、上海吴泾电厂、南京磐能公司等。葛洲坝生产实习基地建立于1985年左右。每年暑假都会派老师带领大三的学生前往葛洲坝电厂实习,住在葛洲坝坝北的梦缘酒店,住宿条件艰苦,男生们经常直接在地板上打通铺休息。葛洲坝电厂杨诗源老师认真负责,嗓门洪亮,每年都给学生留下深刻的印象。2003年三峡电厂投产后,增加了三峡电厂实习点,后续还增加了清江流域的隔河岩电厂、水布垭电厂、高坝洲电厂。2014年后该实习点取消。葛洲坝电厂一直是电气专业学生主要实习基地,熊信银、吴彤、林蓉、张凤鸽等老师先后负责联络。

图 28　1991 年由刘沛和游志城老师带领 88 级学生实习在上海闸北电厂前合影

图 29 是 2003 年由毛承雄老师、吴军博士带队实习在葛洲坝大江电厂 500 kV 开关站前合影。

图 29　2003 年由毛承雄老师、吴军博士带队实习在葛洲坝大江电厂 500 kV 开关站前合影

"文革"结束后,老师们把大部分精力都投入到教书育人的工作中,把上好课,编好教材当作主要工作任务。在这一时期,范锡普老师授课非常精彩,很少有学生缺席

他的课。任元老师在上课时从来不拿讲义,只拿着粉笔就去上课,他的基本功扎实,任何复杂问题能从基本公式开始,一步一步推导出来讲解明白。当时都说发配电教研室有三面旗帜:任元、陈德树、何仰赞三位老师,他们分别在电力系统自动化、电力系统继电保护、电力系统分析三个方向上各有建树、独领风骚。

20世纪80年代初,老师们科研项目不多,大家积极备课、上课,精心编写教案、讲义和教材。新出版了多本在行业内有影响力的教材和专著。

1983年,在《电力系统》讲义基础上,何仰赞、温增银、汪馥瑛、周勤慧主编了《电力系统分析》教材,由华中理工大学出版社正式出版发行。该教材于1987年获水利电力部优秀教材一等奖,1988年获国家教育委员会全国高等学校优秀教材奖。此教材在国内电力系统教学领域占据重要地位,包括清华大学在内的许多高校均采用过这本教材。教材中的每一个例题数据都经过何仰赞老师严格的推导和试算。

《发电厂电气部分》是将1980年华中工学院主编的《发电厂》(上册动力部分,下册电气部分)的下册单独成册,1984年由电力工业出版社出版(第1版)。本书主编范锡普毕业于武汉大学电机系,曾在哈尔滨工业大学进修,跟随苏联专家学习,主要教授发电厂方面的课程,重视教学,课堂教学生动精彩。20世纪80年代初,他离开华中工学院,到成都工学院任教。

《同步发电机半导体励磁原理及应用》是电力系老师结合科研成果编写出版的专著,该书由樊俊、陈忠、涂光瑜主编,1981年由水利电力出版社出版(第1版),1991年由水利电力出版社再版(第2版),是国内最早的一本全面系统论述同步发电机各类半导体励磁方式及励磁调节器的原理与实现的专著。该著作出版三十多年来对我国大型发电机励磁控制领域的发展和人才培养发挥了重要作用,产生了深远影响,是我国励磁行业公认的经典著作,为我国发电机励磁行业的发展作出了突出贡献。

《电力系统继电保护原理与运行》由吕继绍、陈德树、吴希再主编,当时是"电力系统继电保护"课程的主要教材,也是该技术领域的重要参考资料,发行面广,影响较大,深受业界的好评。

《自动控制理论》由孙扬声主编,从1986年第一版至2007年第四版,其中第三版和第四版分别列入"十五"和"十一五"国家级规划教材,与《自动控制理论习题集》相配套。该书是学生学习控制系统理论的重要教材,发行量大,受益面广,影响力大。

20世纪80年代初,为了响应国家教学改革政策的要求,进一步提高专业课程的教学质量,电自教研室建立了电力系统分析、电力工程、继电保护、发电厂、自动装置等课程小组,每个课程小组由担任该课程教学的任课老师和实验技术人员组成。课程组成员对授课内容、重点、方法及实践教学环节等进行了改革和探索,开展了系统性建设工作,取得很好的教学效果,促进了电力系统及其自动化学科建设和发展。

至1985年在湖北中试所资助下,老动模三层小楼建成,部分老师搬到老动模楼办公。虽然几个老师挤在一间办公室里,相比之前大部分老师没有办公室的状态,老师们的办公条件已经得到了极大地改善。1990年,在胡会骏主持下,西九楼落成,教研室一部分老师迁至西九楼办公,进一步改善了老师们的教学和科研条件。图30是20世纪90年代初期电自教研室老师在新建成的西九楼前合影。

图30 20世纪90年代初期电自教研室老师在新建成的西九楼前合影

按照从左到右顺序

第一排:林顺贵、林蓉、冯碧霞、汪馥瑛、丑正汶、陈瑞娟、曾克娥、吴雾霞、周勤慧、邹祖英、言昭;第二排:程时杰、张永立、陈忠、侯煦光、任元、吕继绍、程光弼、何仰赞、温增银、陈德树、戴明鑫;第三排:熊信银、游志成、吴希再、李国久、涂光瑜、郭勇、陈贤治、胡能正、杨德先、黎平、汪芳宗、尹项根;第四排:毛承雄、胡会骏、罗毅、苗世洪、张步涵

1985年,电力系获批建设电气工程学科全国第一批博士后科研流动站,电自教研室进站的第一位博士后是于占勋,指导教师是陈德树教授。

1985年,电力系决定由何仰赞老师担任发配电教研室主任,孙扬声老师和涂光瑜老师担任教研室副主任。孙扬声分管科研和实验室工作,涂光瑜分管教学工作。1987年10月,涂光瑜老师从悉尼大学访学半年归来后,开始分管科研和实验室工作(从这时起他分管科研和实验室工作前后有12年之久),吴希再老师则作为教研室副主任负责分管教学工作。

1986年,由天津大学(贺家李)、华中工学院(樊俊)、西安交通大学(夏道止)三个单位共同组织发起的全国高校电力系统及其自动化专业第二届学术年会在我校召开(见图31)。第一届年会在天津大学召开,教研室孙扬声老师任秘书长。该学术会议简称"电自年会",每年在各高校中申报竞选轮流主办,一直坚持到现在,现在每次会议规模已经超过500人次。

1986年,由华中工学院孙淑信教授与湖北农电局协作,在湖北省咸宁市通山县楠林变电站用TMC-80A工业控制微机和TP-801单板机构成变电站检测与保护系

图 31　全国高校电力系统及其自动化专业第二届学术年会

统。这是首次在国内变电站检测与保护中全部实现微机化。

1988年,华中工学院更名为"华中理工大学"。

1988年,由电自教研室侯煦光、熊信银、吴耀武、周勤慧、胡能正等人完成的"梯级水电站兴建程序优化动态规划模型"项目获水电部科技进步奖一等奖。

1989年,由戴明鑫完成的"提高生产实习质量研究与实践"项目获湖北省教育委员会优秀教学成果奖二等奖。

1990年开始实行"按系招生、分类培养";电自教研室主要负责电力系统及其自动化专业学科建设和教学工作。

1990年,张国强老师获霍英东教育基金会青年教师奖。

1991年,陈德树、尹项根老师研发的"DPG-1型微机故障分量发电机定子不对称故障保护装置"获国家重大技术装备成果奖三等奖。

1992年7月1日开始,学校实施干部聘任制,电自教研室胡会骏老师被聘任为电力工程系主任,黄慕义老师任党总支书记。

1993年,由李国久、吴希再、杨德先、林蓉、张红萍主持的《电力系统动态模拟综合实验课程的创建》获得湖北省人民政府教学成果奖三等奖。由刘沛、陈德树、马文龙主持的"高压输电线路全线相继速动微机距离保护研究"项目获得国家教委科技进步奖三等奖。由樊俊、陆继明研制开发的"WL-02双微机励磁调节器技术"获浙江省科技进步奖三等奖。

1993年,何仰赞教授被中国电力工信部聘为高等学校电力工程类专业教学指导委员会副主任委员,同时被聘为电力系统教学组副组长。

20世纪90年代计算机革命悄然发生。为紧跟时代步伐,电自教研室设立了计算机机房,并自主研发了计算机辅助教学软件,如图32、图33所示。

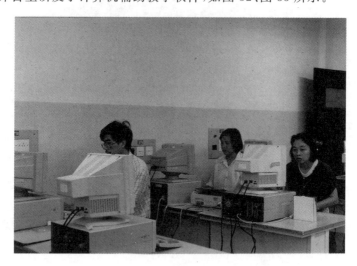

图32 20世纪90年代中期电自教研室计算机机房

图33 计算机辅助教学软件(1994年7月)

1993年,由胡会骏老师主持、周良松老师参与,在国内率先研制的微机稳定控制装置(系统)在黄龙滩、葛洲坝电厂等500 kV厂站最早成功投运,大幅提高了电厂外送能力和系统稳定水平,效益显著。投运两年就为葛洲坝电厂增加经济效益2.6572亿元。1996年首次成功应用紧急调制葛洲坝—上海直流输送功率的方法来提升稳定措施,投运两年为电网提高经济效益1.2亿元。先后获得多项奖项,2003年获国家科学技术进步奖二等奖1项。

1994年,受阳逻电厂委托,发配电教研室组织教师为阳逻电厂编写培训教材。

参加编写的人员有涂光瑜、张永立、陆继明、胡能正、熊信银、张国强、尹项根、刘沛、吴耀武,涂光瑜任主编。该教材后改编为《汽轮发电机及电气设备》(300 MW 火力发电机组丛书第三分册),于 1998 年由中国电力出版社正式出版第一版,2007 年出版第二版。丛书第一分册《燃煤锅炉机组》和第二分册《汽轮机设备及系统》均由动力系编写。

1995 年,电力工程系将原有的本科多个专业合并为一个宽口径的"电气工程及其自动化",实行"按大类招生"。这一年由尹项根、陈德树、苏洪波、丁建义、文一彬等研制的"新型大型发电机变压器组微机保护装置"获得国家教委科技进步奖二等奖。

1997 年 4 月,经国务院学位委员会第十五次会议批准,程时杰教授入选为国务院学位委员会第四届学科评议组成员;2003 年程时杰教授再次入选第五届学科评议组成员;2009 年 2 月段献忠教授入选第六届学科评议组电气工程学科成员;2014 年 7 月段献忠教授再次入选第七届学科评议组成员;2020 年 11 月文劲宇教授入选第八届学科评议组成员。此外,教研室陈德树、程时杰、尹项根、毛承雄、段献忠、文劲宇、张步涵等多位教师曾担任国家自然科学基金委员会评审专家。

1997 年,电自教研室的"抓好学科梯度和实验中心建设,创建高水平的研究生培养基地"获全国优秀教学成果奖二等奖。由熊信银、张步涵、吴希再、张国强主持的"电力系统及其自动化系列课程建设与体系改革研究"获湖北省优秀教学成果奖二等奖。

1997 年,由段献忠、吴俊勇、王琳、王春明、程时杰主持的项目"汽轮发电机组机电耦合动态分析与扭振研究"获得湖北省科技进步奖一等奖。

1997 年,由任元教授参与制定的国家标准《电能质量、公用电网谐波》获电力部科技进步奖二等奖。

1998 年,由张哲、陈德树、陈卫、尹项根研制的"LBD-MGR 微机发电机-变压器组故障录波分析装置"获河北省科技进步奖三等奖。

电自教研室自"文革"以来面向电力工业发展的需求,积极开展横向科技协作。从 20 世纪 90 年代起,横向科研经费逐年增加,是电力系每年横向科研经费最多的教研室。

同时,在国家政策的支持下,积极将科研成果转化为生产力。1998 年,在时任教研室主任毛承雄老师、书记罗毅老师的积极倡导下,经各方筹措资金,创办了"武汉华工大电力自动技术研究所",负责人为即将退休的吴希再老师。研究所成立后,将教研室老师研制的继电保护实验台、自动化实验台、励磁调速装置等转化为产品,进行市场推广和销售,产生了良好的经济效益。研究所刚成立时,由于人手不够,就把校电子设备厂的易长松、闵安东和电工基础教研室的余惠芳等老师借调过去,注册地址为动模楼 101 办公室,管理人员办公室在老动模楼二楼,生产车间在动模实验室南大厅东南角。2003 年,厂房迁往校外,2007 年,含管理人员办公室在内全部搬迁至国际企业中心。2006年起,随着国家政策的变化,转制为民营中小企业,目前已形成相当规模,名称也由"武汉华工大电力自动技术研究所"变更为"武汉华大电力自动技术有限责任公司"。自研究所成立以来一直与电力系保持良好的合作关系。

20世纪90年代教研室共获得省级以上奖项15项,其中国家级奖项4项。同时,教研室积极自筹资金,完成了电力系统动态模拟实验室的二期工程,如图34所示。2000年在老动模楼原址上又和水电系联合兴建了"电力系统动态模拟实验大楼暨水电能源仿真中心"(可看作动模实验室的第三期工程),这一框架结构的5层大楼,现在称为新动模楼,为人才培养和科技创新创造了良好的软硬件条件。

图34　电自教研室老师积极参与动模实验室建设

随着中国的电力工业快速发展,系统规模逐渐扩大。程时杰敏锐地觉察到中国的电力系统即将发展成为一个特大的互联系统,电力系统的安全稳定运行和有效控制将成为必须解决的重要问题。针对这一问题,程时杰开始了对现代电力系统有效控制与安全运行的理论与方法的十多年孜孜不倦的探索。

以程时杰教授将人工智能的最新成果引入电力系统,开展了电力系统运行调度的系列课题研究,这也是国内最早将人工智能用于电力系统的研究。从1992年到1998年,他先后为湖南电网开发了电网日运行方式安排和检修批答专家系统、电网操作票专家系统、电网继电保护运行管理专家系统等,这些专家系统对湖南电网的安全优质和经济运行发挥了重要作用,其成果处于国内领先水平,多次获得省部级科技进步奖励。

1993年,以程时杰、刘沛为首的智能控制与保护课题组成功研制我国第一套电气化铁道二次设备自动检测车,填补了国内同类产品的空白,后来在整个铁路系统大力推广应用。

1995年,程时杰教授将分析控制理论应用于工业实际。成功地消除了华中电网汉川电厂300 MW汽轮发电机组存在发生次同步谐振和轴系扭振的隐患,避免了重大事故的发生,产生了极大的社会和经济效益,仅 1995—1996 年,就新增产值 2016 万元。

以陈德树和尹项根教授为首的专家敏锐地认识到现代大电网的安全稳定对于国民经济的重要性,很早就在电力安全与高效方面开始了预研工作。最终在大型机组的保护控制、全国互联电力系统的安全稳定控制方面取得了全国同行公认的领先研究成果,并广泛应用于三峡电厂、葛洲坝电厂、小浪底电厂、华中电网、河南电网等枢纽电力系统和电源基地。

以胡会骏、周良松为首的电力系统稳定研究与控制课题组(华工稳控组)在国内率先研究电网稳定控制、稳定外送能力、稳定计算、输电断面智能限额在线专家系统、智能计算等,并成功应用于 500 kV 变电站、华中地区电网、省级电网调度控制中心,社会效益和经济效益显著。

2000 年,在老动模楼原址上新建了"电力系统动态模拟实验大楼暨水电能源仿真中心",该框架结构的 5 层大楼,现在称为"新动模楼"。图 35 是 2000 年初期电自教研室老师们在新建成的新动模楼前合影。

图 35　2000 年初期电自教研室老师们在新建成的新动模楼前合影

2000 年,陈德树教授主持的"WBZ-500 型微机变压器保护装置"获得国家科学技术进步奖二等奖。作为我国微机继电保护领域的主要开拓者之一,陈德树领导的科研团队研究的各种继电保护装置成功通过有关厂家实现产业化,创造了数亿元产值。时至今日,九十多岁高龄的陈德树教授仍然活跃在科研和工程一线,研发的变压器励磁涌流的抑制装置成功开展现场试验,效果显著。

1999 年,在国内率先开展超导电力研究,并成立了我国高校中第一个以超导电力应用技术为主要研究对象的实验中心,主任程时杰,副主任段献忠、唐跃进等。初步建成了具备进行超导试验、低温试验、含超导装置的电力系统动态模拟试验等研究的超导电力应用技术研究基地,完成了"高温超导磁储能系统""提高超高压交流输电线路输运能力的研究""超导电缆保护"等项目的研究,2005年研制出我国第一台直接冷却高温超导SMES样机,2008年完成了电力系统现场试验,使我国超导电力应用技术又上新台阶。研究成果"三相35 kV/2 kA超导电缆系统"(主要完成人:张哲)先后获得2006年云南电网公司科技进步奖一等奖和中国南方电网公司科技进步奖一等奖;研究成果"直接冷却式高温超导磁储能技术及应用"(电力系主要参与人:王少荣等)于2015年获得2015年湖北省科技进步奖二等奖。

20世纪90年代,为缓解电力专业技术人才匮乏的局面,教研室积极发挥自身优势,联合武钢、青山电厂、湖北省电力局多次举办电力技术培训班,为地方企业培养了一大批技术骨干,部分学员成为了技术总工。1999年至2001年电力系连续三年为三峡电力集团公司开设高压直流输电技术培训班,图36是1999年第一期学员培训留念。三峡集团高度重视直流培训,每年积极组织二十余名业务骨干赴校参加为期一个多月的脱产培训。课程内容包括高压直流输电技术原理、直流换流站系统主要设备等。汪馥瑛、尹项根、毛承雄、陆继明、张永立、李国久、吴彤、艾敏、罗毅、涂光瑜、丑正汶、吴耀武、戴明鑫、杨德先、张红萍、林蓉等多位电力系老师积极参与课堂与实验授课及组织协调工作。图37所示的是2001年吴耀武老师在给第三期学员上课。

图36　1999年第一期学员培训留念

图 37　2001 年吴耀武老师在给第三期学员上课

五、迈入电力系新时代(2000—2009 年)

2000 年 5 月,华中科技大学成立。2000 年 12 月,因学校发展需要,电力系改变建制成为电气与电子工程学院,电自教研室更名为电力工程系,系主任为毛承雄,书记为罗毅。挂在西九楼大门前的电力系牌匾,拆下后一直存放在动模实验室。

2001 年,"电力系统及其自动化"学科入选国家重点学科(当时全国电气学科共有 20 个国家重点学科,华中科技大学全校共有 14 个国家重点学科)。

2003 年,程时杰主持的"大电网大机组安全稳定控制的研究"获得国家科学技术进步奖二等奖。获得该奖项的核心成员还有曹一家、周良松、毛承雄、陆继明、胡会骏、段献忠等。

2004 年,湖北省教育厅、科技厅联合下文[鄂教科[2004]15 号],学院获准建设电力安全与高效湖北省重点实验室。该实验室以 1962 年始建的电力系统动态模拟实验室为基础,经过多次改造升级,建设水平不断提高。该实验室拥有世界上唯一一台具有与三峡巨型机组内部结构相似的物理模拟机组、我国第一条 1000 kV 特高压交流输电系统和 220 kV～750 kV 超高压输电线路实验模型,可以承担各种电力系统数字仿真和动态模拟试验,是国内高校中规模最大、使用频率最高、特色鲜明的电力系统动态模拟实验室。

2006 年,立项建设电力安全与高效利用教育部工程研究中心。

2006 年,电力系主任文劲宇教授入选教育部 2006 年度新世纪优秀人才支持计划,我校共有 18 位教师入选。"新世纪优秀人才支持计划"是教育部设立的专项人才支持计划,旨在支持高等学校优秀青年学术带头人开展教学改革,围绕国家重大科技和工程问题、哲学社会科学问题和国际科学与技术前沿进行创新研究。每年评审一次。

2007 年 8 月 27 日至 28 日,电力工程系召开暑期工作研讨会,如图 38 所示。全系教职工参加了会议。会议特邀潘垣院士、学院领导以及部分已退休教师出席。研讨会由陈金富支部书记主持。研讨会以大会专题报告以及分组讨论相结合的形式进行。文劲宇系主任介绍了系里的各项工作开展情况以及学科发展的问题,孙海顺系副主任报告了本科教育开展情况,重点汇报了教学过程中存在的问题和课程设置改革、教材建设方面的初步方案。会议重点就本科教育相关问题及学科发展进行了深入的讨论。与会人员一致认为,本次会议取得了丰富的成果,对电力工程系下阶段工作的开展明确了重点,指示了方向。

图38　2007年电力工程系暑期工作研讨会

电力系非常重视学科建设工作,每年暑假都会组织全系老师召开学科建设研讨会,对电力系在教学、科研、学科发展、实验室建设等方面工作进行集中研讨。图39是2011年电力工程系学科建设研讨会参会人员合影。

图39　2011年电力工程系学科建设研讨会参会人员合影

2007年,"电力安全与高效湖北省重点实验室"在省级重点实验室建设验收评审中,排名第一,获评为"优秀"。

2007年,程时杰教授荣膺中国科学院院士(见图40、图41)。程时杰教授长期致力于电力系统及其自动化领域的研究,在电力系统适应控制、智能控制、次同步振荡等方面取得了众多研究成果。获国家科学技术进步奖二等奖1项,湖北省自然科学奖一等奖1项,湖北省科技进步奖一等奖1项、二等奖2项,国家教委科技进步奖三等奖1项。在国内外学术刊物和国际学术会议上共发表学术论文361篇,其中SCI检索38篇,EI检索168篇,译著1部,获国家发明专利2项,在电气工程领域作出了突出的贡献。

图40　程时杰教授荣膺中国科学院院士

图41　程时杰教授荣膺中国科学院院士庆祝大会

2007年12月1日至4日,由华中科技大学电气与电子工程学院、《继电器》杂志社、清华大学电机工程与应用电子技术系、华北电力大学电气与电子工程学院共同主办的"中国继电保护应用技术学术研讨会"在武汉隆重召开。段献忠教授任大会副主席,程时杰院士做大会专题报告。

2008年,电力系"电气工程基础"入选湖北省省级精品课程并获2008年国家精品课程推荐。"电气工程基础"课程负责人是电力工程系尹项根教授,课程类型为本科,所属一级学科门类工学,所属二级学科门类电气信息类。2008年5月26日,尹项根教授代表"电气工程基础"课程组参加了我校2008年国家级精品课程申报答辩会。从整体情况、队伍介绍、教学实验环节、取得成果和外界评价、网上资源等方面介绍了课程建设情况,专家组对课程的整体实力和准备工作给予了很高评价。当日,34个申报队伍参加了答辩会,竞争激烈。

2009年,电力系教师苗世洪、张步涵获得2009—2010学年度教学质量二等奖。

2010年9月11日,电自专业本科80级校友入校30周年同学会在西九楼北大会议室举行,华工电自80级同学40余人参加了聚会。

2011年,为缓解电力系统专业人才匮乏的现状,武汉钢铁集团开始与华中科技大学合作,通过走"企校联合"之路培训企业所需人才。武钢股份公司能源动力总厂在全厂范围内选拔了30名专业技术骨干,参加华中科技大学电力系统及自动化专业全脱产培训班。通过三个月的脱产学习,30名学员的专业理论水平大幅提升。

六、牢记使命 开创未来(2009年至今)

1. 本科生教学

电力系老师秉承教书育人的理念,始终把教学放在第一位。电力系以课程组长负责制为每一门课程都组建了高水平教学团队,每门课程的教学团队具体负责各自课程的建设和教学工作的实施。

自2009年起,电气学院开始施行A、B两大类培养计划,B模块有4门核心专业课程,即"电气工程基础""电力系统分析""电力系统继电保护""电力系统自动化",主要由电力系教师负责。除核心专业课程外,由电力系教师负责讲授的课程还有"直流输电""电力系统规划""工程训练Ⅱ""电力市场""智能配电系统""电力系统综合实验""电力系统数字仿真""电工材料"等。

经过几代人(熊信银、张步涵、尹项根、文劲宇、罗毅、吴耀武、娄素华、方家琨、黄牧涛等)的不懈努力,已将"电气工程基础"打造成电力系品牌课程。它是面向高等学校电气类本专科各专业(如电气工程及自动化专业)学生和需要电气工程基础知识的社会人员开设,属于专业基础课,旨在为后续进一步学习电力系统分析、电力系统自动化、电力系统继电保护、高电压技术等专业课程奠定必要的专业基础,学时数:48学时/3学分。该课程立足于学科优势,结合行业发展不断改进教学理念,在师资队伍建设、课程建设、教材建设等方面取得了突出的成绩,先后获得校级、湖北省级、国家级精品课程(教高函[2008]22号、校教[2008]101号、校教[2008]89号),2013年获得国家级精品资源共享课(教主司函[2013]132号),2017年获得校级MOOC课程立项。

2018年12月,由电力系程时杰、尹项根、文劲宇、杨德先等老师参与的"发挥学科优势,依托班级平台,创建研究型大学电气专业高素质人才培养体系"获教育部颁发的国家级教学成果奖二等奖。

教材建设是教学工作的重要组成部分,这一时期出版了多本中英文教材。2021年,苗世洪和朱永利主编的教材《发电厂电气部分》荣获由国家教材委员会主办的首届全国教材建设奖全国优秀教材(高等教育类)二等奖。

2. 研究生教学

面向硕士研究生开设的课程及主讲老师有:"现代电力系统分析",主讲老师孙海顺、陈金富、石东源、李银红;"现代电力系统继电保护",主讲老师尹项根、张哲、文明浩、陈卫;"电力系统广域测量系统及其应用",主讲老师王少荣、林湘宁、李银红、陈卫、蒋林;"现代控制理论",主讲老师林湘宁、毛承雄、文劲宇、李正天;"电力系统规划与可靠性",主讲老师吴耀武、娄素华;"电力自动化系统",主讲老师苗世洪、罗毅;"现代电力系统综合实验",主讲老师杨德先、张凤鸽、陈卫、李正天、吴彤、王丹;"电力市场",主讲老师娄素华、侯云鹤;"电力系统新技术",主讲老师姚伟、方家琨;"非线性动力学及其在电力系统中的应用",主讲老师占萌;"可再生能源电力变换传输及存储系统",主讲老师毛承雄、王丹;"含大规模风力发电并网的复杂电力系统分析",主讲老师袁小明;"大电网主设备继电保护关键技术",主讲老师尹项根。

2016年,为加强专业学位硕士学位研究生的培养,将课堂理论知识与实践相结合,在研究生院资金支持下,依托动模实验室资源,电气学院首次开设了面向研究生的实验课程"现代电力系统综合实验"(32学时/2.0学分)。该课程的开设促使科研资源向教学与研究生培养资源的转化,培养了学生解决实际复杂工程问题的能力,提高了电气工程专业学位研究生的培养水平。

因材施教,授人以渔。电力系导师们非常重视研究生学术指导,从2009年至今,已有程时杰、段献忠、张步涵、林湘宁等多位导师指导的硕士毕业论文或博士论文获得湖北省优秀研究生论文奖。

截至2021年年底,从发配电教研室到电自教研室再到电力工程系,七十年来已培养本科生上万名,研究生二千多名。毕业生广泛分布在电力系统的各个领域,很多成长为电力行业技术和管理骨干,有的成为行业或学术界的领军人物,他们为我国电力工业快速高质量发展作出了重要贡献。

3. 学科与平台建设

从 2009 年开始，电力系全体老师积极参与"强电磁工程与新技术国家重点实验室"的筹备与申报各项工作。2011 年 3 月，"强电磁工程与新技术国家重点实验室"获批建设，2013 年 1 月通过验收，国家重点实验室下设三个实验基地，电力系统动态模拟实验室是其中之一。

2017 年 5 月，为加强学科建设，由程时杰院士牵头成立了电工材料与器件研究中心(AEMC)，电力系袁小明教授任主任，蒋凯教授任副主任。中心的主要任务是依托"强电磁工程与新技术国家重点实验室"科研平台，组织学院在先进电工材料与器件领域的相关教师课题组，统筹规划学院在该领域的研究布局，加强研究分工协作和对外交流合作，形成学科新的优势特色方向。

从 2015 年开始，"电力安全与高效湖北省重点实验室"连续接受湖北省科技厅组织的年度考核，其中 2015 年、2016 年、2017 年年度考核结果均为优秀。

依托动模实验平台，2006 年获批建设的"电力安全与高效利用教育部工程研究中心"（以下简称"中心"）于 2011 年 9 月 27 日通过教育部评审，主任为程时杰院士。2019 年"中心"进行换届，任命蒋凯教授为主任。

4. 科研与社会服务

2009 年至今，电力系老师牵头或参与各类省级以上获奖项目共计 30 余项，其中国家级奖项（三大奖）就有 5 项：

(1) 跨区域大型电网继电保护整定计算自动化系统，段献忠、李银红、陈金富、石东源、王星华、何仰赞，2009 年国家科学技术进步奖二等奖。

(2) 基于广域电压行波的复杂电网故障精确定位技术及应用，尹项根、曾祥君、张哲、李泽文、陈德树、苏盛，2012 年国家技术发明奖二等奖。

(3) 特大型水轮机控制系统关键技术、成套装备与产业化，文劲宇、程时杰等，2015 年国家科学技术进步奖二等奖。

(4) 互联电网动态过程安全防御关键技术及应用，文劲宇等，2016 年国家科学技术进步奖一等奖。

(5) 大规模风电联网高效规划与脱网防御关键技术及应用，艾小猛（第 4），2017 年国家科学技术进步奖二等奖。

高水平论文实现新的突破，SCI 论文数量每年都在三十篇以上，先后有十多篇论文入选 ESI 热点论文和高被引论文。

电力系科研经费连续多年在学院保持前列。尤其是横向科研经费，每年都是全院第一。每年都有多项在研国家自然科学基金项目、国家重点研发项目。

2013 年，毛承雄教授项目组研发的"基于全控器件整流的大型同步发电机自并励励磁系统"获得第四十一届日内瓦国际发明展(International Exhibition of Inventions of Geneva)金奖。

2011年8月,科技部发布973计划2011—2012年立项项目清单,"大规模风力发电并网基础科学问题研究"获准立项,袁小明教授担任该项目的首席科学家,实现了学院973计划项目和973首席科学家零的突破。2016年,该项目顺利结题。

5. 师资队伍建设

2008年,"现代电力系统安全技术教育部创新团队"获得教育部立项,2012年通过验收。团队负责人为电力系程时杰院士,主要研究方向为大电网大机组安全技术、新型输配电理论与技术、超导电力技术、分布式发电与微网技术等,承担了包括国家重大基础研究计划(973)项目、国家高技术研究发展计划(863)项目、重大专项、支撑计划、国家自然科学基金在内的多项纵向科研项目及200余项横向合作项目。

2017年年初,"可再生能源并网消纳科技部重点领域创新团队"获科技部立项。团队负责人为电力系袁小明教授,核心成员有程时杰、文劲宇、胡家兵、占萌、蒋凯、王康丽、谢佳等。团队成员分别以电气工程学科和电化学为背景,通过交叉融合开展研究,力求解决大规模可再生能源并网在运行稳定和供电充裕方面的核心问题。研究重点是电力电子化电力系统的动态稳定、规模化低成本电化学储能系统以及它们之间的相互影响。

2017年,电力系陈德树教授荣获顾毓琇电机工程奖。顾毓琇电机工程奖由中国电机工程学会和美国电机电子工程学会的电力和能源分会(IEEE/ PES)独特设置,该奖旨在表扬在电力、电机、电力系统工程及相关领域获得杰出成绩的专业人士,其在电机工程领域的贡献对中国社会有持久的影响力。2010年开始每年奖励一名专家。

2021年,文劲宇教授入选2021年度科睿唯安"高被引科学家"。科睿唯安全球"高被引科学家"表彰过去10年在各自领域中真正的先驱者,在全世界的自然科学家和社会科学家中千里挑一。文劲宇教授是从工程(Engineering)领域入选,由于科睿唯安的学科领域分类非常宽,国内电气工程学科能够入选这一榜单的学者极少。

截至目前电力系已经拥有一支包括中科院院士、国家级人才计划、省部级人才计划和校级人才计划入选者在内的学科创新人才队伍。电力工程系现有专任教师46人,其中教授17名,副教授10名,讲师5名,教高1名,高工2名,工程师1名,具有博士学位的教师43名。一支优秀的人才队伍在这里深深扎根,为电力工程系的长远发展打下坚实的基础,提供了不竭的动力和源泉。

电力工程系老师们一直坚持科研与教学并重,在不断地发展与传承中独具特色,在电力系统多学科领域的多个技术研究方向上组建了高水平研究团队,取得了可喜的成绩。未来将以建设世界一流电力系统及其自动化学科为目标,以发展和引领现代电力高新技术为己任,团结奋进、求真创新,开创更加美好的未来。

图42所示的是2014年电力工程系全家福。

图 42　流年笑掷，未来可期，电力工程系加油！

附录一　课程发展简史

1. "电气工程基础"课程发展史

"电气工程基础"课程主要讲授电力系统的基本概念、构成环节及其工作原理、简单电力系统的潮流计算、短路计算、设计、运行、保护等方面的基础知识，目前是我校电气工程学科核心专业课程之一。

"电气工程基础"课程的教材和课程体系建设经历了3个重要的阶段：

起步阶段。1991年之前，我校电气工程学科各二级专业分开设课，为了使电机、高压、电测等设备制造类专业的学生能够了解电力系统背景知识，以陈忠、黄煜麒、吴希再等教授为代表的课程组第一代教师对该课程开展了系统性建设工作，为电机、高压、电测、水电等专业学生开设了"电力工程"课程，并于1991年编写了《电力工程》讲义。随后，配合人才培养模式的变化，结合课程讲授过程中的经验，课程组对讲义进行了多次修订完善，于1997年正式出版了《电力工程》教材（主编吴希再、熊信银、张国强，主审张永立）。同时，通过课程组全体教师的努力，该课程于1996年被评为校级优良课程，1998年被评为校级优秀课程，课程组完成的"电力系统及其自动化系列课程建设与体系改革研究"成果获1997年湖北省普通高等学校优秀教学成果奖二等奖。

发展阶段。从1998年开始，我校电气工程学科开始按照一级学科招生，1998年，"电力工程"成为面向全院学生的基础课程。在制定1999级本科生培养计划时，本着加强基础、拓宽专业口径的原则,以熊信银、张步涵等教授为代表的课程组第二代老师对"电力工程"课程的内容进行了一次大的整合,将课程更名为"电力系统工程基础",在《电力工程》教材的基础上,2003年2月由华中科技大学出版社出版《电力系统工程基础》(主编熊信银、张步涵,参编戴明鑫、罗毅、曾克娥)。该课程还与"电力系统分析"和"电力系统继电保护原理与运行"一起,组建了"电力系统"系列课程,以此教学计划为核心的省级教改项目"面向21世纪电气工程类人才培养模式与课程体系改革"荣获2000年湖北省高等学校优秀教学成果奖一等奖。

提高阶段。2003年起,为了适应电气大类学科共享平台培养目标的要求,课程组进一步明确了本课程在专业培养目标中的定位与课程目标。综合十多年的教学经验,再次对教学内容进行了整合,明确了两条主线:一是"发电－输电－配电－用电"电力系统基本知识主线,使学生掌握电能从生产到消费整个过程中各环节的基本原理,建立电力系统的整体概念,了解可能出现的各种问题和现有的解决方法;二是"分析－设计－运行－管理"电力系统基本技能主线,为学生学习后续电力系统分析、电力系统继电保护、高电压技术和电力系统自动化等专业课程奠定基础。2005年9月由华中科技大学出版社出版《电气工程基础》教材(主编熊信银、张步涵,参编戴明鑫、罗毅、吴耀武、曾克娥、娄素华);该教材多次修订再版发行,一直是"电气工程基础"课程主要教材。整合后的课程更名为"电气工程基础",被作为电气大类专业8门核心课程之一。2018年,课程组开展大规模在线开放课程(MOOC)建设,"电气工程基础MOOC"于2018年12月成功在爱课程网站上线运行(主讲教师:罗毅、吴耀武、娄素华)。以此为基础,2008年"电气工程基础"获批国家级精品课程(课程负责人:尹项根),2014年获批国家级精品资源共享课程(课程负责人:尹项根),2019年获批湖北省精品在线开放课程(课程负责人:罗毅),已连续4年受邀在教育部高等学校电气类专业教学指导委员会主办的"高等学校电气名师大讲堂"做课程报告。"电气工程基础"课程目前已经成为国内有较大影响的专业课程。

2. "电力系统分析"课程发展史

"电力系统分析"是我校电气工程学科的核心专业课程之一,系统地讲述电力系统运行状况分析计算的基本原理和方法,包括电力系统各元件的数学模型、短路计算、潮流计算、电压调整、频率调整、经济运行、静态稳定、暂态稳定、提高稳定性的措施等。课程教学致力于使学生通过本课程的学习掌握对电力系统开展建模和分析的基本原理与方法,具备综合运用知识分析并解决电力系统复杂问题的能力。

在华中工学院电机系和华中理工大学电力工程系时期,该课程是发配电专业和电力系统及其自动化专业的核心专业课程。到华中科技大学时期电气与电子工程学院按电气工程及其自动化一级学科进行本科生培养以后,该课程是面向电力系统行业的B类课程体系的核心专业课程。承担本课程教学的老师有何仰赞、温增银、汪馥瑛、周勤慧、张国强、张步涵、张哲、段献忠、孙海顺、廖怀伟、文劲宇、林湘宁、陈金富、石东源、王丹、李银红、姚伟、陈霞。历任课程组长为:何仰赞、张步涵、孙海顺、石东源。

承担本课程的华中工学院电机系发配电教研组于1976年印刷了油印版自编讲义《电力系统》，并在考虑《电力系统》教材编审小组于1982年9月审订定稿的"电力系统稳态分析"和"电力系统暂态分析"两门课程的教学大纲要求进行修订以后，于1983年在华南工学院、成都科技大学、郑州工学院、江西工学院、武汉水利电力学院、合肥工业大学、合肥联合大学、北京农业机械化学院等院校开展试用和反馈意见的收集。在此基础上，课程的第一版教材《电力系统分析》于1984年4月由华中工学院出版社正式出版，参加编写的有何仰赞、温增银、汪馥瑛、周勤慧。何仰赞、温增银担任主编。该教材获1987年水利电力部优秀教材一等奖、1988年全国高等学校优秀教材奖。

1995年，课程组按照高等学校电力工程类专业教学委员会1987年制定的第三轮教材出版规划的安排进行了教材的修订工作，于1996年7月由华中理工大学出版社正式出版了《电力系统分析(修订版)》。修订工作由原作者何仰赞、温增银、汪馥瑛、周勤慧共同完成，温增银编写了习题(含答案)和课程设计参考材料。何仰赞、温增银担任主编。

在修订版教材出版以后，课程组继续获得了国家教委"九五"国家级重点教材立项支持，对教材开始新一轮的修订工作，于2002年1月由华中科技大学出版社正式出版《电力系统分析(第三版)》。这次修订在基本保持原书体系的同时，对教材内容作了较大的调整，主要包括：鉴于计算机的应用在电力系统分析计算中已经普及，本版对于电力系统的短路、潮流和稳定这三类常规计算，在讲清楚基本概念和基本原理的基础上，更侧重从应用计算机的角度进行计算方法的阐述；下册新增一章电力传输的基本概念，阐述交流电网功率传送的基本原理，从不同的角度说明交流电网的功率传输特性，并合并了原有的交流远距离输电的基本概念一章的主要内容；为控制篇幅，修订版中的直流输电的基本概念一章、部分选学内容以及电力网络设计的基本原则和方法(下册附录I)在新版中不再保留。本版的修订工作由何仰赞和温增银共同完成，何仰赞担任主编。

2006年，该教材获得校级优秀教材一等奖。

2016年5月，《电力系统分析》(第四版)由华中科技大学出版社正式出版，该版的修订工作全部由温增银完成，在第三版的基础上作了适当的修改。

该教材作为我国高校"电力系统分析"课程最早的教材之一，自1984年出版以来被国内多所高校采用，得到了国内高校和工业界同行的广泛认可，具有深远的影响力。

3. "电力系统自动化"课程发展史

"电力系统自动化"课程主要讲述实现电力系统自动化的主要自动控制装置、系统和调度自动化系统的组成、工作原理、功能和关键技术等方面的知识，是我校电气工程及其自动化专业本科的核心专业课程之一。课程曾用名为"电力系统自动装置原理"，在经过几十年教学实践和改革，加入了电力系统远动、电力系统调度自动化、配电网自动化和变电站自动化等相关内容后，更名为"电力系统自动化"。课程名称虽经更迭，但课程所对应的电力系统运行调度控制自动化业务一直都是电力工业的重中之重。承担过本课程课堂教学的老师有樊俊、任元、陈忠、涂光瑜、陆继明、毛承雄、王少荣、周良松、谢荣军、彭小圣、李正天、魏繁荣等，承担过本课程实验教学的老师有邹祖英、冯碧霞、温增银、苗世洪、邱爱国、林蓉、丑正汶、吴彤、杨风开等。

"电力系统自动化"课程目标是使学生了解电力系统自动化发展的最新概念以及相关知识，熟悉电力系统自动化的有关概念和最新技术进展，掌握电力自动化系统的核心原理与关键技术，训练和培养学生独立思考、解决实际工程问题的能力，为学生从事相关领域的工作准备必要的知识基础。在上述课程目标指引下，"电力系统自动化"课程紧跟我国电力工业的技术发展趋势，瞄准电气人才的技能素质需求，具有鲜明的时代特点，其发展经历了如下三个阶段。

第一阶段：自力更生，艰苦奋斗。

建系之初急缺教材，课程主要采用苏联原版或翻译教材，包括哈尔滨工业大学编译的《动力系统的自动化》，以及清华大学编译的《电力系统自动化》（上、下册）等。为了提高教学质量、加强学科建设，国家专门成立了"高等学校电力工程类专业教材编审委员会"，课程组樊俊教授担任第二届主任委员。课题组老师们在教材编写上，自力更生，艰苦奋斗，在具体工作层面，樊俊、任元、陈忠老师担负了《电力系统自动化》教材的主编工作，涂光瑜参与了教材的编订工作，该教材经全国教材编审委员会组织的专家审编会议通过后，计划由电力工业出版社出版，但在已完成编辑制版工作后，因"文革"开始而终止印刷。随后由华中工学院教材出版科自行油印出版，供我校及武汉水利电力学院两校的发配电专业学生使用。同时，为了更好地理论联系实践，老师们自己动手设计制造了电力系统自动化教学试验台。

第二阶段：与时俱进，交叉融通。

随着电力工业的技术进步，电力系统的自动化控制装置也逐步向半导体化和数字化的方向演进。课程组各位老师历来重视科学研究与课堂教学紧密结合，科学研究紧扣国家需求和时代发展步伐，在武钢等工业企业电网装置与控制、发电机励磁控制及同期装置、电力系统调频调压系统、电力系统稳定控制装置、变电站自动化系统和电力各级调度策略等方面展开了深入探索研究，取得了丰硕的理论和实际应用成果，并将相关科学研究内容深度融合到课堂教学和实验教学之中，丰富了教学内容，也让学生有更多机会了解实际电力系统。与此同时，由我校教师研制的电力系统自动化教学试验台也与时俱进，增加了半导体化和数字化方面的实验功能。后期，在电力系老师的精心组织下，在试验台上开设了"发电机同期实验"和"发电机励磁实验"等系列实验。在增加了诸多实验内容后，电力系统自动化试验台改名为"电力系统综合自动化试验台"，此试验台获高教部颁发的"自制教学仪器设备优秀成果奖"，由武汉华大电力自动技术有限责任公司推广至全国近 200 所高等学校使用,受到全国各使用高校的一致好评。在电力系各位老师的持续努力下,"电力系统自动化"课程将课堂教学、实验教学、科学研究与我国如火如荼的电力工业大建设大发展融为一体,与时俱进,交叉融通。

第三阶段:勇于探索,敢为人先。

进入新世纪后,我国电力工业开始由"跟跑"走向"并跑"乃至"领跑",这也对电力行业的人才培养提出了新要求。在此背景下,"电力系统自动化"课程也进行了自我革新。一方面,贯彻鼓励学生自由探索的精神,将课程学时由 64 学时压缩到 48 学时,将时间大幅度交还给学生。另一方面,于 2019 年率先在院系内推出研讨课的教学形式,由教师拟定学术前沿课题,采用学生团队协作的模式,进行学术探索与成果展示。研讨课的模式为培养具有创新精神、主动探索意识的本科生做出了有益的探索,也获得了院内师生的一致好评。从 2021 年开始,教育部要求压缩课堂学时,因此"电力系统自动化"课程进一步压缩到 32 学时。通过课程组各位老师对课堂授课学时的不断优化,研讨课依然在新大纲中得以保留,并增加了相应课程思政内容。

电力工业作为国民经济主战场,其运行与调度业务一直是各种新理念、新技术运用的前沿。近年来,面对构建新型电力系统带来的诸多挑战,课程组各位老师积极投入到电力系统自动化新技术的科学研究过程中,为"电力系统自动化"课程注入新鲜血液,勇于探索,敢为人先,带来全新的概念、理论和技术内涵。在此背景下,"电力系统自动化"课程不断推陈出新,持续为培养电力工业的引领性人才贡献力量。

4. "电力系统继电保护"课程发展史

"电力系统继电保护"课程主要讲授继电保护的基本原理、实现技术、运行特性及分析方法等方面的基础知识,是我校电气学院电力工程系最重要的专业课程之一。

"电力系统继电保护"课程的体系和教材建设伴随着教学改革以及继电保护技术的进步而不断演进和发展。

"电力系统继电保护"课程体系建设起步于 20 世纪 50 年代,在"继电保护专门化"中开展继电保护课程教学。早期使用的是苏联继电保护教材,并初步形成了继电保护课程组。20 世纪 60 年代初,成立了发配电专业全国教学规划指导委员会和教材编审委员会,挂靠华中工学院;80 年代末改为电力系统及其自动化专业全国教学指导委员会,挂靠华中理工大学,先后由我校刘乾才、樊俊担任主任委员,樊俊、陈德树担任秘书长,陈德树老师一直任全国继电保护教材编审组负责人,积极推动了全国继电保护课程和教材建设,确立了我校继电保护教学在全国高校的优势地位。长期以来,继电保护课程组配合继电保护技术和全国教学改革的发展,与时俱进地注重"电力系统继电保护"课程体系建设,不断完善教材建设、教学实验平台建设和青年教师的培养。

1978 年,根据"电力系统继电保护及自动化"专业的教学培养计划,以陈德树、吕继绍、吴希再等老师为主体(吕继绍老师担任主编),编写了我校第一部《电力系统继电保护原理与运行》专业教材。该教材由电力工业出版社于1981年正式出版发行，也是国内继电保护领域最早编著的专业教材之一。该教材内容丰富，除系统阐述了输电线路保护、自动重合闸和主设备保护的基本原理和构成方法外，在国内教材中，还率先对"电子计算机在继电保护中的应用"进行了具有前瞻性的介绍。

20世纪末，随着计算机技术特别是微型计算机技术的快速发展，微机型保护逐渐由理论研究、样机研制，进入蓬勃发展的实用化阶段。为了满足新一代微机继电保护研究和应用的需求，根据原能源部1990—1992年高等学校教材编审出版计划，在各省电力部门举办的计算机继电保护研究班所编写的讲义基础上，在国内首次编著了《计算机继电保护原理与技术》教材（主编陈德树、尹项根），并于1992年由中国电力出版社出版发行，作为本科生和研究生选修课程使用。该教材系统介绍了计算机继电保护的基本构成原理、主要算法和相关实现技术。2000年由陈德树、张哲、尹项根编著的《微机继电保护》由中国电力出版社出版。上述教材对推动微机保护在我国的研究和应用发挥了重要作用。

2001年，根据面向21世纪教学改革的目标和教育部新颁布的本科专业目录，并结合电气工程及其自动化专业宽口径培养计划的要求，对继电保护教材和教学大纲进行了修订。由尹项根和曾克娥教授负责，编著出版了《电力系统继电保护原理与运行》第二版教材。该教材除重点阐述了电力系统继电保护的基本原理与运行特性分析方法外，对继电保护技术的最新进展做了必要介绍，并将微机保护的相关基础知识纳入其中。同时，对输电线路保护和主设备保护分册整合，以根据不同学时要求进行灵活选授。此外，单独开设了"微机继电保护"选修课程，以更好适应宽口径与专业化等不同培养目标的应用需求。2005年，张保会（西安交通大学）、尹项根（华中科技大学）教授主编的《电力系统继电保护》出版，至今已出两版，是"十五""十一五"国家级规划教材，也是国内包括主要985、211在内高校普遍使用的电气类专业本科生教材，累计发行45万册，用量占全国同类教材半数。2009年，为了适应继电保护技术发展和电气学院课程改革，更好突出继电保护课程特色，课程组主编了《电力系统继电保护原理与应用（讲义）》作为我校本科生教材，一直使用至今。

2019年起，为了更好适应"电气工程"大类学科和"新工科"培养的要求，课程组进一步明确了本课程在专业培养目标中的定位与目标，开展了《电力系统继电保护原理与运行》第三版教材的编著工作。除对原教材中的内容进行了精简，以重点突出保护原理和基本分析方法外，结合近年来我校在超高压输电线路保护、大容量变压器和发电机保护以及智能变电站站域保护和广域保护等方面的科研成果，丰富教材内容。通过教学与科研工作相结合，在教材内容组织、基本原理阐释和理论联系实际以及新技术发展等方面体现新特点，形成具有我校特色的优质教材。

"电力系统继电保护"是一门理论与实践并重的专业课程，课程实验是实践教学的重要一环。课程组通过自研和合作研制等不同方式，先后开发了模拟式和全数字式继电保护教学实验平台。新一代全数字式继电保护实验平台由实验管理软件、故障暂态仿真软件、数模转换设备、微机保护装置以及通信系统等构成,具有先进性、综合性和开放性等特点,不仅能用于继电保护课程的实验教学,还可以用于本科工程训练、毕业设计、大创项目等创新实践性环节的教学中,更好满足新工科模式下人才培养的需求。

附录二 电力系统动态模拟实验室大事记(1962—2022年)

1. 1962—1984年 齐心协力 艰苦创业

1962年,华中工学院副院长刘乾才教授向教育部提出申请建设动模实验室。

1963年,电机工工程系成立了动模实验室筹备工作组和设计室,派唐继安前往清华大学学习动模实验室建设经验。张永立、李儒晴、李竹英、刘寿鹏、范锡普、陈贤治等参加设计。

1964年,动模楼在西三楼南面破土动工,该楼是砖混结构的一层平房。

1965年年初,建筑面积约760平方米首座动模实验楼竣工,定制的设备开始安装。

1965年,电机系主任朱木美教授和孙淑信、张永立赶赴北京,从中国科学院电工研究所停办的实验室争取到一套7.5 kVA模拟机组。胡会骏、张永立、李儒晴、唐继安、刘寿鹏、孙淑信、温增银、黄煜麒、陈瑞娟、陈贤治、冯碧霞、言昭、李竹英、任元、吴希再、侯煦光、周泰康等老师长期进行动模实验室建设。

1973年,与湖北中试所签订共建动模实验室合作协议。中试所陈俊、邓先荣、夏俊峰、吴青华、邓春年、黄柏钧、张国钢、文登峰等多人常驻动模实验室。

图43所示的1962—1998年,第一代动模实验室的控制室(左图)、试验大厅(右图)。

图43 1962—1998年,第一代动模实验室的控制室(左图)、试验大厅(右图)

1974年1月,任命孙淑信为发配电实验室主任,温增银、言昭为副主任。

1977年,任元、张永立、陈贤治、李国久课题组为葛洲坝电厂励磁方案进行试验论证,1981年解决了该电厂因快速励磁引起低频振荡问题。

1978年8月,孙淑信、周泰康、刘寿鹏、李竹英等老师编写了《电力系统动态模拟》一书,受水电部委托,举办了全国性"电力系统动态模拟短训班"。1979年,任元老师组织承担了"武钢1米7轧机冲击负荷"动模试验。

1979年,湖北中试所出资建设两套当时国内最大容量的15 kVA模拟发电机组。

1979年,受华中电管局委托,开展"华中四省联网"动模试验。

1980年,陈德树、陈贤治、言昭等几位老师负责设计研制了全国第一条500 kV超高压交流输电线路"平武线"模型,并开展了进口保护装置系列试验。

2. 1985—2001年　踏实奋进　求真务实

1985年,由湖北省电力局和任元、何仰赞、侯煦光、胡会骏、樊俊等老师共同出资建成由一栋三层楼和一层实验大厅组合成的动模楼。

1985年,第二代动模实验室开始设计制造,控制室由长办设计院汪祖禄总工负责设计,高压系统组合屏和配电屏由动模实验室李国久主任、杨德先老师设计。

1987年11月,受甘肃酒泉钢铁公司委托,承担酒泉、玉门电网的冲击负荷实验研究,参加人员有温增银、陈贤治、李国久、薛有仪、杨德先等老师。

图44所示的为1985—2006年,第二代动模实验室的控制室(左图)、试验大厅(右图)。

图44　1985—2006年,第二代动模实验室的控制室(左图)、试验大厅(右图)

1989年,由温增银、陈贤治老师负责设计,全体人员参加建设了我国第一条±500 kV高压直流输电线路模型,模拟葛洲坝—上海双极直流输电系统,并成功地为中国电网建设有限公司开设了多期全国直流输电培训班的相应实验。

1992年,程时杰老师主持的国家"八五"攻关项目"汽轮发电机组机电耦合动态分析与扭振研究",利用7.5 kV模拟机组改造成汽轮机轴系扭振试验平台。

1992年,受中国核动力研究院委托,温增银等老师承担了秦山核电二期工程棒电源系统模拟实验研究,成功解决了原料棒如何稳定调整的问题。

1993年,李国久、吴希再、杨德先、林蓉、张红萍老师的"电力系统动态模拟综合实验课程的创建"获湖北省1993年度优秀教学成果奖三等奖。

1995年5月,成功为香港理工大学研制了一套动模试验平台,项目组有胡会骏、涂光瑜、温增银、李国久、杨德先、黎平等。项目全部完成后，将余下20万元人民币全部捐献给动模实验室的建设，开发了微机型调速、励磁等动模设备。

2000年，新建了"电力系统动态模拟实验大楼暨水电能源仿真中心"5层大楼，并成立了超导实验中心，研制出我国第一台直接冷却高温超导SMES样机。

2001年，由省电力局组织，开展南瑞、许继、南自的母线保护大比武试验。

2001年12月，研制了全国第一套高压电抗器试验模型，该方案已写入中国电力行业标准，该模型能开展并联电抗器内部故障试验。

3. 2002—2022年　与时俱进　创新发展

2002年2月，毛承雄担任电力系主任，杨德先为动模实验室主任，积极筹集经费对实验室进行装修改造。新动模实验室建设根据整体规划、分步实施的原则，进行了开放性、实时性、可持续发展性设计，体现便捷性和模块化特点。

2003年，建立750 kV交流输电系统模型，开展了系列继电保护试验。

2003年，通过不懈努力，绘制了几百张图纸、设计制造了几十面屏、铺设了几千根电缆、安装了上万个接线端，成功地改扩建全新动模实验室，控制室配备了现代化的微机测量监控系统、故障录波系统和智能化上层实验管理平台，完成了整个实验室的数字化和信息化改造，实现了"五遥"功能。

图45所示的为2004年至今，第三代信息化动模实验室的控制室（左图）、试验大厅（右图）。

图45　2004年至今，第三代信息化动模实验室的控制室（左图）、试验大厅（右图）

2004年11月，省科技厅批准建立"电力安全与高效湖北省重点实验室"，主任为程时杰院士。2007年11月，实验室验收评审获得优秀，排名全省第一。

2005年，建成全世界唯一的一套三峡多分支物理模拟机组系统（见图46），该模型不仅主要电气参数与原型机组的相似，而且机组定子结构及其绕组形式也与原型机组的基本相似，2008年，获湖北省科技进步奖二等奖。

2005—2007年，先后建成TCSC、UPFC、EPT物理模型实验平台，建成基于飞轮储能的新型多功能柔性功率调节器实验平台，开展了DVR试验。

2005年7月，与"电力工业电力系统自动化设备质量检验测试中心"签订了动模联合实验室协议,以"科学、规范、严谨、求实、创新"作为实验准则。

2006年年初,建成首套完整的交流特高压1000 kV输电线路模型,并开展试验。

2006年3月22日—4月10日,为了研究三峡机组低频振荡和励磁装置及PSS的调节效果,华中电网有限公司三次组织运行和管理人员在三峡动模机组上进行低频振荡再现实验和PSS投入抑制低频振荡效果的动态模拟实验。

2006年3月24日,与华中电网有限公司成立了RTDS联合实验室。吴彤、张凤鸽、黄顺喜将RTDS成套设备(三个RACK)搬迁到老动模控制室。

2006年6月,在动模实验室基础上成立电力安全与高效利用教育部工程研究中心,主任为程时杰院士,并于2011年9月27日顺利通过教育部验收。

2007年1月,"开放式多机电力网综合实验系统"获得首届全国高校自制教学仪器设备优秀成果奖,同年获校第七届实验技术成果特等奖。

2010年,陈德树、陈卫、吴彤、杨德先、张凤鸽等老师研制了世界上唯一一套空间磁场式同杆并架线路模型(见图47),2012年该建模方法获得国家发明专利。

图46　全世界唯一的三峡多分支机组模型　　图47　全世界唯一的同杆并架线路模型

2012年,杨德先、张凤鸽、吴彤等"信息化电力系统动态模拟实验控制平台"获校第九届实验技术成果特等奖,次年获得全国高校自制设备优秀成果奖。

2013年5月7日,与美国OTI公司共建ETAP电力系统仿真分析联合实验室。

2012年8月13日至16日,与武汉华大电力自动技术有限责任公司联合主办了"全国电力系统动态模拟及其新技术研讨会",受到与会代表一致好评。

2013年,《电力系统动态模拟技术》获批2013年学校教材建设项目立项。该教材于2014年由机械工业出版社出版,主编:张凤鸽、杨德先、易长松,参编:吴彤、叶俊杰等。

2014年,建立了各种配电网物理模型,为SIEMENS公司开展了"配电网接地选线动模试验",为GE公司开展了"复杂配电网故障定位动模实验"。

2016年8月10日,杨德先、张凤鸽、吴彤等老师牵头申报了校"双一流"建设专业学位研究生高水平实验课建设项目,开设"现代电力系统综合实验"硕士研究生课程。

2015—2016学年和2016—2017学年,由动模实验室张凤鸽、杨德先、吴彤主讲的"电力系统综合实验"课程先后在校实验教学评审中获"优良实验课程"。

2017年9月29日,杨德先、张凤鸽参与编写的中国电机工程学会标准《配电系统继电保护及自动化产品动模试验技术规范》(T/CSEE 0027—2017)发布。

2018年10月,张凤鸽、杨德先、吴彤、陈卫主持的"配电网动态模拟实验平台"项目获我校第十一届实验技术成果特等奖。

2018年12月,建成±800 kV特高压直流昆北—柳北—龙门输电线路实验平台。

2020年9月,方家琨担任电力系主任,陈新宇担任电力系副主任,分管实验室,张凤鸽为动模实验室主任。

2020年10月,张凤鸽、杨德先、杨晨主编《现代电力系统综合实验》由华中科技大学出版社出版,这是一本介绍新能源发电和柔性交直流的实验教材。

2021年9月,为适应行业发展,动模实验室首次开设"电力系统数字仿真"课程,该课程1.5学分/24学时,主要讲授电力系统数字仿真原理及常用电力系统数字仿真软件的应用。

附录三 电力系人员名录

注:表中发配电教研室全称为:发电与输配电教研室、电自教研室、电力系统及其自动化教研室。

序号	姓名	入职时间	主要研究方向/主讲课程	其他
1	刘乾才	1953	电网及电力系统	发电与输配电教研室(华中工学院副院长)
2	陈泰楷	1953	电网及电力系统	发电输配电教研室
3	樊俊	1953	电力系统自动化	发电输配电教研室
4	程光弼	1953	农用电	发电输配电教研室
5	侯煦光	1953	电力系统规划	发电输配电教研室
6	黄煜麒	1953	短路电流(研制直流计算台)	发电输配电教研室
7	张旺祖	1953	发电厂电气运行	发电与输配电教研室(后调回广西大学)
8	刘福生	1953	发电厂电气设备	发电与输配电教研室(后调回湖南大学)
9	林士杰	1953	电网及电力系统	发电与输配电教研室(后筹建我校电真空专业)
10	梁鸿飞	1953	发电厂电气设备	发电与输配电教研室(后调回广西大学)
11	刘寿鹏	1953	发电厂电气设备	发电输配电教研室
12	陈德树	1953	电力系统继电保护	发电输配电教研室

续表

序号	姓名	入职时间	主要研究方向/主讲课程	其他
13	王家金	1953	电网及电力系统	发电输配电教研室
14	周泰康	1953	电网及电力系统	发电与输配电教研室（后转入电工基础）
15	邹锐	1953	发电厂和电力系统	发电与输配电教研室（后转入电工基础）
16	李竹英	1953	电网及电力系统	发电与输配电教研室（后转入电工基础）
17	余德基	1953	电力网实验	发电与输配电教研室（后转入电工学）
18	王嘉霖	1953	动能经济	发电与输配电教研室（后筹建我校经济专业）
19	刘汉川	1953	电网及电力系统	发电与输配电教研室（后调回湖南）
20	谭颂献	1953	电网及电力系统	发电与输配电教研室（调至上海）
21	柳中莲	1953	发电厂电气运行	发电与输配电教研室（调至华南工学院）
22	刁士亮	1953	电网及电力系统（研制交流计算台）	发电与输配电教研室（调至华南工学院）
23	杭维翰	1953	短路电流	发电与输配电教研室（调回广西大学）
24	范锡普	1954	发电厂电气设备	发电厂教研室（调至四川联合大学）
25	吕继绍	1954	继电保护	发电厂教研室
26	陈忠	1955	电力系统自动化	发电厂教研室
27	何仰赞	1955	电力系统分析	电力网教研室
28	孙淑信	1955	电力系统自动化	发电厂教研室
29	温增银	1955	电力系统分析	电力网教研室
30	言昭	1955	电力系统自动化	发电厂教研室
31	邹祖英	1955	电力网实验	发电厂教研室
32	裴福静	1955	发电厂实验	电厂教研室（后转入电工基础）
33	任元	1956	电力系统自动化	发电厂教研室
34	陈学允（原名郑遂泰）	1957	发电厂电气运行	发电厂教研室（调至哈尔滨工业大学）
35	周勤慧	1958	电力系统分析	发配电教研室
36	金临川	1958	电力网实验	发配电教研室
37	曾凡刊	1959	发电厂电气运行	发配电教研室（后转入电工基础）
38	胡会骏	1960	电力系统自动化	发配电教研室
39	袁礼明	1960	电力系统继电保护	发配电教研室

续表

序号	姓名	入职时间	主要研究方向/主讲课程	其他
40	张永立	1960	电力系统自动化	发配电教研室
41	欧阳环	1960	电力网实验	发配电教研室(后调离)
42	陈伯伟	1960	电网实验室(直流计算台)	发配电教研室(调至河南)
43	唐继安	1960	筹建动模实验技术	发配电教研室(调至广西中试所)
44	陈玉凤	1960	电力系统自动化	发配电教研室(调至河南)
45	陈瑞娟	1962	动模实验技术	发配电教研室
46	陈贤治	1962	电力系统自动化(动模实验技术)	发配电教研室
47	李儒晴	1962	动模实验技术	发配电教研室(转入校机关)
48	汪馥瑛	1963	直流输电	发配电教研室
49	冯碧霞	1964	发电厂实验	发配电教研室
50	张国德	1976	发电厂电气设备	发配电教研室(转入校机关)
51	戴明鑫	1967	发电厂电气部分	发配电教研室
52	吴希再	1967	电力系统继电保护	发配电教研室
53	陈崇源	1968	电网及电力系统	发配电教研室(后转入电工基础)
54	余慧芳	1968	电工实验	电工学实验室
55	曾克娥	1969	电力系统继电保护	发配电教研室
56	王国和	1969	产业	校办产业
57	闵安东	1970	发电机励磁	校电子设备厂
58	熊信银	1970	电力系统规划	发配电教研室
59	黎平	1972	动模实验技术	发配电教研室
60	李国久	1974	动模实验技术	发配电教研室
61	林顺贵	1974	电力网实验	发配电教研室
62	胡能正	1975	电力系统规划	发配电教研室
63	涂光瑜	1975	电力系统自动化、控制理论	发配电教研室
64	张步涵	1975	电力系统分析	发配电教研室
65	陈昌贵	1976	电力系统自动化	发配电教研室(转入校管理专业)
66	孙扬声	1977	电力系统自动化、电力系统控制	电自教研室
67	薛有仪	1977	动模实验技术	电自教研室

续表

序号	姓名	入职时间	主要研究方向/主讲课程	其他
68	郭涛	1978		电自教研室(后调离)
69	丑正汶	1979	动模实验技术	电自教研室
70	陈建平	1980	动模实验技术	电自教研室(转入校机关)
71	王大光	1980	电力系统分析	电自教研室(调至福建中试所)
72	刘沛	1981	电力系统继电保护	电自教研室
73	程时杰	1981	电力系统适应控制、智能控制	电自教研室
74	付伟	1981	动模计算机房	电自教研室(调至武汉大学)
75	林蓉	1981	动模计算机房	电自教研室
76	吴青华	1981	电力系统运行与控制	电自教研室(现华南理工高层次人才)
77	吴雾霞	1981	动模实验技术	电自教研室
78	张国强	1981	电力系统分析	电自教研室(调至珠海)
79	张红萍	1981	动模实验技术	电自教研室
80	涂少良	1983		电自教研室(调至北京)
81	吴耀武	1983	电力系统规划及可靠性、人工智能技术	电自教研室
82	管思聪	1984		电自教研室(调离)
83	陆继明	1984	电力系统自动化、直流输电	电自教研室
84	苗世洪	1985	电力系统保护与控制、配电网与微网新技术	电自教研室
85	杨德先	1985	电力系统动模技术、配电自动化	电自教研室
86	张哲	1985	电力系统继电保护、电力设备监录技术	电自教研室
87	邱爱国	1985	电自实验室	电自教研室(调至广东)
88	易长松	1986	发电机励磁	校电子设备厂(转入院实验中心)
89	游志成	1986	计算机控制及其应用	电自教研室
90	郭勇	1987	电力系统继电保护	电自教研室(美国California)
91	罗毅	1987	含高比例可再生能源的电力系统运行与控制	电自教研室
92	尹项根	1987	电力系统继电保护及安全自动控制	电自教研室

续表

序号	姓名	入职时间	主要研究方向/主讲课程	其他
93	卢卫星	1988	电力系统继电保护	电自教研室(美国 New England ISO)
94	周良松	1988	电力系统安全稳定在线决策与控制系统	电自教研室
95	卜正良	1988		电自教研室(调离)
96	苏洪波	1989	电力系统继电保护	电自教研室(调至湖南)
97	毛承雄	1991	电力电子技术、电力系统运行与控制	电自教研室
98	孙海顺	1991	电力系统分析以及运行与控制	电自教研室(91年留校辅导员,98年进入电自)
99	汪芳宗	1991	电力系统分析与控制、新能源微电网	电自教研室(现三峡大学)
100	马天皓	1992	电力系统继电保护	电自教研室(加拿大 Ontario Hydro)
101	谢荣军	1992	电力系统自动化	动力系(转入院实验中心)
102	段献忠	1993	电力系统分析计算、新能源并网	电自教研室(现湖南大学校长)
103	吴彤	1993	电力系统动模技术、电力自动化	电自教研室
104	曹一家	1994	大电网智能优化调度、分布式智能系统理论	电自教研室(现长沙理工大学校长)
105	彭晓兰	1994		电自教研室(调离)
106	史文军	1994		电自教研室(考研)
107	吴俊勇	1994	电力系统运行与控制、智能电网	电自教研室(现北京交通大学)
108	张义辉	1994		电自教研室(考研)
109	王少荣	1995	电力系统运行与控制、人工智能及大数据	电自教研室
110	廖怀伟	1997		电自教研室(调离)
111	娄素华	1998	电力系统规划与优化运行、电力市场	电自教研室
112	马佳	1998	电力系统运行与控制	电自教研室(现贵州理工大学)
113	文明浩	1999	电力系统继电保护、电力电子应用技术	电自教研室
114	王星华	1999	电力系统分析	电自教研室(现广东工业大学)

续表

序号	姓名	入职时间	主要研究方向/主讲课程	其他
115	陈卫	2000	电力系统继电保护	电力工程系
116	文劲宇	2002	电力系统运行与控制、储能与柔直等新技术	电力工程系
117	林湘宁	2003	新能源发电及运行与继电保护及控制	电力工程系
118	陈金富	2005	电力系统分析计算、人工智能	电力工程系
119	石东源	2005	电力系统分析计算、电力系统信息安全	电力工程系
120	项弋	2005	电力系统安全稳定控制	电力工程系（调至北京）
121	张凤鸽	2006	电力系统模拟技术、数字仿真	电力工程系
122	李银红	2007	交直流混联电网继电保护整定计算	电力工程系
123	王丹	2008	电力系统运行与控制、电力电子技术	电力工程系
124	袁小明	2010	可再生能源发电设备及其控制、直流输电	电力工程系
125	蒋凯	2011	新能源材料、新型储能技术	电力工程系
126	姚伟	2012	新能源电力系统稳定分析与控制、新一代电力人工智能	电力工程系
127	彭小圣	2013	大数据与人工智能、电力设备监测与诊断	电力工程系
128	王康丽	2013	新型电化学储能技术和新型能源材料	电力工程系
129	李正天	2014	新能源发电及并网、配网自动化	电力工程系
130	陈霞	2015	储能运行与控制、新能源并网技术	电力工程系
131	谢佳	2015	动力材料、储能及新能源汽车	电力工程系
132	占萌	2015	电力电子化电力系统动态稳定、新能源并网	电力工程系
133	艾小猛	2015	不确定性电力及综合能源系统规划与优化运行、储能规划与需求响应	电力工程系

续表

序号	姓名	入职时间	主要研究方向/主讲课程	其 他
134	李朝晖	2015	电力系统分析与集成、状态监测与故障诊断	电力工程系(水电学院调入)
135	周敏	2016	大功率电化学储能、储能材料及电池管理	电力工程系
136	王吉红	2016	压缩空气储能	电力工程系(英国华威大学教授)
137	曹元成	2018	固态电池及安全储能	电力工程系
138	陈新宇	2019	电力市场、电力能源系统转型战略与规划	电力工程系
139	方家琨	2019	油、气、电综合能源传输系统和氢能替代	电力工程系
140	李浩秒	2019	液态金属电池、钠离子电池	电力工程系
141	黄牧涛	2019	电力人工智能、新型电力系统多能协同调控、电力数字孪生系统	电力工程系(水电学院调入)
142	何维	2020	新能源的同步稳定与风电控制策略优化	电力工程系
143	魏繁荣	2020	继电保护、智能配电网	电力工程系
144	余创	2020	固态电池及其关键材料、新能源汽车	电力工程系
145	时晓洁	2021	可再生新能源发电、新能源并网	电力工程系
146	向往	2022	直流输电、柔性直流输电、新能源电网	电力工程系
147	曾子琪	2022	先进锂电储能技术及其关键材料	电力工程系
148	陈玉	2022	电力系统继电保护	电力工程系

高电压工程系发展简史

华中科技大学高电压工程系成立于20世纪50年代,前身为华中工学院电力工程系高压电实验室。高电压工程系现有"高电压与绝缘技术"和"高压电器"两个方向,其中"高压电器"属于"电机与电器"国家重点学科。"高电压与绝缘技术"是"电气工程"一级学科博士学位授予点,也是首批电气工程博士后流动站设站二级学科。目前,高电压工程系依托强电磁工程与新技术国家重点实验室,拥有脉冲功率技术教育部重点实验室。

一、艰辛创业时期(1952—1976年)

1952年华中工学院成立,电力工程系(现电气与电子工程学院)是学校初期四系之一。建系之初,华中工学院电力工程系下设四个教研室,分别是:电工基础教研室、电力机械教研室、发电与输配电教研室、电机电器制造教研室。当时发电与输配电教研室设置了多个细分了专业内容的"专门化",高压电专门化是其中之一。高压电专门化的知名教师包括朱木美、唐兴祚、梁毓锦、招誉颐等。高压电专门化后来独立发展为高压电教研室,即现在华中科技大学电气与电子工程学院高电压工程系的前身。

新中国成立初期,我国电力事业非常薄弱,没有成体系的高电压与绝缘技术学科基础,师资队伍、实验条件也不能满足高电压与绝缘技术专业人才培养的需要。为了尽快提高学科水平,补充高电压与绝缘方面的师资力量,我校先后向哈尔滨工业大学选派了两批师资研究生,分别是1951年8月入学的梁毓锦老师和1952年11月入学的彭伯永老师,二人皆师从苏联高电压技术专家、列宁格勒工业大学的康·斯·斯捷范诺夫(技术科学副博士、副教授)(见图48)。在斯捷范诺夫的悉心指导下,梁毓锦和彭伯永老师先后学有所成。

华中工学院高压电教研室的真正成立,是在1954年第一批跟随苏联专家们学习的梁毓锦老师学成归来后。当时的高压电教研室有朱木美、梁毓锦(见图49)、彭伯永三位老师,后又从电工基础教研室调来招誉颐(见图50)老师,从广西大学调来唐兴祚老师,高压电技术教研室就此成立。除了以上几位最早的老师外,姚宗干和陈志雄两位学生在本科毕业后留校,也加入高压电教研室。

1960年,国家进行专业整顿,收缩专业,将高压电专门化取消,而我校高压电教研室老师跟学校申请继续进行高电压实验。1961年,根据新的国家政策,学校对专业设置有一定的发言权,因此我校又开始恢复高压电专门化,毕业证书上写高

图 48　苏联专家斯捷范诺夫与其指导的两届研究生合影(1954年)
左起:彭伯永、王秉钧、黄齐嵩、梁毓锦、斯捷范诺夫、赵智大、沈其工、蒋国雄、张仁豫、韩邦彦、李肇庚

压专业,为电机工程系下属的高电压教研室。最初,高压专业的人员是从原发电专业的学生中选。梁毓锦老师给这些学生补课后,学生自己再自习,然后去做高电压方面的毕业设计。实习地点在我国东北地区部分日本人留下来的高电压研究所。当时选去做高电压方向毕业设计的学生,还要求电工基础比较好。在参加选拔的第一届学生中,被选中的只有五个学生,其中就包括姚宗干老师和潘垣院士,他们两位也是我校第一届(高压专业)本科毕业生(见图51)。

朱木美教授是我国高电压领域声誉卓著的专家。1956年全国首次高校教授评级,他被评为二级教授,是华中工学院仅有的五位二级教授之一。朱木美教授是在建校之初随武汉大学电机系电力类专业组转到我校电力工程系的,并出任电力工程系系主任,后历任华中工学院党委委员、统战部部长、工会主席、湖北省科协书记处书记等职。他长期从事电力系统输变电工程方面的教学和科研工作(见图52),参加了1956年开始的"十二年科技规划"的制定工作,为制定中国电工领域的科研规划贡献了力量。考虑到实验研究的需要,朱木美教授从国外订购了很多设备,于1958年率领高电压教研室的老师们建立了以 1760 kV 冲击电压发生器为代表性设备的高电压实验室(见图53)(后为建设新电气大楼拆除)。首任高电压实验室主任为姚宗干。同年,高电压教研室参加了三峡大坝接地测量,与长江流域规划办公室、设计院、电科院等单位一起开展科技攻关工作。同年,高电压教研室用电子管做成高压示波器,参加了在北京举行的高等教育科技成果展,并且被《光明日报》报道。

20世纪60年代,针对超高压输电线路雷击跳闸率远高于设计值、严重影响电网安全的问题,朱木美教授领导团队独立开展研究,与美国学者 Whitehead 在同一时

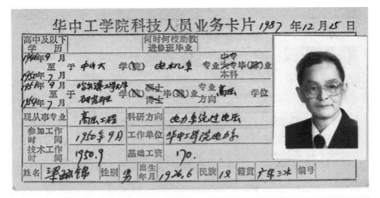

图 49　梁毓锦老师档案卡片

期,提出了物理意义更明确的电气-几何模型。朱氏"电气-几何"模型直观明了地说明和计算了绕击率与保护角、塔杆高度的关系,他同时据此提出了"各种雷击电流的保护范围不同,小雷电流易绕击,以及美国 OVEC 高压输电线路的异常雷击闪络是由绕击引起的"等重要的概念和理论,特别是"雷电流大小不同,绕击率不同,小雷电流易绕击"的概念,是国内外首次提出。1960 年,朱木美作为负责人承担了"输电线

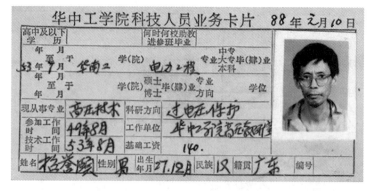

图 50　招誉颐老师档案卡片

路高塔杆防雷"的国家电力重点科研项目,其领导的研究团队分别从绕击、反击和建立试验装置等方面展开工作。在计算研究中他对每一个求得的数据都详细校核,亲自用计算尺、圆规、直尺等工具一点一点进行计算,最终项目研究取得了丰硕的成果。

1959 至 1961 年是中国三年经济困难时期,物质条件十分紧张,每人每月只有 24 斤粮食、半斤肉及半斤油(最困难时仅二两半油)供应,缺衣少食,吃不饱饭,人们营养极度不良。但高电压教研室的老教授们意志力坚强,不轻言放弃,在他们的影响下,

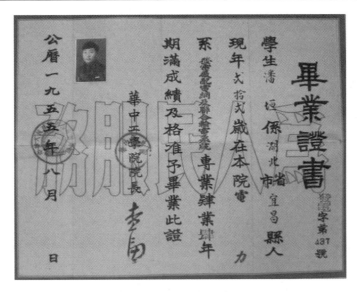

图 51　潘垣院士的本科毕业证书

图 52　朱木美教授和助理姚宗干老师在进行科研工作(1958 年)

高电压教研室全体成员不怕苦不怕累,在经费有限的情况下,努力安装试验设备,建设实验室。当时由于西方封锁和与苏联关系破裂,与国外交流活动完全中断,外国期刊难以及时完整地进口。在这样的情况下,大家仍然刻苦钻研所能找到的国内外文献,了解研究领域的世界水平和动态。同时,对国内高压线路的运行情况进行调查,以明确研究方向。

1962 年,新中国开始招收研究生,朱木美被教育部批准为第一批研究生导师。

图 53　"大跃进"时期建立的高电压实验室(1959 年 8 月)

朱木美对研究生的培养倾注了全部心血。对于所研究的课题,他亲自查阅大量资料文献,细致地教导学生如何进行科学研究工作。王晓瑜教授即是朱木美教授所指导的高压专业的第一位研究生。她后来也留校任教,为我校高电压工程方向的后续发展贡献了力量。在朱木美教授的带领下,华中工学院高电压教研室培养了一批适应国家需要的高电压技术领域的人才和骨干力量。

这一时期,华中工学院也同步成立了由电器专门化升级而来的电器制造教研室。招生时期是 1952 年,来自武汉大学的文斗教授被任命为华中工学院长沙分部主任,到武昌后,他任副教务长兼首任电机与电器教研室主任,电器教研室第一任主任。第二任电器教研室主任为刘绍峻教授。当时的华中工学院电器专业包括高压电器和低压电器。对于从几十万伏的高压开关到小的接收器、继电器,都是属于电器概念。由于电器专业包罗范围较广,而学校当时的系所及方向又太少(1965 年时仅有机械、电力、动力、无线电、造船五大系),所以电器专业的存续时间很短,1961 年电器仍与电机合并为电机与电器专业。教师被拆分到华中工学院多个系所,如固体电子学系、微光研究所。但是仍然保留"高压电器"方向。20 世纪 80 年代初,该教研室和高电压教研室合并为高电压技术及设备教研室(专业),形成现在的高电压工程系的前身。

1955 年,全国高等学校在哈尔滨工业大学召开各专业教学计划修订工作会议,文斗教授主持了电机与电器专业教学计划的修订工作。他是全国电机与电器界首席专家,也显现了华中工学院在电机与电器界的重要影响。会议对电机与电器专业教学计划作出了规划:电机与电器专业分为电机专门化和电器专门化。电器专门化的课程设计为:电机学和电机实验仍是主课,另外加开电器学、高压电器、低压电器、电器制造工艺学、低压电器课程设计等课程,最后要进行毕业设计。按照苏联模式落实教学计划,规划很详细。中国的大学原来电机工程系主要学电机,现在改为兼学电机与电器。会后文斗教授积极执行教学计划,开设了电器学和高压电器课程,还招收了研究生进行压缩空气断路器的研究,这在当时是前沿科技工作。这些研究生有潘天达、丘军林、李再光、刘东华、罗念慈(罗志勇)等,部分学生后来成为华中工学院激光学科和红外遥感方向的开辟者。1956年文斗被高等教育部评定为二级教授,1958年他代表我校电器专业参加了中华人民共和国科学技术协会第一次全国代表大会。

1955年,左全璋教授出任电器教研室主任,他也是文斗教授的学生。左全璋教授于1956年出版《电器制造工艺学讲义》,开设了"电器制造工艺学"课程,并指导学生开展低压电器课程设计。在指导学生的过程中,左老师写成《低压电器课程设计指导书》,多年后又整理成文《电磁系统的一种计算方法》,刊登在《低压电器》上。左老师的研究方向为低压电器和电磁机构,他结合教学为全国一些单位研制各种类型电磁机构。例如,为平顶山高压开关厂研究直流螺管电磁系统;为北京燕山石油化工总厂30万吨乙烯工程研制交、直长期带电新型电磁阀门等,解决了工业界多项难题。他曾任湖北省武汉市电机工程学会电器专业委员会主任委员十八年,也是电器学界的学术权威。

这一时期随着新生力量的加入,高电压教研室的师资力量也在不断扩大。截至1965年,已参加工作的老师有朱木美、文斗、梁毓锦、刘绍峻、程礼椿、招誉颐、李再光、邱军林、罗陶、左全璋、姚宗干、王晓瑜、李正瀛、刘延冰、谢家治、王章启、叶启弘、张国胜、李劲、徐先芝、谭应栋、姚宏霖、邓美英、胡克英、李书琳、文远芳、唐兴祚、彭伯永、黄国藩、张绍坚、许瑞茂、李淑芳、陈志雄、李标荣、吴民友(吴明友)、李家镕、梁志鸿。

1966—1976年,中国进入历史的动荡时期。高电压教研室的师资力量也受到较大损失,前进脚步放缓。

二、改革奋进时期(1977—1999年)

1977年,高压电专门化升级为高电压技术专业,同样改成专业的还有高压电器。为了发展学科,在20世纪80年代初期,高压技术和高压电器合并成为高电压技术及设备(教研室、专业)。在20世纪90年代初期,改称高电压与绝缘技术。为行文简洁,教研室的名称均简称高压教研室。

高压教研室在20世纪80年代到90年代迎来了高速发展的黄金期,各项事业蓬勃发展,各项工作步入快车道。高压教研室课程组的建设也在20世纪80年代至90年代逐步开展。课程组分为电力系统过电压组(当时包括梁毓锦、招誉颐、王晓瑜、李淑芳、文远芳等老师)、绝缘组(李正瀛、张国胜)、高压测试组(姚宗干、李劲)、高压电器组(刘绍峻、程礼椿、谢家治、王章启、白祖林、陈立群等)。1994年后撤销了专业设置,各课程组统一合并为高电压课程组,后又改为"高电压与绝缘技术"课程组。在此期间的3~4年里,高电压与绝缘技术中过电压部分教学内容归到电气工程基础,原来几大课程组撤销。

在课程教材编写方面,在分专业教学时期,高压教研室编写的教材包括《高电压试验技术》(主编姚宗干)、《高电压绝缘技术》、《开关电器的机构》(主编刘绍峻)、《高压电器》(主编刘绍峻)、《电工材料》(主编刘绍峻)、《金属氧化物非线性电阻在电力系统中的应用》(主编梁毓锦)、《配电自动化开关设备》(主编王章启)、《电力开关技术》(主编王章启)等(见图54)。图55、56所示的为姚宗平教授与王章启教授给学生上课情景。

图 54　部分出版的教材

图 55　姚宗干教授给学生上课

图 56　王章启教授讲解试验回路

这一时期,高压教研室共承担了国家和省部级科技项目数十项,同时与国内企业开展了多项深度合作,在水果保鲜技术、绝缘子防污秽技术、开关电器技术、电气测试技术、电站脱硫脱硝技术等方面拥有 10 余项专利,获得多项国家和省部级奖励。在全体高压师生的共同努力下,高压教研室建设成国内高校中容量最大的合成试验振荡回路(见图 57)。高电压实验室的主任也历任了黄国藩老师(1985 年)、谭应栋老师(1993 年)和姚宏霖老师(1998 年)。

图 57　高压教研室部分师生在合成试验振荡回路前合影留念
左起:林福昌、何俊佳、刘春、张国胜、王章启、臧春艳、戴玲

在输电线路和变电站防雷、接地试验和高电压测试等方面,以姚宗干教授为首的科研团队对高压变电站硬母线绝缘放电特性开展了研究,其研究成果为葛洲坝工程所采用,是水电部 1983 年重大科研技术成果奖"硬母线高压开关站"项目内容的一部分。姚宗干教授负责的"超高压变电站雷电侵入波防护特性的研究"是我国第一个 500 kV 输变电工程现场试验研究项目之一,后与相关项目一起获得了湖北省科技进

步奖一等奖。姚宗干教授还曾出任华中理工大学副校长,为提升我校高电压与绝缘技术专业在中国电力工业界的影响作出了突出贡献。

20世纪80年代,程礼椿教授(见图58)出版了国内第一本电接触教材《电接触理论及应用》(见图59),并开展电弧测量工作,发明了可用于拍摄电弧的机械式高速摄影机,这一开创性成果在国际电接触 HOLM 会议上获得国内外研究同行的高度赞赏。他同时率领科研团队利用高精度探针(等离子体杯)进行带电粒子探测,检测手段和精确度都是国内领先。李震彪教授提出了开关触头分离熔焊现象的物理机制,被 IEEE CPMT 会刊封面重点推介(见图60)。

图58　程礼椿教授

图59　《电接触理论及应用》

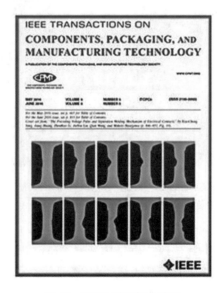
图60　IEEE 封面推介成果

20 世纪 80 年代,梁毓锦教授在氧化锌避雷器研究领域取得大量成就。"保护旋转电机用的氧化锌避雷器"在 1980 年通过鉴定;"高压直流氧化锌避雷器老化及寿命研究"在 1986 年通过司局级鉴定;"500 千伏氧化锌避雷器研制"获黑龙江省电力局 1987 年科技进步奖二等奖;"500 千伏交流电力系统金属氧化物避雷器技术条件及使用导则"获水利电力部 1988 年科学技术进步奖四等奖;"220 千伏三线圈变压器有载调压区的氧化锌电阻元件内保护方式研究和波过程计算"在 1989 年通过鉴定。梁毓锦教授团队还承担国家自然科学基金重大项目"金属氧化物非线性电阻基础理论和应用技术研究",并于 1992 年完成。此外,梁毓锦、招誉颐教授在 1986 年主持了国家自然科学基金重大项目"ZnO 避雷器特性及性能研究";并取得了突出的研究成果。团队完成的开关和避雷器状态监测与故障诊断系统在全国 7 省区的 30 余座变电站投入运行。

20 世纪 80 年代至 90 年代,高压教研室率先开启了脉冲功率技术的研究,在国内处于领先地位。李正瀛教授主编的《脉冲功率技术》于 1992 年出版,是国内相关领域的第一本学术著作(见图 61),对促进我国脉冲功率技术的发展具有重要意义。李正瀛教授是国际上最早采用强脉冲激光方法确定放电参数的研究者之一。1983 年,他曾受北大西洋公约组织高级研究员邀请去做学术报告。在与丹麦技术大学开展的关于强电负性混合气体临界击穿场强与特征值关系的项目研究中,李正瀛教授与国际著名学者彼得森教授等人一道证实了强电负性混合气体放电的四种效应,特别是负协同效应的存在(见图 62)。此研究成果深受国际学术界所推崇,他本人也特邀担任丹麦技术大学的客座教授(1989 年)。

图 61　国内首部关于脉冲功率技术的著作

图 62　李正瀛教授与外国专家讨论问题

这一时期,李劲教授(见图63)从经典高电压理论出发,开始进行空气放电的水果保鲜研究(见图64),并开设相关的研究生课程。他整合国际上高压放电产生臭氧的发现和负离子在生命科学领域已被证实可抑制生物新陈代谢的信息,发挥自己作为高电压技术研究工作者的优势,做到了高压放电产生臭氧的同时释放负离子,在实验中成功延长了柑橘和芒果的保鲜时间。该技术成本合理,装置接近示波器大小,获得了国家科技发明奖三等奖。之后,李劲教授又主持了"六五"国家科技攻关课题"利用空气放电效应进行柑橘产地贮藏保鲜的研究",同时开设了"等离子体科学"新课程。1986年,李劲教授主持了"七五"国家科技攻关课题"空气放电保鲜技术研究",空气放电水果保鲜的理论与技术得到进一步完善。

图63　李劲教授

图64　空气放电负压水果保鲜

在电力系统过电压与防雷保护方面,20世纪80年代至90年代,王晓瑜教授(见图65)带领团队提出了输电线路雷电屏蔽模拟试验方法和约束先导发展理论,阐释了500 kV输电线路雷击异常闪络现象的形成机理,解决了我国500 kV输电线路雷击异常闪络问题。文远芳教授(见图66)承担了国网重大项目"超高压典型变电站和输电线路电磁环境研究",首次采用CDEGS软件和自主编译结合,成功开

图65　王晓瑜教授——高压专业第一位研究生

图66　文远芳教授

发多种模式综合分析系统,并提出直流输电线路与地磁监测台等的保护距离,为国家标准所采用。

同期,高压教研室的人才引进工作也如火如荼地展开。1987年,在程礼椿教授等资深教师的积极推动下,高压教研室从西安交通大学引进邹积岩进行博士后研究工作。彼时正值国内博士后制度建立初期,邹积岩老师是我校引进的第一位博士后(见图67)。邹积岩教授在校期间开展了一系列具有开创性的研究,主要包括真空开关(户外型)的关键技术攻关和推广、电磁发射轨道烧蚀的研究和防护、电弧离子镀的基础理论、具有先导性和开创性地进行动态绝缘研究等。在交流大容量开关领域,20世纪90年代,邹积岩、何俊佳等人研制出10 kV系列真空灭弧室及户外真空断路器,创造产值上亿元。其中,邹积岩教授牵头研制的ZW6型户外真空开关填补了当时户外真空开关的空白(见图68),并响应国家建设需求,在工业生产中未收取任何专利费用。

图67 邹积岩教授——华中工学院第一位博士后　　图68 ZW6型户外真空开关

针对国内外电接触材料设计及电性能评价中普遍存在"炒菜式""经验式"造成的效益低下的问题,李震彪教授等人于20世纪90年代在国际上率先提出电接触材料静熔焊、动熔焊、分断能力、截流水平、侵蚀量等电性能评价的数学判据,阐明了电接触材料物性参数与电性能之间的解析数理关系,为该类材料的设计与性能评价从经验式走向理论计算奠定了重要基础。

此外,高压教研室对我校激光专业、船电系、环境系的创建也提供了重要的人才基础和研究基础。以环境科学与工程学院为例:1986年,李劲教授主持研究了湖北省自然科学基金项目"煤燃烧烟气的放电脱硫脱硝研究",开始探索高压电场对金属材料性能的影响,探索脉冲放电等离子体在水处理上应用的可能性。这些研究都与后来环境工程项目研究有所联系。1995年,鉴于国家对环境问题的重视,而我校尚未建立环境系,李劲教授率先向学校提议组建环境科学与工程系。在他和一批热心环保的老教师推动下,学校成立了环境科学研究中心,下设七个研究所,由李劲教授担任中心的主任。1998年,环境科学工程系成立,李劲任系主任。

三、厚积薄发时期(2000—2012 年)

2000 年,原华中理工大学响应国家要求,与原同济医科大学、原武汉城市建设学院等单位一起组建了新的"华中科技大学"。高电压工程系秉承"承前继后、厚积薄发"的精神,也积极奋发于中国的高等教育与科技研究领域,逐渐形成气体放电理论与应用、等离子体、过电压防护、电工材料学、电气设备状态监测与故障诊断、高压电器设计、智能化电器与超导电器等多个前沿科学方向;同时先后承担了多项国家自然科学基金和国防预研项目的工作,参与了国家大科学工程的工作,完成了大量横向开发课题。此外,高电压工程系致力于学科改造和学科创新,通过改善老的学科结构,先后派生了"环保工程""超导电力技术与应用""脉冲功率技术"等新的学科(方向),通过与计算机科学、信息科学、材料科学等的交叉和融合,开辟了一系列新的研究方向,是"电气工程"一级学科的博士学位授予点,也是首批电气工程博士后流动站。

同时,高电压工程系(后简称"高压系")承担电气学院本科生"电气工程基础""高电压技术"和"高压电器"等主干课程的理论和实践教学工作,其中"高电压技术"为湖北省优质课程。同时,为研究生和本科生开设了多门紧跟学科前沿、有时代感的高水平选修课,如"High Voltage & Electrical Insulation"(全英语教学)、"电弧电接触"(国际化研究生课程)、"变电站设备的状态监测与故障诊断"、"电磁兼容原理与防护"、"电工材料"、"高电压与绝缘技术专题"等。这期间出版的教材有《高电压工程》(主编林福昌),该教材后被中国电力教育协会评为高校电气类专业精品教材(2020 年)。

"十五"期间,高压系完成项目 26 项,其中国家自然科学基金项目 1 项,国防预研项目 4 项,航天科技预研项目 3 项。"十一五"开局,即有在研项目 15 项,其中军口 863 项目 3 项,国家自然科学基金项目 2 项。共发表学术论文 80 余篇,其中 SCI、EI 收录论文 15 篇,获得国家科技攻关表彰奖、国家技术发明奖、省部级科技进步奖等 10 余项。

在大容量交直流开关电器关键技术方面,以潘垣院士、何俊佳教授(见图 70)为首的学术团队,在交流大容量开断技术方面对模块化串、并联大容量开关技术和高精度故障电流选相开断技术进行攻关,提出基于耦合电抗器的并联型断路器,能够实现并联断路器的自动均流、限流,保证多断路器的可靠并联,从而有效提高断路器的载流、开断能力。该研究团队的一系列学术成果获得国内外同行的高度赞誉,潘垣院士还受到国家领导人的接见。

在电弧和电接触研究领域,高压系获国家自然科学基金、预研基金和省部级基金等 8 项资助。"嫦娥计划"中的大功率、长寿命、宇航级航天继电器(见图 71)关键技术研究取得重要成就。何俊佳、臧春艳等关于航天继电器电弧特性和电接触可靠性的研究成果已用于我国神舟系列飞船。何俊佳、夏胜国、陈立学等人针对电磁发射技术,开展了高速大电流滑动电接触特性研究。何俊佳教授团队还研制出 126 kV/5 kA~80 kA 串并联型真空断路器、252 kV/85 kA SF6 断路器,开断能力达

图69　潘垣院士做学术讲座

同电压等级的世界领先水平。后期,何俊佳、尹小根等人首次提出了电流转移和能量转移方法,并研制出世界首台转移电流高达 320 kA 的大型铝电解槽不停电检修用电流转换开关,应用于国内 30 余家单位,并出口俄罗斯、乌克兰等国。该成果后获评 2012 年国家技术发明奖二等奖。

图70　何俊佳教授

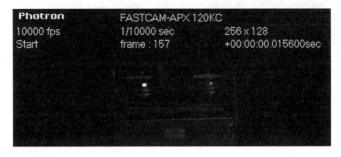

图71　高速摄影下的 50 A 航天继电器触头电弧

在脉冲功率技术及其应用方面,自 2003 年起,为满足国家对强脉冲功率技术和大型装置研制重大需求,在高压系自主设立了"脉冲功率与等离子体"学科方向,开始培养研究生。这是全国首批自主设立的学科方向,也是国内第一个设立"脉冲功率与等离子体"学科方向的高校。高压系成立了脉冲功率技术教育部重点实验室,以李劲教授、林福昌教授(见图72)为学术带头人,何孟兵、戴玲、李黎、李化、张钦、刘毅等学术骨干开展了高储能密度电容器、高通荷能力闭合开关、脉冲电感等脉冲功率器件物理特性及参数提升关键技术攻关,研究高能量密度、高重复频率、高功率脉冲电源整体集成技术、控制保护技术及可靠性评估方法,以及高功率密度条件下气体、液体电介质的放电机理和特性,高功率密度下介质放电在水处理、水果保鲜、燃烧强化、除尘除霾等重要民用领域应用的关键技术等。在此基础上,团队承担和完成了一批国家973计划、863计划、预先研究、国家自然科学基金重点等重大项目。研制出 700 kA/250 kC 的高通荷能力闭合开关、2.7 MJ/m³ 高储能密度电容器(见图73),作为核心单位之一完成了国家重大专项"神光Ⅲ"主机装置能源组件的研制任务,为激光泵浦源提供了 54 套能源组件模块以及 54 套气体开关装置。2009 年获教育部科技进步奖一等奖。

在电力系统雷电防护与接地技术方面,何俊佳、张丹丹、贺恒鑫等人聚焦长空气间隙的放电机理,开展防雷多物理参量的同步观测方法、放电特性和理论建模,输电网、配电网和风力发电机等重要设施的雷击接闪放电过程和雷击瞬态电磁响应数值建模方法、电力系统雷击风险评估软件和差异化防护技术等研究,研发了专用计算软件 LPTL,目前已经推广到南方电网、福建电网、江西电网、湖南电网等雷电活动活跃区,累计使用 200 余套。同时,课题组还研发出世界上第一套高压直流输电系统绝缘配合分析工具软件 ICTDC,实现了高压直流输电系统过电压自动计算、避雷器自动配置和绝缘配合自动校核。该软件工具直接服务于溪洛渡/向家坝-广东直流输电工程系统设计,为西电东送发挥了重要作用。刘浔副教授长期研究接地理论与试验技术,并承担了国家科技支撑计划"雷电灾害监测预警关键技术研究及系统开发"子课题。

图 72　林福昌教授

图 73　高密度储能电容器

在电气设备故障诊断及绝缘监测领域,文远芳教授在湖南电网建设了 110 kV 变电站的电气设备绝缘智能化检测试点;陈俊武副教授在研究交、直流电力电缆故障监测技术及绝缘状态评估、电力变压器状态评估及故障诊断方法方面取得了较显著成果,研发了变压器故障振动监测装置(见图74);王章启、刘春等人在高压智能电器的多状态参量监测及可靠性评估方面也取得了较多成果(见图75),并进行了部分技术转化。

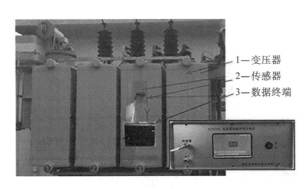
图 74　变压器故障振动监测仪

图 75　高压断路器监测系统说明书

在电弧电接触领域,李震彪教授(见图76)潜心耕耘,获得了多项国家自然科学基金资助,并联合日本电子情报通信学会、日本机电元件和接触技术研究会,成功在我校举办电弧电接触领域的高端学术会议——IS-EMD2013(第十三届国际机电元件国际会议)。何正浩教授(见图77)在研究多相体放电机理、特高压直流输电积污特性及闪络机理、沿海输电线路外绝缘特性及状态评估方面取得了多项成果,圆满完成国际合作项目"脉冲电弧液电放电船舶压载水处理技术与开发应用研究"。鉴定专家认为这一自主研发的成套技术,突破了我国船舶压载水处理装备技术的瓶颈,为开发符合国际海事组织(IMO)标准的船舶压载水处理装置奠定了基础。

图 76　李震彪教授

图 77　何正浩教授

这一时期,高电压实验室的建设也在不断发展中。2002年10月,湖南中试所要报废一台冲击电压发生器。知道信息后,高压系即安排林福昌、王燕、张汉明三人去湖南,在当地请人拆卸和运回该报废装置。后期,实验室主任王燕组织人手,在高压系院内的高压大厅进行高电压实验;在脉冲大厅进行脉冲功率研究。1760 kV冲击电压发生器上原来的胶木筒电容器、充放电电阻、油浸式整流硅堆逐渐更换为陶瓷外壳电容器、线绕电阻和高压半导体硅堆;400 kV直流高压电压发生器升级为800 kV,更换了升压控制台,500 kV工频试验变压器的控制柜以及高压控制柜进行了改造更换,自制2台400 kV冲击电压发生器装置;对高电压实验室的教学设备进行了升级改造,自制了直流间隙击穿装置(见图78)、导线波过程试验台(见图79)、变压器绕组波过程试验台(见图80)等。

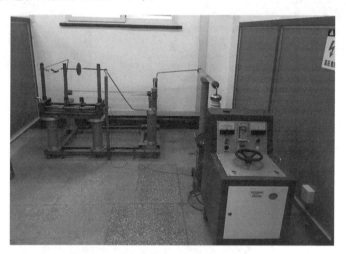

图78 高电压实验室直流间隙击穿装置

图79 DB-2型导线波过程试验台

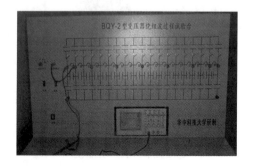

图80 BYQ-2型变压器绕组波过程试验台

2005年，高压系首次开设了电磁兼容实验课程及电气工程基础课程的接地电阻测量装置实验；2007年又增添了局部放电装置、异频介质损耗测量装置、工频试验教学装置和直流电弧电源装置；其中导线波过程装置、直流间隙击穿装置等装置于2003年获校实验教学成果奖二等奖；BYQ-2型变压器绕组波过程试验台于2009年获得校实验教学成果奖二等奖。2008年高压系在学校的大力支持下完成了脉冲功率实验室的建设。

四、新时代大发展时期(2013年至今)

进入新时代以来，高压系产生了一批在国内外同行业中具有较高知名度的专家学者，为国家培养了大批高素质的专业人才，同时青年教师队伍的学术能力也不断提升。高压系现有院士1人，教授(含研究员)9人，教师中具有博士学位的有12名(含博士后)，二分之一的教师有出国留学进修经历。图81所示的为高压系全体教师在老高压楼门前合影。

图81　高压系全体教师在老高压楼门前合影留念

前排左起：袁召、张丹丹、臧春艳、王燕、李化、戴玲、陈立学
第二排左起：刘毅、张钦、李正瀛、张汉明、姚宗干、李劲、徐先芝、文远芳、谭应栋、尹小根
第三排左起：夏胜国、李黎、黄国藩、林福昌、何正浩、李震彪、姚宏霖、何俊佳、刘浔、王晓瑜、刘春、陈俊武

这一时期高压系取得的主要成就包括以下方面。

(1) 教学改革取得新突破：刘毅、贺恒鑫、李柳霞研制的"电磁能-动能转化机制探究教学平台"获得第六届全国高校教师自制实验教学仪器设备创新大赛自由设计类一等奖，团队建设的新工科实践课程"高电压新技术科学综合训练营"入选2020年中国高等教育学会"校企合作 双百计划"典型案例。

(2) 科研工作迈上新台阶：高压系依托强电磁工程与新技术国家重点实验室，先后承担了 GF973 计划、JK863 计划、国家重点研发计划、国家自然科学基金等多项重大、重点项目。

（3）师资队伍取得丰硕成果：李化教授获得国家自然科学基金优秀青年科学基金项目，并入选湖北省博士后卓越人才；潘垣院士荣获首届"湖北省杰出人才奖"。

（4）产学研融合发展：和上海思源电气建立稳定合作关系。

截至 2017 年，高压系的知识产权成果统计如下：论文总数 175 篇，其中 SCI 收录 71 篇，EI 收录 62 篇；申请发明专利 41 项，其中授权 26 项；出版专著 1 本。截至 2019 年，高压系共获得国家科学技术进步奖二等奖 2 项、省部级科学技术奖一等奖 4 项、二等奖 6 项、三等奖 6 项。重要的代表性研究成果如下。

① 高储能密度脉冲电容器：林福昌、李化等人建立了储能介质失效模型，探明了限制储能密度提高的关键因素，提出了限制电极损伤的介质薄膜参数调控新方法，电容器储能密度从 $1.0~\text{MJ/m}^3$ 增至 $2.7~\text{MJ/m}^3$，达到国际先进水平。

② 强流电源开关技术：林福昌、李黎等人提出了新型石墨电极开关结构及其设计理论，抑制了脉冲大电流下石墨-金属界面的烧蚀，最大通流能力达 700 kA，通流能力和寿命处于国际领先水平。

③ 高精度高可靠性脉冲功率电源集成技术：林福昌、戴玲、张钦等人建立了多物理场耦合强电磁兼容的模块化电源架构，提出了组合绝缘、应力分散等多项干扰抵消新技术，如图 82 所示。

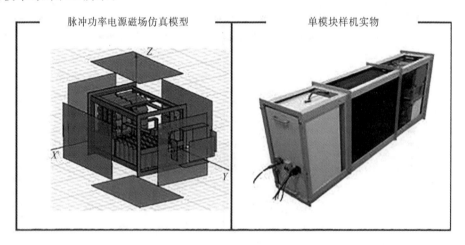

图 82　模块化电源成套系统

④ 强脉冲功率电源装备：林福昌、戴玲、李化、张钦、刘毅、王燕、李黎等人在国内率先研制出用于我国核爆模拟的神光-Ⅲ装置能源组件，并从 2009 年开始供货 54 套，占能源组件总数的 50%，运行稳定可靠；首次研制出 kV 级电压、百 kA 级电流的电容型脉冲功率电源系统并国际首次应用于真实特殊环境科学试验；为国家重大项目研制多套储能密度最高的车载强脉冲功率电源装备。

⑤ 基于高压脉冲放电的油气开采新技术：潘垣、刘毅等人利用液电效应激发强力激波作用油井射孔段，纯物理方式解除油井堵塞实现增产，具有环保高效等优点，试点应用表明该技术可实现平均增产50%以上。利用快脉冲下液-固组合介质放电通道形成于固本内部的特点，提出了基于高压脉冲放电的破岩新技术，并联合三一重工研发出工程样机，实现无机械旋转的新钻井方式。

⑥ 并联型大容量交流断路器：潘垣、何俊佳、袁召等人面向负荷中心故障电流超标等问题，提出基于高耦合度分裂电抗器的交流并联开断原理，并形 126 kV/80 kA、252 kA/100 kA 等电压等级的交流断路器，性能参数达到世界领先，并分别在武汉、广州挂网投运。

⑦ 新型机械式直流断路器：潘垣、何俊佳、袁召等人面向柔直电网快速开断需求，基于真空灭弧单元和人工过零原理，提出全新的人工过零电流注入方案、换流回路参数优化方案、超高速机械开关传动系统优化方案，联合思源电气股份有限公司研制形成 160 kV/9 kA、535 kV/25 kA 机械式直流断路器，分别应用于南澳三端柔性直流输电工程、张北±500 kV 柔性直流输电示范工程，如图 83 所示。

⑧ 经济型高压交流限流器：潘垣、袁召等人面向 500 kV 交流电网经济型故障电流限流需求，提出了全新限流器方案，联合广东电网公司、西电等单位，研制形成 500 kV 经济型交流限流器，应用于广东电网。

⑨ 电磁发射关键技术：夏胜国、陈立学等人研究电磁发射过程关键物理参量测量方法，研究脉冲大电流高速滑动条件下的电接触转捩机理、电接触熔化磨损特性及其调控方法，攻克一体化 C 型电枢设计理论与应用关键技术，如图 84 所示。

图 83 机械式直流断路器

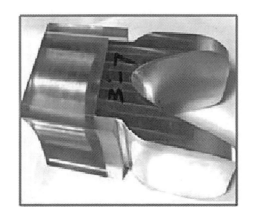

图 84 新型电枢

⑩ 直流输电关键技术：贺恒鑫、臧春艳等人围绕传统直流输电系统和模块化多电平柔性直流输电系统，开展控制策略与过电压特性仿真研究，积极研发 LCC/MMC-HVDC 系统、交流输电系统过电压与绝缘配合分析软件、同步静止无功补偿装置 STATCOM 的成套设计方案等。

⑪ 新型绝缘材料：陈俊武等人成功研发超疏水自清洁二元微纳米绝缘材料，该材料的超疏水表面可以自然做到"超级憎水，滴水不沾"，效能远高于传统 RTV 材料，可实现绝缘材料的代换性变革。

⑫ 电网智能化运维技术：李黎等人提出了气象、污源对输变电设备外绝缘积污的影响机理和评估数学方法，基于外绝缘污闪发生概率的分级预警方式研究，并开发了结合气象预报的污闪分级预警系统；此外，其团队还开发了成套智能化状态评价和故障诊断软硬件系统、基于多源异构数据分析技术的输电线路智能化运维体系（见图 85）。

⑬ 防雷接地技术：刘浔、张丹丹、陈俊武等人对变电站过电压及地网防腐蚀等问题开展了持续多年的研究，提出了接地电阻四端测量方法，比传统的二端法准确度显著提高；同时对于接地网腐蚀机理进行了深度分析与试验研究。

⑭ 电气设备绝缘监测与故障诊断技术：张丹丹等人对复合绝缘子酥断、变压器有载开关故障等问题开展了深入研究，明确了故障判据和解决方法；刘春、刘浔、臧春艳等人对中低压熔断器运行分析、性能评价及标准化关键技术进行了联合攻关，提出中低压熔断器的产品供货技术规范，建立了中低压熔断器性能评价体系；刘春等人研制了 GIS 及开关类产品的在线监测系统，并对介损正切、微水含量等重要参数可实现精确测算；臧春艳等人对电力变压器抗短路能力进行了长达十余年的研究，形成多套具有自主知识产权的专业校核软件（见图 86），同时研发了基于振动信号和无线传感器网络技术的 GIL 故障在线监测系统，相关技术被鉴定为国际领先水平。

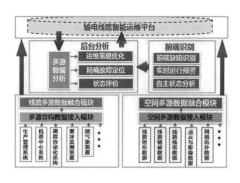

图 85 输电线路智能化运维体系

图 86 变压器抗短路能力校核分析软件

高压系正在以国家重大需求、国际学科前沿为导向，积极开展高电压科学和工程技术研究的理论与方法创新，推进各项研究成果在电力装备、国防建设和重大科学工程中的应用,全力打造原创性理论和基础的创新研究平台、重大/重点装备的关键技术研究平台,重点建设高电压学科人才汇聚和专门人才培养基地、军民融合技术装备研制基地,其目标是形成高电压科学和技术领域自主创新研究体系,同时成为国内高电压与绝缘创新研究方向的引领者。

老树开新花。在能源地位凸显的当今科技时代,高压系以雄厚的知识储备和富有朝气的师资队伍充满信心地迎接未来的挑战,也热烈欢迎各方有识之士的加盟,一展宏图,共创美好明天!

应用电子工程系发展简史

一、学科历史概况

华中工学院建校初期,为培养国防军工建设人才,拟组建构架为船体、船机和船电三个专业的造船系,彭伯永、陈坚等老师由电机系转入造船系。1959年4月18日,原华中工学院党委副书记、副院长朱九思(见图87)受海军第二副司令员罗舜初中将(见图88)委托在东二楼成立了造船系"船舶电气教研室"。

图87 原华中工学院党委副书记、副院长朱九思   **图88** 海军副司令员罗舜初中将

1959年按"船舶电气设备"专业招收本科生,学制5年。当时学校还将电机系1956、1957、1958级三个本科生班转入"船舶电气设备"专业,他们是船舶电气专业最早的三届毕业生。1960年,船舶电气教研室开始按"船舶电气自动化"专业招收本科生,学制5年,其毕业生主要分配到设计院、研究所、工厂和部队。从造船系成立至1966年,造船系统所在的东二楼划为保密区,一直由中国人民解放军站岗警卫。

1972年,为扩充专业范围,"船舶电气自动化"专业改为"船舶与船厂电气自动化"专业,从1972年至1976年共招收5个班工农兵大学生,学制3年;从1977年至1984年共招收8届8个班本科生,学制4年。为满足毕业生就业的需要和适应学科的发展,由我校和浙江大学等6所高校发起筹建"应用电子技术"本科专业,1984年获教育部批准。1985年,华中工学院将"船舶与船厂电气自动化"专业改为"应用电子技术"专业。陈坚教授(见图89)自1959年船舶电气教研室成立开始直至1995年,长期担任教研室主任,是应用电子工程系的奠基者、开拓者、领航人。

图 89　陈坚教授

1996 年,我校当选为"全国高校应用电子技术专业教学指导委员会"主任委员单位,教学指导委员会挂靠我校,邹云屏教授任教学指导委员会主任委员,熊蕊副教授任秘书。1997 年,造船系改建为交通学院,"应用电子技术教研室"改为"应用电子工程系"。

1998 年全国本科专业大调整,应用电子工程系可以选择与电信系、自控系或电力系(原电机系)合并。经慎重考虑,选择和电力系合并。合并后,应用电子技术专业和电力系原 4 个本科专业合并成"电气工程及其自动化"宽口径本科专业。1999 年,应用电子工程系从东二楼搬迁到西三楼,随后电气与电子工程学院成立。2009 年,应用电子工程系申报了 KGJ 的条件保障建设项目,获批筹建应用电子工程系大楼(批准建设 1600 平方米,实际建筑面积约 3500 平方米),几经选址,应用电子工程系大楼终于在 2015 年元月竣工,通过验收后全面投入使用,我系中大功率实验平台得到明显改善。

迄今,应用电子工程系历任系主任分别为:陈坚(任期 1959—1995 年)、徐至新(任期 1995—2001 年)、康勇(任期 2001—2006 年)、段善旭(任期 2006—2009 年)、邹云屏(任期 2009—2011 年)、林桦(任期 2011—2020)、裴雪军(任期 2020 年至今)。历任支部书记分别为:陈坚(任期 1959—1962 年)、肖运福(任期 1962—1966 年)、冯林根(任期 1966—1972 年)、周友恒(任期 1972—1995 年)、徐至新(任期 1995—2000 年)、段善旭(任期 2000—2002 年)、邹涛敏(任期 2002—2011 年)、林磊(任期 2011—2016 年)、裴雪军(任期 2016—2020 年)、邹旭东(任期 2020 年至今)。

本专业 1981 年由陈坚老师开始招收硕士研究生,电力传动及其自动化专业是国务院 1986 年批准的第一批硕士学位授权点。1991 年获批电力传动及其自动化博士点,同年开始招收该专业博士研究生。1993 年增设电力电子硕士点,同年招收电力电子硕士研究生。1998 年国家专业调整,将电力传动及其自动化专业与电力电子专业合并为电力电子与电力传动专业。应用电子工程系具有电气工程一级学科博士、电力电子与电力传动二级学科硕士学位的授予权,并设有博士后流动站,2006年招收博士后进站工作和学习。电力电子与电力传动学科2003年被评为湖北省重点学科,2008年获批"电力电子与能量管理"教育部B类重点实验室,2016年获批"电力电子与电力传动"特色学科。

二、师资队伍与人才培养

建系至今,先后在应用电子工程系工作过的教职员工共计102人,在本系退休的教职工24人,其中教授8人。应用电子工程系以学生为中心,把培养又红又专、德才兼备的革命事业接班人放在第一位,始终把教学工作摆在一切工作的首位,认真修订培养方案、教学计划和教学大纲。出版教材和专著10余部,如《船舶电气传动自动化》《信号与系统分析》《电器与控制》《船舶电力推进》《电动机控制技术》《信号变换与处理》《检测技术及电磁兼容性设计》《电力电子学——电力电子变换和控制技术》《交流电机模型及调速系统》《柔性电力系统中的电力电子技术》《电力电子装置及系统》《分布式逆变电源的模块化及并联技术》《LCL型并网逆变器的控制技术》《并网双馈异步风力发电机运行控制》等,编写讲义20余部,如《舰船电力传动》《船舶电站》《船舶电力系统暂态分析》《高速数值Laplace反变换》《检测技术》《数字信号处理》等。其中,《电力电子学——电力电子变换和控制技术》(见图90)和《信号与系统分析》(见图90)为"十一五"国家级规划教材。"电力电子"课程2005年被评为湖北省精品课程,2007年被评为国家级精品课程。《信号变换与处理》1996年获中国船舶工业总公司优秀教材三等奖。

图90 《电力电子学》教材封面

图91 《信号与系统分析》教材封面

为了提高学生的动手能力,以及分析问题和解决问题的能力,应用电子工程系积极筹建专业实验室,如船舶电站实验室、船舶拖动实验室、微机实验室、自控理论实验室和电力电子学实验室(见图92)等。值得一提的是,在国家电力供应紧张的那些日子里,船舶电站实验室还专线给学校露天电影场供电,保证每周按时放映电影,以满足全校师生基本文化娱乐的需求。

图92 早期电力电子学实验室

图93 船电801班党章学习小组

应用电子工程系认真做好学生的政治思想工作,倡导学生要有远大理想,又红又专,积极上进。系里涌现出很多党章学习小组,如船电801班党章学习小组(见图93),1984年6月30日《中国青年报》以"雁阵齐齐"为题对其进行了报道;还涌现出很多优良学风班,如应电921班(见图94)。

图94 应电921优良学风班

同时,系里也积极开展各种文体活动,丰富师生的课余文化生活。系足球队获1982年华中工学院足球联赛冠军(见图95),系篮球队获1983年华中工学院篮球联赛亚军(见图96)。

应用电子工程系从创建至1999年(1999年开始本科生由电气学院统一招生、统一管理),培养了39个班1000多名本科毕业生。从1979年开始招收硕士研究生,共招收培养全日制硕士研究生700多名。从1991年开始招收博士研究生,至今共招收培养博士研究生180多名。

图95　1982年校足球联赛冠军留念

图96　1983年校篮球联赛亚军留念

此外,应用电子工程系从创建至1999年,还培养了三届夜大本科生(见图97),两届大专生和多届函授本、专科生,培养了多名外国留学生(见图98)。

图97　夜大86级毕业留念

图98　与留学生合影留念

由于培养目标明确,在毕业生中涌现了很多成功人士。其中有以高校教授博士生导师(仅在华中科技大学工作的就有23名教授)、科研院所教授级高级工程师、研究员(仅在七一二研究所工作的就有12名研究员)为代表的学术人物;以李安(曾任湖南省交通厅厅长)、朱盟芳(曾任桂林市副市长)为代表的政府机关负责人;以邹寿彬(曾任电子科技大学校长)、于清双(曾任华中理工大学副校长)为代表的高校负责人;以王平(国家电网副总工程师)、赵刚(曾任七〇一研究所党委书记)、周平(武汉船舶工业公司总经理)、杨金成(中国船舶工业总公司总经理)、胡明和(曾任沪东造船厂厂长,中船集团公司常务副总经理)为代表的国家大型企业科研院所负责人;以李东(河南德安电梯公司总经理,河南德生实业公司董事长)、周慧玲(北京通测科技公司总经理)、王映波(武汉新瑞科电气技术公司总经理)为代表的民营企业家。他们在中华大地的四面八方,在不同的工作岗位上,为祖国为人民作出了重要贡献。

应用电子工程系现有教师39人,其中教授15人,副教授11人,讲师2人,工程师(含高级)7人,博士后4人。近5年共引进青年教师8人(其中3名入选国家级青年人才计划)。教师编制中,45岁及以下人员占比55.5%。拥有四青、教育部新(跨)世纪优秀人才等高层次人才多人,并从海内外引进多人,是一支年轻朝气、兼容并蓄的教师队伍。

应用电子工程系目前讲授"电力电子学""自动控制理论""信号与系统""Matlab语言与控制系统仿真""电力电子装置与系统"等本科生课程10门。编著出版专著与教材10余部,获省部级优秀教材奖2项。2006年《电力电子学——电力电子变换和控制技术》列入"十五"国家级规划教材,修订版列入"十一五"国家级规划教材,主编陈坚教授曾获全国优秀教师称号。2007年"电力电子学"课程获评国家级精品课程,2009年"信号与控制综合实验"课程获评湖北省精品课程。2018年应电系主动应对新工科建设需要,围绕"知识、能力、素养"一体化设计,推进本科课堂革命,建设在线开放课程"电力电子学"在中国大学MOOC正式上线,2020年获评首批国家级一流本科课程;"绿色建筑集成微电网的能量变换与管理虚拟仿真实验"获评湖北省一流本科课程;新工科实践类课程"工程综合训练——新能源工程训练营""科研综合训练——电力电子新技术研究"入选2019年高博会"校企合作,双百计划"典型案例。应用电子工程系教师参与获得湖北省高等学校教学成果奖一等奖1项,高等教育国家级教学成果奖二等奖1项。

应用电子工程系潜心培养优秀人才,每年招收"电力电子与电力传动"硕士研究生40余人,博士研究生10~15人。开设11门硕士研究生课程、3门博士研究生课程和2门留学生课程,对研究生的培养采用理论与实践相结合、学研产相结合的教学模式,努力培养社会所需要的电力电子与电力传动、电能变换与控制的理论和应用技术的专业人才。目前已毕业硕士及博士共500余人,历届毕业研究生中不乏各行业各部门的技术骨干、教授、专家和领导干部。

三、学科特色

应用电子工程系积极开展科学研究。1959至2001年的四十多年间,应用电子工程系率先在国内对实船船舶电气设计和舰船特种电力电子电能变换装置进行了深入研究,取得的主要研究项目和研究成果如下。

开展实船船舶电气设计等,总计14项。

序号	项目负责人	项目名称	年代
1	肖运福	250匹马力沿海拖网渔船	1965年
2	邓星钟、邹云屏	黄树槐负责的第六机械工业部攻关项目 800吨数控快锻水压机 (1978年全国科技大会奖)	1975—1977年
3	周秋波、于清双、徐志新	"长清"号长江水质监测船	1976—1979年

续表

序号	项目负责人	项目名称	年代
4	肖运福	300 客平头涡尾客轮	1982 年
5	肖运福、王焕文	800/100 吨浅吃水江海直达货船	1990 年
6	肖运福、于清双	1200 吨江海直达货船	1990 年
7	肖运福、于清双	40 车沿海车客渡船	1992 年
8	肖运福、于清双	2200 吨浅吃水多用途江海直达货轮	1993 年
9	肖运福、于清双	1200/1500 吨江海直达货船	1993 年
10	肖运福、于清双	40 车沿海客滚船	1997 年
11	袁静仁	数控肋骨冷弯机	1980 年
12	袁静仁、肖运福、周友恒	柴油发电机微型计算机控制装置（通过中船总军工部组织的科技成果鉴定）	1990 年
13	陈坚、康勇、张青、彭力	30 kVA 50 Hz UPS 电源研制（邮电部五三五厂攻关项目）	1990—1992 年
14	陈本孝、杨国清	微机控制电镀生产线	1995—1997 年

开展舰船特种电力电子电能变换装置研究，获得多项国防和省部级科研奖励，是全国高校非军事院校中首家进入多种军品研究的单位。

序号	参与人	项目名称	获奖	年代
1	陈坚等	＊＊＊深 Q 救生 T 中频电源	1978 年全国科技大会奖	1971—1983 年
2	周秋波、金松龄、徐至新	CZD-HG 型船舶自动化电站控制装置研究	国家教委科技进步奖二等奖	1986 年
3	陈坚、杨荫福、熊蕊等	＊＊＊J 用 400 Hz 逆变器	中船总科技进步奖三等奖	1993 年
4	陈坚等	J 用直流幅压无触点起动器研制	科研攻关项目	1993—1994 年
5	徐至新	＊＊＊型 J 用自动充放电电源装置	中船总科技进步奖三等奖	1996 年
6	徐至新	多传感器集成的 J 用智能作业系统	中船总科技进步奖二等奖	1996 年
7	陈坚、杨荫福、熊蕊等	＊＊＊用＊＊＊50 Hz 逆变器	中船总科技进步奖三等奖	1996 年
8	李晓帆	＊＊＊工程研制工作作出重要贡献	国防科工委二等奖	1998 年

续表

序号	参与人	项目名称	获奖	年代
9	邹云屏、杨莉莎	＊＊＊工程研制工作作出重要贡献	国防科工委三等奖	1998年
10	李晓帆、马葆庆	结构力学研制的＊＊＊消震装置	教育部科技进步奖二等奖	1998年
11	李晓帆、邹云屏、杨莉莎等	＊＊＊J载直升机J面电源(见图100)	教育部科技进步奖二等奖	1999年
12	陈坚等	深Q救生T动力定位和集中控制与显示系统	科技部国家科技进步奖三等奖	1999年
13	陈坚等	J用大功率直流电动机经航控制器研制	中船总科技进步奖二等奖	
14	陈坚等	深Q救生T用HZD-1型动力定位系统(见图101)	国防科工委科技三等奖	1995—1997年
15	陈坚等	T用＊＊＊型不间断控制电源		1998—2001年
16	陈坚等	T用＊＊＊型400 Hz中频逆变器	科研攻关项目	1998—2001年
17	陈坚、张青等	＊＊＊首T 28 kW、50 Hz逆变器		
18	陈坚等	＊＊＊B型T用灯光电源、鱼雷电解液加温装置等		

应用电子工程系经过四十多年持续不懈的努力,研制出多种型号的JC用电力电子装备,大大增强了我国JC的战斗力和生命力。研究成果填补了我国JC电能变换技术的空白,为我国HJJC电气现代化作出了开拓性贡献。

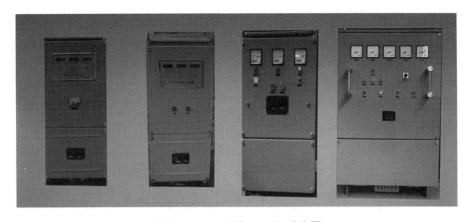

图99　＊＊＊J用400 Hz逆变器

图 100　＊＊＊J 载直升机 J 面电源　　　　图 101　深 Q 救生 T 动力定位系统

2000 年 8 月 1 日,华中科技大学为保证 GF 科研产品质量,实施建立了质量保证体系,2004 年 9 月,通过中国新时代质量体系认证中心的第三方质量体系认定注册审核,获得产品质量体系认证证书。2004 年 7 月,获得了武器装备科研生产许可证。

经过多年的发展,应用电子工程系形成涵盖理论、应用及前沿三个层面的电力电子与电力传动学科方向。在基础理论方向上,包括了电力电子拓扑、控制、电磁兼容以及可靠性等领域;在应用方面,包括了通信电源、工业变频、以电动汽车和轨道交通为代表的交通领域、新能源并网和柔性电力系统的电力电子装置以及 GFJG 用脉冲电源等领域;在前沿领域,在电力电子器件和封装领域、电力电子化电力系统理论以及人工智能领域都开展了研究工作。特别的,在 JG 电力电子的传统优势领域有较为明显的特色,基于应用电子工程系建设了 JG 电力电子与能量管理教育部重点实验室(B 类)。

近年来,应用电子工程系建设了多个科研平台,能够满足电力电子与电力传动学科从器件到装置到系统的研究工作。学科瞄准世界前沿技术,围绕宽禁带半导体器件、封装、集成和高功率密度应用,于 2014 年 10 月建成了国内最早的宽禁带半导体封装集成实验室(见图 102),具有材料生长、芯片加工、封装集成和测试能力。拥有 370 平方米超净实验室(累计约 3000 万元的投入),具备功率半导体芯片设计、流片与封装全套设备,为了满足实验室发展将扩建到 1000 平方米。在新能源发电与微电网领域,建成了国内一流水平的电力电子化电力系统动态模拟实验系统(见图 103),可用于新型电力系统故障穿越、宽频带振荡、频率稳定性等问题的验证研究与现象复现。依托应用电子工程系楼,建设了满足 MW 级大功率电力电子变换系统的实验和测试要求的实验大厅。在电气大楼建成后,依托电气大楼建成了电力电子与运动控制实验平台(见图104)。

图 102　半导体封装集成实验室

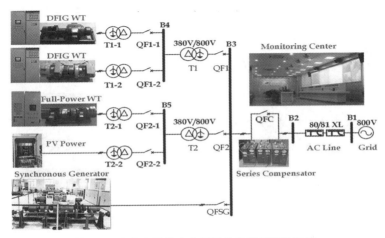

图 103　电力电子化电力系统动态模拟实验系统

图 104　应电楼大功率实验平台和电气大楼电力电子与运动控制实验平台

应用电子工程系还积极参与国内外学术交流活动。成功举办了 IPEMC 2009(电力电子与运动控制国际会议,见图105)、Wipda Asia 2021(2021 亚洲宽禁带功率器件及应用国际会议,见图106)、第五届中国高校电力电子与电力传动学术年会(SPEED 2011,见图107)、2011年和2017年台达电力电子新技术研讨会(见图108)、中国电源学会第六届理事会第四次常务理事会议(见图109)、第六届高校电力电子学科青年学者论坛(2021年)等国内国际学术会议。武汉电源学会一直挂靠应用电子工程系,应用电子工程系是其理事长单位。依托应用电子工程系建立的IEEE电力电子学会(PELS)武汉分会,2020年获得了IEEE PELS全球最佳分会的称号(见图110),是中国首次获得这一荣誉。应用电子工程系师生每年参加国际学术会议40余人次,多次做大会报告、培训讲座以及论文报告等,在国际学术领域是一支重要的力量。

图 105　IPEMC 2009 电力电子与运动控制国际会议

图 106　Wipda Asia 2021 宽禁带功率器件及应用国际会议

近年来,应用电子工程系牵头国家973计划项目1项、国家重点研发计划项目1项,承担国家973计划子课题、国家863计划子课题、军口863计划子课题以及国家

图 107　中国高校电力电子与电力传动学术年会(SPEED 2011)

图 108　台达电力电子新技术研讨会

重点研发计划子课题多项。承担了国家自然科学基金重点项目、优秀青年基金、面上项目、青年基金、人才项目以及企业基金项目超过 40 余项,国防与民用项目 200 多项。近五年年均到校经费超过 3000 万;年均发表 IEEE 期刊和国际会议论文超过 70 篇,已有 ESI 高被引论文 10 篇;年均获授权专利超过 30 项,专利转化收益超过 2100 万元;获得省部级/行业科技进步奖 8 项;获得日内瓦国际发明博览会评审团特别嘉许金奖 1 项,银奖 2 项。

应用电子工程系在特殊环境下的电力系统电力电子化供电可靠性、控制稳定性

图 109　中国电源学会第六届理事会第四次常务理事会议

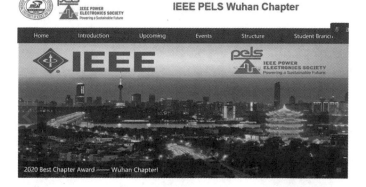

图 110　IEEE PELS 武汉分会——2020 年全球最佳分会

与电磁兼容性方面取得了一系列创新成果。"电力电子电能变换装备"获 2018 年度教育部科技进步奖一等奖,"电力电子化关键技术与系列装备"获 2019 年度国家科学技术进步奖二等奖。

通过人才培养、人才输送、技术合作、论坛交流等多种方式,应用电子工程系与 ABB、三菱、英飞凌、博世、志成冠军、中船重工各个研究所、中车时代电气、国家电网、台达、光宝、艾默生等国内外众多企业建立了良好的合作关系。应用电子工程系自 2017 年以来每年举办一次电力电子协同创新论坛,每次论坛都有超过 20 家电力电子相关企业参与,共同研讨电力电子技术的发展和未来。英飞凌、三菱、ABB 等 7 家国内外知名企业,在华中科技大学应用电子工程系设立了联合实验室,每年获得的工业界奖学金高达 40 余万元。

图 111 所示的为应用电子工程系在岗教职工合影。

图 111　应用电子工程系在岗教职工全家福

四、大事记

本科教育发展历史：

1959 年，按船舶电气设备专业招收本科生；

1960 年，按船舶电气自动化专业招收本科生；

1972 年，按船舶与船厂电气自动化专业招收本科生；

1985 年，开始按"应用电子技术"本科专业招收本科、专科生；

1986 年，开始招收"应用电子技术"专业夜大本科生；

1998 年，国家本科专业调整，并入到电气工程及其自动化专业；

2007 年，"电力电子学"课程被评为国家级精品课程；

2020 年，"电力电子学"课程被评为国家级一流本科课程。

研究生教育发展历史：

1986 年，获批"电力传动及其自动化"专业硕士学位授权点；

1991 年，获批"电力传动及其自动化"专业博士学位授权点；

1993 年，增设"电力电子"专业硕士学位授权点；

1998 年，合并为"电力电子与电力传动"研究生专业；

2003 年，获评湖北省重点学科，现属于电气工程国家一级重点学科。

特色学科发展史：

1971 年，开始从事船舶电力电子技术研究；

1996 年，当选为"全国高校应用电子技术专业教学指导委员会"主任委员单位，教学指导委员会挂靠我校，邹云屏教授任教学指导委员会主任委员，熊蕊副教授任秘书；

2000年，华中科技大学成立了国防科学技术研究院，依托应用电子工程系建立了电力电子技术研究中心，并在西三楼旁建立了生产科研车间；

2000年，实施建立了质量保证体系；

2003年，"电力电子与电力传动"专业被评为湖北省重点学科；

2004年，通过新时代质量体系认证，获得武器装置科研生产许可证；

2008年，获教育部批准建设电力电子与能量管理重点实验室；

2009年，成功举办了IPEMC 2009电力电子与运动控制国际会议；

2011年，成功举办了中国高校电力电子与电力传动学术年会；

2011年，成功举办了台达电力电子新技术研讨会；

2014年，建设应用电子工程系大楼并竣工启用；

2016年，获批"电力电子与电力传动"GF特色学科；

2017年，成功举办了台达电力电子新技术研讨会；

2018年，"电力电子与能量管理教育部重点实验室"通过建设验收；

2018年，获得教育部科技进步奖一等奖；

2019年，获得国家科学技术进步奖二等奖；

2021年，成功举办了高校电力电子学科青年学者论坛；

2021年，成功举办了Wipda Asia 2021宽禁带功率器件及应用国际会议。

重要事件：

1991年，陈坚教授被评为全国优秀教师；

2005年，康勇教授获台达环境与教育基金会"中达学者"荣誉称号；

2008年，阮新波教授受聘到应用电子工程系工作；

2009年，段善旭教授获台达环境与教育基金会"中达学者"荣誉称号；

2019年，康勇教授牵头"电力电子化关键技术与系列装备"成果获得2019年度国家科学技术进步奖二等奖；

2020年，应用电子工程系牵头成立"陈坚教授基金会"。

附录　应用电子工程系系庆　校长和专家题词

2009年，应用电子工程系（原船舶电气专业）50周年系庆，时任校长李培根院士签名发来了贺信，历任校长（除已故的查谦、黄树槐校长和调任的周济校长外）和专家题了词。2019年，应用电子工程系60周年系庆，上一任校长丁烈云院士题词。这些题词饱含了各位领导和专家对应电人以往业绩的充分肯定，并给本专业指出了前进努力的方向，鞭策应电人不断前进进步。

校长和专家题词如图112～图119所示。

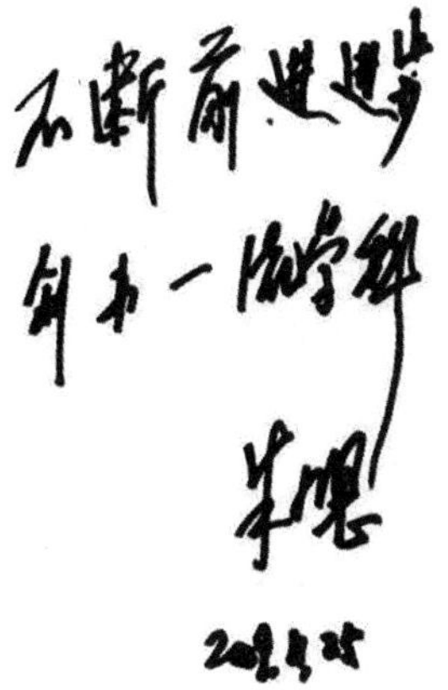

不断前进进步
创办一流学科

朱九思

图 112　原华中工学院党委书记、院长朱九思

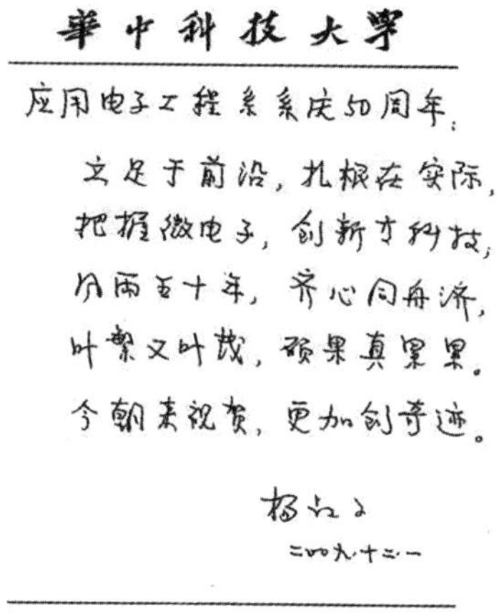

華中科技大學

应用电子工程系系庆50周年：

立足于前沿，扎根在实际，
把握微电子，创新于科技；
风雨五十年，齐心同舟济，
叶繁又叶茂，硕果真累累。
今朝来祝贺，更加创奇迹。

杨叔子
二〇〇九.十二.一

图 113　原华中理工大学校长、中国科学院院士杨叔子

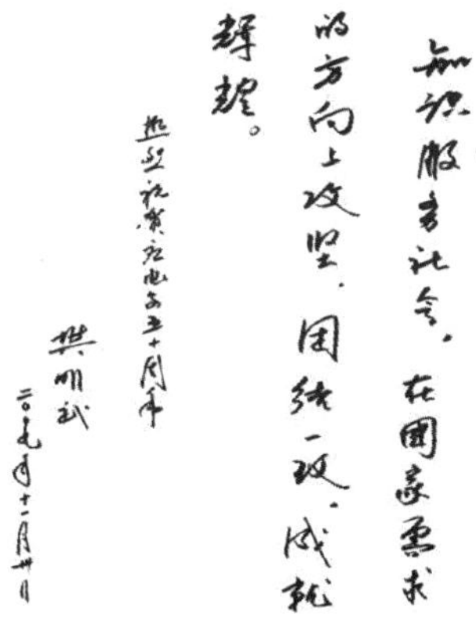

知识服务社会，在国家需求的方向上攻坚，团结一致，成就辉煌。

热烈祝贺应电系五十周年

樊明武

图 114　原华中科技大学校长、中国工程院院士樊明武

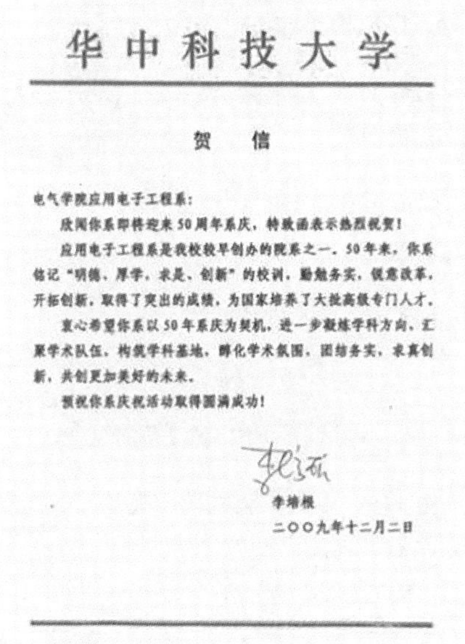

华中科技大学

贺　信

电气学院应用电子工程系：

欣闻你系即将迎来50周年系庆，特致函表示热烈祝贺！

应用电子工程系是我校较早创办的院系之一。50年来，你系铭记"明德、厚学、求是、创新"的校训，勤勉务实，锐意改革，开拓创新，取得了突出的成绩，为国家培养了大批高级专门人才。

衷心希望你系以50年系庆为契机，进一步凝练学科方向，汇聚学术队伍，构筑学科基地，孵化学术氛围，团结务实，求真创新，共创更加美好的未来。

预祝你系庆祝活动取得圆满成功！

李培根

二〇〇九年十二月二日

图 115　原华中科技大学校长、中国工程院院士李培根

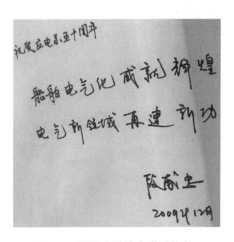

图116 原华中科技大学副校长、现湖南大学校长段献忠

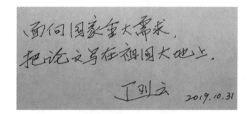

图117 原华中科技大学校长、中国工程院院士丁烈云

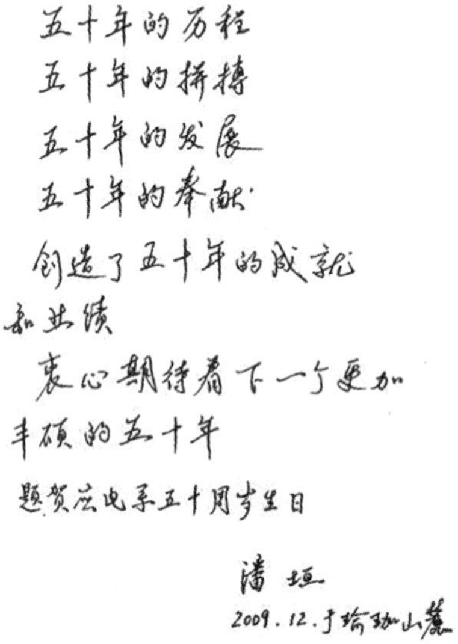

图118 中国工程院院士潘垣

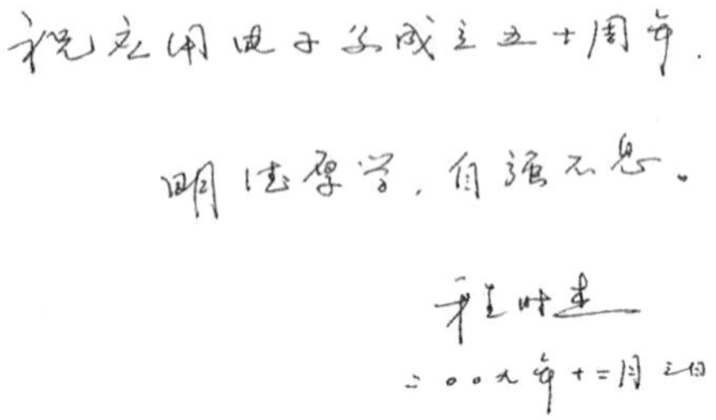

图119 中国科学院院士程时杰

电工理论与电磁新技术系发展简史

一、发展渊源及历程

电工理论与电磁新技术系最早由建校初期电力系下辖的电工基础教研室发展而来,于1996年演变为国家基础课程电工电子教学基地。2003年,其中一部分成立电工理论与新技术系。2014年,"电工理论与新技术系""电磁新技术系"和"电磁测量工程系"三个系合并成电工理论与电磁新技术系,其发展演变过程如下图。

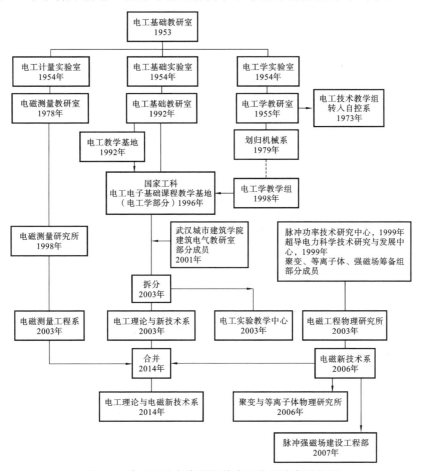

图120 电工理论与电磁新技术系发展演变过程图

（一）电工基础教研室

1953 年 10 月，华中工学院电力系成立之时，电工基础教研室是电力系所属 4 个教研室之一。1954 年 7 月，华中工学院进一步调整了教研室并成立了实验室，与电工基础教研室相关的有电工基础、电工学、电工计量三个实验室。电工基础教研室集中了中南地区电气学科的优势力量，师资实力雄厚，教研室教职工多达 60 多人，其中不乏后来电工电子学教研室的骨干成员及领导，如康华光、李昇浩、钟声淦、杨启知、汤之璋、侯学、余德基等，成立时电工基础教研室主任为陈珽。面向全校电类专业开设技术基础课：电路理论、电磁场理论和相关的实验课程。

1965 年，电工基础教研室主任为唐曼卿（女），副主任为杨宪章。

电工基础教研室教师（一1970 届毕业生）：王显荣、胡焕章、邹锐、揭秉信、周泰康、张守义、唐曼卿、张金如、杨康信、杨宪章、张文灿、施兆龙、陶炯光、陈世玉、娄颜伯、曾凡刊、郭迪忠、刘延冰、黄慕义、宋韶熏、艾礼初、曾广达、张志鹏、叶妙元、刘乃新、邓仲通、韦宗明、陈本孝、李竹英、戴旦前、周舒梅、王德芳、赵斌武、刘敬香、唐良晶、黄力元、徐乃风、刘多兴、陈崇源、周予为、杨爱媛、朱明钧、沈达逊、任道桴、梁汉、王大坤、谭智慧、经巧娣、熊明美、何惠慈、黄冠斌、任仕炎、李启炎、孙亲锡、张年凤、杨传谱、孙敏等。

为帮助国内其他高校加强电工基础学科建设，提升其他学校电工基础学科办学水平，电工基础教研室在师资队伍建设等方面给予其他学校大力支持，支援其他高校的教师情况如下。

（1）电工基础支援全国高校的教师。

王显章教授：华南理工大学；

陶炯光教授：广东工学院；

刘多兴教授：上海纺织大学（原华中理工大学党委副书记）；

施兆龙教授：上海工业大学；

娄颜伯教授：湖南大学；

韦宗明副教授：广西桂林电力专科学院。

（2）电工基础支援本省高校的教师。

杨宪章、曾广达教授：武汉大学；

张金如教授：武汉理工大学；

张文灿教授、胡焕章教授：湖北工业大学；

宋韶勳教授：武汉纺织大学；

张守义教授、郭迪忠教授、唐良晶副教授：华中理工大学光学系红外技术教研室。

1990 年前担任过电工基础教研室主任和书记的老师有刘多兴、邹锐、陈世玉、张志鹏、艾礼初、孙亲锡。

1996 年，为申请建设国家工科电工电子基础课程教学基地（电工部分），电力工程系成立了"教学实验中心"，由电工基础教研室管理，承担国家工科电工电子基础课程教学基地。电工电子教学基地建设详情参见"电工实验教学中心发展简史"。

2003年,属于电工教学基地的教师编制人员与教学基地管理、运行、从事实验教学的老师拆分,成立了电工理论与新技术系(简称电工系)。但是,电工系的教师仍然从事实验教学中心的设备研制、实验教学工作。其中,李承、葛琼还分别担任实验教学中心的主任、书记。

(二)电工学教研室

1955年,随着电力工程系新设工业企业自动化,筹划建设自动与远动装置、无线电等新专业,成立了负责非电类专业的电工学、电子学等课程的电工学教研室。1972年,根据《全国教育工作会议纪要》和上级指示精神,华中工学院电机工程系设置了电机电器制造、电力机械、工业电气化及自动化、发电与输配电、高电压、电工基础、电工学等7个教研组。

1957年年底,西三楼的落成,为电工学教研室及相对应的电工电子学实验室的组成,提供了天时地利,人和更是得天独厚,学院有了自己的毕业生,电力系近水楼台先得月,挑选了一批思想进步、立志教书育人、业务水平高、工作能力强的年轻人加入了教师队伍。他们之中有胡伟轩、李锡雄、邓星钟、黄铁侠、刘明亮、陈婉儿、赵荫堂、陈大钦、王岩、肖广润、陈鸟常,还有抗美援朝的转业军人曹秋纯等同志。以后又陆续进了年轻教师及实验技术人员:秦金和、何镇陆、陈清海、秦天爵、余茉玲、林雪珠、熊媛琴、李飞霞、吴坤昌、梁宗善等同志。组成一支朝气蓬勃的队伍,挑起了全华中工学院所有非电类8个专业的电工学、电子学相关课程理论和实践的教学任务。

1960年6月份,教研室支部书记曹秋纯同志出席全国文教群英会。6月21日与其他6位同志:刁士亮、林士杰、熊守良、王文清、丘军林、邬克农回校,受到全院教职员的热烈欢迎,代表们在会上传达了全国群英会精神。

1966年6月5日成立师生员工代表大会"主席团"。8月上旬,省委工作组撤走,各种"红卫兵组织"纷纷成立,全院各级党组织陷入瘫痪。直至1968年军宣队、工宣队进驻华中工学院,开始恢复学校各项秩序。

1969年3月,部分老师和教研室学生徒步到湖北黄冈同贫下中农一起学习和贯彻"九大"精神,接受贫下中农再教育,积极参加春耕生产劳动,部分教师、学生、工人和干部参加"教育革命小组",为即将到来的教育革命高潮做好准备,12月4日,除少数老、弱、病、残者外,全院师生员工在军宣传、工宣队领导和组织下到湖北咸宁马桥镇开展"斗、批、改"运动,年底开始"整党、建党"工作。

1970年7月,绝大部分师生从咸宁返回武汉,开始教学准备工作,准备招生。组建的宣传演出队解散,原属电机系的毕业生也留校工作回到本系。电工学教研室共分配了5名人员:周祖德、翁良科、吴鸿修、杨森和彭健才。

1971年,学校恢复教学工作,电工教研室承担了721工人大学生的教学任务,此时武汉机械学院撤销,制冷等相关专业合并到我校,电工学教研室又迎来了欧阳秉均

（原大桥局总工、长江大桥施工顾问）、丁锋（军队转业务干部）、周惠领和徐鸿4位同志。1973年，教研室承接了湖北省机械工业厅下达的数控车床研制任务后，教研室呈现兴旺繁荣的景象，教学科研工作、实验室建设工作进行得热火朝天，同志们身上的热情一下子都喷发出来了。教学者争先恐后，生怕没有课上，科研的同志们利用关系四处联络，实验室的同志修旧利废、改造、更新、搜集资料、整理讲稿、编写讲义、刻写腊纸、安排印刷……，一切都在有条不紊地进行着。

1973年，学校系专业调整，成立自控系。电工学教研室中原承担电子技术课程授课的老师（汤之璋、康华光、陈婉儿、王岩、李飞霞、赵荫堂、周劲青、林家瑞、陈大钦、邹寿彬、吴鸿修、梁宗善等）也到自控系组建电子学教研室。其余原电工电子学教研室的成员仍驻留电机工程系。人员减少，教学任务繁重，科研工作有所停滞，教研室仍支持年轻教师参加相关科研组的活动，扩展知识，提高能力，如派翁良科参加到尹家骥主任支持的，许锦兴、金振荣老师负责的功率步进电机驱动电源的研制小组学习、工作。为以后的发展和科研成果的取得，打下了坚实的基础。

1979年下半年，学校为加快机电一体化专业的建设和扩大数控机床的研究成果，将电力系的电工学教研室（主任李升浩）调入机一系。电工学教研室的根在电力系，教学办公室、实验室仍保留在西三楼的一、二楼。1979年下半年至1995年期间，负责人是李昇浩、胡伟轩、邓星钟、肖广润、翁良科、周鑫霞。这段时间，学校人事处、设备处给予高度重视与支持，教学、科研、研究生培养、实验室建设等都有了较大进步，其中先后增加了十几位本校自控系应届留校的毕业生，如廖春晖、高鹏义、龙毅宏、张家英、夏春玲、李燕等，还有本教研室自己培养的研究生毕业留校，如郑小年、刘刚、朱建新等，以及新调入学校的天津大学毕业研究生周茂华，此外还有由其他单位调入的人员，如涂国栋、程宪平、周鑫霞、孔勤、曾育新、胡由央等。这大大解决了学校扩招后，教学工作陡增，教师忙不过来的困难，而且有了开展科研的人力和能力，先后由胡伟轩、翁良科、杨森、涂国栋完成北京三机床厂和上海机床厂的功率步进电机驱动电源研制任务，由胡伟轩、翁良科、郑小年、刘刚、周永萱完成黄石制冷厂的冰箱温控器、湖北汽车电器厂的汽车喇叭性能动态测试系统的研制，由肖广润、曾育星、李杨、艾武完成的离子氧化炉控制系统等项目，发表论文和译刊多篇。教研室成为中国高等学校电工学研究会理事单位，湖北省高等学校电工学研究会理事长单位，李升浩教授、胡伟轩教授先后担任理事长，翁良科任秘书长。

在院系大力支持和同志们的不懈努力下，电工学实验室也旧貌换新颜，在"三电"（电工基础、电子学、电工计量）中崭露头角、独树一帜，建立了电路分析、电机及控制、电子技术、单板（片）机原理及应用四个实验分室，更新设备、自制实验装置、增加实验内容、开展实验教学改革研究，先后获得实验技术成果奖三等奖3项、二等奖2项，教学质量优秀三等奖和二等奖各1项，教学成果奖二等奖1项，优秀论文三等奖和二等奖各1项。在学校设备处、科研处的支持下，建立微型计算机机房和苹果机实验室，为当时多位博士生完成毕业论文和教研室的科研计算作出了贡献。

1998年,为组建国家工科电工电子基础课程教学基地(电工部分),学校将机械系的电工学教研室以及校属电工实习中心调入电力系,与电工基础教研室合并,简称电工教学基地。

(三)电磁测量教研室

1976年,电工基础教研室分两部分:一部分教学,一部分科研,搞科研的老师分为了几个组,分别承担不同的项目。

1977年,科研具有相对稳定的方向、达到一定规模并取得不错成就的一部分老师从电工基础教研室分离出来,1978年成立电磁测量教研室,在此基础上于1985年建设了大电流实验室。另外,"红外课题组"老师也离开了电工基础教研室去了光学系。

当时的短路大电流测量组有刘延冰、邹凯、黄冠斌,主接项目是北京清河电钢所委托的,实现高压开关短路时短路大电流测量的项目,短路电流高达数万安级,国内只有西安高压研究所有类似装置(属国家级),所用测量装置为苏联的自积分罗氏线圈,当时教研室揭秉信老师根据国外有关高精度罗氏线圈研究的论文,深入研究并制造出相关传感器,科研组以此为基础,研制了十三台传感器,解决了用于高压、抗放电干扰的问题,装置在西安高压研究所经试验鉴定的结果和苏联装置测量的结果吻合,项目通过鉴定,顺利交接北京清河电钢所。刘延冰老师为当时科研组负责人,首次证明了当时研制的传感器性能优良,电气线路均达到当时国内先进水平。

当时教研室科研项目由教研室统一按各组特点统一分配,隔一段时间,各组互相交流,气氛良好。

20世纪70年代末80年代初,由于大电流实验室科研任务繁忙,实验一启动,大电流达几万安级,强大的磁场使二楼的实验室计算机不能工作,单另建设更大的直流大电流实验室提到计划日程。

1982年左右,当时国内铝厂、化工厂使用电流最大可达300多千安,且这些厂均为用电大户。研发更大电流的传感器迫在眉睫,刘延冰和朱明钧一起去北京找国家仪表局提项目要求,刘老师详细介绍了教研室多项成果鉴定情况与国内需求,以及目前校内大电流实验室规模不能满足要求,必须扩大的原因,要求扩大实验室规模,最终仪表局批准,投60万元人民币建320千安直流大电流实验室,学校大力支持,派基建处立即参与。经当时电力系决定,最后由朱明钧担任筹建工作,从基建设计到最后完工均由其负责,有问题和大家商量。

当时设计考虑了几个问题:一是教研室当时想建成高等级测量设施,于是设计成二层小楼,以建成测量仪器室,配套完善;二是测试线圈为满足所有空间磁场不得在开机时超过60高斯;为节省成本,不能建设大的平面试验多匝线圈。经过反复计算,最后决定兴建500平方米的新楼,将线圈设计为"十"字形立体结构,以降低线匝之间产生的杂散磁场,线圈的通流能力可达320 kA。

出于经费考虑,原有电源(只24 V输出6000 A)必须保留,因此价值7万5千元的原有电源列入计划。由于无焊接大铝排设备，只好请叶妙元老师联系武钢施工队，而对方开价就是 8 万元，考虑到造价太高，只请了 6 名在校接活的民工队负责施工，由朱明钧老师配合，全天候一起边施工边解决出现的问题。为解决铝排供应问题，与武汉铝厂联系，当时铝厂方提出先借他们 20 万元经费，建一新厂房，两年后供应合格铝排，同时答应借给我方大型铝排焊接设备，并培训我方民工焊接技术，经请示钟伟芳副校长后，与武汉铝厂达成协议。除了钢材申请需仪表局特批外，基建处全力配合。

建设后期需要配置相应高端仪表，正好此时＊＊＊公司在武汉展览馆售卖英国输力强公司的精密测量 8 位数字电压表及微机处理系统，于是花了几千美元（未查到准确数字）购置了两块数字电压表，直流电压精度可达百分之一。当时对方来不及开发票，待仪器拿回后几天，人民币与美元汇率跌至 1∶8.3，而买时是 1∶3.4 左右，对方要我们补差价，否则不给开发票，为了节省经费不想补款，经请示钟伟芳副校长，特批不要发票，只按当时付款收据解决了发票问题。在 1985 年年底或者 1986 年年初，正式开机达到设计要求，给了当时民工施工队共 3 万元，留下一人负责实验室的日常维护及为老师们提供帮助。

实验室建成后，朱明钧老师与桂林电表厂在此研究平台上开发了双向交直流零磁通大电流测量传感器，任仕炎老师继续研发 GZX-1 型直流大电流比较仪系列，揭秉信老师研发磁放大器系列直流大电流传感器，张志鹏老师研发光纤直流大电流测量仪（也叫磁光大电流测量仪）。为促进科研成果转化，以上 4 个系列产品均转让给生产厂家，直流大电流实验室为厂家提供测试服务，每年收取数万元测试费用。

直流大电流实验室建成后，由于武汉高压研究所（简称武高所）规模较小，精确度和稳定度不如我校，曾借用教研室另一台直流比较仪（和标准同级），由武高所出面代表我国，与加拿大直流电流比较仪标准对比，结果均达到同级标准 10^{-7} 比率标准。此后曾与武高所两次洽谈共建国家级直流大电流标准，最后因实验室在我校内，名不正言不顺，武高所自建了一个 100 kA 级试验装置，超过 100 kA 等级则由我室试验，彼此合作。

直流大电流产品均由电测教研室研制，所以当时国内初期产品均由电测教研室转让给各生产厂，仪表局把由电测教研室参与制定的直流大电流测量产品标准与加拿大标准对比的证书保存在武高所。

除在直流大电流测量方面取得优秀的研究成果之外，电磁测量教研室的揭秉信、刘延冰、叶妙元、朱明钧、周舒梅、任士焱、李开成、李红斌、徐雁等教师及课题组还在电力系统中的电压电流电能测量、电能质量分析与评估、电磁测量标准、强电磁环境下的电磁测量等方面取得了丰硕成果，也在本科教学、研究生培养中取得了优秀的成绩。例如，叶妙元的"利用量子霍尔效应建立电阻自然基准研究"项目是电力工程系获得的第一批国家自然科学基金项目之一；任士焱、李红斌及其团队均获得了国家科学技术进步奖；周舒梅、赵斌武、周予为、冉健民、徐雁获得了湖北省普通高等学校优秀教学成果奖。

2002年,电磁测量教研室改称电磁测量研究所,2003年改称电磁测量工程系。

2014年,电磁测量工程系与电工理论与新技术系、电磁新技术系合并组建电工理论与电磁新技术系。

(四)武汉城市建设学院建筑电气教研室

1992年年底,原武汉城市建设学院决定成立建筑电气专业,旨在培养建筑电气工程的设计、施工及管理技术的专门人才,能从事现代化建筑计算机网络化设计与管理,现代化建筑小区电气设备设计、安装、检修、运行与维护工作,具有综合运用计算机应用技术、信息通信技术、自动控制技术和建筑电气技术的基本复合型技能及管理能力的高等应用型技术人才。根据原武汉城市建设学院的安排,建筑电气教研室设置在环境工程系,和给水排水工程专业和暖通空调专业共同构成建筑设备一体化,由王凌云任建筑电气教研室主任,何仁平任建筑电气实验室主任,负责建筑电气专业的筹备工作,在筹备过程中,为了把专业人才集中在一起,考虑到原武汉城市建设学院基础科学系有电工教研室,武汉城市建设学院在1993年4月决定把这个专业和基础科学系电工教研室合并,相关人员从环境工程系调入基础科学系,考虑到学生分配等问题,同时成立武汉城市建设学院建筑电气与计算机科学系,一套人马两个牌子,合并后的建筑电气教研室由范正忠教授任建筑电气教研室主任,人员组成有朱曙微、王凌云、何仁平、彭玲、范正忠、杨国清、李红斌、程轶青、骆建、黄劲、魏伟、王美丽、谢蓉、肖继军、葛琼、余翎、陈有谋、吴燕红、陈明辉共计19人。1996年9月范正忠老师退休,由杨国清教授接任建筑电气教研室主任。建筑电气专业于1993年9月正式招生,1993年到1995年,专科招生三届,每年两个班,从1996年开始升格为本科,每年两个班。

原武汉城市建设学院建筑电气专业,1993年到1995年招生了3届的专科,每年两个班,1996年到1999年共招收了4届本科生,每年两个班,建筑电气专业一共有3届的专科毕业生,4届的本科毕业生,共招生7届学生,学生主要分配在全国各大建筑设计院和各大房地产公司从事建筑电气设计,如中南建筑设计研究院、武汉建筑设计研究院、中南电力设计研究院、中建三局、绿城房地产等。

到2000年5月,原武汉城市建设学院和原华中理工大学合并,合并后有17人转到电气学院,人员名单有朱曙微、王凌云、何仁平、彭玲、杨国清、李红斌、程轶青、骆建、黄劲、魏伟、王美丽、谢蓉、葛琼、余翎、陈有谋、吴燕红、陈明辉。

(五)电磁新技术系

1999年5月,学校成立了超导电力科学技术研究与发展中心,主任为程时杰,副主任为段献忠、袁松柳、唐跃进等。该研究中心是半松散协作半实体的机构,协作性成员来自电气学院、物理学院、能源学院;电气学院的固定成员为唐跃进和李敬东。

1999年9月,学校成立了脉冲功率技术研究中心,主任为李劲,副主任为刘克福、林福昌。

2000年至2002年期间，在潘垣院士的指导和带领下，又启动了磁约束核聚变、等离子体技术、脉冲强磁场方面的工作，引进了胡希伟、刘明海等教师，同样没有明确所属系而是直接挂靠在学院。

因没有系一级行政机构，对当时直接挂靠在学院的一些教师在信息传达、组织管理上容易出现缺漏，在潘垣院士的建议下，学院更改了将这批挂靠于学院的教师归属于高压系的计划，于2003年6月成立了电磁工程物理研究所，成立时包括潘垣院士在内有教师9人：潘垣、李劲、胡希伟、文远芳、唐跃进、刘明海、刘克福、李敬东、何孟兵。此后，磁约束核聚变、脉冲强磁场方向逐渐有了固定成员，也归属于该所，至2004年，已有教师19人，其中脉冲强磁场方向3人。磁约束核聚变、脉冲强磁场方向的队伍逐渐发展壮大，实质上已经各自独立运行。

2005年4月，电磁工程物理研究所更名为电磁新技术系。据2005年3月7日研究所的会议记录，更名的理由是"为了适应学校教师聘任制所要求的教师应该兼做教学、科研两方面工作的形势，也为了让电气学院学生更好地理解我们单位的工作内容，拉近距离，确定更改单位名称"。经过讨论，拟将原名"电磁工程物理研究所"改为"电磁新技术系"。此时全系教师有教授：潘垣、李劲、胡希伟、文远芳、唐跃进、刘克福、刘明海；副教授：李敬东、陈绪鹏、徐涛；讲师：夏胜国、任丽、江中和、何孟兵。

2006年正式成立了磁约束核聚变研究所，2007年成立了脉冲强磁场建设工程部。

2014年，电磁新技术系解散，从事磁约束核聚变方向工作的部分成员进入聚变研究所，超导应用、低温等离子体课题组成员以及何孟兵等与电磁测量系、电工理论与新技术系成员合并，成立了电工理论与电磁新技术系，系主任为叶齐政教授，书记为何孟兵教授。电工理论与电磁新技术系发展进入新的阶段。图121所示的为电工理论与电磁新技术系教师合影。

图121　电工理论与电磁新技术系教师合影(2014年)

二、人才培养

电工基础教研室长期从事电气工程的基础课教学,并承担学校非电类专业的电工学相关基础课程,本科教学任务繁重。以 2011 年为例,全系承担了 372 个班的教学任务,总学时达 7660 学时。

电工基础教研室从一开始就注重教学和教材建设工作,在电路理论教学及教材方面,1976 年前使用高教出版社出版的俞大光院士主编的《电工基础》(上中下三册)教材,1976—1979 年教学使用教研室集体编写的讲义《电工基础》,1980 年开始使用美国英文版教材 BASIC CIRCUIT THEORY。1986 年开始使用教研室黄慕义主编的华中工学院出版社出版的教材《电网络理论》,1999 年开始使用教研室组织黄冠斌、杨传谱和陈崇源主编的华中理工大学出版社出版的教材《电路理论——电阻性网络》《电路理论——时域与频域分析》和《电路理论——端口网络与均匀传输线》。

在电磁场教学及教材方面,1977—2000 年使用西安交通大学冯慈璋主编的高教出版社出版的教材《电磁场》,2001 年使用孙敏、孙亲锡、叶齐政主编的科学出版社出版的教材《工程电磁场基础》。

在电路实验教学及教材方面,1983 年使用黄力元主编的高等教育出版社出版的教材《电路实验指导书》,该教材于 1981 年 11 月经电工教材编审委员会电路理论及信号分析小组评选审定为"高等学校试用教材"。

随着教学改革不断深入,教研室许多老师主编出版了较多电路理论方面的教材,如黄冠斌的《电路基础》、陈崇源的《高等电路》、汪健的《电路原理》、颜秋蓉、谭丹的《电路理论》、孙敏、孙亲锡、叶齐政的《工程电磁场基础》、叶齐政、孙敏的《电磁场》等。

1988 年,电工基础教研室开设的"电路理论"及"电路测试技术基础"两门课程被评为校首批"一类课程",全校共评了四门课程。

1990 年,电工基础教研室教学研究项目"改革'电工基础'教学,注重学生能力培养"获省级教学成果奖二等奖。同年,在宜昌葛洲坝宾馆承办全国电路课程指导小组扩大会议,教研室黄慕义等参加会议。

1993 年,电磁测量教研室教学研究项目"'电磁测量与仪表'专业实验教学体系一条龙式教改"获湖北省教学成果奖一等奖,该项目由周舒梅负责,主要参与人员有赵斌武、周予为、冉健民、徐雁。

1996 年,国家教育委员会发布《关于建设国家工科基础课程教学基地的通知》(教高司(1996)113 号),电力工程系在学校的统筹下,和电子与信息工程系(简称电信系)联合申报了"电工电子基础课程教学基地"。

同年 11 月,我校获准建设"国家工科电工电子基础课程教学基地"(以下简称电工电子教学基地)和"国家工科机械基础课程教学基地",建设期为 5 年,五年后国家教委正式验收,实现目标者将正式确认为"国家工科基础课程教学基地"。全国同时获准建设的电工电子教学基地有8所高校：东南大学、西安电子科技大学、西安交通大学、北方交通大学、华中理工大学、南京航空航天大学、重庆大学、哈尔滨工程大学。

我校对"电工电子教学基地"采取依托学科的建设模式（其他大学采用电工电子一体化、直属学校管理的教学基地模式）。电工部分依托电气工程学科，行政隶属于电力工程系，电子部分依托电子信息学科，行政隶属于电子与信息工程系。

为了适应电工电子教学基地建设，电力工程系成立了"电工实验中心"，开设"电路理论实验""电工电子技术实验"和"检测技术实验"等课程，同时将各专业所开的教学实验纳入统一规划，共同组成电工电子教学基地电工分部。"电工实验中心"由电工基础教研室具体管理。

1998年，教育部发布《关于进一步加强"国家基础科学人才培养基地和国家基础课程教学基地"建设的若干意见》（教高（1998）2号）。为进一步加强国家工科基础课程教学基地的建设，学校实验室与设备管理处处长赵永俭亲自带队，一行六人深入调研了华东地区东南大学、浙江大学、上海交通大学等著名高校，深受启发，并获取宝贵经验，也探寻解决如何让"三电"（电子学、电工学、电工基础）更好地融合，在人才培养中更好地发挥作用的办法。调研返校后学校决定将1979年调入机械工程一系的电工学教研室留存人员（原来人员因多种原因离开了电工学教研室）、校属电工实习中心调回电力工程系，合并到电工基础教研室，共同组建电工电子教学基地电工部分；将自控系的电子学教研室调入电信系，共同组建电工电子教学基地电子部分。华中科技大学成立后，原武汉城市建设学院的建筑电气与计算机科学系建筑电气教研室的部分教师也进入了电工电子教学基地。

1998年3月，电工电子基础课程教学基地将实验场地集中到西二楼，正式成立、挂牌。电工基础教研室主任黄冠斌兼任教学基地电工分部的主任，周鑫霞任书记。

电工电子教学基地狠抓实验课程体系、内容与方法的改革，构建了与电工电子系列课程相配套的实验课程体系，"电路测试技术"课程单独设课，并面向全校独立设置了电工实习。构建并完善了"基础型、设计型、综合型、研究型"分层次教学的实验教学体系。改革实验教学方法与手段，提高学生的实践动手能力，将电路模拟实验、仿真实验和科学分析计算融为一体。在教学基地建设过程中，自行开发研制了"电工基础综合实验台"；面向学生的管理，既严格又人性化。如计算机房实行计算机一卡通开放管理，学生凭卡进实验室，学生通过上网预约实验时间。

电工基地建设期间（1997—2003年），累计投入600万元人民币，主要成果如下。

（1）黄冠斌负责的湖北省教改项目"电工教学基地主要技术基础课程教学改革"，于2001年获湖北省教学成果奖一等奖，成果载体是系列教材，包括：电路理论模块化教材，黄冠斌、杨传普、陈崇源分别主编《电路理论——电阻性网络》《电路理论——时域与频域分析》《电路理论——端口网络与均匀传输线》，1999年由华中理工大学出版社出版；孙敏、孙亲锡、叶齐政主编《工程电磁场基础》，2001年由科学出版社出版；陈崇源主编《高等电路理论》，2000年由武汉大学出版社出版；黄冠斌主编

《电路基础》,2000年由华中理工大学出版社出版;汪建主编《电路理论基础》,2002年由华中科技大学出版社出版;艾武主编《电路与磁路》,1999年由华中理工大学出版社出版;周鑫霞主编《电子技术》,1998年由华中理工大学出版社出版;汪建主编的《MCS-96系列单片机原理及应用技术》,1999年由华中理工大学出版社出版;张鄂亮主编《微型计算机原理与应用》,2001年由华中科技大学出版社出版;周永萱主编《电工电子学》,1999年由华中理工大学出版社出版;汪建、李承主编《电路实验》,2003年由华中科技大学出版社出版。

(2) 杨泽富负责的湖北省教改项目"电工基础实验教学改革的研究与实践",于2005年获湖北省教学成果奖二等奖,成果的主要载体是"电工基础综合实验台"。

(3) 颜秋容负责的校教改项目"电路理论网络课程建设",于2009年建成网络教学类国家精品课程,于2016年建成首批"国家精品资源共享课程",颜秋容为课程负责人,袁芳、曹娟为主要完成人。

(4) "电路理论"课程于2002年入选湖北省"普通高校第三届省级优质课程",黄冠斌为课程负责人,2004年成为湖北省精品课程,汪建为课程负责人。

(5) 尹仕负责的大学生科技创新中心多次获得国家级奖项。2001年在第五届全国大学生电子设计竞赛中获国家一等奖2项、二等奖2项,湖北省一等奖2项、二等奖3项。2002年在全国大学生电子设计竞赛——嵌入式系统专题竞赛中获国家一等奖1项。2002年获第三届"挑战杯"天堂硅谷中国大学生创业计划竞赛湖北一等奖、全国铜奖。

2002年10月,教育部启动工科基础课程基地建设评估验收工作。因黄冠斌年近退休,由颜秋容接任电工基地主任,李承继续任书记,负责验收前的完善与总结。2003年11月,我校的两个工科基础课程教学基地,在全国率先接受教育部专家组评估,结果均为优秀。评估验收时的电工基地架构如图122所示。

2004年,教育部对基础课程的建设转向"示范实验教学中心",学院领导提倡电工基地教师向教学科研结合转型,于是,对电工基地进行拆分,教师编制28人组成电工理论与新技术系,从西二楼搬到西三楼三楼西头,颜秋容、李承分别任主任、书记,人员有何惠慈、张年凤、孙亲锡、孙敏、杨泽富、汪建、孙开发、谭丹、颜秋容、李妍、刘志强、杨红权、曹娟、李群、葛琼、骆建、谢榕、何仁平、黄劲、周鑫霞、王紫薇、周永萱、张鄂亮、徐安静、李承、林红、袁芳、张浩。

2004年开始实施院管教学,由学院任命的课程组长对课程全面负责。电路理论、电路测试技术、单片机原理均由汪建负责,电工学系列课程(不含少学时电路理论)由李承负责,电磁场由叶齐政负责。电工基地的实验教学部分留在西二楼,成立电工示范实验教学中心,分管教学的副院长熊蕊兼任中心主任,电工实习部分并入工程实训中心。

"电路理论"于2004年成为湖北省精品课程,汪建为课程负责人。参照学校学科大类建设框架,电工系对所承担的电类和非电类专业的多门课程的教学与管理进行

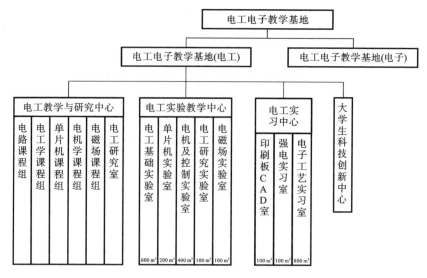

图 122　电工基地架构

了研讨,对电路理论课程组进行调整,电气大类的电路理论由颜秋容负责,电子信息大类的电路理论由汪建负责,少学时电路理论并入李承负责的电工学课程组。2013年,学校开始实施课程责任教授制,颜秋容为首批上岗的责任教授,2014年、2015年,汪建、李承、叶齐政陆续被评为责任教授。

　　电气大类电路理论课程进行了一系列教学改革。① 为了促进高等教育与国际接轨,2005年开始,使用美国原版教材 Fundamentals of Electric Circuits(Charles K. Alexander,Matthew N. O. Sadiku),实施双语教学。② 5年后,将模块化教材改编为《电路理论》,由电子工业出版社于2009年出版,颜秋容、谭丹担任主编,教学改用自编教材。③ 约从2010年开始,《国际工程专业教育认证标准》、"大规模在线开放课程(MOOC)"的教育理念,影响着我国高校的教学改革。经过5年的雕琢,融入以上理念的教材《电路理论——基础篇》和《电路理论——高级篇》,于2017年由高等教育出版社出版,颜秋容编著,与之配套的华中科技大学电路理论MOOC,于2018年9月登上中国大学慕课,并在2020年被评为"国家一流本科课程",颜秋容为课程负责人,谭丹、曹娟、石晶、任丽为主要完成人。

　　针对电子信息大类的电路理论课程,汪建编著了《电路原理》(上、下册),由清华大学出版社出版,于2008年入选"十一五"国家规划教材。2018年,因汪建退休,杨勇接替责任教授岗位。2021年,"电路理论"获普通本科教育国家级课程思政示范课程,杨勇为课程教学名师。

　　机械大类电路理论课程的责任教授,在2017年李承退休后由任丽接替。
　　2019年,电路理论课程进入"统一建设课程资源、师资队伍打通培养、教学运行分块管理"模式。以《电路理论——基础篇》和《电路理论——高级篇》为教材,以华中科技大学电路理论 MOOC 为辅助，开展线下、线上混合教学。

"电磁场"课程教材由叶齐政、陈德智主编。叶齐政为课程责任教授，2019年登上中国大学慕课，2020年，"电路理论"入选首批国家级一流本科线上课程，"电磁场与波"入选首批国家级一流本科线下课程。

2004—2010年间，随着教师退休，电工系由开始成立时的28人逐年减少，其承担电气学院教学工作量的一半，年人均学时300以上，且逐年加重。科研基本上是从零开始，招收研究生人数逐年上升，高峰时一年约10名左右。可圈点的是叶齐政获得国家自然科学基金面上项目，他在1994年调入电工基础教研室，1998年离开教研室，师从电气学院李劲教授攻读博士学位，2004年再回到电工系。

2011年，叶齐政任电工系主任，葛琼任支部书记，电工系开启了与其他系所合并、教师分类上岗之旅。

从电工基础教研室、电工基地到电工系，体现的是我校学科基础课程教学组织的变迁史。期间经历了1990年代高校师资匮乏、2010年后高校教师岗位吃香的时代。坚守基础课程教学岗位的教师，将他们的心血倾注于千千万万学子、凝结在课程与教材中。

电工系原设有电路理论（汪建任组长）、电磁场（叶齐政任组长）、单片机原理（汪建任组长）、电工学（李承任组长）四个课程组，承担全校大部分专业的电工基础课程教学任务。2011年教学任务372个班，六大类课程（电路、电磁场、单片机、电工学、模电与数电、电路测试技术），7660学时，人均403学时。同时电工实验中心的基础教学任务和大量教学仪器设备研制工作仍由电工系承担，并先后派出副主任兼职电工实验中心副主任。

为了分担课程建设任务，激发大家的积极性，重新调整了课程组设置：①信息控制类电路课程（汪建任组长）；②电气类电路课程（颜秋容任组长）；③电路测试课程（谭丹任组长）；④电工学课程（李承任组长）；⑤单片机课程（孙开放任组长）；⑥电磁场课程（叶齐政任组长）。其中，电工学课程组由于课程类型多和课时复杂，还分设电子技术部分负责人李承、电工技术部分负责人葛琼、电工电子学部分负责人林红，以加强管理。这期间学院虽然实行"院管教学"体制，但是电工系因其特殊性，基本还是系管教学。在分管教学副主任领导下，全系教师实际是打通使用，上述管理制度和教学组织为维持基本教学秩序和教学质量起到稳定作用。

国外可汗学院的微课程教学方式传入国内，同时科研融入教学的理念开始在基础课教学中有所影响，加上网络技术的快速发展，电工系主动求变，提出了网上课堂教学建设计划，在学院支持下（学院自有经费22万支持教改，最后实际只使用部分），于2012年10月，建立了电工理论与新技术系网上课堂教学网站，2013年日访问量就达700人次。包含十门课程，其中重点建设了三种典型类型：叶齐政负责的基础课"电磁场与波"（已有其他系所科研老师加入）、谭丹负责的实验课"电路测试技术"和李妍负责的研讨课"电力系统谐波分析"。

网络课堂取得了三个主要成果：①建立了开放的教师团队和协作互动的团队模式，解决基础课程教学岗教师和年轻科研骨干协同教学的问题；打破了传统以系为单位的课程组建设方式，面向全学院挑选教师；业界专家介入教师队伍（电力系统谐波分析）；建立全镜像网络课堂（所有任课教师均有网络课堂），实现了全体教师都可以互帮互学，协同教学的模式。②建立了多层次、多模式的学科建设成果引入方式，解决了经典理论教学中创新思维培养欠缺的问题；精选科研问题进入研讨教学内容、规定教师个人科研成果作为演示实验内容、转载电工前沿研究新闻作为网站内容、采用最新工业技术开展虚拟实验研学。③建立了全方位自主研学的辅助教学方式，解决了量大面广课程中创新人才需要的个性化培养方式问题。

上述成果无论是在课程建设的时间上，还是在课程建设的深度和广度上都属于国内领先，在国内教学会议上对此作了介绍，产生了良好的影响。上述工作后来得到学校教改项目支持（2014年度），也是电气学院获得的2018年度国家教学成果奖二等奖的重要内容。

电磁测量教研室在1978年招收了第一届本科生，1980年以后开始招收硕士研究生，20世纪90年代开始招博士生。电磁测量专业共培养了本科生500多名，培养了硕士生、博士、博士后400多名，他们有的在国内国家计量院成都分院、中国电科院、电力系统、各省电科院电测室任主要负责人，有的在深圳供电局、广东省电科院、湖南、湖北省电科院，以及在华为、中兴公司、南瑞集团等大型企业都有我们专业的学生担负重要工作，如南瑞集团罗苏南在我国特高压互感器研发和制造中起到重要作用，获得国家科学技术进步奖一等奖、二等奖，武汉高压所全球最大的特高压试验场的负责人是我们的硕士生吴士普。

电工系教师除了在教学上投入大量精力，严谨求实，乐于奉献，同时也积极培养其他系所教师上课，大量教师听课、试讲、教学研讨，此时已经引入17名外系教师参与教学，培养了一批骨干教师后备人才，为教学工作优良传统的传承做了初步准备。

电工系教师还响应学校号召，几乎全部教师参与了本科生班主任工作，其中，叶齐政于2013年获校首届十大"我最喜爱的教师班主任"，袁芳、谭丹等多次获得校优秀班主任称号。

电工系虽然在教务处的主讲教师制度、责任教授制度激励下，以及学院的支持下，确保了教学质量，维持了基本教学功能，但后期，系内分配教学任务已有困难，需要其他系所老师参加，同时，由于学院的一些电工新技术方向，如超导电力、气体放电等离子体应用、脉冲强磁场都设在电工系，再加上学校不再引进教学岗教师的政策，电工系有十年没有引进新教师（最年轻的教师已经40岁），有近10位教师退休，因此电工系实际已经面临进一步发展的困境。

电工系教师获得过以下教学荣誉。

(1) "宝钢优秀教师奖"：颜秋容（2003年）、叶齐政（2018年）、杨勇（2021年）。

(2) 校"教学名师奖"：颜秋容（2003年）、叶齐政（2018年）。

(3) 校"教学质量优秀一等奖"：陈崇源（1995 年（未查证）、1997 年（未查证））、杨传普（1998 年（未查证））、颜秋容（2002 年）、李承（2007 年）、谭丹（2014 年）、叶齐政（2018 年）。

(4) 校"青年教师教学竞赛一等奖"：颜秋容（1994 年，首届）、谭丹（1996 年）、叶齐政（1997 年）、曹娟（2006 年）。

(5) 2008 年普通高等教育"十一五"国家级规划教材《电路原理》（上、下册）出版，汪建编著，清华大学出版社。

(6) 2012 年普通高等教育"十一五"国家级规划教材《单片机原理及应用》出版，汪建主编，华中科技大学出版社。

(7) 2008 年《电路原理》（上、下册）被评为华中科技大学优秀教材一等奖，汪建主编。

(8) 2011 年，《楚天都市报》三次刊登介绍汪建老师教学严谨、注重教学质量的报道，引起了校内外的关注，受到了许多兄弟院校老师的好评，为学校赢得了声誉。

三、科学研究

电工教研室很早就注重科研工作，1973 年 1 月，新年春节即将到来，湖北省机械厅罗作彝处长给教研室带来特大好消息，省厅投资委托电工教研室研制"数控车床"，教研室没有丝毫犹豫，果断接受，组成了以康华光老师带头的老、中、青三结合班子，制定方案，调研参观，组织设计，确定方案，制作印制版，采购元器件、接插件等，借用湖北无线电厂的焊接能手，连续备战，八月底初步完成了数控系统（硬件）的安装调试任务。随后学院组织机械制造、工企自动化、液压传动和机械厂技术工人，抽调丁锋等同志参加了"加工中心"（数控镗铣床）的研制，成功参展广交会，成为高校自行设计制造的第一台加工中心。

1978 年成立电磁测量技术实验室，在此基础上于 1985 年建设了大电流实验室。20 世纪 70 年代末 80 年代初，由叶妙元老师率队赴贵阳铝镁设计院，设计院的曹子固工程师代表该院与教研室谈研制 100 kA 大电流测量装置研究项目，当时贵阳铝镁设计院负责设计大型铝厂建设项目，贵阳铝厂引进美国哈尔公司 100 kA 传感器，当时要价约十万美元，运行良好，但技术封锁，美国哈尔公司称有故障，必须请驻香港美方人员来维修，中方人员不得参与。为打破外方垄断，设计院提出由电磁测量教研室自行研制，给出少量经费，外加一台 24 V/6000 A 的直流稳流电源，价值 7.5 万元，由设计院方向北京变压器厂订货移交，此项目由教研室分配给揭秉信、麦宜佳和朱明钧负责，此传感器体积庞大，工作量大，实际上由朱明钧负责，为解决加工困难，当时联合武汉电表厂一起工作，为解决传感器的标准鉴定，同时在西三楼一楼一间较大的房间，用设计院提供的电源，研制了一台 100 kA 的小型大电流实验装置，20 世纪 80 年代初完成 100 kA 装置，并在贵阳铝厂同美国产品同时运行，得到该厂职工及设计院好评,同时在新建的直流大电流实验室开了鉴定会,当时教研室所有这方面鉴定会均邀请湖北省计量局、中科院电工所专家严格按程序进行。同时教研室邓仲通老师和任仕炎老师,也分别研制了其他原理的大电流传感器同时鉴定,所有传感器均鉴定通过且转让给多家厂生产。

电磁测量教研室获国家及省级奖项30多项,其中国家一等奖2项,国家科学技术进步奖二等奖3项。学院学科平台建设2项:电磁(电气)测量技术实验室,1978年启动(揭秉信、刘延冰),国家机械工业部仪表局和国家计量总局支持;直流大电流实验室,1985年启动(任仕炎),华中工学院、国家机械工业部仪表局支持60万。获得各种科研奖统计30多项,其中国家级奖4项,省部级奖24项,获得各项成果如下。

(1) 整流大电流及电能测试仪(周舒梅)1978年获全国科学大会奖。

(2) CMG-1高矫顽永磁材料磁性测量(叶妙元、王德芳、周予为、刘敬香)1981年获湖北省科技进步奖二等奖。

(3) 三相线交流能量综合测量仪(周舒梅、刘敬香)1982年获湖北省科技进步奖二等奖。

(4) 高电压缓变大电流测量仪(朱明钧、韦宗明)1983年获湖北省科技进步奖三等奖。

(5) HGD-100 kA直流大电流测量仪(朱明钧、麦宜佳、揭秉信)1985年获湖北省科技进步奖二等奖。

(6) 5 kA高精度直流大电流测量校验仪(任仕炎)1985年获湖北省科技进步奖一等奖。

(7) GZX-1型高精度直流大电流校验仪(任仕炎)1985年获机械部科技进步奖三等奖。

(8) GZX-1型100 kA系列高精度直流大电流测量校验仪(任仕炎、贾正春)1986年获机械部科技进步奖二等奖。

(9) 直流大电流现场测量校验仪(任仕炎、贾正春)1987年获国家技术发明奖三等奖。

(10) ZDY-100 kA及其系列高精度低功耗直流大电流传感器(邓仲通)1987年获湖北省科技进步奖二等奖。

(11) 180 kA霍尔零磁通直流大电流测量仪(朱明钧、麦宜佳)1988年获湖北省科技进步三等奖。

(12) 高压大电流合成试验装置(姚宗干、叶妙元)1990年获国家重大技术装备成果奖一等奖。

(13) 光纤大电流测量仪(张志鹏、聂一雄、梁汉)1991年获国家教委科技进步奖三等奖。

(14) 旋转线圈测量仪表系列(王德芳、朱明钧、徐雁、易本顺、吴鑫源)1991年获国家教委科技进步奖三等奖。

（15）直流大电流微机稳流控制系统（刘延冰、葛亚平）1991年获国家教委科技进步奖三等奖。

（16）高压大电流标准测试系统（李启炎、胡时创、叶妙元）1991年获国家重大技术装备成果奖一等奖。

（17）磁光直流大电流测量装置（张志鹏、赵志）1992年获国家教委科技进步奖三等奖。

（18）强直流测试设备在线校验技术推广应用（任仕炎、徐垦）1995年获国家教委科技进步奖三等奖。

（19）强功率交直流电能在线综合测试技术（任仕炎）1996年获国家技术监督局科技进步奖一等奖。

（20）光纤电流、电压互感器（刘延冰、叶妙元、李劲、张卫军）1996年获国家教委科技进步奖三等奖。

（21）强功率、直流电能在线综合测试技术（任仕炎）1999年获国家科学技术进步奖二等奖。

（22）数字化变电站电能计量装置检测技术研究（李开成）2010年获南方电网科技进步奖二等奖。

（23）数字化变电站电能计量装置检测技术研究（李开成）2010年获中国电力科技进步奖三等奖。

（24）电力用户信息采集设备检测装置的研制（李开成）2011年获武汉市科技进步奖三等奖。

（25）数字化变电站计量装置检测技术研究（李开成）2011年获广东电网公司科技进步奖二等奖。

（26）一体成型多尺度高精度空心线圈电流测量新技术及应用（李红斌、陈庆、杨世梅、王忠京、陈刚、周赣）2016年获高等学校科学研究优秀成果奖。

（27）强电磁环境下复杂电信的光电测量装备及产业化（李红斌、叶国雄、鲁平、罗苏南）2017年获国家科技奖二等奖。

（28）量子霍尔电阻的精密测量（叶妙元、刘敬香）1990年获湖北省第三届自然科学优秀学论文奖一等奖。

（29）2016年，电工系卢新培教授获得国家级人才计划项目支持。

（30）2017年，李红斌教授为主要完成人的研究成果获得国家技术发明奖二等奖。

四、结束语

2017年9月国家正式公布世界一流大学和一流学科（简称"双一流"）建设高校及建设学科名单，华中科技大学入选世界一流大学建设名单，学院"电气工程"学科入选世界一流学科建设名单。

电工理论与电磁新技术系科研方向有：放电等离子体理论及应用、超导应用技术、脉冲功率技术、电气信息测量、电磁场理论及其应用和电能质量分析等。先后引进熊紫兰（国家青年人才项目）、聂兰兰、徐颖、蔡承颖（国家青年人才项目）、刘峥铮等教师，补充拓展科研力量。这些青年人才的引进，必将带动电工理论与电磁新技术系进入一个新的发展阶段。

聚变与等离子体研究所发展简史

一、面向世界科技前沿,早布局抓时机

核聚变能是有望解决人类能源问题的根本途径之一,国际热核聚变实验堆(ITER)计划是我国参加的规模最大、影响最深远的国际科技合作计划,受控核聚变的反应原理与太阳相同,故被人们称之为"人造太阳"。聚变与等离子体研究所(以下简称聚变所)是华中科技大学应我国参与 ITER 计划及未来核聚变能研发的重大需求而成立的研究所。

2001 年,我国启动参与 ITER 计划调研与评估工作。同年,潘垣院士从在得克萨斯大学工作的黄河教授那里,获悉美国德州大学的 TEXT-U 装置需要搬迁,正在寻找新的主人。潘垣院士高瞻远瞩地提出:应尽快在我国高校中建立聚变人才培养基地,为中国加入 ITER 计划贡献自己的力量;华中科技大学电气学院拥有建设和运行托卡马克装置的工程技术基础,应该抓住机遇,发挥学科优势,在脉冲功率技术与等离子体科学上开拓电气工程新领域。

为加快布局,电气学院于 2001 年引进了等离子体物理理论权威胡希伟教授,并同步开始聚变方向研究生培养工作,邀请当时聚变界的权威专家为聚变所研究生授课。潘垣院士和胡希伟教授培养了聚变所最早的几批研究生,并促成了这些研究生前往中科院等离子体所、核工业西南物理研究院进行联合培养,为后期 J-TEXT 的建设和发展奠定了良好基础。

2002 年 2 月,科技部成立 ITER 专家委员会,华中科技大学潘垣院士作为国内聚变工程界唯一的院士和教育部唯一的代表成为 ITER 专家委员会五名成员之一,为促进华中科技大学参与 ITER 计划作出了重要的贡献。同年 3 月,潘垣院士等四人应邀参加了科技部组织在合肥召开的第一届中美政府间聚变领域协作会。在此次会议上,正式将 TEXT-U 装置(见图 123)从美国得克萨斯大学(奥斯汀)搬迁到华中科技大学列入 2000 年中美聚变合作计划。中美双方高校同时签署了在华中科技大学合作共建 J-TEXT(意指"中美联合-TEXT")聚变实验室的合作协议。王乘副校长率团访问得克萨斯大学,就 TEXT-U 的整体搬迁和实验室共建达成合作协议。

2003 年,电气学院于克训教授牵头组织校内外团队,赴美国得克萨斯大学开展 TEXT-U 托卡马克装置的搬迁工作。同年年底,价值 2000 万美元(20 世纪 90 年代的价格)的 TEXT-U 漂洋过海,分三批被转运到华中科技大学,落户于学校东校区近

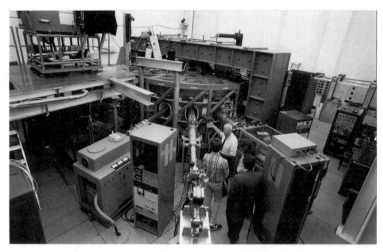

图 123　美国的 TEXT-U 装置

千平方米的大厅。这不仅仅是大型实验设备一般意义上的搬迁,而且是实验室学术地位、研究特色、国际影响力等"无形资产"的继承,使新实验室一开始就站在国际合作的高起点上。2006 年 5 月 24 日,我国与其他六方一起,在比利时布鲁塞尔草签《国际热核聚变实验堆联合实施协定》。这标志着 ITER 计划进入正式执行阶段,也标志着我国成为 ITER 计划的实质成员国。TEXT-U 装置运回国后,2006 年聚变所正式成立,电气学院从国外引进的庄革教授任第一任所长。在潘垣院士、于克训教授的带领下,聚变所庄革、张明、丁永华、杨州军、王之江、高丽、张晓卿等一批研究人员上阵,奋战两年,终于在 2006 年这个关键节点让新的 J-TEXT 装置在喻家山下重新运转起来。潘垣院士现场介绍 J-TEXT 实验室照片如图 124 所示。荣获中华人民

图 124　潘垣院士现场介绍 J-TEXT 实验室

共和国颁布的国际科技合作奖的原 TEXT-U 装置主要发起人德州大学奥斯汀分校 Kenneth W. Gentle 教授多年坚持定期访问我校,参与 J-TEXT 联合实验研究。

二、砥砺前行,从向外借力到自主发力

2007 年 9 月,J-TEXT 装置成功获得第一次等离子体放电,标志着 J-TEXT 装置成为开展聚变工程技术和等离子体物理实验的重要平台,也为开展国内外联合研究奠定了基础。图 125 所示的为时任所长庄革教授向参观专家介绍 J-TEXT 装置研究进展。同年,J-TEXT 装置获批聚变领域首批 973 项目课题"J-TEXT 托卡马克破裂放电的实验研究及全波解的数值模拟研究",该项目为 J-TEXT 装置进入 ITER 相关的关键技术研究——等离子体破裂缓解研究方向奠定了坚实的基础。

图 125　庄革教授介绍 J-TEXT 装置研究进展

为了充分发挥高校在人才培养、基础研究和国际交流方面的优势和特色,以整体形式有组织地积极参加我国 ITER 计划及聚变能的研发,发挥高校应有的作用,提升我国高校在国际聚变界的学科地位和国际影响力。2008 年 2 月,教育部批准十所学校依托华中科技大学成立"磁约束核聚变教育部研究中心"(见图 126),上海交通大学、清华大学、北京大学、浙江大学、大连理工大学、四川大学、北京科技大学、中国科技大学等学校参与建设,潘垣院士任中心主任,于克训教授任办公室主任。

2011 年 3 月,强电磁工程与新技术国家重点实验室获批立项,"聚变与等离子体实验室"成为其三大实验基地之一。2014 年,经科技部磁约束核聚变专家委员会推荐,J-TEXT 托卡马克装置(见图 127)被列入中国聚变路线图三大托卡马克实验装置之一(见图 128),主要致力于基础等离子体研究、等离子体破裂缓解,以及 ITER 相

中华人民共和国教育部

教技函〔2008〕16号

教育部关于成立"磁约束核聚变教育部研究中心"的通知

部属有关高等学校：

国际热核实验堆（简称ITER）计划是目前全球规模最大的国际科研合作计划之一，我国于2006年底正式加入ITER计划。自2007年3月，国务院正式批准将ITER计划作为国家重大专项，由科技部总体负责实施以来，经过各部门共同努力，ITER计划中国任务开展顺利。

为充分发挥高校的优势和特色，以整体形式、有组织地积极参加我国ITER计划及我国聚变能的研发，在ITER与聚变的基础研究、人才培养培训、聚变能的研发等方面，发挥应有的作用，得到应有的地位，提升我国高校在国际聚变界的学科地位和国际影响力，在进行充分调研并组织协调相关高校的基础上，我部决定成立"磁约束核聚变教育部研究中心"（以下简称中心）。中心挂靠华中科技大学，上海交通大学、清华大学、北京大学、浙江大学、大连理工大学、四川大学、北京科技大学、中国科技大学等学校参与建设；中心主任和副主任分别由华中科技大学潘垣院士和上海交通大学张杰院士担任；中心设立：领导小组、管理办公室（挂靠华中科技大学）、理事会等组织机构。

接通知后，请华中科技大学牵头，相关高校积极配合，进一步研究完善中心的目标、任务、运行机制以及下一步工作方案，明确各自分工职责，使高校能在ITER计划中争取更为有利的形势，发挥整体作用。

二〇〇八年二月十四日

主题词：科研 机构 设置 直属高校 通知
部内发送：有关部领导，办公厅
教育部办公厅　　　　　　　2008年2月14日印发

图126 "磁约束核聚变教育部研究中心"成立文件

图127 J-TEXT托卡马克装置

关技术的人才培养。依托J-TEXT，学校不仅发展了核聚变物理及聚变工程技术学科，还依托其大型脉冲发电机组，建成了教育部部属高校和湖北省首个国家重大科技基础设施——武汉国家脉冲强磁场科学中心。为瞄准国家能源战略目标，着力解决磁约束聚变能研发建堆的瓶颈性科学技术问题，2016年11月，教育部在华中科技大学成立"磁约束聚变与等离子体国际合作联合实验室"。联合实验室设立了国际化的学术顾问委员会,聘请了以美国通用原子能公司的 H. Y. Guo 教授为代表的 21 名委员,其中外籍专家 17 人。联合实验室定期召开国际学术顾问委员会会议(图 129 所示的为第一届国际顾问委员会会议),为国际合作实验室的发展做出重要评估。

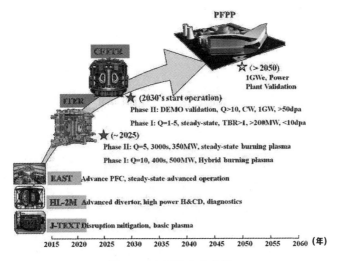

图 128　中国聚变路线图

图 129　联合实验室揭牌暨第一届国际顾问委员会会议(2018 年 5 月)

"十二五"和"十三五"期间,电气学院聚变与等离子体所依托教育部磁约束聚变研究中心、强电磁工程与新技术国家重点实验室、磁约束聚变与等离子体国际合作联合实验室,以 J-TEXT 托卡马克为研究平台,培养了大批人才。J-TEXT 团队照片如图 130 所示,多名中青年学者进入了中国科学院、中国工程物理研究院、核工业西南物理研究院、普林斯顿大学、美国通用原子能公司等中外聚变科研机构并成为核心研究骨干,王璐教授在国内首次获得亚太等离子体物理学会颁发的"杰出青年科学家奖",同时还有多名年轻人员陆续获得"U30 青年科学家奖"、楚天学者及国家杰出青年科学基金等。聚变所累计获批聚变研发专项经费2.1亿元,在磁约束聚变相关的研究经费中居全国高校前三。其中,"十二五"期间获批科技部项目5项(项目首席5人),课题负责人12人次;"十三五"期间获批科技部 ITER 专项项目或国家重点研发计划项目4项,课题负责人9人次。在系列项目的支持下,聚变所在近三年里每年都有文章发表在聚变界顶级期刊《核聚变》《等离子体物理与受控聚变》上,人均科研产出超越美国麻省理工以及东京大学聚变研究团队。更为重要的是,从一开始 J-TEXT 团队就以 ITER 最重要的科学问题——磁流体不稳定性及其导致的等离子体大破裂为主攻方向,积极准备着在 ITER 上开展实验,与世界各国同台竞技。

图 130　J-TEXT 团队(摄于 2018 年)

三、潜心耕耘,开启新的征程

近年来,聚变所依托科技部项目,以《国家中长期科学和技术发展规划纲要(2006—2020年)》中的中国磁约束聚变能的发展规划为指导,瞄准国家能源战略目标,着力解决磁约束聚变能研发建堆的瓶颈性科学技术问题,成为教育部磁约束聚变研究体系中的核心力量、创新源泉和前沿阵地,国际一流的磁约束聚变与等离子体国际合作联合实验室研究中心和人才培养中心。面对磁约束聚变能研究的需求,在磁约束聚变与等离子体科学相关方向联合承担重大科研任务并做出原创性成果,成为磁约束聚变与等离子体方向具有重要影响的国际创新基地。

围绕磁约束聚变关键物理和工程问题,聚变所师生在潘垣院士的带领下积极谋求新的突破。在 ITER 计划国家科技重大专项等项目的持续支持下,针对不稳定性机理不明确、控制效果差等难题,从聚变等离子体不稳定性发展规律出发,交叉创新利用电机工程的旋转磁场补偿理论及控制方法,创新性地提出在耦合加速区利用外加三维磁场精准调控等离子体扰动磁场的方案,最终实现对磁约束聚变磁流体不稳定性的集成控制,实现了对 1000 万度、20 万安培的等离子体高稳定控制,使 J-TEXT 成为目前国际上唯一具有 kHz 以上三维脉冲磁场调控能力的高稳定托卡马克装置,这一研究成果在 2018 年荣获湖北省科技进步奖一等奖(见图 131)。2019 年开始,聚变所实现了 ECRH 和偏滤器实验运行,全面地拓展了 J-TEXT 的实验能力与运行区间,显著提高了装置开展先进物理实验的能力,实现了 J-TEXT 重获新生以来最具里程碑的跨越。

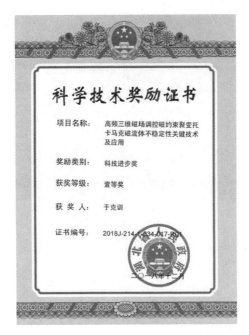

图 131　湖北省科技进步奖一等奖

聚变所先后与美国得克萨斯大学奥斯汀分校、韩国国立聚变研究所、英国卡拉姆实验室等多个国际知名磁约束聚变研究机构建立了良好的合作关系,签署了合作协议,并围绕密度极限、破裂机理、先进装置位形优化物理及其应用等问题开展了丰富的联合实验。同时,聚变所师生亲自参与 ITER 项目的推进,青年教师程芝峰以 ITER 合伙人的身份前往法国总部开展研究工作,其负责的边界 X 射线光谱系统的设计方案顺利通过评审后,ITER 组织光谱诊断负责人还推荐其协助印度相关系统的设计与分析,硕士研究生沈呈硕前往 ITER 总部实习,半年间他利用自主开发的模拟代码对光纤电流传感器测量误差做了系统分析,提出的优化方案得到采纳。为了进一步拓展国际合作,聚变所还通过外专引智计划邀请了欧洲物理学会阿尔芬奖(等离子体物理研究领域个人最高成就奖)获得者加州大学圣地亚哥分校 P. H. Diamond 教授,日本文部省最高科学技术贡献奖获得者、日本最大的仿星器装置 LHD 科学负责人 K. Ida 教授等国际知名等离子体理论与实验物理学家开展国际合作。

2020 年 5 月，J-TEXT 装置被 ITER 国际科技顾问委员会列为散裂弹丸破裂缓解研究四大装置之一（其他三个装置为美国、欧洲和韩国的最大装置，见图 132），标志着 J-TEXT 装置在等离子体破裂缓解研究方面进入国际领先方阵。《光明日报》以《为人造太阳贡献中国方案》为题做专题报道。

图 132　国际散裂弹丸破裂缓解研究四大装置

随着 ITER 计划的不断推进，聚变所自 2015 年起开始着手 ITER 尚未涵盖的科学技术问题，如聚变堆材料、氚技术等，以期继续保持和扩大研究所在国内高校聚变研究上的优势地位。研究所率先提出针对高性能场反等离子体进行大压缩比级联磁压缩的具有原创性的聚变新途径，有望在高功率密度聚变中子源等多个领域实现重大突破。相关研究得到科技部重点研发计划的大力支持，并将建成世界首个集成场反等离子体形成、对碰、融合、压缩的研究性装置。"磁约束氘氚聚变中子源预研装置"于 2021 年进入国家发改委"十四五"国家重大科技基础设施最终评审环节，成为研究所全新的学科增长点。磁约束氘氚聚变中子源预研装置概念设计图如图 133 所示。

图 133　磁约束氘氚聚变中子源预研装置概念设计图

四、展望未来，攻坚克难求突破

聚变能利用被美国工程院评为21世纪十四大科技挑战之一。聚变研究历经60年，尽管主流磁约束聚变堆装置物理和工程研究有了重大发展，但同时大多也遇到了各种"瓶颈问题"，需要"概念创新"的"补充"！未来，电气学院聚变所将坚持面向前沿、布局未来，继续发挥优势与特长，瞄准聚变能发展的3大核心问题（大破裂导致的安全问题、排热、中子源），将多学科融合，挑战瓶颈问题，通过充分的国际合作以期取得突破，争取在相关领域占据领跑地位。

强磁场技术研究所发展简史

一、脉冲强磁场设施筹备

强磁场对物质磁矩有强烈作用,能够改变电子自旋和电子轨道状态,进而调控物质特性,也可以用来探测核自旋状态和电子结构变化,是物理、化学、材料、生物医学等领域前沿科学研究中重要的测量调控手段和极端条件,近40年产生了包括量子霍尔效应、磁共振成像、第二类超导体等与强磁场相关的诺贝尔奖10余项,且磁场参数越高,类似的科学机遇将越多。脉冲强磁场设施作为产生高强磁场的最有效手段,是现代前沿科学研究不可替代的极端条件实验平台,欧美发达国家自20世纪60年代以来已建有三十多个脉冲强磁场设施,我国由于长期缺乏此类设施,众多急需开展的强磁场领域科学研究严重受制于人。

2001年,潘垣院士瞄准国家战略需求和世界科技前沿,在国内率先提出了建设脉冲强磁场设施的建议,并一直积极奔走,推动脉冲强磁场设施的项目申报。同年,在电机系校友、时任美国通用电气公司全球研究中心的高级电气工程师李亮的引荐下,邀请国际"脉冲强磁场之父"、比利时鲁汶大学 Fritz Herlach 教授来访。2002年,我校与鲁汶大学签署中国-比利时弗拉芒"超强脉冲磁场开发研究"国际合作协议。在此合作协议下,当时还是博士生的彭涛前往鲁汶大学学习脉冲强磁场技术。2003年,辜承林常务副院长、外事处李昊处长及科技处夏松副处长访问鲁汶大学,并举行强磁场技术与应用会议;2004年,鲁汶大学 Fritz Herlach、Yvan Bruynseraede、Javacken Vanacken 和 Kriss Rosseel 一行四人来我校举办第二次强磁场技术与应用会议。

当时,国内脉冲强磁场设施还是一片空白,相关技术与国际水平存在较大差距,为了学习借鉴国际先进技术与经验,项目团队与国外强磁场实验室和高校开展了广泛合作。李亮多次往返于美国和中国,积极参与项目的预研和立项准备工作,并推动我校与欧美国家之间的技术交流。2001年,聘请 Fritz Herlach 教授为我校顾问教授;2003年,接受美国得克萨斯大学捐赠的100 MVA/100 MJ 脉冲发电机(见图134),于克训教授带队前往美国开展拆卸、搬运和回国后的组装调试工作;2005年,李培根校长访问鲁汶大学,并先后与德国德累斯顿脉冲强磁场实验室、法国图卢兹脉冲强磁场国家实验室建立合作关系;这些合作交流,为项目的建设奠定了基础。

在学校和学院的多方努力下,设施筹备取得阶段性进展。2004年5月,脉冲强

图 134　100 MVA/100 MJ 脉冲发电机

磁场教育部重点实验室获批成立(人员照片见图 135);2005 年 7 月,国家原则同意建设包括强磁场实验装置在内的若干项国家重大科技基础设施项目。为进一步加快推动项目进度,学校组织成立项目团队。其中,负责组织协调的包括朱玉泉书记、李培根校长、王乘副校长、王延觉副校长、段献忠院长、陈学广处长等,负责项目申报材料的包括于克训、姚凯伦、张端明、陈晋、彭涛、丁洪发、韩小涛、夏正才、魏合林、胡一帆等电气学院与物理学院等众多教师。2005 年 12 月,华中科技大学、北京大学、南京大学、复旦大学、东北大学签订关于合作共建脉冲强磁场实验装置国家重大科技基础设施协议。

图 135　脉冲强磁场教育部重点实验室前合影照片

二、脉冲强磁场设施建设

2007年1月,国家发改委正式批复由华中科技大学建设脉冲强磁场设施。2007年4月,李亮放弃美国的高薪待遇和优渥的生活条件,回校全职担任脉冲强磁场实验装置的工程经理部总经理。为了推进项目的建设,华中科技大学2007年6月下文(校办发[2007]25号)成立实验装置项目工程指挥部及工程经理部。工程指挥部成员包括:指挥长王乘,副指挥长潘垣、向继洲、段献忠,成员冯征、刘太林、李国铭、李昊、李亮、张七一、陈学广、周建波、聂鸣。工程经理部包括:总经理兼总工程师李亮,副总经理段献忠,技术总监潘垣,副技术总监姚凯伦,总经济师陈晋。2007年11月,教育部正式发文(教技函[2007]80号)批准成立脉冲强磁场实验装置项目建设工程经理部,经理部成员同学校文件。

经过1年多的可行性研究、初步设计,脉冲强磁场实验装置于2008年4月正式开工建设,开工奠基仪式照片如图136所示。项目选址华中科技大学东校区,北临武汉东湖国家级风景名胜区,东边与马鞍山国家级森林公园接壤,西面为华中科技大学教育科研区,南面为东湖高新技术开发区,周边环境优美。

图136 举行开工奠基仪式

设施建设之初,面临着许多难题。作为国内高校承建的第一个大科学设施,工程建设上无模式可借鉴;国外对我国实行技术和材料封锁,国内缺乏相关核心技术,导体材料落后;科研资金有限……面对种种难题,项目团队发扬"敢于竞争,善于转化"的华中大精神,从一开始就树立了"自主创新,赶超跨越"的工作理念,全身心投入设施建设,团队也由最初七、八人,逐步发展壮大。在团队的共同努力下,经过不断试错、不断改进,最终攻克了高冲击载荷下磁体稳定、脉冲大电流波形调控和强干扰下多物理量精准测量等世界性难题,依靠自身力量掌握了核心技术,实现了磁体、电源、控制、测量等设施核心关键部件的全部国产,创造出惊人的中国速度和中国强度。

2008年中心人员合影如图137所示。

图137　2008年中心人员合影

2009年3月,开工仅11个月就研制完成1 MJ脉冲强磁场设施样机系统,并产生了73 T的非破坏性脉冲磁场,使我国成为全世界第五个磁场强度超过70 T的国家。

2010年9月,设施控制系统安装完成,其中1 MJ单模块控制系统投入使用;同年12月,13.6 MJ电容储能型电源系统安装完成。

2011年9月,稀释制冷机低温系统调试完成,最低温度达39 mK。

2011年11月,研制出国内首个双线圈脉冲磁体,成功实现83 T的磁场强度,刷新了我国脉冲磁场强度纪录。

2013年8月,成功实现90.6 T的峰值磁场,再次刷新我国脉冲磁场的最高强度纪录,使我国成为继美国、德国后世界上第三个突破90 T大关的国家,磁场强度水平位居世界第三、亚洲第一。

设施于2013年10月正式竣工,并接受国际评估(见图138)。2013年10月8日,由美、德、法、荷、日等国际顶级强磁场实验室主任及科学家共29人组成国际评估专家组,外方组长由德国国家强磁场实验室主任Joachim Wosnitza教授担任,中方组长由中国科学院近代物理研究所魏宝文院士担任。评估组对设施建设水平进行了现场测试和国际评估,认为设施"在电源设计和磁体技术方面取得的成就已经位列世界顶级(top-class)""利用有限的时间和经费,他们已经达到了所有的目标,并且在有些方面实现了超越(surpass)""已跻身于世界上最好(best)的脉冲强磁场实验装置之列"。

在国际评估基础上,设施接受国家验收。

2013年11月至2014年1月,设施先后通过了工艺、建安、财务、档案、设备五个部分的验收。2014年10月22日,在完成工艺、建安、财务、档案、设备等验收的基础

图 138 2013 年设施建设国际评估

上,教育部对设施进行了部门验收,23 位科技专家和管理专家组成的验收委员会一致同意该项目通过部门验收并提交国家验收。

2014 年 10 月 23 日,由国家发展和改革委员会、科技部、国家档案局、国家自然科学基金委员会、中国科学院、湖北省人民政府、教育部等有关单位和相关领域的 30 位专家组成的验收委员会对该设施进行了国家验收(见图 139)。验收委员会认为设施"研发了多套国际先进水平的关键设备,使我国掌握了脉冲强磁场装置的核心技术,实现了技术的跨越式发展,该装置总体性能达到国际先进水平,部分指标实现了国际领先,成为国际上最好的脉冲强磁场装置之一",一致同意该项目通过国家验收,并正式投入运行。

图 139 2014 年设施国家验收

三、脉冲强磁场设施运行

重大科技基础设施作为支撑前沿科学研究的国之重器,建好仅仅是开始,用好才是关键。实际上,脉冲强磁场设施一直坚持"边建设、边运行、边开放",早在建设期间就开始将已建好的科学实验站投入试运行。2009年3月,电输运、磁特性科学实验站投入试运行;2010年12月,电子自旋共振、电输运、磁特性三个科学实验站投入试运行;2012年2月,磁光科学实验站投入试运行;2013年5月,压力效应科学实验站投入试运行。

2014年10月,脉冲强磁场设施正式投入运行,已有的电输运、磁特性、磁光等科学实验站均全部对外开放共享,通过有组织的、完全免费的、全面主动的开放,为国内外用户提供科学研究服务。

截至2021年年底,设施已累计开放运行65593小时,为北京大学、清华大学、中科院物理所、美国哈佛大学、英国剑桥大学、德国德累斯顿强磁场实验室等106家国内外科研机构开展科学研究1477项,在Nature、Science、PRL、JACS等高水平期刊发表论文1194篇,依托设施取得了一批标志性原创成果,包括:清华大学薛其坤院士团队在50 T强磁场下首次揭示最薄高温超导体FeSe的超导特性,被Science评为亮点研究;北京大学谢心澄院士团队在60 T强磁场下发现第三种规律的量子振荡,被评价为近90年来该领域最重要的发现之一;中心研究团队联合美国、法国国家强磁场实验室,利用80 T强磁场首次在超量子极限外发现由电子相互作用产生的新相。设施2017—2021年的机时数、课题数和发表论文数如图140~图142所示。

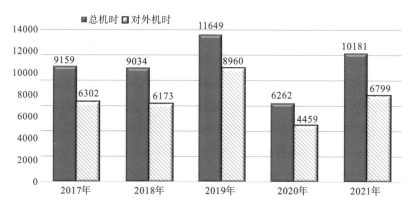

图140 设施机时数统计(2017—2021年)

设施运行成效得到了国内外同行的高度评价。2018年5月,由美、德、法、荷、日等国际顶级强磁场实验室主任及科学家共29人组成国际评估专家组,组长由德国国家强磁场实验室主任Joachim Wosnitza教授担任。评估组对设施的运行情况进行评估(见图143),一致认为设施所做出的科研成果"世界范围内、在国际同类设施中都具有很强的竞争力","能在如此短的时间内取得如此显著的成效令人赞叹",在"支撑基础前沿研究方面发挥了重要作用,运行水平国际领先"。

基于设施建设及运行取得的成效,设施先后荣获2018年湖北省科技进步奖特等奖、2019年国家科学技术进步奖一等奖(见图144)。

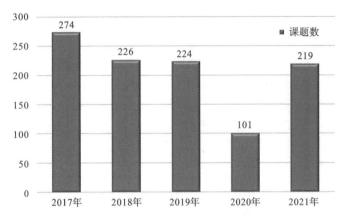

图 141　设施课题数统计（2017—2021 年）

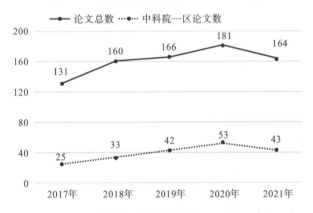

图 142　设施发表论文数统计（2017—2021 年）

图 143　2018 年设施运行国际评估

图 144　2019 年荣获国家科学技术进步奖一等奖

四、脉冲强磁场设施应用

为充分发挥设施的作用，中心瞄准国家和地方重大需求，积极拓展强磁场技术在航空航天、新能源、生物医疗等相关领域的应用，为经济社会发展提供了强有力的科技支撑。

电磁成形方面，首创多时空脉冲强磁场成形制造技术，致力于解决火箭燃料储箱箱底的成形制造等"卡脖子"难题，已成功实现直径 1.38 米的国内外最大电磁成形件——航天用铝合金壳体件整体成形成性制造，为航空航天关键构件高端装备制造业提供了颠覆性技术解决方案，将助力火箭产业发展。

整体充磁方面，创造性地提出了先组装后整体充磁的新工艺，已于 2021 年 6 月研制出国内首套大型整体充磁设备，成功实现 2.5 MW 永磁风力发电机转子的整体充磁，相比以往充磁效率提升超过 8 倍，是风机制造领域的一项革命性突破，同时可在电动汽车的永磁电机制造方面发挥重要作用。

大功率太赫兹波源方面，研制了基于 15 T 高位形精度脉冲磁体的二次谐波太赫兹回旋管，于 2020 年 11 月成功实现频率 230～803 GHz、功率 0.1～40 W 的系列太赫兹辐射，取得了标志性成果，获得国家重点研发计划和区域联合基金重点项目支持，将推动基于脉冲磁体紧凑型大功率太赫兹波源的发展及应用。

五、国家脉冲强磁科学中心组织机构发展历程

设施建设期间，为了更好地推进设施建设，同时保障设施建成后的运行，学校于

2011年向教育部申请依托设施成立独立运行的科学研究中心。同年3月,教育部科技司下文(科技司[2011]96号),同意依托设施成立国家脉冲强磁场科学中心(筹)。国家脉冲强磁场科学中心(筹)揭牌仪式如图145所示。

图145 国家脉冲强磁场科学中心(筹)揭牌仪式

2012年2月,为了进一步加快推动设施建设,学校下文(校党[2012]15号)明确了国家脉冲强磁场科学中心(筹)的职能及人员编制,文件中明确设施为学校正处级科研机构,主要负责脉冲强磁场设施的建设、运行、对外开放和科学研究工作,并围绕设施建设公共实验平台,支持学校相关学科发展。2012年4月,学校任命李亮任中心主任,陈晋任中心常务副主任。

2016年5月,中心常务副主任陈晋调任电气学院任党委书记,2017年12月,学校免去陈晋中心常务副主任职务,任命韩小涛任中心常务副主任,程远任中心办公室主任。

随着中心的成立,团队成员也快速发展,截至2021年年底,中心固定人员达到312人,包括在编教职工38人,社聘职工39人,博士后8人,研究生227人。在编教职工包含教师31人,工程师6人,职员1人,其中9人入选国家人才计划、6人入选省部级人才计划、1人入选中国科协青年人才托举工程,已经成为汇聚优秀人才的"强磁场"。中心团队先后入选全国专业技术人才先进集体(2014年,见图146)、教育部创新团队(2011年获批,2017年滚动支持,见图147)、国家自然科学基金委创新群体(2018年,见图148)及教育部创新引智基地(2012年)。2021年中心人员合影如图149所示。

图 146　2014 年荣获全国专业技术人才先进集体

图 147　2017 年教育部创新团队合影

图 148　2018 年国家自然科学基金委创新群体合影

图 149　2021 年中心人员合影

六、中心党支部建设

2011 年 6 月，经电气学院党总支委员会研究，报请学校党委同意，在国家脉冲强磁场中心建立教职工党支部，名称为脉冲强磁场中心党支部。经脉冲强磁场中心党支部党员大会选举，由韩小涛同志担任党支部书记，程远同志担任党支部副书记，彭涛同志担任宣传委员。

2016 年 11 月，经中心党支部党员大会选举，报电气学院党委研究，批准成立了新一届强磁场中心党支部委员会，由韩小涛同志任党支部书记，吕以亮同志任党支部副书记，许赟同志任组织委员，韩一波同志任宣传委员，卢秀芳同志任纪检委员。

2020 年 8 月，经中心党支部党员大会选举，报电气学院党委研究，批准成立了新一届强磁场中心党支部委员会，由吕以亮同志任党支部书记，刘诗宇同志任组织委员，谭运飞同志任宣传委员，杨明同志任纪检委员。

中心党支部是一支年轻、富有朝气和活力的队伍，现有党员 26 人，党员占中心工作人员比例达 68％。近年来，中心充分发挥党支部的政治核心作用，以党建引领中心发展，取得了多项集体、个人荣誉。2021 年 4 月，中心荣获"中国青年五四奖章集体"（见图 150）；2021 年 6 月，韩小涛同志获湖北省高等学校优秀共产党员称号。

图 150　2021 年荣获第 25 届"中国青年五四奖章集体"

七、未来发展

脉冲强磁场设施运行至今已有 7 年,为进一步提升设施整体性能和开放共享水平,"十四五"期间,中心将开展设施优化提升项目建设,对磁场系统、科学实验测试系统、综合交叉应用平台、辅助支撑系统等进行全方位的升级改造,建成性能参数全面领先的脉冲强磁场设施,成为全球规模最大、最具国际影响力的脉冲强磁场科学中心。

未来,中心将围绕设施,协同推进脉冲强磁场科学、技术和应用三个方面的研究,实现原创的重大科学发现和重大科技创新,建成面向国际科技前沿的强磁场前沿科学中心、引领核心技术发展的强磁场技术研发中心和解决国家重大需求的强磁场工程应用中心。

附录一　大事记

2001 年 2 月,潘垣院士向教育部和国家发改委"在我国建设脉冲强磁场实验装置"。

2004 年 5 月,教育部批准华中科技大学建设脉冲强磁场教育部重点实验室。

2005 年 7 月,国家科技教育领导小组第三次会议原则同意建设包括强磁场实验装置在内的若干项国家重大科技基础设施项目。

2005 年 12 月,华中科技大学、北京大学、南京大学、复旦大学、东北大学签订关于合作共建脉冲强磁场实验装置国家重大科技基础设施协议。

2007 年 1 月,国家发改委批复《强磁场实验装置项目建议书》,批准由华中科技大学在武汉建设脉冲强磁场实验装置。

2007年10月,国家发改委批复《强磁场实验装置可行性研究报告》。

2007年11月,教育部批复《强磁场实验装置初步设计方案》,国家发改委批复《强磁场实验装置初步设计概算》。

2007年11月,中心主任李亮入选国家级人才计划。

2008年4月,脉冲强磁场实验装置奠基仪式在华中科技大学举行。

2008年9月,中心主任李亮教授获得国家级人才计划项目资助。

2009年3月,1 MJ脉冲强磁场实验装置样机系统研制完成,电输运、磁特性科学实验站投入试运行。

2010年3月,中心新大楼投入使用,装置安装工作全面铺开。

2010年9月,装置控制系统安装完成,其中1 MJ单模块控制系统投入使用。

2010年10月,脉冲磁场强度突破75 T。

2010年12月,13.6 MJ电容储能型电源系统安装完成,电子自旋共振、电输运、磁特性三个科学实验站投入试运行。

2011年3月,最低温度为1.4 K的无液氦GM制冷机低温系统调试完成。

2011年4月,国家脉冲强磁场科学中心(筹)揭牌。

2011年9月,稀释制冷机低温系统调试完成,最低温度达39 mK。

2011年11月,成功实现83 T脉冲磁场强度。

2011年8月,"多时空脉冲强磁场成形制造基础研究"获批国家重点基础研究发展计划(973计划)。

2012年1月,"脉冲强磁场科学与技术"团队入选教育部创新团队发展计划。

2012年2月,磁光科学实验站投入试运行。

2012年7月,举办"第十届国际强磁场科学研究会议";脉冲强磁场实验装置国际咨询委员会成立,并召开第一次会议;整流器主体设备和配套纯水冷却系统安装完成。

2012年10月,"脉冲强磁场科学与技术创新引智基地"入选教育部、国家外国专家局联合组织的高等学校学科创新引智计划。

2012年12月,实现了磁场波形为50 T/100 ms、平顶纹波为0.5%的平顶脉冲磁场,并实现86.3 T脉冲磁场强度。

2013年4月,氦三低温系统调试完成,最低温度为385 mK。

2013年5月,压力效应科学实验站投入试运行。

2013年8月,实现90.6 T脉冲磁场强度。

2013年10月,脉冲强磁场实验装置竣工,接受国际评估,被评价为"跻身世界最好的脉冲强磁场装置之列"。

2013年11月,脉冲强磁场实验装置通过教育部科技司组织的工艺鉴定验收。

2013年12月,脉冲强磁场实验装置通过教育部发展规划司组织的建安工程专项验收。

2014 年 1 月，脉冲强磁场实验装置分别通过教育部财务司、办公厅、科技司组织的财务、档案、设备专项验收。

2014 年 9 月，中心被中组部、中宣部、人社部和科技部授予"全国专业技术人才先进集体"称号。

2014 年 10 月，脉冲强磁场实验装置通过国家验收。

2015 年 7 月，李亮教授当选国际强磁场协会副主席。

2016 年 7 月，"脉冲强磁场先进实验技术研究及装置性能提升"获批国家重点研发计划。

2017 年 5 月，氦三低温系统成功实现 300 mK 以下温度。

2017 年 6 月，"脉冲强磁场科学与技术"团队获教育部创新团队发展计划滚动支持。

2017 年 8 月，电容储能型电源扩容至 27.85 MJ。

2018 年 5 月，脉冲强磁场实验装置接受开放运行和科研情况的国际评估，被评价为"国际领先的脉冲强磁场设施"。

2018 年 9 月，"强电磁技术及应用"入选国家自然科学基金创新研究群体项目。

2018 年 10 月，实现 45 T/50 Hz 重频脉冲磁场，重复频率世界最高。

2018 年 11 月，实现 64 T 无纹波脉冲平顶磁场，创造了脉冲平顶磁场强度新的世界纪录。

2018 年 12 月，"脉冲强磁场国家重大科技基础设施"获湖北省科技进步奖特等奖。

2019 年 5 月，"脉冲强磁场先进实验技术研究及装置性能提升"获国家重点研发计划中期检查项目执行优秀团队。

2019 年 12 月，"脉冲强磁场国家重大科技基础设施"获国家科学技术进步奖一等奖。

2021 年 1 月，实现 94.8 T 脉冲磁场强度。

2021 年 4 月，中心被共青团中央、全国青联授予"中国青年五四奖章集体"。

2021 年 10 月，"脉冲强磁场实验装置优化提升"项目被列入"十四五"国家重大科技基础设施建设规划。

2021 年 12 月，"强磁场回旋管高功率太赫兹波源及电子自旋共振谱仪"获批国家重点研发计划。

附录二　中心人员历年人员情况

2005 年，潘垣、姚凯伦（2019 年退休）、韩小涛、丁洪发、彭涛、夏正才，陈晋（2016 年调入电气学院）。

2007年,李亮、丁同海。
2008年,王俊峰、谢剑峰、程远、王绍良(2019年离职)。
2009年,韩一波、许赟、施江涛、杜桂焕(2014年调入电气学院)。
2010年,欧阳钟文、韩俊波。
2011年,肖后秀。
2012年,谌祺、刘娟(2021年调入校学生工作部)、吴燕庆(2019年离职)。
2013年,吕以亮、曹全梁。
2014年,李学飞、朱增伟、王振兴。
2015年,周伟航、于海滨。
2016年,左华坤、徐刚、芦秀芳(2018年离职)。
2018年,杨明、谭运飞、罗永康。
2019年,刘诗宇、李岳生、辛国庆、赖智鹏。
2020年,刘梦宇、宋运兴。
2021年,李靖、耿建昭、张涛、董超。

应用电磁工程研究所发展简史

一、筚路蓝缕，砥砺奋进，开创我校加速器学科方向

应用电磁工程研究所作为电气学院二级系所，成立于2014年，前身为樊明武院士所创建的回旋加速器研究课题组（2001年）及"电磁理论与带电粒子研究中心"（2012年）。

2001年，樊明武院士从中国原子能科学研究院调任至华中科技大学担任校长；2001年，他组建了回旋加速器研究课题组，主要成员有余调琴、熊永前、陈德智三位教师，挂靠电气学院电机系。主要开展低能量回旋加速器的设计研究工作，并于2001年开始培养第一届研究生（熊健、秦斌、邓昌东、洪越明）。

课题组成立初期面临着无科研项目支撑、实验场地缺乏、团队力量不足等问题。2002年，课题组获得国家自然科学基金主任基金项目"低能粒子加速器虚拟设计"的立项支持，进入起步阶段，研究成果获得2004年度湖北省科技进步奖一等奖。2005年，在主任基金成果的基础上，"低能回旋加速器的虚拟样机技术及低能强流回旋加速器技术"申报国家自然科学基金重点项目成功，从整机角度进行低能回旋加速器的优化设计。

2001年，考虑到肿瘤早期诊断的社会需求，樊明武、余调琴依据自身的专业能力及工程经验，结合华中科技大学医学学科的优势，策划建立PET中心。樊明武、张晋、余调琴、夏青珞、张永学、吴华组成筹建组，筹措经费，起草项目立项报告，获得校学术委员会答辩通过。张晋助理负责与政府部门联系，选址等。余调琴负责设备选型及落实厂家（两台回旋加速器和一台PET-CT仅花费372万美元，远低于当时市价）。在确保质量的前提下，除主体设备外，水、电、气及同位素生产设备等均国产化，依据使用情况提出厂房设计要求。随着工程进展，同济医学院张永学、吴华，以及电气学院熊永前、陈德智、秦斌、熊健参与了部分工作。2003年，华中地区首个PET中心建成并投入使用，产生了良好的社会经济效益，十年后医疗收入达到每年7000万元。同时，该项目为课题组师生提供了一个了解回旋加速器实际工作的机会。2002年，GE公司按照我们的要求，对其回旋加速器产品进行大件组装（SKD），当时的师生熊永前、陈德智、余调琴、陈有谋、秦斌、熊健等参加了这一工作，我们设计了铅辐射屏蔽厂房，在有关单位特别是后勤集团的支持下圆满完成一台回旋加速器的装配和调试。樊明武、余调琴老师与PET中心人员合影如图151所示。

图 151　樊明武、余调琴老师与 PET 中心人员合影

2007 年,回旋加速器工程实验平台获批立项,杨军、刘开锋、李冬完成了测磁仪器的研制,精度和数据处理都很好地满足了磁场测量要求,课题组完成了 10 MeV 磁铁台架,为进一步发展打下良好的平台基础。

2012 年 1 月,"电磁理论与带电粒子研究中心"成立,主任为樊明武,副主任为熊永前、陈德智、杨军,办公室主任为李冬。

樊院士积极推动湖北省非动力核技术的科研与产业协同发展,2012 年,研究团队同湖北科技学院组建"湖北省非动力核技术协同创新中心"(见图 152),其被认定为湖北省首批协同创新中心,期限为 2012 年至 2016 年,由樊明武、杨军、余调琴承担主要日常工作,熊永前、陈德智、秦斌、谭萍、李冬、刘开锋、黄江、胡桐宁、曹磊等老师参与了工作。2017 年,获批建立湖北省粒子加速器与应用工程技术研究中心,樊明武院士担任研究中心主任,开展辐照加速器及其应用研究,同时获得了湖北省科技厅重大科研项目支持。已形成涵盖辐照加速器、束流扩散系统及辐射化学应用的多学科交叉团队。其中,杨军全面负责辐照加速器研制,杨磊负责物理设计,刘开锋负责机械设计,左晨、张力戈等青年师生为技术骨干,2009 年开始起步自主研制绝缘芯变压器型电子加速器,他们在研制中克服了许多困难,特别是杨磊毕业离开后,出现人力不足的困难,除增加有辐照加速器工作经历的博士生姜灿外,樊明武、余调琴也投入一定精力,如找到了高压下负载打火不断烧坏元件问题(滤波电容过大);指导研究生重新设计和加工加速管系统,实现大束流出束等。2019 年,国内首台 200 kV/20 mA 绝缘芯型电子辐照加速器(见图 153)通过验收,专家鉴定:电能转化为电子束能量效率高达 86%,达到国内领先水平;2011 年至 2015 年,杨军主要负责建成 400 kV/40 mA 加速器实验研究平台,为辐射化学实验研究提供了重要平台支撑(见图

图 152　非动力核技术协同创新中心会议(2012 年)

图 153　自主研制的 200 kV/20 mA 绝缘芯型电子辐照加速器

154)。辐照加速器关键技术与特殊材料辐照改性课题组(课题负责人黄江,张力戈、左晨等参与)针对电子束扫描不均匀及检测精度低等问题,提出了具有原创性的电子束永磁扩散技术(见图 155),并研制了电子束均匀度实时在线检测装置,获得 2016 年日内瓦国际发明展评审团特别嘉许金奖、2017 年湖北省技术发明奖一等奖及中国专利优秀奖等多项奖项,并获得多项国际发明专利授权。需求驱动,受国家电网等企

图 154　400 kV/40 mA 加速器实验研究平台

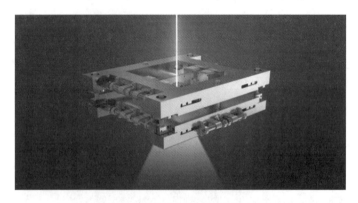

图 155　电子束永磁扩散技术

事业单位的委托,进行硅橡胶复合绝缘子、特种功能线缆等高性能材料的辐照研发。辐射化学课题组(课题负责人赵龙)于 2017 年成立,专门从事各种功能材料的辐射改性及辐射化学基础/应用研究,承担了多项国家自然科学基金及科工委等项目,发表近 50 篇学术论文,并与多家企业合作从事辐射改性材料的应用推广。

2011 年,在樊院士和潘院士的倡议和大力支持下,用于聚变中性束注入的射频负离子源项目获得科技部立项支持,项目负责人为陈德智。射频负离子源能够获得高能量的中性束,并且具有长期免维护运行的优势,是 ITER 及未来大型热核聚变装置中性束注入的必选离子源。但是负离子源束流密度较低,且当时技术尚未成熟,因此国内对此有不同看法。我校在国内首开大功率负离子源研究,推动了国内聚变界对负离子源中性束的共识,2017 年科技部正式立项研制用于 CFTER 的基于负离子源技术的中性束注入工程样机。我校建立了国内首个用于大功率射频负离子源研究的实验平台(见图 156),研究成果被评为教育部代表性成果,并在 2017 年继续获得科技部支持,承担负离子源束流光研究任务。两次共获科技部 ITER 项目支持 1200 万元,此外还获得 3 项国家自然科学基金项目支持。李冬、刘开锋等青年教师作为项目技术骨干,承担了重要的工程研制任务;项目也培养了李小飞、赵鹏、张哲、左晨等一批优秀的青年学者。

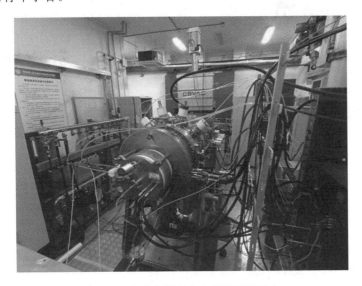

图 156　大功率射频负离子源试验平台

紧凑型自由电子激光太赫兹源技术是樊院士开创的一个重要研究方向。在 2005 年以"太赫兹科学技术"为主题的香山科学会议上,樊院士首次提出开展紧凑型自由电子激光太赫兹源的研究建议。在"十一五"和"十二五"期间,在军口 863 项目的支持下,该研究团队联合中国科学技术大学对该类型太赫兹源的辐射产生机理和物理过程进行了专项研究,建立了对应的指标体系。2012 年,"紧凑型大功率＊＊＊太赫兹源关键技术研究"获得科工局立项,项目经费 2950 万元,项目负责人为熊永前。该项目致力于攻克高平均功率可调谐太赫兹源——自由电子激光太赫兹源小型化关键技术难题。项目于 2017 年完成测试,于 2018 年年底正式验收通过。项目提出并研制成功外注入式独立调谐热阴极微波电子枪、紧凑型直线加速器等关键设备,可以有效地把电子束团长度压缩到皮秒量级,实现电子束能散度好于 0.3%、脉冲流强大于 30 A、束团长度为 6 ps。项目突破了紧凑型大功率自由电子激光太赫兹辐射相关关键技术,为进一步研制大功率、紧凑型、波长大范围连续可调的自由电子激光太赫兹源奠定了基础,在太赫兹通信、雷达、反恐、无损检测及生物医学等领域有广阔的应用前景。太赫兹研究方向已获得 4 项国家自然科学基金项目,以谭萍、秦斌、刘开锋等为技术骨干,先后培养了胡桐宁、陈曲珊、曹磊、刘旭、曾晗、付强、吴邦、邓丽珍等一批优秀青年学者。紧凑型自由电子激光太赫兹源平台如图 157 所示。

图 157　紧凑型自由电子激光太赫兹源平台

2014年,在电气学院的支持下,应用电磁工程研究所(简称电磁所)作为学院下属二级系所正式成立,所长樊宽军,副所长熊永前、陈德智、秦斌,实验室主任李冬,同时成立电磁所党支部,支部书记为秦斌,支委会委员为陈德智、杨军。电磁所先后引进樊宽军(国家级人才计划入选者)、赵龙(省部级人才计划入选者)、冯光耀(省部级人才计划入选者)、王发芽(入选国家级人才计划)四位教授,逐渐形成一支学科结构合理的研究队伍。2022年,电磁究所固定教师总人数16人,其中院士1名,教授6名,副教授6名,讲师3名。电磁所依托"强电磁工程与新技术国家重点实验室",致力于电磁场以及带电粒子动力学理论研究,解决带电粒子加速器等复杂电磁装置中的工程、技术关键问题。与辐射化学、生物医学、物理、微波、光电、材料、环境、控制、机械等有关专业相结合,研制工业、环保、医学、能源等领域急需的粒子加速器等电磁装备,如用于新材料研发及环保的电子辐照加速器系统、未来核聚变能源所需的大功率高频负离子源、军民两用的大功率太赫兹源、用于癌症精准放疗的质子治疗装备等。

2015年3月,得知科技部正在组织"十三五"国家重点研发计划"数字诊疗装备"重点专项项目,樊明武、余调琴认为要抓住机会,基于他们在回旋加速器中的工作经验,提出具有特色的基于超导回旋加速器的质子治疗项目方案。为申报成功,决定与具有工程实践基础的中国原子能科学研究院(简称原子能院)联合申报,同济医院、协和医院作为医学支撑。2015年4月,樊明武、樊宽军、谭萍、秦斌、余调琴、袁响林、张天爵(原子能院)讨论确定了项目申报方案。2015年年底,按照科技部要求,即必须由企业申报,学校决定以华工科技名义申报此项目。2016年3月,科技部组织答辩,参加答辩的有樊明武、张天爵、袁响林、杨坤禹、马新强,"基于超导回旋加速器的质子放疗装备研发"获得科技部"十三五"重点研发计划"数字诊疗装备"立项,由我校与原子能院联合承担。2016年8月,国家第一批科研经费拨入"华工科技"账号,2016 年 9 月,马新强与原子能院商定,决定超导回旋加速器与束流输运、治疗头分别独立承担:原子能院负责加速器;其他部分由华中科技大学承担。华工科技 2016 年 12 月 12 日发文,成立领导小组(组长:骆清铭,副组长:马新强、刘森林、王国斌)、主体组(组长:马新强,副组长:张天爵、樊宽军、邓建春)。随着领导格局改变,电磁所由项目的主导单位,变成课题承担单位。

电磁究所承担了"十三五"重点研发计划"基于超导回旋加速器的质子放疗装备研发"项目的三项课题任务:束流输运与能量选择系统(课题负责人秦斌)、治疗头与治疗终端系统集成(课题负责人谭萍)、放疗装备支撑系统(课题负责人樊宽军),均为实现精准质子治疗的核心子系统,共获得国拨经费约 5900 万元支持。2016—2018 年,在设计和部件样机研发阶段,刘开锋、杨军、李冬、王发芽、刘旭、张力戈、左晨、黄江、陈曲珊、王健、李为、疏坤、唐凯等青年教师与研究人员参与并承担了重要任务;以电磁所为主体,形成 HUST-PTF 质子治疗装置总体方案(见图 158)。2018 年以来,承担设备研发和工程调试任务的科研骨干包括陈曲珊、刘旭、李冬、王健、韩文杰等青年教师。2021 年,团队已完成包括多楔形降能器、束线高精度磁体及电源、笔形束治疗头、束流诊断系统、束线控制系统、辐射安全系统等关键部件及系统的研制和测试(见图 159),解决了在大能量范围(70~240 MeV)、大角度范围(±180°)、大照射野条件下质子束的高传输效率、稳定输运与快速安全控制等一系列关键技术问题。相关成果获批国家发明专利 10 余项,形成具有自主知识产权的创新体系。

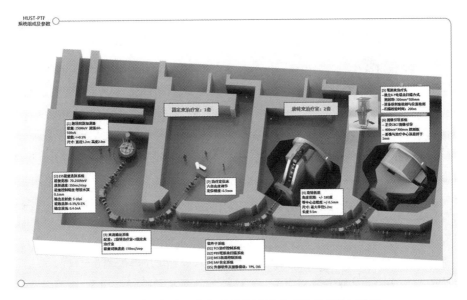

图 158　基于超导回旋加速器的质子放疗装备布局示意图

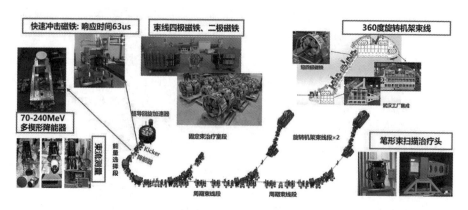

图 159　HUST 质子放疗装备束流输运系统及笔形束治疗头工程研制

樊宽军教授 2015 年从日本高能加速器研究机构（KEK）全职回到华中科技大学，任应用电磁工程研究所首任所长。他利用在加速器界的影响，带领电磁所积极开展与世界著名加速器研究单位的交流合作，为电磁所引进了王发芽、冯光耀，为电工系引进了蔡承颖、刘铮铮等加速器领域的一批青年科学家，以及王健、李为、疏坤、唐凯等一批博士后，大大增强了电气学院加速器研究力量。他积极推进基于加速器技术的超快电子衍射研究，该研究的目标是拍摄物质反应过程中的原子运动过程，形成分子电影，研究重点是高亮度光阴极电子枪、太赫兹操控超快电子束压缩与测量、空间电荷效应下高亮度电子束的行为演化，以及电子束衍射成像过程分析等。与大阪大学 KEK 联合研制成功世界首个 1.4cell 高亮度光阴极电子枪，提高电子注入时的加速梯度，提高亮度，为不可逆超快过程的单发成像奠定了基础。与俄罗斯 BINP 成立超快电子束国际联合实验室，开展电子束的物理与诊断研究。

二、立德树人，为国育才，致力于电气学科教学事业

应用电磁工程研究所始终把"立德树人"作为工作重点，将本科生、研究生教学及培养放在首要任务。在本科生培养方面，承担了"电机学""电磁场与波""电路理论""数据库技术及应用""加速器物理概论"课程的教学工作。熊永前参编的《电机学》教材自 2001 年初版以来，已历四版，被华中科技大学、武汉大学、湖南大学、沈阳工业大学等十多所高校使用，也是研究生的必读书籍。2018 年，熊永前主编《电机学学习指导与习题解答》，2019 年，陈德智参编教材《电磁场》。在研究生培养方面，硕士及博士研究生规模由每年 8 人发展到 30 人左右。在研究生学术氛围建设方面，教师指导水平不断提高，逐渐建立起了关爱学生、严格要求、规范管理的培养制度。为了增强研究所的凝聚力，加强师生情感交流，近年来在余调琴老师的倡导下，在青年节、教师节，选定一个有意义的主题，师生开展联欢性的集体活动，有一个放松的机会，促进了师生相互了解。

获得教学奖项如下。

2009年,华中科技大学教学质量一等奖,熊永前。
2015年,湖北省优秀学士学位论文指导教师,熊永前。
2015年,华中科技大学教学竞赛一等奖,杨军。
2016年,电机学国家精品资源共享课,熊永前主持。
2017,湖北省优秀学士学位论文指导教师,杨军。
2017年,华中科技大学教学成果奖三等奖;"研究型大学电工基础系列课程教学体系改革的探索与实践",陈德智。
2017年,华中科技大学课堂教学卓越奖,陈德智。
2018年,宝钢优秀教师奖,熊永前。
2018年,国家级教学成果奖二等奖,熊永前。
2020年,华中科技大学教学质量一等奖,陈德智。
2021年,第六届全国高等学校教师自制实验教学仪器设备创新大赛决赛三等奖,熊永前、杨军。

党务工作方面,应用电磁工程研究所获得奖励荣誉如下。

(1) 2014—2016年度华中科技大学先进基层党组织奖励(党支部书记秦斌,党支委成员陈德智、杨军);

(2) 2016年度,学校宣传思想文化工作先进个人(宣传委员杨军);

(3) 2018年度,华中科技大学"两学一做"支部风采展示获教职工支部工作案例一等奖。

三、笃行致远,不负芳华,书写服务社会的优秀篇章

经过数年发展,应用电磁工程研究所已形成一支结构合理且以中青年为主的教师队伍。电磁所教师所获人才/团队计划及荣誉奖项如下。

2012年,华中科技大学杰出人才与优秀科技团队项目立项奖,熊永前。
2016年,华中科技大学登峰计划(第一批),樊宽军。
2016年,华中科技大学学术前沿青年团队(第二批),秦斌。
2017年,湖北省青年五四奖章,黄江。
2018年,湖北省新世纪高层次人才工程,黄江。
2020年,中国核工业功勋奖章,樊明武。
2021年,华中科技大学学术前沿青年团队(第四批),黄江。

特别值得一提的是,2020年1月15日,纪念核工业创建65周年座谈会召开,71名"核工业功勋榜"上榜人员被授予中国核工业功勋奖章。樊明武院士凭借在30 MeV强流质子回旋加速器研制中的科研成果获此殊荣。

附录一　大禹楼建设历史

2001年,樊明武院士创建粒子加速器研究团队之初,团队成员,包括研究生在内,分散在各个院系所,没有集中的办公场地和实验室。加速器属于二类射线装置,开展加速器装置实验需要专门的辐射防护实验室。在开展相关研究的初期阶段,以软课题研究为主,对实验场地的要求不高,分散办公和无实验室的矛盾尚不突出。随着研究工作不断深入和扩展,研究队伍不断壮大,特别是2009年辐照用低能电子加速器的研发及其产业化项目和2012年国防科工局紧凑型大功率自由电子激光太赫兹源关键技术研究项目正式立项,为了保证项目的顺利完成,建设加速器实验室势在必行。

实验室建设得到了学校和学院领导的大力支持,被纳入电气学科楼群的总体规划。为了解决建设资金,樊院士团队与科研项目合作单位——大禹电气科技股份有限公司协商,该公司同意以捐赠部分资金的方式参与粒子加速器实验室建设。2012年2月24日,大禹电气科技股份有限公司、校基金会、樊院士团队三方签订了捐赠协议书。同年3月,加速器实验室建设项目正式启动,项目命名为大禹科技楼建设,基建处统一负责大楼建设工作。结合电气学科楼群建设规划,选址西九楼西侧,由武汉华中科大建筑设计研究院设计。同年5月完成了可行性研究报告,计划总建筑面积七千余平方米,分两期建设,一期建设四千七百平方米,包括两个加速器实验大厅和配套的实验室,二期建设配套的办公室。后因资金问题,实际只完成了一期建设。2012年8月底教育部下达同意建设批文。

在电气学院于克训书记等领导的大力支持和直接组织协调下,2013年5月,大楼自筹资金到位。7月上旬基建处完成施工招标,7月下旬大禹科技楼正式开工建设,2013年7月的场地图片如图160所示,2013年12月太赫兹实验大厅建设图如图161所示,建筑方承诺2014年4月份完工交付使用。大楼实际到2014年5月封顶,8月份,一楼太赫兹实验大厅和控制室交付使用,开始太赫兹项目设备安装,大楼正面图如图162所示。二号实验大厅和控制室也同期投入使用,400 kV/40 mA电子辐照加速器实验研究平台设备进场,并于12月完成整机安装和调试。2014年年底,大楼建筑及外部环境基本完工。

图160　2013年7月场地平整中

图 161　2013 年 12 月太赫兹实验大厅建设中

图 162　2014 年 12 月大楼正面

大禹科技楼的建成为粒子加速器相关项目研究提供了实验基地,有力促进了我校粒子加速器学科的发展。

附录二　社会咨询项目一览

电磁所为社会服务,多次承担了省、市、工程院的咨询项目,情况如下。

2009 年,湖北省科技厅咨询项目:湖北省非动力核技术产业发展战略研究,樊明武、秦斌、熊永前、余调琴、陈德智。

2009 年,广东发改委咨询项目:广东非动力核技术产业发展规划研究,樊明武、余调琴、熊永前、秦斌、陈德智、杨军、李冬。

2011年,中国工程院咨询项目:非动力核技术产业在推动国民经济发展建立两型社会中的作用,樊明武、熊永前、秦斌、余调琴、黄江、杨军、刘开锋、李冬、胡桐宁。

2016年,中国工程院咨询项目:高端核医学装备产业化战略研究,樊明武、李为、黄江、樊宽军、秦斌、余调琴、谭萍、杨帆。

2018年,中国工程科技发展战略湖北研究院咨询项目:武汉发展军民融合电子加速器及应用产业战略研究,樊明武、秦斌、陈曲珊、谭萍、杨军、黄江、赵龙、余调琴、刘开锋、齐伟、李冬、冯光耀。

2019年,中国工程院咨询项目:高端质子医疗装备小型化战略研究,樊明武、刘开锋、秦斌、刘旭、杨军、余调琴、陈曲珊、谭萍。

2020年,中国工程科技发展战略湖北研究院咨询项目:非动力核技术推动武汉市及湖北省中小企业实体经济创新发展的战略研究,樊明武、黄江、谭萍、陈曲珊、熊永前、余调琴、刘旭、左晨、秦斌、李冬、刘亚男。

附录三　科研获奖一览

(1) 2001年,国防科工委科技进步奖二等奖,强流回旋加速器轴向注入系统,获奖人:张天爵、李振国、樊明武、余调琴等。

(2) 2004年,湖北省科学技术进步奖一等奖,低能粒子加速器虚拟设计,获奖人:樊明武、余调琴、熊永前、陈德智、董天临、熊键、秦斌、洪越明、邓昌东、张黎明、吕剑峰。

(3) 2016年,日内瓦国际发明展评审团特别嘉许金奖,辐照加速器非能动电子束扩散装置,获奖人:黄江、樊明武、张力戈、左晨。

(4) 2017年,湖北省技术发明奖一等奖,辐照加速器电子束磁位形控制扩散技术与装置,获奖人:黄江、樊明武、刘开锋、张宇蔚、张力戈、左晨。

(5) 2017年,国家知识产权局中国专利优秀奖,一种用于辐射加工的电子束扩散装置,获奖人:樊明武、黄江、陈子昊、陈金华、杨军、李冬、刘开锋、胡桐宁、余调琴、熊永前、陈德智。

(6) 2017年,华中科技大学知识产权奖,获奖人:黄江。

(7) 2019年,日内瓦国际发明展金奖,高流强电子束辐照均匀度在线检测装置,获奖人:张力戈、左晨、樊明武、黄江、余调琴、杨军。

(8) 2019年,国家知识产权局中国专利优秀奖,一种电子束扩散截面修整装置及方法,获奖人:黄江、樊明武、余调琴、张力戈、左晨、杨军、熊永前、刘开锋、曹磊。

(9) 2019年6月,辐照加速器电子束均匀扩散装置作为能源学部22项代表性成果之一列入"庆祝中华人民共和国成立70周年暨中国工程院建院25周年工程科技成果展"。

(10) 2020年,中国核工业集团公司科技进步奖特等奖,北京放射性核束加速器自主研发及应用,获奖人:张天爵、樊明武(排名13)等50人。

(11) 2021年,工业和信息化部科学技术奖一等奖,北京放射性核束加速器自主研发及应用,获奖人:张天爵、樊明武(排名13)等15人。

电工实验教学中心发展简史

电气与电子工程学院电工实验教学中心（以下简称实验教学中心）成立于 2004 年，是首批国家级电工电子实验教学示范中心的电工分中心。实验教学中心设置在西二楼，总建筑面积为 3985 平方米。该中心包括电气工程综合实验室、电机实验室、基础实验室、综合实验室、创新实验室等五类实验室，以及办公室、保管室等实验用房。现有在职实验技术人员 15 人，负责承担电气与电子工程学院实践课程、课程实验教学任务，同时承担全校电类专业"电路测试技术基础"课程、非电类"电工学"课程实验的教学任务，近五年来平均每年为电气、水电、能源、材料、机械、计算机、自动化、光电等十多个学院近三百个班的学生开展实验教学。

一、实验教学中心沿革

（一）实验教学中心前身

实验教学中心的发展历史可追溯至建校之初就创建的电工基础实验室，以及后期各系所（教研室）创建的实验室，如电机及控制工程系的电机实验室，电力工程系的电气工程实验室，电磁测量工程系的检测技术、单片机实验室，应用电子工程系的电力电子实验室，以及合校前的武汉城市建设学院电工实验室。

1953 年华中工学院创建之初的电力系，设有电工基础教研室及相应的实验室，即电工基础实验室。

1954 年，西二楼落成，总建筑面积为 3985 平方米，造价为 45.7 万元。西二楼建成伊始，电工基础实验室就入驻其中。

1973 年，学校系、专业进行调整，成立自控系。原电机工程系的工业企业自动化专业归并到自控系，其办公地点及实验室仍在西二楼和西三楼的相关场地；原电机工程系的电工学教研室承担"电子技术"课程的授课教师（康华光、陈大钦、陈婉儿、王岩等）划归到自控系组建的电子学教研室，其余人员则组成电工电子学教研组，仍留驻电机工程系。

1979 年下半年，学校在机械工程系新设机电一体化专业，电力系的电力工程系电工学教研室调入机一系，办公地点和实验室仍留在西三楼的一楼和二楼。

1998 年，华中理工大学将原分设在学校六个单位的电子线路、电子学、电工学、电工基础、电工实习、设备维修与计量等六个教研室/实验室整合为电工电子基础课程教学基地,其中电子部分划归电信系管理,电工部分划归电力工程系管理。2003年,该基地通过教育部国家工科电工电子基础课程教学基地评估,成为全国首批通过评估的优秀基础课程教学基地。

(二)实验教学中心成立

为了培养学生实践创新能力、优化实践教学资源配置、提升实践教学质量,2004年元月,学校决定以电工电子基础课程教学基地为主体,建立能涵盖全部电工电子类实验、实习的华中科技大学电工电子实验教学示范中心。它包括两个分中心和一个创新基地,即电工实验教学中心、电子实验教学中心及电工电子科技创新中心(创新基地)。中心体制上实行主任负责制,统筹调配,使用实验教学资源。分中心主任由院(系)分管本科生教学的副院长(副系主任)担任,接受院(系)和学校直接管理。

2004年8月,学院正式成立电气与电子工程学院实验教学中心亦作为华中科技大学电工电子(电工)实验教学示范中心,并正式挂牌(见图163)。

图163 校实验教学示范中心及学院实验教学中心铭牌

2006年4月,华中科技大学电工电子实验教学示范中心被评为首批国家级实验教学示范中心。

2012年,华中科技大学电工电子实验教学示范中心,被评为首届校级优秀实验教学中心;2013年国家级电工电子实验教学示范中心(建设单位)通过了教育部验收。通过验收后,正式挂牌国家级实验教学示范中心。

(三)中心历任领导班子成员

2004年8月,新成立的实验教学中心由熊蕊副院长兼任中心主任,翁良科老师任党支部书记兼副主任,杨风开、罗小华任副主任。

2006年3月,翁良科老师退休,葛琼老师任实验教学中心书记。

2007年3月,学院领导班子调整,熊蕊教授因工作调动不再兼任实验教学中心主任,同时因学院机构调整,杨风开老师不再担任实验教学中心副主任。由何俊佳副院长兼任实验教学中心主任,李承老师担任实验教学中心常务副主任,同时尹仕老师担任副主任。

2009年12月,何俊佳教授不再兼任实验教学中心主任,葛琼老师不再担任实教学中心书记,电工实习基地剥离电气学院,罗小华不再担任实验教学中心副主任。由李承老师担任实验教学中心主任兼书记。

2012年12月,李承老师不再兼任实验教学中心书记,由徐慧平老师担任实验教学中心书记。

2017年3月,李承教授退休,不再担任实验教学中心主任,由尹仕老师担任实验教学中心主任。

(四)分支机构

1. 电工电子科技创新中心

1992年,电力工程系为丰富大学生的课外生活,依托电工基础实验室创建大学生课外科技活动中心(以下称中心)。系副主任杨传普老师、电工基础教研室书记孙亲锡老师领导该中心的工作。实验室安排王大坤老师、尹仕老师兼职参与该中心的教学组织和指导工作。

中心初创期,活动内容主要根据学生的兴趣设计,再结合电工基础实验室的资源,确定以维修和改造电工基础实验室设备为主要活动内容。随着中心活动经验的积累,又陆续增添了单片机应用技术、计算机、电力电子、创意、社会实践等内容。为使课外科技活动更具竞争性,中心组织学生参加了第三届、第四届全国大学生电子设计竞赛,举办了华中理工大学第一届、第二届无线电测向活动。

2001年,华中科技大学为探索创新人才培养新模式,依托电气与电子工程学院,在教务处、设备处、学生工作处、校团委共同领导下,成立电气与电子科技创新基地,是全校首个大学生科技创新基地。该基地办公地址设置在西三楼108室,与电磁测量技术教研室的实验室合署办公。尹仕老师专职,翁良科、李启炎老师兼职参与该基地的教学组织和指导工作。

2003年,为进一步加强创新基地的建设,学校决定将电气学院的"电气与电子科技创新基地"与电信系"电子与信息技术创新基地"合并成为"电工电子科技创新中心",并将其纳入国家工科基础课程电工电子教学基地建设与管理范畴,2006年,中心被纳入国家电工电子实验教学示范中心建设与管理范畴。

创新中心兼具实验室和学生社团双重属性,其主要任务是:招收学有余力的学生,对其开展信息类技术技能的培训;组织和指导学生参加以电子信息类为主的重大学科竞赛;组织学生申报大学生科技创新项目并给予指导;为全校在校本科生信息类课程设计、毕业设计、学生创新项目的实施提供全开放的实验平台。

2003年4月,在电气学院、电信系、设备处的大力支持下,两基地分别从西三楼、南一楼搬入西七楼一楼开展大学生实践创新活动。尹仕老师专职、翁良科老师兼职参与该中心的教学组织和指导工作。电信系同时委派电信实验教学中心的肖看老师、涂仁发老师参与创新中心的工作。

2008年,创新中心纳入启明学院(启明学院是学校为培养拔尖创新人才,探索创新人才培养新模式,与业界共同创办的)管理,同时继续接受国家电工电子实验教学示范中心的领导。2010 年,创新中心从西七楼搬入启明学院亮胜楼六楼,场地面积达 550 平方米。

2009 年,创新中心毕业生王贞炎,以电气学院实验教学中心实验技术人员身份全职参与创新中心的工作。

2010 年 5 月,湖北省教育厅高教处授予电工电子科技创新中心为"湖北省高等学校大学生创新活动基地"称号(鄂教高[2010]7 号);2014 年 3 月,电工电子科技创新中心的 Power on 团队荣获 2014 年全国大学生"小平科技创新团队"荣誉称号,成为全国获此殊荣的百强团队之一;2007—2019 年,电工电子科技创新中心连续 13 年获评"华中科技大学大学生科技创新活动优秀集体"荣誉称号。

2. 电工实习基地

华中科技大学电工实习基地原属学校教务处管辖,位于西七楼。1999 年搬到西二楼,同时划归电气学院管辖,作为电工电子基础课程教学基地的一个组成部分。实验教学中心成立后,划归实验教学中心管辖。

2008 年,学校成立华中科技大学工程实践创新中心,将电工实习基地作为其组成部分,电工实习基地的隶属关系因此发生改变,脱离电气学院及实验教学中心。2009 年,电工实习基地搬出西二楼,迁到工程实践创新中心。

在隶属实验教学中心期间,电工实习基地由于其工作的独立性,与实验教学中心没有实质性的工作交集,仅是形式上的隶属。

3. 电气工程实验教学中心

2006 年,学校投资 167 万元将原来的电力系统及其自动化实验室、电力系统继电保护实验室、电力系统动模实验室和高电压实验室等进行大规模改造和整合,成立了电气工程实验教学中心。

新增了局部放电测量仪、介质损耗测量仪、导线及绕组波过程试验装置、交直流电弧试验装置、接地电阻测量仪、伏秒特性试验装置、均匀电场与不均匀电场间隙击穿试验装置、EMC 抗扰动综合测试仪等高压实验装置 34 台套,大型电力系统综合自动化实验平台 7 套,电力系统微机监控实验平台 1 套,介入编程式继电保护综合实验台 7 套。

电气工程实验教学中心由 3 个实验室组成:电力系统自动化实验室、电力系统继电保护实验室、高电压实验室。其中电力系统及其自动化实验室、电力系统继电保护实验室设在西九楼,高电压实验室设在高压楼。

为了进一步整合资源,将创新创业能力培养与专业实验课程教学相融合,提升实验教学效果。2012 年,电气工程实验教学中心合并到实验教学中心,并将电力系统及其自动化实验室、电力系统继电保护实验室合并为电气工程实验室,搬迁到西二楼,高压实验室也搬到西二楼。由此构成目前实验教学中心的完整格局。

二、实验教学中心初期建设阶段(2004—2006年)

实验教学中心成立之初,由原隶属各系、所的各专业基础课实验室合并而成。初期的工作重点是夯实基础,主要包括四个方面的内容:一是实验课程的改革;二是实验室建设;三是体制制度的建立完善;四是人员素质的整体提高。这四个方面相辅相成,既是实验教学中心稳步发展的基础,也是提高实验教学质量,培养学生创新能力的前提。

经过2005年、2006年的整合、建设,实验教学中心分支机构如图164所示。

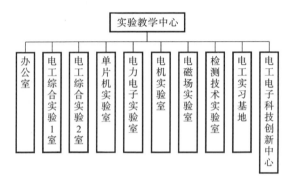

图164 成立初期的实验教学中心分支机构

其中电工综合实验1室、电工综合实验2室、单片机实验室、电磁场实验室原属于电工教学基地,电力电子实验室原属于应用电子学系,电机实验室原属于电机系,检测技术实验室原属于电测系。实验教学中心成立初期,着重建设的实验室的基本情况如下。

(一)电磁场实验室

"电磁场理论"课程早期有实验,后来因实验设备老化,取消了课程实验学时,电磁场实验室闲置。实验教学中心成立后,杨风开老师主持研制了"电磁场综合实验装置"和"DSP实验装置",陈德智老师编写了《电磁场综合实验指导书》,杨风开老师编写了《DSP原理及应用实验指导书》。2005年开始,在电磁场实验室开设"电磁场理论"和"DSP原理及应用"课程实验。其中"电磁场综合实验装置的研制"项目获2006年校实验技术研究成果奖一等奖,"电气类DSP实验装置的研制"项目获2009年校实验技术成果奖二等奖。

(二)信号与控制综合实验室

2005年开始,电气学院对本科生培养计划进行了修改,主要是对实验课程体系进行改革,以实验教学中心为基地,将原来依附于四门重要学科基础课程的实验内容(信号与系统实验 4 学时、自动控制理论实验 4 学时、检测技术实验 8 学时和电力电子学实验 8 学时)整合成一门综合性实验课程"信号与控制综合实验",并将原来的实验总学时增加到单独设课的 64 学时,体现了电气工程学科基础实验内容的合理结构:以信号传输和分析为线索、以自动控制为理论体系、以传感器为检测元件或装置、以电力电子电路或电机为对象形成完整的自动控制系统。原检测技术实验室与电力电子实验室亦改称为信号与控制实验室。课程建设由熊蕊教授主持,其他参与教师有何俊佳、张蓉、林桦,以及实验教学中心的李军、陈颖和王彬。

建成后的"信号与控制综合实验"课程由"信号与控制综合实验Ⅰ"32 学时和"信号与控制综合实验Ⅱ"32 学时组成,分别在电气专业大三年级上、下学期开设。"信号与控制综合实验Ⅰ"的内容是信号与系统实验 12 学时、自动控制原理实验 12 学时和检测技术实验 8 学时,"信号与控制综合实验Ⅱ"的内容为电力电子综合实验 32 学时。

基于课程建设的需要,熊蕊教授主导设计开发了综合实验装置"电力电子综合实验台""自动控制原理实验箱"和"信号与系统实验模块",使得实验平台模块化、可扩展延伸化,利于开展设计性、探究性、创新性实验。在此基础上,将原检测技术实验室和电磁场实验室合并建成信号与控制综合实验 1 室,原电力电子实验室建成信号与控制综合实验 2 室。信号与控制综合实验 1 室主要开设"信号与控制综合实验Ⅰ"课程,由陈颖和邓春花老师负责管理,主要实验设备包括信号与系统实验模块 50 台套、自动控制原理实验箱 50 台套和检测技术实验台 39 台套。信号与控制综合实验 2 室主要开设"信号与控制综合实验Ⅱ"课程,由李军老师负责管理,主要实验设备包括电力电子综合实验台 15 台套。

与此同时,以熊蕊教授为主导的课程组编写了"原理+任务+引导"形式的实验指导书,在原理描述基础上,只给出粗线条的实验任务,实验方法和步骤由学生自行拟定,可不受实验装置的约束,改变了以往按部就班、指令操作式的指导书形式,倡导学生主动参与探究式学习和研究。

(三) 电机实验室

电机实验室传统上对电气学院本科生开设"电机学"和"电力拖动控制系统"两门课程的实验,其中"电机学"是全院本科生的必修专业基础课,"电力拖动控制系统"是选修专业核心课。同时实验室也对自控系和水电学院本科生开设电机相关课程的实验教学。

2002 年开始,由电气学院提供经费支持,电机系韦忠朝老师主持设计了第一代电机学及电力拖动综合实验台(以下简称电机实验台),实现了电机类课程实验从分立式实验装置到整合式实验装置的进步。该实验台的优势是全部实验装置均采用大功率实验教学机组进行设计,是国内最早的大功率电机类实验台之一,对当时的教仪行业产生了较大的影响,陆续有多所兄弟学校前来参观和借鉴。

2004年8月,实验教学中心成立,电机实验室由电机系划归实验教学中心领导。为提高实验台的性能,实验教学中心成立初期对电机实验台的实验设备进行了多次技术改造。2004年,杨风开老师主持研制电机实验台扭矩传感器的二次仪表并进行了产品替换;2007年,于克训教授主持定制了电机实验台励磁电源并进行了产品替换。实验教学中心成立初期对电机实验台进行改造,提高了设备的测量精度,提升了实验设备的完好率,为教学实验提供了更为有力的保障。

实验教学中心成立初期的成员包括:熊蕊、翁良科、杨风开、胡竞文、王彬、陈颖、魏伟、余翎、张红、李军、胡玮、朱瑞东,以及当时形式上隶属于实验教学中心的电工电子创新中心、电工实习基地的全部老师。图165和图166分别为实验教学中心成立初期全体成员合影(含当时的社会聘用人员)和实验教学中心(部分成员)与解放军某部官兵联谊时的合影。

图165　实验教学中心成立初期成员合影(含当时社会聘用人员)

实验教学中心成立初期,在熊蕊主任、翁良科书记的带领下,中心党支部发挥党员的带头作用,在明确中心努力方向的基础上制定整改规划,认真讨论实验教学中心的建设与发展,落实措施,见到成效,真正体现了党员的先进性。中心党支部结合业务开展党建工作,取得了优良的成绩,2006年被评为"湖北省高等学校先进基层党组织"。

实验教学中心在全体成员的积极努力下,初创时期在实践教学研究、实验室建设以及实验教学改革等方面,取得了丰硕的成果。2005年中心获评湖北省级电工电子实验教学示范中心(电工部分),2006年获评首批国家级电工电子实验教学示范中心(电工部分)。

图 166　实验教学中心成立初期部分成员与解放军某部官兵的合影

图 167　中心党支部被评为"湖北省高等学校先进基层党组织"

三、实验教学中心规范建设阶段(2007—2016 年)

　　自 2007 年李承老师担任实验教学中心常务副主任及后来担任主任以来，领导们积极推进实验室建设，使得实验教学中心稳步向前发展，实验教学中心进入规范建设阶段。

　　在 2007—2016 年的规范建设期间，实验教学中心利用学科优势，根据新的实验教学体系建设的需要，自行研制开发了多种实验设备装置和新实验项目，有效地促进了实验教学体系的改革和培养了学生的实践动手能力。

期间主要改造、建设的实验室有：单片机实验室、电工综合实验1室、电工综合实验2室、信号与控制综合实验室和电机实验室。

（一）单片机实验室

实验教学中心成立伊始，就积极推动"单片机原理及应用"课程的实验教学改革，2006年，电气学院将原来依附于课程的实验独立开课，开设"单片机原理及应用实验"课程。

单片机实验室原为8096系列单片机实验装置，2012年，"单片机原理及应用"课程教学机型改为8051系列。2012年，汪建、李承、孙开放、杨风开编写的51系列教材《单片机原理及应用技术》由华中科技大学出版社出版，并应用于课程教学。

为适应教学改革的需要，杨风开老师主持研制了8051系列的电气类单片机实验装置，并编写了配套的《单片机原理及应用实验教程》（讲义）。2012年，该实验装置（计65台套），开始用于教学实验，同年，该实验装置的研制项目获校实验技术研究成果奖一等奖。

2007年，DSP实验合并到单片机实验室。2012年，杨风开老师编写了《DSP原理及应用》教材，由华中科技大学出版社出版。该教材将理论课程内容与实验课程内容整合到一起，并于2012年开始用于理论课教学和实验课教学。

（二）电工综合实验1室

电工综合实验1室原属于电工教学基地，负责全校电类"电路测试技术"实验课程。2000年，由杨泽富、孙亲锡、徐安静、谭丹、孙开放、张红、李军、胡玮、杨红权、王彬、肖波等研制了DGZS系列电工基础综合实验台。实验台采用积木式结构，器件均单独设置，实验电路由学生自行搭设，这既可训练学生实验的基本技能，又可由学生独立设计实验电路；自研智能化仪表并采用计算机联网，实现计算机辅助教学和网络化教学。2002年，由汪建教授主编，孙开放、李承、魏伟、王彬参编的普通高等教育"十一五"规划教材和高等学校电工电子系列精品教材《电路实验》出版。实验教学中心成立后，电工综合实验1室先后由朱瑞东、魏伟、余翎等老师负责管理。

DGZS系列电工基础综合实验台在电工综合实验1室使用70台，实验教学中心成立前后，分别在武汉科技大学、深圳职业大学、华中科技大学武昌分校、武汉军械士官学校、华中科技大学文华学院等推广使用100多台。

实验教学中心成立后，继续与课程组结合，推动"电路实验"课程的改革。2009年，汪建、孙开放、李承、魏伟、张红对实验教材进行了修订，《电路实验》（第二版）出版。

2005年，杨泽富、谭丹、李军、王彬、孙开放主持的"电工基础实验教学改革的研究与实践"教学研究项目获得校教学研究成果奖一等奖、湖北省教学研究成果奖二等奖。

2012年，在李承教授的指导下，肖波、杨泽富、徐慧平、邓春花等老师在电工实验室多年运行经验的基础上，对电工基础综合实验台进行重新设计，改造了电工综合实验1室的实验台。新实验台将分离式的实验板模式和集成式的实验台模式结合起来，各实验台组成局域网，配合相应的多媒体教学课件和仿真教学软件，以实现多媒体实验教学和虚拟实验教学。实验台性能稳定，有效保障了实验教学，提升了实验教学效果，得到教师和学生的广泛好评。

2014年，电工基础综合实验台在全国第三届高等学校自制实验教学仪器设备评选中荣获二等奖。

（三）电工综合实验2室

电工综合实验2室原属于电工教学基地，该实验室面向非电类专业开设"电工学""电工技术"等课程的实验。实验室共有实验台35套，由杨泽富、孙亲锡、徐安静、张红、肖波共同参与研发，徐安静老师编写了《电工学实验指导书》。

实验教学中心成立后，电工综合实验2室先后由胡竞文、朱瑞东、杨风开、陈小炎、徐慧平、肖波等老师负责管理。

2007年，电磁场实验室改建成信号与控制综合实验室，电磁场实验课合并到电工综合实验2室开设。

2010年，"电磁场理论"课程组老师和实验教学中心人员共同讨论了该课程实验内容的改革方案，并建议开设利用罗氏线圈进行大电流测量的实验课。

2011年，徐慧平老师通过校实验技术研究项目"电磁场实验装置的改造"，证明了罗氏线圈测量大电流实验的可行性。

2013年，徐慧平和肖波老师依托校实验技术研究项目"新型工程电磁场实验装置的研制"，开发了"DCC-Ⅲ型电磁场实验装置"，将部分模拟电容电路替换为真实的电缆，将罗氏线圈实验加入实验装置，并将实验箱的保护装置进行了改造，降低了实验箱的故障率。同时，由肖波执笔，修改了实验指导书的仪器使用说明，徐慧平添加了罗氏线圈特性测量的实验内容。

2014年，海军工程大学购买了18套该实验装置。2015年，该实验装置获得校实验技术成果奖二等奖和首届湖北省自制仪器设备评选二等奖。

2015年，因电工综合实验2室的设备已经使用了12年，电工基础实验台上的元件老化、故障频发，为了适应全校非电类专业的电工学实验课教学改革的需求，依托2015年李承老师主持的校实验室建设项目"电工实验中心设备更新"和徐慧平老师主持的实验技术研究项目"电工实验教学辅助平台建设研究"，研制了新型电工基础综合实验台。新实验台摒弃了原有的全封闭模式，仪器设备完全分离，实验挂件与对象完全透明，构建了基本开放的实验平台，便于使用、管理、维护和拓展，也提升了实验教学的效果。

(四) 信号与控制综合实验室

在实验教学中心稳步发展阶段,不断建设信号与控制综合实验室,取得了显著的成果。课程建设成果多次在国家级实验教学示范中心全国会议上进行经验交流。2008年12月,课程组熊蕊教授受邀参与教育部高等学校电气工程及其自动化专业教学指导分委员会主办的"全国高校'质量工程'与电工电子实验教学改革研讨会",并以本课程相关主题内容做大会报告,发表于权威期刊《高等工程教育研究》。

由熊蕊教授主持的,以本课程为实践载体的教学研究成果——"以学生为中心、以创新性能力培养为主线,构建探究式实验教学体系和平台"获2008年华中科技大学教学研究成果特等奖,2009年湖北省教学研究成果奖一等奖。

2010年,华中科技大学出版社出版了课程配套教材《信号与控制综合实验教程》,由熊蕊教授主编,参加编写的还有何俊佳教授、李红斌教授、张蓉老师、李军老师和邓春花老师,以及参与实验设备研制和调试的硕士研究生王科、王志、李勋楠、刘静、李扶中、胡旭、裴乐、杨帆、陈没、胡小磊、马智泉和孙友涛等。

2010年,"信号与控制综合实验"课程获批为湖北省精品课程。

为满足实验教学改革的需求,提升实验教学效果,2015年,信号与控制综合实验2室新增了15台电力电子综合实验台,使得实验总台数达到30台。

随着实验教学改革的深入和实验条件的改进,2017年,电气学院再次修订本科生培养计划,将"信号与控制综合实验Ⅰ""信号与控制综合实验Ⅱ"的学时分别调整为24学时和40学时。

(五) 电机实验室

在实验教学中心规范建设阶段,电机实验室也一直在稳步进行着实验室的各类建设和改造工作,不断改进实验设备的性能,迭代提升实验教学的效果。

2011年,胡玮老师主持校实验技术研究项目"4NIC-T800F直流斩波电源辅助电路研究",该项目在电机实验台励磁电源负载侧增加一个辅助装置,能够吸收直流电机骤停时产生的瞬时反向冲击电流,解决了学生误操作造成的励磁电源损坏的问题。2012年,胡玮老师在前期主持完成中央高校基本科研业务费专项资金"无桥Boost型功率因数校正电路有源软开关拓扑技术研究(2011QN092)"的基础上,主持了校实验技术研究项目"单相大功率电源前级有源功率校正(PFC)电路研制",该项目在电机实验台励磁电源的电源侧增加一个单相有源PFC电路,能够实现励磁电源的宽电压输入宽负载输出,有效提高了整机功率因数。

在教学环境建设方面,2010年,由电气学院提供经费支持,电磁所熊永前教授主持了电机实验室展览厅的建设工作,更换了展览厅的大部分展品,定制了汽轮发电机系统动态演示模型等一系列模型机组。在实验条件建设方面,第一代电机实验台经过多次技术改造和设备选型更换后,使用情况较为稳定,为实验教学中心服务至

2019年（长达十七年）。

在前期改造经验的基础上，2017年，电磁所熊永前教授主持设计了第二代电机实验台，于2019年研制成功并投入教学使用。第二代电机实验台保持了第一代电机实验台的优势，采用大功率实验教学机组，既能够完成如直流电机、变压器、三相异步电动机和三相同步发电机的各种稳态运行、特性测量以及参数辨识等"电机学"课程实验教学内容，又能够完成如交直流电力拖动闭环控制系统工作原理以及控制规律等"电力拖动控制系统"课程实验教学内容。通过自主研发的电源装置和负载箱扩展了可开出的实验项目，与此同时，熊永前教授主持重新编写了《电机学实验指导书》。第二代电机实验台于2021年5月参加中国高等教育学会主办的第六届全国高等学校教师自制实验教学仪器设备创新大赛，获三等奖。

由于人员退休及调动、引进等原因，实验教学中心成员有所变动。图168所示的为2014年实验教学中心全体人员的合影，从右到左顺次为李承、李军、张红、肖波、余翎、胡玮、邓春花、杨风开、陈颖、徐慧平、魏伟、尹仕。

图168　实验教学中心规范化建设阶段人员合影

四、实验教学中心"新工科"建设阶段（2017年至今）

2017年，恰逢党的"十八大"提出了新的国家发展战略，国家建设向高端制造、智能化方向转型，作为人才培养和输送基地的高校，"新工科"建设的要求也应运而生。

电气学院21世纪初就提出并实施了"电气化＋"的学科交叉融合创新发展战略，在拓展学科研究边界的同时，学院也深刻认识到"电气化＋"人才培养的重要性，希望培养的学生既要拥有电气工程专业的知识、技能与素养，又能自如地应对未来"电气化＋"带来的挑战。

为适应"新工科"建设的新形势，实施"电气化＋"的学科交叉融合创新发展战略，实验教学中心的发展由此迈入"新工科"建设阶段。自2017年开始，实验教学中心从教学体系、教学队伍和教学环境三方面入手，深化改革，成绩斐然，在2017—2020年全校教学实验室年度考核中，实验教学中心均获校一等奖（全校共6项，39个实验教学中心参评）。

（一）重构实践教学体系

2017年，"面向'电气化+'，重构电气工程本科实践教育体系与实践平台"教学研究项目获教育部首批"新工科"研究与实践项目。实验教学中心以此为契机，重构面向"电气化+"的电气工程实践教学体系。面向"电气化+"的电气工程及其自动化本科专业实验教学体系架构如图169所示。

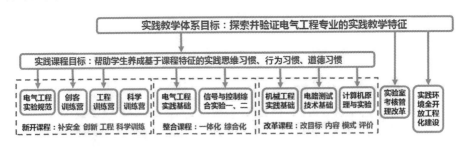

图169　面向"电气化+"的电气工程及其自动化本科专业实验教学体系架构

2019年年初，为提升电气学院中青年教师的教学能力，推进"新工科"建设，在学院领导、教师发展中心及教务科的支持下，实验教学中心尹仕老师、应电系张蓉老师举办了"以学生为中心"的教学研修工作坊。该工作坊共分四期，学院25位中青年教师参加了本次培训。工作坊围绕"以学生为中心"的教育理念和提升青年教师课程设计能力的主题展开，涵盖知识建构原理、脑科学与认知科学、学习科学、课程逆向设计等单元，帮助参与者逐步树立以"学生为中心"的教学理念，明确如何实现从传统课堂的讲授者到"以学生为中心"的学习支持者和引导者的转变。图170所示的为电气学院以"学生为中心"的教学研修工作坊教师合影留念。

（二）重塑实践教学队伍

实验教学中心根据"新工科"建设的需要以及"电气化+"的学科发展理念，重新定位实验技术人员的职能，并根据职能化的要求开展实验教师的引进和培训，为实践教学改革和"双创"教育开展提供师资保障。

实验教学中心在学校及电气学院的支持下，2019年招聘新成员3人，分别是吴葛、易磊、冯学玲；2020年，石丹、徐琛2人入职，实验教学中心在职人员扩大至15人。2020年12月2日，实验教学中心全体成员于电气大楼南门前合影留念（见图171），前排从左到右顺次为吴葛、石丹、邓春花、徐慧平、冯学玲、徐琛、张红、邹彩云、肖波；后排从左到右顺次为王贞炎、谢荣军、杨风开、尹仕、杨康、易磊、易长松、胡玮。

图 170　电气学院以"学生为中心"的教学研修工作坊培训教师合影留念

图 171　实验教学中心全体工作人员合影留念

1. 定位实践教学队伍新职能

以实践课程建设为抓手,以教学理论的学习与应用为工具,以实践教学队伍(主要针对实验技术及管理人员)考核改革为手段,全力推进实践教学队伍全面参与实践教育全过程。实验教学中心实践教学队伍的职能拓展关系如图 172 所示。

2020 年,在实验室与设备管理处处长李震彪、电气学院副院长李红斌的支持下,实验教学中心尹仕老师组建团队(团队成员有李震彪、李红斌、江琦(设备处)、张蓉、

图 172 实验教学中心实践教学队伍的职能拓展关系

杨小献(设备处)、刘莉(设备处)、徐慧平、冯学玲、吴葛、易磊、徐琛),以中心实验技术人员职能拓展为研究载体,以"新形势下工科高校教学实验队伍职能变革的实践与研究"为题,申报中国高教学会 2020 年"实验室管理研究"专项课题。2020 年 9 月 22 日,该课题作为学会年度重点项目获批建设。该课题是中心首个获批建设的国家级重点教学研究项目,同时也开启了中心组织申报国家级教学研究项目的先河。

2. 提升实践教学队伍教学能力

为满足新职能对实践教学队伍的要求,需着力打造一支"懂"教育理论及方法,"会"实践课程设计、教学、研究,"能"指导学生创新的实践教学队伍。自 2017 年始,实验教学中心鼓励实验技术人员参与各种教学理论与方法培训活动和各类教学竞赛活动,不断提升实践教学队伍的教学素质和教学能力。表 3 所示的为实验教学中心吴葛老师 2019 年参加教学培训及研讨会的统计表(2019 年 4 月入职)。

表 3 实验教学中心吴葛老师 2019 年参加教学培训及研讨会的信息统计表(2019 年 4 月入职)

序号	项目名称	时间	地点	时长
1	PHIIDF 2019 暨中国智能产业生态大会	2019.5.29—5.30	主校区	2 天
2	创新创业教育工作坊	2019.6.12	主校区	4 学时
3	华中科技大学岗前培训暨师德师风教育活动	2019.8.22—8.29	主校区	8 天
4	高校创新创业"金课"建设专题高级研修班	2019.9.26—9.29	重庆	4 天
5	NI 新工科研讨会	2019.10.12	中南民大	1 天
6	中国区湖北 TRIZ 日	2019.10.15	华工科技园	4 学时
7	创新方法高级培训班	2019.10.17—10.20	科技信息院	4 天
8	课程设计新综合:从布鲁姆到迪芬克	2019.11.17	同济校区	4 学时
9	美国大学课程教学效果评价研究	2019.11.18	同济校区	4 学时
10	中国高等教育博览会(2019 秋)	2019.10.31—11.2	南京	3 天
11	2019 年智能机器人交流会	2019.12.7	武汉大学	1 天
12	2019 年湖北省高等学校实验室工作研究会年会	2019.12.12—12.14	荆州	3 天

2020年年初,时值武汉疫情,后来关闭离汉通道,全体老师居家办公,中心组织王贞炎、肖波、徐慧平、张红、冯学玲、邓春花、吴葛、易磊等老师参加第七届全国高校电工电子基础课程实验教学案例设计竞赛(鼎阳杯),以参赛为契机,进一步提升中心实验队伍教学设计能力。实验教学中心随后举行线上讨论会,模拟路演等活动保障首次参赛的质量。最终,实验教学中心斩获全国一等奖1项、二等奖1项,赛区二等奖1项、三等奖2项,实验教学中心由此开启了组织实践教学队伍参加教学竞赛的先河。实验教学中心实验技术人员参与教学竞赛信息统计表如表4所示。

表4 实验教学中心实验技术人员参与教学竞赛信息统计表

序号	奖项名称	时间	获奖等级及姓名	颁奖机构
1	第七届全国电工电子基础课程实验教学案例设计竞赛(鼎阳杯)	2020	全国一等奖 王贞炎 全国二等奖 肖波 徐慧平 张红 中南赛区二等奖 冯学玲 邓春花 吴葛 中南赛区三等奖 易磊、张蓉、邓春花 中南赛区三等奖 吴葛、邓春花、冯学玲	中国电子学会高等学校国家级实验教学示范中心联席会
2	第八届全国电工电子基础课程实验教学案例设计竞赛(鼎阳杯)	2021	全国三等奖 吴葛、徐慧平、冯学玲 全国三等奖 徐琛、尹仕、石丹 中南赛区二等奖 冯学玲、吴葛、邓春花 中南赛区二等奖 易磊、张蓉、邓春花 中南赛区三等奖 石丹、尹仕、徐琛	

2019年,实验教学中心易磊老师将2013年全国大学生电子设计竞赛C题"简易旋转倒立摆及控制装置"转化为"信号与控制综合实验I"课程的一个实验项目"一阶直线倒立摆控制";2020年4月,易磊老师以此项目设计与实施成果为案例,参加第七届全国电工电子基础课程实验教学案例设计竞赛(鼎阳杯),获中南赛区三等奖;2021年1月,"基于直线倒立摆的自控实验平台研究"发表于实验技术系列权威期刊《实验技术与管理》。

易磊老师对实践课程建设的探索,为高校实践教学队伍的发展提供了一条可供借鉴的实践课程建设与个人发展路径:学科竞赛项目(含科研、产业转化项目)转化为新开实验项目(含教学装置)→教师实验案例设计竞赛→教学研究论文(教学成果:推广与应用)。

在电气学院的支持下,实验教学中心的实践教学队伍积极参加各类教学培训,并以参与申报、实施教学研究项目的形式开展课程建设和实践教学学术研究。自2017年以来,实验教学中心的教师参与各级教学研究项目20项,发表教学论文22篇,详见附录一。实验教学中心2017—2021年主持或参与结题的省级及以上的教学研究项目统计表如表5所示。

表5　实验教学中心2017—2021年主持或参与结题的省级及以上的教学研究项目统计表

名　　称	类　　别	主体	进度	评价
面向"电气化+",重构电气工程本科实践教育体系与实践平台	2017年教育部首批"新工科"研究与实践项目	参与	结题通过	获评优秀
"以学生为中心"的电气大类工程实践基础培养体系的重构	2017年湖北省教学研究项目	主持	结题通过	
为未来而教,面向"电气化+",重构电气工程专业卓越领军人才培养体系	2020年教育部第二批"新工科"研究与实践项目	参与	获批建设	
新形势下工科高校教学实验队伍职能变革的实践与研究	2020年中国高等教育学会实验室管理研究重点项目	主持	获批建设	
职级考核与工作量考核并行的工科教学实验室实验技术人员考核评价体系的研究与实践	2020年湖北省教学研究实验技术队伍建设管理A类项目	主持	获批建设	
"四新"与创新创业教育高质量发展研究——欧盟创业能力框架课程化及其教学学术化的研究	2021年中国高等教育学会"创新创业教育高质量发展研究"专项课题重点项目	参与	获批建设	

3. 参与实践课程建设

实验教学中心的实践教学队伍参与实践课程建设是一个比较艰难的探索过程,主要经历了两个维度认知的变化:一是对实验教学目标的认知,从加深对理论知识的理解、培养学生实践能力→培养学生"做"的能力(来自工程教育专业认证)→培养学生实践思维习惯、行为习惯、道德习惯,引导学生积极地、广泛地、有远见地追寻有意义的实践经历(为未知而教,为学生自如地应对未来社会的挑战并持续作出贡献做好准备);二是对实验教学改革指导思想的认知,从凭热情和实验教学经验推进课程改革→在教育理论指导下开展课程设计、实施、反思、再设计、再实施→结合学科、专业、课程协同、重构实验教学体系→实验教学学术化。自2017年以来,实验教学中心的实验技术人员主导完成了八门"新工科"实践课程建设任务,课程信息如表6所示。

表6　实验教学中心的实验技术人员参与"新工科"系列实践课程建设信息统计表

课程名称	性质	学时	学分	参与实践课程建设的实验技术人员
电气工程实验规范	必修	8	0.25	尹仕 邓春花 徐慧平 肖波 胡玮
电气工程实践基础	必修	3周	1.5	尹仕 徐慧平 肖波 胡玮 张红 杨风开
创客训练营	选修	2周	1.0	尹仕 吴葛 易磊 徐琛 石丹
企业工程训练营	必修	2周	1.0	尹仕 徐慧平 肖波 王贞炎 易磊
微控制器原理及实践	必修	40	2.5	尹仕 肖波 徐慧平 张红
计算机原理及应用实验	必修	24	0.8	尹仕 肖波 徐慧平 张红
电子电路综合设计Ⅰ	必修	32	1.0	尹仕 张红 王贞炎 肖波 徐慧平 邓春花 易磊 徐琛
电子电路综合设计Ⅱ	必修	32	1.0	尹仕 张红 王贞炎 石丹

注:"电子电路综合设计Ⅰ、Ⅱ"课程是为2020级及后续电气学院本、硕、博班学生开设的必修课程。

通过这五年持之以恒的实践课程建设及反复改善,实验教学中心摸索出一条以课促建,以课促教的课程成果转化和实验队伍培养路径。例如,为弥补实践教学体系安全教育的不足,2017 年 10 月,实验教学中心的尹仕老师组建"实验室安全教育"课程建设团队(团队成员有邓春花、徐慧平、肖波、胡玮),作为新开设的"实验室安全教育"必修课程,设置了"电类实验室使用规范""电气安全知识""常用电工工具及电子仪器设备使用"以及"触电急救与心肺复苏术"等四大单元模块。2018 年春季,该课程开始面向电气学院 2017 级全体学生开设。2020 年,实验教学中心的邓春花等老师撰写论文《应用反向课程矩阵设计法进行电类实验室安全教育课程建设》发表于实验技术系列权威期刊《实验技术与管理》。2021 年课程更名为"电气工程实验规范",其中"触电急救规范"教学单元入选学校课程思政典型案例(全校 39 项),并以案例集形式结集正式出版。

实验教学中心实验技术人员近年参与实践课程建设的内容及效果如表 7 所示。

表 7 实验教学中心实验技术人员近年参与实践课程建设的内容及效果

课程名称	建 设 内 容	效 果
电气工程实践基础	在电气学院已开设的"电工实习"和"认知实习"实践课程内容的基础上整合而成。改革实验项目,开发了 ARDUINO 开源平台项目,通过项目培养学生的工程实践能力;同时增加文献综述、电工技能模块,提升学生工程实践意识和能力。 2017 年 7 月开始面向电气学院 2016 级全体学生开设该课程,并于当年举办 2016 级首届"盛隆电气杯"创客竞赛,共有 304 人组建 113 支队伍参赛	实验教学中心的胡玮等老师撰写的论文《三明治教学法和评价量表在电机与电气控制实验课程中的设计与实现》发表于实验技术系列权威期刊《实验技术与管理》
微控制器原理及实践	由电气学院已开设的"单片机原理及应用"理论课程和"计算机原理及应用实验"实践课程整合而成。 该课程改革分为四个部分:一是课程教育理论改革,树立以学生为中心的指导思想;二是课程教学模式改革,采用项目驱动、团队合作的模式;三是课程教学组织改革,实行小班教学,理论教学与实践教学融合的方式,实验装置全部更新换代提升至与业界同步,实验室向学生实现全开放;四是课程教学评价改革,采用形成性评价	于 2017 年秋季面向电气学院 2015 级开设一个班(30 人,学生自选),2018 年开设 2 个班,自 2019 年起开设 4 个班。 课程难度系数较高,但收获学生大量好评,有学生评价这才是大学该学的知识
创客训练营	最初建设团队成员有:尹仕、张蓉(应电)、聚变所的饶波、李传、杨勇、郑玮。为弥补实践教学体系创新教育的不足而新开设的课程。课程结束后,学生能围绕创意开展市场调查并将其项目化;能运用 Arduino 开发装置等开源技术将创意项目作品化;能运用可视化技能展示并推广其作品,能有激情和热情地"推销"其作品	2018 年举办了第二届创客竞赛。目前该竞赛已举办五届,竞赛赞助商有上海启亦电子科技有限公司(第二届、第三届)、上海擎朗智能科技有限公司(第四届、第五届),形成良好的创新实践氛围

续表

课程名称	建设内容	效果
企业工程训练营	实验教学中心的尹仕老师联合应电系张蓉、电机系孔武斌和李大伟等"企业工程训练营"课程老师组建团队，以"企业工程训练营"课程建设成果为案例，申报中国高等教育博览会"校企合作 双百计划"	以课程教材建设类入选中国高等教育博览会 2019 年"校企合作 双百计划"典型案例名单，是我校 2019 年唯一入选的项目
电力电子应用系统项目训练实践	实验教学中心的胡玮老师为华中科技大学工程科学学院本科教学组建课程建设团队（团队成员有李询（工程科学学院）、李承、杨风开、吴彤）。课程以发电—输变电—动力系统为例在指导下进行电力电子基础知识的学习，通过在电力系统主题下对学生进行训练，使学生平衡、系统和全面地了解电和磁的作用及其相互关系。 该课程于 2016 年 10 月面向工程科学学院 2015 级全体学生开设，课程总体 24 学时，1 学分	实验教学中心的胡玮等老师总结经验，撰写论文《电子信息类专业电力电子应用系统项目训练课程的设计与实现》并发表于实验技术系列权威期刊《实验技术与管理》

2021 年，在院长文劲宇、副院长李红斌的支持下，实验教学中心的尹仕老师组建团队（团队成员为李红斌、吴葛、徐琛、李传、郑玮、冯学玲、易磊、石丹、李大伟、饶波、杨风开），以电气学院创新创业课程建设为研究载体，以"'四新'与创新创业教育高质量发展研究——欧盟创业能力框架课程化及其教学学术化的研究"为题，申报中国高教学会 2021 年"创新创业教育高质量发展研究"专项课题。2021 年 8 月 4 日，该课题作为学会年度重点项目获批立项。2021 年 11 月 4 日，尹仕老师代表课题组赴广州参加开题答辩并通过。

4. 实践教学队伍考核改革

为了保障实践教学队伍职能改革的顺利实施，提升实践教学人员开展教学研究和实践的积极性，2017 年电气学院实验教学中心以新职能发展为目标导向，制定了新的考核方案，将实验教学人员年度工作考核分为职级考核和工作考核两类，采用定性与定量结合、专家问卷调查与内部集体投票相结合的方式开展考核，如图 173 所示。新考核制度的实施有力地促进了实践教学队伍全面参与实践教育全过程，并为实践教学队伍的建设提供了制度保障。

2020 年，实验教学中心的尹仕老师组建团队（团队成员有江琦（设备处）、张蓉、杨小献（设备处）、刘莉（设备处）、徐慧平、冯学玲、吴葛、易磊、徐琛），以实验教学中心实验技术人员年度考核改革为研究载体，以"职级考核与工作量考核并行的工科教学实验室实验技术人员考核评价体系的研究与实践"为题，申报湖北省高等学校实验室工作研究会研究项目（等同于省级教学研究项目）。2020 年 12 月 16 日，该项目作为研究会年度 A 类项目获批建设。2021 年，实验教学中心的徐慧平等老师总结项目经验并以"高校教学实验技术人员绩效考核体系的构建"为题撰写论文，发表于实验技

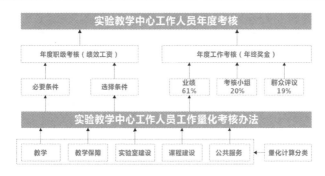

图 173　实验教学中心工作人员年度考核分类结构

术系列权威期刊《实验技术与管理》。

（三）提升实践教学环境

自 2017 以来，为提升学生与教师的体验，服务新工科人才培养建设，在电气学院、实验室与设备管理处的大力支持下，实验教学中心以"华中科技大学实验实践教学平台建设项目"的申报与实施为抓手，以确保电气学院每个学生都能够充分实践并发挥其潜力为目标，围绕实践空间多元化、实践管理信息化、测试平台移动化（通用设备）、测试设备平台化（专用设备）、实验平台综合化（专业课程）开展实践教学平台建设，为创新创业教育提供"想创就能创"的开放化实验条件。尤其是 2018 年 12 月，电气学院行政办公室搬迁至新电气大楼，西二楼整体交由实验教学中心管理后，实验教学中心对西二楼进行了升级改造。改造后的部分实验室教学环境如图 174 所示，期间重点教学环境改造建设项目如表 8 所示。

图 174　实验教学中心部分实验室教学环境图片

表 8　2017 年以来实验教学中心重点教学环境改造建设项目

建设项目	团队	时间	经费	效果
电机教学实验条件建设	熊永前　胡玮　杨军 熊飞　王晋　孙建波 叶才勇	2017— 2020 年	270 万元	HZDJ-2 型电机学及电力拖动综合实验台建设完成并投入使用； "第六届全国高等学校教师自制实验教学仪器设备创新大赛"三等奖
基于新工科建设的电气大类实验室再构造	尹仕　谭丹　张蓉 徐慧平　肖波　陈颖 邓春花	2018 年	180 万元	改造了 202～206 和 304 办公室，305 会议室，201、301、207、306 等 4 个约 400 平方米的实验室，1～3 楼卫生间、走廊等多处场地。在改造装修期间，曾两次进行了大规模的上课场地调整和仪器设备搬迁工作，老师们的团结协作保证了教学任务的顺利完成
基于新工科建设的电气大类实验室再构造（二期）	尹仕　张蓉　李达义 徐慧平　邓春花	2019— 2020 年	120 万元	
面向"新工科"的国家级电工电子（电工）实验教学示范中心实践教学平台建设	尹仕　张蓉　李达义 徐慧平　邓春花	2020 年	352 万	

基于实验教学中心实践环境与"新工科"建设成果，第三届电力电子实践教学改革研讨会组委会决定在华中科技大学举办研讨会。在电气学院的领导下，在湖北省高等学校实验室工作研究会、武汉电源学会、电气与电子工程学院和固纬电子（苏州）有限公司的支持下，会议于 2018 年 7 月 31 日至 8 月 2 日在我校顺利召开。全国近 80 所高校 170 余位相关专业领域的学者（专家）参加了会议。实验教学中心的尹仕老师、应电系张蓉老师就电气学院开展的"新工科研究与实践项目"中重构"电气化＋"工程实践教育体系以及综合性工程实践教学模式改革的阶段性成果做了大会报告。第三届电力电子实践教学改革研讨会参会代表合影如图 175 所示。

图 175　第三届电力电子实践教学改革研讨会参会代表合影留念

五、展望未来

世界在变,教育也必须做出改变。社会无处不在经历着深刻的变革,这种变革呼唤着新的教育形式,培养今日和明日社会、经济所需要的人才。实践教育面临实践课程建设学术化、实践教学模式特征化的挑战。

面对挑战,实验教学中心将秉持创新发展理念,致力于创造和持续创造的条件,确保电气学院的每个学生都能够充分实践并发挥其潜力,确保实验教学中心的每位工作人员都能全面参与实践教育全过程,帮助学生养成基于课程特征的实践思维习惯、行为习惯、道德习惯,探索并验证相应的实践教学特征。

展望未来,实验教学中心的教学队伍将以全面振兴实践教育为己任,充分发挥实验室作为实践育人主阵地的作用,顺应发展,拥抱变革,全面参与实践教育全过程,满足学生想创就能创、想做就能做的学习愿景,在培养基于专业的创新型人才的同时,提升实践教学的品牌效应,打造全国一流的实践教学研究平台。

附录一 2017年以来实验教学中心发表或出版的论文、书籍

发表论文(2017—2021年)

年份	作　者	论　文　名	期　刊　名
2017	胡玮 康勇 胡昊 周小宁	可实现辅助开关管准零电流开关的半无桥功率因数校正变换器	《中国电机工程学报》
2018	徐慧平 肖波 杨风开	新型工程电磁场实验装置设计与应用	《实验科学与技术》
	张红 徐慧平 肖波 李开成	浅谈关于做好电路实验教学的几点建议	《实验科学与技术》
	杨风开 程素霞	实验教学中心人员绩效考核的AHP量化方法	《实验技术与管理》
	杨风开 程素霞	基于神经网络的双摄像机位姿视觉调节方法	《计算机科学》
	韩婷 李红斌 文劲宇 陈晋 尹仕	培养复杂工程问题解决能力的一体化课程体系——华中科技大学电气工程及其自动化专业改革	《高等工程教育研究》
2019	胡玮 康勇 胡昊 周小宁	一种包含LCD箝位网络的零电压转换半无桥功率因数校正变换器	《中国电机工程学报》
	胡玮 尹仕 邓春花 杨风开 肖波	三明治教学法和评价量表在电机与电气控制实验课程中的设计与实现	《实验技术与管理》

续表

年份	作 者	论 文 名	期 刊 名
2019	杨风开 程素霞	基于AHP的设计性实验成绩评定方法	《实验室研究与探索》
	杨风开 程素霞	构建高电压试验实训平台的优化ZigBee网络	《电气自动化》
	杨风开 程素霞	创新创业训练项目的评分体系设计	《电气电子教学学报》
	杨风开 李红斌 尹仕	多元智能视角下专业教育与创新创业教育的协同方法	《教育现代化》
	杨风开 杨红亮 程素霞	音圈电机定位的神经网络PID前馈控制方法	《电气传动》
	杨风开	磁调制FFT传感器信号的神经网络处理方法	《仪表技术与传感器》
	杨风开 李红斌 尹仕	"工科大学生创新基础"课程的案例同步教学模式	《科教导刊》
	杨风开 李红斌 尹仕	工科专业教育融合创新创业教育的教学模式	《高教学刊》
	杨风开 李红斌 尹仕	基于过程管理的院系级大创项目的运行管理模式	《创新与创业教育》
	韩婷 郭卉 尹仕 张蓉	基于项目的学习对大学生工程实践能力发展的影响研究	《高等工程教育研究》
2020	胡玮 李洵 吴桐 杨风开 李承	电子信息类专业电力电子应用系统项目训练课程的设计与实现	《实验技术与管理》
	邓春花 尹仕 徐慧平 肖波 胡玮	应用反向课程矩阵设计法进行电类实验室安全教育课程建设	《实验技术与管理》
	易磊 曲荣海 李键 李新华	升降机构用铁氧体永磁电机位置控制	《电力电子技术》
2021	易磊 张蓉 邓春花 尹仕	基于直线倒立摆的自控实验平台研究	《实验技术与管理》
	徐慧平 尹仕 王贞炎	高校教学实验技术人员绩效考核体系的构建	《实验技术与管理》
	易磊 张蓉 尹仕	校企合作新能源工程训练营探索与实践	《电气电子教学学报》
	王贞炎 徐琛 尹仕	采用低成本直流电机的电脑鼠动力学系统建模	《机电工程技术》
	徐慧平 尹仕 杨风开 徐琛 胡玮	电气类专业实验教学体系建设探索与实践	《高教学刊》

续表

年份	作　者	论　文　名	期　刊　名
2021	徐慧平　尹仕　肖波　胡玮	"电气工程实践基础"课程设计与教学实践	《教育现代化》
	文劲宇　尹仕　杨风开　徐琛　徐慧平　李红斌　杨勇　张蓉	面向"电气化+"的电气专业实验教学提醒情景分析及实验室建设	《实验科学与技术》

附录二　出版书籍

年份	编写人员	书　名	出版社
2004	尹仕	参与编写	《电子实用技术》(高中二年级)	华中科技大学出版社
2006	尹仕	参与编写	《电子线路综合设计》	华中科技大学出版社
2008	尹仕	主编	《电工电子制作基础》	华中科技大学出版社
2009	尹仕	主编	《电工电子工程基础》	华中科技大学出版社
2010	熊蕊	主编	《信号与控制综合实验教程》	华中科技大学出版社
2010	汪建(主编)　李承　孙开放　魏伟　张红		《电路实验》(第二版)	华中科技大学出版社
2012	杨风开	主编	《DSP原理及应用》	华中科技大学出版社
2012	杨风开	参与编写	《单片机原理及应用技术》	华中科技大学出版社
2012	肖波　张红	主编	《工业电子技术全程辅导及实例详解》	科学出版社
2012	王贞炎	参编	《模拟电子技术全程辅导及实例详解》	科学出版社
2013	张红　徐慧平	主编	《电工技术全程辅导及实例详解》	科学出版社
2018	王贞炎	主编	《FPGA应用开发和仿真》	机械工业出版社
2021	谢荣军	副主编	《电力系统自动化》	机械工业出版社
2021	王贞炎	参与编写	《全国大学生电子设计竞赛备赛指南与案例分析——基于立创EDA》	电子工业出版社
2021	王贞炎	主编	《电子系统设计——基础与测量仪器篇》	电子工业出版社

电工电子科技创新中心发展简史

1992年,电力工程系为丰富大学生的课外生活,依托电工基础教研室电工基础实验室创建电力工程系大学生课外科技活动中心(以下简称中心)。

一、科技创新中心初创期(1992—2000年)

中心初创时,在组织形式上,由时任系副主任杨传普老师、电工教研室书记孙亲锡老师领导。电工基础实验室安排王大坤老师、尹仕老师兼职参与该中心的教学组织和学生培训指导工作。在活动内容的设计方面,主要根据学生的兴趣,再结合电工基础实验室拥有的教学资源,确定以维修和改造电工基础实验室设备为主要活动内容。

1993年,因学生对家用电器的维修感兴趣,中心增加了家用电器维修实践活动,并对新生开展了电工制作基本训练。随着中心活动经验的积累,中心后又陆续增添了单片机应用技术、计算机、电力电子、创意、社会实践等内容。为使课外科技活动更具挑战性和示范性,中心又组织学生参加了第三届、第四届全国大学生电子设计竞赛,举办了华中理工大学第一届、第二届无线电测向活动。图176~图179展示的是中心20世纪90年代课外科技典型活动的内容。

图176 20世纪90年代课外科技典型活动的内容:中心学生参加黑白电视机维修实践活动

图177　20世纪90年代课外科技典型活动的内容：中心学生参加无线电台及无线电测向实践活动

图178　20世纪90年代课外科技典型活动的内容：中心组织学生开展数字万用表组装实践活动

电力工程系大学生课外科技活动中心的发展经历了以下两个阶段：

（1）发展期（1992—1997年）。这一阶段是中心最为兴盛的时期，参与者无论是人数，还是所取得的成果都十分可观。直接参加课外科技活动的学生有800人左右，骨干成员200余人，成员除来自电力工程系外，还有动力工程系、电信系以及提高班、少年班等外院系的学生。活动成果形式多样，有科技制作作品如"多功能相频特性测量仪"等100余件、软件作品如"示波器专家系统"等80余件、社会实践调查报告如"经济落后农村干部心理状况调查报告"30余份等。

（2）低谷期（1998—2000年）。在这一阶段，中心的发展陷入了低谷，参与者有时只有几十人。低谷期的出现是多种不利因素相互叠加的结果，如大学生毕业后国家包分配政策的取消，使学生增加了就业压力，也使他们参加课外科技活动由以兴趣

图 179 20 世纪 90 年代课外科技典型活动的内容：中心创建大学生发明协会并开展协会招新宣传

为导向变为被功利所驱使；在未增加教学资源的前提下，大学扩招使课外科技活动场所急剧萎缩；计算机、网络进入学生寝室，让学生的兴趣有一定程度的转移，因而对以往依靠学校提供设备的课外科技活动产生了一定的冲击。

以兴趣为导向的传统维修式的课外科技活动逐渐淡出大学生课外教育，但课外科技活动所蕴藏的育人功能并不会因主客观因素的改变而消失，而只会在新的载体中以新的形式彰显出它的育人功能。21 世纪之初，课外科技活动的新载体——"大学生科技创新基地"萌生。

二、科技创新中心变革期(2001—2007 年)

以竞赛培训为导向的大学生课外科技活动，中心自 1997 年即已开始发芽。是年，电力工程系大学生课外科技活动中心首次组织学生参加"第三届全国大学生电子设计竞赛"，参赛的两支队伍均获国家二等奖。以竞赛培训为主的活动与传统维修式的活动相比具有四大特性：① 活动具有正规性，如全国大学生电子设计竞赛（以下简称电赛），其主办方为教育部高教司、工信部人事司，校内主管单位为教务处；② 活动组织形式具有可持续性，由政府举办的各类学科竞赛皆制定了竞赛章程，且明确要求学校给予竞赛组织全方位的支持，如全国电赛每两年举办一次，两年之间则由各省自主举办省级电赛，竞赛经费、场地及设备均有资助，获电赛全国一等奖的学生团队可推荐免试攻读研究生等；③ 活动内容具有挑战性，学科竞赛的任务或命题在限定时间内完成，激发学生迎战，并激励学生互教互学；④ 活动过程具有宣传性，各类学科竞赛从启动到结束都有媒体的参与，竞赛、获奖者及组织者得到了校内外的广泛关注。

鉴于以竞赛培训为主的课外科技活动具有以上四大优点，华中科技大学于 2001

年成立了以竞赛培训为导向的大学生科技创新基地。

2001年，华中科技大学为探索创新人才培养新模式，依托电气与电子工程学院，在教务处、设备处、学生工作处、校团委的共同领导下，成立电气与电子科技创新基地。该基地是全校首个大学生科技创新基地。尹仕老师专职、翁良科与李启炎老师兼职参与该基地的教学组织和学生培训指导工作。

2003年，为进一步加强创新基地建设，学校决定将电气学院的电气与电子科技创新基地与电信系的电子与信息技术创新基地合并为电工电子科技创新中心（以下简称创新中心），并将其纳入国家工科基础课程电工电子教学基地建设与管理范畴。2006年，国家电工电子实验教学示范中心获批建设，创新中心又被纳入其建设与管理范畴。

2003年5月，在电气学院、电信系、设备处的大力支持下，以上两基地分别从西三楼、南一楼迁入西七楼一楼开展大学生实践创新活动。尹仕老师专职、翁良科老师兼职参与该创新中心的教学组织和学生培训指导工作。电信系同时委派电信实验教学中心的肖看老师专职、涂仁发老师兼职参与创新中心的工作。

在学校各部处、电气学院及电信学院的大力支持下，在国家电工电子实验教学示范中心的领导下，变革时期的创新中心取得了多项创新创业成果。

培训学生学科竞赛屡创佳绩。创新中心从只参加全国大学生电子设计竞赛到参加多项全国性学科竞赛，如"挑战杯"全国大学生课外学术科技作品竞赛、全国大学生节能减排社会实践与科技竞赛、全国大学生水利创新设计大赛等；从参加政府举办的学科竞赛扩展到参加企业界举办的学科竞赛，如ADI中国大学生创新设计竞赛、"英飞凌"杯嵌入式处理器和功率电子设计应用大奖赛等；从参加国内竞赛到参加国际竞赛，如ACM/ICPC国际大学生程序设计竞赛、微软"创新杯"全球学生大赛、国际未来能源挑战赛等；从参加竞赛到举办竞赛，如自主举办"炬力杯"单片机应用竞赛、"炬力杯"ACM程序设计竞赛、承办ADI中国大学生创新设计竞赛。经过七年的发展，以竞赛培训为导向的大学生创新基地，所参与的竞赛项目无论在种类上还是在内容、形式上均取得了丰硕成果。

2001年，创新中心学生团队首获全国大学生电子设计竞赛全国一等奖3项；2002年，首获全国大学生嵌入式系统专题竞赛全国一等奖1项（全国共6项）；2003年，首获该年度全国大学生电子设计竞赛特等奖"索尼杯"，并获全国一等奖7项，一等奖获奖总数位居全国第一；2005年，首获该年度"挑战杯"全国大学生课外学术科技作品竞赛全国一等奖（学校首个作品类一等奖，并获邀进行公开宣讲）；2007年，国际未来能源挑战赛，首次获美国电源制造商协会"最佳创新奖"；2007年，第二届全球年轻工程师工程创意竞赛，首次获多个国家大学生组队参赛荣誉奖。学生团队参赛及获奖图片如图180、图181所示。

创新创业教育建设与研究成果突出。2002年12月，创新中心组织申报的"大学生课外科技创新活动基地建设的研究与实践"教学研究项目获湖北省立项建设；

图180　2002年创新中心学生向王越院士介绍团队竞赛作品"数字警务助理"(获全国一等奖)

图181　2003年全国大学生电子设计竞赛特等奖获奖师生在人民大会堂颁奖现场合影

2003年,创新中心组织开发的"电工电子工程基础Ⅰ～Ⅴ"系列培训课程列入全校公共选修课;2005年10月,创新中心组织申报的"大学生课外科技创新活动基地建设的研究与实践"教学研究项目获湖北省高等学校教学成果奖一等奖;2006年6月,创新中心参与编写的《电子线路综合设计》培训教材由华中科技大学出版社出版;2006年,创新中心组织申报的"构建大学生多学科竞赛平台,培养新型拔尖人才"教学研究项目获湖北省立项建设。

校企合作开辟新途径。2006年9月,创新中心与炬力集成电路设计有限公司签署共建"华中科技大学炬力集成大学生创新基地"协议,于2006年和2007年陆续举办了"炬力杯"单片机应用竞赛、ACM 程序设计大赛和嵌入式创意挑战赛。创新中心通过自主举办竞赛,开辟出人才培养与竞赛培训相结合的新途径。

因创新创业教育成绩突出,2001 年、2004 年,全国大学生电子设计竞赛组委会授予中心尹仕老师优秀辅导教师称号;2002 年,华中科技大学授予尹仕老师"三育人"积极分子称号;2006 年,湖北省教育厅授予尹仕老师湖北省高校思想政治教育先进工作者称号;2007 年,华中科技大学授予尹仕老师"三育人奖"称号;2007 年,湖北省人民政府授予尹仕老师湖北省科普先进工作者称号。

三、科技创新中心发展期(2008 年至今)

2008 年,创新中心纳入启明学院(启明学院是学校为培养拔尖创新人才,探索创新人才培养新模式,与企业界共同创办的教育改革的创新示范区)管理,同时继续接受国家电工电子实验教学示范中心的领导。2010 年 10 月,创新中心从西七楼搬入启明学院亮胜楼六楼,场地面积达 550 平方米。

2009 年,创新中心毕业生王贞炎以电气学院实验教学中心实验技术人员身份全职参与创新中心工作。

在学校各部处及院系的大力支持下,创新中心持续推进创新创业教育研究与实践,并取得了丰硕成果。创新中心组织开展创新创业教育研究项目 10 项,获省级教学成果 2 项,校级教学成果 1 项;2013 年全国大学生电子设计竞赛再次获特等奖"瑞萨杯"、获全国一等奖 14 项,一等奖获奖总数全国第一;2009 年微软创新杯嵌入式开发项目竞赛获中国区冠军,全球第二名(决赛地:埃及开罗);2009 年国际未来能源挑战赛全球第三名,并获"最佳动态性能奖";学生团队获奖图片如图 182、图 183 所

图 182　2009 年微软创新杯嵌入式开发项目竞赛获中国区冠军,全球第二名(决赛地:埃及开罗)
(注:中心第一个国际大奖)

图183　2013年全国大学生电子设计竞赛我校全国特等奖获奖队员及13项全国一等奖获奖代表北京颁奖现场合影（一等奖获奖总数全国第一）

示。2014年3月，创新中心的power on团队荣获2014年全国大学生"小平科技创新团队"荣誉称号，成为全国获此殊荣的百强团队之一；2008—2019年，电工电子科技创新中心连续12年获评"华中科技大学大学生科技创新活动优秀集体"荣誉称号，并于2010年5月被湖北省教育厅高教处授予"湖北省高等学校大学生创新活动基地"称号。

创新中心继续深化校企合作，构建了以共建实验室、创新基地，合作举办大学生竞赛，采用以专业联合培训等为主的校企合作模式。2009年9月，创新中心与英飞凌科技股份公司签署"建立华中科技大学-英飞凌联合培训实验室的协议"；2009年12月，创新中心与亚德诺半导体技术（上海）有限公司签署"建立ADI联合实验室"；2010年1月，创新中心组织了ADI中国大学创新设计竞赛（2010年）复赛及决赛，来自全国110所高校的460支队伍参加了本次竞赛；2011年6月，创新中心与创维集团有限公司签署"华中科技大学·创维电子设计夏令营合作协议"；2011年，创新中心与德州仪器半导体技术（上海）有限公司签署竞赛赞助协议。

2009年12月，由创新中心学生组成的创业团队成立武汉爱拓科技有限公司。该公司的成立，间接验证了创新中心以创业课程→工程实训→学科竞赛、创新项目→创业竞赛→成立公司为结构的创业能力培养模式的可行性。

因创新创业教育成果丰硕，2015年，全国大学生电子设计竞赛组委会授予中心尹仕、王贞炎老师"优秀辅导教师"称号；2017年，尹仕老师入选全国首批万名优秀创新创业导师人才库成员。

四、科技创新中心发展大事记(2001年至今)

(1) 2001年9月27日,学校发布《关于成立华中科技大学大学生电气与电子科技创新基地的通知》(校学[2001]24号)。通知文件扫描件如图184所示。

图184 《关于成立华中科技大学大学生电气与电子科技创新基地的通知》文件扫描件

(2) 2001年11月18日,全国大学生电子设计竞赛组织委员会(以下简称全国电赛组委会)发布《关于公布2001年全国大学生电子设计竞赛获奖结果的通知》(电组字[2001]07号)。电气与电子科技创新基地(以下简称电工基地)共两支参赛队获全国一等奖,参赛学生为刘革明、胡旦、张鹏、蔡磊、皮之军、张昌盛。这是电工基地学生团队首次获得全国大学生电子设计竞赛一等奖。一等奖获奖团队学生代表与指导教师在北京颁奖现场的合影如图185所示。

(3) 2001年12月9日,全国电赛组委会发布《关于公布2001年全国大学生电子设计竞赛优秀征题奖、优秀组织工作者和优秀赛前辅导教师获奖结果的通知》(电组字[2001]10号)。电工基地指导教师尹仕获"2001年全国大学生电子设计竞赛优秀赛前辅导教师"荣誉称号。获奖证书如图186所示。

(4) 2002年5月27日,电工基地与北京北阳电子有限公司签署"共建凌阳单片机实验室协议"。协议规定:北阳电子有限公司向电工基地免费提供30套凌阳16位单片机实验系统和15颗SPCE061A芯片,以建立"电工基地凌阳单片机实验室"。这是电工基地签署的首个设备捐赠协议和首个共建实验室协议。

(5) 2002年6月,华中科技大学大学生电子与信息技术创新基地(以下简称电子基地)成立。

图 185　2001 年全国电赛一等奖获奖团队学生代表与指导教师在北京颁奖现场的合影
周爱弟(左一)尹仕(左二)、刘革明(右二)、蔡磊(右一)

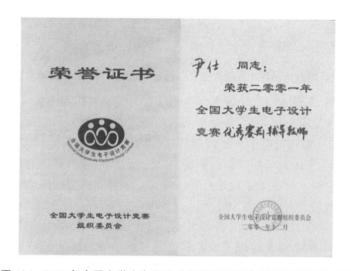

图 186　2001 年全国大学生电子设计竞赛优秀赛前辅导教师荣誉证书

(6) 2002 年 8 月,电工基地 1999 级学生罗昉撰写的科技论文《基于 Verilog-HDL 描述的多用途步进电机控制芯片的设计》在《电子工程师》2002 年第 8 期刊载。这是电工基地学生首次在核心期刊上发表论文。论文首页如图 187 所示。

(7) 2002 年 10 月 31 日,电工基地 1999 级学生罗昉参与的"单相交流电机变频器创业团队"在第三届"挑战杯"天堂硅谷中国大学生创业计划竞赛中获铜奖。这是电工基地学生首次获得"挑战杯"创业竞赛奖励。获奖证书如图 188 所示。

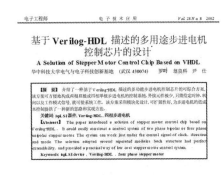

图187 电工基地学生首次在核心期刊上发表论文的首页

图188 电工基地学生首次获得"挑战杯"创业竞赛奖

(8) 2002年12月8日,湖北省教育厅发布《关于公布2002年高等学校省级教学研究项目的通知》(鄂教高[2002]12号文)。电工基地组织申报的"大学生课外科技创新活动基地建设的研究与实践"获批立项。这是电工基地首个获得立项的教学研究项目和首个省级教学研究项目。

(9) 2002年12月,电工基地1999级学生罗昉撰写的科技论文《基于Verilog-HDL描述的多用途步进电机控制芯片的设计》获得"2002年湖北省大学生优秀科研成果奖"二等奖。这是电工基地学生首次获得"湖北省大学生优秀科研成果奖"。

(10) 2002年12月28日,全国大学生电子设计竞赛嵌入式系统专题竞赛组织委员会发布《关于公布2002年全国大学生嵌入式系统专题竞赛获奖结果的通知》(嵌字[2002]06号)。电工基地参赛作品《警务数字助理》获全国一等奖,参赛学生为桑伟、张利、张立。这是电工基地学生团队首次获得全国大学生嵌入式系统专题竞赛一等奖(一等奖全国共6项)。一等奖获奖团队学生在颁奖现场合影如图189所示,获奖证书如图190所示。

图189 《警务数字助理》获奖团队在颁奖现场合影
张立(左一),桑伟(中间),张利(右一)

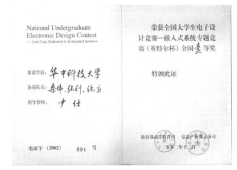

图190 《警务数字助理》团队获奖证书

(11) 2003年1月14日,电子基地2000级学生萧奋洛的作品《基于LM35温度传感器的高精度恒温控制系统》荣获"2002年美国国家半导体温度传感器设计大赛"

冠军。这是电子基地学生首次获得企业竞赛个人冠军。获奖证书及颁奖现场合影如图191所示。

图191　2002年美国国家半导体温度传感器设计大赛冠军萧奋洛(左)、指导教师涂仁发(右)与美国国家半导体中国区总经理李乾在北京清华大学颁奖现场合影

(12) 2003年3月21日，校设备处、电信系、电气学院领导赵永俭、严国萍、张国德和相关单位人员在设备处会议室召开会议。与会者围绕电工电子科技创新中心的组建、发展及相关问题展开讨论，并一致同意将电信系大学生电子与信息技术创新基地与电气学院大学生电气与电子科技创新基地合并，成立电工电子科技创新中心。

(13) 2003年5月，创新中心将分散在西三楼108室、南一楼东206室的实践活动场所，统一迁入西七楼一楼。

(14) 2003年6月，创新中心培训系列课程"电工电子工程基础Ⅰ～Ⅴ"列入2003—2004学年度第一学期全校公共选修课课表。公选课的开设，开启了创新中心培训课程正规化征程。

(15) 2003年11月7日，全国电赛组委会发布《关于公布2003年全国大学生电子设计竞赛获奖结果的通知》(电组字[2003]08号)。创新中心学生团队首次获得该项竞赛的特等奖"索尼杯"，并有7个参赛队获全国一等奖，参赛学生分别为(以参赛队成员列出)：王正齐、陈华奇、邓如岑(获"索尼杯")，缪学进、刘云、王学虎，余蜜、刘勇、尹佳喜，萧奋洛、杨志专、王元祥，谢建、任彦浩、成小飞，何健标、孟莎、柯志武，何博、汪洋、臧博。这是创新中心首次获得电赛最高奖，一等奖获奖总数首次位居全国第一。颁奖现场合影如图192、图193所示。

(16) 2003年11月，创新中心学生作品《便携式高效静电离子流空气净化器》获第八届"挑战杯"全国大学生课外学术科技作品竞赛全国三等奖，参赛学生为谢磊、赵笙罡、陈勇全。这是创新中心学生团队首次获得"挑战杯"全国大学生课外学术科技作品竞赛奖项。

电工电子科技创新中心发展简史　　　　　　　　· 217 ·

图192　全国大学生电子设计竞赛特等奖"索尼杯"获奖者，邓如岑（左）、王正齐（中）、陈华奇（右）在人民大会堂颁奖现场合影

图193　全国大学生电子设计竞赛全国特等奖获奖队，6项全国一等奖获奖代表及指导教师代表在人民大会堂颁奖现场合影（一等奖获奖总数全国第一）

（17）2004年8月26日，创新中心学生团队获得"2004年湖北省大学生电子设计竞赛"6项一等奖、10项二等奖和2项三等奖，获奖质量与数量均居全省第一。这是创新中心首次参加该项竞赛。

（18）2005年5月18日，创新中心学生作品《便携式运动心率遥测仪》获国家实用新型专利受理，专利申请号为200520096409.4，作者为陈勇全、李燏、曾志雄、周奕、张祥然。这是创新中心学生团队首次申请并获国家实用新型专利受理。

（19）2005年11月，创新中心学生作品《小型无人地面侦测平台》获第九届"挑战杯"飞利浦全国大学生课外学术科技作品竞赛全国一等奖，参赛学生为吴松、李通、李一鹏、黎冰、曾凡涛、王贤辉、袁靖平。这是创新中心学生团队首次获得"挑战杯"全国大学生课外学术科技作品竞赛一等奖，也是学校首个作品类一等奖，并获邀做公开宣讲。获奖证书如图194所示，颁奖现场合影如图195所示。

图194　2005年第九届"挑战杯"飞利浦全国大学生课外学术科技作品竞赛全国一等奖获奖证书

图195　2005年第九届"挑战杯"飞利浦全国大学生课外学术科技作品竞赛全国一等奖获者代表及指导教师在颁奖现场合影，尹仕（左一）、李通（左二）、吴松（右二）、李一鹏（右一）

(20) 2005年11月6日,创新中心学生团队获第30届ACM国际大学生程序设计竞赛亚洲预赛北京赛区暨2005年"方正科技"全国大学生程序设计邀请赛银奖,参赛学生为武小军、徐玮、朱巍。这是创新中心首次获得ACM竞赛奖项。

(21) 2006年4月19日,中央电视台采访创新中心学生,并在《新闻联播》栏目中以《华中科技大学用创新创业的新教学理念打造人才》为题播出。这是创新中心首条在中央电视台播出的新闻。详情如图196～图198所示。

图196　中央电视台拍摄创新中心学生作品功能演示

图197　中央电视台拍摄创新中心学生合作学习

图198　来自电气学院的创新中心学生吴松接受采访视频播出截图

(22) 2006年6月14日,创新中心学生作品《便携式运动心率遥测仪》获国家实用新型专利授权,专利号为ZL200520096409.4,作者为陈勇全、李熠、曾志雄、周奕、张祎然。这是创新中心首个国家实用新型专利授权。

(23) 2006年6月23日,创新中心学生作品《Aeolus特种巡检机器人》获2006年微软全球Windows嵌入式挑战大赛优胜奖,参赛学生为李通、黄少辉、李一鹏、张盼。这是创新中心学生团队首次出国参加企业竞赛,并由此开启了创新中心参与大学生国际学科竞赛之旅。详情如图199～图204所示。

图 199　2006 年微软嵌入式大学生挑战赛决赛证书(李通)

图 200　2006 年微软嵌入式大学生挑战赛决赛证书(李一鹏)

图 201　2006 年微软嵌入式大学生挑战赛决赛证书(黄少辉)

图 202　2006 年微软嵌入式大学生挑战赛决赛参赛师生游览华盛顿湖合影

图 203　创新中心参赛学生在微软总部西雅图竞赛现场进行赛前作品调试

图 204　创新中心参赛学生李通(右一)在微软总部西雅图竞赛现场向其他参赛队员介绍团队产品

(24) 2006年6月,创新中心教材《电子线路综合设计》由华中科技大学出版社出版。这是创新中心教师首个参与编写并正式出版的培训教材。

(25) 2006年9月22日,创新中心与炬力集成电路设计有限公司签署《共建炬力集成大学生创新基地协议》。协议规定:炬力集成电路设计有限公司每年向炬力集成大学生创新基地提供管理及活动经费人民币伍万元(¥50 000)。这是创新中心签署的首个现金捐赠协议和共建创新基地协议。协议如图205所示。

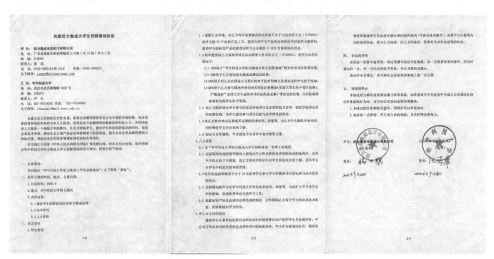

图205 2006年签署《共建炬力集成大学生创新基地协议》

(26) 2006年10月31日,创新中心学生作品《全功能远程便携式逻辑分析仪》获2006年Altear Nios II嵌入式处理器设计大赛冠军,参赛学生:曾炼、李勇、朱红梅。这是创新中心学生团队首次获得FPGA企业竞赛团队冠军。

(27) 2006年12月,创新中心举办首届"炬力杯"系列竞赛。这是创新中心自主举办的首项校级竞赛和首个与创新中心培训课程相结合的竞赛。获奖证书如图206、图207所示。

图206 首届"炬力杯"单片机应用竞赛一等奖证书

图207 首届"炬力杯"ACM程序设计大赛特等奖证书

（28）2007 年 7 月 19 日，以创新中心学生唐陶鑫为法人的武汉递进科技开发有限公司成立。这是创新中心学生创办的首个大学生创业公司。

（29）2007 年 8 月 20 日，创新中心学生作品《自适应通用充电器》获 2007 年国际未来能源挑战赛（IFEC）最佳创新奖和奖金 5000 美元，参赛学生为史晏君、陆桦、张江松、李健、王伟、成耀君、袁金。这是创新中心首次获得 IFEC 奖和国际竞赛的现金奖励。获奖证书如图 211 所示，与会代表如图 212 所示。

图 208　2007 年国际未来能源挑战赛（IFEC）获奖证书

图 209　2007 年国际未来能源挑战赛（IFEC）我校参赛队代表史晏君同学参加应用电力电子学会议

（30）2007 年 10 月 1 日，创新中心收到 2007 年国际未来能源挑战赛（IFEC）组委会寄出的最佳创新奖奖金支票（5000 美元）。这是创新中心收到的首张国际现金支票。

（31）2007 年 10 月 28 日，创新中心 ACM 团队获中航文化杯 2007 年 ACM/ICPC 国际大学生程序设计竞赛亚洲区域赛（南京）金奖，参赛学生为王良晶、周郴、张伟。这是创新中心学生团队首次获得 ACM 竞赛金奖。获奖证书如图 210、图 211 所示。

图 210　中心 ACM 团队获中航文化杯 2007 年 ACM/ICPC 国际大学生程序设计竞赛亚洲区域赛区（南京）金奖，张伟（左一）、周郴（居中）、王良晶（右一）

图 211　2007 年 ACM/ICPC 国际大学生程序设计竞赛亚洲区域（南京）金奖证书

(32) 2007年12月10日，创新中心作品《低成本多功能医疗仪器》获第二届全球年轻工程师工程创意竞赛(Mondialogo 工程奖)荣誉奖和 5000 欧元奖金，参赛团队由中心(学生为李吉、柳江、吕晟)与美国密歇根州立大学学生创新团队、意大利博洛尼亚大学学生团队共同组成。这是创新中心学生首次参与国际合作竞赛并获奖励。颁奖现场合影如图 212、图 213 所示。

图 212　2007 年第二届全球年轻工程师工程创意竞赛荣誉奖部分参赛队员在印度孟买颁奖现场合影(右一为我校学生李吉)

图 213　2007 年第二届全球年轻工程师工程创意竞赛中国获奖队员在印度孟买颁奖现场合影(右一为我校学生李吉)

(33) 2007年12月17日，创新中心学生作品《自适应通用充电器》获 2007 年湖北省大学生优秀科研成果奖一等奖，作者为史晏君、陆槺、张江松、李健、王伟、成耀君、袁金。这是创新中心学生团队首次获得湖北省大学生优秀科研成果奖一等奖。

(34) 2008年1月31日，创新中心与英飞凌科技中国有限公司签署"合作举办第二届'英飞凌杯'大学生设计竞赛协议"。协议规定：英飞凌科技中国有限公司负责提供竞赛所需器件和技术支持，以及竞赛活动经费人民币叁万伍仟元整(￥35 000)。这是创新中心签署的首个校企合作举办竞赛协议。获奖证书如图 214 所示，协议内容如图 215 所示。

图 214　第二届"英飞凌杯"嵌入式处理器和功率电子设计应用大奖赛二等奖获奖证书

(35) 2008年3月，创新中心教材《VerilogHDL 与数字 ASIC 设计基础》由华中科技大学出版社出版。这是创新中心组编"电工电子科技创新人才培养系列教材"第

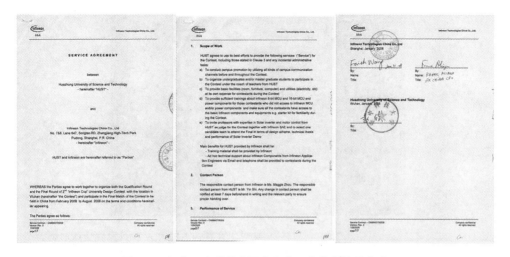

图 215　与英飞凌科技中国有限公司合作的协议内容

一本正式出版的教材。

（36）2008 年 4 月 25 日，创新中心学生作品《基于奖励的固体垃圾回收系统》获国家发明专利受理，专利申请号为 200810047464.2，作者为张玄、张海宁、史晏君、高新、柳舒逸、彭颖灵、刘方。这是创新中心学生团队首次申请并获受理的国家发明专利。

（37）2009 年 7 月 7 日，创新中心学生作品《I see》获 2009 年 Imagine Cup 微软"创新杯"全球学生大赛嵌入式开发项目竞赛全球决赛第二名和奖金 10000 美元，参赛学生为毛彪、张玄、唐秀东、彭浩。这是创新中心学生团队首次获得微软"创新杯"全球学生大赛嵌入式开发项目竞赛奖项。颁奖现场合影如图 216 所示，获奖证书如图 217 所示，获奖成员合影如图 218 所示。

图 216　微软 CEO 鲍尔默为嵌入式开发项目中国区冠军颁奖

图 217　2009 年 Imagine Cup 微软"创新杯"全球学生大赛嵌入式开发项目竞赛全球决赛证书（毛彪）

图218　2009年Imagine Cup微软"创新杯"全球学生大赛嵌入式开发项目竞赛全球决赛第二名（决赛地：埃及开罗），彭浩（左一）、唐秀东（左二）、张玄（右二）、毛彪（右一）

（38）2009年8月15日，创新中心与英飞凌科技中国有限公司签署"关于建立华中科技大学英飞凌联合培训实验室的协议"。协议规定：协议期为2年，英飞凌资助创新中心经费1万欧元。这是创新中心与国外知名企业签署的首个联合实验室协议。实验室铭牌如图219所示，揭牌现场合影如图220所示。

图219　华中科技大学——英飞凌联合培训实验室铭牌

图220　华中科技大学常务副校长林萍华教授与英飞凌科技中国有限公司副总裁暨执行董事尹怀鹿博士揭牌并交换礼物

（39）2009年12月23日，创新中心学生作品《基于奖励的固体垃圾回收系统》获国家发明专利授权，专利号为ZL 200810047464.2，作者为张玄、张海宁、史晏君、高新、柳舒逸、彭颖灵、刘方。这是创新中心学生团队首次获国家发明专利授权。

（40）2009年12月，创新中心学生作品《自动化母猪饲养管理系统》获"天虹杯"首届武汉发明创新大赛特等奖，参赛学生为杜骁释、肖凤云、潘炳财。这是创新中心学生团队首次获得发明创新奖。获奖证书如图221所示。

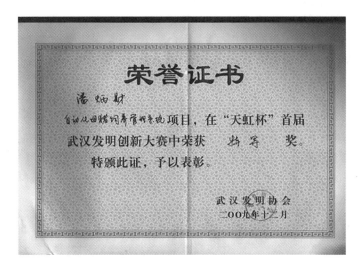

图 221 "天虹杯"首届武汉发明创新大赛特等奖证书

(41) 2009 年 12 月 16 日,由创新中心学生杜晓释、潘炳财、柯柯、左文平组成的创业团队成立武汉爱拓科技有限公司。这是第一个按照创新中心创业能力培养模式(创业课程→工程实训→学科竞赛→创新项目→创业竞赛→成立公司)实施而成立的大学生创业公司。营业执照如图 222 所示。

图 222 武汉爱拓科技有限公司营业执照(公司法人为杜晓释)

(42) 2010 年 1 月 11 日,创新中心与亚德诺半导体技术(上海)有限公司(简称 ADI)签署"建立 ADI 联合实验室协议"。协议规定:ADI 提供价值人民币柒拾捌万圆整(¥780 000)的实验设备及材料。这是创新中心与国外知名企业签署的首个捐赠实物联合实验室协议。

(43) 2010 年 3 月 3 日,创新中心与亚德诺半导体技术(上海)有限公司(简称 ADI)签署"ADI 中国大学创新设计竞赛(2010 年度)委托协议"。这是创新中心首次承办面向全国高校的学科竞赛。委托协议书如图 223 所示,颁奖现场合影如图 224、图 225 所示,作品演示如图 226 所示。

图 223　ADI 中国大学创新设计竞赛(2010 年度)委托协议书

图 224　ADI 董事会主席兼合伙创始人 Ray Stata 先生(左一)为一等奖获奖队颁奖并合影留念

(44) 2010 年 4 月 27 日,湖北省教育厅发布《关于公布湖北省高等学校大学生创新活动中心的通知》(鄂教高[2010]7 号文),创新中心获得"湖北省高等学校大学生创新活动中心"称号。

(45) 2010 年 10 月 24 日,创新中心 ACM 团队获第 35 届 ACM 国际大学生程序设计竞赛亚洲区预选赛杭州赛区金奖,并获邀参加在美国奥兰多举行的全球决赛,参

图 225　ADI 中国大学创新设计竞赛(2010 年度)决赛参赛师生及嘉宾合影留念

图 226　ADI Ray Stata 先生(左一)和 Chris Mangelsdorf 先生(左二)观看参赛队作品演示

赛学生为徐涵、何剑、李舜民。这是创新中心 ACM 培训团队首次进入全球决赛。参赛现场及参赛师生合影如图 227 所示。

　　(46) 2010 年 10 月 10 日,创新中心由主校区西七楼一楼迁至东校区启明学院亮胜楼六楼。2006 级学生在西七楼前毕业合影如图 228 所示,2007 级学生在启明学院大楼前合影如图 229 所示。

图227　2011年ACM国际大学生程序设计竞赛美国奥兰多竞赛现场及参赛师生合影

图228　2006级学生在西七楼前毕业合影

(47) 2010年12月30日,创新中心学生作品《野蛮人城市冒险》获联发科技首届校园软件大赛一等奖,参赛学生为陈元浩、张康、李凌晨。这是创新中心学生团队首次获得软件类竞赛最高奖。

(48) 2011年6月17日,创新中心与创维集团有限公司(简称创维)签署"华中科技大学·创维电子设计夏令营合作协议"。协议规定:创维资助创新中心暑期电赛培训活动经费捌万圆整(￥80 000)。这是创新中心与国内知名企业签署的首个电赛培训资助协议。

(49) 2011年6月20日,创新中心与德州仪器半导体技术(上海)有限公司(简称德州仪器)签署"德州仪器赞助华中科技大学参加2011年国际能源挑战赛协议"。协议规定:德州仪器资助中心参赛队经费伍万圆整(￥50 000)。这是创新中心与国外

图229　2007级学生在启明学院大楼前合影

知名企业签署的首个竞赛资助协议。

(50) 2011年9月9日,创新中心与德州仪器半导体技术(上海)有限公司(简称德州仪器)签署"华中科技大学-德州仪器高速信号链教学套件建设赞助协议"。协议规定：德州仪器资助创新中心经费拾万圆整(￥100,000)。这是创新中心与国外知名企业签署的首个研制实验教学套件的资助协议。

(51) 2012年7月25日,创新中心参赛队(4支队伍获邀参赛)获2012年"英特尔杯"大学生电子设计竞赛嵌入式系统专题邀请赛全国一等奖2项(全国共13项),三等奖1项。该竞赛成绩是我校历年参赛最好的成绩,也是本届竞赛唯一一所获2项全国一等奖的高校。杨麟、张良恺、游思贤团队的参赛项目"工业智能孵化系统"与张力戈、陈冲、袁柳团队的参赛项目"智能楼宇分布式能量管理系统"获全国一等奖；屠志晨、邹雨过、袁永亮团队的参赛项目"开放型实验室灵动助理"获全国三等奖。

(52) 2012年11月4日,创新中心ACM培训队在第37届ACM国际大学生程序设计竞赛亚洲区域赛杭州赛区获金奖证书、亚军奖杯,并获邀参加2013年在俄罗斯圣彼得堡举办的全球决赛。该竞赛成绩是我校历年参赛最好的成绩。参赛学生为肖扬、李舜民、何剑。

(53) 2012年6月26日,创新中心与泰克科技(中国)有限公司签署了"泰克

2012夏令营——挑战测试测量的巅峰"协议。该协议是创新中心首次与国外知名测试仪器公司签署的首个夏令营活动协议。

(54) 2013年12月7日,由教育部和工信部主办的"瑞萨杯"2013全国大学生电子设计竞赛颁奖典礼在北京航空航天大学举行。创新中心参赛团队共获国家一等奖14项、国家二等奖4项,省一等奖9项、省三等奖2项,并再次获得全国最高奖——"瑞萨杯",湖北赛区最高奖——"TI杯",获奖质量与数量再次位居全国第一。"瑞萨杯"获奖团队成员为刘安世、刘雪豪、冯盘龙;全国一等奖获奖成员有梁伟、黄源、王涛、苏豪、李晶玲、李宇华、黄尚岸、陈俊鑫、叶锋;张攀、祝凯、苗祥龙、刘翔高、郝兵杰、覃博文、徐文杰、兰峰、贾志龙、包文博、朱建南、王德君、崔浩然、熊峰、靳京京、罗登、吴旭峰、覃元元、纪少彬、王兵、韦文姬、章晓杰、陈家乐、李其琪、常远瞩、赖锦木、马晓东、孙赋、贺睐、金能。

(55) 2014年8月25日至29日,创新中心承办了"2014全国大学生电子设计竞赛TI杯模拟电子系统设计专题邀请赛"。本次大赛共吸引了来自21个省份、62所高校的116支参赛队,经过激烈角逐,评审委员会共评出三等奖42个、二等奖16个、一等奖10个。我校2支参赛队获国家一等奖1项、二等奖1项。该项竞赛系创新中心承办的首个由教育部与工信部主办的全国大学生学科竞赛。邀请赛师生及嘉宾合影如图230所示。

图230 2014全国大学生电子设计竞赛TI杯模拟电子系统设计专题邀请赛参赛师生及嘉宾在启明学院大楼前的合影

学院毕业生名册

一、电气学院毕业生名单
  本科（含专科）
  硕士（含研究生）
  博士
  博士后
二、应用电子工程系（原船电专业）毕业生名单
  本科（含专科）
  硕士（含研究生）
  博士
三、原武汉城市建设学院建筑电气专业毕业生名单
  本科

名册编排说明

悠悠七秩芳华,漫漫征程如歌。时光流转中,华中科技大学电气与电子工程学院将迎来七十华诞。桃李遍天下,电气满芬芳,截至2021年7月,华中大电气学院共培养出24504名专科生、本科生(含船舶电气、建筑电气),6049名硕士研究生,1071名博士生,72名博士后,他们从这里走向祖国四面八方乃至世界各地,铸就了华中大电气学院今日之辉煌!

立德树人一直是学院的核心工作,学生永远是学院最宝贵的财富。为如实记录自成立以来的人才培养成果,学院组织整理编撰了《毕业生名册》,名册信息来源为校档案馆存档的毕业生名册,按照学院组织结构与专业的变迁图,毕业生名册的涵盖范围包括:自1954年至今的华中科技大学电气与电子工程学院的毕业生(不同历史阶段也称华中工学院电力系/电机系或华中理工大学电力系);1998年之前的华中理工大学应用电子工程系的毕业生(不同历史阶段也称华中工学院船电专业、华中理工大学应电系,1998年应电系并入华中理工大学电力系)和2000年之前的武汉城建学院建筑电气专业毕业生(该专业自2000年三校合并时并入我院)。

名册按毕业届别以年份为序,考虑到学院以班级为单位开展本科生的教育和日常管理,而硕士、博士毕业生对系所归属感较强。因此,在排列毕业生名单时,本科生以专业班级为单位归类,硕博士以专业系所为单位归类。但依据现存资料,目前还存在的主要问题为:

(1) 1953年至1976年(据考:该阶段班级名称不固定,入学后随年份而改变)和1995年至2006年在档案馆保存的本科毕业生名册未注明班级,因此无法按班级归类;

(2) 2008年之前博士毕业生人数较少,在档案馆保存的博士毕业生名册未注明专业系所,因此无法按系所归类。

(3) 1990年之前毕业生手册均为手抄本,且有较多繁体字,抄录来的院友名字中会有很多缺漏差错。

关于名单的排列方式和内容,诚挚欢迎您随时提出修订意见和建议,感谢您的大力支持!

联系人:华中科技大学电气与电子工程学院办公室
电话:027-87543228

一、电气学院毕业生名单

本科(含专科)

1954 届毕业生名单
发电厂配电网及联合输电系统专业(电力专修科)

段盛斌	欧阳晋樵	严 壮	许 琨	胡崇善	刘克绍	王子岳	谢承铸
王洪柱	朱家兴	李新波	郭文安	刘观农	狄轶庸	刘良才	严希春
楚仲山	陈 晶	张中岳	潘佑政	刘训初	王德仁	黄文衡	萧傅维
邓国规	胡宗仁	喻锡勋	万志鸿	江敏成	饶致和	程明漪	方耕世
王嘉霖	李务本	邱其昌	何世荣	吴昌凑	姚 钊	侯经政	梁广植
陈 锋	陈彰钰	曹振光	曾 荣	张有良	张 旋	邓缵汤	赖增腾
蒋沛昌	罗启炘	谭学研	詹学礼	郭文烈	陆 宏	吴兆骅	徐伯龄
何克检	张祥旭	钟永昌	梁应中	沈谱成	周穆如	蔡永志	梁光礼
莫系富	苏文琳	林瑞熹	张孝祐	谢天良	彭 镒	刘搏一	梁统基
徐冀达	邓 庆	王 枫	胡文芳	郭肇钦	邵绍纯	王景曜	任元会
陈素君	陈克生	周宜兴	侯一虹	吴 衡	喻选杰	方梦竹	刘崇青
李 杰	姜诗琴	汤炯权	刘炳光	易国俊	周崇瑞	甘河清	余海蛟
李莎特	龚 忠	郑大同	陈元钟	关湘文	叶千龄	詹崇耀	陆铭深
钟耀华	丁忠警	向德寿	余其安	李华本	林学伟	张沧涛	冯雁南
黄伟光	杨天骅	关伯海	缪诗伟	龚志良	江正可	郑炳耀	黄家栋
郑天中	张清瑷	马景豪	何康强	邝启良	胡万灵	李新波	谭慕陶
孙逢仁	王立成	黄之贤	黄显斌	成少非	袁励平	雷耀荣	林 □
周井林	陈 维	陈郁华	陈肇全	余绍霖	李 穗	廖先焕	卢励生
王文方	罗俊义	钟精武	陈 鑫	陈奕雄	李荣华	吴荣汉	□墨舫
陈仲富	彭端礼	张露德	简翠珍	李际寿	黎象珍	余昌明	黄万珍
唐剑秋	徐树德	张清华	梁定富	黄祥济	张志涵	陈晓青	胡锡琦
杨世礼	毛国光	谭寿祺	郭光华	叶启□	张华成	曹富宏	刘昌法
简三英	刘袖群	濮开贵	李瑞原	梁锡忠	刘炳祥	刘旋斌	李锦堂
陈中柱	宋世枊	雷从钦	黄其雄	黄肇邦	钟思荣	胡广苏	申君熙
舒伟文							

1955 届毕业生名单
电机与电器专业

蔡国廉	蔡启诚	陈纯达	陈季平	陈理壁	陈润球	陈忠义	戴承培

戴绪愚 邓聚龙 郭功浩 何鉴役 胡克疆 胡守愚 胡守约 胡修铭
胡毅然 黄安南 黄国泰 黄秀明 江正平 蒋麦占 蒋　清 金德馨
金松寿 黎蕊秀 李亚东 李祖德 林　伟 刘光华 刘学宏 刘正祥
龙启南 龙玉华 娄彦博 罗橘三 马宗瀚 潘伯高 彭家琦 邱成筠
邱应凤 谭国荣 唐　彬 陶炯光 陶良骏 涂序彦 万伯任 万嘉芝
万邵猷 王平远 韦金武 夏　云 项宗周 萧　斌 萧培人 谢承鑫
谢礽邦 许炳目 杨自农 易元文 姚海初 叶美玲 应崇实 张炳焱
张介藩 张宜倜 张友光 钟承焕 周世常

发电厂电力网及电力系统专业

蔡澄光 蔡世泉 陈端宝 陈国良 陈亮平 陈其熙 陈其泽 陈启沧
陈启贤 陈世玉 陈树康 陈潇斌 陈耀华 陈哲民 陈志雄 陈　忠
程安群 崔国琳 戴作梅 邓钜藩 邓婉仪 邓越洱 丁功华 范城麟
范新权 方昌育 方明青 冯绍正 冯树燊 冯定一 傅果荣 郭昌润
郭修铎 韩溁光 何逢时 何华柱 何学裘 何仰赞 贺锡梁 侯小超
胡立昌 胡　钊 胡宗骅 黄炳炎 黄金松 黄连苍 黄明观 黄绮莲
黄文伟 黄泽鸿 贾立义 姜素波 姜逸龙 蒋伯陶 金　达 金为祉
邝涤清 邝伟忠 黎家欣 李长福 李绍姜 李树甫 李香谱 李殷平
李育凡 梁惠生 梁景璋 梁松龄 廖辉群 廖建平 林辅赞 林武陵
刘静洲 刘平介 刘树云 刘泽海 刘肫仁 龙乘时 卢绍书 卢亦吕
罗荣光 麦亥文 毛尧年 潘大鹏 潘　垣 庞建智 皮希骥 秦寿康
丘卓寿 任甫平 沈敬和 施兆龙 孙淑信 孙熙亮 覃天恩 谭芝仙
汤绍仪 王　镔 王秉锋 王　健 韦银芬 魏松龄 温增银 吴康贻
吴世明 吴书篪 吴顺辅 吴檀祥 伍浩峰 伍志超 谢国藩 徐华文
徐午光 许镜清 言　昭 颜嵩山 杨楚珍 杨宪章 易兆纶 阳大觉
阳名波 姚宗干 叶子梁 余文干 余迎瑞 喻顺安 曾永生 曾珍高
张法柱 张华贵 张惠根 张　枬 张守仁 张玉琪 章依连 赵绍椿
郑关福 锺文轩 锺香溪 周秉彝 朱湛深 卓宗允

发电厂配电网及联合输电系统专业（电力专修科）

艾和平 敖伟新 曹麟徽 曹武尧 陈昌光 陈鸿威 陈金城 陈敬接
陈礼克 陈瑞滋 陈永光 陈志诚 陈祖荫 谌训良 崔书梦 戴建尧
单传瞑 邓纪元 邓荔嬃 丁宇平 段清海 方永祥 冯铁卿 甘溢棠
高飞鹏 古兆帮 管兆雄 郭　明 何成瑄 何静平 何玉春 洪肇祥
胡振堂 黄翠文 黄佩琳 黄瑞良 黄维正 黄文光 黄业生 霍明法
姜治国 乐序珪 李春杰 李基法 李济良 李家训 李歆泉 李永然

李振奎	李作尉	梁凤英	梁扶中	廖惠珍	廖建国	林成统	林中岳	
刘法秀	刘 刚	刘 浩	刘树东	刘元惠	刘治国	卢景璇	卢宗海	
芦 辉	吕少群	吕舜杰	罗柏展	马鸿乐	欧家基	潘汉光	潘 威	
潘焰黎	庞书简	秦国梅	邱美份	邵 康	宋金凯	宋绍民	宋宗顺	
苏勤清	孙显名	孙相文	谭健伟	汤瑞麟	唐治华	涂家骝	王服膺	
王光耀	王丽宝	王寿如	王以余	王蕴士	温显模	吴绍光	吴述英	
吴学卿	吴耀主	吴子福	席金柱	熊昭序	徐伯承	许仲谦	严达藩	
晏清辉	杨厚安	叶迪俊	叶仁忠	叶舜初	余银海	张荣岑	张卫民	
张学温	赵天云	赵子杰	郑家柱	郑孝宽	钟光安	钟其昌	周 峨	

1956 届毕业生名单

电机与电器专业

刘行敏	汪海日	花象坤	蔡季冰	傅炳燦	蔡中翼	王均岑	赵定元
李湘生	郑奕豪	郭迪忠	李爱梅	王希明	朱炳洋	莫崇舜	李朗如
李 霖	黄铁侠	石竞成	刘明亮	徐广润	汪义超	张承祖	易瑞麟
董铭华	杜显之	余锦芬	陆凤岐	石作成	张 钟	杨鸿瀞	林昇雄
刘国浣	蒋国钧	夏志明	马志云	丁光蔚	刘国刚	曾达人	高荣生
向玉先	熊发骥	黄继尊	李松乔	张美卿	谭严雄	符致中	蒋志强
刘浩明	胡承祖	李振华	欧阳昌宜	欧阳宗智	王白眉		

发电厂电力网及电力系统专业

蔡福元	蔡 广	陈彩屏	陈顺辉	陈雄杰	邓光强	邓世润	邓斯湛
邓完嵝	丁拱之	范绍鹏	冯元正	傅 庸	龚宗智	郭培华	郭翔鹏
何福俊	何乃光	贺炳庆	贺军郡	贺士剑	胡树堃	胡重生	黄伯贤
黄复生	黄厚奎	黄家焕	黄建华	黄金旋	黄镜明	黄文焕	江得厚
姜 平	劳家荫	雷久萌	黎章斌	李长育	李春硕	李启盛	李有藻
李玉玺	李 哲	梁承衡	梁汉超	梁钜森	廖远逊	林观雄	林奇珍
林星亮	凌禽燃	刘庆成	刘正芝	柳克治	柳克治	龙家聪	卢国梁
卢启梭	陆茂连	陆嘉祥	庄志华	陆庆朝	陆耀汉	罗卓林	马适然
裴文英	彭佩文	钱治炳	邱文迁	区庭芳	沈鸿莹	沈 鹏	沈其雍
苏沛浦	苏守刚	谭昌铭	谭梵梁	唐 慧	唐竞图	王安仁	王佩章
王蔚林	王小栋	吴昭枢	谢汉承	邢树华	许凤珍	薛 磊	杨卿汉
姚永龙	叶念国	游国权	余愈昌	袁惠群	袁学忠	岳鹿群	曾 慧
曾振云	张桂英	郑汉昭	钟训道	舟 方	周澄华	周冬馀	周书恩
周 櫒	周治民	朱钧基	朱中和	庄志华			

发电厂配电网及联合输电系统专业（电力专修科）

蔡亮初	蔡声远	曹正方	陈万清	陈学俊	陈裕江	崔云举	戴贵本
丁功扬	方桂生	郭其良	郭永盛	韩金启	赫延忠	胡桂仙	黄汉良
黄景桓	黄利华	黄仕杰	蒋宏旭	经巧弟	赖 伟	赖岩光	李灿之
李纯敬	李法庭	李汉武	李明轩	李勤埔	李庆旺	李世雄	李象林
李小鲁	梁锡彬	林 枫	林冠群	刘佛海	刘 华	刘黄麟	刘清泉
刘荣禄	刘士晋	刘兴仁	陆镜清	陆克贤	陆鸣皋	陆志民	吕肇彩
栾广聚	罗健生	罗杏龙	孟祥林	聂光琦	潘慧宝	潘清甫	钱中清
孙嘉远	孙毓澜	覃友婷	唐志斌	田国耀	王 斌	王炳圻	王长年
王金良	王金秋	王利民	王明亚	王南方	王性珊	王秀琴	王一平
王以云	委伯珍	魏昭蕰	吴立英	吴同奖	吴文基	吴印昌	吴枕亚
吴忠秀	夏开阳	萧学墩	谢利宗	谢 旅	谢如刚	谢友明	徐瑞材
徐盛荣	徐树明	徐用嗣	许慕登	许 森	许玉国	许约翰	薛充实
晏 蓬	杨敦淑	杨家炉	杨阶钦	杨清溪	姚本福	余凤山	张植三
张中央	赵保现	赵晴川	郑逢积	钟文治	钟运奕	周廷霖	周佑昇
周月琴	周政海	朱启造	卓乐友	宗敬哲	邹日中		

1957届毕业生名单

电机与电器专业

曹秋纯	陈明湖	陈婉儿	郭金陵	胡伟轩	黄焕尧	经徽单	李锡雄
廖球康	朱垂镔	刘炳辉	刘昌旭	刘春辉	刘锦雄	缪昌明	孙良玉
陶醒世	汪监生	魏 琨	温华耀	吴宝娴	谢梦蓉	熊景新	熊衍庆
徐君明	许名声	杨茂春	余元歆	袁家俊	张知华	周荣宗	赖□启
白祖林	陈可生	陈齐武	程上琚	戴家树	房宏山	冯金泰	俸远祯
关 铜	郭冬生	何健全	贺安循	胡福乐	江纪南	蒋化昭	兰建宏
李承顺	李家麟	李中杰	朱聪敬	廖文韬	刘伯良	刘 健	刘延冰
卢卓伟	彭勇智	丘军林	阮 玉	阮元珍	石德生	孙光华	万天佑
万象魁	王大乾	王智平	吴士勤	吴松林	肖厚麟	谢家治	谢培基
徐叶阳	姚玑尹	曾昭芳	张安临	张 龄	张镇北	周甲球	周 细
韩伟德	邱军林						

高压专门化专业

陈道辉	何兆章	黄立荣	霍崇叶	蒋尊生	刘洗川	罗卓伟	倪鉴清
潘炳宇	秦文明	谭炽生	徐浩强	徐熹佑	文□成		

继电保护专业

陈立沛	陈珍焯	方惠信	郭荣森	贺玉刚	胡若人	金启洪	黎肇潼
李用伟	李育民	李泽藻	梁仵英	梁自中	林柏皓	刘承宝	罗墨林
缪阳浩	农润华	饶旭声	任道桴	施文模	宋佑寿	王德刚	王洪运
王文壁	王振裕	闻 峰	吴沧申	吴棠尧	肖寿高	杨本琪	余羌纪
张 琪	张志明	张作民	周 贤	邹华铮			

工业企业电气化专业

陈厚风	陈贤威	程盛志	邓学禹	关祖荫	何勋桂	胡天永	黄正雄
李积璋	赵学辰	林奕鸿	罗宗虔	帅泽长	王家双	王小梅	吴稚苏
伍志超	谢炳尧	徐恕宏	杨干桢	杨汝谦	云秀蔺	张一安	张宗汉
赵学辰	侯□□	池起全	刀士亮	高孝惠	何保国	何秉虔	洪文秀
黄慕义	黄清海	黄汝松	黄宗宪	李伟康	李毅昌	林壁光	林道衡
林培烈	潘焕贤	彭正未	丘汪元	邱振权	宋治熏	王长生	吴天民
向家淑	薛寿鑫	杨瓒璋	张荣斌	张治秀	郑益福	钟诗助	

留苏同学

说明:这批学生一二年级在校学习,二年级时派往苏联学习。

曾祥煌	贺庆勋	陈道达	伍良元	林恢勇	渠荣续	谢培基

北京理工大学转我校学习的同学

何君耀	周 荣	王智平	万象魁	肖永清	宋子扬	何兆枢	陈可生
姚世焕	刘合训	李树德					

提前毕业去北京工作的同学

汪庆宝	胡佑德	罗伯祥	刘佛生	何廷琰	何敏良	颜健康

1958 届毕业生名单

电机与电器专业

陈浩元	陈桓生	陈湘坤	邓国华	冯兆辉	何河清	高文捷	谷豫斌
侯传禄	胡芳斌	胡素智	卢清徽	黄秉源	王宽吉	黄令仪	黄心沾
黄学英	黄英炯	黄兆烘	李治宇	梁弘毅	林小梅	刘季兰	刘廷杰
刘英杰	刘颖干	柳铭珍	庞启淮	邱太崑	裘汉丰	上官敏	石素言
史磨须	童精勤	涂 真	万静一	汪辅江	王乐仁	王胜奇	王兆徽
文君需	熊汝康	逯祖玺	杨成武	杨明镜	叶干南	曾汉英	张 翀
张大可	章先荫	赵茂莉	郑郁文	周裕泰	朱绍忠	汪辅德	表希周

蔡无倦	陈明栋	陈树浤	陈安民	程树前	邓泽海	董振杰	窦俊英
周介民	杜孟梅	范迥中	肖仁山	高蔚媛	官永元	郭茂金	胡国根
胡剑威	胡宗樵	黄明琪	江沪陵	蒋庆漪	蒋兆龙	李皓辉	李锦业
李祥远	李祥祯	梁元枢	简探微	凌映莲	刘鸿元	刘经国	刘明义
刘圣民	刘铁华	刘学寰	刘振寰	刘子泗	龙杰民	陆绮华	吕祖沛
罗晚云	潘同节	庞秉涓	裴文忠	彭永进	石利英	苏 琨	孙静云
谭福培	唐彼得	王迪安	王化暎	王俊义	王钧英	肖文礼	熊昭琳
杨景徽	杨世权	叶 强	夜灵佑	曾桂芳	张炳文	张希明	张志成
仉宝娴	赵纯洁	赵文敬	顾立新	蒋兆龙	李祥祯	梁元枢	罗晚云
潘同节	谭福培	王钧英	肖文礼	夜灵佑	袁希周		

继电保护专业

楚世杰	高维佑	郭锡平	何志远	胡能正	李付肇	李振然	梁 健
梁普光	罗定江	苏其昌	王达崇	王文杰	伍衍炘	谢先梅	杨辉向
殷寿民	张立法	郑树庄	周耀文	周助慧			

工业企业电气化专业

柴名斗	陈际达	陈金章	邓显忠	方明通	禤兴华	郭宝善	何菊屏
侯学云	胡宝云	黄克祥	黄沛兵	黄一帆	李树之	刘汉斌	吕继常
吕 仁	吕志荫	邱祖斌	沈家善	石启超	宋洪根	孙玉琴	唐声尧
王 筠	王 岩	王 钰	王哲生	谢定武	谢柞春	杨宝龄	杨本祥
余文杰	张清甫	张兆昇	表凤兰	表贺新	表孟藩	蔡哲成	操有條
曹子固	陈 波	陈美心	黄天佑	黄锡坤	黄振如	邝鸿炼	罗东初
王凤杰	王觉英	杨瑞荣	余国铨				

高压电器专业

陈 坚	邓叔民	冯日琅	胡镇湘	蒋振铎	康永民	蔺 乐	容健纲
伍 坚	谢钦泰	徐劲寒	周配明				

水能动力装置专业

宾鸿飞	黄文彦	廖继光	任华国	汤农暑	王奇平	韦名光	谢海源
郑庆晖							

1959 届毕业生名单

无

说明：1955 年开始，本科各专业改为 5 年制，停办 2 年制专科。

1960届毕业生名单

电机与电器专业

查树帜	陈伯华	陈惠民	陈嘉陞	陈佩芸	陈奇树	陈燊宗	代继纯
邓立嘉	郭敦文	韩子荣	何可人	胡才德	胡昌智	胡礼华	黄懋昭
黄祺祥	黄荣根	黄振堂	黄志炜	黎　鹏	李　登	李国华	李宏僖
李吉孚	李瑶桂	梁东明	梁永新	刘川贤	刘立成	刘文耀	刘耀堂
罗定邦	罗九儒	罗增义	罗掌叶	马鸿盛	磨长镇	牟懋芸	宁联芳
彭　蕙	彭星亚	邱克立	邱文遐	任甫中	任建华	申国维	施泽生
宋增源	苏俊兴	孙彭年	谭庚梅	唐孝镐	陶金生	童英洁	王炳熏
王　逵	吴华瑛	吴同欢	肖铭德	肖清国	熊方齐	熊翰镜	徐　晖
徐庆江	徐山瑜	徐天元	徐文宪	许望秋	颜守礼	杨发生	杨钦展
杨永廉	易继锴	余海晖	俞长乐	詹琼华	张城生	张华隆	张渭贤
张振轩	钟梦虹	周永钰	朱滁心	朱泽煌	邹志友	黄国标	谢孝庄
陈珠芳	陈本孝	陈贤珍	付光洁	叶嘉雄	侯海涛	张清辉	邓绍英

水力发电专业

包素襄	陈彬贤	储保堂	单文培	范华秀	方奇斌	侯愉清	胡海璋
黄昊俊	黄镜湖	黄守梓	黄益芬	李国敬	李望荣	梁伦炽	廖国维
廖　魁	林明灿	林志远	刘炳文	刘立春	刘孟衡	刘中岳	骆如蕴
欧阳湖	彭能侠	秦润民	邱　衍	唐俊达	唐志培	谢荣松	熊腾辉
徐子和	许宝成	闫家乐	颜普元	曾楚夫	张荣熙	张源会	郑莉媛
钟承纲	周德威	周泰紫	朱果杰	朱守衡			

水力机械专业

蔡允璋	曹志云	陈伯麟	陈国动	陈国熏	关伯钦	胡莹玉	黄荣畅
黄森如	黄尚素	林光云	刘建周	刘九如	彭鸣宣	谭渭朝	涂建炎
万仁和	王继光	王子文	熊莉莉	颜泽华	吴丽君	阳名源	杨诗通
游经瀛	庚汉驹	张德庆	赵锦屏	邹永楼			

火力发电专业

陈传文	陈可海	陈淑媛	陈毓斌	陈源陵	崔应宁	单钦贡	邓水泉
符福蒋	龚崇龄	郭　舜	韩凯光	胡锦华	胡锦裕	胡逸民	黄运煊
菅叙伯	蒋达珠	蒋宗文	黎祐伦	李干城	李光国	李汉强	李龙驹
李泉海	李珊莉	李述麟	李先干	李珍炘	李枝普	梁志坚	廖炽昌
林苹辉	凌求志	刘秉钧	刘启才	刘尚义	刘世凤	刘永鳌	卢崇纪
卢品富	罗明璋	孟凡林	欧阳昌盛	庞经颢	彭见曙	彭经文	彭增寿

皮崇平	任开麟	沈禛禧	唐宏伟	唐惠泗	田明春	田绍周	童恩超
王昌逎	王利生	王兴华	魏维铜	吴德钧	吴季兰	吴冶行	向国隆
肖大准	肖 玲	肖宁华	徐书菘	徐淑贞	徐学仁	严国钟	杨 岑
杨康蒲	杨世倜	杨新强	易瑞池	于超亚	虞又舜	袁荣坤	曾寿如
曾昭胜	张灿新	张选堪	张裕锜	张肇曾	钟定琅	周耀民	朱坤亮
卓朝硕	邹士贤	左鸿恕	黎祐伦	艾代德	蔡锐国	曹祥泰	陈百荣
陈伯超	陈达庆	陈浩生	陈何初	陈鸿俊	陈佳莉	陈敬明	陈 琳
陈沛杰	陈其光	陈穗玉	陈杏君	陈永传	陈有才	陈玉城	陈玉美
陈 元	陈元豪	陈跃堂	陈云芬	陈韫璠	陈匝笙	陈志松	程春生
程德操	崔国城	邓椿文	邓滌非	邓尊美	丁思尧	丁沃祈	丁正为
董国钧	董自强	杜江文	范治湖	方中矩	冯利贞	甘锡英	高远长
关佳玉	关民辉	郭建中	郭志本	何焯贤	何炯森	何振翔	何子教
贺隆坚	贺以权	贺正彪	洪江澄	胡炳坤	胡 芬	胡鸿兴	胡贤球
胡孝志	胡正超	黄炳鑫	黄拨棘	黄大仁	黄汉尧	黄宏观	黄华栋
黄惠珍	黄敬药	黄钦宪	黄 诠	黄瑞庆	黄树川	黄伟华	黄兴柱
黄怡如	黄镇汉	黄志华	黄宗孟	纪宏词	柯昌诚	柯 桥	孔繁湘
孔干强	赖惠民	赖荣基	雷华成	雷良润	雷文藻	黎悠麟	李伯谅
李 陈	李春华	李福国	李宏驹	李 华	李建中	李 琳	李宁溪
李齐志	李瑞标	李锡华	李贤士	李杏香	李杨树	李裕先	李志恒
李治华	李仲鼎	梁国恩	梁式思	梁支那	廖且康	廖志强	林丽迎
林谋元	林少玮	林猷熙	林远统	林 钟	刘长兴	刘传成	刘桂堂
刘钜威	刘少媚	刘士树	刘务妮	刘兴祥	刘永安	刘育尧	刘直俊
卢伯机	卢仲仁	卢柱贵	吕晶华	罗俊渊	罗伦熙	罗益元	麦梓新
蒙建浩	缪启荣	莫亚梧	聂瑞麋	欧阳飞	欧阳平	潘长春	潘广钏
潘桂琴	庞远棣	彭定中	彭启明	漆德铨	丘禧兆	饶国珩	石白坚
史汉娟	司马琼	谈华清	谭德贤	谭广钊	谭巨川	汤天明	唐定贤
唐孝陵	腾碧霞	滕卓然	汪信远	汪珍玲	王承禧	王继岩	王瑾玉
王礼贤	王沛之	王思荣	王文柱	王兹康	韦 翼	魏从灵	温崇晓
文金水	文言禧	文琢藩	翁壮童	吴传纬	吴绍华	吴声健	吴文绥
吴新辉	吴行敦	吴兆珍	伍腾芳	向守珩	肖德定	肖纪为	肖利民
肖树德	肖渭发	肖元德	谢秉惠	谢德义	谢桂林	谢后树	谢其中
谢文世	谢永康	谢志伟	熊荣辉	熊映特	徐思国	徐先明	徐有声
徐振雄	许期贤	许永鑫	严瑞熊	严瑞燕	杨昌金	杨朝信	杨创礼
杨德明	杨滌华	杨定坤	杨开志	杨立中	杨明焐	杨书嵩	杨淑华
杨素珍	杨文周	杨熙春	叶碧如	叶嘉浩	叶元烈	于镇东	余继民
余乐珪	余熹苍	庾传炎	袁承敬	袁茂胜	曾广赓	曾家贤	曾启昌

詹金尧	张安祥	张传玉	张国权	张鹤年	张立宝	张美娟	张盛春
张时海	张树人	张树声	张维洲	张文华	章崇义	章乃康	赵 俊
赵翼熊	赵致宁	钟万昌	钟洋柏	钟用昌	周大颛	周国成	周海涛
周辉人	周俊卿	周祈永	周锡俣	周志烂	朱伯武	朱巨元	朱平发
朱顺忠	朱先德	朱一铃	竺迪行	卓佩麟			

工业企业电气化专业

曹义衡	程少清	黄娟超	黄一夫	李永华	林德衡	林偶中	凌国胜
刘定元	娄国藩	卢宝光	史开榜	孙益喜	王永兴	王舟生	闻萱梅
吴再民	伍 琳	袁季源	张长生	张希周	张占松	周辟尘	邹慈云

电厂热能动力装置专业

陆钟祥	袁启昌	唐翠影	汪北平	伍国斌	陆裕文	朱有德	凌琼瑛
徐继波	陈兴祥	黄南民	范运隆	易秋明	印奕国	唐德芳	熊祖仁
鲁建农	谭启明	韩守木	龙秀珍	刘德昌	李家伟	张武丰	夏士智
刘安荣	王深耕	兰镜辉	谢约常	何科林	李天保	王俊玉	闵中元
廖滋楠	汤志远	冯绍辉	向猶兴	梁新民			

发电厂电力网及电力系统专业

一班
余荣佩	李竹英	苏子仪	胡兰新	马永真	何华辉	周承基	李统豪
彭纪南	黄汉文	温家咸	王贞白	李熙明	王长生	罗瑞璋	朱发生
王裕民	陈自虞	韩捷初	苏伟雄	李鼎盛	周永平	张宏道	李镔钰
许瑞茂	蔡宝谦	郑少康	司马寿				

二班
葛宝湘	刘群英	吴雪月	曹艳芳	胡信南	温中一	肖广润	成伟林
姚斯振	李子雄	徐希贤	余为仪	邓学余	潘昌平	王治中	赵友卿
李鸿洲	周松勋	叶道仁	唐承明	杜汉秋	李正岳	陈 准	陈鸿森
王福如	郑建国	郑惠民	欧阳秉华	成诗志	曹福生	王秉初	陈碧卿

三班
陈楚才	曾育星	郭荷清	柳淑媛	周浩华	彭楚楠	余文正	卢汉民
童自力	赖元纲	吴 项	李天禄	凌育锦	吴远勉	余天灶	张永生
赵国威	魏春旺	马弘晖	梁力平	徐学仕	袁奕年	孟繁定	叶玉云
刘立荣	穆志俊	江学书	胡华寅	魏人杰	唐继安	陈忠亮	

1961届毕业生名单

电机与电器专业

艾泽人	蔡星贞	陈国瑞	陈家唐	陈可兴	陈隆耕	陈　敏	陈生馨
陈书森	程上彝	程士经	程玉书	崔辉鑫	代宗晃	邓铁卿	杜后文
杜可贯	段泽宏	方崇法	冯文华	付西芳	高秉全	龚乃昌	郭敬枢
韩继生	韩子信	杭格三	何宗荃	胡之镱	黄昌瑞	黄第辉	黄华周
黄缉熙	黄　骥	黄启茹	黄瑞光	黄时辉	黄世芳	黄兆河	蒋斗星
蒋豪贤	蒋兴国	赖尚元	黎　宇	李碧新	李鸿顺	李继祖	李　晋
李晙男	李　跣	李延章	李正荣	梁庄云	廖全杨	林永嘉	刘昌伍
刘法民	刘恍仁	刘敬香	吕海衍	罗念慈	罗启沛	罗声庚	马杰仪
梅克成	梅林芳	梅子英	聂光前	潘杰飞	潘永徽	潘正寿	庞家标
彭河兴	彭洪生	齐朝仁	钱越澄	邱俊祥	区国兴	屈家济	苏荣志
汤紫法	万法付	万启文	王　普	王师式	王树芳	韦　良	文启暄
吴伯光	吴国耕	吴思光	夏仁信	向作良	肖承汉	肖笃环	肖　钺
肖运福	徐瑞枝	徐有和	杨长宪	杨杰盛	杨郁菲	杨在明	叶桂农
于均礼	原　法	曾扩柏	曾宪武	詹志新	张安临	张本生	张芳阯
张曼君	张其昌	张汝华	张细泉	张治军	章怀恩	钟石伦	钟正生
周继平	周瑞琪	周世昌	朱明均	邹济华	马陈利		

高压电器专业

陈继金	陈学科	何发成	何　信	黄学义	雷炳华	李庆霖	李琼珍
李先觉	梁之任	廖碧明	潘润球	彭化先	彭图其	吴恒义	熊中成
徐奥业	杨吉生	张礼炎	周国开				

水力发电专业

蔡其复	陈长勉	陈福卿	陈慎根	陈约翰	陈自然	陈祖华	池长龄
戴汝洪	邓家棋	邓隐北	丁进之	郭德辉	何利铨	何正华	黄可度
黄守宣	李昌荣	李发棣	李启荣	李绍淳	李世英	李学中	李之鑫
梁年生	林　渝	刘国柱	刘维春	刘宗敞	罗观林	罗小曼	潘宏略
潘纸诚	庞文广	邵开浦	谭显性	汤光荣	汤劲茅	唐景贡	韦孝华
吴仁昌	肖　逸	肖宗江	徐　实	许安棋	薛吉春	杨金生	杨乾泽
叶日民	应景韫	余乃东	曾昭桂	章广裕	赵怀俭	赵景泽	赵孟坚
赵穆云	周模蟾	卓产铭					

水力机械专业

陈玉怀	广维洁	郭有国	黄本金	黄昭铭	剪万亮	李斐章	李　暖

李滔清	李泽民	梁文颖	刘甘霖	罗倡乾	马尔文	麦启祖	麦宗华
孟昭明	任姜尧	谭世聪	唐自汤	温华侨	翁科元	向 之	肖婉元
肖仲怀	张 亮	赵崇义	周 晨				

火力发电专业

蔡辉天	蔡正舟	陈承彦	陈国民	陈华林	陈启明	陈松林	陈泽铨
陈章淼	程 斌	程太和	炽 焕	邓航章	邓茂恒	邓天祺	邓 鹜
樊 蒲	范正忠	付凤图	付在昭	富 成	龚登荣	龚光鑫	古锦珍
郭维义	郭文铭	韩其道	何炳基	何显荣	胡奥学	胡天汉	凫均强
凫锐锋	凫世华	黄德树	黄建华	黄建新	黄玲图	黄明柱	黄乃旭
黄佩燕	黄锁环	黄旭武	黄玉中	黄毓英	黄沅芳	姜建伟	蒋太山
蒋维林	孔 玲	乐长义	雷道起	李佛金	李惠明	李锦藻	李力为
李天华	李万林	李文超	李笑山	李馨芳	李兴成	李雄步	李运皎
李镇湘	梁德标	梁政天	刘崇琨	刘厚道	刘甲化	刘金钦	刘菊钊
刘培洁	陆健文	吕元基	罗松章	骆杨聊	梅孝明	欧长清	潘传华
潘善明	彭漫辉	彭模兴	彭士达	彭永安	钱生玉	乔元勋	申世荣
寿 祺	舒安平	苏可山	谭圣家	汤增欣	唐秋林	韬 田	厚 燧
汪昌龙	汪文元	汪以强	王富康	王瑞兰	王绍强	韦翰云	韦钖永
魏永忠	文 烈	闻传健	裘正才	祥奇业	向 东	肖金泉	肖作善
熊长海	熊道巍	熊觉慧	徐叔钊	徐义华	杨朝海	杨道轩	杨国义
杨顺生	姚蓉宾	叶干强	叶介玉	叶枝全	怡 川	毅 忠	殷乾祯
尹文俊	余辉英	余品珍	余世等	余贞剑	袁政松	曾汉辉	曾令文
曾远志	张家保	张平新	张钦凫	张仁元	张荣松	张世受	张自强
赵珠联	郑邦俊	郑焕良	郑聊章	钟用昱	周礼泽	周邑生	朱伯祥
朱清林	朱希彦	朱志坚	邹曙霞				

工业企业电气化专业

艾远熙	蔡教聪	曹建彬	陈邦豪	陈达庆	陈光发	陈 明	陈汝英
陈 锐	陈英本	陈治象	程美苏	褚中奇	代裕生	代宗英	戴旦前
邓继椿	段春玲	段国忠	费尔金	费志永	高 鹏	古育根	郭树文
郭义纯	何维灿	胡景坤	胡明道	胡仁龙	黄超俊	黄光前	黄家福
黄天梓	黄赞辉	黄兆容	蒋振铎	雷信平	李博文	李迪铨	李根星
李家治	李强北	李荣熏	李善之	李亚滨	李珍砚	梁崇泓	梁寿康
廖乃雄	廖裕铮	林财锭	林开华	林业生	林真育	林忠岳	刘二辉
刘德盈	卢任明	马陈飞	马积祐	满运生	莫以杰	齐业瑾	秦天爵
区口光	邵雪秋	盛绪坚	施良骅	司徒浩强	宋达道	苏承庆	苏培英

苏 骁	覃学波	涂在国	屠国纪	汪克宽	伍振鑫	肖普隆	肖人智
肖祖强	徐炳燊	徐圣钺	徐杏陵	严启正	杨蒂坚	叶夏荣	伊作德
俞仲明	袁步清	袁世煌	袁 钰	曾汉生	张国荣	张生富	张世璋
张顺德	张义鸣	赵斌武	郑百强	钟 铎	周秋波	朱一民	邹祖坤
赵斌武							

发电厂电力网及电力系统专业

艾时济	袁孟圃	袁希韩	陈国南	陈晋权	陈佩芳	陈声鹗	陈顺脐
陈玉凤	程强楚	程强国	邓怡安	杜石为	葛宝湘	何宝蓉	何乃灿
何培光	何绍文	洪席文	胡会骏	胡家驹	黄汉诚	黄怀祖	黄妙玲
黄南生	黄四苏	黄一途	黄友玉	黄运泰	孔静云	劳嵌年	黎盛荆
李恒济	李永才	刘锋隆	刘镜周	刘丽英	刘淑媛	刘占祥	卢怀香
罗兴垠	马俊敏	马永灼	毛淑钧	明平举	潘隆加	潘中立	全让贵
申郁炎	沈国斌	史明根	苏伟雄	苏西宁	覃玉斌	万民存	王衙湘
王植敬	温善能	吴运勉	吴祖昂	武剑光	冼少强	肖圣礼	肖义明
薛自强	雁 生	杨仕超	杨晓兰	杨又珍	杨泽霖	姚作武	叶禄生
叶妙元	叶蔚琅	易正民	余文正	张仿禄	张国钢	张少莫	张先斌
张永立	郑裕出	钟好达	钟伟勋	周承基	周 济	周银汉	朱锷华
朱剑强	朱纡英	左 辰	邓仲通	王德芳	张志鹏	周素梅	

高压电技术专业

蔡济权	曹子太	陈凤常	程立显	甘宏柏	贺景亮	胡瑞仁	黄法芳
黄盛洁	揭秉成	雷一鸣	李法源	李洵然	庞位宣	秦前承	汤昌陈
童显干	杨法华	杨仕林	殷国祥	应山英	岳健民		

1962届毕业生名单

电机专业

陈家年	陈松基	陈 彦	陈振华	陈正元	谌志彬	池起全	崔占锁
单人玕	邓楚雄	方树昌	忽树岳	黄大绪	黄毓翰	黄宅舒	姜吉琪
金家瑜	兰世源	黎 锦	李安平	李存予	李国兴	李建款	李堂彬
廖作萍	林枚君	林元生	刘典声	刘民生	鲁开平	莫达新	牛其玄
欧阳佩珍	彭世雄	彭舜安	彭湘法	邱汉元	孙恭宁	孙恢礼	田宁馨
万邵藩	王伯亮	王宇峯	魏章和	吴承修	项云林	许锦兴	杨云祥
姚忠烈	叶恒锦	叶林香	余前洋	张昌柱	张媛珍	赵友琴	周瑞娟
朱 曙							

电器专门化专业

白远煌	蔡金财	蔡训正	陈和翰	陈觉民	陈骀荣	崔　彬	邓建奇
范治本	关　浩	何凤维	何维忠	黄润民	黄似强	蒋光徽	康完松
赖裕凯	黎　斌	李纯玉	李后品	刘福宝	刘名俊	刘权松	刘圣昭
刘胤雅	刘玉芬	刘梓书	芦信昌	芦志文	莫灏武	帅典烈	孙泰英
唐文松	万　广	王梅圣	温祥龙	伍惠容	肖必善	杨享珍	杨章如
易　六	余法新	曾昭荣	周传茂	周焕然	周修道	周自明	

水力发电专业

陈礼隆	楚梅波	戴自钊	方辉钦	甘家庆	顾宁昌	何先勤	黄仲翰
蒋光明	李发沛	李昆生	梁建行	廖康旌	林盛伟	刘保元	刘鑫卿
刘泽煌	马寅五	钱得宁	沈永安	沈有根	眭乐生	孙镇高	翁碧如
向　明	谢模良	谢祖安	熊良万	熊念哲	颜金石	姚文勇	曾　繁
张祖尧	郑模圣	钟　琦					

发电厂电力网及电力系统专业

蔡常旺	蔡万禄	曹席儒	陈凤翔	陈鸿泉	陈觉明	陈贤治	邓焕仁
丁光耀	窦知本	方　涛	封淑南	龚均麟	郭燕秋	何汉昆	何鹤龄
何益英	黄汉增	黄宏谋	黄华年	黄延龄	黄耀藩	黄云兰	江万宁
蓝善茗	雷伯豪	李美珍	李淑芳	李为楷	李振鹏	李喜宗	凌振启
凌智敏	刘开发	刘作荣	卢方甫	卢锦乔	罗新泉	马定林	梅世泰
明道寿	潘纪昌	齐　明	权赫烈	容巧英	苏结成	谈日光	唐本溪
万千云	汪祖禄	王朝钧	王国光	王家骧	王声泽	王香山	王晓瑜
巫迪桓	吴培刚	谢克家	严平欧	叶俊昌	余耕南	佘名寰	袁逸群
曾安四	曾继伯	占锡尔	张高财	赵士耀	郑志铿	郑旭初	郑正仪
周慧瑜	周绍兴	周永新	朱镜燊				

工业企业电气化专业

蔡玉春	陈　赫	陈绵云	龚敬文	顾季垣	何成浠	洪志余	胡潭熙
胡文俊	黄传勇	黄维楚	黄香山	黄一帆	黎明森	李安全	李大镜
李惠良	李振武	李定夫	刘心济	龙佩芬	龙镇中	潘怀绩	潘伟基
裴文彩	肖金生	肖贵云	施森峰	苏天健	孙家辉	谭学章	唐云英
屠乐正	王汉生	王理光	王淑民	王周璇	韦镇邦	魏守平	文梦云
文承平	吴国泉	吴少华	冼广雄	肖自力	熊达棣	徐　平	严　雯
杨欣荣	杨忠舆	姚佑莉	殷炳昌	游华杰	云昌东	曾伟扬	曾志恒
张前贤	张文修	张馥根	张志成	赵开清	周怀武	周秋端	周镇湘

朱永祥　宋世勋　宋朝文　邵思毅

1963 届毕业生名单
电机专业
包瑞英	蔡绪洪	曹国纯	陈勤才	高其言	关延栋	韩守华	何耀辉
黄国治	黄贾明	黄克勤	黄兆荣	黄棹莲	蒋必中	赖佛坦	黎荣兵
李安平	李桂兰	李家正	梁新昌	廖超宏	刘介明	刘先棣	刘正明
刘治祥	吕秀范	罗叶全	彭友媛	屈家纲	屈仁杰	陶柱机	万远琪
王太保	王延国	王贞昌	王志达	文笃延	吴海泉	吴兴壮	谢晋毅
熊发铃	许竟贤	许祥达	颜荣光	晏上元	杨爱媛	曾兆炎	增宅栋
张　义	赵明者	赵行富	钟洪林	钟树华	周才宏	周逢生	朱真木

电器专门化专业
陈诒龙	洪梅芳	侯松涛	黎纯旸	黎友安	李嘉英	梁彩嫦	刘祖琛
罗雨剪	莫均全	唐　超	唐志盛	王维武	王希天	王宗胜	文同心
吴元安	冼文兴	杨贵庭	杨守永	喻经法	袁开家	张惠珍	张清益
张诗均	张绪坤	张　勇	张玉凤	钟金元	朱思敬	曹广栋	陈学斌
读春堂	杜有清	龚保成	胡雪坪	黄大勋	黄永良	蒋国初	李厚成
李慧卿	李楷妍	李木清	李肇绎	利鸿权	连先胜	林妙科	林　明
林世义	刘玉皋	柳文山	罗　宁	罗述南	聂　冬	彭光才	覃黑章
谭玉魁	王其贵	王希文	王裕臣	魏岳州	吴恒义	吴茂桐	夏克铭
肖家浩	熊克安	徐丽芳	徐胜光	杨玉珍	杨志彰	易树根	易志斌
袁立根	袁忠卫	张汉和	张华芳	赵世炎	郑珍先	周敬坤	邹香臣

工业企业电气化专业
安显娟	采国安	陈光亮	陈恒信	陈茂松	陈英强	代方荣	邓以棣
范治华	冯念明	甘家培	何法智	何志超	贺光辉	胡菊芳	胡致祺
奂乾业	奂锡龄	黄登庆	黄建明	黄永新	贾淮光	李达发	李贵春
李洪业	李经树	梁汉生	梁惠冰	林铁铮	林贻川	刘沽兴	刘仲芳
吕维璋	罗佛香	罗景潘	罗寿夑	彭竞存	沈有光	盛惠云	苏舰榆
唐俊华	汪克难	汪荣海	王建潘	王理光	王其伦	王淑莹	王义满
文承平	伍志恒	幸垂祈	熊曾成	颜明法	杨主志	叶柄华	岳建雄
曾东山	张法兴	张西秦	郑植林	周礼校	周志成	邹国兴	

发配电专业
郭群恒	何秀平	胡楚威	胡锦添	黄英续	李逢良	李华生	李烈晗

李乃景	李日隆	梁景开	刘泰章	卢世嵩	罗初田	罗纪良	罗培远
梅惠芳	农植恒	潘风彬	彭逢伟	彭康宏	宋健群	苏定珍	覃法君
谭沃旋	唐禹平	王励志	王启晏	王寿安	王绥晋	王远凯	魏国强
项中芳	谢国恩	徐　麟	徐悌朝	徐元芝	杨家洪	杨青山	姚淑仪
叶荣鳌	叶守金	袁奕仁	张炳惠	赵壁荣	赵玉泽	周全仁	周　群

水电站动力装置专业

陈发耕	陈国超	陈辉荣	陈金安	陈学才	陈注淮	董永富	董志杨
杜树强	何承义	何注芬	扈宝鼎	黄登科	焦清华	孔祥洒	李栾梅
李修值	李永鑫	李志洁	李志伟	李注荣	梁瑞红	刘保元	刘　诚
刘红华	刘　辉	刘辉钦	刘惠鸡	刘新阶	刘永伟	刘振桓	刘镇生
罗勤华	麦注起	孟昭宾	潘秋评	彭少华	沈联陞	石树滋	谭纲常
潭振荃	唐登远	汪新才	王玲民	王阳民	王永明	吴辉循	席代炬
谢爱莲	谢先庭	徐俊瑞	严心荣	颜泽友	杨家兴	杨面炳	杨荣瑞
杨世华	姚本昇	游月嵩	曾国林	赵春全	赵坤辉	周济杰	周协武
祝淑芳	左坤运						

水力机械专业

袁立克	曹金陵	陈代隆	陈占方	成章刚	冯国强	龚傅宝	关广桐
韩炳超	何国任	何显章	胡晋球	胡松林	黄存孝	黄富伕	黄奕华
黄益宗	黄兆骥	贾光源	蒋学运	赖永鎍	冷炳生	李苍麟	李叙华
李燕涛	疗土养	林傅中	刘国崑	刘　辉	刘善崐	刘永铤	卢在新
伦容雅	罗惠水	马瑞祥	孟同善	明国卿	莫福清	莫庆生	彭春生
彭逢如	彭均缊	彭康彪	饶立藩	任全声	孙耀煌	谭建中	唐炎武
万玉芳	王成坤	王德华	王明新	王天福	王庄严	王子庆	温美香
吴书元	熊玉文	杨大春	杨义成	英仲元	余　忠	曾昭银	詹浩民
张常武	张存仁	张良正	张永良	张治民	仉善生	周正祥	朱艾英
朱和长	朱立民	邹育湘					

1964 届毕业生名单
电机专业

蔡善芳	陈杜学	陈启荣	崔海珊	邓坤玮	丁文栋	董志高	杜洪富
杜潮生	范心古	高逢辰	龚昭祥	何袒琪	庄乃颖	黄循庆	霍育川
孔宪诗	赖利兰	雷小玲	雷新莲	李君家	梁霭心	凌锦昌	刘宏昌
刘念良	刘文兴	刘用清	刘有光	马枕武	饶钦访	年根新	潘取涛
濮传高	任金珠	沈子慧	王金普	王阉节	王仁杰	王云山	吴宏开

吴立信	肖启祥	熊景霞	熊清源	姚忠烈	叶雍权	易以睦	袁超强
袁复华	曾良咭	张翠娥	张洪勋	赵慧英	郑延文	周锦成	周永均
朱学洪	邹士统	严根新	欧淑贤	叶珍荣	范正云		

电器专门化专业

常立棠	陈　颁	丁冬发	冯万清	付兴民	贺英全	黄培金	黄秀英
蒋英圣	焦树圭	李桂英	李锦霓	李扬威	梁大章	廖述堃	廖啟芳
林播芳	林友定	刘伯民	农文球	卢锦涛	欧日瑶	谭志成	汤瑞云
唐秀炳	王昌登	王金殿	王亮初	王湘民	谢昆仑	徐培萍	余妙璋
张伏藩	郑昌钰	钟达明	袁宗元	李扬盛	胡厚坪	谭玉魁	刘玉阜
易志斌	邹香臣	易树根	袁忠伟	罗　宇	陈学斌	徐胜先	

水电站动力装置专业

蔡王英	蔡言永	陈鉴澄	陈美霖	陈小梅	丁冠雄	范先明	何绿素
黄冬梅	黄忠烈	贾仕楚	李鹏章	李永龄	刘玉琨	李家顺	梁达伟
廖方炳	刘颖洁	聂贯一	庞珍珠	钱兆勋	屈长志	宋立人	苏胜洁
唐世昌	陶家齐	滕文炳	涂光瑜	王宏建	王化民	魏培民	文治平
吴晋绍	熊斯毅	徐佩玉	杨辅汉	姚国光	余植祥	曾怡玖	赵　颖
郑永慰	周庚仙	周国宝					

水力发电厂专业

曹文郁	陈风杰	陈鸣山	陈其秋	陈行高	陈玉灿	陈祖华	程棣药
丁俊亮	杜淑玲	龚贵屏	郭汉华	胡家声	黄成济	黄道华	江泽林
兰玉梅	李品炎	李元钦	林尤贤	刘梅梅	刘明玉	刘文龙	刘晓渠
罗谦棨	梅建生	聂启荣	阮亮曹	宋仁义	谭本裕	汪以进	王福梅
王庆云	文辅湘	文延成	吴积根	吴荣兴	吴世昌	吴义方	谢莉敏
谢石清	熊良印	杨良海	余春荣	余人文	余杏元	俞善礼	袁宏斌
曾光智	曾应源	张三祥	张恕慈	张忠祼	周正贵		

工业企业电气化及自动化专业

蔡大有	蔡九成	曹先祥	常远和	陈凤英	陈茂林	陈汝文	陈少林
陈雄英	陈秀萍	陈子杰	程昌桂	崔世祥	代富填	邓想珍	丁先林
丁予立	方先恕	冯克东	冯世保	冯树清	高秉银	高季康	郭　萍
韩长岑	贺宝珉	贺洪范	胡云甫	胡宗华	黄同伍	黄永章	金述珍
赖寿宏	李广宜	李建新	李清和	李守义	李思成	李庭长	李旭洵
李远刚	刘卡章	刘才荣	刘光荣	刘克勤	刘顺清	刘湘柱	龙怀光

卢琳莉	鲁炳文	陆俊源	罗厚均	罗家金	罗锦才	梦嘉田	毛治家
倪惠丽	彭洪蛟	濮沣	邱杏元	沈光枢	舒年春	舒行敖	唐梅棣
田书友	汪国健	王常钦	王春云	王济川	王开熙	王顺金	王思泰
王宜秋	易建晖	易润兰	王运琪	王昭毅	王治梁	王忠阁	文敬昌
文永荣	吴方泰	吴华春	吴永鑫	吴镇亚	夏蝉湘	项袯秋	肖醉君
许典发	颜云清	杨朝馨	杨家栋	杨秀蓉	杨志道	余燕琼	袁纯如
袁有康	岳义卿	张荣兴	张延忠	张义才	张亦男	赵方	郑均新
郑志猷	钟成清	周曼君	周文龙	周昭海	朱仁观	朱秀初	朱志竟
庄亚娜	邹厚俊						

发配电专业

蔡崇柱	陈才贤	陈如九	陈维祯	陈文寿	陈宜光	邓秋莲	窦知本
杜在贵	杜亨华	高秉佑	戈承	龚银珠	郭李宪	郭钦榜	何新国
贺常英	胡俊	胡引弟	胡佑臣	黄诗聪	黄文瑞	黄渊书	江胜男
蒋振声	李保松	李崇丘	李汉才	李华	李华生	李家镕	李锯根
李乃禄	李培元	李维义	李学德	李正瀛	李宗荃	李作宋	梁志鸿
廖佛胜	廖季寅	廖家琪	廖启珍	岑春霞	凌张顺	刘剑辉	刘景元
刘庆雄	柳东海	陆雪梅	罗维国	马仲安	沈恕	谭向红	唐谦
唐义家	周繁增	周世全	周仲仁	万文珍	王嵩山	王健华	王钦朋
王勤守	王心文	王珏	王正华	文仲康	吴炳麟	吴海瑞	吴森泉
吴明友	吴幼成	吴浩中	谢礼珊	谢世辉	徐端珍	晏吉之	杨瑞元
杨守印	姚传芬	叶运良	殷正忠	袁礼明	曾春涛	曾国名	曾玩祥
曾昭运	张陆钧	张锡禄	张赐辉	张性超	赵盛山	钟开明	钟茂华
钟淦祥	朱怀宗	朱钦	骆德伟	区钖炎	舒业培	胡国安	聂厚堂
金银华	李定鑫	代信生	王重时	姜友大			

1965届毕业生名单

电机专业

蔡尚文	蔡振泉	陈汉财	陈立群	陈寿世	陈万瑞	陈胤生	陈玉
陈元东	程非	崔仁宁	董天临	董云亭	樊明武	方其永	方柱民
冯桂芬	高培安	高相道	韩可莉	何方金	何慕娴	胡鹤鸣	胡学信
胡祖秀	黄金龙	黄顺礼	黄松樵	金澜	景佛金	李国英	李岚阳
栗福珩	林吉玮	刘长春	刘传奕	刘庆珍	罗福兴	梅宇衡	宁玉泉
彭达生	彭荣彩	彭相衡	齐春明	任国梁	石福保	帅世荣	孙大正
汤树根	陶明斌	汪成华	王齐桓	王继康	王忠华	邬富锦	巫祯祥
吴佛荣	吴美斌	吴顺英	夏治平	萧伊国	熊秀华	徐秀发	徐卓文

许祥清　薛荣山　业意茂　张国凯　张清运　张婉贞　郑舜煌　钟寿松
周绍宗　周寿威　周正道　朱爱莲　朱玉堂　朱作石　周善成

电器专门化专业

陈吉耀　陈利明　陈平成　陈书森　戴友福　范功民　付安琪　桂玉恒
郭远毓　何仁浩　胡复兴　黄福鸣　黄格钊　王洪运　黄玉清　康裕民
蓝防允　雷永达　李建新　李建元　李赞宇　梁方伶　梁光钧　林良调
刘大珊　刘家林　刘景昌　刘克敌　刘天刚　刘之敬　刘玉珍　刘忠福
柳英武　龙乐汉　陆　田　罗国安　罗泳春　毛汉林　邓昌普　沈国富
盛俊初　汤春梅　涂艳萍　范兆群　王维杰　王　文　王元忠　王祝焱
吴先基　夏鹤龄　萧楚森　肖书国　熊明美　徐本元　颜业行　杨祯广
阳质文　易子汉　余德洪　俞礼南　曾广明　张本评　张居兴　张思纯
张祥贤　张享生　郑忠文　钟肇南　周令彦　周松椿　周自胜　朱方苗
朱桂英　宗贡栋　左汉生　梁之俭

工业企业电气化及自动化专业

蔡常漆　陈财源　陈福庆　陈训芳　陈耀德　程颖超　邓崇华　廖林森
冯公平　符之森　辜振秀　关德林　桂福元　郭新文　韩庆文　胡乾斌
胡桃远　黄树森　黄素芬　李光斌　李玉国　刘国太　刘连生　刘蒙耀
刘沐生　刘正林　麦志增　毛德永　潘声雅　盛翰龙　苏长孝　谭椒蕃
汤玉贤　田家福　王家齐　王履福　王启强　王文仁　文禹河　吴梦亮
吴雄威　吴益彬　徐邦荃　徐绍焱　严锡钟　阎观凤　姚维明　叶坤怀
喻昌茂　曾焕佑　张绪保　赵敬芳　赵小敏　赵自文　钟伟杰　朱根发
杜志德

发配电专业

鲍茂荣　岑凤英　陈崇沅　陈雪珍　陈宗英　戴笃恒　范祥学　郭绍奇
韩耀敏　胡仲莲　黄纯德　黄锦章　黄寿文　黄维玲　黄耀明　霍继安
姜化竹　黎成泰　李桂蓉　李圣林　李涛之　李贤桃　李信矩　李义熙
廖柱光　林日清　林伟强　林尤文　刘楚清　刘选华　吕小玲　孟照武
彭辉锐　丘德谦　饶有才　石兆勋　孙家良　童宁荪　王　镕　王少华
王乃圣　王为爽　王永洪　王幼霞　王岳秀　王珍珍　魏启渊　魏寿彭
吴希再　夏正九　肖光荣　肖国才　谢诚和　谢广贵　徐　敏　鄢裕尧
杨公正　杨建国　杨日馥　杨香泽　杨小慧　姚愈通　殷秀华　张孟雄
张万友　张友香　赵以裕　镇方平　郑才太　郑世机　郑振龙　宋金祥
钟信义　周基福　周达山　周志成　朱昌礼　朱志忠

水力机械专业

辜文星	梁健维	黄佐钊	陈荣华	徐家淑	刘德奇	王文烈	沈奚佳	
荣文达	毕世贵	王方劼	张肇林	黄国权	邓郁成	黄共才	陈基中	
蒋桂堂	常于盛	李翠琼	苏 瑄	陶茂堂	刘习楼	张亚青	黄祖述	
杨名刚	蔡道清	龚道清	龚万慧	罗经仪	陈如福	俞开启	黄炳冲	
谢炎兴	王汉珍	邵华秀	彭文连	周莉琼	童启忠	巫光松	黄立正	
汪振杰	许立平	杨伯清	刘正龙	黄有谷	杨长生	王大垠	黄福文	
刘尊祥	胡培志	冯功砚	汪双久	龚传炳	张学舟	黄 冬	曾春爵	
胡传海	陈德崇	邓苏杏	胡家敏	吴振华	张福清	熊兆炳	田立基	
田春辉	王春英	李必祥	王振中	宋义才	万迪璋	张新宝	何佛松	
陈祖义	徐法云	徐慧明	钟长生	刘 锋	任均其	陈贻源	万士明	
尤菊英	王世林	阮福刚	杨炎生	陈明万	李永才	夏纯校	徐新俊	
周洪生	刘汉和	汪大超	高其润	刘忠光	李芳清	徐华轩	何月曲	
于志行	刘光安	魏汉书	夏益祥	邱洪芳	戴香书	黄石凡	谭文远	
胡日宗	刘秀兴	陈大耀	张德炼					

1966届毕业生名单

电机专业

陈龙华	陈耀元	邓松燊	杜汉焱	何国英	何钦华	黄寒芝	黄茂林	
黄仁和	黄溙泰	孔陵元	李玉贤	柳长荣	陆浩仁	屈孝先	容南才	
石学玲	宋茂清	万必胜	王运寿	吴恒伟	吴孔祥	吴仕杰	夏金莲	
肖冠涵	肖七根	肖钖奎	肖永礼	徐子盛	颜修带	余 平	张莉华	
张声表	周清泉	朱全珍	宗贤达					

电器专门化

陈康德	陈文铭	程为春	邓康连	杜呈园	封奕金	冯德蕙	冯国柱	
付世腾	高灿明	韩光华	韩天行	胡幼法	黄生荣	黄松焕	黄 桢	
康中谟	黎秋梅	李贵根	李桑岳	李玉美	刘文瑛	吕强华	彭复元	
滕良华	涂秀光	王新民	肖钖湘	徐诗清	徐贤忠	杨瑞华	喻三宽	
张若愚	钟土生	周 彬	周蕰民	朱传寿				

工业企业电气化及自动化专业

陈凤岗	陈南建	陈少康	陈月恒	楮玉阶	韩 芸	何秉钧	胡崇珍	
黄信纪	李福英	李威伯	廖鄂钟	刘传树	刘汉云	刘家华	刘景春	
刘 耜	鲁子秀	罗四维	毛美顺	毛仲德	梅家茂	蒙美文	彭景汉	
彭淑敏	彭淑媛	彭银生	齐志高	石国永	舒先豹	苏德纯	童树广	

万文惠	万湘茂	王柏仁	王宝仪	王成童	王广鼎	王宏玉	王明阳
王瑞仪	王伟坤	王燕玉	王震贤	翁更雄	奚后匡	夏绮雯	肖居文
肖青霞	徐熙明	殷本万	余胜生	曾庆生	张富有	张忠夫	赵修仁
甄幼律	钟荣烈	周长洪	周松山	周友春	朱家城	朱晓白	左连璋

发配电专业

曹本根	曹国伟	陈伟俊	陈相吉	陈训江	陈振衡	湛谋恩	褚巨康
方长城	冯传保	冯广智	高联骏	杭酒良	郝致知	何耀垣	何志渔
胡德斌	胡伦骏	黄长进	黄运全	康垂中	兰必安	李嵩矩	李云清
梁兆中	林 干	林洪涛	刘玳琍	刘建国	刘金英	刘运华	卢章海
罗清华	毛道欢	梅云蜀	梅志亚	莫景许	潘守运	丘显壮	苏华琍
孙士尧	谭明高	谭诗桂	陶效良	王立超	王式平	王式琰	王寿康
王远璋	王哲任	文开凤	吴国祥	伍隆贵	肖荣爱	徐南阳	鄢宗沄
严兴泗	晏华强	杨良钧	杨照支	尹华林	游中权	湛心林	张柏池
张警声	张英华	张忠禾	周代茂	周凯林	朱顺学		

1967 届毕业生名单

电机专业

陈国平	陈向东	程为祯	董祥全	杜仕洪	高传贤	胡廷燕	胡治平
黄守振	黄应生	简祝凤	蒋 如	郎维川	雷龙芬	李家兴	李湘民
李祥函	李兴光	凌良义	刘胜光	刘享之	罗文新	彭日新	申思源
谭忠源	王长青	王清都	王天麟	肖景明	徐贻坚	徐渝生	杨云祥
易永海	游先芬	余景福	余文生	曾向红	郑 瑜	朱忠东	宗贤玉

电器专门化专业

曹友成	陈基伦	陈 宽	陈名雄	邓存藩	高敦元	桂治东	胡冠群
胡仁钦	李 果	李堂翔	刘快春	刘维忠	罗时旺	毛忠芳	梅孟明
丘成昱	田 平	魏来胜	文稼如	夏映鸿	杨其海	肖立刚	谢爱清
叶启弘	詹永清	张远帆	郑易寿	周克辰	周祖焕		

工业企业电气化及自动化专业

鲍有理	陈德芳	陈培玄	陈 温	陈先翠	成现平	程国政	邓观其
邓金海	丁哲谋	段飞鹏	范铭湘	冯义松	符□武	郝秀岑	何炳福
何万方	胡迪生	黄 磊	黄懋彬	黄铭忠	黄淑生	黄衍祥	江武钧
姜叔勤	焦顺昌	居乃郁	库洪盛	李帮凤	李付万	李光治	李盛东
李兴武	李泽明	李增耀	李宗华	梁紫兰	廖纪帮	林金忠	林峻青

林树凤	林锁栋	凌立功	刘昌洪	刘昌照	刘文明	刘中渭	鲁昌英
鲁 迪	罗春辉	罗谦芬	梅全康	明 键	莫日华	钱素清	秦海林
盛景华	石 纯	帅争鸣	孙炳成	孙家澍	孙家桢	谈兆生	谭本豪
谭本君	谭国文	谭金荣	王宝和	王方生	王光武	王光裕	王天福
王蔚蒲	王犀照	王裕江	卫学贵	吴大伦	吴方权	吴鸿祥	夏建章
相茂康	相月秋	谢利他	谢远礼	徐泉身	徐志雄	易建国	尹云霞
喻传镏	喻国英	张德群	张格昌	张国琪	赵德镆	周明澹	

发配电专业

陈胜利	陈天年	陈 渭	陈一周	陈益文	代 伟	窦倩菲	冯金荣
付灵桂	高连生	郭祝三	何惠慈	胡亨利	黄荣庆	江尔明	江 强
葵美镜	李奠川	李光晾	李泰光	李学森	廖英华	林初诊	刘亮红
卢言礼	吕继嘉	吕瑞荣	罗 湛	麦镕光	莫良竹	庞思球	裴作举
彭定宏	史久康	舒先民	孙良政	谭国荣	唐仕修	田忠信	万汉华
汪国骏	汪先荣	王春州	吴庭安	武亲萍	杨守睦	肖光瑞	熊贵墀
徐人杰	徐运林	许明裕	严锡萱	杨天明	喻同仁	张榜运	张代富
张民新	张啸红	郑明哲	钟进英	钟培祯	钟思正	周汉诊	朱隆胤
邹家武	高文林						

火力发电专业

车及载	陈金凤	陈小民	陈学良	程 勇	代 兵	邓梅青	董海囡
冯慧雯	郭 松	郭新安	贺新民	黄安然	黄曼兰	黄书义	蒋仁发
焦方豪	李本昌	李灵波	李小玉	梁昌武	刘汉德	柳宗厚	罗次安
孟继中	潘 显	彭光正	秦莁	丘殷隆	区杰□	盛赛斌	舒和华
舒少林	苏国胜	唐家球	汪定国	汪光淑	王显骒	肖大维	阳秀华
姚守怀	叶 涛	易 斌	袁世芹	张敖峰	张桂华	张 涵	张涧云
张小玉	张正纲	赵嘉陵	郑楚光	郑大振	周季新	周绍康	周绍文
周泽群	朱 平	朱振中					

水力机械专业

陈海龙	陈邵贤	陈肇源	丁君亭	龚名光	韩子春	何 群	何善鸣
何沤芳	贺友权	贺 元	胡贵敏	胡培金	江厚生	蒋长法	孔庆岳
寇子玉	兰金堂	兰庆文	李大春	李国忠	李云初	李允安	李祖庚
刘凤智	刘光富	刘国恩	刘民志	刘宇彤	罗本立	庞声林	彭朝玖
秦泽俊	孙其彬	谈宏超	覃益军	谭国武	谭淑楠	王惠云	王世新
危 蔚	温建中	文振铨	伍运禄	熊茂云	徐志高	闫安民	严锡梁
姚向贤	张 柯	张龙飞	张知让	张忠斌	郑 道	郑佛钦	郑光培

1968 届毕业生名单

电机与电器专业

安玉梅	曹北川	陈东谱	陈汉明	陈宽初	陈齐一	陈齐庄	陈定来
陈文虎	陈贤新	代静初	代立楚	代永宝	杜方桃	段基祥	方自立
符菊元	郭柏林	郭开泰	郭述安	郭熙丽	韩兴华	韩修林	何　辉
侯建民	黄承章	黄述芝	黄舜芳	黄哲江	瞿昆辉	李长让	李衡清
李明辉	李炎方	李燕熊	李忠矩	梁道辉	梁昭永	梁汉明	梁杰华
梁胜予	廖光正	林长荣	林梅生	刘恒康	刘纪雷	刘昆山	刘美方
刘业仁	龙宝珠	吕志强	罗汉桥	任大任	任尚之	盛如康	苏云峰
唐承谟	陶甫庭	滕信修	涂建炳	万林荣	万思仁	王宏山	王俊才
王联松	王祥葆	王幼成	王振国	成永田	魏金星	魏黎明	文远芳
吴明章	肖崇礼	许伟平	许永芳	薛　炜	阳海宁	杨阜吾	杨美玲
易长枚	余其安	余有恒	张朝栋	张传瑞	张厚春	张清洁	张填奕
张宪祖	张应正	张肇鸣	赵正雍	赵志兴	郑礼生	钟福祯	钟胜利
周葛霞	周中苏	朱忠平	邹建民				

工业企业电气化及自动化专业

艾方银	卞秀玲	蔡政亚	曹洪祥	陈关庆	陈果权	陈海荣	陈辉煌
陈正湘	谌伯华	成　章	程剑清	崔淑媛	代世宏	戴正文	党运亮
邓益邦	杜文宣	杜仪安	端木明	樊振群	龚世缨	顾德云	顾　京
何保中	何明楷	胡光肃	胡家善	胡荣强	胡奕云	黄安钧	黄谷良
黄冠斌	姜君生	姜盛光	金铁英	金秀林	金稚珍	冷孟祥	李福民
李汉文	李舜莉	李银生	李玉如	廖　强	林胜清	刘炳秋	刘崇云
刘瀚勋	刘曙光	刘迭四	刘仰龙	刘治安	罗发相	马鹤林	毛羽丰
梅献祥	欧明珠	彭良泰	钱宗林	秦　左	权先章	邵洪强	盛祖棋
苏厚松	谭自坤	唐会炘	唐少农	陶印心	屠礼华	汪志新	王笃志
王金瑞	王梦生	王　朴	王　文	王学求	王载新	魏本高	吴人凯
吴人起	吴胜利	夏安宜	相伯天	杨光羿	杨培琪	熊　焰	徐尔骏
杨令可	曾德泉	詹胜华	张贵强	张介夫	张庆勃	张荣华	张殷记
张正文	张正武	赵炽其	赵景春	郑天柱	郑小军	郑正明	钟以安
钟章百	周光富	周华亭	周鑫霞	朱贵昌	朱佩珩	朱普孝	庄润房
邹世忠	左泽润						

发配电专业

白开明	蔡遂仪	曹亦兵	陈邦达	陈楚光	陈定中	陈金炎	陈　武
陈允平	成　志	段凯明	高凤英	关宗俭	郭玉波	何倩贻	何声亮

胡荫安	胡友道	焦 杰	金 炜	李 刚	李和平	李黄生	李 强
李文生	梁 兵	梁守祥	梁淑贞	刘光武	刘甲申	刘凯生	刘利仁
刘美观	刘 沛	柳愉文	罗长庚	罗承东	罗承廉	罗大成	毛力夫
彭红兵	邱来发	沙新华	苏棣芳	魏敏文	谢朝雄	谢 闯	严 军
易 波	易 鸣	余恩华	余治安	喻世英	曾小立	张洪祥	张 全
张玉林	张志军	赵兴德	赵旭东	赵炎生	周家宝	祝家贞	邹健行

火力发电专业

蔡光信	查方荣	陈大厷	陈华民	陈建明	程除日	邓昌礼	方国安
冯时敦	高绍祖	郭礼村	何求生	何兆华	胡志芳	黄大胜	黄婉英
季新昌	康子纯	李可成	李 宁	李杏英	李泳芳	李玉兰	梁小罔
刘凯云	龙德让	罗正东	马定坚	欧阳自强	彭传珊	阮兆明	盛秋海
唐瑞德	田沛亭	童康振	涂仕泉	王世昌	吴华斌	相万欣	相熙昶
谢原笃	熊绍昌	寻道南	姚应龙	叶能谦	叶寿权	余天海	喻先河
袁日秋	张安祖	张国青	张家林	张明强	张杞璜	张少康	张晓枚
钟左明	周凤仪	周湘文	周秀云	周祖荣	朱汉平	左国祥	

水力机械专业

陈基智	陈金华	陈南翼	陈亭钧	陈 真	杜济美	高祥帆	桂世华
郭宇丹	贺建华	洪彰善	李德威	李振宁	廖禧文	龙国洪	龙赛亚
明仁广	潘一行	任光宪	沈宝祥	沈震华	孙光金	吴绍文	吴惟诚
夏传香	夏鸣举	相和众	徐文彬	鄢琼林	余冬元	张秉强	张钧德
张穗生	郑士林	周国运	朱慕英	邹中华			

1969届—1970届毕业生名单

电机与电器专业

艾书强	艾 恕	曹皖萍	曾玉林	陈安明	陈光东	陈国贤	陈 兰
陈辘如	陈瑞林	陈殊殊	陈维因	陈文祥	陈永志	陈毓珊	程献山
崔应贤	邓惠然	邓亲恺	邓 炼	邓煜炽	樊国成	范注滔	封 华
冯建国	冯 杰	冯运华	冯智德	付爵林	付俊烈	高朝辉	高东辉
高克武	郭东林	韩庭耀	洪水配	胡家劲	胡考宁	胡美林	黄邦玺
黄邦尧	黄大兴	黄礼辉	黄林栋	黄锡致	黄永添	黄玉光	江光喜
江耀华	姜年生	姜诗章	荆体增	荆 振	康奕庭	康云辉	雷保基
雷 波	李国保	李国华	李启炎	李清夫	李泉成	李铨和	李天福
李英明	李正初	梁福耀	梁泽崇	林更义	林巨才	刘凤初	刘光荣
刘菊莲	刘礼正	刘申生	刘小英	刘雄剑	刘业伟	刘治河	卢维宁

芦在萍	陆裕泗	罗长发	蒙小兵	欧阳铁	庞征海	彭忠琦	任士焱
申国名	申湘媛	沈良岷	尹丹心	舒正伯	司徒远华	苏娟娟	孙　敏
汤黎明	唐照银	陶学仪	田景敏	万来松	汪　海	王光玉	王世平
王受成	王庭亮	王维勇	王宪生	王小仿	王秀元	王永忠	王幼明
王元林	王章法	王章启	王之珍	魏家悟	魏金城	翁良科	吴鸿修
吴继红	吴顺成	吴庠安	吴秀琴	吴诏燕	吴致平	吴遵树	伍智儿
席运雅	夏良波	夏协安	肖月球	肖佐诚	谢华珍	徐松奎	徐正凯
许德学	许瑞清	许孝平	闻龙珊	严平安	阎花娥	杨长安	杨金云
杨秀珍	杨振强	杨忠平	杨仲明	姚都雅	姚裕安	叶美媛	易　平
殷利如	余惠良	余岳辉	郁孝星	原思温	袁炳炎	曾凡鄂	占宗富
张国梁	张　健	张年凤	张儒清	张永宝	张云瑞	郑家鑫	郑振成
钟建安	钟志峰	周方桥	周海云	周秀南	周业南	周挹芬	周泽英
周志强	庄兆麟	宗濮琦	邹忠学	左柏青	左雨林		

发配电专业

蔡桂芳	蔡秋年	曹履谦	陈朝雄	陈风生	陈　汇	陈俊廷	陈丽华
陈乾斌	陈思殷	陈学群	陈亚辉	陈元华	程焱炳	戴振礼	丁成志
杜小玉	费仲强	封寿卿	冯惠玲	冯林桥	付剑安	龚汝东	韩　豹
何景骥	何正玉	贺完轩	贺益兰	胡六仔	胡寿群	胡宗立	胡宗瑞
黄宝珠	黄　稻	黄国桢	黄协光	黄志超	黄祖煌	瞿　奇	雷禄平
冷振华	黎远道	李继长	李俊谋	李坛金	李文森	李永才	李灼胜
连耀全	刘思河	刘献君	刘新建	刘宗敏	龙中福	陆元生	罗桂钗
毛远琪	裴作武	彭洪水	齐关生	钱亦军	秦金生	包南海	沈自明
施仲成	施朱曦	苏崇烈	苏　锜	孙楚斌	孙煌德	孙嘉义	孙建军
汤怀志	唐见俊	唐胜祥	田良锄	童扬莹	王伏生	王汉生	王家启
王鸣琛	王钦才	王远海	王肇春	王祯志	王智安	吴不愚	吴光禹
吴植秋	吴志伟	伍湘乔	向定前	熊秋保	徐敬鹤	徐哲平	许文玉
许修法	薛金煜	鄂仲光	严金珠	阳纯林	杨凤英	杨家华	杨军海
杨清华	杨岳龙	杨正庄	叶国华	许淑君	虞曙卿	喻传骥	曾凡仁
曾克娥	曾宪清	曾昭智	张福花	张继明	张金桃	张丽婵	张陆浩
张仁炳	张圣生	张寿琼	赵成霖	赵明群	郑兰梅	郑玉华	郑正泉
周菁华	周庆权	周汝璟	周尚志	周雪琦	周祖德		

工业企业电气化专业

白德和	白谟琼	白木林	鲍千蕖	蔡水生	岑桂阳	解谷生	陈　飙
陈金茂	陈述运	陈德光	陈德嵩	陈冬珍	陈　健	陈明昭	陈天滋
陈文辉	陈文玉	陈湘春	陈衍芳	陈锡康	陈阳生	陈运福	陈振华

成邦文	程回洲	程咸林	程煜鹏	褚益友	传　奎	传名会	传瑞良
传贻兴	代习祚	邓兴林	方晓华	高阿汉	高海芳	龚建章	龚世强
谷淑玲	关勋绥	郭才亮	郭惠良	郭开训	何　刚	何流深	贺连清
洪瑞荣	侯湘琴	胡承文	胡秋香	胡育平	胡子秋	华焕生	皇子富
黄宝珠	黄楚翔	黄松桂	黄文深	黄小明	黄心汉	黄幼华	黄祯祥
贾肇玟	江沛森	蒋莉萍	蒋佩娣	蒋智云	孔志辉	匡世强	赖健韬
兰玉玲	雷长庚	宋显仲	雷裕杰	黎祥启	黎元高	黎之昶	李纯艳
李从旺	李　法	李方泉	李庆凯	李胜报	李世清	李顺凡	李午林
李友珍	李运喜	厉家华	连法泉	廖可黑	林碧桂	林进城	林应发
凌炽彬	刘昌建	刘春元	刘大凯	刘代炳	刘桂斌	刘汉云	刘健儒
刘克勋	刘立云	刘美文	刘顺海	刘一生	刘玉生	刘运彩	刘　正
刘正道	刘志栋	刘治森	龙国斌	龙乐中	楼汤全	陆祥明	吕万珍
罗大清	罗金榜	罗金喜	骆明初	马德平	马守国	毛同福	梅学思
缪琴芳	莫新峰	莫育良	宁广荣	欧燕芳	欧忠爱	潘晓光	彭光共
彭叔凯	彭幼生	彭志明	秦　忆	邱沅沅	戎　林	沈瑞玲	盛明驹
史明广	宋敖登	宋吉生	宋庆凡	孙春华	孙法元	孙水波	谭鉴铁
谭梅仙	谭子玉	汤新贤	唐承礼	唐宏跃	陶希明	王爱琴	王柏林
王报志	王初凤	王达初	王　衡	王虎臣	王杰生	王俊平	王宁芳
王山林	王少田	王同川	王为庭	王文华	王益兴	温秉钧	吴丛梅
吴相林	向其泽	肖海棠	肖兰山	肖取平	谢　军	邢敦林	熊国和
熊绍荣	熊汤强	熊信银	熊正根	徐桂英	徐汉香	徐金文	徐明旭
徐　然	许早仙	薰秀玲	严龙州	闵耀州	燕志清	张明波	杨传普
杨大吉	杨怀恩	杨连山	易友男	姚维明	叶念瑜	殷道南	殷建鸿
余常政	余传文	余德华	余年辉	余少全	袁建国	袁士民	曾步珊
曾德中	曾凡芳	曾凡元	翟炳炎	翟兆桢	张炽良	张德贵	张国胜
张建华	张前锋	张秋和	张仕庚	张应芳	张治宇	章金响	章如华
赵静文	周恩庆	周懋生	周平生	周石根	周亚君	周治炎	朱国安
朱　华	朱立国	朱瑞芳	邹火生	邵培基	邹运金	唐明莉	姜普裕
胡志清							

1973 届毕业生名单

说明：1971 年开展培养工农兵学员

水力机械专业

艾西平	柏初新	柴友权	程良坤	顾太原	郭怀恩	洪　元	胡小仙
江元传	李兴富	廖金荣	刘昌桢	刘孚云	刘佑传	潘汉泉	王光华
王克林	吴录林	谢守国	徐二运	严明祥	姚　本	叶国和	余明安
余永焕	袁永保	岳传礼	张雨清	章雪佳	周宗裕	朱祖望	

1974 届毕业生名单

电机与电器专业

白秋霞	陈启超	陈前新	戴晓宁	刁玉珍	杜方胜	樊明典	高水桥
辜红云	郝广震	胡水春	金作怀	李本连	刘重胜	隆友钧	邱东元
屈荣丰	任应红	檀银身	田常烈	涂桂兰	王家兴	王双华	肖艳娥
徐冬至	徐端峰	严保华	叶三春	袁光建	张玲依	张平安	赵辉宽
郑桂姣	周贤凤	周遵大	庄继英				

发电厂电力网及电力系统专业

毕转运	蔡正和	陈炎琴	程葆雄	董永德	方之明	冯启云	冯之东
高福生	纪秀兰	李德坤	李　峰	李国华	李国久	林华忠	林建文
刘升文	刘子清	卢定奎	罗明安	秦遵信	万荣根	王　丹	魏世富
吴三保	夏南田	徐朝均	徐忠潮	周极南	朱国喜	朱勇伟	祝明先

1975 届毕业生名单

电机专业

陈坚平	陈　铁	程慧华	但彬如	邓文发	丁学华	方健荣	冯桂行
高　敏	龚守相	桂昌富	郭铭凯	何君芝	贾震威	李江平	林妙珍
刘干斌	刘伙卿	刘秀芳	刘忠明	陆秀明	马增进	南政国	丘武权
任胜利	苏建保	苏新盛	孙志明	覃福禧	谭仁和	王福生	王会成
王景龙	王明生	王庆春	王玉声	魏光莉	吴振健	项经猛	徐金垣
许允荣	杨彩平	杨光早	杨金萍	杨维华	尹成章	尹祚琴	余保国
张爱珊	张凤莲	张桂兰	张均衡	张立山	张明旭	张维中	张溪武
张锡芝	张振华	郑尚军	郑佑胜	周华信	朱崇和		

发配电专业

蔡淑清	陈长兴	陈岫峰	程永泉	杜志新	冯炳文	韩崇海	胡明珠
黄万光	黄万益	姜丽华	李鸿飞	李坤军	李　青	廖永华	刘惠光
刘敏义	刘世清	刘文山	刘智云	罗土臣	罗兴昭	潘龙奎	彭校华
祁茂发	齐光伟	钱郁霞	钱志强	曲伟君	申修治	孙永发	谭国英
唐建彬	田余田	涂火生	汪金全	汪玉庆	王少金	魏家友	吴启望
武振甲	肖世勇	杨缎妮	杨国大	杨汉山	臧　利	曾欢喜	张步涵
张大清	张国德	张乐贤	张重阳	赵树东	周传贵	周菊仙	朱德军
朱　杰	祝爱珍	祝文彪					

1976 届毕业生名单

电机专业

曾炎宾	陈复兴	陈华德	陈生禄	陈自俭	崔铁军	董 勇	段雪菲
段章纪	竺联俊	冯检保	高成德	高江明	郭兆瑞	韩式珍	黄公华
黄新开	黄 旭	金有忠	李代玉	李海粟	李瑞植	李天荣	李小兰
林卫红	刘德洲	刘洪昌	刘俊丰	刘群生	邹正昌	刘义雄	彭庆宪
孙国禄	谭显武	唐定安	田盛兰	王得林	王焕成	王文德	王宇光
王运珍	魏光宇	夏国富	向定宜	徐晓静	徐玉珍	薛自立	颜 峰
杨传富	杨扶中	杨焊明	杨为国	游统国	于庆胜	岳阳赓	张 超
张淑云	周绍民	朱希明	屈永生	李亦炤			

电器专业

白国增	毕翠荣	陈 玲	陈小龙	陈祝英	付秀卿	何勇军	胡昌勇
黄联莉	康国立	李可新	李秋莎	李希明	林永秀	吕桂文	马开龙
戚仕新	王东光	王 红	王晓亮	吴福来	熊纪华	杨惠德	杨先华
叶培志	张海良	张小明	张永辉	曾昭仑			

发配电专业

蔡湘江	常明富	陈伯亮	陈昌贵	陈华平	邓伟伟	丁彩霞	段国奇
方格平	谷莉莉	韩俊民	贺励清	胡月华	旷资江	李功荣	李家祥
李小品	李晓凌	李玉中	李振文	廖春莲	刘辉祥	刘惠民	刘明荣
刘书来	倪华明	宁必海	强淑珍	戎维勇	史德芳	孙卫仁	孙自力
谭仁舫	汤伯纯	田新时	王宝生	王 宁	王新华	王以顺	王 瑜
王志国	吴开芬	武俊杰	肖家芳	熊 恕	许根深	严援朝	言登科
尹中林	于德建	虞寅德	袁建华	曾建明	张国强	张继烈	张文亮
周爱华	周新初	周忠孚	朱义荣	张文炯			

火力发电专业

黄庆都	刘衍生	李云翎	冯秀足	张正富	郭永浩	张国能	艾长理
谢秋英	叶志仁	姚道书	莫惠豪	罗绍林	王兆祥	张天会	王景平
胡艳明	张林凤	夏长伟	孙永清	杨贝祥	王学清	陈双武	萧久华
韩援朝	曾 焱						

水力机械专业

江凤英	郑小华	刘文高	李志坚	乐道言	吴惠良	王金明	张道贤
宋九玲	王亦卿	黄淑清	周树青	沈宝光	李为民	吕谦明	李铁军

| 苏　谊 | 高　凯 | 桂贵兰 | 张秀玉 | 刘晓琦 | 黄美芳 | 华邦山 | 赵维祥 |
| 高少华 | 张立人 | 王清宝 | 梁国君 | 李玉莲 | 张　极 | 周陵生 | |

水电专业

田一平	刘松茂	余　斌	莫煜辉	陈和成	梁龙安	邓培安	杨亚福
杨祖龙	梁锦泉	马学严	吕治洪	周兴杰	李应金	辜崇秀	李木华
钟敬文	陈邦重	倪国祥	孔有根	贺志英	张裕静	熊和平	任长民
吴瑞熙	陆寿元	林志强	梁镇江	夏春北	蔡幼光	李超英	邓绍望
梁志斌							

1977届毕业生名单

电机专业

白礼亭	毕瑞华	程淑华	邓尚斌	杜新生	高冠奇	郭保珠	韩　壮
郝良国	何爱勤	贺建国	黄宗勤	雷元星	李百芬	李　莉	李　奇
梁晓明	刘广龙	刘　军	罗光源	潘学春	田明良	田文华	王富元
王挺文	温玉峰	徐建萍	曾迎春	张　红	张　涛	周立男	朱佑元
覃有为							

电器专业

康秀銮	石青元	赵文智	付绍英	陈德明	曾继光	杨伏玲	高文婷
李培修	高广荣	姜山智	张　顺	王淑云	吴振宽	陈艳娟	储礼英
裴书棠	袁其朝	牛继东	刘元科	潘惠典	杨军辉	姚汝琴	厉振民
杨基伦	严祯祥	乔郓生	孙兆芳	范国栋	史德全		

发配电专业

查方明	陈少莲	陈学才	陈忠元	刁酒胜	董淑媛	冯光明	葛荣新
何国华	黄　强	黄政文	贾宝存	金东烈	吕树青	梅子才	潘琪豫
庞昆秀	宋如意	王东升	王　键	王树昌	王宜宣	韦延绍	谢燕平
辛延东	徐　洪	徐先应	许慧玲	颜复新	杨丹兰	杨泽富	杨子江
杨子清	于泽波	张荣欣	郑晓利	朱　飞	褚家贵		

火力发电专业

王文生	吕志强	刘政权	辜志高	孙家振	徐建国	代南州	鲁熙成
张祖乐	潘同超	宋景明	王敦思	成爱纯	蔡杰威	刘选杰	陈文毅
方孝礼	李区伦	林忠义	周成录	姜壮举	董汉洲	刘德祥	朱明祥
孙传林	陆二庆	曾新根	郑武荣	刘立春	王隆芝	展红燕	代天合

刘惠英　林　桃　吴桂荣　李凤英　马石良　刘少华　刘宗安　李明辉
张伦兴　熊谦逊　李　毅

水力机械专业

李长江　林　坚　辛君满　张繁勇　潘时安　王树林　王少华　李爱平
陈更光　李家雄　刘春荣　方洪忠　冯兴洲　徐文良　胡崇仁　李小光
王云录　曾子南　吴阳海　郭　琦　黄大流　张须大　熊仕勇　武崇山
杨华英　李　桂　杨丽芬　耿建萍　肖穗明　侯玉芝

水电专业

黄智忠　谢宜棠　钟荣旦　梁宗勇　谢绍标　邓业生　邱建宜　谢培仁
赖其流　洪亚中　魏新春　郭文斌　涂杏营　汪远恩　朱纯波　曹新汉
王广新　赵桂成　王　玲　赵玲芝　吴祖淇　涂月英　孟桂先　宋绍萍
吴淑满　林　林　邓冀玲　梁德云　刘伟民　陈克俊

1978届毕业生名单

孙秋霞　李增福　于　群　王春芳　余晓新　刘景祥　王晓云　宁建勋
王炳议　张培生　赵长荣　艾　武　郭久俊　徐先国　赵东光　刘智强
秦金顺　甘友莉　徐珊安　李洪江　秦彦新　鞠远青　徐荆江　王　勇
季天庆　向亚君　王孟西　卞宜华　张忠学　王晋华　张明员　余少先
郑桂兰　李文元　贾海军　刘海全　陈少芳　银星爱　阳伍生　刘　响
沈望其　李源滨　肖五一　叶强文　黄健中　钟贞涛　陈向阳　丁燕平
吴青华　肖桂芳　徐成忠　陈翠梅　黄治均　项金辉　彭元生　付建文
孙运华　郭　涛　魏云香　徐福秀　高亚芳　周　清　李　德　方小明
明道钊　王建辉　卢自然　李　宾　马民敬　孙淑洁　张　晶　刘庭功
王乔芳　祁光华　王国良　吴桂宝　杨春龙　钟朝生　罗应文　李正荣
张家顺　向高亮　高　伟　吴玉成　梁煜堃　陈献民　陆安平　钟林樵
颜景凤　罗　萍　叶湘珠　陆艳香　郑改英　洪荣坤　潘观娣　熊　英
宁亚敏　陈秀苏　李生琮　颜永坚　谭再群　肖法民　徐振安　黄新明
闫海林　林家森　刘玉萍　胡多闻　王海燕　邓禄熔　孙秋美　陈南波
谢芳新　张焕英　彭安武　杜□刚　张家忠　江远朝　刘俊良　刘新洲
肖功友　冯中南　虞天江　余友法　董钳工　杜稳球　石芳飞　游　波
陈守林　甄再元　罗忠东　杨春宽　苏民权　翟出英　杨玉阁　冯庆余
占建设　张鞍钢　闻汉华　姚素英　柳香花　张林格　吴金桃　张裕三
赵传华　陈达钊　储礼杰　李俊英　周海波　乌维钧　翟建平　袁永胜

沈文草	刘志荣	张辉林	刘美莉	钟焕权	赵俊玲	姚　红	刘淑筠	
孙建平	李开禄	汪丽川	叶景峰	孙炳林	薛海军	尹秀兰	王福莲	
谢　明	赵汝仁	肖红新	王立光	姚玉才	李炳辉	陈甲云	胡四明	
杜乃贵	朱卓里	廖法亮	谭绍祥	韩志杰	苏明峰	李杰夫	杨立华	
黄笏双	王黎明	甘见礼	唐爱兰	贾文春	卢玉莲	米艳萍	徐　红	
彭燕梅	高雅梅	岑永忠	陆文宪	廖纯昇	黄观胜	陈煌承	石和才	
吴锦瑜								

1980 届毕业生名单

电力系统继电保护自动化专业 76531 班

徐晓力	陈金华	刘荣敖	刘娇□	王月敏	代英筠	刘晓玉	许星辉
邵志兰	龚　序	郑　辉	尹作权	岳群阁	常风琴	肖云堂	冯毓海
尹　刚	张晓峰	李建中	李　艺	刘加林	黄世君	郭兆中	

水力机械专业 76321 班

杨正光	李桂涛	陈涛文	李传明	陈连生	陈林生	黄海平	李建民
陶高峰	张富林	李晓宁	杨中民	张爱国	张正红	高建平	吕海天
朱强红	王建国	张运生	孙晓华	周旭明	乔世和	苑宝刚	宋晓明
李玉书	钟里冰	陈君枨					

水电站动力设备 76331 班

张建光	蔡板藩	何建昌	翁孝生	唐　勇	张亚丽	罗建琼	粟川英
黄美仙	丛秋佳	高敬萍	陶瑞昌	郑旭安	姜建华	黄德伟	裴庆营
朱华献	李　路	毕严春	王杏林	韩莉珍	王裕新	柴武松	杨国涛
王道平	胥社丽	张吉福	尹贵华	冷启秀			

电力系统及其自动化(师资培养班)76081 班

廖世平	任建超	徐晓明	李　伟	刘立力	叶　荣	刘建汛	邓　勇
罗厚军	李国安	任江苏	郑明利	杨春娥	段　杰	马建才	俞庆生
原　芸	吴红虹	李　桥	方保平	叶成利	陈曼惠	郑春白	汪志坚
李丽萍	解雁松	王振利	李为纪	吴　琳	吕晓雁	杨保平	王学精
李三毛	冀鲜平	孙汉秋	王小莉	李　兰	盛荣洲	杜逸鸣	章育群
金　桦	李兰平	陈　涛	李燕林	吴晓萍	徐　进	汪　建	游大海
王麦力							

1981 届毕业生名单

说明：1977 年恢复高考后第一届本科生，按学制应 1981 年毕业，因 1977 级是 1978 年春节入学，于 1982 年春季毕业。

电机专业 77511 班

徐晓宁	张伟民	杭有民	陈世欣	郑学敏	叶觉明	于七七	黄声华
唐明晰	吴长江	杨成翊	魏长历	谢天真	王雪帆	陈进	喻苏星
王振昌	张航	刘琦	余信理	姚叶勤	肖铁岩	孟力	贺蓬
龙莉莉	唐宜欣	刘莲莲	曹肇非	陆杨	赵汉忠	张恒山	崔志浩
夏建农	刘凡	李承汉	张邦发	王虹			

电机专业 77512 班

张代荣	黄燕	梅素珍	俞军	邓惠仪	许雄	王建设	刘行惠
刘泽	黄斌	唐传德	常文璞	陈平	朱江	王云强	郗晓田
张昌尔	王晓民	任卓翔	王懿彬	曹勇	马力波	朱宗礼	胡楚银
孔力	陈健	王菁惠	王玉佳	江远汉	孙勇	李丹	谭力文
辛汉军	刘华斌	曹跃					

高电压技术及设备专业 77521 班

蔡汉蓬	董恩发	董南	方衍	冯超	冯欣	胡兆明	胡毅
黄可望	黄丽英	黄琪炎	姜锋	金海石	来小康	李海洋	李洪
李景禄	李卫国	梁小段	刘先进	刘铀光	陆国荣	吕波	强海石
沈卫东	盛勃	石秀丽	孙明	唐跃进	王燕玲	闫炜	杨鹤举
杨荣凯	殷汉卿	曾红燕	曾庆辉	张国庆	钟辉煌	庄作新	

电力系统及其自动化专业 77531 班

曹钢	陈其钧	樊恒	范汝敏	龚代明	郭剑波	黄晓放	李杰
梁育海	刘杭生	卢立军	马进霞	孟祥科	林教英	潘琼	阮强
谈莉	涂少良	王铁国	王燕丽	魏海涛	魏立民	吴立宣	向铁元
熊建伦	徐跃	徐峥	许力文	杨书富	叶骏	殷琼	尹项根
余楚银	袁志平	张慧菊	张江汉	张叔骅	赵建青	周啟平	邹诗醇

水力机械专业 77321 班

陈秋添	陈一新	程友文	杜幼琪	傅西林	华稳建	江晓明	孔繁余
李荣贵	梁方培	林昌杰	林琳	刘剑锋	刘铁朱	刘志斌	吕建华
苏宏羽	孙大森	王国海	王小松	魏玮	魏莹	吴沈军	伍宪智
项秦安	肖少君	徐道庆	杨渝	叶剑明	于志海	张贵明	张健
张压西	张一飞	周敏					

水电站自动化专业 77331 班

常 黎　陈本武　陈 克　陈育平　陈遵荣　谌 弘　邓志华　冯光亮
管家宝　李光学　李艳萍　刘建豪　刘文斌　罗少平　梅惠兰　聂 凯
秦江敏　史 泽　涂才浩　王德华　王汉鸣　王仲先　王子香　邬建平
夏才清　徐华忠　闫永忠　杨 柳　张 浩　张西安　郑德明

1982 届毕业生名单

电机专业 78511 班

包友明　陈良辉　陈 卫　冯 志　郭锦华　胡 鹰　黄 斌　姜书成
李更艳　李晓峰　刘卫国　龙革安　卢 冶　马玉环　沈树林　宋奇杰
孙英涛　汤 池　汤集成　王建荣　祝子如　王玉娥　王振鑫　魏晓明
吴蔚青　吴元村　谢 苹　游光力　余 波　张 华　赵万华　周世平
马玉环

电机专业 78512 班

余 铮　吴仲泉　郭振坤　翁飞兵　李智武　宋尚优　赵晓霞　李小宁
黄 艳　王稳坚　姜 凯　雷晓煦　王晓东　王绍俊　李新华　辜承林
欧阳四和　刘尔康　刘永强　梁 明　黄开胜　王新华　尧彰德　贾向东
马利军　张昌全　杨声海　李 健　周理兵　陈永浩　余逢煜

高电压技术及设备专业 78521 班

毕为民　高 捷　郭 伟　郝逢年　郝志谨　何正浩　黄 坚　黄一平
计绿野　黎利佳　李永忠　李 舟　林志伟　刘永春　陆新原　潘 锐
屈德林　史小燕　孙学明　覃利明　田 合　王志英　许 军　殷元清
湛翔虹　张 诚　张翠霞　张定烈　张俊兰　张小平　钟立新　周亚非

电力系统及其自动化专业 78531 班

曹昆南　陈 恒　陈建龙　陈泾生　陈 林　代诗斌　董先林　段守敏
高 选　姜红卫　金朝阳　黎桂光　李一力　李玉湘　吕玉洁　梅 励
欧阳蔚怡　钱宏伟　孙孜平　唐宜璇　万超波　王 宁　吴大中　吴立平
吴伟星　席自强　熊贻盛　许西仑　闫希林　蚁泽沛　游伙松　张 哲
郑培来　周贵安　朱京平　陈 迅

电力系统及其自动化专业 78541 班

苏钢民　刘维建　刘顺达　温 涛　夏华阳　孔忠孝　滕广汉　莫京军
张学成　黄龙奇　洪 斌　罗永敏　苏为民　龙跃武　阚卫建　邝明勇
张 敏　彭国勇　黄 俊　涂 琦　舒万里　林世和　卢幼钧　余进海

张晓东	任志光	熊少学	许　娟	李　辉	龚彦琦	李　苇	李慧群	
谭安燕	毛雪雁	韩庆科						

水力机械专业 78321 班

陈　晴	方建中	符建平	付　兵	郭永平	江　杰	李文球	刘箎兵	
刘　菲	刘景旺	刘　康	刘文杰	卢进玉	路志海	马新安	闵　强	
倪松林	钱义平	宋其水	谭明安	谭伟年	唐　澎	田增利	王克宇	
吴　刚	徐春琳	徐卫列	许跃华	姚景中	叶　坚	殷培杰	曾仑明	
翟少华	张　霜	周家泽	朱　星					

水电站自动化专业 78331 班

陈　秋	程元斌	崔仁德	洪允云	黄法章	李慧玲	李良君	李兆庆	
梁超英	骆沙波	马子颖	茅培健	饶京伟	任　英	石　头	邵汉桥	
唐松杨	王成星	王树深	王　勇	吴建红	夏曙明	夏幼枝	许澄生	
杨力克	易　凯	余　雷	余杏林	喻晓和	张桂龙	张小红	章海兵	
赵庆刚	周　毅	朱晓青						

1983 届毕业生名单
电机专业 791 班

曹华钢	陈佳新	陈　健	陈文林	陈照祥	樊跃平	官俊军	贺慧玲	
洪礼芳	胡跃平	黄志松	李建久	李京平	李开成	廖必书	林华荣	
刘长陆	刘小俊	刘　羽	刘中安	路尚书	罗保庆	潘雨吉	赏星云	
唐亚平	涂金桂	韦学军	文小玲	吴　广	吴汉林	向佑清	张昌华	
张世珞	张小月	赵光新	郑红华	朱利湘				

高电压技术及设备专业 791 班

陈金明	陈炜新	陈正标	段绍辉	冯增富	郭丰胜	胡红陉	蒋均安	
蒋向齐	李春华	李宏亮	栗季华	梁　晨	梁定敏	刘文瑞	刘佑平	
梅传鹏	孟文辉	秦红三	谭文林	涂　明	王芳连	王凤超	吴庆华	
吴一民	向常桂	谢双陆	徐日洲	杨　剑	于鸿雁	岳　军	张庆新	
赵　鹏	郑瑞晨	钟震球	种建伟	周晓丽	朱敦炎			

电力系统及其自动化专业 791 班

陈安平	成玉玲	程楚豪	仇　芸	戴伟群	杜晓宏	胡　荣	姜腊林	
姜壬保	金小明	李邵基	刘传虎	吕　刚	罗建华	马州平	潘　建	
饶　宏	任青峰	孙凤军	孙轶群	汤　涛	唐汝元	王　捍	吴建华	

吴耀武　徐冬平　徐晓东　许　平　杨建华　张正陵　赵　立　赵　鑫
周　竑　周林平　祝　敏　邹贻文

水力机械专业 791 班
蔡得名　陈昌四　陈海军　程友红　方仟捌　裴大辉　郭齐胜　何德伦
胡　英　胡运超　黄晓华　李飞明　李　刚　林济东　刘英杰　罗凤云
罗　洪　马里君　闵永林　孙黎明　王红生　王红忠　王家禄　王　军
王泉龙　谢晓宁　熊开颜　徐章良　续继威　叶良才　叶苏东　易发金
袁益民　邹明亮

水电站自动化专业 791 班
曹临声　陈良辉　陈庭黎　程新明　戴剑勤　黄永皓　杜向明　郭　捷
胡建东　胡　平　胡晓强　蒋述金　李朝晖　李道松　李小桃　廖伯书
刘春生　刘　辉　刘金明　刘兴文　吕桂林　石阳春　王林涛　吴　量
夏晓民　肖　遥　徐　斌　杨江雪　杨亦文　姚华明　曾　昕　张晓波
张亚平　张重农　郑祖方　周承科　朱宝和

1984 届毕业生名单

电机专业 801 班
李秀英　李　颖　宁　亭　柳　洁　伍庆体　郑传军　何启发　李洪武
王　军　张元生　刘鸽鸣　王坚强　徐正和　王　林　张炳军　柳　哲
郑建平　蔡爱生　余元旗　林　原　李　健　常　晟　蔡小洪　李恒山
刘雪荣　涂长生　胡祥平　江　平　吴　畏　李正国　李会军　黎　明
肖　丹　刘四平　罗江聆　徐建红　邱　林　李头珠　樊友祥

电机与电器专业 802 班
江　英　张　建　瞿汉菊　蔡　泉　陈　立　丁国华　扶蔚鹏　黄定忠
江清波　李桂元　李吉平　李　青　冷华云　刘长根　刘彦军　梅富喜
潘小强　彭绍强　邱钟宇　荣　军　石志平　汤　丹　田贵平　王建鸿
王　竹　文俊熙　武祥国　熊亚辉　杨绍军　张明礼　张小红　张行明
张子军　朱付金　朱　辉　邹献华　张小红

高电压技术及设备专业 801 班
陈春生　陈家平　陈　强　方晓梅　冯常龙　龚科辉　郭百俊　何力波
黄孝军　雷一鸣　李　东　李红林　李胜利　罗诚军　莫　萍　苏前学
汪　旭　王　宏　王伟发　肖大斌　徐　兵　谌若虹　张元泓　赵季红

郑俊杰　周　平　朱　伟　祝新强　邹建华

电力系统及其自动化专业 801 班
柳　晓　夏毓鸥　张　勤　叶　荣　张延彪　孔连凯　章存建　刘　兵
王月华　李新华　兰　剑　赵都海　唐少宏　罗思先　邱亚东　郭金旭
谢迅品　吴　毅　孙伯阳　付文峰　程　鹏　周先娥　吴菲菲　张筱玲
许　纯　罗毅芳　朱翠兰　刘朵朵　陈志声　孙玉良　谢　军　李　钢
张　毅　易　山　李继昇　胡向锋　陈　坚　刘　钟　刘　群　王健一

电力系统及其自动化专业 802 班
蔡克莘　陈家华　陈良生　陈洛南　陈书华　陈小龙　戴　军　杜惠明
郭　勇　贺从华　纪晓文　李大钦　李泽辉　刘　兵　刘娥平　刘　群
龙危安　毛承雄　梅桂华　彭　立　邱建国　唐汗青　陶先文　涂玉桂
万　源　汪荣华　汪　洋　吴增华　向　荣　熊幼安　严庆伟　杨　黎
杨小强　姚贤武　喻崇利　曾平良　张　昌　张定明　张杏兰　郑启泉
林小树

水力机械专业 801 班
闭贵宁　常喜兵　陈志胜　费传庆　封艳阳　高　岩　郭维强　贺婷婷
胡安琪　胡宗新　黄志德　李正华　李志红　刘亮高　刘　旗　楼　彪
金桂林　罗小勇　马连海　倪先明　潘再兵　宋国华　邵保安　汤戈红
唐利剑　汪　慧　巫声远　谢东和　杨　辉　杨晓辉　尹林华　余道琼
张琼平　周　波　朱晓进　庄永旭

水电站自动化专业 801 班
程良象　傅新芬　何　坚　何建华　胡文甫　雷　旭　李本合　李东强
李凡林　李海南　李建辉　刘　豪　刘建军　刘穗春　刘晓欣　莫一峰
申　明　汤留平　万永明　肖裕广　谢晓岚　游波峰　张建新　章坚民
赵天洪　郑少平　钟清辉　周　敏　周志东　吴一峰

1985 届毕业生名单
电机专业 811 班
窦一平　付　溶　郭有光　胡　安　胡家训　胡　勉　黄传敏　姜兴林
李道国　李恒山　李荟敏　李建军　李　亮　练　兵　刘　舜　刘孝典
闵跃进　彭　端　申买君　田春游　王晓雷　吴海明　吴金城　熊泽端
徐　宁　徐中汉　杨进科　袁　艺　曾爱良　张殿文　张惠敏　郑　军
周世斌　周侠波　周　晓　周　跃　周志雄　朱丽辉　祝　平

高电压技术及设备专业 811 班

曹大年	曹文彬	陈立清	程　杰	程景科	邓　辉	段　旸	费红晶
胡文康	黄常勤	靖晓平	李发军	李江妮	刘　杰	刘纪敏	卢　炜
罗　盾	罗云飞	马　骏	彭　彦	彭昭煌	饶向阳	苏　毅	唐新寅
万　勇	汪霄飞	王付战	王　征	温　浩	文　华	伍苏华	杨　莉
张爱军	赵曦英	周　平

电力系统及其自动化专业 811 班

程　虹	马爱芳	王学旭	李瑾琳	徐玉琴	彭　华	冯桂玲	喻子易
李　磊	赵育民	刘志中	陶仲兵	杨　华	黄应龙	徐　茜	钱银其
张银光	彭昌勇	杨　凯	李　航	陈　航	庞育新	洪家平	熊建华
王建明	伍青华	段余平	李　虎	匡志海	陈本福	李春华	肖茂严
胡海彦	温柏坚	陈建玉	荀吉辉	何余兵

电力系统及其自动化专业 812 班

殷翠萍	孙亚芹	唐平雅	谭建成	高　岚	徐立佳	王海燕	蒋文杰
卢松林	车方毅	何　坚	向多正	吴国平	陈前臣	彭高辉	谢友生
吴常锋	吴烈鑫	王进伟	李国宏	王力军	朱　黎	陈智勇	马传思
傅　鹏	蒋　冬	程　旭	傅晓东	廖纪先	周新明	施　宁	舒汉兵
徐玉凤	王贤正	周中奇	周　铭

电力系统及其自动化专业 813 班

汪郁卉	贺令辉	任　刚	张慧琼	彭广琼	伍丁萍	李金凤	陈明志
杜　华	廖述新	吴立春	严以臻	童小国	吴　斌	王忠宁	付建新
刘明波	朱梨俊	王荣亮	邢廷培	张起钢	杨　勇	耿建风	鄢来军
陆家清	汪芳宗	姜新祺	王秋明	张维力	雷为民	杨金成	蔡立敏
向小民	王铁军	游中群

电力系统及其自动化专业 814 班

蔡　敏	陈　雷	陈晓文	冯　军	龚红隽	郭景斌	雷智斌	李建华
李亚平	刘　波	刘文辉	毛伟中	彭　丰	邱爱国	高立刚	眭　敏
汪觉恒	王大力	王方晶	王　璞	王学锋	文登峰	徐建新	徐水清
徐钟友	颜秋容	喻　遐	原京慧	袁志雄	曾宪林	张炳辉	张　弘
张焕青	赵松利	周建波	周克鹏	周志芳

水力机械专业 811 班

陈庆沅　陈应华　陈志钧　陈志民　龚春林　郭　羽　何宝荣　何凯希
胡汉昌　黄汪平　赖于勤　李久昌　刘晓鹰　潘锡方　汝镇龙　唐穗平
汪建华　王芳明　王国勤　王宽心　伍春花　武赛波　夏坚勇　肖　雄
严田孩　颜昌明　杨敏林　杨先华　姚更清　曾令芳　张　明　章志平
郑建国　周俊洋　朱荣生

水电站自动化专业 811 班

赖明华　汪　洋　刘　娴　欧春林　刘润根　彭永华　邓先明　魏　伟
申宇翔　魏玉生　张友松　陈亚强　李武杰　尹国明　王义勇　陈　强
郭亚兵　姜宗顺　李志强　夏　栩　马云泽　黄泽文　陈　坚　钟家晖
唐捍宁　李晓强　邓少强　朱文杰　张　平　邓毛子　王向平

水电站自动化专业 812 班

戴亮生　戴秋华　丁国兴　付志坚　韩　轶　胡艳娥　黄立新　黄学良
贾宗敏　李　勇　林英扬　刘国阳　刘小春　皮保农　唐若锋　唐学军
王　超　王党生　王善飞　王智勇　尹光泉　余培国　张建明　张　敏
张祥平　张祖贵　赵曙春　周　晖　朱启晨　邹国惠

电磁测量技术专业 811 班

陈　玮　戴杏生　邓显洪　殷华山　葛亚平　侯冬云　胡立煜　胡仕雄
蒋文源　焦　勇　景志红　孔良力　乐成来　李　丰　刘海泉　刘元强
卢和平　马　佳　聂一雄　史素成　谈学群　谭志强　王建生　谢　强
谢忠强　徐晓明　徐　雁　许　钧　莫　青　余仕求　赵保旺　赵明亮
周　斌　周庆轮　周余田

1986 届毕业生名单

电机专业 821 班

喻红辉　张　青　杜广豫　杨清儿　贺小华　芦晓明　李书递　刘明川
黄大庆　李华湘　佘定国　陈　劲　谢浩江　向永进　戴　高　梅葆芳
杨新超　卢政学　吴顺海　黄　雄　邹天晶　邱毓鸿　刘平安　刘友义
张　诺　杨德望　尹立群　陈　明　黎锐琴　王克助　杨兆华　余化良
李勇宏　党新亚

电机专业 822 班

昌盛昌　陈贵荣　陈赖平　邓石芳　丁爱英　樊　安　高　勇　江　流

雷新宇	李　超	李庆胜	李少锋	李叔璋	李素娥	廖明寿	廖启国	
隆继文	卢献国	马　谦	潘细周	孙伟纲	覃建林	唐连祥	王立杰	
肖太勇	谢秋韶	徐贤浩	易建中	杨　杰	杨四清	张晓仑	郑光涛	
钟建灵	朱德翔							

高电压技术专业 821 班

陈创庭	陈光杰	陈俊武	陈　鹏	陈原辉	谌国平	邓惜慎	范建林	
高　骏	侯海晏	雷　民	李汉明	李恒灿	李　谦	刘德勋	刘建军	
刘文浩	刘仲全	齐大伟	邱成福	任海泉	陶晓红	王步云	王铁街	
吴光亚	肖　恩	辛纯礼	许远高	闫　实	扬龙华	曾利军	张　斌	
张国鸣	张　伟	赵东娥	朱　清					

电力系统及其自动化专业 821 班

戴庆华	张学佳	张　勇	袁世青	陈汉琦	郭玉金	王　勇	李志平	
唐　明	姜艳池	薛政宇	文卫兵	王艳文	朱小科	杨凤开	黄启朴	
邓庆红	王伟斌	蔡成良	陈腊生	汪衍海	曹志皇	倪　学	段根兰	
李　斌	梁明新	周见愉	朱飞剑	易海波	谢易复	严伏生	车玉文	
王磊平	李晓杰	张令兴						

电力系统及其自动化专业 822 班

汪玉洁	刘小红	祝明娟	张利娟	贾淑芳	朱玉民	李金志	蒋宜国	
傅三红	陈庆国	赵严风	王胜豪	李来埔	覃齐云	李　弢	陈作文	
陈冬青	王　宏	乔军平	陈少云	黄陆明	谭玉成	华学东	王　坤	
崔永青	李春友	张俊杰	李宇光	刘　勇	梁言桥	尹小华	李乐辉	

电力系统及其自动化专业 823 班

肖燕清	陈志容	曾　勇	陈钢杰	江寿霞	郭志英	曹世强	蒋世敏	
李晓辉	吴志辉	叶爱民	熊喜民	侯　君	周□友	廖利民	周　波	
洪文国	高　辉	张帮洋	高兴彬	汪东升	徐高山	刘煜林	鄢云中	
蒋孝忠	邹大中	董登高	汪　立	田　耿	尚　奎	刘琢华	胡林献	
万　磊	邓建举	王伟华						

电力系统及其自动化专业 824 班

蔡立红	陈跃辉	陈中元	程金鹏	邓廷峰	甘丽华	何毅斌	洪真跃	
兰福林	李瑞满	李若飞	梁雨谷	林廷卫	凌云江	刘　波	马立平	
任德军	谭建群	唐　翔	唐　忠	向　阳	肖达强	谢瑞春	熊金根	

徐进亮	杨庆江	曾庆波	曾 湧	张巧玲	张志强	赵 娟	郑栋平	
周吉安	周 宇	朱 峻	沈重耳	汪普萍				

水力机械专业 821 班

卜良锋	曹金宏	陈正伟	冯华明	郭 防	胡 洁	胡新益	黄泽群
焦达先	雷新江	李际清	廖根柱	林 震	刘晓航	聂 华	秦昌斌
史兴堂	宋敏慧	谭红宇	汪伟民	王德萍	王海明	王 虹	王 勇
翁建国	徐 钧	姚芷丹	尹国军	袁 蕊	袁卫星	张展发	章光伟
赵修全	周洪波	邹宪军					

水电站自动化专业 821 班

时春玲	张 硕	吴 艳	徐茹枝	高铁刚	刘泳新	李维东	孙红星
徐思远	敖光华	甘齐顺	吴亚明	吴新鹏	刘立红	黄红远	武文斌
陈剑锋	何四元	周海波	徐 涛	龙 靖	廖启文	胡志斌	宋仲康
詹 军	王国才	黄绍杰	陈美华	刘小松	王兰玉	徐贵亮	

水电站自动化专业 822 班

蔡仁芳	董朝霞	董晓刚	杜新华	段龙汉	高文涛	黄伏生	黄时钧
蒋后贤	李华燊	李健君	刘光途	刘华猛	刘俊虎	刘孝明	刘学知
刘宜喜	罗敏进	毛玉静	彭立平	彭荣冬	宋自灵	王 健	魏万水
聂 红	肖 利	谢奇峰	叶子亮	曾庚运	张孟湲	郑德龙	钟健文
朱良文							

电磁测量及仪表专业 821 班

陈福胜	陈 俊	陈书智	戴喜春	邓昌辉	邓双华	邓小华	付志北
辜鹤瑜	郭佐华	何志强	胡源泉	胡宗泉	李敬峰	李庆先	李志得
刘娅琴	陆 平	梅 立	倪 琳	潘宝祥	沈 辉	唐晓媛	王章泉
吴 涛	熊向群	熊友庚	徐 斌	杨本渤	易本顺	杨清涛	张旭东
赵 野	吕海平	陈作成	方承红	张秋雁	赵 铎		

电力企业技术管理专业（专科）

陈福中	陈 卫	陈五星	陈友琼	程和平	代金元	董洪战	关镜尧
郭献平	韩晓坚	黄瑞芳	邝尚文	刘三友	刘佑保	石存义	舒 增
邰华元	王远臣	吴京林	鲜玉庆	熊凤汉	熊家森	熊汝汉	许利民
杨华生	姚定祥	右存义	张世涂	张晓安	郑 代	钟仕超	周孔祥
周先平	周志强						

1987 届毕业生名单

电机与电器专业 831 班
刘东升　谢　松　周志龙　唐来洲　李　瑾　严茂斌　李　政　唐先涛
叶子华　彭兵华　艾青平　李伯宁　彭　飒　潘银燕　金东浩　楚方求
肖俊频　马贤好　胡征祥　周玉平　鲁稳本　张　青　郭　红　程红玲
赵良云　宋　义　项　阳　董晓明　周东生　李向阳　宋新华　张景盛
周　全　郭宗成　赵炳荣　李佩华　常泽民

电机与电器专业 832 班
刘振兴　肖建修　尹东明　张洪波　丁国炎　杨利军　於保稳　周　淳
欧云龙　刘中奇　秦卫卫　吴利仁　李　本　王次明　万　钧　蔡　兵
胡金虎　王庭山　朱宗本　胡转运　江又齐　王华岳　蒋晓荣　隋世龙
郭德生　郑小江　胡　恒　乔　峨　曹　飞　陈志金　王　琳　蒋旺恒
王　刚

电机与电器专业 833 班
罗　明　秦　皓　宋　晓　梅　春　郑　超　陈　非　范伶俐　冯泽华
熊东强　朱尚文　彭　玲　林方欣　张国良　唐文彬　周　海　刘　文
孔林翔　刘牧青　张红平　侯　江　刘玉芳

高电压技术专业 831 班
叶国雄　何　达　黄建华　林启文　陈猷清　许志龙　陈火发　杨雪冰
辜晓兰　叶汉民　宋晓磊　李洪平　黎亚兵　张　飚　刘小春　郭约法
伍谟煊　王志胜　余　乐　王国斌　程兆星　张文农　林文杰　丁强锋
裴振江　何大庆　钟　勇　王勇军　徐晓明　李小燕

高电压技术专业 832 班
陈昌顺　程　澜　董艳华　范正满　郭国平　贺英章　黄雄卫　江传学
雷继侠　李鸿宾　李世成　李玉清　李　俊　刘建华　刘克富　刘　林
刘贤乐　罗　兵　马育泳　吴子毅　伍　麟　项　安　许德胜　许九林
闫巍华　尹建国　尹耀华　张茂平　周家永　邹建明

电力系统及其自动化专业 831 班
周良勇　郭效军　曾建平　陈　宁　金国强　姚福君　唐忠超　王劲梅
张永强　郑　彤　段献忠　程　琪　付汉洲　龙爱平　谢志峰　朱一晨
宋顺一　刘子龙　吴杰余　刘文平　罗　毅　彭咏龙　魏　虹　宋文平

徐桂珍　闫位民　钟　亮　王　祥　余继全　雷　达　杨　叶

电力系统及其自动化专业 832 班
吉传稳　林庆祥　张德泉　罗三毛　徐　红　刘文春　杨金生　戴堂云
何朝阳　袁军平　张志刚　黄爱金　忻俊慧　潘　伟　王　颖　杨兴国
王　斌　陈志光　何银发　王福萍　乔龙葵　刘震达　苗桂良　戴芳文
陈叶萍　章夏英　孙　斌　倪海云　蔡吉祥　莫其祥　李焱华

电力系统及其自动化专业 833 班
王　平　吴伟荣　李学军　傅沪冈　韩　笠　陈志强　邰金荣　阳建平
石时珍　李英龙　余望林　梁文章　陆新宇　石书华　张盛华　郝曙光
郑茜红　许建宗　陈希英　陈建华　李咸善　王宗信　陈　林　刘建喜
谢德华　张德智　胡福林　杨　红　刘　智　余昔友　黄卫民　刘启宏
黄坚民　胥竟华　江作雨　孙含笑　章立杨

水力机械专业 831 班
刘粉宝　江舜桥　赵德华　余福元　黄启斌　赵　华　夏次云　杨又发
尚贞荣　黄　敏　杨志新　霍幼文　潘超明　汪清泉　罗　斌　张方德
蔡　安　杨　琳　屈光鑫　夏敬忠　雷建芳　刘彩强　程良喜　王　鉴
肖高珍　桂家章　谭竞舟　刘海平　付祥伟　颜　晔　关　宁　光　荣
余继真　黎　江　蒲　淳

水力机械专业 832 班
陶铭和　徐　伟　汤企平　艾大波　张海燕　喻洪流　王　伟　周祖立
饶祖刚　何新洲　吕宏付　陈　龙　张国安　肖中明　易秀成　郭筱河
兰剑峰　胡　伟　皮文闻　刘　强　敖建平　贺贤明　彭万众　田子勤
李国强　范海航　吕世哲　汤建勋　周连考　李　文　严忠森　覃大清
李邦明　高祖辉

水电站自动化专业 831 班
蒋日东　李　彦　金和平　林耀宏　孙立新　张传卫　程甘林　程维胜
杨志清　申淑娥　师明义　毛秋生　潘熙和　卓志雄　郝桂芳　徐勋高
余百胜　杨少华　熊迪祥　李新民　胡焱辉　张少峰　廖学君　莫日炉
陈小林　蒙子杰　潘海斌　戴德君　陈志财　潘显德　康鹏举　蔺　军
刘冬莉　龙琳清　刘全志　于清一

水电站自动化专业 832 班

蔡建平	陈庆前	程友发	邓　峰	邓秋良	范立新	耿　江	龚晓仲
郭乐春	郭圣楷	胡东生	黄海琪	黄　菁	黄亚芬	蒋支南	乐筱平
李　军	刘光明	刘少平	刘时贵	刘卫平	苗雁斌	彭志刚	宋远超
孙立成	王小平	王秀芬	吴俊勇	谢锡骏	徐建辉	应花山	曾金华
张云峰	郑南雁	朱亚平

电磁测量及仪表专业 831 班

鲍　芳	曹云飞	崇宝欣	崔　岩	单　鹏	管建明	贺东平	黄城明
李红斌	李玉文	刘建华	刘景忠	刘　清	刘旭山	陆　健	毛谦敏
庞博义	任洪剑	庹心冰	魏燕婷	翁雪江	吴鑫源	夏立权	严　芃
阳艳芳	杨湘江	尹习祥	袁乙专	曾和平	张　昶	张顺英	张宇新
赵孝柏	祝小红

电机电器专业（专科）

陈月霞	池　明	邓丽芳	付卫容	高泽亮	郭林涛	何雷新	何明平
黄克勤	黄穗义	黄　震	雷祥松	李　玲	刘　宾	卢丽芳	欧　艺
申柳英	唐　进	唐新林	伍辉金	汪　飞	王　灿	王茂云	王志义
韦广州	韦巧珍	吴志强	谢建文	谢经朝	徐　林	郑小魏	周素英
周秀琴	庞　□

电力系统专业（专科）

| 陈荣世 | 冯　决 | 胡宏毅 | 李喜喜 | 庞文达 | 彭　宁 | 陶丽青 | 王　华 |
| 周小燕 |

水能电力工程专业（专科）

蔡永兵	陈伟金	陈希同	邓伟光	方家群	高秀娟	高应楼	古　叶
韩慧敏	韩慧瑬	何灯平	胡胜清	黄永源	黄育津	蒋莉妮	黎健生
李秋生	李中华	梁监波	廖拥军	林凤娟	林剑冰	柳　侠	梅　迪
欧锐明	潘小均	区凯欣	区伟明	汤志威	唐　江	万　林	魏爱民
伍笑颜	夏永强	向恒胜	肖定辉	肖永生	杨杰魁	杨晓东	杨　颖
余得新	张　峰	张　彤	张永超	赵奇文	赵　文	郑华清	周锦豪
朱　殷

水力机械专业（专科）

| 柴小平 | 陈国柱 | 高培宁 | 和华山 | 黄存用 | 黄　平 | 兰世海 | 李　文 |

李 芸	林 玲	林贤康	林植溪	凌 玲	凌 敏	刘海军	刘素丽	
刘臻彦	陆宝新	吕杏林	蒙素娟	磨成标	秦光涛	孙树良	韦勇前	
许国保	曾容贤	张柳青	张 琪	钟少云	钟文才	朱玉荣		

1988 届毕业生名单

电机与电器专业 841 班

吴世义	王双红	陈红英	赵 康	王文一	孟泰祥	杨昌锋	马页丁	
吴中华	刘 臻	郭经玉	周湧烈	王华琳	刘健雄	王 炜	沈建勇	
张 晓	张天兵	牛 刚	罗晓鸿	彭丽媛	冯国华	张海成	刘根成	
钟玉竹	崔东强	唐 伟	李艳玲	胡志宏	卢 山	周亚东	林志军	
张 梁	郭 松	黄 斌	何小玫	肖华桥	肖智军			

电机与电器专业 842 班

陈 莉	陈 青	陈 旭	郭 延	黄 宏	黄 伟	何 颖	金四雄	
黎伟雄	李长诺	李鄂湘	林 忠	刘元江	鲁良斌	马锁洪	马 薇	
蒙长征	牛小香	王 刚	王卫东	王一龙	王 伟	夏传富	肖俊承	
谢明汉	熊永前	熊幼安	易小涛	于健东	詹 文	张浩锋	张四新	
张泽学	郑红炎	郑一凡	周东宁	朱清玲	朱延东			

高电压技术专业 841 班

曹庆祥	陈河南	单业才	房 玲	冯南战	胡 滨	胡志红	姜 南	
李晓东	李志强	梁智明	刘 兵	刘劲峰	刘炎林	孟 涛	牛文军	
秦卫东	上官小锋	涂建平	汪祥兵	王传洪	王志平	吴启敏	徐 健	
徐舜清	尹小根	张丹丹	张军科	张马林	张少安	赵庆文	郑祖学	
周 阳	聂清法	徐 超	梁 瑶	杨津新	郭 莺	纪 惠		

电力系统及其自动化专业 841 班

鞠跃庆	马文龙	姚卫兵	李健全	周金萍	林维峰	张善良	王振彦	
张卫东	王海林	石 伟	刘炳坤	熊仕斌	陈红卫	徐红兵	蔡向荣	
唐星雅	程 玲	廖自强	杜元兵	吴红潮	杨 杰	邓志华	彭莉萍	
付维生	唐 斌	刘 曼	王亚林	宋 炜	陈 元	肖又中	韩天财	
欧阳璐	廖建军	何汝华	李建忠	刘 森	何 惧			

电力系统及其自动化专业 842 班

杨建华	肖贵桥	周明华	王满意	叶 萍	李来福	曹惠潮	胡永军	
李成绪	王玉成	罗 云	殷国清	袁 弢	樊友权	陈红君	劳德军	

罗代万	孙效松	卜正良	占文军	熊品华	郭世凡	严共安	毛德拥
季铁念	叶小虹	孙建波	万 卫	李铁山	马 亮	胡 珂	彭方才
曾 勇	沙利民	张晓辉	印保红	潘 勇			

电力系统及其自动化专业 843 班

陈 立	陈庆红	陈小玉	仇新宇	邓堪强	顾 敏	郭爱军	郭寿南
韩大春	何 矞	何静明	侯秀芳	胡 洁	黄玉轩	李金喜	李云友
刘立明	刘书学	刘颂凯	刘跃群	刘正海	卢卫星	梅祖礼	孟令愚
穆来保	田爱宝	汪发明	王功翠	严卫平	杨京才	杨毅英	张学平
周良松	周 宜	朱国军	庄 斌				

水力机械专业 841 班

马云阁	王 勇	王 高	王国庆	王敬良	王 斌	毛振龙	龙志文
史旅民	刘四清	刘 武	李国强	李健康	杨秋景	杨群豪	岑志强
何平辉	余晓灵	汪明建	张克俊	林开明	林立新	段建宏	俞良勇
施晓红	夏际明	夏清平	倪建明	徐永江	郭建伟	黄 涛	董宏成
臧家津	廖庆华	熊 革	戴 为				

水力机械专业 842 班

丁 铭	马国顺	王久安	王正伟	王占民	王声越	史则俊	伍立新
向师权	刘湘龙	李先举	李秋生	杨 文	肖国辉	吴环宇	汪顺遂
张 辉	张正清	张曙红	邵文娥	范建文	易洪斌	周志祥	周艳花
郑少平	钟惠基	段少华	袁登国	郭晓民	黄 勇	黄汉明	彭正良
谭 伟	谭 旭	黎新洲	潘新建				

水电站自动化专业 841 班

吴文俊	程新平	张立军	吴林金	肖兴健	邹山海	陈才华	刘 嘉
张 立	施志君	陈 兵	王家玉	沙 湧	王树林	魏世平	李 利
洪新兰	欧阳宗全	张忠有	左友萍	杨 兵	陈家恒	龙 翔	严继红
冼汉平	郝庆丽	李江林	周仲科	廖志华	朱冰斌	刘纯青	柯小满
周亚成	郑海昭						

水电站自动化专业 842 班

| 韦柳涛 | 陈万海 | 陈德斌 | 陈梦君 | 陈寿根 | 丁传付 | 杜宏生 | 段 岩 |
| 胡德安 | 胡巧明 | 花思洋 | 黄 伟 | 贾 辉 | 林 光 | 刘新才 | 毛志宏 |

欧阳金玲　邱　茵　屈兴合　宋　莉　唐必辉　陶　文　王斌如　王正军
伍赣湘　张今朝　张　静　张学钢　郑晓彪　周建光　周晓玲　邹国海
周庆生　王晓俊　李永田　王铁良

电磁测量及仪表专业 841 班
毕文铮　卜掌浩　董鹭宁　耿立宏　郭兆斌　胡同运　黄　洁　姜敢为
李　群　李瑞生　梁　旭　刘端武　沈春明　孙瑾燕　田卫红　王　昊
王厚琼　王作维　温华明　吴　捷　夏晓霖　肖红清　熊铭友　胥　军
许元龙　薛　晔　严雄伟　叶发新　张德红　张东辉　赵学惠　郑超武
朱为民　晏　新　陈朝霞

水能电力工程专业（专科）
王寅华　钟　志　苏凤英　周柳霞　陈　荣　陈基娟　朱江波　马　平
梁　珊　文合生　黄兴丹　严可文　梁　文　严炳宁　陈　明　李晓辉
黄汉清　陈卫民　张　涛　邓守仁　吴健勤　郑德堂　陈　伟　农云峰
罗贤明　韦　斌　邢志敏　王　伟　陆　勇　陈昭龙　郑海焰　印保红

电力工程专业（专科）
安志华　童文波　张彦军　李　侠　马洪伟　陆　仡　张艳艳　宋丽艳
胥　冰　柳　梅　冉红梅　颜丽红　赵士杰　陈素慧　秦　珊　于　波
王照娣　蔡　文　黄雅立　徐　旭　王守伟　田立斌　尹生强　赵志强
陈　涛　金　波　夏　伟　谭春滨　许　晖　杨武星　李　工　邢　昌
刘耀军　黎　辉

电机电器专业（专科）
贾忠玉　黄卫林　李建勋　刘书标　罗金寿　罗　毅　周卫东　林永红
潘明军　邓建军　秦　闵　李家明　肖文忠　何　松　谢　军　周良隽
殷柳章　彭建勇　黄德松　周辉钦　温红卫　王　新　李　云　孙厚远
谢惠生　周　坚　毛桂珍　吴晓轩　吴春桃　秦小娟　温志刚　黄冬梅
覃宇沛　杨津新　黄益民　陈　立　李鄂湘　卜益东　周正刚

1989 届毕业生名单
电机与电器专业 851 班
刘继洲　吴佐权　戴求实　刘冬初　刘　斌　贺清文　刘向东　张　俊
龙　梅　张益松　朱秀忠　杨革勇　陈国斌　潘国平　刘忠清　李忠桥
冯国东　陆佳政　刘征艮　黄贤宏　张春辉　夏小兵　柴　捷　陈卫国

程贤安	鲍同峰	田学奎	温志浩	匡宇东	欧立新	李　键	朱　涛
黄　东	王红星	邹友志	陈积龙	王步明			

电机与电器专业 852 班

张晓清	邱天高	王友初	王　晨	张柳法	贾云鹏	钱芳华	刘　晖
尹华杰	傅文春	雷七保	李荣超	金升才	程　波	刘　宏	齐文平
邓　红	李发良	王华波	李海文	吴少军	汪波涛	邹启蒙	刘　波
杨和平	徐敏卫	张文龙	刘新春	翟武山	厉　青	杨绍群	王晓红
底　军	陈凤起	段　俊	刘　熙	郑一凡	柳艺峰	陈　波	王启安
吴胜昔	马　薇	王　伟					

高电压技术及设备专业 851 班

白照东	陈树晖	陈顺国	邓汉明	丁杏明	何忠武	纪　惠	李茂林
李歆辉	李　宣	刘　文	刘泽银	屈莉莉	饶员良	施红兵	司卫文
宋建刚	王海波	王　浩	王献丽	王　毅	王泽文	吴世辉	夏荣荣
肖锡健	谢志梅	徐向春	严小春	杨　彤	尹开颜	袁云华	张大贺
张　峰	张书琴	赵永浩	赵　勇	郑益民			

电力系统及其自动化专业 851 班

代文辉	邓晓凤	周华敏	苏红波	孙　勇	黄檀清	丁　文	邰建林
李五羊	文革萍	郑闽生	徐泉山	郭鹏程	郭志红	罗陆宁	何万灵
欧阳浪飞	韩　文	江建飞	廖　宏	李志军	周　辉	刘　平	阮绵晖
陈煜宏	张振革	郑建平	陈　勉	刘晓梅	罗智伟	张依群	钱　晶
李晓彤	张　勇	马卫华	袁洁民	李建忠	刘　森	郭爱军	

电力系统及其自动化专业 852 班

陈红兵	刘方国	尹　伟	陈卫东	邓少平	陈志刚	肖重金	恽瑞金
郑小革	余景文	吴永厚	王向平	郑琢非	杨玉强	林山铭	周一珺
祁　利	沈建新	童光毅	刘　宏	王法勇	张　洪	高红延	颜永红
姚格平	龙　东	陈　峰	李珮珏	叶文莉	党　剑	何　山	杨国斌
夏文雄	马镇威	孔卫文	段泽文	张晓蕙	郑　勇	李金喜	庄　斌
何静明	沙利民	邓　江					

电力工程专业 851 班

叶　晖	王　方	王朝晖	肖向东	朱秀娟	乔汉林	何中则	杨立韬

杨卫民	祁志红	张　聪	罗文佼	严　珺	黄志万	许晓霞	潘建同
马　东	廖　奕	江　锦	刘　楠	曾志武	熊　刚	林　戈	曹　新
余东升	张奉青	郭齐涛	曾　敏	余　蓉	李　军	胡利华	

水力机械专业 851 班

谈　可	王艳武	刘　荣	乐克新	周浩兵	陈友顺	陈生发	易先华
谭奇峰	程华元	刘新龙	郑　晖	刘冬桂	陈新度	赵文生	汪细权
许　钢	田柏华	程贵斌	黎承湘	刘文平	张　健	王彦峰	胡洪涛
余仁志	王必勋	张拥文	李海波	刘　武			

水力机械专业 852 班

徐建新	王立新	沈卫江	黄　方	高志强	伍昌臣	张晓东	熊建平
罗晓玲	谢先明	施克闯	徐学文	曹志超	罗学明	佘玉良	王志刚
曾　勇	曾祥明	吴　波	谭玉峰	程双财	成　彬	曾永芳	梁传武
庄咏文	黄彦韬	张元超	钟　声	袁登国	易洪斌		

电磁测量及仪表专业 851 班

孟　丽	黄又根	斯超良	傅子明	陈向群	易文俊	吴晓东	雷　旭
蒋正荣	丁恒春	夏建章	阳　龙	栾晶玉	朱明红	熊汉武	董　旭
曹　红	彭中阳	高飞燕	龚文红	石德刚	赵　智	吕细春	吴彩年
杨文东	黄建华	刘丽芳	徐建伟	王　凯	高桐立	孔　霓	李　刚
黄　波	杨文军	晏文华	顾江陵				

生产过程自动化专业 851 班

何光耀	张艺纲	梁文懋	刘前进	蒋　波	罗民军	张　涛	余志军
邹　文	周文平	熊开春	华正伟	孙银霞	祝友献	向克寿	龚东方
吕　平	杨志荣	聂汉平	魏杨婷	晏　振	田　兵	郭凤渠	张丽华
孙泉冲	邬　颖	申碧梅	恭　敏	陆　泉	张　宏	廖志华	王晓俊
李永田	周仲科						

电力工程专业（专科）

贝为栋	卞　浩	宾祖江	曹　新	曹　燕	曹　阳	陈立刚	陈丽红
陈南文	陈　平	陈其成	陈绍琴	陈卫民	陈秀富	陈益伟	陈玉华
陈玉莲	陈峥嵘	邓华礼	邓守平	邓新明	董玉泉	樊正涛	冯小勇
冯肖荣	付祖吉	傅文彦	甘立军	高沁皓	高维国	廖　坚	桂来彪
郭克宏	郭齐涛	韩　伟	何建国	何多忠	何中则	洪庆梅	胡秀萍

胡阳青	黄汉艺	黄红梅	黄　健	黄江予	黄邵彦	黄章陆	黄志敏
黄志万	黄忠生	黄佐流	江　锦	江文捷	蒋廷镐	金　光	金义和
蓝光耀	雷　民	雷秀莲	李光艳	李　军	李　俊	李梅兰	李桡殊
李世南	李世作	李晓艳	李晓云	李应慧	李永业	李　勇	李　喆
李钟烈	梁　锋	梁志刚	廖　奕	林灿辉	林　戈	林　革	林　裕
刘爱明	刘　冰	刘恒华	刘红涛	刘　杰	刘　楠	卢　军	鲁春立
罗　宏	罗文佼	罗星洪	马　东	潘建同	祁志红	乔汉林	沈　波
沈顺群	石名杰	石绍有	史咏海	宋一舟	孙　梅	孙明超	覃必卫
覃家秋	覃茂林	覃业锦	汤丽文	唐幸革	陶劲松	陶新明	廖朝利
万传培	汪东霞	王朝晖	王道鹏	王　方	王　红	王建虹	王　伟
韦光宇	丰建军	韦贤武	韦修成	韦占宏	隗洪跃	魏振州	吴　荣
吴跃辉	夏　葵	向　勇	肖　蝶	肖向东	谢　冬	谢建树	谢儒宁
谢　一	谢　禹	熊　刚	徐　勇	徐　忠	许晓霞	薛永红	严　琚
阎　超	颜　新	阳彩州	杨立韬	杨荣季	杨　蓉	杨卫华	杨正君
杨志刚	叶　晖	叶贤拓	余东升	余　蓉	喻子仲	曾爱民	曾大庆
曾　敏	曾勇杰	曾志武	詹智明	张　聪	张奉青	张国林	张　慧
张　江	张　静	张　喆	赵晓峰	钟拥军	钟周军	周　斌	朱　梅
朱秀娟	朱学哲	邹毅宁					

1990 届毕业生名单
电机与电器专业 861 班
贾首武	傅贤民	鲁　刚	刘继辉	卢　海	胡建新	谢天舒	麦盛枝
肖　平	代静云	徐　强	王利波	邓　友	刘风南	孙晓鹏	许敬涛
田　娅	曾玉良	胡建华	杨　红	杨五八	赵长宇	宇文胜	何　迪
袁文玖	石小英	杨小林	邓兴宏	秦祖兴			

电机与电器专业 862 班
韦雪林	阮江军	彭惠清	刘小平	胡修凡	粟立峰	梁裔炯	钟张宏
贾继东	郭振宏	金　涛	黄旭东	管彤涛	王　彬	刘　忠	刘仲恕
刘江啸	姚　璇	李晖民	肖长根	周　强	刘朝晖	吴劲松	吴贵能
邵维明	梁榆生	黄益山	张　建	宋晓东	王　伟	黄　迎	张冠军
石　一	鲍克峰						

高电压技术专业 861 班
蔡蔚蕾	蔡宗远	陈国强	韩孚昌	何俊佳	黄　劲	蒋政龙	焦翠坪
金昌平	李朝军	李　涟	李卫东	吕水明	毛中亚	潘晓红	乔　木
宋安鸿	孙明生	唐曦明	王　斌	王小君	伍小生	肖　玲	许劲松

尹朝晖　戚文光　曾傕　张　敏　张泽长　周长春　朱卫东

电力系统及其自动化专业 861 班
黄世英　向祚主　汤迎春　周　晖　张三红　杨健飞　程朝晖　蔡　泓
龚京松　胡　飞　袁　泉　冷玉奇　张文军　甘胜良　张海宁　余赤忠
钟英彪　卢　忠　黄海鹏　段　敏　付红军　韩　兵　董凡敏　芮志浩
邓造明　赵文瑛　邱文华　谭方雄　段晓刚　刘　涛　林　清　徐浩军
曹　苒　黄仁谋　张月红　邢　伟　李列

电力系统及其自动化专业 862 班
沈华宇　范　宁　陈建华　李　楷　邹　群　刘吉喆　王　勇　李小平
卢爱菊　寇永江　李伟文　周　强　曾传水　韩庆华　李烨昆　陈道彪
梁俊耀　刘　劲　刘志伟　唐　平　李翔云　包黎昕　曹爱民　张奇志
彭　忠　徐晓东　覃松涛　赵丽红　陈向阳　王　云　李　文　陈　峰
孟长虹　喻建华　管　霖

水力机械专业 861 班
阳震宇　朱建刚　杨　兵　易双华　朱建刚　梁超回　周振声　周凌九
张鹏程　刘志农　张道元　刘扬秋　蒋秉初　吴庆淼　邓四元　万　军
陈晓明　闫雪飞　张胜强　牛宏君　蓝玩荣　闫建平　聂冠群　郭永健
杨立武　刘显军　赵　忠　晁仕德　吴中武　刘　武　龚　渭

水力机械专业 862 班
欧　融　卢建丽　伍晓芳　曹建清　李　宏　李迎春　杨志忠　罗志东
肖文伟　舒　阳　尹晓莽　段兴武　徐三树　赵　飞　杨劲松　宋青松
杨从学　赵友初　曾永忠　孙玉琢　桑　伟　宗文军　梁　柱　刘圣乔
宋　越　章　涛　王敬春　张　波　李　力　阮驰原

生产过程自动化专业 861 班
曹　腾　陈银田　陈志明　承东海　董华喜　董　萍　付广俊　胡　巍
胡　幸　黄文龙　黄小勇　李小萍　梁远洲　林福昌　罗　胜　毛泽文
聂先金　任江涛　荣　桓　童俊林　万江红　吴文民　吴正义　徐国美
徐晋贡　喻志强　袁　宏　钟晓东

电磁测量及仪表专业 861 班
邓　泓　彭新龙　郝　瑾　吉拥平　李　岩　林延生　刘　红　刘敬东

刘以礼	罗亚华	马宏伟	潘继雄	任　菁	商成海	唐登平	唐梅志
陶　充	万方华	王连常	王　萌	王志杰	吴志寰	肖　宏	肖　静
邢玉珍	徐朝晖	杨永华	袁　丽	曾利荣	曾水香	张伟国	郑文生
廖茂盛							

电力工程专业(专科)

白春笋	蔡　战	岑艳红	陈敬国	陈　宽	陈　燕	陈忆民	陈泽品
程　石	邓　杰	董义春	杜　建	段绪勇	甘春琼	高　山	高文儒
顾文彬	关　键	何广高	何宏斌	何宇红	胡贵川	胡劲松	胡文波
胡兆波	黄　波	黄　辉	黄坤山	黄向阳	黄祖军	吉维扬	雷　庆
李何检	李厚德	李　辉	李　杰	李　静	李　强	李武雄	李学清
梁建宏	梁　江	梁西兴	梁　奕	梁增仿	梁镇光	梁卓宁	廖有玲
廖　原	林　洁	刘　斌	刘炳章	刘　波	刘红梅	刘　平	刘仁侠
刘晓春	刘　烨	刘　英	吕　浩	罗　利	马　坚	欧阳小春	潘起红
彭　禧	彭易俗	钱　卫	秦日生	秦智盛	任　勇	宋　军	苏桂雄
苏继华	孙红丽	汤伟东	唐　康	童培忠	王　斌	王春明	王清泉
王　勇	王玉琴	魏竹岭	温莜波	邬美平	吴　达	吴建军	吴劲松
吴乾荣	吴　嵩	吴延杰	伍续理	肖　军	肖　强	熊　滨	熊川高
熊　云	徐志明	许水庆	颜　骏	扬少波	杨　波	杨非凡	余世文
袁　伟	袁伟深	曾富江	曾志高	张　卫	张晓梅	张晓云	张永杰
张　愿	郑向军	钟丽萍	周恒鄂	周群凯	周世松	朱文耀	

1991届毕业生名单

电机与电器专业871班

陈　闽	高　燕	季明利	李　俊	李晓峰	李珍银	刘国雄	刘立新
马鸿胜	马晓久	秦　强	石　敏	唐继静	唐立新	熊文学	万小云
王根才	王　辉	王晋勇	王　勇	王中泉	吴晓华	肖强晖	徐家琪
杨玉川	张德军	张继春	张绍睿	张晓东	张宇斌	张云祥	钟浩明
周滨俊	崔　宁						

高电压技术专业871班

陈邦栋	陈　岗	陈　军	成　新	崔志宏	丁佐春	傅　军	傅义君
郭学文	胡玉梅	黄贤球	江卫华	冷　军	李　罡	李红波	李山里
马晓峰	任向群	魏松明	武小红	夏　军	谢　岩	阎　嘉	易耀平
殷伟文	袁宏鸣	曾　国	曾胜平	张　浩	赵鸿飞	朱亚飞	

电力系统及其自动化专业 871 班

吴银福　迟承武　宾　岚　姜红辉　蒋明水　吴文君　陈卫中　于成功
龚　林　唐　葵　周四光　徐　晓　尹胜清　李明霓　文一彬　程　波
陈　涛　凌　峰　步　文　戴　楠　徐　敏　刘　强　饶　斌　李　靖
陈文韬　何锦明　何　涛　闫建利　周　波　徐　倩　贾学东　陈宝宗
梁文生　熊　冰　谈　晖　王　欣

电力系统及其自动化专业 872 班

高　翔　肖东晖　姜学文　虞兴龙　周　帆　严九胜　刘洪光　黄卫东
杨　斌　杨立新　肖　捷　王华军　郭　敏　黄爱文　尚　涛　罗　武
陈昌锐　张　华　胡亦玫　陈祎娟　黄守宏　桑　晖　车彦鲁　李　恒
邱伟元　李　健　翟连宏　吕成文　韩晓晖　赵洪波　梁　岩　杨义江
胡　文　孙福东

水力机械专业 871 班

马书红　赵　涛　易　群　鲁　胜　黄　驭　杨旭东　吴海卫　范学军
杨　钦　卢　庆　吕惠富　赖维贤　龙定平　周耀东　王　准　杨忠成
邹建平　李俊民　刘　卫　黄　蔚　蒋拥军　李　峰　盛学境　吴红娟
康志彬　张文峰　罗三红　王志成

水力机械专业 872 班

刘　勇　王　江　孙海顺　盛国林　刘辉良　郭　莉　袁美安　艾红伟
李奉启　曾慧兰　李　晔　廖元禄　刘国荣　晏庆华　周海容　孙立群
霍祥俊　舒永兴　朱立强　朱爱军　钟定生　饶春来　秦圣高　徐　红
王益聪　张立臣　金永奎　王英群　王武军　柯青松

生产过程自动化专业 871 班

李丽霞　徐　晖　余　岚　吕　露　罗　文　许汉平　黄建国　陈要科
何飞跃　廖爱斌　冷兆丰　林伟庆　徐该清　李晓薇　江灿华　尹立军
何　伟　吕景武　张璆宝　胡　静　熊　杰　宋　琪　杨苍峰　伍忠麟
王颖媛　吴　军　胡松敏　韩雪山　李　红

电磁测量及仪表专业 871 班

王　声　王　超　魏　卫　金　妮　孙　宇　王　宇　霍艳皎　郭宏伟
刘　豪　徐晓玮　翟立功　钱　进　瞿　亘　何　青　欧　峻　张志强
郁　军　唐立华　汤　华　张书坤　李兰春　曾涤非　梁卓军　杨宗高

黄智勇　朱勇辉　胡　浩　朱元庆　余巧林　周若梅　朱　赤　胡峥嵘
杨　刚　沈晴霓

电力工程专业(专科)
班兆全　包建峰　陈邦敏　陈桂昌　陈　猛　陈明友　陈　祺　陈　维
陈　卫　陈　文　陈　焱　何　嘉　何玲琳　何志杰　胡　明　胡耀军
黄　晖　黄锦瑜　黄靖勇　黄　明　黄　平　黄前德　黄耀全　贾纯英
贾开鹏　蒋晓朝　雷葵叶　黎建珍　李碧霞　李恩科　李红艳　李庆东
李双平　李天海　李卫红　李文利　李艳丽　梁　捷　梁茂佳　梁天宝
林云广　刘　林　刘禄坚　刘卫军　刘亚平　刘佐泉　龙超全　陆宝兴
罗胜梅　马文华　孟　群　米琼霓　莫桂强　聂琼英　农伟明　欧阳雷萍
钱　东　钱　进　宋泽新　谭　勇　谭泽生　唐志斌　田　华　童　琦
王瑞华　王伟亮　韦君良　韦　黎　韦　敏　韦仁德　韦宗球　向建文
肖　明　徐江峰　徐校日　许　丽　薛　松　阎　清　杨永彦　杨志钊
余大权　张　莉　张　灵　张宇力　张　湛　镇　伟　郑朝霞　郑夜宴
钟　松　周永平　周　勇

1992届毕业生名单

电机与电器专业881班
徐洪兵　余　军　应学敏　秦　俊　黄　庆　左英志　徐洪涛　周　翔
姜秀芬　向　利　张越雷　杨锦春　袁为民　江　冰　谢荣军　欧朝龙
杨劲松　苏　力　王　路　侯昌明　熊　超　李松田　李　翔　邹　健
张宇斌　刘汉新

电机与电器专业882班
王其勇　何学军　汪文军　蒋薇薇　张　斌　王　浩　宋国福　蔡　伟
谷锦辉　谭载华　张升学　葛少成　熊　前　丛艳玲　邹建东　钟长青
宋文斌　常国强　陈　巍　李战春　钱昌东　陈　敬　翁狄辉　刘学环

高电压技术专业881班
陈剑光　丁颖川　韩　芳　侯　波　胡益胜　黄　臻　黄　昆　黄晓春
柳春芳　雷建设　李桂苹　李俊民　李晓峰　李　智　涂天璧　刘　刚
刘　洋　钱冠军　任承飚　孙海堂　孙万永　孙志锋　汤小燕　万山明
王　迎　吴　彬　严晓峰　易永辉　尹晓芳　袁　铖　臧　勇　张　强
赵俊明　赵胜利　周　龙　朱　敏　邹　刚　赵　纯　欧　盛　汤志强
孙志峰

电力系统及其自动化专业 881 班

李 战	顾建党	刘 飞	过文高	曾 鉴	周丽华	林 跃	于景国
黎柳记	张巨华	秦朝晔	周莉萍	廖科贤	凌云志	刘 勇	毛跰兵
林 建	邱 岭	朱红鹰	程文春	李 杰	金 刚	唐永兵	王孟毅
杨立群	胡 舰	陈玉兰	郭创新	初 林	杨军平	王立权	朱立琦
潘忠良	孟 辉	江文捷	林 立	陈 军

电力系统及其自动化专业 882 班

兰 刚	景 雷	郑 斌	韩 勇	皮志云	许秋红	汪承先	刘 明
王 松	刘 威	周昱甬	王贤灿	孙文博	周文胜	解志坚	杨 超
陈 卉	徐卫明	郑三保	史跃洲	邬君波	李 东	阮 瑛	纪跃新
易敏军	黄 健	葛 晴	王海卫	郑 纯	齐晓强	方 政	唐春健
徐 华	蒙运蓉	马文宇	符 梁	卢 辉	周 瑾

电力系统及其自动化专业 883 班

文 韬	袁 坚	李 妍	杨玉娥	陆 键	唐跃中	回 林	胡馨锋
任 立	张立宏	刘 燕	谢 勇	汤峥嵘	吴 晖	吴加新	罗 方
唐 巍	梁 军	薛 丹	吴红青	韩全宏	缪植新	蒋 林	吴兴林
田淑珍	曾小超	李 民	蒋志达	张劲光	贺灿辉	曹国云	鲍玉川
童仲良	文劲宇	才 潜	龚小勇	孙景涛	基蓬杜	马冈古

水力机械专业 881 班

史江涛	夏 宇	黄小林	常 江	赵宣东	沈正亮	马松建	牟敦从
陈 攀	邵剑飞	钟 鸣	蒋 青	吕元付	李立雄	杨红飚	陈生新
林启开	戴 枫	张 旭	邵立忠	段宪忠	赵 斌	余文颖	刘艳华
陈 露	任耀群

水力机械专业 882 班

梅汉兵	梁家虎	崔建军	邹 翔	张双全	李文学	陈 斌	徐智慧
王迎雷	张文强	杨玉强	黄政其	韦国群	洪端文	许敬文	黄奇凡
邱乐声	李 攀	周文凯	秦仕信	吴 斌	吴志辉	谭 哲	李爱新
王 进

电磁测量及仪表专业 881 班

| 党洪泽 | 董艳红 | 冯秦超 | 符庆海 | 付 勇 | 顾天舒 | 何江涛 | 胡永平 |
| 李 芬 | 李光伟 | 李 健 | 李迎伟 | 李永清 | 刘 兵 | 刘朝阳 | 刘国富 |

刘焕新	刘清萍	刘万征	龙飞跃	吕　杰	彭　晓	夏长生	叶竞涛
张晓军	朱淑华	贺　萍	黄立群	李尔宁	吴心宏	杨　柳	郑　华
曹　华	周元清	李　德	王晓莉	严　明	姚剑锋	冯春媚	

电力工程专业（专科）

鲍连计	常建忠	陈　坚	陈　明	陈伟刚	崔小华	段文飞	冯　文
高　明	郭建基	何　远	黄春峰	黄汉明	黄　辉	黄　建	黄敬东
黄　静	黄　琳	黄　宇	季海强	赖仕金	乐　晟	黎海明	黎明东
李　峰	李　红	李　俊	李　黎	李　明	梁炜彪	廖建山	林　男
林天来	卢　斌	卢廷春	陆良宁	陆期东	吕蜀君	麻军华	莫　婕
宁干文	欧春光	苏　燚	覃建强	陶　强	王建斌	王太英	韦青林
韦庆颖	韦勇教	文庆勇	吴　波	吴　荆	肖　利	熊文杰	杨高勇
杨　权	杨羽华	叶绍洪	余捻宏	玉琼广	张山燕	张向东	赵　军
郑腾波	周　捷	周璇璇	朱先涛	卓　华			

1993 届毕业生名单

电机及其控制专业 891 班

张宇阳	邓　科	王邦文	潘亚丽	余　栋	陆俊良	方海林	董　干
赵林冲	刘志龙	袁　峥	田　禾	袁志鹏	金　军	胡红春	孟庆平
陈清淹	徐中义	章君山	沈鼎申	刘文华	王颖曜	冯　云	刘益华
杨建辉	多贝维						

电机及其控制专业 892 班

吴　伟	房建新	朱俊梅	张　静	张大明	丁泉军	李　立	魏文华
何　涛	毛启武	李建国	邝朝炼	李　宁	孙　峰	施晟樵	胡建新
李丰盛	梁俊宇	马　静	宋强华	黎志和	张　彬	何西林	张　凯
刘汉新							

电力系统及其自动化专业 891 班

程　弦	李向阳	罗　锋	吴小辰	韩　凌	戴颖颖	林湘宁	卢　蔚
杨学明	冯兴学	方建明	曹国保	周　波	童春阳	罗　鸣	刘建松
董油海	祝　谦	代　洵	熊卫红	过　松	朱　娟	陈慧丽	谢明明
郭　皓	姚　雯	朱灼新	明化冰	吴　彤	陈　烨	高　鑫	周　磊
石慧超							

电力系统及其自动化专业 892 班

徐 剑　杨 勇　刘 沙　周 磊　冷慧海　李晨曦　陈 黎　曾 亮
马千里　刘振宁　石 青　杨东熏　陈 东　徐伟强　李智星　申义贤
胡 帆　王 巍　张 森　杨岳峰　金晓宇　程 刚　陈宗谦　范 华
孙雁波　唐 宁　刘 洁　孙滨志　戴 磊　欧阳旭东　宋新春　邓飞凤
苏明昕　姜 强

电力系统及其自动化专业 893 班

顾洪杰　曹安瑛　黄志刚　敖 海　杨 刚　李湘滨　蒋文静　于 屹
林 慧　胡 泓　黄晓东　刘 文　毛晓明　梁伟全　刘世明　刘旺东
韩晓俊　汪 辉　钱 骏　张学智　朱健敏　蒋泽清　万仁刚　王晓兵
何军民　陈建军　董继军　李雄姿　贾 涛　张贱明　胡亚牧　陈 东
覃 峰　吉普斯

高电压技术及设备专业 891 班

白炎武　蔡 威　陈丽君　高 辉　郭 波　贺新全　蒋学军　井 嵘
李端姣　李旭军　李 艳　李正国　梁振华　廖从容　刘 玢　刘珮文
马国强　任红斌　王晓燕　王占宾　文洪兵　徐 韬　杨 磊　曾屹萍
曾小明　曾 勇　张崇德　张 翊　张欲晓　周军华　周 毅　邹青华
李 丽

电磁测量及仪表专业 891 班

步江虹　方 春　黄 怡　胡 刚　王井刚　唐 林　陆 苇　刘少彬
吴建春　裴海岩　黄宏敏　刘卫东　林其青　洪思光　赵宏军　梁广宇
钟文昕　詹建辉　孙泉明　姚 志　陈 梅　李思谦　温建平　陈 亮
曹 勇　黄冠钥

水力机械专业 891 班

安 涛　陈勇军　程 永　龚 博　郭海涛　韩伶俐　胡江艺　胡金生
华 丹　江 峰　李 辉　李 军　李振宁　刘春燕　刘 娟　罗荣飚
庞志梅　沈 强　苏国志　孙会信　孙建军　孙玉祥　唐卫东　王 威
向 军　肖志铭　谢少明　袁晓辉　曾 毅　张学明　张 晔

生产过程自动化专业 891 班

陈建兵　陈学军　程敦贵　杜 琛　冯 炜　傅巧萍　侯忠平　姜新凡
刘 平　刘 泉　穆建强　庞 滔　曲 飞　王昊深　王勇男　夏 梅

徐　涛　　徐振华　　俞为民　　张铭军　　张永刚　　张志斌　　钟　兵　　钟景承

电气技术专业（专科）
陈　芳　　陈　勇　　陈振成　　丑光军　　杜　榭　　方　伟　　胡翠华　　黄冠丽
黄　浩　　黄文华　　金晓东　　李　烽　　梁　斌　　廖桂龙　　廖　琪　　刘艮胜
罗　彬　　罗　辉　　马　雁　　莫梅梅　　秦大鹏　　秦　勇　　沈　洋　　孙　虎
孙立君　　覃　旭　　覃　艺　　吴　进　　曾军艮　　张　刚　　张　力　　郑腾波

1994届毕业生名单
电机及其控制专业901班
丁同海　　李文才　　李英锋　　吴徦德　　李建伟　　詹永斌　　郭　伟　　杜志东
朱红伟　　缪爱华　　于圣军　　严新荣　　富志刚　　张方举　　毛丹新　　吕　达
吴　斌　　陈　纲　　陈永强　　刘文清　　温祥杰　　陈慧雄　　梁　辉　　程志勇
田大明　　甘　泉　　彭兵仿　　张军民　　宋勇军　　马国禅　　欧阳燕　　阿布达拉
刘　武

电机及其控制专业902班
陈　力　　陈绍迎　　陈　伟　　戴和彪　　邓日江　　丁网林　　方　强　　冯　奇
冯云锋　　顾红飞　　胡道友　　黄悦华　　江双红　　姜晓弋　　李德荣　　李建新
李　磊　　卢志斌　　莫红斌　　任振宇　　宋晓辉　　孙文涛　　王忠波　　夏　军
肖承捷　　肖江文　　徐红春　　徐启发　　闫　智　　杨柳青　　袁春龙　　张　军
朱大铭

电力系统及其自动化专业901班
吴义纯　　孙成利　　郑　军　　关艺彪　　李竹子　　康东升　　张明亮　　唐东晖
顾拥军　　邰能灵　　彭　勃　　吴　宁　　邱　烨　　姜　旭　　魏培培　　易跃春
喻建波　　罗专专　　朱　昆　　蒋　理　　李　昆　　冯　勇　　姜巍青　　朱文俊
龚志波　　黄顺进　　王仕林　　刘科伟　　莫晓辉　　王冬青　　赖　敏　　卜丽莉
张洪洁　　王　兰　　刘瀛瀛　　雷　莉　　陈　玲　　王和珍

电力系统及其自动化专业902班
薛英健　　杜灿阳　　袁红波　　辛裕雄　　颜明海　　谢　磊　　郭仙彦　　庄　剑
黄峻岭　　陈　刚　　王　玮　　刘志刚　　刘秉林　　吴宏晓　　张义辉　　胡海军
李小云　　周　勇　　袁　骏　　杨　峰　　吴襄军　　冉　兵　　唐小静　　陈华元
王　炼　　肖绍华　　阮红星　　徐友平　　张　强　　刘峻岭　　李　隽　　陈　玲
段奇志　　王利迎　　田莉芬　　艾　敏　　王念春

电力系统及其自动化专业 903 班

吴 军	肖 雷	张少峰	陈 浩	唐桂坤	李 捷	陶 涛	崔 潇
李洪滨	王俊峰	黄振宇	钟智强	罗宁辉	李立金	王志宁	伍咏红
刘 军	张 龙	金 毅	赵 晋	车志刚	肖能爽	倪 巍	詹 强
李勇汇	程燕军	廖小平	袁克敏	胡济洲	郭 佳	邓宇航	冯国兰
古 林	王 红	杨丽娟	奚江惠	马文璟	许 玫		

电力系统及其自动化专业 904 班

陈 艳	高 博	高学军	郭琳云	何立红	黄星昊	李 勇	李远敏
梁予耕	林师进	刘 军	卢源珍	罗 晓	平庆东	钱 峰	佘小平
施立波	史文军	宋 松	宋晓凯	苏寒松	谭 震	汤陈芳	王 芳
王铁林	王亚娟	吴湘辉	项 涛	谢永惠	熊强卫	许少波	杨继宏
杨霞玲	杨泽明	赵 罡	周 睿	周 鑫	邹 健		

高电压技术及设备专业 901 班

艾 睿	陈传俊	陈 威	陈雄宾	邓建宏	邓泽官	郭贤珊	姜俊莉
李建平	李战鹰	李正新	李忠文	刘卓明	庞振海	齐 志	申劲松
孙福杰	万洪海	万新焰	王爱华	王 冰	王红斌	王剑锋	温庆欣
温燕波	肖 云	谢正隆	熊贤平	徐 志	薛继盛	严林清	杨震晖
张 缤	张金玲	张乾荣	张卫星	赵 曦	种正亮	周国伟	朱 明

电磁测量技术及仪器专业 901 班

陈 杭	陈文海	顾哲光	郭向阳	何 辉	胡 晓	黄宗碧	蒋桂山
李常春	李亚梅	廖成旺	刘冰梅	刘苍松	陆立明	孟凡滨	曲通海
饶 迅	孙卫明	孙玉财	王德涛	熊敬刚	徐耘英	杨 宏	杨志勇
余 琦	曾伶俐	张 帆	张 萌	赵 燚	赵羽萌	朱旭辉	

水力机械专业 901 班

钟伟光	罗 杰	张 勇	侯 治	徐万平	刘冬青	黄大俊	李道祥
黄 伟	王 海	肖振海	崔 彦	鄂家伟	覃 力	柳福东	袁风武
李金华	杨敬飙	张建利	刘少斌	谢崇清	彭 杰	袁 兢	隆元林
张盛初	程文凯	周玉华	赵 伟				

流体机械及控制专业 901 班

| 程文凯 | 崔 颜 | 侯 治 | 黄大俊 | 黄 伟 | 李道祥 | 李金华 | 刘冬青 |
| 刘少斌 | 柳福东 | 隆元林 | 罗 杰 | 彭 杰 | 覃 力 | 王 海 | 肖振海 |

谢崇清　徐万平　鄢家伟　杨敬飙　袁凤武　袁　兢　张建利　张盛初
张　勇　赵　伟　钟伟光　周玉华

生产过程自动化专业901班

陈明云　区光和　周银江　凌　军　石俊文　郭　鹏　赖征宇　吴正向
彭　兵　肖俊杰　易晓东　郝新合　江志凌　胡世宏　刘协成　张友斌
胡琼华　翟春明　刘仁清　余　祥　罗　萍　李　琴

1995届毕业生名单

电机电器及其控制专业

曹良丰　陈　洪　陈伟良　陈　武　陈钊垣　陈子文　单周平　丁　友
董立文　董　毅　范　澎　高平安　龚宜祥　管和昌　郭正义　贺春霞
胡友林　黄永军　蒋建湘　金建东　勒　茜　雷　震　李　斌　李冬林
李凤华　李记平　李金山　李　哲　林德焱　刘万展　刘义军　刘正刚
鲁加明　陆建明　马　骅　马俊雄　沈宇红　司振锋　宋效新　谭了宁
王华驰　王为真　韦彩兵　肖楚成　徐　寅　杨戈戈　杨加龙　杨晓飞
易吉良　俞　良　喻建军　张德志　张绍福　张　兴　张永泉　郑　虎
周　彬　周素生　邹　明　严拥军

电力系统及其自动化专业

白宏明　包德章　薄永兵　蔡　纲　蔡　剑　蔡树军　蔡　鑫　陈　峰
陈建华　陈玲燕　陈倩茵　陈　书　陈学民　邓安萍　丁洪发　丁　俊
董　华　杜飞翔　段建东　樊　伟　冯建军　冯　可　符文昌　付瑾诚
傅　勇　高德霄　高志平　龚天旭　关超毅　郭凤萍　韩景丽　郝小燕
何德家　何铁斌　胡为进　怀劲梅　黄　晖　黄牧涛　黄　伟　黄　勋
贾培刚　汪维柏　金飞林　靖长春　康　烽　孔文德　赖永献　冷岩松
李　波　李冬平　李建民　李　路　李　闻　李拥军　梁　波　廖　滨
林启伟　林小汇　林幼辉　刘建伟　刘九儒　刘　凯　刘美霞　刘全军
刘迎九　刘　宇　刘玉忠　刘智勇　柳　勇　龙　柏　卢志平　吕敬民
罗　勇　马安仁　倪　晖　彭　莹　蒲　莹　秦俊宁　邱文征　沈诗南
盛剑明　舒双焰　孙洪波　谈　强　谭　哲　汤　毅　唐隆臻　腾　海
田　松　童文冰　王光明　王捍中　王建民　王　晶　王南雁　王亚峰
王正纲　文明浩　问景奎　翁志勇　邬纪刚　邬先来　吴　涛　谢朝霞
谢　晋　谢　莉　谢　挺　徐　铎　徐灵江　徐　鹏　徐新件　许　健
许　源　薛晓丹　阳厚斌　阳素文　杨海峰　杨胜春　杨先才　杨旭波
叶光永　叶年恙　殷泊云　殷旺洲　余　庆　袁国锋　袁　凌　袁星卫

张大庆	张克勇	张 立	张庆利	赵洄智	郑 华	郑 华	周凌云
周胜堃	朱晓波	朱怡青	刘 江	陈亦川	倪 晖		

高电压技术及其设备专业

蔡绍荣	陈继东	陈建宏	陈青松	邓克斌	邓万亭	冯伟岗	傅湘辉
高 旭	管强华	郭朝晖	胡望雄	扈志宏	黄立海	吉亚民	兰 芮
李从岱	李立辉	李明奎	李 强	李 霞	李忠禄	林 峰	林明健
林玉怀	刘海霞	刘 俊	刘小春	刘友锋	刘元琦	刘志林	陆 明
彭 骥	孙 琦	汤振鹏	王义兵	王永福	王玉栋	魏 刚	吴朝春
吴利华	张春霞	赵大欣	郑振坤	陶炳坤			

电磁测量专业

陈明刚	董继雄	冯悦波	龚向曙	郭海龙	胡 伟	胡晓娅	黄烨明
黄 勇	祝中文	计 超	李洪波	李漫华	刘建国	刘 来	米 杰
齐春华	饶胜钢	沈 政	孙小琴	谭晓涛	唐华瑜	田成凤	王军恒
王永红	王忠明	吴 刚	吴小芳	夏焕锦	谢 浩	尹海燕	于合旺
甄艺畅	郑 勇	周建鹰	甘 茁				

水利水电动力工程专业

陈进福	陈 军	陈启明	成 明	范卫红	高允平	胡巨波	黄晓辉
吉 庆	冷 瑞	李崇山	李 嵘	龙 赛	缪忠兰	莫汉宗	彭明鸿
饶建军	邵显成	田珍辉	谢文斌	徐正权	余继军	袁孟清	张翼飞
周小梅							

流体机械及控制专业

曹如才	曹圣华	曹秀丽	陈中新	戴爱萍	窦 凯	房玉敏	康清权
李康林	梁 波	刘建文	孟庆松	彭光杰	沈原国	史长海	谭军强
王圣文	夏 军	杨传学	杨 刚	杨 贾	杨建军	杨一鸣	张玉国
赵跃辉	郑伯玲						

1996 届毕业生名单

电机电器及其控制专业

张 平	易明军	施 斌	王满堂	唐文虎	王学军	刘 庆	潘三博
刘庆华	蔡 炜	高 昕	任国佐	刘志军	陈德才	饶康宁	叶 健
魏 东	吴永松	姜建伟	申同伟	陈冠锦	丛 林	翁 宁	马 忱
熊麒麟	侯 涛	杨俊杰	刘 伟	郭元梅	许湘莲	戴 悦	张香明

孙 超	葛 彬	王 剑	朱生平	杨举润	宋 明	柳钟玉	沈 弘
王先锋	孙刚德	黄 皓	王绪发	邓忠诚	李力鸣	冯劲松	罗辉雄
王啸虎	龙华杰	丁自锋	易 钊	范迪铭	魏恩伟	程 谦	郑明海
刘万英	赵现平	高迎京	龚玉霞	陈 丽	孔 丽	颜 琰	宋夕江

电力系统及其自动化专业

白建源	操 鹏	曹光炳	陈狄秋	陈灌枢	陈金富	陈 平	陈新本
陈艳霞	程继民	代 新	邓俊伟	邓文锋	邓幼平	董建明	董绍彤
杜海峰	范武广	方晓松	付 煜	傅晓峰	高 波	耿柏秋	龚玲安
关京生	何 涛	何伟平	何一纯	胡 劲	胡艳明	胡子龙	祝志刚
黄海冰	黄 溯	黄蔚亮	黄雅峰	姜宁秋	姜 龚	蒋朋博	康晓兵
李 斌	李 晖	李会彬	李 力	李清源	李诗林	李 涛	李汀滢
李 巍	李晓军	李 昕	李 岩	李迎红	李影刚	刘 斌	刘长春
刘海文	刘 骥	刘可真	刘 磊	刘 梅	刘 翼	刘 云	龙俊兵
娄素华	吕国泉	吕雪涛	罗 钢	罗红俊	马德寰	麦 洪	潘海波
彭 波	彭传海	彭光明	彭宇翔	盛戈皞	施久亮	石东源	石晓明
史爱玲	舒 立	孙 菁	孙豫龙	谭振宇	唐军武	万 安	万子扬
汪 凯	王国兴	王家斌	王 军	王胜顺	王 涛	王 玮	王小川
王 义	魏 璇	文 华	吴 煌	吴宁华	习 睿	肖 汉	谢方锋
徐 恺	鄢长春	严 朝	杨迎春	姚 成	余 浩	余 江	余 翔
余正海	曾 静	曾 涛	张 帆	张宏斌	张 辉	张金林	张锦辉
张军坦	张 可	张 忠	赵 涛	赵 雄	赵旋宇	郑海峰	郑 涛
郑喜军	钟 璐	周虎兵	周清华	朱海昱	朱敏奕	祝志刚	

高电压技术及其设备专业

别志松	蔡 炜	成荣海	丁中民	段雄英	韩 光	黄 波	黄长明
黄立才	黄刚强	李 俊	李 伟	廖敏夫	林明星	刘锦松	刘 科
刘思远	骆 刚	潘东升	沈群武	唐敏阳	汪 雁	王 刚	王瑞科
王 燕	王玉军	王 志	魏妍萍	吴 刚	徐 懿	翟 鸣	张 珩
张 涛	钟生辉	周 军	周 丽				

检测技术及仪器仪表专业

陈志萍	邓岳华	顾寅凯	韩小涛	胡玉振	黄 浩	黄晓芩	黄志胜
江 蓉	刘海渊	刘 敏	娄艳秋	马文光	马远征	彭楚宁	沙征宇
宋 颖	孙光咏	孙 璟	万莉群	王 延	吴颖秋	许 成	杨宝纯
尹 浩	尹 实	张本妮	朱 斌	沈 涛			

水利水电动力工程专业

陈 璐	戴洪波	樊启权	蒋东兵	廖庆春	林培炤	刘书玉	陆 毅
潘大平	彭玉辉	束长勇	万静英	王光明	王 铁	吴继云	吴朋芳
向 强	杨 波	易柱良	于 龙	俞鑫港	张佳佳	张晓亮	张雪源
张 勇	郑 铭	周卫祥	朱传柏				

流体机械及流体工程专业

陈学力	程泽斌	邓炯汉	方 勇	管红舡	郭 江	韩宗雄	洪智敏
黄更生	江运华	李 凤	骆 勇	彭世华	曲建锋	饶 勇	孙思强
唐宏斌	唐为明	涂 军	王枫华	谢崇璋	姚继军	曾志勇	张文昌
张志刚	赵江华	周少旺					

1997届毕业生名单

电机电器及其控制专业

王 勇	骆 林	孙 健	胡志祥	蒋 峰	李 刚	李 松	李小虎
李满坤	汪茂熊	管士舟	胡洪武	马飞洪	程友明	杨雄飞	黎小飞
陶贤法	杨海峰	周晓霖	敖志伟	稳国栋	黄建华	贺朝辉	彭志刚
汪 宁	索新巧	武 刚	徐 波	江 黎	王 磊	吴 岚	龚 磊
刘 渊	陈 宝	李 锋	李华峰	陈敢峰	陈芝喜	陈正勇	张新德
于功训	占卫华	孙柏林	史国俊	马长蒲	唐建兵	方卫华	秦天兵
胡建华	庄光伟	黄卫星	邱亦慧	邓永艳	魏亚南	沈 勇	

电力系统及其自动化专业

吴 馨	程 皋	焦 勇	谭 斌	张红兵	钟 山	钟 强	张 平
张 君	常 成	刘 彬	黄 静	李 刚	断 念	王聿升	王安昌
段志强	张良兵	邱永胜	刘华锋	白玉颖	黄尧文	贺文涛	吕宇辉
夏 芳	姜 霞	荆朝霞	丰 雷	陈 浩	王 海	吴 炜	谷 毅
缪 路	魏 俊	张 茂	贺 江	林载森	蔡黎明	肖志明	任新楷
江振华	杨铁成	杨文利	熊华强	杜忠明	黄焕辉	王兆军	陈洪才
沈春林	张此明	郝鸿彬	胡玉峰	李必涛	李伟男	李晓华	梁淑芬
方 冰	刘 洋	舒 畅	许 彬	张 伟	何 伟	齐 军	吴 军
杨 波	苏 巍	李 俊	李 蔚	周 哲	魏 威	谢 峰	王轶禹
黄小茂	闵登峰	陈庭记	曾宪志	苏志伟	冯开宇	魏 红	魏 莹
戴慧娟	乔 峰	李 卫	胡 春	谢 松	石 巍	曾 静	宋 涛
周 晖	徐 斌	陈 昶	陈 勇	刘 敏	刘继东	刘海波	何宏伟
张念东	张雪焱	苗春勇	毛晓明	朱小浩	柳惠波	吴献峰	赵培兵
胡刚毅	马 红	石铁洪	石立梅	邹欣一	杨 翔	王 萍	

高电压技术及其设备专业

韩　伟　向　浩　肖　立　肖　飞　黄　斌　朱　亮　夏　雨　彭　峰
陈　勇　甘　忠　张　旭　陈昌海　毛凤春　吕隆明　王雪欧　王金宁
付小先　张巨帆　张宝星　彭旭东　肖建强　詹花茂　陈祥兰　江全元
高国富　颜希文

检测技术及仪器仪表专业

陈昌龙　陈威镰　陈小丽　陈宇宁　程崇华　程正刚　戴建华　韩志萍
何　梁　黄　勇　姜　波　李海涛　李建平　李　伟　李亚楼　李耀立
刘小洪　刘智勇　万　罡　伍建松　张智杰　赵向平　钟建清　朱　勇

水利水电动力工程专业

杜爱军　见　伟　黄　真　王　亚　朱　兵　程　祥　蒋　明　刘　涛
邱　收　万志民　刘先航　曾洪涛　周永红　彭季根　李元雄　田智浒
张高峰　郝后堂　魏路平　奚正波　陈宏飞　蒋大龙　陈贵宝　李卫国
黄金树　常曦光

流体机械及流体工程专业

张　群　黄　夏　李　阁　唐　金　胡　林　管　斌　罗　陈　陈　舰
王　涛　李贵斌　刘昭荣　李立伟　刘志军　杨远海　龚长春　许成柱
方建星　张建峰　杜灿坤　叶龙川　韩顺康　张元刚　向道兵　陈进勇
刘军生　黎伟福　安广山　林雯婷　杨爱荣　梁唯溪

电气技术专业

孙国任　王　啸　刘　强

1998 届毕业生名单
电机电器及其控制专业

曹文华　陈　沁　邓　玲　方卫华　冯　超　郝金玉　胡继超　胡祖伟
黄　超　黄成明　焦晓军　金　健　琚兴宝　赖建光　李大勇　梁　机
梁锐科　廖　华　林　锋　林规茂　刘飞云　刘家颂　刘峥炜　吕必波
彭均岸　秦祥秋　史成钢　宋立强　孙剑波　孙　玲　田　斌　佟保伟
汪　超　王海涛　吴新安　吴　璋　吴作鹏　伍兵芳　肖　亮　熊娅俐
徐春雨　杨　斌　杨海峰　杨　俊　杨　凯　杨书伟　叶志超　袁　辉
袁振亚　曾小飞　张建兴　邹志革

电力系统及其自动化专业

白　洁	卜明新	蔡　丹	蔡树立	陈　浩	陈　健	陈　娟	陈秀萍	
陈宇飞	符仕毛	付卫强	高贵旺	高　俊	郭云鹏	贺常德	贺　峰	
洪　波	侯建星	胡　伟	黄鸿亮	黄健华	黄夔夔	黄立滨	黄　霆	
黄　颖	江雄杰	蒋　璐	解亚飞	李国栋	李　昆	李立春	李　强	
李燕峰	李银红	李玉明	李云沛	李志斌	连亦芳	梁才浩	廖　燕	
林　凯	林　勇	刘敬华	刘　烨	卢　恩	鲁丽娟	马　佳	聂　中	
彭雁华	戎洪军	沙立华	施洪明	史　进	苏　剑	索智勇	谭　钻	
唐　玮	田　庆	屠　炜	王成金	王怀民	王　慧	王金龙	王丽娟	
王林峰	王　祺	王文华	王小安	吴德华	吴　棣	吴冀湘	向长征	
肖向南	谢　斌	熊礼良	徐　兵	徐　凡	徐华昕	徐小龙	薛洪颖	
杨廷方	杨　鑫	杨志敏	姚寒冰	易仕敏	余国生	余欣梅	袁建雄	
曾　剑	詹　奕	张侃君	张　猛	张　鹏	张　强	张　彤	张泽虎	
郑　炜	钟运平	周　波	周　华	周若虹	周　伟	周拥华	朱一锋	
邹　崴	左郑敏								

高电压技术及绝缘专业

程更生	池楚兵	戴　玲	邓部钦	付芳伟	胡　勇	康　强	李　黎
李文书	李　兴	李　中	刘小宁	刘　鑫	龙　兵	卢　明	马汝祥
蒲　路	任念群	任　宁	沈晓仲	王海龙	王思印	武兰民	胥　望
徐绍军	徐宗旺	詹三一	张　铁	张先伟	邹　锋		

检测技术及仪器仪表专业

包立锋	曹泽宏	陈礼涌	陈琼强	陈　焱	陈　远	董亚晖	古　进
郭晓华	黄世来	李华峰	林尤莉	刘　英	骆盛军	莫日光	潘春花
田茂昕	王　强	王亚鹏	吴洪林	吴　军	吴潞华	吴易文	肖　霞
杨秀平	叶　锋	曾秀娟	朱兴琼				

水利水电动力工程专业

曹　仲	龚伟超	李　斌	李彩林	李树森	李天智	李峥嵘	凌育华
刘宁军	穆青岭	漆为民	申　华	沈同林	宋红云	孙亚军	童锦松
王　锋	王继承	吴　云	吴祝安	肖红涛	杨建芳	叶万恒	余清波
张勇军						

流体机械与流体工程专业

蔡礼权	昌卫华	陈喜阳	郭永周	贺新桥	胡　军	黄晓武	李述林
李志云	刘　冰	刘　剑	刘　洁	刘启光	刘伟超	龙像桂	彭玉成

石高明 谭春光 王成胜 吴 炜 肖若富 杨利平 张 国 张文钰
周文朝

1999 届毕业生名单
电机电器及其控制专业
荣彩霞 胡 海 韩占飞 吴正红 龚 斌

电力系统及其自动化专业
艾兴华 陈蔼莉 陈景卫 陈 军 陈 钧 陈 鹏 陈庆锋 陈 琼
陈卫华 陈中伟 崔 冬 代焕利 代继志 邓汉潮 邓卫华 董云龙
窦 治 杜 娟 方华亮 付立峰 高 翔 葛东峰 龚 斌 龚李伟
龚良波 关伟锋 郭艳敏 郭忠祥 何 典 何海波 洪瑞彬 侯云鹤
胡春凌 胡德成 胡小全 胡兆庆 胡宗波 华艳军 黄崇用 黄登斌
周志武 朱汉伟 黄 辉 黄晶晶 黄 磊 黄 涛 黄 岩 霍伟强
季顺国 江 斐 江卫良 揭 萍 金 锐 金 泽 赖柏年 赵 茗
李朝阳 李 虎 李剑峰 李宁凯 李 强 李 威 李 雯 李熙春
李 新 林 宏 林树新 刘 超 刘光然 刘 捷 刘俊华 刘晓蕾
刘学超 刘 杨 刘一科 刘 钰 卢善伟 陆伟强 吕 霞 罗绍军
骆 新 马洪涛 马晋辉 马 勇 苗 伟 宁元林 庞 博 钱 华
任智勇 茹建新 沈 刚 施奕平 史 骐 苏 毅 孙承志 朱 岚
周桂国 周 翔 孙国海 孙海宝 孙勇方 汤云飞 田剑锋 涂轶昀
万 征 汪 静 王 丹 王丹昕 王海燕 王 昊 王浩龙 王锦志
王龙华 王 敏 王沐曦 王 新 王 杨 王震波 魏永鑫 吴春雨
吴大力 吴 军 吴明祺 吴 昕 吴彦文 吴 莹 吴振宇 吴志峤
夏 骏 夏晓松 向德军 肖 辉 辛 龙 熊 蕙 熊尚峰 徐承松
徐建刚 徐 柯 徐兰坤 周晓龙 徐善文 许永喜 薛玉海 闫海峰
闫 磊 颜凌峰 阳慕斌 杨东文 杨 戈 杨海燕 杨 军 杨 珂
郑 炜 郑 毅 杨晓龙 杨钊宁 杨振宇 杨 政 杨志福 叶 盛
叶文浩 殷晓军 于 国 余海洲 余建生 俞 凯 喻建波 赵 伟
袁雨锋 袁作月 曾次玲 曾耿晖 曾令国 曾祥东 张冰华 张冠华
张家聪 张劲松 张世平 张晓东 张源恕 赵剑剑 赵 磊 赵 茗
程 □ 何 葳 余 畅 黄 华 周华锋 张 昊 张 倩 韩羽华
彭飞进 娄信明 苏新民

高电压与绝缘技术专业
杨 波 黄治国 袁 超 马 跃 颜湘莲 欧阳玉宇

水利水电动力工程专业
张景锦　谢培元　何海军

流体机械及流体工程专业
陈幼平　崔高宇　杜　琨　桂中华　何海军　何有勇　胡钟兵　黄爵猛
寨　海　蒋章震　李军红　廖　成　罗健林　庞盛金　沈寅江　田中海
屠孝军　王　鲲　王小马　危建安　谢培元　辛海侠　闫茂华　袁玉峰
岳　峰　曾祥飞　张　浩　张景锦

生产过程及自动化专业
杜成佳　王明辉　梁　锐　盛维军　陈学佳　余春雨　王　涛　石　琦
曾家凡　杜　瑶　黄日怡　吕　鑫　游义刚　梁　熊　任新强　王岩超
段　超　武　悦

应用电子技术专业
腾海陶　朱鹏程　范宏海　李定明　罗维华　李定明　詹　宁　李丽霞
李　宁　陈　警　张士欣　刘　鹰　蒋　平　徐　利　陈　军　罗　蕾
彭　超　鲁丽蓉　何晓东　刘铁钢　董承欢　周　庆　陈伟松　黄　芹
胡胜祥　邓雯丹　陈长根　尹　轶　刘　磊　熊　磊　柳钦仁　邓铁玲
郑　华　黄　郁　柯　健　盛润泽　徐云中　严　明　杜　勇　张　泽
吴学如　李晓翔　孔雪娟　吴建群　刘丽琴　龚敬勇　陶海强　曾　燕
陈宜芳　姜　南　裴　培　李艳铃　薛晓峰　薛　峰　杨峻峰　文　琴
王　曦　王　毅　谢永刚　冯健铭　刘云峰　陆　炜

2000 届毕业生名单
说明：1996年开始，针对本科，我院开始实施宽口径培养计划，统一按"电气工程及其自动化"专业名称招生。2000届为首批毕业生。

电气工程及其自动化专业 961 班
徐　勇　周启文　郑承伟　汪　昆　陈　翔　胡　伟　韩　菲　曹天波
黄　浩　王晓东　周　睿　任起才　臧成东　杨　朴　朱晨明　徐　斌
刘东生　梁伟雄　陶　涛　曾　云　龚松涛　陈江洪　潘中毅　龚方亮
吕　珍　蔡　凭　余建华　何志茵　林逸敏　向　晖　李　明

电气工程及其自动化专业 962 班
辛　凯　胡爱华　张红先　范海峰　邱大为　赵浩夫　卢　宇　李伟龙
孔祥雄　贺　峰　秦　栗　代仕勇　赵俊峰　陈　曦　洪　悦　王　民

| 刘 伟 | 李 岩 | 张江锋 | 陈浩敏 | 余生才 | 刘志强 | 杨自成 | 张 庆 |
| 罗 旭 | 潘平衡 | 刘 红 | 魏 琴 | 周 卉 | 莫湛霞 | 张 雯 | 方汉生 |

电气工程及其自动化专业 963 班

杜 柯	韩 昊	陈昌松	李 伟	向龙云	毛谷雨	朱海锋	丁 力
严 刚	程 航	李 前	何 磊	刘斌帅	陈庆荣	周邦利	席锡奇
张 锋	刘书华	刘 伟	王一科	石 鹏	徐 江	张力晨	夏卫星
贺鹏程	冯 超	徐 哲	孙 颖	胡双眭	南 阳	扈 燕	邓 越

电气工程及其自动化专业 964 班

龚 超	伍智君	熊文伟	鲁 军	胡再超	萧 鹏	董贤锋	郑小建
廖荣涛	李 骏	郑小飞	叶 宏	潘国林	许 晖	俞浩杰	瞿建锋
王林青	林 攀	王 晓	王春潮	曾建友	胡 玮	刘 伟	张 斌
邹建龙	何 克	韩 冰	陈 蔓	彭忠艳	刘 丁	李 丽	雷 燕

电气工程及其自动化专业 965 班

覃智君	彭 浩	崔 勇	周 桥	冯 锋	严 明	彭 涛	朱建华
张小武	王 冠	程 冲	柯常国	王 兴	王 勇	陶 晶	徐 荣
林 明	朱 静	刘 伟	刘 凯	杨 挺	吕 罡	谢敏华	熊招春
吴玉麟	邵建波	肖 伟	吴 昊	黄慕楠	邹 炜	臧春艳	郑会平
陈金玲

电气工程及其自动化专业 966 班

王 伟	郑君林	王恩维	杨 凯	冯 毅	李铭渊	汪建军	章赛军
李 剑	张 昊	陈 功	姜 健	李 祁	徐天奇	徐 皎	唐红卫
朱广志	黄阿强	孙海亮	陈有志	蔡德江	陈巨龙	曾江明	苏 威
肖 健	姚礼锋	张 焱	黄 凯	毛 盾	姬云飞	喻小艳	张海雯
周 青	林蔚然

电气工程及其自动化专业 967 班

段勇刚	何晓华	郑有余	龙 泉	王保华	胡朋飞	唐茂林	汪 祥
黄军飞	邹 力	钱 沁	贺文玉	高 翔	李 程	张田田	沙 轶
李泰军	贾一凡	宋 锐	蒙朝晖	张 建	张俊扬	夏 拥	汪 洋
杨志军	陈 政	陈 勋	黄 硕	寇志文	张巧龄	胡小妍	尹 芳
吴 芳

应用电子技术专业961班

邓 弘	陈 凯	梁建军	杨 凯	鲜卫云	王荆江	彭晓超	程 明	
杨铁钢	肖 坤	孙朝晖	韩晓强	张华安	杨文涛	谢毅聪	靳茂鹏	
张新灵	易孝龙	许俊云	阮国伟	何登海	翟永强	张 杰	徐华滢	
张 文	张华锋	张军建	陈志洋	许小平	戴锡坤	周建清	周艳红	
陈 明	杨 静	邓廷川	周思聪	霍 亮				

流体机械与流体工程专业961班

陈云华	陈小华	郑泽洲	江哲中	云尚国	梁 涛	万进舟	董艳昌
王 湛	王东进	杨云龙	谢静波	王 瑞	郭明新	赵 辉	牛清泉
蓝霄峰	黄任政	聂文红	黄 杰	李 刚	蒲光荣	周国强	

水利水电动力工程专业961班

张兆云	张文治	贺志龙	郑 涛	周 伟	刘 凯	薛 峥	江 平
张志锋	邹坤显	毛建忠	毛建锋	谢传萍	吴小云	万承学	王 岱
余国亮	蒋 兴	肖 慧	张 蔓	李 琼	李 芳	夏卫红	姜 琳
王永和							

电气技术专业

白 雷	曹丽娜	曹树文	陈 丹	陈明顺	陈仕强	陈小卿	谌东海
程国平	丁 婷	董亚琴	董艳玲	杜 科	杜韦骅	杜艳萍	樊 冰
范 磊	郭汉明	何 宇	黄 俊	黄薇薇	孔宪争	冷谢君	梁江航
林池军	林胜利	刘 飞	聂科恒	彭 琦	石 卉	唐 晖	唐剑飞
田志国	王 凯	王 涛	王 巍	王速瑜	王晓霞	魏 民	吴爱华
谢 莉	熊 光	熊 茂	徐 成	杨 兵	姚 栋	殷进军	余 波
湛东海	张传勇	赵彬彬	赵虹桥	甄方华	周华杰	朱永斌	

2001届毕业生名单
电气工程及其自动化专业

安 萍	蔡铭超	蔡 毅	蔡志平	曹 鹏	常建东	陈冠华	陈慧民
陈金波	陈金涛	陈思琳	陈有志	陈云波	程 淑	池凤泉	崔 崔
崔江峰	崔 巍	戴 敏	董政华	董列佳	杜安放	杜 龙	杜微科
杜 元	段靖远	樊爱霞	范海峰	范凌峰	范则阳	方国卫	冯勇华
付国波	付 凯	傅电波	甘健宏	甘松柏	高 勇	龚黎明	韩 军
韩 鹏	韩晓星	何鸣一	何 勇	侯宝年	侯 盾	胡 彬	胡家声
黄望隆	黄 晓	黄贻煜	纪 峰	姜清雷	蒋东进	蒋 毅	金燕云

康 丰	李博文	李大为	李 飞	李 军	李 磊	李 丽	李 强
李 伟	李昕海	李 彦	梁林松	廖 祥	廖志超	林 军	林 磊
刘邦银	刘 彬	刘光勇	刘浩菊	刘 君	刘培国	刘 涛	刘 鹑
刘亚军	刘云峰	柳 润	龙 飞	卢 启	卢媛媛	马 凌	梅 勇
磨志刚	欧阳慧林	彭 丽	乔 敬	邱劲洪	冉龙兵	任 成	邵亚雄
沈晓川	孙成叶	孙大山	孙海亮	孙志新	谭晶鑫	唐广华	唐海波
滕 斌	田晓强	汪海兵	汪新秀	汪 洋	王 超	王成智	王纯伟
王冬劲	王海军	王红波	王 凯	王 磊	王 鹏	王少华	王 涛
王位俊	魏 来	魏 崴	魏 曜	吴 刚	吴 昊	吴妙云	吴 琼
吴 勇	夏 亮	肖碧涛	肖劲鹏	谢玉冰	邢 研	熊 兰	熊明昭
熊小兵	徐 波	徐 皓	徐 明	徐曒晖	许 剑	许 俊	鄢毅之
阎旭光	燕 京	杨 剑	杨 科	杨咏林	姚少军	姚月娥	叶 宏
殷发超	尹 娟	游晶隆	于 洋	袁飞雄	袁建刚	袁 丽	袁资生
曾 杰	詹成国	张 洁	张 俊	张 萌	张 泉	张 文	张 欣
左干清	张学柱	张 扬	张玉辉	张志勇	赵 鹏	赵朔琼	赵 涛
赵勇进	赵云飞	郑 科	郑小强	郑 重	智建立	钟 丹	钟宇明
周 恒	周翔胜	周雄志	朱家禄	朱 屹	朱中华		

应用电子技术专业

白 丹	蔡志开	陈晓波	仇志凌	丁胜彪	杜 铮	费 婷	傅 宏
高新巍	何 波	何英奇	胡建林	胡建全	还 芳	冷 杰	李博华
李 源	李 志	刘金秋	刘 娟	陆丰俊	陆小红	潘光明	潘 朔
史慧文	涂 奔	汪 杰	王治军	王子亮	鲜卫云	杨 钢	余 菲
周 军	邹丽霞	傅 坦	高奇峰	李俊林	李 立	裴月丰	桑婷婷
周 驰	周建清						

电气技术专业199703班

于春权	刘自远	齐连艳	解 鑫	蔡志敏	李齐宏	张 兵	邓益民
胡凤平	周国珍	杨 虎	宁义龙	李 军	李伦全	陈新峰	关万宇
袁红波	王镇涛	冯 春	何 明	魏素军	吴婧华	彭 军	庞远亮
石正建	彭慧鹏	姚成华	胡文科	梁远雄	王立虎	孟云海	钟华辉
马 捷							

电气技术专业199704班

韩文利	马 毅	于 跃	王 斌	周家骏	洪锡高	李晓辉	黄昌添
张学斌	冯 成	梁桂宁	胡长辉	罗永建	黄志宏	李 都	熊 军

张学军　代　鹏　蒋红平　熊　骥　钟伟华　陈卫洁　张本秋　魏庆文
陈玉光　王　勇　魏国庆　成立军　金明剑　熊波涛　范红勇　朱晓琳
张　艳　张雅青　李　丽　何江莲

2002 届毕业生名单
电气工程及其自动化专业 199801 班
黄润忠　史泽兵　朱海涛　王　磊　罗春风　李　晋　蔡　雄　李　红
袁　皓　张　明　秦　鹏　付启明　黄虹滨　邵德军　杨进峰　毕　然
徐超群　陈　功　李　斌　程　铭　金　霞　殷雪莉　戴　博　张丽娟
张玉伟　何智伟　宋　萌　陈　铮　彭庆涛

电气工程及其自动化专业 199802 班
张　俊　张　剑　张　斌　占捷文　薛季原　文建伟　王先进　王　靖
王海礁　万　能　陶小辉　孙志清　施　洋　盛梦周　邵　毅　秦孔建
彭　迎　陆晓靖　卢金鹏　梁劲振　郎春强　姜艳红　胡友林　胡　枫
郭新涌　郭茹丽　丁　超　程　剑　陈志涌　曹发文　曹　成　蔡　磊

电气工程及其自动化专业 199803 班
范　邹　谢文君　杨　凯　周冬川　王云玲　朱　毅　黄　磊　蔡　宁
王　军　封　利　王李东　王　悦　李金超　王　晋　黄建新　费长保
刘志华　魏泰勒　邓　骞　周永超　李　琦　邓　鹏　李　斌　邱军旗
武奋前　刘度度　张利峰　杨　娟　李　静　李欣然　杨美容

电气工程及其自动化专业 199804 班
殷春辉　顾立刚　吴　卫　刘　磊　穆罕买提　罗　欣　朱庆春　王　升
叶　茂　刘方锐　司汉松　崔　林　蔡雄兵　胡德峰　王光临　肖祥恒
罗海波　张新明　任宇飞　董建树　丁　平　邓　鹏　严宗睿　曾兵元
李　超　朱佳俊　吕绍鑫　代裕亮　郁铭峰　阳　维　左　剑　李　化
王　惠　周　玲　何　云

电气工程及其自动化专业 199805 班
蔡佳敏　胡　珀　杨雄平　黄友桥　陈贤军　刘志成　万　毅　夏志宏
曹解围　朱文帅　刘　翃　蒋　伟　刘永川　曹　晨　姚　舜　雷　松
孙宗友　张　宇　金明亮　颜　俊　权　隆　周　辉　周贵勇　翁汉俐
张　莹　郑　重　陈媛媛　罗　强　徐　涛　沈　虎　伊力夏提　侯　镭

电气工程及其自动化专业 199806 班

朱　峰　杨　剑　周　峰　夏　斌　宋建斌　王迎峰　李程煌　王金勇
王泰杰　曾　嵘　刘　中　李建勋　汪克力　易小羽　蒋国栋　葛加伍
金　俊　张中贵　胡桂平　程　正　司东子　郭建华　梁　浩　张绪俊
王志峰　曾金亮　汪卫平　杨　浩　张俊扬　胡　楠　高　原　张　姝
黄　霞　刘雅丹

电气工程及其自动化专业 199807 班

刘革明　张　洋　叶　林　汪　—　何春来　苏方伟　罗　啸　张　敏
王平亚　王珍意　吴琳君　戴夏晨　严支斌　郭长辉　胡　旦　郑　旭
何　宇　刘志强　丁　文　张　鹏　梅　晶　徐骏平　齐　剑　皮之军
张　哲　孙妮娜　代瑞秋　狄美华　尹海霞　马　元　向　恺　虞　沅
邹　帆　胡治龙　魏海超　马　晶

电气工程及其自动化专业 199809 班

曾　浩　缪培合　胡电永　李　萌　陈仕钦　杨云鹏　高　峰　刘　菲
徐海斌　孙格杰　刘俊峰　刘卫强　李秀成　张　进　袁　亮　黄　彪
朱良波　唐海军　裴甲瑞　刘　晖　金国华　张　拓　刘容芬　黄铭芝
聂　伟　史　锐　胡　星　石　强　陈浩标　欧阳娟　李　岩　周　林
刘　军　王诚海

应用电子技术专业 199801 班

龙　卫　胡艳明　郑灼洋　刘应兵　丁永强　邓　禹　吕剑锋　陈　伟
邓小民　郑刚敏　李弓祥　许　赟　李朝阳　吴智超　王　威　潘小炬
龚　辉　黄　杰　王硕威　马　磊　陈志勇　陈　洋　匡　鹏　郑学武
郭　晶　刘　钧　曹承洁　胡小红　张　欢　李　毅

应用电子技术专业 199802 班

杜明玉　靳　亮　荣　刚　史鹏飞　杨　晋　闵江威　王　展　鞠雄华
林　霄　卢义杰　李　旭　舒　云　周　磊　聂愿愿　王　进　陈平平
徐　枫　范先胜　李德青　方　全　魏　炜　陈朝剑　杨江枫　谢最熙
刘智勇　谢　飞　向海飞　王兴伟　江　炜　张小燕　汪　荔　宋　琦
张永丽

电气技术专业

陈　飞　陈浩标　陈　庆　陈仕钦　邓健辉　付华楷　高　峰　胡电永

胡 星	胡宇跃	黄 彪	黄 吉	黄铭芝	蒋 明	金国华	雷 静
雷亚林	李福俊	李 丽	李 萌	李秀成	李 岩	李永久	刘 菲
刘 晖	刘 军	刘俊峰	刘荣芬	刘卫强	刘 瑜	刘兆梅	马 季
缪培合	倪可乐	聂 伟	欧阳娟	裴甲瑞	乔狮雄	沈 丹	石 强
史 锐	孙格杰	汤小军	唐海军	王 斌	王诚海	王卫华	魏继锋
熊 伟	徐海斌	杨祥彪	杨云朋	杨智勇	叶 娟	余 亮	袁俊生
袁 亮	袁 媛	曾 浩	张海科	张 进	张 拓	张武平	张志山
赵 辉	郑 映	周 军	周 林	周 琳	周志超	朱良波	朱向华

2003 届毕业生名单

电气工程及其自动化专业 199901 班

万 涛	塞林旎	梅成林	何立林	张俊峰	胡博闻	陈 攀	韩情涛
王协华	姚进波	袁 晔	廖 翀	邓岚泓	陈煜达	湛 锋	李晓岚
卫 琳	胡 琼	王清玲	卢毓欣	耿 华	崔纪国	吴 骅	方 波
胡 彬	张 韬	刘启全	葛振江	郑庆博	陈春华	李 刚	

电气工程及其自动化专业 199902 班

陈 辉	程 路	唐振波	丁 炜	胡建勋	娄慧波	傅昕涛	李 俊
田 辉	徐岸非	蒋久松	臧 欣	袁华忠	陈 兵	黄 兴	李 炎
余 萱	陈 宇	王 杰	卢 磊	涂 亮	杨 洁	朱桂冬	张成皓
程胜利	王 宁	彭 茹	丁 芃	陈钰琦	李 莉	徐 燕	

电气工程及其自动化专业 199903 班

周运斌	赵尤斌	刘一民	丁小兵	王 鹏	程海松	杨增力	刘青林
郭远帆	阳 曾	王 健	易德刚	高 涛	付 敏	谭 静	严 勇
姜 兵	杨 武	朱世亮	汪杨凯	阳世荣	彭 华	王智宇	唐 群
朱 涛	刘晓津	肖 异	黄媛媛	李 艳	鹿 婷	郑 欢	

电气工程及其自动化专业 199904 班

马 靖	王 帆	杨小东	仇诗茂	魏 勍	徒有锋	窦刚谊	黄振华
练志峰	黄 进	徐 升	陈 瑞	吴超一	王 卫	赵 亮	王 丽
杨 丹	赵 健	王安斯	韩 晶	孙国霞	李 文	黄志刚	张 聪
倪焱森	庾永俊	吴 穹	徐世刚	刘 庭	李 智		

电气工程及其自动化专业 199905 班

刘中华	罗 菁	许 楠	刘雨婷	赵妍卉	刘 馨	范 婕	丁 力

陈 政	朱 江	邓 鹏	黄晓聪	冯晓波	严家宁	田 勇	程宏伟
代慧涛	董志辉	刘 波	朱 辉	陈 喆	朱佳敏	赵江涛	戴清勇
戴希望	程国红	曹志辉	余奎华	蔡春亮	杜佳星	肖 铮	

电气工程及其自动化专业 199906 班

阳绍峰	卢 攀	黄 特	杜宇峰	向 珂	方 堃	李洪涛	危 威
范 勇	徐强超	刘 明	李 剑	刘志雄	文 超	龚学辉	邹 强
刘 水	邓学祥	昌海波	杨 通	曹荣向	何 尧	邓毅波	冯 垚
潘 君	李建婷	寇 娟	周敏慧	范月霞	吴志霞		

电气工程及其自动化专业 199907 班

韩新权	王松鹤	朱 勇	李 亮	练鹏飞	粟 迟	潘 昊	蔡振华
桂 重	何浩群	祝建华	许慧锋	魏全禄	付 波	綦 进	敬 毅
张轲夫	李哲锋	刘 鑫	刘 颖	蒋柳林	杨仁斌	兰 洲	罗 昉
李建辉	古春芳	方 昕	刘 春	芪慧芳	付 洁	丁 干	

电气工程及其自动化专业 199908 班

宋方云	陈 鹏	李 君	梁贵洪	唐铁志	唐妙然	王 中	姚 孟
周 广	彭军林	黄 柱	丁志亮	王明军	刘 波	王 佳	何 佳
盛松涛	孙宏刚	熊幕文	郭 晓	宋晓冬	黄水平	米高祥	雷 崴
冯黎明	吴玉兰	谢 昊	严玉萍	彭 玲	王 俊		

电气工程及其自动化专业 199909 班

龙 云	马 俊	朱晓黎	陈晓亮	刘佳伟	杨 帆	汪可为	牛 璐
李 冬	汤 琛	阮 震	成琳魁	陈 飞	陈 磊	刘 晋	谢 俊
黄 勇	蔡 伟	刘佳奇	周伟建	秦艳伟	彭 磊	邓建波	王 毅
刘浩军	董 宸	刘新萍	李 敏	牛金红	康 乐		

电气工程及其自动化专业 199910 班

单 哲	韩晓光	刘 昱	魏方兴	刘 翔	常瑶琦	鲁 非	郭一堃
凌 楠	甘 泉	谭苏旻	朱选才	王 廷	罗修文	彭玉峰	吴方劼
曾伊琳	黄丽云	王 涛	罗穗妍	李 豪	常东旭	汪 旸	郭 锐
石金川	吴世亮	李 翔	王家鹏				

电气工程及其自动化专业 199911 班

| 路 君 | 姜 升 | 戴 维 | 徐 晋 | 程 林 | 吴亚琼 | 桂 峰 | 罗华永 |

刘 刚　黄有宝　孙晓武　曾泳波　邓俊波　周 涛　汪 涛　徐 陵
乐江龙　庞 睿　孔四排　罗 斐　张玉成　董 星　罗容波　李 丹
李 微　陈 衡　姚 莹　张 逸　张 念

电气工程及其自动化专业 199912 班
孟 烨　黄 蓉　陈小云　张 翀　张 渊　张 霁　朱 亮　刘红涛
陈 颖　何 骞　荣 耀　任庆军　王海权　任木兰　奉 琪　宋佳音
皮菊菊　梅丽娟　符照强　刘宇莉　何晓光　吴一谦　乔 宇　刘 肖
丁 辉　黄 彪　任 镍　潘 能　刘 伟　孟 杰　高鹏宇

电气工程及其自动化专业 199913 班
常建军　张 轩　郑杰馨　张新宽　付 饶　陈小明　黄安国　黄刚毅
柳志敏　宋福龙　卢学斌　杨晓华　叶 刚　张 超　张 炎　张晓峰
容 乐　彭学军　吴碧波　汤 霖　秦 铆　王 影　王丽丽　李 锋
张瑞霞　李婉霞　杨 帆　周远明　皮 刚　彭 媛　李 霞　张艳艳
唐 权　张 琴

电气工程及其自动化专业 199914 班
胡 青　刘 闵　王鹏丞　陆华利　张亚伟　彭江瑞　赵文华　方 舰
周振华　张骏勇　张荣华　章进兵　娄钊玮　夏惠红　王 瑞　熊光伟
钱 敏　刘小平　罗志勇　何天南　刘 鹏　孟文中　孙友涛　王丽仙
齐晓玲　陈晓涵　夏四凤　曾玉梅　段 萍　尼亚玮

2004 届毕业生名单
电气工程及其自动化专业
安 巍　安仲利　鲍凯鹏　卞 超　蔡 擘　蔡成想　蔡 灏　蔡 黎
蔡 礼　蔡 松　蔡 伟　曹 辉　曹 亮　曹伟伟　陈 蓓　陈建华
陈 俊　陈 磊　陈 磊　陈立剑　陈 亮　陈 龙　陈 敏　陈 前
陈松石　陈维莉　陈 曦　陈小平　陈雨泷　陈 誉　陈祖林　程春萌
程海洲　程 敏　程 伟　程星鑫　程跃廷　崔晓丹　代玉伟　戴 维
戴 魏　党三磊　邓黎黎　邓琦芸　邓天军　丁 干　丁宇康　董 波
杜洪宇　杜 砚　方 成　冯 欢　冯 烨　扶瑞云　符贤达　付 超
付 京　付求玲　傅俊锋　傅清华　高海洋　高 巍　高 翔　高 艳
葛彦民　关川川　郭 芳　郭 俊　郭 楠　郭 晓　郭一筌　郭 羽
郭占仓　哈 达　韩永霞　郝洪伟　郝跃东　何慧雯　何金平　何 俊
何俊良　何 可　何凌云　洪 峰　洪显文　胡成龙　胡 刚　胡国梁

胡俊华	胡　立	胡　敏	胡　涛	胡　涛	胡　婷	胡志鹏	胡子侯	
黄颐挺	黄振华	霍　浩	吉　慧	江　伟	姜　峰	蒋柳林	井　赟	
敬　毅	蓝朝晖	郎建军	乐　欣	雷任龙	雷雄波	李　宝	李宝光	
李　飞	李　浩	李　鹤	李　杰	李　俊	李　科	李　强	李　琴	
李蓉蓉	李睿智	李文哲	李祥伟	李新东	李兴华	李妍红	李艳东	
李志新	梁　轩	梁云丹	廖国凯	林子尧	刘成浩	刘　冬	刘　俭	
刘　俊	刘　玲	刘　璐	刘　淼	刘明慧	刘　平	刘　倩	刘秋明	
刘士成	刘　熙	刘　翔	刘　鑫	刘雅清	刘艳军	刘　颖	刘永桥	
刘　勇	刘　云	刘　钊	刘志军	刘　柱	柳　洲	龙　璐	娄　强	
卢华建	卢利阳	卢天麟	鲁东海	陆建琴	陆洋波	吕楚白	吕文强	
吕云锋	罗　常	罗　兰	罗　天	骆　玲	麻晓波	马　燕	马烨巍	
毛俊喜	梅传奇	梅　纯	梅　念	梅文广	梅文庆	缪学进	倪汝冰	
牛国彬	欧阳欣	潘　明	潘霄峰	潘中华	庞　睿	裴求根	裴星宇	
彭虎俊	彭　翔	彭　云	祁红威	齐　旭	秦纪宾	邱丰隆	邱国普	
邱　剑	区素玲	任　飞	任华炜	戎　瑜	阮斌斌	桑　伟	邵　毅	
沈　飞	沈　伟	沈文强	沈秀汶	沈　昱	师伟华	舒　涛	司　伟	
宋　楠	宋晓亮	苏建章	苏晓红	苏彦超	眭　鑫	孙德兴	孙　芳	
孙福寿	孙　朋	孙　文	孙晓武	孙肖兴	孙　洋	覃　皓	唐　亮	
唐启斌	陶　芬	陶青松	陶文俊	陶　毅	田　密	田玉祥	涂智恒	
万　辉	万　毅	汪红旭	王　博	王长春	王　超	王　栋	王方平	
王　峰	王　锋	王　钢	王加臣	王　璟	王静敏	王　凯	王　昆	
王　明	王盛林	王　滔	王　韬	王　廷	王　威	王文武	王晓欢	
王新刚	王　星	王学虎	王　一	王应锋	王英英	王　远	王　哲	
韦　超	魏　来	魏茂平	文　波	文建伟	文学艺	吴　阐	吴朝波	
吴　翠	吴　东	吴　军	吴科成	吴一敌	吴义勇	吴振兴	伍燕锋	
习　超	夏　敏	向　荣	向　勇	肖后秀	肖建峰	谢冰若	谢　磊	
谢　韬	谢雅琴	邢　飞	邢　沛	熊采青	熊　飞	熊雄斌	徐风铃	
徐　刚	徐　强	徐　涛	徐　弈	许　斌	许　多	许　青	严大为	
晏　明	杨　波	杨　超	杨　超	杨　帆	杨　凡	杨　芳	杨光彦	
杨国权	杨国炜	杨华权	杨慧敏	杨金胜	杨敬敢	杨　立	杨　胜	
杨小卫	杨振宝	杨志贤	姚建光	姚　林	姚　伟	叶海峰	叶　皖	
叶会生	易　佳	易　晋	易　堃	殷幼军	尹德军	尹　飞	尹佳喜	
余春波	余　洪	余　鸿	余　立	余　蜜	余　淼	余志纬	俞　浩	
喻　超	喻　昭	袁　丹	袁华伟	袁新华	臧冀原	曾　晗	曾中杰	
张　博	张德林	张　定	张芳钢	张凤洲	张高林	张　华	张　华	
张　欢	张建荣	张剑波	张　晶	张　静	张　娟	张　柯	张轲夫	

张 立	张龙兵	张滕飞	张万里	张伟利	张 炜	张新引	张兴伟	
张 彦	张彦波	张燕霞	张 央	张 云	张振华	张 震	章日华	
赵修文	赵云龙	郑 飞	郑开琦	郑双杰	郑文娟	郑智明	周福祥	
周剑君	周 杰	周 晶	周 静	周 坤	周 谦	周 圣	周 挺	
周 玮	朱 琳	朱 涛	朱肖晶	祝云东	庄东杰	邹湘文	邹 宇	
左小明								

2005届毕业生名单

电气工程及其自动化专业200101班

周 柯	吴 亮	黄 滔	陈 兵	陈艳平	张安龙	唐恺平	黄旭烽
陈 童	彭 攀	刘丹仲	徐 润	钟 燕	曾 玲	汪黎莉	余祖奎
王春民	曾志川	陈荣江	丁开忠	褚少先	刘伯康	刘红光	滑 祥
李 华	张 飞	田 锋	王 辉	谭 华			

电气工程及其自动化专业200102班

宗小红	谢美豪	刘贯科	闫志勇	刘 平	徐 路	严勇涛	陈慧军
吴光显	管 飞	吴江一	李 刚	胡志保	李久伦	吉 勇	付龙海
谭 亮	应 斯	章政华	杨宏伟	邓春华	王 成	易 维	陈斯东
李 拓	秦 莹	任 倩	陈 茜	程婵娟	白晓辉	李 浩	刘 华

电气工程及其自动化专业200103班

刘 杰	苏 亮	倪璐佳	余祥坤	洪 浩	高亚南	吴 念	李东桃
朱雅斌	陈晓义	杨 萌	勤格勒图	杨玮明	贺晋华	戴小剑	姚 远
贾 凯	姚博宁	张钟毓	徐 佳	俞立婷	化 凌	朱红柳	金祥慧
邓春花	李志鹏	黄伟琛	冯润润	常 屹	梁 柱	崔思鹏	刘振伟
朱伟华	蒋伟涛						

电气工程及其自动化专业200104班

方 汀	朱莉莉	刘加兵	谢 迪	罗 锐	辛颂旭	牛德敏	丁 维
詹林钰	都海坤	金光明	彭东方	朱 凯	王保宏	薛明军	袁正伟
洪 伟	胡 庶	唐全国	王玉珏	刘宝龙	卢致翔	汪 翀	刘 峰
郝剑波	周 成	黄道成	高宜凡	万 明	乐 瑶	张 琼	石 可
冯雪华							

电气工程及其自动化专业200105班

胡 伟	杜 俊	戴忠致	刘 磊	黄 伟	孙章豪	曾 鑫	曹 侃

熊续平 杨 瑾 徐 方 赫义明 胡 欢 舒 建 张 玮 叶才勇
郭传奇 胡 俊 俞杨威 徐 湘 孙 虎 杨 毅 朱桂森 黄 斌
谢志文 张晓林 赵晓楠 徐 琴 刘 静 车文妍 苟 靖 杨学邦

电气工程及其自动化专业 200106 班
陈晓光 周加育 虞小燕 唐 萃 王媛媛 雷 鸣 曹 荣 赵 军
梁耀林 靳 沛 谌海涛 吴大成 项文亮 杨 志 程 云 刘登峰
陈 涛 刘佳乐 段光辉 孟祥梯 方 晶 陈 卓 李 悦 崔 宫
王雪云 林传玉 郑景洲 李作红 吴异凡 郑秀元

电气工程及其自动化专业 200107 班
曾 君 赵宇皓 崔旭东 丁禄振 陶守元 冯 平 刘 云 童 理
邓鹏辉 郑宜锋 仲 伟 姚玉田 张璿烨 李国雄 李景隆 孙广星
张 衡 黄海煜 雷 镭 丁 宏 李明辉 李智欢 姚志强 杨建红
王淑惠 冯 丰 卢艳林 郭 磊 唐 程 张金华 何勤刚 涂 刚

电气工程及其自动化专业 200108 班
胡常洲 熊少华 王明磊 郭威铭 喻 展 鲍明晖 谢佳君 周芳俊
吴春霞 刘美君 江 毅 陈景熙 董学杰 王 炜 柯德平 汪 涛
常 锦 马 凡 吴绪成 朱 林 熊 勇 徐 梁 孙华平 唐诗颖
李 洁 李晨辉 关 伟 曹 鑫 黄 浩 齐 剑 徐勋建 李 砾
訾金山

电气工程及其自动化专业 200109 班
阮加林 陈 洋 杨光明 程维杰 尚 超 李 冲 张 倩 钟 校
翁 维 孙 浩 蔡 勇 李 鹏 吴 刚 陆 伟 方稳根 吴畏迟
王 璟 徐晋扬 薄鲁海 吴秀海 陈小华 吴文哲 杨仲望 刘 亮
郑 莉 应 媛 刘 彬 张 帆 张小琴 彭 晋 刘 杨 张川黔
肖学明

电气工程及其自动化专业 200110 班
胡驰昊 林 杰 刘 靓 蒋新科 苏 磊 卢 超 罗路平 刘 丹
李秋玲 姜小燕 梅一鸣 周秋兰 雷凤玲 陈 智 侯攀科 李跃森
宋一丁 李小谦 阮 会 熊 易 张雄伟 蔡亚清 盛志才 姚 方
陈健卯 汪峻洁 邬 剑 刘小春 刘 健 陆美全 唐 能 张学昶

电气工程及其自动化专业 200111 班

陈红波　宋芳超　庞志军　伍　衡　张宏杨　刘承锡　李延舟　王添慧
吉天平　蔡　炜　凌　萌　陈国强　董绍彬　陶　凯　马丰华　余　文
陈立学　徐重西　陈文斌　陈　勇　王　震　唐双喜　夏建勋　吴　晨
李　丽　石　薇　刘文苑　张　敏　雷　云　汪乐和　李　文　辛耀宗

电气工程及其自动化专业 200112 班

张亮杰　庞　斑　程　爽　孟　毅　李　锦　杨　松　龚志明　何荣桥
郭　杰　康　禾　李　伟　顾明磊　陈　没　李　芬　杜明蕾　李晓萍
肖学良　张　进　朱　杰　吴　松　黄　蒙　朱　浩　高国强　周　俊
闫全全　张建军　阚金辉　周力炜　魏　颖　杨　倜　谭德辉

电气工程及其自动化专业 200113 班

彭　军　邹　凯　肖　化　李　灿　尹大千　黄明银　何丹东　戚永为
余　杨　童炳璋　张　琪　赵　锴　郑子梁　李新华　姚　尧　刘　宁
贺恒鑫　罗孝隆　熊胜忠　何　刚　朱　锴　徐　慧　柳　燕　易　旻
徐　静　周丹丹　王　晶　赵　途　张　良　蒋　洁　马显映　高　强
王　淇　雷彬艺　张轲夫　宋通川

2006 届毕业生名单

电气工程及其自动化专业 200201 班

陈兴新　陈仲伟　程　超　崔　磊　戴　惟　龚　盛　桂传林　何　健
黄　岚　黄少辉　黄　松　李飞鹏　李勍楠　梁宇强　鲁万新　马志凤
邱大伟　童　凯　王　敏　王　云　王　志　卫　晨　谢　光　熊思宇
徐　成　许　隐　鄢张营　晏安龙　杨　溢　于海洋　张大为　张　鹏
赵　磊　周　熹

电气工程及其自动化专业 200202 班

艾　明　边　凯　谌小莉　程　亮　戴星伟　侯怡宁　胡　娟　胡美丹
蒋谷奎　蒋有缘　孔淑琴　刘　坤　刘　铁　刘威葳　刘文阳　鲁　倩
陆　军　马景行　马智泉　乔浩杰　邱胜顺　尚明远　王永强　王占成
王中立　吴　凯　殷昌智　尹　晶　余　翔　赵光辉　朱文吉　朱咏涛

电气工程及其自动化专业 200203 班

蔡　静　陈安鹏　陈　浩　陈　蕾　陈淑萍　陈　英　陈　宇　杜文娟
方　聪　高　飞　胡　习　胡晓聪　姜　涛　金承起　李海斌　李凌飞

刘志炜　毛　涛　孟　佳　祁　攀　宋良振　田　卿　王冬冬　王　科
王　雷　温超洪　温少林　肖白露　熊建龙　徐　铭　姚　龙　袁力翔
曾　飞　朱　艺

电气工程及其自动化专业 200204 班
陈俊涛　郭　涛　黄华星　揭　婷　李　敏　李　翔　李永锋　林　信
刘　刚　刘　杰　刘　良　刘　念　柳　睿　罗来峰　潘凯雷　彭国平
彭华厦　任　磊　孙晓敏　汪　梅　王才孝　吴汪兵　夏　雨　谢　鹏
许　津　许　鹏　杨锡旺　张楚仪　张　浩　张　锳　赵晓东　郑绍武
周长喜　朱伦思

电气工程及其自动化专业 200205 班
艾比布勒·赛塔尔　陈　轲　程立新　邓万力　付　旭　高　鹏　郭寒冰
郭立雄　何　杰　洪　峰　焦晨骅　李　晶　李蔚凡　梁文武　廖　美
刘　琦　卢垠西　吕　博　让　攀　史纹龙　覃　煜　汪　旭　王和生
王　珊　王　威　王　震　肖晓宇　俞伟国　赵　霞　赵　一　钟　琦
左云芳

电气工程及其自动化专业 200206 班
卞海林　别士光　曹德发　曹　欢　池　璐　樊启瑞　葛　鹏　何　亮
洪　鋆　黄清军　姜　静　李　冲　李云旭　刘　雄　卢　静　裴　浩
沈　超　苏国杰　田　昕　汪　伟　邬雪琴　吴满洋　肖高涛　杨　磊
余　程　张　鹏　张　媛　张运英　赵　剑　朱跃杰

电气工程及其自动化专业 200207 班
白　慧　陈领锐　陈　伟　陈选豪　丁　炎　高光宏　管　波　郭　晶
江　婷　金其龙　敬一立　李　皇　李　轩　梁夏涛　刘　伟　刘智武
鲁　珉　陆春阳　吕　杰　潘　峰　孙改平　唐　鹏　王传杰　王莺芳
王勇刚　危　涛　杨亚林　曾兵建　张　谷　张宏亮　张　霖　张　倩
章　坚　赵宇营　周俊涛　朱昂彪

电气工程及其自动化专业 200208 班
蔡文嘉　陈　嘉　陈文文　陈祥号　丰　伟　高明强　黄　超　金　瑞
梁超辉　刘灵君　柳　恒　邱克娟　任韬哲　田　鹏　童　强　童文婵
汪敬国　王百灵　王　超　王　蕾　王　钦　王荣震　杨　帆　张继东
张　胜　张文良　张　玄　郑志遥　周　全　周宜辉　周子竹　邹　林

电气工程及其自动化专业 200209 班

卜星明	蔡一斌	柴 轩	陈 波	陈洛风	陈小乔	陈怡静	陈 莹
丁 玲	冯 亢	胡晓磊	蒋志勋	雷 琴	李 浩	李 杰	刘 科
孟凡提	聂 明	彭银波	孙伟忠	汪洲鑫	王慧民	吴敏博	熊鸿韬
曾庆辉	曾 湘	占旭锋	张 健	张 轩	张亚楠	周 锟	

电气工程及其自动化专业 200210 班

曹 震	陈国英	陈克伯	陈震海	范 铎	房瑞飞	高文彪	苟 靖
何建伟	何彦彬	胡家华	黄道文	黄斐然	李晓鹏	李鑫婧	刘永建
吕 毅	罗俊杰	马显映	毛二斌	邱 磊	邵 瑶	孙中锋	唐 琪
王 栋	王 培	王思毅	吴 亮	尹三正	袁 欢	占凯华	张 靖

电气工程及其自动化专业 200211 班

白文元	白竹挺	程 锦	董曼玲	顾 勇	何 欣	胡钧埕	黄凯铭
黄伟超	孔 亮	李 通	李伟民	李 鑫	刘怜周	马 亮	马学文
饶宇飞	苏 宁	唐陶鑫	王双全	吴国华	项中超	肖业凡	徐 伟
姚 帅	赵昌宁	赵 璐	赵振云	周俊超	周俊峰	朱 琳	朱赵田

电气工程及其自动化专业 200212 班

陈 楠	傅智为	海 霞	胡 清	化 野	贾晓冬	雷 何	李 博
李国栋	李 江	李文津	刘志军	刘志垠	罗星宝	罗 彦	彭杰涛
屈正稳	施 展	孙晓峰	王 群	文 铎	鲜 成	辛君君	徐 俊
薛健逢	杨昌海	杨光勇	杨兆阳	易 帆	阴春晓	喻慧琴	赵文才
郑炜卫	郑小丽						

2007 届毕业生名单

电气工程及其自动化专业 200301 班

史晏君	赵晓剑	张 宇	傅观君	李晓珥	袁 帅	程建烽	梁福辉
张 博	冯 光	韩云龙	陈 杰	郭 飞	邱 立	崔殿询	朱 磊
彭 斌	刘 毅	王 舟	苑 骏	胡维民	吴承志	宦成松	陈 超
程士欢	蒋成玺	赵 锴	冯秋辉	文习波	孙 哲		

电气工程及其自动化专业 200302 班

吴长莉	何丽娜	魏雯雯	彭 晨	李福荣	梁业宝	陈 旭	郭 昊
盛文剑	张立真	马文书	张林枫	崔 勇	杨群泽	张 珏	宋明慧
白 露	沈诗超	许文栋	范 磊	林 铬	万 磊	陈晓嘉	林 洋
汪 鹏	郭 嵘	刘 斌	张清宇	乔 桢	郭 磊		

电气工程及其自动化专业 200303 班

崔 涛　韩 敏　程 蕾　张溯源　廖培源　郝为瀚　李 鑫　李亚伟
罗青平　罗 峰　王 平　陈 刚　程 朝　任章鳌　李锦辉　王 原
张英杰　唐 靖　吴 强　胡光永　李 振　陈 骁　马 龙　鲁 哲
姜筱锋

电气工程及其自动化专业 200304 班

高金萍　胡 雯　吴 莉　彭 雪　梁灼勇　庞 栩　赵琼银　孙 多
蔡燕春　沈 文　丁 俊　余 磊　王 浩　陈 锋　刘健犇　吴 超
佘 煦　蔡万里　李 恒　陈培刚　刘先超　张晓康　李文章　陈昌文
陈 菲　武子竞　李 鹏　王国英　韩 露

电气工程及其自动化专业 200305 班

张 胜　任婷婷　王登梅　王葆婵　李 晋　余春欢　刘 裕　殷 明
严志桥　陈本贵　李丹民　安 杰　曹小勇　刘文超　颜毓洋　陈 伟
刘健俊　王 俊　吴宜城　李 奇　胡志业　段世英　章广涛　胡 琛
陈 聪　兰 洋　仇 成　方桉树　郝 岩　王礼宁　蔡 威

电气工程及其自动化专业 200306 班

李海斌　刘 良　罗 伟　徐 良　姚文莹　王莹莹　齐索妮　黄振琳
易 杨　高 缔　鲁 坷　徐同武　林 宁　廖亮亮　陈肖宇　王梁哲
吴 阳　李家斌　全江涛　饶必琦　徐 岭　阮虎军　朱鸿嘉　林圣耀
陈 乐　张 迹　罗 列　李鸿鑫　何 焰

电气工程及其自动化专业 200307 班

潘凯雷　涂 磊　赵丹丹　王素英　徐文学　卢 艺　李 政　张 刚
刘方诚　吴华明　周 全　段海春　姜志勇　秦兴美　梅 坤　王 秘
张 博　涂 瑞　晏年平　祝 健　雷 霄　杜华锐　梅 俊　王思齐
张 硕　汪 勋　马 涛

电气工程及其自动化专业 200308 班

赵志刚　耿 伟　余 英　陈彦伶　王 阳　陈金波　梁世君　程 龙
黄兴华　袁 召　李志峰　孔祥龙　徐恒飞　陈腾飞　卢少锋　祝 贺
郭小翼　杜 立　吴远松　邹 鑫　王 宇　文丹枫　左中秋　阿严巴岱
芮 华

电气工程及其自动化专业 200309 班

黄仙龙　金承起　胡　欢　吴瑶敏　周容华　刘　静　李林珏　张中辽
任　磊　童　兴　张　涛　王　鑫　姜　松　顾慧杰　朱立志　徐　磊
冯　涛　王　鹏　钟文贵　李昊翔　李　杰　黄礼华　张　宇　隆嘉鑫
李　解　万　鹏　刘　刚　朱东升

电气工程及其自动化专业 200310 班

陈　雁　陆　榍　刘璟虹　陈艳波　曹国伟　晋文杰　张青松　刘雨佳
徐井强　郑志威　陈雪松　刘　俊　周强明　周　峰　姜　松　徐　腾
陈　强　潘　磊　徐启后　张　籍　王国栋　郭世伟　齐　飞　邵百鸣
吴康伟　陈子峡　徐　卫　蔡　菲

电气工程及其自动化专业 200311 班

王　露　何丽柔　王　晶　王　浩　杨行方　李崇波　谢施君　黄　颖
卢　伟　杨　杰　李　涛　黄森川　杨　勇　袁华军　祝成都　朱　琨
冯小健　吴传奇　刘　虔　周锦哲　李高望　马奇杰　童　力　付伟亮
韩　迪　唐琳强

电气工程及其自动化专业 200312 班

李　尊　刘　纯　张　露　陆　瑶　贺　超　李振杰　相瑞龙　张　磊
杨　帆　欧阳超　戴　金　宋春杰　高思阳　陈　挚　卢　波　周　彦
肖金亮　高小全　杨嗣珵　张瑾琛　曹　芬　孙　松　洪　玮　崔亚伟
丁晟昊　黄　迪　段武军　詹　扬　王　旭　张江松

电气工程及其自动化专业 200313 班

魏　嫔　焦　鹏　李　磊　孔　林　黄江岸　柴继勇　高柳明　郑　镇
张　豪　李　亮　李　曦　王林海　高　阳　张　宁　刘　迁　王小成
袁　文　邵　千　张　潇　李　翎　卜茂兴　吴　昊　黄潇潇

电气工程及其自动化专业 200314 班

彭　婵　王发微　张永康　曹彦清　孙威威　牛　超　毛霭闽　程　强
曹传双　曹　祥　张　威　周　超　杨　敏　张　怡　陈　敏　熊文凯
栾士岩　王　怀　黄志光　潘　凯　赵　健　薛　凯　华煌圣　聂　枫
熊　松　李　鹏　叶成建　胡旭冉　刘志伟　端木林楠

电气工程及其自动化专业 200315 班

刘　振　　贾　磊　　殷京津　　郑尚尚　　梁炎财　　敬照亮　　国　江　　张　旭
吕以亮　　成洪甫　　刘宏达　　王　飞　　段　苗　　李　林　　周　亮　　何　樱
桑子夏　　李　华　　刘小虎　　李靖翔　　陈艺云　　王　曦　　周　群　　穆　迪
张　蔓　　王　晖　　周　可　　王林强　　金　涛　　曹建东　　蒋　建　　魏　宏
刘　军

电气工程及其自动化专业 200301 班（广核）

刘华干　　杨晓峰　　马凤果　　易升贵　　高学冲　　贺林波　　张林超　　代一凡
徐亚明　　王小飞　　刘二波　　张　进　　蔡三艳　　陶志山　　梁　伟　　陈林华
王新兵　　罗裕柯　　雷　哲　　蔡　力　　刘　啸　　李　俊　　韩雪华　　吴冰峰
何　超　　夏　磊　　段绍运　　马高诚　　李　威　　胡　芬　　孙　剑　　王露曦
胡　凡　　尹　亮

2008 届毕业生名单

电气工程及其自动化专业 200401 班

丁　威　　徐　希　　郭丽莹　　吴彬彬　　李文婷　　陈新仪　　汪　华　　张轩昂
张　猛　　李　奇　　揭子路　　曾贤杰　　李锦达　　胡蕴斌　　高　国　　张　驰
邱　纯　　胡　巍　　邓新峰　　董盛喜　　宋智来　　朱　钊　　黄　亮　　佴　能
周晨君　　陈思明　　洪少峰　　范荣奇　　隋先超　　陈　泽　　王恩德　　张　强
余晓伟

电气工程及其自动化专业 200402 班

成　诚　　饶俊峰　　张逸飞　　吴　琳　　程紫娟　　冯荜涵　　胡　晶　　张跃丽
张文祥　　张镇昆　　吴　昊　　黄飞扬　　黄炎荣　　许朝伟　　孙海明　　李文杰
季文彬　　孙　寅　　黄　亮　　何　昊　　杨忠州　　万　卿　　方　雄　　杨　江
徐　曙　　夏海峰　　程　云　　刘　琴　　谭　威　　朱亚繁　　袁　佳　　蔡　鑫
秦旷宇

电气工程及其自动化专业 200403 班

包丹军　　黄荣乾　　赵　玮　　安　逸　　周　丰　　邱庆华　　唐星宇　　李缔华
黄嘉健　　陆兆沿　　邓　建　　白云龙　　陶茂辉　　段建旭　　崔忠宁　　张志迅
姜义军　　孙思光　　吴业飞　　廖俊锋　　宋　思　　杨瑞鹏　　曹志泉　　赵　雄
张益舟　　周　勇　　黄灿灿　　李　欢　　邹洪民　　黄　坚　　李　伟　　张　威

电气工程及其自动化专业 200404 班

唐　亮　　陈　荣　　刘　露　　夏　莲　　王智芳　　李玉军　　徐开拓　　易坤明

杨伟建	蒲永博	陈世友	龚文明	袁　金	沈　庆	万　泉	王　韬
涂　明	刘　俞	杨柳明	张　雄	杨　洸	谢凌东	童　蒙	黄建明
许圣涛	赵晓斌	许舒译	焦丰顺	马云鹏	蔡　泳	彭　睿	程　建

电气工程及其自动化专业 200405 班

蒋亚娟	唐　倩	席玲玲	任丽芹	黄　静	高　山	蒋智军	陈构宜
王永森	张　博	孙　振	张　玄	刘　熙	涂博瀚	王　昊	张　鹏
朱良合	谢瑞涛	陈子昊	汪志刚	刘俊保	方　庆	饶　波	李伯伟
钟　锋	张爱男	胡　啸	周梦渊	李学华	李凯扬	王　伟	常　乐

电气工程及其自动化专业 200406 班

梅　韬	张琪祁	郑　幸	李艳娥	沈丽娜	牛　秀	俞　蕙	曾懿辉
王　贵	郭松伟	康　韧	李　根	陈泽剑	左　剑	吴克元	路　畅
张　锐	何海波	黄　雨	汪承茂	杨　红	何志超	何院生	宋江涛
邹相阳	陈耀红	郭智杰	孙智超	李中华	罗　航	葛乔瑞	姜　臻
胡　扬	艾合拜·艾尼娃						

电气工程及其自动化专业 200407 班

张若溪	彭　繁	刘满霞	高　洁	许　澜	张　登	刘　伟	黎　翔
何水兵	张　鹏	段汇斌	付　鑫	张　硕	陈　卓	方　钊	方鉴明
李　程	徐星星	胡　浩	舒思维	汪　军	肖　卉	梁呈茂	余红波
马松伟	张　欢	俞　浩	徐晓峰	嵇　托	朱　敏	方　翔	洪　权

电气工程及其自动化专业 200408 班

严　兵	杨欣烨	万文娟	郑　晖	祝　琴	沈　杨	熊紫兰	谭　晋
胡小鹏	黄昌联	马锡良	陈　磊	苏　波	聂松松	胡志武	王武涛
陈红日	万正华	严　俊	简　辉	杨　杰	孟　霄	叶　鹏	王　垄
李红勇	张午寅	徐　晟	曾庆强	叶　林	李　昭	查亮亮	徐　寅
岳增伟	骆建龙	尚育晶					

电气工程及其自动化专业 200409 班

孙　涛	韦　偲	章　慧	鲍海泉	张　雯	彭精发	钟莉娟	李连尉
马　健	敖　文	李兴旺	罗成祥	郑　冬	赵月辉	喻　锋	王　辉
王　璨	姚行健	夏加启	姚斯傢	周进文	李　曦	陈　超	胡　寅
匡　哲	陈　峰	王欣欣	鲍亚南	胡　静	唐元志	林卫星	万　冲

电气工程及其自动化专业 200410 班

刘　森　陈镭友　周汉川　万　炜　刘　干　谢银银　章　敏　周　率
林彩云　孙　斌　甘　锴　焦元涛　吴怀瑜　张前进　李　健　池　炜
别叶健　李志航　何文敏　胡　骁　王承刚　张哲宇　龙理晴　覃平俊
王江波　胡绪威　吴小溪　刘雪飞　王　玮　陈　枫　吕　勇　刘乐天
李　飙　王寅丞

电气工程及其自动化专业 200411 班

李红俊　王志超　杨昕鹏　熊育民　夏俊玲　袁　芬　蔡晶晶　薛　媛
徐小明　郑德宝　陈　斌　邹建章　高　强　池威威　郑扬威　李国忠
杨宇涛　赵　彪　陈　材　张弈西　刘　烨　陈　兵　李树超　康旭东
杨　超　王若鹏　孙　鹏　万里强　赵新杰　周金刚　孙大伟　郭奕航
曹全梁　冷　勇　余经纬　丁　伟

电气工程及其自动化专业 200412 班

胡仕亮　赵呈呈　何　爽　杜凤青　邓小聘　耿　静　路　遥　徐路强
李　琦　陈　哲　郭崇军　曾　晗　谭啸峰　谢耀恒　罗　毅　付俊峰
周登峰　黄　坤　李汉波　何　牧　李　健　汪　灿　马　勇　邓　辉
叶逢光　董吉哲　施　川　王克柔　陈小立　张水平　牛志强　金富宽
张　威　曾玮澄　江　晨　曾子轩

电气工程及其自动化专业 200413 班

苏　丹　韩晨阳　石　丹　张梦璇　田红鸭　许光达　李翔宇　郑清秋
蔡云飞　王　坤　杨　强　李　恺　张业勤　何　畏　龚　超　刘　杰
张国瑞　杨永飞　寿　铠　王孟哲　陈　柯　刘　帅　王少华　梁明辉
胡　可　宋志伟　孙相虎　沈俊杰　易雄杰　杜骁释　冯天佑　朱胜超

电气工程及其自动化专业 200414 班

梁　宇　康文文　高　岚　杨　雪　陈小毅　张进龙　汪文涛　李冬冬
陈　飞　向　俊　宋丁楠　冯亮亮　邓　秋　雷　珽　刘俊翔　王广宇
吴　堃　陈正胜　陈明帆　蒋龙生　徐海瑞　孟晓波　张汉思　周　卒
陈维威　肖小曼　韩　博　赵　宇　黄一成　黄益钦　邓　禹　肖建民
沈伊犇

2009 届毕业生名单

电气工程及其自动化专业 200501 班

余阳	周振华	李小龙	文博	周苏洋	张禄亮	陈旭	杨翮
白浩银	张勃	贾萌	刘修锋	代天翼	肖涛	杨鑫	徐斐
刘伟	古含	范承	刘征	朱霖	吴金涛	张梁	双波
孔令明	孙阳	梅玉成	钟小千	夏文龙	陶璐璐	付平	崔晓飞
彭婧婧	邓雪梅	冯星城	邵红博	杨新培			

电气工程及其自动化专业 200502 班

陈金友	徐小琴	吕亚星	胡慧勇	陶骏	朱光保	李源	范声芳
胡特	吴志金	李华志	彭俊珲	沈超	卢德	李经政	常志拓
吕霏	林展翔	王沛然	严伟	张志俊	吴锐	冯万鹏	黄雄
田兵	程绳	柯贤康	官习炳	吴俊波	卫梦斯	张悦	张雨濛
郑敏	谢梦	凌中闯	汪盛波	徐瑞	刘赫		

电气工程及其自动化专业 200503 班

霍子杰	朱永利	黄韬	吕健双	孙琛	舒俊	彭冠勇	肖志永
陈俊	覃广斌	王一	董拓	韩文	简巍	肖岩	马正波
张紫晨	尹国志	苏鑫	曹万君	张帅	吕鹏	田超	张虎
黄伟红	王静	喻梦婕	代少君	宁家威	曾旭临		

电气工程及其自动化专业 200504 班

刘菁菁	胡文强	黄戡	龚良海	李佳义	陈国富	于杲	鲁浩
雷杰	鄢露	骆星智	张友刚	王星	范小飞	杨业	马壮
牛朋亮	曹中圣	叶艳平	杨先议	龚贤夫	杨嘉伟	刘森	李涛
潘永成	汪思洋	李培西	谢清波	靳恒	张祥	张涵之	程杨

电气工程及其自动化专业 200505 班

曾文君	张啸虎	袁威	蒋胜涛	柳雷	郑鸿昊	刘帆	徐雷
李光辉	高可夫	马健	周中玉	段彦能	刘一峰	朱荣钊	李锐
陈凯	刘明	杨睿	刘全伟	程壮	胡错	邬桐	方严
帅一	曹国畅	王玉凯	冯登	金福今	吴迪	吴静	汤曼丽

电气工程及其自动化专业 200506 班

| 项琰 | 周新 | 贝学威 | 何泱 | 秦元元 | 周杨 | 尹晗 | 袁伟 |

范　敏　严　帆　王　涛　舒诗雄　姜　坤　王立强　田　超　向舒华
李　震　张振华　王　俊　李巍巍　许富强　王　能　赵　峰　王育学
乐小江　李时峰　姜伟国　李燕平　胡仙来　陈　婷　吴晓震

电气工程及其自动化专业 200507 班
孔维靖　周　繁　晏　革　夏　维　夏　天　熊　图　姚　磊　程　鑫
董一鹏　梁唐杰　游　鑫　何国军　胡　浩　黄　璐　汪春林　张　锐
谭　俊　张宏应　程　波　朱鑫要　王若愚　易　鹭　张　琳　谢　磊
王　哲　陶志成　樊顺波　熊志武　罗义政　卢向阳　洪梅子　张　锦
王琼芳　刘雪倩　陈　殷　胡奇克

电气工程及其自动化专业 200508 班
肖金祥　吴　旻　龙　腾　吴小科　祝如宾　张　明　吴　刚　安　星
张　贝　朱慧文　胡启明　赵　亮　曾滔胜　胡兆华　易建行　谢宗喜
王　成　杨　帆　张鹏举　尹海帆　刘金辉　乐　钱　余　浩　刘　波
崔跃骞　赵一园　孔祥平　刘　航　汪　蒲　季　昉　时伟君　王　嫒
程青山　汪小明

电气工程及其自动化专业 200509 班
李尔东　高　超　袁　硕　帅　进　路致远　聂世雄　曾凯文　李泽琦
石俊杰　雷超平　郭文笔　万明华　何　鹏　马进红　王新春　王贵平
洪　露　华　毅　余　航　康　杰　黄　超　刘世岭　李秋硕　吴　万
龚小雪　陈文雄　熊慧元　吴　罡　李博文　游　晶　聂　田　王　俊
韩娅威

电气工程及其自动化专业 200510 班
陈敏康　王光强　任敏强　王　军　舒　鹏　夏冬辉　谭冰雪　范　朋
谭　兴　王　炜　刘　辉　董睿智　左文平　周奇鸿　林　璿　刘先楚
彭　畅　郭　挺　卢　玮　张文亮　朱云鹤　陈海斌　丁　瑜　孙其振
张明冉　何　炎　章　妙　冯学玲　赵艳军　王　静　杨　鑫　李朋岳
陈恪毅

电气工程及其自动化专业 200511 班
童　垒　李昌昊　刘　行　田景亦　王丽海　谢佳纬　易新强　周　腾
刘世丹　苏　畅　胡世国　方　鑫　王飞虎　张　浩　吴志威　代博闻
方　红　李龙舟　刘元军　陈黎敏　李章文　梅咏武　王　君　朱世明

刘　健　郑　城　蔡念念　付　佳　董　瑜　王　茂　罗雨蕾　王　婕
贺家慧　邵　慧　周　晖

电气工程及其自动化专业 200512 班
潘宇峰　易驰犇　黄　昉　雷　宇　谢　超　雷进伟　李　刚　杜小洁
张国武　吴　奎　王　昀　郭润凯　黄　俊　曾　凯　江　文　郭康瑞
胡　赛　柯　涛　李　浩　申　赜　马　军　孙振兴　余　丰　康庆奎
周　凯　王　淼　蒲　倩　彭伊伊　盛　夏　张素洁　杜鹏程

电气工程及其自动化专业 200513 班
赵焕坤　李佑坚　翟　翀　陈　鑫　曾　鹏　刘孝皎　丁　波　傅志生
杨　雷　冯　波　吴　琨　李　敏　毛　彪　曹　亢　桂　演　吴章力
程　帅　叶火平　谢　涛　朱永胜　叶建东　靳　博　朱伟岸　洪属良
蔡德福　刘正富　郝　旭　张　旗　黄薇蓉　刘　烁　查流芳　涂琬婧
程　戈　木合塔尔·莎很迪克

电气工程及其自动化专业 200514 班
路　希　广　锐　李震航　肖泽宇　万　勋　陈　飞　唐　柯　宋学冬
吕　跻　张小雪　蒋金金　黄鹏飞　袁　培　强金星　张　林　唐　盼
马以文　关永勋　谢马迥　余振华　罗　俊　刘定坤　程文星　陈水平
孟庆旭　张鼎衢　曹建武　李科敌　张　舒　张　颖　尚　璔　黄澜涛
邓竞超

电气工程及其自动化专业 200515 班
周　龙　李　琛　王慧怡　李　昂　柏　琳　肖宇洋　陈　亮　王　云
谭　乾　秦原伟　牟澎涛　杨　宇　李程昊　熊飞飞　余荣峥　蔡　颖
李柱炎　叶　金　李　昕　康　彧　陈　浩　张　军　梅文哲　龙　启
王　珏　夏　阳　张　珍　王　虎　张立雄　张文坤　张　辉　熊昊一
王　聪　莫炜罡　汤　琳

2010 届毕业生名单
电气工程及其自动化专业 200601 班
吴　强　袁笑尘　吕　品　杨圣炳　李智威　王　敏　郭姝翎　余逸岚
熊亭亭　陈　凯　李思超　梁宁川　李志生　李　晗　吴耀辉　章萍华
程　攀　马文恒　毛泽亮　肖青云　黄飞鹏　朱　俊　朱亦凡　欧亚杰

李文武 吴升华 蒋　侃 徐　浩 赵　晖 梅中雄 吴世杰 武守光
张城伟 周　全 万　彪 户其晓 古丽西拉

电气工程及其自动化专业 200602 班
刘　康 刘　鹏 游兴文 张　明 田　野 肖　恺 李　畅 李江红
陈　曦 肖靓靓 卓毅鑫 雷小舟 李明睿 潘冬华 丁　冲 詹　鹏
徐　彪 裴　文 李　源 陈天然 黄国良 周　挺 张艳军 申艳伟
程　浩 涂　乔 田文超 袁　洋 骆潘钿 王　飞 叶　青 金　昭
刘　伦 张　晓 苏　放 杨　晶

电气工程及其自动化专业 200603 班
陈　凌 汪　伟 王鑫权 周　祎 赵明权 陈　昕 董能伦 程　凯
肖　显 黄思思 吴　萌 陈　维 王利琴 李永龙 闵　晨 陈　伟
倪　昌 付　聪 胡文博 李　森 桂鹏飞 李　程 张　超 鲍鹏恺
黄天罡 陈　炳 李　奔 万　华 赵晓宇 王　辉 罗　雨 黄　璜
张展声 罗　错 张　韬 窦建中 汤莹莹

电气工程及其自动化专业 200604 班
董羊城 迟　源 黄　锐 余倩倩 张　菁 唐莉娜 邓诗诗 史云浩
田　杰 蒋连钿 廖于翔 张荣辉 佟佳俊 李思维 张溪凡 陈　寅
刘　荣 李　洪 李深根 程　卓 赵仲阳 胡　阳 赵君成 刘　洋
江泓兴 罗　晶 官　伟 林四龙 詹见学 胡三影 杨俊峰

电气工程及其自动化专业 200605 班
周　方 张　杰 胡龙珍 江知瀚 唐　倩 尚　晓 熊胜玉 张　玢
白　逸 黄锡震 张慕龙 李志龙 瞿梦梦 李霆霆 关康乐 李浩原
吴淑群 戴　靖 程勇勋 张真灵 罗定国 余　飞 李从云 何　明
朱宗武 严步清 陈瑞睿 余龙龙 徐　晨 曹钰洲 黄宇腾 周　竞
杨　明

电气工程及其自动化专业 200606 班：
马　琳 柳　丹 周双亚 田　娟 王菊隆 李　辰 张　叙 鲍鹏飞
王海元 高程鹏 丁　立 吴治群 陈　卓 李梦骄 何智文 潘正宁
陶　葵 沈诗祎 余　乾 王振华 李继华 王　钊 李　俊 程　浩
陈　朋 张小福 徐泰升 秦　成

电气工程及其自动化专业 200607 班

郭 飞	王晓虹	袁 艺	尤陈雯	赵敬博	李 姗	魏 征	龚 旭
童 锐	黄智聪	沈智鹏	李 博	刘 宽	李 顺	陆勃然	陈 明
邹常跃	黄若寅	方支剑	郭艳华	翁志飞	左岩松	彭 浩	熊益多
张小康	陈 兵	高 林	张孝波	徐 坚	王叶舟	廖 星	刘 丹

电气工程及其自动化专业 200608 班

张松超	马 骅	杨 广	吴小珊	王 宣	周怡臻	刘 婧	马龙鹏
夏令龙	叶振鹏	汤积伟	倪 利	张雄桃	李俊龙	刘博特	刘俊兵
李 光	姜 楠	李亚龙	左绍清	刘林川	朱 国	吴少君	赵志扬
吴雄伟	许 菲	翟佳俊	黄雪莜

电气工程及其自动化专业 200609 班

黄庭烨	汤 洋	何 跃	熊 力	刘翊枫	陈 璇	程芬芬	陈 萌
汪永茂	唐 成	周志强	方 昭	熊 奇	喻从元	袁 磊	徐 芬
徐 林	孟 炎	白 松	马少翔	张庆彬	何健明	高立夫	林晓东
方建安	张起帆	刘 庸	徐 清	徐 清	李兴东	纪 洁

电气工程及其自动化专业 200610 班

陈金玲	唐 萍	陈泠卉	谭 闻	王冠青	朱月婵	李彬彬	孙 帆
任成达	柯亨通	陈 朋	唐 强	胡苏凯	向 宇	覃 磊	魏 明
张 晨	陶 昆	童 宁	简 程	余正峰	吴 莎	罗坚强	邵 稳
冯傲风	成 岩	余佶成	杨一明	金 刚	张 驰	段国泉	谷 磊
李嘉星

电气工程及其自动化专业 200611 班

屈晗炜	陈贤哲	连 菡	陆迎新	万 靖	罗 旻	任 翔	米鹏飞
邹 盛	李 子	金 星	李 斌	舒 畅	田 欣	孙彦龙	陈 胚
曾 超	王孝灵	殷 鑫	龚 青	叶 畅	张 帅	何 鹏	周 帅
汤 龙	蒋 君	易 斌	陈思哲	丁诗洋	程兰芬	杨世炎	吴 松

电气工程及其自动化专业 200612 班

刘 伟民	陈伟民	王 璠	王 丽	高 娃	叶文龙	苏 成	王小虎
王 刚	秦正斌	马定辉	黄 军	陈 林	景 喆	王 宇	邓世海
沈恒毅	黄 卓	吴 涛	刘欣宇	丘晓明	黄 海	孙 烨	贺 伟
何冰勇	谭 赛	李晨坤	怡 玮	程 超	刘 俊	柳 浩	梁 林

电气工程及其自动化专业 200613 班

喻成超　陈　卓　刘　田　郑伟军　李秀云　袁　露　夏海东　陈　赟
李柳霞　汪立志　谭志宇　薛一鸣　彭仁辉　徐　超　吴德亮　梅　曦
刘龙斌　孔德山　吴　巍　丁正黎　薛　松　邹清华　田家欣　赖颖强
梁威魄　王宇亮　王宇雷　崔艳林　蒋　磊　蒋为国　任洪涛　王　琛
阿依努尔·买合木提

电气工程及其自动化专业 200614 班

邓文鹏　桂　阳　王　雪　孙　青　刘　琛　王斯斯　吴　磊　刘　涛
谢鹏康　吴寿杰　喻灵斌　郭松叶　巩方伟　王能超　董志勇　易文飞
祝国平　范学文　胡　平　韩庆东　彭朝钊　宋　建　缪晓刚　陈思哲
彭　程　许南杰　朱义贤　胡荣辉　万晓通　龚星昊　蔡国准　熊双成
曾　诚

电气工程及其自动化专业 200615 班

周　进　张　鹏　吴　倩　王　晨　何立群　田正宏　罗楚军　张亚冰
吴　桐　王　飞　徐　毅　童重立　邱逸君　蔡　文　刘　宝　于昌剑
杨　萌　赵　新　符劲松　伍健腾　蒋鹏为　晋龙兴　李晓龙　郝金伟
赵　伟　崔建磊　胡海洋　唐金祥　王　恺　王立芳　胡李栋

2011 届毕业生名单

电气工程及其自动化专业 200701 班

钟　帆　李谟贤　张小龙　章楚添　冯　晨　熊　威　江亚洲　夏星煜
高　琛　赵宇玲　窦　壮　柳　徐　唐　喆　杨思睿　王宇轩　朱财乐
刘　洋　游利琴　罗小龙　何　宇　徐秀之　何　维　邹广平　杨　琦
雷航天　王　迪　耿建昭　柳　辉　刘宇哲　张　静　王　起

电气工程及其自动化专业 200702 班

殷培龙　包隽骁　陈金龙　何乘胜　郭振宇　朱力晟　熊　鹰　王安龙
苏航平　徐思毅　张　弛　周　鹏　徐　琛　李　霄　李　维　李小雨
陈伟威　饶　尧　程小杰　陈　琛　吕　昕　林部云　彭德辉　鲁　然
胡海洋　马　凯　杨　薇　宋鹏飞　李林燚　罗六寿　雷　洋　姚星辰
韩　帅

电气工程及其自动化专业 200703 班

王　涛　赵中凡　柳　炀　刘骐豪　周宇阳　化　雨　刘　源　摆念宗

田 青　张 瑞　郭俊文　李晋宇　王 尧　张逸帆　贾 波　刘遐龄
叶俊勇　马 婧　雷永胜　姜国中　李浩然　徐 颖　卢佳敏　夏祥波
费平平　李 扬　方 胜　张 聪　王英珉　王 蒙　余丽军　刘克宇
金 陆

电气工程及其自动化专业 200704 班
赵 杰　黄志勇　杨凡鑫　魏大洋　陈 鑫　魏 聪　吴 寒　崔岩峰
马叔阳　涂诗楠　廖 文　阚天泽　唐 煌　周 信　李炳泉　舒 舟
李甘栾会　葛业斌　耿 鹏　王怀琪　秦 天　谢怀琦　姚长宏
卢 伟　金 强　张 翔　李雪民　徐真真　穆宇威　刘 峰　罗 津
潘艳青　王韵雯　王传维

电气工程及其自动化专业 200705 班
马敏越　张淼鑫　冯 洋　高 菲　张 弦　杨 沐　谢 曦　张立冬
邓 彬　王 乐　刘 青　李海波　唐 楷　胡敬喜　汤 磊　郭旻昊
何佳鑫　高 雷　何 山　王 聪　杨 军　王浩鹏　马 越　王龙飞
张泰鹏　李吉侗　李肖蓉　席才仁抓西

电气工程及其自动化专业 200706 班
吴小刚　苗 璐　程 顺　曹泽奇　杨 锴　黄耀庭　阮临政　张 涛
邓 凯　刘珮琪　王 凯　刘震宇　周 昌　田金戈　王 彤　叶晌骏
戚宣威　马梦隐　苏楠旭　王 立　尹新明　鞠 俊　宋瑞鹏　于红旭
苏 桐　王玉斌　孙 迪　妮鹿菲尔·毛吾田　冼嘉文

电气工程及其自动化专业 200707 班
张舜钦　刘 锴　朱静慧　杨文一　张 锐　张泽宇　陈渲文　龙 义
张海军　张硕廷　商 懿　田呈环　王天智　王 鑫　李亚龙　洪 丹
曾国怀　马 跃　陈 磊　范 岩　陈剑平　程 磊　杨记平　张玉海
尔恩阿合　余乘龙

电气工程及其自动化专业 200708 班
陈 昱　黄 夏　毕 然　胡 华　曹智慧　陈 晨　王丛伟　熊国都
周启扬　黄 洁　甘金鑫　汪 帆　张兆萌　徐 凯　王国彬　赵 洲
张 迪　郑 喆　倪彬彬　任 正　吴亚楠　刘里鹏　蒋 林　李 斌
符光凯　任彦辉　郝汉宝　周 俏　曹扬龙

电气工程及其自动化专业 200709 班

苏 瑜　魏大冬　张 璟　王 帅　朱 鹏　陈 楠　彭燕源　陈建军
陈 蒙　熊川羽　李 星　李 楠　王继军　夏 雪　杨 勇　张 涛
于 超　陈文浩　章 源　蔡久青　徐 清　季 峰　王江超　杨 帅
谢贤飞　荣景玉　刘天放　李晨阳　杨国润　吴延好　李大川　赵伟波
李 千

电气工程及其自动化专业 200710 班

张启文　廖鹑嘉　张 骁　陈昌旭　欧阳旭　陈清波　邓 娜　彭岸锋
谈 浩　刘 飞　蔡文博　李 莎　张 曙　李 传　周 翩　肖利龙
张小颖　易 冲　梁智韬　蔡 旭　叶永发　董 腾　孙轶恺　粟 景
王 琛　周 佳　武 昊　许晓阳　朱广超　张 斌　鲁鑫炜

电气工程及其自动化专业 200711 班

汪 磊　孙衢骎　曾 诚　陈卉灿　邱 吉　刘 聪　蒋 菲　庄 能
刘峰江　郑 力　陈泽宇　杨 浪　姜 珂　郭长发　南杰胤　马 俊
潘 琼　韦海治　陈沛琳　贺 尧　李沁远　罗 超　李 盼　赵志伟
杨 勇　李永才　许 奇　袁飞飞　彭自强　李 硕

电气工程及其自动化专业 200712 班

罗 庸　易春燕　雷 翔　胡雪峰　文 艺　邱丹骅　程 龙　胡修龙
郭裕钧　冯 强　赵 勇　李 萧　龙建华　沈雪丹　程忠赋　曾亚勇
何海欢　王友臣　蔡延雷　崔华栋　姚施展　祝克伟　吴 越　裴清红
刘吉雄　冲 锋　艾热提·艾尼　林家兴　袁希尧

电气工程及其自动化专业 200713 班

曾毅豪　黄 欢　贺子琦　郑宇光　苏 宇　赵贤根　张少华　朱 超
朱陶之　周 吴　朱晓宇　冉孟兵　张潇宇　张 毅　童 星　娄玲娇
孙 祎　张 健　苏东平　王剑强　丁 璐　杨 铭　郭恒宇　苏玉京
关中玉　张 蕊　刘俊祎　崔英杰

电气工程及其自动化（提高班）200701 班

王 欣　周 鑫　谭 笑　杜一明　王 维　江 玲　范 锐　夏 杰
汤江晖　张 猛　刘合霖　钱 斌　汪 铭　刘 巨　张培基　宋 琪
徐浩泽　陆 琛　梁腾飞　刘 刚　董洪达　叶玉龙　张元军　欧阳少迪
刘 西　刘 超

电气工程及其自动化专业(中英班)200714 班

张 睿　熊 宇　季 晨　龚 莎　舒红芳　周熠伦　冶 谷　郝层层
孙 亿　郭奕闻　杨 光　吴天鸣　曾 莼　岳思宇　向 导　戴林杉
左华京　冯炳浩　张 洋　林家升　李佳宁　吕小玥　裘雨音　于庆男
肖 帅　孙 喆　宋 超　俞 飞　岳 洋

电气工程及其自动化专业(中英班)200715 班

刘海洋　齐 放　朱剑楠　莫 凡　方 晨　邵 冲　简学之　王 超
张 卡　仲昭阳　刘镓铭　秦 瑶　黄伟全　陈剑坤　张 浩　陈龙飞
秦新鸿　翁正瀚　唐 昊　段 涛　李嘉鹏　朱煜昆　刘 凯　陈佳琪
李 喆　孙烁北　王谱宇　韩 笛

2012 届毕业生名单

电气工程及其自动化专业 200801 班

秦世滨　殷浩杰　葛雪峰　王 瑞　袁 健　张联邦　姚登现　刘 超
何嵩磊　刘鹏飞　冯泽嵩　项 斌　马 宁　张 敏　郑 颖　李诗骏
朱 钊　向 往　曾 臻　贺 坚　杨 亚　彭 博　张耀中　张梦云
姚 腾　王元超　马学裕　高 泽　苏路顺　苏 路　顺李硕　杨学诚

电气工程及其自动化专业 200802 班

李 丹　任铁强　任禹谋　纪鹏程　楼晓轩　徐 驰　万 川　夏 冰
王 尊　张晓鸣　朱雪琼　汪 为　汤盼盼　赵 阳　刘 晶　周 镇
周 驰　肖明杰　罗亚运　蒋 帆　方 圆　余晓行　吴亚骏　吴雨希
周春苗　廖诗武　麦中云　徐春海　郭若城

电气工程及其自动化专业 200803 班

彭明明　刘 遥　韩璟琳　吴天皓　储 雄　董佳瑜　仰冬冬　张 卓
王 阳　马 宁　虎挺昊　黎 明　戴雅琪　涂亚龙　石玉峰　张 翔
龚 雷　詹 雯　陈霖昱　张 锐　邹泽起　王 炜　黄晓舟　王孝朋
邹有超　郑 星　李竞龙　彭超逸　何 山　洪玉凯

电气工程及其自动化专业 200804 班

梁易乐　周立廷　葛霄俊　唐 然　章 健　缪瑞峰　郭 永　孙 扬
史尤杰　牛荣泽　姚文吉　肖雅伟　张 强　李 雪　梁 翔　赵东升
袁 豪　朱圣军　高玉婷　董 峰　吴 鹏　董玉林　王 超　莫振浩
周丰一　覃宇翔　唐传能　刘 璐　葛 挺

电气工程及其自动化专业 200805 班

杨昀	谢聪	赵培楠	李鑫	邵实佳	高德民	周成龙	俞樟建
李志强	史长青	边一航	常乐	刘源	何金海	黄建梅	万浩
雷梦飞	刘洋	金帅	朱慕赤	闫陶然	饶渝泽	袁超雄	王松弢
吴隐	陈民洪	梅亚峰	王骏	魏鑫			

电气工程及其自动化专业 200806 班

孙文达	许航宇	支劲超	闵利锋	刘健哲	秦见平	钟亚伟	宋光举
王源	鲁功强	熊亚骁	王瀚锋	宋德勇	贺天明	欧航	夏凯豪
侯赛英	陈旭	廖端	潘明俊	高志文	艾文波	李婷	潘志城
王椿荣	侯阳	左志平	熊春	王洁	邬凡	闵星	

电气工程及其自动化专业 200807 班

崔晓敏	张恒晅	曹扬龙	余乘龙	胡洋	张聂鹏	冯驰	李叶
程似鹏	廖远旭	姜维	康阳	焦宗举	杨子垲	吴四海	易潇然
王崇斌	张帆	唐源	张逢剑	王思聪	俞亚冕	李懋	邵诗雨
朱利鹏	钟叶斌	庞伟辉	卢仁杰	何鑫	张志强	陈琳	

电气工程及其自动化专业 200808 班

甘怡红	王起	赵博	王雄飞	杨益	钟斌斌	程魏	邓志祥
王童辉	王云飞	江剑枫	陈家乐	赵欣喜	肖征宇	张强	施微
罗鹏举	汪亚芬	刘昊然	童欣	赵晗	宋敏	王超	郑锐畅
郑杰辉	陈胜滔	罗义晖	刘强				

电气工程及其自动化专业 200809 班

汤镇坤	梁哲铭	赵健龙	马晓龙	白俊	董拯晗	赖智鹏	傅贤
彭涛	由奇林	杨森	应杰	陶贝贝	张发印	张君	李政
邹凯凯	樊华	辛辰	赵谦	张鹏程	戈兴祥	黄莹	龙雨晴
江晓青	魏亚祺	唐星昱	容艺	彭福琨	牛垣纻	祁布哈才郎	

电气工程及其自动化专业 200810 班

熊鑫	袁希尧	王政溥	鲁鑫炜	薛蔚	李维聪	张时敏	俞斌
刘承胜	樊伟	黄振龙	高志野	程子丰	刘壮	刘典	刘源
周佳	张轩	刘豪	聂涌泉	代晓康	龙卓	葛腾宇	梁荣顺
邱婷	马英杰	周虹宇	李顺	迪力木拉提江·米吉提			

电气工程及其自动化专业 200811 班

李 千	李蕴温	叶 超	李昌静	周 乐	钟 剑	张卫正	臧怡宁
张玉山	张忠豪	宋江波	周 星	杨大中	邱子睦	夏敏学	巫宇智
王秋源	陆 云	钟 立	黄柒浩	余 晋	谢 睿	郭 浩	刘文杰
张少一	王瑜瑞	邓 晨	杨 超				

电气工程及其自动化专业 200812 班

刘 西	马克宁	霍建东	梁嘉俊	娄 鹏	王力成	李正源	黄志鹏
汤清岚	文 鹏	路 健	解陈力	徐 盟	陈 勇	周忠元	童丽文
黄 金	金 宵	王驰宇	万里翔	王博闻	熊 力	叶沛彬	张璐璐
古 涛	张雨轩	王玮珅	张 路	关俊军	伊热夏提·巴吾东巴依		

电气工程及其自动化专业 200813 班

苏德政	付晓亮	黄 鑫	游少凯	张志斌	邵 剑	唐 鹏	胡安冉
王 龙	王 凡	李 冕	李园园	谈发力	董弘川	金 梦	韩用俊
张琬苓	吴 巍	李昂骏	邓韦斯	谢龙飞	廖亚锋	张博平	唐明雨
王志超	王 可	马 帅	张佳男	冯 权	汤方律		

电气工程及其自动化专业(提高)200801 班

陈伊文	许海涛	张 序	魏 鑫	韩鹏博	张志强	陈 博	王 栋
郭倩雯	刘乃天	李龙云	袁 田	唐 龙	陈 涛	朱 佳	卢 波
邹 耀	赵世嘉	吴 聃	段新宇	黎嘉明	李昀昊	陈 楠	邢中卫
戴汉扬	周 武	肖 浩	罗清璟				

电气工程及其自动化专业(中英班)200814 班

徐 鹏	邓序之	李 彦	孔巾娇	李秋玥	李志杰	戴 睿	杨亚彬
蔡景伟	叶 蒙	刘啸歌	杜 伟	胡 迪	李梦柏	袁林新	言缵弘
杨明豫	雷 宇	江 舟	陈歆迪	周 政	周力骏	唐 渊	郭啸龙
谢鸣宇	李畅飞	刘 睿	王明浩	张修长	熊 志	焦 稳	徐 凯
谢 敬	杜润隆	张玉翔	何佳良	韩卿洋			

电气工程及其自动化专业(中英班)200815 班

张 志	安 阳	汤 熠	姜 迪	曹力行	葛安同	毛睿毅	黄纯熙
邱 谦	程 程	田 笑	李晓辉	黎 庶	耿 莲	贾占昊	黎松龄
江人伟	栗 灿	邹 扬	熊 晖	陈镜羽	雪 映	刘成骁	孙近文
徐荣华	韩 松	李 洋	石 林	于晓鹏	崔 睿	郑国镇	高 天
王 醒	王 玲	刘子剑	蔡 旺	邹 耀			

2013 届毕业生名单

电气工程及其自动化专业 200901 班

何雅慧　陈翰霖　孟泽众　何　松　刘　超　许　航　何　陵　冯成圣
王宇翔　刘　朋　丁　文　张美清　陈　健　胡海真　程坤阳　邓睿义
姜　帅　李良哲　王　思　谈　剀　陈　阳　孙阿芳　王事臻　李振弘
殷正昇　彭送来　高婷婷　吴会泽　卫宁波　张　辉　欧阳佳佳

电气工程及其自动化专业 200902 班

江　萍　章雪亮　洪松潮　武倩倩　俞发强　刘源源　何忠祥　盛　江
王　峰　刘　钊　赵溶生　车国翼　刘　定　吴　森　马　曙　黄　维
许文笛　熊　杰　曾楚云　李黎明　李显东　邓劲东　李　辰　殷显凯
潘小洋　施　全

电气工程及其自动化专业 200903 班

胡　蒙　赵志轩　谭海洋　金　鹏　林天祥　朱　宁　郝文阔　闫秀鹏
刘云亭　金　文　李夏蔚　丁雨轩　周　亚　李　仁　田照阳　丁沛沛
曹哲维　沈　严　谈　荣　邝　凡　曹诗侯　张文豪　陈冠缘　杨瞻森

电气工程及其自动化专业 200904 班

韩　帅　卢　雷　喻　安　涂武林　熊　威　胡晓雪　袁　红　刘先恒
王伊琳　尹　娅　王路遥　龚　康　王若曦　李晓昕　尤健峰　张桓恒
孙尚鹏　王　豹　王峻尧　张嘉文　张　云　黎嘉家　吴榴心　赵　康
张佳缘　李　航　龙若朗　王祝露　高　波

电气工程及其自动化专业 200905 班

金　陆　黄　涛　钱富君　黄文峰　李祥如　徐志坚　薛凌峰　黄科融
张彦卿　杨　欣　胡欣辰　黄婧杰　杨洪雨　陈伟强　贾文彬　杨骅骏
钟　鹏　刘志鹏　景明玉　徐韵珊　张智琦　卢　魏　曹杰文　吴凌轩
陈志颖　魏琪康　郑　阳

电气工程及其自动化专业 200906 班

汪淼森　文秋香　李少华　肖露敏　郭　铸　汪亚雄　陈金楠　雷顺波
李夏雯　朱家骏　符　骏　林俊杰　冯　伟　郑　毅　钟达武　李　辉
肖　帅　叶子骏　江子豪　刘文越　蒋吉帆　徐　胜　梁　宵　牧晓菁
杨　明　王绍飞　宋思齐　王　渴

电气工程及其自动化专业 200907 班

张　序　方　帅　程建超　周　元　吴封赛　简　翔　熊雪君　钟明波
张晨晨　全心雨　杨　帆　曾舒彬　田肖飞　吕子君　郭婷婷　周　霜
何厚都　陈子元　王亚光　潘锦源　许　瑨　缪鹏彬　汪兆祯　刘世明
张　耀　罗　彬

电气工程及其自动化专业 200908 班

蔡　琛　刘　燕　张杰恺　张　帆　陈家兴　蔡金普　黎　曙　陈　盼
刘　青　毛　萌　徐文辉　汪　娟　沈　阳　曹博涛　陈　冲　王澎涛
李成阳　云　飞　刘又超　胡龙滕　柏　航　杨圣茂　陈俊桦　鲍福均
何一川　王　頔　王世民

电气工程及其自动化专业 200909 班

鲁　晟　秦立旺　刘羽冲　袁进雄　付连宇　孙　丽　黄泽毅　李启应
刘伯杰　刘　佳　李　昊　邓德明　夏雨昕　李晨琨　苏继超　李　喆
胡　弦　罗深增　高　峰　石　冰　陈　伟　原浠超　龚志强　王再兴
李亚雄　徐莉莉　丁嘉文　张　威

电气工程及其自动化专业 200910 班

张元迪　黄力森　高　路　胡保林　张　杰　唐文明　张　昕　肖　海
徐翻敏　陈　坤　江桂芬　倪航鹏　徐亦迅　凌增贵　吴昱怡　郑　强
房　钊　刘浩田　陈　争　朱文涛　张国锐　赵赫男　方博文　游　蛟
黄加佳　杨　彬

电气工程及其自动化专业 200911 班

张　军　魏　阳　赵　爽　董丹丹　夏梓云　梁东来　吴俊杰　周光军
郑培文　胡　昱　曹万雄　涂文超　彭杰龙　黄永恒　李　进　王　莹
胡　冬　荆凯华　田丰伟　鲁双杨　徐　成　全文静　蒋　壮

电气工程及其自动化专业 200912 班

张　凡　魏　军　袁　涛　卢　晨　龚炼炼　孙彦东　冯晓强　周　娅
罗江龙　李　帅　国世英　廖达允　冯浩然　陈怡汀　周宇豪　刘　慧
陈　旭　苏荣宇　肖振银　张　弛　万　伦　王　亮　石家德　廖坤玉
高梵清　齐桂林　陈　晨　赵　映

电气类实学创新实验班 200901 班

宾子君　刘　波　蔡玲珑　魏繁荣　王泽萌　段笑天　鲁晓军　李　开
张翼飞　王志承　鲁晗晓　王兴国　余　辉　何　柳　李成敏　陈德扬
陈　乐　公　正　周　奇　张　错　陈泽西　盛同天　邹天杰　王跃洋
胥俊伟　陈　炜　杨鹏宇　蓝　天　柳依然

电气工程及其自动化专业(中英) 200901 班

丁宇楠　王　璐　燕鹏飞　杨丛欢　杜羽东　胡云耕　余　洋　余　延
黄逸骏　李劲锋　何雅玎　别　佩　彭小翠　李　喆　刘欣宜　郑博天
边元凯　李　航　罗　奕　许开熙　李彦臻　曹南君　江可扬　别沁沅
刘双洋　张正卿　杨　航　张　奔　朱吉鸿　周　振　万星一舟

电气工程及其自动化专业(中英) 200902 班

陈　哲　王　璐　缪新招　陈宇轩　陈　倩　喻新林　乔　克　秦　晗
郭雨辰　孙建勋　卓　煜　冯　宇　唐利松　夏天雷　付　灏　戴壮壮
李智雄　张　煜　张　迪　赵仁森　杨宇蒙　陈海熙　陈　宇　黄　杰
盛梦雨　周初蕊　熊奕鸣　周安东　许鸣皓　刘　珣　牟育慧　赵丰帆

电气工程及其自动化专业(中英) 200903 班

杨　凡　刘沁哲　李贺芳　杨　英　赵心语　曲建浩　杨璧瑜　闫　阳
肖　洋　宫　彪　李　航　田忠北　屈定一　李　煌　孙　鑫　陈孟贤
刘龙建　李炳昊　钟驰洋　王楷琳　高寒静　彭杨涵　赵伟国　任恒辉
肖声扬　孙黄迪　施文挺　魏晟阳　李明曦

2014 届毕业生名单

电气工程及其自动化专业 201001 班

卢　刚　罗建湘　冯超宇　魏　锟　成羽蔚　杨　俊　陆江恒　王松华
张　程　邹文通　吉元涛　杨之翰　王　冲　鲁水林　刘思维　李　茂
黄晨辉　卢德龙　向光良　濮　实　刘　琦　焦　津　魏　巍　伍开建
邓　琳　王卉雯　邵　敏　张相依　欧阳小刚

电气工程及其自动化专业 201002 班

陶守来　高　旸　李晋皓　龙　洋　崔玉刚　孙浩然　张　冰　刘安迪
陈　悟　邱　磊　张　波　赖锦木　罗青龙　俞　俊　方飞雄　吴　旭
隗　震　付永庆　李栋洋　吴　杰　陈　涛　张子豪　陆　洲　李铠廷
沈卓然　何晨昊　王振丹　文　汀　刘亦骁　张　颀　何　芬

电气工程及其自动化专业 201003 班

李雪骏	吴需要	李明昊	翟潜河	王鹏飞	黄浩光	石万里	刘轩烨
周江源	徐鹏程	李 鑫	卢翔龙	谢远龙	黄养信	付 雨	王 猛
胡致强	陈 立	张 维	王诗尧	秦 川	姚海石	张 博	王淑静
王蔚葭	王子焓	马超楠	叶文怡	孙远冬			

电气工程及其自动化专业 201004 班

邱 天	郭 灿	李彦青	杜立堃	彭鸿昌	彭永晶	范 捷	邓育林
张丰伟	杨 建	吕 义	周志光	欧阳晥	郭文翔	柳丰熠	陈 力
鲁义彪	李飞来	罗正坤	朱玉玺	张皓翔	庞 伟	王东杰	沙沛东
刘 扬	袁红俊	毛新果	韩怡航	穆 芬	廖雯祺	何利华	傅 蔷
张成一鸣							

电气工程及其自动化专业 201005 班

齐 良	谢逸池	傅 尧	曾蒋志	曹世权	刘人杰	马静明	李尚洋
刘耀云	邱皓凌	潘 瑾	谢 彬	陶 涛	王震远	朱博文	徐 昊
徐 阳	刘永庆	郑华鄂	李 霄	孙东旭	刘书明	许田一	封 远
陈天宇	邓 乐	董培萌	徐君茹	周 然	叶莹莹	龚 响	

电气工程及其自动化专业 201006 班

姚玉洋	魏 源	张一柏	李华生	汪汉林	周 昀	王 晟	蒋昊伟
李自浩	林严凯	刘 爽	谢焕茂	张晓明	颜灵杰	叶高翔	胡宏晟
马立凡	江海啸	丁培远	陈佳佳	张艳艳	刘一鸣	蒋彦翃	刘亚丽
隆 垚	张时耘						

电气工程及其自动化专业 201007 班

王 勉	何镜如	华 晟	邱昌昊	高海龙	常远矚	李 兵	吴 艺
肖 杰	彭煜生	罗斯特	刘 彻	熊安捷	简李清	杨 宇	占金祥
方怡轩	陈文哲	吴 魁	王 宇	童文平	倪 晖	王俊人	马鹏程
石 榴	谢佳璐	何雪君	陈秀锦	王 蕾	张永芳		

电气工程及其自动化专业 201008 班

陈云飞	谭传恩	姚江帆	邢绍鹏	刘书豪	童 林	鄢 琦	郭子言
黎 松	丁 祥	万倍延	陈伟彪	李元祥	徐珩珂	付元欢	李俊林
余 湧	王科丁	张俊男	宋 遥	谭 帆	伍 俊	韩欣雨	朱 枫
贾长杰	刘云鹏	陈文月	张 芮	王冰倩	闫思旭	郑皖宁	郑雅霜
季大龙	严思念	薛 智	贺蕾思思				

电气工程及其自动化专业 201009 班

张　阳　　谢奇峰　　韩兴瑾　　蔡　晟　　俞　俊　　苏　杭　　叶浩然　　郭鹏辉
王晓洋　　郑　超　　程　波　　关　鸿　　聂少雄　　吴　嵩　　杨　凡　　黄　想
周元鹏　　李　超　　范博渊　　周　锋　　张　能　　滕　捷　　苏婧媛　　刘嘉贻
栗文姿　　孙小茹　　黄璐涵　　萧　珺

电气工程及其自动化专业 201010 班

贡雨蔷　　姜佰辰　　王　子　　杨　旸　　侯畅武　　谷雨帅　　赵彦博　　温业燊
周超尘　　杨永菁　　蔡家彬　　陈亚敏　　肖桂金　　刘从聪　　文　天　　李梦奎
孙龙祥　　张　超　　蔡　豪　　林朋远　　满喜月　　周　正　　李玲龙　　熊玥珉
陈　卓　　邓雷蕾　　刘佳琦　　吴丹莉　　李韫挓　　黄玉杰　　樊　璠

电气工程及其自动化专业 201011 班

周　刚　　芦　劼　　童　俊　　赵　璐　　聂章翔　　任宇鑫　　郑洪豪　　关远鹏
詹晓青　　薛传宝　　肖子龙　　华杰方　　徐一飞　　吴英杰　　葛新奥　　汤　鹏
龚　泽　　刘　冬　　黄　淳　　魏　添　　任　杰　　程梦凌　　谢竹君　　王苑颖
周少珍　　陈锦立　　杨　溢　　邵茜楠　　李珍珍

电气工程及其自动化专业 201012 班

马天逵　　李见辉　　杨鸿景　　董　懿　　汪昌霜　　罗振宁　　蓝童琨　　卢应崆
邓文涛　　韩云龙　　郑　沛　　赖俊勇　　陈　诚　　蔡保博　　徐克成　　吴浩琪
肖涵琛　　纪　威　　贺继盛　　任传斌　　罗熊健　　李炜巍　　陈子剑　　谢　傲
刘春香　　段吟池　　陈　婷　　胡思云　　贺兰菲

电气类实学创新实验班 201001 班

王　毅　　杨仁炘　　蔡珂君　　林振宇　　周钦君　　史亚光　　田　驰　　夏　彦
余鹏程　　王　祥　　潘　峤　　张彦伦　　张传计　　范阳阳　　胡宇阳　　丁苏阳
李　胜　　朱黎明　　田立勃　　王小军　　罗　焕　　杨　晖　　焦　洋　　任　翔
寇燕妮　　鄢　伦

电气工程及其自动化专业（中英班）201001 班

展晓斐　　雷　鸣　　潘琛琛　　李　达　　曹轶飞　　贾　宁　　张泽宇　　杨　雷
张　开　　赵彦夫　　霍永胜　　万艳飞　　钟　文　　张　顺　　李　璐　　欧鸣宇
廖　钺　　刘翔斌　　侯　北　　管　睿　　黄　赫　　赵誉洲　　何英发　　王佳鹏
赖林旭　　郭自清　　谭峻峰　　陈南山　　周　博　　杜　喆　　王泽雄　　田方媛
余申申

电气工程及其自动化专业(中英班)201002 班

田　菁	卢森升	孙开元	董舒怡	别　坦	方秀祺	万　鹭	陈舾洋
安智军	裴一乔	李尚宇	杨岩松	黄晓明	陈昊洋	高瑜烙	叶　帆
李天宇	朱晓美	焦　阳	汪子腾	郑楚玥	张楚谦	施未濛	李一鸣
孙朋朋	张　驰	乌元骏	杨　瑞	付鹏儒	张　巍	周宁慧	王　壮
曾　铮	郭军杰	向　彬	唐王倩云				

电气工程及其自动化专业(中英班)201003 班

王　兴	罗金嵩	朱乔木	邵　骏	岳远富	葛泽邦	管　俊	徐　旭
王唯嘉	黄秋达	林　旭	吴　俣	戴蕾思	王宇琨	张雨晨	朱曦萌
高　凯	王子伦	向飞宇	李　巍	张益彬	陈书田	李一桥	陈梓怀
王　梓	陈思猷	蔡思雨	刘俊彦	安燕杰	孙牧村	刘　昀	

2015 届毕业生名单

电气工程及其自动化专业 201101 班

张曾怡	何连辉	姚佳康	王庆建	李昊晔	傅子剑	范栋琦	章晓杰
徐沈智	孙佳冲	陈　洁	陶亚光	李耀杰	郭浩然	黎子巍	刘邦旭
吴俊雄	邓超凡	樊闻翰	廖凯文	沈　辉	曾国栋	段江伟	王玉伟
邹　其	刘恒玮	任　璐	张　炯	廖　爽	赵　爽	谢锦莹	单博雅
纳燕钊							

电气工程及其自动化专业 201102 班

李同江	郭科宇	张富程	张　程	符晓洋	祝旭焕	朱江霖	王　徐
李　清	张丕沛	杨子江	刘伟民	姚　远	邹林洋	杨道淑	陈嘉威
司　燕	彭子睿	叶东林	周一鸣	黄　卓	吴　垠	吴　穷	龚健剑
杜　力	金　能	徐雷敏	荣雪宁	常紫雯	徐　惠	柯曼迪	冯伊娜

电气工程及其自动化专业 201103 班

余　涛	彭代晓	张欣凝	许浩珲	屠一鸣	古　铭	胡熊伟	占　智
廖　超	王　任	柴　喆	刘　闯	周　理	蔡　宏	付　东	赵震宇
贺小克	雷子淦	叶　冠	张瀚文	黄　华	周宇雄	曾志杰	柳丹青
文　旭	胡峰祥	葛志杰	陈怡君	范卓艺	刘梦娜	谭　园	邱迪文
屈柯萌							

电气工程及其自动化专业 201104 班

邴烁沄	林　畅	蔡宜君	陈家乐	王　旭	金　杰	刘　斌	周仕豪

柳子逊　刘　翔　石超杰　林世满　孟　展　郭　旺　李林峰　桂俊平
阮博文　陈映卓　耿毓廷　张登旭　高术宁　刘熙文　章玉明　田　靖
华　佳　姚　晴　余　佩　李秋芳　何宜倩　程　晨

电气工程及其自动化专业 201105 班
张　映　冯延斌　南　禽　梁爱强　徐　进　钟逸铭　林　峰　彭　忠
张凯伦　张　迪　覃开云　朱青成　黄东飞　何战峰　刘渠江　刘逸夫
向　睿　龚君彦　韩文杰　程竟陵　叶天舒　郝　强　龚煜东　熊嘉丽
李　钰　肖萌萌　罗　星　石　青　张　鑫　欧阳此君

电气工程及其自动化专业 201106 班
何天琦　王镜毓　刘　鑫　李姚旺　饶建东　周小军　曾　浩　王海成
宋　磊　王海东　何美健　韦　鑫　徐田磊　李其琪　蔺梦轩　陈遵川
曹智威　陆昕欲　汤　康　魏德华　曾　超　陈　珉　魏　喆　李　桥
蒋武志　沈　郁　陈天琪　赵　双　王艺霖　赖全怡　朱　筠　易伟力
原晓琦

电气工程及其自动化专业 201107 班
刘宇航　蔡约瑟　罗　刚　詹昊华　姬裕鹏　刘力歌　王文豪　王皓月
肖龙方　陈文旭　罗启登　刘　攀　赵宇尘　张亚然　欧阳轲　宫鹏飞
马雪谦　朱琳琳　瞿小斌　袁　麓　袁　荻　刘君瑶　钟依庐　沈婧雯
李泸璐　王　茜　崔琨朋

电气工程及其自动化专业 201108 班
张云飞　胡晓宇　李畅然　许楚昊　傅方茂　杨志强　庄炳宏　欧阳健
毛　峰　王　松　刘　尧　马　淯　张　彦　李章哲　肖　阔　罗　旦
周焕生　王　宏　杨宇轩　张笃佼　赵　伟　朱怡婷　王琪鑫　张慕婕
谭垚先　康少朋　刘志楠　李恺强　方小宇

电气工程及其自动化专业 201109 班
文　韬　曾俊杰　谭栖林　朱露山　丛凡丁　周士超　杨　瑞　俞天奇
胡啸宇　刘万鹏　徐　彪　李志远　吴苏州　王群洋　王世玉　王　宽
金　干　康　恺　贺子宸　汪晓光　彭　涛　邓胜初　聂　浩　肖　佩
冯　磊　南天宇　王　涛　陈杉杉　程意平　吴佳玮　李金星　刘圣瑜
童　涛　丁鹏程

电气工程及其自动化专业 201110 班

杨长俊	肖力凡	仝　玮	张　恺	曲　翀	张凯伦	詹宇声	赖清华
程耀华	代志良	郭　乾	夏　瑜	夏　仲	方开俊	梅　桢	刘璇城
王诗轩	林艺哲	彭　腾	蔡　航	余小龙	杜玮杰	郑耿哲	周灿煌
苏振权	张玉权	何天宇	李　哲	张天琪	徐悦欣	程雪坤	廖明园
刘泽宇

电气工程及其自动化专业 201111 班

邹先云	康栩宁	王文志	张　奇	方宇晓	周青峰	叶立文	邹剑桥
叶振宇	苏恩超	王　铭	任艳飞	高伊凡	王旭东	王　诚	洪云鹏
汤　乐	陈　永	王　聪	李宇雄	伍逸聃	胡　广	李恒敬	宋劼坤
赵　鹏	何晨颖	涂　源	冯竞佳	李静云	武继龙	端木凡曦

电气工程及其自动化专业 201112 班

弓自强	于长任	张　润	丁　力	姜　庆	吴　凡	郭清林	汪学康
马亚军	杜明秋	李立威	黄　靖	宗泽旭	陈　彪	曹兴锐	周　旋
陈　域	杨礼坚	梁宁忠	徐　明	朱　轲	杨昌建	张　驰	张瑞琪
李玥葳	余　越	江　灏

电气卓越计划实验班 201101 班

贺小腾	戴奇奇	张程稳	任月恒	汪冰之	彭明洋	吴春林	邹　培
余　银	吴越文	付　函	左隽逸	王　龙	陈思源	周龙飞	张　科
张　文	万宏舸	李达伟	谢康福	尹文喆	张宏志	文思傲	赵　航
李含其	李　濛	高　阳	尤梦涵	吴宇丰宁

电气工程及其自动化专业（中英班）201101 班

黄　琳	郑　磊	汤　军	刘书宇	田鸿泽	杨　璠	何鸣西	谷　鹏
卜立潇	徐志明	王皓平	侯　震	李天白	张亦喆	赵文博	吴　熙
尹昊明	顾　盼	吴顺尧	周鹏翔	向慕超	关弘路	郑　哲	张昊蒙
邱　欢	朱少波	韩百融	姚晨伟	张育嘉	孙　焜	夏梁桢	蒋效康
朱天杉

电气工程及其自动化专业（中英班）201102 班

马　先	戴　辉	朱子钰	彭思唯	赵起问	常荣杰	罗嘉杰	周志鹏
姜博璘	郑　启	蔡世轩	蔡雅玲	王凌云	程博康	盛　聪	肖　逸
金超亮	张　静	刘天宇	魏西子	蒋雨菲	陈　博	董晓蕊	张书玮
刘　畅	刘　聪	黄昊怡	孔诗琦	李力行	杨张伟	王爱渌

电气工程及其自动化专业（中英班）201103 班

张　然	张晓津	周　愚	郝致用	郑泽秋	刘　芮	方少雄	徐秋蒙
朱晓航	裴梓童	刘云楚	陈卓琳	何凯文	陈　盟	张羽晨	阮　元
李奕曈	庹明睐	徐　鹏	王秋实	张梦雅	原　钊	赵珊珊	马　骁
陶振敏	纪　鹏	谢望坤	张陈东	涂正宏	龚　旋

2016 届毕业生名单

电气工程及其自动化专业 201201 班

蒋跃冬	王　乐	李子骞	毕　龙	杨泽宇	母思远	李　昂	章昌仲
郭健健	胡般若	龚思成	郭聚一	王洪建	葛　优	李高飞	黄　鑫
王逸林	吴　帆	胡　凯	曾令康	张　杨	贺　睐	赖俊全	宋正临
秦钰杰	曾令江	胡嘉慧	刘彦婷	陈文卫	高　逸	施　西

电气工程及其自动化专业 201202 班

刘魏巍	张一楠	胡　驷	梁敬哲	丛　潇	方志浩	葛颖丰	余一岠
刘智睿	殷林鹏	孙宋君	周永超	余斌斌	舒康安	蔡普成	蒋士鹏
林　东	黎　晗	万　伦	莫玉涛	谢　月	张楚齐	徐　富	王星宇
郑荣锋	袁　博	刘　阳	李逸欣	李　梦	邓婷婷	李琪瑞	张　瑜

电气工程及其自动化专业 201203 班

王金烜	柳也东	郝　一	于　佳	葛　健	李哲浩	张中平	张子期
付　轩	刘成龙	李　田	张景华	张智雅	弯丹辉	贾文奇	丁小华
李竟成	熊　琰	饶环宇	胡子豪	谭一帆	刘恩泰	康　辉	杨林珏
吴启望	陈廷栋	倪　威	黄竹君	万民惠	李　娟	郑嘉禧	徐箴箴

电气工程及其自动化专业 201204 班

丁浩然	刘岩欣	路思远	陈杰涛	侯庆春	徐可寒	李鹏飞	王晨晨
侯树森	代大一	张万鹏	左　维	张敬伟	滕子涵	李方舟	汪玄圣
宋浩宇	戴志威	张　一	卢宏贵	左　瑞	陈　伟	高　涵	马　潇
毛春翔	唐文娇	廖昊爽	丁　汀	闫郁薇	余　珏	吴悦华

电气工程及其自动化专业 201205 班

马　骁	沈景超	涂怀远	王　涛	光洪浩	晁凯云	程璋梁	曹歆雨
姚　彤	庞秉玺	孙仕达	刘子皓	陈星宇	敖俊辉	徐嘉超	罗雨豪
陈　津	饶　啸	尹斌鑫	陈　鹏	周思敏	林　剑	黎　立	曹驰健
黄　磊	马　笛	刘博洋	陈籽东	孙丹丹	戴子薇	蒋秋霞	沈韦舟
林新璐

电气工程及其自动化专业 201206 班

曾志文	刘理达	谢永昊	温 特	张腾远	谢丰蔚	王传盛	王 田
王远志	魏代坤	郝旭鹏	梁留欢	何书禅	郑一鸣	黄海林	严家康
刘春晖	周靖钧	鲁 垚	丁立志	徐庭伟	向 鑫	施少龙	胡 虎
张春勇	孙伟山	李鹏飞	陶 诗	孙 倩	冯 颜	何巧惠	许文立

电气工程及其自动化专业 201207 班

王留君	朱世劼	邓 畅	王希昭	王佳伟	韩洋洋	兰传盛	周芸鹏
段承金	李士杰	袁 航	彭博纬	雷浩楠	蒲东昇	官 烜	杨杰伟
尹宇翔	王 晨	赵欣怡	林佳圆	周 颖	崔晓莹	欧阳子瑜	

电气工程及其自动化专业 201208 班

刘芷嫣	胡靖轩	李子建	梁 欣	刘良琦	徐晴川	李浪子	李涛涛
王发挥	陈 旭	赵 喆	王逸霏	周呈熙	黄 犇	严博丰	王 博
赵嘉伟	伍 豪	肖遥遥	曹乃文	张 敏	廖 云	李岷钊	叶剑宇
黄子戍	王晓蕊	万 萌	龙莉娟	刘子威	蔺呈倩		

电气工程及其自动化专业 201209 班

姜 瀚	柳东昊	祝宗楠	李 震	张 骏	王子民	徐志华	刘 雨
刘 畅	吴世杰	段偲默	李 卓	姜 礁	柴之炜	周一涵	杨 金
张 灿	胡 蒙	李旭升	易子轩	林晓明	谢国栋	张 靖	刘朝富
何 钊	高建平	张凯文	石梦璇	刘 艳	李 姗	何 俊	

电气工程及其自动化专业 201210 班

田思雷	彭 非	陈 芃	侯 珏	韩 佶	杜雨阳	王张翼	张宇探
刘泉辉	顾茂森	岳鹏飞	翟林谱	康富强	徐 犇	程博文	韩 锐
王子威	程 宇	刘 程	何纯亮	刘一行	刘圆方	穆 涛	季雨西
黄碧月	夏千雪						

电气工程及其自动化专业 201211 班

王睿元	王晨旭	张艺锴	韩豪杰	程志远	陈宇扬	范志华	肖 俊
周 昊	张彦龙	张海翔	刘黎明	饶永宸	余牧子	汤立勋	雷宇琦
李 谱	徐 钦	李 越	易 江	曹逸星	郑壬举	郭 琨	张 言
程素霞	童 丹	潘晓雯	顾润泽				

电气工程及其自动化专业 201212 班

刘宏波	贾　若	李孟顺	张　欢	董震宇	肖昀晨	陈浩境	钟文新
李凯儒	邹庭刚	李招忍	邢家维	曹鹏举	汪　延	彭方正	舒郑屾
支嘉音	谢宇威	吴　双	何立群	邓　康	刘　畅	李麟峰	李学弘
陈立川	田　涛	黑泽新	程　苒	张修雅	彭　莱	张凌菡	陈星佑

电气卓越计划实验班 201201 班

华　奎	付一方	黄　健	周　羿	肖云涛	付　豪	钱　堃	汪致润
向凌峰	罗　强	王翰祥	张哲原	王　凯	雷　淇	邹　励	石峻杨
罗　毅	李媛媛	金子轩	赵亚邦	曾奕昂	方梓熙	王岑峰	吕　冉
黄苛吉	欧阳沐齐						

电气工程及其自动化专业（中英班）201201 班

秦　瑜	章卓雨	陈劲帆	赵晨皓	万文超	钟　旭	徐　鹏	徐筱倩
王　喆	昝嘉旻	周子奇	宋　润	肖东杰	向思宇	周湘林	廖嘉炜
白　宇	刘郁猷	刘瑜琛	徐　原	蔡怡楠	刘若平	肖　逸	田正一
肖　冕	姜子元	朱鸿仪	辛轶男	高博一	周　为	赵浩成	樊隆懋
王玉玺	李元贞	李云霓					

电气工程及其自动化专业（中英班）201202 班

尹亚凯	罗　焜	何　川	涂树培	商士博	陈鹤鸣	王雅雯	余　飞
李翊嘉	赵　敏	陈　炜	李利伟	苏　浩	朱贺宇	岑哲洋	李文博
叶玮佳	刘朝欣	刘予天	白　鑫	汪卓玮	钟逸飞	曹泽宇	张雨川
杨轶凡	冯　超	徐贤能	孙荣鑫	朱鹏程	胡静怡	付志瑶	黄立涵
易嘉艺	张胡慧珊						

电气工程及其自动化专业（中英班）201203 班

马唯皓	吴楚田	赵子枫	张子健	黄宇琛	李　言	孙海晶	向柏桢
刘　常	田心宇	刘　腾	施天宇	戴钟灵	尹海涛	甘　伟	鲁定阳
黎怡均	张智昂	冯　皓	陈　高	蒋岑熙	齐晨光	谢　斐	孙问晗
曾昌黎	朱　言	严文豆	王人杰	刘　畅	陈　曦	张　茜	侯康林
潘　演	徐伟凡	潘天帮	邱毅涵	臧艺娜			

2017 届毕业生名单

电气工程及其自动化专业 201301 班

胡思扬	江　乐	司浩雨	张思凯	朱　翔	吴海波	徐宏伟	汪春江

郭树强　陈俭彬　阮康泽　彭　越　余思远　徐宇隆　杨泽栋　祝　琦
姜浩宇　陈子龙　廖　孟　周雨涵　龚　轩　黄柯颖　仇志昂　苟鸿彪
王欣源　吕圣琦　梁子漪　党　琪　吴雨晴　陈点石　高建瑞　徐　广
陈一鸣　江　山

电气工程及其自动化专业 201302 班

王经烨　程凯华　银泽一　张登奎　何浩民　李彦泽　李振垚　鲍震峰
郭锦文　雷张平　张永峰　廖世康　李嘉胤　王睿之　曹宇亮　周春晓
宋耿立　肖　煜　邹应勤　程　亮　杨　展　朱思睿　杨锡清　柳林海
黄丹极　陈壹锋　陈贤飞　韩杰祥　冯　妍　孟　佳　陈梦茜　赵　芹
王若璇

电气工程及其自动化专业 201303 班

陈影霞　王　强　徐子超　魏　芃　罗文承　李先海　王　坤　唐　奇
易　博　马一鸣　余业成　韩　睿　尹家明　易博思　金　东　许坦奇
王佑天　李艺松　刘思帆　林成文　黄　炜　赵　强　赵　启　范恩泽
张柯欣　马玲玉　程思远　陈永昕　李　根

电气工程及其自动化专业 201304 班

周世太　赵汗青　刘逸波　杨　帅　缪　言　鲁哲别　王　赞　刘崇龙
胡昌义　杨　原　袁　哲　王珈璋　易　韬　彭一哲　李　安　吕邹龙
柳　章　王　舜　卢文博　王　牌　肖豪龙　钱成锦　邓　杨　张仲程
周弋杰　张　力　徐茂源　常　亮　郑倩薇　邹　雅　谢习然　张芷沁
佘　倩

电气工程及其自动化专业 201305 班

唐　奥　马晓腾　周　浩　周慈航　董　良　卓振宇　刘志锦　胡斌斌
官兵兵　闫林芳　常风岐　张　舟　徐洋洋　胡　缔　江泽一　杜昌棣
王　磊　邱伟康　赵　炫　方　翰　林伯威　杨家懿　王仲豪　郑巍鸥
杨周奕　李海军　范雯宇　宋玉元　张志男　高紫薇　彭　璐　王非凡
程　功

电气工程及其自动化专业 201306 班

邓浩轩　魏云皓　王子璇　刘泽放　徐　威　李　韬　随　权　刘　涛
张　赫　刘前良　魏同嘉　杨睿璋　叶　南　都　威　李　海　陈　庚
解英才　孙　浩　杨　涛　殷培烈　贺　昆　尹　胜　刘　波　郭晓亮

梁飞豪　李思原　肖　越　田博文　孙军平　吴嘉禾　李　阳　徐昊滢
吴孟锦　向轩辰

电气工程及其自动化专业 201307 班

王　维　赵　凯　李雨洋　王　琦　陆　林　万坚坚　邬玮晗　刘子豪
王启元　于建洋　黄　昊　黄天晨　李向君　王振辉　徐宏伟　易鹏飞
张　宽　朱嘉庚　秦　旷　陈　懿　周锐琦　黄湘杰　项　渝　罗冯鑫
高国桢　胡鹤龄　吴雨桐　王善诺　霍心觅

电气工程及其自动化专业 201308 班

刘　哲　何昕鹏　郑　哲　张凯华　罗　嘉　王志伟　熊永新　栾少康
朱康乐　窦智勇　汪显康　刘　洋　何　宽　张武宸　向一鸣　李文浩
严一涛　廖纪瑞　程吉锋　刘仁哲　姜　涛　熊　欢　梁程远　张松杨
李京辉　吴　斌　龙玉珺　马向宏　刘　霞　堵莹瑛　付原西　刘　赛
钟　硕

电气工程及其自动化专业 201309 班

陆珅宇　杨　涛　邓炜明　陈维欣　潘征宇　吴　超　李晓峰　王　涛
杨　洲　黄开东　张则良　冯其漳　詹　塞　陈亚伦　吴仁迪　黎　曙
闵怀东　朱一峰　刘文轩　谢天明　丁　宙　佘伊伦　文大榕　胡载东
郑　云　陈前昌　田　野　王汝文　王　雨　胡敏华　孙钰和

电气工程及其自动化专业 201310 班

徐泽天　董　轩　王馨璇　李　驰　王祯瑞　陈西亚　冷宛佳　龚　慧
夏　东　杨　锋　宋怡方　李琦凡　熊　涛　张浩钦　彭宇翔　龙高翔
陈振强　赵文成　周建宇　张　和　杜　威　史利凯　徐业军　袁　磊
张瑞华　蔡　鹏　上官伟伟

电气工程及其自动化专业 201311 班

张弼克　李　璇　王嘉奇　连佳宇　倪　逸　吴　墨　黄　睿　陈威霖
马　震　王铎钦　冯冰洋　李成靖　周　硕　黄开营　汪俊杰　熊宇浩
邓　迁　范理想　周　博　何　擎　芦大有　刘宇明　苏和鹏　范青林
刘　露　李　维　杨景涵　张子恒　万宇鹏　刘恬畅　周若萌　董毓格
李　晗

电气工程及其自动化专业 201312 班

周立聪	罗　俊	李明杨	王诚毓	张悦川	张铭玮	张建斌	刘一鲲
付誉旸	梅振华	冯红开	徐金涛	秦奎佳	祝熠凡	张纵横	孙研铭
田　昊	朱　磊	张裕东	曾　尚	邹鹏程	杨　洋	王　琦	邓钧运
谢振海	周宗金	苏儒进	陈嘉翌	刘思辰	王星晨	卢　典	王思凡
李嘉萌	龚羽赫	江雨欣	孙永逸				

电气卓越计划实验班 201301 班

崔智昊	张聃帝	王小源	殷自豪	杨伟敏	颜婉婷	晏　鹏	廖逸玮
尹宽睿	马　啸	朱非白	李懿琪	戴天琛	涂志飞	戢　硕	许　科
涂青宇	陈家喻	薛诗语	罗博文	廖鹏毅	程　特	肖文哲	龚　开
肖建杰	朱可凡	陆亦齐					

电气工程及其自动化专业（中英班）201301 班

邵　蓬	李欣然	林佳铭	周余涵	张思敏	刘振声	曹智伟	宋　磊
叶　桐	俞卓言	胡　科	李文浩	吴鉴青	童锦锋	刘奕江	李雅晴
周　颖	韩恺桢	汪令雅	戚译夫	王晓恒	丁　宁	胡梦迪	张远志
胡玉莹	刘沁莹	龚玄子	王　倩	樊　冀	王泽钧	张翔宇	

电气工程及其自动化专业（中英班）201302 班

鲁一苇	罗世明	林云杰	周　澜	陈星佑	胡　捷	李　琦	谢世煜
严雨朦	廖玉琴	程开宇	常润博	李好孟	韩天森	张　婵	周　园
李佳杰	杜　鹏	倪斌业	张一行	朱　江	朱郁馨	叶祉苓	刘雪原
潘逸帆	郭小义	王　钦	王宇航	宋　俊	胡康敏	刘昱成	韩　琦
向建冰	李　轲						

电气工程及其自动化专业（中英班）201303 班

杨雨泽	胡卫伟	杜立蒙	周嘉诚	邓华璞	韩云飞	徐章智	汪德生
郭立邦	许颖飞	田一哲	张　禧	陈　宇	孙旭颖	袁婧怡	谢华昊
朱劲力	张岱斐	王　敖	李　杰	蒋正宜	刘红岩	苏泽仁	朱晓彤
彭咏泉	高　悦	练之洁	孟成真	苏钰淇	刘成林	裴宇婷	戚振宇
李晓宇	蒋逸雯	曾静静					

2018 届毕业生名单

电气工程及其自动化专业 201401 班

| 李　堷 | 彭炼坤 | 卢宇龙 | 张培夫 | 刘城欣 | 胡雨婷 | 蓝王丰 | 陈俊杰 |

陈　浩	吴凌豪	王启哲	卢东昊	熊　昌	张晓宇	宋彦楼	杨印浩
杨赛昭	赵浩朴	刘　京	王振羽	陈柏寒	董智全	张　勇	屈　仟
赵洪生	王思裕	林恒先	胡吟风	魏　鹏	林志洺	陈宣任	欧阳天然

电气工程及其自动化专业 201402 班

吴　昊	宋　菲	潘　辰	吴　言	孙丁毅	王子健	朱绍轩	朱金炜
严钦程	潘　阳	刘书翔	熊　燚	刘金龙	司佳楠	张　艺	李　昂
李　耕	黄立冬	熊寿齐	彭　程	王丰凡	蒋天皓	周　烺	徐　海
谢瑜峤	陈泓宇

电气工程及其自动化专业 201403 班

刘追驹	刘金旸	肖　斐	齐子轩	江泽茹	王子竹	那　焜	丁天颖
桂迪宇	崔城健	张霄波	熊慧龙	王　杉	贺永杰	冯玉雷	吴　灿
董科宏	王毅豪	黄智骁	易　堃	李远晗	于广文	董钊瑞	彭宏武
伍嘉文	左　灿	张　翕	陈贵伦	李培平	程俊杰	宁　磊	吴　勇
付　康	范杜家豪

电气工程及其自动化专业 201404 班

杨文琦	朱敏杰	朱　彦	赵家慧	宋伟宏	王斯璠	吴乔宇	陈　兴
杜思远	徐　坤	冯根辉	黄延平	于晓明	袁梦强	程　杨	胡云奇
曹　刚	彭祥瑞	赵　阳	蔡　遥	鲍朝阳	梁海维	王卫辉	胡文浩
罗文伟	梁祖钊	夏　秋	王昭苏	付吉烨	钱　承

电气工程及其自动化专业 201405 班

范景轩	唐晓梅	段舒童	程丽平	任益佳	李　征	黄成瑶	赖帅光
何亮亮	贺思林	文　涛	高子晗	王明皓	韩　鹏	刘　迪	李子坤
李雨聪	余树童	戴百齐	张　浩	张立广	高加楼	唐浩锋	谭翔宇
陈巨锋	程曜于	赵浩鹏	袁泽宇	王宛阳	韩　旭	杨嘉玮

电气工程及其自动化专业 201406 班

刘成之	王立昂	高铭舍	张宛楠	张星汝	王思博	王澍凡	陈　成
季子杰	师　豪	吴　添	华林泉	高学鹏	邓沛岩	杨政琨	王　典
李　想	周亚坤	邱　阳	王一帆	韩应生	李　睿	李　赟	任俊谕
李　畅	王景涛

电气工程及其自动化专业 201407 班：
张芳龙　马梦晓　樊叶心　张伟健　刘畎宏　杨　霖　徐　乐　吴小满
汪　毅　肖碧峰　毛　翼　孙先锋　窦文平　胡　坤　杨　升　向绍杰
鲍继伟　宋怡飞　杨清豪　周　冲　郑通强　任颉颃　王　超　张　超
陈梓铎　王　华　何佳洪　汪军如　李怡豪　李　帅　魏　伟　党琰皓
张　磊　孙永逸

电气工程及其自动化专业 201408 班
徐　帝　冯一虹　董贞求　巨雨薇　焦少东　吴　笛　戎子睿　王臻炜
武传涛　孙志鸿　陈钜栋　杨宇平　任师铎　高慧达　崔　骞　曹海军
鲍志威　李瑞铖　李宗铭　董云灿　曾庆豪　夏德智　陈金桥　杨世武
袁经伟　李承钊　陈　望　杨博文　邓寒波　王梦昊　李家玮　易文扬
应　琪

电气工程及其自动化专业 201409 班
唐　昌　孔　月　房　莉　陈曦璇　杜元昊　刘熠辰　徐茂宁　王　兴
章志远　卢光勇　管兆康　王正磊　朱光远　张　跃　管泽宇　胡鑫荣
涂钧耀　周胡钧　邓　聪　贺　贵　谢　飞　黄　威　温天昊　黄华鑫
王超凡　邹　路　王宏宇　包　煜　山子涵　孙昌平　陈明琦　刘袁幸达

电气工程及其自动化专业 201410 班
周济成　盛翘楚　宋莹和　张焱哲　肖　睿　黄晗婧　张　琰　李志宇
徐振祥　杨　帆　黄炜华　黄子力　高　乐　潘建廷　陈迪畅　张宏业
刘　康　刘　阅　张林垚　孙　锐　王　伟　林　森　王融都　黄　晶
蒙　斌　孙传合　何小才　段惠杰　高星宇　司马逸龙

电气工程及其自动化专业（卓越实验班）201401 班
刘　帅　石宇杰　王日城　汪睿哲　陶子彬　郭明达　徐明月　周云鹏
钱懿如　鲁　博　王永康　蒋闽威　张世旭　陈雪梅　陈　智　李振兴
胡志豪　龚凌霄　夏梦华　白晓寒　王　倩　李寅晓　文伟仲　李全财
孙文杰　杨　博　张辰玮

电气工程及其自动化专业（中英班）201401 班
梁　瑭　王　磊　殷　准　唐晨曦　李昱恒　李书剑　杨　坤　王勤超
张云博　赵　逸　胡楚叶　黄鸿奕　张均弛　何俊磊　李雨佳　安宸毅
吴纪好　黄光舟　黄宗超　贺思婧　王冠淇　刘添亦　殷天翔　徐蕴镠

贺鸿杰　刘子铭　陈予伦　曹　尚　李阳昊　谭湘龙　廖泽龙　王　晨
肖翔升　罗天舒　陈熙明　徐万章　刘　泉

电气工程及其自动化专业(中英班)201402 班
何其伟　张博雅　邹婧怡　熊宇龙　方雄风　束铖哲　邓俊宏　赵佳俊
於　浩　唐乐天　王　赛　陈宣亦　刘京易　邓泽宇　姚靖维　江　璐
陈姝彧　汪旷怡　王　鹏　姜海洋　程　琪　邓　昂　吴文夫　赵君臣
张庆丰　易骁建　杨　舒　张凯辰　苏瑞豪　李超然　王宇新　田艾麟
王　勋　高　超　万思源　刘晓鹏　詹　锦　华　铤

电气工程及其自动化专业(中英班)201403 班
杨　超　卢天一　陈贵斌　吕家华　刘天一　王雅文　白　琳　甘润泽
文剑峰　贾传朕　李星晔　陈子瑜　罗　康　黄　霍　钱开宇　林海啸
陈卓尔　代骄阳　胡　悦　王敏学　周雨桦　汪嘉奇　张智榣　方玮昕
常立赏　孙　敖　钱　坤　胡天笑　赵一川　王尔东　李明昊　杨振森
柴永峰　张　弘　付鹏程　张荣佳　张作为　孟　昊　褚子寒　叶欣林
毛乐源

2019 届毕业生名单
电气工程及其自动化专业 201501 班
张杰雄　李炯钰　李浩男　井浩然　阎俊辰　于赫洋　夏　天　余子恒
刘潇奎　张舒昱　王佳昕　王梦知　李安争　王志远　张家琦　余致远
杜瀚霖　蔡　沛　徐志文　刘梦虎　朱振宇　庞仕强　刘　俊　袁　嵩
孙雪松　李　帅　张思佳　吴昊谦　王欣宇

电气工程及其自动化专业 201502 班
肖　冲　于　悦　李子博　刘　洋　郭景润　乔　健　朱光宇　夏道路
李　汉　游俊南　薛熙臻　焦宇航　赵一帆　张健成　刘逸玮　王　棣
赵韵政　李飞宇　郑　宇　彭书浩　胡云帆　陈一帆　肖寰煜　杨　强
黄子毅　官圣沅　赵何鹏　张　堃　车　超　赵金慧　肖　琰　高晨煜

电气工程及其自动化专业 201503 班
林国鹏　殷浩然　谷鹏宇　刘伯瑜　金杭波　童炉鹏　徐天启　唐　坤
黎鹏程　李子明　黄鑫远　李启峰　周凌博　何　杨　胡　骞　贺　睿
董一诺　罗　冲　刘旭晖　谢奕宏　官志涛　冉启胜　周　磊　赵月杭
张晓雷　沈　妍　刘小靖

电气工程及其自动化专业 201504 班

张鹤龄　郭松林　张　瀛　朱赟皓　王震宇　王运松　王安勇　范振豪
宋文超　孟沛彧　谷占起　李润康　石若云　柳　恒　毛飞越　钱开元
胡雅竣　田超文　刘嘉韵　卜其毅　陈子楠　龙泳橙　陈　星　周昱同
王　浩　张梦瑜　韩梦婷

电气工程及其自动化专业 201505 班：

晏孟哲　何小隆　王　欢　周子成　孙晨航　王永康　王　亮　刘　宇
全旭立　冯忠城　尚文斌　杨兵圆　杨培迪　付　博　谢东冬　罗　帆
杨诚宇　谢家信　江　渺　邓兆伦　梁泳涛　张剑宇　王承南　黄雨恒
许宁照　徐　菁　王姝丹

电气工程及其自动化专业 201506 班

刘云飞　石浩男　张松岩　杨　霖　姚沣航　毛俞杰　徐　达　徐其友
钟　坤　刘雨阳　杨瑷玮　李　显　林　行　史逸川　周金鑫　罗溪天
吴曹炜　高晨宇　唐畴尧　蔡　翔　何亮东　李海涛　谢宗旭　江俊威
白雪锋　李　想　关　桐　戎欣佳　曾倩倩

电气工程及其自动化专业 201507 班

王宇轩　王炳然　朱　旭　王浩琢　龚飞黄　邵思源　周瑞阳　丁　强
胡仕成　周先鑫　张晓林　杨佳昊　李　欢　罗德力　罗　谦　周泽宇
李嘉诚　苏　翔　陈思源　肖弘文　李　湛　韩东桐　袁　曈　李　胜
张　锐　张　涵　孙　骋　黄仁捷　杨婷婷

电气工程及其自动化专业 201508 班

张喆钧　潘春阳　郑宇超　金思宇　徐　硕　翁峰回　袁　康　吕金洲
王亚东　李庆辉　潘岱源　刘华桥　胡雄哲　帅　康　范子钰　彭宇维
仇书山　曹仁威　卢汉朝　杨桂旭　但　伟　陈　益　赵建松　尚大春
钱　鑫　闵扶舟　刘周添博

电气工程及其自动化专业 201509 班

杨研科　张　磊　仲　毅　韩　雷　张　弛　陶圣伟　岳子轩　王哈特
崔云龙　潘昱锦　袁伟基　张龙伟　万　昊　谢　豪　李晓东　孙翔文
李建漳　李俊杰　丁　蒙　肖思聪　彭　攀　李佳炜　黄耀平　程　杰
冯　成　郭海峰　张晨松　罗　禾　翁文婷　蔡思淇　刘姝琪　卢嘉成
梁　志

电气工程及其自动化专业 201510 班

康阳光　蒋亦凡　马晓飞　王子恺　孙本承　倪根松　陈佳桦　陈传仁
黄必凌　黎志伟　吴志鹏　陈泽旭　史金柱　桑艳闯　胡哲康　徐亦杰
吴思成　黄炎培　龚　尚　侯家宇　李归霞　曾振锋　刘子彬　张永誉
裴建华　杨浩天　党子越　臧元夫　陆　瑶　潘睿昱

电气工程及其自动化专业（卓越实验班）201501 班

陶沁林　刘鸿基　徐立飞　杨子祺　朱星宇　李思妍　李舟平　潘宣昊
金子阳　杨丘帆　郭泽仁　叶　辉　李洲洋　马书民　张国豪　黄伟华
余思聪　姚健鹏　张　喆　李海发　曹　雷　陈学哲　邱宏进　岳　毅
杨佶昌　冯忠楠　姜霁轩　王旭东

电气工程及其自动化专业（中英班）201501 班

张俊杰　徐　航　于沛鑫　郑恺之　毕榆凯　张佑钦　张成涛　裴　佑
闫天羽　徐镜涵　丁佳敏　柳天羽　尤世平　马雯隽　田原文　刘林博
姚晨昆　高嘉懋　陈　宇　余俊松　任心怡　唐　磊　杨天润　吴煜文
杨祺宇　甘　泉　张雨晴　万余毅　李显皓

电气工程及其自动化专业（中英班）201502 班

向昊茜　周　博　杨蓓江　王宇凯　叶加权　牛　泉　张梓钦　林思齐
严子昂　石重托　甘　泉　滕　凯　谢　延　张　犁　贺声涛　夏　虩
王冰钰　张子雷　侯恺宁　饶聿东　周　帆　徐梓淦　江　婷　肖天正
李春来　叶　昶　黄　锦　姚轲迪　梁雪瑶　黄维杰　黄仕杰

2020 届毕业生名单

电气工程及其自动化专业 201601 班

周域方　匡楚盛　张雅萱　狄丽萍　王　淳　郝云轲　张鸿淇　姚福星
许源泰　汪政辉　朱　韬　林在福　朱虔龙　江博游　夏天童　刘志广
付北南　王雪彬　文新哲　郑逸飞　杨自湘　章思哲　李弘毅　陈江森
颜　顺　张玉波　匡　顺　李延荣　李　越

电气工程及其自动化专业 201602 班

尹　领　梁子涵　聂晓菲　皮晓倩　易正康　杜步阳　郝嘉睿　甘　睿
章翰耘　周　凡　颜锦洲　王　星　刘　智　张　弛　马一鸣　马　宇
何　昕　饶宇骁　任正康　王一卓　李一聪　李　勇　谢　雄　黄煜彬
卢金勇　陈泓武　谢云飞　黎庆泰　任毕合　董　瑛

电气工程及其自动化专业 201603 班

李芳冰	晏宸妤	李婉晶	温 仪	常光宇	周汉清	肖秉杭	金天昱
陶 宁	魏旭东	黄江哲	邓力为	秦 鹏	潘 超	史梦阳	黄子安
罗喻扬	刘思蒙	王秋岩	刘志伟	罗 斌	林 霖	朱廷猛	王文淞
文琦良	王宏喆	魏沛杰	张永刚	瞿 恒	欧阳承业		

电气工程及其自动化专业 201604 班

周晓欣	李 赫	姜壹博	杨 帆	叶晨倩	王 旌	龚心怡	郭 辉
王行畅	吕俊铜	范季强	傅益潞	朱帮友	林毓军	郭宇嘉	仲泽坤
马俊义	付本庆	杨钰锟	张世珉	李诗昱	唐若寒	李 亮	丁 悦
刘泽寰	黄必正	邓虎威	张玉欣	刘咏志	李谷雨	郑建栋	

电气工程及其自动化专业 201605 班

侯勃羽	陈一鸣	张曼婷	张楚怡	刘一鸣	薛凤鸣	张希桐	颜浩伟
项 飞	王海东	郭志恒	黄潇飞	尹卓磊	郭梦飞	张浩博	叶子豪
潘 昶	尚会东	圣 威	李晓宇	李 棋	李 佳	陈勉良	张润丰
余致远	周 正	贠阳阳					

电气工程及其自动化专业 201606 班

卜君懿	袁 怡	米慧瑶	李玥廷	张佑康	严佳男	郭玺泽	顾天存
程志新	王治海	高 翔	袁 乐	吕坚玮	李绪杰	张凯泓	吴华伟
戈昱淞	黄吏飞	唐英豪	邱文捷	刘 毅	李 威	周飞宇	汪晨熙
黄天林	刘剑涛	覃晓峰	孔 桢	李俊洋	洪冕哲		

电气工程及其自动化专业 201607 班

陆李瑶	张格珣	骆正秋	任 恬	郝奕华	马嘉良	张麒腾	许 俊
张 俊	黄一学	毛志鑫	邓健杨	宫元凯	李 峰	王伟韬	王振宇
邢众希	汪 能	王 虎	彭成志	杨王旺	李存凯	彭杰科	蔡钅铭
肖 凯	彭圣钧	钟治垚	谢 飞	武灿林	向朝阳		

电气工程及其自动化专业 201608 班

邓光勇	吕宗晃	蒲雯婷	陈田田	贺舒媛	吴心怡	苗 昊	邓庆宇
田嘉鹏	袁文超	任康杰	敖禹琦	王一凡	徐圣博	夏珺羿	黄钟政
李兆辉	沙 鑫	潘子迎	刘亚星	崔峻铭	陈 凯	陆炳宇	陈荣刚
咸宇熙	张格非	冯乐源	姚吴嘉品				

电气工程及其自动化专业 201609 班

刘　宁	史倩芸	任淑一	赵文泽	丁建夫	李浩民	朱浩楠	陶　然
谢　伟	肖文卿	李明睿	郑旭辉	刘恒阳	邵自民	宗　诚	杨子皓
付东强	程锐琦	林云鹤	杨子立	汪　韬	唐星星	黄　泽	付文虓
董定圆	罗迎鹏	张子涵					

电气工程及其自动化专业 201610 班

李嘉能	李业成	杨　雨	张　迪	贺思芬	王若栋	褚佳峰	杨　昆
庄　彦	张习文	姜蔚然	徐龙彪	章晶明	孙润里	付国栋	李子旻
张　冲	王彦超	亢卓凡	石奇霖	徐瑞阳	伍　演	董宇飞	郑　玥
杨沛璇	兰昕宇	陈　俊	寇阳波	唐一融	谢　翔	田滨玮	孙一飞

电气工程及其自动化专业（卓越实验班）201601 班

刘士铖	黄德馨	杨　帅	孔向豪	滕瀚麟	彭　特	郭昕扬	张　烁
王　笑	黄　博	卢沁书	何长军	谢文锴	胡可崴	陈　岑	刘成伟
高德华	王瑞曾	周兆伟	魏　一	李睿康	张仕博	张达智	李　学
刘嘉珞	倪宇璇						

电气工程及其自动化专业（校交）201601 班

陈致利	曹善康	王圣康	邱　天	吴世航	肖劲帆	柯学明	严宇扬
黄彦博	阮彬辉	孙嘉骏	李希昂	谭力铭	余煜辉	黄　坡	宋瑷如
张宁博	乔书剑	杜佳源	李家成	刘滢君	王泽泓	张维康	蔡姝娆
刘　喆	黎　钊	贺新龙	陈盈东	宋佳树	汤智鑫		

电气工程及其自动化专业（校交）201602 班

张宗扬	洪悦程	王琢璞	谷　博	李焓宁	黄明铭	李　响	肖璟瑄
罗　铖	孙　柯	汪泽旸	李瑶璐	程　锦	董怡然	于启辰	曹　越
肖澜清	潘康齐	何　曦	郑　卓	张紫桐	王雨橙	康鸿凯	杨子健
王东泽	唐京扬						

2021 届毕业生名单

电气工程及其自动化专业 201701 班

邓超伦	张德彦	马已青	万灵聪	汪　涛	张沛龙	黄少杰	闫　涉
付睿卿	赵振廷	杜威启	李辰辰	余沐阳	邹新宇	蒋子恒	文　昊
吴俊东	刘子文	谭翔文	余佳豪	朱炳兆	韦钧文	刘锐奇	许俊杰
张煜华	郑　琪	王静怡	黄雨婷	陈　晨			

电气工程及其自动化专业 201702 班

徐志强	李鹏飞	韩 桐	黄子钦	何俊勇	王方华	谭士豪	刘 畅
刘礼磊	孙 琛	高战锋	刘力源	徐晟钦	丁峥尧	邓孛杰	黄发鐏
张维森	吴 辉	吴尔麒	胡 凡	廖 宇	邓 添	王胤丞	杨 安
王宇轩	郑子婧	杨雨柔	张 熠	刘 婧	廖永陈		

电气工程及其自动化专业 201703 班

周 洲	高 鹏	左运扬	胡 泽	金伟汉	吴俊辉	王 昊	吴鸿宇
刘学良	熊振涛	张宝允	李博涵	王 琦	汪梓昕	李楚一	王轶骁
曾晨航	王 晗	杨昊天	颜 睿	龙水铨	甘振东	符祥博	陈浩天
陈 棚	杨 震	江 艺	勾奕昀	曹馨雨	张婉玲	曹欣怡	罗超月岭

电气工程及其自动化专业 201704 班

严小贵	魏正雍	姜 涛	杨天昊	马一鸣	李 宣	萧声扬	邱志宇
熊军辉	李浩波	李志恒	何 南	刘之畅	邹俊轩	刘铂纯	万慕凡
严志强	蒋俊杰	王柯文	刘雨泰	莫 毅	王康鸿	蒋志周	肖力郎
张明山	孙心怡	计 蓉	郑韵馨	李圆圆			

电气工程及其自动化专业 201705 班

何书尧	刘柏寒	马心驰	刘译骏	章家旸	王 超	林登荃	叶少华
刘智龙	王逸睿	王天宇	杨金鹏	许啸林	郭远航	张凯华	鲁 安
黄煜昊	徐凯存	赵威武	李泽淇	陈洁钒	王 凯	王远修	李泽泉
王艺飞	刘 雪	樊丹蕾	杨锦清				

电气工程及其自动化专业 201706 班

朱诗伟	左 韬	尚朝龙	杨放之	刘艺恩	王 翼	周德智	张嘉翱
熊齐伟	关开明	兰 顺	郑浩文	娄 超	丁泽寰	蔺宝乐	聂世豪
肖 宇	肖 奥	聂志聪	姚仲杰	王仁杰	丁子为	张心磊	文奇豪
陈健颖	周泽森	唐飞宇	蒋文灏	何翊玮	蒲思乔	卫 唯	宋 璇
余林峰	张锦秋						

电气工程及其自动化专业 201707 班

张伯丰	赵士睿	宫逸凡	孙少惟	金正聪	胡国晖	李剑豪	杨 洋
徐威龙	张 浩	吴新鹏	樊庆山	王光文	杨 旋	郑瑞辰	钟仕臣
胡 欣	曾 勇	肖 涛	黎可泽	李善鑫	唐 豪	陈鹏宇	刁玉龙
魏宇泰	孙寒燚	许 璇	李 静	舒 晨	叶 意		

电气工程及其自动化专业 201708 班

刘红星　孙志昊　张宇恒　吕昊睿　顾一钒　林正杰　郭子庆　李思齐
谢志华　刘润泽　姜家兴　郝潇洒　叶　亮　黄梓欣　张雨田　李伊龙
曹寅鹏　张龙翔　杨思谛　凤锦程　张冠林　陆海龙　张宇航　魏文琦
徐子韬　刘相龙　周佳磊　张梦圆　叶　芝　汪斓杰

电气工程及其自动化专业 201709 班

张哲涵　张明岳　徐崇玮　雒　睿　刘憬昕　王汉栋　王宣焙　王宜政
黄　煜　温先财　李　键　郭沛新　李瑾立　王康平　刘炳昊　刘　昶
俞　颐　姚顺雨　曾一杰　刘海祥　曾祥添　凌章峻　尹珊江　邢苏川
姚　路　李秋彤　张珮清　罗　蔷　熊馨瑶　罗瑞英　欧阳秀峰　欧阳宇伦

电气工程及其自动化专业 201710 班

王瑞鑫　李　堃　姚松伯　张　寅　刘健瑞　侯艳坤　许靖杰　应雨恒
方新宇　赵言昊　付南阳　闻莘杰　李柏杨　刘镇玮　吴　昉　柯　煜
杨吕阳　周　凯　王应春　伍晨可　王周鑫　吴圳航　陆志达　何在荣
胡皓然　刘承昊　袁博文　汪　雯　薛寒熙　彭雅丽　缪云欣　胡　帅
包　蕊　陈晓东　李镇廷

电气工程及其自动化专业（卓越实验班）201701 班

樊佳男　周本正　王　派　陈　鑫　肖云昊　杨振宇　刘浩宇　汪　泽
南　木　赵晋睿　汪子岩　天　麒　龙嘉杰　徐　昂　卢冠宇　文　锦
彭贵全　聂世承　申　宇　何立钢　张一凡　梁兆勋　胡致远　周雨桐
毛伟健　徐嘉欣　徐文哲　沈诚遥　刘佳琪　程书谣

电气工程及其自动化专业（中英班）201701 班

柳笛箫　胡雨宣　郑维宸　高　漪　李承烨　贾　泽　尚一炜　谢敬瑶
陈思宇　牛昱童　刘子源　芮雪丰　宋子峰　邱水泉　丁煜康　关梓佑
刘源森　田　地　王泽昊　余泓烨　薛　申　朱登傲　吴一凡　姚牧芸
李贝奥　李中凯　潘筱楠　刘思源　贾震宇　任梦妍　徐泓杰　傅嘉琪
施　皓　王佳松

电气工程及其自动化专业（中英班）201702 班

陈　达　刘嘉尔　任天喆　周君健　刘玄哲　菲华·帕兰斯　何祥瑞
武子威　魏开阳　王秋淋　侯高山　陈　铭　姚雅涵　王若涵　汪志远
柳喆璇　卢宇昕　王韵杰　潘弘宇　张俊哲　叶欣智　齐永韬　罗婧怡

吴逸桐　刘伟健　尚阳星　高子誉　孙雨农　沈馨怡　毕浩维　王馨晨
韩　成

硕士（含研究生）

说明：电气学院对研究生的培养始于1961年。1961年是研究生试招生，电机系招收的是胡会骏（导师刘乾才，副导师何仰赞）、杨志刚（指导教师陈德树）。1962年开始全国统一考试正式招收研究生。华中工学院招收研究生的导师有朱木美（高压）、刘乾才（电机）、黎献勇（水电）、陈珽（自控）、马毓义（动力）和陈日曜（机械）等6人，还有一些老师任副导师，如从苏联莫斯科动力学院学成归国的何仰赞等。电力工程系招收了7名研究生，王晓瑜（导师朱木美）是其中之一。因年代久远，上世纪六十年代的完整研究生名单无法补充完整，非常欢迎有相关信息的院友主动联系提供帮助。

1978年全国恢复硕士生招生，我院设立了全国首批硕士点，1981年第一批研究生毕业。

1981届毕业生名单
程时杰　严隆兴　许建国　唐必光　王乐仁　熊志民　麦宜佳　汪贵生
严隆兴　叶　升　张晓皞　胡宇平　周汝璟　代明鑫　吴青华　刘　沛
王大光　龚世缨　陈齐一　彭可芳　吴贵强　陈乔夫　宁玉泉　肖景明
许建国　王乐仁　李国一　权先璋　魏守平　张国青　尹辅印　范坤生
郑楚光　刘凯云　唐必光　邵可然　董天临　张国强

1982届毕业生名单
曾昭智　罗发扬　代晓宁　王宇光　张步涵　郭　涛　叶　升

1983届毕业生名单
冯林桥

1984届毕业生名单
陈其钧　尹项根　陆继明　张一飞　张建同　唐明晰　王麦力　黄　燕
陈世欣　王云强　于克训　唐跃进　钟辉煌　程汉湘　何　红

1985届毕业生名单
电机专业
辜承林　周理兵　黄开胜

水电站自动化专业
曾瑜明　王晓宇　余杏林　刘冠东　张海雄　蔡　嵘

高电压工程专业
王志英
电力系统及其自动化专业
张　哲　洪　斌

理论电工专业
汪　建　黄　旭

电磁测量专业
翁飞兵　李　伟

1986届毕业生名单
电机专业
陆　扬　李建久　韦忠朝　王雪帆　向佑清　欧阳四和　赵光新

电力系统及其自动化专业
谭安燕　郭嘉阳　杨晓建　涂少良

流体机械及流体动力工程专业
刘会海　曾庆川　刘文杰　苏宏羽

高电压工程专业
赵　鹏　陈金明　迟焕新　曾红燕

理论电工专业
徐　垦　陆家榆　王志英

水电站自动化专业
刘　军　徐海波　刘昌玉　周　震　周承科　廖伯书　程新明　黄永皓
姚华明　晏　敏

1987届毕业生名单
电机与电器专业
李胜利　黄孝军　陈家平　张炳军　黄声华　宁　亭　江　英　李智武
李洪武　郑建平　徐明州

电力系统及其自动化专业

胡继武　王文超　郭　勇　毛承雄　严庆伟　陈　迅　李海翔　梅桂华

发电厂工程专业

章坚民　钟清辉　张建新　万永明　伍永刚　李朝晖　朱宝和　管家宝

理论电工专业

潘晓强　杨　黎　陈　健　胡时创　陶先绪　夏华阳　黄金明　谢春花
张　勤

流体机械及流体动力工程专业

朱晓进　方建中　叶剑民　杨德祥　李凌湘　赖喜德　蒋杨虎　庄永旭
李正华

高电压工程专业

方晓梅　何力波　冯常龙

1988届毕业生名单

电机与电器专业

王付战　吴　畏　陈　涛　刘少克　曾爱民　陈为民　徐晓宁　辛小南
段惠明　李　丹　邝旭卫　李开成　郑　军　张慧琼　高海生　周志雄

电力系统及其自动化专业

孙亚芹　李　磊　何　坚　温柏坚　彭　华　徐玉凤　陈　雷　陈前臣
赵松利　刘华钢　徐玉琴

发电厂工程专业

张祥平　王洪涛　张友松　黄立新　钟家辉　王友宝　邹国惠　贾宗敏
唐学军　王党生　常　黎　刘南平　吕桂林

高电压工程专业

文　华　徐　兵　段绍辉　蒋均安　王凤超

理论电工专业

王建明　李春华　杨　树　杜斯海　谭志强　葛亚平　吴维德　张光涛
戴本祁　董爱琼　李　庆　向小民　聂一雄

流体机械及流体动力工程专业
夏坚勇　杨敏林　龚春林　苏春模　唐穗平　黄汪平　汪建华　王　军
王延觉　周宇翔　曾令芳　谭厚章

1989 届毕业生名单
电机与电器专业
陈贵荣　周　晓　吴顺海　李　超　戴　高　覃建林　昌盛昌　李　颖
张贤波　李敬农　王晓辉　王步云　刘文洁　秦红三　杨兆华　鲁红兵

发电厂工程专业
李维东　董朝霞　王国才　刘泳新　宋仲康　廖启文　黄绍杰　时春玲
刘俊虎　姜文立　陈美华　董晓钢　吴　艳　张　硕

电力系统及其自动化专业
汪珩海　洪真跃　陈中元　陈腊生　谭玉成　王　勇　肖达强　张志强
彭　立　纪小文

高电压工程专业
曾利军　李宏亮　胡红骇

理论电工专业
唐晓媛　刘娅琴　吴　涛　李志得　杨清涛　潘宝祥　彭中尼　陈良生
汤　丹　谭　丹　黄建平　易本顺　熊元新

流体机械及流体动力工程专业
翁建周　袁卫星　肖建军　王　虹　吴法理　杨美生

1990 届毕业生名单
电机与电器专业
陈晓文　徐建红　王随林　刘振兴　刘　毅　楚方求　肖建修　王　琳
郭　红　李红林　范建山　俞战犁　贺建华

发电厂工程专业
苗雁斌　程友发　金和平　申宇翔　吴俊勇　蒋日东　郑永强　万寒乔
张一龙　杨志敏　康鹏举　陈　峦

电力系统及其自动化专业
杨金生　何朝阳　张德泉　张盛华　杜晓宏　郭效军　邰金荣　段献忠
郑启泉　刘启宏

高电压工程专业
江忠旭　陈猷清　郭约法　尹建国　黄　坚　林启文

理论电工专业
颜秋容　罗三毛　吴鑫源　崇宝欣　陆　健　管建明　毛谦敏　稽正鹏
举英杰

流体机械及流体动力工程专业
胡胜利　朱建明

水力发电工程专业
蔡　安　赵德华　潘再兵　陈应华　胡　英　陶铭和　罗　斌　石清华

1991届毕业生名单
电机与电器专业
罗晓鸿　张海成　文小玲　翟志军　陈青　林海波　聂绍松　杨慰怀

发电厂工程专业
王家玉　王仲先　黄学良　陈德斌　韦柳涛　沙　涌　王正军　张平
陈才华　张奕军　胡文蒲　程新平　姜宗顺

电力系统及其自动化专业
陈红卫　徐红兵　邱爱国　杨建华　劳德军　樊友权　周建光　刘文锦
侯铁信　程利军

高电压工程专业
何正浩　谌若红　涂建平

理论电工专业
孙开放　黄常勤　徐茜　严雄伟　夏晓明　陆斐贞　谈恩民　张卫军

流体机械及流体动力工程专业
伍光辉　邵盛春　李红梅　杨辉　王家强

水力发电工程专业
李秋生　廖庆华　贾　辉

1992 届毕业生名单
电机与电器专业
熊永前　尹华杰　张文龙　贾云鹏　欧阳红林　程小华　祝新强　周本凌
吴先武　吴建华

电力系统及其自动化专业
周良松　卜正良　施　斌　陈志刚　颜永红　马天皓　王湘中　卢卫星
袁军平　余景文　苏红波　郑琢非

发电厂工程专业
刘前进　张　涛　潘熙和　王小平　陈　峦

高电压工程专业
王　浩　李　谦　卢进军

理论电工专业
李红斌　赵　智　丁恒春　毛险峰　姜勇

流体机械及流体动力工程专业
邵文娥　陈新度　施克闯　吴　波　李向锋

水力发电工程专业
田子勤　王正伟　徐建新

1993 届毕业生名单
电机与电器专业
易小涛　陆佳正　许　强　孙晓鹏　阮江军　欧阳兴无　何俊佳　陈　新
杜　文　马　谦　吴荣明

电力系统及其自动化专业
余景文　苏红波　张三红　管　霖　刘　劲　田晓玫　叶　萍　孙建波
谢彤宇　陈　皓　李小平　翁俐民

发电厂工程专业
吕宏水　吴正义　袁　宏　王家亮

高电压工程专业
林福昌　程仲元　尹小根　闫巍华　靳晓东　谢天真

理论电工专业
杨永华　胡学杰　张厉虎　徐　飞　汪志坚　徐晓明　陈景鹏　吉拥平

流体机械及流体动力工程专业
周健君　宋耐荣　刘龙珍　张小青

水力发电工程专业
周凌九　李迎春　曾　伟　刘小兵　杨建明

1994 届毕业生名单
电机与电器专业
肖强晖　王　辉　马晓久　张云祥　田　库　孙文东　熊　江　黄良荣

电磁测量技术及仪器专业
孙　宇　王　宇　聂德鑫

电力系统及其自动化专业
胡　静　肖东晖　文一彬　丁建义　尚　涛　余　岚　王春明　邓显文
彭炽刚　陈晓华

高电压技术专业
瞿亘　李罡　王晓琪

理论电工专业
李卫平　章育群

流体机械及流体动力工程专业
王英群

水力发电工程专业
周耀东　赵　涛

1995 届毕业生名单
电机与电器专业
常国强　钟长青　董胜利　易敏军　涂晓平　李　键　杨锦春　吴　晖
陈轩恕　万山明　侯　波　熊永前　陆佳正　雷建设　刘仁峤　李战春

电力系统及其自动化专业
李小平　杨　斌　王孟毅　刘　勇　唐跃中　黄　健　刘　飞　高红延
卢爱菊　吴　斌　朱　敏　文劲宇　唐涛南　魏　强　刘时贵　汤峥嵘
蒋　林　梁　军

高电压技术专业
涂天璧　周　龙　杨勇明　王泽文　何俊佳　钱冠军　梁智明

理论电工专业
佘生能

电磁测量技术及仪器专业
吉拥平　彭　毓　李尔宁　郑曙东　姚建锋

流体机械及流体动力工程专业
盛　锋　张师帅　秦仕信　戴勇峰　郭　莉　文秀兰　陈　露

水力发电工程专业
李文学　黄定疆　刑立群　梁　柱　景　雷　郭创新

1996 届毕业生名单
电机电器及其自动控制专业
李战春　章君山　张大明　王　松　蒋　钢　董　干　蔡　威　杨　磊
王永兴　余仕求　李茂林　彭　玲

电力系统及其自动化专业
蒋　林　吴小辰　阎漪萍　段　敏　李　晖　毛晓明　刘世明　林湘宁
熊卫红　张永刚　娄新凡　钟景承　许汉平　何飞跃　苗世洪　邬廷军
丁　薇　曹国保

高电压技术专业

贺新全　毛中亚　丁杏明　蒋正龙

电磁测量技术及仪器专业
冯春媚　胡　刚　吴建春　王井刚　李鸣明　佘生能

水力发电工程专业
袁晓辉　傅巧萍　江　峰　彭天波

流体机械及流体动力工程专业
苏俊锋　陈勇军　郭　莉　杨　云　陈　露　王五文　于文华

1997 届毕业生名单
电机电器及其控制专业
赵林冲　徐红春　马国婵　夏　军　刘　华　肖继军　王劲松　廖从容
陈新喜　马鸿胜

电力系统及其自动化专业
王冬青　朱文俊　崔　潇　王利迎　邰能灵　赖　敏　冯　勇　卜丽莉
李　隽　奚江惠　袁　骏　肖能爽　陈玉兰　喻建华　陈华元　伍咏红
田莉芬　郭琳云

高电压技术专业
邓泽官　蒋学军　李端姣　郭贤珊　王红斌

流体机械及流体动力工程专业
李　强　黄大俊　张学明　张双全　李金华

电磁测量技术及仪器专业
廖成旺　郭培松　雷海军

理论电工专业
杨　峰

水力发电工程专业
郭　鹏　李竹子　彭　兵　王海卫　熊小亮　江　冰　马　渊

1998 届毕业生名单

电机与电器及其控制专业

李金山　管和昌　肖楚成　葛永强　董　毅　高　妙　郭　伟　陈建宏
邓万婷　杨文强

电力系统及其自动化专业

倪　晖　刘　凯　刘玉忠　丁洪发　邱文征　袁星卫　孙晓钟　文明浩
贺小明　李勇汇　蒋　理　黄　超　龙　柏　李　峰　杨俊杰　汤峥嵘
张义辉　史文军　李　勇　黄宗碧　陈　峰　詹喻平

电力电子技术专业

张　玲　王　毅　李善忠　李高强　姚胜华

电力传动及其自动化专业

刘　平　雷惠华　雷孟宇

高电压技术专业

陈继东　孙福杰

电磁测量技术及仪器

刘　俊　刘建国　周健鹰　张　净　胡文毅　罗苏南　黄宗碧

水力发电工程专业

邵显成　范卫红　陈启明　钟红华　康　玲　郝新合　罗　萍　李道祥

流体机械及流体动力工程专业

谢海英　甘红胜　张宏波　游　斌　张玉国　于文华　王　海　王　利

1999 届毕业生名单

电机电器及其控制专业

蔡　炜　陈　丽　丛　林　唐文虎　刘千宽　易明军　段雄英　扈志宏

电力系统及其自动化专业

黄雅峰　蒋朋博　陈金富　朱海昱　魏　璇　谭振宇　石东源　盛戈皞
余　江　彭　波　李　岩　王星华　任振宇　王南雁　郑三保　傅　闯
郭琳云　李　昕　陈艳霞　张周胜

电力传动及其自动化专业
李建飞　周党生　郭卫农

电力电子技术专业
杨　涛　刘小四　潘三博　王满堂　李　威　刘庆华　胡巨波　成　功

高电压技术专业
代　新　廖敏夫　汪　雁　李　艳

电磁测量技术及仪器专业
黄晓芩　陈志萍　韩小涛　吴　东　欧朝龙　刘卫东

流体机械及流体动力工程专业
李金华　唐为明　李　凤　程泽斌

水利发电工程专业
张晓亮　夏　宇　汪慧明

2000 届毕业生名单

电机与电器专业
李满坤　邱亦慧　李　松　李华峰　黄卫星　刘小洪　刘　渊　张　军

电力系统及其自动化专业
李必涛　刘　敏　江振华　夏　芳　荆朝霞　姜　霞　陈　浩　石铁洪
胡玉峰　李可文　刘宏君　李　昕　张　忠　范　澍　夏成军　张金平
蔡　华　李晓华

电力传动及其自动化专业
孟　宇　王国锋　彭怀东　李　剑　刘晶波　陈　俊　程　军　傅士冀
刘建华　舒开旗　陈学珍　刘以礼　马学军　宋义超　王作维　何　梁
朱　勇　程正刚　刘　凯

电力电子技术专业
周晓霖　李达义　邹旭东　王　锦　陈天锦　胡坚刚

高电压与绝缘技术专业
詹花茂　黄　斌　王学军　夏胜国　李晓峰　江全元

电磁测量技术及仪器专业
何　梁　朱　勇　程正刚　张智杰　刘　凯　李海涛

水力发电工程专业
张高峰　郝后堂　魏路平　张金平　蔡　华　刘焕明　程　祥

流体机械及流体动力工程专业
郭　江　王　利　陈　沛　罗　晟　黄　夏　林雯婷　张　群　姚　睿
高　昂　雷晓松

2001届毕业生名单
电机与电器专业
杨　凯　李荣高　武喜春　徐春雨　孙剑波　张　铁　詹三一

电力系统及其自动化专业
沙立华　周若虹　左郑敏　江雄杰　杨廷方　徐华昕　张锦辉　娄素华
杨经超　舒双焰　李　江　赵洒智　梁海峰　马　佳　朱一锋　李银红
余欣梅　高　俊　余宏伟

电力电子与电力传动专业
李海涛　郭晓华　刘崇山　周向阳　李维波　肖　霞　熊娅俐　解亚飞
田茂昕　李漫华　许湘莲　程三海　丁　凯　裴雪军　李　勋　林新春
何茂军　朱秋花　朝泽云　付应红　何　葳　皮大能

高电压与绝缘技术专业
李　黎　张先伟　戴　玲

电气工程专业（工程硕士）
孙铁群　贺朝铸　方丽华　周劲军　陈加勉　龙　翔　贾　民　马玉峰
张建杰　赵建青　郭延平　申自力　丁智华　詹新华　李铁斌　吴建红
宋自灵　黄海琪　倪承波　郭承模　时　澜　林建涛　任铁平　李明贵
芮冬阳　方　方　衣京波　陈松周　黄　强　周喜安　刘　军　邹　兵
杨　奕　李清波　陈跃辉　余建华　章亚林　师明义　皮大能　杨红权

2002届毕业生名单
电机与电器专业
黄水龙　夏　雨　颜湘莲

电力系统及其自动化专业

杨 军	熊 惠	彭飞进	吴 昕	施江涛	高 卓	金海峰	付 强
倪小平	吴 军	曾耿晖	李志羲	詹 奕	赵旋宇	杨立环	梁才浩
陈佳胜	楚 丰	岳 蔚	寇永江	胡文平	吴杰余	彭晓涛	余 畅
王 新	何海波	骆 新	涂轶昀	张 昊	苏新民	娄信明	余海洲
韩 翀	黄 华	江卫良	揭 萍	崔 冬	王 丹	曾次玲	刘 杨
胡兆庆	文继铎						

电力电子与电力传动专业

吴 莹	吴志峤	孔雪娟	张劲松	戴建华	张 贤	董亚晖	杨 戈
伍兵芳	彭 亮	肖 波	吴 胜	魏亚南	蒋 平	谢永刚	周小雄
蒋水玲	朱鹏程	杜 娟	何 葳	刘丹伟	彭学文	李艳玲	徐云中
鲁莉容							

高电压与绝缘技术专业

周华锋　徐智安

电气工程专业（工程硕士）

傅 啸	曹 杰	陈义强	詹智红	江新量	许祖斌	吴 锦	林峻嵩
彭 丰	涂 明	傅 军	郑志太	刘兴太	张永红	可 氢	戴彩福
李大荃	路光辉	张 浩	朱 涛	商会利	李智星	杨德望	唐文彬
叶国雄	李彦明	陈 艳	贺志锋	刘文华	刘发胜	甄洪沃	刘立瑞
柯钜金	段新辉	周锡球	王洪浜	陈创庭	董宏宪	张丹平	怀宏斌
黄 飞	陈 涛	周 崐	谢瑞光	倪蔚睦	徐梦恒	卞一峻	张 驰
李立芳	张凌寒	阳开生	陈福茂	秦志钢	刘 钢	陈晚华	陈新来
黄兴安	黄任梁	包志强	蔡志忠	林英祥	黄一民	韩春生	孟凡友
杜 巍	曹海洲	王田荣	孙运河	王 盾	李宏伟	汪家骅	赵广春
胡云福	张 浩						

2003届毕业生名单

电机与电器专业

高骥超　张文娟　苗本健　吴细秀

电力系统及其自动化专业

| 蔡树立 | 蔡志勇 | 陈 锐 | 戴陶珍 | 段 念 | 付建胜 | 侯云鹤 | 姜晓戈 |
| 吕 霞 | 马洪涛 | 王跃武 | 魏 威 | 吴金华 | 习 伟 | 夏 涛 | 徐 柯 |

徐小龙　余　翔　张　颖　张永伟　张兆云　赵剑剑　何喜元　吕宗平
方华亮　何英杰　姜巍青　刘晓蕾　卢　恩　谢　敏　丁　力　龚　超
贺志龙　黄阿强　李　琼　李　伟　卢　宇　吕　珍　罗　成　潘平衡
邱大为　覃智君　王洪章　徐　斌　张海雯　张红先　郑　涛　周　伟
邹　力

电力电子与电力传动专业
陈　钧　陈　凯　龚　斌　柯建兴　宋文斌　杨钊宇　邹志革　李素芳
邓　弘　冯　锋　孙朝晖　王荆江　吴　芳　谢毅聪　辛　凯　徐　荣
许俊云　余建华　曾建友　张　杰　张　庆　朱建华　邹建龙　彭小超
陈志洋　曾建友　张　杰　邹建龙

高电压与绝缘技术专业
孙　颖　章赛军

电工理论与新技术专业
喻小艳

电气工程专业（工程硕士）
周拥华　黄立滨　万　磊　刘　彤　高泽民　黄　劲　易永辉　肖立华
徐志生　陈　芳　王家红　许灯彪　陈向群　张家安　梁跃龙　李贵平
汪祥兵　陈　涛　陈松波　林韶文　王文桃　江文娟　黄国祥　陆晓春
王力伟　徐忠伟　王文胜　林育明　程金鹏

2004 届毕业生名单
电机与电器专业
胡　双　王述成　林德焱

电力系统及其自动化专业
李　伟　邱大为　潘平衡　徐　斌　丁　力　黄阿强　张红光　张海雯
吕　珍　龚　超　李　琼　郑　涛　贺志龙　罗　成　周　伟　王洪章
邹　力　文继锋　卢　宇　陈　政　李　刚　刘晓瑞　曾　筝　秦梁栋
潘雪莉　黄　雄　陈　玮　曹　娜　马爱清　薛利民　任　丽　贺　峰
黄　浩　戴训江　吴冀湘　张　蔓　何志茞　吴大立　吴士普　邱　军
谢培元　田　庆　黄　晖　宁联辉　熊　兰　吴祎琼　刘　涛　杨　剑
梅　勇　金燕云　燕　京　赵　涛　傅电波　陈树衡　鲁杰爽　吴启仁
徐　波　崔　巍　胡家声　赵　鹏　崔江峰　汪新秀　黄贻煜　张　洁

高电压与绝缘技术专业

张赛军　孙　颖　贺　臣　余春雨　姚月娥　樊爱霞

电力电子与电力传动专业

吴　芳　辛　凯　张　杰　许俊云　徐　荣　王荆江　孙朝晖　冯　锋
曾建友　朱建华　余建华　邓　弘　邹建龙　谢毅聪　张　庆　刘峥炜
段先波　田　斌　蔡政英　刘　飞　索新巧　蔡　凭　贺鹏程　周凌辉
胡文刚　陈　警　张景锦　袁沂辉　刘飞云　龚黎明　白　丹　还　芳
林　磊　陈君杰　刘培国　毕　翔　李俊林　刘邦银　龙　飞　高奇峰

电工理论与新技术专业

喻小艳　刘承志　刘　彬　张　艳

电气工程专业（工程硕士）

彭前目　黄庆祥　甘胜良　李　军　何建宗　陈小林　邓　林　左亮周
金颖琦　张春霞　卜　巍　左强林　林栩栩　刘多学　李建云　高志宏
李育钢　刘建华　刘　波　邱　收　张守勋

2005届毕业生名单

电机与电器专业

王华云　叶华峰　盛　超　张　宇　钟运平　狄美华　付海涛　蒋国栋
王　晋　任宇飞　宁　毅　康现伟

电力系统及其自动化专业

李　岩　高　翔　徐雨舟　鲁丽娟　郑　旭　颜　俊　宋　磊　梅慧楠
赵云飞　严支斌　代仕勇　蔡　磊　李正天　邵德军　黄　磊　李　前
夏志宏　刘革明　易亚文　王李东　万　毅　赵青春　曹发文　何俊峰
曹解围　舒　辉　张　鹏　曾纪勇　朱中华　罗春风　史泽兵　张勇刚
吴　勇　李　静　朱庆春　胡　旦　何红艳　丁玉凤　肖碧涛　荣彩霞
张力晨　罗　强　王珍意　刘海波　谢玉冰　王　悦　邰　彬　吕宗平
胡　玮　刘永林　黄　勋　陈　林

高电压及绝缘技术专业

袁　皓　张　挺　吴云飞　龚丹妹　赵来军　朱志芳　彭　潜　李晓岚
杨　平

电力电子与电力传动专业

朱建华	王　威	琚兴宝	徐应年	曹承洁	王兴伟	陈青昌	夏　斌	
魏　炜	邓　禹	刘智勇	吴智超	王　展	陈方亮	舒为亮	聂愿愿	
张永丽	刘小园	余新颜	刘志华	宋　琦	毛谷雨	苏　伟	张昌盛	
王成智	汪　荔	李爱华	罗　旭	宋立强	丁永强	费长保	单鸿涛	
吴敏君	司冬子	朱海锋	占　荣	龙文枫	黎鹏飞	梅映新	张立春	

电工理论与新技术专业

董建树	贺志容	陈　庆	毕　然	谢剑锋	李　萌	丁永华	钟　丹
张黎明	宋　萌	潘兰兰	崔　林	赵玉富	张晓卿	司汉松	张　明
高　丽	邓　凡	万　磊	张丽娟				

电气工程专业（工程硕士）

刘成俊	雷红才	王建雄	贺国平	伍民玉	詹田友	林继雄	周想凌
杨　诚	卢　兵	王家斌	陆　华	李志生	邓东月	方伟明	张全根
李文斌	李冰冰	谭登洪	陈云华	祝后权	代义军	阎先华	黄　卉
宋　飞	王军玲	周金明	郑　炜	郑小勇	王正刚	付　暾	贺　琪
陈建华	范永江	高　捷	吴永铨	王云鹤	杨明超	文立辉	余光洪
张立春	梅映新	黄　勋	陈　林	刘永林	胡　玮	龙文枫	黎鹏飞
张　艳							

2006 届毕业生名单

电机与电器专业

张凤岗	卿　浩	蒋　炜	冷再兴	邓　君	万　能	魏天魁	汪　涛
徐岸非	杨　通	赵尤斌	周　涛	赵成宏	朱　军	邱少峰	殷春辉
阚超豪	晏　明	丁　平					

电力系统及其自动化专业

王学军	潘军军	涂　亮	谷双魁	邓　鹏	郭晓冬	宋福龙	唐　权
徐强超	李　敏	胡　琼	肖　异	周敏慧	骆　瑾	严　琪	陈　林
甘　磊	喻　晖	成建鹏	罗金山	杨小东	熊慕文	常东旭	戴夏晨
胡德峰	杨　浩	丁　力	朱　科	汪可为	王志军	刘庆中	王　俊
李　晨	周　鼎	代　莹	李小明	汪　剑	彭　磊	唐妙然	陈　蔓
易　慧	刘海峰	王丽杰	董　宸	汪杨凯	戴志辉	敖　磊	梁　伟
王阳光	魏志轩	张俊峰	段　理	李　兵	何雄开	宋庆烁	崔艳艳
姚　涛	卢媛媛	张　韬	梅成林	阳世荣	许学芳	杨　洁	周启文
王智宇	赵卫东	刘　洋	余　洪	江　伟	陈维莉	赵妍卉	曹团结

高电压与绝缘技术专业

毛柳明　谢会敏　张志刚　徒有锋　夏　天　罗　曼　陈　喆　周　玲
王清玲　宋晓亮　王子建　刘　云　杨　敏　赵正涛　毛　艳　王　萍
严　飞　曹昭君　卫　琳　魏梅芳　韩永霞

电力电子与电力传动专业

张　宁　金红元　史鹏飞　闵江威　马　磊　周　亮　王昌盛　耿　攀
唐　军　吴浩伟　张建功　张　甬　柳　彬　杜佳星　易德刚　徐丽娟
方　昕　牛金红　宫　力　张广洲　熊招春　李建婷　陈　鹏　杨根胜
付　洁　杨　武　冯晓波　黄　柱　汤　琛　鹿　婷　李　亮　孙友涛
孙宏刚　王　中　陈　兵　丁　炜　皮之军　樊继东　程志勇　梁星星
陈小明　张　亮　曾　立　吴军辉　刘光军　王　进　杜　柯　周　梁
李小兵　陈　瑞　孙林波　蒋云昊　李建山　解　鑫

电工理论与新技术专业

杨　丹　范红伟　季小全　刘　春　陈　帆　胡建勋　丁伟智　向　珂
吴　波　韩世忠　郭　旻　曹南山　范　婕　杨州军　刘　欣　汤　霖
高　涛　陈　伟　叶　刚　王　涛　程　林　张　聪

电气工程专业（工程硕士）

刘句良　彭新龙　徐理英　吴信伟　江传宾　彭毅晖　穆大庆　刘平诚
房　群　李付亮　陈湘涛　方　程　禹　红　何剑平　谢青松　王　晏
肖江滔　金建波　肖　勇　李亚鹏　潘　登　徐春燕　张洪文　吴修君
朱　斌　余龙海　胥　莉　曾斌勇　朱少英　张小红　李文站　李出青
邵　志　刘蜀江　卞庆华　李志超　林　峰　陈　炜　叶　利　李文战
邵　志　朱少英　王文薇　金建波　李志超　肖江滔　吴修君　李　芬
余龙海　张绍睿　谢青松　谭亲跃　付　勇

2007届毕业生名单

说明：2005年教育部规定全日制硕士研究生学制由三年改为两年，因此2007年有两批硕士毕业生均在6月份毕业，分别是2004年9月份入学的三年制全日制硕士，和2005年9月份入学的两年制全日制硕士。

电机与电器专业

喻　昭　程海松　褚文强　杜　砚　丁宇康　梅文庆　周剑君　黄振华
刘　明　周海方　季　方　余　鸿　郑　璐　彭钰珍　胡　立　俞　浩
褚　江　曾祥铭　施洪亮　吴海鹰　项文亮　李　伟　杨玮明　李新华

吴　晨　　刘承锡　　黄晓辉　　孙广星　　杨　飞　　杜成顺　　贺晋华　　张德林
陆　伟　　蒋　伟　　吕　凌　　余锡文　　李建富　　高国强

电力电子与电力传动专业

郭小苏　　冯　欢　　陈煜达　　陈小敏　　唐文秀　　刘成浩　　陈德怀　　刘新民
侯　婷　　曹凤香　　冯宇丽　　刘明先　　尹佳喜　　王　琦　　丁　干　　杨国权
何　俊　　郝洪伟　　蔡　松　　王志峰　　刘永桥　　徐鹏威　　方华松　　高俊领
余　浩　　陈培青　　郑文娟　　陈　俊　　扶瑞云　　李　剑　　张业茂　　吴　琼
陈慧民　　陈　亮　　梅　纯　　陈立剑　　佘宏武　　张振华　　蔡　灏　　张　华
张　柯　　张玉成　　张　伟　　鲁　莉　　余训玮　　康　乐　　胡　胜　　杜振波
田　军　　包　静　　蔡　炜　　贾　凯　　彭东方　　黄朝霞　　陈　冰　　舒　猛
赵学军　　王　辉　　谌海涛　　罗　斐　　徐　慧　　易小强　　岳秀梅　　黄道成
黄其刚　　杨　涛　　胡　晓　　唐诗颖　　张长进　　向　东　　袁　鹏　　陈景熙
李　献　　虞正琦　　陈国强　　吴　闸　　殷　民　　孙　虎　　杨　瑾　　陈昌松
王艳玲　　冯　磊　　江　珊　　陈巨龙　　郑　颖　　吕　辉　　刘　静　　李扶中
杨　帆　　陈　没　　吴志坚　　张文魁　　黄东阳　　顾明磊　　刘缵阁

电力系统及其自动化专业

姚国国　　王　滔　　董　楠　　刘　淼　　刘一民　　郭郴艳　　胡　婷　　许广伟
刘　璐　　刘国民　　李　鹏　　高鹏宇　　王　博　　黄颋挺　　桑　伟　　王学虎
李　悝　　李新东　　骆　玲　　徐光跃　　刘　勇　　魏　新　　余国栋　　牛文娟
赵勇军　　宋华伟　　吴科成　　张　立　　刘　云　　张　央　　蔡　黎　　杨　胜
谢　彬　　鲍凯鹏　　刘志成　　彭和平　　张　文　　毛俊喜　　熊　卿　　顾志飞
叶　皖　　金玉洁　　何金平　　项小娟　　殷幼军　　陈　前　　李时华　　王云玲
陈　敏　　杨　超　　陶　芬　　王　凯　　何　佳　　沈秀汶　　孙　铮　　张晶晶
石延辉　　尹大千　　吴世伟　　孙小梅　　何轶璇　　吴　骅　　钟　燕　　胡　庶
杨　帆　　陈　伟　　杨　毅　　朱孝军　　徐　琴　　周秋兰　　张雄伟　　汪黎莉
肖　冬　　周小兵　　颜　诘　　刘伯康　　陈丽林　　吉天平　　陈志博　　徐建霖
陈嫦娥　　习　超　　李　璇　　郭　拓　　程军照　　刘庆彪　　朱永兴　　胡志保
易　维　　曾兵元　　郑鸿彦　　马晓飞　　黄小波　　邹　晴　　陈晓明　　姚志强
杨用春　　萨利夫　　杨怀栋　　黄　安　　曾　玲　　刘振伟　　金祥慧　　马　凡
丁　宏　　柳　洲　　栗　迟　　吴　涛　　王　刚　　辛颂旭　　吴　松　　张　震
薛明军　　吴娟娟　　贾文超　　徐　强　　张中庆　　孙　磊　　吴亚琼　　柳　虎
张　炜　　赵宇皓　　李　明　　王　勇　　胡　刚　　刘志雄　　唐　萃　　夏建勋
涂智恒　　罗路平　　杨高才　　刘登峰　　李智欢　　蔡　勇　　李兴华　　赵银凤
柯德平　　徐　湘　　李　珂　　王德发　　雷云飞　　叶　磊　　尹永强　　王　越
李　艳

高电压与绝缘技术专业

叶会生	周 玮	喻 超	何慧雯	彭 波	叶海峰	张柯林	袁小闲	
郭良福	刘 俭	李 鹤	王 磊	卢毓欣	周 挺	刘兴发	程 正	
陈 晨	贺恒鑫	肖 铮	鲍明晖	俞立婷	尹 婷	桂 重	蔡 礼	
蒋 伟	周 恺	陈 智	徐金玲	黄 良	刘大鹏	胡 枫		

电工理论与新技术专业

葛加伍	童 悦	张 云	严 浩	程 炜	张新建	代玉伟	樊 宇
刘 俊	吴 萌	胡晓波	刘 翔	牛国彬	吴 军	刘 华	邓习稳
刘曲波	燕 沙	谢经东	喻 娇	李涛丰	李向阳	丁国臣	于 涛
李 剑	徐勋建	宜 轩	秦华容	黄海煜	谢佳君	苏 亮	方 晶
张 曦	张乐平	王 震	吴勇飞	刘 彬	张德会	杨 梅	许瑶瑶
张 庭	陈 卓	熊少华	陈春华				

脉冲功率与等离子体专业

但 敏	孔令华	郭爱波	李 斌	雷 海	邱 剑	蒲一悦	杨 松
贾建平	周 圣	李金磊	李志鹏	吴昇凡	曾志川	冯泽龙	陈立学
程利娟	杨 志	吕建红	燕保荣	陈 枫	刘玉萍	戴冬云	孟 毅

电气工程专业（工程硕士）

胡 滨	王 梁	江忠耀	梁勇超	黄 辉	彭 鹏	吴小忠	左群业
刘桂英	沈鼎申	钟琼雄	吴 清	焦培新	王中奥	莫俊玲	杨兹波
徐 江	孙 昕	韩 波	王 慧	周 静	王 隽	张俊山	张举良
张景帅	张统一	魏荣澄	张 军	谭 华	熊建军	田益胜	王志杰
周长征	张 峰	霍永锋	李 诚	孙晓红	李 勇	沈 琼	李全意
代 英	胡向平	焦胜兵	卢 明	张嵩阳	鞠林涛	刘立明	

2008届毕业生名单

电机与电器专业

周 林	王华军	卢东斌	任 磊	张颖辉	曹 毅	贾晓冬	庄书琴
张国平	徐晓敏	朱跃杰	尹迪迪	吕 贝	余 翔	顾 勇	程 锦
王双全	习 勇	王 航	江永宾				

电力系统及其自动化专业

刘 凡	李志恒	刘少波	向寒冰	应 媛	张俊锋	应 斯	李 洁
何 欣	马智泉	谢光龙	陈 龙	张滕飞	蒋 宏	林 信	熊鸿韬

陈　莹　张清华　马　钢　韩雄辉　刘小春　张　涛　周　丹　孟庆江
蔡文嘉　王和生　罗来峰　熊俊峰　徐　铭　李　豪　谌小莉　戎　瑜
王　凯　胡　娟　邵　瑶　乐　瑶　肖业凡　刘威葳　曹景亮　田　昕
陈祥文　邓　星　葛　鹏　胡常洲　蔡振华　李晓明　胡家华　张　烈
王　淼　王迎锋　王　哲　杨　帆　戚永为　郑志遥　李鑫婧　陈永稳
刘志炜　王　杰　余　飞　谭艳军　陈丽萍　尚明远　李　晶　李　静
李　通　孙丽香　杨　凯　田　鹏　张　轩　郑秀波　章日华

高电压与绝缘技术专业
马　亮　刘　琦　邹　林　刘　鑫　刘晓华　王　星　裴　浩　郑必成
张　欢　董曼玲　黄伟超　边　凯　邓欢欢　傅智为　王　卫　张大鹏
徐　伟

电力电子与电力传动专业
胡晓磊　刘　雄　余伟福　唐陶鑫　黄　岚　王寿福　包健刚　梁超辉
揭　婷　肖白露　阮燕琴　王淑惠　于海洋　李红波　米高祥　李　俊
张　彦　蒋有缘　刘文苑　陈　萍　唐恺平　刘　慧　陈国英　魏文新
薛明雨　胡婉婷　吴书涛　曹　震　胡媛媛　裴　乐　何　皓　邓春花
胡　旭　王　志　李勋楠　田　卿　李　浩　何方波　董凌云　康崇皓
张世林　陈　霞　周　康　程治新　张三艳　李树庭

电工理论与新技术专业
李　冬　冯义章　侯晓娜　翟国柱　陈　梦　王　薇　张名祥　孙改平
危　涛　龚　龙　公志强　刘光辉　陈　楠　刘　拯　眭　鑫　邹　晗
翟世涛

脉冲功率与等离子体专业
王冬冬　张　玄　罗　彦　蒋　臣　吴国华　周培勤　朱长青　梅秀丽
吴春九　黄　斌

电气信息检测技术专业
陈　霄　邓　颖　潘　峰　胡浩亮　朱　凯　萧　潇　陈　进　曹　江
陈　恒　方　聪　贺春婷　江　婷　李国玉　刘燕红　周　俊　周　熹

电气工程专业(工程硕士)
桑仲庆　王攀峰　兰海燕　李文珏　梁雅山　黎必传　石锋杰　张永利

巨大江	包昌隆	赵　雪	严茂军	陈　卓	黄艳梅	沈鸿彦	孙浩波
田春燕	王俊霞	杨　明	曾　宇	马仪成	邓迎君	吴黎明	熊艳霞
王本红	张　辉	黄家志	钱　卫	瞿卫华	詹　晖	张远峰	毛　瑞
宗海焕	余　波	徐　进	郭红鼎	刘永光	陶学军	苏　静	李全喜
任秀敏	王晓锋	曹现林	曾　欣	刘海志	李新民	王文武	杨培新
朱劲松	蒋　屹	罗　骅	马俊民	叶　涛	王拥军	熊　辉	彭　翔
邓军红	吴　昊	桓保军	刘湘龙	刘建召	李武成	郭　军	王　彤
向久林	赵宝法	陈宪彬	赵爱东	史红军	孙力文	苑香丽	周宏铎
康振勇	李宏涛	王　焕	刘大华	吕　翔	刘灵华	韩　浩	阮　鑫

2009届毕业生名单

电机与控制工程系

刘开锋	唐浩国	江牟树君	张　浩	王　伟	程　源	严志桥
肖　蒉	盛文剑	李　鑫	吴汪兵	赵　军	汪训灿	杨　杰	高金萍
王　平	叶联琨	徐建国	刘健俊	段世英	邓维锋	夏　雨

电力工程系

华煌圣	秦　华	朱　勇	顾慧杰	熊　甜	刘　怡	郭　嵘	赵晓剑
李永攀	李志华	刘国栋	李文娟	蔡燕春	周　钰	冯瑞军	李常春
周容华	魏　宏	刘新苗	张　文	唐松平	李　皇	康福填	蒋国臻
张　楠	刘　玉	陈　辉	仇　成	桂远乾	郭　强	刘　毅	彭　斌
杨　磊	孔　林	高柳明	张　文	魏　嫔	曹建东	李永清	范　磊
宋运兴	陈　娟	李　巧	林伟滨	何丽娜	李永锋	刘志军	何　伟

高电压工程系

涂　磊	陈　敏	薄鲁海	谢　静	龙兆芝	何整杰	梁盼望	齐　飞
彭　婵	杨晓玲	乔　飞	邹　鑫	黄　萍	崔　涛	朱　锴	端木林楠

应用电子工程系

罗　季	俞秀峰	徐飞冬	刘　纯	刘小虎	李崇波	李　直	周　彦
胡　欢	罗雪肖	刘文超	胡　雯	陈腾飞	张小龙	李　杰	余　煦
童　力	闫兵权	曹彦清	沈锡全	熊　松	贾富海	吴瑶敏	崔亚伟
白雪竹	王晓佳	张江松	余　骏	孙冠初	徐　腾	陈彦伶	蔡　畅
王志飞							

电工理论与新技术系

陈　聪　李清兵　沈　文　黎　志　马腾宇　曾庆辉　张　坤　张　协
陈本贵　叶成建

聚变与等离子体研究所

李　涛　黄礼华　范小辉　唐志渊　巴为刚　冯　光　陈　伟　吴长莉
罗志清　吴传奇

电磁测量工程系

郝为翰　王耀锋　王新华　于大海　张林枫　程　蕾　陈　刚　胡　琛
张　籍　任　欢　彭娟娟　李　林　李振兴　易　杨　高　云　陈龙龙
敬照亮　胡俊珏　杨　超　陈　净

电气工程专业（工程硕士）

樊占峰　吴国辉　吕玉杰　黎兵才　郑帮助　李　静　车伟扬　张　博
古海良　乔崇革　黄瑞铭　钟　挺　安新润　夏　骏　谢　强　裴求根
许　源　杨　珏　夏　敏　杨　政　童光华　许志武　夏继东　何晓章
李友元　陈　颖　杨朝锋　曾俊修　盛丹红　张云政　叶华松

2010 届毕业生名单
无全日制硕士毕业生

说明：2008年教育部规定全日制硕士研究生学制由两年改为两年半，因此2008年9月入学的研究生于2011年3月毕业，因此2010年无全日制硕士毕业生。

电气工程专业（工程硕士）

周贵勇　张新引　姚其新　屈明志　程　炯　吴复奎　谭爱国　廖　宇
胡　山　孙智向　勇　李　敏　徐　伟　向　荣　罗　博　王聿升
张　平　罗宇亮　李　鹏　王　振　王新宇　余　祥　龚　妍　蔡　焱
姚　兵　王　杨　范　琪　王柳燕　王　彬　陈　馨　杨　峻　黄天真
张　帆　钟青云　刘　英

2011 届毕业生名单
电机与控制工程系

杨　捷　胡　啸　陈子昊　赵良超　唐　武　李国忠　杨　浩　黄晓航
曾贤杰　黄　迪　陈　高　张　力　邹建章　程　欢　汪　灿　王　胜
陈正胜　付俊峰　金富宽　赖耀祖　廖　美　鲁大岱　朱　钊　杨瑞鹏

张小平　张　玄　吴　迪　匡　哲　高信迈　刘锦平　谢　磊　董自胜
阮　培　杨　艳

电力工程系

黄晓燕　荆盼盼　何永谦　齐索妮　赵月辉　刘怡芳　陈益哲　熊育民
高一丹　范荣奇　李婧靓　刘　超　刘　勤　郭崇军　侯计兵　冯灿成
王　秘　张　斌　罗　航　江荣舟　张　健　汪　华　鄢　阳　刘　辉
汪　溢　李昊翔　李宝磊　梁明辉　姜　臻　孙　彦　李　捷　张仲孝
曾　飞　付雨林　杜骁释　熊　玮　杨国桢　任　磊　李明珀　洪　权
隋先超　范永宇　倪琳娜　张午寅　张廷营　黄嘉健　邓丽君　张国瑞
苏　丹　陈　哲　陈　瑞　张秉良　余永泉　李红勇　宋志伟　孙思光
童　蒙　任丽芹　孙　飞　吴俊波　方书博　陈　芬　陶守元　伍黎艳
王圆圆　王钧正

高电压工程系

崔忠宁　冯天佑　卞志文　张　晗　陈卫鹏　姜春阳　何　爽　丁玉柱
许　澜　丁　黎　马　勇　周　凯　周益峰　庄　丽　鲁万新　李　倩
张召亮　许宇航　刘俊翔　吴　昊　张汉思　邓　秋　熊俊锋　汪培月
丁月明　周友武　南　敬

应用电子工程系

陈构宜　邓　建　乐利民　张哲宇　朱良合　崔　磊　张　欢　蒋亚娟
蒋　冀　赵　耕　孔丽丽　赵姓斌　王红艳　马　坤　刘尚伟　史　威
闫红烨　谢银银　李缔华　李锦达　李　业　蔡院玲　陈新仪　陈　睿
陈晶晶　赵文才　肖　恩　孙　勇　费兰玲　王日明　吴丽芳　朱东锋
汪进峰　胡　玥　黄灿灿　杨文铁　方伟家　黄　敬　李彦龙　黄　力
田高阳

电工理论与新技术系

郑　幸　李兴旺　吴云飞　蔡焕青　邱正茂　文熙凯　张小景　唐先河
李　鹏　石　丹　祁　卫　李又超　陈广哲　隗　思　曹　江　张　琳

聚变与等离子体研究所

邹　菲　胡　静　陈　伟　施文丰　邹碧辰　鲜　成　刘德全　程紫娟
胡　冠　刘　宁　万　磊　唐　亮　胡　鹏

电磁测量工程系

刘　黎　　汤　笛　　李振华　　岳一石　　吴　琳　　冯东保　　郭　盼　　周　勇
宋　强　　孙文文　　李远征

电气工程专业（工程硕士）

廖志超　　胡冰凝　　吴子良　　廖文锋　　刘　娟　　陈　明　　杜新建　　郑　奇
张　勇　　凌　云　　杨世贵　　王　喆　　蔡鸿武　　林　军　　刘慧媛　　李忠民
朱煜冰　　肖高贤　　易雪松　　余珊珊　　黄　勇　　朱名权　　陈晓东　　李家俊
舒东胜　　王　灿　　黄东南　　党　磊　　毛圣志　　高江华　　张铁镭　　马　铭
刘　浔　　谢英华　　胡宇洋　　胡　风　　韩情涛　　罗时俊　　刘　箐　　丁志林
郭纡妤　　郑江彬　　饶洪林　　阳健飞　　吴敏博　　余小宝　　周　广　　魏　已
朱敬彬　　黄　骏　　曾　勤　　刘天作　　吴　列　　林　涛　　张雪松　　傅　裕
刘力静

2012届毕业生名单
电机与控制工程系

王洪友　　杨小平　　郑宜锋　　黄慈梅　　常志拓　　沈　超　　王　静　　高　缔
魏　巍　　王　淼　　向舒华　　李柱炎　　蔡　军　　陈　逸　　肖　涛　　严　波
柴海波　　高　超　　贺小玉　　双　波　　邵　慧　　张　珍　　张　敏　　周威威
王正昊　　芮　涛

电力工程系

任蓓蓓　　田　兵　　薛军霞　　武伟伟　　李京晓　　黄　辉　　柴继勇　　吴冰莹
周　杨　　黄　欣　　梁文武　　谭　乾　　刘世丹　　范旖晖　　杨要中　　何　越
袁　硕　　夏文龙　　张　帅　　黄　超　　金福今　　陶佳燕　　熊国江　　卢斯煜
侯婷婷　　乔　惠　　陈　曦　　杜　艳　　罗　吉　　蹇　超　　吴　迪　　曹　毅
周玉洁　　程　鑫　　阮少炜　　项　琰　　彭　佳　　陈　煜　　梅文哲　　潘静娟
王小单　　吴　亮　　田聪聪　　黄　鑫　　陈坤燚　　刘　航　　吕　毅　　王　亮
何　悦　　杨　瑞　　王若愚　　王　俊　　丁鹏程　　罗松林　　钟小千　　彭伊伊
梁抒南　　张　宇　　刘默斯　　毛　彪　　刘　洋　　张　磊　　郭子亮　　李兴东
柴　鹏　　程　卓　　陈思哲　　余　乾　　唐　强　　李　奔　　王俊曦　　杨　晨
陈　维　　田　娟

高电压工程系

高　峰　　郭润凯　　贺家慧　　刘明泽　　吴　松　　马　军　　吴志威　　谢　梦

朱世明	汤曼丽	程　杨	张明丽	董汉彬	章　妙	吕　霏	余　丰
蒋战朋	吕健双	黄　韬	田小川	姚　帅	王琼芳	齐向东	陈　希
刘　连	孙　帆	谢鹏康	刘　丹	王容华			

应用电子工程系

游　力	张亚林	安　星	郑　仲	陈　俊	张轩昂	王孟哲	强金星
黄清军	张鹏举	李　然	张海涛	田　超	谭　俊	官习炳	彭　繁
陈　林	张　锦	何玉辉	王多平	张晓琳	隗华荣	邹威林	郭重阳
蒋丽萍	罗运松	陈丙旺	宋晓航	王业率	周元峰	朱荣钊	赵冬玉
邱　纯	冯鑫振	古　含	肖　岩	孟庆旭	冯学玲	杨志兵	张　辉
殷　鑫	王　聪	罗黎艳	阳　峰	赵敬博			

电工理论与新技术系

王晓旭	徐小聪	郭　勇	吴　琨	张鼎衢	杨芾藜	陈　田	田正其
方婵畅	罗雨蕾	陈　浩	李燕平	向　洁	夏　阳	蔡东辉	黄友朋
刘少波	文　博	夏亚君	山琳洁	余光正	李　威	张江华	庸　威
许　鹏	程昱明						

聚变与等离子体研究所

| 白浩银 | 李兴群 | 王　潜 | 邓　珊 | 陈　凯 | 郝长端 | 黄　海 | 常　江 |
| 肖志国 | 何　炎 | 张　锐 | 刘姗姗 | 李菁芸 | | | |

电磁测量工程系

| 蔡　莹 | 杨　帆 | 文　刚 | 张雨濛 | | | | |

电气工程专业（工程硕士）

谭　静	周建国	孙　瑾	王　鹏	陈　飞	黄宗建	李玉华	张　帅
邵　赟	甘　胜	彭　东	秦晓俐	黄瑶玲	梅　宁	王　睿	卢　力
黄家铭	李　君	张　念	韩　帆	梁　劲	谢迎群	韩艳赞	周华松
周　伟	陈　昶	李　冲	付　超	黄启新	何志辉	林宇照	叶云琴
吴荣基	王兴佳	梁书铭	安向阳	李　武	吴　军	王训龙	王海彬
林厉烽	梁奎宁	夏黔峰	刘媛媛	刘　琢	刘　馨	袁振邦	全风云
孙晓敏	卫建均	陈仕明	马永杰	冯平勇	贺　捷	张　丽	程　龙
蒋　玲	李传伟	胡志红					

2013 届毕业生名单

电机与控制工程系

熊　力	杨　磊	林宇洲	谢鸿钦	裴忠忠	高　磊	曹龙威	刘立铭
饶　靖	陈　赟	汪永茂	陈金华	杨　萌	骆　皓	谷　磊	廖　星
崔宗清	陶　昆	潘东紫	黄丹军	胡　闯	胡耀东	汪中汉	宋东波
付玉红	李　琼	朱妙玲	吴　丹	左岩松	刘　洋	郭旻昊	高　亮

电力工程系

詹　鹏	章萍华	邴焕帅	周　龙	张　锐	吴　桐	魏　征	张　鹏
朱益华	董睿智	胡文博	徐　浩	尚亚男	张　鑫	陈益民	鲜开强
徐沙能	李婷婷	陈　萌	王　敏	程兰芬	梁　宇	王冠青	吴　倩
张滋华	胡　欢	崔艳昭	赵　娴	谢　睿	周学明	林　瑁	王鹏远
吴俊春	白　涛	江知瀚	余正峰	李　龙	晋龙兴	黄若寅	吴　松
吴　磊	翟佳俊	王　飞	谢俊文	邵　稳	范　军	刘　宝	李金瑾
韦甜柳	鞠文云	王　魁	余振华	王　聪	刘颖彤	莫　染	吴小珊
张　镔	唐　萍	袁　艺	刘　云	饶　纯	佟　丹	肖　琼	陈　竹
艾圣芳	梁彦杰	苏玉京	化　雨	文　艺	潘　琼	邱丹骅	贾　波
王英珉	马龙鹏	易春燕	钱一民	李思维			

高电压工程系

张孝波	吴耀辉	徐泰升	帅　一	冯希波	张小福	施翔宇	苏　成
张　登	符劲松	罗楚军	陈伟民	沈诗祎	王　珂	赵　欢	李秀云
刘　云	万　华	陈思哲	刘　宽	张四维	王　骞	刘里鹏	许光达
杜一明	陈　晨	喻　琰					

应用电子工程系

闵　晨	杨化承	易永仙	申家岭	刘　军	史云浩	罗　咏	蒋　鹏
周　银	丁　威	徐　林	蔡　文	祝国平	李继华	熊　新	余强胜
赵　晖	王振华	张　雨	万　鹏	丰树帅	江小龙	鲍陈磊	彭　新
黄延润	钮　良	王茜茜	郑丽丽	黄雪莜	胡三影	陈　曦	尚　晓
段科威	林展翔	刘　错	张　锐	刘宇哲	徐强强		

电工理论与电磁新技术系

王海元	陈　勇	罗　晶	景　喆	周超凡	柯亨通	李洪峰	孙仁龙
徐　浩	李　辰	童　宁	王　炜	梁　朔	王　丽	郭黎黎	许　菲
吕丽丽	杨　帆	盛美卫	李成祖	孙　刚	黄国良	胡　凯	黄　海

叶 青　窦建中　伍 科　李晓群　鲁金定　王宇雷　齐 盟　杨鑫源
陈 文　邓 涛

聚变与等离子体研究所
李 洪　金雪松　杨 拧　周 挺　蒋连钿　李霆霆　郭 斌　翁楚桥
李 森　王亚森　岑义顺　陈真真　张 杨　王琼洁　苑 艺

强磁场技术研究所
陈 远　易春回　熊益多　何亚东　唐金祥　姚 磊　陈 乔　秦 成
叶 畅　向颖萌　陈 璇　陈小毅　余 庆

电气工程专业（工程硕士）
潘岩景　李 强　秦 鹏　邓耀东　杨 洁　成海秦　闫桂林　曹建生
姜 棣　马 瑛　杨 帆　张伊旎　龚 瑞　王江虹　周慧娟　胡 莹
彭 聪　安建荣　戴雄杰　王大伟　丁俊元　马 茵　魏胜彪　杨海林
蒲红梅　赵 阳　李 贞　朱慧玲　董苗苗　董 锦　张晓敏　尹 威
彭银波　李晨煜　陈 坚　范益彬　黄继东　邱俊宏　时 谊　李 旭
单 晖　黎治宇　周金标　陈先勇　韩 湘　邓建慎　陆 剑　李文正
宋殿杰　王广民　檀金华　石振华　潘良胜　徐 鹏　张公全　杨 云
宣 峰　赵俊盟　刘永耀　王 宇　付 原　杨 耿　李宝伟　陈 智
李诗泉　李洪峰　李献伟　魏 允　秦金垒　张 兴　张 翠　汪 泉
田哈雷　谭小教

2014届毕业生名单
电机与控制工程系
周 捷　刘迎珍　刘新春　张好勇　熊 博　杨雪姣　刘遐龄　祝 喆
费 涛　宋瑞鹏　黄 洁　张 毅　章楚添　张 浩　汪辰热　刘珮琪
赵肖旭　钟 峰　佘立伟　李文转　刘 姜　杜 平　杨 爽　徐春营
李 亮　袁 满　刘 恋　王 政　马 超　田晶晶　齐金伟　杨孝松
李宜彬　张小龙　罗 俊　周聪明　熊慧敏　成华义　黄俊昌　李 波
王书强

电力工程系
肖 繁　董文秀　张纯永　吴智敏　孙晓兰　尹 柳　严会君　杨 波
王志磊　李 甘　余逸岚　张小康　马以文　徐 琛　何 山　段 涛
娄玲娇　朱煜昆　邵 冲　赵志伟　陈业雅　朱旭亮　刘 文　姚 瑶

王 菲	陈学有	王俊锞	黄龙祥	钟子涵	孙 珂	张元元	蔡芝菁
张军龙	方 平	张 鼎	谭海燕	罗利荣	孙 光	周彬倩	钱 斌
魏大洋	葛业斌	于 鹏	汪盛波	缪晓刚	丁 璐	刘俊祎	张硕廷
周特军	刘 刚	潘 凯	裴 文	张立冬	栾 会	孙晓娜	田 珂
王春艺	叶 松	李 晨	李中成	郑雪阳	戴强晟	范登博	李亦龙
陈 奕	李文意	龙 波	戚翰德	程 亮	芦 亮	张 冲	乔嫣然
肖 睿	董迁富	蒲 倩	胡羽川	华 铭	毛文桦	王松波	袁超雄
宋江波	郑 颖	宋 敏	王思聪	谢 敬	张 敏	付求玲	

高电压工程系

李 佩	刘 德	刘 杰	余 旸	周 昊	岳鑫桂	鲍超斌	戴 靖
姚星辰	舒 舟	曾 纯	蒋圣超	吴小刚	赵廷志	宁少飞	黄忠康
田 芸	刘 杜	黄庆华	顿 玲	张佳鑫	李 晨	钟文兵	张晓飞
黄泽琦	刘中锋	夏 巍	魏亚军	谢龙君	高志文		

应用电子工程系

江正永	林艺滨	宋吉峰	蒋顺平	翁凯雷	方茂益	梁宗泽	张 宇
王浩鹏	陈沛琳	汪 铭	高 林	毛新飞	黄 羚	江 玲	丁玉峰
叶晌骏	田金戈	马梦隐	陈鉴庆	熊 威	夏祥波	张文祥	宋鹏飞
张 瑞	郑 力	罗晓珊	范全胜	连艳芳	柯 贝	代新建	王玉柱
王 伟	雷加智	段 佳	章涵芝	王立平	芦铭辉	袁 钊	魏 巍
柳 辉	王 欣	郭余翔	方 芸	何世雄	王 珂	孙 俊	张 骏
陈凌峰	何启龙	李蕴温	崔 睿	任成达			

电工理论与电磁新技术系

陈新文	雷 翔	杨 铭	孙 祎	冯炳浩	刘玉婷	杨民京	胡书红
丁欣颖	张雯露	朱晓龙	孙 文	朱 鹏	郭俊文	何 昊	荣景玉
邵滨海	白 浩	胡江天	李小雨	叶艳平	王利琴	卢佳敏	董洪达
冯 强	郝层层	张 云	陈梦云	程 萌			

聚变与等离子体研究所

郑 振	王 刚	彭燕源	廖鹉嘉	朱陶之	殷 璇	南杰胤	黄艳华
董盛喜	刘 睿	郑茂岳	谈 浩	邹志飞	张泽品	陈德宏	谢 弦
李 俊	吕书栋	张 虎	范坤鹏	曾武兵	程 际	王丛伟	熊洋志
梁成林							

强磁场技术研究所

王国彬　胡　飞　万　卿　倪彬彬　张　贝　周　信　商　懿　杨　薇
马　跃　胡梦捷　戴宏伟　舒红芳　陈进义　陈　辉　胡　华

电气工程专业（工程硕士）

宋清松　梁宇强　蒋浩宇　香毅勇　江　毅　窦　峰　刘　熙　肖健勇
吕贤利　刘　钧　郝清亮　王　霞　冯君华　彭　涵　龙欣苗　杨午祥
陈　伟　涂金显　李海燕　汤卫东　黄　海　汪致远　李　丹　赖振华
王玄生　刘沫然　张金华　张　义　李　克　胡细保　张展国　吴小钊
葛建奇　唐艳梅　王晓玲　孙鹏程　郑晓果　杨　凯　李　豪　张建雨
李国斌　龚卫国　马和科　宋　珂　宋一丁　吴小波　余克俭　胡壮怀
唐　程　王近宇　陈永庚　李　猛　黄　标　郑　欣　吴晓煜　劳泽锋
李建华　张旭飞　魏飞鹏　姚曼文　康　飞　冯　昊　孙小兵　王　宇
陈佳兴　田　磊　邰　鑫　刘　静　蒋立伟　郑翔斌　郤鹤峰　黄建硕
黄　华　杨　哲

2015 届毕业生名单

说明：2012年教育部规定全日制学术硕士研究生学制由两年半改为三年，因此2012年9月入学的研究生于2015年6月毕业，此规定一直延续至今。

电机与控制工程系

于晓鹏　张志浩　唐　炎　康文杰　刘利黎　魏续彪　刘文锋　陈　羽
刘　愉　彭　溪　曹　然　王亚玮　高举明　张桂芳　朱　成　张莹砾
黄沁心　肖　楠　张　盟　黄纯熙　陆　云　周　驰　李　顺　雷　翔
潘志城　赵　博　杨　乐　裴　浩　李　开　高　路　章　波　刘　羊
周　腾　张　杰

电力工程系

张　聪　苏　宇　罗坚强　黄　莹　汪亚芬　于芮技　韩　寒　马　蕊
王东华　张　婧　孙　璐　李弘毅　靳冰洁　王　凯　张志强　刘　源
万　川　肖　浩　王　尊　王秋源　宋光举　葛腾宇　邵　剑　张凯敏
郑倩倩　吴梓亮　范文政　柳　斐　唐　鹏　徐荣华　曹力行　马　帅
张联邦　汪雅静　王　晨　虎挺昊　易　林　刘晓宇　徐　晁　童重立
王　翔　蔡　飞　隆　茂　何　荷　王　凯　何茂慧　陈伟华　鲁功强
郭倩雯　邹　耀　胡　斌　杨育丰　曾凡涛　王晓冀　谢媛媛　刘士琦
邓方钊　叶　超　陈齐瑞　梁　翔　杨鹏宇　邹　扬　胡宜平　文秋香
袁　红　陈　健　柳依然　田丰伟　王亚光　朱　国　丁宇楠　龚　超
蒋勇进　陈梦涛

高电压工程系

郭啸龙	陈　旭	王　茜	王　勋	杨世强	王博闻	谈发力	冯　翔
蔡景伟	刘　典	罗亚运	倪文斌	邓嘉翕	葛亚峰	刘承胜	李　婷
俞　斌	肖黎明	王丹江	李红蕾	刘云龙	蔡冰冰	崔志铭	邹妍晖
黄飞鹏	原浠超	徐志坚	刘　伦	刘　壮	刘金友	胡　文	

应用电子工程系

邓　璐　范　军　刘　源　李　傲　尹球洋　黎先葵　李　政　游洪程
田　伟　丁　谊　董　舒　廖永福　龚　飞　柳　新　张国宝　刘连斌
马翔宇　万志强　郑锐畅　仰冬冬　熊　春　王　栋　廖亚锋　黄　金
赵　谦　王　华　江彩瑜　钟志浩　李冬冬　邓　伟　刘浩田　徐亦迅
李　帅　黄泽毅　皮宇强　尤健峰　王　俊　罗思琴　钟瑞龙　余文强

电工理论与电磁新技术系

马晓龙　王　可　梁建奕　金　梦　王　蕾　周　祎　王　昀　丰　立
吴思扬　侯方园　马　坦　杨　楚　许　峰　吴　骜　戴原骁　刘情新
吴伟将　蔡润雨　钟斌斌　李　婷　林　耀　薛雪东　曹　星　李焱威
苏路顺　赵　翔　张瑞华　王建高　刘　豪　邓序之　许海涛　李晓昕
陈　旭　吕子君　牧晓菁　牟育慧　李秋玥　宋大为　祝金金　喻维超
彭永明

聚变与等离子体研究所

江剑枫　耿　鹏　姜立秋　成　诚　肖征宇　熊川羽　袁飞飞　汤　熠
陈　明　刘　佩　肖　钰　柯　新　李　光　侯赛英　潘明俊　曾　臻
许航宇　罗义晖　代晓康　化世帅　瞿　航

应用电磁工程研究所

魏闻达　姜　贺

强磁场技术研究所

孙　菊　杨士伟　余顺毅　牛垣纴　龙　卓　陈翼龙　傅皆恺　李　鑫
赵健龙　韩璟琳　卢　波

电气工程专业（工程硕士）

李　勇　岳春亮　柳长江　张晨琪　张　虹　熊　新　陶　元　郭智杰
应　敏　孟庆达　何　君　殷　崧　周先亮　汪卓俊　许德元　沈建芳
张　寅　周卫星　龚　敏　田　康　章建华　丁海华　刘明业　康　峰

2016 届毕业生名单

电机与控制工程系

王晨卉	何雅慧	赵志轩	荆凯华	朱文涛	李远鹏	陈 蒙	唐利松
孙阿芳	邹广平	邓劲东	于世利	盛 任	卢 特	王晓敏	李红明
罗 文	刘 刚	杨振宇	杨星星	金 杨	王晓杰	邹训昊	胡效东
窦宪鹤	王艳冰	秦竹千	黄 杰	张 鑫	黄 盼	王 苗	王鹏飞
陈梓怀	涂文超	肖林元	裴 楚	吴 有			

电力工程系

陈 博	蔡玲珑	周宇豪	赵 爽	王 莹	刘伯杰	郭 铸	崔 灿
吴 可	曾 妮	韩云飞	金 楚	高 镇	王旻玮	吴艳芳	汪 威
周诗嘉	曾远方	李 枚	公 正	江桂芬	刘 青	黄旭锐	李金辉
李铜林	邬海涣	郑培文	熊雪君	柳 溪	王志承	董美玲	孙 丽
罗深增	张立静	肖雅元	陈 鹏	白 展	杨 妍	胡 金	雷 琪
王雄伟	邓善飞	李 伟	廖 钊	罗 鹏	钱蕴哲	纪 洁	肖振银
吴英杰	张时耘	肖子龙	王 梓	罗青龙	周江源	吴丹莉	刘亚丽
朱黎明	陶友杰	庞 伟	鲁水林	简 程	夏泠风	赵 亮	陈志炜
肖俊安	陈小雪	梁继涵	万星一舟	塔伊尔江·巴合依			

高电压工程系

金 文	张 弛	宋思齐	马 宁	杨 英	喻新林	黎 彬	陈冠缘
方 帅	雷洋琦	仝 进	樊文芳	谭福元	王昱晴	商志伟	李瑶琴
韩毅博	邓 凯	王文娟	杨晓铖	李猛虎	李冰阳	王 璨	龚 泽
邵 敏	毛新果	叶艳丽					

应用电子工程系

谭凯宁	陈晓森	刘源源	侯新文	余 辉	王 帅	王龙飞	乔雪松
刘泓沣	陈 岩	唐文明	张 威	周光军	徐文辉	蒋中军	赵 磊
谭林丰	蔡乾乾	王顺超	孔增辉	汪美林	贺 帆	陈瀚昌	王 川
梁 伟	崔雨晴	江 彦	滕 宇	雷 吉	朱文静	许国平	韩前前
尹立业	马 俊	胡致强	董培萌	童文平	尹 彬	代 璐	毕士通
李瑞凤	上官诚江						

电工理论与电磁新技术系

董泽兴	阳 涛	胡 昱	李 冕	胡保林	苏 力	曾 妍	国光辉
王 臻	韩谦毅	陈海斌	陈 炜	江子豪	李亚雄	张晨晨	柏 航

周　坤　夏华磊　陈　路　于　兵　鲍　平　王　伟　龚　康　彭朝钊
孔德山　陈　婷　张永芳

聚变与等离子体研究所
熊　昊　谢舒嘉　杨　彬　袁　涛　赵　映　白小龙　章雪亮　许文笛
孙道磊　陈　志　万凌寒　马旭东　王绅阳　李　准　王小红　谢　阳
张　帆　黎小龙

应用电磁工程研究所
李　静　潘瑞敏

强磁场技术研究所
丁小波　张　兵　皮洪文　常　飞　彭涛洋　颜　慧　冯　洋　饶渝泽
段新宇　黄　维　吴俊杰　石　冰　罗　彬

电气工程专业（工程硕士）
刘小松　赵　兵　李　迪　徐　程　李　勇　阮　静　王　骞　沈建良
周　阳　毕华同　蔡云飞　石　勇　柳　扬　董　睿　杨　华　俞　辉
陈哲浩　王　郑　薛　杰　张　刚　杨海威　卢　冰　赵赛锋　倪志泉
王　宁　邹　杰　刘郑哲　王　健　胡勇峰　彭　俊　程路明　顾　虹
丁　彬　陈锡君　李荣朋　李　程　魏培华　史文波　井睿康　尹　玲
杨子龙　詹日福　黄晋西　刘　丽　陈其勋　傅浩传　黎毓林　谭丕成
谭杨滨　汪雄飞　周世洋　朱　敏

2017 届毕业生名单
电机与控制工程系
曾　川　陶仁杰　王晓光　祝　媛　张　蕾　黄　雷　李　钰　罗　成
周　由　秦　川　夏　彦　周少珍　张丰伟　张　芮　郑　沛　刘　冬
朱曦萌　霍永胜　张玉浩　李文强　姜博文　王子月　易　磊　阚光强
潘卫东　刘小青　娄德章　刘丽坤　庞国俊　张　维　张凯宁

电力工程系
陈　争　张艺涵　韩　鹏　汪　锦　刘　馨　何　璇　张高言　李俊林
文　汀　张　顺　鲁双杨　聂少雄　钟　柯　王科丁　陈伟彪　王元超
谢竹君　蓝童琨　张艳艳　萧　珺　付元欢　王大磊　张　珂　梁　辰
白俊杨　梁　宇　樊梅子　陈　添　詹　聪　杨天蒙　戴　健　邵周策
李　浩　余梦琪　鄢　伦　魏　添　隗　震　杨　凡　赖锦木　周林莉

樊　壮　　邓迪元　　张　峰　　梁鑫钰　　何　珏　　裴　超　　何　哲　　余　斌
黄佳斌　　张彦伦　　黄璐涵　　郝大为　　杨　福　　高　鹏　　陈敦辉　　任　杰
张慕婕　　万　伦　　杨程宜　　李　钰　　陈　明　　邵茜楠　　赵　航　　张丕沛
熊嘉丽　　余　佩　　仇红亚　　彭　涛　　罗振华　　王　彬　　熊　磊　　李　慧
赵小娟　　董　杨　　丁一阳　　黄　俊　　邓　睿

高电压工程系

梁孟孟　　时维经　　黄勤清　　刘　健　　张　能　　胡宇阳　　田书耘　　董舒怡
伍开建　　黄　想　　程梦凌　　刘从聪　　杨　瑞　　杨　羊　　赵延文　　程　勇
魏良才　　徐　凯　　赵文婷　　孙浩飞　　李　昊　　魏　江　　宗天元　　黄　靖
廖　爽　　张凯伦　　钟璨夷　　黄　振　　汤国龙　　王　洛　　刘耀云

应用电子工程系

薛　源　　赵迎迎　　王寰雨　　韩　明　　鲁　雷　　杨洪斌　　胡　敏　　叶永发
肖梁乐　　李　喆　　段纯杰　　谢焕茂　　冯盘龙　　徐克成　　鲁义彪　　周作坚
王　凯　　陈以涵　　李作玉　　邓　佳　　曾召松　　吕俊杰　　董方明　　李　洋
唐雪峰　　张　辉　　叶莹莹　　梁宁忠　　马　骁　　金　干　　肖　阔　　刘志楠
张　妮　　秦　维　　史普鑫　　王　伟　　李文津

电工理论与电磁新技术系

张　宇　　曾　麟　　李　博　　李　坤　　黄彦璐　　李飞来　　孙小茹　　周奥波
刘　琦　　贾长杰　　王　壮　　李　弯　　岳远富　　付　雨　　展晓斐　　王　洁
黄希锋　　邓艳梅　　李　胜　　郭思维　　李惠章　　许　君　　盛梦雨　　周开运
田肇光

聚变与等离子体研究所

李树才　　梁　宵　　蔡　豪　　张　弛　　焦　津　　马天逵　　周若冰　　李　璇
王俊人　　郑攀峰　　邵　骏　　李玲龙　　万宽红　　余振雄　　刘　佳　　严民雄
崔芳泰

应用电磁工程研究所

查　剑　　李梦奎　　朱　枫　　陈娇娇　　梁亚娟　　郑天宇

强磁场技术研究所

袁大超　　徐守峰　　刘良云　　郝帅翔　　徐百龙　　王　蕾　　肖涵琛　　邱　磊
李晋皓　　李　辰　　李雪桓　　李康康　　杜连劼

电气工程专业（工程硕士）

杨 勇	张 林	张晨葵	汪 兴	杨天松	刘 皓	张天成	方勤斌
贺志盈	董 成	罗哲珺	翟 鑫	苗全顺	华 莎	韩 磊	孟庆波
金 莹	范鸣雷	邓 双	刘海波	袁双玲	王梓林	苏诗湖	项 永
车三宏	刘 毅	覃化彦	万伟伟	薛长志	李赛花	吴佐来	向 坤
陈 立	郭 磊	杨恢明	毛康宇	夏 黎	牟 蓉	付小龙	汪 倩
黄子杰	王文胤	李秋燕	焦 一	毕露月	陈德怡	陈海波	廖冠清
林 通	秦 天	王 鹏	伍世峰	杨文琛	张晓明	陈 韬	程大桥
戴超群	何晓露	黄春宇	卢 颖	童能高	王赫男	王 伟	冼永昌
姚若昊	朱延廷						

2018届毕业生名单

电机与控制工程系

于子翔	肖国梁	索 超	杨 瑞	郑耿哲	陈遵川	何美健	林 峰
叶立文	王海东	仇蕴璋	陈嘉楠	余天保	袁 雨	张哲亮	朱润泽
涂文怡	李凯杰	李 想	蒋亚杰	张 伟	刘 畅	王 诚	汤 康
徐雷敏	钟逸飞	杨李振中					

电力工程系

向 东	李一桥	付国宏	陈 珉	蒋彦翃	沈 郁	雷子淦	文思傲
王 龙	肖 逸	张程稳	周 昀	刘翔斌	张峻樾	彭博雅	王子琪
张才斌	马 嘉	杨 明	陈禹帆	钱 越	杨 婷	刘 畅	王怡聪
周 理	徐沈智	何晨颖	杨飞鹏	何苗壮	张宏志	蔡宜君	郭 乾
何英发	周 旋	宗泽旭	魏德华	史亚光	黄晨辉	冯志翔	梅 桢
汪昌霜	谢锦莹	尹康涌	杨光垚	崔智超	杨 雯	吴志明	范 臻
朱方方	陈钟钟	刘芳冰	蔡 煜	宋浩宇	刘 畅	刘 尧	郑 孜
孙丹丹	谢成亮	叶玮佳	张鹏平	秦 瑜	蒋效康	郝 洵	吕 冉
晏鸣宇							

高电压工程系

杨宇轩	宋坤宇	李 濛	李立威	金超亮	徐 惠	李志远	张瑞琪
胡今昶	朱青成	杨 恺	周古月	戚沁雅	徐 胜	王琳媛	柳子逊
饶建东	杜玮杰	彭明洋	经 鑫	杨 越	胡子豪	闫 根	刘 阳
张 波							

应用电子工程系

管 飞	董 稳	李含其	王 晟	姜 庆	罗启登	李宇雄	周青峰
向慕超	屈柯萌	王似颖	陈家乐	林艺哲	陈超军	佘 畅	吴宇环
姚广智	万 敏	李承京	王皓平	钟胜兰	高博峰	张 彦	王 涛
彭 腾	方梓熙	周 羿	张凯文	李成竹	余胜康	吴靖南	黄 杏
李一鸣							

电工理论与电磁新技术系

王 斌	张立晖	王凌云	杜明秋	龚君彦	杨张伟	夏 仲	程 晨
尹文喆	李元晟	肖厦颖	刘 鑫	王昊泽	张延展	王保帅	刘思夷
李 瑶	孙 焜	李飞行	童 云				

聚变与等离子体研究所

| 高海龙 | 阮博文 | 陈杉杉 | 李 远 | 吕 健 | 吉新科 | 马海燕 | 王栋煜 |
| 徐 国 | 李 阳 | 李思全 | 邱清爽 | 黄杰峰 | 戴岸珏 | 孙宗昌 | 许浩珲 |

应用电磁工程研究所

| 王弘毅 | 方小宇 | 胡胜伟 | 曾志杰 | 张 权 | 徐 强 | 张亚峰 | 唐 兵 |
| 郭慧东 | 高德民 | | | | | | |

强磁场技术研究所

孙太强	李畅然	傅方茂	胡啸宇	焦方俞	蔡 宏	左金鑫	郭道靖
郭汶璋	孙晓璇	刘晔宁	宋自强	李 君	王怡璇	杜昕远	陈丽霞
梅亚峰							

电气工程专业（工程硕士）

任旭东	胡 杰	方卫星	李何方	谢宗喜	胡钱巍	胡耀杰	邵平安
丁禄振	韦在凤	黄细友	李 丽	贺北平	龙云峰	马东明	何丽柔
罗清华	吴德朝	陈兴林	王海燕	范 佳	柴铭丽	丁 鑫	邹德乾
郭潇骏	张 强	刘 政	罗元文	周 键	陈展超	费彦超	魏志勇
穆凤仪	刘立斌	方小广	明 薇	余永俊	陈 颉	蓝赠娥	黄 勇
张文坤	陈 童	陈远钦	邓百川	高源辉	何文浩	黄 威	蒋久松
赖育杰	梁嗣元	刘会鹏	潘俊龙	汤松韬	吴科明	吴鹏辉	钟志聪
朱锐锋	蔡梦绮	曹 捷	曾 鑫	陈 杭	陈 鉴	陈舜娴	陈泽涛
陈泽鑫	程征员	董理红	冯 伦	何宗展	胡筱曼	康 建	林训修

刘宝佳　刘　达　刘紫玉　马文博　马文奇　彭镇华　戚云飞　邱志钊
宋德江　孙　晨　王　醒　吴登冶　谢湘昭　许红姗　杨俊峰　杨姗姗
于晓丽　余崇高　张国强　张伟浩　张毅夫　赵　伟　周　凯

2019届毕业生名单
电机与控制工程系

胡　晶　林哲侃　葛　梦　陶良驹　熊　钢　徐　鹏　裴同豪　华志超
王佳伟　王　琼　杭成露　刘　念　曾　探　王娜娜　余开亮　葛　健
高建平　汤立勋　张　欢　梁　欣　伍　豪　姜霁芙　肖杏子　王发挥
周　佳　王洪亮　王　聪　晏　鹏　张松杨　李　艺　赖　娜　左　祥
申屠磊璇

电力工程系

雷　淇　樊闻翰　郑一鸣　单博雅　易　江　尹超勇　罗　强　徐嘉超
晁凯云　范志华　段偲默　刘君瑶　刘若平　陈雅皓　邹　励　苏赋文
张书玮　李昊晔　余　珏　谭阳琛　杨之翰　张艺镨　舒康安　孙仕达
李　根　刘　艳　李　毅　肖　俊　张哲原　李　卓　吕梦璇　邓婷婷
李　姗　刘国安　弯丹辉　高　逸　王曦冉　李浪子　李旭升　李依琳
钱俊杰　邹　其　刘恒玮　饶环宇　刘志豪　李　娟　彭　珊　王青子
范卓艺　李园林　张达钊　涂善超　徐　恒　祝旭焕　彭咏泉　徐　媛
田潇潇　康祎龙　李成靖　孙子昌　廖　云　卢孟林　顾亚龙　范理想
石　栋　王佩歌　黄永清

高电压工程系

张修雅　张陈东　缪建华　向凌峰　徐　敏　辛轶男　李子建　梅　琪
李　露　熊佳明　华　奎　姜昀芃　邹竟成　廖　园　徐晴川　陈麒任
程　晨　熊　琰　黎　立　姜浩宇　焦　琳　戴奇奇　韩　琦　杨飞飞
陈廷栋　丁　汀　刘嘉贻　涂静芸　魏　浩

应用电子工程系

牛金涛　陈　津　敖俊辉　谭　添　孙海晶　孙杰懿　王笑迪　韦　鑫
刘静怡　侯佳佐　陈立川　万　萌　李　昂　胡　凯　刘博洋　连祖尧
李舒成　肖从斌　陈　芃　汪博文　陈　旭　许兴平　代大一　王德印
黄　健　付　豪　刘　爽　李　田　方志浩　王翰祥　陈籽东　张建斌
李　杰　刘恬畅　金　东　周雪妮　张天晖　黄永烁　张　鑫　宋礼伟
谢　源　张　力

电工理论与电磁新技术系

刘郁猷	徐伟凡	刘泉辉	向　鑫	田健强	孙伟山	倪　威	刘　畅	
尹宇翔	刘婉兵	杨晨光	杨秉臻	邹先云	余　飞	程素霞	张中平	
李媛媛	李鹏飞	陈　伟	龚　超	刘　常	胡嘉慧	董　轩	张　茜	
王旭龙	张纵横	张　婵	刘一鸣	任嘉鑫	张旭军	何　群	张宇轩	

聚变与等离子体研究所

阳　杰	夏明辉	李　由	黄　静	施少龙	彭　莱	宋泽豹	周思敏
陈　明	赵雪晴	金易坤	张俊利	蔡勤学	周　豪	马　潇	王如梦
周靖钧	张巍巍	张霄翼	周　正				

应用电磁工程研究所

严文豆	廖振宇	李增山	赵泽锋	张梦雅	李杏宇	姜　礁	鲁　垚
梁　辉							

强磁场技术研究所

黎镇浩	陈子博	丁立志	任　杰	刘春婷	刘一行	张　言	廖昊爽
刘　阳	何凯文	黄思琪	魏代坤	张　瑞	欧阳少威		

电气工程专业（工程硕士）

王　攀	王启南	陈国平	卢冬华	陈　冰	陈俊升	周　天	陈兴卫
胡艳娇	华传斌	孙　阳	杨永年	张　硕	张耀锵	付　奎	罗威巍
饶　明	盛　微	颜　懿	张　亮	陈丹毅	陈梦彬	封　哲	龚秋成
何方毅	赖　哲	李彦鹏	梁伟杰	林　杰	林昭敏	邱上峰	饶　尧
苏　丹	孙雄飞	王富春	王　健	王君实	王秋柠	王亚琦	韦秋娴
谢强生	杨济溦	张　滨	张春兴	张翼飞	朱乾华		

2020 届毕业生名单

电机与控制工程系

陈建春	胡载东	朱　磊	陈东东	赵　钰	周江华	左　豪	李怡凡
张凌旻	陈　静	邹应勤	沈一凡	胡林伟	定渊博	余文毅	项　渝
李文浩	李力争	尹　胜	张江枫	赵嘉伟	郑印钊	王海飞	高慧达
孟凡裕	常　亮	徐宏伟	王　倩	彭志鹏	赵　启	王　磊	宁　磊
石成成	王　宁	李　亮					

电力工程系

白　宇	徐诗鸿	王子璇	刘宇明	段承金	王俞玲	王文豪	朱郁馨
佘　倩	杨睿璋	蔡普成	郑倩薇	朱可凡	张伟晨	南佳俊	张志杰
尹湘源	陈永昕	林佳圆	戚振宇	庞　帅	黄金朋	周余涵	何耿生
曾静静	付誉旸	韩天森	蒋　杰	王星晨	王淑云	车泉辉	朱伟业
周春晓	邬玮晗	吴嘉禾	刘昱良	杨　帆	李锦舒	漆家炜	余明浩
李　诚	张　娥	吴　嵩	陈玉竹	冯　胜	罗金嵩	吴从文	苏筱凡
王　阳	张　寅	张　艺	刘　迪	刘城欣	邹婧怡	周雨桦	张　苏
冯玉雷	范振宇	文剑峰	张京浩	史俊杰	黄　睿	龚玄子	龙　涛
季天泽	李精松	乐庆丰	梅　聪	刘泰蔚			

高电压工程系

陈冠三	朱哲晓	孙　玥	王少杰	杨　涛	钟济群	易博思	孟　佳
蒋逸雯	吴海波	刘振声	刘文轩	刘　洋	胡斌斌	胡锦洋	李立东
王贤妮	陈婧婷	龚岸榕	彭　璐	沈尹扩	徐　明	胡康敏	涂志飞

应用电子工程系

张恩博	雷梦莹	魏　芃	贾舒然	邱伟康	张　标	徐宏伟	赵文成
徐志远	余小梦	谢振海	孙军平	赵　炫	王　锐	何佳璐	郑　云
肖建杰	徐炜钰	刘燕华	吕知彼	许　科	秦　旷	李文成	王　金
王岑峰	党　琪	胡　燕	王睿之	陈梓铎	何　颖	孙志鸿	雷　雨
赵浩朴	皮意成	王一帆	赵金瑞	崔城健	卢其玲	夏乐之	孙良凯
栾少康	刘升升	王　涛	唐清波	张广军	刘文斌	赵焕蓓	余捷昕
谢世煜	俞学初	卢仲之光					

电工理论与电磁新技术系

李昕锐	肖豪龙	龚　慧	程思远	王　赞	张　宇	倪　逸	许立武
尹家明	吴升涛	徐洋洋	徐茂源	潘姝慧	毛鹏飞	杨　莹	蒲东昇
朱　凯	廖　孟	苏荣宇	万坚坚	宋宏天	黄国松	王　明	陈汝斌
祝智杭	王　标	韩　睿	夏天宇				

聚变与等离子体研究所

杨怀玉	邓华璞	胡　捷	王铎钦	李　维	徐子超	张　玮	沈呈硕
叶　新	李长虹	王昱星	周　澜	肖嘉鹏	张义雄	田一哲	王翱翔
黄浩天	常风岐	周　静	玄菁菁	刘　志	钱成锦	王　通	黄　缘
梁皓天							

应用电磁工程研究所

丁 婧	杨 鹏	史晨昱	李雅晴	李佳杰	杨 涛	白 金	袁雅婷
李海军	丁 宙	陈鹤鸣	李冠群	胡玉莹	余业成	陆坤宇	刘 涛
强亚君	温 特	曹歆雨	解英才	杨家懿			

强磁场技术研究所

| 杜立蒙 | 范 齐 | 裴亚男 | 李元晧 | 房钰超 | 傅俊瑜 | 徐邦铎 | 夏 东 |
| 黄润东 | 李晓峰 | 鲁 超 | 李佩臣 | 宋玉元 | 刘 洋 | | |

电气工程专业（工程硕士）

陈 晨	曹 予	李 楠	邢 军	唐博晓	王 扬	周 磊	江景祎
王连捷	黎明钧	王延凯	林彩燕	罗双林	石旭刚	魏千钧	余代吉
罗伟浩	殷光武	朱志强	张 雷	付红平			

2021届毕业生名单

电机与控制工程系

涂钧耀	高学鹏	侯宇凝	王庭康	刘京易	徐云松	徐 海	王臻炜
王启元	刘 旭	俞志跃	张 勇	陈 政	孙培文	胡子慧	姚锦飞
陈俊杰	王启哲	苏京悦	黄木兴	柳岸明	王 兴	徐蕴镠	杜元昊
朱涵庭	段惠杰	孙昌平	赵君臣	黄炜华	薛曼玉	罗德力	熊阳超
常 晟	龙 灿	李子馨					

电力工程系

任师铎	李振兴	卢东昊	陈泓宇	黄宗超	凌谢津	方 翰	贺思林
胡德旺	曹铭凯	张宛楠	王照远	程丽平	钟 阳	林 靖	曹 尚
胡楚叶	陆亦齐	代骄阳	贺永杰	韩云飞	李培平	詹 锦	杨程祥
吴 芮	李文泽	曹文君	李随阳	叶雨晴	汪光远	张培夫	戎子睿
胡志豪	杨印浩	彭 元	韩 越	郭舒毓	张世旭	程 凯	张晓宇
马龙飞	刘翔宇	孙冠群	王茂林	毛梓尘	彭雅歆	周 蓉	邱 琦
余佳微	张臻哲	刘 凯	刘 源	白雪锋	陈思宇	陶贵生	张雨萌
张作为	吴思成	李 犇	纪 强	熊 霄	宋嘉湄	邹 睿	童齐栋
李雨婷							

高电压工程系

| 阳瑞霖 | 张 舟 | 郝犇珂 | 王思裕 | 温艳玲 | 廖玉琴 | 刘 姗 | 施 西 |
| 殷 铭 | 夏德智 | 方 田 | 宫 鑫 | 任 帅 | 李欣然 | 任益佳 | 潘曦宇 |

何俊磊　阮景辉　吴鹏飞　柴永峰　陈俊钦　任　烨　唐乐天　吴昊谦
魏世勋　张　琰　齐　亮　林　兴

应用电子工程系
赵　普　杨春宇　卢俊杰　蒋梦杰　黄雪正　陈迪畅　王　朝　吴　奇
程从智　孙文杰　胡文浩　江克证　季子杰　高加楼　孙宏博　刘　康
闵怀东　鄢义洋　杨鸿城　杨英杰　宋伟宏　韦　超　潘　辰　华　铤
朱金炜　徐茂宁　花伟杰　彭　皓　程治朋　徐江涛　马一啸　苏国星
林盛超　高　超　关恒宇　鲁　博　许长乐　江伟斌　钟　坤　杨朝伟
宋雨桐　李海发　鲍震峰　蔡　沛　赵欣玥　范佳文　陈　永　党子越
赵璇琦　张凌云　龚成林

电工理论与电磁新技术系
杨世武　彭俊然　张星汝　江　涛　马克琪　雷浩楠　鲍志威　高铭含
王梦昊　王　伟　陈西亚　刘安迪　徐家兴　曹智伟　李书剑　周　考
黄鸿奕　谭翔宇　岂　菲　李宜阳　梅　能　邹振平　朱　宇　黄晓义
胡烨红　罗天舒　李星苇　李文矛　何　旸　张成涛　杨　振　陈　浩
何赤斌　桂要强　蔡明飞

聚变与等离子体研究所
陶　雄　赵扬明　赵乾丞　白　炜　钟　昱　焦少东　韩东良　彭诗艺
董蛟龙　杨庆龙　辜　帆　王昭苏　王　灏　杨　舒　赵　阳　林　旺
范国垚　董科宏　任颉颃　李　冯　邓　策　韩　锋　刘　京　吴其其
谢　飞

应用电磁工程研究所
尹正亚　艾经纬　刘添亦　董贞求　张海军　闫　岩　蒋坤月　周　磊
陈　威　周　冲　赵润晓　雷　浩　张忠琦　刘　涵　王　赛　贺思婧
王　磊　席　成

强磁场技术研究所
陈竞舸　丁安梓　杨　升　罗晓通　王奕霖　万　勇　张辰玮　王　晨
吴　添　李奕衡　束铖哲　孙先锋　廖俊恺　徐　坤　陈姝彧　卢文博
曹青山

电气工程专业(工程硕士)
陈成海　邓子华　傅彩虹　康　文　李广艺　林　淳　孟庆杰　彭娟娟
舒　婕　苏德强　孙　义　谭德明　汤江晖　陶方明　王添慧　宁尚华

博士

说明:1981年电力系获批全国首批博士点,1985年第一批博士研究生毕业。

1985届毕业生名单
张之哲　陈齐一

1987届毕业生名单
邵可然　傅丰礼　王柏林　王宏

1988届毕业生名单
陈世欣　聂为清

1989届毕业生名单
辜承林　胡敏强　王雪帆　李建久　廖伯书　郝宪林　游大海　于克训
尹项根

1990届毕业生名单
赵光新　周剑明　晏　敏　张炳军　王永骥

1991届毕业生名单
黄声华　李朝晖　周俊洋　汪芳宗　毛承雄

1992届毕业生名单
徐海波　段献忠　张哲　赵松利　吴　畏

1993届毕业生名单
张明玉　李维东　吴俊勇　李　伟　金和平　周理兵

1994届毕业生名单
彭晓兰　曹一家　李红斌　张　涛　韦柳涛　彭维明　陈家平　吴建华
刘少克　王　浩　尹华杰　程小华

1995 届毕业生名单
王 琳　刘小兵　黄社华　胡恩球　熊永前　余海涛　何俊佳　李 杰
程仲元　阮江军　陆佳政　卜正良　刘前进　黄社华　管 霖　严 青

1996 届毕业生名单
尚金成　姜铁兵　刘 劲　张 伟　易本顺　李 谦　王步云　林福昌
苏红波　叶 萍

1997 届毕业生名单
许 强　魏 强　黄 健　林 涛　伍永刚　沈安文　蒋 劲　梁 柱
郭创新　朱 敏　景 雷

1998 届毕业生名单
陈轩恕　戚克军　刘 青　文劲宇　李尔宁　唐涛南　万山明　杨锦春
李开成　钱冠军　李承军

1999 届毕业生名单
武卫东　周 龙　刘世明　秦实宏　赵国生　温 权　周晓阳　王生铁
王为国　袁荣湘　常国强　李晓露　林湘宁　邱德红　刘克富　席自强
张永刚　熊 健　段善旭

2000 届毕业生名单
刘 春　蒋传文　周良松　边敦新　包黎昕　邰能灵　文明浩　孙福杰
张 凯　刘 平　张 冈　谭惊涛

2001 届毕业生名单
柴 捷　石 晶　曾祥军　李胜利　罗苏南　李槐树　卢新培　何正浩
叶齐政　陈金祥　段雄英

2002 届毕业生名单
代 新　丁洪发　聂一雄　杨文强　石东源　郭卫农　张智杰　朱全敏
李华峰　余 江　陈金富　张 辉　李 剑　詹花茂

2003 届毕业生名单
何孟兵　肖 霞　江全元　范习辉　苗世洪　彭 波　夏成军　盛戈皞
张有兵　李晓峰　郭 红　郭 伟　杨 凯　荆朝霞　李 艳　汪 雁
李 岩　李晓华　李银红　杨洪明　路志宏　戴 珂　郭晓华

2004 届毕业生名单

郭　江	夏胜国	江中和	张高峰	韩小涛	刘振兴	齐志刚	约瑟夫
陶桂林	张鹏翔	杨经超	王志华	程汉湘	范　澍	胡玉峰	余欣梅
王少荣	孙海顺	陈艳霞	罗　毅	彭　力	丁　凯	裴雪军	钟和清
赵建国	陈　卫	徐　雁	李　岩				

2005 届毕业生名单

罗朝春	李维波	胡兆庆	曾次玲	胡　辉	邹旭东	林　桦	盛建科
李达义	王双红	吴　胜	李晓松	彭　涛	吴细秀	李晓明	胡文平
李　妍	辛振涛	娄素华	周任军	侯云鹤	谢　敏	辛建波	邵瑰玮
戴　玲	杨长河	孙剑波	陈息坤	孔雪娟	张　宇	刘　飞	朱鹏程
马学军	李啸聪	李　承	段惠明				

2006 届毕业生名单

周立求	梁才浩	王　丹	夏勇军	彭晓涛	杨　军	田　庆	邹　力
戴陶珍	方华亮	臧春艳	李　勋	周羽生	刘黎明	张　勇	吴迎新
吴　军	何飞跃	余　翔	吴冀湘	李大虎	王冬青	许湘莲	张长征
颜秋容	杨金成	徐正喜					

2007 届毕业生名单

罗建武	陈金玲	魏　斌	朝泽云	唐爱红	李　刚	苏永春	袁旭峰
鲁文军	李国栋	张丹丹	李　化	杨新民	何英杰	周志成	唐　忠
章勇高	林　磊	刘晓旭	何　勇	辛　凯	魏学良	陈海焱	杨雄平
谭智力	卜文绍	王晓蔚	张　姝	吴耀武			

2008 届毕业生名单

黄绪勇	魏学良	史　进	李　伟	易海琼	余秋霞	杨廷方	张　艳
吴大立	张侃君	张　靖	陈　庆	谢　俊	杨增力	石　晶	龚李伟
裴振江	谭智力	刘邦银	刘　飞	卜文绍	陈永军	王成智	杨华云
刘建锋	任　丽	张　姝	张　明	何朝阳	许　赟	Ghamgeen Izat Rashed	

2009 届毕业生名单

电机及控制工程系

张　宇　雷　刚　王铁军

电力工程系

梅　念　苏　盛　刘海波　翁汉琍　高　艳　侯　慧　邵德军　徐天奇
周　辉　曾　杰　汪　旸　娄慧波　齐占伟

高电压工程系

韩永霞　王子建　雷　民

应用电子工程系

余　蜜　朱国荣　徐应年　陈　伟　单鸿涛　黄　劲　张俊洪　张　允

聚变与等离子体研究所

蓝朝晖　徐　洁　高　丽　杨州军　丁永华

2010 届毕业生名单

电机及控制工程系

吴　涛　谢冰若　张经纬　熊　飞　田　军　庞　珽　王　晋　齐　歌
杨　通

电力工程系

杨慧敏　单业才　王　升　姚　伟　胡红明　王安斯　金明亮　王阳光
李智欢　奥斯曼　郭琳云　撒奥洋　王英英

高电压工程系

彭　波

应用电子工程系

罗　昉　胡文华　莫金海　李　芬　吴振兴　刘　钊　唐　健　蒋云昊
谢　斌

电工理论与新技术系

鲁　非　陈　磊　郭　芳

电磁测量工程系

杨红权　张　明

聚变与等离子体研究所
叶才勇　文康珍　吕建红　陈兆权　郭　锐　肖后秀　燕保荣　王　晋

2011届毕业生名单
电机及控制工程系
阚超豪　杨光源　李　冬　陈学珍

电力工程系
朱　林　张翌晖　王　博　吴晋波　柯硕灏　李正天　方　晶　李　伟
熊　卿　邓祥力　王　凯　刘威葳　洪　峰　吴　彤　何人望　吴建东

高电压工程系
鲍明晖　刘　刚　谭亲跃　唐　波　高　骏

应用电子工程系
赖向东　路易斯　陈昌松　陈仲伟　佘宏武　张树全　唐诗颖　陈　宇
汪洪亮　吴　芳

电工理论与新技术系
宋　萌　韩　峻

电磁测量工程系
童　悦　潘　峰

聚变与等离子体研究所
邱胜顺　朱孟周　陈立学

2012届毕业生名单
电机及控制工程系
王少威　冯垚径　娄振袖　涂小涛　程　源　陈孝明　陈　骁

电力工程系
沈谅平　陈功贵　陈庆前　陈　雁　黄汉奇　何志勤　陈　霞　周　俊
黎恒烜　黎春涅　汪海瑛　李俊芳　方家琨　何金平　邓　星　陈国炎
陈跃辉

高电压工程系
张蓬鹤　贺恒鑫　董曼玲　曾　晗　肖　铮　吴　昊

应用电子工程系
何良宗　胡国珍　史晏君　殷进军　刘宝其　黄朝霞　胡　胜　李红波
薛明雨　宫　力　欧阳晖

电工理论与新技术系
刘开锋　李　前

电磁测量工程系
张　鹏

聚变与等离子体研究所
张　静　任章鳌　邱　立

强磁场技术研究所
宋运兴

2013届毕业生名单
电机及控制工程系
饶　波　王恩德　刘健犇　黄　江

电力工程系
张文魁　王传启　黄景光　李鸿鑫　李高望　张　坤　焦丰顺　李振兴
王存平　易　杨　杨嘉伟　谢光龙　叶　磊　赵　平　刘世林　段　瑶

高电压工程系
谢施君　陈耀红　蔡　礼　刘　毅　谢耀恒

应用电子工程系
姚　川

电工理论与电磁新技术系
熊　青　于大海　熊紫兰　李　沁　张　志　吴云飞　鲜于斌　何顺帆

聚变与等离子体研究所
陈　杰　冯先德

强磁场技术研究所
吕以亮　曹全梁　蒋成玺

2014 届毕业生名单
电机及控制工程系
段世英　何　泱　袁飞雄　袁　培　郭思源　辛清明

电力工程系
艾小猛　林卫星　李　欢　赵　峰　桑子夏　施　琳　唐金锐　姜　臻
王　科　蔡德福　罗　钢　王育学　王利兵　曾凯文　孔祥平　侯婷婷
熊国江　田　兵　卢斯煜　朱鑫要　杨　瑞　汪　伟　张兆云　余文辉
Nasseer Kassim AI Bachache　Ivan Kursan（伊凡）　Owolabi Sunday Adio（安迪）

高电压工程系
姚文俊　王延召　赵来军　朱　璐　冯　登　吴传奇　袁　召

应用电子工程系
李明勇　雷　何　刘建宝　张　成　李巍巍　李　锐　万　成　范声芳
刘　聪　聂松松　陈　材　童　力　代　倩　漆　宇

电工理论与电磁新技术系
邹长林　龚维维　黄澜涛　刘金辉　李振华　裴学凯　邓丽珍　骆潘钿

聚变与等离子体研究所
胡启明　夏冬辉　方鉴明　金　伟　郑　玮　王国栋

强磁场技术研究所
陈子玉　沈逸宁　周中玉　张　勃　王业率

2015 届毕业生名单
电机及控制工程系
李大伟　马少翔　张　斌　康惠林　凌在汛　陈　红　邹　阳　吴荒原
蔡万里　谢鸿钦

电力工程系
李程昊　黄　辉　施啸寒　吴俊利　冉晓洪　张　锐　徐　浩　毛知新
刘登峰　黄云辉　Khalid Muhammad Shoaib

高电压工程系
岳一石　汤亮亮　李智威　毛晓坡　周志强　张建功　何旺龄

应用电子工程系
方支剑　何立群　邹常跃　吕永灿　谭　兴　潘冬华　黄清军　刘　虔
吴德亮

电工理论与电磁新技术系
吴淑群　王　姝　何　杰　陈　田　刘欣宇

聚变与等离子体研究所
陈　伟　余文曌　迟　源　易　斌　肖金水　腾　云　孙　岳　夏令龙
李　强　江进波

应用电磁工程研究所
曾　晗　李小飞　杨　磊

强磁场技术研究所
袁　洋　夏念明　左华坤

2016届毕业生名单
电机及控制工程系
桂石翁　邱长青　刘光军　李　琼　杨　勇　李　传　贾　磊　林珍君
任　武　陈　昕　饶　靖　汤　磊　张智伟　谢贤飞

电力工程系
姚致清　谢平平　田　杰　刘　巨　童　宁　苗　璐　鲁俊生　戚宣威
肖　繁　卓毅鑫　白　浩　钱甜甜　卡色莫　韦甜柳　陈　竹
苏杰(Salam)　王凯(Asad)

高电压工程系
林其雄　韩　文　李浩原　叶　刚

应用电子工程系
冯 波 刘万勋 赵锦波 胡 玮 高 山 徐 晨 王兴伟 汪文涛

电工理论与电磁新技术系
谭 笑 徐 颖 沈石峰 刘 洋 程含渺 魏 伟

聚变与等离子体研究所
金 海 孙新锋 邱 风 张 璟

强磁场技术研究所
熊 奇 孙衢骎 杨胜春 周 俊

2017届毕业生名单
电机及控制工程系
贾少锋 高玉婷 马霁旻 陈 曦 熊 平 于伟光

电力工程系
陈 明 周 鑫 左文平 韩杏宁 孙近文 黎嘉明 廖诗武 樊 华
陈 旭 向 往 龙 呈 雷二涛 刘子全 谭爱国 邓韦斯 谢志成
沙利伟 刘 金 陈哲文 夏 河 费 兰 英 杰 琚兴宝 左 剑
张 锐 张 磊 喻 锟

高电压工程系
邓建钢 赵贤根 刘亚青 程 林 苏子舟 张 涛

应用电子工程系
蔡信健 蔡久青 阚京波 何 维 尚 磊 王 硕 赵明权 郑晓钦
陈 晨 文 刚 史尤杰 邢中卫

电工理论与电磁新技术系
卢 艳 廖于翔 涂亚龙 邱云昊 聂兰兰 韩剑飞

聚变与等离子体研究所
戴 岳 王能超 张晓龙 李建超 姜国中 刘 海 张 君 郑国镇
杨 超 石 鹏 陈俊峰

应用电磁工程研究所
张力戈

强磁场技术研究所
张　骁　赖智鹏　蒋　帆　任铁强

2018 届毕业生名单
电机及控制工程系
吴磊磊　孔　铭　方海洋　邹天杰　柳　强　李炳璋　肖　洋　鲁晗晓
梁东来　陈俊桦　姬　凯　陈　兮　高信迈　欧乐知

电力工程系
唐　萃　吴佳思　朱　佳　张栋梁　袁　豪　应　杰　严亚兵　鲁晓军
王　刚　王　玎　李哲超　苏　舒　张美清　魏繁荣　杨　航　别　佩
黄　佩　刘　鹏　徐劭翔　肖　浩　李世龙　陈乐木　德施念
李梦柏

高电压工程系
丁　璨　李显东　袁发庭

应用电子工程系
梁志刚　黄　鑫　孙　磊　刘　朋　周诗颖　王　波　路茂增　胡　祺
丰　昊　魏琪康　张鹏程　陈　志　金　莉　陈新文　朱东海　汪　诚

电工理论与电磁新技术系
陈晓静　蔡得龙　苟建民　张　竹　胡　琛　罗　奕　王作帅

聚变与等离子体研究所
黄都伟　黄名响　彭水涛　简　翔　严　伟　胡斐然　刘林子　郭伟欣
王圣明　张正卿　刘昌海

应用电磁工程研究所
刘　旭　左　晨　赵　鹏　陈　炜　吴　邦　张　哲

强磁场技术研究所
黄永恒　刘梦宇　赵张飞

2019 届毕业生名单

电机及控制工程系
刘龙建　汤　鹏　任　翔　范兴纲　何明杰　杨江涛　胡　冬　佃仁俊

电力工程系
尹　然　陈　冲　叶　畅　孙　鑫　周　猛　帅　航　杨　赟　朱乔木
丁苏阳　刘子文　王永灿　高仕红　陈　玉　郑俊超

高电压工程系
姚金明　万　恒　周　峰

应用电子工程系
关清心　石　林　朱文杰　段耀强　张　超　王　泽　王亚维　张晓明

电工理论与电磁新技术系
赵　晨　程　鹤　周　晓　孟庆旭　丁小俊　焦　洋　李从云

聚变与等离子体研究所
章雪亮　佟瑞海

应用电磁工程研究所
付　强　梁志开

强磁场技术研究所
邓方雄　王　桢　黄玉杰

2020 届毕业生名单

电机及控制工程系
叶东林　姚佳康　石超杰　崔秀朋　谢康福　卢　阳　蔺梦轩　邹剑桥
韩　寻　王世达　艾　博　胡一帆　祝　俊

电力工程系
黄　桦　郑　超　金　能　陈　睿　李姚旺　曹文斌　李力行　张宇航
张　鑫　徐　彪　文　汀　王宇雷　何　宇　代　力　李　超　李　航
赖锦木

高电压工程系
肖 佩　高 峰　刘思维

应用电子工程系
陈慢林　李 星　王涵宇　王 哲　鲁 敏　张建兴　郑皖宁　李 胜
常远瞩　沈泽微　李 桥　向洋霄　吴伟标　苏婧媛　张雨潇　温提亮
朱建行　唐王倩云

电工理论与电磁新技术系
张 意　段江伟　马明宇　梁思源　严思念　张传计　孟 展　郭自清

聚变与等离子体研究所
朱立志　潘晓明　朱毅仁　何 文　魏禹农　李 茂　何 震　林志芳
谢先立　黄修涛　李 达

应用电磁工程研究所
肖力凡　韩文杰

强磁场技术研究所
方 晓　李章哲　张绍哲　李潇翔　刘 宁　陈 盟　王光达

2021 届毕业生名单
电机及控制工程系
李志雄　何明亮　刘习才　李珍平　赖俊全　周 游　程 颐　于子翔
李 想　易思明捷　李振明　杨 帆

电力工程系
冷 凤　何文斌　李亚楠　石梦璇　汪致洵　甘 伟　曹 帅　蓝童琨
张 迪　徐可寒　韩一幕　肖萌萌　黄碧月　高 迪　王镜毓

高电压工程系
杨永超　刘黎明　胡浩亮　陶霰韬

应用电子工程系
张德斌　马亚军　李其琪　张野驰　李昱泽　胡宏晟　周 武　陆 俊
黄志召　肖云涛　王 涛

聚变与等离子体研究所

蔡念恒　周呈熙　王栋煜　荣灿灿　何济洋　王鹏宇

强磁场技术研究所

谢剑峰　吴佳玮　王　爽　刘　畅　邓　乐　吴泽霖

博士后

1990 届毕业生名单
邹积岩

1992 届毕业生名单
伍良生

1993 届毕业生名单
刘佑华　邹建华

1994 届毕业生名单
李震彪　王先甲

1995 届毕业生名单
常　越

1996 届毕业生名单
王启付　马齐爽

1997 届毕业生名单
童　怀

1998 届毕业生名单
武建文　于占勋

1999 届毕业生名单
李叶松　赵子玉　王　英

2000 届毕业生名单
顾温国

2001 届毕业生名单
刘 浔　修士新　陈德智　刘世明　李晓露　袁荣湘

2002 届毕业生名单
林湘宁　张秋文　闫照文　温　权

2003 届毕业生名单
袁艳斌　文明浩

2004 届毕业生名单
曾祥君

2005 届毕业生名单
王金文

2006 届毕业生名单
肖　霞

2007 届毕业生名单
刘晓康

2008 届毕业生名单
程利军

2009 届毕业生名单
刘方锐　赵　纯　秦　斌

2010 届毕业生名单
蔡　涛　臧春艳

2011 届毕业生名单
易龙强　陈金玲　王学华　白志红　熊　军

2012 届毕业生名单
王 武　谢 颖　周正阳　孙照宇

2013 届毕业生名单
仇志凌　蔡 凯　陈 磊

2014 届毕业生名单
李正天　宋 萌　黎静华　胡南南

2015 届毕业生名单
唐 毅　朱思聪　Syed Ali Kamran ShahJafri　胡桐宁　吴震宇

2016 届毕业生名单
朱思聪　邹丹旦

2017 届毕业生名单
肖集雄　孔武斌

2018 届毕业生名单
陈朝吉　李远征　陈曲珊　李 为　来金钢　段晚晴　井立兵

2019 届毕业生名单
张俊佩　刘 毅　唐 凯　陈 材　孙玉龙　赖智鹏　王 健　杜光辉

2020 届毕业生名单
史会轩　别传玉　仇梦林　曾祥君　郭伟欣　程 辉　邹金雨　朱东海

2021 届毕业生名单
李思超　赵凌霄　张 扬　王如星　董 珍　陶宏伟　高海翔　张子泳
王 一　刘绪斌　赵贤根

二、应用电子工程系（原船电专业）毕业生名单

说明：应用电子工程系前身为华中工学院船舶电气自动化教研室，创办于1959年，1998年并入电气与电子工程学院，本部分为从1960年—1998年毕业的应用电子工程系（原船电专业）毕业生名单。

本科(含专科)

1960 届毕业生名单
船舶电气自动化专业

孙必燕	叶道华	于卖记	吴正松	熊转运	彭冬玉	邹恢庆	苏绍芬
徐声柏	曹本堂	倪洪兴	江华铸	易宗就	赵善泽	李其发	金大盛
王传望	李广仁	骆尚文	杨炳亨	魏斌甫	张兴伟	李宜昌	李少慧
顾洪坤	李景林	邓昌志	李怀忠	雷远宏	韩占魁	乐长顺	魏其贵
罗庚柏	李俊生	李国平	徐兴谷	王同生	陈明周	王昌明	黎开松
蔡永贵	杨德华	万维青	杨纯坡	冯德秀	张凤琴	李珍珠	张锦祥
洪笃亮	翟金城						

1961 届毕业生名单
船舶电气自动化专业

姚清荣	陈改善	许建国	陈永聪	李立生	张继斌	前善洞	吴汉东
揭正国	杨国清	张辉汉	李家启	欧寿山	桂国珍	胡明和	葛国宝
肖少安	仇湘松	张梅珠	林智兴	施春红	张永思	魏素蓉	向贤治
胡茂生	黄俊杰	黄木清	周多铨	徐金生	程葆清	欧绍阳	金喆奉
喻佑钧	叶召元	肖树潆	喻逸南	邓纪祖	陆达华	宋瑞霞	李美春
林中立	卓修齐	冯林根	姜孟文	黄国钦	叶禄生	肖运福	满运生
周秋波	佘国利	马文让	袁静仁				

1962 届毕业生名单
船舶电气设备专业

熊金霞	彭嗣翠	朱振东	夏正清	吴 立	肖树泉	林美瑜	邓 涛
付正瑶	胡立峰	岳东亚					

1963 届毕业生名单
船舶电气自动化专业

欧阳世常	罗哲金	张双全	潘先根	王庆秀	徐 莊	王美祥	曹代清
李本山	钟琼昌	屈家声	吴克勤	夏春田	邓明珍	陈鸿网	吴锦茂
许成福	刘梅林	张承修	李千全	周三元	吴心发	万炼成	瞿 然
廖时发							

1964 届院友名单
船舶电气自动化专业

冯锡畴	张友芬	张维珍	陈勤孝	陈逢卓	翁鑫贵	许明珠	刘建顺
连俊有	曾祥霖	肖纯孝	陈智教	曾德洪	辜宏真	艾向敏	顾大慧
何万隆	黄友广	阮方勤	宣善高	林勤礼	陈其舜	张光琴	杨启忠
辜珍廉	刘绍基	陶生培	陈新舜	周邦喜	金绍寿	刘启钟	范宪藩
张源渝	张维珍	周羡珍					

1965 届院友名单
船舶电气自动化专业

孙必燕	叶道华	施志海	吴飞松	熊转运	彭冬玉	苏绍芬	徐声柏
曹本棠	江华铸	易宗就	赵善泽	李其发	金大盛	王传望	李广仁
骆尚文	倪洪兴	邹涯庆	杨炳广	魏斌甫	谭炳生	何芳俊	张兴伟
缪许辉	余章仲	李宜昌	李少慧	顾洪坤	李景林	邓昌志	李怀忠
韩占魁	宋长顺	雷远宏	魏其贵	罗广柏	李俊生	李国平	徐兴谷
王同生	陈明周	王昌明	黎开松	秦永贵	杨法华	万继嵩	王茂兴
谢福卿	杨纯敏	许永祥					

1966 届毕业生名单
船舶电气自动化专业

揭正国	黄木清	喻佑钧	姚清荣	李家启	施春红	张辉汉	魏素蓉
胡明和	李立生	李从渊	杨国清	黄俊杰	向贤治	吴汉东	徐金生
周多铨	李珍珠	葛国宝	冯德秀	陈永聪	欧宜谦	程葆清	陈改善
俞善炯	许建国	仇湘松	肖少安	欧绍阳	林智兴	林国珍	张永思
张继斌	张承东	张凤琴	张锦祥	胡茂生	金 涛		

1967 届毕业生名单
船舶电气自动化专业

王渭生	邓 涛	刘延军	秦汉沧	胡开太	梁宏章	吴理国	伍其淦
吴至纯	付正瑶	盛青云	张锁荣	邹 敏	陈贻万	彭祖光	王晓隆
肖树泉	陈友生	王国平	何治平	唐汉法	李法发	颜莲香	雷开运
李永昌	罗家祯	周金香	罗启芳	林美渝	徐至新	张完存	吴 立
龙功仁	岳东亚	蔡贮祥	刘太平	成献章	聂恩财	李嘉运	程惠英
郑志伟	魏启本	吴文福	吴守斌	程忠海	范完兴	罗 军	李冬元
梁 波	李佐汉	黄锦标	付元舟	刘云松	张大华	梁济恒	刘延波
赵超同	陈贻万	王国平					

1968 届毕业生名单
船舶电气自动化专业

杨庆玲	钱芸芳	杨荫福	谢海南	梁月莲	宁进纯	胡瑞明	党玉辰
潘传义	盛　太	瞿维平	冯喜昌	李　安	贺泽凡	朱林坤	张　力
刘少阳	陈志兴	刘朝阳	翁天健	文合群	梅瑞阳	林贵生	朱盟芳
王定祥	陈有木	李昇元	曾冀良	聂宗林	唐正林	李明强	梁炎舜
李云松	陈志兴						

1969 届毕业生名单
船舶电气自动化专业

周长莲	罗绮心	何桃凤	杨金秀	张桂英	冯传新	彭天根	邹寿彬
庞志森	罗忠年	朱瑞华	马云钦	熊明耀	李慎言	夏之梁	刘俊淮
商永源	潘根生	罗建华	王名炎	阳祖文	戴平南	陈竹英	林绍伯
朱炳培	林贤明	孙建功	黄宝梁	王先光	梁锡强	李经权	姜征凤
雷焕香	湛爱芬	张　雅	严万华	费维华	舒耀安	许怀余	蒋燮顺
张尧钦	丁邦发	陈樵夫	叶东地	梁永华	周锡宁	宋焱山	叶本雄
陈新德	邹云屏	陈湘正	喻腾蛟	李楚保	倪利明	陈岳兴	祝振志
吴国梁	罗铁光	王祖堃	肖礼俅	倪吉平	文炎清		

1970 届毕业生名单
船舶电气自动化专业

曹和平	陈爱莲	陈克海	陈克志	陈忠义	程学文	邓复华	董德友
董世衍	封光和	高　光	高小强	高遵光	郭　凤	郭筱凤	韩光才
韩长怀	何秀兰	黄永恕	蒋凯明	兰成凤	冷启安	李钢波	李金龙
李乐宝	梁克家	林其生	凌仕文	刘利华	刘中兴	龙明府	鲁礼安
罗德瑞	罗家辉	马卫红	聂勺光	潘遐龄	彭爱民	彭春水	阮春芳
舒　静	孙庆勋	孙兴波	孙玉辰	腾久武	万志远	王国安	王家树
王绍礼	王水富	王文金	王选忠	吴曹兰	武明达	夏杰龙	肖　武
肖家旺	肖宗党	徐世华	徐正华	许遵丰	杨果德	张定存	张惠芳
张日华	张永华	郑天松	朱功成				

1975 届毕业生名单
船舶电气自动化专业

魏才友	顾大军	李正慈	王思源	刘连安	谢培松	李海水	宗士林
李红斌	徐汉太	陈怀柱	何乐云	薛益明	彭　丽	杨昌翠	刘建华
江明先	林翠华	李淑琼	严钜莲	徐塞平	钱小清	俞华天	朱森派
兰啟聪	叶柏松	彭　年	罗雅洁	易国强			

1976 届毕业生名单
船舶电气自动化专业

鲍颖夫	曹来拴	曾念林	陈昌训	程惠民	程盛才	段锦霞	段绪刚	
方祖恩	韩国立	胡国瑗	胡元斌	黄伟达	黄新元	黄泽沛	黄征善	
姜作彬	蒋 玲	金 勇	刘明香	刘培勇	龙强基	陆翠华	潘志敏	
彭传新	彭建文	石常青	舒承金	孙长海	陶德顺	汪 建	汪三龙	
王安惠	王焕文	王火良	王继约	王幼平	王玉再	王正兴	肖 龙	
肖英荣	谢道芬	熊莲池	徐冬宝	徐远中	杨玉琴	叶 红	叶成清	
于清双	于 燕	余乐苏	张红鹰	张建生	张菊萍	张友弟	张志刚	
郑有林	支长兴	周福华	周鹤峰	周永良	左新主			

1977 届毕业生名单
船舶电气自动化专业

乐和珍	龚俊新	李水莲	刘建新	杨明成	魏治元	石 炜	程良中	
范毓瑞	陈占军	张汉润	雷晓平	许修林	史春凤	王世兴	饶良源	
张雪珍	张丽君	李铁军	石记柱	韩学德	尹登元	敖志英	黎永祥	
刘继根	孙秀贞	吴荣宝	陶爱丽	程世家				

1978 届院友名单
船舶电气自动化专业

陈志美	刘建敏	孙唯智	俞筱莉	张桂芳	高文美	汪伟霖	孙万和	
史文龙	牟春娟	罗玉芃	洪炳森	张海龙	司马建设	孙仔良	金海标	
高 山	邱国新	舒国承	吴志毅	柯大鹏	龚树志	项四平	江锦宗	
夏国庆	胡浩然	王玉生	熊新华	王海洋	李隆生	张 遇	毕志强	
施建福	陈银荣	张锦元	薪宝昌	刘敬宇				

1979 届毕业生名单
船舶电气自动化专业

邓淑云	刘崇平	朱 杰	纪令克	王能华	王伟光	余小禾	余天曙	
黄志恩	鲍仁方	曹一鸣	王航昭	严东武	李隆栏	陈法宣	余永生	
苏明顺	肖其华	王义永	张世美	张萧宝	李向东	刘志敏	崔为耀	
潘仲申	匡宏斌	邹时智	黄以鸿	顾雯明	陈志美	刘延敏	孙唯智	
张桂芳	俞筱莉	高文美	牟硕娟	汪伟霖	孙万和	史文龙	罗玉芃	
洪炳森	张海龙	司马建设	孙仔良	金海郑	高 山	邱国新	舒国承	
吴志毅	柯大鹏	龚树志	项四平	江锦宗	夏国庆	胡浩然	王玉生	
熊新华	王海洋	李隆生	张 禹	毕志强	施建福	陈银荣	张锦元	
薪宝昌	刘敬宇							

1981 届毕业生名单(春季)

说明:此为1977年恢复高考后的第一批毕业生,按学制应1981年毕业,因1977级是1978年春季入学,于1982年春节毕业。

船舶电气自动化专业 77631 班

钟黎杰	马 健	张 兵	赵新杰	李 勇	刘 刚	王汉军	万希宁
熊俊明	马新敏	罗泽兵	刘建平	葛 琼	杨允基	邹吕玲	罗永霞
刘 勤	邬易培	王申声	杨 警	孙兰岚	何苏勤	熊 蕊	朱丹霞
杨祖良	梁毅强	曹学军	赵 刚	杨春生	刘维波	韦志刚	李东风
唐 杰	张 鹰	杜作云	姚有国	陈宝珍	李晓帆	王长江	

1982 届毕业生名单

船舶电气自动化专业 78631 班

徐小杰	黄晓华	叶怀民	聂 鸣	何 伟	芦 宁	凌德怡	张喜成
许 勇	杨晓峰	潘伟加	李力元	张 鸿	陈维平	张万忠	闫冉力
张予生	樊 雷	黄晓南	封小敏	邓伟波	汪洪涛	刘 红	龚于念
崔庆华	张群杰	付祥胜	罗 斌	钱治球	李延慧	张 毅	胡星斗
周岱荪	刘涓涓	谭伟明	廖 进	胡佳晶	吴嘉穗		

1983 届毕业生名单

船舶电气自动化专业

邓诚实	雷 蕾	袁小英	熊 宏	徐正喜	谢 京	谢凌虚	唐 辉
吴和民	腾洪杰	毕 凡	陈晓音	徐新桥	陈立新	程 鼎	段月潮
赖 珣	张丹平	张敬权	李一民	梁启雄	章 进	刘玉生	朱志云
苏新勇	王 毅	王志荣	杨 鸿	晏 敏	汪 涛	刘亚乔	盛肇强
李广彬	覃文辉	莫小卫	瞿彩同	刘永平	谢强儿	许昭鹏	张俊波
宋锦河							

1984 届毕业生名单

船舶电气自动化专业 801 班

魏 强	李 东	蒋丽华	陈壁珍	邹龙腾	黄 冰	邓克非	张 宏
金 涛	陆智勇	洪 敏	陈伏鄂	姜恩平	陈 新	欧明雄	盛 飞
孙耿民	李 康	姚金雷	金剑波	张启平	薛安鲁	王越临	潘若虹
成 伟	孙志伟	吴 安	李明主	丁子建	周学波	顾小泓	程 鼎
段茜琳	刘惠群	周 游	谭 静	罗 军	刘 虹	田小农	宋锦河
李 潇	金 琳						

1985 届毕业生名单
船舶电气自动化专业 811 班

史滨涛	刘英勇	伍建华	陈国柱	唐宗才	罗 玖	谢方刚	郭志东	
刘志刚	黄 敏	黄 琦	余景初	李春荣	占伟刚	李朝霞	刘 红	
窦卫东	王 恺	季中和	李金元	胡婉华	向东明	宋惠民	叶思华	
王友宝	方 策	周金明	赵小兵	陈 军	吴昌琪	王 芸	彭汉兰	
潘德华	蔡光俊	张 辉	方宁俐					

1986 届毕业生名单
船舶电气自动化专业 821 班

严 凯	宗 捷	张建伟	熊长春	李 丁	袁 莉	吴建斌	李 健	
雷剑鸿	张 青	汤立云	张国雄	解为本	刘 俊	梅新华	张 志	
周训策	陈 伟	盖如一	李长明	段 凯	李 丹	童毅才	胡卫平	
汪志宏	张志强	周祥龙	吕锦钊	吴凌云	刘 棠	龚文请	周新民	
王培华	许继刚	何信文	王 南	何 兴	田 园	孙 锦	姚 平	
熊少波								

1987 届毕业生名单
船舶电气自动化专业 831 班

尹斌传	赵涤尘	王映波	鄢清华	刘爱华	赵云会	郭旭光	陈 申	
盛 青	王文军	王 震	吴荣斌	肖振先	黄盖云	石 艳	黄 琦	
熊韵峰	孙 要	张金松	朱明辉	钱明昆	曾 艳	谭庆生	张倩人	
许华平	周明华	陈 峦	熊清平	李 柯	刘耀平	万 芳	夏小叶	
王 平	陆有纲	王随林						

船舶电气自动化专业夜大班

杨详才	李中润	陈小红	杨思亮	吴国忠	吴学明	韩圣剑	王巍岩	
朱海君	季 鸣	张志华	张新渝	冯 斌	李玉玲	吴玉兰	李士忠	
欧阳小员	许晓星	许晓仑	赵 平	刘石林	张士国	建 华	李 方	
张彦军	母英杰	张树青	陈长生	沈耀湘	廖学智	杜志国	高庆洲	

1988 届毕业生名单
船舶电气自动化专业 841 班

王红卫	范 强	李 珥	徐 耀	黄祈即	刁应辉	方开骏	黄盖云	
倪 斌	范冬来	康 勇	刘 曦	程善美	于培国	王廷恒	辛 冰	
刘炳军	韩宗瑜	章 正	胡 文	王雷宏	梁乾峰	龙 屹	刘金兰	

徐　强　　赵　斌　　吴小超　　吴　蝶　　刘玉峰　　孙尽尧　　孙　武　　李向东
左培庆　　梁　勇　　谢　兵　　张小华　　蔡一民

船舶电气自动化专业夜大班
王慧如　　杜　中　　程　雯　　张家翠　　黎文清　　林　涛　　王石明　　王晓明
黄益明　　周　浩　　邹汗东　　柴江文　　张雄鹰　　吴朝寿　　王超胜　　张　峡
杨建华　　张进宝　　张大同　　黄柳忠　　李超泽　　宋　朗　　黄保康　　秦俊峰
卢善国　　罗　虹　　罗翔峰　　陈桂芝　　憨蕴辉　　黄超频　　张　洁　　李　玲
劳荣武　　施　洁　　郭志宏　　王广新　　李　苹

1989 届毕业生名单
应用电子技术专业 851 班
张　兵　　李　楠　　陈　林　　吴兴斌　　张忠华　　肖　涛　　彭　力　　林志强
谭洪想　　叶如意　　邓　林　　彭　晶　　陈晓原　　陈新原　　张　焱　　李　凡
杨俊珍　　马　进　　廖昱旻　　于培国　　钱哲刚　　黄　群　　张　频　　李自成
胡　文　　李朝晖　　黄铭山　　张红燕　　陆　智　　曾　琦　　熊朝阳　　王　玮
万　军　　祝瑞同　　龚　飚　　吴　燕　　汤宁戈　　刘天兵　　支　新　　徐继红
张海笑　　张志平　　卢金杰

应用电子技术专业夜大班
杨德先　　苗世洪　　叶俊杰　　周晓安　　王秀萍　　黄明露　　王　强　　邵鹏鸣
梁　芳　　胡　昶　　刘厚云

1990 届毕业生名单
应用电子技术专业 861 班
林　岚　　黄国杰　　张爱明　　赵　筠　　李丽华　　罗永忠　　龚江华　　章熙德
王　宏　　张兆力　　茅伟良　　杨　扬　　成秀红　　江　浩　　李臣军　　孙学茂
何洪英　　陈晓源　　汪临伟　　于培国　　周光勇　　戴　珂　　陈庆明　　孙春兴
杜鹤云　　石　锐　　黄仁俊　　张　泓　　段曙光　　鲍利群　　王　玲　　黄　南

1991 届毕业生名单
应用电子技术专业 867 班
张勇波　　张习文　　李秀杰　　董海平　　祝　欣　　施　琪　　赵兴浩　　唐直国
陈红梅　　刘晓华　　王美龙　　刘小兰　　刘　斌　　甘文涛　　蔡　颖　　李　斌
吴洪波　　谢　涛　　薛建恒　　贺　忻　　周朝晖　　郝　斌　　包若莲　　戴　旭
黄　非　　雷　鸣　　安　波　　詹长江　　杨雪松　　李殿召　　段善旭　　彭　路

应用电子技术专业 872 班

毛怀兵	陈亚兰	杨文胜	熊亚华	陈守兰	容颖明	陈红霞	刘志彬
史旭华	方树松	薛厚礼	柯向朝	李亚平	张 明	陈 刚	赖华欣
高 忱	吴朝晖	邓志强	肖 坚	林 伟	余 群	王 川	雷 凯
徐 骏	林东庆	朱明军	李 辉	陈大利			

1992 届毕业生名单

应用电子技术专业 881 班

耿娟娟	万 健	龚卫东	宋 铮	蒿 伟	常雪舢	付肃俊	吴翠华
黄艺云	叶学友	周 柯	李 全	周慧铃	汪犹酬	刘 云	胡晓春
彭晓晖	黎劲松	陆 堃	付 军	梁铁干	陈 卫	向 飙	黄毅群
高志奇	张 苏	瞿柱天	单 辉	刘云瑞	苏 丽	章 岚	周克亮
詹文光	王庆红	邓贵桢					

1993 届毕业生名单

应用电子技术专业 891 班

徐冰清	李广勇	胡喜林	徐景松	张健敏	蒋厚云	黄 希	蔡梅江
陈武燕	易 瑜	杜能建	郑 明	谭 欣	王 娟	张 英	黄冬云
张 韬	陈向辉	童旻雯	钱 敏	魏海明	孙 强	陈鸿翔	冯 菁
蒋 健	向 华	张文松	熊建湘	邹红梅	朱光辉	彭 伟	邱玉春
帅道海	义 泳	崔 强	曹宇青	杨安进	曾 刚	陈 鹏	钟 海

1994 届毕业生名单

应用电子技术专业 901 班

刘 环	王 军	夏矢传	谢 峰	刘洪波	李红胜	葛 智	李孝喜
杨建勋	王朝红	王同春	张 宏	陈海鹏	刘鹏飞	王 芳	郑文丰
郭国良	朱 洪	李锦林	谭雪谦	陈邦启	刘遂明	陈 斌	衡反修
应军仙	江 伟	林超荣	郭 聪	袁 玲	汪巧萍	刘志晖	邓长松
丁国伟	汪春玲	龚云霞	陈毅峰	陈韧刚	何松涛	戚光超	

1995 届毕业生名单

应用电子技术专业 911 班

甄晓汉	邱冬挺	陈明俊	王兆祥	余昌华	余 杰	刘 平	李善忠
谢 文	孙自刚	戈 俊	沈 强	张 良	张 林	沈卫锋	孟 宇
江晓斌	周小平	李安裕	苏文革	李高强	房世杰	柯于锐	于民东

肖劲强　王雪清　莫　峰　黄　辉　邓昌连　印德武　华　雷　朱　勇
蒋小燕　满卫芳　李近华　雷　惠　匡亚兰

1996届毕业生名单
应用电子技术专业921班
朱　英　朱　璘　王　丰　易海洪　王雪青　张国忠　盛　行　冼景沛
周党生　孟庆伟　张继业　袁艳晖　陈　琦　杨　帆　刘小四　邓　辉
徐卫民　郭卫农　李旭东　何文成　孙为群　冉墨男　李建飞　彭　丽
牛　凯　李　威　龚　涛　马　涛　曾庆文　竺秀龙　胡春晖　李　晶
杨　涛　韦晓辉　樊　涛　周全民　查　辉　吕　强　汪　珩　陈　波
朱小虎

应用电子技术专业专科班
补声东　陈积民　陈贤楚　陈亚玲　邓凯英　高　勇　胡艳娟　黄大胜
黄良鹏　蒋茨林　蒋大权　匡国生　兰雄辉　雷建明　雷金山　李　斌
李光伟　李劲松　李丽辉　李新忠　刘　帆　刘石军　刘云华　罗世平
罗益群　欧春波　贾正双　苏铭佑　唐咏林　王明新　夏文洪　熊志辉
许良富　向昔阳　肖庆军　谢良春　谢孝军　许良富　杨大浪　杨利中
杨　群　乐丽琴　曾佑群　张岳虎　郑运胜　周海毅　周红飞　周　晖
周世喜　周　雄　周　颖　冯朝辉

1997届毕业生名单
应用电子技术专业931班
刘　凡　肖俊杰　张　军　梁雅山　戴勇军　杨　进　徐　俊　李　剑
王运祥　王　锦　程延君　张庆欣　彭怀东　蔡政英　刘晶波　杨洪涛
金文刚　王国锋　吴子刚　胡坚刚　杨宇贤　厉　键　江　涛　蔡　涛
陈天锦　张　辉　计小军　姜志勇　钟和清　黄艳华　毕思江　龚庭铭
钟耀洪　邹旭东

应用电子技术专业专科班
周　谨　张　伟　吴春华　卢杰毅　凡付清　周长青　蒋明智　龚　军
黄　涛　吴　丹　周　鹏　廖宇峰　秦子云　余　辉　江建国　王亚斌
陈　魁　肖　斌　方友兵　邵玉梅　杨义峰　张国利　唐　斌　王　政
胡　斌　王治平　夏雄军　杨　海　方昌腔　张　毅　芦　伟　陈　琦

史成奎	何浩宇	余顺宽	武卫民	陈 浩	郭晨光	尹 仕	邓 平	
郑 志	程 鉴	万定华	钟 渊	徐 英	龚 海	黄志明	胡 剑	
陈 焱	苏 峰	杨智明	王正斌	苏康俊	王达智	魏劲松	陈 殊	
李 伟	李晓明	李宝元	阮 涛	唐 原	李 茁	周 江	全 明	
李 健	胡 杰	张正涛	张汉斌	于冠东				

1998 届毕业生名单
应用电子技术专业 941 班

李 勋	陆汉宁	葛龙英	金 红	杨 霞	丁 凯	林新春	周德华
刘璐祎	危剑辉	谢 跃	乔 平	朝泽云	何湘平	朱秋花	聂子涵
张 犇	关中文	裴雪军	周 华	林文珍	吴灿辉	叶 胜	谢 斌
冯志凌	曹诗兵	邓 勇	黄伟平	付应红	廖学武	陈满安	陶海荣
戴国锋	曾 明	何茂军					

硕士（含研究生）

1988 届毕业生名单
说明:1986 年电力传动及其自动化学科获得硕士学位授予权。
电力拖动及其自动化专业
吴昌琪　刘存利　梁毅强　魏强　方宁俐

1989 届毕业生名单
电力拖动及其自动化专业
龚文清　刘　俊　周新氏　张　青

1990 届毕业生名单
电力拖动及其自动化专业
孙　腰　刘耀平　王映波

1991 届毕业生名单
电力拖动及其自动化专业
康　勇　梁　勇

1992 届毕业生名单
电力传动及其自动化专业
彭　力　李自成　曾卫国　易国华

1993 届毕业生名单
电力传动及其自动化专业
徐　飞　陈景鹏　杨永华　徐晓明　汪志坚　张　□　茅伟良　李　珺
陈息坤　韩　涛　刘　凡　薛东辉　黄红艳　童胜勤

1994 届毕业生名单
电力传动及其自动化专业
占长江

1995 届毕业生名单
电力传动及其自动化专业
耿娟娟　汪犹酣　张　宇　黄艺云　文元美

1996 届毕业生名单
电力传动及其自动化专业
张建敏　蒿　伟　向　华　蒋厚云　张　凯　熊　健　魏海明

1997 届毕业生名单
电力传动及其自动化专业
刘志晖　於　扬　刘遂明　邓长松　杨德先　王坚强　傅　晖　丁望来
高水华　尹斌传　刘光亚　王焕文　邱佑存　沈　兵　熊自军　蒋心怡

1998 届毕业生名单
电力传动及其自动化专业
刘　平　雷惠华　雷孟宇

博士

说明:1992 年电力传动及其自动化学科获得博士学位授予权,1994 年第一批博士生毕业。

1994 届毕业生名单
电力传动及其自动化专业
赵　金　康　勇

1995 届毕业生名单
电力传动及其自动化专业
严　青　尚金城

1996 届毕业生名单
电力传动及其自动化专业
尚金成

1997 届毕业生名单
电力传动及自动化专业
詹长江　曾　杰　孙晓鹏　伍永刚　沈安文

1998 届毕业生名单
电力传动及自动化专业
无

三、原武汉城市建设学院建筑电气毕业生名单

说明：武汉城市建设学院于 2000 年，与原华中理工大学、同济医科大学共同合并成立华中科技大学，其中武汉城市建设学院的电气与计算机工程系并入华中科技大学电气与电子工程学院，本部分为从 1996 年—2000 年毕业的武汉城市建设学院建筑电气专业毕业生名单。

本科

1996 届毕业生名单
建筑电气专业

曾伟丰	吴海量	裯　江	雷　军	夏　微	王　淼	伍学智	曹进舞
王运文	张早雄	孙　林	何　凡	郑　勇	胡际杨	褚诗泉	邓　军
李生兵	曾志勇	王凤庆	张金光	程志勇	沈南科	王源泉	吴凌峰
高士伟	刘卫见	吴　广	蒋华成	易同平	蒋绍军	陈兴昌	蔡成鞠
洪琴芹	王　悦	杨文琴	汪　昱	邹卫群	郭　霞	笪茹玉	吕　莉
周国栋	林　莉	毛　路

1997 届毕业生名单
建筑电气专业

徐思敬	黄卫东	黄光庆	文泽玉	郑剑勇	莫华香	黄　强	郭子勤
陈　车	詹　勇	汪伟鑫	周革威	俞　波	唐文军	嵇康东	席　微
盛双庆	李茂生	陈晓晨	刘治华	武　林	张正海	陈　明	万小龙
金　岷	曾小侠	宋克娥	张素英	杨　剑	方健美	宋　明	黄月林
招　勇	徐　海	黄宗桥	韦庆勤	李文宁	许东伟	付长鸿	张忠利

黎少军	舒　勇	邓元青	李维忠	聂江波	杨桂产	刘云飞	范日升
马通达	何　磊	胡志杰	陈常坤	姚付志	黄晓峰	许卫国	何　雪
容仕娟	邓一羽	赵淑艳	付　云	韩德萍	杨红梅	宋庆江	张　晓

1998届毕业生名单
建筑电气专业

刘建成	刘长涛	刘　娟	张　伟	陈剑泓	胡云云	夏亮平	孟垂枝
李彦华	谢海伦	熊春元	田　华	刘吉伟	陈　锋	胡仲祥	闵建民
赵德顺	王　涛	戴剑飞	胡海燕	雷璋辉	欧　伟	梁琼生	郑在文
陈金华	沈海波	鲁　嵘	吴必行	马伟锋	冯福群	刘宝锋	韩延波
陈网财	曾剑辉	院辉评	刘利佳	江利斌	尹建忠	戴明浪	王勇魏
起高	邱畅骅	李相海	刘　涛	蔡　斌	王连民	贾敏晓	王金奇
周陶涛	黄明强	黄　茅	刘　鲲	杨伟栋	周明义	李文俊	张　景
陈　涛	李新军	陈启华	汪应冰	汤　艺	郭　郯	艾　为	邱　雨
陈红星	张俊霞	万　鹰	椹　萍	郭伶俐	杨　浩	吴　静	徐　辉

1999届毕业生名单
建筑电气专业

刘建成	刘长涛	刘　娟	张　伟	陈剑泓	胡云云	夏亮平	孟垂枝
李彦华	谢海伦	熊春元	田　华	刘吉伟	陈　锋	胡仲祥	闵建民
赵德顺	王　涛	戴剑飞	胡海燕	雷璋辉	欧　伟	梁琼生	郑在文
陈金华	沈海波	鲁　嵘	吴必行	马伟锋	冯福群	刘宝锋	韩延波
陈网财	曾剑辉	院辉评	刘利佳	江利斌	尹建忠	戴明浪	王　勇
魏起高	邱畅骅	李相海	刘　涛	蔡　斌	王连民	贾敏晓	王金奇
周陶涛	黄明强	黄　茅	刘　鲲	杨伟栋	周明义	李文俊	张　景
陈　涛	李新军	陈启华	汪应冰	汤　艺	郭　郯	艾　为	邱　雨
陈红星	张俊霞	万　鹰	椹　萍	郭伶俐	杨　浩	吴　静	徐　辉

编 后 记

在迎接电气与电子工程学院七十周年院庆的忙碌之中,我们将第一部院史文稿送交出版社付印了,在"为院庆准备了一份贺礼"的激动心情之中,也深深地感到此"贺礼"来之不易。

华中工学院电力工程系成立之时,新中国百业待兴,新校园在郊外荒地。一批先辈从中南地区5所大学携家带口,召之即来,来之能战,自校园建设、实验室新建起步,不仅打下了电气工程学科发展的坚实基础,还将电机与电器和发电配电与电力系统两个专业不断拓展,发展出无线电、自动控制、固体电子学、激光等多个新专业,承担了华中工学院所有电类课程教学任务,将电气薪火传递到华中工学院的各个专业。在电气工程学科的发展历程中,历年的师生前辈勤奋学习,刻苦钻研,育人与科研并举,培养的数万名电气学子在祖国各地大放光彩,创造的大量科学技术为祖国的发展添砖加瓦,凝聚出"厚积薄发,担当致远"的精神传承,沉淀了厚重的电气文化。我们深感这份传承来之不易,我们对历代前辈深感敬佩。

编撰一部如实反映学院发展历程和师生精神风貌的院史,是学院多年来的心愿。

早在20世纪八九十年代,学院就谋划着编写院史,并收集和编写了一批宝贵的资料。在2006年前后,学院又一次启动院史编撰工作,组织学生记者采访老教授,录音并撰写了多篇采访报告。自此之后,学院朱瑞东老师十多年来不间断,通过各种途径和方式,坚持查阅、收集、保存和整理了大量的院史资料,抢救性地记录了部分老教授的口述历史。近十多年来,借撰写《湖北省地方志——华中科技大学电气与电子工程学院部分》(2007年)、《百年回眸:中国电气工程高等教育100周年》之《华中科技大学电气工程教育回顾和展望》(2008年)、纪念改革开放30周年《华中科技大学院系发展纪实》回顾与展望之《承载电气光荣,共创学院辉煌》(2008年)、《20世纪中国知名科学家学术成就概览》之华中大电气大师部分(2009年),以及庆祝建校六十周年为校史馆推荐资料和编撰《学院简史》(2012年)等时机,我们又收集、查证了学院发展的大量史料。这些素材是院史编撰的厚实基础。

至2021年,学院为迎接七十周年校庆和院庆,决心一定要完成首部院史的编撰,由院长文劲宇、党委书记陈晋任主编,唐跃进教授、党委办公室主任朱瑞东任执行主编,副书记罗珺具体协调,组织了100多人的编写组,开始了院史编撰的"冲刺"。编写组以高度的历史感和责任心,多次研讨,数易其稿;两位执行主编更是从全书的谋篇布局、学院发展简史的编撰、众多细节的反复考证,到各系所发展简史和毕业生名册的修改完善,无不殚精竭虑、全力以赴,终于在2022年初夏之际完成了史料较为完备的第一部院史。

  院史编撰得到了学院各系所的大力支持，各系所均组织了在职和离退休教师多次座谈讨论，编撰了各自比较完整的首部发展简史；得到了学院行政各科室和学生教育中心的大力支持，全面梳理总结了学院各管理口的发展历程，为学院简史提供了丰富的资料，整理出了自建校以来学院全部毕业生的名册，包括原华中理工大学船舶电子专业毕业生和原武汉城市建设学院建筑电气专业毕业生；得到了曾在学院工作过的老领导、老教师以及在职教师的大力支持，他们通过口述或撰写等方式回忆了学院在不同发展阶段的历程，对文稿进行了多轮审核，特别是陈德树、潘垣、姚宗干、张勇传、樊明武、程时杰等编审委员会的老师们提供了大量宝贵的意见和建议，尹小玲老师还专门抽时间在学校档案馆查阅资料；得到了众多院友的积极响应，提供线索、订正毕业生名册，并提出了若干编撰建议；学院工会主席陈立学撰写了学院简史的"序"和"结语"；在采访老教师、资料整理中也得到了多位辅导员、学生助理、学院新闻中心的学生记者的帮助；众多老师撰写或口述的散文体的回忆录，记录了学院发展历程中许多重要的、艰苦的、美好的、有趣的人和事，臧春艳老师已将其初步集结成册，学院计划后续择机出版。

  在此，对为院史编撰作出过贡献的所有人表达衷心的感谢。

  人类自诞生以来就和"电、磁"相伴而不自知。随着人类文明的进步，人们逐步认识电磁，利用电磁，电磁能量和电子信息的发展将人类带进了电气化时代、信息化时代、智能化时代。当前，电气工程学科更是与信息技术、控制技术、新能源、新材料等深度融合，在能源、交通、国防、环境、医疗卫生等国民经济的各个领域形成"电气化+"全新的发展远景。

  展望未来，电气工程学科任重道远。我们坚信，凝结七十年宝贵发展经验的电气学院一定会续写辉煌，再创伟绩，为中华民族的伟大复兴，为人类的文明进步，作出新的、更大的贡献。

  此次出版的《华中科技大学电气学院发展纪事》只是我们收集到的所有史料中的部分内容，还有大量珍贵的史料由于篇幅的限制只能暂时忍痛割爱，其中部分史料收录在院史网 http://seeeysw.hust.edu.cn/。欢迎所有院友和朋友们继续提供院史资料，学院后续将进一步修订和完善院史。

编者

2022 年 5 月 26 日